Mass Extinction and Recovery

Evidences from the Palaeozoic and Triassic of South China

生物大灭绝与复苏

来自华南古生代和三叠纪的证据

‖下卷‖

VOLUME TWO

主编 戎嘉余 方宗杰

Edited by *Rong Jiayu* and *Fang Zongjie*

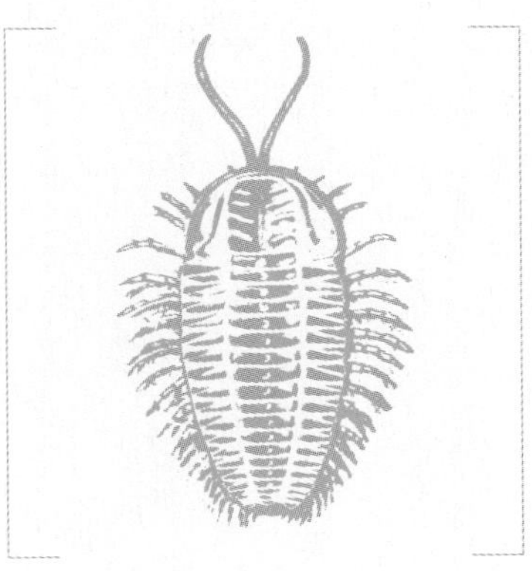

中国科学技术大学出版社

University of Science and Technology of China Press

图书在版编目(CIP)数据

生物大灭绝与复苏：来自华南古生代和三叠纪的证据 / 戎嘉余，方宗杰 主编．—合肥：中国科学技术大学出版社，2004.11

ISBN 7-312-01616-2

(国家十五重点图书)

Ⅰ．生… Ⅱ．①戎… ②方… Ⅲ．古生代－中生代－地层古生物学－研究－华南地区 Ⅳ．Q911.72

中国版本图书馆 CIP 数据核字(2004)第 132753 号

责任编辑 高哲峰
特约编审 王俊庚
封面设计 敬人书籍设计工作室
吕敬人＋张朋

出版发行 中国科学技术大学出版社
（安徽省合肥市金寨路 96 号，230026）
印　　刷 合肥远东印务有限责任公司
经　　销 全国新华书店
开　　本 889 × 1194/16
印　　张 69.25
插　　页 3
字　　数 1358千
版　　次 2004年11月第1版
印　　次 2004年11月第1次印刷
印　　数 1～3000册
定　　价 220.00元（上下卷）

总目录

上　卷

下　卷

Whole Contents

VOLUME ONE

VOLUME TWO

第四章
Chapter 4

二叠纪－三叠纪之交大灭绝与复苏

Mass Extinction Through the Permian-Triassic Transition and Its Subsequent Recovery

方宗杰 zjfang@nigpas.ac.cn
中国科学院南京地质古生物研究所
南京市北京东路 39 号,210008

第一节

从华南二叠纪—三叠纪礁生态系的演变探讨与灭绝—残存—复苏相关的几个问题

摘 要 →

根据对华南资料的系统整理和详尽分析,将中二叠世至早侏罗世礁生态系的演变划分为 9 个阶段。华南二叠纪有两大造礁旋回,即茅口期和"长兴期"两大旋回。茅口期末事件并未使造礁生物发生集群灭绝,海退仅仅使礁生态系在吴家坪期进入低潮期。"长兴期"是华南礁生态系的辐射阶段,就整个二叠纪而言,是礁的发育最繁盛的时期,指示当时的环境正处于一个相对稳定的时期。对"长兴期"末期礁体生态序列的研究表明,后生动物礁是在正常的演替状态下突然消亡的,而且与浅海平底群落的灭绝同时发生。这是全球性突发的环境灾变事件所致,而不是栖居地丧失的结果。古海洋的异常事件促使微生物岩在正常浅海环境出现阵发性灾后泛滥,这是残存阶段礁生态系的最重要特征;竹叶状内碎屑灰岩在早三叠世的时错性再现也与之密切相关。两者原本常见于奥陶纪大辐射前的正常浅海环境,在二叠-三叠纪之交的大灭绝后它们一起全面"复辟",成为大灭绝后残存阶段的标志性产物,这是显生宙历史上一个十分奇特的地质现象。这一现象的发生绝非偶然,在某种程度上表明当时全球海洋生态系统的萧条状况大致可与奥陶纪大辐射发生前的状况相比。大灭绝使后生动物礁的消失长达 10 Ma 以上,这是显生宙历史上最大的一次后生动物礁的间断,但微生物岩礁依然存在,广义的礁既未出现间断,也未发生灭绝。早三叠世末至中三叠世初,微生物岩重新全面回撤到高压力环境,竹叶状内碎屑灰岩则再次消失,这是海洋环境趋于正常、礁生态系行将复苏的前奏。中三叠世碳酸盐生物滩逐渐向礁相演化,至中安尼期,后生动物礁终于重新出现。后生动物和真核藻类的回归是礁生态系复苏的标志,并由此开始了迅速的复苏,这是海洋环境完全恢复正常的最好标志。迄今尚未在中三叠世和卡尼期的礁群落中发现确凿无疑的属一级二叠纪复活者,属级复活者直至诺利期才开始出现。但中三叠世礁在结构上仍与二叠纪礁十分相似。六射珊瑚也在中安尼期开始出现,却在 10 Ma 后(晚卡尼期)才与虫黄藻建立起共生关系,这是中生代礁生态系演化的两次重要事件。由于六射珊瑚向造架行当的演化明显滞后,以及卡尼期和三叠纪末两次灭绝事件的干扰,二叠-三叠纪之交的大灭绝后,礁生态系的复苏和重组经历了漫长的过程,它的复苏明显滞后于平底群落。从总体看,可将三叠纪视为礁生态系由古生代向中生代转变的过渡时期,中生代礁生态系的确立直至侏罗纪才告完成,整个过程持续长达 60 Ma 以上。侏罗纪以后,非酶控碳酸盐在生物礁格架中的重要性有所下降,这一方面是因为钙质浮游生物的兴起使海水中碳酸盐的饱和程度下降,另一方面可能与以六射珊瑚为代表的高效造礁生物的兴起相关。礁生态系在二叠-三叠纪的演变历史充分证明,礁生态系与环境是协同演变的。

方宗杰. 2004. 从华南二叠纪—三叠纪礁生态系的演变探讨与灭绝—残存—复苏相关的几个问题. 见:戎嘉余,方宗杰主编. 生物大灭绝与复苏——来自华南古生代和三叠纪的证据. 合肥:中国科学技术大学出版社. 475～542,1063～1065

关键词 →

礁生态系 灭绝—残存—复苏 微生物岩 时错相 二叠纪 三叠纪 华南

二叠-三叠纪是礁生态系发生剧变的时期，由于遭受一系列灾变事件的打击，造礁生物群落经历了艰难的复苏和重组，才逐步完成由古生代向中生代的转变。

生物礁是海洋中十分独特的自组织(self-organized)生态系统。它的生长涉及许多物理、化学和生物作用，但主要受生物控制，是一个由多种底栖生物(以底表固着生物为主)在生态上紧密聚居，并共同协作而成的复杂的自组织系统。随着礁体的形成和发展，生物对礁生态系的控制程度逐渐升高。一般说来，礁的生长除需一定的古地理和气候条件外，还要求相对稳定，较少受到干扰，或较有规律的环境，要求相对稳定的合适底质。礁的形成和生长需要一些特定的环境条件，对海平面、气候和海水物理化学等因素的变化颇为敏感。

生物礁是一种主要受生物的控制和影响而原地生长的特殊的碳酸盐沉积建造，胶结作用(cementation)在其中起着关键的作用。它以碳酸盐的高生产力为特征，地史上礁的繁盛期通常与台地碳酸盐生产的高峰期一致(Bosscher and Schlager,1993)。礁的格架主要由两类碳酸盐组成，一类是直接由专性钙化生物分泌形成的酶控碳酸盐(enzymatically controlled carbonate)，如六射珊瑚；另一类是以微生物岩(microbialite)和同沉积海底胶结物(synsedimentary submarine cement)为代表的非酶控碳酸盐，后者在显生宙礁生态系中的作用直到最近才开始得到重视，有时它们对礁格架的贡献甚至还超出了具骨骼的后生动物(Webb,1996; Wood,2001a)。由于礁格架构成的上述特点，迄今尚未找到任何单一的全球因素，可以满意地解释礁生态系在地史时期时空分布上所发生的种种重大变化。正确区分这两类碳酸盐将有助于探索和诠释礁生态系在二叠纪和三叠纪的演变历史。

生物礁的发育是一个历史的过程，它保存有礁体生长期间所形成的生态序列，由此可排除模糊效应(Signor-Lipps effect)的干扰。相比之下，以壳体化石的末次出现来判断灭绝事件在地质剖面中的位置，较难排除模糊效应的影响。因此，在二叠-三叠系界线事件的研究中，礁生态系有着独特的优越性，这也是对它的研究尤其受到重视的原因之一。

礁生态系充分记录了它与环境协同演变的历史。礁生态系的繁荣需要正常而稳定的环境，每当环境发生突变事件，必定会影响到礁生态系，不同性质、不同强度的环境突变事件在礁生态系的历史记录上留下的印记也各不相同。

目前对礁的定义并无一致意见，大都以广义的礁作为讨论的基础，即将地层礁包括在内，本节也不例外。微生物岩礁(microbialite reef)具有原地向上生长和正向地貌隆起的特征，自应包括在广义的礁范畴之内，而那些非原地生长的生物滩(bank)和无地貌隆起特征的生物层(biostrome)则被排除在礁的范畴之外。据

Webb(2001)研究,微生物岩礁同样可以出现于高能环境。由于受到现代珊瑚礁模式的影响,以往在地史时期生物礁的研究中,往往过于强调具骨骼生物在礁格架形成中的作用,而礁格架中的“基质”部分,即同沉积胶结物和微生物岩,却往往得不到应有的重视。实际上,两者的地位同样重要,在侏罗纪以前,非酶控碳酸盐的作用常常比具骨骼生物的贡献更为重要(Webb,1996)。微晶灰岩在叠层石和礁相环境均十分常见。原地微晶灰岩(automicrite)在浅水高能和坡度达 50°的斜坡等不同的环境中都有发现,如果缺乏稳定的生物因素的控制,它们要在这些环境都保持原地向上生长,似乎不大可能。越来越多的资料证实,原地微晶灰岩不仅是许多地史时期浅水生态礁的重要组分,而且也在现代珊瑚礁格架的形成和稳固方面发挥着重要作用。Wood(2001a)对采用组构特征来区分生态礁和泥丘的做法提出了质疑,认为两者之间并无实质上的不同,她尤其强调,泥丘同样可以出现于浅水高能环境。

碳酸盐岩隆(carbonate buildups)的存在已经有 35 亿年的历史,广义的礁实质上就是对这一形态上趋同的地质现象的概括,它显然是与生物演化密切相关的产物。35 亿年以来,造礁群落的组成、生态结构及其生活环境,包括海水的物理化学条件等,都经历了极其复杂而深刻的变化。正因为如此,笔者认为,没有必要过多地纠缠于礁的严格定义。礁的形成和保存都离不开两个基本要素,一是造礁群落的形成,另一是同沉积海底胶结作用(cementation),后者是造礁群落能够不断原地向上生长(继续保持和扩大栖居地)并得以保存的关键因素。

20 世纪 60 年代中期以来,随着对现代环境海底胶结作用研究的不断深入,沉积学界对海底胶结物和微晶灰岩的认识,较之 Folk 和 Dunham 的时代有了很大的改变(Reid *et al.*,1990)。例如,胶结物以往被视为埋藏后成岩阶段的产物,而现在,同沉积胶结物得到了广泛的承认。再如,微晶胶结物的存在及其广泛分布已经成为不争的事实,虽然其含镁量与 Folk 的亮晶胶结物类似,但它还可广泛形成于水柱的不同位置或各类礁相环境中。由于受 Folk-Dunham 概念的影响,礁相环境中的微晶胶结物曾经被误解为低能环境的指示(Friedman,1985a,b; Milliman *et al.*,1985; Reid *et al.*,1990)。

海底胶结作用常见于海滩岩(beachrock)和礁岩(reef rock),这两类环境所产生的微晶胶结物的矿物组成(高镁方解石)和组构(微球状粒,peloid①)往往一致(Friedman *et al.*,1974)。对红海现代礁和正在建造叠层石的微生物席(microbial mat)的研究,证明这两者的微晶胶结物均发育微球状粒组构(Friedman,1993)。然

① Peloid 曾一度未与“球粒”(pellet)明确分开,现已证明它们的成因是不同的(Macintyre,1985; Chafetz,1986; Reid,1987)。Peloid 指微晶灰岩中由高镁方解石组成的似球状颗粒,粒径一般为 10～60 mm,常由暗色的致密亚微晶(<4 μm)方解石组成核心,自形微亮晶(4～30 μm)方解石组成浅色的环边。此类微型组构在地史时期和现代的礁骨架岩中甚为常见,属同沉积海底碳酸盐胶结物的一种组构类型,常充填于礁体的各类孔隙空腔中,或在造架生物之间和表面形成包壳。这一组构名词尚无合适译名,笔者暂将它译作微球状粒,以与球粒区别。

而，对于这一组构的成因，即究竟是纯化学沉淀（Macintyre，1977，1984，1985；Lighty，1985；Aissaoui，1988），还是受微生物活动刺激、诱发的沉淀（Friedman *et al*.，1974；Marshall，1983；Chafetz，1986；Riding *et al*.，1991b；Guo and Riding，1992；Chafetz and Buczynski，1992；Pickard，1992，1996；Friedman，1993；Folk and Chafetz，2000；Pedley，2000），则一直存在着争论。

Friedman（1998）无意中在一年前丢弃于巴哈马潮坪上的一只空沙丁鱼罐头盒里发现了重达 382 g 已经石化了的碳酸盐沉积物，由此证明海底胶结作用极其迅速，称之为“同沉积”毫不过分。其中文石鲕粒未见溶解作用，碳酸盐胶结物完全是海相的。据此，他认为海底胶结作用不仅发生于低海平面时期，而且也见于高海平面时期。

无论如何，包括微晶胶结物在内的同沉积海底胶结作用在礁格架的形成、增生、石化和稳固方面所起的重要作用，得到了越来越多学者的认同（Macintyre，1977；Harris *et al*.，1985；Chafetz，1986；Reid，1987；Flugel，1989，1994；Riding，1991a；Guo and Riding，1992；Montaggioni and Camoin，1993；Leinfelder *et al*.，1993；Harris，1993；Reitner，1993；Camoin and Montaggioni，1994；Hussner，1994；Paul，1995；Reitner and Neuweiler，1995；王生海、范嘉松，1995；Pickard，1996；Webb，1996；Wood *et al*.，1996；Webb *et al*.，1998；Wood，1999，2001a；Pratt，2000）。微生物岩和海底胶结作用在地层分布上的正相关性十分明显（Riding，1992）。以微生物岩包壳和同沉积海底胶结物为主的“藻和胶结物礁”（“algal/cement reef”）被认为是二叠纪和三叠纪特有的礁类型（Flugel，1989，1994）。Kazmierczak 等（1996）通过对晚侏罗世和现代微晶灰岩的比较研究，认为地史时期微晶灰岩或微球状粒灰岩的形成与蓝菌等微生物的原地钙化密切相关。Webb 等（1998）相信，微生物和生物膜（biofilm）在同沉积胶结作用和石化作用中，尤其是在微晶胶结物的形成过程中起主要作用。Visscher 等（1998，2000）进一步论证了微生物席中由细菌主导的硫循环在其中所发挥的重要作用。Wood（2001a）指出，原地微晶灰岩和微生物岩的形成条件基本上是相同的。

Camoin 和 Montaggioni（1994）总结了一系列相关证据，明确将礁生态系中的层纹状、斑块状（clotted）和微球状粒微晶灰岩包壳归入微生物岩的范畴。Visscher 等（1998，2000）指出，现代海相叠层石中微晶灰岩的形成与细菌活动相关。Castanier 等（1999，2000）认为，除纯蒸发成因的和酶控成因的碳酸盐外，细菌对于碳酸盐的形成最为重要，并可区分为自养和异养两种途径，其中又以异养细菌的活动最为重要。他们相信，未保存任何生命痕迹的灰岩和早期碳酸盐胶结作用的成因最可能与之相关。然而，就目前的认识而言，要在实际工作中确切地区别无机和生物成因显然是困难的。例如，微球状粒的核心很可能是细菌成因，而环边也许属无机沉淀（Chafetz，1986）。有学者指出，对于 10 μm 以上的颗粒，从颗粒形态或是矿物组成上都难以将无机沉淀和细菌诱发的沉淀明确进行区分(Knorre and Krumbein,2000)。总之,不同学者之间对此尚未形成共识,关键在于其中缺乏确凿无疑的微生物活动的痕迹。

Webb等(1998)认为,对于非生物成因的胶结作用在礁生态系中的地位应予以重新评价。由于礁环境中生物膜的无所不在,Webb(1996)相信,礁生态系中的同沉积海底胶结物大多系微生物成因,微生物岩和同沉积海底胶结物被一起归入非酶控碳酸盐的范畴。一般说来,礁生态系中的酶控碳酸盐,即具骨骼生物的组成和丰度,明显受到生物宏演化(macroevolution)和集群灭绝事件的制约;非酶控碳酸盐则较多地受控于海水的物理化学条件,灭绝事件似乎未对它造成威胁,这两类格架碳酸盐的控制因素显然互不相同。充分认识到这一点,将有助于深入探讨二叠-三叠纪礁生态系的残存—灭绝—复苏问题。

微生物岩在二叠-三叠纪礁生态系的演化中扮演着十分重要的角色,因而是本节讨论的重点。鉴于国内文献对微生物岩缺乏系统的介绍,为便于讨论,有必要先简单介绍与微生物岩有关的基本概念和国际上相关研究的最新进展。本节认为,微生物岩的形成主要取决于微生物席基底能否形成和微生物席能否固结石化这两个全然不同的作用过程。此外,有必要将蓝菌等微生物的钙化保存与微生物席的石化保存加以区分,它们是两种互不相同的作用过程,控制因素也有所不同。根据对华南有关资料的总结,本节确认,微生物岩的形成环境在“长兴期”①末及早三叠世末至中三叠世初曾先后发生过两次重大的转变(竹叶状内碎屑灰岩的时错性再现和其后的再度消失也大致同时发生,详见下文),这显然与礁生态系所经历的灭绝—残存—复苏进程密切相关。

一、微生物岩简介

微生物岩是微生物与环境相互作用的产物,它不仅是我们了解生物进化历程的一个重要窗口,而且还将有助于我们认识与生物进化密切相关的地球环境的演变状况。以蓝菌为主的底栖微生物群落(benthic microbial community,以下简称为BMC,与漂浮的微生物群落相对应)在“长兴期”末大灭绝后残存期的活跃早就引起一些学者的注意,例如,Flugel(1982)曾将它视为先驱群落;Chuvashov和Riding(1984)发现蓝菌很少受灭绝事件的影响;Gaetani和Gorza(1989)则认为它在礁生态系中最先全面复苏。自从Schubert和Bottjer(1992)明确提出早三叠世

① 根据国际地层指南,本阶的顶界应与二叠系的顶界保持一致,故新的长兴阶定义已将原Griesbachian阶下部合并在内(Yin *et al.*,2001)。由于大灭绝的主幕发生在新的长兴阶的内部,为了便于讨论与灭绝—残存—复苏型式相关的问题,笔者暂时沿用赵金科等(1981)传统的长兴阶定义,故冠以引号,以免混淆,详见本书第四章第三节的相关讨论。本节采用的“Griesbachian”阶以*H. parvus*带之底作为底界,其含义与传统的定义不同,特加引号以示区别。这一阶名尚有待于正式的厘定或代之以新的阶名。

叠层石系灾后泛滥现象以来，对早三叠世微生物岩的研究在国际学术界颇受重视，但在国内似乎尚未引起充分的注意。另一方面，对于这一灾后泛滥现象的起始和结束的时限，无论是国内还是国外，均无人论及。

竹叶状内碎屑灰岩在寒武纪和早奥陶世十分常见，它与微生物岩一样，在早奥陶世以后即甚为罕见。“长兴期”末大灭绝后，它又与微生物岩一起在早三叠世全面“复辟”，即所谓的时错相(anachronistic facies，时代上错位的相)(Sepkoski *et al.*，1991；Schubert and Bottjer，1995；Wignall and Twitchett，1999)，这是显生宙历史上一个十分奇特的地质现象。很可能以蓝菌为主的 BMC 主要与以叠层石为代表的微生物岩的形成相关，而异养型 BMC 除参与这一过程外，还可能与原地生长的微晶灰岩在成因上相关。

(一) 底栖微生物群落、微生物席与微生物岩

近年来的研究证明，无论是底栖还是漂浮生活，细菌在自然界通常出现于生物膜(biofilm)中，细菌居群和群落的存在总是与生物膜相联系(Costerton *et al.*，1995；Davey and O'Toole，2000)。当细菌在海底沉积物颗粒或其他生物或非生物的表面附着、繁殖、增生、聚集，随着细胞外聚合物(extracellular polymeric substances，以下简称为 EPS)或胞外基质的生成和增生，菌丝和 EPS 相互缠绕编结，就逐渐形成以多糖(polysaccharide)为主要成分的细菌生物膜，一般厚几十至几百微米。生物膜在现代各类水生环境中分布极其广泛。生物膜的形成，改变了底质原先的物理化学性质，为细菌提供了更为稳定、更具保护性的微环境，以抵抗外界化学和物理的压力，从而有利于更多细菌的加入，不同生理类型的细菌在其中很快建立起相应的功能关系，BMC 随之形成，这是一个自组织的过程。EPS 和生物膜为 BMC 的形成和发展提供了必不可少的附着基质。只有当外界条件允许生物膜的稳定发育，并使之逐渐达到成熟状态，BMC 才有可能开始在底质(substrata)或海底沉积物的顶部(沉积物-水界面)进而形成微生物席。这是地球上最古老的生态系统(Awramik，1984；Guerrero *et al.*，2002)，虽然非常原始，但结构却并非十分简单，其运行并不依赖于任何高等动植物。过去习惯上称之为藻席，但研究表明，微生物席主要由细菌组成，尤其是蓝菌(cyanobacteria，系原核生物，属真细菌类)，即以往文献中常见的蓝藻或蓝绿藻(blue-green algae)[①]，故有时也被称为蓝菌席。在现代热带的潮间带和浅海，海底普遍地覆盖着主要由丝状蓝菌构成的细菌生物膜(Noffke *et al.*，2003)；在此类高能环境中，因风浪侵蚀，或沉积物的大量输入，以及后生动物的啃食和扰动，生物膜不断地遭受破坏，这显然不利于微生物席的生长，使叠层石难以形成；但蓝菌的繁殖和更新极快，故生物膜总是能在动荡的环境中迅速地得到重建(Pratt，2001)。缺乏蓝菌等自养生物的生物膜则由异养型 BMC 构成，其发育和生长主要依赖于外源的有机质。尽管生物膜的分布极其广

泛，由于它难以进一步发展成微生物席，故 BMC 一般很少对现代正常海相环境沉积物的组构产生重要影响。

据曹瑞骥、薛耀松(1985)对巴哈马安德罗斯岛现代叠层石的观察，其顶部为"活藻层"，主要由丝状蓝菌 *Scytonema* 组成，呈绿黑色，此层下部的蓝菌丝状体已遭受初步的降解作用。其下为初步钙化的"死藻层"，浅褐黄色，几乎完全由纯高镁方解石组成，较疏松，其中已看不到保存完好的蓝菌丝状体，它们几乎被降解殆尽，仅能观察到菌丝外的管状胶质包鞘。纹层主要由碳酸盐原地沉淀而成，他们认为可能与蓝菌的生长引起水体碱化相关。

BMC 和微生物席的含义有所不同。后者是能够保持稳定生长，从而达到了成熟状态的细菌生物膜的产物，一般包括 BMC 在一段时间内(几十年至上千年)积累的总和，微生物席具有分层性强，更新速率高，生态梯度和化学梯度陡的特点。叠层石实际上就是一种石化了的微生物席。Riding(2000)认为，蓝菌等微生物的细胞外聚合物，对于微生物席的形成甚为重要，它为 BMC 提供附着的基质，并由此形成微生物岩得以增生的基底，即所谓的席基底(matgrounds)。就正在建造叠层石的微生物席而言，BMC 的生命活动主要局限于仅几毫米厚的最顶层，即生物膜。

BMC 也可称为生物膜群落，在浅海海底，它通常由蓝菌和其他光合自养、非光合自养(化学自养)细菌、异养细菌组成，包括无色的硫细菌(化学自养)、紫色的硫细菌(厌氧光合自养)、硫酸盐还原菌等，有时也可有真核的单细胞藻类(如褐藻、红藻、硅藻等)及真菌等的参与；它们的生态位互不重叠，共同组成相当复杂而完整的营养网，包括初级生产者、消费者和分解者，而蓝菌等光合自养细菌正是这个营养金字塔的基础。此类 BMC 以蓝菌等的光合作用为驱动力，硫酸盐还原菌利用蓝菌的新陈代谢产物将硫酸盐还原成硫化物，而硫化物又被硫细菌重新氧化成硫酸盐(Golubic，1976，1991，2000；Awramik，1984；Simon，1984；Stolz，1984，2000；Bauld，1984；Krumbein，1986；Riding，1991a，2000；Gemerden，1993；Flugel *et al.*，1993；Leinfelder *et al.*，1993；Golubic *et al.*，2000)；对于氮的利用也有类似的转换途径。总之，BMC 是由不同新陈代谢类型微生物构成的复杂组合。这是地球上最古老的

---

① 藻类(algae)长期以来一直被看作是一个自然的生物类群——以具有叶绿体为特征的水生低等植物，其中原核生物的蓝菌被归为单独的一类，即蓝绿藻或蓝藻，而真核藻类则被划分为绿藻、红藻、褐藻等，过去一般认为后者是由前者演化而来的。然而，分子生物学研究证明了叶绿体的内共生说，即藻类以及所有高等植物的释氧光合作用能力都是经由内共生事件从蓝菌获取的。事实上，绿藻和高等植物中的叶绿体都已被确认是内共生的蓝菌，推测是在前寒武纪或寒武纪初期通过内共生事件进入绿藻的祖先，并进而演化出今天如此绚丽多彩的高等植物界(McFadden，2001)。据信真核藻类的祖先是吞食营养的(phagotrophic)"原生动物"("Protozoa")变形虫(amoebae)和鞭毛类(flagellates)之类。因此，藻类现已转变为一个方便的集合名称。目前将原生动物、单细胞藻类和低等单细胞真菌等真核生物一并归在原生生物(Protista)的名下(Gutierrez，2001)。鉴于蓝菌和真核藻类之间并不存在过去推想的系统发生(phylogenetic)关系，国际学术界目前普遍倾向于使用含义明确的名词"蓝菌"。自 20 世纪 90 年代以来，"蓝绿藻"或"蓝藻"之类的名词在国际学术刊物上的使用频率明显下降，并有逐渐销声匿迹之势。

生态系统，Guerrero 等（2002）称之为最小的生态系（minimal ecosystem）。

蓝菌是最古老的能释放游离氧的光合自养生物，它在地球早期大气圈的演化中起着极为重要的作用（Kasting and Siefert，2002）。最近在澳大利亚西北部距今27～25 亿年的地层中找到蓝菌的生物标志化合物（Brocks *et al*.，1999；Summons *et al*.，1999），这是有关蓝菌及其释氧光合活动存在的最直接证据之一。一些群体生活的蓝菌往往分化出可执行不同功能的细胞类型，包括正常的营养细胞，营光合作用的细胞，以及具有固氮酶的厚壁异形细胞（厚壁为保护固氮酶免受氧化破坏，维持厌氧环境使固氮酶得以发挥催化作用）。蓝菌可同时完成光合作用和异养呼吸这两种方向相反的新陈代谢过程，而且许多蓝菌还能采用不同方式成功地对释氧光合作用和固氮作用进行协调。以上这些独特之处使它们能适应种种不同的环境，占领其他微生物往往难以企及的生态位，从而成为地球上最为顽强持久、最为成功的生命形式之一。蓝菌是当前地球上最大、最重要的细菌类群之一。以漂浮生活的颗粒状蓝菌 *Synechococcus* 为例，此属广布于全球从赤道至两极、从贫养到富营养的所有表层海水中。

BMC 具有以下特点：

（1）具有极强的适应能力，能在各种不同的环境中建造微生物席。蓝菌在正常海水、淡水、高盐度水，以及土壤、洞穴、岩石表面等潮湿的陆上环境都有分布，既可见于热泉，也可分布于寒冷地区的湖泊和冰雪表面，例如，在南极冰盖下的湖泊底部发现有蓝菌席存在（Noffke *et al*.，2003a）；甚至曾经在北极熊的皮毛上发现蓝菌生存，并使之呈现淡绿色的色调。还曾经有报道在沙漠地区的钙结壳中发现微生物席的踪迹，即沙漠叠层石（Krumbein and Giele，1979；Garcia-Pichel and Pringault，2001）。蓝菌具有高度的抗紫外线能力，在富氧的和厌氧的环境里都能生存，并具有一些特殊的适应，使之能适应微光甚至无光的环境。它们大多生活于200 m 深以内的海洋环境，在 50～70 m 的清澈海水中最为繁盛（Saffo，1987，引自 Wood，1999），据报道即使在 1 000 m 深的海底也能繁茂生长（Monty，1977）。许多蓝菌具有固氮能力，是地球上为数不多的能够固氮的生物之一，因而对全球的氮循环发挥着十分重要的作用（Capone *et al*.，1997；Zehr *et al*.，2001；Herrero *et al*.，2001；Berman-Frank *et al*.，2001；Kasting and Siefert，2002）。有的蓝菌兼具释氧和非氧两种光合作用类型，能够在光合自养硫细菌（依靠 H_2S 进行光合作用）才能生存的环境里生长（Krumbein and Cohen，1977；Krumbein，1983；Cohen，1984）；有些蓝菌甚至还可兼性异养生长（Krumbein，1983；Merz-Preiβ，2000）。显生宙以来虽历经盛衰和劫难，蓝菌却在不断地开拓新的生境，它还很可能是淡水和陆地环境最早的拓居者之一（Prave，2002）。

（2）对应于光照、氧气、水深、养分、盐度、水动力的波动等环境条件的变化，BMC 的物种组成、分异度等会发生相应的变化，组成不同的微生物组合，以适应不同的环境。例如，以蓝菌为主的自养型 BMC 和以异养细菌为主的异养型 BMC 等。另一方面，在同一微生物席中，对应于光照、氧气、氧化还原电位(Eh)、pH 值、矿物浓度等由上往下的殢度变化，不同微生物居群在其中表现出明显的分层化现象(Golubic，1976，1991；Hartman，1984；Riding，2000)。以蓝菌为主的微生物席具有动态性甚强的多层结构，通常可分出 3 层，上层以蓝菌为主，即绿色层；中层通常偏紫色，以紫色和绿色的光合硫细菌为主；底层呈棕绿色，主要由硫酸盐还原菌组成。由于昼夜、季节等变化，微生物席内氧化还原界面和化学梯度的变动颇为频繁，微生物或通过垂直迁移，或通过生理调节，来顺应此类变动并保持 BMC 的动态平衡。碳酸盐沉淀通常发生于绿色层之下，与微生物席中由细菌主导的硫循环密切相关(Visscher *et al.*，1998，2000)，蓝菌胶质鞘一般与微晶灰岩的形成无直接关系(Stolz *et al.*，2001)。

(3) 微生物岩的形成与 BMC 的生命活动密切相关。它们新陈代谢活动的综合效应(涉及化学物质的吸收和释放)，导致周围的微环境发生明显变化，从而使微生物席有可能成为发生钙化作用或启动碳酸盐沉淀的场所，或使之具有捕获、粘结碎屑颗粒的能力(Burne and Moore，1987，1993)。微生物本身的钙化保存也与新陈代谢活动密切相关，例如，光合作用要消耗水中溶解的二氧化碳，其浓度常不敷光合作用之需，当周围水体 pH 值较高时，蓝菌能借助光能吸收重碳酸盐，并在细胞体内将它转化为二氧化碳，使其细胞体内无机碳的浓度比周围水体高出 1 000 倍，即所谓的重碳酸盐泵(bicarbonate pump)(Merz，1992)，Thompson 和 Ferris (1990)称之为光合碱化作用(photosynthetic alkalinization process)。这一效应使细胞体周围产生碱度梯度，它显然有利于碳酸盐的沉淀和钙化作用的发生(Pentecost，1991)。异养细菌的新陈代谢活动也能够提高其周围水体的碳酸盐碱度，从而诱发碳酸盐的沉淀(Knorre and Krumbein，2000)，Castanier 等(2000)尤其强调异养细菌活动在碳酸盐形成中的作用；Visscher 等(1998，2000)认为，微生物席中由细菌主导的硫循环在其中起着关键作用。Warthmann 等(2000)通过模拟实验证明，硫酸盐还原菌在现代超盐水潟湖的缺氧环境中确实诱发了白云石的沉淀。随着对微生物在白云岩形成中的作用(Mazzullo，2000)的不断了解，200 多年来一直困扰人们的"白云岩问题"终于得到了较为合理的解释，而硫酸盐还原菌正是解决问题的关键所在(Pope and Giles，2001；Van Lith *et al.*，2003；McKenzie，2003)。总之，BMC 能相当程度地改变其周围环境的物理化学参数，从而有可能成为碳酸盐沉积的一个十分重要的沉积动力。

(4) BMC 对周围环境发挥有力的影响，创造适于自身生存的环境，微生物岩即为它们与环境相互作用的产物。作为对其产物的回应，它们自身又在与环境的相互作用中不断生长，这种关系并未因为高等动植物的出现而发生多少改变，尽管后者的出现使微生物岩很少单独出现于除生物礁以外的正常浅海环境。据研究，澳大利亚鲨鱼湾(Shark Bay)现代微生物席中的蓝菌 *Entophysalis* 与元古代常见的 *Eoentophysalis*,在形态和细胞组织上看不出有多大差别,不仅如此,其生活环境也与加拿大 Hudson 湾 Belcher 群岛 20 亿年前的 *Eoentophysalis* 一致(Golubic,2000)。因此,*Entophysalis* 是典型的活化石,虽然历经 20 亿年的变迁,却一直维持着其基本的形态和功能。此外,由不同物种组成,但在功能上类似的 BMC 也可在不同地史时期,在相似的环境中建造相似的结构。很多学者相信,此类 BMC 早在前寒武纪即已出现,并曾经是早期海洋的主宰。在晚元古代,由 BMC 建造的席基底在浅海环境曾经繁盛一时,是当时占据主导地位的底质类型。虽然微生物岩在地史时期曾经历 3 次大的衰退(Riding,1997),但 BMC 却一直分布十分广泛。它们是否能形成微生物席并石化保存为微生物岩,主要取决于缺乏生物扰动的、相对稳定的底质的存在,以及以海水物理化学状况为主的环境条件。

(5) 构成微生物席的 BMC 极少有被保存为化石的可能性,微生物岩的形成并不意味着 BMC 的保存(参见下文的讨论)。虽然叠层石已知有 35 亿年的历史,然而,可以鉴定的蓝菌化石却并不多见,绝大多数叠层石并未留下任何可识别的细菌化石。目前已知最古老的化石记录见于南非太古代 Campbellrand 亚群(距今约 25 亿年)(Altermann and Schopf,1995; Kazmierczak and Altermann,2002),其中的化石与现代蓝菌非常相似。奥陶纪大辐射前的海洋环境使 BMC 更容易形成微生物席并转化为微生物岩,从而留下了十分壮观的沉积建造,但这一过程却很少能将 BMC 保存为化石。人类从叠层石“看”到了 BMC 的存在,并逐渐意识到它们在海洋生态系统和生物圈演化中的重要地位。BMC 是地球上有案可查的最古老的进化生物群,在寒武纪大爆发前一直主宰着海洋生态系统。

(6) 以蓝菌为主的 BMC 是具有 35 亿年历史的广义礁生态系的开山鼻祖。BMC 从未离开过礁生态系,至今依然是其不可或缺的组成部分,其奥秘就在于礁相环境不仅有利于各类 BMC 的生存,同时也十分适宜于非酶控碳酸盐的形成;礁体的形成、发展与 BMC 的发育相辅相成,相得益彰。可以毫不夸张地说,任何生物礁的形成都离不开 BMC 的贡献。最近在现代造礁的六射珊瑚中发现内共生的具有固氮功能的蓝菌(Lesser *et al*.,2004)就是一个有力的证明。看来造礁珊瑚与真核和原核的微生物之间的共生协作关系远比过去想象的要复杂。前寒武纪礁的形成主要受微生物和物理这两大因素的控制,显生宙的造礁活动则以后生动物和真核藻类的加入为特征,这显然冲淡了 BMC 的作用,使得非酶控碳酸盐在礁中的相对重要性下降,同时也给礁的组构带来重大变化,从而使人们容易忽略各类 BMC 在礁生态系中的存在。

微生物席在前寒武纪的海洋底栖生态系统中起着支配作用,它们对海洋和大气的化学演化以及生物的演化发挥着极其深刻的影响(Hoehler *et al*.,2001)。奥陶纪大辐射以来,后生动物和真核藻类的辐射、繁盛,以及环境的种种变化,使它们几乎总是处于受压抑的状态。尽管它们多数仍然喜好正常盐度的浅海环境，然而，除礁相环境外，却很少能在其中形成稳定的微生物席基底并建造微生物岩。今天以蓝菌为主的微生物席主要分布于选择压力高的环境，如盐度较高的潮上带、潟湖以及淡水环境。甚至在一些较极端的环境，诸如热泉、盐湖、沙漠钙结壳之类，也都能发现蓝菌的踪迹。

作为地球上最古老、最顽强的生物类型，以蓝菌为主的 BMC 具有极强的抗灾变能力，虽历经各次集群灭绝事件却安然无恙，且往往还能在某些灾变环境中泛滥一时，显示出较浓的机遇色彩；而许多高等动植物则相继成为来去匆匆的过客。生物圈的运行完全依赖于微生物世界的活动(Pace，1997)，因此，无论地球环境如何变化，只要还有生命存在，包括 BMC 在内的各种微生物群落必将继续是海洋生态系统不可或缺的组成部分。

微生物不仅是海洋，而且还是地球上所有生态系统不可或缺的组成部分，事实上，原核生物是生态系统的创始者。20 世纪 80 年代中期以来，人类才逐渐认识到，无所不在的蓝菌是有机碳的重要生产者。对异养细菌在海洋生态系统中重要地位的认识，实际上也始于 20 世纪 80 年代(Fenchel，2001)。目前人类对现代海洋中各种微生物群落的认识仍较肤浅，对地史时期海洋微生物群落的了解更是少得可怜。例如，可进行非氧光合作用的需氧兼性(光合、异养)细菌(aerobic anoxygenic photoheterotrophs)的发现只有 20 年的历史。最近的研究证明，此类细菌在现代海洋中分布极广，数量极其丰富，它们在海洋的碳循环中发挥着极为重要的作用(Kolber *et al*.，2000，2001；Fenchel，2001)。再如，在海底硫酸盐还原带之下的二氧化碳还原带，由异养细菌代谢活动形成的甲烷水合物(methane hydrate)是地球上最大的有机碳库。地史时期曾多次发生甲烷水合物的释放事件，对全球气候、环境和生物造成了十分严重的影响(见本书第四章第十节)。

自从生命起源以来，地球上大气的基本组成很可能一直是由微生物决定的(Kasting and Siefert，2002)。近年来，随着基因技术手段的应用，微生物研究得以逐渐摆脱实验室的养殖手段，自然状态下微生物生态系的研究从而成为可能，微生物学因而得到了前所未有的飞速发展，微生物的分异度远比人们想象的要高得多，估计达几百万种，而目前已描述的原核生物仅 4 500 种(Torsvik *et al*.，2002)。微生物进化的一个重要特点就是新陈代谢的多样性(metabolic diversity)，微生物在地球上的无所不在及其无与伦比的巨大生物量，促使地质学家重新审视它们在地球化学系统中的地位和作用(Newman and Banfield，2002；McKenzie，2003；Warren and Kauffman，2003)。正因为如此，Woese(1998)将微生物世界看作是生物学中沉睡的巨人。

微生物岩是由 BMC 和环境相互作用而产生的碳酸盐沉积，是生物沉积作用的产物，其独特性在于生物因素和非生物因素的紧密结合，两者缺一不可。此类生物矿化作用与高等动植物的不同，它不存在特定的机制，不发生于特定的器官或细胞，而是发生于细胞体外，故至今仍难以从形态上对这一作用过程进行限定(Krumbein，1986)。正因为它们的个体微小，各种细菌具有丰富多彩的新陈代谢方式，使之能够与各种金属离子紧密接触。据研究，具有负电荷的细菌细胞壁会吸引水体中带有正电荷的金属离子，而这第一个被吸引的金属离子就将成为该金属进一步富集和沉淀的晶核(Schulze-Lam *et al.*，1996；Douglas and Beveridge，1998)。

一般说来，钙化作用主要发生在抗降解能力较强的 EPS，异养细菌，尤其是硫酸盐还原菌在其中发挥着关键作用。EPS 是启动微生物席钙化的中介和沉积场所(Neuweiler，1993；Riding，2000；Leveille *et al.*，2000；Stolz *et al.*，2001)，由微生物席石化而成的微生物岩应属非酶控碳酸盐的范畴。

此外，钙化作用有时也可发生于细胞体外的胶质包鞘(Riding，1977，1991b)，胶质鞘为碳酸钙的沉淀提供了有利的物理化学条件和合适的沉淀场所。Riding 将此类钙化作用区分为外包型(external encrustation)和内嵌型(internal impregnation)，前者的钙化作用发生于胶质鞘外，似乎更多地受环境条件的控制；后者的钙化作用发生于胶质鞘的内部，也许与蓝菌生理活动的联系略微紧密一些。Phoenix 等(2000)证实，此类矿化作用可发生在仍然保持着生命活力的蓝菌，但胶质包鞘的存在似乎是必要前提。Arp 等(2001)相信钙化作用的发生主要取决于碳酸盐的过饱和度，他们的研究结果表明，现代湖泊中，蓝菌胶质鞘的钙化作用只发生于钙离子浓度较高、溶解的无机碳较低的环境。Merz-Preiβ(2000)发现外包型见于碳酸盐过饱和的水体；内嵌型见于过饱和度稍低的水体，由光合作用启动的重碳酸盐泵，使微晶灰岩的沉淀发生于胶质鞘的内部。另一方面，对海相环境微生物席的实地观察证明，蓝菌胶质鞘一般与微生物席的最后钙化并无直接关系(Stolz *et al.*，2001)，看来，蓝菌胶质鞘的钙化与微生物席的钙化不可等同看待。

Reitner(1993)主张微生物岩的形成可区分为直接的矿化作用和间接的钙化作用。然而，目前对于这些过程的细节仍然所知甚少，对于其中生物控制因素的认识更是缺乏一致的意见(Riding，2002)。例如，有人主张由细菌诱发的碳酸盐原地沉淀可能在微生物岩的形成过程中起着十分重要的作用(Chafetz and Buczynski，1992)。也有学者提出包壳型微球状粒(peloidal)微晶灰岩主要由自养型 BMC 启动，而充填于各类空腔孔隙中的微球状粒胶结物则与隐蔽性的异养型 BMC 相关(Pickard，1992，1996)。无论如何，种种不同而又复杂的微生物作用显然在各类碳酸盐建造的形成过程中发挥着重要作用。Bourque(1997)认为 microbial 一词使用过泛，建议将它的使用限定于主要由自养型 BMC 建造的相类型中。Neuweiler 等(1999)主张，将以异养细菌的生物降解作用为主的和以蓝菌光合活动为主的矿化作用加以区分，后者仍属微生物岩范畴，前者被称为有机矿化作用，有机微晶灰岩

(organomicrite)即为这一作用的产物，由此形成的泥丘则被称为有机矿化岩隆。Pratt(2000)认为泥丘中灰泥沉积物的沉淀可能与微生物活动相关，Wood(2001a)也相信其中存在着稳定的生物因素的控制。Reid 等(2000)最近的研究表明，这两种矿化作用在现代海洋叠层石的生长过程中都发挥了重要作用。而且，两者所需的基本条件相同(Wood，2001a)。故本节不拟对两者加以区分，仍暂采用广义的微生物岩定义。

以微生物岩的向上生长为主，障积和粘结作用为次，并由微生物岩构成主要格架的碳酸盐岩隆，即微生物岩礁(Burne and Moore，1987；Neuweiler，1993)。微生物岩格架在前寒武纪最为重要，奥陶纪大辐射后发生明显衰退。然而，Pratt(1982)以充分的事实证明微生物岩在显生宙的礁生态系中仍然一直发挥着重要作用，后来的研究进一步证实了他的观点(Leinfelder *et al.*，1993；Montaggioni and Camoin，1993；Brunton and Dixon，1994；Camoin and Montaggioni，1994；Tsien，1994；Pickard，1996；Webb，1996；Wood，1999，2001a；Dupraz and Strasser，1999；Martin *et al.*，2000；Riding，2000)。Wood(2001a)主张，晚古生代礁的形成主要受BMC 控制，而钙藻和后生动物的贡献则变化不定。应当指出，微生物岩礁的形成在相当程度上得益于同沉积海底胶结和石化作用。在适宜的海水物理化学条件下，微生物席的生长与同沉积海底胶结和石化作用的紧密结合，以及适量沉积物颗粒的捕获、粘附、障积，是微生物岩礁得以形成并不断向上生长的基本条件。

最近，在黑海海底的缺氧环境中发现高达 4 m 的现代微生物岩礁，它由厌氧嗜甲烷古细菌和硫酸盐还原菌组成的微生物席建造(Michaelis *et al.*，2002)，这一发现对于阐述早期地球大气的演化历史具有重要意义。在阿留申群岛西部海域深达 4 850 m 的洋底冷泉系统中也发现由微生物席建造的具有叠层石组构的微生物岩壳(Greinert *et al.*，2002)。研究表明，冷泉喷口附近碳酸盐壳的形成显然是微生物作用的结果，尤其与各种嗜甲烷的古细菌群落密切相关，此类碳酸盐在世界各地的海底分布相当广泛(Aloisi *et al.*，2002)。

值得注意的是，BMC 在硅质碎屑环境也发挥着重要作用(Noffke *et al.*，1997，2002，2003a，b)，近年来一些学者十分关注这方面的研究，最近在南非还发现了 2.9 Ga 前硅质碎屑环境中最古老的微生物席(Noffke *et al.*，2003b)。早在 20 世纪 60～70 年代，就有人提出，前寒武纪广泛分布的条带状含铁硅质岩建造很可能属生物成因(Barghoorn and Tyler，1965；LaBerge，1973)，即与以蓝菌为主的 BMC 相关。最近，对冰岛热泉的现生微生物席中硅铁沉淀的研究成果(Konhauser and Ferris，1996；Phoenix *et al.*，2000)，是对这一观点的有力支持。Konhauser 等(2002)进一步论证了细菌活动在含铁硅质岩建造形成中的作用。

越来越多的证据表明，微生物席是寒武纪大爆发前正常浅海环境中最基本的底质类型(Pfluger and Gresse，1996；Bottjer，1997；Hagadorn and Bottjer，1997，

1999; Schieber,1999; Gehling,1999;Seilacher,1999; Droser *et al*.,1999; Gerdes *et al*.,2000; Paterson and Black,2000; Dornbos and Bottjer,2000; Bottjer *et al*., 2000; Steiner and Reitner,2001)。Seilacher(1999)认为,微生物席对于正确理解元古代的海洋底栖群落起着至为关键的作用,Ediacara 动物群就是适应于微生物席底质的底栖生物;而且,微生物席的存在甚至还是 Ediacara 动物群得以保存为化石的关键因素(Gehling,1991,1999;Runnegar,1995)。值得注意的是,Ediacara 型化石的消失与微生物席的衰退是一致的。

有资料表明,BMC 对于海洋中磷酸盐和锰结核的形成甚为关键(Soudry, 2000; Schwennick *et al*.,2000)。据报道,细菌锰质叠层石在海洋环境分布相当广泛,甚至包括 5 000 m 深的深海环境(Monty,1977; 边立曾等,1996; Hu *et al*., 2000; Krajewski *et al*.,2000; Martin-Algarra and Sanchez-Navas,2000)。此外,在黑色页岩中也发现有微生物席的痕迹(Schieber,1999; Oschmann,2000)。总之,作为一个分布广泛的海洋底栖生态系统,BMC 在生物圈演化历史和地球化学外循环中的地位和作用确实不容低估。

根据结构和成因上的不同,Riding(1991a)建议将微生物岩区分为叠层石(stromatolites)、凝块岩(thrombolites)、枝状岩(dendrolites)、钙华(travertine)和隐微生物碳酸盐岩(cryptic microbial carbonates,相当于文献中常见的隐藻碳酸盐岩)5 种。近年来又有人提出均质岩(leiolites)(Braga *et al*., 1995)的概念,被 Riding(2000)的新分类方案采纳。

Flajas 和 Hussner(1993)指出,古生代泥丘中常见的层状孔洞构造(stromatactis)很可能也与 BMC 的活动相关。一些学者主张,原地生长的微晶灰岩在成因上与微生物活动或有机大分子相关,也应归入微生物岩的范畴(Reitner *et al*.,1995; Russo *et al*.,1997; Keim and Schlager,1999)。

(二) 控制微生物岩形成的主要因素

Riding(1991a)认为微生物岩的形成主要涉及:①沉积物颗粒的捕获、粘附;②碳酸盐矿物在微生物或沉积物表面的沉淀、钙化。他将以前一作用为主形成的微生物岩称为粘集(agglutinated)叠层石,或非骨架(nonskeletal)叠层石,以后一作用为主的则称为骨架(skeletal)叠层石。

笔者认为,蓝菌的钙化作用和微生物席向微生物岩的转化是两种不同的作用过程,应予以明确区分:①碳酸盐矿物在蓝菌等微生物个体表面(胶质鞘)的沉淀、钙化,即蓝菌鞘的钙化作用,这一过程主要与释氧光合活动相关,即光合碱化作用(Thompson and Ferris,1990; Phoenix *et al*.,2000),它可能与蓝菌等微生物能否保存为化石相关。在一定条件下,蓝菌经钙化作用也可逐渐形成骨架叠层石,但这种情况相对较少。②微生物席的同沉积或准同时海底胶结和石化作用,这一作用发生于 EPS 的非晶质基质，即细胞外聚合物或胞外基质的钙化作用（EPS calcification），这是微生物席能否转化为微生物岩的关键所在。

在化石记录中，微生物席的石化保存和蓝菌等微生物的钙化保存经常出现不一致的情况，例如，前寒武纪的叠层石除少数发生早期硅化作用者，很少同时保存蓝菌化石，这一困惑被称之为"前寒武纪之谜"（Precambrian enigma）（Riding，1997，2000）。Arp 等（2001）认为，其原因在于前寒武纪海水中溶解的无机碳浓度较高。对巴哈马现生微生物席和叠层石的观察表明，在新鲜的和已降解的蓝菌胶质鞘中均未发现碳酸盐沉淀，蓝菌的主要作用是分泌、形成 EPS 和捕获、粘附沉积物颗粒，对薄层微晶灰岩包壳形成发挥重要作用的是异养细菌，除非特殊情况，这些细菌一般不会被保存为化石，这也是叠层石中很少发现微生物化石的原因所在（Reid *et al.*，2000；Stolz *et al.*，2001）。

要解开所谓的"前寒武纪之谜"，就应明确区分微生物席的石化保存和蓝菌等微生物的钙化保存这两种不同的作用过程，它们显然有着互不相同的控制因素。由于细胞有机质极易降解，而微生物席（主要是 EPS）的钙化一般都发生于绿色层之下，即蓝菌死后。蓝菌死亡时若其包鞘尚未发生钙化，在这种情况下，微生物席的石化过程一般难以将已降解的蓝菌保存下来。因此，对这两种不同作用的区分可以合理解释在大多数叠层石中找不到蓝菌化石的困惑。总体说来，蓝菌对于微生物席的形成甚为重要，而异养细菌的降解活动在微生物席的石化过程中似乎起着更为重要的作用。

蓝菌并非专性的钙化生物，而是属于可促使碳酸盐沉淀作用发生的生物（Lowenstam，1981）。蓝菌的钙化作用发生与否，主要取决于环境条件和胶质鞘的特征（Pentecost and Riding，1986；Merz-Preiβ，2000），光合碱化作用在其中发挥着重要作用。蓝菌喜好碱性水体，当 pH 值低于 4 时则不能生存（Brock，1973）；虽然它在富营养的水体中更为繁盛，但其钙化作用的发生却仅限于贫养分、贫磷酸盐的环境。蓝菌钙化与否一方面取决于碳酸钙的过饱和度，钙离子浓度较高而溶解二氧化碳的浓度较低的海水似乎有利于蓝菌钙化作用的发生。另一方面，细菌包鞘的性质也十分重要，即使在碳酸盐过饱和的水体，钙化作用往往只发生在部分蓝菌属中，缺乏包鞘的蓝菌一般不发生钙化作用（Merz，1992；Merz and Zankl，1993；Defarge *et al.*，1994；Merz-Preiβ，2000；Phoenix *et al.*，2000）。由于细胞有机质极易降解，所谓钙化的蓝菌化石实际保存下来的往往以包鞘居多。上述限制因素大多与蓝菌能否钙化保存为化石相关，适于建造微生物岩的环境不见得适于将蓝菌保存为化石。

Riding（1992，1997，2000）十分强调同沉积钙化作用和石化作用的重要性，提出蓝菌钙化作用幕（Cyanobacterial Calcification Episodes），即 CCEs 的概念。Webb（1996）将 CCEs 改称为环境控制的碳酸盐事件（Environmentally Controlled

Carbonate Events,ECEs)。ECEs 或 CCEs 代表碳酸盐过饱和度的升高时期。如前所述,蓝菌的钙化与微生物席的钙化是两种不同的作用过程,因此,不宜将 Riding 的 CCEs 等同于微生物岩形成的高峰期。侏罗纪以前的碳酸盐沉积主要局限于陆架、浅海台地和陆表海环境,晚侏罗世后,海相蓝菌的钙化作用大为衰退,据信这在相当程度上与钙质超微化石和浮游有孔虫的兴起有关,侏罗纪以后海水中碳酸盐的饱和程度显然因此而受到影响,碳酸盐的沉积场所也由浅海向深海迁移(Boss and Wilkinson,1991),这与侏罗纪以前形成了鲜明的对比。白垩纪以后,蓝菌的钙化作用实际上仅局限于淡水环境,未见于正常海洋环境。

与蓝菌的钙化作用不同,大多数微生物岩的形成主要取决于两个不同的作用过程:① 微生物席的形成;②微生物席的石化。

蓝菌的细胞壁外通常包有以多糖为主要成分的胶质鞘,不少种类常聚集成群体,或丝状体(filament,由细胞列或菌丝,即 trichom 和其外的包鞘组成),这些菌丝和 EPS 相互缠绕编结,是形成微生物席的物质基础,从而成为 BMC 附着的基质。即使微生物席被沉积物埋葬而失去活力,由抗降解能力较强的 EPS 组成的胶质有机物却依然继续发挥着影响,这一点对于理解微生物席的钙化甚为重要,微生物席中的异养细菌与由它们主导的硫循环是这一钙化作用的关键因素。应当强调,缺乏生物扰动的稳定底质是 BMC 得以逐渐形成微生物席并继续保持的必要前提。早奥陶世后,微生物岩之所以从正常浅海环境中基本消失,退缩到诸如潮上带之类的选择压力高的环境或比较特殊的礁相环境,关键在于奥陶纪大辐射的发生。面对浅海底栖动物的大量繁盛和真核藻类的竞争,BMC 或其成员虽仍喜好在正常浅海环境生活,却失去了建造微生物席和微生物岩的稳定底质,尽管生物膜依然广泛存在,席基底(matgrounds)却逐渐被混合基底(mixgrounds)所取代。

Schubert 和 Bottjer(1992,1995)根据外高加索和伊朗 Abadeh 地区的"Griesbachian 阶",波兰西部的斑砂岩统,墨西哥下加利福尼亚的 Smithian 阶,美国内华达州大盆地的 Spathian 阶等地下三叠统不同层位的叠层石的产出情况,采用 Garrett-Awramik 的后生动物干扰假说(metazoan interference hypothesis),认为早三叠世叠层石广泛出现于世界各地的正常浅海环境,应属典型的灾后泛滥现象,后又将这一现象归入时错相的范畴,这一假说实际上主要与微生物席能否形成相关。Riding(1997)反对将叠层石当作灾后泛滥生物,并针锋相对地提出了环境抑制模式(environmental constraint model),尤其强调同沉积石化作用的重要性,Riding 的模式实质上主要涉及微生物席的石化问题。如果后生动物干扰是惟一的控制因素,微生物岩就应成为早三叠世分布最广泛而稳定的沉积类型之一,然而,事实却并非如此,因此,Riding(1997)的反对意见值得重视。笔者认为,这两个假说并不互相排斥,它们分别代表微生物岩形成的两大前提条件,即缺乏生物扰动的相对稳定的底质条件(使 BMC 得以逐渐形成微生物席),以及合适的海水物理化学条件(使微生物席得以及时固化、保存并继续向上生长),两者缺一不可。由此,可合理解释微生物岩在早三叠世阵发性出现的基本特点。

与微生物岩形成密切相关的海底胶结作用长期以来一直被当作是无机的化学沉淀(Logan,1961; Dill *et al.*,1986)。后来,与释氧光合活动相关的蓝菌鞘的钙化作用(Monty,1976),以及发生在无光带的异养细菌的降解作用(Chafetz and Buczynski,1992; Bartley,1996),曾相继被部分学者推测为诱发碳酸盐沉淀和胶结的重要因素。Reid 等(2000)根据对巴哈马现代海相叠层石的研究认为,以上学者叙述的钙化作用虽然存在,但他们所研究的微生物席实际上尚未完全石化,而真正的关键仍在于同沉积石化作用。他们提出,巴哈马叠层石的石化作用发生在透光带,而且,这一过程发生于微生物席表层的 EPS 非晶质基质,而非胶质鞘,主要依赖于蓝菌等的光合作用和细菌的异养呼吸这两个最基本的微生物新陈代谢活动。他们主张,EPS 薄膜的形成,以及其后异养细菌的降解作用是主要控制因素;此外,石内穿孔的颗粒状(coccoid)蓝菌在微生物席的石化过程中也发挥一定作用,但在地史时期叠层石形成过程中的作用尚有待探讨。这一研究成果表明,与异养细菌相关的石化作用并非仅局限于无光带或隐蔽环境,它在自养型 BMC 建造的相类型中同样发挥着重要作用。

曾有学者将巴哈马和鲨鱼湾的叠层石归为真核藻类-蓝菌叠层石,认为此类叠层石的建造,尤其是粗粒沉积物的捕获,主要依靠真核藻类(Awramik and Riding,1988; Riding *et al.*,1991a),但最近的研究却不支持这一观点(Reid *et al.*, 1995,2000; Pinckney and Reid,1997; Golubic *et al.*,2000)。以 Reid 为代表的学者(2000)认为,现代海洋叠层石实质上是蓝菌生长的产物,主要表现为蓝菌对沉积物的捕获增生和蓝菌席迅速石化这两者周期性相互交替,并达到动态平衡的结果;当沉积作用发生间歇性中断时,异养细菌则对薄层微晶灰岩包壳的形成发挥重要作用;真核藻类在巴哈马和鲨鱼湾正在建造叠层石的微生物席中往往缺失或仅占较小比例。

微生物岩的形成显然不完全由生物控制,环境因素的作用自然不可忽视,其中最为重要的就是底水和间隙水的碳酸盐碱度(alkalinity)和 pH 值,碎屑物质的输入,局部缺氧条件的存在(这对于硫循环特别重要),养分的变动等。例如,由于温度升高,海浪搅动或硅酸盐的风化等,导致 CO_2 的逸去或消耗,这将有利于碳酸盐的沉淀。另一方面,蓝菌的光合作用,硫酸盐还原菌释放重碳酸盐或有机质降解产生氨,都将一定程度地改变周围水体的碳酸盐碱度,从而促进碳酸盐的沉淀。前寒武纪和二叠纪的微生物岩以碳酸盐的直接沉淀生长为主(Grotzinger and Knoll,1995; Knoll *et al.*,1996),同沉积海底胶结作用的广泛发生正是其突出的标志(详见下文)。许多学者都强调海水的碳酸盐碱度是影响微生物席石化过程的主要控制因素,而同沉积胶结作用和石化作用则是微生物岩得以形成、维持和保存的关键所在(Pratt,1979,1982; Riding,1991a,1997,2000; Chafetz and Buczynski,1992; Leinfelder *et al*., 1993; Keupp *et al*., 1993; Neuweiler, 1993; Reitner and Neuweiler,1995; Webb,1996; Golubic,2000; Reid *et al*.,2000)。

碎屑物质输入的速率是另一重要控制因素(Pratt,1982; Leinfelder *et al*., 1993; Keupp *et al*.,1993; Paul,1995)。据 Merz(1992)对现代淡水蓝菌席的观测及和实验室养殖的对照研究,其年生长速率为 0.024~0.24 mm,此值与地史时期叠层石的纹层厚度可以对比。由此推测,当背景沉积速率与微生物席的生长速率相近时,将十分有利于叠层石的形成,如巴哈马 Exuma Cays 的现代叠层石。若沉积速率过高,则可能埋葬并中止微生物席的向上生长。

养分的波动,尤其是磷酸盐浓度的变化,也将对相关的钙化作用产生重要影响。例如,据研究,澳大利亚鲨鱼湾由于低养分而排除了藻类植物的生长,这就为叠层石的发育提供了充分的底质空间,而且,低养分环境还可能有利于钙化作用的发生。但这一因素对与异养细菌相关的钙化作用却影响不大,后者主要受有机质富集程度的影响(Castanier, 1999; Castanier *et al*.,2000)。如前所述,在以蓝菌为主的自养型 BMC 建造叠层石的过程中,异养细菌发挥了重要作用,不仅如此,异养型 BMC 更是形成原地微晶灰岩(automicrites)的主要沉积动力。

此外,影响微生物岩形成的因素还有温度,盐度,局部缺氧环境存在与否,底水和间隙水的渗透和循环,硅酸盐的风化作用等,在此不再一一赘述。

二、二叠纪的灭绝事件与礁生态系

(一) 关于茅口期末事件

一般认为,礁生态系对环境的变化和扰动尤其敏感,在灭绝事件中容易受到毁灭性打击(Sheehan,1985; Erwin,1993)。这一观点显然未将微生物岩礁考虑在内,况且,仅就后生动物礁而言,情况也并非总是如此。例如,奥陶纪末的灭绝事件虽然使礁体在许多地区一度消失,却并未对礁生态系的性质产生太多影响(Wood, 1999),Hallam 和 Wignall(1997)也认为奥陶纪末的灭绝事件是一个例外,礁群落受到的影响不如平底群落那么严重。

茅口期末事件中的礁生态系似乎又是一个例外。华南二叠纪可分出两大造礁旋回,即茅口期和"长兴期"(Fan *et al*.,1990; 王生海等,1996)。茅口期礁的分布较为局限,主要见于滇黔桂一带;"长兴期"则在茅口期的基础上向北和向东扩展,礁的发育达到顶峰,除滇黔桂和川东鄂西两大礁群外,在川东北、湘西北、川北、陕南、湘南、赣西北、苏南、浙江等地都有发现。湘西北慈利、辰溪一带除大型海绵-藻礁外,还发现十分壮观的四射珊瑚礁,其中珊瑚含量高达 80%,连续厚度达 50 m 以上(沈建伟、杨万容,1995;王永标等,1997;Shen *et al.*,1998)。

茅口期末事件或前乐平统事件是一次与海退相关的生物事件(金玉玕,1991;Jin,1993;Jin *et al.*,1994;Stanley and Yang,1994;金玉玕等,1995)。杨湘宁等(1999)根据对䗴类的研究,认为此次事件的集群灭绝始于"茅口中期","茅口晚期"达到高峰。东吴运动使华南的古地理面貌发生重大变化,吴家坪期以陆源碎屑沉积和含煤沼泽的广泛发育为特征,碳酸盐台地大量丧失,礁生态系进入低潮期,有人据此认为礁生态系发生了灭绝事件(Tong *et al.*,1998)。Erwin(1993,1994,1995)和 Ezaki(1995,2000)甚至主张,二叠纪礁主要灭绝于茅口期末事件,华南、希腊等地的"长兴期"礁只不过是位于热带避难所的幸存者而已。这一观点将整个晚二叠世都视为灾变期,显然与事实不符(Wignall and Hallam,1996)。Erwin 最近已改变了自己原先的观点(Erwin *et al.*,2002)。

Wood(1999)提出,不宜将礁的局部消失等同于造礁生物群的灭绝。笔者赞同这一观点,碳酸盐台地是礁生态系最重要的栖居地,栖居地的大量丧失显然对礁生态系造成了不利影响,但这并不意味着造礁生物必定发生了集群灭绝。

茅口期末的海退事件虽然一度破坏了滇黔桂一带茅口期礁生态系的栖居环境,使之发生明显衰退,却并未发生灾难性的灭绝事件,其理由如下:

(1) 茅口期的主要造礁生物,如串管海绵(sphinctozoans)、纤维海绵(inozoans)、硬海绵(sclerosponges),以及分类位置未定的板海绵(tabulozoans)、管壳石(*Tubiphytes*)、古石孔藻(*Archaeolithoporella*,有人认为属叠层石)等均未灭绝。以串管海绵为例,自早二叠世向上至二叠纪末,其分异度不断明显地增加,以晚二叠世为最高;此类生物在中、晚二叠世之间演化上的连续性非常明显,大多数中二叠世出现的新属都延续至晚二叠世(Rigby and Senowbari-Daryan,1995)。

(2) 华南的礁生态系在吴家坪期并未出现间断。贺自爱等(1980)提及,在黔南罗甸老场坝吴家坪期发育生物礁。广西来宾在吴家坪阶中段出现台地边缘礁,礁体厚约 100 m,造礁生物主要是钙质海绵(串管海绵、纤维海绵)、板海绵、管壳石、蓝菌等(杨万容,1987);这一造礁生物群落在茅口期和"长兴期"之间具有明显的过渡性质(张维、张孝林,1992a)。朱同兴等(1999)报道,广西隆林常么生物礁始于茅口中晚期,并一直延续至"长兴期"末期,整个晚二叠世基本上都是礁相沉积。此外,吴家坪期在广西隆林祥播见有以 *Liangshanophyllum* 为主的障结生物礁(范嘉松等,1990;Fan *et al.*,1990),在贵州紫云发现了 5 个珊瑚生物层(Wang Shenghai *et al.*,1994;王生海等,1996)。

(3) 对早、中、晚二叠世钙质海绵/藻礁和管壳石/藻包壳礁的研究表明,其主要造架生物和粘结生物并不存在明显的差别(Flugel and Stanley,1984)。许多学者(曾鼎乾等,1988;李钟模,1988;张维、张孝林,1991,1992a)都注意到"长兴期"礁与茅口期礁的相似性和继承关系。例如,张维、张孝林(1991)总结出 4 个二叠纪礁生物群，其中隆林礁生物群被认为是由茅口期和晚二叠世造礁生物共同组成，具有连续与继承的特点。

由此看来，茅口期末的海退使华南的古地理状况不利于成礁，礁生态系因栖居环境的减少而发生衰退。但造礁生物却未发生灭绝，中、晚二叠世的礁生态系在演化上仍然是连续的，因此，这一海退事件并未对华南的礁生态系造成灾难性的影响（表4.1.1）。对二叠纪各种后生动物礁类型的分析表明，它们基本上都穿越了茅

表 4.1.1　二叠纪-三叠纪礁生态系演变阶段划分

<table>
<tr><th>系</th><th>统</th><th>阶</th><th>亚阶</th><th>阶段划分</th><th>简要特征</th></tr>
<tr><td rowspan="3">侏罗系</td><td rowspan="3">下统</td><td>托阿尔阶</td><td></td><td>辐射阶段</td><td>六射珊瑚开始进入辐射阶段,动物群全面更新,三叠纪分子全部消失。至中侏罗世，由石珊瑚、类层孔虫、藻类等组成稳定的礁生态系</td></tr>
<tr><td>普林斯巴赫阶</td><td></td><td>复苏阶段</td><td>六射珊瑚迅速分异并恢复造礁，动物群的组成明显不同于晚三叠世</td></tr>
<tr><td>辛涅缪尔阶
赫唐日阶</td><td></td><td rowspan="2">残存阶段
（珊瑚礁间断）</td><td rowspan="2">珊瑚礁突然消失，仅在避难所发现由三叠纪残余分子建造的礁。陆架碳酸盐的生产陡然下降</td></tr>
<tr><td rowspan="8">三叠系</td><td rowspan="3">上统</td><td rowspan="3">← 三叠纪末事件
瑞替阶
诺利阶
卡尼阶 ←
卡尼期事件</td><td rowspan="3"></td></tr>
<tr><td>重组阶段</td><td>六射珊瑚开始与虫黄藻建立共生关系，在礁生态系中的地位逐渐变得重要，具有某些现代生态特点的珊瑚礁群落开始形成</td></tr>
<tr><td rowspan="3">复苏阶段</td><td rowspan="3">后生动物和真核藻类的回归标志着礁生态系复苏的开始。后生动物礁重新出现，其中未见二叠纪复活者，主要由三叠纪新生分子建造在结构上与二叠纪类似的后生动物礁。六射珊瑚开始出现于低能环境。平底群落进入辐射阶段</td></tr>
<tr><td rowspan="3">中统</td><td>拉丁阶</td><td></td></tr>
<tr><td rowspan="2">安尼阶</td><td>伊利尔亚阶
佩尔松亚阶</td></tr>
<tr><td>比塞恩亚阶
爱琴亚阶</td><td rowspan="4">残存阶段
（后生动物礁间断）</td><td>前复苏期　时错相消失，微生物岩全面回撤到非正常的高压力环境，平底群落先后复苏</td></tr>
<tr><td rowspan="2">下统</td><td>奥伦尼克阶</td><td>史帕司亚阶
史密斯亚阶</td><td rowspan="3">大灭绝后的萧条期　后生动物礁突然消亡，以微生物岩和竹叶状内碎屑灰岩为代表的时错相发生阵发性灾后泛滥。微生物岩在正常的浅海环境局部形成小型礁丘</td></tr>
<tr><td>印度阶</td><td>迪纳尔亚阶
“格里斯巴赫亚阶”</td></tr>
<tr><td rowspan="5">二叠系</td><td rowspan="3">上统</td><td rowspan="2">← 二叠纪末大灭绝
“长兴阶”</td><td rowspan="2"></td></tr>
<tr><td>辐射阶段</td><td>“长兴期”造礁旋回</td></tr>
<tr><td>吴家坪阶</td><td></td><td rowspan="2">衰退阶段</td><td rowspan="2">茅口期末全球大规模海退使礁的发育处于低潮期，后生动物礁依然存在，礁群落未发生灭绝</td></tr>
<tr><td rowspan="2">中统</td><td>← 茅口期末海退事件</td><td rowspan="2"></td></tr>
<tr><td>茅口阶</td><td>辐射阶段</td><td>茅口期造礁旋回</td></tr>
</table>

口期末事件(Weidlich,2002)。因此,就礁生态系而言,这是一次衰退事件,而非灭绝事件。

根据目前掌握的资料,茅口期末事件似乎以灭绝的强选择性为特征,与二叠纪

Table 4. 1. 1　Summary of evolutionary phases of the Permo-Triassic reef ecosystems

Series	Stage	Substage	Evolutionary Phases	Characters
Lower Jurassic	Toarcian		Radiation Interval	A major coral faunal changeover occurred and all the Triassic genera abruptly disappeared. It was not until the mid-Jurassic that the new reef ecosystem composed of corals, stromatoporoids and algae had reached a stable state
	Pliensbachian		Recovery Interval	A substantially different reef coral fauna emerged with many new species. Only a few Norian taxa survived
	Sinemurian Hettangian		Survival Interval **(Coral Reef Gap)**	Coral reefs suddenly disappeared. Carbonate production plummeted. Sinemurian reefs only known from refuges and constructed by Late Triassic coral holdovers
Upper Triassic	← The end-Triassic event Rhaetian Norian Carnian ← The Carnian event		Reorganization Interval	Scleractinians with photoautotrophic symbionts (zooxanthellate algae) appeared and grew in importance in the reef ecosystem. The assembly of the coral-reef community started
Middle Triassic	Ladinian		Recovery Interval	The return of faunas and algae in reefs marked the beginning of recovery interval. Metazoan reefs reappeared, built by the new comers of the Triassic rather than the Permian holdovers. No definite Permian Lazarus taxa found in the Middle Triassic reef communities. Scleractinians appeared. The level-bottom communities radiated
	Anisian	Illyrian Pelsonian		
		Bithynian Aegean	Survival Interval **(Metazoan Reef Gap)**	**Prelude of Recovery**—Anachronistic facies disappeared. Microbialites were in full retreat from the normal-marine to high stressed environments, indicating the recovery of the level-bottom communities, especially infaunal burrowers
Lower Triassic	Olenekian	Spathian Smithian		**Aftermath of the End-Permian Crisis**—Metazoan reefs disappeared abruptly. Anachronistic facies (thin storm beds, flat-pebble conglomerates, microbialites) well developed. During the Early Triassic, an anachronistic bloom of microbialites as post-mass extinction disaster forms occurred in the normal-marine environments, some of them formed small reef mounds
	Induan	Dienerian "Griesbachian"		
Upper Permian	← The end-Permian crisis 'Changhsingian'		Radiation Interval	"Changhsingian" reef-building cycle
	Wuchiapingian		Decline Interval	Global regression towards the end of the Maokouan had only caused the decline of the reef ecosystem. Metazoan reef still existed. No mass extinction occurred in the reef communities.
Middle Permian	← The end-Maokouan regression event Maokouan		Radiation Interval	Maokouan reef-building cycle

末的大灭绝相比尤其如此。总体看来，四射珊瑚和鏇在茅口期末的灭绝最为明显(Stanley and Yang，1994；Wang and Sugiyama，2000)，其他门类的情况则有所不同。金玉玕(1991)指出，特提斯海区的腕足类、菊石、苔藓虫的多数科、属都上延至乐平世，在喜马拉雅、Omolon等高纬度海区，腕足类动物群并无明显变化；其他化石门类如有孔虫、放射虫、牙形类、腹足类等均无显著变化。据石光荣、沈树忠等研究(Shen and Shi，1996，2002；Shi *et al*.，1999)，由于茅口期末事件的影响，华南的腕足类由82属169种(茅口期)迅速下降到29属57种(吴家坪早期)，到吴家坪晚期又迅速回升到82属233种，种一级的分异度甚至还明显高于茅口期。如果仅仅从分异度的变化分析，腕足类在茅口期末的灭绝看上去规模相当大(Shen and Shi，1996：Fig. 1，2002：Fig. 7)；然而，若将其中假灭绝(暂时消失)的部分剔除，吴家坪晚期82个腕足类属中的80％都是从前吴家坪期延续而来的。因此，从属一级分析，所谓的晚吴家坪期辐射的主体部分实际上是对前吴家坪期腕足类的继承，这些属显然都穿越了茅口期末事件，只是它们在早吴家坪期由于古地理的变迁而暂时消失而已，这自然不能归为集群灭绝的范畴。可见，华南茅口期末腕足类的灭绝规模相当有限。

一般说来，集群灭绝事件前后生物群的面貌应当发生较大的变化，应当有相当比例的分类单元永远地消失。晚吴家坪期的腕足类中，前乐平期的"复活者"居然占总数的80％，这就不得不使人怀疑，华南吴家坪早期腕足类的衰退是否能代表一次真正意义上的重大集群灭绝事件，也许相环境的变迁在其中起着更重要的作用。仅仅根据分异度曲线的变化来探讨灭绝型式和灭绝事件，其局限性是显而易见的。

目前可以肯定的是，虽然从全球的角度分析，茅口期末的大海退使得世界上许多地区缺失了晚二叠世的海相沉积，从而对这些地区的前乐平世腕足类动物群造成了巨大打击，但华南和古热带大区却是明显的例外，茅口期末事件似乎并未对华南和古热带大区的腕足类造成灾难性的影响(Shi and Shen，2000)。按照Droser等(1997，2000)从生态建构(architecture)角度所建立的4个级序进行对照分析，茅口期末事件所造成的总体生态变化的水平至多相当于第四级，属于级序最低、规模最小的一级。

菊石曾被视为茅口期末灭绝事件的一个实例(金玉玕等，1995)。但周祖仁等(Zhou *et al*.，1999)的统计表明，茅口期末属的灭绝率(44％)明显低于相邻的沃德期末(56％)和吴家坪期末(87％)，甚至还低于空谷期末(47％)。从科的灭绝率看，茅口期末属于正常的背景灭绝(8.3％)，而相邻的沃德期末和吴家坪期末分别高达33.3％和50％。二叠纪菊石的演化非常迅速，其特点是灭绝率和新生率都很高，在晚二叠世，属一级的灭绝率与新生率曲线几乎是平行的(见本书第四章第十节图4.10.3)，故更新速率极快。由此判断，晚二叠世菊石属一级的高灭绝率很可能是菊石快速演化所造成的一种假象，这些所谓的灭绝的属，其中的大多数实际上都演化成了新属，故应归入假灭绝的范畴。根据周祖仁等(Zhou *et al.*，1999)的统计资料，在吴家坪期总共 53 个属中有 17 个属来自 Capitan 期，占 32%；而吴家坪期的菊石中，只有 6 个属延入“长兴期”，仅占“长兴期”菊石的 8%，可见，菊石在中、晚二叠世之间的连续性相当明显，无论如何，双阶段灭绝型式显然不适用于菊石。

对华南二叠纪双壳类的全面分析(见本书第四章第三节)表明，茅口期末双壳类的灭绝率几乎为零，不仅如此，茅口期至早吴家坪期还是双壳类的辐射期，其特点是灭绝率低，几乎为零；新生率高，出现较多新属，化石的分异度和丰度均大幅度增长；因此，与四射珊瑚和蜓等碳酸盐台地型生物相比，非碳酸盐台地型双壳类实际上成了海退事件的受益者。

放射虫是否发生灭绝值得商榷。以往统计的偏差似与地层对比有关，因为过去一度将乐平统的 *Neoalbaillella ornithoformis* 带和 *N. optima* 带与茅口阶顶部对比(Wang Yujing *et al.*，1994)。其他比较重要的门类如腹足类、牙形类、非蜓有孔虫等在茅口期末也未发生灭绝(金玉玕，1991；Jin，1993；Jin *et al.*，1994；金玉玕等，1995)。看来，有关华南茅口期末事件的性质和规模等仍有待于进一步研究。

(二)“长兴期”末后生动物礁的突然消亡

关于二叠-三叠纪之交大灭绝的进程究竟是渐变的还是突变的，一直是学术界关注的问题。直至 20 世纪 90 年代，不少西方学者仍主张灭绝是一个漫长而渐进的过程(Newell，1988；Teichert，1990；Erwin，1993，1994，1996；Ezaki，1995)，然而，Signor 和 Lipps(1982)提出，这一渐进模式有可能是模糊效应造成的假象。金玉玕(1991)明确指出，这在相当程度上是由于对乐平统资料缺乏了解而造成的一种误解。从华南的实际资料出发，中国学者一般都认为大灭绝是突发式的灾变事件(如杨遵义等，1991；金玉玕，1991；Jin *et al.*，2000)。以在茅口期末事件中灭绝效应最为明显的蜓和四射珊瑚为例，蜓在晚二叠世仍然在 Schuberbellidae 科发生辐射，出现了一些新属(Stanley and Yang，1994)；四射珊瑚虽无辐射的迹象，却在“长兴期”形成了颇为壮观的珊瑚礁，因此，它们都不存在一个长期的逐渐衰退过程。

近年来通过大量实际工作，尤其是对华南有关剖面的仔细观察，突变的观点逐渐占了上风(Wignall and Hallam，1992，1993，1996；Gruszczynski *et al.*，1992；Wang K. *et al.*，1994；Wignall and Twitchett，1996；Wignall *et al.*，1996，1998；Rampino and Adler，1998；Rampino *et al.*，2000；Erwin *et al.*，2002)。对浙江长兴煤山二叠-三叠系界线剖面的最新研究(Bowring *et al.*，1998，1999)，表明大灭绝发生在 16 万年之内，尤其支持突发性灾变事件的观点。其他学者采用不同研究手段分别对海陆相地层进行研究，对大灭绝可能涉及的时限也得出十分相似的结果：5.4 万年以内(Eshet *et al.*，1995)，3 万年内(Rampino and Adler，1998)，不到 6 万

年(Rampino *et al.*,2000),5 000 至 10 万年之间(Ward *et al.*,2000),5 万年或更少(Smith and Ward,2001),1~6 万年(Twitchett *et al.*,2001)。

华南保存有古生代最高层位的后生动物礁,其中发育相当完整的生态序列,这就有可能为探讨二叠-三叠纪之交大灭绝的型式提供可信的证据。对四川华蓥山土地垭和希腊 Skyros 岛二叠纪晚期生物礁的研究显示,这两处礁体由底向顶,无论是分类上的分异度还是生物相的类型,均存在明显增加的倾向,而且,这一倾向还一直持续至"长兴期"末礁体的发育突然结束为止(Reinhardt,1988; Flugel and Reinhardt,1989)。串管海绵的分异度在晚二叠世期间也表现为明显的增加(Rigby and Senowbari-Daryan,1995)。根据对贵州紫云二叠纪礁的研究,王生海等(Wang Shenghai *et al.*,1994; 王生海等,1996)认为"长兴期"最晚期生物礁的发育达到极盛时期,表现在礁核相的范围进一步加宽,礁组合和岩相的分异更为明显。礁生态系在"长兴期"的繁盛,指示了当时环境的相对稳定;礁生态系的记录证明,晚二叠世并不存在一个环境逐渐恶化的长期趋势,也就是说,"长兴期"末的灾变事件很可能是突发性的。

有人曾提出,二叠纪后期群体四射珊瑚首先消失,最后只留下单体类型(Flugel,1970)。然而,最近在湘西北发现十分壮观的长兴晚期四射珊瑚礁,证明四射珊瑚在二叠纪末期的灭绝是突然的。Wignall 和 Hallam(1996)认为,高分异度的礁和平底动物群一直持续至二叠纪末期,在重庆北风井剖面,大灭绝发生于最顶部半米厚的地层内。

在华南的不少地点,"长兴期"的后生动物礁一直持续至二叠-三叠系界线附近,如广西隆林科风(张维等,1992a),贵州镇宁嘎达,望谟大塘、播东,湖北利川马鞍山(朱同兴等,1999),贵州紫云谈陆寨、花冲(Wang Shenghai *et al.*,1994; 王生海等,1996),重庆华蓥山(王生海等,1992,1994; Kershaw *et al.*,1999,2002),南盘江盆地的罗甸板庚(Lehrmann *et al.*,1998,2001,2003; Lehrmann,1999)等。其中以重庆华蓥山和南盘江盆地(罗甸板庚、紫云谈陆寨)研究较详,其特点在于礁帽相的微生物岩直接覆于"长兴期"生物礁之上。

在重庆华蓥山的白竹园剖面,Kershaw 等(2002)在礁帽相的微生物岩(?)结壳层的上部找到三叠纪最底部的带化石 *Hindeodus parvus*,并在其上不足 1 m 的飞仙关组近底部发现 *Isarcicella isarcica* 和 *H. parvus* 共同出现。看来,华蓥山的礁帽相在层位上与浙江长兴煤山剖面的界线层可以精确对比。

在南盘江盆地,紫云谈陆寨剖面礁帽相纹层状微晶白云岩的顶部产"Griesbachian 期"双壳类 *Claraia aurica*(Wang Shenghai *et al.*,1994);在罗甸板庚(大文剖面)下三叠统底部的蓝菌生物层中也找到了确凿的化石证据:在距底 65 cm 处开始出现牙形类 *Hindeodus parvus*,往上见有 *Isarcicella isarcica*,*H. parvus* 带厚 13.5 m;蓝菌生物层之下则产 *Palaeofusulina*;在与蓝菌生物层同时异相的页

岩中发现了 *Claraia*，其下的大隆组产菊石 *Rotodiscoceras*，牙形类 *Clarkina changxingensis* 及双壳类、腕足类等(Lehrmann *et al*.,2001,2003)。

很显然，在二叠纪末的大灭绝中，这些剖面的生物群面貌发生了突然变化，然而，在华蓥山和南盘江盆地，沉积的古地理环境和水深并未发生明显变化，碳酸盐岩台地的基本形态也未发生变化；碳酸盐沉积是连续的，未出现间断，造礁生物的栖居地依然存在，礁生态系仍在延续。这些剖面缺乏华南地区常见的界线粘土层，二叠系和三叠系之间为整合接触关系(Lehrmann *et al*., 1998, 2001, 2003; Lehrmann,1999; Kershaw,2002)。因此，华蓥山和南盘江盆地二叠-三叠系连续的碳酸盐岩剖面为研究二叠-三叠纪之交的大灭绝及其后继效应提供了独特而难得的视角，它们显然不支持碳酸盐环境保持连续的地区礁生态系灭绝效应相对较小的观点(Wood,2001b)。

上述证据表明，二叠纪末期的后生动物礁是在正常演替的状态下突然消亡的，二叠纪造礁群落的崩溃和主要造礁生物的灭绝显然与栖居地的丧失无关；正是突发性的古海洋异常事件导致了礁生态系的突变事件；也正是发生于二叠-三叠纪之交的全球突发性环境灾变事件及其一系列后继效应，对地球所有的生态系统造成了毁灭性打击。就海洋生态系统而言，后生动物礁的消亡与浅海底栖生物的灭绝是同时突然发生的，这一同步性显然与当时海洋环境的重大异常事件存在着成因联系(见本书第四章第十节)。

在二叠纪末的大灭绝中，造礁生物中的后生动物和真核藻类均告消失，曾经兴盛一时的礁生态系此时只剩下机遇色彩甚浓的以蓝菌为主的 BMC 孤军奋战，并呈现灾后泛滥之势(详见下文)，在适宜的条件下仍然形成了小型的礁丘。此时礁生态系的演化虽发生突变，即突然全面衰退，进入最萧条的时期；但由于小型微生物岩礁体依然存在，礁生态系并未完全消亡，只是后生动物礁的发育和演化出现了间断。

Copper(1994a)主张，在灭绝事件中，礁总是先于一般海洋生物灭绝，Wood (1999,2000)对这一观点提出异议。童金南等(Tong *et al*.,1998)认为，华南二叠纪礁的灭绝略早于非礁栖生物，因为在许多剖面，“长兴期”礁的消失通常位于二叠-三叠系界线之下几十厘米至几米。

应当指出，“长兴期”末大灭绝本来就发生在界线之下。据最新同位素测年资料，Bowring 等(1998)提出，大灭绝发生于 252.3 Ma 至 251.4 Ma 之间，25 层以下 1 m 厚的地层范围内。金玉玕等(Jin *et al*.,2000)认为，在长兴煤山剖面大灭绝发生于 25 层，而目前公认的二叠-三叠系界线则位于 27 层的中间。此外，即使在同一礁体，由于剖面的具体位置不同，二叠纪最顶部的岩性和接触关系等都会有所不同，这与礁体在横向上的相带变化相关。以南盘江盆地紫云紫云洞至谈陆寨一带的礁剖面为例，在石头寨剖面，二叠系顶部的礁灰岩与上覆下三叠统泥岩之间为假整合接触，而在谈陆寨和花冲一带，早三叠世罗楼组底部纹层状微晶白云岩直接整合接触覆于礁核相的石头寨灰岩之上。王国庆和夏文臣(2000)的稳定同位素研究表明，碳同位素负异常的峰值见于长兴组礁灰岩顶部，这一发现值得重视，有待今后进一步核实。在华蓥山和南盘江盆地，由于在礁灰岩之上的礁帽相中都发现了三叠纪初的标准化石 *H. parvus*(Kershaw，2002；Lehrmann，2003)，礁灰岩显然已延续至二叠纪末期。在南盘江盆地，罗楼组底部的蓝菌生物层大致与长兴煤山剖面的 25 层至 27 层相当(Lehrmann，2003)。这就证明，后生动物礁的消亡并非先于非礁相生物，两者的灭绝是同时的，而且是受同一古海洋异常事件的控制。

一般而言，礁对某些环境条件的变化比较敏感，但这并不意味着在各类生物灭绝事件中，后生动物礁的消亡总是要先于平底群落。应当强调具体事物具体分析。造礁群落的组成分子有时也可散见于平底群落等环境，因此，只要条件合适，虽然原栖居地已不复存在，造礁生物仍有可能在新的地点通过自组织重建礁相环境。如上所述，在奥陶纪末大灭绝和茅口期末的海退事件中，造礁生物似乎就表现得不那么敏感，由此可见，不同性质、不同强度的环境事件在礁生态系历史记录中留下的印记是不同的。由于礁保存有较完整的生态序列，对二叠纪最高层位后生动物礁的研究，是证明"长兴期"末大灭绝与突发性灾变事件相关的最有力证据。

(三) 关于双阶段灭绝模式

不少西方学者曾经主张二叠-三叠纪之交的大灭绝是一个渐进而漫长的过程，大致开始于 Guadalupian 期末，至二叠纪末达到顶峰(Newell，1988；Teichert，1990；Erwin，1990，1993，1994，1996；Ezaki，1995)。Erwin(1995)甚至认为这是显生宙历时最长的一次灭绝事件，将华南视为晚二叠世避难所即由此观点派生而来(Erwin，1993，1994，1995；Ezaki，1995，2000)。实际上，华南的乐平世生物群并不存在一个向着二叠纪末逐渐衰退的过程。相反，"长兴期"是礁的辐射期，是二叠纪礁最鼎盛的时期。再如，吴家坪晚期和"长兴期"的腕足类分异度均高于茅口期，当然也属于辐射期。二叠纪的很多化石门类，如有孔虫、放射虫、双壳类、牙形类、腹足类、介形类等在晚二叠世也都不存在一个逐渐而缓慢的衰退过程；这就证明晚二叠世的环境在整体上是稳定的，并不存在一个环境逐渐恶化的长期趋势。双阶段灭绝(即茅口期末事件和二叠纪末事件)模式(金玉玕，1991；Jin，1993；Jin *et al.*，1994；Stanley and Yang，1994；金玉玕等，1995)的提出为消除西方学者的误解(即渐进而漫长的灭绝模式)起了重要作用。

最近印度物理学家提出了有关生物大灭绝的宇宙暗物质(dark matter)模式(Abbas and Abbas，1998)：当地球穿过稠密的暗物质团块时，神秘的暗物质与生物组织相互作用使生物发生癌变或其他致命突变，从而引发了全球生物的首轮灭绝；数百万年后，由于大量暗物质的俘获和湮灭，地球内部逐渐积聚的巨大热量最终通过地幔柱(mantle plume)到达地表,形成大规模的喷溢玄武岩(flood basalts)喷发活动,持续长达百万年,并由此导致了全球生物的第二轮灭绝。他们认为,这一模式可以合理地解释二叠纪的双阶段灭绝现象。然而,人类目前对暗物质所知甚少,暗物质是否一定会导致广泛的基因突变尚不得而知。况且,华南二叠纪的化石记录并不支持这一模式,包括陆地及海洋生物在内的许多化石门类,在茅口期末事件中并未受到太多影响,陆地维管植物群和非碳酸盐台地型的双壳类甚至还是这一事件的受益者。基因突变假说似乎难以解释这一基本事实。

也有学者将双阶段灭绝模式与发生于二叠纪的两次喷溢玄武岩事件(峨眉山玄武岩和西伯利亚暗色岩)联系在一起(Courtillot *et al.*,1999; Ali *et al.*,2002; Zhou *et al.*,2002)。确实,它们在地质时间上完全吻合,但现有的化石记录却不支持峨眉山玄武岩喷发与茅口期末灭绝事件直接相关的论点,后者似乎更可能是一次与海平面下降相关的生物事件(金玉玕,1991; Jin,1993; Jin *et al.*,1994; Stanley and Yang,1994; 金玉玕等,1995; Shen and Shi,1996,2002; Shi *et al.*,1999; 详见前文,并见本书第四章第二、三节的相关讨论);尤其值得注意的是,当时的陆生植物和双壳类不仅未发生灭绝,反而因海退事件而得到了更大发展(见本书第四章第三、十节)。事实再一次证明,并非所有的喷溢玄武岩事件都会造成生物灭绝事件。华南的晚二叠世已经得到了很好的研究,已有地质记录表明,在峨眉山玄武岩喷发后并未出现可以与西伯利亚暗色岩事件类比的种种灾难效应,峨眉山玄武岩不仅在规模上要比西伯利亚暗色岩事件小得多,它们之间在某些方面必定存在着较大的差异,例如,后者赋存有丰富的硫化矿床。此外,应当注意,在西伯利亚暗色岩事件爆发的同时,世界很多地方都出现了强烈的火山活动(见本书第四章第十节)。

茅口期末事件与“长兴期”末的大灭绝主幕(笔者认为,部分海洋生物曾分别在“长兴期”末和三叠纪初发生两次规模不等的集群灭绝,前者为主幕,后者是尾幕,后生动物礁的灭绝发生于主幕,请参见本书第四章第三节和第十节的相关讨论)之间相隔长达 7～10 Ma 之久,两者不大可能存在直接的成因联系,它们的起因显然不同(金玉玕,1991),它们是两次互不相干的事件(Shi *et al.*,1999)。从现有的各类资料分析,茅口期末事件主要与海退相关,至少就华南而言,似乎并未造成严重的生态危机。这次海退使二叠纪浅海生物的栖居地大大地减少,有可能在客观上增强了部分生物在“长兴期”末大灾变中灭绝的几率。二叠纪的这两次事件不仅成因不同,而且在它们之间尚未发现任何前后相关的迹象。无论如何,不能将它们与奥陶纪末的双幕式事件等同视之,它们是两次相互完全独立、性质不同,而且规模也大不相同的灭绝事件。

三、早三叠世的后生动物礁间断

高等动、植物在二叠纪末经历了显生宙中规模最大的一次浩劫,二叠纪的主要造礁生物，如海绵、苔藓虫、钙藻、*Tubiphytes*（参见下文讨论）等均难逃劫运，晚二叠世造礁生物的集群灭绝和造礁群落的崩溃致使早三叠世的礁生态系空前萧条，一些学者将早三叠世称为无礁期，并认为这是显生宙历史上最大的一次礁间断（reef gap）（Flugel and Stanley，1984；Sheehan，1985；Stanley，1988；Talent，1988；Senowbari-Daryan *et al.*，1993；Flugel，1994；Webb，1996）。然而，这些学者都以广义的礁作为讨论的基础，更何况许多晚二叠世和中三叠世的礁也不是真正的生态礁。因此，笔者赞同 Lehrmann（1999）的意见，对早三叠世的所谓礁间断应予以重新认识。

本节认为，礁生态系的演化在早三叠世确实达到最低点，主要表现为具骨骼造礁生物（后生动物、真核藻类）的灭绝，使礁生态系中的酶控碳酸盐基本消失，导致后生动物礁的消失长达 10 Ma 以上（"长兴期"末至安尼中期），然而，微生物岩礁依然存在。若采用广义的礁定义，礁间断实际上并不存在，早三叠世所谓的礁间断，应被看作是后生动物礁的间断。早三叠世是礁生态系在大灭绝后的残存期，不宜将早三叠世理解为广义的无礁期。同时，也不应将发生于造礁生物的灭绝事件理解为礁的灭绝事件，作为一类十分独特的地质实体，广义的礁并未发生过真正意义上的灭绝。

二叠纪时，微生物岩和微生物岩礁主要见于高盐度环境，如欧洲的镁灰海（Zechstein），当盐度趋于正常时，动物群变得丰富，微生物席基底则变得罕见；反之则动物群变得贫乏，最后甚至只剩下微生物席（Peryt and Piatkowski，1977；Paul，1980，1995；Smith，1981）。早三叠世的情况则明显不同，最近，有关早三叠世微生物岩的新产地不断发现（Baud *et al.*，1997；Sano and Nakashima，1997；Lehrmann，1999；Kershaw *et al.*，1999）。早三叠世微生物岩在华南和全球正常海相环境的广泛分布，从一个侧面反映出二叠-三叠纪之交突发的环境灾变事件对礁生态系演化进程所产生的巨大影响。

（一）华南早三叠世的微生物岩和微生物岩礁

Kershaw 等（2002）对 Schubert 和 Bottjer（1992）的灾后泛滥概念提出了疑问，他们根据对重庆华蓥山相关剖面的观察，发现二叠-三叠纪之交礁帽相微生物岩（?）壳的出现和消失都相当突然，认为应代表灾后非正常海洋状况的突然开始和结束；为此他们主张，这主要是由于环境对碳酸盐沉淀的控制而造成的。以上特点代表了世界各地大灭绝后微生物岩产出的一般特点，这似乎反映了当时古海洋物理化学条件的变化多端，很可能与阵发性的上升流活动相关（详见本书第四章第十节）。应当强调，微生物岩并非仅仅局限于三叠系的底部，Lehrmann 等（1998，2001，2003）提供的证据表明，它在南盘江盆地延续到了早三叠世晚期，他们认为，与灾变相关的环境状况一直持续到早三叠世末。此外，如下所述，微生物岩在世界各地下三叠统的不同层位都有发现，尤以三叠系底部为普遍。微生物岩在早三叠世发育的这种阵发性和广泛性，不仅证明当时海洋的物理化学环境确实发生了全球性的异常事件，同时也充分反映出 BMC 作为机遇生物的特性。本文认为，微生物岩和竹叶状灰岩（详见下文）在早三叠世的时错性灾后泛滥，显然不仅仅由环境因素控制，况且，采用灾后泛滥的概念并不等于完全排斥了环境因素的控制作用。微生物岩是由 BMC 和环境相互作用而产生的碳酸盐沉积，是生物沉积作用的产物，其独特性就在于生物因素和非生物因素的紧密结合，两者缺一不可。如前所述，仅仅采用后生动物干扰假说和灾后泛滥的概念是不够的，还应考虑环境抑制模式和古海洋物理化学条件的变化，才能合理地解释大灭绝后微生物岩分布的阵发性特点。

对早三叠世微生物岩的研究在我国尚未引起充分重视，有关这方面的专题报道不多。尽管如此，笔者从各类文献中搜集到的资料，足以证明微生物岩在华南和全球早三叠世的正常浅海环境有着相当广泛的分布，现将华南已知产地层位罗列如下（图 4.1.1）：

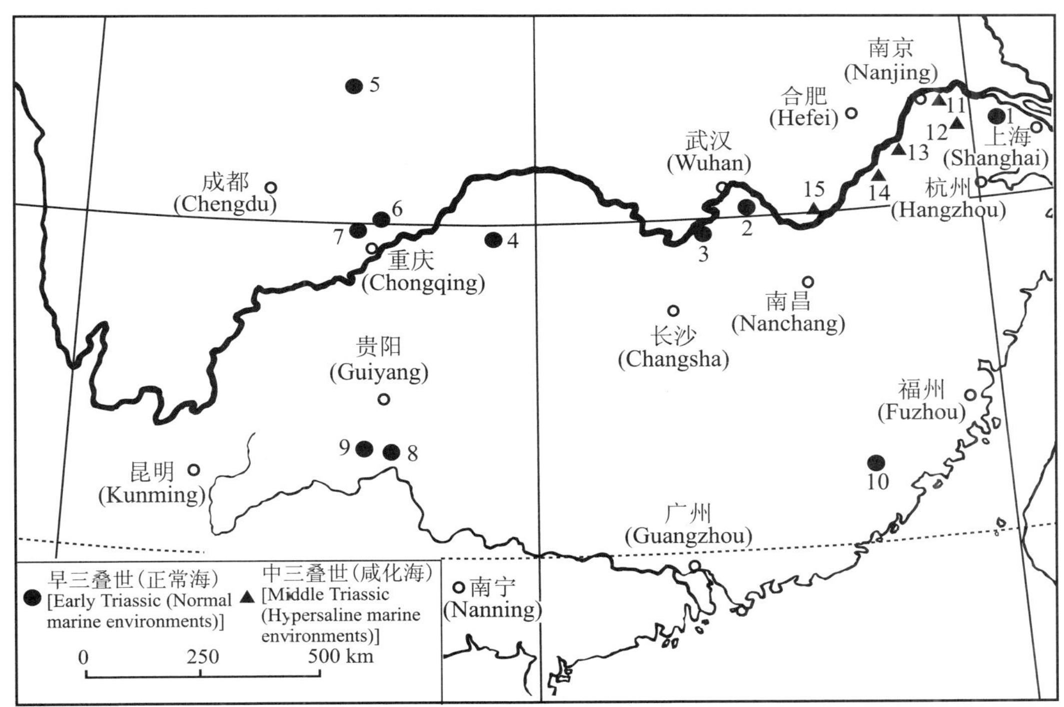

图 4.1.1　华南早-中三叠世微生物岩产地分布图

1. 无锡嵩山　2. 大冶沙田　3. 蒲圻观音山　4. 湖北咸丰　5. 广元上寺　6. 重庆华蓥山　7. 重庆凉风垭　8. 罗甸板庚　9. 紫云谈陆寨　10. 龙岩蓝田　11. 镇江大力山　12. 溧阳飞家山　13. 繁昌北山　14. 铜陵牛形山　15. 宿松坐山

Figure 4.1.1　Map of South China showing locations of Early and Middle Triassic microbialites

1. Songshan, Wuxi　2. Shatian, Daye　3. Guanyinshan, Puqi　4. Xianfeng, Hubei　5. Shangsi, Guangyuan　6. Huayingshan, Chongqing　7. Liangfengya, Chongqing　8. Bangeng, Luodian　9. Tanluzhai, Ziyan　10. Lantian, Longyan　11. Dalishan, Zhenjiang　12. Feijiashan, Liyang　13. Beishan, Fanchang　14. Niuxingshan, Tongling　15. Zuoshan, Susong

(1)早三叠世早期:无锡嵩山青龙组下部叠层石生物丘(bioherm)(钱迈平,1995);贵州罗甸板庚罗楼组蓝菌生物层(biostrome)或生物礁岩(boundstones),厚达 7～15 m(Lehrmann *et al*.,1998,2001,2003; Lehrmann,1999);重庆华蓥山长兴组生物礁的顶部普遍覆盖有微生物(?)结壳层(Kershaw *et al*.,1999,2002),厚 1 m 至十余米(王生海等,1994);福建龙岩蓝田溪口组下段叠层石灰岩(吴歧,1998);重庆凉风垭飞仙关组下部大型叠层石(1 层)和纹层状微晶灰岩(27 层)(Wignall and Twitchett,1999);四川广元朝天明月峡、新店子飞仙关组近底部藻纹层微晶灰岩(杨遵义等,1987);广元上寺飞仙关组下部(31 层,32 层)藻纹层微晶灰岩,此外在下部微晶灰泥岩中还发现了丰富的漂浮生活的颗粒状蓝菌化石(李子舜等,1989; Wignall *et al*.,1995);四川合川、湖北咸丰飞仙关组的叠层石灰岩(吴应林等,1994);贵州紫云谈陆寨、花冲罗楼组底部纹层状微晶白云岩(Wang Shenghai *et al*., 1994; 王生海等,1996)。

(2)早三叠世晚期:贵州罗甸板庚紫云组(Smithian 或 Spathian 期)具有钙化微生物格架的蓝菌生物丘,最厚可达 30 m(Lehrmann *et al*.,1998,2001,2003; Lehrmann,1999);湖北大冶沙田大冶群第四段潮坪相叠层石白云岩(郭成贤等,1988);湖北蒲圻观音山大冶组上部的球状、波状和枝状叠层石(刘怀波、罗顺社,1988)。

有人根据微生物岩礁在华南和日本下三叠统的发现,认为华南等泛大洋上的地体是大灾变时期礁生态系的避难所(Stanley,2001; Weidlich,2002)。这一观点有待商榷,应当强调,无论是华南还是日本的下三叠统,都从未发现过后生动物礁的痕迹;况且,早三叠世微生物岩和微生物岩礁在特提斯海域和泛大洋都有着广泛的分布,并非仅限于华南和日本。除了 Schubert 和 Bottjer(1992)报道的产地外,近年来又在世界各地发现不少新的产地,例如,据 Flugel(1994)报道有:俄罗斯北高加索印度阶生物丘状微生物岩;阿塞拜疆 Gorni Karabach 早三叠世的微生物岩隆(buildups);伊朗东北部 Aghadarband 早三叠世晚期的微生物岩丘(mounds)。其他还有:意大利北部 Mazzin 段("Griesbachian")发现叠层石(Wignall and Hallam,1992; Hallam and Wignall,1997);Baud 等(1997)在南阿尔卑斯、土耳其西南部 Antalya 推覆体、亚美尼亚南部、伊朗北部 Elburz 山东部、伊朗中部 Abadeh 地区、阿富汗中部等地的下三叠统底部均发现丘状叠层石、凝块岩等;Sano 和 Nakashima(1997)在日本九州南部高千穗古海山(seamount)"Griesbachian 阶"底部发现微生物岩丘;约旦早三叠世 Dardur 组中也报道有叠层石(Makhlouf,2000);伊朗的 Shah Reza 剖面的下三叠统和 Abadeh 剖面下三叠统底部均发现有微生物岩丘(Heydari *et al*.,2000,2001),但 Abadeh 剖面经重新研究后被认为是由同沉积海底胶结作用形成(Heydari *et al*.,2003,详见下文)。最近,Wignall 和 Twitchett(2002)在东格陵兰 Jameson Land 剖面的下三叠统 Wordie Creek 组中也发现了叠层石礁。

以上资料充分证明早三叠世微生物岩的分布并非局限于泛大洋上的地体，而是一种全球性的地质现象。尤其是在二叠-三叠纪转折时期，世界许多地方的正常浅海环境都程度不同地出现了一些小型丘状礁体，礁生态系中的酶控碳酸盐基本消失，后生动物礁则完全消失。以蓝菌为主的 BMC 成为仅存的造礁生物，造礁群落的分异度降到了最低点，群落结构极其原始而简单。而这正是"长兴期"末大灭绝后残存期礁生态系的最重要特征，表明显生宙礁生态系的演化发生了严重的倒退现象。但也有学者将微生物岩礁的出现当作是礁生态系复苏的标志(Gaetani and Gorza，1989；Wood，2001b)，这与笔者的观点大相径庭(详见下文)。

"长兴期"末大灭绝后微生物岩在正常浅海环境"复辟"，一方面是因为后生动物的大量灭绝，导致生物扰动水平大大降低，使微生物席基底得以顺利形成；另一方面是因为古海洋的异常事件大大改变了海洋的物理化学环境。相对稳定的底质状况和有利的海水物理化学条件是微生物岩灾后泛滥的两大前提条件。尤其值得注意的是，在下三叠统底部或上二叠统最顶部，在不少地点都发现凝块岩或丰富的颗粒状钙化蓝菌，它们有可能是灾变性似赤潮事件的产物，也许与海洋翻转(overturn)相关。海洋翻转事件使深海底部碳酸盐高度过饱和的缺氧海水上侵到浅海地区，随着 CO_2 的逸去，促进了同沉积海底胶结物和微生物岩的形成；与此同时，上翻的水体所带来的大量养分也促进了蓝菌的灾后泛滥。无论如何，以蓝菌为代表的自养细菌在大灭绝后所出现的灾后泛滥现象，表明灾后海洋的初级生产力很可能并未像过去设想的那样降到最低点(Tappan，1968)，而是依然保持着相当的水平。另一方面，以海洋无脊椎动物为代表的消费者的大量灭绝使灾后海洋生态系统的营养结构处于极不平衡的状态，从而在某种程度上造成初级生产力相对"过剩"的现象(见本书第四章第十节)，漂浮生活的颗粒状钙化蓝菌在早三叠世初的发现(李子舜等，1989；Wignall *et al*.，1995)，可以作为初级生产力相对"过剩"假说的证据之一。

Frasnian-Famennian(F-F)事件后礁生态系的状况与早三叠世颇为类似，珊瑚、层孔虫等造礁生物的灭绝，使珊瑚-海绵礁生态系崩溃，法门期礁主要由以蓝菌为主的 BMC 建造(Becker *et al*.，1991；Copper，1994a，2002；Fagerstrom，1994；Pickard，1996；Webb，1996；Playford *et al*.，2001)。对澳大利亚西部 Canning 盆地泥盆纪"大堡礁"的研究表明，大型后生动物骨骼的失去并未从根本上改变法门期礁的刚性(rigitity)。法门期微生物岩礁目前已在加拿大 Alberta，澳大利亚 Canning 盆地，我国广西桂林寨江、庙门，阳朔岩塘，横县六景等多个地点发现(Maurin and Noel，1977；Playford，1980；Playford and Cockbain，1989；殷德伟等，1990；Yu *et al*.，1991；高健，1991；Schubert and Bottjer，1992；钟铿等，1992；周怀玲，1996；Yu and Shen，1998；Playford *et al*.，2001；Chen *et al*.，2001；Whalen *et al*.,2002；Copper,2002；Chen and Tucher,2003)。Copper(2002)认为,F-F 礁生态系的危机仅次于二叠-三叠纪之交的大灭绝,法门期珊瑚-海绵礁完全消失,仅偶尔出现小型孤立的层孔虫或石海绵(lithistid)点礁(与早三叠世不同在于后生动物礁并未完全消失,真核藻类也未消失);同时他也指出,在法门期的碳酸盐台地,蓝菌和一些红藻(solenoporid)、绿藻(dasyclad)以及首现的钙质壳有孔虫开始形成一种全新的石炭-二叠纪型组合,可以归入 Kauffman 和 Harries(1996)提出的危机先驱者(crisis progenitor)模式。就目前掌握的资料,早三叠世的礁生态系并未出现任何危机先驱型分子,新型造礁分子迟至中三叠世才开始出现,而新型的造礁群落则更是迟至晚三叠世才开始初步形成(详见下文),看来,F-F 礁生态系的危机无论在规模上、强度上以及影响的深度上都难以与二叠纪末的危机相类比。

Wood(2000)最近在 Canning 盆地发现了一个十分独特的法门期礁的实例。其先驱群落是以蓝菌为主的 BMC,但与其他法门期礁不同的是,以串管海绵为主的后生动物也相继加入到造礁群落中。群落主要由弗拉期的残存分子组成,似乎表明这一礁体可能与避难所相关;然而,它的生长显示出一种新的生态类型,表明它不像是事件前的礁群落的残余。据此,Wood 认为,F-F 事件不存在持久的灾后残存期。然而,Playford 等(2001)对此持有异议,认为这是一个深水群落,所谓新的生态类型实际上是由于阵发性碎屑输入中断了微生物生长而形成的 *Renalcis-Sphaerocodium-Uralinella* 粘结岩透镜体,这些透镜体在被碎屑物掩埋前已经石化,这显然是同沉积海底胶结作用的结果。

与二叠纪的礁生态系一样,微生物岩和同沉积海底胶结作用也在法门期前的礁生态系中广泛分布。F-F 事件与二叠-三叠纪之交事件在礁生态系演变方面的相似性恐非偶然。微生物岩在这两次灾变事件之后的"复辟",或灾后泛滥是客观事实,然而,并非每次灾变事件后微生物岩都发生灾后泛滥,以海水物理化学条件为主的环境因素显然也起着重要的控制作用;另一方面,即使未发生灭绝事件,只要环境条件合适,局部出现微生物岩也是可能的。因此,如果将后生动物干扰假说与环境控制假说有机结合,似可更合理地解释二叠-三叠纪礁生态系的灭绝-复苏进程。总之,微生物岩在"长兴期"末大灭绝后的时错性灾后泛滥,不仅仅是因为后生动物的灭绝导致正常浅海环境的生态位出现大量空缺(Schubert and Bottjer,1992,1995),实际上它还应被看作是对当时全球海洋环境变化的一种自然响应。

(二) 同沉积海底胶结作用与竹叶状灰岩的时错性泛滥

以海底碳酸盐胶结物为代表的海底石化作用,在现代和地史时期的海洋均已广泛发现,从深海至浅海台地、岸带都有报道,尤以礁相环境为常见。许多学者相信,礁生态系中的同沉积胶结物,在成因上很可能与微生物活动或生物膜存在着联系,异养细菌对有机质的降解作用及与之相关的硫循环导致底水碳酸盐碱度的提高，从而有助于同沉积海底胶结作用和石化作用发生。例如，在现代生物礁中，具有微生物岩特点的碳酸盐包壳的广泛发现，过去一般被当作是无机沉淀的胶结物，现在则倾向于将它们归为微生物岩包壳(Riding，1991a；Riding *et al.*，1991b；Jones and Hunter，1991；Buczynski and Chafetz，1991；Chafetz and Buczynski，1992；Guo and Riding，1992；Flugel *et al.*，1993；Reitner，1993；Leinfelder *et al.*，1993；Zankl，1993；Camoin and Montaggioni，1994；Webb *et al.*，1998)。Castanier 等(2000)指出，许多未保存任何生命痕迹的灰岩(纯蒸发成因者除外)，以及早期成岩碳酸盐胶结物，它们的成因最可能与异养细菌的活动相关。

近年来越来越多的学者开始注意同沉积海底胶结和石化作用在礁格架形成中的重要意义，尤其是对于抗浪能力的增强方面(Land and Goreau，1970；Ginsburg and James，1973；Heckel，1974；James and Ginsburg，1976；Macintyre，1977；Hollingworth and Tucker，1987；Leinfelder *et al.*，1993；Neuweiler，1993；Hussner，1994；Montaggioni and Camoin，1993；王生海、范嘉松，1995；Grotzinger and Knoll，1995；Webb，1996；Wood *et al.*，1996；Webb *et al.*，1998；Wood，1999，2001a；朱同兴等，1999；Pratt，2000)，在礁骨架的研究中，以往只注意具骨骼生物的倾向正在开始转变。微生物岩在显生宙和现代礁生态系中的作用，很可能要比今天人们所认识的远为重要，相信今后将会在新生代礁的研究中找到更多的实例(Flugel *et al.*，1993；Reitner，1993；Zankl，1993；Camoin and Montaggioni，1994；Martin *et al.*，2000)。

微生物岩和同沉积海底胶结作用也广见于二叠纪的礁生态系中。Grotzinger 和 Knoll(1995)指出，在二叠纪这是一种全球现象，若无它们的贡献，二叠纪也许只能形成生物碎屑障积岩之类，而不可能真正成礁。张维、张孝林(1992b)也认为，若无蓝菌、古石孔藻等的参与，钙质海绵本身很难单独造礁。非酶控碳酸盐是二叠纪礁格架不可或缺的组成部分，例如，英格兰东部晚二叠世 Tunstall 礁中，充填苔藓虫格架的文石质胶结物含量竟高达 80%(Hollingworth and Tucker，1987)。华蓥山椿木坪礁主要造礁期(stage 3)礁体的 60% 由微晶灰岩组成(Guo and Riding，1992)。其他如美国德克萨斯州西部的 Guadalupe 山，德国图林根，东格陵兰 Devondal，希腊 Skyros 岛，斯洛文尼亚 Bled，北高加索等地的二叠纪礁，都包含异常丰富的碳酸盐胶结物和微生物岩(Flugel，1989，1994；Wood *et al.*，1994；王生海、范嘉松，1995；Grotzinger and Knoll，1995；Webb，1996)。

Grotzinger 和 Knoll(1995)认为，二叠纪的礁生态系，特别是 Guadalupe 礁中的文石和方解石沉淀是直接生长于海底的胶结物，与传统概念(Folk 和 Dunham)的胶结物不同，故而建议以海底结壳作用(encrustation)一词替代海底胶结作用，以免混淆。他们相信，这与晚二叠世的海洋广泛出现分层化相关，诸如欧洲 Zechstein 和北美 Delaware 之类的盆地均存在碳酸盐过饱和的深层缺氧水体，二叠纪海底结壳作用的广泛发生是这些缺氧水体周期性地入侵台地所致。这一模式有助于解释二叠纪末全球规模海洋缺氧事件中缺氧水体的来源问题。根据Isozaki(1997)对日本深海沉积的研究,晚二叠世泛大洋已开始出现分层化现象。

直接生长于普通海底(非礁相环境)的分米级结晶碳酸钙胶结物,即海底结壳作用,一般仅见于前寒武纪,当时海水中的碳酸盐显然是高度过饱和的;显生宙过去一直未见报道。最近,Woods 等(1999)在美国加里福尼亚 Darwin 附近的 Union Wash 组(Smithian-Spathian)上段下部 150 m 的地层中,发现多层厚度达厘米至分米级的同沉积海底碳酸盐结晶壳,每层结晶壳或每个沉淀单元,由微晶灰岩、碳酸盐晶扇(crystal fans)和棕黄色钙质粉砂岩 3 种组分组成。晶扇呈半球状,由针状或叶片状晶体组合而成,呈辐射状排列,最大半径达 30 cm 以上。稳定同位素分析表明,微晶灰岩可能是原地成因的,它与晶扇可能形成于同一作用过程或相同的水体中,而钙质粉砂岩的成因显然与前两种不同。结壳之上的地层富含化石(双壳类、腹足类、海百合),结壳之下的地层由细纹层状微晶灰岩等组成,完全缺乏大化石和遗迹化石,属缺氧环境的产物。岩相分析表明,当时缺氧的深水团和充氧的表层水团并存,海底结壳作用即发生于两大水团交界处,完全符合 Kempe(1990)根据黑海研究,以及 Grotzinger 和 Knoll(1995)根据前寒武纪研究提出的模式。

伊朗 Abadeh 剖面三叠系底部为 1 m 厚的凝块岩(Heydari *et al.*,2000,2001),最近经重新研究后被解释为同沉积海底碳酸盐结晶壳层(Heydari *et al.*,2003),此层之上为纹层状的暗色微球状粒(peloid)泥粒岩-颗粒岩。碳酸盐结晶壳的单晶长达 5～20 cm,或垂直于层面排列,或形成高 10～20 cm 类似于葡萄状体的小丘,他们认为可以与 Kershaw 等(1999)描述的华蓥山三叠系底部的碳酸盐结壳(微生物岩?)比较,并主要以此为基础得出 Abadeh 剖面的同沉积碳酸盐胶结物也形成于浅水环境的结论,进而提出该地区二叠-三叠纪之交海平面在很短时间内(即大致与上述 3 m 沉积物形成的时间相当)曾发生大幅度的升降转换的观点。然而,与华蓥山剖面不同,Abadeh 剖面的"长兴期"和印度期基本上都由形成于深水环境的结核状的灰泥岩组成,未见有任何可信的浅水沉积标志。他们在缺乏任何依据的情况下,将泥粒岩-颗粒岩中的高度重结晶的小型异化粒重新解释为鲕粒,于是,微球状粒颗粒岩(peloid grainstone)(Heydari *et al.*,2000,2001)就变成了鲕粒颗粒岩(ooid grainstone)(Heydari *et al.*,2003),这似乎过于轻率。鲕粒的解释与暗色和层纹状的性质存在着相当明显的矛盾,后者显然有利于深水低能环境的解释(Fang,in press)。

我国华蓥山"长兴期"生物礁顶部与飞仙关组之间发育有 1～2 m 厚的微生物岩(?)结壳(Kershaw *et al.*,1999,2002),据王生海等(1994)观察,最厚处可达十余米。以往研究认为这是因暴露而形成的喀斯特现象(Reinhardt,1988),或钙结壳(王生海等,1994)。范嘉松等(Fan *et al.*,1990)提出了与之相反的模式,即由下往上海水变深。Wignall 和 Hallam(1996)通过详尽的观察和分析，支持范的模式，否定了 Reinhardt 提出的海退模式。Kershaw 等(1999)也认为碳酸盐结壳形成于海面以下，后来，他们还在结壳层的上部找到三叠系最底部的牙形类化石 *H. parvus* (Kershaw *et al.*,2002)，从而进一步证实了范的观点。刘建波等(个人交流)认为，这一结壳应被归入枝状岩的范畴。然而，由于结壳层遭受了重结晶作用，Kershaw 等(2002)认为，其微生物成因尚不能完全肯定。Heydari 等(2003)则认为华蓥山的结壳层与 Abadeh 剖面的同沉积碳酸盐胶结物相当。虽然目前对此尚无定论，但二叠-三叠纪之交微生物岩和同沉积海底胶结作用在世界各地的广泛发生，无疑证明当时全球海洋环境曾发生突发性的异常事件，海水的物理化学条件显然出现了重大变化。

类似的礁帽相在南盘江盆地也有分布(Wang Shenghai *et al.*,1994；王生海等，1996；Lehrmann *et al.*,1998,2001,2003；Lehrmann,1999)，例如，紫云谈陆寨、花冲一带下三叠统罗楼组底部纹层状微晶白云岩直接覆于石头寨礁核相灰岩之上(Wang Shenghai *et al.*,1994；王生海等，1996)。此类礁帽相的形成可能与海洋翻转事件导致深海碳酸盐高度过饱和的缺氧水体上侵陆架或陆表海相关。

华蓥山和南盘江盆地的有关剖面较完整地保存了“长兴期”末大灭绝事件前后礁生态系的演变历程，它们忠实地记录了二叠纪的礁生态系在遭受灭顶之灾后，酶控碳酸盐完全消失，只留下 BMC 孤军奋战的灾后凄凉情景。如前所述，微生物岩在大灭绝后的广泛分布，也从一个侧面证明了当时同沉积胶结作用的广泛发生。

与同沉积海底胶结和石化作用密切相关的另一地质现象，是以扁平砾石砾岩(flat-pebble conglomerate)为代表的内碎屑灰岩(Sepkoski,1982；Sepkoski *et al.*,1991)。此类内碎屑灰岩主要分布于寒武纪和早奥陶世，在前寒武纪也有发现(Sepkoski *et al.*,1991；Wignall and Twitchett,1999)。在我国，与之相当的岩石被称为竹叶状灰岩(李学清，1927)，在华北的寒武系和下奥陶统尤为常见；近来在华南的寒武系(高振中、段太忠，1985；刘宝珺等，1990；岳文浙等，1990；傅启龙等，1999)和下奥陶统(如四川长宁双河和珙县狮子滩的万卷书组)(穆恩之等，1978)，南韩的下奥陶统(Kim and Lee,1996)，以及华北的前寒武系(孟祥化等，1986；王翔、王战，1993；安桐林，1993)均有报道。

就海洋底质的状况而言，元古代与显生宙截然不同。晚元古代的浅海底质在正常情况下为微生物席所覆盖，即所谓席基底(matgrounds)，此时仅见到席下潜穴者(undermat miner)留下的遗迹(Seilacher,1999)，大致与层面平行；微生物和物理这两方面的作用是决定当时硅质碎屑沉积组构的主要控制因素。随着垂向潜穴活动的出现和发展，席基底逐渐被显生宙型的混合基底(mixgrounds)所取代，原先清晰而分明的沉积物-水界面因此而变得模糊不清。

奥陶纪大辐射后，正常的硅质碎屑岩相的沉积组构主要受后生动物和物理这两大因素控制，微生物对底质沉积组构的影响变得次要，一般只有在高选择压力环境中才能见到席基底的踪影（Hagadorn and Bottjer，1999；Bottjer *et al.*，2000）。Bottjer 等比较注重底质状态的变化，他们将这一对非潜穴底栖后生动物具有重要影响的底质转变称之为“寒武纪底质革命”（Cambrian substrate revolution）。Seilacher 则更强调底栖生物生活方式的改变，他将此与农业发展对土壤发育的影响进行类比，故而称之为“农艺革命”（agronomic revolution），后又改称为“生物扰动革命”（bioturbation revolution）。

寒武纪和早奥陶世恰好处于这一生态革命（ecological revolution）的转折和过渡的时期，以微生物、后生动物和物理这三大因素共同影响着正常浅海环境（非高压力环境，非灾变环境）的沉积组构为特征。在这一过渡时期，后生动物的影响逐渐增强，但微生物岩仍较发育，适应元古代型席基底的 Ediacara 型化石在寒武纪仍偶有发现（Jensen *et al.*，1998）。因此，这是地球历史上一个十分独特的阶段，而竹叶状内碎屑灰岩恰恰在这一特定历史阶段最为常见。早奥陶世后，随着内栖动物的辐射，竹叶状内碎屑灰岩和微生物岩一起退出了正常浅海环境。

Sepkoski（1982）从进化古生态学的角度对扁平砾石砾岩进行研究，认为除同沉积海底胶结作用是必要前提外，海相生物群的进化变化也对沉积岩的成层特点产生重要影响。寒武纪和早奥陶世以低水平的生物扰动为特征，因而有利于原始成层特点的保存。奥陶纪大辐射使内栖动物迅速发展，生物扰动的深度和强度随之明显提高，故而早奥陶世后竹叶状内碎屑灰岩甚为罕见。薄的风暴层和竹叶状内碎屑（即扁平砾石）之所以主要局限于寒武纪和早奥陶世，乃是生物演化在这一特定历史阶段在沉积岩成层特点方面所留下的印记。现代环境已大大不同于那个时代，显然难以用现实主义原理对竹叶状内碎屑灰岩的时空分布做出恰当的解释。在此意义上，竹叶状内碎屑灰岩具有鲜明的地质时代印记。然而，在一定条件下，当类似的环境得以再现时，以竹叶状内碎屑灰岩为代表的成层特点就有可能再现。根据中欧三叠纪壳灰岩下部发现的扁平砾石砾岩，Sepkoski 等（1991）提出了“时错相”的概念。

最近，Wignall 和 Twitchett（1999）对我国重庆凉风垭、四川广元上寺和意大利北部下三叠统的内碎屑灰岩做了系统研究，他们采用 Sepkoski 的解释，认为竹叶状内碎屑的时错性再现，证明二叠纪末的大灭绝事件使早三叠世的全球海洋生态系倒退到奥陶纪大辐射发生前的状况；同沉积海底胶结作用的广泛分布和生物扰动水平的低下，是对当时因海洋翻转（overturn）发生的全球性海洋缺氧事件的自然响应。深层碳酸盐过饱和的缺氧水体的上翻，和厌氧细菌的降解作用大大促进了同沉积海底胶结作用的发生。此外，Wignall 和 Twitchett（1999）还提及在巴基斯坦盐岭、伊朗中部 Elburz 山脉、斯匹次卑尔根、加拿大西部等地的下三叠统，Schubert 和 Bottjer（1995）报道在北美西部的下三叠统，均先后发现相同性质的内碎屑。

Wignall 和 Twitchett(1999)认为，竹叶状内碎屑灰岩在早三叠世早期("Griesbachian")以后即迅速消失。然而，事实并非如此。大量实际资料表明，竹叶状内碎屑灰岩在我国南方下三叠统的不同层位均有分布，在碳酸盐台地、斜坡至盆地等多种环境都有发现，其原岩是薄层原地灰泥石灰岩，竹叶状内碎屑的形成则大多与风暴流、风暴重力流相关，只是在研究中更多地采用了"板条状"(tabular)这一描述性术语。例如，苏浙皖一带的殷坑组、和龙山组、扁担山组(张国栋等，1987；冯增昭、王英华，1988；王英华等，1988；李尚武、吴胜和，1988；黄明康等，1988；刘泽均等，1988；王安德、汪恒定，1988；王新平等，1988；罗璋、陈学时，1988；王文斌，1990)，鄂东南一带的大冶组(郭成贤等，1988；刘怀波、罗顺然，1988；陈林洲等，1991)，广西十万大山盆地北缘(高振中、刘怀波，1983)，广西隆林祥播下三叠统永宁镇组底部(范嘉松等，1990)，贵州紫云、罗甸板庚、贵阳乌当的罗楼组或大冶组(王一刚，1986；Wang Shenghai *et al.*，1994；戴新春，1998；Lehrmann *et al.*，2001)，湖南郴州大排冲大冶组(冯增昭等，1994)。据朱忠发(1989)研究，竹叶状内碎屑灰岩在安徽巢县、江苏镇江、贵阳青岩、安顺关口、镇宁、贞丰等地最为发育，此外，在四川城口，云南丘北、砚山、广南、富宁，广西河池、田东、天等、靖西，湖南娄底、邵东、耒阳，广西来宾、崇左等地也都有发现。

由此看来，以竹叶状或板条状为特征的扁平内碎屑在华南下三叠统分布之广泛似乎并不亚于寒武纪和早奥陶世，尤其在早三叠世早期，故可称之为时错性泛滥现象。一般说来，至早三叠世晚期竹叶状内碎屑确实有逐渐减少的趋势，似可作为当时全球海洋环境逐步得到改善的一个标志。

与块状层理十分发育的晚二叠世比较，早三叠世早期以层薄为特征，细纹层尤其发育，生物扰动水平大为降低。联系到区内早三叠世薄层原地灰泥石灰岩(冯增昭等，1988)和微生物岩的广泛分布(详见上文)，种种迹象表明，二叠-三叠纪之交大灭绝事件后的海洋底质环境条件，尤其是底栖生物的扰动水平(扰动的深度和强度)，已经倒退回与奥陶纪大辐射发生前大体相似的状况，也就是说，席基底再现于正常海相环境，与混合基底共同出现，微生物、后生动物和物理这三大因素共同影响着早三叠世正常浅海环境的沉积组构。

对显生宙生物分异度的研究(Sepkoski，1993)证明，属一级生物分异度在二叠-三叠纪之交大灭绝后降低到大致与奥陶纪大辐射发生前相当的水平。Bottjer等(1996)对显生宙若干古生态演化趋势，包括古群落的物种丰度、生态行当(guild)[①]、遗迹组构、底栖生物空间生态位的分层或水平分层(tiering，包括底内生

① Guild 意指群落中生物的生态分工现象，目前尚无合适的译名，或可译作"生态行当"，并可简称为"行当"，例如，礁群落中的造架行当、粘结行当等。

物潜穴深度的生态位分层和底表生物底上生活高度的生态位分层）以及微生物岩等，进行全面的比较研究，发现二叠-三叠纪之交大灭绝后早三叠世海洋环境的生态条件与晚寒武世-早奥陶世最为接近，底栖生物对生态空间的利用水平也大致相当。Lehrmann 等（2001）在黔南下三叠统上部的旋回性潮缘带灰岩中发现以小型微生物岩丘和脉状层理[①]条带岩（flaser-bedded ribbon rock）为特征的米级旋回，类似的相组合过去仅见于寒武系和下奥陶统，根据对这一时错相的研究，他们也得出了相似的结论。

作为竹叶状内碎屑原料的薄层原地灰泥石灰岩在早三叠世分布如此广泛，一方面表明二叠-三叠纪之交的大灭绝使生物扰动水平大大降低，当时不仅以蓝菌为主的自养型 BMC 发生灾后泛滥，异养型 BMC 也极其活跃；另一方面则与当时海水的物理化学条件密切相关，并很可能与当时还原相沉积的广泛出现（见本书第四章第十节）存在着某种联系。竹叶状内碎屑灰岩和微生物岩原本在奥陶纪大辐射前颇为常见，属于生物演化的特定阶段与特定海洋环境条件相结合的产物，它们在“长兴期”末大灭绝后均出现时错性的灾后泛滥，中三叠世又一起从正常浅海环境消失，这是显生宙历史上一个十分奇特的地质现象，其发生显然与当时全球海洋生态系统的整体状况紧密相关，是特定历史状况再现的结果。

值得注意的是，在我国广西桂林东村的法门期东村组等产地也报道有竹叶状内碎屑灰岩（钟铿等，1992；Chen and Tucher，2003），竹叶状内碎屑灰岩在波兰的法门阶和美国亚拉巴马早志留世的 Llandovery 灰岩中也有发现（Wignall and Twitchett，1999）。这就说明，此类时错相并不仅限于二叠-三叠纪之交大灭绝后，它也许与集群灭绝后残存期的某种海洋环境存在着联系。然而，相比之下，奥陶纪末和 F-F 灭绝事件后，此类时错相的分布相当局限，看来这两次灭绝事件在规模上和强度上都难以与二叠-三叠纪之交的大灭绝类比，它们并未使全球海洋生态系统全面倒退回奥陶纪大辐射发生前的状况。因此，加强对早三叠世沉积环境和同沉积海底胶结作用的研究，将有助于探讨全球海洋生态系统的演变历史，以及与生物灭绝—残存—复苏相关的一系列问题。

四、关于三叠纪礁生态系的复苏问题

有人认为，以蓝菌为主的 BMC 在灾变后的礁生态系中最先全面复苏，复苏阶段以微生物岩礁为主要标志（Gaetani and Gorza，1989；Wood，2001b），由此，礁生态系在大灭绝后将不存在残存期，它的复苏将大大超前于平底群落。这一观点值得商榷。笔者认为，不宜将 BMC 当作复苏的标志，BMC 实属灾后泛滥的机遇型

① Flaser structure 被分别应用于变质岩和沉积岩中，笔者建议将这两种不同成因类型的译名加以区分，在变质岩中可译作压扁层理，在沉积岩中则可译为脉状层理。

(opportunistic)生物。笔者将大灭绝后礁生态系的演变区分为残存期和复苏期两大阶段(表 4.1.1)。残存阶段以后生动物礁的消失和微生物岩在正常浅海环境的时错性泛滥为特征,此阶段礁生态系空前萧条,礁群落的分异度降到最低点,群落的结构极其简单而原始。残存阶段又可进一步划分为大灭绝后的萧条期和前复苏期,其中萧条期以时错相的灾后泛滥为特征,前复苏期以时错相的消失为标志,此时后生动物礁尚未出现。后生动物和真核藻类的陆续回归礁生态系,则标志着复苏阶段的开始。随着新的造礁群落完成重组,以及栖居地的不断扩大,造礁生物的分异度明显提高,礁组合和岩相类型也随之增加,此时,礁生态系才真正地进入了辐射阶段。总之,礁生态系的残存—复苏—辐射的转换均取决于当时的环境状况,环境的改善是复苏的前提,辐射的发生则取决于相对稳定的环境,礁生态系与环境确实是协同演变的。

Stanley(1988)指出,二叠-三叠纪之交大灭绝后礁生态系的重组直至侏罗纪才告完成,持续长达 60 Ma,这当然不是单一的事件,其中还包括多个规模不等的灭绝事件。他将早中生代礁群落的演化分成 3 个阶段。第一阶段自安尼期至早卡尼期,由二叠纪的复活者在中三叠世重新开始建造二叠纪型(后生动物)礁。第二阶段始于卡尼期,由于集群灭绝事件(Benton,1986)的影响,礁群落的结构和优势度发生变化,六射珊瑚开始逐渐变得重要,残存的古生代类型退出历史舞台,这一三叠纪礁生态系的重组事件实际上标志着六射珊瑚礁群落演化的开始。然而好景不长,三叠纪末的灭绝事件又使珊瑚礁突然消失。63 个六射珊瑚属只有 18 个延续至早侏罗世(Wood,1999);而串管海绵几乎所有的种都消失了。第三阶段开始于早侏罗世 Pliensbachian 期,在三叠纪末灭绝事件中受到打击的石珊瑚迅速分异并重新恢复造礁,珊瑚动物群的组成明显不同于晚三叠世,而硬海绵、串管海绵等古生代分子则几乎消失。

上述 3 个阶段的划分显然与两次灭绝事件相关。卡尼期灭绝事件使海绵、珊瑚和分类位置未定的微体生物等造礁生物都遭受打击,例如,串管海绵约 95% 的种消失。这一事件使得诺利期至瑞替期的礁在生物的组成、生态结构、占优势的礁类型以及古纬度的分布等方面都与安尼期至卡尼期存在明显的差别(Flugel and Senowbari-Daryan,2001)。发生于瑞替期末的灭绝事件使礁生态系突然崩溃,58 个串管海绵属只有 5 个(8.6%)越过灾难,321 个六射珊瑚种只有 14 个(少于 1%)得以幸存,晚三叠世最成功的 distichophyllids 终于走向灭绝,珊瑚礁在早侏罗世出现一个十分明显的间断。Stanley(2002)认为,这可能与高选择压力环境下六射珊瑚与藻类共生关系的丧失相关。

出现于古太平洋火山岛上的 Sinemurian 期点礁被认为是一个避难所,在其中发现了诸如 *Phacelostylophyllum rugosum* 之类的晚三叠世珊瑚种(Stanley and Beauvais,1994)。摩洛哥 Pliensbachian 期礁体中晚三叠世分子仍占很大比例,但据 Beauvais(1986)研究,早侏罗世晚期 Toarcian 期初,六射珊瑚进一步分异辐射,出现较多新属新种,此时所有残存的三叠纪属全部消失。至中侏罗世,六射珊瑚、层孔海绵(stromatoporoids)和藻类终于成为礁生态系的主导类型。与二叠-三叠纪之交的大灭绝相比,三叠纪末灭绝事件后,礁生态系的复苏显然要迅速得多。

目前对于上述第一阶段存在着不同认识。Copper(1994b)认为,复苏期礁的拓殖阶段通常由复活者完成。Ezaki(1995)也认为,中三叠世末出现新的造礁群落,造礁生物群来自二叠纪的幸存者。但事实证明,在中三叠世的礁群落中并未发现二叠纪的种级和属级复活者(Senowbari-Daryan *et al.*,1993; Flugel,1994;Flugel and Senowbari-Daryan,2001)。例如,薄片和扫描电镜研究表明,二叠纪的 *Tubiphytes* 一般形态和构造与中生代的明显不同,它们应属异物同形(homeomorph 或 Elvis);"*Amblysiphonella*","*Colospongia*" 等串管海绵也是如此(Senowbari-Daryan *et al.*,1993)。奥地利早三叠世的 *Girtyocoelia* 曾被当作该属渡过灾难的重要证据(Flugel and Stanley,1984; Erwin,1993),然而,Flugel(1994)指出,由于标本保存欠佳,原鉴定不足为据。原报道的卡尼期海绵"*Girtyocoelia*" *carnica* 现已被改归 *Tolminothalamia* 属(Senowbari-Daryan *et al.*,1993)。这就证明,许多三叠纪的海绵只是表面上与二叠纪类型相似,实际上却是演化出来的新类型。

Stanley(1996)坚持认为避难所和复活者是存在的。对这一观点本身实际上并无异议,但复活者的确认要求严谨而扎实的分类学基础工作,这样才能真正将复活者和形态上的趋同演化区分开来。最近,Senowbari-Daryan 和 Stanley(1998)在北美俄勒冈州 Wallowa 地体的上三叠统,发现了二叠纪的串管海绵属 *Neoguadalupia*,从而证明在三叠纪的礁生态系中确实存在着二叠纪的复活者。目前已确认的复活型分子还有纤维海绵 *Radiofibra* 和串管海绵 *Discosiphonella* (=*Cystanletes*),但它们均出现于晚三叠世诺利期(Flugel and Senowbari-Daryan,2001)。迄今尚未在中三叠世和卡尼期的礁中发现确凿无疑的二叠纪属级复活者,这也许和分类学的研究程度不够有关,但至少可以部分地证明二叠纪末的灾变事件对礁生态系打击程度之深。中三叠世的礁在结构上和高级分类组成上与二叠纪型礁十分相似,其建造者很可能是从避难所返回,但属种的类型却与二叠纪有所不同。例如,二叠纪的 *Tubiphytes* 礁与三叠纪的"*Tubiphytes*"礁在分类上和生态上均存在明显差别(Flugel and Senowbari-Daryan,2001)。

六射珊瑚在中三叠世中安尼期的出现是中生代礁生态系演化的重要事件。值得注意的是,它们初现之时,分异度已不算太低。当时它们大多生活在水偏深,或具屏障的比较安静的低能软基底环境;在礁相环境也有少量出现,但尚未成为礁格架的建造者,群体石珊瑚偶尔可形成一些小型的丘丛(Flugel and Stanley,1984)。邓占球、孔磊(1984)曾在贵州贞丰中三叠世杨柳井组发现直径达 1 m 以上的石珊瑚丛体。

晚三叠世晚卡尼期，六射珊瑚开始与虫黄藻建立共生关系（Stanley，1988；Stanley and Swart，1995），这是礁生态系演化的又一次重要事件。虫黄藻的共生使六射珊瑚成为高效的造礁生物。最近的研究证实具有固氮功能的蓝菌也共生于六射珊瑚中（Lesser *et al.*，2004），虽然这一共生关系何时起源尚不清楚，但正是这些共生关系使珊瑚礁成功地繁盛于贫养分环境，从而减少了与非钙化藻类在空间上的竞争。更重要的是，礁相环境的生态结构由此发生了极其深刻的变化，并最终导致了极其绚丽多彩的现代珊瑚礁群落的形成。至古新世晚期，六射珊瑚终于在礁生态系获得主宰地位，现代珊瑚礁实际上起源于三叠纪。

六射珊瑚自中安尼期开始出现，大致与后生动物礁的重现同时，但至晚三叠世才开始成为礁生态系中造架行当（frame-building guild）的新成员，其间差不多滞后了 10 Ma。侏罗纪以后，非酶控碳酸盐在生物礁格架中的重要性有所下降，这一方面是因为钙质浮游生物的兴起使海水中碳酸盐的饱和程度下降，另一方面可能与以六射珊瑚为代表的高效造礁生物的兴起相关。酶控碳酸盐在中新生代礁生态系中的地位明显得到增强。

由于构造运动等因素的影响，华南三叠纪后生动物礁的发育不甚理想。南阿尔卑斯地区是三叠纪后生动物礁发育最好、研究最详的地区，因此，简述该地区礁生态系的复苏历程，对于我们更充分地了解华南三叠纪礁生态系的演变进程将不无益处。

（一）南阿尔卑斯

南阿尔卑斯在中三叠世经历了一个由碳酸盐生物滩逐渐向礁相演化的过程（Gaetani *et al.*，1981）。后生动物礁自中三叠世中安尼期（Pelsonian）才开始出现，一般规模较小，起伏不高，主要分布于中欧和西欧一带，其中以对南阿尔卑斯的研究最为详细。Fois 和 Gaetani（1984）识别出安尼期礁丘发展的 3 个阶段。首先由蓝菌群落和十分单调的 *Olangocoelia*（海绵或藻类，分类位置未定）占绝对优势的先驱群落，以及少量 *Celyphia*（串管海绵）、"*Tubiphytes*" 等开始建造泥丘；第二阶段以丰富的 *Celyphia* 为特征，出现真正的格架，群落的分异度升高；第三阶段以礁丘的全面发展为特征，出现更为多样化的群落，如变口目苔藓虫群落，串管海绵和纤维海绵群落，蓝菌和管孔藻（solenoporacean）群落，并出现少量六射珊瑚。

Senowbari-Daryan 等（1993）指出，这一实例大致可代表南阿尔卑斯的一般情况。后生动物和真核藻类的回归，标志着礁生态系复苏的开始，以后随着礁群落分异度的提高，BMC 的相对重要性开始下降。尤其值得注意的是，在这些群落中迄今尚未发现二叠纪的属级复活者。过去报道的复活者，如"*Tubiphytes*"等，已被证实是异物同形或新生的同形单元（Senowbari-Daryan *et al.*，1993）。另一方面，中三叠世的礁群落主要由蓝菌、钙质海绵、管孔藻、苔藓虫等组成，在结构上确实与晚二叠世颇为相似，它们均以粘结行当(binder guild)尤其发育为特征，但两者的粘结者却明显不同(Flugel，1994)。

中三叠世礁的特点在于结构上与晚二叠世礁相似，但在属种组成上却与二叠纪有所不同，这种状况一直延续至卡尼期(Fois and Gaetani，1984)。造成这种状况的原因可能是，六射珊瑚等新的造礁者的宏演化滞后，延缓了新旧礁群落结构的交替。六射珊瑚虽然在中安尼期即已出现，但至 10 Ma 后才真正获得造礁能力，以它为主的新礁生态系的建立(自组织)显然需要时间。再加上卡尼期和三叠纪末两次灭绝事件的影响，这一新旧之间的交替过程竟持续达 60 Ma 以上才告完成(见表 4.1.1)。

(二) 黔南板庚孤立碳酸盐台地

黔南板庚环礁是位于黔桂盆地(即南盘江盆地)中的一个孤立的碳酸盐台地，其海平面变化的历史与上扬子碳酸盐台地有所不同。据 Lehrmann 等(1998，2003)对沉积相的叙述，这一孤立台地十分难得地记录了二叠纪末至中三叠世礁生态系的演变进程：

(1) “长兴期”末期台地内部为骨粒颗粒岩-泥粒岩，见 *Palaeofusulina*，*Colaniella*，*Nankinella* 等；在台地边缘发育有小型海绵补丁礁丘，见串管海绵、四射珊瑚、腕足类、䗴等化石；向着盆地方向则相变为大隆组，产菊石 *Rotodiscoceras*，牙形类 *Clarkina changxingensis* 及双壳类、腕足类等。

(2) 早三叠世“Griesbachian 期”，正常浅海台地相的罗楼组底部见蓝菌生物层，由钙化蓝菌(*Renalcis*)组成骨架，厚 7～15 m，在距底 65 cm 处开始发现牙形类 *Hindeodus parvus*，往上见有 *Isarcicella isarcica*，*H. parvus* 带厚 13.5 m。向着台地边缘方向，与之同时异相的页岩中产双壳类 *Claraia*。

(3) 早三叠世 Smithian 期或 Spathian 期，紫云组潮缘带灰岩的米级旋回中发育蓝菌微生物丘。在大江剖面共发现 24 个丘状层，累积厚达 30.3 m；大文剖面共 16 个丘状层，总厚 16.6 m。一般单个蓝菌微生物丘厚 10 cm 至 1.5 m，直径是其高度的 1～2 倍。

(4) 中三叠世安尼期至拉丁期，主要由蓝菌和“*Tubiphytes*”等建造台地边缘礁，并构成一连续的环礁，宽可达 1.5 km，礁体以同沉积海底胶结物的丰富为特征，局部可见串管海绵和六射珊瑚。

(5)中三叠世拉丁期继续发育台地边缘礁，造礁生物包括六射珊瑚、“*Tubiphytes*”、串管海绵、苔藓虫、管孔藻、纤维海绵等，分异度明显增加。同时期，在礁后潟湖发育圆丘状叠层石，表明此时建造微生物岩的 BMC 已脱离除后生动物礁以外的正常浅海环境，返回缺乏底栖生物扰动或藻类竞争的高选择压力环境。

(6) 晚三叠世卡尼期，随着水体逐渐变深，这一碳酸盐台地终于走向消亡。

由上可以看出，就礁生态系而言，整个早三叠世都是大灭绝后的残存期，酶控碳酸盐消失，BMC成为仅存的造礁生物，礁生态系进入最萧条的时期。中三叠世安尼期，随着后生动物和真核藻类的陆续回归，礁生态系开始复苏，开拓期礁群落分异度低，以蓝菌为主的BMC和“*Tubiphytes*”是主要造礁生物，粘结者和同沉积海底胶结作用对于礁格架的形成和加强尤为重要，以上特征大致可与二叠纪的管壳石和藻包壳礁（*Tubiphytes*/algal crust reefs）（Flugel and Stanley，1984）比较。拉丁期礁群落的分异度增加，串管海绵和六射珊瑚的重要性提高，只是由于台地边缘的陡峭化，降低了台地边缘礁原地保存的可能性。本来这一礁体在卡尼期很有可能进一步朝着六射珊瑚礁的方向演化，很可惜，由于区域构造因素的控制，本区卡尼期水体明显变深，从而中止了礁体的发育，因此，黔南板庚礁属未成熟（arrested）序列（Copper，1988）。

（三）扬子碳酸盐台地区

华南三叠纪时广泛发育有碳酸盐台地和浅滩（朱忠发，1992；吴应林等，1994），本来完全有可能为礁生态系的复苏提供广阔的空间，然而，事实却并非如此。曾有学者提出，贵州、云南在中三叠世发育有滇黔大堤礁和黔南板庚环礁（贺自爱等，1980）；后经范嘉松等重新研究，认为所谓的大堤礁总体属钙结壳沉积（Fan and Wen，1992；范嘉松，1996）。扬子碳酸盐台地区在早三叠世末期至早安尼期，以及拉丁期曾发生两次构造抬升，使台地边缘浅滩一度发展成为潮上环境，并曾多次出露海面。由于这一阶段恰值礁生态系复苏的关键时期，这就严重地抑制了后生动物礁的发育。

下扬子地区在早三叠世缓坡相沉积之后，由于拉丁期海退和干热气候的影响，广泛沉积了周冲村组或东马鞍山组的硬石膏和白云岩等。正是在此类咸化环境中，一般化石甚为罕见，而微生物岩却有着相当广泛的分布（图 4.1.1），如：江苏溧阳飞家山和安徽繁昌北山的周冲村组叠层石生物层（钱迈平，1995）；江苏镇江大力山东马鞍山组叠层石灰岩（王新平等，1988）；安徽宿松东马鞍山组叠层石（刘泽均等，1988）；安徽铜陵东马鞍山组叠层石（王英华等，1988）；湖北大冶沙田大冶群第五段叠层石白云岩（郭成贤等，1988）。此外，在上扬子地区（川西北、黔中、黔西南、滇东南）的雷口坡组、杨柳井组、天井山组和关岭组也都有微生物岩发现（冯增昭等，1994）。然而，在同期正常海相环境中却未见微生物岩报道。

由于区域构造因素的限制，华南广阔的碳酸盐台地区未能广泛成礁。尽管如此，这一区域仍然从另一个侧面，忠实地记录了二叠-三叠纪礁生态系演变进程的两次重大转变（表 4.1.1），其一是后生动物礁在“长兴期”末的突然消亡，而微生物岩则在灾后正常浅海环境发生阵发性泛滥，残存期礁生态系中只剩下非酶控碳酸盐独立支撑；与此同时，薄层原地灰泥石灰岩及其派生产物竹叶状内碎屑灰岩也广泛出现。另一是早三叠世末至中三叠世，机遇色彩甚浓的微生物岩又从正常浅海环境全面回撤到非正常的高压力环境，主要分布于潮上带或萨勃哈(Sabkha)环境，常与白云岩和膏盐沉积相伴，也就是说，早三叠世微生物岩在正常浅海环境的时错性再现终于宣告结束，与之密切相关的则是竹叶状内碎屑灰岩的消失。微生物岩赋存环境的这一转变恐非偶然，根据 Garrett-Awramik 的后生动物干扰假说和 Riding 的环境控制假说，似可将这一转变作为当时海洋环境大致已恢复正常的标志。平底群落，尤其是底内动物，又重新趋于活跃，开始进入全面复苏阶段，混合基底的广泛发育，使以蓝菌为主的 BMC 失去了孕育微生物席的稳定底质，混合基底重新全面取代了席基底。

后生动物礁的复苏却迟至中安尼期才开始启动，明显滞后于平底群落，此时后者大多已进入辐射期，其原因可能是：①新的造礁生物的演化需要时间，例如，六射珊瑚从始现至真正具备造礁能力，即与虫黄藻建立起共生关系，其间差不多花费了 10 Ma。② 三叠纪后生动物礁中属级二叠纪复活者贫乏。③礁生态系内部的生态关系错综复杂，从无序达到自然而合理的最佳有序状态这一自组织过程比平底群落复杂。④后生动物礁对环境的要求更为苛刻。

应当指出，二叠-三叠纪之交大灭绝后礁生态系复苏的长期滞后是异乎寻常的，Lehrmann 等(2003)提供的证据表明，南盘江盆地的灾变环境几乎一直持续到早三叠世末。至于其他灭绝事件后礁生态系的复苏是否也一定滞后于平底群落，似乎不宜一概而论。无论如何，礁生态系的复苏是环境全面恢复正常的最好标志。华南由于拉丁期海退和同期构造活动的活跃，缺乏广泛的造礁活动。最近，Wood (2001b)对礁生态系的复苏滞后于平底群落的观点提出质疑，然而，这在相当程度上与她将微生物岩礁视为复苏期的标志相关。

五、结论

二叠-三叠纪是礁生态系发生剧变的时期，由于遭受一系列灾变事件的打击，造礁生物群落经历了艰难的复苏和重组，才逐步完成由古生代向中生代的转变。本节将中二叠世至早侏罗世礁生态系的演变历史划分为 9 个阶段(表 4.1.1)，并得出如下主要结论：

(1) 前寒武纪礁的格架完全由非酶控碳酸盐组成，显生宙生物礁的特征在于酶控碳酸盐的加入，这两类碳酸盐在显生宙礁格架中的地位同样重要。前者明显受生物宏进化和集群灭绝事件的制约，一般具有鲜明的时代特征，对环境的变化和扰动颇为敏感，在灾变事件中易受到毁灭性打击；后者更多地受控于海水的物理化学条件，BMC 具有极强的抗灾变能力，灭绝事件似乎未对它造成真正的威胁。正确区分这两个不同的碳酸盐类型，将大大有益于探索和诠释礁生态系的演变历史。

(2) 微生物岩是 BMC 与环境相互作用的产物，相对稳定，缺乏藻类竞争和生物扰动的底质条件是以蓝菌为主的 BMC 形成微生物席的必要前提；而适宜的海水物理化学条件，则是微生物席向微生物岩转化的关键所在。Garrett-Awramik 的后生动物干扰假说与 Riding 的环境抑制模式分别代表这两个不同的前提条件。应当强调，蓝菌等微生物的钙化，与微生物席向微生物岩的转化是两种不同的作用过程，不宜将它们混为一谈。

(3) 以蓝菌为主的 BMC 是广义礁生态系的开山鼻祖，BMC 从未离开过礁生态系，至今依然是礁生态系不可或缺的组成部分，其奥秘就在于礁相环境不仅有利于 BMC 的生存，同时也十分适宜于非酶控碳酸盐的形成，礁体的形成、发展与 BMC 的发育相辅相成，相得益彰。可以毫不夸张地说，任何生物礁的形成都离不开 BMC 的贡献。具有固氮功能的蓝菌对于现代珊瑚礁在贫养分环境的繁盛发挥着十分重要的作用。前寒武纪礁的形成主要受微生物和物理这两大因素的控制，显生宙的造礁活动则以后生动物和真核藻类的加入为特征，礁的组构也随之发生了重大变化，这显然冲淡了 BMC 的作用，从而程度不同地降低了非酶控碳酸盐在礁格架中的地位。

(4) 奥陶纪大辐射以后，微生物岩从正常浅海环境全面退缩到缺乏生物扰动的高选择压力环境，在正常浅海，则基本上局限于礁相环境。微生物岩的形成环境在二叠-三叠纪转折时期和早三叠世末至中三叠世初曾先后发生过两次重大转变，即在灾后由高选择压力环境广泛入侵正常浅海环境，造成时错性灾后泛滥；而后又重新全面回撤到高选择压力环境。微生物岩的灾后泛滥是阵发性的，而非持续性的，这似乎反映了当时海洋物理化学条件的变化多端，很可能与阵发性的上升流活动相关(见本书第四章第十节)。

(5) 同沉积海底胶结作用对晚二叠世礁的形成具有重要贡献。这一现象的广泛发生表明晚二叠世的海洋分层化现象已相当普遍。缺氧水体的广泛存在，为“长兴期”末全球规模海洋缺氧事件的发生奠定了必要的物质基础，而下三叠统底部微生物岩的时错性灾后泛滥，例如，重庆华蓥山和南盘江盆地早三叠世礁帽相的微生物岩直接覆于上二叠统礁核相灰岩之上，不仅证明后生动物礁的消亡是突然的，而且还暗示了大规模海洋翻转事件的存在。

(6) 华南二叠纪可分出两大造礁旋回，即茅口期和“长兴期”两大旋回。东吴运动使礁生态系在吴家坪期进入低潮，但后生动物礁仍然存在，造礁生物未发生灭绝事件，中、晚二叠世的礁生态系在演化上是连续的。“长兴期”是华南礁生态系的辐射期，而且就整个二叠纪而言，在华南是礁的发育最为繁盛的时期，指示了“长兴期”环境的相对稳定状态。茅口期末事件是一次与海退相关的生物事件，仅对少数门类(䗴、四射珊瑚)造成明显影响。就礁生态系而言，灾变性质不甚明显，这一事件与“长兴期”末的大灭绝事件之间不存在任何前后相关的迹象。

(7) 对晚"长兴期"礁生态序列的研究，证明二叠纪末后生动物礁是在正常演替状态下突然消亡的，与非礁相生物的大灭绝同时，造礁群落的崩溃和主要造礁生物的灭绝并非是栖居地丧失的结果，当时碳酸盐台地的基本形态未发生变化。海洋环境的突变使得以蓝菌为主的 BMC 成为仅存的造礁生物，礁生态系空前萧条，礁群落的分异度降到最低点，后生动物和真核藻类的消失使群落的结构变得极其简单而原始。微生物岩在正常浅海环境的阵发性灾后泛滥，开始于"长兴期"末的大灭绝时期，它是残存阶段礁生态系的最重要特征，这不仅仅是后生动物的灭绝使生物扰动水平大大降低的结果，它还应被看作是以蓝菌为主的自养型 BMC 对当时海洋环境变化的一种自然响应。大灭绝使后生动物礁的消失长达 10 Ma 以上，这是显生宙历史上最大的一次后生动物礁的间断，但微生物岩礁依然存在，故广义的礁不存在间断。不应将发生于造礁生物的灭绝事件理解为广义的礁的灭绝事件，作为一类十分独特的地质实体，广义的礁从未发生过真正意义上的灭绝。

(8) 与微生物岩同时发生阵发性灾后泛滥的还有竹叶状内碎屑灰岩，两者都与同沉积海底胶结作用密切相关。它们均常见于奥陶纪大辐射前，后者主要见于寒武纪和早奥陶世，属地球特定历史发展阶段的产物，早奥陶世以后即甚为罕见。早三叠世两者一起全面"复辟"，成为二叠-三叠纪之交大灭绝后残存阶段的标志性产物。这是显生宙历史上一个十分奇特的地质现象，其发生绝非偶然，主要原因在于大灭绝使生物扰动水平大大降低，当时不仅以蓝菌为主的自养型 BMC 出现灾后泛滥，异养型 BMC 也极度活跃，后者与海洋初级生产力的过剩和还原相的广泛发育密切相关(见本书第四章第十节)；另一方面则与当时海水的物理化学条件密切相关。种种迹象表明，大灭绝后的海洋环境条件，尤其是生物扰动水平，与晚寒武世-早奥陶世最为接近。也就是说，微生物、后生动物和物理这三大因素共同影响着早三叠世正常浅海环境的沉积组构。二叠-三叠纪之交全球环境的突发性灾变事件使海洋生态系统受到严重打击，属一级生物分异度曾一度下降到大致与奥陶纪大辐射发生前相当的水平，这是显生宙海洋生物进化历史上的一次大倒退。由此可以想象早三叠世全球生态系统的萧条程度，大灭绝规模之大和后继效应之深远，也由此可见一斑。

(9) 时错相在早三叠世早期最为发育，具有阵发性的特点，至早三叠世晚期趋于减少。早三叠世末至中三叠世早期，机遇色彩甚浓的微生物岩从正常浅海环境退回到非正常的高选择压力环境，与此同时，竹叶状内碎屑灰岩也基本消失，表明当时的海洋环境已大致恢复正常，平底群落和藻类开始复苏，内栖动物重趋活跃。正常浅海环境中时错相沉积的消失，是礁生态系行将复苏的前奏。

(10) 后生动物和真核藻类的回归标志着礁生态系复苏的开始。中三叠世开始了由碳酸盐生物滩向礁相演化的历程，中安尼期(Pelsonian)在欧洲、华南等地开始出现小型的后生动物礁丘，礁生态系全面进入复苏阶段，此时双壳类等底栖生物已进入辐射阶段。复苏期初，礁群落的分异度低，仍以各类 BMC 占据优势，以后随着后生动物和真核藻类的陆续加入，分异度逐渐增加，主要由以蓝菌为主的 BMC，"*Tubiphytes*"和钙质海绵，以及管孔藻、苔藓虫等组成，其中未见二叠纪的属级复活者。复苏阶段礁的特点在于结构上和某些高级分类组成上与二叠纪礁相似，但造礁者的属种类型却与二叠纪有所不同，其中包括新生的同形单元(Elvis)，如"*Tubiphytes*"等。迟至晚三叠世诺利期属一级复活者才开始出现。卡尼期的礁在结构上仍具有相当程度的二叠纪色彩。二叠纪属一级复活者的贫乏，新造礁者的宏演化滞后，礁生态系自组织过程比较复杂，以及后生动物礁对环境的要求更为苛刻等，可能是三叠纪后生动物礁的复苏明显滞后于平底群落的主要原因。

(11) 六射珊瑚始现于中安尼期，这是礁生态系演化的重要事件，10 Ma 后(晚卡尼期)开始与虫黄藻建立共生关系，从而成为高效的造礁生物，这是礁生态系演化的又一重要事件。此后，六射珊瑚在晚三叠世礁生态系中逐渐变得重要，具有某些现代生态特点的珊瑚礁群落开始形成。但三叠纪末的灭绝事件又打断了这一进程，早侏罗世早期出现珊瑚礁间断。由于六射珊瑚向造架者的演化明显滞后，以及卡尼期和三叠纪末两次灭绝事件的干扰，二叠-三叠纪之交大灭绝后礁生态系的复苏和重组是一个十分漫长的过程。早侏罗世 Pliensbachian 期六射珊瑚迅速分异，动物群组成明显不同于晚三叠世，珊瑚礁进入复苏阶段，而硬海绵、串管海绵等古生代类型则几乎消失。早侏罗世晚期(Toarcian)六射珊瑚中的三叠纪分子全部消失，至中侏罗世，六射珊瑚、类层孔虫和藻类等成为礁生态系的主导分子。从总体看，可将三叠纪视作礁生态系由古生代向中生代转变的过渡时期。中生代礁生态系的确立直至侏罗纪才告完成，这样，整个过程持续长达 60 Ma 以上。

(12)从侏罗纪开始，非酶控碳酸盐在生物礁格架中的重要性有所下降，这一方面是因为钙质浮游生物的兴起使海水中碳酸盐的饱和程度下降，另一方面可能与以六射珊瑚为代表的高效造礁生物的兴起相关。由于光合共生关系的确立，酶控碳酸盐在中、新生代礁生态系中的地位逐渐增强。

致　谢　本文得到国家重点基础研究发展规划项目(G200077708)的资助。

戎嘉余、刘建波对本文提出宝贵意见，刘建波还介绍了他有关华蓥山、黔南二叠-三叠系界线附近微生物岩的最新研究成果；Bottjer 教授修改英文摘要；任玉皋为本文清绘插图，特此一并致谢。

参考文献

Abbas S, Abbas A. 1998. Volcanogenic dark matter and mass extinctions. Astroparticle Physics, 8: 317～320

Aissaoui D M. 1988. Magnesian calcite cements and their diagnosis: dissolution and dolomitization, Mururoa Atoll. Sedimentology, 35: 821～841

Ali J R, Thompson G M, Song Xieyan, Wang Yunliang. 2002. Emeishan basalts (SW China) and the 'end-Guadalupian' crisis: magnetobiostratigraphic constraints. Journal of the Geological Society, London, 159: 21～29

Aloisi G, Bouloubassi I, Heijs S K, Pancost R D, Pierre C, Damste J S S, Gottschal Jan C, Forney L J, Rouchy J-M. 2002. CH_4-consuming microorganisms and the formation of carbonate crusts at cold seeps. Earth and Planetary Science Letters, 203(1): 195～203

Altermann W, Schopf J W. 1995. Microfossils from the Neoarchean Campbell Group, Griqualand West Sequence of the Transvaal Supergroup, and their paleoenvironmental and evolutionary implications. Precambrian Research, 75: 65～90

An Tonglin. 1993. The features and genetic discussion of carbonate autochthonous tempestite in Wumishan Formation in Jixian County, Hebei, China. Acta Sedimentologica Sinica, 11: 30～36 (in Chinese with English abstract)[安桐林. 1993. 蓟县雾迷山组碳酸盐岩原地型风暴沉积及成因探讨. 沉积学报, 11: 30～36]

Arp G, Reimer A, Reitne J. 2001. Photosynthesis-induced biofilm calcification and calcium concentrations in Phanerozoic oceans. Science, 292: 1 701～1 704

Awramik S M. 1984. Ancient stromatolites and microbial mats. In: Cohen Y, Castenholz R W, Halvorson H O, eds. Microbial Mats: Stromatolites. New York: Alan R. Liss, Inc. 1～22

Awramik S M, Riding R. 1988. Role of algal eukaryotes in subtidal columnar stromatolite formation. Proceedings of the National Academy of Sciences, USA, 85: 1 327～1 329

Barghoorn E S, Tyler S A. 1965. Microorganisms from the Gunflint Chert. Science, 147: 563～577

Bartley J K. 1996. Actualistic taphonomy of cyanobacteria: Implications for the Precambrian fossil record. Palaios, 11: 571～586

Baud A, Crilli S, Marcoux J. 1997. Biotic response to mass extinction: the lowermost Triassic microbialites. Facies, 36: 238～242

Bauld J. 1984. Microbial mats in marginal marine environments: Shark Bay, Western Australia, and Spencer Gulf, South Australia. In: Cohen Y, Castenholz R W, Halvorson H O, eds. Microbial Mats: Stromatolites. New York: Alan R. Liss, Inc. 39～58

Beauvais L. 1986. Evolution and diversification of the Jurassic Scleractinia. Paleontographica Amaricana, 54: 219～224

Becker R T, House M R, Kirchgasser W T, Playford P E. 1991. Sedimentary and faunal change across the Frasnian-Famennian boundary in the Canning Basin of Western Australia. History Biology, 5: 183～196

Benton M J, 1986. More than one event in the Late Triassic mass extinction. Nature, 321: 857～861

Berman-Frank I, Lundgren P, Chen Yi-Bu, Kuppe H, Kolber Z, Bergman B, Falkowski P. 2001. Segregation of nitrogen fixation and oxygenic photosynthesis in the marine cyanobacterium *Trichodesmium*. Science, 294: 1 534～1 537

Bian Lizeng, Lin Chengyi, Zhang Fusheng, Du Dean, Chen Jianlin, Shen Huadi. 1996. Pelagic manganese nodules—a new type of oncolite. Acta Geologica Sinica, 70: 232～236(in Chinese) [边立曾, 林承毅, 张富生, 杜德安, 陈建林, 沈华悌. 1996. 深海锰结核——核形石的新类型. 地质学报, 70: 232～236]

Boss S K, Wilkinson B H. 1991. Planktogenic/eustatic control of cratonic/oceanic carbonate accumulaton. Journal of Geology, 99: 497～513

Bosscher H, Schlager W. 1993. Accumulation rates of carbonate platforms. Journal of Geology, 101: 345～355

Bottjer D J. 1997. Phanerozoic non-actualistic paleoecology. Geobios, 30: 885～893

Bottjer D J, Hagadorn J W, Dornbos S Q. 2000. The Cambrian substrate revolution. GSA Today, 10(9): 1～7

Bottjer D J, Schubert J K, Droser M L. 1996. Comparative evolutionary palaeoecology: Assessing the changing ecology of the past. Geological Society of London, Special Publication, 1 102: 1～13

Bourque P-A. 1997. Paleozoic finely crystalline carbonate mounds: Cryptic communities, petrogenesis and ecological zonation. Facies, 36: 250～253

Bowring S A, Erwin, D H, Jin Y G, Martin W W, Davidek K, Wang W. 1998. U/Pb zircon geochronology and tempo of the end Permian mass extinction. Science, 280: 1 039～1 045

Bowring S A, Erwin D H, Isozaki Y. 1999. The tempo of mass extinction and recovery: The end-Permian example. Proceedings of the National Academy of Sciences, USA, 96: 8 827～8 828

Braga J C, Martin J M, Riding R. 1995. Controls on microbial dome fabric development along a carbonate-siliciclastic shelf-basin transect, Miocene, SE Spain. Palaios, 10: 347～361

Brock T D. 1973. Lower pH limit for the existence of blue-green algae: evolutionary and ecological implications. Science, 179: 480～483

Brocks J J, Logan G A, Buick R, Summons R E. 1999. Archean molecular fossils and the early rise of eukaryotes. Science, 285: 1 033～1 036

Brunton F R, Dixon O A. 1994. Siliceous sponge-microbe biotic associations and their recurrence through the Phanerozoic as reef mound constructors. Palaios, 9: 370～387

Buczynski C, Chafetz H S. 1991. Habit of bacterially induced precipitates of calcium carbonate and the influence of medium viscosity on mineralogy. Journal of Sedimentary Petrology, 61: 226～233

Burne R V, Moore L S. 1987. Microbialites: Organosedimentary deposits of benthic microbial communities. Palaios, 2: 241～254

Burne R V, Moore L S. 1993. Microatoll microbialites of Lake Clifton, western Australia: Morphological analogues of *Cryptozoon proliferum* Hall, the first formally-named stromatolite. Facies, 29: 149～168

Camoin G F, Montaggioni L F. 1994. High energy coralgal-stromatolite frameworks from Holocene reefs (Tahiti, French Polynesia). Sedimentology, 41: 655～676

Cao Ruiji, Xue Yaosong. 1985. Biological and lithological features of modern stromatolites in Bahamas. Acta Geologica Sinica, 59(3): 203～212 (in Chinese with English abstract) [曹瑞骥，薛耀松. 1985. 巴哈马现代叠层石的生物学及岩石学特征. 地质学报，59(3): 203～212]

Capone D G, Zehr J P, Paerl H W, Bergman B, Carpenter E J. 1997. *Trichodesmium*, a globally significant marine cyanobacterium. Science, 276: 1 221～1 229

Castanier S. 1999. Ca-carbonates precipitation and limestone genesis—the microbiogeologist point of view. Sedimentary Geology, 126: 9～23

Castanier S, Metayer-Levrel, Perthuisot J-P. 2000. Bacterial roles in the precipitation of carbonate minerals. In: Riding R E, Awramik S M, eds. Microbial Sediments. Berlin: Springer-Verlag. 32～39

Chafetz H S. 1986. Marine peloids: a product of bacterially induced precipitation of calcite. Journal of Sedimentary Petrology, 56: 812～817

Chafetz H S, Buczynski C. 1992. Bacterially induced lithification of microbial mats. Palaios, 7: 277～293

Chen D, Tucker M E. 2003. The Frasnian-Famennian mass extinction: insights from high-resolution sequence stratigraphy and cyclostratigraphy in South China. Palaeogeography,

Palaeoclimatology, Palaeoecology, 193(1): 87～111

Chen D, Tucker M E, Jiang M, Zhu J. 2001. Long-distance correlation between tectonic-controlled, isolated carbonate platforms by cyclostratigraphy and sequence stratigraphy in the Devonian of South China. Sedimentology, 48: 57～78

Chen Linzhou, Luo Xinmin, Xiao Jindong. 1991. Early Triassic calcareous storm deposits in southeastern Hubei. Sedimentary Facies Paleogeography, 11: 1～9(in Chinese with English abstract)[陈林洲,罗新民,萧劲东. 1991. 鄂东南早三叠世风暴沉积特征及其初步研究. 岩相古地理, 11: 1～9]

Chuvashov B, Riding R. 1984. Principal floras of Palaeozoic marine algae. Palaeontology, 27: 487～500

Cohen Y. 1984. The Solar Lake cyanobacterial mats: strategies of photosynthetic life under sulfide. In: Cohen Y, Castenholz R W, Halvorson H O, eds. Microbial Mats: Stromatolites. New York: Alan R. Liss, Inc. 133～148

Copper P. 1988. Ecological succession in Phanerozoic reef ecosystems: Is it real? Palaios, 3: 136～151

Copper P. 1994a. Ancient reef ecosystem expansion and collapse. Coral Reefs, 13: 3～11

Copper P. 1994b. Reefs under stress: the fossil record. Courier Forschungsinstitut Senckenberg, 172: 87～94

Copper P. 2002. Reef development at the Frasnian-Famennian mass extinction boundary. Palaeogeography, Palaeoclimatology, Palaeoecology, 181(1～3): 27～65

Costerton J W, Lewandowski Z, Caldwell D E, Korber D R, Lappin-Scott H M. 1995. Microbial biofilms. Annual Review of Microbiology, 49:711～745

Courtillot V E, Jaupart C, Manighetti I, Tapponnier P, Besse J. 1999. On causal links between flood basalts and continental breakup. Earth and Planetary Science Letters, 166: 177～195

Dai Xinchun. 1998. Characteristics of the calcirudytes of the Early Triassic Daye Formation at Wudang of Guizhou. Geology of Guizhou, 15: 119～125(in Chinese with English abstract)[戴新春. 1998. 贵阳乌当下坝下三叠统大冶组砾屑灰岩特征. 贵州地质, 15: 119～125]

Davey M E, O' Toole G A. 2000. Microbial biofilms: from ecology to molecular genetics. Microbiology and Molecular Biology Reviews, 64(4): 847～867

Defarge C, Trichet J, Coute A. 1994. On the appearance of cyanobacterial calcification in modern stromatolites. Sedimentary Geology, 94: 11～19

Deng Zhanqiu, Kong Lei. 1984. Middle Triassic corals and sponge from southern Guizhou and eastern Yunnan. Acta Palaeontologica Sinica, 23: 489～504(in Chinese with English abstract)[邓占球, 孔磊. 1984. 黔南、滇东一带中三叠世石珊瑚和海绵. 古生物学报, 23: 489～504]

Dill R F, Shinn E A, Jones A T, Kelly K, Steinen R P. 1986. Giant subtidal stromatolites forming in normal salinity waters. Nature, 324: 55～58

Dornbos S Q, Bottjer D J. 2000. Evolutionary paleoecology of the earliest echinoderms: Helicoplacoids and the Cambrian substrate revolution. Geology, 28: 839～842

Douglas S, Beveridge T J. 1998. Mineral formation by bacteria in natural microbial communities. FEMS Microbiology Ecology, 26: 79～88

Droser M L, Bottjer D J, Sheehan P M. 1997. Evaluating the ecological architecture of major events on the Phanerozoic history of marine invertebrate life. Geology, 25(2): 167～170

Droser M L, Bottjer D J, Sheehan P M. 1999. When the worm turned: Concordance of Early Cambrian ichnofabric and trace-fossil record in siliciclastic rocks of South Australia. Geology, 27: 625～628

Droser M L, Bottjer D J, Sheehan P M, McGhee G R. 2000. Decoupling of taxonomic and ecologic severity of Phanerozoic marine mass extinctions. Geology, 28(8): 675～678

Dupraz C, Strasser A. 1999. Microbialites and micro-encrusters in shallow coral bioherms (Middle to Late Oxfordian, Swiss Jura Mountains). Facies, 40: 101～130

Erwin D H. 1990. The end-Permian mass extinction. Annual Review of Ecology and systematics, 21: 69～91

Erwin D H. 1993. The Great Paleozoic Crisis: life and death in the Permian. New York: Columbia University Press. 1～327

Erwin D H. 1994. The Permo-Triassic extinction. Nature, 367: 231～236

Erwin D H. 1995. The end-Permian mass extinction. In: Scholle P A, Peryt T M, Ulmer-Scholle, eds. The Permian of Northern Pangea, Vol. 1. Heidelberg: Springer-Verlag. 20～34

Erwin D H. 1996. Permian global bio-events. In: Walliser O H, ed. Global Events and Event Stratigraphy. Heidelberg: Springer-Verlag. 251～264

Erwin D H, Bowring S A, Jin Yugan. 2002. End-Permian mass extinction: A review. In: Koeberl C, MacLeod K G, eds. Catastrophic Events and Mass Extinctions: Impacts and Beyond. Geological Society of America, Special Paper, 356: 363～383

Eshet Y, Rampino M R, Visscher H. 1995. Fungal event and palynological record of the ecological crisis and recovery across the Permian-Triassic boundary. Geology, 23: 967～970

Ezaki Y. 1995. The development of reefs across the end-Permian extinction. Journal of Geological Society of Japan, 101: 857～865

Ezaki Y. 2000. Palaeoecological and phylogenetic implications of a new scleractiniamorph genus from Permian sponge reefs, South China. Palaeontology, 43(2): 199～217

Fagerstrom J A. 1994. The history of Devonian-Carboniferous reef communities: extinctions, effects, recovery. Facies, 30: 177～192

Fan Jiasong. 1996. Re-examination of the Middle Triassic "reefs" in Central Guizhou, South China—The discovery of Triassic caliche deposits. In: Fan Jiasong, ed. The Ancient Organic Reefs of China and Their Relations to Oil and Gas. Beijing: Oceanology Press. 245～274(in Chinese)[范嘉松. 1996. 贵州中三叠世生物礁的再研究——三叠纪钙结壳的发现. 见:范嘉松主编. 中国生物礁与油气. 北京: 海洋出版社. 245～274]

Fan Jiasong, Qi Jingwen, Zhou Tieming, Zhang Xiaolin, Zhang Wei. 1990. Permian reefs in Longlin, Guangxi, China. Beijing: Geological Publishing House. 1～128(in Chinese)[范嘉松, 齐敬文, 周铁明, 张孝林, 张维. 1990. 广西隆林二叠纪生物礁. 北京: 地质出版社. 1～128]

Fan Jiasong, Rigby J K, QI Jingwen. 1990. The Permian reefs of South China and comparisons with the Permian reef complex of the Guadalupe Mountains, West Texas and New Mexico. Brigham Young University, Geology Studies, 36: 15～56

Fan Jiasong, Wen Zhuanfen. 1992. Re-examination of the Middle Triassic "reefs" in Central Guizhou, South China. Chinese Science Bulletin, 37: 1 369～1 372

Fang Zongjie. in press. Comment on "Permian-Triassic boundary interval in the Abadeh section of Iran with implications for mass extinction: Part 1—Sedimentology". Palaeogeography, Palaeoclimatology, Palaeoecology.

Fenchel T. 2001. Marine bugs and carbon flow. Science, 292: 2 444～2 445

Feng Zengzhao, Bao Zhidong, Li Shangwu, *et al*. 1994. Lithofacies Paleogeography of Middle and Lower Triassic of South China. Beijing: Petroleum Industry Press. 1～162(in Chinese with English summary)[冯增昭, 鲍志东, 李尚武等. 1994. 中国南方早、中三叠世岩相古地理. 北京: 石油工业出版社. 1～162]

Feng Zengzhao, Wu Shenghe. 1988. Study and mapping of lithofacies paleogeography of the Qinglong Group of the Lower-Middle Triassic in the Lower Yangtze River Region. In: Feng Zengzhao,

Wang Yinghua, Li Shangwu, eds. Study on Lithofacies Paleogeography of Qinglong Group of Lower-Middle Triassic in the Lower Yangtze River Region. Kunming: Yunnan Science and Technology Publishing House. 1～69(in Chinese with English abstract)[冯增昭，吴胜和. 1988. 下扬子地区中、下三叠统青龙群岩相古地理研究. 见:冯增昭，王英华，李尚武主编. 下扬子地区中、下三叠统青龙群岩相古地理研究. 昆明：云南科技出版社. 1～69]

Flajas G, Hussner H. 1993. A microbial model for the Lower Devonian stromatactis mud mounds of the Montagne Noir (France). Facies, 29: 179～194

Flugel E. 1982. Evolution of Triassic reefs: Current concepts and problems. Facies, 6: 297～328

Flugel E. 1989. "Algen-Zement"-Riffe. Archiv fur Lagerstettenforschung, Geologische Bundestanstalt Wien, 10: 125～131

Flugel E. 1994. Pangean shelf carbonates: Controls and paleoclimatic significance of Permian and Triassic reefs. In: Klein G de V, ed. Pangea: Paleoclimate, Tectonics and Sedimentation during Accretion, Zenith and Breakup of a Supercontinent. Geological Society of America, Special Papers, 288: 247～266

Flugel E, Hillmer G, Scholz J. 1993. Microbial carbonates and reefs: An introduction. Facies, 29: 1～2

Flugel E, Reinhardt J. 1989. Uppermost Permian reefs in Skyros (Greece) and Sichuan (China): Implications for the Late Permian extinction event. Palaios, 4: 502～518

Flugel E, Senowbari-Daryan B. 2001. Triassic reefs of the Tethys. In: Stanley G D, Jr, ed. The History and Sedimentology of Ancient Reef Systems. New York: Kluwer Academic/Plenum Publishers. 217～249

Flugel E, Stanley G D. 1984. Reorganization, development and evolution of post-Permian reefs and reef organisms. Palaeontolographica Americana, 54: 177～186

Flugel H W. 1970. Die Entwicklung der rugosen Korallen im hohen Perm. Verhandlungen der Geologischen Bundesanstalt, 1: 146～161

Fois E, Gaetani M. 1984. The recovery reef-building communities and the role of cnidarians in carbonate sequences of the Middle Triassic (Anisian) in the Italian Dolomites. Palaeontographica Americana, 54: 191～200

Folk R L, Chafetz H S. 2000. Bacterially induced microscale and nanoscale carbonate precipitates. In: Riding R E, Awramik S M, eds. Microbial Sediments. Heidelberg: Springer-Verlag. 40～49

Friedman G M. 1985a. The problem of submarine cement in classifying reefrock: an experience in frustration. SEPM Special Publication, 36: 117～121

Friedman G M. 1985b. The term micrite or micritic cement is a contradiction (discussion). Journal of Sedimentary Petrology, 55: 777

Friedman G M. 1993. Discussion on "Depositional controls on Lower Carboniferous microbial buildups, eastern Midland Valley of Scotland". Sedimentology, 40: 1171

Friedman G M. 1998. Rapidity of marine carbonate cementation-implications for carbonate diagenesis and sequence stratigraphy: perspective. Sedimentary Geology, 119: 1～4

Friedman G M, Amiel A J, Schneidermann N. 1974. Submarine cementation in reefs: example from the Red Sea. Journal of Sedimentary Petrology, 44: 816～825

Fu Qilong, Zhou Zhicheng, Peng Shanchi, Li Yue. 1999. Sedimentology of candidate sections for the Middle-Upper Cambrian boundary stratotype in western Hunan, China. Scientia Geologica Sinica, 34: 204～212(in Chinese with English abstract)[傅启龙，周志澄，彭善池，李越. 1999. 湘西中上寒武统界线层型候选剖面沉积特征. 地质科学，34: 204～212]

Gaetani M, Fois E, Jadoul F, Nicora A. 1981. Nature and evolution of Middle Triassic carbonate buildups in the Dolomites (Italy). Marine Geology, 44: 25～57

Gaetani M, Gorza M. 1989. The Anisian (Middle Triassic) carbonate bank of Camorelli (Lombardy, Southern Alps). Facies, 21: 41～56

Gao Zhenzhong, Duan Taizhong. 1985. Gravity-displaced deposits of Cambrian deep-water carbonates in west Hunan and east Guizhou. Acta Sedimentologica Sinica, 3: 7～22(in Chinese with English abstract)[高振中, 段太忠. 1985. 湘西黔东寒武纪深水碳酸盐岩重力流沉积. 沉积学报, 3: 7～22]

Gao Jian. 1991. Sedimentary and diagenetic model of *Renalcis* mudmound of Upper Devonian in Guangxi. Bulletin of the Chinese Academy of Geological Sciences, 23: 129～142 (in Chinese with English abstract) [高健. 1991. 广西上泥盆统肾形藻泥丘的沉积模式和成岩模式. 中国地质科学院院报, 23: 129～142]

Gao Zhenzhong, Liu Huaibo. 1983. Early Triassic carbonate gravity flow along the north margin of Shiwandashan basin and its geological significance. Oil and Gas Geology, 4: 53～65(in Chinese with English abstract)[高振中, 刘怀波. 1983. 十万大山盆地北缘早三叠世碳酸盐重力流及其地质意义. 石油与天然气地质, 4: 53～65]

Garcia-Pichel F, Pringault O. 2001. Microbiology: Cyanobacteria track water in desert soils. Nature, 413: 380～381

Gehling J G. 1991. The case for Edicaran fossil roots to the metazoan tree. Geological Society of India Memoir, 20: 181～224

Gehling J G. 1999. Microbial mats in terminal Proterozoic siliciclastics: Edicaran death masks. Palaios, 14: 40～57

Gemerden H, van. 1993. Microbial mats: a joint venture. Marine Geology, 113: 3～25

Gerdes G, Klenke T, Noffke N. 2000. Microbial signatures in peritidal siliciclastic sediments: a catalogue. Sedimentology, 47: 279～308

Ginsburg R N, James N P. 1973. British Honduras by submarine. Geotimes, 18(5): 23～24

Golubic S. 1976. Organisms that build stromatolites. In: Walter M R, ed. Stromatolites. Developments in Sedimentology, 20: 113～126

Golubic S. 1991. Modern stromatolites: a review. In: Riding R, ed. Calcareous Algae and Stromatolites. Heidelberg: Springer-Verlag. 541～561

Golubic S. 2000. Microbial landscapes: Abu Dhabi and Shark Bay. In: Margulis C, Haselton A, eds. Environmental Evolution: Effects of the Origin and Evolution of Life on Planet Earth. 2nd edition. Cambridge: The MIT Press. 117～139

Golubic S, Lee Sedng-Joo, Browne K M. 2000. Cyanobacteria: Architects of sedimentary structures. In: Riding R, ed. Calcareous Algae and Stromatolites. Heidelberg: Springer-Verlag. 57～67

Greinert J, Bohrmann G, Elvert M. 2002. Stromatolitic fabric of authigenic carbonate crusts: result of anaerobic methane oxidation at cold seeps in 4 850 m water depth.

Grotzinger J P, Knoll A H. 1995. Anomalous carbonate precipitates: Is the Precambrian the key to the Permian? Palaios, 10: 578～596

Gruszczynski M, Hoffman S, Malkowski K, Veizer J. 1992. Seawater strontium isotopic perturbation at the Permian-Triassic boundary, west Spitsbergen, and its implications for the interpretation of strontium isotopic data. Geology, 20: 779～782

Guerrero R, Piqueras M, Berlanga M. 2002. Microbial mats and the search for minimal ecosystems. International Micribiology, 5(4): 177～188

Guo Chenxian, Xia Kedong, Duan Taizhong. 1988. Sedimentary petrology and environments of Daye Group (Lower Triassic) of Shatian, Daye, Hubei. In: Feng Zengzhao, Wang Yinghua, Li Shangwu, eds. Study on Lithofacies Paleogeography of Qinglong Group of Lower-Middle

Triassic in the Lower Yangtze River Region. Kunming: Yunnan Science and Technology Publishing House. 175～185(in Chinese with English abstract)[郭成贤，夏克东，段太忠. 1988. 湖北大冶沙田下三叠统大冶群岩石学特征及沉积环境. 见：冯增昭，王英华，李尚武主编. 下扬子地区中、下三叠统青龙群岩相古地理研究. 昆明：云南科技出版社. 175～185]

Guo Li, Riding R. 1992. Microbial micritic carbonates in Uppermost Permian reefs, Sichuan Basin, southern China: Some similarities with Recent travertines. Sedimentary, 39: 37～53

Gutiérrez J C. 2001. Protistology today: advances in the microbial eukayrotic world. International Microbiology, 4:121～123

Hagadorn J W, Bottjer D J. 1997. Wrinkle structures: Microbially mediated sedimentary structures common in subtidal siliciclastic settings at the Proterozoic- Phanerozoic transition. Geology, 25: 1 047～1 050

Hagadorn J W, Bottjer D J. 1999. Restriction of a Late Neoproterozoic biotope: Suspect-microbial structures and trace fossils at the Vendian-Cambrian transition. Palaios, 14: 73～85

Hallam A, Wignall P B. 1997. Mass extinctions and their aftermath. Oxford: Oxford University Press. 1～320

Harris M T. 1993. Reef fabrics, biotic crusts and syndepositional cements of the Latemar reef margin (Middle Triassic), northern Italy. Sedimentology, 40: 383～401

Harris P M, Kendall C G Sr C, Lerche I. 1985. Carbonate cementation—a brief review. SEPM Special Publication, 36: 79～95

Hartman H. 1984. The evolution of photosynthesis and microbial mats: A speculation on the banded Iron Formations. In: Cohen Y, Castenholz R W, Halvorson H O, eds. Microbial Mats: Stromatolites. New York: Alan R. Liss, Inc. 449～453

Heckel P H. 1974. Carbonate buildups in the geologic record: a review. SEPM Special Publication, 18: 90～154

Herrero A, Muro-Pastor A M, Flores E. 2001. Nitrogen control in cyanobacteria. Journal of Bacteriology, 183: 411～425

Heydari E, Hassanzadeh J, Wade W J. 2000. Geochemistry of central Tethyan Upper Permian and Lower Triassic strata, Abadeh region, Iran. Sedimentary Geology, 137: 85～99

Heydari E, Wade W J, Hassanzadeh J. 2001. Diagenetic origin of carbon and oxygen isotope compositions of Permian-Triassic boundary strata. Sedimentary Geology, 143: 191～197

Heydari E, Hassanzadeh J, Wade W J, Ghazi A M. 2003. Permian-Triassic boundary interval in the Abadeh section of Iran with implications for mass extinction: Part 1—Sedimentology. Palaeogeography, Palaeoclimatology, Palaeoecology, 193(3): 405～423

Hoehler T M, Bebout B M, Des Marais D J. 2001. The role of microbial mats in the production of reduced gases on the early Earth. Nature, 412: 324～327

Hollingworth N T J, Tucker M E. 1987. The Upper Permian (Zechstein) Tunstall reef of northeast England: Palaeoecology and early diagenesis. In: Peryt T M, ed. The Zechstein Facies in Europe. Heidelberg: Springer-Verlag. 23～50

Ho Ziai, Yang Hong, Zhou Jingcai. 1980. The Middle Triassic reef in Guizhou Province, China. Scientia Geologica Sinica, (3): 256～264(in Chinese with English abstract)[贺自爱，杨宏，周经才. 1980. 贵州中三叠世生物礁. 地质科学，(3): 256～264]

Hu Wenxuan, Zhou Huaiyang, Gu Lianxing, Zhang Wenlan, Lu Xiancai, Fu Qi, Pan Jianming, Zhang Haisheng. 2000. New evidence of microbe origin for ferromanganese nodules from the East Pacific deep floor. Science in China, Series D, 43: 187～192

Huang Mingkang, Hu Xin, Wang Wenbin. 1988. Study on sedimentary petrology and environments of the Lower-Middle Triassic in Guichi, Anhui. In: Feng Zengzhao, Wang Yinghua, Li

Shangwu, eds. Study on Lithofacies Paleogeography of Qinglong Group of Lower-Middle Triassic in the Lower Yangtze River Region. Kunming: Yunnan Science and Technology Publishing House. 93～103(in Chinese with English abstract)[黄明康，胡沂，王文斌. 1988. 安徽贵池中、下三叠统岩石特征及沉积环境分析. 见:冯增昭，王英华，李尚武主编. 下扬子地区中、下三叠统青龙群岩相古地理研究. 昆明：云南科技出版社. 93～103]

Hussner H. 1994. Reefs, an elementary principle with many complex realizations. Berringeria, 11: 3～99

Isozaki Y. 1997. Permo-Triassic boundary superanoxia and stratified superocean: Records from lost deep sea. Science, 276: 235～238

James N P, Ginsburg R N. 1976. Facies and fabric specificity of early subsea cements in shallow Belize (British Hinduras) Reefs. Journal of Sedimentary Petrology, 46: 523～544

Jensen S, Gehling J G, Droser M L. 1998. Edicara-type fossils in Cambrian sediments. Nature, 393: 567～569

Jin Yugan. 1991. Two phases of the end-Permian extinction. Palaeoworld—Laboratory of Palaeobiology and Stratigraphy, Nanjing Institute of Geology and Palaeontology, Academia Sinica, 1: 39(in Chinese)[金玉玕. 1991. 二叠纪末期生物集群灭绝的两个阶段. Palaeoworld—现代古生物学和地层学开放实验室年报(1989～1990), 1:39]

Jin Yugan. 1993. Pre-Lopingian benthos crisis. Comptes Rendus Ⅻ International Congress on Carboniferous-Permian (Benos Aires), 2: 269～278

Jin Y G, Wang Y, Wang W, Shang Q H, Cao C Q, Erwin D H. 2000. Pattern of marine mass extinction near Permian-Triassic boundary in South China. Science, 289, 432～436

Jin Yugan, Zhang Jing, Shang Qinghua. 1994. Two phases of the end-Permian mass extinction. Canadian Society of Petroleum Geologists, Memoir, 17: 813～822

Jin Yugan, Zhang Jing, Shang Qinghua. 1995. Pre-Lopingian catastrophic event of marine faunas. Acta Palaeontologica Sinica, 34: 410～427(in Chinese with English abstract)[金玉玕，张进，尚庆华. 1995. 前乐平统海洋动物灾变事件. 古生物学报，34: 410～427]

Jones B, Hunter I G. 1991. Corals to rhodolites to microbialites: A community replacement sequence indicative of regressive conditions. Palaios, 6: 54～66

Kasting J F, Siefert J L. 2002. Life and the evolution of Earth's atmosphere. Science, 296: 1 066～1 068

Kauffman E G, Harries P J. 1996. The importance of crisis progenitors in recovery from mass extinction. Geological Society Special Publication, 102: 15～39

Kazmierczak J, Altermann W. 2002. Neoarchean Biomineralization by benthic cyanobacteria. Science, 298: 2 351

Kazmierczak J, Coleman M L, Gruszcznski M, Kempe S. 1996. Cyanobacterial key to the genesis of micritic and peloidal limestones in ancient seas. Acta Palaeontologica Polonica, 41: 319～338

Keim L, Schlager W. 1999. Automicrite facies on steep slopes (Triassic, Dolomites, Italy). Facies, 41: 15～26

Kempe S. 1990. Alkalinity: the link between anaerobic basins and shallow water carbonates? Naturwissenschaften, 77: 426～427

Kershaw S, Zhang Tingshan, Lan Guangzhi. 1999. A ? microbialite carbonate crust at the Permian-Triassic boundary in South China, and its Palaeoenvironmental significance. Palaeogeography, Palaeoclimatology, Palaeoecology, 146: 1～18

Kershaw S, Guo Li, Swift A, Fan Jiasong. 2002. ? Microbialites in the Permian-Triassic boundary interval in Central China: structure, age and distribution. Facies, 47: 83～90

Keupp H, Jenisch A, Herrmann R, Neuweiler F, Reitner J. 1993. Microbial carbonate crusts: a key to the environmental analysis of fossil spongiolites? Facies, 29: 41～54

Kim J C, Lee Y I. 1996. Marine diagenesis of Lower Ordovician carbonate sediments (Dumugol Formation), Korea: cementation in a calcite sea. Sedimentary Geology, 105: 241～257

Knoll A H, Bambach R K, Canfield D E, Grotzinger J P. 1996. Comparative Earth history and Late Permian mass extinction. Science, 273: 452～457

Knorre H V, Krumbein W E. 2000. Bacterial calcification. In: Riding R E, Awramik S M, eds. Microbial Sediments. Heidelberg: Springer-Verlag. 25～31

Kolber Z S, Van Dover C L, Niederman R A, Falkowski P G. 2000. Bacterial photosynthesis in surface waters of the open ocean. Nature, 407: 177～179

Kolber Z S, Plumley F G, Lang A S, Beatty J T, Blankenship R, van Dover C L, Vetriani C, Koblizek M, Rathgeber C, Falkowsk P G. 2001. Contribution of aerobic photoheterotrophic bacteria to the carbon cycle in the ocean. Science, 292: 2 492～2 495

Konhauser K, Ferris F G. 1996. Diversity of iron and silica precipitation by microbial mats in hydrothermal waters, Iceland: implications for Precambrian iron formations. Geology, 24: 323～326

Konhauser K O, Hamade T, Raiswell R, Morris R C, Ferris F G, Southam G, Canfield D E. 2002. Could bacteria have formed the Precambrian banded iron formations? Geology, 30(12): 1 079～1 082

Krajewski K P, Leniak P M, Zawidzki P. 2000. Origin of phosphatic stromatolites in the Upper Cretaceous condensed sequence of the Polish Jura Chain. Sedimentary Geology, 136: 89～112

Krumbein W E. 1983. Stromatolites-the challenge of a term in space and time. Precambrian Research, 20: 493～531

Krumbein W E. 1986. Biotransfer of minerals by microbes and microbial mats. In: Leadbeater B S C, Riding R, eds. Biomineralization in Lower Plants and Animals. Systematics Association Special Volume, 30: 35～72

Krumbein W E, Cohen Y. 1977. Primary production, mat formation and lithification: contribution of oxygenic and facultative anoxygenic cyanobacteria. In: Flugel E, ed. Fossil Algae, Recent Results and Developments. Heidelberg: Springer-Verlag. 37～56

Krumbein W E, Giele C. 1979. Calcification in a coccoid cyanobacterium associated with the formation of desert stromatolites. Sedimentology, 26: 593～604

LaBerge G L. 1973. Possible biological origin of Precambrian iron-formations. Economic Geology, 68: 1 089～1 109

Land L S, Goreau T F. 1970. Submarine lithification of Jamaican reefs. Journal of Sedimentary Petrology, 40: 457～462

Lee H T. 1927. A petrolographical study of the Wurmkalk. Bulletin of Geological Society of China, 6: 121～126 [李学清. 1927. 竹叶状石灰岩之岩石研究. 中国地质学会志, 6: 121～126]

Lehrmann D J. 1999. Early Triassic calcimicrobial mounds and biostromes of the Nanpanjiang basin, South China. Geology, 27(4): 359～362

Lehrmann D J, Payne J L, Felix S V, Dillett P M, Wang Hongmei, Yu Youyi, Wei Jiayong. 2003. Permian-Triassic boundary sections from shallow-marine carbonate platforms of the Nanpanjiang basin, South China: Implications for cceanic conditions associated with the end-Permian extinction and its aftermath. Palaios, 18(2): 138～152

Lehrmann D J, Wei Jiayong, Enos P. 1998. Controls on facies architecture of a large Triassic carbonate platform: The Great Bank of Guizhou, Nanpanjiang Basin, South China. Journal of Sedimentary Research, 68: 311～326

Lehrmann D J, Wan Yang, Wei Jiayong, Yu Youyi, Xiao Jiafei. 2001. Lower Triassic peritidal cyclic limestones: an example of anachronistic carbonate facies from the Great Bank of Guizhou, Nanpanjiang Basin, Guizhou Province, South China. Palaeogeography, Palaeoclimatology, Palaeoecology, 173: 103～123

Leinfelder R R, Nose M, Schmid D U, Werner W. 1993. Microbial crusts of the Late Jurassic: composition, palaeoecological significance and importance in reef construction. Facies, 29: 195～230

Lesser, M P, Mazel C H, Gorbunov M Y, Falkowski P G. 2004. Discovery of symbiotic nitrogen-fixing cyanobacteria in corals. Science, 305: 997～1 000

Leveille R J, Fyfe W S, Longstaffe F J. 2000. Geomicrobiology of carbonate-silicate microbialites from Hawaiian basaltic sea caves. Chemical Geology, 169: 339～355

Lighty R G. 1985. Preservation of internal reef porosity and diagenetic sealing of submerged early Holocene barrier reef, Southeast Florida shelf. SEPM Special Publication, 36: 123～151

Li Shangwu, Wu Shenghe. 1988. Study on petrology and sedimentary environments of the Qinglong Group of the Lower-Middle Triassic in Chaoxian, Anhui. In: Feng Zengzhao, Wang Yinghua, Li Shangwu, eds. Study on Lithofacies Paleogeography of Qinglong Group of Lower-Middle Triassic in the Lower Yangtze River Region. Kunming: Yunnan Science and Technology Publishing House. 82～92(in Chinese with English abstract)[李尚武，吴胜和. 1988. 安徽巢县中、下三叠统青龙群岩石特征及沉积环境分析. 见：冯增昭，王英华，李尚武主编. 下扬子地区中、下三叠统青龙群岩相古地理研究. 昆明：云南科技出版社. 82～92]

Li Zhongmo. 1988. The Permian bioherm in the regions of east Hunan, southwest Guizhou and west Guangxi. Geology of Guizhou, 5: 31～42(in Chinese with English abstract)[李钟模. 1988. 滇黔桂地区二叠纪的生物礁. 贵州地质，5：31～42]

Li Zishun, Zhan Lipei, Dai Jinye, Jin Ruogu, Zhu Xiufang, Zhang Jinghua, Huang Hengquan, Xu Daoyi, Yan Zheng, Li Huamei, *et al*. 1989. Study on the Permian-Triassic Biostratigraphy and Event Stratigraphy of Northern Sichuan and Southern Shaanxi. People's Republic of China, Ministry of Geology and Mineral Resources, Geological Memoir, Series 2, Number 9. Beijing: Geological Publishing House. 1～435(in Chinese with English abstract)[李子舜，詹立培，戴进业，金若谷，朱秀芳，张景华，黄恒銓，徐道一，严正，李华梅等. 1989. 川北陕南二叠-三叠纪生物地层及事件地层学研究. 地质矿产部地质专报，二、地层古生物，第9号. 北京：地质出版社. 1～435]

Liu Baojun, Ye Hongzhuan, Pu Xinchun. 1990. Cambrian carbonate gravity flow deposits in Guizhou and Hunan. Oil & Gas Geology, 11(3): 235～246(in Chinese with English abstract)[刘宝珺，叶红专，蒲心纯. 1990. 黔东湘西寒武纪碳酸盐重力流沉积. 石油与天然气地质，11：235～246]

Liu Huaibo, Luo Shunshe. 1988. The sedimentary environments of the Daye Group of the Lower Triassic in Puqi, Hubei. In: Feng Zengzhao, Wang Yinghua, Li Shangwu, eds. Study on Lithofacies Paleogeography of Qinglong Group of Lower-Middle Triassic in the Lower Yangtze River Region. Kunming: Yunnan Science and Technology Publishing House. 186～197(in Chinese with English abstract)[刘怀波，罗顺社. 1988. 湖北蒲圻三叠系大冶群沉积环境. 见：冯增昭，王英华，李尚武主编. 下扬子地区中、下三叠统青龙群岩相古地理研究. 昆明：云南科技出版社. 186～197]

Liu Zejun, Huang Mingkang, Wang Wenbin. 1988. Study on sedimentary petrology and environments of the Lower-Middle Triassic in Susong, Anhui. In: Feng Zengzhao, Wang Yinghua, Li Shangwu, eds. Study on Lithofacies Paleogeography of Qinglong Group of Lower-Middle Triassic in the Lower Yangtze River Region. Kunming: Yunnan Science and Technology Publishing House. 104～113(in Chinese with English abstract)[刘泽均，黄明康，王文斌.

1988. 安徽宿松中、下三叠统岩石特征及沉积环境分析. 见：冯增昭，王英华，李尚武主编. 下扬子地区中、下三叠统青龙群岩相古地理研究. 昆明：云南科技出版社. 104～113]

Logan B W. 1961. *Cryptozoon* and associate stromatolites from the Recent, Shark Bay, Western Australia. Journal of Geology, 69:517～533

Lowenstam H A. 1981. Minerals formed by organisms. Science, 211: 1 126～1 131

Luo Zhang, Chen Xueshi. 1988. Analysis of petrologic characteristics and depositional environments of the Lower Triassic in Baoqing, Changxing, Zhejiang. In: Feng Zengzhao, Wang Yinghua, Li Shangwu, eds. Study on Lithofacies Paleogeography of Qinglong Group of Lower-Middle Triassic in the Lower Yangtze River Region. Kunming: Yunnan Science and Technology Publishing House. 153～162(in Chinese with English abstract)[罗璋，陈学时. 1988. 浙江长兴葆青下三叠统岩石特征及沉积环境分析. 见：冯增昭，王英华，李尚武主编. 下扬子地区中、下三叠统青龙群岩相古地理研究. 昆明：云南科技出版社. 153～162]

Macintyre I G. 1977. Distribution of submarine cements in a modern Caribbean fringing reef, Galeta Point, Panama. Journal of Sedimentary Petrology, 47: 503～516

Macintyre I G. 1984. Extensive submarine lithification in a cave in the Belize Barrier Reef platform. Journal of Sedimentary Petrology, 54: 221～235

Macintyre I G. 1985. Submarine cements—the Peloidal question. SEPM Special Publication, 36: 109～116

Makhlouf I M. 2000. Early Triassic intertidal/subtidal patterns of sedimentation along the southern margins of the Tethyan seaway, Jordan. Journal of Asian Earth Sciences, 18: 513～518

Marshall J F. 1983. Submarine cementation in a high-energy platform reef: One Tree Reef, southern Great Barrier Reef. Journal of Sedimentary Petrology, 53: 1 133～1 149

Martin-Algarra A, Sanchez-Navas A. 2000. Bacterially mediated authigenesis in Mesozoic stomatolites from condensed pelagic sediments (Betic Cordillera, southern Spain). SEPM Special Publication, 66: 499～525

Martin J-P S, Muller P, Moissette P, Dulai A. 2000. Coral microbialite environment in a Middle Miocene reef of Hungary. Palaeogeography, Palaeoclimatology, Palaeoecology, 160: 179～191

Maurin A F, Noel D. 1977. A possible bacterial origin for Famennian micrites. In: Flugel E, ed. Fossil Algae: Recent Results and Developments. Heidelberg: Springer-Verlag. 136～142

Mazzullo S J. 2000. Organogenic dolomitization in peritidal to deep-sea sediments. Journal of Sedimentary Research, 70: 10～23

McFadden G I. 2001. Chloroplast origin and integration. Plant Physiology, 125: 50～53

McIlroy D, Logan G A. 1999. The impact of bioturbation on infaunal ecology and evolution during the Proterozoic-Cambrian transition. Palaios, 14: 58～72

McKenzie J A. 2003. The microbial factor in the geochemical equation. Geochimica et Cosmochimica Acta, Goldschmidt Conference Abstracts 2003: A1

Meng Xianghua, Qiao Xiufu, Ge Ming. 1986. Study on ancient shallow sea carbonate storm deposits (tempestite) in North China and Dingjiatan model of facies sequences. Acta Sedimentologica Sinica, 4: 1～18(in Chinese with English abstract)[孟祥化，乔秀夫，葛铭. 1986. 华北古浅海碳酸盐风暴沉积和丁家滩相序模式. 沉积学报，4: 1～18]

Merz M U. 1992. The biology of carbonate precipitation by cyanobacteria. Facies, 26: 81～102

Merz M U E, Zankl H. 1993. The influence of culture conditions on growth and sheath development of calcifying cyanobacteria. Facies, 29: 75～80

Merz-Preiβ M. 2000. Calcification in cyanobacteria. In: Riding R E, Awramik S M, eds. Microbial Sediments. Heidelberg: Springer-Verlag. 50～56

Michaelis W, Seifert R, Nauhaus K, Treude T, Thiel V, Blumenberg M, Knittel K, Gieseke A,

Peterknecht K, Pape T, Boetius A, Amann R, Jorgensen B B, Widdel F, Peckmann J, Pimenov N V, Gulin M B. 2002. Microbial reefs in the black Sea fueled by anaerobic oxidation of methane. Science, 297: 1 013~1 015

Milliman J D, Hook J A, Golubic S. 1985. Meaning and usage of micrite cement and matrix—reply to discussion. Journal of Sedimentary Petrology, 55: 777~778

Montaggioni L F, Camoin G F. 1993. Stromatolites associated with coralgal communities in Holocene high-energy reefs. Geology, 21: 149~152

Monty C. 1976. The origin and development of cryptalgal fabrics. In: Walter M R, ed. Stromatolites. Developments in Sedimentology, 20: 193~249

Monty C. 1977. Evolving concepts on the nature and the ecological significance of stromatolites. In: Flugel E, ed. Fossil Algae: Recent Results and Developments. Heidelberg: Springer-Verlag. 15~35

Mu Enzhi, Zhu Zhaoling, Chen Junyuan, Rong Jiayu. 1978. The Ordovician strata in the vicinity of Shuanghe, Changning district of Sichuan, China. Acta Stratigraphica Sinica, 2: 105~121(in Chinese with English abstract)[穆恩之,朱兆玲,陈均远,戎嘉余. 1978. 四川长宁双河附近奥陶纪地层. 地层学杂志,2: 105~121]

Newman D K, Banfield J F. 2002. Geomicrobiology: How molecular-scale interactions underpin biogeochemical systems. Science, 296: 1071~1077

Neuweiler F. 1993. Development of Albian microbialites and microbialite reefs at marginal platform areas of the Vasco-Cantabrian Basin (Soba Reef Area, Cantabria, N. Spain). Facies, 29: 231~250

Neuweiler F, Gautret P, Thiel V, Lange R, Michaelis W, Reitne J. 1999. Petrology of Lower Cretaceous carbonate mud mounds (Albian, N. Spain): insights into organomineralic deposits of the geological record. Sedimentology, 46: 837~859

Newell N D. 1988. The Paleozoic / Mesozoic Earthem boundary. Memoire della Societa Geologica Italiana, 34: 303~311

Noffke N, Gerdes G, Klenke T. 2003a. Benthic cyanobacteria and their influence on the sedimentary dynamics of peritidal systems (siliciclastic, evaporitic salty, and evaporitic carbonatic). Earth-Science Reviews, 62: 163~176

Noffke N, Gerdes G, Klenke T, Krumbein W E. 1997. A microscopic sedimentary succession of graded sand and microbial mats in modern siliciclastic tidal flats. Sedimentary Geology, 110: 1~6

Noffke N, Hazen R, Nhleko N. 2003b. Earth's earliest microbial mats in a siliciclastic marine environment (2.9 Ga Mozaan Group, South Africa). Geology, 31(8): 673~676

Noffke N, Knoll A H, Grotzinger J P. 2002. Ecology and taphonomy of microbial mats in Late Neoproterozoic siliciclastics: a case study from the Nama Group, Namibia. Palaios, 17: 1~12

Oschmann W. 2000. Microbes and black shales. In: Riding R E, Awramik S M, eds. Microbial Sediments. Heidelberg: Springer-Verlag. 137~148

Pace N R. 1997. A molecular view of microbial diversity and the biosphere. Science, 276: 734~740

Paterson D, Black K S. 2000. Siliciclastic intertidal microbial sediments. In: Riding R E, Awramik S M, eds. Microbial Sediments. Heidelberg: Springer-Verlag. 217~225

Paul J. 1980. Upper Permian algal stromatolite reefs, Harz Mountains (F. R. Germany). Contributions to Sedimentology, 9: 253~268

Paul J. 1995. Stromatolite reefs of the Upper Permian Zechstein basin (Central Europe). Facies, 32: 28~31

Pedley M. 2000. Ambient temperature freshwater microbial tufas. In: Riding R E, Awramik S M, eds. Microbial Sediments. Heidelberg: Springer-Verlag. 179～186

Pentecost A. 1991. Calcification processes in algae and cyanobacteria. In: Riding R, ed. Calcareous Algae and Stromatolites. Heidelberg: Springer. 3～20

Pentecost A, Riding R. 1986. Calcification in cyanobacteria. In: Leadbeater B S C, Riding R, eds. Biomineralization in Lower Plant and Animals. Systematics Association Special Volume, 30: 73～90

Peryt T M, Piatkowski T S. 1977. Stromatolites from the Zechstein Limestone (Upper Permian) of Poland. In: Flugel E, ed. Fossil Algae: Recent Results and Developments. Heidelberg: Springer-Verlag. 124～135

Pfluger F, Gresse P G. 1996. Microbial sand chips—A non-actualistic sedimentary structure. Sedimentary Geology, 102: 263～274

Phoenix V R, Adams D G, Konhauser K O. 2000. Cyanobacterial variability during hydrothermal biomineralization. Chemical Geology, 169: 329～338

Pickard N A H. 1992. Depositional controls on Lower Carboniferous microbial buildups, eastern Midland Valley of Scotland. Sedimentology, 39: 1 081～1 100

Pickard N A H. 1996. Evidence for microbial influence on the development of Lower Carboniferous buildups. Geological Society Special Publication, 107: 65～82

Pinckney J L, Reid R P. 1997. Productivity and community composition of stromatolitic microbial mats in the Exuma Cays, Bahamas. Facies, 36: 204～207

Playford P E. 1980. Devonian "Great Barrier Reef " of Canning Basin, western Australia. American Association of Petroleum Geologists Bulletin, 64: 814～840

Playford P E, Cockbain A E. 1989. Devonian reef complex, Canning Basin, western Australia: a review. Memoir of the Association of Australasian Paleontologists, 8: 401～412

Playford P E, Cockbain A E, Hocking R M, Wallace M W. 2001. Comment on "Novel paleoecology of a postextinction reef: Famennian (Late Devonian) of the Canning basin, northwestern Australia". Geology, 29(12): 1 155～1 156

Pope M, Giles K A. 2001. Carbonate sediments. Geotimes, 46(7): 20～21

Pratt B R. 1979. Early cementation and lithification in intertidal cryptalgal structures, Boca Jewfish, Bonaire, Netherlands Antilles. Journal of Sedimentary Petrology, 49(2): 379～386

Pratt B R. 1982. Stromatolite decline—a reconsideration. Geology, 10: 512～515

Pratt B R. 2000. Microbial contribution to reefal mud-mounds in ancient deep-water settings: Evidence from the Cambrian. In: Riding R E, Awramik S M, eds. Microbial Sediments. Heidelberg: Springer-Verlag. 282～288

Pratt B R. 2001. Calcification of cyanobacterial filaments: *Girvanella* and the origin of lower Paleozoic lime mud. Geology, 29(9): 763～766

Prave A R. 2002. Life on land in the Proterozoic: evidence from the Torridonian rocks of northwest Scotland. Geology, 30(9): 811～814

Qian Maiping. 1995. Explanation on evolution of stromatolites and their country rocks of marine Triassic System of lower and middle reaches of Yangtze River. Acta Palaeontologica Sinica, 34: 731～741(in Chinese with English abstract)[钱迈平. 1995. 中下扬子区海相三叠纪叠层石及其环境演变. 古生物学报, 34: 731～741]

Rampino M R, Adler A C. 1998. Evidence for abrupt latest Permian mass extinction of foraminifera: Results of tests for the Signor-Lipps effect. Geology, 26: 415～418

Rampino M R, Prokoph A, Adler A. 2000. Tempo of the end-Permian event: High-resolution cyclostratigraphy at the Permian-Triassic boundary. Geology, 28: 643～646

Reid R P. 1987. Nonskeletal peloidal precipitates in Upper Triassic reefs, Yukon Territory

(Canada). Journal of Sedimentary Petrology, 57: 893～900

Reid R P, Macintyre I G, Browne K M, Steneck R S, Miller T. 1995. Modern marine stromatolites in the Exuma Cays, Bahamas: Uncommonly common. Facies, 33: 1～18

Reid R P, Macintyre I G, James N P. 1990. Internal precipitation of microcrystalline carbonate: a fundamental problem for sedimentologists. Sedimentary Geology, 68: 163～170

Reid R P, Visscher P T, Decho A W, Stolz J F, Bebout B M, Duplaz C, Macintyre I G, Paerl H W, Pinckney J L, Prufert-Bebout L, Steppe T F, DesMarais D J. 2000. The role of microbes in accretion, lamination and early lithification of modern marine stromatolites. Nature, 406: 989～992

Reinhardt J W. 1988. Uppermost Permian reef and Permo-Triassic sedimentary facies from the southwestern margin of Sichuan Basin, China. Facies, 18: 231～288

Reitner J. 1993. Modern cryptic microbialite / metazoan facies from Lizard Island (Great Barrier Reef, Australia)—Formation and concepts. Facies, 29: 3～40

Reitner J, Neuweiler F. 1995. Supposed principal controlling factors of rigid micrite buildups. Facies, 32: 62～65

Reitner J, Neuweile F, Gautret P. 1995. Modern and fossil automicrites: implications for mud mound genesis. Facies, 32: 4～17

Riding R. 1977. Calcified *Plectonema* (blue-green algae), a recent example of *Girvanella* from Aldabra Atoll. Palaeontology, 20(1): 33～46

Riding R. 1991a. Classification of microbial carbonates. In: Riding R, ed. Calcareous Algae and Stromatolites. Heidelberg: Springer-Verlag. 21～51

Riding R. 1991b. Calcified cyanobacteria. In: Riding R, ed. Calcareous Algae and Stromatolites. Heidelberg: Springer-Verlag. 55～87

Riding R. 1992. Temporal variation in calcification in marine cyanobacteria. Journal of Geological Society of London, 149: 979～989

Riding R. 1997. Stromatolite decline: a brief reassessment. Facies, 36: 227～230

Riding R. 2000. Microbial carbonates: the geological record of calcified bacterial-algal mats and biofilms. Sedimentology, 47(Supplement 1): 179～214

Riding R. 2002. Structure and composition of organic reefs and carbonate mud mounds: concepts and categories. Earth-Science Reviews, 58: 163～231

Riding R, Awramik S M, Winsborough B M, Griffin K M, Dill R F. 1991a. Bahamian giant stromatolites: microbial composition of surface mats. Geological Magazine, 128: 227～234

Riding R, Martin J M, Braga J C. 1991b. Coral-stromatolite reef framework, Upper Miocene, Almeria, Spain. Sedimentology, 38: 799～818

Rigby J K, Senowbari-Daryan B. 1995. Permian sponge biogeography. In: Scholle P A, Peryt T M, Ulmer-Scholle D S, eds. The Permian of Northern Pangea, 1. Paleogeography, Paleoclimates, Stratigraphy. Heidelberg: Springer-Verlag. 153～166

Runnegar B. 1995. Vendobionta or Metazoa? Developments in the understanding of the Edicaran "fauna". Neues Jagrbuch fur Geologie und Palaontologie Abhandlungen, 103: 155～180

Russo F, Neri C, Mastandrea A, Baracca A. 1997. The mud mound nature of the Cassian platform margins of the Dolomites. A case history: the Cipit Boulders from Punta Grohmann (Sasso Piatto Massif, Northern Italy). Facies, 36: 25～36

Sano H, Nakashima K. 1997. Lowermost Triassic (Griesbachian) microbial bindstone-cementstone facies, Southwest Japan. Facies, 36: 1～24

Schieber J. 1999. Microbial mats in terrigenous clastics: The challenge of identification in the rock record. Palaios, 14: 3～12

Schubert J K, Bottjer D J. 1992. Early Triassic stromatolites as post-extinction disaster forms. Geology, 20: 883～886

Schubert J K, Bottjer D J. 1995. Aftermath of the Permian-Triassic mass extinction event: Paleoecology of Lower Triassic carbonates in the western USA. Palaeogeography, Palaeoclimatology, Palaeoecology, 116: 1～39

Schulze-Lam S, Fortin D, Davis B S, Beveridge T J. 1996. Mineralization of bacterial surfaces. Chemical Geology, 132: 171～181

Schwennicke T, Siegmund H, Jehl C. 2000. Marine phosphogenesis in shallow-water environments: Cambrian, Tertiary, and Recent examples. SEPM Special Publication, 66: 481～498

Seilacher A. 1999. Biomat-related lifestyles in the Precambrian. Palaios, 14: 86～93

Senowbari-Daryan B, Stanley G D, Jr. 1998. *Neoguadalupia oregonensis* new species: Reappearance of a Permian sponge genus in the Upper Triassic Wallowa Terrane, Oregon. Journal of Paleontology, 72(2): 221～224

Senowbari-Daryan B, Zuhlke R, Bechstadt T, Flugel E. 1993. Anisian (Middle Triassic) buildups of the Northern Dolomites (Italy): The recovery of reef communities after the Permian-Triassic crisis. Facies, 28: 181～256

Sepkoski J J, Jr. 1982. Flat-pebble conglomerates, storm deposits, and the Cambrian bottom fauna. In: Einsele G, Seilacher A, eds. Cyclic and Event Stratification. Heidelberg: Springer-Verlag. 371～385

Sepkoski J J, Jr, Bambach R K, Droser M L. 1991. Secular changes in Phanerozoic event bedding and the biological overprint. In: Einsele G, Ricken W, Seilacher A, eds. Cycles and Events in Stratigraphy. Heidelberg: Springer-Verlag. 298～312

Sepkoski J J, Jr. 1993. Ten Years in the library: new data confirm paleontological patterns. Paleobiology, 19: 43～51

Sheehan P M. 1985. Reefs are not so different—They follow the evolutionary pattern of level-bottom communities. Geology, 13: 46～49

Shen Jianwei, Kawamura T, Yang Wanrong. 1998. Upper Permian coral reef and colonial rugose corals in Northwest Hunan, South China. Facies, 39: 35～66

Shen Jianwei, Yang Wanrong. 1995. Late Permian coral reef in Wulingyuan of the National Forest Park, northwestern Hunan. Chinese Science Bulletin, 40: 1 491～1 494(in Chinese)[沈建伟，杨万容. 1995. 湘西武陵源晚二叠世长兴期珊瑚礁. 科学通报, 40: 1 491～1 494]

Shen Shuzhong, Shi G R. 1996. Diversity and extinction patterns of Permian Brachiopoda of South China. Historical Biology, 12: 93～110

Shen Shuzhong, Shi G R. 2002. Paleobiogeographical extinction patterns of Permian brachiopods in the Asian-western Pacific region. Paleobiology, 28(4): 449～463

Shi G R, Shen Shuzhong. 2000. Asian-western Pacific Permian Brachiopoda in space and time: biogeography and extinction patterns. In: Yin H, Dickins S M, Shi G R, Tong J, eds. Permian-Triassic Evolution of Tethys and Western Circum-Pacific. Elsevier, Amsterdam. 327～352

Shi G R, Shen Shuzhong, Tong Jinnan. 1999. Two discrete, possibly unconnected, Permian marine mass extinctions. Proceedings of the International Conference on Pangea and the Paleozoic-Mesozoic Transition. Wuhan: China University of Geosciences Press. 148～151

Signor P W Ⅲ, Lipps J H. 1982. Sampling bias, gradual extinction patterns and catastrophes in the fossil record. Geological Society of America, Special Papers, 190: 291～296

Simon R D. 1984. Evolution of the microbial mat community: Problems and technological solutions. In: Cohen Y, Castenholz R W, Halvorson H O, eds. Microbial Mats: Stromatolites. New York: Alan R. Liss, Inc. 437～447

Smith D B. 1981. The Magnesian Limestone (Upper Permian) reef complex of northeastern England. Society of Economic Paleontologists and Mineralogists Special Publication, 30: 161～186

Smith R M, Ward P D. 2001. Pattern of vertebrate extinctions across an event bed at the Permian-Triassic boundary in the Karoo Basin of South Africa. Geology, 29(12): 1 147～1 150

Soudry D. 2000. Microbial phosphate sediment. In: Riding R E, Awramik S M, eds. Microbial Sediments. Heidelberg: Springer-Verlag. 127～136

Stanley G D, Jr. 1988. The history of early Mesozoic reef communities: a three-step process. Palaios, 3: 170～183

Stanley G D, Jr. 1996. Confessions of a displaced reefer. Palaios, 11: 1～2

Stanley G D, Jr. 2001. Introduction to reef ecosystem and their evolution. In: Stanley G D, Jr, ed. The History and Sedimentology of Ancient Reef Systems. New York: Kluwer Academic/Plenum Publishers. 1～39

Stanley G D, Jr. 2002. The evolution of modern corals and their early history. Earth-Science Reviews, 60: 195～225

Stanley G D, Jr, Beauvais L. 1994. Corals from an Early Jurassic coral reef in British Columbia: refuge on an oceanic island reef. Lethaia, 27: 35～74

Stanley G D, Jr, Swart P K. 1995. Evolution of the coral-zooxanthellae symbiosis during the Triassic: a geochemical approach. Paleobiology, 21: 179～199

Stanley S M, Yang Xiangning. 1994. A double mass extinction at the end of the Paleozoic. Science, 266: 1 340～1 344

Steiner M, Reitner J. 2001. Evidence of organic structures in Edicara-type fossils and associated microbial mats. Geology, 29(12): 1 119～1 122

Stolz J F. 1984. Fine structure of the stratified microbial community at Laguna Figueroa, Baja California, Mexico: Ⅱ. Transmission electron microscopy as a diagnostic tool in studying microbial communities in situ. In: Cohen Y, Castenholz R W, Halvorson H O, eds. Microbial Mats: Stromatolites. New York: Alan R. Liss, Inc. 23～38

Stolz J F. 2000. Structure of microbial mats and biofilms. In: Riding R E, Awramik S M, eds. Microbial Sediments. Heidelberg: Springer-Verlag. 1～8

Stolz J F, Feinstein T N, Salsi J, Visscher P T, Reid R P. 2001. TEM analysis of microbial mediated sedimentation and lithification in modern marine stromatolites. American Mineralogist, 86: 826～833

Summons R E, Jahnke L L, Hope J M, Logan G A. 1999. 2-methylhopanoids as biomarkers for cyanobacterial oxygenic photosynthesis. Nature, 400: 554～557

Talent J A. 1988. Organic reef building: episodes of extinction and symbiosis? Senckenbergiana lethaea, 69: 315～368

Tappan H. 1968. Primary production, isotopes, extinctions and the atmosphere. Palaeogeography, Palaeoclimatology, Palaeoecology, 4: 187～210

Teichert C. 1990. The Permian-Triassic boundary revisited. In: Kauffman E G, Walliser O H, eds. Extinction Events in Earth History. Heidelberg: Springer-Verlag. 199～238

Thompson J B, Ferris F G. 1990. Cyanobacterial precipitation of gypsum, calcite, and magnesite from natural alkaline lake water. Geology, 18: 995～998

Tong Jinnan, Shi G R, Lin Qixiang. 1998. Evolution of the Permian and Triassic reef ecosystems in South China. Proceedings of Royal Society of Victoria, 110: 385～399

Torsvik V, Ovreas L, Thingstad T F. 2002. Prokaryotic diversity-magnitude, dynamics, and controlling factors. Science, 296: 1 064～1 066

Tsien Hsien Ho. 1994. Construction of reefs through geologic time with emphasis on the role of nonskeletal micro-organisms. Acta Geologica Taiwanica, 31: 1～30

Twitchett R J, Looy C V, Morante R, Visscher H, Wignal P. 2001. Rapid and synchronous collapse of marine and terrestrial ecosystems during the end-Permian biotic crisis. Geology, 29: 351～354

Van Lith Y, Warthmann R, Vasconcelos C, McKenzie J A. 2003. Microbial fossilization in carbonate sediments: a result of the bacterial surface involvement in dolomite precipitation. Sedimentology, 50(2): 237～245

Visscher P T, Reid R P, Bebout B M. 2000. Microscale observations of sulfate reduction: Correlation of microbial activity with lithified micritic laminae in modern marine stromatolites. Geology, 28: 919～922

Visscher P T, Reid R P, Bebout B M, Hoeft S E, Macintyre I G, Thompson J A, Jr. 1998. Formation of lithified micritic laminae in modern marine stromatolites (Bahamas): The role of sulfur cycling. American Mineralogist, 83: 1 482～1 493

Wang Ande, Wang Hengding. 1988. The petrologic characteristics and sedimentary environments of the Lower Triassic in Ningguo, Anhui. In: Feng Zengzhao, Wang Yinghua, Li Shangwu, eds. Study on Lithofacies Paleogeography of Qinglong Group of Lower-Middle Triassic in the Lower Yangtze River Region. Kunming: Yunnan Science and Technology Publishing House. 114～123 (in Chinese with English abstract)[王安德，汪恒定. 1988. 安徽宁国下三叠统岩石学特征及沉积环境. 见：冯增昭，王英华，李尚武主编. 下扬子地区中、下三叠统青龙群岩相古地理研究. 昆明：云南科技出版社. 114～123]

Wang Guoqing, Xia Wenchen. 2000. The variation of isotopes (C, O) and the organism extinction event across the Permian / Triassic boundary in Ziyun section. Earth Science Frontiers—China University of Geosciences, 7: 339～344(in Chinese with English abstract)[王国庆，夏文臣. 2000. 贵州紫云剖面P / T界面附近碳氧同位素的变化及生物灭绝事件. 地学前缘，7: 339～344]

Wang K, Geldsetzer H H J, Krouse H R. 1994. Permian-Triassic extinction: Organic $\delta^{13}C$ evidence from British Columbia, Canada. Geology, 22: 580～584

Wang Shenghai, Fan Jiasong. 1995. Cementation of the Permian reefs in Ziyun County, South Guizhou, China. Scientia Geologica Sinica, 30: 53～62(in Chinese with English abstract)[王生海，范嘉松. 1995. 贵州紫云二叠纪生物礁的胶结作用. 地质科学，30: 53～62]

Wang Shenghai, Fan Jiasong, Rigby J K. 1994. The Permian reefs in Ziyun County, southern Guizhou, China. Brigham Young University, Geology Studies, 40: 155～183

Wang Shenghai, Fan Jiasong, Rigby J K. 1996. The characteristics and development of the Permian reefs in Ziyun County, South Guizhou, China. Acta Sedimentologica Sinica, 14: 66～74(in Chinese with English abstract)[王生海，范嘉松，J. Keith Rigby. 1996. 贵州紫云二叠纪生物礁的基本特征及其发育规律. 沉积学报，14: 66～74]

Wang Shenghai, Qiang Zitong. 1992. Upper Permian Jianshuigou reef in Huaying Mountains, Sichuan, China. Oil and Gas Geology, 13: 147～154(in Chinese with English abstract)[王生海，强子同. 1992. 四川华蓥山涧水沟上二叠统生物礁. 石油与天然气地质，13: 147～154]

Wang Shenghai, Qiang Zitong, Wen Yingchu, Tao yanzhong. 1994. Petrology and origin of the calcareous crusts capping the Permian reefs in Huaying Mountains, Sichuan, China. Journal of Mineralogy and Petrology, 14: 59～68(in Chinese with English abstract)[王生海，强子同，文应初，陶艳忠. 1994. 华蓥山地区二叠纪生物礁顶部钙结壳的岩石学特征及成因探讨. 矿物岩石，14: 59～68]

Wang Wenbin. 1990. Character of tempesitites (storm deposits) in the Lower Triassic of the Lower Yangtze Region. Acta Stratigraphica Sinica, 14: 124～130(in Chinese with English abstract)[王文彬. 1990. 下扬子区早三叠世风暴沉积及其特征. 地层学杂志，14: 124～130]

Wang Xiang, Wang Zhan. 1993. Storm deposits in Upper Proterozoic in southeastern Huabei Sino-

Korean Massif. Acta Secimentologica Sinica, 11: 91～98(in Chinese with English abstract)[王翔，王战 1993. 华北地块东南缘上元古界风暴沉积. 沉积学报，11: 91～98]

Wang Xiangdong, Sugiyama T. 2000. Diversity and extinction patterns of Permian coral faunas of China. Lethaia, 33: 285～294

Wang Xinping, Yang Shouren, Ma Xueping, Zhang Wanzhong. 1988. Triassic lithologic characters and sedimentary environments in Dalishan, Zhenjiang. In: Feng Zengzhao, Wang Yinghua, Li Shangwu, eds. Study on Lithofacies Paleogeography of Qinglong Group of Lower-Middle Triassic in the Lower Yangtze River Region. Kunming: Yunnan Science and Technology Publishing House. 124～133(in Chinese with English abstract)[王新平，杨守仁，马学平，张万忠. 1988. 江苏镇江大亡山三叠系岩石学特征及沉积环境分析. 见：冯增昭，王英华，李尚武主编. 下扬子地区中、下三叠统青龙群岩相古地理研究. 昆明：云南科技出版社. 124～133]

Wang Yigang. 1986. Sedimentary characteristics of carbonate gravity flows on the continental slope of the Early Triassic in southern Guizhou and western Guangxi, China. Acta Sedimentologica Sinica, 4: 91～100(in Chinese with English abstract)[王一刚. 1986. 黔南桂西早三叠世大陆斜坡碳酸盐重力流沉积. 沉积学报，4: 91～100]

Wang Yinghua, Wu Shenghe, Wang Zezhong, Wang Weihong, He Fuxiang. 1988. Study on petrology and sedimentary environments of the Qinglong Group of the Lower-Middle Triassic in Tongling, Anhui. In: Feng Zengzhao, Wang Yinghua, Li Shangwu, eds. Study on Lithofacies Paleogeography of Qinglong Group of Lower-Middle Triassic in the Lower Yangtze River Region. Kunming: Yunnan Science and Technology Publishing House. 70～81(in Chinese with English abstract)[王英华，吴胜和，王泽中，王伟洪，何福祥. 1988. 安徽铜陵中、下三叠统岩石特征及沉积环境分析. 见：冯增昭，王英华，李尚武主编. 下扬子地区中、下三叠统青龙群岩相古地理研究. 昆明：云南科技出版社. 70～81]

Wang Yongbiao, Xu Guirong, Lin Qixiang. 1997. Paleoecological relations between coral reef and sponge reef of Late Permian in Cili area, West Hunan, China. Earth Sciences—Journal of China University of Geosciences, 22: 135～138(in Chinese with English abstract)[王永标，徐桂荣，林启祥. 1997. 湖南慈利晚二叠世海绵礁与珊瑚礁的古生态研究. 地球科学—中国地质大学学报，22: 135～138]

Wang Yujing, Chen Yennien, Yang Qun. 1994. Biostratigraphy and systematics of Permian radiolarians in China. Palaeoworld—Laboratory of Palaeobiology and Stratigraphy, Nanjing Institute of Geology and Palaeontology, Academia Sinica, 4: 172～202

Ward P D, Montgomery D R, Smith R. 2000. Altered river morphology in South Africa related to the Permian-Triassic extinction. Science, 289: 1 740～1 743

Warren L A, Kauffman M E. 2003. Microbial geoengineers. Science,299(5 609):1027～1029

Warthmann R, van Lith Y. Vasconcelos C, Mckenzie J A, Karpoff A M. 2000. Bacterially induced dolomitite precipitation in anoxic culture experiments. Geology, 28: 1 091～1 094

Webb G E. 1996. Was Phanerozoic reef history controlled by the distribution of non-enzymatically secreted reef carbonates (microbial carbonate and biologically induced cement)? Sedimentology, 43: 947～971

Webb G E. 2001. Famennian mud-mounds in the proximal fore-reef slope, Canning Basin, Western Australia. Sedimentary Geology, 145: 295～315

Webb G E, Baker J C, Jell J S. 1998. Inferred syngenetic textural evolution in Holocene cryptic reefal microbialites, Heron Reef, Australia. Geology, 26(4): 355～358

Weidlich O. 2002. Permian reefs re-examined: extrinsic control mechanisms of gradual and abrupt changes during 40 my of reef evolution. Geobios, Memoire Special, 24: 287～294

Whalen M T, Day J, Eberli G P, Homewood P W. 2002. Microbial carbonates as indicators of environmental change and biotic crises in carbonate systems: examples from the Late Devonian, Alberta basin, Canada. Palaeogeography, Palaeoclimatology, Palaeoecology, 181: 127～151

Wignall P B, Hallam A. 1992. Anoxia as a cause of the Permian/Triassic extinction: facies evidence from northern Italy and the western United States. Palaeogeography, Palaeoclimatology, Palaeoecology, 93: 21～46

Wignall P B, Hallam A. 1993. Griesbachian (Earliest Triassic) palaeoenvironmental changes in the Salt Range, Pakistan and Southeast China and their bearing on the Permo-Triassic mass extinction. Palaeogeography, Palaeoclimatology, Palaeoecology, 102: 215～237

Wignall P B, Hallam A. 1996. Facies change and the end-Permian mass extinction in S. E. Sichuan, China. Palaios, 11: 587～596

Wignall P B, Hallam A, Lai Xulong, Yang Fengqing. 1995. Palaeoenvironmental changes across the Permian/Triassic boundary at Shangsi (N. Sichuan, China). Historical Biology, 10: 175～189

Wignall P B, Kozur H, Hallam A. 1996. On the timing of palaeoenvironmental changes at the Permo-Triassic (P/Tr) boundary using conodont biostratigraphy. Historical Biology, 12: 39～62

Wignall P B, Morante R, Newton R. 1998. The Permo-Triassic transition in Spitsbergen: $\delta^{13}C_{org}$ chemostratigraphy, Fe and S geochemistry, facies, fauna and trace fossils. Geological Magazine, 135: 47～62

Wignall P B, Twitchett R J. 1996. Oceanic anoxia and the end Permian mass extinction. Science, 272: 1 155～1 158

Wignall P B, Twitchett R J. 1999. Unusual intraclastic limestone in Lower Triassic carbonates and their bearing on the aftermath of the end-Permian mass extinction. Sedimentology, 46: 303～316

Wignall P B, Twitchett R J. 2002. Permian-Triassic sedimentology of Jameson Land, East Greenland: incised submarine channels in an anoxic basin. Journal of the Geological Society of London, 159(6): 691～703

Woese C R. 1998. Default taxonomy: Ernst Mayr's view of the microbial world. Proceeding of National Academy of Sciences, USA, 95: 11 043～11 046

Wood R. 1999. Reef Evolution. Oxford: Oxford University Press. 1～414

Wood R. 2000. Novel Paleoecology of a postextinction reef: Famennian (Late Devonian) of the Canning basin, northwestern Australia. Geology, 28: 987～990

Wood R. 2001a. Are reefs and mud mounds really so different? Sedimentary Geology, 145: 161～171

Wood R. 2001b. Biodiversity and the history of reefs. Geological Journal, 36: 251～263

Wood R, Dickson J A D, Kirkland-George B. 1994. Turning the Capitan reef upside down: a new appraisal of the ecology of the Permian Capitan reef, Guadalupe Mountains, Texas and New Mexico. Palaios, 9: 422～427

Wood R, Dickson J A D, Kirkland-George B. 1996. New observations on the ecology of the Permian Capitan Reef, Texas and New Mexico. Palaeontology, 39: 733～762

Woods A D, Bottjer D J, Mutti M, Morrison J. 1999. Lower Triassic large sea-floor carbonate cements: Their origin and a mechanism for the prolonged biotic recovery from the end-Permian mass extinction. Geology, 27: 645～648

Wu Qi. 1998. The analyses of paleoecological communities and environments of Late Permian Changhsingian to Early Triassic in Fujian, China. In: Shi Baohang, ed. New Exploration of Geosciences in China. Beijing: Petroleum Industry Press. 65～77(in Chinese)[吴歧. 1998. 福建晚二叠世长兴期-早三叠世溪口期古生态群落及古环境分析. 见:石宝珩主编. 中国地质科学新探索. 北京: 石油工业出版社. 65～77]

Wu Yinglin, Zhu Hongfa, Zhu Zhongfa, Yan Yangji, Qin Jianhua, Mu Chuanlong, Wang Zunzhou, Luo Chongxun, Tian Chuanrong, Tan Qinyin, Du Zeying. 1994. Triassic Lithofacies,

Paleogeography and Mineralization in South China. Beijing: Geological Publishing House. 1～143(in Chinese with English abstract)[吴应林，朱洪发，朱忠发，颜仰基，秦建华，牟传龙，王尊周，罗崇迅，田传荣，谭钦银，杜泽英. 1994. 中国南方三叠纪岩相古地理与成矿作用. 北京：地质出版社. 1～143]

Yang Wanrong. 1987. Bioherm of Wujaping Formation in Laibin, Guangxi, China. Oil and Gas Geology, 8: 424～428(in Chinese with English abstract)[杨万容. 1987. 广西来宾吴家坪组生物岩礁. 石油与天然气地质，8: 424～428]

Yang Xiangning, Zhou Jianping, Liu Jiarun, Shi Guijun. 1999. Evolutionary pattern of fusulinacean foraminifer in Maokouan, middle Permian. Science in China, Series D, 42: 456～464 (in Chinese)[杨湘宁，周建平，刘家润，施贵军. 1999. 二叠纪"茅口期"䗴类动物的演化形式. 中国科学（D辑），29: 129～136]

Yang Zunyi, Yin Hongfu, Wu Shunbao, Yang Fengqing, Ding Meihua, Xu Guirong. 1987. Permian-Triassic boundary stratigraphy and fauna of China. Geological Memoirs, People's Republic of China Ministry of Geology and Mineral Resources, Series 2, 6. Beijing: Geological Publishing House. 1～379 [杨遵义，殷鸿福，吴顺宝，杨逢清，丁梅华，徐桂荣. 1987. 华南二叠-三叠系界线地层及动物群. 中华人民共和国地质矿产部地质专报，二、地层古生物，第 6 号. 北京：地质出版社. 1～379]

Yang Zunyi, Wu Shunbao, Ying Hongfu, Xu Guirong, Zhang Kexin. 1991. Permo-Triassic Events of South China. Geological Publishing House, Beijing. 1～183(in Chinese with English abstract)[杨遵义，吴顺宝，殷鸿福，徐桂荣，张克信. 1991. 华南二叠-三叠纪过渡期地质事件. 北京：地质出版社. 1～183]

Yin Dewei, Zhang Yue'e, Huang Heping. 1990. Upper Devonian algal reefs in the Guilin area, Guangxi, China. Regional Geology of China, (4): 334～338(in Chinese with English abstract)[殷德伟，张月娥，黄和平. 1990. 桂林地区上泥盆统藻礁. 中国区域地质，(4):334～338]

Yin Hongfu, Zhang Kexin, Tong Jinnan, Yang Zunyi, Wu Shunbao. 2001. The global stratotype section and point (GSSP) of the Permian-Triassic boundary. Episodes, 24(2): 102～114

Yu C M, Bao H M, Shen J W, Yin B A, Zhang S L, Yin D W. 1991. Devonian reef complexs in Guilin, South China. Second International Congress on Paleoecology, Guidebook Excursion 2: Nanjing Institute of Geology and Palaeontology, Academia Sinica. 1～66

Yu Changmin, Shen Jianwei, 1998. Devonian Reefs and Reef Complexes in Guilin, Guangxi, China. Nanjing: Jiangsu Science and Technology Publishing House. 1～168

Yue Wenzhe, Wei Naiyi, Jiao Shiding, Jiang Yuehua. 1990. Sedimentary characteristics and facies model of shelf-to-slope environments in the Cambrian-Ordovician of lower Yangtze area. Bulletin of the Nanjing Institute of Geology and Mineral Resources, Chinese Academy of Geological Sciences, Supplementary Issue, 8: 1～72(in Chinese with English abstract)[岳文浙，魏乃颐，焦世鼎，姜月华. 1990. 下扬子地区寒武、奥陶纪陆棚-斜坡相沉积特征和相模式. 中国地质科学院南京地质矿产研究所所刊，增刊，8: 1～72]

Zankl H. 1993. The origin of high-Mg-calcite microbialites in cryptic habitats of Caribbean coral reefs—their dependence on light and turbulence. Facies, 29: 55～59

Zehr J P, Waterbury J B, Turner P J, Montoya J P, Omoregie E, Steward G F, Hansen A, Karl D M. 2001. Unicellular cyanobacteria fix N_2 in the subtropical North Pacific Ocean. Nature, 412: 635～638

Zeng Dinqian, Liu Binwen, Huang Yunming. 1988. Reefs through Geological Ages in China. Beijing: Petroleum Industry Press. 1～91(in Chinese)[曾鼎乾，刘炳温，黄蕴明. 1988. 中国各地质历史时期生物礁. 北京：石油工业出版社. 1～91]

Zhang Guodong, Zhu Jingchang, Chou Fukang, Wang Yiyou, Zheng Junzhang. 1987. Sedimentary characteristics of Early Triassic carbonate storm and clastic flows at the lower Yangtze area, China. Marine Geology and Quaternary Geology, 7: 99～109(in Chinese with English abstract)[张国栋，朱静昌，仇福康，王益友，郑俊章. 1987. 下扬子地区早三叠世碳酸盐风暴流与碎屑流沉积特征. 海洋地质与第四纪地质，7: 99～109]

Zhang Wei, Zhang Xiaolin. 1991. Retrospect and prospect of the study of Permian reef-building organisms. Geological Review, 37: 133～143(in Chinese with English abstract)[张维，张孝林. 1991. 二叠纪造礁生物化石研究回顾与展望. 地质论评，37: 133～143]

Zhang Wei, Zhang Xiaolin. 1992a. Permian Reefs and Paleoecology in South China. Beijing: Geological Publishing House. 1～157(in Chinese with English abstract)[张维，张孝林. 1992a. 中国南方二叠纪生物礁和古生态. 北京：地质出版社. 1～157]

Zhang Wei, Zhang Xiaolin. 1992b. Characteristics, distribution and paleoecology of Permian calcisponge in South China. Scientia Geologica Sinica, (1): 10～19(in Chinese with English abstract)[张维，张孝林. 1992b. 中国南方二叠纪钙质海绵的基本特征、分布与古生态. 地质科学，(1): 10～19]

Zhao Jinke, Sheng Jinzhang, Yao Zhaoqi, Liang Xiluo, Chen Chuzhen, Rui Lin, Liao Zhuoting. 1981. The Changhsingian and Permian-Triassic boundary of South China. Bulletin of Nanjing Institute of Geology and Palaeontology, Academia Sinica, 2: 1～85 (in Chinese with English summary) [赵金科，盛金章，姚兆奇，梁希洛，陈楚震，芮琳，廖卓庭. 1981. 中国南部的长兴阶和二叠系与三叠系之间的界线. 中国科学院南京地质古生物研究所丛刊，2: 1～85]

Zhong Keng, Wu Yi, Yin Baoan, Liang Yanlin, Yao Zhaogui, Peng Jinlan. 1992. Devonian of Guangxi. Wuhan: The Press of the China University of Geosciences. 1～384(in Chinese with English abstract)[钟铿，吴诒，殷保安，梁演林，姚肇贵，彭金兰. 1992. 广西的泥盆系. 武汉：中国地质大学出版社. 1～384]

Zhou Huailing. 1996. The Devonian reefs in Guangxi Province, South China. In: Fan Jiasong, ed. The Ancient Organic Reefs of China and Their Relations to Oil and Gas. Beijing: Oceanology Press. 88～116(in Chinese)[周怀玲. 1996. 广西泥盆纪生物礁. 见：范嘉松主编. 中国生物礁与油气. 北京：海洋出版社. 88～116]

Zhou Meifu, Malpas J, Song Xieyan, Robinson P T, Sun Min, Kennedy A K, Lesher C M, Keays R R. 2002. A temporal link between the Emeishan large igneous province (SW China) and the end-Guadalupian mass extinction. Earth and Planetary Science Letters, 196: 113～122

Zhou Zuren, Glenister B F, Furnish W M, Spinosa C. 1999. Multi-episodal extinction and ecological differentiation of Permian ammonoids. In: Rozanov A Yu., Shevyrev A A, eds. Fossil Cephalopods: Recent Advances in Their Study. Russian Academy of Sciences, Moscow, Paleontological Institute. 195～212

Zhu Tongxing, Huang Zhiying, Hui Lan. 1999. The Geology of Late Permian Period Biohermal Facies in Upper Yangtze Tableland. Beijing: Geological Publishing House. 1～110(in Chinese with English abstract)[朱同兴，黄志英，惠兰. 1999. 上扬子台地晚二叠世生物礁相地质. 北京：地质出版社，1～110]

Zhu Zhongfa. 1989. The new knowledge of the Permian and Triassic paleogeographical style in South China. Bulletin of Chengdu Institute of Geology and Mineral Resources, Chinese Academy of Geological Sciences, 10: 59～75(in Chinese with English abstract)[朱忠发. 1989. 我国南方二叠、三叠纪古地理格架新认识. 中国地质科学院成都地质矿产研究所所刊，10: 59～75]

Zhu Zhongfa. 1992. Triassic megabeach on the southeastern margin of the Yangtze Plate. Collected Papers of Lithofacies and Paleogeography, 8: 113～121(in Chinese with English abstract)[朱忠发. 1992. 扬子板块东南边缘三叠纪巨型浅滩. 岩相古地理，8: 113～121]

摘 要 →

对华南二叠纪-三叠纪腕足动物97科和288属分成16个时间段进行统计，表明腕足动物经历了5个发展阶段：可能从石炭纪就已经开始的、直至中二叠世早中期长达近亿年的稳定期，茅口期末至格里斯巴赫早期的大灭绝期，格里斯巴赫晚期至奥伦尼克期长达8～10 Ma的生物萧条期，安尼期至晚三叠世的复苏-辐射演化期和三叠纪末的灭绝期。在属于超长稳定期的早中二叠世，腕足动物属种分异度较稳定，没有大规模的快速灭绝事件，属种更替频率、速率和幅度等均相对较小，以Productellidae，Chcristitidae，Linoproductidae和Echinoconchidae等为主；而随后的二叠纪中期至三叠纪末发生了3次大规模灭绝事件。一次发生于长兴期末，有73％的腕足动物科和81％的属灭绝，是影响最为深刻、涉及范围最广的一次，具有突变性质，当时的腕足动物新生率非常低，腕足动物仅有个体较小、壳体较薄的12属作为残存分子稍稍延续过二叠-三叠系界线。长兴期末的集群灭绝事件至今没有统一的解释，但在腕足动物急剧减少的长兴阶顶部往往开始出现薄层灰岩或泥灰岩和火山灰粘土层，并且常常含有黄铁矿，碳同位素有一个明显的快速降低过程，因此表明二叠纪末大灭绝可能与二叠纪晚期大规模火山喷发所造成的温室效应和环境恶化有关。在泛大陆地区表现明显的前乐平世灭绝事件在华南地区就腕足动物而言有一个短暂的分异度降低过程，但远比长兴期末和三叠纪末的灭绝规模小，而且灭绝规模因生物类型不同而不同，腕足动物中茅口期常见的*Monticulifera*，*Cryptospirifer*，*Urushtenoidea*，*Vediproductus*和*Kiangsiella*等消失，其原因可能与长兴期末的灭绝事件没有直接的联系，茅口期末的灭绝事件可能与当时华南地区东吴运动造成的大规模海退所引起的栖息地减少有关，这次事件与长兴期末的灭绝事件之间在华南地区有一次短暂的生物复苏与辐射事件，腕足动物出现了大量的特化类型。二叠纪末大灭绝以后，腕足动物在华南地区极其萧条，以Lingulidae的分子为主，在早三叠世仅出现了3个属，直至中三叠世安尼期腕足动物才再一次大量出现，并很快进入辐射期，但分异度已经远不如二叠纪末大灭绝以前，而且在属一级水平上与二叠纪的分子没有继承关系。三叠纪末腕足动物在华南地区又一次大规模灭绝，这次灭绝与当时海水退出和接踵而来的快速海进所造成的缺氧环境有关；从此以后，腕足动物在华南地区退出历史舞台，在整个海洋中腕足动物仅以小嘴贝类和穿孔贝类为主，也不再是主要生物门类。

孙东立 dlsunyil@jlonline.com
沈树忠 szshen@nigpas.ac.cn
中国科学院南京地质古生物研究所
南京市北京东路39号，210008

第二节

华南二叠纪—三叠纪腕足动物多样性模式

孙东立，沈树忠. 2004. 华南二叠纪—三叠纪腕足动物多样性模式. 见：戎嘉余，方宗杰主编. 生物大灭绝与复苏——来自华南古生代和三叠纪的证据. 合肥：中国科学技术大学出版社. 543～569，1066

关键词 →

腕足动物 多样性 灭绝
二叠纪 三叠纪 华南

华南地区与广阔的泛大陆不同，在二叠纪-三叠纪仍然处于以浅海为主的环境中，是世界上研究二叠纪-三叠纪海洋生物演化和更替的最理想地区之一(Jin *et al*.,1994; Stanley and Yang,1994; Shen and Shi,1996,2002)。腕足动物在二叠纪和三叠纪海相地层中是最为丰富的底栖带壳生物，对生境的变化比较灵敏，为了解二叠-三叠纪生物灭绝和复苏模式提供了基础。但是以往的统计资料常笼统地把整个纪或世作为一个时间段来对待(例如 Raup,1976; Sepkoski,1984)，而华南地区三叠纪的腕足类统计则更少。从生物分类单元上以科为主，这样大体得出腕足类在二叠纪末总体上有一次从茅口期末到长兴期的大灭绝期，而对海洋生物是否真的全部在二叠-三叠系界线附近突然一次性灭绝，还是在二叠纪晚期经历了多次灭绝过程，每次灭绝幅度、过程延续多长等问题上尚没有清楚的模式。同时，二叠纪末集群灭绝后，腕足动物生态系重建和复苏更是近年来学术界极为重视和需要加强研究的领域。对大灭绝后腕足动物生态复苏的原动力、生态系统和结构、残存—复苏—辐射发展的演变过程和控制因素的探索，无疑将有助于全面正确地认识地史转折期地球不同圈层相互作用的特点和生物演化的规律性。

一、华南二叠纪-三叠纪腕足动物多样性模式

根据最新的统计资料，华南地区二叠纪至三叠纪地层中腕足动物共有 97 科 288 属(图 4.2.1，附录 4.2.1)，把这些已记录科属的出现层位划分成 16 个时间段进行统计，结果表明，腕足动物在长兴期末和三叠纪末的灭绝最为显著，长兴期末科的灭绝率为 73%，属灭绝率达到 81%左右，只有 12 个二叠纪型属延续到了三叠纪初，大灭绝以后到中三叠世才开始复苏和辐射演化，这些腕足类在三叠纪末绝大多数灭绝。而二叠纪内茅口期末腕足类科属的灭绝率分别只有 20%和 30%，就腕足类而言，灭绝的幅度不大。Kauffman 和 Erwin(1995)与戎嘉余等(1996)总结出显生宙大灭绝的一般模式可分为 4 个阶段，即大灭绝期、残存期、复苏期和辐射期。二叠纪-三叠纪海洋生物的更替比较复杂，金玉玕(1991)、Jin(1993)及 Jin 等(1994)首先根据腕足动物及其他资料认为二叠纪晚期有两次灭绝；Stanley 和 Yang(1994)根据二叠纪䗴资料也认为二叠纪生物经历了两次灭绝，一次在茅口期末，有 58%的海洋动物属没有在茅口期以后的地层中出现，另一次则在长兴期末，属灭绝率在 80%以上。二叠纪-三叠纪腕足动物的演变可以分为以下 5 个阶段(图 4.2.2，图 4.2.3)，现分述如下。

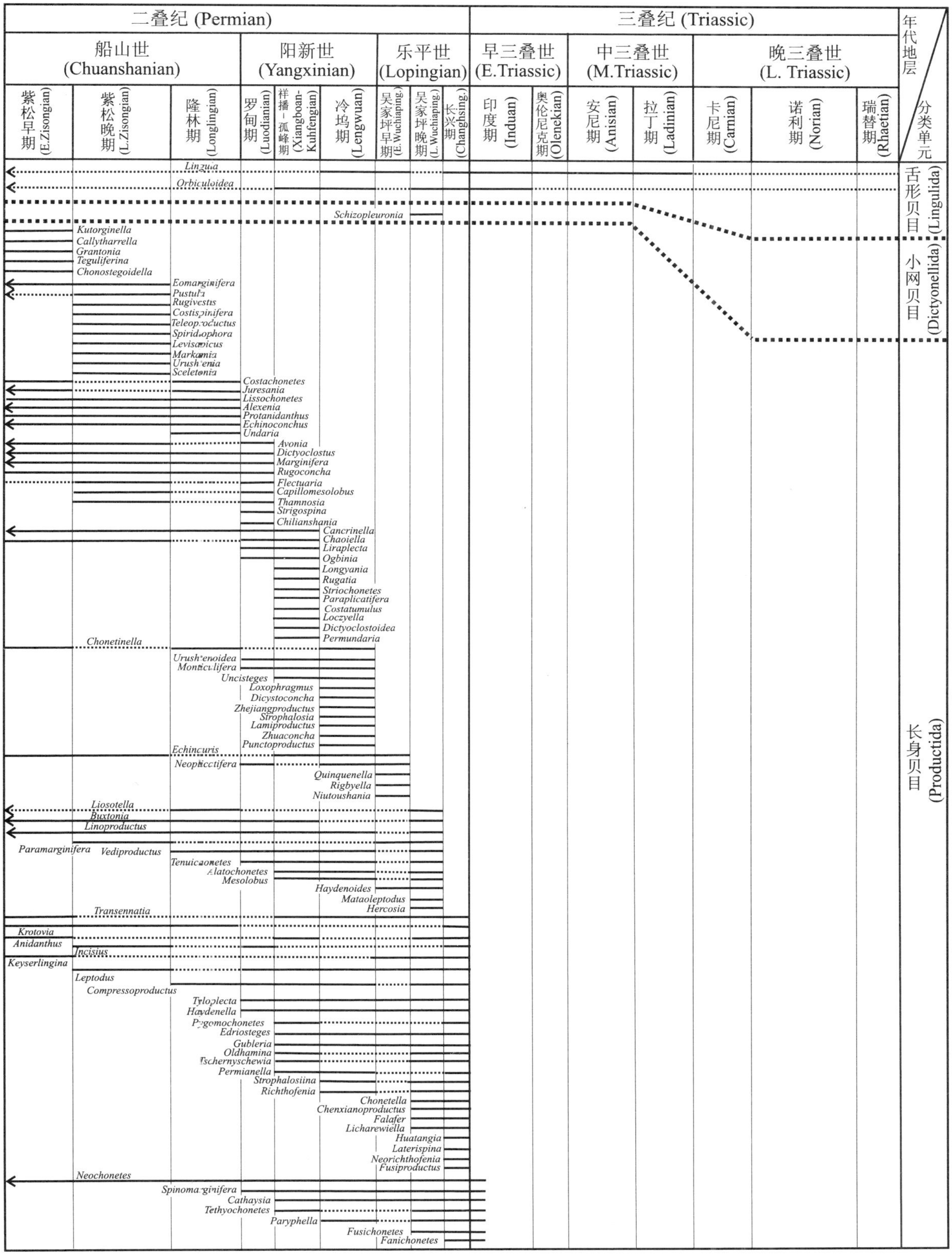

图 4.2.1　华南地区二叠纪和三叠纪腕足动物属地质历程表(箭头表示该属向下或向上延续)

Figure 4.2.1　Range chart of Permian-Triassic brachiopod genera from South China (Range lines with arrows indicating that the genera range into the underlying or overlying chronosratigraphic units)

续图 4.2.1

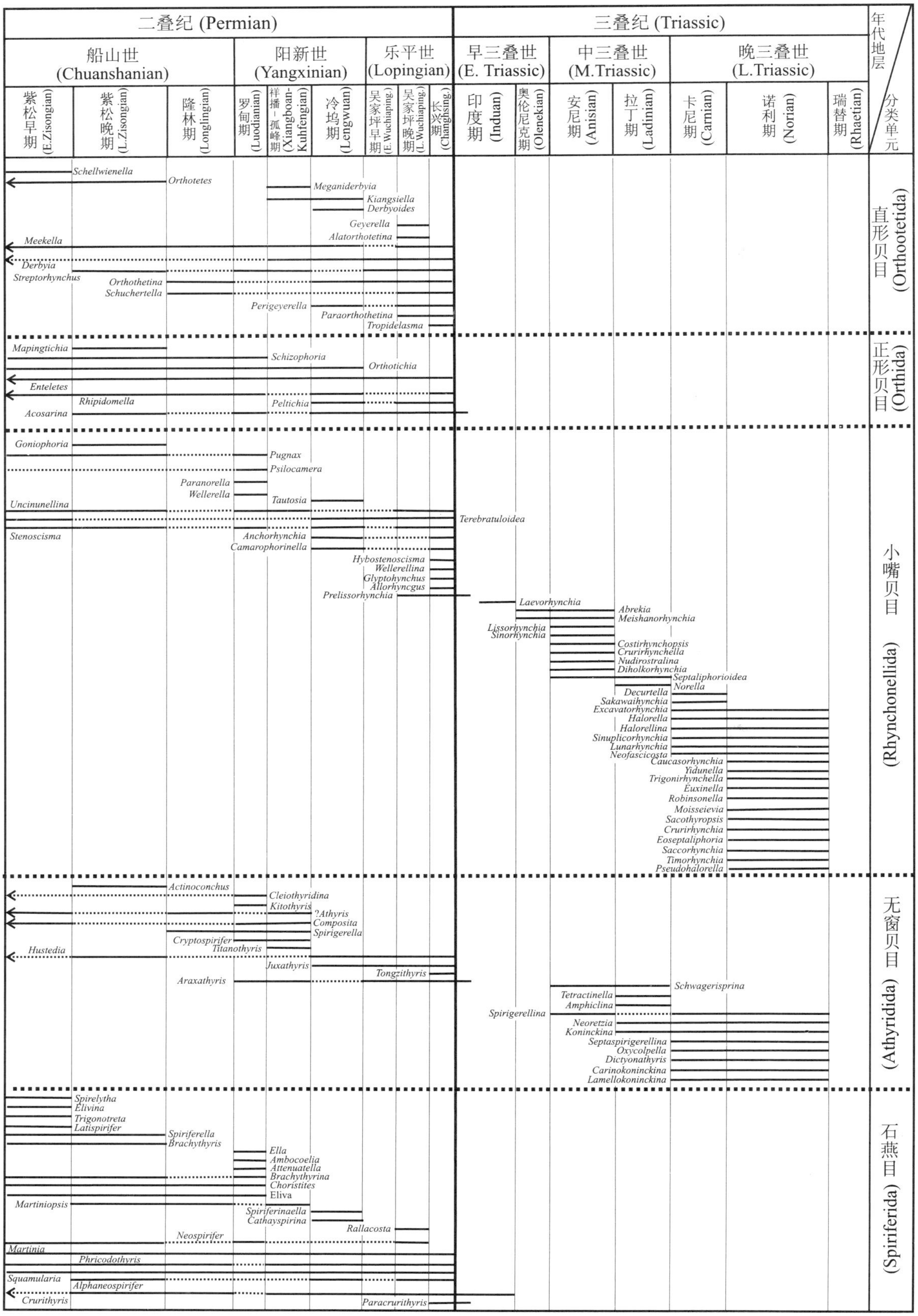

二叠纪 (Permian) | 三叠纪 (Triassic) | 年代地层

船山世 (Chuanshanian) | 阳新世 (Yangxinian) | 乐平世 (Lopingian) | 早三叠世 (E. Triassic) | 中三叠世 (M.Triassic) | 晚三叠世 (L.Triassic)

紫松早期 (E.Zisongian) | 紫松晚期 (L.Zisongian) | 隆林期 (Longlingian) | 罗甸期 (Luodianian) | 祥播-孤峰期 (Xiangboan-Kuhfengian) | 冷坞期 (Lengwuan) | 吴家坪早期 (E.Wuchiaping) | 吴家坪晚期 (L.Wuchiaping) | 长兴期 (Changhsing) | 印度期 (Induan) | 奥伦尼克期 (Olenekian) | 安尼期 (Anisian) | 拉丁期 (Ladinian) | 卡尼期 (Carnian) | 诺利期 (Norian) | 瑞替期 (Rhaetian) | 分类单元

直形贝目 (Orthotetida)

Schellwienella
Orthotetes
Meganiderbyia
Kiangsiella
Derbyoides
Geyerella
Alatorthotetina
Meekella
Derbyia
Streptorhynchus
Orthothetina
Schuchertella
Perigeyerella
Paraorthothetina
Tropidelasma

正形贝目 (Orthida)

Mapingtichia
Schizophoria
Orthotichia
Enteletes
Rhipidomella
Peltichia
Acosarina

小嘴贝目 (Rhynchonellida)

Goniophoria
Pugnax
Psilocamera
Paranorella
Wellerella
Tautosia
Uncinunellina
Terebratuloidea
Stenoscisma
Anchorhynchia
Camarophorinella
Hybostenoscisma
Wellerellina
Glyptohynchus
Allorhyncgus
Prelissorhynchia
Laevorhynchia
Abrekia
Meishanorhynchia
Lissorhynchia
Sinorhynchia
Costirhynchopsis
Crurirhynchella
Nudirostralina
Diholkorhynchia
Septaliphorioidea
Norella
Decurtella
Sakawaihynchia
Excavatorhynchia
Halorella
Halorellina
Sinuplicorhynchia
Lunarhynchia
Neofascicosta
Caucasorhynchia
Yidunella
Trigonirhynchella
Euxinella
Robinsonella
Moisseievia
Sacothyropsis
Crurirhynchia
Eoseptaliphoria
Saccorhynchia
Timorhynchia
Pseudohalorella

无窗贝目 (Athyridida)

Actinoconchus
Cleiothyridina
Kitothyris
?Athyris
Composita
Spirigerella
Cryptospirifer
Titanothyris
Hustedia
Juxathyris
Tongzithyris
Araxathyris
Schwagerisprina
Tetractinella
Amphiclina
Spirigerellina
Neoretzia
Koninckina
Septaspirigerellina
Oxycolpella
Dictyonathyris
Carinokoninckina
Lamellokoninckina

石燕目 (Spiriferida)

Spirelytha
Elivina
Trigonotreta
Latispirifer
Spiriferella
Brachythyris
Ella
Ambocoelia
Attenuatella
Brachythyrina
Choristites
Eliva
Martiniopsis
Spiriferinaella
Cathayspirina
Rallacosta
Neospirifer
Martinia
Phricodothyris
Squamularia
Alphaneospirifer
Crurithyris
Paracrurithyris

续图 4.2.1

二叠纪 (Permian)：船山世 (Chuanshanian)：紫松早期 (E.Zisongian)、紫松晚期 (L.Zisongian)、隆林期 (Longlingian)；阳新世 (Yangxinian)：罗甸期 (Luodianian)、祥播-孤峰期 (Xiangboan-Kuhfengian)、冷坞期 (Lengwuan)；乐平世 (Lopingian)：吴家坪早期 (E.Wuchiaping.)、吴家坪晚期 (L.Wuchiaping.)、长兴期 (Changhsing.)

三叠纪 (Triassic)：早三叠世 (E.Triassic)：印度期 (Induan)、奥伦尼克期 (Olenekian)；中三叠世 (M.Triassic)：安尼期 (Anisian)、拉丁期 (Ladinian)；晚三叠世 (L.Triassic)：卡尼期 (Carnian)、诺利期 (Norian)、瑞替期 (Rhaetian)

年代地层 / 分类单元

准石燕目 (Spiriferinida)：*Xizispirifer*, *Altipleus*, *Punctospirifer*, *Crenispirifer*, *Spiriferellina*, *Paraspiriferina*, *Eolaballa*, *Leiolepsmatina*, *Nudispiriferina*, *Qingyenia*, *Lepismatina*, *Thecocyrtelloidea*, *Neocyrtina*, *Mentzelia*, *Paralepismatina*, *Hirsutella*, *Pseudospiriferina*, *Paramentzelia*, *Spinolepismatina*, *Laballa*, *Tylospiriferina*, *Lancangjiangia*, *Mentzelioides*, *Sinucosta*, *Zugmayerella*, *Jiangdaspirifer*

鞘壳贝目 (Thecideida)：*Thecospira*, *Moorellina*

穿孔贝目 (Terebratulida)：*Certronelloidea*, *Flecherithyris*, *Pseudodielasma*, *Labaia*, *Gefonia*, *Beecheria*, *Dielasma*, *Notothyris*, *Whitspakia*, *Hemiptychia*, *Pseudolabaia*, *Sichuanothyris*, *Zhongliangshania*, *Angustothyris*, *Coenothyris*, *Emeithyris*, *Paradygella*, *Triseptothyris*, *Costaconcha*, *Paradoxothyris*, *Sulcatothyris*, *Triadithyris*, *Aulacothyris*, *Adygella*, *Parahemiptychina*, *Rhaetina*, *Rhaetinopsis*, *Sanqiaothyris*, *Lobothyris*, *Lobothyroides*, *Adygellopsis*, *Ornithella*, *Sacothyris*, *Aulacothyropsis*, *Epithyroides*, *Pamirothyris*, *Zeilleria*, *Aulacothyroides*, *Camerothyris*, *Zhidothyris*

（一）石炭纪-中二叠世早中期（稳定期）

晚石炭世至早二叠世是全球冰川发育、气候较冷的冰室效应时期，当时横贯东西的古地中海在其西侧逐渐闭合，在东部形成了一个半封闭的古特提斯洋，这个古特提斯洋暖池的形成以及冰室效应期的结束可能对其后的地球系统演变产生了重大影响。石炭纪-中二叠世早中期泛大陆以陆表海环境为主，腕足动物普遍发育和繁盛。华南地区在早二叠世的紫松早期、紫松晚期、隆林期、罗甸期、祥播-孤峰期分别有 54 属、66 属、38 属、58 属和 61 属，基本上继承了石炭纪腕足动物的分异度，与石炭纪一起构成了一个超长的生物稳定期。腕足动物属种数量和组成变化不大，在这一时期内，就腕足动物局部由于岩相变化分异度可能有变化，但总体上没有大规模的生物灭绝和辐射事件。

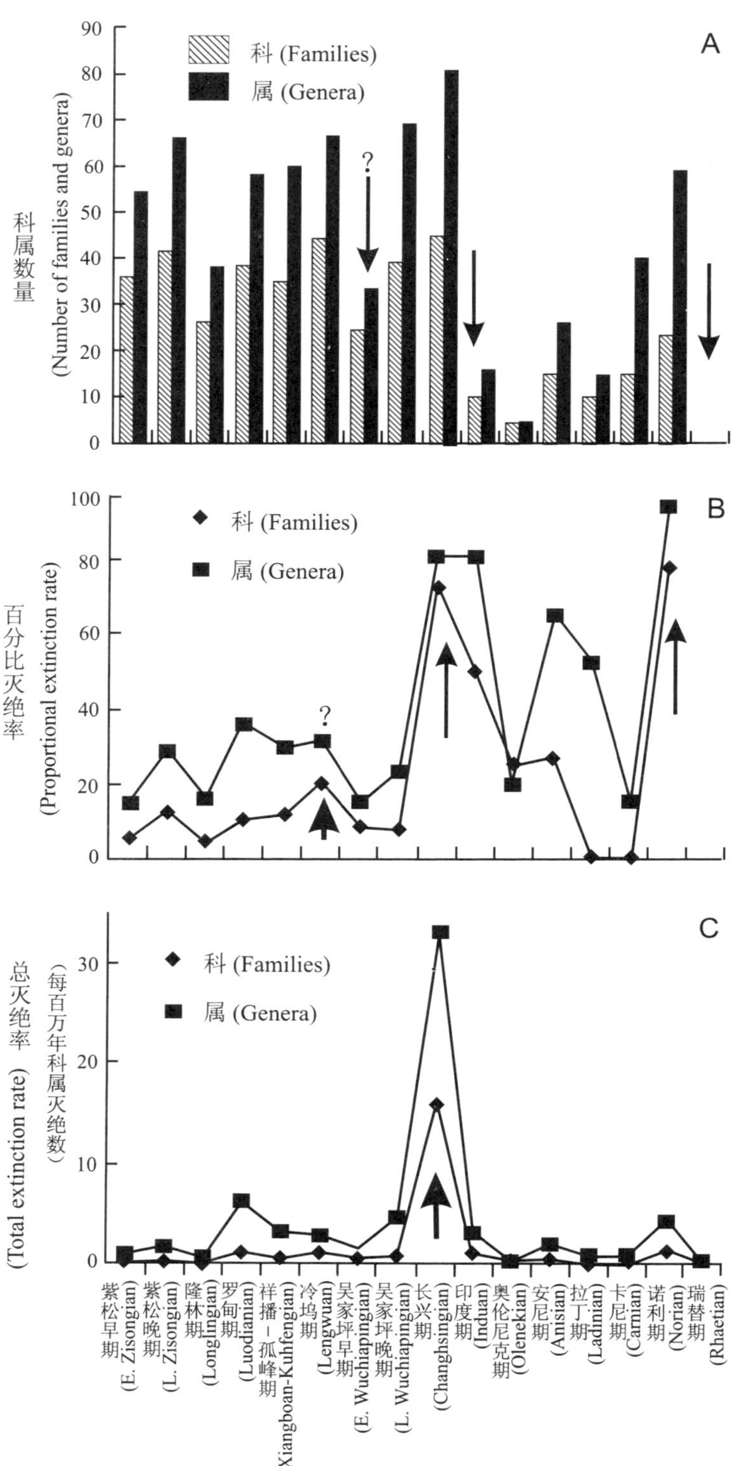

图 **4.2.2** 二叠、三叠纪华南腕足动物科属分异度、灭绝率变化模式图
A. 简单分异度；B. 百分比灭绝率；C. 总灭绝率

Figure 4.2.2 Diversity patterns of Permian-Triassic Brachiopoda in South China

A. simple diversity; B. proportional extinction rate; C. total extinction rate

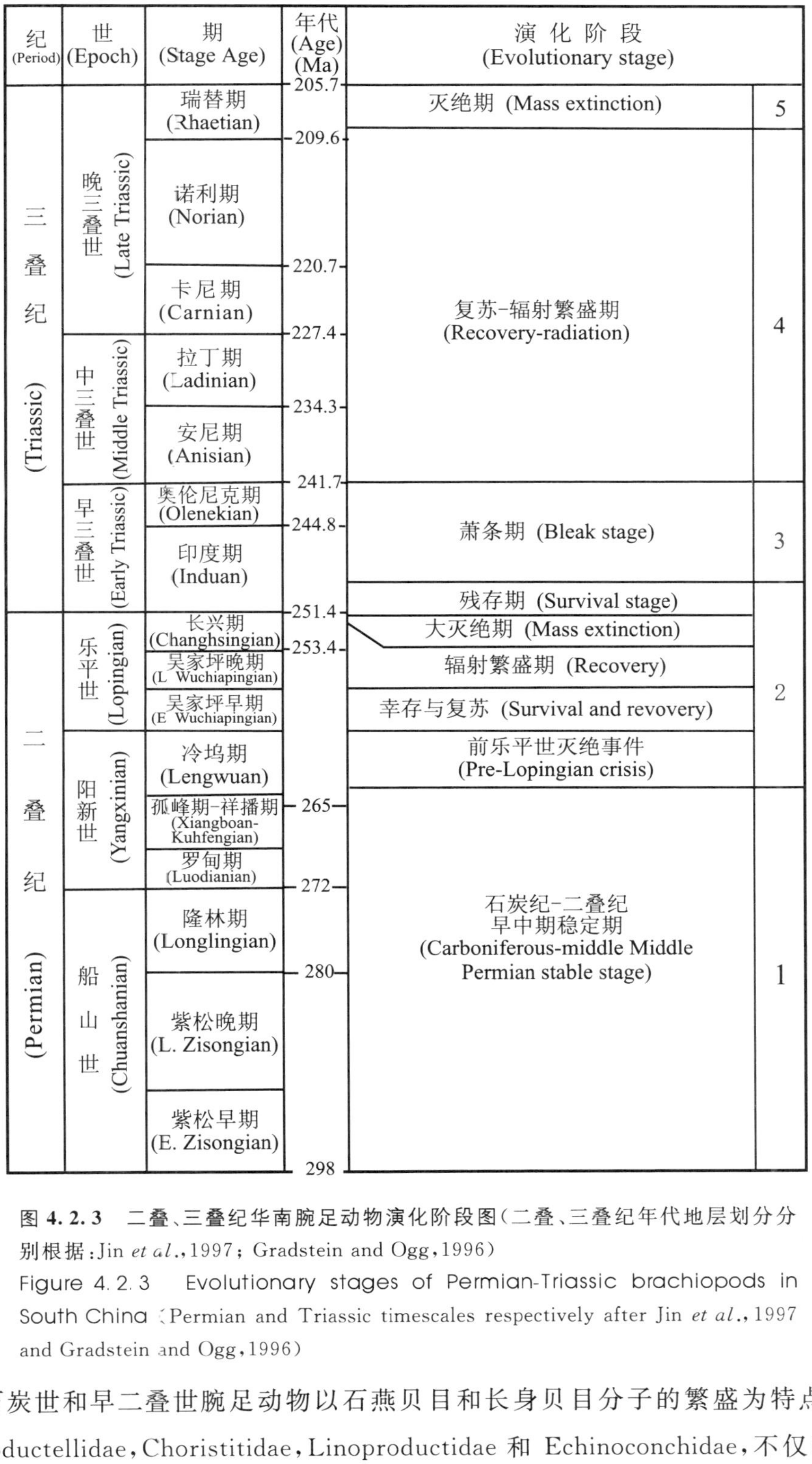

纪 (Period)	世 (Epoch)	期 (Stage Age)	年代 (Age) (Ma)	演化阶段 (Evolutionary stage)	
三叠纪 (Triassic)	晚三叠世 (Late Triassic)	瑞替期 (Rhaetian)	205.7	灭绝期 (Mass extinction)	5
		诺利期 (Norian)	209.6	复苏-辐射繁盛期 (Recovery-radiation)	4
		卡尼期 (Carnian)	220.7		
	中三叠世 (Middle Triassic)	拉丁期 (Ladinian)	227.4		
		安尼期 (Anisian)	234.3		
	早三叠世 (Early Triassic)	奥伦尼克期 (Olenekian)	241.7	萧条期 (Bleak stage)	3
		印度期 (Induan)	244.8		
				残存期 (Survival stage)	2
二叠纪 (Permian)	乐平世 (Lopingian)	长兴期 (Changhsingian)	251.4	大灭绝期 (Mass extinction)	
		吴家坪晚期 (L Wuchiapingian)	253.4	辐射繁盛期 (Recovery)	
		吴家坪早期 (E Wuchiapingian)		幸存与复苏 (Survival and revovery)	
	阳新世 (Yangxinian)	冷坞期 (Lengwuan)		前乐平世灭绝事件 (Pre-Lopingian crisis)	
		孤峰期-祥播期 (Xiangboan-Kuhfengian)	265	石炭纪-二叠纪早中期稳定期 (Carboniferous-middle Middle Permian stable stage)	1
		罗甸期 (Luodianian)			
	船山世 (Chuanshanian)	隆林期 (Longlingian)	272		
		紫松晚期 (L. Zisongian)	280		
		紫松早期 (E. Zisongian)			
			298		

图 **4.2.3** 二叠、三叠纪华南腕足动物演化阶段图(二叠、三叠纪年代地层划分分别根据:Jin *et al.*,1997; Gradstein and Ogg,1996)

Figure 4.2.3 Evolutionary stages of Permian-Triassic brachiopods in South China (Permian and Triassic timescales respectively after Jin *et al.*,1997 and Gradstein and Ogg,1996)

晚石炭世和早二叠世腕足动物以石燕贝目和长身贝目分子的繁盛为特点,尤其是 Productellidae,Choristitidae,Linoproductidae 和 Echinoconchidae,不仅种类繁多,而且丰度往往也高,典型属包括 *Brachythyrina*,*Choristites*,*Dictyoclostus*,*Echinoconchus* 和 *Linoproductus* 等。茅口期早期(孤峰期)腕足动物开始出现了一些新的类型,以 Chonestegidae,Dictyoclostidae,Lochengidae,Monticuliferidae,

Plicatiferidae 和 Rugosochonetidae 的繁盛为特征，典型属包括 *Cryptospirifer*，*Kiangsiella*，*Monticulifera*，*Neoplicatifera*，*Urushtenoidea* 和 *Vediproductus* 等。茅口晚期(冷坞期)据梁文平(1990)的描述，在浙江的冷坞组中就有 106 属和 235 种，其中有 30 个新属 153 个新种。梁文平提出的新的分类系统和大量的新属种人为地把这一动物群的属种数量夸大了，冷坞动物群据初步修改约为 67 属，总体属种数量上与早二叠世和茅口早期可以大致比较。从腕足动物群属种组成上看，冷坞期动物群面貌明显具有一定的过渡性，一方面茅口早期常见的 *Kiangsiella*，*Monticulifera*，*Neoplicatifera* 和 *Vediproductus* 继续存在，另一方面也有一些乐平世繁盛的属种开始出现，例如 *Edriosteges*，*Gubleria*，*Peltichia*，*Strophalosiina*，*Tyloplecta yangtzeensis* 等，成为乐平世腕足动物群的先驱者。另外，特化的蕉叶贝类和二叠贝类的分子开始较多出现。

(二) 茅口期末-格里斯巴赫早期(大灭绝期)

与石炭-二叠纪生物稳定期不同，茅口期末开始至二叠、三叠系界线附近世界范围内进入一个生物演化剧烈变动的时期，泛大陆从聚合阶段转入裂解阶段；石炭纪-早二叠世的冰室效应阶段已经结束，并逐渐进入温室效应阶段；全世界范围内在茅口末期经历了一次大海退，海水从泛大陆几乎全部退出；在华南等地发生了颇为壮阔的峨眉山玄武岩喷发。在这一阶段内发生了两次大灭绝事件，一次在茅口期末，而另一次在长兴期末。尤其是长兴期末的灭绝事件是地质历史中影响最为深刻的一次(Sepkoski，1984；Erwin，1993；Jin *et al*.，2000)。在两次大灭绝事件之间生物又经历了一次短暂的生物辐射期(Jin *et al*.，1994；Shen and Shi，1996，2002)。

1. 茅口末期至吴家坪早期(来宾亚期)

前乐平世灭绝事件表现最明显的是泛大陆上的海洋生物由于海水退出大部分灭绝。例如，早二叠世和中二叠世期间北美板块上繁盛的上千种腕足动物绝大部分从此销声匿迹，南方的冈瓦纳大陆只在北部边缘地区、新西兰和西澳有少数乐平世腕足动物存在；而整个北方大陆乐平世腕足动物只残留在斯匹次卑尔根、格陵兰等少数几个位于北极的地点(Shi and Shen，2000；Shen and Shi，2002)。华南地区当时为处于特提斯海中的一些岛屿(颜佳新，1999；Yin *et al*.，1999)，受茅口期末全球海平面下降的影响相对较短，东吴运动使得海水也一度退出扬子板块，只有在广西来宾和湖南斗岭等极少数几个地点有少量的斜坡相沉积，但很快为吴家坪晚期的再一次海进所淹没。这次短暂的海退-海进事件在华南地区就腕足类而言所造成的影响远较世界其他地区小，腕足动物中一些茅口期特征的属如 *Cryptospirifer*，*Kiangsiella*，*Monticulifera*，*Urushtenoidea* 和 *Vediproductus* 等消失，吴家坪早期(来宾亚期)分异度明显较其他时期低(图 4.2.2：A)，但在吴家坪晚期很快得以恢复(Shen and Shi,1996,2002; Shi and Shen,2000)。从生物类别来看,前乐平世灭绝事件所产生的影响在不同生物类群中表现不尽相同,䗴的灭绝在茅口期末达到了76%,灭绝后再没有恢复到前乐平世的水平(Stanley and Yang,1994; Yang *et al*.,1999)。珊瑚的灭绝也有类似的特点,根据最新的统计,78%的属和75%的科在茅口期末灭绝(Wang and Sugiyama,2000),这些珊瑚灭绝后再没有恢复到前乐平世的分异度,而腕足动物灭绝幅度相对较小(Shen and Shi,1996,2002)。

前乐平世事件使得华南地区吴家坪早期腕足动物数量大量减少,当时比较可靠的腕足动物群只发现于湖南斗岭地区和广西来宾地区,根据金玉玕等的资料,共有24科33属42种。属种百分比灭绝率和总灭绝率均较低(图4.2.2:B,图4.2.2:C)。这个低分异度阶段有可能是由于当时海相地层分布有限,海洋生物栖息地减少所造成的(Shen and Shi,2002)。与茅口期腕足动物群比较,吴家坪早期的动物群在科和属的组成上与冷坞期的动物群有一些变化,但并不明显,大部分分子与冷坞期共有,出现了少数吴家坪晚期特别繁盛的种,如*Transennatia gratiosa*,*Haydenella kiangsiensis*,*Tyloplecta yangtzeensis*,*Edriosteges poyangensis* 和 *Peltichia* sp.等,这些种成了吴家坪晚期和长兴早中期腕足动物进一步辐射繁盛的重要组成分子。

2. 吴家坪晚期(老山亚期)至长兴早中期

与泛大陆地区不同,华南地区在经历了短暂的东吴运动以后,很快又进入了一次覆盖全区的海侵过程,形成了龙潭煤系、吴家坪灰岩、长兴灰岩或大隆硅质岩。华南地区岛海型的浅海或滨海环境为乐平世腕足动物群提供了理想的生活场所,腕足动物在这一时期达到了空前繁盛的地步。据统计,在吴家坪晚期共有39科68属,属数是吴家坪早期的2倍多。当时的腕足动物仍然以长身贝类和扭月贝类为主,尤其是Productellidae和Lyttoniidae最为丰富,以*Cathaysia*,*Haydenella*,*Spinomarginifera*,*Squamularia*,*Transennatia*,*Tyloplecta*等为代表,而且有许多特化类型,如*Leptodus*,*Oldhamia*,*Permianella*,*Richthofenia*等很常见,到了长兴早中期,腕足动物属种数量达到了二叠纪的巅峰期,共有81属,吴家坪晚期出现的许多属种在长兴早中期继续繁盛,最具代表性的属种有*Peltichia*,*Perigeyerella*,*Prelissorhynchia*,*Juxathyris*,*Neochonetes*,*Spinomarginifera*,*Haydenella*,*Crurithyris*,*Meekella*,*Orthothetina*等。

3. 长兴末期(大灭绝期)

长兴末期是腕足动物在地质历史中灭绝最多的一个时期,科灭绝率为73%,属灭绝率在81%左右,具有灾变性质,而新生率降到了最低点,只有12个二叠纪型属上延过二叠-三叠系界线,从此以后腕足动物再没有恢复到古生代的辉煌。根据对华南地区数十条二叠-三叠系界线剖面的野外观察,发现腕足动物在界线附近消亡位置较高。例如，在重庆中梁山北风井剖面上，有 48 种腕足动物一直延续到了离二叠-三叠系界线仅 0.51 m 处(沈树忠、何锡麟，1991；Shen and Shi，2002)，而在这一位置上正好也是含有黄铁矿颗粒的泥晶灰岩开始出现的层位，因而被认为是缺氧事件造成二叠纪末腕足动物灭绝的一个重要例证(Wignall and Hallam，1996)。在长兴煤山剖面上，94%的种灭绝于 24 层至 27 层之间，灭绝的时间在 50 万年以内(Jin *et al.*，2000)。华南地区长兴阶顶部往往有一段几十厘米到十几米以薄层状泥灰岩为主的地层，其间腕足类已经急剧减少，个体变小，薄层泥灰岩之间往往夹有粘土层，并且往往含有黄铁矿，表明长兴期末环境明显恶化。

4. 早三叠世格里斯巴赫早期(印度期最早期)的残存期

在华南地区许多剖面上少量腕足类延续过二叠-三叠系界线，残存至格里斯巴赫早期。根据最新统计，印度期共有 10 科 15 属，其中 12 属为二叠纪型分子，这些分子在印度中晚期很快灭绝，因此，含有二叠纪型腕足动物的格里斯巴赫早期应为残存期。

根据华南 30 余条二叠-三叠系界线剖面的研究，这一"过渡层"腕足动物群以 *Lingula fuyuanensis*-*Crurithyris flabelliformis* 组合为代表(Shen and He，1994)。主要存在于三叠系最底部牙形刺 *Hindeodus parvus* 带的范围，其中包括了大量的 *Lingula*，二叠纪残存的代表包括皱戟贝科的 *Tethyochonetes*，*Fusichonetes*，*Fanichonetes*；韦勒贝科的 *Prelissorhynchia*；裂线贝科的 *Acosarina* 和携螺贝科的 *Araxathyris* 等(参见附录 4.2.1)。

这一以残存腕足动物群为代表的下格里斯巴赫亚阶"过渡层"在煤山二叠-三叠纪界线剖面厚约 38 cm(27c～29 层，Yin *et al.*，1996)。根据最新的绝对年龄测定结果，从 25 层白粘土层到 28 层时间间隔却长达 0.7 Ma，是一段非常凝缩的地层(Bowring *et al.*，1998；Jin *et al.*，2000)。$\delta^{13}C$ 值在 24e 层顶部和 25 层中呈明显的负异常(徐道一，1993；Bowring *et al.*，1998；Cao *et al.*，2002)，反映了二叠纪最末期开始水体中生物总量的下降，环境开始恶化，三叠纪早期的"过渡层"腕足动物群生活于缺氧的生态环境，这一环境极大地限制了正常底栖生物的生存和新生。这一残存期的腕足动物群的构成，多是以形体小、壳壁薄的分子为主，为适应性较强的属种，能够在陆源碎屑较少、平静闭塞、缺氧和营养条件差的环境苟延。它们多产在快速海进期凝缩层的具水平层理厚度较薄的泥岩、页岩和泥灰岩中，廖卓庭(1979)推测这些腕足类可能是营假漂浮生物类型。这一动物群的另一特点是分异度低，但丰富度很高。应当指出的是被称为"活化石"的 *Lingula*，在二叠纪沉积中较少，而在早三叠世早期残存腕足动物群中得到爆发性的发展，不仅见于西南部近陆滨海相带的飞仙关组，也见于东部江浙一带深水相带的殷坑组，是一种广泛性、对盐度变化有较强忍耐度的类型，在集群灭绝的恶劣环境和有较大范围生态域空缺的条件下得以发展，成为灾后泛滥分子(disaster taxa)，尤以 *Lingula fuyuaensis*，*L. borealis*，*L. subcircularis* 等种最为常见，甚至在 1 m^2 的层面上，可以采集到 350～500 个壳体，富集于薄-中层泥灰岩中（沈树忠、何锡麟，1994；Shen *et al*.，1995）。

值得注意的是，格里斯巴赫早期残存的腕足类大部分在格里斯巴赫晚期消亡是长兴期末大灭绝过程的延续而已，并不代表另一幕灭绝事件。

（三）早三叠世格里斯巴赫晚期-奥伦尼克期（萧条期）

在显生宙生物演化历史中与大灭绝同样引人注目和有意义的是灭绝后的生态系复苏。生物集群灭绝点断和改变了生物演化进程。二叠纪末的灭绝事件，几乎摧毁了古生代腕足动物的生态系，使其进入了极其萧条的阶段。统计资料表明，腕足动物在二叠纪末大灭绝后的复苏可能经历了比双壳类、腹足类更长的时间，长达 8～10 Ma，而且，中生代腕足动物群再也没有恢复到古生代时的辉煌，并且愈来愈多地被其竞争对手底栖软体动物所取代。

从印度中晚期开始到早三叠世末，腕足动物仍处于大灾难后的萧条状态，在华南新生分子只有 *Abrekia*，*Laevorhynchia*，*Paranorellina* 3 属，这些新生分子去开拓和占领生存空间，适应新环境，尚处初始阶段。

华南地区这一阶段的腕足动物非常稀少。已报道的仅有舌形贝科 *Lingula accuminata*，*L. temuissima*，*L. tumita*；小嘴贝科 *Abrekia gujiaoensis*；双腔贝科 *Crurithyris tianshenqiaoensis* 以及浙江长兴下三叠统殷坑组上部的 *Paranorellina changxingensis*（廖卓庭，1984）和贵州贵定的 *Laevorhynchia*（沈树忠、何锡麟，1994），多为广适性新种（冯儒林、江宗龙，1978；许庆建，1978；Chen *et al*.，2002）。

就全球来看，在俄罗斯滨海地区、曼格舒拉克、高加索、喜马拉雅、北美爱达荷、加利福尼亚、新西兰等地也均有早三叠世腕足动物零星产出。印度期包括 *Abrekia sulcata*，*A. procreatrix*，*Crurithyris extima*，*Lingula borealis*，*Lissozhynchia vesca*，*Periallus woodsidensis*，*Pseudospiriferina* aff. *mansfielda* 等。奥伦尼克期有小嘴贝科 *Undirostralina mangyshlakensis*，*U. triassica*，*Paranorellina parisi*，*Aparimarhynchia dunrolinensis*，*Aorhynchia* sp.，*Maorirhynchia* sp.；携螺贝科的 *Spirigerellina pygmae*；莱采贝科的 *Hustediella planicosta*；两板贝科的 *Flectchrithyris margaritovi*，*Portneufia episulcata*；拟下褶贝科的 *Obnixia thaynesiana*，*Protogusarella smithi*；褶房贝科 *Vex semisimplex*；准石燕科的 *Pseudospiriferina* sp. 等（Hoover，1979；Perry and Chatterton，1979；MacFarlan，1992；Dagys，1965，1974，1993）。

上述早三叠世萧条期的腕足动物构成具有以下特点：①二叠纪类型属种消失；② 分异度低和丰富度高，以广适性为主，缺少狭适性特化类型；③新生的广适性属种与中、晚三叠世的直系后代相比，表现出比较简单的原始特征，如莱采贝科

中的 *Hustediella* 仍具有简单的腕锁构造，携螺贝科的 *Spirigerellina* 都具有低的主突起和简单腕锁，均显示了接近古生代类型的原始特点，而不同于中、晚三叠世具有长的腕锁带的双携螺贝亚科（Diplespirellinae）的高级类型，Rhynchonellidae 的 *Abrekia*，Norellidae 的 *Paranorellina* 和 Wellerellidae 的 *Lissorhynchia* 也表现为个体小、壳饰弱和构造简单等特征；④无明显的地理分区，主要集中于特提斯北岸和东太平洋低纬度区，冈瓦纳北部边缘地区比较少见。

（四）中、晚三叠世（安尼期-诺利期）（复苏-辐射期）

从安尼期开始，腕足动物大量出现，很快得到复苏，并进入辐射期。安尼期共有腕足类 26 属，那些经受了二叠纪末危难考验和早三叠世调整适应的古生代上延的超科得到恢复，并占主导地位。小嘴贝类的 Allorhynchiidae，Wellerellidae，Rhynchonellidae 的属种迅速增加，尤其是 Rhynchonellidae 科，分异更加明显，出现了 6 个亚科和很多新属种，而且还出现了 Sinorhynchoidae，Triasorhynchiidae 两个新科。石燕类 Spiriferinidae 大量繁盛，并出现新的类型，如 Mentzelioidea 的 Mentzeliidae，Lepismatinidae，Laballidae 及与特定环境相适应的特化类型属种。穿孔贝类出现以 Augustothyrididae 和 Sanqiaothyrioidae 构成的 Sanqiaothyrioidea 和中生代后期占重要地位的 Zeillerioidea，早期类型 Zeilleriidae 和 Parantiptychiidae 也初现端倪。

应当指出，华南地区中三叠世晚期拉丁期腕足动物分类单元有较明显的减少。与安尼期相比科数减少 1/3，属数减少了近一半。但安尼期 15 科真正在安尼期灭绝的仅该期几个特有的科，灭绝率为 25%。从属的灭绝率来看则可达 65%，这样一种情况与西欧和全球是不一致的。据 Dagys（1974）的统计，特提斯洋范围内（仅包括中国建立的 *Lepismatina*）安尼期 32 属，拉丁期也是 32 属，而且安尼期的 28 个属上延至拉丁期，只有 13%的灭绝率。如果加上北方地区和南方大陆高纬度地区的最新资料，安尼期为 36 属，拉丁期 40 属，分异度略有增加，如果再加上中国的地方性的属，则安尼期有 70 属，拉丁期有 53 属，分异度下降了 25%。从上述的情况来看，全球整个中三叠世的腕足动物群并没有明显的灭绝事件，是相对稳定的复苏-辐射期，造成拉丁期属种减少可能与建立过多安尼期地方性属种和工作精度有关，局部的属种变化并不能代表全球的变化总量。

拉丁期是全球构造变动较强烈时期，整个东亚地区处于印支造山运动前期活动阶段（殷鸿福，1982）。我国扬子海域及中亚里海、北高加索、曼格舒拉克、柬埔寨等地由于海退而缺失拉丁期沉积。因此，扬子海域局部隆升，秦岭内陆海盆关闭和青藏地区各块体正处于古特提斯洋闭合和新特提斯洋形成初期裂谷和裂陷海槽发育的不稳定阶段，使拉丁期适宜腕足动物生活的领域缩小。与此相反，西特提斯的阿尔卑斯地区处于地壳缓慢下陷、海域稳定扩大的时期。同时北方俄罗斯远东地区克雷玛地块拉丁期海侵初次到达，南方新喀里多尼亚、新西兰地区拉丁期也是海进的主要时期，以致扩大了生存领域，产生新的具有地方性特色的和特化的类群，使生物地理分异开始初具雏形。如西伯利亚和斯匹次卑尔根和东太平洋地区安尼期只见少量特提斯区的广适类型分子，而到拉丁期则出现以 *Pennospiriferina*，*Spondylospira*，*Sinuplicorhynchia*，*Arctothyris* 等地方性分子为代表，并以 Pennospiriferinidae 科为特征。南方环冈瓦纳的高纬度地区如新西兰新喀里多尼亚，拉丁期除了由安尼期上延的地方性小嘴贝类 *Wairakiobynchia* 和 *Maorirhynchia* 外，也有特提斯洋东部地区的 *Sakawairhynchia* 和 *Timorhynchia* 的侵入，以及具地方性的准石燕贝类 *Mentzeliopsis*（McFarlan，1992；Trechmann，1918；Marwick，1953；Drot，1953）。在北方和南方的高纬度地区不仅腕足动物群分异度低，而且缺少特提斯大区低纬度海域所特有的 Koninckinaidea，Retzioidea 和 Kingenoidea 超科的分子。

晚三叠世期间，海域稳定扩大，达到顶峰期直至瑞替期开始海退，世界广大地区均发育碳酸盐沉积，是一个稳定的气候适宜的腕足动物发展的辐射期。这一时期腕足动物得到更进一步的发展，成种速率与规模也进一步增加，中生代占主要地位的具有演化新质的高级别的分类单元大量出现，不同类群的生态群落成功地占领了各种生态域，生物地理分异也相应得到加强。

据华南的资料，晚三叠世诺利期腕足动物分类单元包括 58 属（附录 4.2.1）。就全球属级分类单元（未包括舌形贝纲分子）的初步统计，晚三叠世有 149 属（卡尼期 99 属：特提斯地区 82 属，北方地区 10 属、南方地区 7 属；诺利期 132 属：特提斯地区 105 属，北方地区 12 属、南方地区 7 属、东太平洋区 8 属；瑞替期 57 属：特提斯地区 40 属，北方地区 8 属、南方地区 9 属）（据作者收集的中国资料及 Dagys，1974，1977，1993；Ager and Sun，1989；Sandy and Stanley，1993；Stanley *et al*.，1994；MacFarlan，1992；Ricardi *et al*.，1997）。

这些统计显示了晚三叠世腕足动物分类单元的突发性增长，除中三叠世早期延续上来的 8 个超科的成种率加强外，拉丁期出现和晚三叠世出现的较高级分类单元和特化类型的属种也明显增多。这当中许多成为中生代后期的主要类群。它们包括 Basilioloidea 的 Erymnariidae 和 Norellidae；Wellerelloidea 的 Cirpidae 和 Halorellidae，以及 Ryrchonelloidea 的 Cyclothyridinae，特别是穿孔贝类中新生代主要类群的 Terebratuloidea 的 Lobothyridae 科、Plectoconchiidae；Zeillerioidea 的 Zeilleriidae 科和 Kinenoidea 的 Aulacothyropsiidae 科的发展和起源尚存争议的特化的 Koninckinoidea，Thecospiroidea，Thecideioidea 的突出发展，更为引人注目，使这一时期腕足动物的分异度达到了长兴期末大灭绝以来的顶峰。

晚三叠世辐射期另一明显的特点是生态和地理分异的增强，这与腕足动物分类单元的增加是一致的。华南地区晚三叠世经历了复杂的构造变动（印支运动或称 Cimmerian 运动），古特提斯多岛洋盆闭合，新特提斯洋初步发展，广阔的多条裂谷海盆和扬子残留陆缘海槽组成的海域内，腕足动物形成适应于不同生态环境的群落类型。如晚三叠世贵州陆地边缘滨岸沼泽相带火把冲组的 *Lingula* 群落；晚三叠世卡尼期台地相区障壁海湾半封闭台地相带的 *Sanqiaothyris-Rhaetinopsis-Sulcatothyris* 群落，见于贵州三桥组、川西广元马鞍塘组底部、云南宁蒗松桂组；卡尼-诺利期台地边缘相区礁及礁前相带的 *Koninckina-Laballa-Mentzeloides-Thecospira* 群落，主要见于龙门山岛弧带、义敦岛弧带的波里拉组、石钟山组和白基阻组；卡尼-诺利期台地边缘相区台缘斜坡深水碳酸盐相带的 *Halorella-Aulacothyropsis-Sacothyris-Zhidothyris* 群落，见于波里拉组、图姆沟组、结扎群、巴塘群的一些层段，其与西特提斯阿尔卑斯地区 Hallsttatt 深水灰岩相动物群相似。

（五）三叠纪末瑞替期（大灭绝期）

从华南及全球腕足动物群的特征来看，晚三叠世辐射的高峰期是在诺利期。而在诺利晚期（或称瑞替期），属种分异度明显下降，进入了三叠纪末的大灭绝期。

由于印支运动的影响，三叠纪末普遍海退，缺失 Rhaetian-Hettngian 期连续的海相沉积，因此，至今我国未发现 Rhaetian-Sinemurian 期的腕足动物化石。中国最早的侏罗纪腕足动物化石见于早侏罗世 Pleisbachian-Toarcian 期，以 *Homoeorhynchia crassa-Planirhynchia parvirostris* 组合为代表（孙东立、张梓歆，1998）。从我国诺利期腕足动物来看，除过去报道只见于欧洲侏罗纪的 *Cincta* 和 *Ornithella* 两属外，还有 *Lobothyris*、*Zeilleria* 和 *Moorellina* 可延至侏罗纪，其他属全部在诺利期末消失了，即属的百分灭绝率为 94.9%。但还不能精确地说出灭绝的时间。在欧洲的阿尔卑斯地区，据 Pearson（1977）研究，Rhaetian 期腕足动物有 13 属 18 种，主要为诺利期上延属种，但在侏罗纪之前的 Sevatian 亚阶两个菊石带跨度（约 1 Ma）有 80% 的种灭绝了。新西兰晚三叠世晚期 Otapirian 阶（相当于 Rhaetian 阶）的腕足动物，除小嘴贝类先驱分子 *Vincetirthynchia*，*Herangirhynchia* 和广适性的 *Sakawairhynchia* 个别种延至早侏罗世的 Hettangian 期外，晚三叠世一些典型代表 *Clavigera*，*Rastelligera*，*Maorirhynchia* 等均在 Hettangian 期之前灭绝。如果从全球统计，诺利期为 132 属，瑞替期为 57 属，分异度下降 57%。而诺利期可延至瑞替期的属数有 49 属，百分灭绝率达 63%，总灭绝率为 8.3/Ma。瑞替期可延至赫唐期的只有 *Koninckella*，*Davidsonella*，*Maxillirhynchia*，*Piarorhynchia*，*Lobothyris*，*Zeilleria*，*Cincta*，*Ornithella*，*Aulacothyris*，*Moorellian*，*Vincentirhynchia*，*Herangirhynchia*，*Sakawairhynchia*，*Spondylospira* 14 属，百分灭绝率为 74%，总灭绝率为 8.6/Ma，次于长兴期末的大灭绝，但远高于茅口期末的灭绝率。从属级以上的分类单元来讲，在三叠纪末的灭绝事件中，那些古生代残存下来的超科大大削弱；Athyrioidea，Retzioidea，Dielasmetoidea 灭绝了；Basilioloidea，Rhynchonelloidea 和 Wellerelloidea 3 个超科的小嘴贝类中有 10 个科灭绝；准石燕类特化类型的分枝 Mentzelioidea 和三叠纪出现的特化类型的 Thecospiroidea 也未进入侏罗纪；Koninckinoidea 和 Spiriferinoidea 也只有少数残存属延续到早侏罗世。

三叠纪末的集群灭绝是显生宙重要的灭绝事件之一。Sepkoski(1984)和 Benton(1986)就指出晚三叠世大约有 23%的海洋和非海洋动物科灭绝。Hallam (1981)认为欧洲的 Sevatian 亚阶与 Hettangian 之间双壳类 92%的种灭绝。但对这一灭绝事件的模式仍存在着争论。Benton(1986)认为可以识别出两幕。Johnson 和 Simms(1989)从晚三叠世海扇类(scallops)和海百合类的分析，得出多幕灭绝的模式，而且最大灭绝是在卡尼中期。从腕足动物分异度的变化来看，三叠纪经历了一个残存期、萧条期、复苏-辐射期和灭绝期的演化过程。但三叠纪末的灭绝也显现了两幕的特征。诺利期辐射的顶峰期到瑞替期灭绝期的第一幕，分异度明显下降，由 132 属下降到 57 属，而且属的百分灭绝率达 63%；而瑞替期末，则是此次灭绝事件的第二幕，属的百分灭绝率为 74%。这次灭绝事件后，Koninckinoidea 和 Spiriferinoidea 的残存分子，又在早侏罗世末(Toarcian)期海侵造成的黑色页岩事件中遭遇灭顶之灾。从中侏罗世开始，腕足动物群则表现为以小嘴贝类和穿孔贝类(主要是中生代类群的 Kingenoidea 超科和 Terebratuloidea 超科)占优势。三叠纪末的灭绝事件中，腕足动物群实质性的变化特点就是古生代类型强烈衰退和灭绝。

二、灭绝原因的探讨

虽然华南腕足类在茅口期末的灭绝规模并不显著，但腕足类在泛大陆地区和其他底栖生物均有一定的表现(Stanley and Yang，1994；Shi and Shen，2000；Shen and Shi，2002)。茅口期末的灭绝事件，一般认为明显与大规模海退所引起的海洋生物栖息地区减少有关(Shen and Shi，2002)。这次大海退在整个北方大陆以海水从西伯利亚撤退，西伯利亚地台与华北地台碰撞造成的中蒙海槽封闭以及安加拉植物群的南侵为标志；在南方冈瓦纳大陆上是以绝大部分地区缺失海相沉积而被陆相煤系地层取而代之为标志，在华南地区则是著名的东吴运动造成的乐平统与阳新统之间的假整合。Erwin(1993)曾经认为这次前乐平世灭绝事件是二叠纪末灭绝事件的前奏，整个晚二叠世的灭绝事件是一次海洋生物在不利环境压力下、延续时间较长的灭绝事件。

长兴期末的灭绝事件原因远未研究清楚，与前乐平世事件没有必然的联系(Shi *et al*.，1999；Shen and Shi，2002)。20 世纪 80 年代比较流行的二叠-三叠系界线上的天外事件假说曾经受到冷落。但最近 Jin 等(2000)等对煤山剖面的研究认为二叠纪末生物灭绝时间间隔很短,而 Becker 等(2001)对包括煤山剖面在内的几条剖面的二叠-三叠系界线附近富勒烯研究发现了类似于陨石的惰性气体特征,从而推断二叠-三叠系界线附近可能有天外事件发生。Kaiho 等(2001)等根据华南二叠-三叠系界线附近硫和锶同位素变化特征推断二叠纪末可能有一次大规模的天体撞击事件,使得地幔大量硫化物释放,从而造成大规模生物灭绝。

火山作用与生物灭绝的关系被认为很密切(殷鸿福等,1989;杨遵仪等,1991;Renne *et al*.,1995; Visscher *et al*.,1996)。其主要依据是西伯利亚的大规模玄武岩喷发与二叠纪末的灭绝事件在时间上大致一致。在华南二叠-三叠系界线附近的粘土层中发现了大量的火山微球粒(杨遵仪等,1991),在华南许多地区的大隆组还有多层凝灰岩存在。大规模火山喷发能给大气和海洋带来大量硫化物,从而在大气中产生硫酸盐颗粒物或在海洋中直接被海水吸收(梁汉东,2002),并同时可能产生温室效应。二叠-三叠系界线附近富含黄铁矿地层的存在可能与火山喷发有关。

二叠纪末海平面的变化所引起的环境恶化在华南地区剖面中表现非常明显(Shen and Shi,2002),但二叠纪末海平面变化的原因还未搞清楚。Jablonski(1986),Dickins(1992),Erwin(1993),Shen 和 Shi(1996)等认为二叠纪末的灭绝事件与海退有关,根据 Ross 和 Ross(1987)以及 Holser 和 Margaritz(1987)对泛大陆上大部分地区的统计,全球范围内在晚二叠世是海平面在地史中最低的时期,估计当时的海平面可能下降了 210 m(Forney,1975)至 280 m(Holser and Margaritz,1987),然而这种长兴期末大规模海退的说法在华南地区缺乏充分的证据(Jin *et al*.,1994)。华南地区整个乐平统代表的是一个大的海进旋回,在长兴期末海退的表现特征目前还没有详细的研究,而长兴期末的全球范围的快速海进则有许多人涉及。Wignall 和 Hallam(1992,1996),Hallam 和 Wignall(1997)及 Shen 和 Jin(1999)等通过对阿尔卑斯、格陵兰、华南和西藏色龙等地的二叠-三叠系界线剖面研究后甚至认为,格陵兰 Wordie Greek 组底部、意大利 Bellerophon 组近顶以及巴基斯坦 Kathwai 段底部的层序地层界面均代表了长兴末期的快速海进。而这次快速海进造成了三叠纪初全球范围内的缺氧环境,引起海洋环境中底栖生物的毁灭性灭绝。从华南地区的二叠-三叠系剖面来看,长兴阶最顶部往往有一段几十厘米至十几米的地层开始出现大量的黄铁矿颗粒,腕足动物以个体小、壳体薄的 *Tethyochonetes*,*Neochonetes*,*Cathaysia* 和 *Crurithyris* 等为主,大型亲礁型的分子已不再见到。这些均表明当时是缺氧环境的开始,到了三叠纪初形成全球范围内的缺氧环境,在华南地区三叠系底部普遍发育以 *Lingula* 和双壳类 *Claraia* 等为特征的低分异度、高丰富度的群落。

伴随三叠纪末的灭绝事件也可能与大范围的海退和接踵而来的快速海侵有关。从斯堪的纳维亚南部到澳大利亚普遍存在陆相沉积和煤层,从中国到阿根廷也多是海退相红层和蒸发岩。这样的海域缩小，无疑缩小了腕足动物的生存空间，而紧接其后的欧洲等地海域强烈下陷，形成含黄铁矿的深海滞流缺氧环境，给腕足动物带来了致命的打击，导致瑞替期末的第二幕大灭绝。

三、结论

根据统计，二叠纪至三叠纪腕足动物经历了5个阶段：①早二叠世和中二叠世早中期基本继承了石炭纪的生物分异度，因此，构成了一个从石炭纪到中二叠世早中期的超长稳定期。②茅口期末至格里斯巴赫早期是腕足动物剧烈演变的时期，其中分别在茅口期末和长兴期末发生了两次灭绝事件，其中长兴期末的灭绝事件是影响最深、范围最广的一次，与长兴期末大灭绝相比，华南二叠纪茅口期末腕足类的灭绝事件表现较弱，在吴家坪早期有一个短暂的分异度降低过程，吴家坪早期的海进使得腕足类在华南地区很快恢复到前乐平世的水平，并进入晚吴家坪期和长兴早中期的辐射繁盛期。长兴期末大灭绝后，部分具有较强忍耐度和较广适应性的小型腕足类残存过二叠-三叠系界线。③印度期中晚期至奥伦尼克期是腕足动物极为萧条的时期，时间长达8～10 Ma。④中、晚三叠世（安尼期-诺利期）腕足动物又一次复苏和辐射。⑤晚三叠世晚期由于海水基本退出华南地区，使得腕足动物在该地区退出历史舞台。

致　谢　本文研究得到国家重点基础研究发展规划项目（G2000077700）的资助。沈树忠的研究还得到国家杰出青年基金（No. 40225005）和中国科学院“引进海外杰出人才计划”的资助。

感谢戎嘉余和方宗杰在审稿过程中提出的宝贵意见。

参考文献

Ager D V, Sun Dongli. 1989. Distribution of Mesozoic brachiopods on the northern and southern shores of Tethys. Palaeontologia Cathayana, 4: 23～51

Becker L, Poreda R J, Hunt A G, Bunch T E, Rampino M. 2001. Impact Event at the Permian-Triassic Boundary: Evidence from Extraterrestrial Noble Gases in Fullerenes. Science, 291: 1 530～1 533

Benton M J. 1986. More than one event in the Late Triassic mass extinction. Nature, 321: 857～861

Bowring S A, Erwin D H, Jin Yugan, Martin M W, Davidek K, Wang Wei. 1998. U/Pb zircon geochronology and tempo of the end-Permian mass extinction. Science, 280: 1 039～1 045

Cao Changqun, Wang Wei, Jin Yugan. 2002. Carbon isotopic excursions across the Permian-Triassic boundary in the Meishan section, Zhejiang Province, China. Chinese Science Bulletin, 47(13): 1 125～1 129［曹长群，王伟，金玉玕. 2002. 浙江长兴二叠-三叠系界线附近碳同位素变化. 科

学通报,47(4):302～306]

Chen Z Q, Shi G R, Kaiho K. 2002. A new genus of rhynchonellid brachiopod from the Lower Triassic of South China and implications for timing the recovery of Brachiopoda after the end-Permian mass extinction. Palaeontology, 45(1):149～164

Dagys A S. 1965. Triassic brachiopods of Siberia. Moscow: Nauka. 1～186 (in Russian)

Dagys A S. 1974. Triassic brachiopods (Morphology, classification, phylogeny, stratigraphical significance and biogeography). Novosibirk: Nauka. 1～387 (in Russian)

Dagys A S. 1977. New Triassic brachiopods from the North-East of USSR. Institute of Geology and Geophysics, Academy of Sciences of the USSR, Siberian Branch, Transaction, 344: 5～22

Dagys A S. 1993. Geographic differentiation of Triassic brachiopods. Palaeogeography, Palaeoclimatology, Palaeoecology, 100(1-2): 79～87

Dickins J M. 1992. Permo-Triassic orogenic, paleoclimatic, and eustatic events and their implications for biotic alteration. In: Sweet W C, Yang Z Y, Dickins J M, Yin H F, eds. Permo-Triassic Events in the Eastern Tethys. Cambridge: Cambridge University Press. 169～174

Drot J. 1953. Brachiopades du Trias et 1'Infralias de Nouvelle-Caladonie. Science de la Terre, 1 (1-2): 87～104

Erwin D H. 1993. The Great Paleozoic Crisis: Life and Death in the Permian. New York: Columbia University Press. 1～327

Feng Rulin, Jiang Zonglong. 1978. Brachiopoda (Paleozoic part). In: Guizhou Stratigraphical and Palaeontological Work Group, ed. Palaeontological atlas of Southwest China. Guizhou Volume (2). Beijing: Geological Publishing House. 231～305(in Chinese)[冯儒林,江宗龙. 1978. 腕足类(中生代部分). 见:贵州地层古生物工作组编. 西南地区古生物图册,贵州分册(2). 北京:地质出版社. 231～305]

Forney G G. 1975. Permo-Triassic sea level change. Journal of Geology, 83: 773～779

Gradstein F, Ogg J. 1996. Geological timescale. Episodes, 19 (1～2): 1～5

Hallam A. 1981. The end-Triassic bivalve extinction event. Palaeogeography, Palaeoclimatology, Palaeoecology, 35(1): 1～44

Hallam A, Wignall P B. 1997. Mass Extinction and Their Aftermath.. Oxford: Oxford University Press. 1～319

Holser W T, Magaritz M. 1987. Events near the Permian-Triassic boundary. Modern Geology, 11: 155～180

Hoover P R. 1979. Early Triassic terebratulid brachiopods from the Western Interior of the United States. Professional Papers of the United States Geological Survey, Washington, 1 057: 1～20

Jablonski D. 1986. Evolutionary consequences of mass extinction. In: Raup D M, Jablonski D, eds. Patterns and Process in the History of Life. Heidelberg: Springer-Verlag. 313～329

Jin Yugan. 1991. Two phases of the end-Permian event. In: Nanjing Institute of Geology and Palaeontology, Academia Sinica ed. Palaeoworld, 1. Nanjing: Nanjing University Press. 78～79 (in Chinese with English abstract)[金玉玕. 1991. 二叠纪末期生物集群绝灭的两个阶段. 见:中国科学院南京地质古生物研究所. Palaeoworld 1. 南京:南京大学出版社. 78～79]

Jin Yugan. 1993. Pre-Lopingian benthos crisis. In:Archangelsky S, ed. Comptes Rendus Ⅶ ICC-P, 2. Buenos Aires. 269～278

Jin Yugan, Wang Yue, Wang Wei, Shang Qinghua, Cao Changqun, Erwin D H. 2000. Pattern of marine mass extinction near the Permian-Triassic boundary in South China. Science, 289:432～436

Jin Yugan, Zhang Jin, Shang Qinghua. 1994. Two phases of the end-Permian mass extinction. In: Embry A F, Beauchamp B, Glass D J, eds. Pangea: Global environments and resources.

Canadian Society of Petroleum Geologists, Memoir 17. Calgary/Alberta: McAra Printing Limited. 813～822

Jin Yugan, Wardlaw B R, Glenister B F, Kotlyar G V. 1997. Permian chronostratigraphic subdivisions. Episodes, 20: 10～15

Johnson A L A, Simms M J. 1989. The timing and cause of Late Triassic marine invertebrate extinctions: evidence from scallops and crinoids. In: Donovan S K, ed. Mass Extinction: Process and Evidence. Stuttgart: Ferdnond Enke Verlag. 174～194

Kaiho K, Tazaki K, Ueshima M, Mochinaga T, Ohashi T, Arinobu T, Ishiwatari R, Chen Z Q, Shi G R. 2001. Abrupt climate changes and light just after an impact at the end of the Permian. Geology, 29: 815～818

Kauffman E G, Erwin D H. 1995. Biotic recoveries from mass extinction. IGCP335 initial meetings. Episodes, 17(3): 68～73

Liang Handong. 2002. End-Permian catastrophic event of marine acidification by hydrated sulfuric acid: Mineralogical evidence from Meishan Section of South China. Chinese Science Bulletin, 47 (16): 1 393～1 397 [梁汉东. 2002. 二叠纪末期海洋硫酸化环境灾变事件:煤山剖面岩石矿物证据. 科学通报,47(10): 784～788]

Liang Wenping. 1990. Lengwu Formation of Permian and its brachiopod fauna in Zhejiang Province. P. R. China Ministry of Geology and Mineral Resources, Geological Memoirs, series 2, stratigraphy and palaeontology (10). Beijing: Geological Publishing House. 1～522 (in Chinese with English abstract) [梁文平. 1990. 浙江二叠系冷坞组及其腕足动物群. 中华人民共和国地质矿产部地质专报,二、地层古生物,第 10 号. 北京:地质出版社. 1～522]

Liao Zhuoting. 1979. Brachiopod assemblage zone of Changxing stage and brachiopods from Permo-Triassic boundary beds in China. Acta Stratigraphica Sinica, 3(3): 200～207(in Chinese with English abstract) [廖卓庭. 1979. 中国南部长兴阶腕足动物组合带及二叠-三叠纪混生动物群中的腕足动物. 地层学杂志,3(3):200～207]

Liao Zhuoting. 1984. New genera and species of late Permian and earliest Triassic brachiopods from Jiangsu, Zhejiang and Anhui provinces. Acta Palaeontologica Sinica, 23(3): 276～285(in Chinese with English abstract) [廖卓庭. 1984. 苏浙皖三省邻近地区晚二叠世至早三叠世早期腕足类的新属种. 古生物学报,23(3):276～285]

MacFarlan D A B. 1992. Triassic and Jurassic Rhynchonellacea (Brachiopoda) from New Zealand and New Caledonia. The Royal Society of New Zealand Bulletin, 31: 1～310

Marwick J. 1953. Divisions and faunas of the Hokonui System (Triassic and Jurassic). Palaeontological Bulletin of Geological Survey of New Zealand, 21: 1～141

Pearson D A B. 1977. Rhaetian brachiopods of Europe. Nene Denkschriften des Naturhistorischen Museums Wien, 1: 1～84

Perry D G, Chatterton B D E. 1979. Late Early Triassic brachiopod and conodont fauna, Thaynes Formation, Southeastern Idaho. Journal of Paleontology, 53(2): 307～319

Raup D M. 1976. Species diversity in the Phanerozoic: an interpretation. Paleobiology, 2: 289～297

Renne P R, Zhang Z, Richardson M A, Black M T, Basu A R. 1995. Synchrony and causal relations between Permo-Triassic boundary crises and Siberian flood volcanism. Science, 269: 1413～1416

Ricardi A C, Damborenea S E, Mancenido M O, Scaso R, Lanes S Y, Iglesiallanos M P. 1997. Primer registrode Triasico marino fosilero de la Argentina. Revista de la Asociacion Geologica Argentina, 52(2): 228～234

Rong Jiayu, Fang Zongjie, Chen Xu, Chen Jinhua, Sun Dongli, Zhan Renbin, Liao Weihua, Shen Jianwei, Tong Jinnan. 1996. Biotic recovery—first episode of evolution after mass extinction. Acta Palaeontologia Sinica, 35(3): 259～271(in Chinese with English abstract) [戎嘉余,方宗

杰，陈旭，陈金华，孙东立，詹仁斌，廖卫华，沈建伟，童金南. 1996. 生物复苏——大绝灭后生物演化历史的第一幕. 古生物学报，35(3)：259～271]

Ross C A, Ross J R. 1987. Late Paleozoic sea levels and depositional sequence. Cushman Foudation for Foraminiferal Research Special Publication, 24: 137～149

Sandy M R, Stanley J R G. 1993. Late Triassic brachiopods from the Luning Formation, Nevada, and their palaeobiogeographcal significance. Palaeontology, 36(2): 439～480

Sepkoski J J, Jr. 1984. A kinetic model of phanerozoic taxonomic diversity Ⅲ. Post-Paleozoic families and mass extinction, Paleobiology, 10: 246～267

Shen Shuzhong, He Xilin. 1991. Changhsingian brachiopod assemblage sequence in Zhongliang Hill, Chongqing. Journal of Stratigraphy, 15(3): 189～196 (in Chinese with English abstract) [沈树忠，何锡麟. 1991. 重庆中梁山长兴组腕足动物组合层序. 地层学杂志，15(3)：189～196]

Shen Shuzhong, He Xilin. 1994. Brachiopod assemblages from the Changhsingian to lowermost Triassic of Southwest China and correlation over the Tethys. Newsletters on Stratigraphy, 31 (3)：151～160

Shen Shuzhong, He Xilin. 1994. Changhsingian brachiopod fauna from Guiding, Guizhou. Acta Palaeontologica Sinica, 33(4): 440～454(in Chinese with English abstract) [沈树忠，何锡麟. 1994. 贵州贵定长兴阶的腕足动物群. 古生物学报，33(4): 440～454]

Shen Shuzhong, He Xilin, Shi G R. 1995. Biostratigraphy and correlation of several Permian-Triassic boundary sections in southwestern China. Journal of Southeast Asian Earth Science, 12(1-2): 19～30

Shen Shuzhong, Jin Yugan. 1999. Brachiopods from the Permian-Triassic boundary beds at the Selong Xishan section, Xizang (Tibet), China. Journal of Asian Earth Science, 17(4): 547～559

Shen Shuzhong, Shi G R. 1996. Diversity and extinction patterns of Permian Brachiopoda of South China. Historical Biology, 12: 93～110

Shen Shuzhong, Shi G R. 2002. Paleobiogeographical extinction patterns of Permian brachiopods in the Asian-western Pacific region. Paleobiology, 28(4): 449～463

Shi G R, Shen Shuzhong. 2000. Asian-Western Pacific Permian Brachiopoda in space and time: biogeography and extinction patterns. In: Yin Hongfu, Dickins J M, Shi G R, Tong Jinnan, eds. Permian-Triassic Evolution of Tethys and Western Circum Pacific. Developments in Palaeontology and Stratigraphy, 18. Amsterdam: Elsevier. 327～352

Shi G R, Shen Shuzhong, Tong Jinnan. 1999. Two discrete, possibly unconnected Permian marine mass extinction. In: Yin Hongfu, Tong Jinnan, eds. Proceedings of the International Conference on Pangea and the Palaeozoic-Mesozoic Transition. Wuhan: China University of Geosciences Press. 148～151

Stanley G D J, Gonzalez-leon C, Sandy M R, Senowbari-Daryan B, Doyle P, Tarmura M, Erwin D H. 1994. Upper Triassic invertebrates from the Antimonio Formation, Sonera, Mexico. Journal of Paleontology, Supplement to no. 4, Part Ⅱ and Ⅲ. The Paleontological Society Memoir 36: 1～33

Stanley S M, Yang Xiangning. 1994. A double mass extinction at the Paleozoic Era. Science, 266: 1 340～1 344

Sun Dongli, Zhang Zixin. 1998. Jurassic brachiopods from Karakorum-Kunlun region and its palaeobiogeographical significance. In: Wen Shixuan, ed. Palaeontology of the Karakorum-Kulun Mountains. Beijing: Science Press. 215～284(in Chinese with English abstract) [孙东立，张梓歆. 1998. 喀喇昆仑地区侏罗纪腕足动物群及其古生物地理意义. 见：文世宣主编. 喀喇昆仑山-昆仑山地区古生物. 北京：科学出版社. 215～284]

Trechmann C T. 1918. The Trias of New Zealand. Quarterly Journal of the Geological Society of London, 73(3): 165～246

Visscher H, Brinkhuis H, Dilcher D L, Elsik W C, Esher Y, Looy C V, Rampino M R, Traverse A. 1996. The terminal Paleozoic fungal event: Evidence of terrestrial ecosystem destabilizaton and collapse. Proceedings of the National Academy of Sciences of the USA, 93: 2 155～2 158

Wang Xiangdong, Sugiyama T. 2000. Diversity and extinction patterns of Permian coral faunas of China. Lethaia, 33: 285～294

Wignall P B, Hallam A. 1992. Anoxia as a cause of the Permian/Triassic extinction: facies evidence from northern Italy and the western United Sates. Palaeogeography, Palaeoclimatology, Palaeoecology, 93:21～46

Wignall P B, Hallam A. 1996. Facies changes and the end-Permian mass extinction in S. E. Sichuan, China. Palaios, 11: 587～596

Xu Daoyi. 1993. Mass extinction in fossil record and catastrophic events. In: Mu Xinan, ed. Modern theories and hypotheses in the study of Palaeontology. Beijing: Science Press. 81～106 (in Chinese) [徐道一. 1993. 古生物集群绝灭与灾变事件. 见:穆西南主编. 古生物学研究的新理论新假说. 北京:科学出版社. 81～106]

Xu Qingjian. 1978. Mesozcic Brachiopoda. In: Southwestern Geological Research Institute, ed. Paleontological atlas of Southwestern China, Sichuan Volume 2. Beijing: Geological Publishing House. 267～314 (in Chinese) [许庆建. 1978. 中生代腕足动物. 见:西南地质研究所编. 西南地区古生物图册,四川分册(2). 北京:地质出版社. 267～314]

Yan Jiaxin. 1999. Permian-Triassic paleoclimate of eastern Tethys and its paleogeographical implication. Earth Science—Journal of China University of Geosciences, 24(1): 13～20 (in Chinese with English abstract)[颜佳新. 1999. 东特提斯地区二叠-三叠纪古气候特征及其古地理意义. 地球科学—中国地质大学学报, 24(1): 13～20]

Yang Xiangning, Zhou Jianping, Liu Jiarun, Shi Guijun. 1999. Evolutionary pattern of fusulinacean foraminfer in Maokouan, Middle Permian. Science in China, 42(5): 456～464

Yang Zunyi, Wu Shunbao, Yin Hongfu, Xu Guirong, Zhang Kexin. 1991. Geological events of Permo-Triassic transitional period of South China. Beijing: Geological Publishing House. 1～190 (in Chinese with English abstract) [杨遵仪,吴顺宝,殷鸿福,徐桂荣,张克信等. 1991. 华南二叠-三叠纪过渡期地质事件. 北京:地质出版社. 1～190]

Yin Hongfu. 1982. Discussion on the Ladinian stage in China. Geological Review, 28 (3): 235～278 (in Chinese) [殷鸿福. 1982. 中国的拉丁阶问题. 地质论评,28(3): 235～278]

Yin Hongfu, Huang Siyi, Zhang Kexin, Yang Fengqing, Ding Meihua, Bi Xianmei, Zhang Shuxing. 1989. Vokanism at the Permian-Triassic Boundary in South China and its Effects on Mass Extinetion. Acta Geologica Sinica, 63(2): 169～181(in Chinese) [殷鸿福,黄思骥,张克信,杨逢清,丁梅华,毕光梅,张素新. 1989. 华南二叠-三叠纪之交的火山活动及其对生物灭绝的影响. 地质学报,63(2): 169～181]

Yin Hongfu, Wu Shunbao, Ding Meihua, Zhang Kexin, Tong Jinnan, Yang Fengqing, Lai Xulong. 1996. The Meishan section, candidate of the global stratotype section and point of Permian-Triassic boundary. In: Yin Hongfu, ed. The Palaeozoic-Mesozoic boundary candidates of global stratotype section and point of the Permian-Triassic boundary. Wuhan: China University of Geosciences Press. 31～48

Yin Hongfu, Wu Shunbao, Du Yansheng, Yan Jiaxin, Peng Yanqiao. 1999. South China as a part of archipelagic Tethys during Pangea time. In: Yin Hongfu, Tong Jinnan, eds. Proceedings of the International conference on Pangea and the Palaeozoic-Mesozoic transition. Wuhan: China University of Geosciences Press. 69～73

附录 4.2.1 华南地区二叠纪-三叠纪腕足动物分类名单

舌形贝目(Lingulida Waagen, 1885)
舌形贝超科(Linguloidea Menke, 1828)
舌形贝科(Lingulidae Menke, 1828)
Lingula
平圆贝超科(Discinidae Gray, 1840)
平圆贝科(Discinidae Gray, 1840)
Orbiculoidea
小网贝目 (Dictyonellida Cooper, 1956)
埃希瓦德贝超科(Echwaldioidea Schuchert, 1893)
等纹贝科(Isogrammidae Schuchert and LeVene, 1929)
Schizopleuronia
长身贝目(Productida Sarytcheva, 1959)
戟贝亚目(Chonetidina Muir-Wood, 1955)
戟贝超科(Chonetoidae Bronn, 1862)
皱戟贝科(Rugosochonetidae Muir-Wood, 1962)
Alatochonetes
Chonetinella
Fusichonetes
Capillomesolobus
Fanichonetes
Fusiproductus
Lissochonete
Mesolobus
Neochonetes
Pygomochonetes
Quinguenella
Striochonetes
Tenuichonetes
Tethyochonetes
无肯贝科(Anoplidae Muir-Wood, 1962)
Costachonetes
长身贝亚目(Productidina Waagen, 1883)
长身贝超科(Productoidea Gray, 1883)
欧尔通贝科(Overtoniidae Muir-Wood and Cooper, 1960)
Avonia
Costispinifera
Echinauris
Krotovia
小戟贝科(Chonetellidae Licharev, 1960)
Cathaysia
Chonetella
Haydenella
Haydenoides
Huatangia
Ogbinia
Paryphella
Rugivestis
波斯通贝科(Buxtoniidae Muir-Wood and Cooper, 1960)
Buxtonia
Juresania
网格长身贝科(Dictyoclostidae Stehli, 1954)
Alexenia
Callytharrella
Chaoiella
Dictyoclostus
Liraplecta
Longyania
Niutoushania
Rugatia
Tyloplecta
围脊贝科(Marginiferidae Stehli, 1954)
Eomarginifera
Liosotella
Marginifera
Paramarginifera
Spinomarginifera
Stigospina
Transennatia
缺口贝科(Incisiidae Grant, 1976)
Incisius
瑞塔贝科(Retariidae Muir-Wood and Cooper, 1960)
Kutorginella
Thamnosia
线刺贝科(Costispiniferidae Muir-Wood and

Cooper，1960）

Lamiproductus

Zhuaconcha

轮皱贝科（Plicatiferidae Muir-Wood and Cooper，1960）

Neoplicatifera

Paraplicatifera

Rugoconcha

浆骨贝科（Spyridiophoridae Muir-Wood and Cooper，1960）

Spiridiophora

未定科（Uncertain）

Punctoproductus

纹线长身贝超科（Linoproductoidea Stehli，1954）

阿尼丹贝科（Anidanthidae Waterhouse，1968）

Anidanthus

Protanidanthus

纹线长身贝科（Linoproductidae Stehli，1954）

Cancrinella

Costatumulus

Compressoproductus

Flectuaria

Linoproductus

Levisapicus

Teleoproductus

Undaria

群山贝科（Monticuliferidae Muir-Wood and Cooper，1960）

Chilianshania

Dictyoclostoidea

Monticulifera

细线贝科（Striatiferidae Muir-Wood and Cooper，1960）

Permundaria

未定科（Uncertain）

Zhejiangoproductus

轮刺贝超科（Echinoconchoidea Stehli，1954）

轮刺贝科（Echinoconchidae Stehli，1954）

Chenxianoproductus

Echinoconchus

Markamia

Pustula

Vediproductus

扭面贝亚目（Strophalosiidina Schuchert，1913）

管盖贝超科（Aulostegoidea Muir-Wood and Cooper，1960）

管盖贝科（Aulostegidae Muir-Wood and Cooper，1960）

Edriosteges

Strophalosiina

车尔尼雪夫贝科（Tschernyschewiidae Muir-Wood and Cooper，1960）

Tschernyschewia

库柏贝科（Cooperinidae Pajaud，1968）

Falafer

戟盖贝科（Chonostegidae Muir-Wood and Cooper，1960）

Chonostegoidella

Uncisteges

Urushtenia

Urushtenoidea

扭面贝超科（Strophalosioidea Schuchert，1913）

扭面贝科（Strophalosiidae Schuchert，1913）

Grantonia

Strophalosia

Licharewiella

李希霍芬贝超科（Richthofenioidea Waagen，1885）

墙篱贝科（Hercosiidae Cooper and Grant，1975）

Hercosia

李希霍芬贝科（Richthofeniidae Waagen，1885）

Neorichthofenia

Richthofenia

圆刺贝科（Cyclacathariidae Cooper and Grant，1975）

Teguliferina

里通贝亚目（Lyttoniidina Williams *et al*.，2000）

里通贝超科（Lyttonioidea Waagen，1883）

里通贝科（Lyttoniidae Waagen，1883）

Gubleria

Leptodus

Keyserlingina

Loxophragmus

Matanoleptodus

Oldhamina

Sceletonia

里格拜贝科（Rigbyellidae Williams *et al*.，2000）

Rigbyella
二叠贝超科(Permianelloidea He and Zhu, 1979)
二叠贝科(Permianellidae He and Zhu, 1979)
Dicystoconcha
Laterispina
Permianella
禄祖贝科(Loczyellidae Licharev, 1937)
Loczyella
直形贝目(Orthotetida Waagen, 1884)
直形贝亚目(Orthotetidina Waagen, 1884)
直形贝超科(Orthotetoidea Waagen, 1884)
米克贝科(Meekellidae Stehli, 1954)
Alatorthotetina
Paraorthotetina
Geyerella
Meekella
Orthothetina
Perigeyerella
德比贝科(Derbyiidae Stehli, 1954)
Derbyia
Derbyoides
Meganiderbyia
Orthotetes
弯嘴贝科(Streptorhynchidae Stehli, 1954)
Kiangsiella
Streptorhynchus
Tropidelasma
波纹贝科(Pulsiidae Cooper and Grant, 1974)
Schellwienella
舒克贝科 (Schuchertellidae Williams, 1953)
Schuchertella
正形贝目(Orthida Schuchert and Cooper, 1932)
德姆贝亚目(Dalmanellidina Moore, 1952)
全形贝超科(Enteletoidea Waagen, 1884)
裂线贝科(Schizophoriidae Schuchert and Le Vene, 1929)
Acosarina
Orthotichia
Schizophoria
全形贝科(Enteletidae Waagen, 1884)
Enteletes
Mapingtichia
Peltichia
德姆贝超科(Dalmanelloidea Schuchert, 1913)
扇房贝科(Rhipidomelloidae Schuchert, 1913)
Rhipidomella
小嘴贝目(Rhynchonellida Kuhn, 1949)
四房嘴贝超科(Rhynchotetradoidea Licharev, 1956)
四房嘴贝科(Rhynchotetradidae Licharev, 1956)
Goniophoria
钩形贝超科(Uncinuloidea Rzhonsnitskaya, 1956)
钩形贝科 (Uncinulidae Rzhonsnitskaya, 1956)
Anchorhynchia
Glyptorhynchus
Uncinunellina
狮鼻贝超科(Pugnacoidea Rzhonsnitskaya, 1956)
狮鼻贝科(Pugnacidae Rzhonsnitskaya, 1956)
Pugnax
穹房贝超科(Camarotoechioidea Schuchert and LeVene, 1929)
穹房贝科(Camarotoechiidae Schuchert and LeVene, 1929)
Paranorella
狭体贝超科(Stenoscismatielae Oehlert, 1887)
门嘴贝科(Atriboniidae Grant, 1965)
Camarophorinella
Psilocamera
狭体贝科(Stenoscismatidae Oehlert, 1887)
Hybostenoscisma
Stenoscisma
韦勒贝超科(Wellerelloidea Licharev, 1956)
韦勒贝科(Wellerellidae Licharev, 1956)
Prelissorhynchia
Tautosia
Wellerella
Wellerellina
Laevorhynchia
Lissorhynchia
Trigonirhynchella
瑟帕贝科(Cirpidae Ager, 1965)
Euxinella
Robinsonella
Moisseievia
海燕贝科(Hallorellidae Ager, 1965)
Halorella

Halorellina

基贝超科(Basilioloidea Cooper, 1959)

异嘴贝科(Allorhynchiidae Cooper and Grant, 1976)

Allorhynchus

Terebratuloidea

Septaliphorioidea

Caucasorhynchia

中国小嘴贝科(Sinorhynchiidae Xu and Liu, 1983)

Sinorhynchia

诺尔贝科(Norellidae Ager, 1959)

Sacothyropsis

Paranorelhina

Norella

峻嘴贝科(Erymnariidae Cooper, 1959)

Crurirhynchia

小嘴贝超科(Rhynchonelloidea Gray, 1848)

小嘴贝科(Rhynchonellidae Gray, 1848)

Abrekia

Lunarhynchia

Sinuplicorhynchia

Costirhynchopsis

Crurirhynchella

Eoseptaliphoria

Neofascicosta

Nudirostralina

Saccorhynchia

Sakawairhynchia

Timorhynchia

Diholkorhynchia

Psendohalorella

Decurtella

Yidunella

Excavatorhynchia

无窗贝目(Athyridida Boucot *et al.*, 1964)

无窗贝亚目(Athyrididina Boucot *et al.*, 1964)

小双分贝超科(Meristelloidea Waagen, 1883)

小双分贝科(Meristellidae Waagen, 1883)

Actinoconchus

无窗贝超科(Athyridoidea McCoy, 1844)

无窗贝科(Athyrididae McCoy, 1844)

Athyris

Cleiothyridina

罗城贝科(Lochengidae Jin and Yang, 1977)

Cryptospirifer

Titanothyris

携螺贝科(Spirigerellidae Grunt, 1965)

Araxathyris

Composita

Juxathyris

Kitothyris

Spirigerella

Tozithyris

Septospirigerellina

Spirigerellina

Oxycolpella

Tetractinella

Dictynathyris

莱采贝亚目(Retziidina Elliott, 1958)

莱采贝超科(Retziioidea Waagen, 1883)

莱采贝科 (Retziidae Waagen, 1883)

Hustedia

Neoretzia

Schwagerispira

康宁贝亚目(Koninckinidina Davidson, 1853)

康宁贝超科(Koninckinoidea Davidson, 1853)

康宁贝科(Koninckinidae Davidson, 1853)

Amphiclina

Carinokoninckina

Koninckina

Lamellokoninckina

石燕目(Spiriferida Waagen, 1883)

石燕亚目(Spiriferidina Davidson, 1884)

石燕超科(Spiriferoidea King, 1846)

分喙石燕科(Choristitidae Waterhouse, 1968)

Choristites

石燕科 (Spiriferidae King, 1846)

Latispirifer

Neospirifer

Eliva

小石燕科(Spiriferellidae Waterhouse, 1968)

Elivina

Spiriferella

Spiriferinella

三角贝科(Trigonotretidae Schuchert, 1893)

Trigonotreta
双腔贝超科(Ambocoelioidea George, 1931)
双腔贝科(Ambocoeliidae George, 1931)
Ambocoelia
Attenuatella
Crurithyris
Paracrurithyris
腕孔贝超科(Brachithyridoidea Fredericks, 1924)
腕孔贝科(Brachithyrididae Fredericks, 1924)
Alphaneospirifer
Brachythyrina
Brachythyris
Cathayspirina
Ella
马丁贝超科(Martinioidea Waagen, 1883)
马丁贝科(Martiniidae Waagen, 1883)
Martinia
Martiniopsis
Rallacosta
窗孔贝亚目(Delthyridina Ivanova, 1972)
网格贝超科(Reticularioidea Waagen, 1883)
爱莉莎贝科(Elythidae Fredericks, 1924)
Phricodothyris
Spirelytha
网格贝科(Reticulariidae Waagen, 1883)
Squamularia
准石燕目(Spiriferinida Ivanova, 1972)
似弓形贝亚目(Cyrtinidina Carter and Johnson, 1994)
门策贝超科(Mentzelioidea Dagys, 1974)
门策贝科(Mentzeliidae Dagys, 1974)
Mentzelia
Paramentzelia
拉巴贝科(Laballidae Dagys, 1962)
Eolaballa
Laballa
Leiolepismatina
Spinolepismatina
Paralepismatina
Hirsutella
Nudispiriferina
Tylospiriferina
Qingyenia
叠鳞贝科(Lepismatinidae Xu and Liu, 1983)
Lepismatina
似盒弓形贝科(Thecocyrtelloideidae Xu and Liu, 1983)
Thecocyrtelloidea
Neocyrtina
栉螺贝超科 (Spondylospiroidea Hoover, 1991)
栉螺贝科 (Spondylospiridae Hoover, 1991)
Zugmayerella
准石燕亚目(Spiriferinidina Ivanova, 1972)
管孔石燕超科 (Syringothyridoidea Fredericks, 1926)
李加列夫贝科 (Licharewiidae Slyusareva, 1958)
Xizispirifer
翼准石燕超科(Pennospiriferinoidea Dagys, 1972)
疹石燕科 (Punctospiriferidae Waterhouse, 1975)
Punctospirifer
近准石燕科(Paraspiriferinidae Cooper and Grant, 1976)
Paraspiriferina
小网格贝科(Reticulariinidae Waagen, 1883)
Altipleus
锯齿石燕科(Crenispiriferidae Cooper and Grant, 1976)
Crenispirifer
Spiriferellina
Pseudospiriferina
Lancangjiangias
准石燕超科(Spiriferinoidea Davidson, 1884)
准石燕科(Spiriferinidae Davidson, 1884)
Mentzelioides
Sinucosta
Jiandaspiriferina
鞘壳贝目(Thecideida Elliott, 1958)
鞘壳贝亚目(Thecideidina Elliott, 1958)
鞘壳贝超科(Thecideoidea Gray, 1840)
小鞘壳贝科(Thecidellinidae Elliott, 1958)
Moorellina
厚螺贝超科(Thecospiroidea Bittner, 1890)
厚螺贝科(Thecospiridae Bittner, 1890)
Thecospira
穿孔贝目(Terebratulida Waagen, 1883)
穿孔贝亚目(Terebratulidina Waagen, 1883)
两板贝超科(Dielasmatoidea Schuchert, 1913)

异板贝科(Heterelasmatidae Licharev, 1956)

Beecheria

两板贝科(Dielasmatidae Schuchert, 1913)

Centronelloidea

Dielasma

Fletcherithyris

Hemiptychina

Parahemiptychina

Whitspakia

拉拜贝科(Labaiidae Licharev, 1960)

Labaia

假两板贝科(Pseudodielasmatidae Cooper and Grant, 1976)

Pseudodielasma

逆采勒贝科(Antezeilleridae Xu and Liu, 1983)

Emeithyris

Epithyroides

瑞替贝科(Rhaetinidae Xu and Liu, 1983)

Rhaetina

Rhaetinopsis

隐弧贝超科(Cryptonelloidea Thomson, 1926)

背孔贝科(Notothyridae Schuchert, 1913)

Gefonia

Notothyris

Pseudolabaia

Sichuanothyris

Zhongliangshania

三桥贝超科(Sanqiaothyrioidea Xu and Liu, 1983)

三桥贝科(Sanqiaothyridae Xu and Liu, 1983)

Costiconcha

Sanqiaothyris

Paradoxothyris

Sulcatothyris

狭孔贝科(Augustothyrididae Dagys, 1972)

Augustothyris

穿孔贝超科(Terebratuloidea Gray, 1840)

叶孔贝科(Lobothyridae Makridin, 1964)

Lobothyris

Lobothyroides

Pamirothyris

Triadithyris

小穿孔贝亚目(Terebratellidina Muir-Wood, 1955)

采勒贝超科(Zeillerioidea Allan, 1940)

采勒贝科(Zeilleriidae Allan, 1940)

Adygella

Adygellopsis

Coenothyris

Paradygella

Aulacothyris

Ornithella

Sacothyris

Triseptothyris

Zeilleria

近下褶贝科(Parantiptychiidae Xu and Liu, 1983)

Aulacothyroides

金孔贝超科(Kinenoidea Elliott, 1948)

似背沟贝科(Aulacothyropsiidae Dagys, 1974)

Aulacothyropsis

Camerothyris

Zhidothyris

方宗杰 zjfang@nigpas.ac.cn
中国科学院南京地质古生物研究所
南京市北京东路39号,210008

第三节

华南二叠纪双壳类动物群灭绝型式的探讨

摘　要 →

自茅口期至二叠纪末,华南已发现双壳类38科、82属、279种,属于华夏生物群。统计表明,茅口期末双壳类的灭绝率几乎为零,科和属一级均未发生灭绝。茅口期至早吴家坪期的双壳类以新生率高为特征,分异度和丰度均大幅度提高,表明正处于辐射阶段,双壳类实际上是茅口期末海退事件的受益者。晚吴家坪期至"长兴期",双壳类的新生率降低,灭绝率处于低水平,动物群的更新速率低,分异度与早吴家坪期的高峰相比略有下降,但仍继续保持着稳定,应处于协调停滞阶段。事实证明,真正的危机期始于晚二叠世末的大灭绝,并非开始于茅口期末,这是一次爆发性的灾变事件。华夏双壳类动物群的灭绝过程可分成"长兴期"末和三叠纪初两幕,两幕的间隔约70万年。"长兴期"末,双壳类科、属、种的灭绝率分别达17.1%、53.4%、96.5%,是大灭绝的主幕;至三叠纪初,又有11.4%和22.4%的"长兴期"科和属灭绝,分别占界线层科、属总数的23.5%、46.4%,是大灭绝的尾幕。大灭绝主幕后延续仅70万年的界线层代表的是灾后高选择压力环境下的残存-复苏期,环境的恶化使古生代型和土著型分子大量灭绝,整个动物群遭受重创;但与此同时,新生率却大大高于"长兴期",属的新生率甚至还高于茅口期,出现了相当数量的危机先驱型分子。高更新率使这一特殊时期的双壳类动物群明显不同于"长兴期",呈现为二叠-三叠纪之间的过渡面貌;广布性或世界性分布的危机先驱型和幸存先驱型分子在过渡动物群中占据着主导地位,*Claraia* 和 *Eumorphotis* 此时虽已出现,但并不常见,在动物群中居次要地位。三叠纪初第二幕灭绝(尾幕)后,二叠纪孑遗型和土著型分子进一步消亡,华夏双壳类动物群终于全军覆没;*Claraia* 和 *Eumorphotis* 则开始灾后泛滥,它们和 *Unionites*, *Promyalina*, *Leptochondria* 等一起组成的浅海底栖组合,常见于世界各地早三叠世的各个古纬度带。此后双壳类动物群进入一个分异度处于低谷、变化不大、相对稳定的萧条期(残存期)。在经历了漫长的残存期后,危机先驱型和幸存先驱型分子终于替代了灾后泛滥分子,它们与复活型分子一起在双壳类的复苏及其后辐射的进程中发挥了重要作用。界线层双壳类的上述特点与界线层的腕足类形成了鲜明的对比,这就为解释双壳类在中生代替代腕足类提供了线索。在大灭绝主幕后的界线层动物群中,与腕足类相比,双壳类并未取得优势地位;两者地位的逆转实际上发生在C线之上。原因在于界线层的双壳类拥有众多的幸存先驱型和危机先驱型分子,其后又陆续出现很多复活型分子,而界线层的腕足类却"一无所有",基本上都由死支漫步型分子组成。由此而导致在中三叠世开始的复苏-辐射进程中,双壳类能够领先一步,在竞争中处于优势地位;腕足类则终于丧失了古生代期间曾经长期拥有的优势地位,正是二叠-三叠纪之交的大灭绝为双壳类在中生代的兴起提供了契机。与海相双壳类不同,华南二叠纪非海相双壳类的灭绝型式是典型的单幕式。

方宗杰. 2004. 华南二叠纪双壳类动物群灭绝型式的探讨. 见:戎嘉余,方宗杰主编. 生物大灭绝与复苏——来自华南古生代和三叠纪的证据. 合肥:中国科学技术大学出版社. 571～646,1067～1068

关键词 →

双壳类　大灭绝　界线层
二叠纪　三叠纪　华南

1973 年，Nakazawa 和 Runnegar 主要根据《无脊椎古生物学专论》(Treatise)双壳纲卷(Cox *et al.*,1969)的资料，以及日本、克什米尔等地的最新研究成果，首次系统地探讨了双壳类在二叠-三叠纪的兴衰历史。他们认为，双壳类的衰退是一个漫长的过程，经历了整个晚二叠世；除翼蛤类、海扇类、笋海螂类外，其他双壳类在二叠纪末的灾变事件中似乎并未受到太大影响。后来，殷鸿福(1983，1987，1991；Yin，1985)补充了华南 1983 年以前发表的有关资料，并尤其注重于对海扇类的分析，他也得出与 Nakazawa 和 Runnegar(1973)大致相同的结论。殷强调双壳类存在一个由茅口期末一直延续到早三叠世末的长期危机，海扇类的分异度曲线在这一时期呈现为宽的盆底形；"长兴期"(加引号的原因详见二(三)的讨论)和早印度期是危机的高潮期，而二叠-三叠纪交界则是危机由渐变向突变转变的极点。其他学者(如 Hallam and Miller，1988；Erwin，1993)也沿用了 Nakazawa 和 Runnegar(1973)的结论，认为双壳类是受二叠纪末大灭绝影响最小的类群之一。

然而，笔者发现，上述开始于茅口期末的漫长危机期的观点与一些实际资料存在着矛盾。例如，根据 Nakazawa 和 Newell(1968)的研究，日本晚二叠世共有双壳类 25 属、38 种，而此前中二叠世早期和晚期则分别为 28 属、40 种和 15 属、20 种，晚二叠世的分异度并未表现出明显的衰退迹象，而且还出现了以 *Tambanella* 为代表的新生分子。再如黔西滇东的晚二叠世双壳类，据徐均涛(见姚兆奇等，1980)研究，吴家坪期早期和晚期的双壳类分别为 32 属、50 种和 25 属、36 种，"长兴期"早期和晚期分别为 30 属、51 种和 32 属、62 种，其中以晚"长兴期"的分异度为最高；总体看来，除晚吴家坪期稍有下降外，双壳类的分异度在整个晚二叠世一直保持在一个相当稳定的水平，由此看不出所谓"漫长的逐渐衰退的过程"。本节希望通过对华南二叠纪双壳类资料的系统总结，客观地解决这一矛盾。

研究表明，自茅口期至二叠纪末，华南发育着一支面貌独特的双壳类动物群，即华夏双壳类动物群(方宗杰，1985)，主要代表分子有：*Ensipteria*，*Permoperna*，*Towapteria*，*Tambanella*，*Claraioides*，*Crenipecten*，*Euchondrioides*，*Paradoxipecten*，*Hunanopecten*，*Lopha*?，*Gujocardita*，*Actinodontophora* 等，这些特征属和许多特征种的分布基本上仅限于华南，是土著分子；其中部分属种也在日本(Maizuru，Kitakami 等地体)(Nakazawa，1991)和马来半岛东部发现，后者即日本-印支亚区。其他化石门类如植物、菊石、腕足类、四射珊瑚、有孔虫等，也有着大致相同的分布状况，故被称之为华夏生物区(方宗杰，1985)。本节将充分运用华南二叠纪双壳类的实际材料，即通过对华夏双壳类动物群兴衰历史的研究，探讨双壳类在二叠-三叠纪之交大灭绝事件中的灭绝和残存型式。

华南是全球上二叠统发育最好的区域，含有相当丰富的双壳类化石，由于全球许多地区上二叠统资料的相对贫乏，可以毫不夸张地说，如果离开了华南的二叠纪双壳类资料，就不可能对双壳类在二叠纪末大灭绝及其后的灭绝-残存-复苏型式作出客观的判断。《中国的瓣鳃类化石》(1976)的出版和后来一系列研究成果的发表，使华南二叠纪双壳类的研究程度得到了很大的改善。在中国的古生代双壳类中，目前以二叠纪的研究程度为最高。笔者试图藉此建立一个包括现有全部研究成果的更为完善的华南二叠纪双壳类数据库(附表 4.3.1)，其中包括有目前世界上最为丰富的晚二叠世双壳类化石资料，尤其是"长兴期"和二叠-三叠纪界线层。本节将在此基础上检验前人的研究结论，并进一步深入探讨双壳类在古生代和中生代之交的兴衰历史。

一、材料和方法

《中国的瓣鳃类化石》(1976)总共收录华南晚二叠世的双壳类 32 属、72 种，从当时的研究程度看，明显落后于三叠纪。20 世纪 70 年代后期以来，我国二叠纪双壳类化石的研究进入空前的繁荣期，除各大区或省古生物图册(张仁杰等，1977；甘修明等，1978；丁保良等，1982；丁伟明，1982；张作铭等，1985)外，还发表了一系列论著(田宝林、张连武，1980；陈楚震，1962，1981；张毓秀，1981；张毓秀、李正积，1981；方宗杰，1982，1985，1987，1989，1993；Yin，1982，1985；郭福祥，1985；殷鸿福，1987；吴发明、洪祖寅，1991；王明倩，1993；牟崇健、刘春莲，1993；方宗杰、殷德伟，1995；李玲，1995；杨逢清等，2002)。总体上看，华南的二叠纪双壳类主要分布于中、晚二叠世，尤其是晚二叠世，而前茅口期的双壳类化石却相当贫乏。例如，栖霞期迄今仅描述双壳类 4 属、4 种。这也许与当时碳酸盐沉积环境在华南特别发育有关。为此，本节的统计不包括茅口期以前的资料。

据本节最新统计，华南已描述茅口期至"长兴期"的双壳类共计 38 科、71 属、244种(表4.3.1)。其中，过去研究基础比较薄弱的"长兴期"双壳类得到了较多关

表 4.3.1　华南茅口阶至界线层科、属、种统计表

Table 4.3.1　Numbers of Permian bivalve families, genera, and species from Maokouan to the Permian-Triassic boundary beds in South China

	茅口期 (Maokouan)	吴家坪期 (Wuchiapingian)	"长兴期" ("Changhsingian")	总计 (茅口期至"长兴期") Total (Maokouan to "Changhsingian")	界线层下部 (Total for lower boundary beds)	二叠纪总计 (Total for Permian)
科 (Number of families)	24(38)	35(38)	35(38)	38	17(32)	38
属 (Number of genera)	32(67)	65(73)	58(63)	71	28(43)	82
种 (Number of species)	60	169	141	244	40	279

注：括号内的数字代表该时期有可能出现的分类单元的最大数目，即把当时有可能存在却尚未发现的复活型分类单元也计算在内。

注,共描述了 35 科、58 属、141 种(表 4.3.1)。在茅口期至“长兴期”发现的 71 个双壳类属中,已有 58 属在“长兴期”找到,另有 10 个属消失于前“长兴期”,只有 *Actinodontophora*, *Pinna*, *Cercomya*① 3 个属除外。在这 3 个属中,*Pinna* 属和 *Cercomya* 属都是罕见分子;*Actinodontophora* 属原见于日本的中、晚二叠世,也是稀有分子。“长兴期”双壳类目前的采集和研究程度之高,可见一斑。经过全国同行多年来的共同努力,华南二叠纪双壳类的总体面貌和地质地理分布状况已经相当清晰,这就为本节的研究奠定了良好的基础。

二叠纪双壳类大多演化较慢,属种的延续时间较长,分带性不强。殷鸿福(1983)曾将华南的晚二叠世双壳类分为吴家坪期和“长兴期”两个化石带,笔者(方宗杰,1987)尝试将湖南二叠系中上部的双壳类划分为 4 个组合。两者在划分、对比的精度上都只达到阶的水平,仅依据双壳类本身再对阶作进一步的划分似乎很不现实。笔者将华南二叠纪双壳类划分为 4 个组合(图 4.3.1),分别对应于茅口期、吴家坪期、“长兴期”和界线层(原过渡层或混生层的下部)4 个时期。如下所述,界线层大致相当于殷鸿福(1983)的下格里斯巴赫阶,其底界即赵金科等(1981)定义的“长兴阶”的顶界,在野外很容易识别(殷鸿福等,1985),此界线传统上曾被视作二叠-三叠系的分界。此段地层厚度虽然不大,但其中包含的双壳类动物群以危机先驱型分子(crisis progenitor,由 Kauffman 和 Harries 1996 年提出,指紧随着大灾变诞生的新生分子)与二叠纪幸存型分子的共同出现为特征,呈现十分独特的二叠纪与三叠纪之间过渡的面貌,与相邻的“长兴期”和早三叠世都很容易区分。

为使讨论建立在更大、更完善的数据库基础上,笔者尽力搜集了所有公开发表的与二叠纪双壳类相关的资料,并对已正式描述的华南二叠纪双壳类化石属种进行了认真的厘定工作,除方宗杰(1987)确定的 12 个次异名(junior synonym)外(未列入附表),本次工作又清理出 39 个次异名(参见附表 4.3.1)。根据对附表的统计,自茅口期至二叠纪末,华南共发现双壳类 38 科、82 属、279 种(表 4.3.1)。这是世界上目前已知最大的区域性二叠系上部的双壳类数据库,与其他地区相比,研究程度是比较高的。除日本外,世界其他地区的“长兴期”双壳类资料十分贫乏,故华南的资料尤为珍贵。华南资料和全球其他地区资料的互为补充,将使我们对双壳类在二叠-三叠纪转折时期的种种变化的了解更为客观,更为全面。

表 4.3.1 中的数据来自对附表 4.3.1 的统计,附表中的属种名称及其地层分布均有据可查,主要来自正式发表的化石描述论文,所有名单均经过认真的清理和厘定。与此同时,本节也参考了一些非描述性论文,其中以徐均涛(见姚兆奇等,1980)的研究最为重要。很可惜,该文的古生物描述部分一直没有发表,故文中的新种名均无法采用,只有当需要证明有关属的存在,而其他来源均无正式描述的情

① 本属原先被定为 *Alula* 属的一个新种,请参见附录 4.3.1 中附注 3 的讨论。

况下才暂时以未定种代之。其他资料如杨光荣等(1986)、朱彤(1990)等区域性地层学论著,虽非古生物学文献,由于文后附有图版,它们可以帮助确定一些属种的地层延限。

本节在确定各分类单元灭绝与否时,均以全球范围的地层延限资料为准,新生率的统计也与之同理。若仅以一条或少数剖面的资料进行统计,就有可能将集群死亡混淆为集群灭绝。严格地说,如果仅就单条或少数剖面(如长兴煤山的一系列经典剖面)的资料来讨论生物灭绝事件,更合适使用的概念是"集群死亡";这些生物从一个地区消失并不直接意味着灭绝,它们也有可能迁移到更合适的地方生活。只有当讨论范围涉及到一个分类单元的所有分布区,并确认了该分类单元的完全消亡,此时才真正体现了灭绝的含义。只要还有一个居群残存,这个分类单元就不能算作是灭绝的。

鉴于 Treatise 出版 30 多年以来本学科已经取得许多重要的进展,故本节未完全沿用 Treatise 的分类方案,而是采用了当前在国际上为较多同行接受的若干修正方案(参见附录 4.3.1)。此外,对少数本节未采用的属种名称,均在附录和附表的尾注中做了相应说明。

二、几个相关问题的说明

(一) 关于二叠-三叠系界线两侧双壳类鉴定中的人为性因素

一些学者指出,由于受地层时代不同的影响,有可能将二叠纪和三叠纪相同的属种人为地鉴定为不同的属种,从而人为地扩大了界线两侧的差异性(殷鸿福,1983),这种可能性自然不能完全排除。一般说来,在双壳类研究者中此类倾向并不十分明显。例如,*Leptochondria* 过去被认为是一个三叠纪的属(Cox *et al.*, 1969),然而,近年来日本、中国和美国的学者先后将一些二叠纪标本归入该属。另一方面,也应看到这种人为性的因素并不完全是单向性的。例如,尽管缺乏充分的依据,有的研究者有时也会将一些中、新生代甚至现生的属名应用于二叠纪化石中,如 *Modiolus*, *Mytilus*, *Anomia*, *Pecten* 等,他们并没有因为时代相差过大而提出新的名称,这也许仅仅是为了使用方便和标本状况不允许而已。可是,这样会人为地缩小界线两侧的差异性。应当指出,尽管外形与 *Modiolus* 属十分相似的化石已在泥盆纪出现,事实上,这种壳形广见于几个不同的超科(Fang and Morris, 1997)。*Mytilus* 属和 *Modiolus* 属以发育具有假韧片(pseudonymph)的平韧式(planivincular)韧带为特征,这是一种十分特化的韧带类型,它的出现似乎不会早于侏罗纪。*Anomia* 属和 *Pecten* 属的情况也与之类似,它们都不可能出现在二叠系或三叠系中。因此,本文在统计时未采用这些现生的双壳类属名。再如,目前二

叠纪和三叠纪的 *Palaeolima* 属标本主要根据外部形态鉴定，然而，已有资料证实，后者的中央弹体窝小，呈三角形；二叠纪 *Palaeolima* 属的弹体窝较大，呈梭子形（方宗杰，1987），它们目前仍被置于同一个属中。如果今后能在界线层的 *Palaeolima* 标本中找到三叠纪型的弹体窝，不仅将进一步证明三叠纪的 *Palaeolima* 标本与二叠纪的不同，而且还将证明三叠纪的 *Palaeolima* 很可能是危机先驱型分子，而不是幸存先驱型分子。

根据笔者不完全的统计，在华南二叠纪和三叠纪都出现的双壳类有效属名至少有 15 个，全球范围数目当然会更多。多年来的实践证明，在双壳类研究中，有意或无意地将二叠纪和三叠纪双壳类分别鉴定为不同属名的倾向实际上并不明显。

由于界线层和早三叠世的双壳类化石很少保存内部构造，难免会使人对它们的鉴定产生疑虑。实际上，这在双壳类化石的分类鉴定上是一个十分常见的问题。以 *Claraia* Bittner，1901 为例，此属在建立之初对其铰合构造一无所知，直到 20 世纪 80 年代初才最后解决了这个问题（张作铭，1980）。尽管如此，从未有人对 *Claraia* 的属级地位提出过疑问，而且，这并未妨碍它成为早三叠世最重要的标准化石之一，世界各地的双壳类工作者也从未有人对克氏蛤的鉴定感到过困难，因为外部形态特征已足以将它和其他双壳类区分开来。惟一曾经有过争议的是 *Claraia* 的科的归属问题，但随着韧带构造的发现这一问题便很快迎刃而解（张作铭，1980）。界线层和早三叠世双壳类的鉴定也属同理，尽管这些化石很少保存内部构造，除了极少数壳形、壳饰过于简单，具有异物同形的双壳类外（如 *Modiolus* 之类），只要保存不是太差，有经验的双壳类工作者在鉴定它们时很少出现分歧和问题，因为他们依据的都是相同的分类原则。

多年的实践证明，二叠纪和三叠纪双壳类之间基本面貌的截然差别是客观存在的事实，而非人为性主观因素的产物。殷鸿福（1983）曾推测，二叠纪的 *Pernopecten*，*Streblopteria* 和 *Eocamptonectes* 分别与三叠纪的 *Entolium*，*Pleuronectites* 和 *Radulonectites* 可能是同一个属，只是因为时代不同而名称变了。然而，近年来的研究表明，*Pernopecten* 和 *Entolium* 之间属一级的分野是清楚的（Newell and Boyd，1995；Nakazawa，1996），有人甚至将它们分别归入不同的科（Carter，1990）（参见附录 4. 3. 1 中附注 8 的讨论）。*Pleuronectites* 属与 *Streblopteria* 属颇有几分相似之处，但前者的韧带为海扇型而非燕海扇型，并且具有海扇科所特有的丝梳，故已被改归至海扇科（Waller，1984；Newell and Boyd，1995）；另一方面，根据对韧带构造的研究，*Streblopteria* 属则被改归为三角海扇科（Deltopectinidae）（Newell and Boyd，1995）。*Eocamptonectes* 属与 *Radulonectites* 属之间的差别更为明显，前者现属三角海扇科（Newell and Boyd，1995），后者则被归入海扇科的 Camptonectinae 亚科（Waller and Marincovich，1992）。总之，虽然前人曾先后提出过一些在二叠纪和三叠纪双壳类之间可能存在的同物异名，然而，后来的研究证明它们之间实际上并不存在同物异名关系。即使今后的工作终于证明有此类实例存在，相信数目也将非常有限。

经过几代双壳类研究者的共同努力，我们现在终于可以相信，确实有一系列双壳类属在二叠-三叠系界线层（详见下文）开始出现，如 *Pteria*，*Promyalina*①，*Unionites*，*Myoconcha*，*Eumorphotis* 等，它们在大灾变发生后不久即告诞生，是典型的危机先驱型分子。这一身份的确认，将大大有利于探讨双壳类在二叠-三叠纪转折时期的演变历史和规律，同时还可指示与大灭绝相关联的事件层的位置。

二叠纪和三叠纪双壳类之间缺乏共同种也是一个基本事实。Nakazawa 和 Newell(1968)曾明确指出，二叠纪晚期和早三叠世之间没有共同种。根据笔者的最新统计，华南仅有 5 种越过了“长兴期”末大灭绝的主幕，而世界其他地区已知的也不过两三种而已。殷鸿福(1983)曾怀疑二叠纪的 *Pernopecten sichuanensis* Liu 可能与三叠纪的 *Entolium discites* Schlotheim 同种，这两个种确实十分相似，但相比之下，后者的两侧更显对称，壳面凹陷发育甚弱；前者的两耳不等，壳面凹陷较强；而最关键的区别在于：*Pernopecten sichuanensis* 足丝凹曲颇为明显，左壳的两耳略微突出铰边（这一特征不太明显，很容易被忽略），将它归入 *Pernopecten* 属应无疑问。目前在华南二叠纪和三叠纪双壳类中已发现的共同种相当有限（参见附表 4.3.1），随着今后工作的不断深入，应当还能发现新的共同种，但数目肯定不会很多。

（二）二叠-三叠纪转折时期双壳类化石记录的质量问题

二叠-三叠纪转折时期化石记录的质量问题对于大灭绝事件的规模和量值的理解甚为关键，化石保存方面的偏差必将会带来人为性因素的干扰。我们现在根据化石记录所得出的有关大灭绝后生物分异度陡然下降的结论是否客观地反映了当时生物界的真实状况，这始终是学术界关注的问题。例如，在二叠-三叠纪腹足类的研究中，已经发现因早三叠世缺乏硅化保存的化石而非正常地导致了大量“复活型”分子的出现(Erwin and Pan，1996；Conway Morris，1999)。最近在江西乐平早三叠世大冶组底部 *Hindeodus parvus* 带发现一个硅化保存的微型腹足类动物群，共包括 8 个属(Pan *et al*.，2003；潘华璋，见本书第四章第六节)，由此证明了硅化保存对于正确认识腹足类化石记录的重要性。

双壳类的情况与腹足类有所不同。华南的二叠纪双壳类主要分布于各类陆源碎屑沉积环境中，碳酸盐沉积环境中则较为少见；早三叠世的情况也基本如此，且化石的保存状态也大致相同。由此可大致排除因生活环境或埋藏因素的不同而导

① Hallam 和 Wignall(1997)认为，本属在二叠纪尚未出现。目前仅华南二叠纪有过两例可疑的报道：一是张仁杰(1977)描述的栖霞期 *Promyalina hunanensis* Zhang，仅一枚左壳标本，个体较大，齿式与该属不同，其分类位置有待进一步研究；二是李玲(1995，图版 1，图 8a，b)图示的 *Promyalina*? sp.，仅一枚标本，保存实在太差，从图版上看，其一般形态似乎与 *Tambanella* 属更为接近，显然不宜归入 *Promyalina* 属。本属出现的最低层位是二叠-三叠系界线层（详见下文）。

致的统计上的偏差。应当承认，与北美的二叠系相比，华南的二叠系缺乏保存完好的硅化动物群（广西合山晚二叠世部分层位虽然保存有硅化的双壳类化石，但硅化不够彻底，据笔者酸泡处理所见，属种的分异度不高，而且这些种类基本上都已在陆源碎屑沉积环境中发现），碳酸盐台地型双壳类的面貌尚不够清楚，化石记录确实存在着某种缺陷；但下三叠统的情况也是如此，因此，这是一种系统性误差，不会给两个时代以非碳酸盐台地型为主的双壳类之间的比较带来明显的偏差。Bambach（1993）指出，双壳类的分异度在整个古生代的碳酸盐沉积环境基本上都处在相当低的水平。因此，总体看来，华南二叠纪和三叠纪的双壳类似乎不存在类似于腹足类那样大的偏差。三叠纪双壳类中的复活型分子在研究中存在着减少的趋势，例如，过去被看作是复活型分子的 *Lopha*? 和 *Pinna* 等属，均已在下三叠统发现（参见附表 4.3.1）。

图 4.3.1 和图 4.3.2 根据表 4.3.1 提供的数字图示了华南二叠纪双壳类在不同时期分异度的变化情况。图4.3.2中的实线与图 4.3.1 一样，代表华南二叠纪实际发现的双壳类化石的分异度变化情况，而虚线则根据表 4.1.1 括号内的数目绘制，括号内的数目代表了笔者对该时期可能出现的双壳类数目的最大估计。以界线层为例，该层目前实际发现双壳类化石 17 科、28 属，然而，根据现有资料，另有 15 科、15 属在相邻的晚二叠世和早三叠世地层都有发现，它们似乎也“应当”在界线层出现，但目前尚未发现，因而被归入复活型单元的范畴。Twitchett（2001）提出的生物量减少模式（biomass reduction model）比较合理地解释了大灭绝后残存期化石较为稀少的现象。

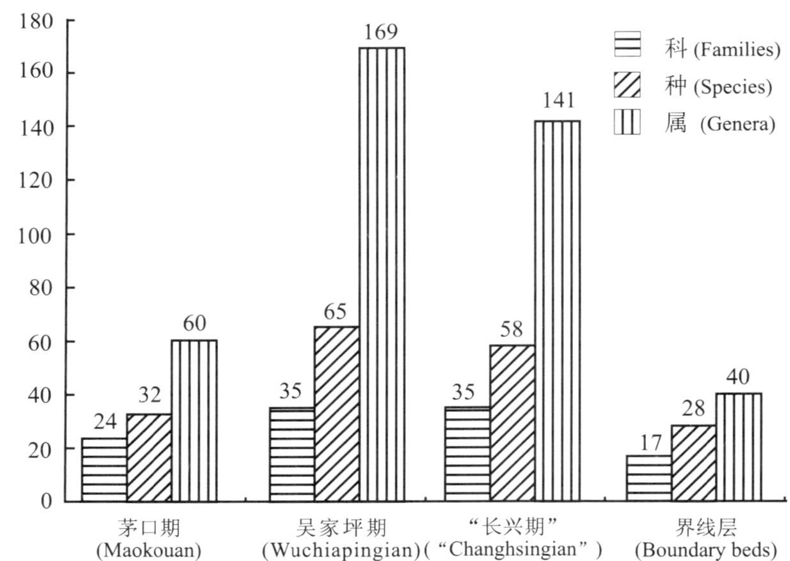

图 **4.3.1** 华南茅口期至二叠纪末各时期双壳类科、属、种的分异度

Figure 4.3.1 Familial, generic, and species diversity of bivalves during the Maokouan, Wuchiapingian, “Changhsingian” and the Permian-Triassic boundary beds in South China

茅口期的情况则有所不同，许多华南晚二叠世的双壳类虽然未在茅口期发现，但根据全球资料分析，它们都首现于茅口期或茅口期以前。华南茅口期目前实际

发现双壳类32属，而相邻的栖霞期和吴家坪期则分别发现4属和65属，两者之间相差太大，鉴于对它们难以做出进一步的取舍，现暂以吴家坪期的数字为准进行统计，这一数字显然大大偏高。从图4.3.2可以看出，茅口期可能出现的复活型分子的数目甚至比大灭绝期还要高，这显然是不可能的。客观地说，存在着两种可能性：一种是茅口期双壳类的采集和研究程度都比较差，另一种是茅口期双壳类的分异度本来就比较低。

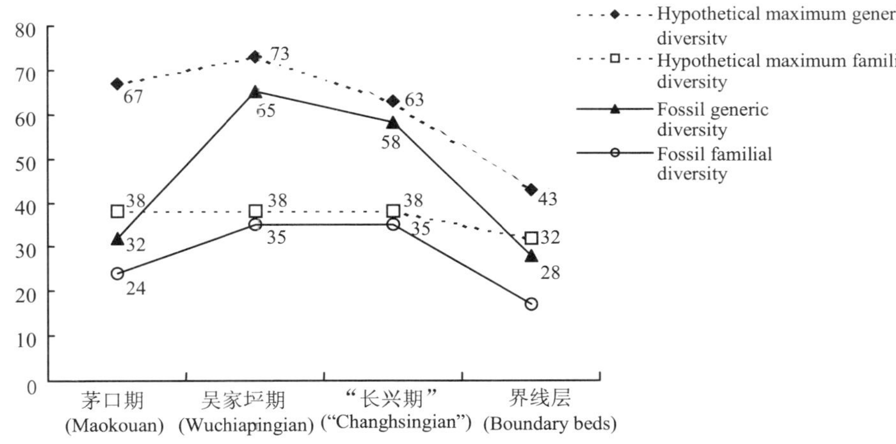

图 **4.3.2**　华南茅口期至二叠纪末双壳类科、属的化石分异度和推测的最大分异度变化型式

Figure 4.3.2　The familial and generic diversity patterns of bivalves from Maokouan to the Permian-Triassic boundary beds in South China

根据笔者的经验，在华南茅口期广泛分布的碳酸盐岩相地层中，确实很难找到可供鉴定的双壳类化石。此外，华南部分地区在茅口期还分布有硅质岩相和碎屑岩相的当冲组、孤峰组、斗岭组、文笔山组、童子岩组等。笔者曾先后对湖南茅口期的斗岭组中、下段，当冲组，浙江丁家山组、礼贤组等进行调查，发现其中双壳类化石的丰度和分异度都比较低，在多数情况下十分罕见。对福建茅口期文笔山组和童子岩组的调查（朱彤，1990），也得出相同的结论。因此，本人倾向于后一种可能性。从下文对华南二叠纪双壳类新生率的统计（表4.3.3）可以看出，茅口期双壳类化石的采集和研究程度不会太低，否则新生率就不可能高达31.3%（发现了10个新生属）。由此可以相信，现有的茅口期资料基本上反映了当时华南的实际情况。

另一方面，从采集和研究程度看，20世纪80年代以前，由于三叠纪双壳类在划分对比地层方面相对比较重要，其采集和研究的程度明显高于二叠纪；但20世纪80年代以来，由于一系列二叠纪双壳类研究论文的发表，这一情况得到了很大的改善，目前两者的研究程度都比较高，这就为探讨二叠-三叠纪双壳类的兴衰演变带来了很大的方便。

（三）关于苏浙皖地区二叠-三叠系界线层的说明

20世纪70年代陆续在克什米尔（Teichert *et al*.，1970；Nakazawa *et al*.，1970，1975）、巴基斯坦盐岭（Kummel and Teichert，1970）等地发现二叠系与三叠系交界的生物混生现象，引起了学术界的广泛注意，与之相关的地层被称为过渡层。但当时对这一问题争议颇多，例如，盐岭的界线地层被认为存在着缺失，而亚美尼亚Dzhulfa地区的“混生动物群”实际上属于二叠纪（Kummel and Teichert，1973），东格陵兰三叠系底部混生的二叠纪腕足类、苔藓虫则被认为是再沉积的（Teichert and Kummel，1976）。

20世纪80年代初，我国学者对黔西滇东（姚兆奇等，1980）、浙江长兴等地（赵金科等，1981）的二叠-三叠系界线地层进行了大量精细的生物地层学研究，终于令人信服地证明了华南在二叠系与三叠系交界广泛存在着二叠纪型和三叠纪型生物的混生现象，从而为二叠-三叠系界线研究做出了重要贡献。此后，对过渡层的研究曾一度形成高潮（如殷鸿福、吴顺宝，1985）。后来盛金章等（1987）又进一步对过渡层进行细分（即混生层1，2，3），将过渡生物群的研究提高到一个新的高度。近年来随着二叠-三叠系界线问题的基本解决，一些学者又开始将关注的目光投向二叠-三叠系界线地层和过渡生物群（如Peng *et al.*，2001）。

最近，Peters和Foote（2002）对集群灭绝研究中以分异度变化作为主要指标的可靠性提出了怀疑，他们认为，可供采样的沉积岩露头数量的不足有可能会误导我们对灭绝速率和规模的估计。例如，由于Guadalupian期末的全球性海退事件（即前乐平统事件），美国等地区海相上二叠统的分布相当有限，因此，他们的怀疑似乎适用于对该次事件的估计。然而，Guadalupian期末的大海退对华南海相上二叠统的分布并未造成明显的影响，二叠系和三叠系在华南的出露都相当广泛，发生在二叠纪末期的海侵事件尤其有利于二叠-三叠系界线地层的保存，当然也就有利于相关化石的保存。目前，已经得到较好研究的界线剖面按保守的估计也至少在50条以上，如此丰富的资料似乎不至于误导我们对二叠-三叠纪之交大灭绝-残存-复苏型式的研究。以双壳类为例，在华南“长兴期”出现的58个属中，有将近半数（28个属）成功地越过大灭绝主幕（图4.3.3，详见下文），其中18个已在界线层发现，这就证明，华南化石记录的质量和研究程度都不存在明显的问题。笔者认为，二叠-三叠系界线地层在华南的广泛发育和出露，正是我们得天独厚的最有利条件，应充分予以利用，今后应进一步加强对二叠-三叠纪转折时期过渡生物群的研究。

本节采用当前国际通用的二叠系三分的方案（Jin *et al.*，1997），二叠-三叠系界线则采用国际上新近通过的金钉子的位置（Yin *et al.*，2001）。殷鸿福（1983）曾将长兴煤山界线层型剖面原混生层（盛金章等，1987）的下部（即 *Claraia wangi* 带以下部分）对比为下格里斯巴赫阶（表4.3.2）。王成源（1994）主张以 *Hindeodus parvus* 的出现作为新的长兴阶的顶界，并将殷坑组底部25层至27层下部归并至长兴阶，从而扩大了原长兴阶的含义。殷鸿福等（Yin *et al.*，2001）也提出了相同的意见，将二叠系的顶界作为新定义的长兴阶的顶界。

这一扩大长兴阶含义的新方案从牙形类研究的角度看，自然是无可非议，因为牙形类动物群在B线（图4.3.3，详见下文）的上下缺乏明显变化；另一方面，作为

表 4.3.2　长兴煤山剖面二叠-三叠系界线地层划分沿革表

Table 4.3.2　The classification of the Permian-Triassic boundary beds of the Meishan section, Changxing

<table>
<tr><th>Age</th><th>浙江煤山D剖面
(Meishan Section D)</th><th>Zhao et al., 1981</th><th>Yin, 1983</th><th>Sheng et al., 1987</th><th>Wang, 1995</th><th>Peng et al., 2001</th><th>Yin et al., 2001[1]</th><th>本文
(This Paper)</th></tr>
<tr><td rowspan="3">Early Triassic</td><td>Bed 29 泥灰岩</td><td rowspan="6">殷坑组
(Yinkeng Fm.)</td><td>殷坑组
(Yinkeng Fm.)</td><td rowspan="2">混生层 3
(Mixed fauna bed 3)
(Bed 25~32)</td><td rowspan="2">界线层 3
(Boundary bed 3)</td><td>29 层</td><td rowspan="3">格里斯巴赫阶
(Griesbachian)</td><td>Bed 29 Marl</td></tr>
<tr><td>Bed 28 顶粘土层
(C线[2])</td><td rowspan="5">过渡层
(下格里斯巴赫阶)
[Transitional beds
(Lower Griesbachian)]</td><td>顶粘土
(Top clay)</td><td rowspan="5">二叠-三叠系界线层
(P-T boundary beds)</td></tr>
<tr><td>Bed 27 界线灰岩上部</td><td rowspan="2">混生层 2
(Mixed fauna bed 2)
(Bed 24)</td><td rowspan="2">界线层 2
(Boundary bed 2)</td><td rowspan="2">界线灰岩
(Boundary limestones)</td></tr>
<tr><td rowspan="4">Late Permian</td><td>Bed 27 界线灰岩下部</td><td rowspan="4">长兴阶
(Changhsingian)</td></tr>
<tr><td>Bed 26 黑粘土层</td><td>混生层 1
(Mixed fauna bed 1)
(Bed 23)</td><td rowspan="2">界线层 1
(Boundary bed 1)</td><td rowspan="2">底粘土
(Bottom clay)</td></tr>
<tr><td>Bed 25 底粘土层
(B线[2])</td><td rowspan="2">长兴组
(Changhsing Fm.)</td></tr>
<tr><td>Bed 24 微晶灰岩
(长兴组顶部)</td><td>长兴阶
(Changhsingian)</td><td>长兴组
(Changhsing Fm.)</td><td>长兴组
(Changhsing Fm.)</td><td>24 层
(Bed 24)</td><td>"Changhsingian"</td></tr>
</table>

1. Yin 等(2001)的分阶方案是当前国际上较为通用的对比标准，本文仍暂时沿用赵金科等(1981)传统的长兴阶定义，为避免混淆，特加以引号。
2. B 线和 C 线分别代表大灭绝的主幕和尾幕，有关它们的位置、性质及其与 A 线和"B"线的关系等问题，请参见图 4.3.3 和本节四(二)中的相关讨论。

目前二叠纪最顶部的阶，其顶界自然应与二叠系的顶界保持一致。然而，原对比为下格里斯巴赫阶的过渡层，其中的壳相动物群以 *Hypophiceras* 菊石群、*Pteria-Towapteria-Promyalina* 双壳类组合和二叠纪孑遗型腕足类为特征，而真正属于"长兴阶"标志的 *Pseudotirolites* 菊石群和 *Palaeofusulina* 䗴群等此时已不复存在。也就是说，界线层生物群与赵金科等(1981)定义的"长兴阶"生物群存在着明显的差别，尤其是菊石群的面貌截然不同，腕足类则是小型化和贫乏化了的二叠纪孑遗类型，二叠纪的面貌仍较明显。双壳类在大灭绝的同时出现较多新生的危机先驱型分子，如 *Pteria*，*Unionites*，*Myoconcha*，*Promyalina*，*Eumorphotis*，*Entolium* 等，面貌与"长兴期"的双壳类大为不同；这是双壳纲演化历史上的一次关键性重大转折(详见下文)。看来，王成源(1994)和殷鸿福等(Yin *et al.*，2001)提出的扩大长兴阶的方案从年代地层学的角度无可非议，但这一方案确实给探讨生物宏演化的规律带来一些麻烦。在历史上，长兴阶的顶界有过 3 种不同的方案，不同论文中的长兴阶含义不尽相同；新的长兴阶顶部(相当于煤山剖面的 25 层至 27 层下部)的绝大多数生物群的面貌已大大地不同于界线层之下的长兴阶，在讨论时若对两者采用同一个年代地层单位难免混淆，有时甚至会造成不必要的混乱。也许有必要为长兴组以上的二叠系最顶部地层(殷坑组的底部，原对比为下格里斯巴赫阶)建立一个新的阶或亚阶名，以代表这个独特的生物演化阶段？但这确实是一个比较麻烦的问题，而且，分阶问题已经超出了本节的讨论范围，尚有待于今后作更深入的探讨。

表 4.3.2 列出了长兴煤山剖面二叠-三叠系界线地层划分的沿革概况。此剖面的 24d 层之顶(A 线),25 层(底粘土)之底(B 线),26 层之顶("B"线)和 28 层之底(C 线)先后被认为是重要的生物灭绝线(图 4.3.3,详见下文)。鉴于此段地层代表着地史上生物演化的重大转折时期,对于二叠-三叠纪之交生物大灭绝型式的研究有着特殊意义,有必要将它单独列出,暂称之为二叠-三叠系界线层(the Permian-Triassic boundary beds),简称为界线层,由下而上包括 25 层[即白粘土或界线粘土,芮琳等(1988)称为底粘土],26 层(黑粘土),27 层(界线灰岩)和 28 层(粘土岩)。25 层和 28 层被分别称为底粘土层和顶粘土层(彭元桥、童金南,1999;Peng *et al*.,2001),它们很可能代表着两个事件层(详见下文)。应当说明的是,将界线层单独列出只是为了便于讨论与大灭绝相关的一些问题,而不是将它当作正式的岩石地层单位,如下所述,它更不是一个在华南广泛分布的岩性地层单元。

陈楚震(见盛金章等,1983,1987;Sheng *et al*.,1984)已经对苏浙皖地区混生层的双壳类面貌进行了总结,其中,混生层 1 和 2 的双壳类基本上都来自 *Hypophiceras* 层,其中既有首次出现的中生代属,也有二叠纪的幸存属;混生层 3 则主要由 *Claraia* 属组成,即 *C. wangi* 带。根据传统的二叠-三叠系界线,当时他将这两个组合都归为早三叠世。然而,在浙江长兴煤山剖面,目前公认的二叠-三叠系界线位于 27 层界线灰岩的中部,界线灰岩和顶粘土层中一般都缺乏双壳类化石(Sheng *et al*.,1984);也就是说,陈楚震所总结的所有的苏浙皖地区的二叠-三叠系界线层的双壳类全部都来自界线层的下部,即其二叠纪部分,故笔者将这些双壳类视为二叠纪最高层位的代表,并命名为 *Pteria-Towapteria-Promyalina* 组合。这一组合具有较明显的三叠纪色彩,其面貌显然不同于传统定义的长兴期的双壳类组合(详见下文),但在年代地层上却属于新近重新定义的长兴阶。本节的重点是探讨双壳类在二叠-三叠纪转折时期的灭绝型式,鉴于界线层双壳类的性质和面貌已与原定义的长兴期双壳类明显不同,新的长兴阶定义对于讨论和总结二叠-三叠纪转折时期生物大灭绝的型式不甚方便。为避免混淆,笔者在此暂时沿用赵金科等(1981)传统的长兴阶定义,并加以引号,以示与新定义的长兴阶的区别。

李子舜等(1989)对四川广元上寺剖面的双壳类组合进行了总结,在"长兴期"的 *Hunanopecten exilis* 组合带与早三叠世的 *Claraia wangi* 带之间区分出 *Towapteria scythica* 组合带,其面貌与苏浙皖地区界线层的双壳类组合颇为一致,只是种类和数量较少,相对比较单调,其层位也位于 *Claraia wangi* 带和 *Hindeodus parvus* 的始现层位之下(图 4.3.3),故时代属二叠纪应无疑问,相当于扩大定义后的长兴阶最顶部。可见,*Pteria-Towapteria-Promyalina* 组合在华南分布广泛,层位稳定,是很好的对比标志。

众所周知,煤山剖面界线层的上界(29 层之底)要高于二叠-三叠系界线,即 27

	标准分层 (Chronostratigraphy)	长兴煤山 (Meishan, Changxing)	广元上寺 (Shangsi, Guangyuan)	克什米尔 (Guryul Ravine)	南阿尔卑斯 (Tesero)
(Triassic)	Induan	（略） *Claraia wangi-Eumorphotis* 组合 *Ophiceras* 带 *I. isarcica* 带	（略） 28d 层 *Claraia wangi* 组合 *Isarcicella turgida*	（略） Unit E_3 *I. isarcica* 带 *Ophiceras-Claraia* 组合	（略） Marrin 段上部 *I. isarcica* 带 *Claraia wangi*
	P-T boundary beds: 顶粘土 (Top clay) ← 大灭绝尾幕（C线）(Epilogue of extinctions)				
	界线灰岩 (Boundary Limestone) 上部 (Upper)	*H. parvus* 带	28c 层 *Isarcicella turgida*	Unit E_2 上部 *H. parvus* 带 *O. woodwardi*	Marrin 段下部 *H.parvus* 带
(Permian)	界线灰岩 (Boundary Limestone) 下部 (Lower)	*H. typicalis* Fauna	28a 和 28b 层 *Towapteria scythica* *Hypophiceras* 动物群	Unit E_2 下部 *Claraia bioni* *Hindeodus minitus* *Hypophiceras* 动物群 *O.woodwardi*	Tesero 段和 Marrin 段底部 *H.latidentatus* 带 *Lingula-Towapteria* mixed fauna
	← "B" 线 黑粘土 (Black clay)	*Pteria-Towapteria-Promyalina* 组合 *Hypophiceras* 动物群	27c 层 *Claraia* sp. *Pseudotirolites* sp.		
	底粘土 (Bottom clay) ← 大灭绝主幕（B线）(Major episode of extinctions)	*H. latidentatus* *Clarkina meishanensis* Fauna	27a和 27b 层 *Clarkina subcarinata-C. changxingensis*带(同26层)	Unit E_1 *Claraia bioni* ?*Hypophiceras*	
	← A 线（24d 层之顶）(At the top of Bed 24d) "长兴阶"（"Changhsingian"）	*Palaeofusulina* 带 *Rotodiscoceras-Pseudotirolites-Pleuronodoceras* 带 *C. changxingensis-C. deflecta-C. subcarinata* Fauna	26 层 *Pseudotirolites-Pleuronodoceras*带 *Clarkina subcarinata-C. changxingensis* 带	Zewan 组 Unit D *Clarkina carinata*	Bellerophon 组 *Paratirolites* 带
	资料来源 (References)	赵金科等，1981 Sheng *et al.*, 1984 Zhang *et al.*,1996	李子舜等，1989 芮 琳等，1989 Lai *et al.*, 1996 Yang *et al.*, 1996	Nakazawa *et al.*, 1970, 1975 Nakazawa, 1993 Kapoor, 1996	Broglio Loriga and Cassinis, 1992 Wignall *et al.*, 1996

图 **4.3.3** 几条重要剖面二叠–三叠系界线层重要海相化石的对比

Figure 4.3.3 Correlation of the biostratigraphical important marine fossils in the Permian-Triassic boundary beds of four important sections

层上部和28层应属三叠纪。*Claraia wangi* 带大致与 *Isarcicella isarcica* 带相当，但其下界尚无定论。例如，后者在煤山剖面界线层的顶粘土层已经出现，其底界似乎低于 *C. wangi* 带[王成源认为28层的 *Isarcicella isarcica* 应该定为 *Isarcicella staechei*，属于 *H. parvus* 带和 *I. isarcica* 带之间的 *I. staechei* 带；Lai(1998)对此有不同看法，详见本书第四章第七节]。在意大利南阿尔卑斯的 Tesero 剖面，*C. wangi* 和 *I. isarcica* 的始现层位是一致的(Wignall *et al.*，1996)。另一方面，在上寺剖面，*C. wangi* 在28d层已开始出现(30层才出现 *H. parvus*)，其层位明显低于 *I. isarcica* 带(32层才出现)，因此，*C. wangi* 带和牙形类化石带之间的关系仍有待于今后的进一步研究。无论如何，*C. wangi* 带属于三叠纪并无疑问。就双壳类的性质而言，*C. wangi* 带和界线层 *Pteria-Towapteria-Promyalina* 组合之间的差别颇为明显，表明其间双壳类的面貌曾发生较大变化，就突变的位置而言，C线(28层之底)似乎是一个合理的选择。

由于界线层的横向对比对于探讨灭绝-残存-复苏型式极为关键，本节以下将分别就四川广元上寺剖面、滇东黔西的卡以头组，以及克什米尔 Guryul 峡谷剖面(见五、(二)中的相关讨论)的有关对比问题进行必要的讨论(图4.3.3)。与前人略有不同的是，对于一些界线层的对比仍有争议的剖面，本节更为强调危机先驱型分子出现的意义，因为它可以帮助我们判断剖面中界线层的下界，即事件层(B线)的位置。凡真正的危机先驱型分子，必定出现在事件层(B线)之上。就讨论集群灭绝问题而言，事件地层界线自然比生物地层界线更多地受到关注，实践证明，传统的二叠-三叠系界线与事件地层界线的联系往往更为密切。

以意大利南阿尔卑斯的 Tesero 剖面为例，有关该剖面 Werfen 组下部 Tesero Horizon 的对比历来意见纷纭，笔者赞同 Broglio-Loriga 和 Cassinis(1992)提出的 Tesero Horizon 的底界代表事件地层界线的意见，*Ombonia*-? *Crurithyris* 腕足类组合与 *Towapteria scythica* 的共同出现就是一个有力的证据，Tesero Horizon 上部还见有危机先驱型分子 *Unionites*(Wignall *et al.*，1996；Hallam and Wignall，1997)。此剖面的 *H. latidentatus* 带大致相当于煤山剖面 *H. parvus* 带以下的界线层，与二叠纪末大灭绝主幕相对应的集群死亡① 似应发生在 Tesero Horizon 与 Bellerophon 组之间(金玉玕等，1989；Rampino and Adler，1998；Sephoton *et al.*，2001)(图4.3.3)。

(四)四川广元上寺剖面与长兴煤山剖面的对比问题

界线层的岩性组合以及与之相关的化石组合在苏、浙、皖地区分布广泛，层位

① 就单条剖面的研究而言，采用这一概念似乎比集群灭绝更为恰当。虽然在一条剖面上，详细的研究也许已经证明绝大多数化石属种在该剖面彻底消失，但要判断它们是否真的已完全灭绝，必须依据全球的地层古生物资料才能得出正确的结论。

比较稳定，是很好的区域性对比标志。然而，最近彭元桥等（彭元桥、童金南，1999；Peng *et al.*，2001）将苏、浙、皖地区的这一岩性组合推广应用到整个华南，称之为二叠-三叠系界线地层组合（Permian-Triassic boundary stratigraphic set）。很可惜，这一岩性组合似乎并不适于进行大范围的对比。以煤山和四川广元上寺这两条关键剖面的对比为例，彭元桥等将上寺剖面的二叠-三叠系界线置于26层的中间，将25层对比为底粘土，并将25层至27层与煤山剖面的界线层（25层至28层）对比。可是，李子舜等（1989）、芮琳等（1989）、杨遵仪等（Yang *et al.*，1996）及赖旭龙等（Lai *et al.*，1996）却分别将上寺剖面的二叠-三叠系界线置于28a层、28b层、28b层或28c层之底，这3种界线的位置都明显高于彭元桥等的定位。赖旭龙等的方案是将27b层对比为底粘土，显然与彭元桥等的方案不同。

应当强调的是，李子舜等（1989）和芮琳等（1989）采用的是传统的二叠-三叠系界线方案，他们的界线位置本来应该低于彭元桥等的界线；而令人惊讶的是，彭元桥等（彭元桥、童金南，1999；Peng *et al.*，2001）的界线甚至于比采用传统界线方案所得出的位置还要低。最近，Nicoll等（2002）根据对煤山和上寺剖面牙形类的详细研究，确认 *Hindeodus parvus* 在上寺剖面首现于30层上部，与 *Isarcicella turgida* 同时出现[根据李子舜等（1989）和Lai等（1996）的资料，*I. turgida* 的出现要早于 *H. parvus*，前者在28c层已经出现]，其下至28层的牙形类则以 *H. latidentatus*，*H. priscus* 和 *H. eurypyge* 等为特征，但缺乏煤山剖面的 *H. changxingensis*，他们推测煤山剖面与之相应的层位可能存在小的间断。按照Nicoll等（2002）的对比方案，27层至多相当于煤山剖面的底粘土层，似与彭元桥等的方案相差较多，而与赖旭龙等（Lai *et al.*，1996）的方案比较接近。看来，上寺剖面二叠-三叠系界线地层的划分和对比仍存在一些不确定的因素。无论如何，不宜将煤山剖面的二叠-三叠系界线层的岩性组合推广到整个华南地区，仅仅根据岩性在表面上的相似进行大区域的高分辨率地层对比，这一方法本身就缺乏可靠的依据，何况，不同地区的沉积物来源和沉积速率不可能相同。总之，彭元桥等（彭元桥、童金南，1999；Peng *et al.*，2001）的对比方案是不可取的。正是由于他们的二叠-三叠系界线对比方案明显低于其他学者的二叠-三叠系界线位置，于是便出现了所谓的"上寺剖面生物的滞后性问题"。

确定以下几条原则对于解决上寺剖面二叠-三叠系界线地层的对比问题也许不无益处：①一般认为，*Claraia wangi* 带大致与 *Isarcicella isarcica* 带相当，它常与 *Ophiceras* 共同出现（Yin and Tong，1998），目前虽对其下界尚无定论，但此带属于三叠系应无疑问，故28d层宜归入三叠纪。②*Hindeodus parvus* 在上寺剖面的首现位置（30层）与煤山剖面的首现位置很可能是不等时的，前者有可能出现较晚，不宜以此作为上寺剖面三叠系开始的标志。③根据全球资料分析，*Claraia* 属在 *Hindeodus parvus* 带以下的界线层即已出现（陈金华，见本书第四章第四节）。

见于27c层的*C. guangyuanensis* Li，虽然其右壳的足丝凹口已经破损，种级单元的确定仍有可疑之处，但属的鉴定并无问题，其一般特征与陈金华（见本书第四章第四节）总结的*Claraia bioni* 种群较为吻合，可以作为与长兴煤山剖面界线层的下部进行对比的一个标志，时代应属二叠纪最末期。在华南的事件层（B线）以下的层位中还从未找到过*Claraia bioni* 种群或真正可以归入*Claraia* 属的化石。④界线层生物群以新生的危机先驱型分子与二叠纪孑遗型分子的共同出现为特征。即使某些二叠纪型分子过去未曾有上延至界线层的记录，但当它们与危机先驱型分子共同出现时，应以后者的出现为准；因为危机先驱型分子是大灾变的产物，它的出现本身就表明灭绝事件已经发生（Kauffman and Harries，1996），也就是说，事件层应位于危机先驱型分子的首次出现层位之下。⑤碳同位素的负异常事件在上寺剖面见于27层和28层（李子舜等，1989），这也证明彭元桥等（彭元桥、童金南，1999；Peng *et al*.，2001）将上寺剖面25层对比为煤山剖面底粘土的方案是不可取的。

对上寺剖面的事件地层学研究表明，27层才是可以与煤山剖面25层对比的事件层（Xu *et al*.，1985；高振刚等，1987；付国民，见李子舜等，1989：146～157；周瑶琪等，1991；Chai *et al*.，1992），它们具有相同的稀土模式，并且与这两条剖面所有其他的二叠-三叠纪之交粘土层（也包括煤山剖面黑粘土层在内）的稀土模式都明显不同，具有十分独特的地球化学性质（周瑶琪等，1991；Chai *et al*.，1992），指示了与重大地质事件的联系。何况，上寺剖面25层粘土岩的成因属于正常的深水沉积类型，与火山作用无关，因而与煤山剖面25层的性质明显不同（沈桂梅、金若谷、须湘官，见李子舜等，1989：131～145）。煤山剖面的铱异常经重新研究后仅见于26层（Chai *et al*.，1992；Xu and Yan，1993），而上寺剖面相应的铱异常则见于27c层（Xu *et al*.，1985），微球粒的峰值也出现于27c层（高振刚等，1987）；煤山剖面的微球粒富集于26层（何锦文，1985），在湖北黄石二门剖面，微球粒的峰值见于大隆组的最顶部（33层顶）和界线粘土岩（34-1层）（徐桂荣等，1988；杨遵仪等，1991；Yang *et al*.，1993），这些不大可能是偶然的巧合。微球粒的峰值也许可以成为一个很好的地层对比标志。

作为危机先驱型分子的菊石属*Hypophiceras* 在上寺剖面仅见于28a和28b层，恰好位于事件层（27层）之上；在煤山剖面，*Hypophiceras* 仅见于26层，也位于事件层（25层）之上；菊石在这两条剖面的这种层位对比关系与粘土岩性质的对比关系在总体上是一致的。杨遵仪等（Yang *et al*.，1996）指出，*Hypophiceras* 是一个二叠纪分子，而非过去认为的三叠纪分子，其产出层位应属于二叠系顶部，而不是三叠系底部。

目前不同作者提供的上寺剖面的化石鉴定名单不甚相同，尤其是牙形类化石，这就为最后解决对比问题带来了一定困难。本节主要采用李子舜等（1989）和赖旭龙等(Lai *et al*.,1996)的剖面资料,对于1989年以后不同作者补充的化石名单,当相互之间出现矛盾时,凡非来自权威出处,且未提供图版者,一般未予采用。例如,本节未采纳彭元桥等(Peng *et al*.,2001)列出的28b层的 *Claraia wangi*,*C. griesbachi*,*C. stachei* 等化石名单,因为根据其他作者的资料,这些化石实际上都出现在28d层,而非28b层。根据以上分析,笔者初步判断,上寺剖面的27层和28层可大致与煤山剖面的界线层(25层至28层)对比;27层应当是与大灭绝主幕相当的事件层的位置,即煤山剖面B线的位置(详见下文)。至于上寺剖面的二叠-三叠系界线位置,就目前的研究程度,笔者倾向于采用赖旭龙等(Lai *et al*.,1996)的方案(28c层之底)(图4.3.3)。

(五)卡以头组与长兴煤山剖面界线层的对比问题

滇东黔西的卡以头组是位于宣威组煤系地层之上、下三叠统紫红色砂泥岩之下的一套以黄绿色为主色调的带有过渡色彩的砂泥岩层,其下部的海相夹层以产无铰纲腕足类 *Lingula* 和双壳类 *Pteria*,*Unionites*,*Towapteria*,*Leptochondria*,*Promyalina*,*Neoschizodus*,*Leviconcha*,*Bakevellia* 等化石为主,却不含 *Claraia*(姚兆奇等,1980)。这一化石组合面貌与 *Pteria-Towapteria-Promyalina* 组合的面貌完全一致,因此,卡以头组双壳类动物群的时代同样应归为二叠纪末期,是大灭绝主幕发生后出现的第一个双壳类动物群。

卡以头组在层位上与浙江长兴煤山剖面的界线层大致相当,而且,卡以头组的上界很可能也高于二叠-三叠系界线,这应当是一个跨时的岩石地层单位。遗憾的是,海陆交互相的卡以头组的上部普遍缺乏化石,故而难以确定其时代归属,目前只能推测二叠-三叠系界线很可能从其中穿过。例如,根据姚兆奇等(1980)提供的剖面资料,在贵州盘县老屋基剖面,下三叠统飞仙关组21层产 *Claraia aurita*,*C. concentrica* 等,其下的20层(厚101.26 m)和卡以头组顶部的19层(厚114.41 m)均未见化石,18层的顶部产典型的界线层双壳类动物群,界线很可能从19层穿过;再如,在富源庆云剖面,界线可能从57层(厚25.80 m)穿过;在宣威来宾剖面,界线可能从26层(厚26.00 m)或27层(厚36.50 m)穿过,因为在这些层位之下都找到了界线层所特有的 *Pteria-Towapteria-Promyalina* 组合。与下扬子区的长兴煤山、湖州黄芝山等剖面相似,在卡以头组,这一双壳类组合和上覆的 *Claraia* 动物群之间也存在一个近乎于空白的时期,似乎证明C线灭绝事件的存在。

刘陆军、姚兆奇(2002)认为卡以头组的时代为三叠纪最早期,但他们采用的是传统的二叠-三叠系界线。王尚彦(2001,2002)认为卡以头组中所夹海相层"多为早三叠世地层",主张将界线置于卡以头组的下部,这一观点仍然受到传统的二叠-三叠系界线的影响,将卡以头组中的海相化石当作是标准的三叠纪分子。然而,我们现在讨论二叠-三叠系界线,应当以国际上新近通过的金钉子位置(Yin *et al*.,

2001)作为对比的基本标准。

对现有资料的总结表明,从门类古生物学研究所得出的所谓二叠-三叠系界线,指示的往往都是生物事件发生的位置,这一位置一般都低于由 *Hindeodus parvus* 带底界所决定的二叠-三叠系界线位置。由于 B 线灭绝发生在二叠-三叠系界线之下,许多典型的危机先驱型分子实际上首现于二叠纪的末期,而非三叠纪之初。例如,过去的下三叠统标准化石 *Otoceras*,*Hypophiceras* 和卡以头组常见的双壳类 *Pteria*,*Promyalina*,*Unionites*,昆虫 *Tomia*,介形类 *Langdaia* 等都是如此,尽管现在它们依然被看作是三叠纪分子。卡以头组的 *Aratrisporites*-*Lundbladispora* 孢粉组合中的三叠纪型分子也是如此。欧阳舒(Ouyang,1982;欧阳舒,1986)发现,这一组合在卡以头组中部(距底界 27~35 m)曾发生明显变化,表现为古生代孑遗型分子的消失和裸子植物花粉占据了优势地位(含量达 60%~80%),这一变化的位置也许与目前公认的海相二叠-三叠系界线位置更为接近一些。

最近对东格陵兰 Jameson Land 剖面海陆相化石的详细研究(Twitchett *et al.*,2001; Looy *et al.*,2001),充分证明孢粉化石的变化情况与海相动物化石十分类似,孢粉植物群的重大变化确实发生在 *Hindeodus parvus* 带之下,因此,陆相二叠-三叠系界线的确立应当建立在充分解决孢粉组合与牙形类化石带之间对比关系的基础之上(见本书第四章第十节),而不应只限于对孢粉化石本身的研究。王尚彦(2001,2002)对威宁哲觉剖面的划分似乎并未充分考虑与海相划分标准之间的对比问题,他的方案显然存在着一些不确定的因素,有待于今后的进一步工作。关于卡以头组的对比意见,请参见本书第四章第十节图 4.10.6。

三、双壳类是茅口期末海退事件的受益者

(一) 茅口期末不是华南二叠纪双壳类危机期的起点

如前所述,前人的研究比较强调茅口期末(Guadalupian 期末)事件对双壳类的影响,认为双壳类因此而进入危机期,开始了漫长的衰退过程,茅口期末至早三叠世是双壳类的危机期(Nakazawa and Runnegar,1973; 殷鸿福,1983,1987,1991; Yin,1985)。然而,华南的化石材料却证明,茅口期至早吴家坪期实际上是华南二叠纪双壳类不断辐射的时期。

前乐平统事件是一次与海退相关的生物事件(金玉玕,1991; Jin,1993; Jin *et al.*,1994; Stanley and Yang,1994; 金玉玕等,1995),以灭绝的强选择性为特征,不同门类的反应很不相同。总体看来,四射珊瑚和䗴在茅口期末的灭绝最为明显(Stanley and Yang,1994; Wang and Sugiyama,2000)。腕足类也发生相当程度的

灭绝，但华南受影响的程度相对较小(孙东立、沈树忠，本书第四章第二节)。其他化石门类如非䗴有孔虫、放射虫、牙形类、腹足类以及双壳类等均无显著变化(金玉玕，1991)。对华南礁生态系的研究(见本书第四章第一节)证明，茅口期末的海退使华南的古地理状况不利于成礁，礁生态系因栖居环境的减少而发生衰退；但主要的造礁生物却未发生灭绝，中、晚二叠世的礁生态系在演化上仍然是连续的。因此，这一海退事件并未对华南的礁生态系造成灾难性的影响。

从表 4.3.1 和表 4.3.3 可以看出，从茅口期至吴家坪期，双壳类的科、属、种的分异度均大幅度地增加(图 4.3.4)，同时丰度也明显提高，这一趋势恰好与珊瑚和䗴相反。其原因在于，茅口期末的大海退导致碳酸盐台地的大量丧失，吴家坪期以陆源碎屑沉积和含煤沼泽的广泛发育为特征，此类环境显然十分有利于近岸的非碳酸盐台地型双壳类的繁衍，而不利于四射珊瑚、䗴等碳酸盐台地型生物的生存。因此，就华南而言，与碳酸盐台地型生物比较，双壳类似乎成了这一海退事件的受益者。

表 4.3.3 华南茅口阶至界线层双壳类科和属的灭绝、新生及总数统计表

Table 4.3.3 Statistics of the extinction and origination rates of bivalve families and genera from Maokouan to the Permian-Triassic boundary beds in South China

	茅口期 (Maokouan)	吴家坪期 (Wuchiapingian)	"长兴期" ("Changhsingian")	界线层 (Boundary beds)
总的科/属数 (Number of families/genera)	24/32	35/65	35/58	17/28
灭绝的科/属数 (Number of extinction families/genera)	0/0	0/10	6/31	4/13
科的灭绝率 (Extinction rate of families)	0	0	17.1%	23.5%
属的灭绝率 (Extinction rate of genera)	0	15.4%	53.4%	46.4%
新生的科/属数 (Number of new born families/genera)	5/10	0/4	0/0	0/9
科的新生率 (Origination rate of families)	21%	0	0	0
属的新生率 (Origination rate of genera)	31.3%	6.2%	0	32.1%

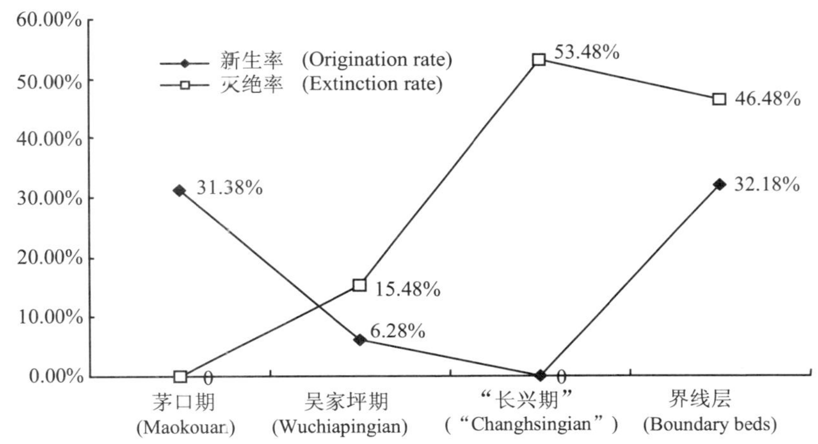

图 4.3.4 华南茅口阶至界线层属的灭绝率和新生率变化型式

Figure 4.3.4 The bivalve extinction and origination rates from Maokouan to the Permian-Triassic boundary beds in South China

前述殷鸿福的观点很大程度来自对海扇类资料的分析，表 4.3.4 列出了根据本文的数据库得出的华南各时期海扇类属和种的灭绝、新生及总数的变化情况。实际上，表 4.3.4 所表现的趋势与表 4.3.3 完全一致：①茅口期的分异度明显低于吴家坪期，从吴家坪期至“长兴期”，分异度大体上保持稳定，直至“长兴期”末分异度才突然大幅度下降。②茅口期末的灭绝率几乎为零，科和属一级均未发生灭绝，种一级的灭绝率也很低；海扇类中只有 6 个种消失，2/3 以上的种都延续至吴家坪期，甚至于“长兴期”。③茅口期的新生率相当高，科和属分别达 21% 和 31.3%，仅次于界线层的新生率；后者属一级的新生率高达 32.1%，而且是在短短的 70 万年间，然而，后者的灭绝率要大大地高于新生率。以上事实表明，双壳类在茅口期末不仅没有发生灭绝事件，反而借机得到了很大的发展，因此，它应被看作是茅口期末海退事件的实际受益者。

表 4.3.4 华南茅口阶至界线层海扇类属和种的灭绝、新生及总数统计表

Table 4.3.4 Statistics of the extinction and origination rates of pectinoid a genera and species from Maokouan to the Permian-Triassic boundary beds in South China

	茅口期 (Maokouan)	吴家坪期 (Wuchiapingian)	“长兴期” (“Changhsingian”)	界线层 (Boundary beds)
总的属/种数 (Number of genera/species)	14/20	25/63	20/67	14/18
灭绝的属/种数 (Number of extinction genera/species)	0/6	5/29	8/66	9/12
新生的属/种数 (Number of new born genera/species)	5/18	2/53	0/33	4/15

Hallam 和 Miller(1988)比较重视发生于 Guadalupian-Djulfian 期间的灭绝。根据 Sepkoski 的统计资料，他们提出全球有 6 个科灭绝于这一时期：Modiomorphidae，Edmondiidae，Megadesmidae，Grammysiidae，Pterineidae，Alatoconchidae。应当指出，根据华南的资料，这 6 个科中的 Edmondiidae，Megadesmidae 和 Pterineidae 均继续出现于“长兴期”(参见附表 4.3.1)；Modiomorphidae 科经 Fang 和 Morris(1997)修订后，将原先的 Permophoriidae 科也包括在内(这一修订意见已得到广泛采用，如 Carter *et al.*, 2000；Cope, 2000；Kelly *et al.*, 2000)，故实际上并未灭绝；Grammysiidae 科根据 Johnston(1993)的意见，已并入 Edmondiidae 科。因此，真正消失于这一时期的，只有 Alatoconchidae 一个科，此科目前在华南尚未见正式报道，它分布于古特提斯海域与礁相环境相关的较开阔的碳酸盐台地环境。

可见，Guadalupian 期末双壳类的灭绝效应在某种程度上被夸大了。此外，发生于 Guadalupian 期末的全球性大海退使海相沉积在晚二叠世的分布远不如早、中二叠世，正如 Peters 和 Foote(2002)所指出的，露头面积的局限将会人为地扩大灭绝效应。

华南在茅口期共出现5新科：Actinodontophoridae，Cercomyidae，Hunanopectinidae，Leptochondriidae，Carditidae，10 新属：*Actinodontophora*，*Cercomya*，*Ensipteria*，*Euchondrioides*，*Permoperna*①，*Hayasakapecten*，*Hunanopecten*，*Leptochondria*，*Gujocardita*，"*Taimyria*"②。吴家坪期共出现 4 新属：*Towapteria*，*Tambanella*，*Claraioides*，*Paradoxipecten*；并有更多的属从其他海区迁入华南（可能与茅口期末的全球大海退相关），从而使华南的双壳类动物群在吴家坪期达到空前的繁盛。上述这些新生的属几乎都是华夏动物群的土著分子，它们的分布基本上局限于华南和日本；华夏双壳类动物群于早茅口期开始形成，成型于晚茅口期至吴家坪期（方宗杰，1985）。华南晚二叠世几个常见的双壳类组合均起源于茅口期，例如，正常浅海相的 *Guizhoupecten* 组合，煤系地层常见的广盐度的 *Schizodus* 组合和半咸水或微咸水的"*Taimyria*"组合等。大隆相的 *Hunanopecten* 组合同样起源于茅口期（孤峰组），但另一重要分子 *Tambanella* 属的加入则在早吴家坪期；晚吴家坪期至"长兴期"是这一组合发育的顶峰期。

茅口期和吴家坪期的双壳类在演化上是连续的，所有茅口期出现的属均延续至吴家坪期，而且绝大多数还上延至"长兴期"。吴家坪期的双壳类在继承茅口期面貌的基础上进一步迅速发展，分异度很快达到二叠纪的最高峰（图 4.3.3），与此同时，丰度亦明显高于茅口期。因此，茅口期至早吴家坪期是华夏双壳类动物群不断辐射的时期。Miller 和 Sepkoski（1988：366，Fig. 1a）根据全球资料的统计得出的双壳类属一级分异度曲线，从中二叠世开始辐射，中二叠世末至晚二叠世初出现古生代期间的最高峰。这一曲线与华南的资料大体吻合。

湖南嘉禾县袁家小元冲斗岭组上段的双壳类化石（张毓秀，1981；方宗杰，1987）可被看作是这一辐射的直接见证，该层位共发现双壳类 23 属、41 种（经本节厘定后的数字），兼具茅口期和吴家坪期之间的过渡特点，这是华南二叠纪迄今已知分异度最高的双壳类化石点。时代最初被定为茅口阶顶部（方宗杰，1987），后根据牙形类的研究成果，时代被改定为吴家坪阶底部（Sheng and Jin，1994）。也就是说，这一层位的双壳类正生活于茅口期末海退的高峰时期，它们充分证明当时的双壳类不仅未发生灭绝，反而因海退事件而得到了更大发展。这一动物群的高分异度充分显示了当时华南陆表海双壳类欣欣向荣的繁盛景象。

（二）"长兴期"不是晚二叠世双壳类危机的高潮期

前人认为，"长兴期"是晚二叠世双壳类危机的高潮期（殷鸿福，1983，1987，

① 有人主张将本属改归中生代的 Isognomonidae 科（李玲，1995），请参见附录 4.3.1 中附注 4 的有关讨论。

② 关于本属名的使用问题请参见附录 4.3.1 中附注 11 的说明。

1991；Yin,1985)，当时双壳类处于一个不断衰退的过程(Nakazawa and Runnegar，1973)。但统计表明，吴家坪期的灭绝率不高，属正常的背景灭绝；种一级的新生率则相当高，新属不多，只有 4 个：*Towapteria*，*Tambanella*，*Claraioides*，*Paradoxipecten*，都是华夏双壳类动物群的特征分子。根据金玉玕等(Jin *et al.*，1997)的地层表，茅口期长达 11 Ma，而吴家坪期延续仅约 5 Ma；若以百万年计，两者的新生率相差无几。延续约 2 Ma 的"长兴期"虽未见新属，但部分属，如 *Claraioides*，吴家坪期仅见 1 种，至"长兴期"则发展为 5 种；再如，海扇类在"长兴期"共出现了 33 个新种(表 4.3.4)，因此，种一级的辐射仍相当明显。尽管"长兴期"新生率较吴家坪期有所下降，但在"长兴期"末的大灭绝主幕发生之前，灭绝率始终保持在很低的水平上。上述茅口期出现的几个不同生活环境的双壳类组合，在吴家坪期都得到了进一步发展，面貌相当稳定，并一直持续至"长兴期"，它们的组成在晚二叠世末发生明显变化；此外，从吴家坪期至"长兴期"，虽新生率有所下降，由于灭绝率处于低水平，故双壳类的分异度在总体上始终保持着稳定，未见明显的波动或衰退现象(图 4.3.1，图 4.3.2)。

无论如何，仅仅是新生率的下降并不意味着双壳类进入了危机期，笔者认为，它实际上处于一种相对停滞的状态，应归为协调停滞期(coordinated stasis，参见 Morris *et al.*，1995；Brett *et al.*，1996)，其特点是：新生率明显降低，分异度较早吴家坪期虽略有下降，却仍然保持着稳定，在总体上缺乏变化；动物群的基本面貌保持稳定，仅在种一级出现变化，"长兴期"的常见分子大多来自吴家坪期，甚至于茅口期，这是"长兴期"双壳类的分异度能够保持稳定的一个重要原因；由于新生率和灭绝率均处于低水平，整个动物群的更新速率(turnover rate)很低，基本上处于缺乏变化的相对停滞状态。例如，杨光荣等(1986)指出，黔西龙潭期的双壳类分子几乎全都在川南地区的长兴期地层中找到，龙潭期和"长兴期"的双壳类动物群之间看不出有什么明显区别。总之，当时的双壳类动物群并未表现出明显的衰退迹象，更未进入危机期，似应归为协调停滞阶段。

华南茅口期至"长兴期"双壳类的分异度曲线呈现为高峰形(图 4.3.2)，而非前人描述的盆底形。过去由于晚二叠世的资料比较贫乏，"长兴期"更是如此，从而导致前人过分夸大茅口期末海退事件对双壳类的影响，并由此而实际上缩小了二叠-三叠纪之交大灭绝的作用。无论如何，华南二叠纪的双壳类并不存在一个开始于茅口期末的危机期和漫长的衰退过程；相反，种种迹象表明，双壳类实际上是茅口期末海退事件的受益者。在二叠纪末的大灭绝发生之前，华夏双壳类动物群从未出现过真正意义上的危机。总之，笔者根据华南的实际资料得出了与前人不同的结论：茅口期至早吴家坪期是华夏双壳类动物群不断发展的辐射阶段，晚吴家坪期至"长兴期"则是相对稳定的协调停滞阶段(图 4.3.5)。

四、华南二叠-三叠纪之交双壳类的灭绝型式

（一）关于华南“长兴期”末双壳类灭绝的突然性

Meldahl(1990)在容易遭受灾变事件影响的现代潮间带利用现生软体动物的采集统计对灭绝型式进行模拟实验研究，发现突然性灭绝往往在地层记录上呈现出逐渐衰退的型式，从而验证了模糊效应(Signor-Lipps effect)的存在。一些研究者采用化石末次出现的统计方法，对个别或少数二叠-三叠系界线剖面进行高分辨率精细研究，得出了阶梯式(多阶段)或逐渐灭绝的型式(如童金南，见杨遵仪等，1991:100)。实际上，他们的资料似乎与Meldahl(1990)研究中的突然灭绝型式更为吻合。一些学者指出，由于采集和保存的原因，在任一指定的界线下，化石的末次出现总是呈现出阶梯式(多阶段)或逐渐消失的样式(Marshall，1995；Rampino and Adler，1998；Twitchett *et al*.，2001)。事实上，由于模糊效应的影响，化石的末次出现记录也不可能呈现为整齐的截顶式。

笔者曾尝试对华南二十余条剖面“长兴阶”最顶部5 m间隔内出现的双壳类进行统计，结果总共发现了37个双壳类属，约占“长兴期”总属数的64%，这一出现概率相当高。尤其值得注意的是，这37个属中的28个即将在“长兴期”末或三叠纪初灭绝。由于不同剖面的沉积速率不可能一样，采用5 m间隔的方法显然很不精确，但双壳类在“长兴阶”的最顶部仍然能保持如此高的出现概率，而且，即将灭绝的属大部分(44个属中的28个，约占64%)已经在此间隔内被发现(随着采集剖面的增多和采集密度的提高，这一比例还有可能继续提高)。上述资料可以从一个侧面证明，在二叠纪末的全球性灾变事件发生之前，双壳类并不存在一个长期的逐渐衰退的过程，二叠纪末双壳类的灭绝应当是突然的，而不是逐渐的。另一方面，也有一些属，如*Solemya*，*Neoschizodus*，*Permophorus*，*Cosmetodon*，*Bakevellia*，*Pinna*，*Streblopteria*等，虽未在5 m间隔内发现，却已肯定出现在界线层或三叠系。如果将这些属也统计在内，目前尚未在5 m间隔内发现的属仅占“长兴期”总属数的24%。

当笔者将统计的间隔缩小到距顶界2～3 m厚的地层，出现的双壳类属立即从37个直线下降到16个左右。华南二叠纪末期双壳类这一分异度迅速降低的型式，与Meldahl(1990)模拟突然灭绝所得出的结果十分接近，充分证明了模糊效应的影响。此外，笔者在统计中还发现，在这二十余条剖面中，在“长兴阶”最顶部5 m间隔内出现的双壳类，往往在单条剖面上仅出现2个或3个属，出现5个属以上的剖面已属少见。这就意味着假如只对少数剖面采用化石末次出现的统计方法，模糊效应将非常明显。如果能采用标准复合剖面的方法，将尽可能多的剖面的化石资

料综合在一起，才有可能降低模糊效应的影响。很可惜，由于华南的长兴组和大隆组顶部仍然缺乏进行大范围高分辨率地层对比的可靠标志，除苏浙皖地区外，目前还难以对这二十余条剖面都应用这一方法。

（二）4条生物灭绝线和双幕式灭绝

吴顺宝等（1988）通过对重庆华蓥山地区二叠-三叠系界线剖面生物地层资料的详细分析，认为二叠-三叠纪之交的大灭绝实际上由3次灭绝组成，他们称之为3条重要的生物灭绝线。后来这一概念在华南得到了广泛的应用（吴顺宝，1991），在长兴煤山剖面，这3条灭绝线的位置被分别确定在24d层之顶（A线）、26层之顶（"B"线）和28层之顶（C线）（图4.3.3）（Yin and Zhang，1996；张克信等，1996；Yin and Tong，1998；Peng *et al.*，2001），殷鸿福等（Yin and Tong，1998；Yin *et al.*，2001：Fig. 3）认为，26层之顶（"B"线）是主要的事件地层界线的位置所在。Wignall和Hallam（1993）则将这3条灭绝线分别置于24d层之顶、24e层之顶和28层之底，并主张24e层之顶或25层（底粘土）之底是最主要的一次灭绝。

金玉玕等（Jin *et al.*，2000）将3条灭绝线由下而上分别称为A线、B线和C线，却将上述作者提出的第二条灭绝线（"B"线）改置于25层（底粘土）之底（B线）（图4.3.3），其位置与Wignall和Hallam（1993）的意见一致。笔者通过对实际资料的分析，发现由张克信等（1996）提出的第二条生物衰亡线（26层之顶）确实是化石数量开始大减的位置（详见下文）。鉴于Wignall等和金玉玕等的B线位置与殷鸿福等学者所主张的位置不同，为避免不必要的混淆，本节仍沿用金玉玕等的用法，但将殷鸿福等学者所主张的第二条灭绝线位置改称为"B"线。总而言之，目前已经为大灭绝提出了4条位置不同的灭绝线（图4.3.3）。

金玉玕等（Jin *et al.*，2000）对煤山剖面的古生物资料采用50%的置信区间（若采用95%的置信区间进行计算，灭绝线将被后推至34层，误差似乎过大）进行分析和计算机模拟，并结合碳同位素比值的变化等证据，否定了3次灭绝的观点，主张大灭绝是一次发生在B线的爆发性灾变事件。

尽管在长兴煤山剖面24d层之顶的A线，化石出现了衰减的趋势，但A线以上的24e层的化石群仍然属于典型的"长兴阶"。而26层的化石群则属典型的"混生动物群"，其面貌已大大地不同于"长兴阶"，其中除牙形类和腕足类有较多幸存者外，其他绝大多数化石门类都发生了突变，例如，四射珊瑚、䗴和放射虫等完全灭绝或基本灭绝；菊石和双壳类在二叠纪分子大量灭绝的同时，出现了较多新生的危机先驱型分子，它们的面貌由此发生了根本性的变化。灾变事件显然应发生在26层之下，即A线与26层底之间。此外，危机先驱型分子的出现应当有一定的滞后性，它不可能与大灾变同时发生，据此判断，灾变应发生在25层内部或更低一些。25层（底粘土）与事件地层相关的标志比较明显（周瑶琪等，1991；Becker *et al.*，

2001；Kaiho *et al*.,2001；梁汉东,2002),它的底部出现大量黄铁矿和丰富的石膏,且亲硫元素高度富集,呈正异常峰值,指示强还原环境(周瑶琪等,1991;Chai *et al*.,1992；Wignall and Hallam,1993),梁汉东(2002)认为石膏的突然出现是海洋硫酸化灾变事件的指示;此外,24e 层的顶部已开始出现较多火山物质(Cao *et al*.,2002)。由此看来,25 层属事件层无疑,大灾变开始的实际位置很可能在 24e 层与 25 层(底粘土)之间,即 Wignall 等(1993)和金玉玕等(Jin *et al*.,2000)提出的 B 线(图 4.3.3)。

由于吴顺宝等(1988)是采用统计化石在剖面中末次出现的方法来判断灭绝事件在地质剖面中的位置,并未考虑模糊效应的影响,A 线实际上只是化石数量开始大量减少的位置。按照 Meldahl(1990)总结的型式判断,A 线和 B 线指示的应当是同一次灭绝事件,A 线并不代表真正的生物灭绝线,真正的灭绝线应当位于 B 线附近。因此,笔者赞同金玉玕等对 A 线的否定。

"B"线和 C 线的关系也与 A 线和 B 线的关系相仿,"B"线是化石数量开始大量衰减的位置,C 线才是灭绝面的位置所在。总之,根据 Meldahl(1990)的型式判断,上述 4 条灭绝线实际上指示的是两次灭绝事件,也就是说,二叠-三叠纪之交的大灭绝应当是双幕式灭绝事件。

金玉玕等按照 50%的置信区间计算,发现腕足类的突然灭绝应发生于距今 250.6 Ma 前(Jin *et al*.,2000:434,Fig. 2E,3B),即 C 线附近。根据对实际资料的分析,他们认为腕足类在底粘土层(B 线)显著衰退,然后在 250.6 Ma 前发生了第二次灭绝。可是,与其他化石门类资料的综合促使金玉玕等放弃了 C 线,他们最后的结论是:二叠纪末的大灭绝突然发生于距今 251.4 Ma 前,之后至 250.6 Ma 则是一个逐渐衰退的过程,C 线不存在单独的灭绝事件,他们将腕足类灭绝的滞后现象归因于相环境对化石保存的控制。应当指出,采用这一综合统计方法的前提是所有的化石门类都具有基本相同的灭绝型式,否则,应用这种一刀切的方法所得出的结论,其可靠程度便值得怀疑。

金玉玕等(Jin *et al*.,2000)相信二叠纪末的大灭绝属于爆发性的灾变事件,笔者赞同这一观点,但应当强调的是,不同化石类群的具体灭绝过程不可能完全相同。例如,很多化石门类在灾变事件的致命打击下,在"长兴期"末的 B 线就已完全灭绝(如床板珊瑚、四射珊瑚和后生动物礁),或近于消失(如放射虫),这些门类的灭绝显然如金玉玕等已经证明的那样,确实只有一幕,属于单幕式灭绝。

然而,也有个别门类的分异度在 B 线未发生明显变化,例如,Clark 等(1986)根据对长兴剖面牙形类的详细研究,发现在底粘土层的上下,在其他生物发生大灭绝的同时,牙形类的分异度和基本面貌却未出现明显变化,它对灾变的惟一反应是化石丰度的陡然下降。这一结论得到了后来研究的证实,晚"长兴期"的牙形类只有 *Clarkina subcarinata* 云越过 B 线(王成源,1994,1995,1998,也见本书第四章第七节)。张克信等(Zhang *et al.*,1996)分别为煤山剖面的长兴组顶部、25 层和 26 层,以及 27 层下部建立了 3 个亚带(动物群)(图 4.3.3),都属于 *C. changxingensis* 带,这也正是大部分学者赞同将界线层的下部并入长兴阶的原因所在(Yin *et al.*,2001)。与煤山剖面界线层相当层位的牙形类通常被归为 *Hindeodus typicalis* 带或 *H. minitus* 带(Matsuda,1981;Nakazawa,1992;Yin and Tong,1998),但其中牙形类的主要分子都来自"长兴期"。很显然,牙形类的属、种的分异度和动物群的基本面貌在 B 线之上下并未发生明显变化,这就进一步证实了 Sweet(1973)和 Clark 等(1986)学者的观点。

少数抗灾变能力较强的门类,如双壳类和菊石等,虽然在大灭绝中遭受重创,分异度突然地大幅度下降,但仍有一定数量的种类成功地越过灾难,它们在 B 线灭绝后并非只是一个单纯的继续衰退的过程,相反,它们还具有一定的新生能力,在界线层或多或少都出现了一定数量的危机先驱型分子,并成为界线层生物群的重要组成部分,这些门类的灭绝型式与前两类都有所不同。倘若不加区分地将以上这些具有不同灭绝型式的化石门类都综合在一起进行统计,由于在首幕大灭绝(B 线)中消失的种类在数量上占据了绝对优势,少数抗灾变能力较强的化石门类的真实灭绝型式就有可能被掩盖,甚至被歪曲。

此外,由于经历了大灭绝的主幕(B 线),生物的分异度和丰度均已大幅度下降,界线层的生物群十分贫乏,其基数已难以与"长兴期"生物的基数相比较,此时若继续采用"长兴期"的基数计算灭绝率,势必会缩小或淡化很有可能存在的第二幕(C 线)灭绝的规模。以界线层的双壳类动物群为例,若按照"长兴期"的基数计算,第二幕科和属的灭绝率分别为 11.4%和 22.4%;若按界线层实际发现的属种基数进行计算,这两个数字则应分别为 23.5%和 46.4%(详见下文)。相信部分门类如腕足类等也存在类似的情况。

稳定碳同位素比值在二叠-三叠纪转折时期的变化曲线被当作是否定 3 条灭绝线的重要理由之一(Jin *et al.*,2000)。然而,在二叠纪末生物的全球性突然群体死亡与稳定碳同位素比值的急剧降低之间,是否存在着必然的一一对应的关系,以及碳同位素比值急剧降低的次数是否就一定指示了灭绝发生的次数,这些都很值得怀疑。由于沉积物中碳同位素组成与全球碳循环的变化涉及多方面的因素,全球性的生物群体死亡(特别是陆生植物的集群灭绝)虽然会在碳同位素记录中留下痕迹,但它在二叠-三叠纪转折时期碳同位素的负漂移中所起的作用似乎相当有限(参见本书第四章第十节),因此,碳同位素负漂移的次数不足以成为否定双幕式灭绝的理由。

（三）华夏双壳类动物群的双幕式灭绝

根据笔者对华南二叠纪双壳类的统计，在华南“长兴期”出现的59属中，31属消失于“长兴期”末（B线），其中土著类型占相当比例（约20%）；另有13属（*Schizodus*，*Myalina*，*Ensipteria*，*Tambanella*，*Claraioides*，*Etheripecten*，*Fasciculiconcha*，*Streblochondria*，*Guizhoupecten*，*Pseudomonotis*，*Hunanopecten*，*Cyrtorostra*①，*Pernopecten*）消失于C线；至此几乎所有的华夏双壳类动物群特征分子都损失殆尽。此外，还有4属（*Phestia*，*Permophorus*，*Myalinella*，*Streblopteria*）消失于早三叠世晚期。

在华夏双壳类动物群的特征分子中，惟有 *Towapteria* 和 *Lopha*?② 两属在大灭绝后硕果仅存。*Towapteria* 属奇迹般地渡过灾难并向外迁移散布，大灭绝后除继续在华南广泛分布外，在意大利的南阿尔卑斯剖面的 Tesero 层和 Mazzin 段都有发现。Muster(1995)甚至将晚三叠世和侏罗纪的一些标本也归入日本二叠纪的 *Towapteria nipponica* Nakazawa and Newell，但这些欧、亚、非的中生代标本的一般形态与日本的模式种相差较大，尤其是耳部的特征，它们显然不宜归为同种。由于化石材料保存欠佳，不少学者对于将二叠纪的 *Lopha*? 标本归为 *Lopha* 属一直存在疑虑。目前已在湖南嘉禾乐岭头下三叠统(具体层位不明，不排除产自界线层下部的可能)发现 *Lopha*?（丁伟明，1982），看来二叠纪的 *Lopha*? 属确实穿越了大灭绝，似乎为证明二叠纪的 *Lopha*? 属与三叠纪的相关标本应归入同属提供了旁证，希望今后能在二叠纪找到更好的显示关键特征的化石材料以最后明确它的分类位置。大灭绝后，这两个幸存的华夏双壳类动物群分子的分布都已不再局限于原华夏生物区的范围，而此时华夏生物区已经不复存在。

在“长兴期”的35个科中，6科（Edmondiidae，Megadesmidae，Pterineidae，Euchondriidae，Acanthopectinidae，Hayasakapectinidae）消失于“长兴期”末，4科(Schizodidae，Cyrtorostridae，Hunanopectinidae，Streblochondriidae)消失于早三叠世初。另有3科消失于早三叠世晚期：Pterinopectinidae，Deltopectinidae，Pseudomonotidae，两个典型的古生代超科 Pterinopectinoidea 和 Pseudomonotoidea 至此终于完全灭绝。

在消失于C线的13个属中，绝大多数在界线层都是罕见分子，它们大多仅发现于单个剖面的单个层位，而且个体数量十分稀少，这表明在B线灭绝后，它们的居群规模和分布范围均大大缩减，充分反映出孑遗型分子的特征。例如，

① *Cyrtorostra* 属和 *Fasciculiconcha* 属在华南B线之上未见记录，但在克什米尔的过渡层(E_1)已有发现，故未将它们计入“长兴期”末(B线)灭绝的范畴。本节在确定各分类单元灭绝与否时，均以全球范围的地层延限资料为准，新生率的统计也与之同理。

② 关于 *Lopha*? 和 *Enantiostreon* 这两个属之间的关系，请参见附录4.3.1中附注10的讨论。

Schizodus 属仅见于四川广元上寺长江沟剖面飞仙关组底部(殷鸿福,1987),*Guizhoupecten* 属仅见于苏州西山马石山剖面界线层的黑色泥岩(厚 5 cm)(陈楚震等,1988),*Claraioides* 属仅见于湖南桑植县仁村坪剖面大冶组底部(殷鸿福,1991)。其他如 *Ensipteria*,*Tambanella*,*Hunanopecten* 等属的出现,则主要根据龙家荣等(1991)及王尚彦、殷鸿福(2001)的剖面资料。以上这些消失了的属有不少未留下任何后裔,成为死支漫步(dead clade walking)型[①]分子(参见表 4.3.6)。

由上可以看出,在晚二叠世,华夏双壳类动物群的灭绝实际上经历了"长兴期"末(B 线)和三叠纪初(C 线)2 个阶段。"长兴期"末(B 线),科、属、种的灭绝率分别达到 17.1%、53.4%、96.5%,这是华夏双壳类动物群灭绝的高峰期,是大灭绝的主幕;仅仅过了不到 0.7 Ma[同位素年龄值据 Bowring 等(1998),但按照 Mundil 等(2001)的测年资料,这一时段似应大于 1.2 Ma,但后者的二叠-三叠纪界线年龄值与已有的 3 个界线年龄值相差较大,前者的年龄值则被学术界广泛接受。Kamo 等(2003)对 Mundil 等(2001)的年龄值进行了讨论],至三叠纪初(C 线),又有 11.4%的科和 22%的属灭绝,是大灭绝的尾幕。两幕相加,科和属的灭绝率分别达到了 28.5%和 75.4%,灭绝量相当大。

在尾幕(C 线)中灭绝的基本上都是二叠纪的残余分子,在华南界线层已发现的 17 科 28 个属(表 4.3.6)中,共有 4 个科和 13 个属在早三叠世初灭绝,分别为界线层双壳类科、属总数的 23.5%、46.4%,这一灭绝率大大高于背景灭绝。C 线的灭绝使居群规模小、分布范围局限的古生代孑遗分子和土著分子进一步消亡,部分居群规模有限的幸存先驱型分子(survivor progenitor,定义见 Rong and Zhan,1999)也受到一定程度的抑制。

尾幕的灭绝使双壳类动物群的面貌再次发生变化,土著分子不复存在,华夏双壳类动物群至此已完全消亡,惟有 *Towapteria* 属冲破大灭绝尾幕。应当指出,*Towapteria* 属在界线层是常见分子,故居群规模相对较大;它不仅在华南分布很广,而且还超出了原华夏生物区的范围散布到欧洲,这正是它与在 C 线灭绝的华夏残余分子的区别所在。另一方面,*Claraia* 属和 *Eumorphotis* 属此时却在动物群中取得主导地位并明显占据数量上的优势,也就是说,这两个属的灾后泛滥实际上开始于尾幕灭绝之后的晚"Griesbachian 期",即三叠纪初的 *Claraia wangi*-*Ophiceras*-*Isarcicella isarcica* 组合带,此后双壳类进入一个相对稳定的萧条期。这与礁生态系的情况不同,后生动物礁的灭绝只有一幕(B 线),不存在第二幕(C

---

① 此名词由 Jablonski(2001,2002)提出,源自 1995 年发行的著名电影《死囚漫步》(*Dead Man Walking*)。该影片曾获 68 届奥斯卡奖的多项提名,并获最佳女主角等单项奖。死支(dead clade)在此意指大灭绝后未能复苏,终于走向消亡且未留下任何后裔的单系群(clade,即 monophyletic group)。本名词含义与"孑遗"颇多接近之处,但后者的含义更为广泛,孑遗不一定是灭绝的(由化石记录所证明);而且,其使用也不是只限定于单系群的最后代表。例如,银杏和水杉虽被认为是中生代的孑遗分子,却不能被归入死支漫步型的范畴。本名词与残余分子(holdover taxa)(Hallam and Wignall,1997)似乎更为接近,但后者的含义不如本名词明确。

线);而且,微生物岩的灾后泛滥与"长兴期"末的大灭绝(B线)几乎同时(见本书第四章第一节);这就证明,礁生态系和双壳类的灭绝-残存型式存在着明显的差异。

据戎嘉余等(Rong and Harper,1999)研究,奥陶纪末大灭绝是双幕式的灭绝,两幕之间相隔约50万年,即Hirnantian期,此阶段曾被当作"大灭绝期",当时虽然环境明显恶化,却具有较高的新生率,与一般概念的"残存期"有所不同,他们建议称之为大灾变环境下的"残存-复苏期"。双壳类在二叠-三叠系界线层的情况与之相似,具有相当高的新生率,故笔者也将这一阶段归为"大灾变环境下的残存-复苏期"(图4.3.5)。

迄今尚未在苏浙皖地区与顶粘土层(28层)相当的层位中找到过双壳类化石,界线灰岩(27层)中双壳类已极为罕见,故界线层双壳类与早三叠世*Claraia wangi*带之间的突变应当发生在27层与29层之间,由于煤山剖面28层和25层都与火山事件相关,而且,它们都是出现缺氧事件的层位(Wignall and Twitchett,2002),推测第二幕的灭绝事件也许与火山事件和缺氧事件存在着联系,28层应当是代表C线灭绝的事件层。

其他一些抗灾变能力较强的化石门类似乎也具有与双壳类相似的灭绝型式,例如,由Pseudotirolitidae科和Pleuronodoceratidae科占主导地位的华夏菊石群(Chao,1965)在第一幕基本灭绝,仅*Pseudogastrioceras*(赵金科等,1981)和*Pseudotirolites*? 两属(杨遵仪等,1987)残存至界线层,它们和界线层常见的菊石*Hypophiceras*属等灭绝于第二幕(C线)。再如,界线层中颇为常见的以戟贝超科和长身贝超科为主的二叠纪型腕足类,以26层的分异度为最高,至界线灰岩,分异度明显下降,属种较为单调,个体的小型化更为明显,但分布广而常见(廖卓庭,1984);也就是说,"B"线化石的衰减现象相当明显,顶粘土层中难觅腕足类化石的踪影;除个别分子外绝大多数界线层的二叠纪型腕足类均未越过C线,腕足类的分异度也由此而降到最低点(孙东立、沈树忠,见本书第四章第二节),腕足类在C线的灭绝似乎相当明显。

华夏植物群在"长兴期"末的灭绝极为明显,但在黔西滇东的卡以头组仍发现有*Gigantopteris*,*Lobatannularia*等华夏植物群的残余分子,共6属7种(姚兆奇等,1980),很可能还有*Gigantonoclea*等(王尚彦、殷鸿福,2001),它们似乎也最后灭绝于第二幕。孢粉植物群的研究也同样证明卡以头组下部存在着具有较多古生代残余分子的古、中生代过渡植物群(欧阳舒等,1980;欧阳舒,1986;见本书第四章第十节)。

在西藏色龙西山剖面,在康沙热组底部的假整合面之上为叠层石层,此层位应相当于川东华蓥山和黔南南盘江盆地的礁帽相微生物岩(见本书第四章第一节),属于灾后泛滥的产物。值得注意的是,叠层石层之上的*Waagenites*层腕足类化石的面貌与假整合面之下的色龙组顶部的腕足类相同,两者同属*Chonetellanasuta*

地层划分		双壳类组合	阶段划分	特　征
早三叠世	印度期	*Claraia-Eumorphotis* 动物群	残存阶段	克氏蛤和正海扇开始灾后泛滥，并与*Unionites*, *Promyalina*一起称雄于全球各个纬度带的海域，动物群进入变化不大、相对较稳定的萧条期
			大灭绝尾幕	华夏双壳类动物群完全灭绝
← 大灭绝尾幕（发生于250.7 Ma 前后）				
晚二叠世	界线层	*Pteria-Towapteria-Promyalina* 组合（二叠-三叠纪过渡双壳类动物群）	残存-复苏阶段（延续70万年左右）	分异度陡然下降，新生率甚高，故动物群的更新速率高，以危机先驱型和二叠纪幸存型分子的共同出现为特征，其面貌明显不同于长兴期。二叠纪的古生物地理格局全面崩溃
			大灭绝主幕	华夏双壳类动物群53.4%的属和96.5%的种突然集群灭绝
← 二叠纪末大灭绝主幕(发生于251.4 Ma前)				
	“长兴期”	*Tambanella-Claraioides*组合	协调停滞阶段	新生率明显降低，灭绝率处于低水平，分异度虽略有下降，却仍继续保持着稳定，无明显的衰退现象。区系特色依旧分明，动物群的更新速率甚低，总体上缺乏变化，华夏双壳类动物群进入相对停滞的状态
	吴家坪期	*Paradoxipecten-Guizhoupecten* 组合	辐射阶段	新生率高，灭绝率则几乎为零，分异度和丰度均大幅度提高，华夏双壳类动物群进入鼎盛期，成为特提斯大区中富有特色的独立区系之一
中二叠世	茅口期	*Euchondria-Euchondrioides* 组合		

Chronostratigraphy			Bivalve assemblages	Evolutionary phases	Characters
Triassic	Induan		*Claraia wangi-Eumorphotis* Fauna	Survival interval	*Claraia* and *Eumorphotis* began a rapid radiation as disasters and became conquerors of the Early Triassic together with *Promyalina*, *Unionites* and *Pteria*
	P-T boundary beds	Top clay			23.5% of families and 46.4% of genera became extinct, Cathaysian bivalve fauna became entirely disappear
Epilogue of Mass Extinction (250.7 Ma)					
Permian	P-T boundary beds	Boundary Limestone Upper	*Pteria-Towapteria-Promyalina* Assemblage	Survival-recovery interval	The bivalve diversity fell evidently, crisis-progenitors appeared with a high origination rate; the fauna characterized by its cosmopolitanism and by the concurrence of survivor-progenitors, crisis-progenitors, and relics, including dead clade walking, the face of the fauna greatly different from the Changhsingian
		Boundary Limestone Lower			
		Black clay			
		Bottom clay			53.4% of marine genera and 96.5% marine species became extinct abruptly at the top of the Changhsing Formation
Major episode of Mass Extinction (251.4 Ma)					
	“Changhsingian”		*Tambanella-Claraioides* Assemblage	Coordinated stasis interval	Origination rate declined, but extinction rate still low, the composition of the bivalve fauna remained stable, the fauna was in coordinated stasis
	Wuchiapingian		*Paradoxipecten-Guizhoupecten* Assemblage	Radiation interval	Cathaysian bivalve fauna became taking shape with distinctive featuresin in the equatorial Palaeotethyan Realm, the fauna was in a period of great prosperity with high origination rate, no extinction of bivalve genera
	Maokouan		*Euchondria-Euchondrioides* Assemblage		

图 4.3.5　华南中二叠世-早三叠世双壳类演化阶段划分

Figure 4.3.5　Summary of evolutionary phases of the upper Middle Permian-Early Triassic Bivalvia in South China

组合(Jin *et al*.,1996),Wignall 和 Newton(2003)认为此剖面的灭绝主要发生在Griesbachian 晚期(*Ophiceras* 带近底部),即与华南的第二幕相当。笔者虽赞同此剖面第一幕灭绝效应不甚明显的观点,但即使在华南,腕足类和有孔虫均有较多属种越过大灭绝主幕,因此,它们不能作为全盘否定灭绝效应的证据。本人认为,第一幕灭绝在色龙西山剖面仍然是有迹可寻的,四射珊瑚和钙质海绵的消失、微生物岩的灾后泛滥,以及碳同位素值的负漂移(Jin *et al*.,1996)均可作为灭绝事件的标志,危机先驱型分子 *Otoceras* 的出现表明其下的 *Waagenites* 层(包括 Caliche 层)可大致与煤山剖面 25 层对比,碳同位素变化曲线也支持这一对比关系。可见,色龙西山剖面同样存在双幕式灭绝现象,只是与低纬度地区相比,其灾难效应的色彩不那么强烈而已。

在世界其他地区的一些著名剖面,如意大利的南阿尔卑斯剖面和克什米尔的Guryul Ravine 剖面等,在与华南二叠-三叠系界线层相当的层位中都可以见到以二叠纪孑遗型分子为特征的混生动物群(Nakazawa,1992,1993)。例如,金玉玕等(1989)指出,南阿尔卑斯剖面发生过两次集群死亡,第一次在 Tesero Horizon 与Bellerophon 组之间;第二次在 *Ombonia*-?*Crurithyris*组合与 *C. wangi* 带之间,以二叠纪型腕足类和有孔虫等化石的消失为标志,分异度也因此而达到最低点。克什米尔 Guryul Ravine 剖面(详见下文)和东格陵兰 Jameson Land 剖面(Looy *et al*.,2001; Twitchett *et al*.,2001)也都存在类似的双幕式灭绝现象。看来,部分化石门类的集群灭绝确实经历了两次消亡过程,在第二幕(C 线)灭绝中,遭受打击的主要是二叠纪的残余分子。

(四) 华南二叠纪非海相双壳类的灭绝

除了海相双壳类外,华南晚二叠世还报道有非海相的"*Taimyria*"组合,最初发现于黔西、滇东的滨海沼泽相或近海沼泽相的含煤地层中,其主要分子是"*Pseudomodiolus*"属和"*Taimyria*"属(徐均涛,见姚兆奇等,1980),这是一个半咸水至淡水的热带滨海或近海煤沼型双壳类组合,在湖南、广东、福建等地的中、晚二叠世含煤地层中也有发现(张仁杰,1977; 方宗杰,1987; 吴发明等,1991)。很可惜,华南的此类标本大多保存较差,且未见内部构造,徐均涛曾暂时将它们与西伯利亚泰米尔二叠纪的 *Taimyria* 等属进行比较。鉴于两地相距遥远,气候环境方面的差异巨大,而二叠纪恰恰是生物的区系性表现最为强烈的时期之一,它们之间不大可能存在动物群的直接交流关系。因此,采用泰米尔的属名只是无奈的暂时之举,希望今后能找到保存有内部构造的标本,以最后解决华南标本的归属问题。

"*Taimyria*"组合在二叠纪末全部灭绝,未留下任何后裔,在卡以头组或与之相当的层位中从未发现过它们的踪迹,因此,与海相双壳类的灭绝型式不同,华南非海相双壳类的灭绝型式属于典型的单幕式。

郭福祥(1985)曾报道非海相双壳类 *Palaeanodonta* 属在云南富源县余家老厂的发现,共描述2种(郭福祥,1985),同层位还产海相双壳类属 *Tambanella*, *Lopha*? 和 *Schizodus*。可见,这两个种不大可能是非海相双壳类,而且它们的各方面特征与 *Palaeanodonta* 属差异甚大,笔者已分别将它们改定为 *Sanguinolites fuyuanensis*(Guo)和 *Schizodus yunnanensis*(Guo)(参见附表4.3.1附注3)。*Palaeanodonta* 属是二叠纪泛大陆动物群(Pangean fauna)中的代表性分子(方宗杰,1996),即著名的 *Palaeanodonta-Palaeomutela* 动物群,这是一个面貌十分单调却分布广泛的双壳类动物群,主要分布于泛大陆上赤道干旱带与南北两个中、高纬度温湿带之间的区域,如南非、中东非、中西欧、俄罗斯地台等地,在我国塔里木、准噶尔、吐哈等地的二叠纪红层中均有发现。地球化学研究证明,*Palaeanodonta-Palaeomutela* 动物群是生活于淡水的湖相双壳类(Brand *et al*.,1993)。

Palaeanodonta-Palaeomutela 动物群之所以能扩展散布到二叠纪时的南、北两个半球,显然与当时泛大陆上盛行的季风气候相关。华南当时是泛大洋上独立的洋岛型陆块,缺乏典型的淡水湖泊相沉积,气候环境与之大不相同,且两地相距遥远,它们之间存在着妨碍迁移和散布的隔障(barrier),故泛大陆非海相双壳类动物群不大可能出现在华南。

曾经广布于塔里木和北疆的泛大陆 *Palaeanodonta-Palaeomutela* 动物群在二叠纪最晚期普遍被安加拉温带煤沼型双壳类(*Anthraconauta-Mrassiella-Microdontella* 动物群)所替代,并全部灭绝;这一替代事件与安加拉植物群的南侵事件完全吻合,它显然是二叠纪末全球气候变凉事件的直接后果(方宗杰,1996,1997)。安加拉温带煤沼型双壳类动物群则消失于 *Chasmatosporites-Taeniaesporites*(CT)孢粉组合带之下,由于CT组合带的时代很可能属二叠纪末期(见第四章第十节),故塔里木的非海相双壳类在二叠纪末期即全部灭绝。

(五) 二叠-三叠纪之交大灭绝对双壳类不同类群的影响

Nakazawa 和 Runnegar(1973)根据当时的统计资料,认为二叠纪末双壳类很少发生超科和科一级的灭绝,故而将它归为受大灭绝打击最轻的无脊椎动物。本节的统计表明,双壳类的超科一级在二叠纪末确实未发生灭绝,但科一级的灭绝率几乎达到总数的28.5%。况且,属和种一级的灭绝率分别达到75.4%和96.5%,而腕足类则分别为87%～90%和94%～96%(Shen and Shi,2002),两者相差不大。Erwin(1995)估计晚二叠世期间海相带壳生物科、属、种的分异度分别下降了54%、78%～84%和96%;Sepkoski(1996)的统计表明科和属的分异度分别下降了51%和82%;而 Benton(1995)统计的科一级的灭绝率是60.9%,其中海相为48.6%,陆相为62.9%,华南二叠纪双壳类的灭绝率与这些估计基本一致。从双壳类的属种一级的灭绝率看,与受大灭绝打击最重的化石门类相差无几。但科一级的灭绝率明显偏低(相比之下,腕足类科的灭绝率高达73%),超科一级则未发生灭绝,这似乎表明,双壳类的死支漫步型分子相对较少;因此,古、中生代双壳类之间在演化上的连续性较强,与腕足类相比,尤其如此。更重要的是,双壳类在出现大灭绝的同时,却保持了异乎寻常的高新生率,这很可能是它在中生代能够全面替代腕足类的重要原因之一。总体看来,双壳类所受到的打击要轻于腕足类,但若将双壳类归为受大灭绝打击最轻的无脊椎动物,似乎不是十分恰当;双壳类在大灭绝中当然也遭受到了重大打击,只不过它表现出更强的抗灾变能力,尤其是它的自我更新能力(具体表现为较多危机先驱型分子的出现)。

表 4.3.5 按主要的各大类分别列出了它们在华南"长兴期"出现的科和属的总数,在两幕灭绝事件中消失的科和属的总数,以及在界线层新出现的属、种数。Nakazawa 和 Runnegar(1973)认为,表栖(底表)生活的翼蛤目(Pterioida,当时将海扇类亦包括在内)和笋海螂目(属畸韧超目)受打击最大,其他大类在二叠-三叠纪并无多少变化。华南的材料(表4.3.5)表明实际情况与他们的总结不同,各个大

表 4.3.5 华南二叠-三叠纪之交双壳类各大类灭绝、新生及总数统计表

Table 4.3.5 Statistics of the extinction and origination of families, genera, and species of six bivalve orders by the end of the Permian in South China

	栗蛤目 (Nuculoida)	三角蛤目 (Trigonioida)	畸韧超目 (Anomalodesmata)	翼形超目 (海扇目除外) (Pteriomorphia)	海扇目 (Pectinoida)	帘蛤目 (Veneroida)
"长兴期"总的科/属数 (Number of families/gernera occurred in "Changhsingian")	3/3	2/3	5/9	8/18	13/20	3/3
两幕灭绝相加后灭绝的科/属数 (Number of extinction families/genera during two episodes of the mass extinction)	0/1	1/2	2/8	1/11	6/17	0/3
界线层总的属/种数 (Number of genera/species occurred in the P-T boundary beds)	2/2	3/4	2/3	7/12	14/18	0/0
界线层新生的属/种数 (Number of new born genera/species occurred in the P-T boundary beds)	1/2	1/4	2/3	2/11	4/15	0/0

类在事件中都受到了打击,其中以内栖(底内)生活的帘蛤目(属的灭绝率达100%,但三叠纪的 Astartidae 科很可能由二叠纪的 *Astartella* 属演化而来,故其中包括有假灭绝在内)和畸韧超目(89%的属灭绝)受打击最重,表栖(底表)生活为主的翼形超目(73.7%的属灭绝)次之。另一方面,翼形超目的新生率最高(6 属 24 种),尤其是海扇目(4 属 13 种);畸韧超目中的表栖类型(瓢形蛤目)次之(2 属 3 种)。内栖生活的畸韧超目和帘蛤目的新生率均为零。栗蛤目和三角蛤目受打击的程度相对较轻,它们分别有 1/3 和 2/3 的属消亡;但两者的新生率都不高,分别为 1 属 2 种和 1 属 4 种。从以上比较可以看出,双壳类的不同生态类型在二叠-三叠纪之交的

大灭绝中的灭绝效应存在较大差异，其中，表栖生态类型的抗灾变能力较强。

值得注意的是，自由浅潜穴生活的栗蛤类和三角蛤类都是近岸环境中较为常见的种类，尤其是泥食(deposit-feeding)的栗蛤类，本来就比较适应贫氧环境(Kammer *et al.*,1986)。二叠-三叠纪之交的缺氧事件广泛发生于从深海到风暴浪基面以上的浅海，被认为是海洋底栖生物灭绝的一个重要原因(Wignall and Hallam,1992; Wignall and Twitchett,1996; Isozaki,1997)，近岸浅水环境则由于波浪和潮汐作用特别有利于与大气进行气体交换，使得沉积物-水界面附近的含氧状况能较快地得到改善(Wilde and Berry,1984)，因此，近岸环境很可能是当时浅海底栖生物的避难场所之一，这也可能是栗蛤类和三角蛤类灭绝率相对较低的原因所在。

五、二叠-三叠系界线层的双壳类与残存-复苏期

(一) 华南界线层的双壳类动物群

如前所述，本节中的界线层相当于B线和C线之间的地层，根据Bowring等(1998)的同位素测年资料，延续约70万年。在华南"长兴期"出现的58属中，有28属成功地越过大灭绝主幕(B线)，其中18个已在界线层发现。Nakazawa和Runnegar(1973)认为，表栖类型的消失是二叠-三叠纪转折时期双壳类出现衰退的一个重要原因，然而，华南的资料却不支持这一推测。在18个幸存者中，表栖类型占据绝对优势，而且，新生的危机先驱型分子也大多是表栖类型(表4.3.6)。因此，在大灭绝中受打击最重的不是表栖双壳类，而应当是内栖双壳类，尤其是畸韧超目和帘蛤目。

目前在华南的界线层中总共发现双壳类17科、28属、37种，可将它们区分为二叠纪的幸存分子(18属)和新生的危机先驱型分子(10属)两大类(表4.3.6)，后者通常被认为是三叠纪分子。幸存者中有11属(占39.3%)在C线灭绝，它们被称为孑遗型或死支漫步型分子；越过C线的幸存者有7属(占25%)，即幸存先驱型分子。危机先驱型分子诞生于动荡的大灾变环境，这使它们比幸存型分子更容易度过选择压力特别高的灾后残存期。界线层出现的10个新生分子(占35.7%)都越过了C线，便是有力的证明；它们在后来的复苏和辐射进程中发挥了程度不同的重要作用。从表4.3.6可以看出，危机先驱型和幸存先驱型分子在界线层双壳类动物群中占据着主导地位(共17属，占60.7%)。

虽然大量的二叠纪双壳类先后在B线和C线灭绝，它们中的一些被认为是三叠纪双壳类的祖先类型(表4.3.7)，严格地说，此部分双壳类并未真正灭绝，应属假灭绝的范畴，不能归为死支漫步型分子。还有一些二叠纪类型虽然未在界线层出

表 4.3.6 华南界线层双壳类的生态类型和分类单元类型

Table 4.3.6 Life habits and taxa classification of the bivalve genera of the Permian-Triassic boundary beds in South China

属名 (Genera name)	幸存者 (Survivor)	新生者 (Debutante)	生活习性 (Life habit)	营养类型 (Trophic habit)	分类单元类型 (Classification of taxa)
Palaeonucula		△	free-burrowing	deposit-feeding	危机先驱型(crisis-progenitor)
Palaeoneilo	△		free-burrowing	deposit-feeding	幸存先驱型(survivor-progenitor)
Schizodus	△		free-burrowing	suspension-feeding	孑遗型(relic),*Leviconcha* 的祖先
Neoschizodus	△		free-burrowing	suspension-feeding	幸存先驱型(survivor-progenitor)
Leviconcha		△	free-burrowing	suspension-feeding	危机先驱型(crisis-progenitor)
Myoconcha		△	endo-/epibyssate	suspension-feeding	危机先驱型(crisis-progenitor)
Unionites		△	endobyssate	suspension-feeding	危机先驱型(crisis-progenitor)
Myalina	△		epibyssate	suspension-feeding	孑遗型(relic),*Promyalina* 的祖先
Promyalina		△	endo-/epibyssate	suspension-feeding	危机先驱型(crisis-progenitor)
Pteria		△	epibyssate	suspension-feeding	危机先驱型(crisis-progenitor)
Ensipteria	△		epibyssate	suspension-feeding	死支漫步型(dead clade walking)?
Bakevellia	△		endo-/epibyssate	suspension-feeding	幸存先驱型(survivor-progenitor)
Towapteria	△		endo-/epibyssate	suspension-feeding	幸存先驱型(survivor-progenitor)
Tambanella	△		epibyssate	suspension-feeding	死支漫步型(dead clade walking)?
Claraia		△	epibyssate	suspension-feeding	幸存先驱型(survivor-progenitor) 灾后泛滥型(disaster)
Claraioides	△		epibyssate	suspension-feeding	死支漫步型(dead clade walking)
Etheripecten	△		epibyssate	suspension-feeding	孑遗型(relic),*Eumorphotis* 的祖先
Eumorphotis		△	epibyssate	suspension-feeding	危机先驱型(crisis-progenitor) 灾后泛滥型(disaster)
Ornithopecten		△	epibyssate	suspension-feeding	危机先驱型(crisis-progenitor)
Crittendenia		△	epifaunal	suspension-feeding	危机先驱型(crisis-progenitor)
Streblochondria	△		epibyssate	suspension-feeding	死支漫步型(dead clade walking)
Guizhoupecten	△		epibyssate	suspension-feeding	死支漫步型(dead clade walking)
Pseudomonotis	△		epifaunal	suspension-feeding	孑遗型(relic),*Gryphaea* 的祖先
Hunanopecten	△		epibyssate	suspension-feeding	死支漫步型(dead clade walking)
Leptochondria	△		epibyssate	suspension-feeding	幸存先驱型(survivor-progenitor)
Entolium		△	free-living epifaunal	suspension-feeding	危机先驱型(crisis-progenitor)
Pernopecten	△		free-living epifaunal	suspension-feeding	孑遗型(relic), *Entolium* 的祖先
Palaeolima	△		epibyssate	suspension-feeding	幸存先驱型(survivor-progenitor)

现，但已在三叠系不同层位发现，如 *Solemya*，*Cercomya*，*Parallelodon*，*Pinna*，*Cosmetodon*，*Posidonia*，*Lopha*？等属，其中 *Pinna* 和 *Lopha*？两属已在华南下三叠统发现。此外，首现于日本二叠系的 *Costatoria* 属尚未在华南的二叠系和界线层发现，却在华南的中三叠统颇为常见。这些类型在本节都被归为复活者(Lazarus taxa)的范畴。

表 4.3.7 某些消失的二叠纪双壳类与它们可能的后裔

Table 4.3.7 Some extinct Permian genera and their possible descendants

大灭绝中消失的二叠纪祖先类型 (Extinct Permian genera)	可能的三叠纪后裔 (The Possible Triassic descendants)
Nuculopsis(Nuculidae)	*Palaeonucula*(Nuculidae)
Phestia(Nuculanidae)	*Nuculana*(Nuculanidae)
Schizodus(Schizodidae)	*Leviconcha*(Myophoriidae)
Wilkingia(Edmondiidae)	*Homomya*(Pholadomyidae)
Myalina(Myalinidae)	*Promyalina*(Myalinidae)
Leptodesma(Pterineidae)	*Pteria*(Pteriidae)
Permoperna(Bakevellidae)	*Waagenoperna*(Isognomonidae)
Etheripecten(Aviculopectinidae)	*Eumorphotis*(Aviculipectinidae)
Eocamptonectes(Deltopectinidae)	*Radulonectites*(Pectinidae)
Streblopteria(Deltopectinidae)	*Pleuronectites*(Pectinidae)
Pseudomonotis(Pseudomonotidae)	*Gryphaea*(Gryphaeidae)
Pernopecten(Entoliidae)	*Entolium*(Entoliidae)
Astartella(Astartidae)	*Astarte*(Astartidae)

陈楚震(见盛金章等，1983，1987；Sheng *et al.*，1984)已经对苏浙皖地区的 *Hypophiceras* 层，即界线层的双壳类动物群做了很好的总结，其主要分子有 *Pteria*，*Towapteria*，*Bakevellia*，*Promyalina*，*Entolium*，*Leptochondria*，*Ornithopecten*，*Palaeonucula* 等属，*Claraia* 属和 *Eumorphotis* 属也有出现，但尚未成为广泛分布的优势分子。这一动物群的面貌与"长兴期"的华夏双壳类动物群明显不同，两者极易区分，笔者将它称为 *Pteria-Towapteria-Promyalina* 组合，这是二叠纪最高层位的双壳类动物群。在年代地层上，这一动物群仍属于新定义的长兴阶，尽管它与真正的"长兴期"双壳类面貌不同。应当指出，这一组合中的危机先驱型分子几乎都上延至早三叠世，此时可根据以下原则与早三叠世的双壳类组合进行区分：

(1)二叠纪幸存型分子的存在是界线层动物群的一个十分重要的特征，尤其是孑遗型和死支漫步型分子，它们往往非常罕见，因而很少得到重视，如 *Schizodus*，*Guizhoupecten* 等属，它们基本上都未越过 C 线。

(2)与界线层双壳类伴随的是 *Hypophiceras* 菊石群和二叠纪孑遗型腕足类，

而且,后者在界线层往往比双壳类更为常见;反之,在 *Claraia wangi* 带或更高层位中二叠纪型腕足类却极为罕见。

(3)*Claraia* 和 *Eumorphotis* 两属虽有出现,但尚未占据主导地位。界线层出现的 *Claraia* 特征与早三叠世的种群不同,陈金华(见本书第四章第四节)将它们归为二叠纪末的 *Claraia bioni* 种群,而 *Claraia wangi*,*C. griesbachi* 等典型的早三叠世分子此时尚未出现。早三叠世则以 *Claraia* 和 *Eumorphotis* 的灾后泛滥为特征。以浙江湖州黄芝山剖面为例(参见本书第四章第四节图 4.4.4),11～13 层开始出现 *Claraia griesbachi*,宜归为早三叠世;第 10 层下部产 *Pteria*,*Towapteria* 等化石,而中、上部则缺乏化石,情况类似于煤山剖面的 27 层和 28 层,二叠-三叠系界线宜划在第 10 层的中部。此剖面未见顶粘土层,推测是由于当时位处近岸浅水地带,水动力较强的缘故。

总之,界线层的 *Pteria-Towapteria-Promyalina* 组合与早三叠世的 *Claraia wangi* 带之间的差别比较明显,在野外不难识别。界线层的上部("B"线之上)通常缺乏双壳类化石,至 29 层(*Claraia wangi* 带),*Claraia* 突然开始灾后泛滥,界线层中的二叠纪孑遗型分子此时均已消失,很显然,C 线的小灭绝即发生在这两个组合之间。

兹将华南界线层双壳类动物群的主要特征总结如下:

(1)新生率特别高,属和种的新生率分别达 32.1%和近 90%,属的新生率略高于茅口期(表 4.3.3);但茅口期延续长达 11 Ma(Jin *et al*.,1997),因此,若以百万年为单位进行计算,界线层双壳类的新生率将远远高于茅口期。另一方面,作为界线层上、下界的 C 线和 B 线的灭绝率都非常高,属一级的灭绝率分别达 46.4%和 53.4%。高灭绝率和高新生率的结合必然使动物群的更新速率特别高,这在双壳纲的演化历史上极为罕见。这就使得仅仅持续了 70 万年的界线层双壳类动物群与相邻的"长兴期"、早三叠世都有着非常明显的差别,呈现出十分独特的二叠纪和三叠纪之间过渡的面貌。

(2)生物区系的性质发生了根本性的转变。"长兴期"的生物地理格局基本崩溃,界线层动物群的主体由世界性或广布性分子组成,仅残留少量华夏双壳类动物群的孑遗分子。华夏动物群的消亡实际上可区分为两幕事件。很可能,二叠纪末,正是由于西伯利亚超大型熔岩流喷发事件(即高原玄武岩或喷溢玄武岩事件)导致的火山冬天(volcanic winter)事件,以及随之而来的更为强烈的温室气候(Campbell *et al*.,1992; Renn *et al*.,1995; Kozur,1994,1998a,b; 方宗杰,1997,并见本书第四章第十节),促使全球生物地理区系的格局发生了空前的变化。二叠纪是生物地理区系性最强的时期之一,而早三叠世双壳类动物群的世界性之强,在整个显生宙的历史上甚为罕见;这两者之间的反差之大似乎是空前的。以北方区斯匹次卑尔根下三叠统 Vardebukta 组 Siksaken 段的浅水近岸双壳类动物群

(Wignall *et al.*,1998)为例,其基本面貌与华南一致,其中 50%的种与华南相同,如 *Eumorphotis multiformis*, *Leptochondria minima*, *Neoschizodus* cf. *laevigatus*, *Promyalina vetusta* ,*Unionites canalensis* 等,在华南的下三叠统均十分常见。

(3)界线层中的双壳类普遍个体较小,腕足类也存在同样趋势(廖卓庭,1979;Shimizu,1981),Twitchett(2001)称之为小型化效应(Lilliput effect)。双壳类尤以幸存先驱型分子最为明显,它们的个体尺寸普遍小于灾变发生之前,这可能是幸存先驱型分子个体数量相对较多(仍保持了一定的居群规模),在界线层中较为常见的原因所在。另一方面,孑遗型分子却主要表现为居群规模、个体数量和分布范围的大大缩减,它们在界线层中颇为少见,大多属于稀有分子,甚至仅在个别剖面找到单块标本,因而在动物群中明显处于次要地位。它们中的多数在随后的尾幕事件中终于走向灭绝,成为死支漫步型分子。以上两种情况与 Twitchett(2001)提出的生物量衰减模式(biomass reduction model)颇为吻合。

(4)迁移能力较强的各种表栖双壳类在界线层中是最为常见、最为活跃的类型,明显占据着优势;内栖双壳类却较为少见,而且,大都是近岸浅水和/或比较适应贫氧环境的类型。种种迹象表明,近岸环境很可能是二叠-三叠纪之交大灾变时浅海底栖生物的一个重要的避难场所。

(5)分异度较高的动物群总是发现于近岸浅水环境,如浙江湖州黄芝山剖面的殷坑组和黔西滇东的卡以头组;向着远岸方向,化石的分异度和丰度均出现明显下降的趋势,而腕足类化石的出现频率和丰富程度都明显高于双壳类,这与古生代的总体状况是一致的。

(6)双壳类在界线层中以 26 层的分异度为最高,"B"线化石的衰减现象相当明显:27 层开始化石种类和数量即明显下降,在界线层的 *Pteria-Towapteria-Promyalina* 组合与 *Claraia wangi* 带之间似乎总有一段双壳类化石十分稀少的地层,如黔西滇东的卡以头组上部及黄芝山剖面等都是如此。其他门类也存在相同的趋势,如菊石仅见于 26 层(盛金章等,1987);腕足类也以 26 层的分异度为最高,27 层开始明显下降,27 层以上腕足类变得极为稀少,仅有两属越过 C 线(廖卓庭,1984)。对此,吴顺宝等(1988)很多学者已经做了很好的证明。

(7)双壳类动物群的面貌在二叠-三叠纪之交曾发生两次突变,延续仅 70 万年的界线层双壳类动物群的面貌独特,既具有明显的三叠纪色彩,尤以危机先驱型分子的出现为特征;同时又出现一定数量的二叠纪幸存型分子,包括幸存先驱型、孑遗型和死支漫步型分子;由此组成的混合动物群,其面貌既有别于"长兴期",又明显不同于早三叠世;它与相邻的"长兴期"、早三叠世双壳类动物群之间既存在一定程度的连续性,同时又表现出明显的演化意义上的间断。以克氏蛤类为例,界线层出现的 *Claraia bioni* 种群与它的二叠纪祖先(*Claraia novosemelica* Lobanova,1979)以及早三叠世的克氏蛤种群之间在演化上都缺乏连续性和渐变性(陈金华,见本书第四章第四节),与华南“长兴期”的类克氏蛤(*Claraioides*)之间则不存在演化上的关系(参见附录 4.3.1 中附注 5 的讨论)。

如前所述,界线层动物群由于新生率较高,其一般状况可以与奥陶纪末大灭绝中大灾变环境下的“残存-复苏期”(Rong and Harper,1999)相比较,故笔者也将这一阶段称为大灾变环境下的残存-复苏期(图 4.3.4)。在“长兴期”末大灭绝主幕的打击下,古生代型分子大量灭绝,尤以土著分子为甚,二叠纪复杂多样的生物地理区系格局随之崩溃;同时出现较多危机先驱型分子,因而动物群的更新速率甚高,致使整个动物群的面貌明显不同于“长兴期”。此后不久,第二幕的打击接踵而至,从而使动物群的面貌再次发生重大变化,二叠纪的孑遗型和土著型分子进一步消亡,总共有 11 个属未能越过 C 线,华夏双壳类动物群至此终于全军覆没。

尾幕后,渡过危机的部分居群规模有限的类型,如 *Palaeoneilo*,*Palaeonucula*,*Myoconcha* 等受到了一定程度的抑制;与此同时,*Claraia* 和 *Eumorphotis* 却突然开始灾后泛滥,成为早三叠世最为常见的优势分子,它们与 *Unionites*,*Promyalina*,*Leptochondria* 等属一起组成的浅海底栖组合广泛出现在世界各地,并广见于各个古纬度带,这种世界性极强的组合在显生宙十分罕见。推测当时全球在强温室气候控制下,温度梯度变得相当缓和。Hallam 和 Wignall(1997)将这个组合称作是早三叠世的征服者。尾幕后双壳类动物群进入一个分异度一直处于低谷、变化不大、相对稳定的萧条期(残存期),其间虽然也有少数新生分子出现,但都处于微不足道的地位,这种状况一直持续到早三叠世晚期(图 4.3.4)。

Claraia 属最早见于北方区(俄罗斯新地岛)的晚二叠世 Dzhulfian 期地层,但在华夏区、西特提斯区、边缘冈瓦纳区的“长兴期”和前“长兴期”尚未发现。推测它很可能借助于二叠纪末短暂的全球气候变凉事件的契机(方宗杰,1997;见本书第四章第十节),和 *Otoceras* 属一起从北方区向南扩展,并越过中低纬度到达南半球的边缘冈瓦纳海域(Kozur,1998a),它们是典型的机遇性(opportunistic)分子。此后,*Otoceras* 属仍主要局限于温凉水海域,而 *Claraia* 属的适应能力较强,广泛散布于全球的各个古纬度带,但在种一级仍然显示出一定程度的纬度和地理分异(殷鸿福,1981)。*Claraia* 属在尾幕(C 线)灭绝后更是个体数目猛增,是典型的灾后泛滥分子(disaster taxa),它在下三叠统的划分和对比中起着十分重要的作用。界线层出现的 *Claraia bioni* 种群与以光滑壳体占绝对优势的 *Claraia wangi* 种群差别十分明显(陈金华,见本书第四章第四节);*Claraia* 属灭绝于早三叠世晚期,华南 Spathian 期尚无可靠记录(陈金华、小松俊文,2002),很可能与 Smithian-Spathian 灭绝事件(Twitchett and Wignall,1996; Hallam and Wignall,1997; 陈金华,见本书第四章第四节)相关。

Eumorphotis 属很可能由二叠纪常见的 *Etheripecten* 属演化而来,首现于界线层[尽管殷鸿福(Yin,1985)猜想 *Eumorphotis* 属在晚二叠世可能已经出现,但他对

所有已发表资料的分析表明，此属在大灭绝发生之前的二叠纪并无可靠记录。Hallam 和 Wignall(1997)认为，*Eumorphotis* 属未见于二叠纪]，是出现于事件层之上的危机先驱型分子，Smithian-Spathian 灭绝事件使它大伤元气，延续至早三叠世末即告消失。上述这两个属是全球早三叠世最为常见的标准化石，但在本质上仍属古生代类型，*Claraia* 属是晚古生代羽海扇超科的最后代表，可归为死支漫步型分子，*Eumorphotis* 属则是石炭-二叠纪燕海扇类的延续。这两个属在早三叠世的繁盛一时，可被看作是晚古生代型的海扇类在最后消亡前的回光返照。

由上可以看出，在这短短的 70 万年里，双壳类经历了多么巨大的变化，其更新率之高，变化之快，在双壳纲的演化历史上极为罕见；双壳类正是在二叠-三叠纪之交完成了它的最为关键的一次重大转折，因此，这是一个十分特殊而重要的演化阶段。与此同时，双壳类生物地理区系的格局也发生了根本性改变，由复杂多样的区系性突变为全球的同一性(Nakazawa and Runnegar，1973)。在二叠-三叠纪转折时期，地球上发生了一系列灾变事件，环境状况急剧恶化(参见本书第四章第十节)。环境的巨变很可能促进了基因突变的发生，这也许是生物的一种本能反应。环境的剧烈动荡与空前增强的选择压力必定促进了生物的遗传变化，然而，只有很少数的类型能通过大灾变环境下严酷的自然选择，危机先驱型分子便是这为数不多的幸运儿，而大多数都被淘汰出局。界线层的双壳类动物群的高更新率和由此而产生的独特面貌，在实质上应被看作是双壳类对大灾变环境自然响应的产物。

关于 C 线灭绝的成因问题，根据 Wignall 和 Twitchett(2002)的分析，长兴煤山剖面的 28 层和 25 层一样是缺氧事件发生的层位。死支漫步效应(Jablonski，2002)也许可以作为另一种解释，但是，它似乎难以解释 C 线之上 *Ophiceras* 菊石群取代 *Hypophiceras* 菊石群的现象，以 *Hypophiceras* 属为代表的菊石是新生的危机先驱型分子，显然不属于死支漫步型的范畴。27 层化石数量开始明显衰减，即吴顺宝等(1988)提出的第二条灭绝线(“B”线)，在苏浙皖与 27 层和 28 层相当的层位，壳相化石普遍较为稀少，这似乎指示了 C 线灭绝事件的存在。很可能，与尾幕相关的灾变事件量级较小，主幕灭绝后的生态系统正处于十分脆弱而不稳定的状态，很容易遭受新的灾变事件的打击，即使其规模和量级难以与主幕的灾变事件相比。在尾幕中灭绝的双壳类大都是二叠纪的孑遗型分子，这也许是因为它们在主幕灭绝后，居群规模和分布范围均大大缩减，难以经受新的环境波动事件的打击。

(二) 印度克什米尔 Guryul 峡谷二叠-三叠系界线层的双壳类

1. 关于 E_1 单元的对比问题

克什米尔 Guryul 峡谷的二叠-三叠系界线剖面是世界上除华南以外为数不多的经典剖面之一，地层发育好，化石比较丰富，研究程度高，历来为学术界所重视。关于此剖面 Khunamuh 组底部(E 段)与华南长兴煤山剖面相关地层的对比问题，意见纷纭，迄今尚未取得一致意见。其中，E_2 单元的中部开始出现 *Hindeodus parvus*，故其对比不存在分歧，但 E_1 单元的对比问题却始终没有解决。

Nakazawa 等(1970)最初将 E_1 置于下三叠统底部，1981 年改置于二叠系顶部；后又回归到 1970 年的观点，并明确提出 E_1 与长兴煤山剖面的混生层 1 相当，归为 *Hypophiceras* 带(Nakazawa，1992，1993)。Kapoor(1992)将 E_1 看作是二叠-三叠系过渡层。实际上，盛金章等(1983)即已提出 E_1 相当于长兴剖面 *Hypophiceras* 层的看法。值得注意的是，陈楚震(见赵金科等，1981；见盛金章等，1983)主张将克什米尔的 *Claraia bioni* Nakazawa 归入他创建的 *Peribositra* Chen，1981，而 Nakazawa(1992)则认为 *Peribositra* 属应改归为 *Claraia* 属。笔者对 *Peribositra* 属模式标本的所谓韧带构造存疑，故在此采用后者的意见，将 *Peribositra* 属视为 *Claraia* 属的次同异名。

部分学者主张将 E_1 单元对比为长兴组的顶部，即 *Pseudotirolites*-*Pleuronodoceras* 菊石带(殷鸿福，见杨遵仪等，1987；Yang and Li，1992；Yin，1994；Yin *et al.*，1996，2001)。殷鸿福认为克什米尔的 *C. bioni* 属于二叠纪型，可与华南“长兴期”的相关标本对比。目前对华南晚二叠世克氏蛤类标本的鉴定仍然存在着不同意见(详见附录 4.3.1 中的附注 5)，尽管如此，*C. bioni* 的足丝凹口特征显然与华南晚二叠世的类克氏蛤(*Claraioides* Fang，1993)不同，这一基本事实无人否认。正因为 *C. bioni* 的一般形态特征不同于华南晚二叠世的类克氏蛤，笔者认为，它们在时代上不存在可比性。

C. bioni 的射饰较为发育，此特征与最古老的克氏蛤(*Claraia novosemelica* Lobanova，见于俄罗斯新地岛 Dzhulfian 期)比较接近；而且，早三叠世的中、高纬度仍以射饰较强的种为特征(殷鸿福，1981)，像这样在纬度分布上的一致性恐非偶然，表明它们之间也许存在着历史上的渊源关系。而类克氏蛤则是另一支与之完全平行的谱系，二叠纪末灭绝后未留下任何后裔。另一方面，三叠纪初期的克氏蛤如 *Claraia wangi*，*C. griesbachi* 等，都以缺乏射饰、仅具同心饰为特征，在它们与 *C. bioni* 之间看不出有直接的演化关系，其间似乎存在有演化上的间断，这很可能与 C 线的灭绝相关。

对本剖面的碳同位素研究(Baud and Magaritz，1988)表明，E_1 单元的 $\delta^{13}C$ 变化趋势与盐岭 Nammal Gorge 剖面 Kathwai 下段的变化趋势一致，两者的时代相当；这与 Kapoor(1992)根据生物地层学资料所得出的结论完全一致。大多数学者都认为 Kathwai 下段与长兴煤山剖面混生层 1 相当(Yin *et al.*，1996，2001)，也就是说，碳同位素的研究支持 E_1 单元与长兴煤山剖面混生层 1 对比的意见，这与本节对生物地层资料进行分析后所得出的结论是一致的。

有关 E_1 层位的争论与长兴剖面 25 层(底粘土层)层位的变迁颇有几分相似之处，后者曾先后被置于二叠系顶部或三叠系底部。然而，E_1 单元中发现有鉴定为

Hypophiceras? 的标本(Nakazawa,1993; Kapoor,1996),E_1和E_2下部都以出现*C. bioni*为特征,这两者的出现都不应低于华南的界线层。从腕足类的角度看,E_1的腕足类是典型的二叠纪型,但与 Zewan 组的腕足类相比,小型化的趋势尤其明显(Shimizu,1981),这与华南界线层腕足类的特征(廖卓庭,1979)完全一致;而且,这些二叠纪型腕足类上延至E_2下部(52层)即告消失,这一消亡的位置很可能相当于煤山剖面的"B"线。以上这些都证明E_1应大致相当于长兴煤山剖面的二叠-三叠系界线层的下部(25层和26层),将E_1对比为长兴组顶部(*Pseudotirolites*-*Pleuronodoceras*带)的方案似不可取。为讨论方便,本文将E_1和E_2放到一起作为一个地层单元对待,也称之为界线层,其延限大致与长兴剖面的界线层相当(图4.3.3)。

表4.3.8列出了克什米尔E_1和E_2的下部(即*Hindeodusparvus*带以下的部

表 4.3.8 克什米尔E_1和E_2单元下部的双壳类

Table 4.3.8 Bivalve genera list of the E_1 and E_2 units of Kashimir

属名 (Genera name)	幸存者 (Survivor)	新生者 (Debutante)	生活习性 (Life habit)	层位 (Occurrence)	分类单元类型 (Classification of taxa)
Nuculopsis?	△		free-burrowing	E_1	孑遗型(relic)
Palaeoneilo	△		free-burrowing	E_1	幸存先驱型(survivor-progenitor)
Schizodus?	△		free-burrowing	E_1	孑遗型(relic)
Promyalina		△	endo-/epibyssate	E_2(53层)	危机先驱型(crisis-progenitor)
Claraia		△	epibyssate	E_1, E_2(52层)	幸存先驱型(survivor-progenitor) 灾后泛滥型(disaster)
Etheripecten		△	epibyssate	E_1, E_2(52层)	孑遗型(relic)
Eumorphotis	△		epibyssate	E_2(52层)	危机先驱型(crisis-progenitor) 灾后泛滥型(disaster)
Fasciculiconcha	△		epibyssate	E_1	死支漫步型(dead clade walking)
Leptochondria	△		epibyssate	E_2(52层)	幸存先驱型(survivor-progenitor)
Cyrtorostra	△		epibyssate	E_1	死支漫步型(dead clade walking)
Palaeolima	△		epibyssate	E_1	幸存先驱型(survivor-progenitor)

注:化石名单和层位据 Nakazawa,1981

分)的双壳类名单,E_1共发现8属,基本上都是二叠纪的幸存者,这正是一些学者主张将E_1与长兴组对比的主要依据。然而,其中*Nuculopsis*属的鉴定存疑,Nakazawa(1981)认为其一般特征与二叠纪的*Nuculopsis*属不同,却与喜马拉雅地区*Otoceras*层中的*Nucula*? sp.较为接近,由此不排除其属于危机先驱者的可能。况且,在E_1单元中还发现有*Claraia*和*Hypophiceras*?(Nakazawa,1993; Kapoor,1996),它们与二叠纪幸存者的共同出现,恰恰是界线层动物群的最重要特征。再者,E_2单元底部(52层底部)即已出现*Otoceras woodwardi*(Nakazawa,1993; Kapoor,1996),根据 Krystyn 和 Orchard(1996)的对比意见,*O. woodwardi*

比 *O. boreale* 更为先进，他们认为 *O. woodwardi* 带的层位要高于 *O. boreale* 带。当然，这一意见并非定论，但至少所有的菊石专家都相信 *O. woodwardi* 带不会低于 *O. boreale* 带。考虑到无人怀疑 E_1 和 E_2 单元之间的连续性，笔者赞同将 E_1 单元与 *Otoceras latilobatum* 带或 *Hypophiceras* 带对比的意见，否则，克什米尔的这一层位只能被解释为缺失。

此外，再以 Nakazawa(1981:106,pl.10,Figs.6,7)描述的 *Cyrtorostra* sp. aff. *C. lunwalensis*(Reed)为例，Nakazawa 图示的图 6 和图 7 两块标本都是左壳，其中图 7 来自上二叠统 Zewan 组 D 段(45 层)，壳形较正，壳喙正转(?)；图 6 来自 E_1(48 层)，其壳形明显前斜，壳喙前转(?)；这两块标本的耳部和壳饰特征也有所不同，笔者认为，应将它们归为不同的种。总之，D 段和 E_1 单元之间的共性可能被夸大了。

总之，笔者赞同盛金章等(1983)和 Nakazawa(1992,1993)的意见，即克什米尔 E_1 和 E_2 的下部应大致与长兴剖面的 25 层至 27 层下部相当，现将主要理由简要总结如下：①除俄罗斯新地岛外，*Claraia* 在世界其他地区出现的最低层位是界线层，故宜将 *C. bioni* 归入种级危机先驱型分子的范畴。②危机先驱型分子 *Hypophiceras*? 的出现证明 E_1 应沉积于大灾变发生之后，而不是之前，也就是说，大灭绝主幕应发生在 E_1 和 Zewan 组之间。③与 Zewan 组的腕足类相比，E_1 出现的二叠纪型腕足类的小型化效应十分明显，而这正是界线层腕足类的重要特征。④碳同位素的研究支持 E_1 单元与长兴煤山剖面混生层 1 对比的意见。⑤鉴于 *O. woodwardi* 已在 E_2 下部发现，E_1 单元应大致相当于 *Otoceras latilobatum* 带，除非此剖面在 E_1 和 E_2 单元之间存在着明显的间断。Brookfield 等(2003)的最新研究证实，从 D 单元顶部到 E_2 单元底部，尽管动物群发生了重大变化，他们却未发现任何明显的沉积间断，E_1 单元也不存在凝缩沉积的迹象。具体对比意见请参见图 4.3.3。

2. 克什米尔与华南界线层双壳类动物群的比较

如上所述，华南界线层双壳类动物群基本上都来自界线层 *H. parvus* 带以下的部分，其时代属二叠纪，并应大致与克什米尔 E_1 和 E_2 下部双壳类的时代相当。从表 4.3.8 可以看出，克什米尔的双壳类也以幸存先驱型和危机先驱型分子占据主导地位为特征，两者相加占总数的 55%，这一比例与华南界线层双壳类动物群的 60.7% 十分接近。克什米尔的孑遗型分子也以居群规模小为特征，如 *Cyrtorostra* 属和 *Fasciculiconcha* 属。而且，克什米尔的双壳类也以表栖类型占据绝对优势，同样缺乏帘蛤目和畸韧超目的代表。值得注意的是，E_2 上部的双壳类化石较为稀少，二叠纪的孑遗型分子(包括腕足类、有孔虫、双壳类、腹足类等)此时已不复存在，证明第二幕灭绝事件的存在。从 60 层开始出现 *Claraia griesbachi*，63 层出现 *C. concentrica*，两者都以缺乏射饰为特征，因而它们与以射饰强为特征的 *C. bioni* 之间似乎不存在直接的演化关系。以上这些都表明，华南界线层双壳类动物群的一般特征是具有普遍意义的，克什米尔也同样存在着双幕式灭绝事件。很可能，*C. bioni* 的出现与变凉事件相关，而 *C. griesbachi* 等缺乏射饰的种的出现反映了温室气候的影响，它们似乎来自低纬度地区（殷鸿福，1981）。

此外，两者在属一级分类组成上也颇为相似，克什米尔界线层双壳类属的87%都已在华南的界线层发现。这与晚二叠世的状况形成了鲜明的对比（晚二叠世克什米尔属边缘冈瓦纳区，以 *Atomodesma* 动物群为特征，方宗杰，1985），由此证明主幕灭绝后全球生物地理区系的格局确实发生了根本性的改变。当然，两者之间仍存在一定差异，例如，华南界线层十分常见的 *Towapteria*，*Pteria*，*Entolium* 等危机先驱型分子未见于克什米尔，克什米尔的 *Cyrtorostra* 属未见于华南的界线层。这可能在一定程度上反映了历史的继承性，即反映出原有生物地理格局的残余影响以及两地当时在古气候方面的差异，*Cyrtorostra* 属二叠纪时在喜马拉雅地区颇为常见，而 *Towapteria* 属则是华夏生物区的特征分子。后者在界线层和早三叠世的分布范围虽已大大扩展，却继续局限于低纬度地区，表明在全球双壳类面貌趋于一致的同时，仍然存在着一定程度的纬度分异和地理分异。再如，克氏蛤（*Claraia*）和正海扇（*Eumorphotis*）在尾幕灭绝后灾后泛滥，于早三叠世广布全球各个纬度带，但部分的种仍然表现出一定程度的区系分化（殷鸿福，1981）。*Otoceras* 属虽曾随着二叠纪末的变凉事件短暂地入侵低纬度海域，如长兴煤山，但此属主要分布于中高纬度的凉水海域；而且，北方区和喜马拉雅区之间缺乏共同的种，由此而导致地层对比上的困难，目前菊石专家对于这两个区 *Otoceras* 动物群之间的精确对比尚未取得一致意见。

从表 4.3.6 和表 4.3.8 的比较看，克什米尔界线层双壳类的分异度似乎明显低于华南；实际上，表 4.3.6 的数字来自整个华南，就单条剖面而言，克什米尔 Guryul 峡谷剖面界线层的分异度甚至还高于很多华南的界线地层剖面。很可能，主幕灭绝在低纬度地区表现更为强烈，此外，北半球的灾难效应要比南半球更为强烈，这大概与以西伯利亚暗色岩为代表的超级火山活动主要发生在北半球密切相关。

六、大灾变带来的不只是灭绝——双壳类在中生代兴起

腕足类和双壳类一样，有不少种类成功地越过了大灭绝的主幕（B 线），它们在界线层生物群中是最为常见的组分；然而，虽说它们已成功地越过大灾变事件，但这并不意味着获得了进化上的成功。事件后的高选择压力环境危机四伏，一方面，环境尚处于脆弱而极不稳定的状态；另一方面，在大灾变中遭受重创的生态系统的恢复、重组和再建仍需要时间，在这一进程中，所有已越过灾难的幸存者和新生的危机先驱分子都将同样面临被淘汰的可能。据 Jablonski（2002）研究，在显生宙的五大灭绝事件中，灭绝事件发生后第一个阶的灭绝率普遍较高，一般达 10%～

20%，仅三叠纪末事件除外；而F-F灭绝事件后，法门阶末的灭绝率甚至还高于F-F事件本身。

腕足类在B线（主幕）灭绝后幸存有14属（孙东立、沈树忠，见本书第四章第二节），界线层中几乎所有的有铰纲腕足类种都是二叠纪的种，而且，在多数情况下，界线层中腕足类的出现频率和丰富程度都明显高于双壳类，这一状况实际上仍然是古生代一般状况的延续。而越过大灭绝主幕的二叠纪双壳类种则要少得多，这似乎表明，腕足类具有比双壳类更强的抗灾变能力，在界线层其一般状况仍然要优于双壳类。

但另一方面，双壳类的新生能力却要强得多，如前所述，界线层双壳类的一个重要特征就是新生率特别高，与腕足类相比尤其如此。华南的界线层共出现10个双壳类新属，即危机先驱型分子；而界线层的腕足类却几乎全部都是二叠纪型的孑遗分子，缺乏危机先驱型分子。在华南界线层双壳类已发现的18个二叠纪幸存者中，有7个越过了C线，从而成为幸存先驱型分子，即使未越过C线者，也不都是死支漫步型分子；而界线层的腕足类却绝大部分灭绝于C线，即使有个别分子越过了C线，不久也很快灭绝，也就是说，界线层的腕足类大多都是死支漫步型分子，缺乏幸存先驱型分子。此外，三叠纪双壳类中还有不少二叠纪的复活者，如 *Solemya*，*Cercomya*，*Parallelodon*，*Cosmetodon*，*Pinna*，*Posidonia*，*Costatoria*，*Lopha*？等，它们虽然尚未在界线层发现，却在后来的复苏和辐射进程中发挥了重要作用；而早三叠世的腕足类却缺乏复活者（Rong and Shen，2002）。从以上比较可以看出，面对大灾变，双壳类表现出更强的应变能力和更新能力，腕足类似乎缺乏双壳类所具有的宏演化活力。

盛金章等（Sheng *et al.*，1984）对苏浙皖地区二叠-三叠纪界线层化石分布的详细研究表明，26层以二叠纪型腕足类和菊石在数量上占优，27层仅出现分异度明显降低的二叠纪型腕足类和少量有孔虫，从29层开始，*Claraia* 尤为常见，菊石次之，而绝大部分二叠纪型腕足类此时已经消失。总之，在C线之前，腕足类仍然继续维持着优势地位，然而，好景不长，C线（尾幕）的灭绝使绝大多数二叠纪型腕足类消亡；此后，腕足类在早三叠世经历了十分漫长（达10 Ma）的萧条期，尽管其间也出现几个新生分子（孙东立、沈树忠，见本书第四章第二节；Chen *et al.*，2002），却于事无补，难挽颓势。C线以后，双壳类与腕足类之间的态势发生了重大逆转，腕足类在早三叠世尤为稀少，是一个近乎于空白的时期（Xu and Grant，1994；Rong and Shen，2002）；与此同时，双壳类的克氏蛤和正海扇则灾后泛滥，恰如Hallam和Wignall（1997）描述的那样，它们成为早三叠世的征服者。所以，C线是双壳类开始取代腕足类的转折点，这一逆转使腕足类丧失了“复辟”的机会。

界线层的腕足类缺乏属一级的新生分子（危机先驱型分子），故主幕灭绝后显然处于“残存期”，而双壳类此时却处于“残存-复苏期”，出现较多重要的属级新生分子,即危机先驱型分子,故可将这一阶段视为双壳类开始取代腕足类的准备期。Knoll 等(1996)曾经推测,在二叠纪末的大灭绝事件中,由于海水中二氧化碳含量的灾变性增加,血液中碳酸过多(hypercapnia)便成为使部分海洋生物致死的一个重要机制。很可能,与双壳类相比,腕足类属于缺乏缓冲能力的生理类型(Bambach *et al.*,2002)。但 Bambach 等将表栖双壳类也归为缺乏缓冲能力的类型,而内栖双壳类却被归为具有缓冲能力的类型,这似乎又与他们的假说存在着矛盾。无论如何,华南二叠-三叠纪转折时期的化石记录已经证明,表栖双壳类的抗灾变能力要明显高于内栖双壳类。

如前所述,双壳类在二叠-三叠纪之交的大灭绝中也受到了严重的打击,它在属和种一级的灭绝率上与腕足类相差无几。但腕足类科的灭绝率高达 73%,而双壳类却只有 28.5%,相比之下,双壳类在演化上的连续性明显好于腕足类。尽管如此,在大灭绝主幕后的界线层动物群中,与腕足类相比,双壳类仍然未取得优势地位;两者地位的逆转实际上发生在 C 线之上。笔者认为,问题的关键在于界线层的双壳类拥有众多的幸存先驱型和危机先驱型分子,其后又陆续出现很多复活型分子,而腕足类却几乎一无所有,界线层腕足类的主体是死支漫步型分子,只是在 C 线之上才开始零星出现一些危机先驱型分子,其宏演化大大滞后于双壳类。由此而导致在中三叠世开始的复苏-辐射进程中,双壳类能够领先一步,在竞争中处于优势地位;正是界线层腕足类的"一无所有",致使它最后终于完全丧失了古生代期间曾经长期拥有的优势地位。双壳类在中生代对腕足类的取代当然还有着其他重要原因(如生理机制、形态功能等内在因素,以及群落和生态系结构的稳定性等因素),但发生于二叠-三叠纪转折时期的大灭绝无疑在其中发挥着极为关键的作用。

对二叠-三叠系界线层中双壳类动物群性质的分析以及与腕足类的比较,将有助于我们了解双壳类在大灭绝后取代腕足类的进程,正是这次大灭绝使大部分二叠纪生物不复存在,并彻底摧毁了晚古生代曾经长期稳定存在的各种生态结构(Bambach *et al.*,2002),从而为双壳类在中生代的兴起,以及与之相关的一系列新型生态结构的建立提供了契机。

致　谢　本文得到国家重点基础研究发展规划项目(G2000077708)的资助,戎嘉余对本文提出宝贵意见,特此致谢。

参考文献

Amler M R W. 1999. Synoptical classification of fossil and Recent Bivalvia. Geologica et Palaeontologica, 33: 237～248

Bambach R K. 1993. Seafood through time: changes in biomass, energetics, and productivity in the marine ecosystem. Paleobiology, 19: 372～397

Bambach R K, Knoll A H, Sepkoski J J, Jr. 2002. Anatomical and ecological constraints on Phanerozoic animal diversity in the marine realm. Proceedings of the National Academy of Sciences, USA, 99(10): 6 854～6 859

Baud A, Margaritz M. 1988. Carbon isotope profile in the Permian-Triassic of the central Tethys: the Kashmir sections (India). Geologische Bundesanstalt, Berichte, 15:2

Becker L, Poreda R, Hunt A G, Bunch T E, Rampino M. 2001. Impact event at the Permian-Triassic boundary: Evidence from extraterrestrial noble gases in fullerenes. Science, 291: 1 530～1 533

Benton M J. 1995. Diversification and extinction in the history of life. Science, 268: 52～58

Bowring S A, Erwin D H, Jin Y G, Martin M W, Davidak K, Wang W. 1998. U/Pb zircon geochronology and tempo of the end-Permian Mass Extinction. Science, 280: 1 039～1 045

Boyd D W, Newell N D. 1997. A reappraisal of Trigoniacean families (Bivalvia) and a description of two new Early Triassic species. Novitates, 3 216: 1～14

Boyd D W, Newell N D. 2000. The importance of recently reported specimens of the Late Paleozoic bivalve *Aviculopecten pianoradiatus* McCoy, 1851. Acta Palaeontologica Sinica, 39(4): 533～534

Brand U, Yochelson E L, Eagar R M. 1993. Geochemistry of Late Permian non-marine bivalves: Implications for the continental paleohydrology and paleoclimatology of northwestern China. Carbonates and Evaporates, 8(2): 199～212

Brett C E, Ivany L C, Schopf K M. 1996. Coordinated stasis: An overview. Palaeogeography, Palaeoclimatology, Palaeoecology, 127: 1～20

Broglio-Loriga C, Cassinis G. 1992. The Permo-Triassic boundary in the Southern Alps (Italy) and in adjacent Periadriatic regions. In: Sweet W C, Yang Zunyi, Dickins J M, Yin Hongfu, eds. Permo-Triassic Events in the Eastern Tethys. Cambridge: Cambridge University Press. 78～97

Brookfield M E, Twitchett R J, Goodings C. 2003. Palaeoenvironments of the Permian-Triassic transition sections in Kashmir, India. Palaeogeography, Palaeoclimatology, Palaeoecology, 198 (3-4): 353～371

Campbell I H, Czamanski G K, Fedorenko V A, Hill R I, Stepanov V. 1992. Synchronism of the Siberian Traps and the Permian-Triassic Boundary. Science, 258: 1 760～1 763

Cao C Q, Wang W, Jin Y G. 2002. Carbon isotopic excursions across the Permian-Triassic boundary in the Meishan section, Zhejiang Province, China. Chinese Science Bulletin, 47(13): 1 125～1 129

Carter J G. 1990. Evolutionary significance of shell microstructure in the Palaeotaxodonta, Pteriomorphia and Isofilibrachia (Bivalvia: Mollusca). In: Carter J G, ed. Skeletal Biomineralization: Patterns, Processes and Evolutionary Trends. Volume 1. New York: Van Nostrand Reinhold. 135～246

Carter J G, Campbell D C, Campbell M R. 2000. Cladistic perspectives on early bivalve evolution. In: Harper E M, Taylor J D, Crame J A, eds. Evolutionary Biology of the Bivalvia. Geological Society Special Publication, 177: 47～79

Chai Chifang, Zhou Yaoqi, Mao Xueying, Ma Shulan, Ma Jianguo, Kong Ping, He Jinwen. 1992. Geochemical constraints on the Permo-Triassic boundary event in South China. In: Sweet W C, Yang Zunyi, Dickins J M, Yin Hongfu, eds. Permo-Triassic Events in the Eastern Tethys. Cambridge: Cambridge University Press. 158～168

Chao Kingkoo. 1965. The Permian ammonoid-bearing formation of South China. Scientia Sinica, 14

(12): 1 813～1 825

Chen Chuzhen. 1962. Lamellibranchiata from the Upper Permian of Ziyun, Guizhou (Kueichow). Acta Palaeontologica Sinica, 10(2): 191～204 (in Chinese with English summary) [陈楚震. 1962. 贵州紫云晚二叠世瓣鳃纲化石. 古生物学报, 10(2): 191～204]

Chen Chuzhen. 1981. Lamellibranchiata. In: Zhao Jinke, Sheng Jinzhang, Yao Zhaoqi, Liang Xiluo, Chen Chuzhen, Rui Lin, Liao Zhuoting. The Changhsingian and Permian-Triassic Boundary of South China. Bulletin of Nanjing Institute of Geology and Palaeontology, 2: 81～83 (in English) [陈楚震. 1981. 瓣鳃类. 见:中国南部的长兴阶和二叠系与三叠系之间的界线. 中国科学院南京地质古生物研究所丛刊, 2: 54～55]

Chen Chuzhen, Wang Yigang, Wang Zhihao, Huang Bing. 1988. Triassic biostratigraphy of southern Jiangsu. In: Sinian-Triassic Biostratigraphy of the Lower Yangtze Peneplatform in Jiangsu Region, Stratigraphy and Palaeontology of Jiangsu, Series 1. Nanjing: Nanjing University Press. 315～368 (in Chinese) [陈楚震. 王义刚, 王志浩, 黄嫔. 1988. 江苏南部的三叠纪生物地层. 见: 江苏地区下扬子准地台震旦纪-三叠纪生物地层, 江苏地层学与古生物学, 第一册. 南京: 南京大学出版社. 315～368]

Chen Jinhua, Komatsu T. 2002. So-called Middle Triassic "*Claraia*" (Bivalvia) from Guangxi, South China. Acta Palaeontologica Sinica, 41(3): 434～447 (in Chinese with English summary) [陈金华, 小松俊文. 2002. 广西中三叠世的"克氏蛤"之订正. 古生物学报, 41(3): 434～447]

Chen Zhongqiang, Shi G R, Kaiho K. 2002. A new genus of rhynchonellid brachiopod from the Lower Triassic of South China and implications for timing the recovery of Brachiopoda after the end-Permian mass extinction. Palaeontology, 45(1): 149～164

Clark D L, Wang Chengyuan, Orth C J, Gilmore J S. 1986. Conodont survival and low Iridium abundances across the Permian-Triassic boundary in South China. Science, 233: 984～986

Conway Morris S. 1999. Palaeodiversifications: mass extinctions, "clocks" and other worlds. Geobios, 32: 165～174

Cope J C W. 2000. A new look at early bivalve phylogeny. In: Harper E M, Taylor J D, Crame J A, eds. Evolutionary Biology of the Bivalvia. Geological Society Special Publication, 177: 81～95

Cox L R. 1952. The Jurassic lamellibranch fauna of Cutch (Kuchh), no. 3, Families Pectinidae, Amusiidae, Plicatulidae, Limidae, Ostreidae, and Trigoniidae (suppl.). Geological Survey of India, Memoir of Palaeontological Indica, Series 9, 3(4): 1～128

Cox L R and 24 others. 1969～1971. Bivalvia. In: Moore R C, ed. Treatise on Invertebrate Paleontology. Part N, Mollusca 6. Boulder, Colorado: Geological Society of America Inc., The University of Kansas Press. Volume 1-3, N1～N1 224

Ding Baoliang, Liu Lu, Li Jinhua, Liang Zhongjun. 1982. Lamellibranchiata. In: Paleontological Atlas of East China, Volume 2, Late Paleozoic. Beijing: Geological Publishing House. 307～323 (in Chinese) [丁保良, 刘路, 李金华, 梁中俊. 1982. 瓣鳃纲. 见: 华东地区古生物图册(二), 晚古生代分册. 北京: 地质出版社. 307～323]

Ding Weiming. 1982. Bivalvia. In: Paleontological Atlas of Hunan. 216～255. Beijing: Geological Publishing House. 216～255 (in Chinese) [丁伟明. 1982. 双壳纲. 见: 湖南古生物图册. 北京: 地质出版社. 216～255)

Editorial group on "The Lamellibranch Fossils of China" of Nanjing Institute of Geology and Palaeontology. 1976. The Lamellibranch Fossils of China. Beijing: Science Press. 1～522 (in Chinese) [南京地质古生物研究所"中国的瓣鳃类化石"编写小组. 1976. 中国的瓣鳃类化石. 北京: 科学出版社. 1～522]

Erwin D H. 1993. The Great Paleozoic Crisis. New York: Columbia University Press. 1～327

Erwin D H. 1995. The end Permian mass extinction. In: Scholl P A, Peryt T M, Ulmer-Scholl D S, eds. The Permian of Northern Pangea. 1：Paleogeography，Paleoclimates，Stratigraphy. Heidelberg：Springer-Verlag. 20～34

Erwin D H，Pan Huazhang. 1996. Recoveries and radiations：gastropods after the Permo-Triassic mass extinction. Geological Society，Special Publication，102：223～229

Fang Zongjie. 1982. On genus *Permoperna* (Bivalvia). Acta Palaeontologica Sinica，21(5)：545～552 (in Chinese with English summary)［方宗杰. 1982. 论二叠股蛤(*Permoperna*)（双壳类). 古生物学报，21(5)：545～552］

Fang Zongjie. 1985. A preliminary study of the Cathaysian faunal province. Acta Palaeontologica Sinica，24(3)：344～359 (in Chinese with English summary)［方宗杰. 1985. 华夏动物区系之初探. 古生物学报，24(3)：344～359］

Fang Zongjie. 1987. Bivalves from the upper part of Permian in southern Hunan，China. In：Nanjing Institute of Geology and Palaeontology，Academia Sinica，Collection of Postgraduate Theses，No. 1. Nanjing：Jiangsu Science and Technology publishing House. 349～411 (in Chinese with English summary)［方宗杰. 1987. 湖南南部二叠系中上部双壳类动物群. 中国科学院南京地质古生物研究所研究生论文集，1. 南京：江苏科学技术出版社. 349～411］

Fang Zongjie. 1989. Remarks about "On *Hunanopecten*" with a review on deep-water origin of Talung Formation. Acta Palaeontologica Sinica，28(6)：711～723 (in Chinese with English summary)［方宗杰. 1989. 评"论湖南海扇"——兼评大隆相地层的深水成因论. 古生物学报，28(6)：711～723］

Fang Zongjie. 1993. On "*Claraia*" (Bivalvia) of Late Permian. Acta Palaeontologica Sinica，32(6)：653～661 (in Chinese with English summary)［方宗杰. 1993. 论晚二叠世的"克氏蛤". 古生物学报，32(6)：653～661］

Fang Zongjie. 1996. Permian nonmarine bivalves from Tarim，Northwest China. Acta Palaeontologica Sinica，35(supplement)：60～79 (in Chinese with English summary)［方宗杰. 1996. 塔里木二叠纪非海相双壳类化石. 古生物学报，35(增刊)：60～79］

Fang Zongjie. 1997. Southward intrusion of Angaran migrants into Tarim during the latest Permian and the global climatic cooling event. Acta Palaeontologica Sinica，36(supplement)：65～76 (in Chinese with English summary)［方宗杰. 1997. 二叠纪末安加拉分子南侵塔里木和全球气候变凉事件. 古生物学报，36(增刊)：65～76］

Fang Zongjie. 1998. Revision and taxonomic position of the aberrant Devonian bivalve *Beichuania*. In：Johnston P A，Haggart J W，eds. Bivalves：An Eon of Evolution—Paleobiological Studies honoring Norman D Newell. Calgary：Oxford University of Calgary Press. 185～191

Fang Zongjie，Morris N J. 1997. The genus *Pseudosanguinolites* and some modioliform bivalves (mainly Palaeozoic). Palaeoworld，7：50～74

Fang Zongjie，Rong Jiayu. 1991. Phena，morphospecies and biospecies—On discrimination of fossil species. Acta Palaeontologica Sinica，30(5)：537～555 (in Chinese with English summary)［方宗杰，戎嘉余. 1991. 表型单元、形态种和生物种——关于化石种判别问题的探讨. 古生物学报，30(5)：537～555］

Fang Zongjie，Yin Dewei. 1995. Discovery of fossil bivalves from Early Permian of Dongfang，Hainan Island with a review on glaciomarine origin of Nanlong diamictites. Acta Palaeontologica Sinica，34(3)：301～315 (in Chinese with English summary)［方宗杰，殷德伟. 1995. 海南岛东方早二叠世双壳类动物群及其古生物地理学研究. 古生物学报，34(3)：301～315］

Gan Xiuming，Yin Hongfu. 1978. Lamellibranchiata. In：Paleontological Atlas of Southwestern China，Volume of Guizhou Province，Pt. 2. Beijing：Geological Publishing House. 305～393 (in Chinese)［甘修明，殷鸿福. 1978. 瓣鳃纲. 见：西南地区古生物图册，贵州分册(二). 北京：地质出版社. 305～393］

Gao Zhengang, Xu Daoyi, Zhang Qinwen, Sun Yiyin. 1987. Discovery and study of microspherules at the Permian-Triassic boundary of the Shangsi section, Guangyuan, Sichuan. Geological Review, 33(3): 203～211 (in Chinese with English abstract) [高振刚,徐道一,张勤文,孙亦因. 1987. 四川广元上寺二叠系-三叠系界线层内微球粒的发现与研究. 地质论评, 33(3): 203～211]

Guo Fuxiang. 1985. Fossil Bivalves of Yunnan. Kunming: Yunnan Science and Technology Publishing House. 1～319 (in Chinese) [郭福祥. 1985. 云南的双壳类化石. 昆明: 云南科技出版社. 1～319]

Hallam A, Miller A I. 1988. Extinction and survival in the Bivalvia. Systematics Association Special Volume, 34: 121～138

Hallam A, Wignall P B. 1997. Mass extinctions and their aftermath. Oxford: Oxford University Press. 1～320

He Jinwen. 1985. Discovery of microspherules from the Permo-Triassic mixed fauna bed No. 1 of Meishan in Changxing, Zhejiang and its significance. Journal of Stratigraphy, 9(4): 293～297 (in Chinese with English abstract) [何锦文. 1985. 浙江长兴煤山二叠-三叠系混生层 1 中的微球粒的发现及其意义. 地层学杂志, 9(4): 293～297]

Isozaki Y. 1997. Permo-Triassic boundary superanoxia and stratified superocean: record from lost deep sea. Science, 276: 235～240

Jablonski D. 2001. Lessons from the past: Evolutionary impacts of mass extinctions. Proceedings of the National Academy of Sciences, USA, 98(10): 5 393～5 398

Jablonski D. 2002. Survival without recovery after mass extinctions. Proceedings of the National Academy of Sciences, USA, 99(12): 8 139～8 144

Jin Yugan. 1991. Two phases of the end-Permian extinction. Palaeoworld—Laboratory of Palaeobiology and Stratigraphy, Nanjing Institute of Geology and Palaeontology, Academia Sinica, 1: 39 (in Chinese) [金玉玕. 1991. 二叠纪末期生物集群灭绝的两个阶段. Palaeoworld—现代古生物学和地层学开放实验室年报(1989～1990), 1: 39]

Jin Yugan. 1993. Pre-Lopingian benthos crisis. Comptes Rendus Ⅻ International Congress on Carboniferous-Permian (Benos Aires), Volume 2: 269～278

Jin Yugan, Chen Chuzhen, Hu Shizhong. 1989. The Permian and Permian-Triassic boundary in the Alps and correlation between them and the related strata in Souch China. Journal of Stratigraphy, 13(1): 22～33 (in Chinese) [金玉玕,陈楚震,胡世忠. 1989. 南阿尔卑斯的二叠系和二叠-三叠系界线及其与华南有关地层的对比. 地层学杂志, 13(1): 22～33]

Jin Yugan, Shen Shuzhong, Zhu Zili, Mei Silong, Wang Wei. 1996. The Selong section, candidate of the global stratotype section and point of the Permian-Triassic boundary. In: Yin Hongfu, ed. The Palaeozoic-Mesozoic Boundary: Candidates of Global Stratotype Section and Point of the Permian-Triassic Boundary. Wuhan: China University of Geosciences Press. 127～137

Jin Y G, Wang Y, Wang W, Shang Q H, Cao C Q, Erwin D H. 2000. Pattern of marine mass extinction near Permian-Triassic boundary in South China. Science, 289, 432～436

Jin Yugan, Wardlaw B R, Gleniste B F, Kotlya G V. 1997. Permian chronostratigraphic subdivisions. Episodes, 20(1): 10～15

Jin Yugan, Zhang Jing, Shang Qinghua. 1994. Two phases of the end-Permian mass extinction. Canadian Society of Petroleum Geologists, Memoir, 17: 813～822

Jin Yugan, Zhang Jing, Shang Qinghua. 1995. Pre-Lopingian catastrophic event of marine faunas. Acta Palaeontologica Sinica, 34: 410～427(in Chinese with English abstract)[金玉玕,张进,尚庆华. 1995. 前乐平统海洋动物灾变事件. 古生物学报, 34: 410～427]

Johnston P A. 1993. Lower Devonian pelecypods from south-eastern Australia. Memoirs of the

Association of Australasian Palaeontologists, 14: 1～134

Kaiho K, Kajiwara Y, Nakano T, Miura Y, Kawahata H, Tazaka K, Ueshima M, Chen Zhongqiang, Shi G R. 2001. End-Permian catastrophe by a bolide impact: Evidence of a gigantic release of sulfur from the mantle. Geology, 29(9): 815～818

Kammer T W, Brett C E, Boardman D R, II, Mapes R H. 1986. Ecological stability of the dysaerobic biofacies during the Late Paleozoic. Lethaia, 19(2): 109～121

Kamo S L, Czamanske G K, Amelin Y, Fedorenko V A, Davis D W, Trofimov V R. 2003. Rapid eruption of Siberian flood-volcanic rocks and evidence for coincidence with the Permian-Triassic boundary and mass extinction at 251 Ma. Earth and Planetary Science Letters, 6 737: 1～17

Kapoor H M. 1992. Permo-Triassic boundary of the Indian subcontinent and its intercontinental correlation. In: Sweet W C, Yang Zunyi, Dickins J M, Yin Hongfu, eds. Permo-Triassic Events in the Eastern Tethys. Cambridge: Cambridge University Press. 21～36

Kapoor H M. 1996. The Guryul Ravine Section, candidate of the global stratotype section and point of the Permo-Triassic boundary. In: Yin Hongfu, ed. The Palaozoic-Mesozoic Boundary Candidates of Global Stratotype Section and Point of the Permian-Triassic Boundary. Wuhan: China University of Geosciences Press. 99～110

Kauffman E G, Harries P J. 1996. The importance of crisis progenitors in recovery from mass extinction. Geological Society Special Publication, 102: 15～39

Kelly S R A, Blanc E, Price S P, Whitham A G. 2000. Early Cretaceous giant bivalves from seep-related limestone mounds, Wollaston, Forland, Northeast Greenland. In: Harper E M, Taylor J D, Crame J A, eds. Evolutionary Biology of the Bivalvia. Geological Society Special Publication, 177: 227～246

Knoll A H, Bambach R K, Canfield D E, Grotzinger J P. 1996. Comparative Earth history and Late Permian mass extinction. Science, 273: 452～457

Kozur H W. 1994. The Permian/Triassic boundary and possible causes of the faunal change near the Permian/Triassic boundary. Permophiles, 24: 51～54

Kozur H W. 1998a. Some aspects of the Permian-Triassic boundary (PTB) and of the possible causes for the biotic crisis around this boundary. Palaeogeography, Palaeoclimatology, Palaeoecology, 143: 227～272

Kozur H W. 1998b. Problems for evaluation of the scenario of the Permian-Triassic boundary biotic crisis and of it causes. Geologia Croatica, 51(2): 135～162

Krystyn L, Orchard M J. 1996. Lowermost Triassic ammonoid and conodont biostratigraphy of Spiti, India. Albertiana, 17: 10～21

Kummel B, Teichert C. 1970. Stratigraphy and Paleontology of the Permo-Triassic boundary beds, Salt Range and Trans-Indus Ranges, Pakistan. Special Publications of University of Kansas, Department of Geology, 4: 1～474

Kummel B, Teichert C. 1973. The Permian-Triassic boundary beds in central Tethys. Canadian Society of Petroleum Geologists, Memoir 2: 17～34

Lai Xulong. 1998. Discussion on Permian-Triassic conodont study. Permophiles, 31: 32～35

Lai Xulong, Yang Fengqing, Hallam A, Wignall P B. 1996. The Shangsi section, candidate of the Global Stratotype Section and Point of the Permian-Triassic Boundary. In: Yin Hongfu, ed. The Palaeozoic-Mesozoic Boundary Candidates of Global Stratotype Section and Point of the Permian-Triassic Boundary. Wuhan: China University of Geosciences Press. 113～124

Li Ling. 1995. Evolutionary change of bivalves from Changhsingian to Griesbachian in South China. Acta Palaeontologica Sinica, 34(3): 350～369 (in Chinese with English summary) [李玲. 1995. 华南长兴期至格里斯巴赫期双壳类的演替. 古生物学报, 34(3): 350～369]

Li Zishun, Zhan Lipei, Dai Jinye, Jin Ruogu, Zhu Xiufang, Zhang Jinghua, Huang Hengquan, Xu Daoyi, Yan Zheng, Li Huamei *et al*. 1989. Study on the Permian-Triassic Biostratigraphy and Event Stratigraphy of Northern Sichuan and Southern Shaanxi. People's Republic of China, Ministry of Geology and Mineral Resources, Geological Memoirs, Series 2, 9: 1～435 (in Chinese with English summary) [李子舜,詹立培,戴进业,金若谷,朱秀芳,张景华,黄恒铨,徐道一,严正,李华梅等. 1989. 川北陕南二叠-三叠纪生物地层及事件地层学研究. 中华人民共和国地质矿产部地质专报,二、地层古生物,第 9 号:1～435]

Liang Handong. 2002. End-Permian catastrophic event of marine acidification by hydrated sulfuric acid: Mineralogical evidence from Meishan section of South China. Chinese Science Bulletin, 47 (16): 1 393～1 397 [梁汉东. 2002. 二叠纪末期海洋硫酸化环境灾变事件: 煤山剖面岩石矿物证据. 科学通报, 47(10): 784～788]

Liao Zhuoting. 1979. Brachiopod assemblage zone of Changxing stage and brachiopods from Permo-Triassic boundary beds in China. Journal of Stratigraphy, 3(3): 200～207 (in Chinese) [廖卓庭. 1979. 中国南部长兴阶的腕足动物组合及二叠-三叠纪混生动物群中的腕足动物. 地层学杂志, 3(3): 200～207]

Liao Zhuoting. 1984. New genus and species of Late Permian and Earliest Triassic brachiopods from Jiangsu, Zhejiang and Anhui Provinces, China. Acta Palaeontologica Sinica, 23(3):276～285 (in Chinese with English summary) [廖卓庭. 1984. 苏、浙、皖三省邻近地区晚二叠世至早三叠世早期腕足类的新属种. 古生物学报, 23(3): 276～285]

Liu Lujun, Yao Zhaoqi. 2002. Geological age of the Kayitou Formaton. Journal of Stratigraphy, 26 (3): 235～237 (in Chinese with English Abstract)[刘陆军,姚兆奇. 2002. 论卡以头组的时代. 地层学杂志, 26(3): 235～237]

Long Jiarong, Gan Xiuming, Feng Rulin. 1991. Research on the Permian-Triassic Boundary in Guizhou Province, China. Guiyang: Guizhou Science and Technology Publishing House. 1～112 (in Chinese with English abstract) [龙家荣,甘修明,冯儒林. 1991. 贵州二叠-三叠系界线研究. 贵阳: 贵州科技出版社. 1～112]

Looy C V, Twitchett R J, Dilcher D L, Van Konijnenburg-Van Cittert J H A, Visscher H. 2001. Life in the end-Permian dead zone. Proceedings of the National Academy of Sciences, USA, 98 (14): 7 879～7 883

Marshall C R. 1995. Distinguishing between sudden and gradual extinctions in the fossil record: Predicting the position of the Cretaceous-Tertiary iridium anomaly using the ammonite fossil record on Seymour Island, Antarctica. Geology, 23: 313～316

Matsuda T. 1981. Early Triassic conodonts from Kashmir, India, Part 1: *Hindeodus* and *Isarcicella*. Journal of Geosciences, Osaka City University, 24: 75～108

Matsumoto M. 2003. Phylogenetic analysis of the subclass Pteriomorphia (Bivalvia) from mtDNA COI sequences. Molecular Phylogenetics and Evolution, 27(3): 429～440

McCoy F. 1844. A Synopsis of the Carboniferous Limestone Fossils of Ireland. Dublin: Privately printed by S. R. J. Griffith. 1～207

Meldahl K H. 1990. Sampling, species abundance, and the stratigraphic signature of mass extinction: A test using Holocene tidal flat molluscs. Geology, 18(9): 890～893

Miller A I, Sepkoski J J. 1988. Modeling bivalve diversification: the effect of interaction on a macroevolutionary system. Paleobiology, 14: 364～369

Morris N J, Dickins J M, Astafieva-Urbaitis K. 1991. Upper Palaeozoic anomalodesmatan Bivalvia. Bulletin of British Museum of Natural History (Geology), 47(1): 51～100

Morris P J, Ivany L C, Schopf K M, Brett C E. 1995. The challenge of paleoecological stasis: Reassessing sources of evolutionary stability. Proceedings of the National Academy of Sciences of the USA, 92: 11 269～11 273

Mou Chongjian, Liu Chunlian. 1993. Permian bivalves from the area of Guangzhou, South China. Acta Scientiarum Naturalium Universitatis Sunyatseni, 32(3): 101～108 (in Chinese with English abstract)[牟崇健,刘春莲. 1993. 广州地区二叠纪双壳类动物. 中山大学学报(自然科学版), 32(3): 101～108]

Mundil R, Metcalfe I, Ludwig K R, Renne P R, Oberli F, Nicoll R S. 2001. Timing of the Permian-Triassic biotic crisis: implications from new zircon U/Pb age data (and their limitations). Earth and Planetary Science Letters, 187: 131～145

Muster H. 1995. Taxonomie und Palaobiogeographie der Bakevelliidae. Beringeria, 14: 3～161

Nakazawa K. 1981. Permian and Triassic bivalves of Kashmir. In: Nakazawa K, Kapoor H M, eds. The Permian and Lower Triassic Faunas of Kashmir. Memoirs of the Geological Survey of India, New Series, 46: 87～122

Nakazawa K. 1991. Mutual relation of Tethys and Japan during Permian and Triassic time viewed from bivalve fossils. Saito Ho-on Kai Special Publication, 3 (Proceedings of Shallow Tethys 3, Sendai, 1990): 3～20

Nakazawa K. 1992. The Permian-Triassic boundary. Albertiana, 10: 23～30

Nakazawa K. 1993. Stratigraphy of the Permian-Triassic transition and the Paleozoic-Mesozoic boundary. Bulletin of Geological Survey of Japan, 44(7): 425～445

Nakazawa K. 1996. Lower Triassic bivalves from the Salt Range region, Pakistan. Gondwana Nine, Volume 1. New Delhi: Oxford and Ibh Publishing Co. Pvt. Ltd. 207～229

Newell N D, Boyd D W. 1995. Pectinoid bivalves of the Permian-Triassic crisis. Bulletin of American Museum of Natural History, 227: 1～95

Nicoll R S, Metcalfe I, Wang Chengyuan. 2002. New species of the conodont genus *Hindeodus* and the conodont biostratigraphy of the Permian-Triassic boundary interval. Journal of Asian Earth Sciences, 20: 609～631

Nakazawa K, Kapoor H M, Ishii K, Bando Y, Maegoya T, Shimizu D, Nogami Y, Tokuoka T, Nohda S. 1970. Preliminary report on the Permo-Trias of Kashmir. Memoirs of the Faculty of Science, Kyoto University, Series of Geology and Mineralogy, 37(2): 163～172

Nakazawa K, Kapoor H M, Ishii K, Bando Y, Okimura Y, Tukuoka T. 1975. The Upper Permian and Lower Triassic in Kashmir, India. Memoirs of the Faculty of Science, Kyoto University, Series of Geology and Mineralogy, 42(1): 1～106

Nakazawa K, Newell N D. 1968. Permian bivalves of Japan. Memoirs of the Faculty of Science, Kyoto University, Series of Geology and Mineralogy, 35(1): 1～108

Nakazawa K, Runnegar B. 1973. The Permian-Triassic boundary: A crisis for bivalves? In: Logan A, Hills L V, eds. The Permian and Triassic Systems and Their Mutual Boundary. Memoirs of Canadian Society of Petroleum Geologists, 2: 608～621

Ouyang Shu. 1982. Upper Permian and Lower Triassic palynomorphs from eastern Yunnan, China. Canadian Journal of Earth Sciences, 19(1): 68～80

Ouyang Shu. 1986. Palynology of Upper Permian and Lower Triassic strata of Fuyuan district, eastern Yunnan. Palaeontologia Sinica, 169, New Series A, Number 9. 1～122 (in Chinese with English summary)[欧阳舒. 1986. 云南富源晚二叠世-早三叠世孢子花粉组合. 中国古生物志,总号第169册,新甲种第9号. 1～122]

Ouyang Shu, Li Zaiping. 1980. Microflora from basal lower Triassic of China and their ecological implications, with special reference to Paleophyte/Mesophyte problems. In: The Palaeontology and the Coal-Bearing Strata of Late Permian in Western Guizhou and Eastern Yunnan. Beijing: Science Press. 123～183 (in Chinese)[欧阳舒,李再平. 1980. 云南富源卡以头层微体植物群及

其地层和古植物学意义. 见:黔西滇东晚二叠世含煤地层和古生物群. 北京:科学出版社. 123～183]

Pan Huazhang, Erwin D H, Nutzel A, Zhu Xiang-shui. 2003. *Jiangxispira*, a new gastropod genus from the Early Triassic of China with remarks on the phylogeny of the Heterostropha at the Permian-Triassic boundary. Journal of Paleontology, 77(1): 44～49

Patte E. 1935. Fossiles paleozoiques et mesozoiques du Sud-Ouest de la Chine. Palaeontologia Sinica, Series B, 15(2): 1～50

Peng Yuanqiao, Tong Jinnan. 1999. Intergrated study of Permian-Triassic boundary bed in Yangtze platform. Geoscience—Journal of China University of Geosciences, 24(1): 39～48 (in Chinese with English abstract) [彭元桥,童金南. 1999. 扬子台区二叠-三叠系界线层综合地层学研究. 地球科学—中国地质大学学报, 24(1): 39～48]

Peng Yuanqiao, Tong Jinnan, Shi G R, Hansen H J. 2001. The Permian-Triassic boundary stratigraphic set: characteristics and correlation. Newsletters on Stratigraphy, 39(1): 55～71

Peters S E, Foote M. 2002. Determinants of extinction in the fossil record. Nature, 416: 420～424

Phillips J. 1836. Illustrations of the Geology of Yorkshire. Part 2, The Mountain Limestone District. London. 1～253

Pojeta J, Jr. 1988. The origin and Paleozoic diversification of solemyoid bivalves. Bulletin of the Bureau of Mins and Mineral Resources, Geology and Geophysics, 174: 1～64

Rampino M R, Adler A C. 1998. Evidence for abrupt latest Permian mass extinction of foraminifera: Results of tests for the Signor-Lipps effect. Geology, 26: 415～418

Renn P R. Zhang Zichao, Richards M A, Black M T, Basu A R. 1995. Synchrony and causal relations between Permian-Triassic boundary crises and Siberian flood volcanism. Science, 269: 1 413～1 416

Rong Jiayu, Harper D A T. 1999. Brachiopod survival and recovery from latest Ordovician mass extinction in South China. Geological Journal, 34(4): 321～348

Rong Jiayu, Shen Shuzhong. 2002. Comparative analysis of the end-Permian and end-Ordovician brachiopod mass extinctions and survivals in South China. Palaeogeography, Palaeoclimatology, Palaeoecology, 188(1-2): 25～38

Rong Jiayu, Zhan Renbin. 1999. Chief sources of brachiopod recovery from the end Ordovician mass extinction with special references to progenitors. Science in China (Series D): 42(1): 1～8

Rui Lin, He Jinwen, Chen Chuzhen, Wang Yigang. 1988. Discovery of fossil animals from the basal clay of Permian-Triassic boundary in the Meishan area of Changxing, Zhejiang and its significance. Journal of Stratigraphy, 12(1): 48～52 (in Chinese with English abstract) [芮琳, 何锦文,陈楚震,王义刚. 1988. 浙江长兴煤山地区二叠-三叠系界线底粘土中动物化石的发现及其意义. 地层学杂志, 12(1): 48～52]

Rui Lin, Wang Yigang, Chen Chuzhen, He Jinwen, Wang Zhihao. 1989. Where is the exact position of the Permian-Triassic boundary in the Shangsi section of Guangyuan County, Sichuan. Journal of Stratigraphy, 13(2): 151～155, 143 (in Chinese with English abstract) [芮琳,王义刚,陈楚震,何锦文,王志浩. 1989. 四川广元上寺剖面二叠系-三叠系界线位置在哪里? 地层学杂志, 13(2): 151～155,143]

Sephoton M A, Veefkind R J, Looy C V, Visscher H, Brinkhnis H, de Leeuw J W. 2001. Lateral variations in end-Permian organic matter in northern Italy. In: Buffetaut E, Koeberl C, eds. Geological and Biological Effects of Impact Events. Heidelberg: Springer-Verlag. 11～24

Sepkoski J J, Jr. 1996. Patterns of Phanerozoic extinctions: a perspective from global data bases. In: Walliser O H, eds. Global Events and Event Stratigraphy in the Phanerozoic. Heidelberg: Springer-Verlag. 35～51

Shen Shuzhong, Shi G R. 2002. Paleobiogeographical extinction patterns of Permian brachiopods in the Asian western Pacific region. Paleobiology, 28(4): 449～463

Sheng Jinzhang, Chen Chuzhen, Wang Yigang, Rui Lin, Liao Zhuoting, Jiang Nayan. 1983. A research in the Permian-Triassic boundary stratotype from Changxing area, Zhejiang, China. Journal of Stratigraphy, 7(4): 245～257 (in Chinese) [盛金章,陈楚震,王义刚,芮琳,廖卓庭,江纳言. 1983. 浙江长兴地区二叠系与三叠系界线层型研究. 地层学杂志, 7(4): 245～257]

Sheng Jinzhang, Chen Chuzhen, Wang Yigang, Rui Lin, Liao Zhuoting, Bando Y, Ishii K, Nakazawa K, Nakamura K. 1984. Permian-Triassic boundary in middle and eastern Tethys. Journal of the Faculty of Science, Hokkaido University, Series 4, 21(1): 133～181

Sheng Jinzhang, Chen Chuzhen, Wang Yigang, Rui Lin, Liao Zhuoting, He Jinwen, Jiang Nayan, Wang Chengyuan. 1987. New advances on the Permian and Triassic boundary of Jiangsu, Zhejiang and Anhui. In: Permian-Triassic Boundary (1), Stratigraphy and Palaeontology of Systemic Boundaries in China. Nanjing: Nanjing University Press. 1～21 (in Chinese with English abstract) [盛金章,陈楚震,王义刚,芮琳,廖卓庭,何锦文,江纳言,王成源. 1987. 苏浙皖地区二叠系和三叠系界线研究的新进展. 见:二叠系与三叠系界线(一),中国各系界线地层及古生物. 南京: 南京大学出版社. 1～21]

Sheng Jinzhang, Jin Yugan. 1994. Correlation of Permian deposits in China. Palaeoworld, 4: 14～113

Shimizu. 1981. Upper Permian brachiopod fossils from Guryul Ravine and the Spur three kilometers north of Barus. Memoirs of the Geological Survey of India, New Series, 46: 67～85

Stanley S M. 1968. Post-Paleozoic adaptive radiation of infaunal bivalve molluscs—a consequence of mantle fusion and siphon formation. Journal of Paleontology, 42: 214～229

Stanley S M, Yang Xiangning. 1994. A double mass extinction at the end of the Paleozoic. Science, 266: 1 340～1 344

Sweet W C. 1973. Late Permian and Early Triassic conodont faunas. In: Logan A, Hills L V, eds. The Permian and Triassic Systems and Their Mutual Boundary. Memoir of Canadian Society of Petroleum Geologists, 2: 630～647

Teichert C, Kummel B. 1976. Permian-Triassic boundary in the Kap Stosch area, East Greenland. Meddelelser om Greenland, 197(5): 1～49

Teichert C, Kummel B, Kapoor H M. 1970. Mixed Permian-Triassic fauna, Guryul Ravine, Kashmir. Science, 167: 174～175

Tian Baolin, Zhang Lianwu. 1980. Fossil Atlas of Wangjiazhai Coalfield, Shuicheng, Guizhou. Beijing: Coal Industry Press. 1～110 (in Chinese) [田宝林,张连武. 1980. 贵州水城汪家寨矿区化石图册. 北京: 煤炭工业出版社. 1～110]

Twitchett R J. 2001. Incompleteness of the Permian-Triassic fossil record: a consequence of productivity decline? Geological Journal, 36: 341～353

Twitchett R J, Looy C V, Morante R, Visscher H, Wignal P. 2001. Rapid and synchronous collapse of marine and terrestrial ecosystems during the end-Permian biotic crisis. Geology, 29: 351～354

Twitchett R J, Wignall P. 1996. Trace fossils and the aftermath of the Permian-Triassic mass extinction: evidence from northern Italy. Palaeogeography, Palaeoclimatology, Palaeoecology, 124: 137～151

Waller T R. 1978. Morphology, morphoclines, and a new classification of the Pteriomorphia (Mollusca: Bivalvia). Philosophical Transactions of the Royal Society of London, Series B, 284: 345～365

Waller T R. 1984. The ctenolium of scallop shells: functional morphology and evolution of a key family-level character in the Pecinacea (Mollusca: Bivalvia). Malacologia, 25: 203～219

Waller T R. 1998. Origin of the molluscan class Bivalvia and a phylogeny of major groups. In: Johnston P A, Haggart J W, eds. Bivalves: An Eon of Evolution-Palaeobiological Studies Honoring Norman D. Newell. Calgary: University of Calgary Press. 1～45

Waller T R, Marincovich L, Jr. 1992. New species of *Camptochlamys* and *Chlamys* (Mollusca: Bivalvia: Pectinidae) from near the Cretaceous-Tertiary boundary at Ocean Point, North Slope, Alaska. Journal of Paleontology, 66(2): 215～227

Wang Chengyuan. 1994. Eventostratigraphic boundary and biostratigraphic boundary of the Permian-Triassic in South China. Journal of Stratigraphy, 18(2): 110～118,145 (in Chinese with English abstract) [王成源. 1994. 华南二叠-三叠系的事件地层与生物地层界线. 地层学杂志, 18(2): 110～118, 145]

Wang Chengyuan. 1995. Conodonts of Permian-Triassic boundary beds and biostratigraphic boundary. Acta Palaeontologica Sinica, 34(2): 129～151 (in Chinese with English summary) [王成源. 1995. 二叠-三叠系界线层的牙形刺与生物地层界线. 古生物学报, 34(2): 129～151]

Wang Chengyuan. 1998. Conodont mass extinction and recovery from Permian-Triassic boundary beds. In: Department of Geology, Peking University, ed. Collected works of International Symposium on Geological Science Held at Peking University, Beijing, China Beijing: Seismologic Press. 379～389 (in Chinese with English abstract) [王成源. 1998. 二叠-三叠系界线层牙形刺的绝灭与复苏. 见: 北京大学地质学系编. 北京大学国际地质科学学术研讨会论文集. 北京: 地震出版社. 379～389]

Wang Mingqian. 1993. Bivalve fauna from Uppermost Permian and Lowermost Triassic of Fenghai, Yong'an, Fujian. Acta Palaeontologica Sinica, 32(4): 458～476 (in Chinese with English summary) [王明倩. 1993. 福建永安丰海二叠系上部及三叠系底部的双壳类动物群. 古生物学报, 32(4): 458～476]

Wang Shangyan. 2001. On Kayitou Formation. Journal of Stratigraphy, 25(2): 129～134, 149 (in Chinese with English abstract) [王尚彦. 2001. 论卡以头组. 地层学杂志, 25(2): 129～134, 149]

Wang Shangyan. 2002. On Kayitou Formation once again. Journal of Stratigraphy, 26(3): 238～240 (in Chinese with English abstract) [王尚彦. 2002. 再论卡以头组. 地层学杂志, 26(3): 238～240]

Wang Shangyan, Yin Hongfu. 2001. Study on Terrestrial Permian-Triassic Boundary in Eastern Yunnan and Western Guizhou. Wuhan: China University of Geosciences Press. 1～88 (in Chinese with English abstract) [王尚彦, 殷鸿福. 2001. 滇东黔西陆相二叠纪-三叠纪界线地层研究. 武汉: 中国地质大学出版社. 1～88]

Wang Xiangdong, Sugiyama T. 2000. Diversity and extinction patterns of Permian coral faunas of China. Lethaia, 33: 285～294

Wignal P B, Hallam A. 1992. Anoxia as a cause of the Permian-Triassic extinction: facies evidence from northern Italy and the western United States. Palaeogeography, Palaeoclimatology, Palaeoecology, 93: 21～46

Wignall P B, Hallam A. 1993. Griesbachian (Eariest Triassic) palaeoenvironmental changes in the Salt Range, Pakistan and southeast China and their bearing on the Permo-Triassic mass extinction. Palaeogeography, Palaeoclimatology, Palaeoecology, 102: 215～237

Wignall P B, Kozur H, Hallam A. 1996. On the timing of palaeoenvironmental changes at the Permo-Triassic (P/Tr) boundary using conodont biostratigraphy. Historical Biology, 12: 39～62

Wignall P B, Morante R, Newton R. 1998. The Permo-Triassic transition in Spitsbergen: $\delta^{13}C_{org}$ chemostratigraphy, Fe and S geochemistry, facies, fauna and trace fossils. Geological Magazine,

135：47～62

Wignall P B, Newton R. 2003. Contrasting deep-water records from the Upper Permian and Lower Triassic of South Tibet and British Columbia: Evidence for a diachronous mass extinction. Palaios, 18: 153～167

Wignall P B, Twitchett R J. 1996. Oceanic anoxia and the end Permian mass extinction. Science, 272: 1 155～1 158

Wignall P B, Twitchett R J. 2002. Extent, duration, and nature of the Permian-Triassic superanoxic event. In: Koeberl C, MacLeod K G, eds. Catastrophic Events and Mass Extinctions: Impacts and Beyond. Geological Society of America, Special Paper, 356: 395～413

Wilde P, Berry W B N. 1984. Destabilization of the oceanic density structure and its significance to marine "extinction" events. Palaeogeography, Palaeoclimatology, Palaeoecology, 48: 143～162

Wu Faming, Hong Zuyin. 1991. Bivalves from the Late Permian in Yongan, Fujian, China. Journal of Fuzhou University (Natural Science), 19(3): 113～119 (in Chinese) [吴发明，洪祖寅. 1991. 福建永安晚二叠世双壳类. 福州大学学报(自然科学), 19(3): 113～119]

Wu Shunbao, Li Qing, Wang Weiwei. 1988. Characteristics of stratigraphical and faunal changes near the Permo-Triassic boundary in the Huayingshan area, Sichuan Province. China. Geoscience—Journal of Graduate School, China University of Geosciences, 2(3): 375～385 (in Chinese with English abstract) [吴顺宝，李庆，王薇薇. 1988. 四川华蓥山二叠纪与三叠纪之交沉积特征与动物群变化. 现代地质, 2(3): 375～385]

Wu Shunbao. 1991. Transgression and regression of terminal Changhsingian. In: Yang Zunyi, Wu Shunbao, Yin Hongfu, Xu Guirong, Zhang Kexin, *et al*. Permo-Triassic Events of South China. Beijing: Geological Publishing House. 14～19 (in Chinese with English abstract) [吴顺宝. 1991. 长兴期末海退与海进. 见：杨遵仪，吴顺宝，殷鸿福，徐桂荣，张克信等. 1991. 华南二叠-三叠纪过渡期地质事件. 北京：地质出版社. 14～19]

Xu Daoyi, Ma Shulan, Chai Chifang, Mao Xueying, Sun Yiyin, Zhang Qinwen, Yang Zhengzhong. 1985. Abundance variation of iridium and trace elements at the Permian-Triassic boundary at Shangsi in China. Nature, 314: 154～156

Xu Daoyi, Yan Zheng. 1993. Carbon isotope and iridium event markers near the Permian-Triassic boundary in the Meishan section, Zhejiang Province, China. Palaeogeography, Palaeoclimatology, Palaeoecology, 104: 171～176

Xu Guirong, Grant R. 1994. Brachiopods near the Permian-Triassic boundary in South China. Smithsonian Contributions to Paleobiology, 76: 1～68

Xu Guirong, Zhang Kexin, Huang Siji, Wu Shunbao, Bi Xianmei 1988. On the Upper Permian and event stratigraphy of Permo-Triassic boundary in Huangshi, Hubei Province. Earth Science—Journal of China University of Geosciences, 13(5): 521～527 (in Chinese with English abstract) [徐桂荣，张克信，黄思骥，吴顺宝，毕先梅. 1988. 湖北黄石地区上二叠统和二叠、三叠系界线事件地层研究. 地球科学—中国地质大学学报, 13(5): 521～527]

Yang Fengqing, Gao Yongqun, Peng Yuanqiao. 2002. Study of Late Permian *Claraia* of South China. Science in China (Series D), 32(1): 19～27 (in Chinese) [杨逢清，高勇群，彭元桥. 2002. 华南晚二叠世克氏蛤研究. 中国科学(D辑), 32 (1): 19～27]

Yang Guangrong, Zhang Yucheng, Huang Yun'an, Li Changlin, Wang Xinghua. 1986. Division of Upper Permian and Coal-bearing Characters in Southern Sichuan. Chongqing: Chongqing Press. 1～153, 46 pls. (in Chinese) [杨光荣，张玉成，黄云安，李长林，王兴华. 1986. 四川南部上二叠统划分与含煤性. 重庆：重庆出版社. 1～153, 46 图版]

Yang Zunyi, Li Zishun. 1992. Permo-Triassic boundary relations in South China. In: Sweet W C, Yang Zunyi, Dickins J M, Yin Hongfu, eds. Permo-Triassic Events in the Eastern Tethys.

Cambridge: Cambridge University Press. 9～20

Yang Zunyi, Wu Shunbao, Yin Hongfu, Xu Guirong, Zhang Kexin, *et al*. 1991. Permo-Triassic Events of South China. Beijing: Geological Publishing House. 1～190 (in Chinese with English abstract) [杨遵仪,吴顺宝,殷鸿福,徐桂荣,张克信等. 1991. 华南二叠-三叠纪过渡期地质事件. 北京:地质出版社. 1～190]

Yang Zunyi, Wu Shunbao, Yin Hongfu, Xu Guirong, Zhang Kexin, Bi Xianmei. 1993. Permo-Triassic events of South China. Beijing: Geological Publishing House. 153p

Yang Zunyi, Yang Fengqing, Wu Shunbao. 1996. The ammonoid *Hypophiceras* fauna near the Permian-Triassic boundary at Meishan section and in South China: stratigraphic significance. In: Yin Hongfu, ed. The Palaeozoic-Mesozoic Boundary: Candidates of Global Stratotype Section and Point of the Permian-Triassic Boundary. Wuhan: China University of Geosciences Press. 49～56

Yang Zunyi, Yin Hongfu, Wu Shunbao, Yang Fengqing, Ding Meihua, Xu Guirong, *et al*. 1987. Permian-Triassic Boundary Stratigraphy and Fauna of South China. Geological Memoirs, People's Republic of China Ministry of Geology and Mineral Resources, Series 2, Number 6: 1～379, 37 pls. Beijing: Geological Publishing House (in Chinese with English abstract) [杨遵仪,殷鸿福,吴顺宝,杨逢清,丁梅华,徐桂荣等. 1987. 华南二叠-三叠系界线地层及动物群. 中华人民共和国地质矿产部地质专报,二、地层古生物,第6号. 北京:地质出版社. 1～379, 37图版]

Yao Zhaoqi, Xu Juntao, Zheng Zhuoguan, Zhao Xiugu, Muo Zhuangguan. 1980. Biostratigraphy of Late Permian and the boundary of Permian-Triassic in western Guizhou and eastern Yunnan. In: The Palaeontology and the Coal-Bearing Strata of Late Permian in Western Guizhou and Eastern Yunnan. Beijing: Science Press. 1～69 (in Chinese) [姚兆奇,徐均涛,郑灼官,赵修祜,莫壮观. 1980. 黔西滇东晚二叠世生物地层和二叠系与三叠系的界线问题. 见:黔西滇东晚二叠世含煤地层和古生物群. 北京:科学出版社. 1～69]

Yin Hongfu. 1981. Palaeogeographical and Stratigraphical distribution of the Lower Triassic *Claraia* and *Eumorphotis* (Bivalvia). Acta Geologica Sinica, 55(3): 161～169 (in Chinese with English abstract) [殷鸿福. 1981. 克氏蛤和正海扇的分布及其地质意义. 地质学报, 55(3): 161～169]

Yin Hongfu. 1982. Uppermost Permian (Changhsingian) Pectinacea from South China. Rivista Italiana di Paleontologia e Stratigrafia, 88(3): 337～386

Yin Hongfu. 1983. Bivalves near the Permian-Triassic boundary in South China. Geological Review, 29(4): 303～320 (in Chinese with English abstract) [殷鸿福. 1983. 古生代、中生代之交的华南双壳类——分带、对比与危机. 地质论评, 29(4): 303～320]

Yin Hongfu. 1985. Bivalves near the Permian-Triassic boundary in South China. Journal of Paleontology, 59(3): 572～600

Yin Hongfu. 1987. Bivalvia. In: Yang Zunyi, Yin Hongfu, Wu Shunbao, Yang Fengqing, Ding Meihua, Xu Guirong, *et al*. Permian-Triassic Boundary Stratigraphy and Fauna of South China. Geological Memoirs, People's Republic of China Ministry of Geology and Mineral Resources, Series 2, Number 6. Beijing: Geological Publishing House. 53～56, 157～161, 235～261 (in Chinese with English abstract) [殷鸿福. 1987. 双壳纲. 见:杨遵仪,殷鸿福,吴顺宝,杨逢清,丁梅华,徐桂荣等. 华南二叠-三叠系界线地层及动物群. 中华人民共和国地质矿产部地质专报,二、地层古生物,第6号. 北京:地质出版社. 53～56, 157～161, 235～261]

Yin Hongfu. 1991. Bivalves. In: Yang Zunyi, Wu Shunbao, Yin Hongfu, Xu Guirong, Zhang Kexin, *et al*. Permo-Triassic Events of South China. Beijing: Geological Publishing House. 107～111 (in Chinese with English abstract) [殷鸿福. 1991. 双壳类. 见:杨遵仪,吴顺宝,殷鸿福,徐桂荣,张克信等. 1991. 华南二叠-三叠纪过渡期地质事件. 北京:地质出版社. 107～111]

Yin Hongfu. 1994. Reassessment of the index fossils at the Paleozoic-Mesozoic boundary. Palaeoworld, 4: 153～171

Yin Hongfu, Wu Shunbao. 1985. Transitional Bed—the basal Triassic unit of South China. Earth Science—Journal of Wuhan College of Geology, 10: 163～173 (in Chinese with English summary) [殷鸿福,吴顺宝. 1985. 过渡层——华南三叠系的底界. 地球科学—武汉地质学院学报, 10: 163～173]

Yin Hongfu, Tong Jinnan. 1998. Multidisciplinary high-resolution correlation of the Permian-Triassic boundary. Palaeogeography, Palaeoclimatology, Palaeoecology, 143(4): 199～211

Yin Hongfu, Zhang Kexin. 1996. Eventostratigraphy of the Permian-Triassic boundary at Meishan section, South China. In: Yin Hongfu, ed. The Palaeozoic-Mesozoic Boundary: Candidates of Global Stratotype Section and Point of the Permian-Triassic Boundary. Wuhan: China University of Geosciences Press. 84～96

Yin Hongfu, Zhang Kexin, Wu Shunbao, Peng Yuanqiao. 1996. Global correlation and definition of the Permian-Triassic boundary. In: Yin Hongfu, ed. The Palaeozoic-Mesozoic Boundary: Candidates of Global Stratotype Section and Point of the Permian-Triassic Boundary. Wuhan: China University of Geosciences Press. 3～28

Yin Hongfu, Zhang Kexin, Tong Jinnan, Yang Zunyi, Wu Shunbao. 2001. The global stratotype section and point (GSSP) of the Permian-Triassic boundary. Episodes, 24(2): 102～114

Zhang Kexin, Ding Meihua, Lai Xulong, Liu Jinhua. 1996. Conodont sequences of the Permian-Triassic boundary strata at Meishan section, South China. In: Yin Hongfu, ed. The Palaeozoic-Mesozoic Boundary: Candidates of Global Stratotype Section and Point of the Permian-Triassic Boundary. Wuhan: China University of Geosciences Press. 57～64

Zhang Kexin, Tong Jinnan, Yin Hongfu, Wu Shunbao. 1996. Sequence stratigraphy of the Permian-Triassic boundary section of Changxing, Zhejiang. Acta Geologica Sinica, 70(3): 270～281 (in Chinese with English abstract) [张克信,童金南,殷鸿福,吴顺宝. 1996. 浙江长兴二叠系-三叠系界线剖面层序地层研究. 地质学报, 70(3): 270～281]

Zhang Renjie. 1977. Bivalvia. In: Paleontological Atlas of Central South China (2). Beijing: Geological Publishing House. 470～533 (in Chinese) [张仁杰. 1977. 双壳纲. 见: 中南地区古生物图册(二). 北京: 地质出版社. 470～533]

Zhang Yuxiu. 1981. Late Permian bivalves from Yuanjia of Jiahe, Hunan Province. Acta Palaeontologica Sinica, 20(3): 260～265 (in Chinese with English summary) [张毓秀. 1981. 湖南嘉禾袁家晚二叠世瓣鳃类. 古生物学报, 20(3): 260～265]

Zhang Yuxiu, Li Zhengji. 1981. The Late Permian coal-bearing strata and fossil marine bivalves from Junlian, Sichuan, Southwest China. Coal Geology and Exploration, (5): 7～12 (in Chinese) [张毓秀,李正积. 1981. 四川筠连晚二叠世煤系及海生双壳类动物化石. 煤田地质与勘探, (5): 7～12]

Zhang Zuoming. 1980. On the ligament area, systematic position and evolutionary relationship of *Claraia*. Acta Palaeontologica Sinica, 19(6): 433～443 (in Chinese with English summary) [张作铭. 论克氏蛤(*Claraia*)的韧带区构造及其分类演化. 古生物学报, 19(6): 433～443]

Zhang Zuoming, Chen Chuzhen, Wen Shixuan. 1985. Fossil lamellibranches from eastern Xizang, western Sichuan and western Yunnan. In: Stratigraphy and Palaeontology in Western Sichuan and Eastern Xizang, China, Part 3. Chengdu: Sichuan Science and Technology Publishing House. 25～150 (in Chinese) [张作铭,陈楚震,文世宣. 1985. 藏东、川西、滇西北等地瓣鳃类化石. 见: 川西藏东地区地层与古生物, 第三册. 成都: 四川科学技术出版社. 25～150]

Zhao Jinke, Sheng Jinzhang, Yao Zhaoqi, Liang Xiluo, Chen Chuzhen, Rui Lin, Liao Zhuoting. 1981. The Changhsingian and Permian-Triassic boundary of South China. Bulletin of Nanjing Institute of

Geology and Palaeontology, 2: 1～85 (in Chinese with English summary) [赵金科,盛金章,姚兆奇,梁希洛,陈楚震,芮琳,廖卓庭. 1981. 中国南部的长兴阶和二叠系与三叠系之间的界线. 中国科学院南京地质古生物研究所丛刊, 2:1～85]

Zhou Yaoqi, Chai Chifang, Mao Xueying, Ma Shunlan, Ma Jianguo, Kong Ping. 1991. A mixing model—The elemental geochemistry of Permian-Triassic boundaries in South China and its implications. Geological Review, 37(1): 51～63 (in Chinese with English abstract) [周瑶琪,柴之芳,毛雪瑛,马淑兰,马建国,孔屏. 1991. 混合成因模式——中国南方二叠-三叠系界线地层元素地球化学及其启示. 地质论评, 37(1): 51～63]

Zhu Tong. 1990. The Permian Coal-bearing Strata and Palaeobiocoenosis of Fujian. Beijing: Geological Publishing House. 1～127, 47 pls. (in Chinese) [朱彤. 1990. 福建二叠纪含煤地层及古生物群. 北京: 地质出版社. 1～127, 47 图版]

附录 4.3.1 本节采用的华南二叠纪双壳类系统分类方案

由 Cox 和 Newell 等共同完成的《无脊椎古生物学专论》(Treatise)双壳纲卷(1969～1971)无疑代表了当时的最高学术水平,出版后立即得到最为广泛的引用,并成为全世界所有同行(甚至包括研究现生双壳类的同行)手头必备的工具书。它的出版极大地推动了学科发展,30 多年来对双壳纲动物的研究在古生物学和生物学方面都取得了重大进展。例如,深海双壳类和各时代双壳类的不断发现和研究,尤其是寒武纪和奥陶纪双壳类的研究;此外,在分子系统学、韧带和壳质微细构造的研究,以及分支系统学方法的运用等方面也都取得了十分可喜的进展;所有这些都促使双壳类工作者重新对双壳纲的系统发育进行审视和思考。另一方面,Treatise 双壳纲卷(1969～1971)的系统分类方案在实践中也逐渐暴露出一些明显的缺陷。近年来一些学者相继提出了新的分类方案,目前,双壳纲的高级分类系统正面临着重大的修订。1995 年加拿大 Drumheller 会议讨论了 Treatise 双壳纲卷(1969～1971)的修订问题,1999 年英国剑桥会议则标志着分子系统学和分支系统学方法与传统的双壳类系统学研究正在越来越紧密地结合,随着宏观的形态证据与微观的分子遗传证据的协调统一,化石双壳类和现生双壳类的高级分类系统必将逐渐走向统一,这将成为本学科今后发展的必然趋势。本文充分吸收了近年来系统分类研究的最新成果,尤其是 Waller(1978,1998),Pojeta(1988),Cope(2000),Carter(1990),Carter 等(2000),Johnston(1993),Newell 和 Boyd(1995),Boyd 和 Newell(1997),Amler(1999)等学者的成果,文中采用了现生双壳类两个亚纲的分类方案,总体上与 Treatise 双壳纲卷(1969～1971)的方案存在一定差异。再者,笔者还尽力对所有已描述发表的华南二叠纪双壳类化石属种进行了必要的厘定工作(参见附表 4.3.1),其中有个别属名未予采用,这将在分类名单后的附注中加以说明。凡未经正式描述发表的属种则未予录用。现将本节采用的华南二叠纪双壳类化石属的名单及与之相关的系统分类方案罗列如下:

Subclass Protobranchia Pelseneer, 1889

Order Nuculoida Dall, 1889

Superfamily Nuculoidea Gray, 1824

Family Nuculidae Gray, 1824

Nuculopsis Girty, 1911

Superfamily Nuculanoidea Adams and Adams, 1858

Family Malletiidae Adams and Adams, 1858

Palaeoneilo Hall and Whitfield, 1869

Family Nuculanidae Adams and Adams, 1858

Phestia Chernyshev, 1951

Order Solemyoida Dall, 1889

Superfamily Solemyaoidea Gray, 1840

Family Solemyidae Gray, 1840
Solemya Lamarck, 1818

Subclass Autolamellibranchiata Grobben, 1894
Order Trigonioida Dall, 1889
Superfamily Trigonioidea Lamarck, 1819
Family Schizodidae Newell and Boyd, 1975
Schizodus de Verneuil and Murchison, 1844
Family Eoastartidae Newell and Boyd, 1975
Eoastarte Ciriacks, 1963
Family Myophoriidae Bronn, 1849
Neoschizodus Giebel, 1855
Leviconcha Waagen, 1907

Superorder Anomalodesmata Dall, 1889
Order Modiomorphoida Miller, 1877, *sensu* Fang and Morris, 1997
Superfamily Modiomorphoidea Miller, 1877, *sensu* Fang and Morris, 1997
Family Modiomorphidae Miller, 1877, *sensu* Fang and Morris, 1997
[1]*Stutchburia* Etheridge, 1900
Permophorus Chavan, 1954
Rimmyjimina Chronic, 1952
Myoconcha J. de C. Sowerby, 1824
Unionites Wissmann, 1841
Family Actinodontophoridae Newell, 1969
Actinodontophora Ichikawa, 1951

Order Pholadomyoida Newell, 1965
Superfamily Pholadomyoidea King, 1944
Family Pholadomyidae Gray, 1847
Chaenomya Meek, 1864
Family Edmondiidae King, 1850 (Johnston, 1993)
Edmondia de Koninck, 1841
Cardiomorpha de Koninck, 1841
Sanguinolites McCoy, 1844
Wilkingia Wilson, 1959
Dyasmya Morris, Dickins and Astafieva-Urbaitis, 1991
[2]*Myofossa* Waterhouse, 1969
Pholadella Hall, 1869
Alula Girty, 1912
Family Megadesmidae Vokes, 1967
Pyramus Dana, 1847
Myonia Dana, 1847

Superfamily Pandoroidea Rafinesque, 1815
Family Cercomyidae Crickmay, 1936
[3]*Cercomya* Agassiz, 1843

Superorder Pteriomorphia Beurlen, 1944
Order Mytiloida Ferussac, 1822
Superfamily Mytiloidea Rafinesque, 1815
Family Mytilidae Rafinesque, 1815
Promytilus Newell, 1942

Order Arcoida Stoliczka, 1871
Superfamily Arcoidea Lamarck, 1809
Family Parallelodontidae Dall, 1898
Parallelodon Meek and Worthen, 1866
Cosmetodon Branson, 1942

Order Cyrtodontoida Ulrich, 1894
Superfamily Ambonychioidea Miller, 1877
Family Myalinidae Frech, 1891
Myalina de Koninck, 1842
Orthomyalina Newell, 1942
Myalinella Newell, 1942
Selenimyalina Newell, 1942
Septimyalina Newell, 1942
Promyalina Kittl, 1904
Liebea Waagen, 1881

Order Pterioida Gray, 1847
Superfamily Pterioidea Gray, 1847
Family Pterineidae Miller, 1877
Leptodesma(*Leiopteria*) Hall, 1883
Ptychopteria(*Actinopteria*) Hall 1884
Family Pteriidae Gray, 1847 (1820)
Pteria Scopoli, 1777
Ensipteria Nakazawa and Newell, 1968
Family Bakevellidae King, 1850
Bakevellia King, 1848
[4]*Permoperna* Nakazawa and Newell, 1968,

emend. Fang, 1982

Towapteria Nakazawa and Newell, 1968

Tambanella Nakazawa and Newell, 1968

Family Posidoniidae Frech, 1909

Posidonia Bronn, 1828

Suborder Pinnina Waller, 1978

Superfamily Pinnoidea Leach, 1819

Family Pinnidae Leach, 1819

Pinna Linne, 1819

Order Pectinoida Rafinesque, 1815 (Waller, 1978, Newell and Boyd, 1995)

Suborder Pectinina Rafinesque, 1815

Superfamily Pterinopectinoidea Newell, 1938 (Newell and Boyd, 1995)

Family Pterinopectinidae Newell, 1938

Claraia Bittner, 1901

[5]*Claraioides* Fang, 1993

Superfamily Aviculopectinoidea Meek and Hayden, 1864 (Waller, 1978)

Family Aviculopectinidae Meek and Hayden, 1864 (= Etheripectinidae Newell and Boyd, 1995)

Heteropecten Kegel and Costa, 1951

Etheripecten Waterhouse, 1963

Fasciculiconcha Newell, 1938

Eumorphotis Bittner, 1900

Paradoxipecten Zhang, 1981

Girtypecten Newell, 1938

Limipecten Girty, 1904

Ornithopecten Cox, 1962

Limatulina de Koninck, 1885

Family Acanthopectinidae Newell and Boyd, 1995

Acanthopecten Girty, 1903

Family Euchondriidae Newell, 1938

Euchondria Meek, 1874

Euchondrioides Fang, 1987

[6]*Crenipecten* Hall, 1883

Family Deltopectinidae Dickins, 1957

Streblopteria McCoy, 1851

Crittendenia Newell and Boyd, 1995

Eocamptonectes Newell, 1969

Family Streblochondriidae Newell, 1938

Streblochondria Newell, 1938

Guizhoupecten Chen, 1962

Family Hayasakapectinidae Boyd and Newell, 2000

Hayasakapecten Nakazawa and Newell, 1968

Superfamily Pseudomonotoidea Newell,1938

Family Pseudomonotidae Newell, 1938

Pseudomonotis Beyrich, 1862

Pachypteria de Koninck, 1885

Family Hunanopectinidae Yin, 1985, emend. Fang, 1989

Hunanopecten Zhang, 1977

Family Leptochondriidae Newell and Boyd, 1995

[7]*Leptochondria* Bittner, 1891

Family Cyrtorostridae Newell and Boyd, 1995

Cyrtorostra Branson, 1930

Superfamily Pectinoidea Wilkes, 1810

Family Entoliidae von Teppner, 1922

Entolium Meek, 1865

[8]*Pernopecten* Winchell, 1865

Suborder Limina Rafinesque, 1815 (Waller, 1978, Carter *et al.*, 2000)

Superfamily Limoidea Rafinesque, 1815

Family Limidae Rafinesque, 1815

[9]*Palaeolima* Hind, 1903

Elimata Dickins, 1963

Order Ostreoida Ferussac, 1822

Superfamily Ostreoidea Rafinesque, 1815

Family Ostreidae Rafinesque, 1815

[10]*Lopha* Roding, 1798

Superorder Heteroconchia Hertwig, 1895

Order Veneroida Adams and Adams, 1856

Superfamily Crassatelloidea Ferussac, 1822

Family Crassatellidae Ferussac, 1822

Oriocrassatella Etheridge, 1907

Family Astartidae Orbigny, 1844

Astartella Hall, 1858

Family Carditidae Fleming, 1828

Gujocardita Nakazawa and Newell, 1968

Order and Family uncertain

[11] *Taimyria*? Lutkevich, 1951

附注

1. 曾有作者(Nakazawa and Newell, 1968; 李玲, 1995)将 *Stutchburia* 属的一些种归入 *Netschajewia* 属。后者原产于俄罗斯,多年来俄罗斯古生物学家一直将这一属名广泛地应用于二叠纪的非海相双壳类。因此,在海相二叠系中采用这一属名当属误会。请参见 Fang 和 Morris (1997: 59) 脚注中的讨论。以往肋饰蛤类通常被归入异齿类的心蛤超科,最近,在 1999 年剑桥会议上,各国学者普遍接受了笔者等(Fang and Morris, 1997; Fang, 1998)将肋饰蛤科和瓢形蛤科一起改归为畸韧类的修订意见(如:Carter *et al.*, 2000; Cope, 2000; Kelly *et al.*, 2000),而且,这一意见还得到了分子生物学研究者的支持(Matsumoto, 2003)。*Netschajewia fenghaiensis* Li(李玲, 1995: 363, 图版 6, 图 12)的个体甚小,其一般轮廓与李玲在同异名表中列出的丁保良等(1982)和方宗杰(1987)的标本差异甚大,它们显然不能归入同种。由于此种惟一的一块模式标本保存太差,这一种名笔者未予采用。

2. 根据 Morris 等(1991)的研究,*Sedgwickia* 属的模式种 *S. attenuata* McCoy 应属可疑学名,笔者采纳他们的意见,将相关种改归为 *Myofossa* 属。

3. 与本属相对应的标本原先被鉴定为 *Alula* 属的一个新种 *A. anhuiensis* Liu(刘路,见丁保良等, 1982: 323, 图版 120, 图 15),但泾县标本后端明显保存有 D 型水管的痕迹,显然与 *Alula* 属不同。令人惊讶的是,此标本与早白垩世的 *Cercomya* (*Cercomya*) sp. aff. *C.* (*C.*) *gurgitis* (Pictet and Campiche) (参见 Treatise, 1969: N846, Fig. F23, 7c, d) 非常相似,除后者的壳顶略显突出,后端明显变细外,其他外部特征几乎完全一致。为此笔者暂将泾县标本改归 *Cercomya* 属,并曾于 1997 年 9 月在浙江南麂举行的中国贝类学会第八次学术讨论会上以"具 D 型水管双壳类在早二叠世的发现及其意义"为题作过报道,希望今后能找到更多的标本作进一步深入研究。最近,笔者就这一标本的鉴定征询了英国学者 John Cope 博士的意见,他赞同本人的鉴定,认为此标本表明该属和 Cercomyidae 科在二叠纪确已存在,是一项重要发现(个人交流)。一般认为外套膜的愈合和水管的形成是发生于中生代的事件,它是中生代内栖(底内)双壳类出现适应辐射的关键所在(Stanley, 1968)。泾县标本的发现证明这一事件在二叠纪已经发生,只不过二叠-三叠纪之交的大灭绝中断并延缓了这一进程而已。畸韧类在水管的演化方面显然曾领先于异齿类,不仅如此,畸韧类在二叠纪时的分异度还远远高于异齿类,在当时的内栖双壳类中占据着主导地位,在冈瓦纳边缘陆架海域这种优势尤其明显。然而,二叠-三叠纪之交的大灭绝却彻底改变了这一进程,异齿类在中、新生代浅海环境的壳相内栖生物中,反而远远地超出了畸韧类,占据着明显的优势地位。

4. 李玲(1995)建议将 *Permoperna* 属改归 Isognomonidae 科,她尤其强调壳形特征的重要,认为 Bakevellidae 科的成员从幼年至成年一直保持着三角形的翼蛤轮廓。实际上,Bakevellidae 科的壳形相当多变,在 Treatise(Cox, 1969) 的科征中就包括了近卵形(subovate)、菱形(rhombic)、长菱形(rhomboidal)、梯形(trapeziform)和剑形(ensiform) 等多种形态。况且,*Permoperna* 属呈梯形轮廓,并非典型的等盘蛤形,它具有小而明显的前耳。Isognomonidae 科一般无前耳,其韧带区甚宽,占据了整个铰边,且高度较大;弹体窝常"顶天立地",即与上(背)、下(腹)两个边缘未留空隙,并使韧带区的下缘呈现为锯齿状;其弹体窝一般呈长柱状,排列较紧密,形态和间距均较规则。*Permoperna* 属的韧带区较窄,未抵达铰边后端即告消失;弹体窝的形态和分布均不甚规则,其间距常大于弹体窝本身的宽度,这些都是典型的 Bakevellidae 的特征(Waller, 1998)。再者,Bakevellidae 科的铰齿较 Isognomonidae 科发育,包括成年期也是如此;而 Isognomonidae 科成年期无齿,虽个体发育的初期阶段在韧带区之下偶见有齿状的斜脊,但很快就消失(Cox, 1969)。李玲认为等盘蛤科的幼年期具有较发育的齿系,这显然是一种误解。此外,Isognomonidae 科的外套线通常由不连续的凹坑组成,而 *Permoperna* 属的外套线表现为一圈窄的凹沟。总之,将 *Permoperna* 属归入 Bakevellidae 科应无疑问。*Tambanella* 属的情况与 *Permoperna* 属相似,该属发育铰齿,韧带区甚窄,弹体窝之间的间距宽而不甚规则，这些都是典型的 Bakevellidae 科的特征。*Permoperna* 属和 *Tambanella* 属分类位置的确认，再次证实了 Cox(1969)提出的 Isognomonidae 科是三叠纪时才由 Bakevellidae 科演化而来的观点，铰齿则随着这一演化进程进一步趋于消亡。

5. 目前，对于二叠-三叠纪克氏蛤类化石的分类问题，存在着不同意见。有人提出(杨逢清等，2002)，双壳类的分类应以齿系为主要依据，足丝凹口的形态特征不能作为划分属的标准，他们认为，*Pseudoclaraia* Zhang，1980 和 *Claraioides* Fang，1993 都是 *Claraia* Bittner，1901 的次异名。笔者认为，机械地强调齿系在分类中的作用，这实际上是对双壳类分类原则的一种误解。众所周知，齿系对于异壳超目(Heteroconchia)的分类，尤其是帘蛤目(即异齿类)，确实十分重要，但在翼形类(Pteriomorphia)的分类中则明显变得次要。海扇类的铰合构造尤其缺乏变化，不可能以齿系和韧带作为属一级的主要分类依据。以克氏蛤类所在的 Pterinopectinoidea 超科为例，此超科所有成员都具有基本相同的铰合构造，它们的壳形都是海扇形，如果按照杨逢清等的意见，此超科的大部分属恐怕都不能成立。无论如何，海扇类的分类并非是"在齿系和韧带保存不佳的情况下，则着重考虑壳形、壳饰、耳、肌痕及足丝等特征"(杨逢清等，2002)，这是对双壳类分类的又一误解。

应当强调，足丝凹口的种种特征对于海扇目的分类确实有着重要意义，例如，沿着右壳足丝凹口腹缘发育的丝栉被看作是海扇科(Pectinidae)的关键鉴别特征之一，正因为丝栉的存在，曾被置于燕海扇科(Aviculopectinidae)的 *Pleuronectites* 属(Treatise：N339)，现已改归为海扇科(Waller，1984；Newell and Boyd，1995)。按目前通用的分类方案，这是两个不同的超科！再以与 *Claraioides* 属具有类似足丝凹口特征的不等蛤类(anomioids)为例，足丝凹湾或足丝孔的存在与否，及其在个体发育中的变化，一直是不等蛤类的一个重要分类特征。总之，在研究海扇类时，足丝凹口特征的认真观察和详细描述始终是一项必不可少的内容，包括属、科和超科都是如此。不同学者对分类也许会有不同意见，但在定义超科、科和属等不同分类阶元时，他们从来都不会忽视对足丝凹口特征的叙述。

陈金华、小松俊文(2002)在长兴煤山殷坑组下部的 *Claraia wangi* 化石层中采集到大量王氏种标本，经仔细观察，其中 *Pseudoclaraia* 型、*Claraia* 型和两者之间过渡形态的足丝凹口均有发现，证明它们应属种内变异。因此，本节赞同陈的意见，将 *Pseudoclaraia* 属视为 *Claraia* 属的次同异名。笔者(方宗杰，1993)曾经推测 *Claraioides* 属是 *Claraia* 属的直接祖先，鉴于 *Claraia* 属在俄罗斯新地岛晚二叠世(Dzhulfian)即已出现，本人 1993 年的观点应予以修正。*Claraia* 属在华南出现较晚，直至"长兴期"末大灭绝(主幕)后才开始出现，但数量不多；只是在第二幕(尾幕)后才灾后泛滥，成为早三叠世双壳类动物群的优势分子。*Claraia* 属很可能起源于北方大区，而并非由 *Claraioides* 属演化而来，在二叠纪末短暂的变凉事件中，它与 *Otoceras* 属等北方分子一起由北方大区向赤道方向迁移，并于早三叠世成为广布全球的灾后泛滥分子。

杨逢清等(2002)引用了 *Claraia tumida*(Patte)的一张图(中国的瓣鳃类化石，1976：图版 33，图 13)，来证明早三叠世的 *Claraia* 属也具有类似于 *Claraioides* 属的足丝凹口。此图实际上出自 Patte(1935：pl. 1，Fig. 4b)，原图清楚地显示了足丝凹口的破损情况，很可惜，《中国的瓣鳃类化石》一书在制作图版时，人为地扩大了 *Claraia tumida* 的足丝凹口，致使后人产生了误解。

6. 张仁杰(1977)根据一块双壳相连的标本，其特征为壳小，壳长明显大于壳高，铰边直，短于壳长，壳顶前后具一列与铰缘垂直的小齿，认为可与 Limidae 科的 *Limea* 属比较，由此建立了新属 *Leptolima*。Limidae 科的成员通常个体较大，且一般都高大于长，具有颇为明显的三角形铰合区，并兼具或大或小，形态有变化的中央弹体窝。在张的标本上未见到三角形铰合区和中央弹体窝，其壳形与典型的 Limidae 科明显不同，却与燕海扇超科中 Euchondriidae 科的 *Crenipecten* 属颇为相似。后者一般个体较小，大多后斜或不斜，铰边直，短于壳长，两耳相等或前耳略长；壳顶前后具一列与铰缘垂直的小齿(Newell and Boyd，1995)，过去曾被解释为弹体窝(Newell，1969，in Cox *et al.*，1969：N2)；壳顶下无三角形铰合区和中央弹体窝。鉴于 *Crenipecten* 属在华南二叠系中甚为常见，而且也常见双壳相连的保存状态；张的标本在壳形、壳饰，以及铰合构造的特征上均与之非常相似，壳体大小也与之相仿，因此，笔者将张的标本改归为 *Crenipecten* 属，由于其壳饰特征和 *Crenipecten* 属的已知种不同，原种名仍予以保留。

7. 李玲(1995)以日本标本 *Leptochondria*? sp. a (Nakazawa and Newell，1968：73，pl. 6，figs.

4～7）为模式种，将二叠系中壳高大于壳长的 *Leptochondria* 属标本都归入她建立的新属 *Orientopecten*。应当强调，在海扇类中，壳体的高长比并非一项稳定的分类特征，在同一个种内，壳体的高长比常常表现出相当程度的种内变异。以 *Leptochondria occidaneus*（Meek）为例，在 Newell 和 Boyd（1995）发表的图影中，既包括有壳高长近等者，也见有壳高明显大于壳长者；应当指出，北美种的韧带构造与日本标本基本一致。在 Nakazawa 和 Newell（1968）图示的 3 块比较完整的日本标本中，图 5 和图 6 标本的壳高均明显大于壳长，但图 4 标本却高长近等。因此，笔者将 *Orientopecten* 属视为 *Leptochondria* 属的次异名。李玲的福建标本保存很差，显然遭受了挤压破损。这些标本的基本特征一致，李玲却仅根据壳体前斜与否，将它们区分为两个不同的种，本节将它们归为同种。

笔者（方宗杰，1987）也曾采用壳高长比和壳体在斜度方面的差异来区分同一海扇类属中的不同物种，然而，多年来的实践表明，如果在其他方面难以找出差异，尤其是当这些标本都来自同一层面时，此类差异很可能是种内变异的结果（方宗杰、戎嘉余，1991）。况且，次生挤压变形会非自然地加大这种差异。本人在对华南二叠纪双壳类化石名单进行整理厘定时，对此类化石种进行了适当的归并。例如，湖南嘉禾县袁家小元冲的 *Paradoxipecten* 属，曾先后出现过多个不同的种名（张毓秀，1981；方宗杰，1987），本节仅保留其中的两个。

8. Yin（1983）认为，*Entolium* 属晚二叠世已经出现，他将 *Pernopecten piriformis* Liu 等 3 个华南种改归至 *Entolium* 属。据笔者对 *Pernopecten piriformis* Liu 正模标本（登记号 24645，中国的瓣鳃类化石，1976：图版 15，图 16）的观察，它的左壳的两耳是上耸的，只因为耳部保存不全，这一特征在图版上看不太清楚，此种属于 *Pernopecten* 属应无疑问。殷鸿福（1983）还提出，*Pernopecten sichuanensis* Liu（中国的瓣鳃类化石，1976：图版 16，图 10～14）可能与 *Entolium discites* Schlotheim（中国的瓣鳃类化石，1976：图版 34，图 7，8）同种。这两个种确实十分相似，相比之下，后者的两侧更显对称，壳面凹陷发育甚弱；前者的两耳不等，壳面凹陷较强，而关键的区别在于 *Pernopecten sichuanensis* 左壳的两耳略突出铰边，足丝凹曲颇为明显；因此，这两个种宜分别归入 *Entolium* 和 *Pernopecten* 这两个不同的属。第三个种 *Pernopecten guangdongensis* Zhang（张仁杰，1977：518，图版 199，图 10a，b，11）左壳的两耳虽未见上耸，但其壳体的后腹部向后腹方扩展的趋势比较明显，故两侧的不对称性较为明显；而且，在副模标本（图 11）上还可见到明显的足丝凹曲，故不宜改归 *Entolium* 属。综上所述，迄今并未在晚二叠世找到 *Entolium* 属的可靠记录。

Carter（1990）考虑到 *Pernopecten* 属具有一些颇为特化的性状，不像是比较原始的类型，采用了俄罗斯学者 1971 年提出的 Pernopectinidae 科，由此，这两个属被分别归入两个不同的科。考虑到 *Entolium* 属从 *Pernopecten* 属演化而来的可能性目前还不能完全排除，在此仍暂将这两个属置于同一个科（Entoliidae）中。笔者认为，无论如何，*Pernopecten* 和 *Entolium* 之间至少在属一级上的分野还是清楚的。

9. 笔者（方宗杰，1987）根据 Phillips（1836）和 McCoy（1844）对 *Palaeolima* 属模式种不等壳性的描述，提出早石炭世“不等壳”的 *Palaeolima* 属不宜与二叠纪等壳的 *Palaeolima* 属相混淆，曾暂时将后者归入“*Lima*”属，并加引号以表示有别于真正的锉蛤属。后来，笔者有机会对英国伦敦自然历史博物馆、剑桥大学地质系博物馆和比利时皇家自然科学研究所等单位收藏的早石炭世双壳类标本进行观察，包括 McCoy，Hind，De Koninck 等人的大量模式材料，尽管其中缺乏双壳铰合在一起的标本，仍可大致确定早石炭世 *Palaeolima* 属的模式种是等壳的，或至少是近于等壳的，Phillips 和 McCoy 有关 *Palaeolima* 属模式种不等壳性的描述显然有误。因此，这一属名完全可以应用于等壳的二叠纪相关类型。但是，三叠纪的标本因其中央弹体窝的特征明显不同于二叠纪标本，它们的归属尚有待于今后进一步研究。为避免不必要的混乱，在此仍暂时将三叠纪的标本置于 *Palaeolima* 属中。目前界线层中鉴定为 *Palaeolima* 属的中央弹体窝特征不明，假如其特征与三叠纪标本一致，则应当为三叠纪的标本建立一个新的属名，也就是说，界线层的“*Palaeolima*”属将有可能成为危机-先驱型（crisis progenitor taxa）分子，而不是目前认为的幸存-先驱型（survivor progenitor taxa）分子，希望今后能找到铰合构造来解决这一问题。

10. 二叠纪和三叠纪出现的一些与牡蛎相像的标本通常被归入 *Enantiostreon* 属，或 *Lopha* 属，传统上这两个属的区别主要在于，前者以右壳固着，以往被归入海扇类；后者以左壳固着，属牡蛎类。

Cox(1952)在同一居群中发现了以左壳固着的 *E. cristadifformis* (Schlotheim),由此认为以附着壳的方位作为分类的原则不可取。这样,*Enantiostreon* 属就有可能成为 *Lopha* 属的次异名。当前的趋势是将 *Enantiostreon* 属改归入 Ostreidae 科(Carter,1990)。一般而言,*Enantiostreon* 属以壳面发育射脊为特征,而 *Lopha* 属发育的是射褶,因此,它们仍被当作不同的属。鉴于 *E.*? *panxianense* Xu 壳面发育的是射褶,故将它改归为 *Lopha*? 属。*Lopha*? 属在二叠纪时仅分布于华夏生物区的华南和日本,是华夏双壳类动物群的特征分子之一。

11. 华南标本与泰米尔的 *Taimyria* 属存在较大差异,本人并不认为两者可归为同属。然而,由于内部构造不详,华南标本的归属问题目前尚难以解决,笔者暂沿用原鉴定者的用法。

附表 4.3.1 华南二叠纪双壳类科、属、种的地质分布

Attached chart 4.3.1 Stratigraphic range chart of the Permian bivalve families, genera, and species in South China

分类单元	茅口期	吴家坪期	"长兴期"	界线层	三叠纪 早	中	晚
Nuculoidea							
Nuculidae Dall, 1889							
* *Nuculopsis* Girty, 1911							
N. aff. *darlingensis* Dickins	+	+	+				
N. cf. *piedmontia* (Tasch)			+				
N. wymmensis (Keyserling)	+	+	+				
(=*N. fujianensis* Wang) [1]			+				
N. yangtzeensis (Frech)		+	+				
Palaeonucula Quenstedt, 1930							
P. cf. *indica* Wittenberg (徐均涛, 1980)				+			
Nuculanoidea							
Malletiidae Adams and Adams, 1858							
* *Palaeoneilo* Hall and whitfield, 1869							
P. cuneiformis Fang	+						
P. guizhouensis Chen and Lan	+	+	+				
(=*P. symmetrica* Fang)		+					
(=*P. shaoyangensis* Fang)		+					
P. leiyangensis Liu	+	+					
P. mcchesneyana (Girty)	+	+					
P. qujiangensis Zhang		+					
P. sunanensis Liu		+	+				
(=*P. yongdingensis* Li and Ding)		+					
P. cf. *oviformis* (Eck)				+			
Nuculanidae Adams and Adams, 1858							
* *Phestia* Chernyshev, 1951							
P. hunanensis (Ku and Chen)	+	+	+				
P. cf. *kazanensis* (Verneuil)			+				
P. speluncaria (Geinitz)	+						
P. zhejiangensis Liu	+	+	+				
Solemyaoidea							
Solemyidae Gray, 1840							
* *Solemya* Lamarck, 1818							
S. biarmica Verneuil		+	+				
S. elliptica Zhang			+				
S. cf. *holmwoodensis* Dickins		+					
S. minuta Zhang		+					
Trigonioidea							

续附表 4.3.1

分类单元	茅口期	吴家坪期	"长兴期"	界线层	三叠纪 早	中	晚
Schizodidae Newell and Boyd, 1975							
* *Schizodus* de Verneuil and Murchison, 1844							
S. cf. *berrieri* Girty			+				
S. cf. *fitzroyensis* Dickins	+	+					
S. guizhouensis Liu and Xu	+	+	+				
S. jiangbianensis Fang	+						
S. jiangxiensis Li and Ding		+					
S. lianyuanensis Zhang	+	+					
S. obscurus (J. Sowerby)		+					
S. pinguis Waagen	+	+	+				
(=*S. dianensis* Guo)			+				
S. cf. *schlotheimi* (Geinitz)		+	+				
S. subquadratus Grabau	+	+					
S. subquadratus minutus Liu		+					
S. trigonalis Sayre	+						
S. wheeleri (Swallow)		+					
S. xiangtanensis Fang	+						
S. yunnanensis (Guo)		+					
S. sp.				+			
Eoastartidae Newell and Boyd, 1975							
Eoastarte Ciriacks, 1963							
E. sp. (徐均涛，1980)[2]			+				
Myophoridae Bronn, 1849							
Neoschizodus Giebel, 1855							
N. hubeiensis Zhang	+	+					
N. kitakamiensis Nakazawa and Newell	+						
N. cf. *laevigatus* Ziethen				+			
N. logus Zhang and Li			+				
N. sp.			+				
Leviconcha Waagen, 1907							
L. orbicularis (Bronn)				+			
L. ovata (Goldfuss)				+			
Modiomorphoidea							
Modiomorphidae Miller, 1877							
* *Stutchburia* Etheridge, 1900							
S. cf. *costata* Morris		+					
S. ? *dianensis* Guo		+					
S. guangdongensis Zhang		+	+				
S. hunanensis Fang		+					
S. jiangsuensis Liu		+					
S. jiangxiensis (Gu and Liu)		+					
(=*Netschajewia* cf. *elongata*，丁保良等，1982)		+					
S. modioliformis (King)	+	+	+				
S. cf. *variabilis* Dickins		+					
Permophorus Chavan, 1954							
P. albequus longus Beede		+					
P. lianyuanensis Zhang		+					
P. shuangfengensis Zhang			+				

续附表 4.3.1

分类单元	茅口期	吴家坪期	“长兴期”	界线层	三叠纪		
					早	中	晚
Rimmyjimina Chronic, 1952							
R. cf. *arcula* Chronic		+					
Myoconcha J. de C. Sowerby, 1824							
M. sp.				+			
Unionites Wissmann, 1841							
U. canalensis (Catullo)				+			
U. fassaensis (Wissmann)				+			
Actinodontophoridae Newell, 1969							
Actinodontophora Ichikawa, 1951							
A. sp. (徐均涛, 1980)		+					
Pholadomyoidea							
Pholadomyidae Gray, 1847							
* *Chaenomya* Meek, 1864							
C. ? sp. (徐均涛, 1980)		+	+				
Edmondiidae King, 1850							
Edmondia de Koninck, 1841							
E. elongata Howse	+	+					
E. nebrascensis (Geinitz)	+	+	+				
E. rotunda Beede		+					
E. shuichengensis Tian and Zhang			+				
E. cf. *sulcata* (Phillips)	+						
E. tiesseni Frech	+	+					
E. yachihoensis Grabau	+	+					
Cardiomorpha de Koninck, 1841							
C. doulingensis Fang		+					
* *Sanguinolites* McCoy, 1844							
S. fuyuanensis (Guo)[3]		+					
S. kamiyassensis Nakazawa and Newell	+						
S. tobaensis Chen		+					
* *Wilkingia* Wilson, 1959							
W. hainanensis Fang	+						
W. hubeiensis Zhang,			+				
W. komiensis (Maslenikov)		+	+				
W. triangularis Zhang	+	+	+				
(=*W. fengchengensis* Li and Ding)		+					
Dyasmya Morris, Dickins and Astafieva-Urbaitis,1991							
D. elegans (King)		+	+				
(=*Myonia* cf.. *elongata*, 甘修明等,1978)		+					
Myofossa Waterhouse, 1969							
M. guangdongensis (Zhang)		+					
(=*Sedgwickia lianxianensis* (Zhang))		+					
Pholadella Hall, 1869							
P. permitica Zhang		+					
Alula Girty, 1912							
A. sp. (徐均涛, 1980)		+	+				
Megadesmidae Vokes, 1967							
Pyramus Dana, 1847							

续附表 4.3.1

分类单元	茅口期	吴家坪期	“长兴期”	界线层	三叠纪 早	中	晚
P. planus Nakazawa and Newell		+	+				
Myonia Dana, 1847							
M. ? *guizhouensis* Gan		+					
M. ? *wenxingchangensis* Liu		+	+				
Pandoroidea							
Cercomyidae Crickmay, 1936							
Cercomya(*Cercomya*) Agassiz, 1843							
C. (*C.*)? *anhuiensis* (Liu)	+						
Mytiloidea							
Mytilidae Rafinesque, 1815							
* *Promytilus* Newell, 1942							
P. aurioides Yin and Gan		+	+				
(=*P. yunlianensis* Zhang and Li)			+				
(=*P. laevis* Li and Ding)		+					
P. ensiformis Li and Ding		+	+				
P. gigantus (Li, Ding and C. Li)		+					
P. cf. *maiyensis* Nakazawa and Newell			+				
P. semiorbicularis Fang	+	+					
Arcoidea							
Parallelodontidae Dall, 1898							
* *Parallelodon* Meek and Worthen, 1866							
P. datianensis Li and Ding		+					
P. longus Maslennikov		+					
P. cf. *multistriatus* Girty		+					
P. politus Girty		+	+				
P. qinghaiensis Liu	+	+					
(=*P.* cf. *kingi*, 甘修明等,1978)		+					
(=*P. longjiuensis* Guo)	+						
P. striatus (Schlotheim)		+	+				
P. subperlongi Gan		+					
P. sp.			+				
Cosmetodon Branson, 1942							
C. obsoletiformis (Hayasaka)		+	+				
(=*Parallelodon hubeiensis* Zhang)		+	+				
C. tenuistriatus lianyuanensis (Zhang)		+	+				
(=*Parallelodon* cf. *striatus*, 甘修明等,1978)		+					
Ambonychioidea							
Myalinidae Frech, 1891							
* *Myalina* de Koninck, 1842							
M. sp. (张仁杰, 1977)		+					
M. sp. (殷鸿福, 1987)			+	+			
* *Orthomyalina* Newell, 1942							
O. inflata (Liu)[4]			+				
O. spp.		+	+				
Myalinella Newell, 1942							
M. sp.			+				
Selenimyalina Newell, 1942							
S. spp.		+	+				

续附表 4.3.1

分 类 单 元	茅口期	吴家坪期	“长兴期”	界线层	三叠纪 早	中	晚
Septimyalina Newell, 1942							
S. guizhouensis Tian and Zhang			+				
Promyalina Kittl, 1904							
P. minuta Nakazawa				+			
P. putiatinensis (Kiparisova)				+			
P. vetusta minor (Bittner)				+			
* *Liebea* Waagen, 1881							
L. cf. *indica* Waagen			+				
L. tumida Chen		+	+				
Pterioidea							
Pterineidae Miller, 1877							
* *Leptodesma*(*Leiopteria*) Hall, 1883							
L. (*Leiopteria*) *zhangi* Li			+				
* *Ptychopteria*(*Actinopteria*) Hall, 1884							
P. (*A.*)? *problematica* Chen and Lan		+	+				
Pteriidae Gray, 1847(1820)							
Pteria Scopoli, 1777							
P. cf. *murchsoni* (Geinitz)				+			
P. ussarica variabilis Chen and Lan				+			
P. ussarica yabei Nakazawa				+			
* *Ensipteria* Nakazawa and Newell, 1968							
E. exilisa Zhang		+	+				
E. guizhouensis Yin and Gan		+					
E. praeangusta (Frech)		+	+				
E. radistriata Zhang		+					
E. sp.				+			
Bakevellidae							
Bakevellia King, 1848							
B. bicarinata King	+	+					
B. ceratophaga (Schlotheim)		+	+				
B. guizhouensis Gan		+					
B. qinglongensis Xu	+	+	+				
B. costata (Schlotheim)				+			
B. pannonica (Bittner)				+			
* *Permoperna* Nakazawa and Newell, 1968							
P. trapezoidalis Kayser	+	+	+				
* *Towapteria* Nakazawa and Newell, 1968							
T. guizhouensis Yin and Gan		+	+				
T. intermedia Wu and Hong			+				
T. nipponica Nakazawa and Newell		+	+				
T. scythica (Wirth)				+			
* *Tambanella* Nakazawa and Newell, 1968							
T. alta Guo			+				
T. gujoensis Nakazawa and Newell		+	+				
T. shaodongensis Zhang		+	+				
T. guanshanensis Fang		+	+				
T. yunnanensis Guo			+				
T. sp.				+			

续附表 4.3.1

分类单元	茅口期	吴家坪期	“长兴期”	界线层	三叠纪		
					早	中	晚
Posidoniidae Frech, 1909							
Posidonia Bronn, 1828							
P. sp.		+	+				
Pinnoidea							
Pinnidae Leach, 1819							
Pinna Linne, 1819							
P. dissimilicostata Gan		+			+		
P. sp.	+						
Pterinopectinoidea							
Pterinopectinidae Newell, 1938							
Claraia Bittner, 1901							
C. baoqingensis (Chen)				+			
C. cf. *bioni* Nakazawa				+			
C. huzhouica Chen				+			
* *Claraioides* Fang, 1993							
C. dianus (Guo)			+				
C. guizhouensis Fang		+					
(=*Claraia shabaonica* Yang, Gao and Peng)		+					
C. praecursor (Wu and Hong)			+				
C. primitivus (Yin)			+	+			
C. zhiyunicus (Yang, Gao and Peng)			+				
Aviculopectinoidea							
Aviculopectinidae Meek and Hayden, 1864							
* *Heteropecten* Kegael and Costa, 1951							
H. beipeiensis (Liu)			+				
H. brevauriculatus (Yin)			+				
H. multiformis (Gan)		+	+				
H. paradoxus (Liu)		+					
H. simplicus (Liu)		+	+				
(=*Etheripecten simplicostatus* Yin)			+				
H. xiaoyuanchongensis Fang		+	+				
H. yunnanensis (Guo)	+						
* *Etheripecten* Waterhouse, 1963							
E. dalongensis (Yin)			+				
E. ? cf. *girtyi* (Newell)		+					
E. lopingensis (Ku)		+					
E. paoshuiensis Yin			+				
E. shroshitai (Nakazawa and Newell)		+					
E. sichuanensis Liu	+	+	+				
(=*Girtypecten jiaheensis* Zhang)		+					
E. sp.				+			
Eumorphotis Bittner, 1900							
E. sp.				+			
* *Fasciculiconcha* Newell, 1938							
F. panxianensis (Xu)		+	+				
(=*F. orbicularis* Yin)			+				
Paradoxipecten Zhang, 1981							
P. jiaheensis Zhang		+	+				

续附表 4.3.1

分类单元	茅口期	吴家坪期	“长兴期”	界线层	三叠纪		
					早	中	晚
(=*P. opisthoclinus* Zhang)		+					
(=*Limipecten*? *hubeiensis* Zhang)		+					
P. flabelliformis Fang		+	+				
(=*Ornithopecten*? *magnauritus* Yin)			+				
P. cf. *malayensis* Nakazawa		+	+				
* *Girtypecten* Newell, 1938							
G. beipeiensis Liu			+				
G. spinosus Chen		+	+				
G. sublaqueatus (Girty)		+	+				
G. sp.	+						
Limipecten Girty, 1904							
L. globules Liu		+					
(=*L. rudaecostatus* Gan)		+					
L. gratiosus Yin			+				
Ornithopecten Cox, 1964							
O. sp.				+			
Limatulina de Koninck, 1885							
L. hunanensis Fang		+					
Acanthopectinidae Newell and Boyd, 1995	- - -	- - -	- - -				
Acanthopecten Girty, 1903							
A. elegantulus multiformis Yin and Gan		+					
A. giganteus Liu		+					
(=*A. gaoanensis* Li and Ding)		+					
(=*A. coloradoensis*, 甘修明等,1978)		+					
A. guizhouensis Gan		+					
A. cf. *laqueatus* (Nakazawa)			+				
A. ziphocostatus Liu	+	+					
Euchondriidae Newell, 1938	- - -	- - -	- - -				
* *Euchondria* Meek, 1874							
E. cancellata Ku and Liu	+	+					
E. flabelliformis Mou and Liu	+						
E. heteromorpha Yin			+				
E. hunanensis Zhang		+	+				
E. jiaheensis Fang		+					
E. jingxianensis Gu and Liu	+	+	+				
(=*E. dalongensis* Yin)			+				
E. leptocostata Yin			+				
E. longtanensis Gu and Liu	+						
E. sinensis (Frech)		+	+				
E. paucicostata Yin			+				
Euchondrioides Fang, 1987							
E. zhuzhouensis Fang	+	+					
* *Crenipecten* Hall, 1883							
C. exilis Liu		+	+				
C. hunanensis (Zhang)			+				
C. lianyuanensis Fang		+					
C. minimus Yin			+				
C. orthis Yin			+				

续附表 4.3.1

分　类　单　元	茅口期	吴家坪期	“长兴期”	界线层	三叠纪		
					早	中	晚
Deltopectinidae Dickins, 1957	- - -	- - -	- - -	- - -	- - -		
Streblopteria McCoy, 1851	——	——	——	……	……		
S. spp.	+	+	+				
Crittendenia Newell and Boyd, 1995				——	——		
C. painkhandana (Bittner)				+			
Eocamptonectes Newell, 1969	……	——					
E. sp.（徐均涛，1980）		+					
Streblochondriidae Newell, 1938	- - -	- - -	- - -	- - -			
* *Streblochondria* Newell, 1938	——	——	——	——			
S. shouchangensis Ku and Chen	+	+					
(=*S.* ? *guangdongensis* Mou and Liu)	+						
S. sp.			+				
S. sp.（殷鸿福，1987）				+			
* *Guizhoupecten* Chen, 1962	——	——	——	——			
G. guadalupensis (Girty)			+				
G. guangxiensis Yin			+				
G. multistriatus Mou and Liu	+						
G. regularis Chen	+	+	+				
G. tubicostatus (Ciriacks)			+				
G. wangi Chen	+	+	+				
G. sp.（陈楚震等，1988）				+			
Hayasakapectinidae Boyd and Newell, 2000	- - -	- - -	- - -				
Hayasakapecten Nakazawa and Newell	——	——	——				
H. shimizui Nakazawa and Newell	+						
H. sp.（=*Deltopecten* sp.，刘路，1976）		+					
H. sp.（殷鸿福，1987）			+				
Pseudomonotoidea							
Pseudomonotidae Newell, 1938	- - -	- - -	- - -	- - -	- - -		
* *Pseudomonotis* Beyrich, 1862	——	——	——	——			
P. latisinus (Yin)		+	+				
P. leiyangensis Liu	+	+					
P. longispinus (Yin)			+	+			
P. mongoliensis (Grabau)		+	+				
P. cf. *permiana* Maslennikov		+					
P. qinglongensis Xu		+	+				
(=*P. qinglongensis alternicostatus* Yin and Gan)		+					
P. subangulata Yin			+				
Pachypteria de Koninck, 1885	……	——					
P. ? *obliqua* Fang		+					
Hunanopectinidae Yin, 1985 (*sensu* Fang, 1987)	- - -	- - -	- - -	- - -			
* *Hunanopecten* Zhang, 1977	——	——	——	——			
H. exilis Zhang	+	+	+				
(=*H. ovalis* Wang)			+				
H. qujiangensis Zhang		+	+				
(=*H.* ? *opisthoclinus* Wang)			+				
H. ? *longauriculus* Yin			+				
H. ? *declivis* Zhang		+					
H. ? *yonganensis* (Wang)[5]			+				

续附表 4.3.1

分　类　单　元	茅口期	吴家坪期	“长兴期”	界线层	三叠纪 早	中	晚
H. sp.				+			
Leptochondriidae Newell and Boyd, 1995							
* *Leptochondria* Bittner, 1891							
L. bittneri (Kiparisova)				+			
L. fenghaiensis (Li)			+				
(=*Orientopecten prosoclinus* Li)			+				
L. intermedia Yin			+				
L. jiaheensis Zhang		+					
L. lichuanensis Zhang		+	+				
L. minima (Kiparisova)				+			
L. piriformis Zhang			+				
L. virgalensis Wittenburg				+			
L. zhengjiangensis Li and Ding		+					
Cyrtorostridae Newell and Boyd, 1995							
* *Cyrtorostra* Branson, 1930							
C. fasciculicostata (Liu)		+	+				
Pectinoidea							
Entoliidae von Teppner, 1922							
Entolium Meek, 1865							
E. sp.				+			
* *Pernopecten* Winchell, 1865							
P. discos Zhang and Li			+				
P. guizhouensis Xu		+	+				
P. guangdongensis Zhang		+					
P. huangyingshanensis Liu		+	+				
P. latangulatus Yin			+				
P. piriformis Liu	+	+	+				
P. sichuanensis Liu		+	+	+			
P. symmetricus Newell		+	+				
P. symmetricus curtus Liu		+	+				
Limioidea							
Limidae Rafinesque, 1815							
* *Palaeolima* Hind, 1903							
P. chekiangensis (Ku and Chen)		+					
P. dieneri (Frech)			+				
P. fasciculicostata Liu		+	+				
P. hunanensis Zhang			+				
P. jiaheensis Zhang	+	+	+				
(=“*Lima*” *clathrata* Fang)	+	+	+				
(=*P. petaline* Zhang)		+					
(=“*Lima*” *xiangnanensis* Fang)	+	+	+				
P. minima Liu		+	+				
P. nana Fang		+					
P. sichuanensis Liu		+	+				
P. tenuilineata (Fang)	+	+					
P. sp.				+			
Elimata Dickins, 1963							
E. sp. (徐均涛, 1980)		+					

续附表 4.3.1

分类单元	茅口期	吴家坪期	“长兴期”	界线层	三叠纪		
					早	中	晚
Ostreoidea							
Ostreidae Rafinesque, 1815							
* *Lopha* Roding, 1798							
L. ? *dageensis* Guo		+					
L. ? *fujianensis* Wu and Hong			+				
L. ? *murakamii* Nakazawa and Newell		+	+				
L. ? *panxianense* (Xu)			+				
L. ? *simplex* Zhang		+					
L. ? *wufengensis* Yin		+					
L. ? sp. (=*Enantiostreon*? sp., 丁伟明,1982)					+		
Crassatelloidea							
Crassatellidae Ferussac, 1822							
Oriocrassatella Etheridge, 1907							
O. sp. (徐均涛, 1980)			+				
Astartidae Orbigny, 1844							
* *Astartella* Hall, 1858							
A. *doulingensis* Fang	+	+	+				
A. *huangnijiangenis* Fang	+						
A. *minuta* Zhang		+	+				
A. *nasuta* Girty		+					
(=A. cf. *symmetrica*, 丁保良等,1982)		+					
(=A. *toyomensis*, 丁保良等,1982)		+					
A. *quadrata* Liu	+	+					
A. *symmetrica* Liu		+	+				
A. *tobaensis* Zhang		+					
Carditidae Fleming, 1828							
Gujocardita Nakazawa and Newell, 1968							
G. *curta* Liu	+	+	+				
(=G. *subquadrata* Fang)		+					
G. *elliptica* Fang		+					
G. *obesa* Fang		+					
G. *oblonga* Fang		+					
G. sp. (徐均涛, 1980)		+					
Order and Family uncertain							
Taimyria? Lutkevich, 1951							
T. ? *ledaeformis* Chen and Lan		+	+				
T. ? *xingningensis* Zhang	+	+	+				
(=T. *minima* Wu and Hong)			+				

* 凡注星号的属,均已在“长兴阶”剖面最顶部 5 m 间隔内发现。

1. 括号内是由本表首次厘定的同义名,下同。以往文献中已经厘定过的同义名,本表均未列出。为节省篇幅,除非特殊情况,一般地质文献中出现的未定种和未经正式描述的误定种,本表也均未列出。

2. 徐均涛(见姚兆奇等,1980)发布的新种,因无图,无描述,本表暂以未定种代之,下同。

3. 本种原先被归为非海相双壳类 *Palaeanodonta*(郭福祥, 1985:174,图版 11,图 1~3),但两者各方面特征差异甚大。在同一层位还发现有海相双壳类 *Tambanella*, *Lopha*? 和 *Schizodus*,故本种应当是海相双壳类,而不是非海相双壳类。当前标本与日本的 *Sanguinolites*? sp. (Nakazawa and Newell, 1968:43, pl. 1, Fig. 11)尤为相近,将它们归为同类应无疑问。郭在同一产地鉴定的另一个

种 *Palaeanodonta yunnanensis* 则被改定为 *Schizodus yunnanensis* (Guo)。

4. 本种原先被归入 *Eurydesma*? 属(中国的瓣鳃类化石,1976:258,图版 18,图 7,8)。

5. 本种原先被置疑地归入 *Pteria* 属(王明倩,1993:463,图版 1,图 2~6),但它的前耳明显大于后耳,显然不能归入以前耳小和后耳长而大为特征的翼蛤科。实际上当前标本与原作者描述的 *Hunanopecten* cf. *exilis* Zhang(王明倩,1993:467,图版 3,图 3~5)最为相似,两者的耳凹特征完全一致,主要区别仅在于壳体斜度有所不同,这很可能与壳体受挤压的方向不同相关。

本表未采用的种名

除非特殊情况(例如,涉及到属级分类单元的出现与否),种一级的保留命名一般不予列出。

Schizodus dubiiformis Liu(中国的瓣鳃类化石,1976:38,图版 10,图 24)(仅 1 枚标本,保存不全,且明显遭受挤压)

S. lopingensis Kayser(同上:38,图版 10,图 6)(仅 1 枚标本,保存不好,特征未充分显示)

Netschajewia fenghaiensis Li(李玲,1995:363,图版 6,图 12)(参见附录中的附注 1)

Vacunella cf. *curvata*(李玲,1995:图版 6,图 17)(仅 1 枚标本,保存实在太差)

Modiolus? sp.(李子舜,见李子舜等,1989:图版 29,图 2,3)[壳顶位于前端,无前壳突,当前标本显然与具前壳突的 *Modiolus* 无关。况且,*Modiolus* 应当具有以假韧片(pseudonymph)为特征的平韧式(planivincular)韧带,在前中生代尚未出现]

Promyalina hunanensis Zhang(张仁杰, 1977:523, 图版 200, 图 1)(齿式与该属不同,其分类位置有待进一步研究,本种产于栖霞期,故未收入)

Promyalina? sp. (李玲,1995:图版 1,图 8a,b)(仅 1 枚标本,保存实在太差)

Bakevellia jiuzhaiensis Guo(郭福祥,1985:137,图版 11,图 10a,b)(仅有 1 枚标本的内外模,保存不完整)

Claraia guangyuanensis Li(李子舜,见李子舜等,1989:204,图版 29,图 1,6,15)(右壳仅有 1 枚外模标本,保存不甚完整,尤其是前耳保存不全,与足丝凹口相对应的位置破损严重,难以作进一步的鉴定)

Pseudomonotis? *richthofeni* (Girty)(中国的瓣鳃类化石,1976:196,图版 14,图 14,18)(时代不明)

Palaeolima anfuensis Li and Ding(丁保良等,1982:319,图版 123,图 14)(仅 1 枚标本,保存不完整)

陈金华 jhchen@nigpas.ac.cn
中国科学院南京地质古生物研究所
南京市北京东路39号，210008

第四节

华南二叠纪末大灭绝后双壳类的宏演化阶段

摘要 →

本节包括五部分：(1)华南二叠纪末大灭绝后双壳类发展的概貌：发现在早三叠世分异度很低，多数亚纲萧条，特别是隐齿亚纲、异韧亚纲及壳体固着类极度贫乏，惟适应性能较强的翼形亚纲中的足丝附着类较丰富；中三叠世Anisian早期多数亚纲开始复苏，但隐齿亚纲和异韧亚纲仍未出现；Anisian晚期各亚纲呈现明显的繁盛趋势，属、科、超科、目的分异度均达到新的高潮。发展不平衡的主要原因可能与生活习性和对恶劣环境的适应能力有关。(2)大灭绝后残存期—复苏期—辐射期的划分：早三叠世属残存期，其特点是幸存者占绝对主导地位，灾后泛滥属鼎盛，属级分异度很低，生态群落类型较简单、成种现象极少，表明生态环境始终比较恶劣；中三叠世Anisian早期属复苏期，环境有所改善，成种速率、分异度均提高，新的类型增多，灾后泛滥属消失，不少复活类型返回，并出现土著分子；Anisian晚期分异度迅速提高，土著分子较多，各主要亚纲新分子大量出现，表明已经进入辐射期；晚三叠世为辐射鼎盛期。对以往关于双壳类辐射发生于Ladinian期以后的结论提出不同意见。另讨论了避难所问题，认为华南并不像一个“避难所”，而东格陵兰则有可能是Griesbachian“期”的避难所。(3)对灾后泛滥属*Claraia*的发展史做了分析，认为该属群最早出现于晚二叠世，经大灭绝消失了一部分，部分先驱型分子在灾后获得发展并演化出新类型；*Claraia*属在Griesbachian最晚“期”至Dienerian期达到鼎盛，Smithian期开始衰退，最后灭绝于Smithian期末；以往关于中三叠世“*Claraia*”的报道，可能系鉴定有误。(4)讨论“三叠纪底部”的快速海侵事件，认为该事件发生于晚二叠世末，不是早三叠世，是二叠纪末大灭绝事件之后，全球性气候变暖、海平面迅速上升引起；康滇古陆边缘“卡以头段”下部海侵和华北古陆边缘石千峰群海侵均与此事件有关；并提供长兴剖面(深水区)和黄芝山剖面(浅水区)受此事件影响的实例。(5)根据华南材料讨论Griesbachian早-晚“期”之交的小灭绝事件和Smithian-Spathian之交的灭绝事件，其中，前一次事件使大灭绝后残留的少量古生代型分子最终灭绝，“混生生物群”消失，事件后才出现真正的早三叠世生物群；后一次事件相对较强，导致早三叠世2个灾后泛滥属中的*Claraia*最后灭绝，*Eumorphotis*受到极大打击，损失大部分种，并最后灭绝于早三叠世末；后一事件也导致Spathian期华南双壳类生物群严重萧条，分异度为早三叠世的最低点；还讨论二叠纪末大灭绝后残存期特别长的原因，认为除与大灭绝强度特别大、破坏特别严重，因而新的生态系统建立缓慢等因素有关外，还可能与发生这两次小灭绝有关。描述晚二叠世末期克氏蛤一新种*Claraia huzhouica* Chen and Komatsu (sp. nov.)。

陈金华. 2004. 华南二叠纪末大灭绝后双壳类的宏演化阶段. 见：戎嘉余，方宗杰主编. 生物大灭绝与复苏——来自华南古生代和三叠纪的证据. 合肥：中国科学技术大学出版社. 647～700，1069

关键词 →

双壳类 二叠纪末大灭绝 小灭绝 残存 复苏 辐射 华南

一、大灭绝后华南双壳类发展概貌

显生宙五大灭绝事件中，二叠纪末的大灭绝是最强烈的一次（Sepkoski，1986；Sepkoski and Raup，1986；Raup，1986；Schopf，1974；Erwin，1993，1994；Benton，1995；戎嘉余等，1996；童金南，1997；殷鸿福、童金南，1997；Jin *et al.*，2000）。这次事件对华南地区双壳类的影响巨大，许多古生代的科和超科灭绝，属级分异度明显下降。事件前，吴家坪期双壳类58属，长兴期43属（杨遵仪等，1987）；事件后的Griesbachian"期"[①]锐减为20属，比吴家坪期和长兴期分别下降65％和53％。

双壳纲共包括6亚纲，下面简述6亚纲在大灭绝前后的基本情况（表4.4.1，图4.4.1）。

表4.4.1 华南二叠纪末大灭绝后双壳纲各亚纲属数统计表

Table 4.4.1 Number of genera in six subclasses of Bivalvia assigned to the stages of Early Triassic and Anisian in South China

亚纲 (Subclass)	早/晚格里斯巴赫期 (Early/Late Griesbachian)	狄纳尔期 (Dienerian)	史密斯期 (Smithian)	史帕司期 (Spathian)	早安尼期 (Early Anisian)	晚安尼期 (Late Anisian)
Palaeotaxodonta	1(2)/0	1	1	0	1	4
Cryptodonta	0/0	0	0	0	0	0
Pteriomorphia	15/14	18	15	6	28	38(39)
Palaeoheterodonta	3/3	3	3	3	5	8
Heterodonta	0/0	0	3	1	1	8
Anomalodesmata	0/0	0	0	0	0	8
合计(Total)	19(20)/17	22	22	10	35	66(67)

（一）古栉齿亚纲(Palaeotaxodonta)

共1目3超科，其中1个超科(Ctenodontacea)限于石炭纪以前；另2个超科在古生代已有相当数量并延续到现代。二叠纪时本亚纲大约有7属，归于3科内。大灭绝后，华南有可靠记录的仅剩1属（*Palaeoneilo*，归Nuculanacea超科Malletidae科）；有的学者（姚兆奇等，1980）曾记述在滇-黔区另有*Palaeonucula*（=？*Nuculopsis*，归Nuculacea超科Nuculidae科），惜无图影；但在东格陵兰，早三叠世也见后一科属分子*Nucula*（=？*Nuculopsis*）。大灭绝使本亚纲的属级消失率达72％～84％，二叠纪3科中有1科(Nuculanidae)在早三叠世未见。中三叠世Anisian早期，科属数仍未增加（仅1～2属）；到Anisian晚期，科数和超科数与二

① 下三叠统的分阶至少存在3种方案，即两分、三分或四分；国际地质科学联合会最近建议选用两分方案（Remane *et al.*，2000）。三分和四分方案中均包括Griesbachian阶，该阶传统含义的底界为菊石*Otoceras concavum*层的底界，与二叠纪末大灭绝事件层一致，但与现已被广泛接受的牙形刺标准不一致（牙形刺*H. parvus*的首现面高），因此，传统的Griesbachian"阶"已跨越两系界线，不再具有实际意义。本文因讨论大灭绝后生物群发展的需要，暂引用四分方案中的Griesbachian，但对该"阶"或"期"均注引号，以示区别。

叠纪相同，属数增至 4 个，为早三叠世的 2～4 倍，但仍少于二叠纪。可见，本亚纲的基本恢复始自 Anisian 晚期。

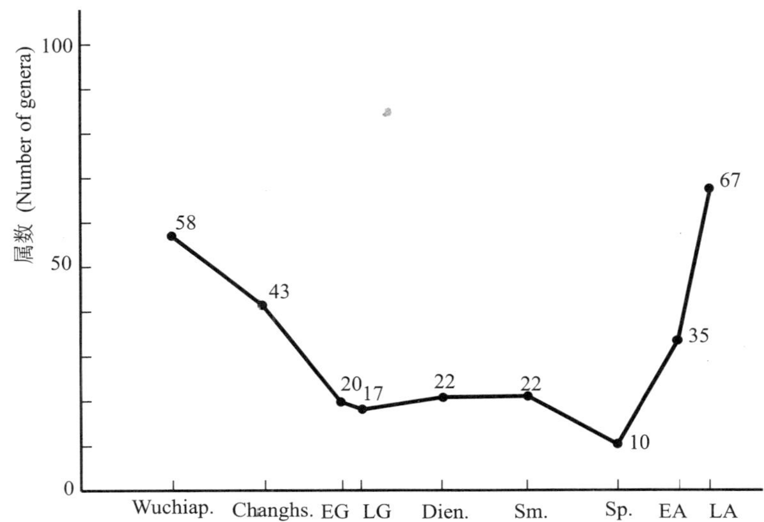

图 4.4.1 华南晚二叠世至中三叠世早期双壳类属级分异度曲线

Wuchiap.—吴家坪期 Changhs.—长兴期 EG—“格里斯巴赫”早期 LG—“格里斯巴赫”晚期 Dien.—狄纳尔期 Sm.—史密斯期 Sp.—史帕司期 EA—早安尼期 LA—晚安尼期

Figure 4.4.1 Fluctuation in diversity of bivalve genera from Late Permian to Anisian in South China

Wuchiap.—Wujiapingian Changhs.—Changhsingian EG—Early Griesbachian Dien—Dienerian Sm.—Smithian Sp.—Spathian EA—Early Anisian LA—Late Anisian

（二）隐齿亚纲(Cryptodonta)

包括内容甚少，仅 2 目 2 个超科，其中一个超科(Praecardiacea)限于石炭纪以前，另一个(Solemyacea)自泥盆纪至现代。后一超科的古生代惟一代表 *Solemya* 在二叠纪的华南有较多发现，但早三叠世尚未见踪迹；本亚纲在早三叠世和中三叠世均缺失；大灭绝后 *Solemya* 在华南最早见于上三叠统，因此，本亚纲恢复和发展期比其他亚纲迟，大约于晚三叠世才开始。

（三）异韧亚纲(Anomalodesmata)

共 1 目 5 超科，其中 3 个超科限于中、新生代，另 2 个在古生代已有相当数量的代表；二叠纪有 4 科约 16～20 属。可能由于大部分成员的生态习性原因(深钻洞、浅钻洞或掘穴)，二叠纪末的大灭绝事件后，本亚纲内的古生代分子全部消失，其中还消失 1 个超科(Edmondiacea)，因而早三叠世本亚纲在华南基本无代表(陕北曾有 *Homomya* 的记录，但笔者认为可能是古异齿亚纲的 *Unionites*，见后述)。Anisian 早期，亚纲内仍无可靠属种出现；直至 Anisian 晚期，亚纲在华南才呈现发展趋势，至少见 7 属，分归于 3 超科 6 科。

（四）古异齿亚纲(Palaeoheterodonta)

包括 3 目 6 超科 20 余科，主要繁盛期是中、新生代，但在古生代已有不少代表，如 Modiomorphoida 目(包括 2 超科 5 科)的全部科级以上单元均有代表，Unionoida 目和 Trigonioida 目也有少部分先驱。二叠纪时，该亚纲至少有 5 超科 8

科 15～19 属(其中海相 3 超科 8～10 属)。经过大灭绝,1 个海相超科(1 科)和 2 个非海相(陆相)超科(包括 4 科)消失,早三叠世华南海区仅见 3 属,归于 2 超科 2 科,海相属级分异度比大灭绝前下降 63%～70%;陆相属(主要在华北区)消失 100%;中三叠世 Anisian 早期开始有所回升,海相增至 5 属,比早三叠世上升 40%;Anisian 晚期 8 属,比早三叠世上升 62%,其中所增加的属均归 Pachycardiidae 和 Myophoriidae 科。

(五) 异齿亚纲(Heterodonta)

内容较多,包括 3 目 25 超科近 90 科,主要繁盛期也是中、新生代,古生代的代表分散于约 17 科内。二叠纪时,华南约 10～12 属(归 4 超科 5 科)。大灭绝使大部分古生代属(8～9 属)消失,只有 2 属(均归 Permophoridae 科)在早三叠世得以延续;另外,Fimbriidae 科内在早三叠世新出现 1 个未见于古生代的属(*Schafhaeutlia*)。Anisian 早期,本亚纲仅 1 属,表明尚未恢复和发展;Anisian 晚期,出现至少 8 属,为早三叠世的 2.7 倍,显示出迅速发展的趋势。

(六) 翼形亚纲(Pteriomorphia)

内容丰富多彩,主要是表栖生态类型,古生代已大量出现。二叠纪总计约 9 超科 19 科 65 属左右(早二叠世较多),其中仅 Pectinacea 超科就有 10 科约 40 属(Yin,1985)。亚纲内至少 6 个科将近 50 属逐渐在二叠纪期间并最后在二叠纪末的大灭绝事件中消失。早三叠世本亚纲约有 18 属,与二叠纪相比,减少约 73%。在整个早三叠世生物群 25 属中,本亚纲分子占 72%,是最繁盛的亚纲,其中个体数量最多的是 Pectinacea 超科分子,尤其是 2 个灾后泛滥属(disaster genera)*Claraia* 和 *Eumorphotis* 达到鼎盛;其次有 *Leptochondria*,*Pteria*,*Promyalina* 等。壳体固着类群在早三叠世华南未见(但东格陵兰有 *Enantiostreon* 和"*Anomia*",见 Spath,1930,1935)。

Anisian 早期,此亚纲在华南至少有 28 属,大大超过其他亚纲,占当时的双壳类生物群属级单元数的 80%;与早三叠世本亚纲属级数相比,增加 55%,其中延续分子 16 属,新出现 12 属(包括 2～3 个土著属)。新分子比例较高以及土著分子的出现,均表明本亚纲由于适应能力较强等原因,发展相对较快。到 Anisian 晚期,亚纲有了更快的发展,总数达 39 属以上,比早三叠世增加一倍多;Ladianian 至晚三叠世更达到 60 属或更多。

上述表明,由于生活方式或生态类型的差别,双壳类各亚纲对灾后恶化的环境以及对复苏后改善了的环境,反应是有明显差异的:对灾后恶劣环境适应能力最强的是翼形亚纲中的足丝附着类型,它们中除了灭绝分子和逃离本区的分子外,还有相当数量留在华南并得到发展,成为当时双壳类生物群的主体(有的甚至极度繁盛，成为灾后泛滥属）；当环境改善后，亚纲内一部分逃离分子也较早返回。适应能力差、逃离本区时间最长的是隐齿亚纲，它们直至晚三叠世才返回。异韧亚纲和翼形亚纲内某些壳体固结的类型，在事件后也长期缺失，Anisian 晚期返回并开始繁盛。古栉齿亚纲、异齿亚纲和古异齿亚纲在事件后均未完全逃离本区，但留下的数量较少，Anisian 早期尚未提高分异度（古异齿亚纲 Anisian 早期略有提高，但幅度不大），Anisian 晚期环境好转后迅速增加。

二、大灭绝后残存期—复苏期—辐射期的划分

（一）划分

这里将华南二叠纪末大灭绝后双壳类的发展阶段作如下划分（表 4.4.2）：残存期（survival interval）——包括整个早三叠世以及大灭绝事件后晚二叠世最晚期的部分时限（晚二叠世最晚期的部分时限指大灭绝事件层至 *Hindeodus parvus* 首现

表 4.4.2　华南二叠纪末大灭绝后双壳类残存期—复苏期—辐射期划分

Table 4.4.2　Temporal intervals of survival, recovery and radiation and minor extinctions plotted after the end-Permian mass extinction based on the bivalve data of South China

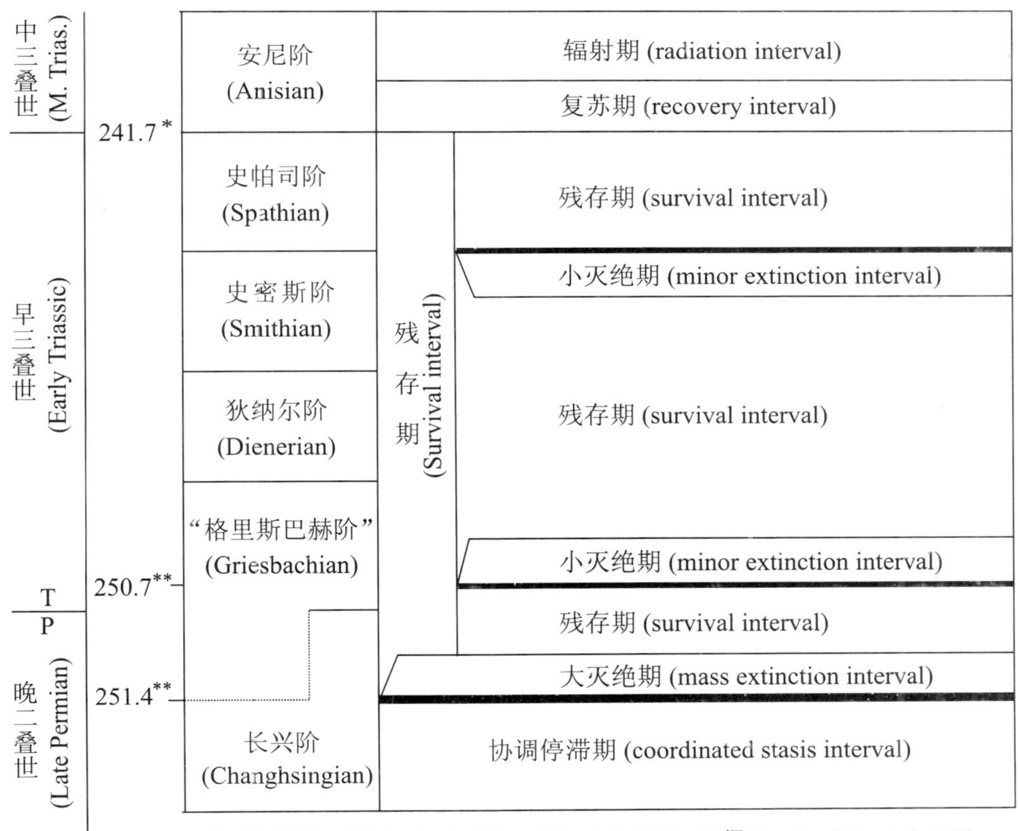

绝对年龄值：*据 Gradstein F M and Ogg J G, 1995　**据 Bowring S A, *et al.*, 1998

注：虚线示意传统的"格里斯巴赫阶"底界，它与真正的二叠-三叠系界线不一致。

面以下的时限，不足 0.7 Ma)[①]；复苏期(recovery interval)——中三叠世 Anisian 早期(Remane *et al.*，2000 给出的 Anisian 时限为 7 Ma，但 Anisian 早期占的确切时限尚不清楚)；辐射期(radiation interval)——自 Anisian 晚期开始进入辐射阶段，晚三叠世 Carnian 和 Norian 早中期达辐射高峰，据不很精确的年龄数据及推算(Remane *et al.*，2000)，整个辐射期(late Anisian 至 Norian 中期)长达 26 Ma 左右。

(二) 残存期

残存期是指大灭绝后至复苏期前的一段时期，戎嘉余等(1996)综合古生代 3 次大灭绝的材料后提出，残存期的生物群表现出以下几个显著特点：①分异度很低，生态群落简单；②成种速率和灭绝速率均很低；③灾后泛滥种(disaster taxa)个体数量多，可以达到鼎盛；④幸存者(survivors)占据整个生物群的主导地位(但总数不很多)。下面分别就这几个特点对华南早三叠世双壳类生物群进行分析。

1. 残存期双壳类属级分异度和生态群落

残存期华南的双壳类共 25 属，其中包括古栉齿亚纲 1 属：*Palaeoneilo*(康滇区的 *Palaeonucula* 因未见图影，暂未统计在内)；翼形亚纲 18 属：*Pteria*，*Towapteria*，*Gervillia*，*Bakevellia*，*Praechlamys*，*Entolium*，*Pleuronectites*，*Eumorphotis*，*Ornithopecten*，*Leptochondria*，*Posidonia*，*Claraia*，*Palaeolima*，*Myalina*，*Promyalina*，*Mytilus*，*Modiolus*，*Pinna*；古异齿亚纲 3 属：*Unionites*，*Neoschizodus*，*Leviconcha*；异齿亚纲 3 属：*Myoconcha*，*Curionia*，*Schafhaeutlia*。

属级分异度值统计(表 4.4.1，图 4.4.1)显示，华南整个残存期双壳类属数(25 属)明显地低于事件前的晚二叠世(43～58 属)和后来的中三叠世安尼期(35～67 属)。残存期各阶(期)的属级数也始终处于低水平(未超过 22 属，甚至最少为 10 属)，因而在该统计图(图 4.4.1)上形成一个自 Griesbachian“期”至 Spathian 期的宽阔低谷。值得注意的是，各阶(期)属级分异度略有一些起伏，如由于大灭绝的强烈影响，在紧接着大灭绝后的 Griesbachian 早“期”，属数急剧减少，是正常现象(约 20 属，比事件前长兴期下降约 53%)；但到 Griesbachian 晚“期”，属数非但未上升，反而又进一步下降(为 15～17 属，下降率为 15%～25%)，这不是正常的，本节认为可能与一次小事件引起的环境进一步恶化有关(后述)。到 Dienerian 期，属数有所回升(为 22 属，比 Griesbachian 早“期”上升 10%；比 Griesbachian 晚“期”上升更多些，>29%)，似标志当时生态环境略有改善；Smithian 期(主要统计其早期)的属数基本上与 Dienerian 期持平(为 22 属)；而到 Spathian 期，双壳类属数又突然减少(为 10 属，比 Smithian 期下降 55%左右)，笔者认为该下降可能是 Smithian-

① 为讨论方便，本节将整个残存期简称为“早三叠世”，包括传统含义 Griesbachian“期”，Dienerian 期，Smithian 期和 Spathian 期。

Spathian 界线事件影响的结果(后述)。

总体上看,在长达 10 Ma 多的时间内,华南海区环境是差的,只是在 Dienerian 期至 Smithian 早期略好些(该期内繁盛属 *Claraia* 的种级分异度也有较明显提高,见后述);而在 Griesbachian 晚"期"和 Spathian 期,环境相对更差些;尤其是 Spathian 期,不仅分异度达到新的最低点,而且出现新的灭绝现象(如 *Claraia*, *Towapteria* 等)。按正常的灭绝—残存—复苏—辐射进程,在大灭绝事件之后,随着时间的推进,环境会逐步改善,分异度也应随环境的改善呈逐渐上升趋势,但实际上华南的双壳类分异度在局部时期却曾有过下跌,甚至明显下跌,表明它们可能受到过小型灭绝事件影响。早三叠世双壳类长期停于低分异度状态,显然说明未进入复苏期,而一直停留于残存期。

在生态群落方面,早三叠世华南各地双壳类生态组合似较单调,没有见到区域性土著生物群或特殊群落(安徽"下三叠统顶部"的 *Periclaraia* 群落应属于土著生物群,但本文对其时代是否确属早三叠世尚存疑)。在生活习性结构方面似也比较简单,如二叠纪业已出现的"*Lopha*"等壳体固着类型在早三叠世消失不见,古生代晚期较繁盛的隐齿亚纲和异韧亚纲内钻洞和深掘穴类型此时数量极少,古生代较为多样的掘穴型古栉齿类此时仅剩极个别代表,慢速爬行或浅掘穴的古异齿类和异齿类数量也不多。无论从属级分异度还是从个体数量看,当时最为繁盛的是翼形亚纲的足丝附着型表栖生物(分异度占 70%以上,个体数量占 90%以上)。生态群落和结构的单调化,也说明华南的早三叠世属残存期。

2. 灾后泛滥属

Claraia 和 *Eumorphotis* 是华南、也是世界性的 2 个灾后泛滥属,这 2 个属的繁盛使华南早三叠世双壳类生物群形成了既不同于灾前协调停滞期(coordinated stasis interval),又不同于后来的复苏期和辐射期的特殊组合面貌。据许多作者的研究(顾知微等,1976;陈楚震,1978;陈楚震等,1979;Chen,1980;殷鸿福,1981,1983;Yin,1990;杨遵仪等,1987,1991;Yang and Li,1992;以及本节的补充),大灭绝后至早三叠世末,华南的双壳类大致分为下述 4 个组合或带:①Griesbachian 早"期"*Claraia* cf. *bioni* 带和 *Eumorphotis venetiana*-*Towapteria scythica*-*Pteria ussurica variabilis* 带;②Griesbachian 晚"期"*Claraia wangi* 带;③Griesbachian 最晚"期"至 Smithian 期(确切历程未分)*Claraia aurita*-*Claraia stachei* 带和 *Eumorphotis multiformis* 带;④Smithian 晚期至 Spathian 期(时代稍有疑问)*Pteria* cf. *murchisoni*-*Eumorphotis inaequicostata* 组合。

这些带和组合的主要标志分子几乎均是 *Claraia* 和 *Eumorphotis* 的种(*Pteria* 和 *Towapteria* 的重要种仅发育于局部层位),可见这 2 个属在华南早三叠世地层中分布的广泛性。但在中三叠世到来之前,这 2 个灾后泛滥属又全部灭绝(*Claraia* 的历程曾有不同意见,将在后面讨论)。灾后泛滥属的鼎盛似乎也表明早三叠世属于残存期。

3. 成种速率和灭绝速率

在早三叠世长达10 Ma期间，仅于Smithian早期出现1个新的广布分子(*Schafhaeutlia*)，可见成种速率虽然不是零，也十分地低。灭绝方面有些特殊：经过大灭绝事件后，华南仍有部分古生代属种残留；但到Griesbachian晚“期”，因受Griesbachian早-晚“期”交界处小灭绝事件影响，这些二叠纪种类最后灭绝，同时又有20%的延续属暂时离开本区，因而导致分异度小幅下跌；早三叠世中期相对稳定，没有见到灭绝现象；早三叠世晚期及期末，华南分别有4个属灭绝：*Claraia*，*Myalina*，*Towapteria*(Smithian末)，以及*Eumorphotis*(Spathian末)。灭绝率达16%，灭绝的原因可能与另一次小事件(Smithian-Spathian交界期事件)有关。可见，早三叠世非但成种率极低，而且出现了新的灭绝现象。这只能说明当时并未进入环境明显好转的复苏期，而是仍处于事件多发期。

4. 幸存者

幸存者(survivors)指出现于大灭绝以前、大灭绝期间未消失，并在原区生活、新时期继续生存的生物单元。华南双壳类25属中至少有以下12属起源于二叠纪或更早(括号中示该属地质历程)：*Palaeoneilo*(O～K)，*Palaeolima*(C～T)，*Posidonia*(C～K)，*Pinna*(C～Rec.)，*Claraia*(P_2～T_1)，*Towapteria*(P_2～T_1)，*Modiolus*(D～Rec.)，*Myalina*(C～T_1)，*Promyalina*(P～T)，*Bakevellia*(P～K)，*Leviconcha*(P～T)，*Neoschizodus*(P～T)。这12属占当时整个双壳类生物群属数的48%。

幸存者可能不止这些。殷鸿福(1983)分析，*Leptochondria*，*Eumorphotis*，*Entolium*在二叠纪业已出现；Schubert和Bottjer(1995)认为，*Unionites*是与二叠纪类型有关的属。总之，当时幸存者和幸存先驱者(survival-progenitor)(Rong and Zhan,1999)占据了主导，而新迁入者(debutantes taxon)极少(仅1属)，确实反映了残存期的特征。

(三) 关于避难所

Erwin(1994)曾推测，华南或日本的某些地方在晚二叠世末的大灭绝期间可能是一个避难所(refugium)。此推测至少对于华南双壳类来说不一定可靠。虽然华南早三叠世双壳类生物群在某些层位丰富度较高，但总体来看分异度相当低，其属级内容并不比世界其他地区多；另外，华南早三叠世有关层位双壳类个体均较小，似乎不像是环境较为有利、个体发育较充分的避难所生物群。另外，避难所一般聚集了许多其他地方难以生存的避难者(refugia taxa)，如那些抗灾变能力极差、需要正常环境才能生存的生物(以壳体固结于岩石或其他硬物上的双壳类最典型)，而华南下三叠统恰恰缺失这些类型。因此，笔者不认为华南是避难所。

格陵兰东部有可能相似于一个避难所，据报道(Spath，1930，1935；Grasmuck and Trumpy，1969；Trumpy，1969)，那里的 Griesbachian“期”生物群十分发育，有非常丰富的菊石和相当数量的双壳类、苔藓虫、腕足类、腹足类及鱼类、虫管、遗迹化石等。其中双壳类面貌与华南相比有明显不同，如具放射饰的克氏蛤类在二叠纪末已出现，但由于大灭绝及其后的一次小灭绝事件影响，其发展在华南曾一度中断，因而 Griesbachian 晚“期”的 *Ophiceras* 层内，在华南主要是光滑壳饰种类(*Claraia wangi* 等)；而格陵兰东部似未被中断，同期地层有许多具放射线的克氏蛤(*Claraia stachei* 等)，而且它们的个体大者可达 60～70 mm 长(*Promyalina* 个体也有 40～45 mm)，发育较为充分，表明那里受灾变影响比华南小。值得注意的是，格陵兰东部 *Otoceras* 层和 *Vishnuites* 层还见到同时期华南未发现的壳体固结类型(*Enantiostreon*，“*Anomia*”)。这些壳体固结类型由于缺乏移动能力因而其抗灾变能力极差，它们能够在此处生存，表明环境并非十分恶劣。有人(Stanley and Beauvis，1994)提出，岛屿的环境更适合于躲避，或许有一定道理。华南当时有浅海和古陆，但能避难的岛屿生物群未见确切依据。总之，根据生物群特征，东格陵兰 Griesbachian“期”的环境比华南好。

(四) 复苏期

中三叠世 Anisian 早期，华南双壳类面貌产生了转折，表现在下述几个方面：①分异度明显增高，当时至少有 35 属，属级分异度约是 Spathian 期的 3.5 倍，比整个早三叠世上升 40%，并达到大灭绝前长兴期的 81%；②新进化类型增多，新出现 14 属，约占总数的 40%，说明成种速率明显提高，环境已有明显改善；③早三叠世的 2 个灾后泛滥属(*Claraia* 和 *Eumorphotis*)消失，另有 2 个幸存者或幸存先驱者(*Myalina* 和 *Towapteria*)消失；④土著分子和新的广布分子开始出现，如广西 Anisian 早期有 *Periclaraia* 群落，青海有 *Neomorphotis* 等(后一属在国外起源早些，可能是新迁入者)。从以上特点看，Anisian 早期可能已进入了复苏期。

(五) 关于辐射期的讨论

Anisian 晚期，分异度更进一步增高，属数达 67 个或更多(仅贵州青岩一地 Anisian 晚期的双壳类就有 50 余属)，是早三叠世晚期(Spathian)的 6.8 倍，整个早三叠世的 2.6 倍；比 Anisian 早期也高出近 80%。其中新出现的广布属和土著属达 30 属以上，几乎占当时整个双壳类生物群的一半。值得注意的是，此时双壳类科级以上分类单元数也有了大幅度增加，据不完全统计，Anisian 晚期有 5 亚纲 11 目 18 超科 32 科(早三叠世为 4 亚纲 6 目 11 超科 17 科)；与早三叠世相比，目和科的增幅都在 80%以上，超科增幅也达 64%。另外，华南早三叠世的一些避难种，在 Anisian 晚期又重新回到华南，仅青岩地区所发现的壳体固着型双壳类至少有 8

属，典型的如 *Enantiostreon*，*Lopha*，*Protostrea*（见图版 4.4.5）以及 *Placunopsis*，*Liostrea*，*Newaagia*，*Plicatula*，*Dimyodon* 等；与此同时，一些钻洞、掘穴等活动能力较差的类型，如异韧亚纲、异齿亚纲、古栉齿亚纲分子，数量大有增加。这表明，Anisian 晚期的环境已变得十分有利于双壳类的生存和发展。因此，本节认为，Anisian 晚期的华南双壳类似已显示了辐射期的特征。

关于二叠纪末大灭绝后的辐射期问题，目前国际上流行的结论是，某些浮游或演化较快的底栖生物辐射现象出现较早，大致在 Anisian 期就已开始；而大部分底栖生物如双壳类、腕足类等的辐射期则晚很多，主要在晚三叠世，或 Ladianian 期末至晚三叠世。如 Hallam 和 Wignall（1997：116）总结道："随着大多数复活者（Lazarus）类型的再度出现，Anisian 期最终呈现出正常底栖环境的恢复，多种类群（如海生爬行类、有孔虫和石珊瑚）迅速地辐射，同时，藻-海绵礁又重新形成；而双壳类、腕足类和苔藓虫的辐射期则被推迟到 Ladinian 期甚至更晚……"

这一结论的主要依据可能来源于欧洲部分地区的生物群，如阿尔卑斯等地著名的圣·卡息安（St. Cassian）层的材料。在这些地区，圣·卡息安层是二叠纪末大灭绝后首个最为丰富的生物群层位，它的时代是 Ladinian 末期至 Carnian 早中期（主体是 Carnian 早中期）。在比这更早的地层中，如 Anisian 期和 Ladinian 早中期的地层中，双壳类及有关门类生物的丰富度和分异度均较低。

华南二叠纪末大灭绝后首次高分异度和高丰富度的层位，却比圣·卡息安层早得多。贵阳附近的青岩生物群（图版 4.4.5），产有十分丰富的底栖生物腕足类、双壳类、腹足类、海百合类等，同时有一定数量的海绵、珊瑚、棘皮类、苔藓虫、菊石、鹦鹉螺、掘足类、有孔虫、介形类等，生物门类总数多达 17 个，其中丰富度最高的是腕足类、双壳类和腹足类，分异度最高的是双壳类和腹足类（双壳类有 50 余属 100 余种，归在 5 亚纲 10 目 18 超科 32 科，见附录 4.4.1；腹足类略少些）。青岩生物群的时代由菊石确定为 Anisian 晚期（*Paraceratites binodosus*-*P. trinodosus* 带），比圣·卡息安层至少早一个阶（期）。引人注目的是，圣·卡息安生物群的大部分双壳类和腹足类的属级代表，在青岩生物群中均已出现，甚至两者的很多种级单元也相同或有密切关系（Yin and Yochelson，1983a，1983b，1983c；Stiller，1997，2001；陈金华等，2001），区别主要是圣·卡息安层生物群的分异度略高些，青岩生物群缺失某些晚三叠世分子（如 *Megalodon*，*Palaeocardita*，*Solemya* 等），而有较多的中三叠世种类，并有一些土著分子（如 *Protostrea*，*Quadratia* 等）。

青岩的双壳类生物群确实具备了辐射期的特征，因为不仅它的分异度高，属总数（>50 属）与圣·卡息安层（约 70 属）接近；而且有大量的新分子和新迁入类型，成种速率高，有一定数量的土著分子；更有许多与后来的圣·卡息安生物群有密切关系的新进化类型。青岩生物群的双壳类与圣·卡息安生物群的双壳类之间是一种什么关系呢？两者绝大多数属相同，相似和相同的种也较多（约占 47%），但时代不同，很显然，是演化关系。这表明，青岩生物群并不是一个孤立的或特殊的生物群，它与后来的生物群间有着密切的关系，所以本节的结论是，圣·卡息安层生物群是在以青岩生物群为代表的 Anisian 晚期生物群基础上发展起来的。

不仅仅青岩生物群，华南还有 Anisian 晚期双壳类辐射的例子，如在南祁连天峻县下环仓地区一个剖面，Anisian 晚期郡子河组上部（大加连段上部和切尔玛段）的双壳类也显示突然繁盛面貌，属数达 30 个，而 Anisian 早期（郡子河组大加连段下部）却仅 7 属（杨遵仪等，1983；本节图 4.4.7）。

根据上面所述，自二叠纪末大灭绝后，华南双壳类经历了一个漫长的残存期（直至早三叠世末结束），然后又经过 Anisian 早期的复苏，最后在 Anisian 晚期进入了辐射期。此辐射期自 Anisian 晚期起，经 Ladinian 期和 Carnian 期，一直延续到 Norian 早中期。在此期间，不同的生态区生物群的发育程度也不同，云南、藏东、青南和四川等地有 Carnian 中晚期和 Norian 早中期的双壳类生物群辐射代表，而圣·卡息安生物群则是 Carnian 早中期的一个辐射代表；与其他时期相比，Norian 早中期的华南双壳类达到辐射的鼎峰（图 4.4.2）。

三、灾后泛滥属 *Claraia*

Claraia 和 *Eumorphotis* 是世界性的特征化石，在各地的早三叠世海相双壳类生物群中，这 2 个灾后泛滥属占十分重要的地位（Kummel，1957；殷鸿福，1981；杨遵仪等，1987；Yin，1990；Erwin，1994；Hallam and Wignall，1997）。它们的地质历程稍有不同：*Claraia* 起源略早些（吴家坪期），繁盛也早些（Griesbachian“期”末至 Dienerian 期），灭绝于 Smithian 期末；*Eumorphotis* 起源略晚些（二叠纪末），繁盛于 Dienerian 至 Smithian 期，灭绝也相对晚些（早三叠世末）。笔者认为，*Claraia*（克氏蛤）及其类群克氏蛤类（claraiids）的历程似乎比较清楚地反映了二叠纪末大灭绝事件的影响及以后早三叠世华南双壳类生物群的发展进程，因此在这里对其做些讨论。

目前世界上的克氏蛤类已超过 100 种。晚二叠世的克氏蛤类较零星，已经报道并初步复核的材料大约有 8 种或略多（Nakazawa，1977，1981；张作铭，1980；赵金科等，1981；Yin，1985；郭福祥，1985；李子舜等，1989；方宗杰，1993），如 *Claraioides guizhouensis*（贵州和滇东，吴家坪期），*Claraioides dianus*（云南，长兴期），*Claraioides primitivus*（广西和云南，长兴期），*Claraia novosemelica*（北极区新地岛，晚二叠世），*Claraia bioni*（克什米尔、浙江湖州、西藏昆仑山区等，长兴期），*Claraia caucasica*（北高加索，晚二叠世；方宗杰，1993 认为此种亦可能归 *Claraioides*），*Claraia guangyuanensis*（四川广元，长兴期），*Claraia*? *baoqingensis*（即 *Peribositrabaoqingensis*，见图版4.4.1：图8～12）（浙江长兴，长兴期），

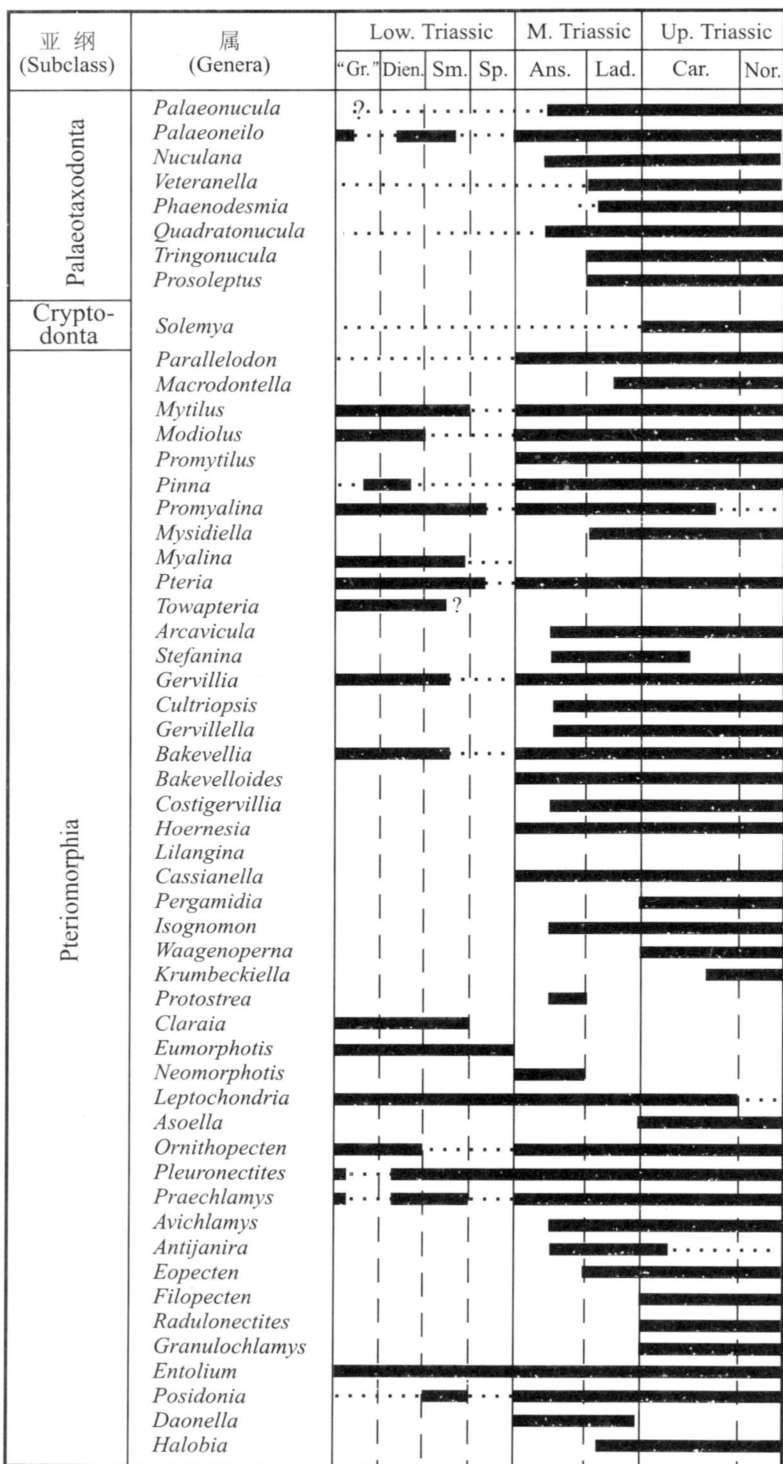

图 **4. 4. 2** 华南三叠纪双壳类属地层历程(英文缩写同图 4. 4. 1)

Figure 4. 4. 2 Geological ranges of bivalve genera in Triassic of South China (abbreviations following Figure 4. 4. 1)

续图 **4. 4. 2**

亚 纲 (Subclass)	属 (Genera)	Low. Triassic				M. Triassic		Up. Triassic	
		"Gr."	Dien.	Sm.	Sp.	Ans.	Lad.	Car.	Nor.
Pteriomorphia	*Parahalobia*								
	Enteropleura								
	Bittneria								
	Hokonuia								
	Ozytoma								
	Periclaraia			?					
	Etalia								
	Plicatula								
	Enantiostreon								
	Newaagia								
	Placunopsis								
	Dimyodon								
	Badiotella								
	Aviculolima								
	Palaeolima								
	Mysidioptera								
	Plagiostoma								
	Limatula								
	Pseudolimea								
	Limea								
	Eolimea								
Palaeoheterodonta	*Unionites*								
	Pachycardia								
	Trigonodus								
	Costatoria								
	Acanomyophoria								
	Elegantinia								
	Quadratia								
	Leviconcha								
	Neochizodus								
	Heminajas								
	Lyriomyophoria								
	Gruenewaldia								
	Trigonia								
Heterodonta	*Schafhaeutlia*								
	Curionia								
	Myoconcha								
	Triapharus								
	Pseudomyoconcha								
	Palaeocardita								
	Coelopsis								
	Myophoricardium								
	Neomegalodon								
	Pomarangina								
	Krumbeckia								
	Tellina								
	Astarte								
Anomalodesmata	*Homomya*				?				
	Pachymya								
	Arcomya								
	Pleuromya								
	Burmesia								
	Ceratomya								
	Cuspidaria								
	Laternula								

Claraia huzhouica Chen and Komatsu sp. nov.（浙江湖州，长兴期，见图版4.4.1：图 1～7）等。

这些晚二叠世克氏蛤类包括两种类型，一类是典型的 *Claraia*（部分文献另记录有“*Pseudoclaraia*”，本节认为它可能是 *Claraia* 的后异名），足丝凹曲较窄、不具足丝凹湾。此属自晚二叠世起，越过大灭绝事件层，繁盛于早三叠世。值得注意的是，华南地区“混生层”中发育一类具放射饰的 *Claraia*（如 *Claraia bioni*，*Claraia? baoqingensis* 等），本节称之为 *Claraia bioni* 种群，该种群不仅壳饰甚为特征（多变异），而且分布较广、时限较短，可能是当时（Griesbachian 早“期”）的特征种群，它们在上覆层（*Ophiceras*-*Claraia wangi* 层）中未再出现。

另一类是方宗杰（1993）建立的 *Claraioides*，其关键特征是具有显著的足丝凹湾。此属仅限于二叠纪晚期。产于四川广元上寺剖面大隆组顶部（紧接着大灭绝事件层之上 4 cm 处）的 *Claraia guangyuanensis*，足丝凹曲相当宽，接近于 *Claraioides* 的特征，但未形成“凹湾”（李子舜等，1989；Yang and Li，1992），可能是 *Claraia* 的特化种。总体上看，*Claraioides* 是大灭绝事件的灭绝者（victim）。方宗杰（1993）根据足丝凹湾特征认为，*Claraioides* 不能穿越大灭绝的原因，可能由于它的生态接近于 *Anomia*，活动能力很弱，因而抗灾变能力也弱[据 Yamaguchi（1998），*Anomia* 在短距离内可移动生态位置，特别在未成年期；但尽管如此，其活动能力仍很有限]。相反，*Claraia* 则与正常的海扇类相似，足丝从足丝凹曲处伸出，附着于别的物体上（部分可能躺卧生活）；从其扁平而近圆形轮廓及较薄的壳壁看，游泳能力可能较强（有的作者认为可能具有假漂游能力）；这种生态方式有利于生物随时离开原生活位置，以逃避灾变的不利环境。笔者认为，这一分析是合理的。

Griesbachian 晚“期”，*Claraia* 突然繁盛，个体数量非常丰富，形成了一个以光滑壳体占绝对优势的 *Claraia wangi* 带，所在层位的菊石以 *Ophiceras* 为特征。在长兴剖面，此带的上部除光滑的 *C. wangi*，*C. griesbachi* 外，还逐渐出现放射饰发育程度较差的 *Claraia* 种类（如长兴剖面的上部层位有 *Claraia* sp. nov.，*C. dieneri*，*C. longyanensis* 等，图版 4.4.2），克什米尔也有近似种类（Nakazawa，1981）。总的来看，此时期丰富度很高，但种级分异度甚低。值得注意的是，这一阶段壳体光滑的 *Claraia* 种类可能与二叠纪早已出现的相似种类有着密切关系，它们经大灭绝（及另一次小灭绝）考验后，不仅生存下来，而且获得了新的更大发展；也就是说，它们可能不仅具备有较强的抗灾能力，而且还具备一系列更先进的演化新质，因而在灾后获得了极大的成功，并逐渐演化出各种新的类型（如长兴剖面所见）。这些类型的克氏蛤应该属于先驱型生物（progenitors），并可能归幸存先驱型生物（survival-progenitors）（戎嘉余、詹仁斌，1999）。

Griesbachian 最晚“期”至 Dienerian 期是克氏蛤的鼎盛期（Yin，1990；Hallam

and Wignall,1997),这个时期此属在华南约有 50～60 种(部分种有待归并),达到种级分异度的顶峰。重要且常见的有 *C. stachei*,*C. aurita*,*C. clarai*,*C. radialis*,*C. griesbachi*,*C. concentrica*,*C. intermedia*. *C. hunanica*,*C. longyanensis* 等。此时 *Claraia* 的壳饰类型极多,除放射饰外,还有同心线饰、网格饰、皱饰、圈饰等多种多样壳饰;壳体形态、两耳特征也呈现出多种变化。地方性新种在这一段时期内多达 25～28 个(顾知微等,1976;张仁杰等,1977;甘修明、殷鸿福,1978;徐济凡,1978;李金华等,1982;郭福祥,1985)。郭福祥(1985)还据壳体形态、壳饰和两耳特征,建立新亚属(*Pteroclaraia*);李金华等(李金华、丁保良,1981;李金华等,1982)也以相似特征,另建新属 *Guichiella* (此属当时被认为不属于克氏蛤类,但其韧带区特征与浙、闽等地克氏蛤类相似)。新分子和地方性分子的涌现,表明当时的生态环境有所改善(与此相应,当时的双壳类生物群属级分异度也有所上升,大约比 Griesbachian 晚"期"增长 28%,见图 4.4.1)。

到 Smithian 期,*Claraia* 的演化可能已进入晚期,种类呈现快速减少趋势,不足 20 种;同时还出现一个特化种群(*C. decidens* 种群),此种群的主要特征是左壳凸度明显增大,壳体高而较窄,与一般的 *Claraia* 有很大差别。Nakazawa(1977)及 Begg 和 Campbell(1985)指出:"*Claraia decidens* 种群是 *Claraia* 演化序列顶部(最晚期)一个与众不同的独特种群,其时代一般限于晚 Nammalian 期(即 Smithian 期)"。*C. decidens* 特化种群在 Smithian 期的出现,预示着 *Claraia* 已临近灭绝。Smithian 期常见种有:*C. decidens*,*C. punjabiensis*,*C. australasiatica*,*C. himaica*,*C. painkhandana* 等;另外,鼎盛期的少量种类如 *C. griesbachi*,*C. aurita*,*C. stachei*,*C. clarai* 等也可延续至 Smithian 早期。

关于 *C. decidens* 种群是否归 *Claraia*,学术界曾提出过怀疑(Nakazawa,1977;Begg and Campbell ,1985),但由于未见铰合区或韧带区特征,一般仍置 *Claraia*。Newell 和 Boyd(1995)描述美国内华达和巴基斯坦盐岭等地 *Meekoceras* 层(Smithian 早期)的"*C. decidens* 种群"标本时,建立新属 *Crittendenia*,置 Deltopectinidae 科。他们认为,"*decidens* 实质上有别于 *Claraia* 和 *Streblopteria*,因而我们用新属 *Crittendenia* 来代替 *decidens* 种群"。如果他们的意见正确,则 *C. decidens* 种群应排除出 *Claraia* 及其属群。遗憾的是,他们的美国等地标本未显示铰合区或韧带区特征,其科级归属只是根据"外表的相似性"(与 *Streblopteria* 比较)(见 Newell and Boyd,1995:53)。另外,Newell 等提出以新属 *Crittendenia* 取代 *C. decidens* 种群时,并未对他们认为应被取代的 *C. decidens* 种群进行重新研究和厘定,也没有提到该新属应包括的已知种名单,更未与以往发表的 *C. decidens* 种群材料作比较,只是极为简单地提到:它与 *C. decidens* 种群"差别很小","代表性居群标本的厘定尚待进行"。从 Newell 等的论述中,笔者感到他们"用 *Crittendenia* 代替 *decidens* 种群"的结论虽有一定可能性,但并非成熟可靠,至少他们还未研究除内华达和盐岭地区以外的 *C. decidens* 种群标本，以及这些标本与 *Crittendenia* 的确切关系；因而也难以肯定 *Claraia*（及其属群）与 *C. decidens* 种群在"实质"上是否有很大差别（外表上是有明显差别）。另值得提到的是，*C. decidens* 种群分子目前尚未发现于比 Smithian 期更早的层位，但华南有些较低的层位（如南京附近青龙群）曾报道有该种群的 *Claraia painkhandana*（顾知微等，1976），笔者认为是误定。

早三叠世晚期（Spathian 期），克氏蛤类可能已经灭绝。以往华南曾有不少关于 Spathian 期的 *Claraia* 记录，但确切材料尚未见及；个别种类（*C. australasiatica*）能否延续到这一时期也有疑问。有作者曾经提出，安徽巢县"中-下三叠统界线之下 7 m 处"发现的 *Periclaraia* 与克氏蛤关系很密切，可以作为克氏蛤类在 Spathian 期未曾灭绝的证据（殷鸿福，1981；Yin，1990；陈华成等，1989）。另外，也有作者报道我国广西、贵州等地中三叠世安尼阶有 *Claraia* 发现①，故认为克氏蛤历程"不能完全排除延入安尼阶的可能性"（殷鸿福，1981）。

实际上，安徽的 *Periclaraia* 层位是否确属早三叠世，尚缺乏可靠的菊石依据。更重要的是，*Periclaraia*（拟克氏蛤）虽然形态上相似于克氏蛤（安徽标本曾被鉴定为 *Claraia*，见杨遵仪等，1987），但未曾发现铰合区证据，相反，右前耳下方却见到一列丝梳（ctenolium）（李金华、丁保良，1981；李金华等，1982）。据 Waller（1978，1984）研究，丝梳是海扇科（Pectinidae）的特征构造，而克氏蛤类则可能归羽海扇科（? Pterinopectinidae）（张作铭，1980）。因此，*Periclaraia* 与克氏蛤没有直接的系统关系，从而，安徽的标本不能作为克氏蛤类在早三叠世末还存在的证据。

中三叠世的"克氏蛤"更值得怀疑，虽然国外有人在地层描述中记录过（如俄罗斯等地），但均无可靠的研究结果。相反，有的作者已得出否定的结论，如 Begg 和 Campbell（1985）研究新西兰 Anisian 阶的"克氏蛤"时，在铰合部发现了三角形弹体窝，因而建立新属 *Etalia*，置于海扇类麻生海扇科（Asoellidae）。我国广西、贵州南部中三叠世安尼期的"克氏蛤"，经笔者等研究，也发现了丝梳构造，其特征与安徽的 *Periclaraia* 相似（图版 4.4.4），从而证明这些化石与肋海扇（*Pleuronectites*）比较亲近，而与克氏蛤类无关（陈金华、小松俊文，2002）。

从克氏蛤类的兴衰史似可得出以下几点认识：①克氏蛤类起源于二叠纪末的大灭绝事件之前不很久（吴家坪期），大灭绝事件使其中抗灾能力弱的类型（*Claraioides*）灭绝，而另一部分抗灾能力较强的类型（*Claraia*）则得以延续；与有些残存者相比，*Claraia* 可能更具有发展潜力；②大灭绝后得以延续的 *Claraia* 中，部分种群（如 *Claraia bioni* 种群）可能由于自身适应能力相对较弱或尚未形成稳定机制，而环境又比较恶劣等原因，在 Griesbachian 早-晚"期"之交的小事件中被淘

① 见：田林幅 1/20 万区域地质测量报告，1971，14～56 页；广西区测，1975，(1)：25～28

汰；另一些壳体光滑的种类则适应力较强，从而在小事件后得以发展，并在适应新环境的基础上演化出许多新类型；③Griesbachian"期"末至 Dienerian 期，*Claraia* 的种级分异度明显上升，并出现不少区域性分子，表明当时的环境相对好转；④Smithian 期，*Claraia* 出现特化种群，种数急剧减少，反映当时环境又渐趋恶化；最后在 Smithian-Spathian 界线事件的打击下，该属灭绝于 Smithian 期末；⑤Spathian 期，此属已经消失，中三叠世的"*Claraia*"可能是误定。

四、关于"三叠系底部"的海平面上升事件

早在 1970～1980 年，我国学者曾在某些古陆边缘发现了一批有趣材料，如在滇-黔交界区康滇古陆边缘的"卡以头段"非海相沉积中发现海相化石（姚兆奇等，1980；殷鸿福，1983），在属于华北古陆南缘的陕西北部地区陆相沉积中发现海相化石（杨遵仪等，1979；殷鸿福、林和茂，1979）。由于生物群的时代有争议，这些海相化石所代表的一次海侵及其广泛对比意义，尚未引起足够的重视。笔者核对有关材料后认为，上述海侵实际上是国际学术界已经证实的全球性的"三叠系底部"快速海进事件（海平面上升事件）的一部分（Forney，1975；Holser and Magaritz，1987；Embry，1988；Hallam，1992；Wignall and Hallam，1993；Paull and Paull，1994a）。这次海进事件发生的时间，以目前牙形刺的划分标准看（Paull and Paull，1994b），可能不归早三叠世，而属晚二叠世末。

（一）康滇古陆边缘

在康滇古陆边缘，上二叠统宣威组与下三叠统飞仙关组之间有一套厚 100 余米的地层，称为"卡以头段"。据调查（姚兆奇等，1980；龙家荣等，1991），宣威组上部为非海相或夹有少量海相层的含煤地层，"卡以头段"下部 28～80 m 厚度内产较多的海相化石，包括双壳类、腕足类、介形类、腹足类等，"卡以头段"上部（厚度为 25～114 m）是不含或很少含化石的非海相层。从沉积序列看，"卡以头段"下部的海相层标志一次海进（图 4.4.3）。

据姚兆奇等（1980）研究，"卡以头段"下部海相层的非海相夹层中产植物、昆虫、叶肢介、孢粉等化石，植物为典型的二叠纪分子（*Gigantopteris*，*Annularia*，*Paracalamites*，*Lobatannularia*，*Pecopteris* 等）；昆虫（*Tomia*）是三叠纪早期类型；孢粉显示较强的古生代色彩（*Leiotriletes*，*Calamospora*，*Patellisporites* 等），但也有三叠纪分子（*Aratrisporites*）；叶肢介（*Palaeolimnadia*，*Lioestheria*）延伸历程较长。海相化石层内的介形类既有二叠纪延续分子（*Hollinella*，*Knoxiella* 等），又有三叠纪类型 *Triassinella*（见于"卡以头段"底界以上 20 m）；腕足类以 *Lingula* 为主，时代意义不大，但可指示沉积环境（近岸滨海）；双壳类丰富，当时认

为属早三叠世，重要属种有：*Pteria ussurica variabilis*，*P. ussurica yabei*，*Towapteria scythica*，*Gervillia pannonica*，*Leptochondria bittneri*，*Promyalina minuta*，*Unionites fassaensis*，*U. canalensis*，*Neoschizodus laevigatus*，*Leviconcha*

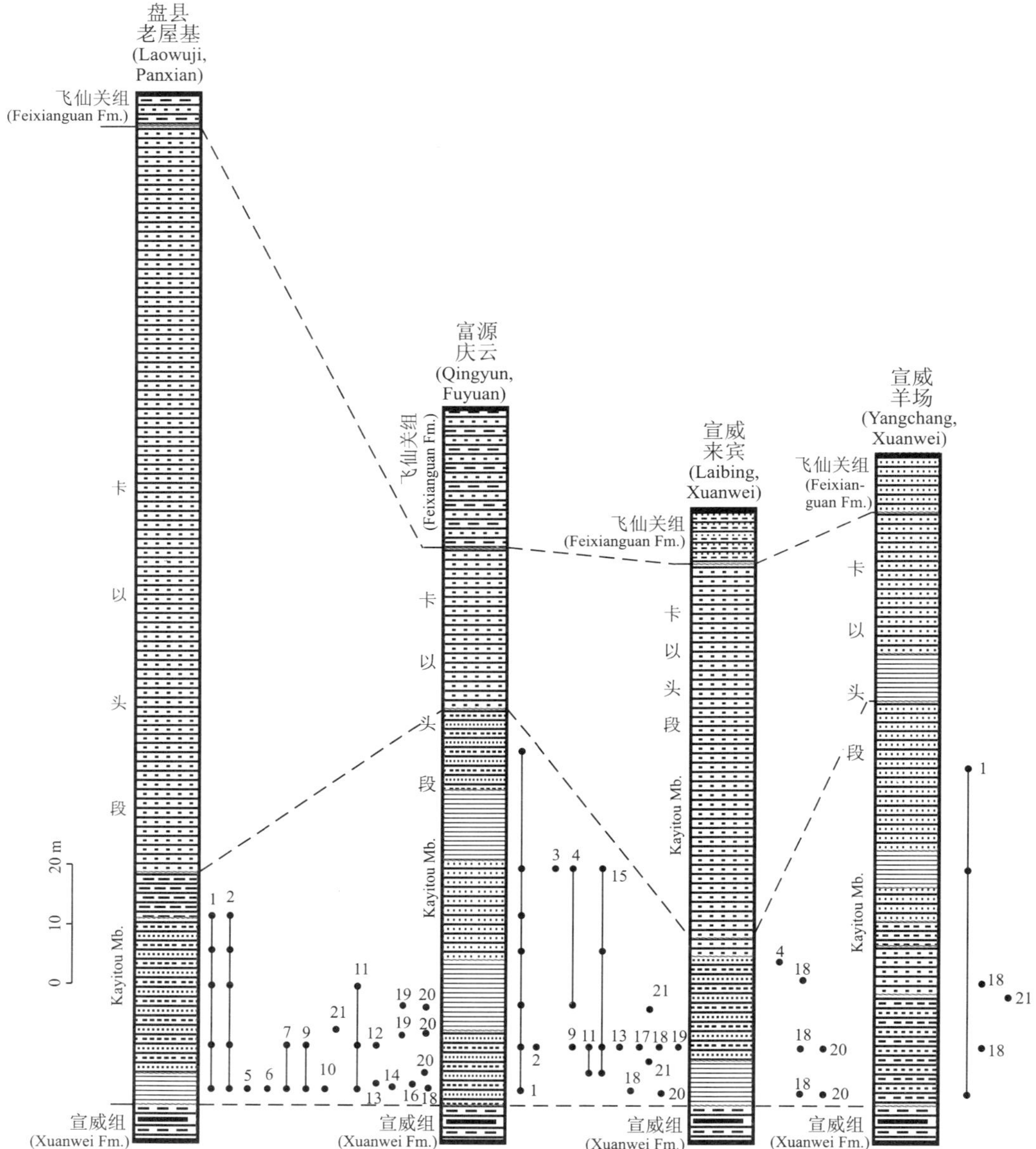

图 **4.4.3** 示“卡以头段”下部的海进事件

Figure 4.4.3 Showing the Lower Griesbachian transgression, recognized on the basis of marine fossils, in the stratigraphic sequences of the marginal Kangdian Paleoland, Southwest China

1. *Pteria ussurica variabilis* 2. *Pteria ussurica concentrica* 3. *Pteria ussurica yabei* 4. *Pteria murchisoni qinqyunensis* 5. *Towapteria scythica* 6. *Gervillia pannonica* 7. *Leptochondria bittneri* 8. *Leptochondria virgalensis* 9. *Promyalina minuta* 10. *Promyalina vetusta* 11. *Unionites fassaensis* 12. *Unionites canalensis* 13. *Neoschizodus laevigatus* 14. *Leviconcha ovata* 15. *Leviconcha orbicularis* 16. *Palaeoneilo* sp. 17. *Myoconcha qinqyunensis* 18. 叶肢介(conchostracans) 19. 介形类(ostracods) 20. 植物(plants) 21. 腕足类(brachiopods)

orbicularis，*Myoconcha qingyunensis* 等。从总体上看，"卡以头段"下部生物群显示了典型的 P-T 界线附近"混生生物群"性质，根据对部分动物化石的研究意见，姚兆奇等将"卡以头段"置于早三叠世。

殷鸿福（1983）将上述"卡以头段"双壳类，称为 *Towapteria scythica-Pteria ussurica variabilis* 顶峰带，与江南古陆边缘（福建岬顶、江西宜春等地）有关层位对比后，认为是古陆边缘浅水区二叠-三叠系"过渡层"双壳类的重要代表。后来，此带被广泛引用，确定层位在 *Claraia wangi* 带之下，时代为 Griesbachian 早"期"，但名称改为 *Pteria ussurica variabilis-Towapteria scythica* 带（Yang and Li，1992）。由于古陆边缘浅水区缺失牙形刺、菊石等标志化石，因而在准确确定二叠-三叠系界线方面存在一定困难。但古陆边缘是海进、海退或海平面升降最敏感的地区，海侵也可能成为该地区确定两系界线的一种辅助标志；"卡以头段"的海相层实际上是前面所称的"三叠系底部"海侵（海平面上升）的产物，其时代可能属于晚二叠世末。

（二）华北古陆南缘

陕西麟游、岐山等地在二叠-三叠纪交界期属于华北古陆南缘，此处原二叠纪陆相地层石千峰群内曾发现海相化石，包括双壳类、腕足类、蛇尾类、叶肢介等，其中双壳类有（据杨遵仪等，1979，括号内为笔者修订）：*Eumorphotis multiformis*，*Palaeoneilo elliptica*，*Leptochondria* aff. *virgalensis*（＝*Eumorphotis venetiana*），*Bakevellia costata*（＝*Pteria ussurica variabilis*），*Gervillia exporrecta*，*Mytilus eduliformis subpraecursor*，*Promyalina putiatensis*，*P. intermedia*，*Homomya impressa*（＝*Unionites canalensis*）等。杨遵仪等（1979）认为这个以 *Eumorphotis* 为特征的双壳类组合属于早三叠世晚期；殷鸿福等（1979）则提出，陕西两处（麟游、岐山）海相层时代不同，岐山的属于 Induan 中、晚期，麟游的归 Olenekian 期。

最近，刘淑文等（2000）经反复调查，确定陕西两地的海相层可以对比，认为是"同一海侵期的产物"，层位均归于孙家沟组上部。他们将海侵时代定为 Induan 中、晚期至 Olenekian 期（时代意见可能主要据双壳类化石的早期鉴定）。

另一方面，石千峰群的植物群（包括大植物和孢粉等），主体面貌似为二叠纪，与上述以双壳类为主的意见有一定差距（见周志炎等，2000）。

殷鸿福（殷鸿福，1983；Yin，1990）对 *Eumorphotis* 的时代做过详细讨论，认为具放射饰的 *Eumorphotis* 出现较早（在晚二叠世末已见到不少，黄芝山的 *E. venetiana* 也属此例），壳面光滑的类型出现较晚（早三叠世中、晚期，如 *E. telleri*）。陕西海相层内的 *Eumorphotis multiformis* 有显著射饰，它的时代不能认为限于 Induan 中、晚期及以后的 Olenekian 期。另外，陕西层位内的 *Bakevellia* 种类，与前述 P-T 界线附近地层中的 *Pteria ussurica variabilis* 也十分相似；其他属如

Leptochondria，*Promyalina*，*Unionites*，*Gervillia* 等的种，与华南 P-T 界线附近层位内的有关常见种也很接近。笔者根据组合面貌，认为陕西这个组合与华南一些古陆边缘二叠-三叠系界线附近的 *Towapteria scythica*-*Pteria ussurica variabilis* 带有很密切的关系，而不像是 Induan 中、晚期或 Olenekian 期的组合。只是可能由于气候带的差异，陕西未见华南的特征种之一 *Towapteria scythica*。

华北古陆南缘在当时应该与特提斯北缘相通，作为全球海侵的一部分，陕西孙家沟组的海侵与"卡以头段"下部海侵很可能是同步发生的，它们都是"三叠系底部"海平面上升事件的反映。如同志留纪初的全球性海平面突然上升（戎嘉余、詹仁斌，1999）一样，此次"三叠系底部"海平面突然上升事件，也是紧随着生物群大灭绝事件发生的，因而推测，它可能是一次大型撞击事件导致全球气候突然变暖所引起。

（三）浙江黄芝山剖面（图 4.4.4）

笔者和日本学者小松俊文最近对浙江湖州黄芝山剖面殷坑组下部做了调查（Chen and Komatsu，2001），该地长兴组为碳酸盐台地相灰岩，产腕足类 *Araxathyris*，䗴类 *Palaeofusulina* 等；殷坑组与下伏长兴组灰岩间有 5 cm 厚的白色粘土层；自白粘土向上出现 3 个双壳类带，依次为：①*Claraia huzhouica* Chen and Komatsu sp. nov.（原定为 *Claraia dieneri*）-*C.* cf. *bioni* 带，岩性为黄绿色泥岩，厚 1.6 m；② *Eumorphotis venetiana*-*Towapteria scythica*-*Pteria ussurica variabilis* 带，岩性以灰绿色泥灰岩为主夹黄绿色钙质泥岩，厚 3 m 左右；③*Claraia wangi* 带，出露不全，以黄绿色泥岩为主。

据观察，第 1 带的泥岩为块状至薄层状，未见斜层理和交错层理，也无钙质结核或滚动和搬运的外来碎块体；生物稀少，见腕足类、双壳类和介形类。其中腕足类仅零星的小个体（未能鉴定出属种）；介形类十分少见，有 *Bairdia*? sp.；双壳类个体小，属种单调，有 *Claraia huzhouica* Chen and Komatsu sp. nov.，*C.* cf. *bioni* 等（图版 4.4.1：图 1～7），属于具有放射饰的 *Claraia bioni* 种群。根据沉积特征和生物组合，我们认为第 1 带层位的水体环境明显深于长兴组（浅水台地），由于与长兴组之间岩性是突变关系，表明当时接受了一次突然的海侵。这个带的双壳类可与克什米尔晚二叠世 *Claraia bioni* 层对比，或相当于长兴煤山剖面 26 层 *Claraia*? *baoqingensis* 层（图版 4.4.1：图 8～12），长兴煤山的 26 层也属晚二叠世。

第 2 带钙质泥灰岩中常见斜层理和交错层理，并多见钙质碎块或团块，沉积学特征表明属于经常受到水流和风浪影响的浅水环境。泥灰岩中的生物均为浅海底栖类型，丰富度和分异度均远高于第 1 带，有双壳类、腕足类、介形类、海百合茎等；双壳类包括 *Eumorphotis venetiana*，*Towapteria scythica*，*Promyalina* sp.，*Claraia griesbachi*，*Pteria ussurica variabilis*，*Pleuronectites* sp. 等（图版 4.4.3）；

介形类有 *Hollinella tingi* 等；腕足类（个体较第 1 带大）有 *Acosarina*, *Crurithyris*, *Leptodus*, *Neochonetes*, *Orthotetina*, *Waagenites*, *Spinomarginifera*, *Haydenella* 等；此外，*Lingula* 数量较多且保存好。这个带的双壳类组合通常指示近岸浅水环境。本双壳类带的特征种在华南许多地区产出（Yang and Li，1992），也见于意大利、克什米尔等地（Twitchett，1999；Nakazawa，1981），其时代跨越了二

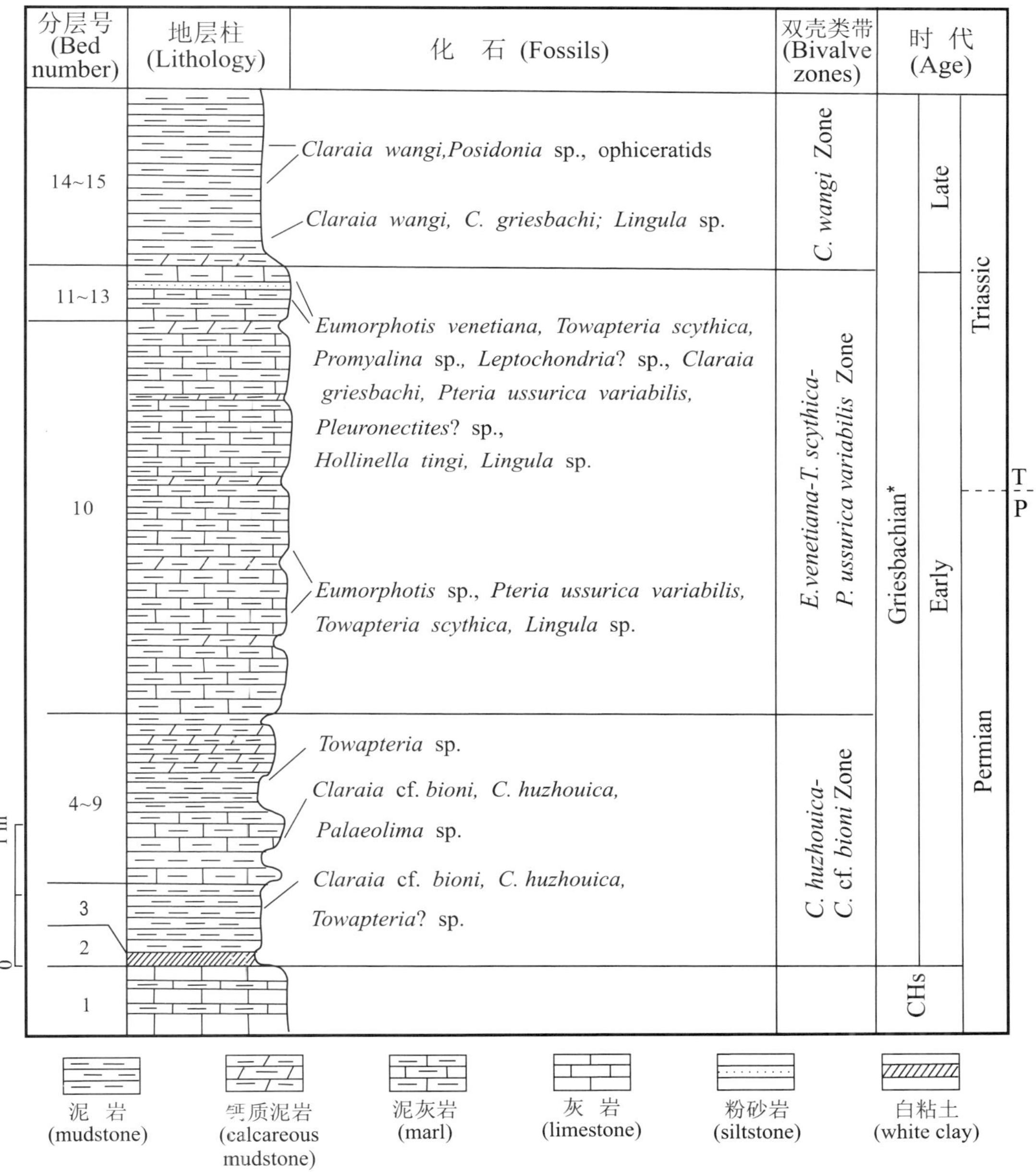

*Griesbachian 阶是传统含义。此处无牙形刺，二叠-三叠系界线推测位于第10层内。

图 **4.4.4**　浙江湖州黄芝山二叠-三叠系界线附近地层划分和双壳类分布图

Figure 4.4.4　Showing the stratigraphical occurrences of bivalves across the P-T boundary at Huangzhishan section of Zhejiang, South China

CHs—Changhsingian　T—Triassic　P—Permian

叠-三叠纪界线。腕足类为二叠-三叠系界线附近的混生组合；介形类 *Hollinella tingi* 自二叠纪末延至早三叠世。笔者和小松俊文将此带所在层位与长兴煤山剖面 27 层对比。

第 3 带除双壳类 *Claraia wangi*，*Posidonia* sp. 外，还产腕足类 *Lingula*，以及一定数量（种类较单调）菊石 ophiceratids，介形类 *Hollinella* 等。*Claraia wangi* 已被广泛接受为 Griesbachian 晚“期”的双壳类指示种（Sheng *et al*., 1984；Yin, 1990；Yang and Li，1992；Nakazawa，1993；Twitchett，1999）。黄芝山的 *Claraia wangi* 层可与长兴煤山剖面 29 层以上的 *Claraia wangi* 层对比（图 4.4.5），属早三叠世早期（Griesbachian 晚“期”）。

值得注意的是，以上第 2 带和第 3 带均产较丰富的 *Lingula*（图版 4.4.3：图 14，15，17），可能对于沉积环境的研究有一定启示。据我们调查，*Lingula* 富集现象在较深水的长兴煤山剖面相当层位未曾发现，可见黄芝山与长兴的环境有所不同（但在四川华蓥、康滇古陆边缘等其他许多浅水相区却经常见到），据世界上许多地区材料的研究（Xu and Grant，1992；Schubert and Bottjer，1995），*Lingula* 的繁盛很可能标志该沉积区位于“离古陆不远”的“近岸带”或“浅水边缘或高压恶劣环境”。黄芝山剖面第 2、3 带层位应属于浅水沉积。也就是说，该剖面的突然海侵仅限于第 1 带所在层位，并未延续到第 2 带；而第 1 带的时代据双壳类对比，应属二叠纪，而不是“三叠纪初”（也未到达二叠-三叠纪过渡层）。

（四）长兴煤山剖面

在长兴煤山剖面，这次海平面上升大致反映于 26 层（图 4.4.5）。26 层为黑色薄层页岩（也有文献称“黑粘土”），产小型腕足类、菊石、牙形刺和双壳类*Claraia*?

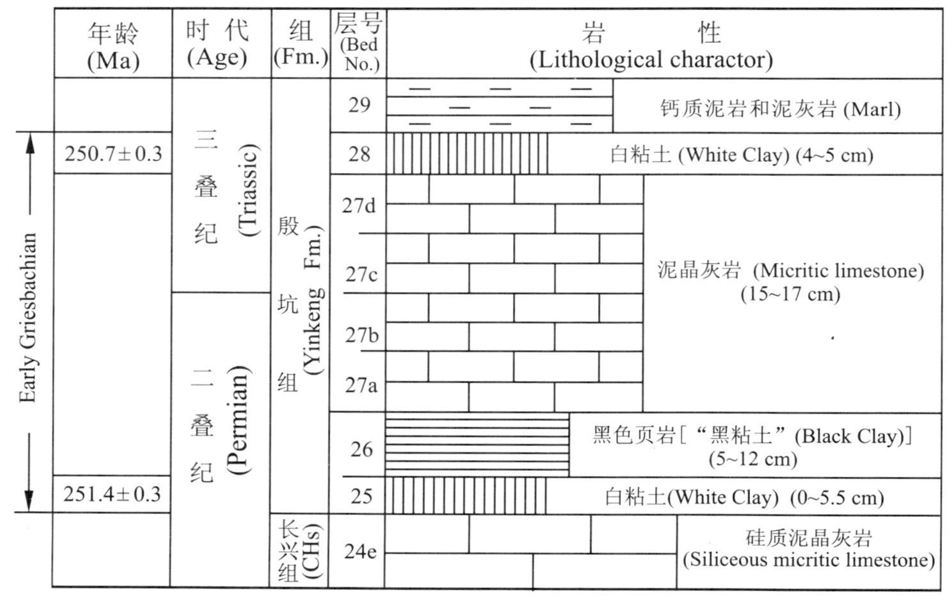

图 4.4.5 长兴煤山剖面 **P-T** 界线附近地层（据彭元桥、童金南，1999 修改）
Figure 4.4.5 Stratigraphical section near the P-T boundary at Meishan, Zhejiang (revised from Peng and Tong, 1999)

baoqingensis 等。笔者和小松俊文认为，26 层是典型的深水缺氧环境沉积，与下伏的长兴灰岩相比，它明显表明一次海侵。上覆 27 层是灰岩（"界线灰岩"），产牙形刺及腕足类（缺失双壳类和菊石）。我们对 27 层进行综合研究后认为，其水深浅于 26 层，但深于长兴组灰岩，也深于黄芝山的第 2、3 双壳类带层位，可能属斜坡上部位置沉积。由于煤山剖面牙形刺 *H. parvus* 首现于 27 层中部(27c)（王成源，1995；Zhang *et al.*，1996；Wang，1996；Lai，1997；彭元桥、童金南，1999；赖旭龙、张克信，1999)，故其下伏 26 层所代表的海平面上升（海侵）发生于二叠纪末。

据 Bowring 等(1998)测定，长兴煤山剖面 25 层绝对年龄值为 251.4±0.3 Ma，28 层为 250.7 ±0.3 Ma，两层间隔约 70 万年；按通常计算，此次海平面上升持续时间约 35 万年。

长兴煤山剖面由牙形刺确定的三叠系底界是 27c 层的底，而原来由菊石确定的三叠系底界（即传统的 Griesbachian"阶"底界）是 26 层底（盛金章等，1987）。据王义刚(1984)研究，26 层的菊石 *Hypophiceras* 群，可与北美 *Otoceras* 层对比（未确定对比到 *Otoceras* 层的哪一个带），属 Griesbachian 早"期"。有人对王义刚的鉴定提出不同意见，将 26 层的菊石对比到外高加索的 *Pleuronodoceras occidentale* 带，置于 *Otoceras* 层之下(Dagys，1994)。笔者认为，长兴 26 层虽未发现 *Otoceras*，但从层位对比，应大致与 *Otoceras* 层下部相当。

加拿大北极区 Ellsemere 等地是 Griesbachian"阶"的建阶地区，经研究，此处 *H. parvus* 首见于 *Otoceras* 第二个带（*O. boreale* 带）内（Henderson and Baud，1997；Orchard and Tozer，1997)；*O. boreale* 带之下，还有 *O. concavum* 带（此带是"三叠系底部"海侵的层位）。长兴剖面的 27 层是 *H. parvus* 首现面层位，应相当于北极区 *O. boreale* 层；直接位于其下的 26 层，则应大致对比到 *Otoceras concavum* 层。所以，王义刚(1984)将长兴的 *Hypophiceras* 群对比到 *Otoceras* 层，基本上无大错。

（五）克什米尔 Guryul Ravine 剖面

在属于冈瓦纳特提斯区的我国藏南色龙、印度斯匹梯地区、克什米尔 Guryul Ravine 剖面等，*H. parvus* 首现面均见于 *Otoceras* 层的上部层位，即 *Otoceras woodwardi* 带内(Nakazawa，1993)。其中克什米尔 Guryul Ravine 剖面，可能为缺失 *Otoceras* 的长兴剖面与其他地区的对比提供重要的联系纽带。此处二叠系 Zewan 组上部为浅水灰岩；界线附近 E_1 层(47～51 层)为深水黑色页岩夹薄层灰岩。据生物地层材料(Nakazawa *et al.*，1975)，E_1 层属于"三叠系底部"突然海侵的层位，该层产双壳类 *Claraia bioni* 带，属于二叠纪末期。向上的 E_2 层(52～59 层)产菊石 *Otoceras woodwardi* 和牙形刺 *H. parvus*（首现于 E_2 层中部偏上层位 56 层），以及浅水双壳类（*Eumorphotis*，*Leptochondria*，*Promyalina* 等）和多种腕足类。

这个剖面与长兴剖面有两点重要可比处：①据牙形刺 *H. parvus* 在 E_2 层的首现，可将 E_2 层与长兴的 27 层大致对比；② E_1 层是“三叠系底部”的突然海侵层，它也位于 *H. parvus* 首现面之下，可与长兴的 26 层对比。不同的是，E_2 层产有菊石 *Otoceras woodwardi*，而长兴地区缺失此属种。

Bando(1971，1973)和 Dagys(1994)对冈瓦纳特提斯区与北极区的 *Otoceras* 层进行过对比研究，认为从种群演化关系看，冈瓦纳特提斯区的 *O. woodwardi* 带，仅相当于北极区 *Otoceras* 第二个带 *O. boreale* 带。也就是说，在 *O. woodwardi* 层之下还应有与北极区 *O. concavum* 相当的层位。笔者认为，克什米尔的 E_1 层(*Claraia bioni* 层)实际上就是与北极区 *O. concavum* 相当的层位。如果这一对比合理，长兴的 26 层(*Claraia*? *baoqingensis* 层)及黄芝山的双壳类第一带(*Claraia* cf. *bioni* 带)应相当于 *O. concavum* 层，它们都是“三叠系底部”海侵期的产物；而前述我国古陆边缘的海侵层位，也与此相当。

Dagys(1994)在对比冈瓦纳特提斯区与北极区的 *Otoceras* 层基础上，进一步将 *O. boreale* 带(*O. woodwardi* 带)划分为两个亚带(参见表 4.4.3)，发现下部亚带常共生有二叠纪残余分子 Xenodiscidae 和 Episageceratidae；上部亚带则共生三叠纪典型属 *Ophiceras*，*Vishnuites* 等；从而建议将 P-T 界线划在 *O. boreale* 带的上、下亚带间。他提出的这一菊石界线与牙形刺的两系界线是基本一致的，对于大化石的两系界线划分有一定提示意义。但笔者在调查中发现，在缺失菊石和牙形刺的浅水区，两系界线的划分常常存在一定困难，因为“三叠系底部”海侵之后的跨系“过渡层”(如黄芝山第 2 双壳类带)内，生物群变化并不明显。

牙形刺 *H. parvus* 首现面实际上位于传统含义 Griesbachian“阶”下亚

表 4.4.3 P-T 界线附近菊石带的划分(据 Dagys，1994，华南部分略作修改)

Table 4.4.3 Ammonoid zones across the Permian-Triassic boundary (mainly revised from Dagys，1994)

时代 (Age) \ 地区 (Area) \ 化石带 (Fossil zones)			北极区 (Boreal): 格陵兰 (Greenland)		北极区 (Boreal): 加拿大北极区 (Arctic Canada)	北极区 (Boreal): 斯瓦尔巴群岛(挪) (Svalbard)	北极区 (Boreal): 西伯利亚 (Siberia)	冈瓦纳特提斯区 (Peri-Gondwana Tethys): 克什米尔 (Kashmir)		冈瓦纳特提斯区 (Peri-Gondwana Tethys): 中喜马拉雅 (Central Himalayas)	冈瓦纳特提斯区 (Peri-Gondwana Tethys): 西藏 (Tibet)	北特提斯区 (Northern Tethys): 华南(长兴) [S.China (Changxing)]
(“Griesbachian”)“格里斯巴赫期”	晚期 (Late)		*commune*		*commune*	*Cl.stachei*	*morpheos*	*Ophiceras* spp.		*sakuntala*	*sakuntala*	*Ophiceras-C.wangi*
	早期 (Early)	T	上 *boreale*	*subdemissum*	*boreale*	上 *boreale*	*pascoi*	E_2	上*woodwardi*	*woodwardi*	*woodwardi*	
		P	下 *boreale*	*martini triviale*		下 *boreale*	*boreale*		下*woodwardi*		*latilobatum*	
					concavum		*concavum*	E_1	*Claraia bioni*			*Hypophiceras-C.baoqingensis*
长兴期 (Changhsingian)												

阶(*Otoceras* 层)的上部(*O. boreale* 带中上部)；因此，传统的以菊石为标志的Griesbachian“阶”已跨越了二叠-三叠系界线，从而不适用于新的以牙形刺为标志的两系划分标准。不少作者已将 *H. parvus* 的首现面(如长兴剖面 27c 层底)改称为 Griesbachian“阶”的底(如王成源，1995；Twitchett，1999；童金南、殷鸿福，1999等)；这一修订将两系界线与分阶统一了起来，但还须获得国际共识。国际地层委员会的最新意见(Remane *et al.*，2000)是，下三叠统取消原来的三分方案(分为Griesbachian，Nammalian 和 Spathian)或四分方案(分为 Griesbachian，Dienerian，Smithian 和 Spathian)，而改用两分方案(分为 Induan 和 Olenekian)(参见表4.4.4)，这一意见自然也是基于 Griesbachian“阶”跨系的缘故；但笔者认为，将来的研究必然朝着越来越详细的方向发展，而两分方案虽然回避了原来的矛盾，但毕竟过于粗略，并不利于下三叠统的详细研究。这一问题有待今后解决。

表 4.4.4　下三叠统分阶及与牙形刺带的对应关系(引自 Hallam and Wignall，1997)
Table 4.4.4　Lower Triassic stages and conodont zones (after Hallam and Wignall，1997)

<table>
<tr><th colspan="2">时代 (Ages)</th><th colspan="3">阶 (Stages)</th><th>牙形类分带 (Conodont Zones)</th></tr>
<tr><td rowspan="12">Early Triassic</td><td rowspan="12">Scythian</td><td rowspan="6">Olenekian</td><td colspan="2" rowspan="4">Spathian</td><td>Neospathodus timorensis</td></tr>
<tr><td>N.homeri</td></tr>
<tr><td>N. collinsoni</td></tr>
<tr><td>N. triangularis</td></tr>
<tr><td rowspan="5">Nammalian</td><td rowspan="2">Smithian</td><td>N. waageni</td></tr>
<tr><td>N. pakistanensis</td></tr>
<tr><td rowspan="6">Induan</td><td rowspan="3">Dienerian</td><td>N. cristagalli</td></tr>
<tr><td>N. dieneri</td></tr>
<tr><td>N. kummeli</td></tr>
<tr><td colspan="2" rowspan="3">Griesbachian</td><td>Clarkina carinata</td></tr>
<tr><td>Isarcicella isarcica</td></tr>
<tr><td>Hindeodus parvus</td></tr>
<tr><td rowspan="2">Permian</td><td rowspan="2">Lopingian</td><td colspan="3" rowspan="2">Changhsingian</td><td>C. changxingensis
H. latidentatus</td></tr>
<tr><td>C. subcarinata</td></tr>
</table>

五、残存期的两次小灭绝事件

虽然二叠纪末的大灭绝事件是导致古生代生物群大灭绝的主要原因(Jin *et al.*, 2000),但不少作者认为,晚二叠世至早三叠世可能是一个事件多发期,如二叠纪晚期可能另发生过别的小型事件(Stanley and Yang,1994; 彭元桥、童金南,1999等)。在大灭绝事件之后,是否也发生过某些小型事件,恐怕也不能完全否定,如:吴顺宝等(1988)曾在二叠-三叠系界线附近层位识别出3条“事件界线”,其中第3条即属于大灭绝以后;彭元桥、童金南(1999)在华南多条剖面识别出二叠纪末大灭绝事件2层标志层,其中的“顶粘土”也是大灭绝事件之后的另一标志层。此外,Hallam 和 Wignall(1997)提出的 Smithian-Spathian 之交事件,更是发生于距大灭绝数百万年之后。本节对华南早三叠世双壳类生物群研究后认为,大灭绝后确实有小型事件发生,这些事件虽然强度不是很大,但由于发生于旧生态系遭受重创、新的生态系尚未恢复和建立或十分脆弱的情况下,对于生物群的复苏所产生的影响不可低估。前已提到,华南早三叠世双壳类的属级分异度统计图显示,在“Griesbachian 晚期”和 Spathian 期见到两个相对低谷(后一个更明显),可能分别是“Griesbachian 早-晚期”之交和 Smithian-Spathian 期之交两次小灭绝事件所导致。下面分别对这两次小灭绝进行讨论。

(一)“Griesbachian 早-晚期”之交事件

在华南,此事件见于“混生层”之上、*Ophiceras-Claraia wangi* 层之下。长兴剖面28层粘土层可能是事件的标志层(图4.4.5)。绝对年龄值测定结果显示,此次事件约比大灭绝事件晚70万年(Bowring *et al.*, 1998)。在沉积速度缓慢的深水相区,本次事件层与大灭绝事件层之间的间距很小(长兴剖面相距仅24～34 cm),故有人认为此次事件是大灭绝事件的一部分。笔者认为,从结果来看,本次小事件确是大灭绝的延续;但假如这些事件的性质主要是突发性的(Jin *et al.*, 2000),则它们应各自有独立性(相距70万年)。

长兴煤山剖面,真正的“混生层”是26层和27层,即盛金章等(1987)的“混生层1”加“混生层2”(他们的“混生层3”似未见明显混生现象),其中有不少经大灭绝后残留下来的古生代腕足类,如 *Paryphella*, *Neowellerella*, *Crurithyris*, *Fusichonetes*, *Waagenites*, *Araxathyris* 等6属12种,这些残留分子在28层以上层位多数未再出现。“混生层1”的菊石(“混生层2”未见菊石)据王义刚(1984)研究有 *Hypophiceras* cf. *martini*, *H. changxingensis*, *Tompophiceras* sp., *Pseudogastrioceras* sp., *Pseudosageceras* sp., *Metophiceras* sp. 等。Dagys(1994)指出,王义刚鉴定的这些属种大多为二叠纪残留类型。据我们调查,这些残留类型也不再上

延至 28 层以上层位（28 层以上层位的菊石有 *Ophiceras*, *Gyronites*, *Ambites*, *Vishnuites*, *Prionites*, *Lytophiceras* 等，从属级面貌看，与“混生层”已基本无共同之处）。因此，对于菊石和腕足类来说，28 层是生物群更替的一个重要界面，同时，又是一个灭绝界面，即导致几乎所有二叠纪残余分子灭绝。

对于牙形刺来说，其些标志分子的更替时间略早些（在 27 层内），但据王成源（1995：图 1）的统计，牙形刺不少种类也消失于 28 层以上的层位。

此剖面“混生层”的双壳类不多（仅见于 26 层），特征分子为具有射饰的 *Claraia? baoqingensis*，如前所述，此种是二叠纪型残留类型，并很快灭绝，在 29 层以上的 *Claraia* 种群内未重新出现。29 层以上层位内 *Claraia* 数量很多，主要是壳体小而光滑的 *C. wangi* 和 *C. griesbachi*；再向上逐渐出现壳体较大、具有少量放射饰的 *C. dieneri*, *C. longyanensis*, *C. fukianensis* 等。从 *Claraia* 的种群演变趋势看，28 层是一个明显的界面：29 层以上是一个连续演变系列，向下则不连续。因此，28 层代表的事件对双壳类而言是一个更替面，同时又是部分二叠纪型克氏蛤的消失面。

在沉积速度较快的浅水相区（如前述浙江湖州黄芝山、康滇古陆边缘等），可能由于海流、波浪等冲蚀作用，此次事件的标志层不易保存（黄芝山未见此层）。但据龙家荣等（1991）调查，在黔中地区不少剖面，“混生层”之上均有稳定的伊利石-蒙脱石粘土层（图 4.4.6）；彭元桥和童金南（1999）也提到，“混生层”之上的“顶粘土”层在华南较为普遍。

据龙家荣等统计，大灭绝后在贵州“混生层”中的菊石约有 10 属，其中多数为二叠纪类型，少量为三叠纪类型；经本次事件后，上延至 *Ophiceras* 带内的仅有 2 属（*Ophiceras*, *Lytophiceras*），灭绝率达 80%。“混生层”中的腕足类约 10 属 20 种，全部自二叠纪延续而来（属级单元有 *Crurithyris*, *Paryphella*, *Waagenites*, *Paracrurithyris*, *Araxathyris* 等，与长兴地区“混生层”相似），但进入 *Ophiceras* 带后能够继续存在的仅 2 属（*Crurithyris*, *Araxathyris*），灭绝率也达 80%左右。“混生层”双壳类除 *Pteria ussurica variabilis*-*Towapteria scythica* 带分子外，还见有一些古生代属，如 *Paradoxipecten*, *Etheripecten*, *Ensipteria*, *Pseudomonotis*, *Pernopecten*, *Tambanella*, *Hunanopecten* 等（鉴定有待核实）；这些古生代属均不再延续到 *Ophiceras*-*Claraia wangi* 层内，*Pteria ussurica variabilis*-*Towapteria scythica* 组合的分子也很少再见于上覆层内。因此，本次灭绝事件不仅使“混生层”内古生代属全部灭绝，而且使一些延续属的种消失或暂时消失（逃离本区），消失率或暂时消失率达 70% 以上。另外，贵州“混生层”内还有三叶虫（*Pseudophillipsia*）、二叠纪常见的介形类（*Hollinella*）、古生代植物（*Ullmannia* 及前述 *Gigantopteris*, *Annularia*）等。这些残留类型中除少量介形类可延至 Griesbachian 晚期外，其余均未再见于本次事件之上的地层（有的仅见于“混生层”

底部)。龙家荣等还认为,黔中等地的"混生层"内,尚可分出"主混生层"(位下)和"次混生层"(位上);其中,"主混生层"内古生代残留分子较多,"次混生层"中较少,两层位间另见事件粘土层。这或许表明,当时的事件确实比较频繁,大灭绝后残留下来的分子的最后灭绝可能不是由一次事件完成的。如果确实如此,牙形刺等与其他门类转换更替和灭绝时间不一致的现象或许可以得到更合理的解释。

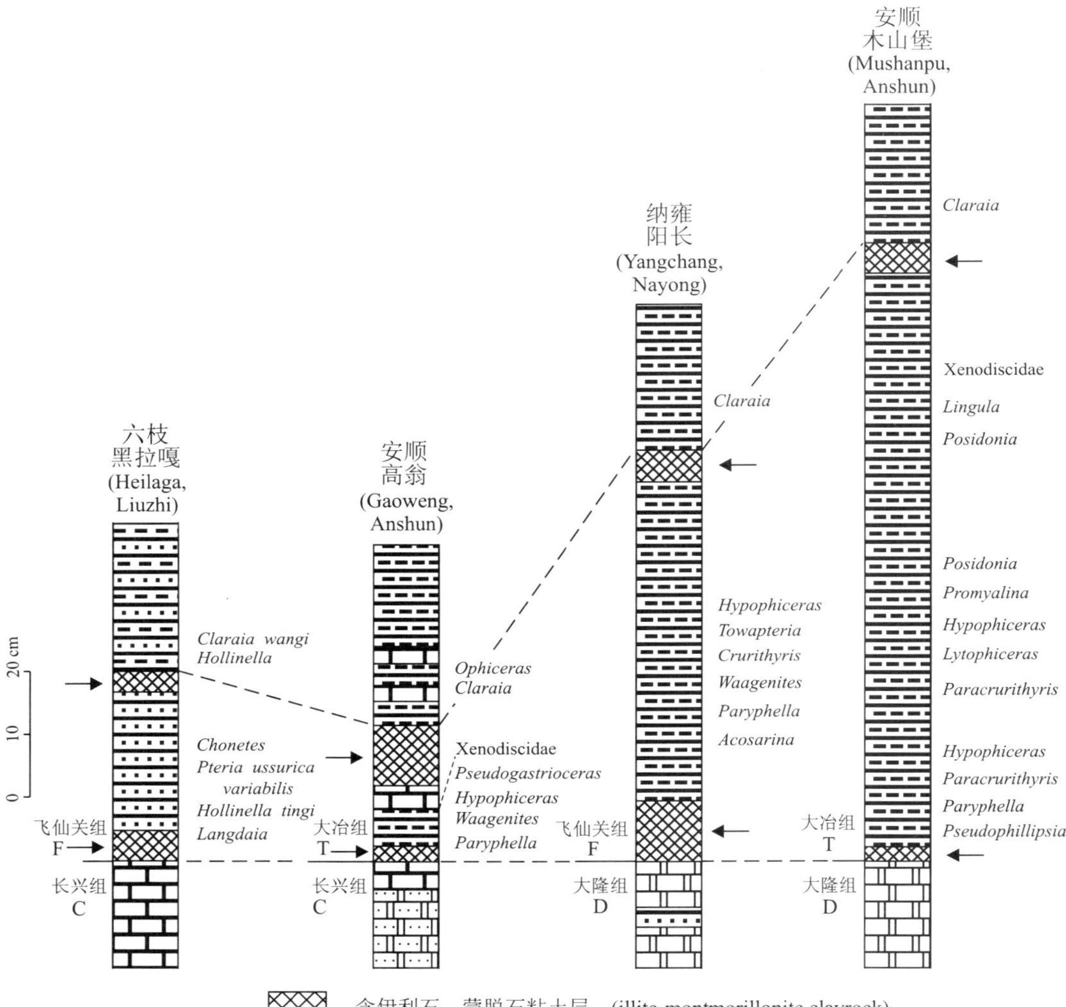

图 4.4.6 贵州部分地区 **P-T** 界线附近"混生层"上、下的灭绝事件(据龙家荣等,1991)

Figure 4.4.6 Stratigraphic sections near the Permian-Triassic boundary in central Guizhou, South China, showing the end-Permian mass extinction event (netted, at the lower) and the early-late Griesbachian boundary minor extinction event (netted, at the upper) (data from Long *et al.*, 1991)

F—Feixianguan Formation; T—Tayeh Formation; C—Changhsing Formation; D—Dalong Formation

从总体结果看,本次小灭绝可能是二叠纪末大灭绝的延伸和最后终结,因为它最后完成了大灭绝未完全完成的"任务":导致大灭绝后残留(除延续分子外)的"古生代型"分子基本上最后灭绝,事件之后出现了明显的转折,新的生物群(早三叠世型生物群)开始占绝对主导。我们发现,大灭绝后的 Griesbachian 早"期",华南双壳类并没有立即进入萧条期，如在浅水相区（前述黄芝山等）仍可见到一定的分异度（丰富度也很高），但本次事件之后却突然变得单调，可见它对某些类型的发展起到了暂时抑制的作用。可以设想，如果没有这次小灭绝事件，华南早三叠世双壳类生物群可能将是另一种面貌。但是与大灭绝相比，本次事件的强度显然很小，表现为灭绝的生物总量少（远少于大灭绝的），灭绝生物的分类级别不高，事件对一些生物的暂时抑制也未导致灭绝等等。因此，本节将这次灭绝称为小灭绝（minor extinction）（表 4.4.2）。

（二）Smithian-Spathian 界线事件

Hallam 和 Wignall（1997）曾初步讨论过 Smithian-Spathian 界线事件，他们认为这次事件导致菊石 Xenodiscaceae 的全部以及 Noritaceae 和 Dinoritaceae 的大部分灭绝；也导致牙形刺的分异度明显下跌，并在此后呈现连续下降趋势，直至三叠纪末灭绝。在双壳类中，早三叠世的两个繁盛属 *Claraia* 和 *Eumorphotis* 出现明显变化：*Claraia* 在此事件中全部灭绝，*Eumorphotis* 的大部分种类消失。他们并提出，早-中三叠世之间陆相生物群的明显更替转换，也很可能与本次事件有关。

在华南，早三叠世晚期双壳类生物群严重萧条，在个体数量上明显少于早三叠世早、中期及中三叠世，在分异度上 Spathian 期成为早三叠世的最低点（图4.4.1）。华南的许多地区，Spathian 至 Anisian 底部层位出现大量含膏盐的角砾白云岩和角砾灰岩（如四川、贵州、湖北及下扬子区等），表明当时的气候普遍干热，这些层位化石极少。在西南地区，这些层位内还出现多层凝灰质“绿豆岩”，有的地区（如广西）在早三叠世晚期还发育火山岩，或缺失早三叠世晚期地层（云南、广西北部等），表明当时地壳运动比较强烈。上述现象均显示，华南早三叠世晚期的地质、地理、气候及生态环境等综合因素，均对生物的复苏和发展不利。下面简列 3 个双壳类生物群的实例，以有助于对这次事件进行讨论。

1. 南祁连剖面

在南祁连天峻地区的一个剖面（图 4.4.7），下三叠统分为下环仓组和江河组；中三叠统为郡子河组，分为大加连段和切尔玛段。根据生物群面貌，下环仓组可能属 Dienerian-Smithian 期，江河组可能属 Spathian 期，郡子河组归 Anisian 期（杨遵仪等，1983）。

下环仓组双壳类约有 13 属 21 种（其中有些属的种较多，如 *Leptochondria*，*Entolium* 等，本节在统计时做了合并，下同），较为繁盛的属有 *Claraia*，*Eumorphotis*，*Leptochondria*，*Promyalina*，*Neoschizodus*，*Unionites* 等；数量较少的有 *Entolium*，*Pteria*，*Bakevellia*，*Mytilus*，*Modiolus*，*Myoconcha*，*Palaeolima* 等。

江河组的属、种数均明显下降，在其下部有 8 属 9 种，包括主导属 *Eumorphotis*，5 个延续属 *Leptochondria*，*Promyalina*，*Entolium*，*Bakevellia*，

图 4.4.7 南祁连天峻下环仓地区早、中三叠世双壳类分布图

Figure 4.4.7 A Lower-Middle Triassic section in South Qilian Mountains, showing bivalve reducing of diversity and abundance after the Smithian-Spathian boundary extinction and the radiation in late Anisian

Pteria 以及 2 个新出现属(仅与下环仓组比较,而非为新生属)*Pleuronectites*, *Schafhaeutlia*;原见于下环仓组的属内有 7 属消失不见(其中 *Claraia* 灭绝;其他属如 *Neoschizodus*,*Unionites*,*Mytilus*,*Modilolus*,*Myoconcha*,*Palaeolima* 均暂时消失)。属级分异度比下环仓组降低 38%。江河组下部的种级分异度下降更明显,达 57%,其中 *Eumorphotis* 由 4 种降至 2 种,其他属均单种。

江河组上部双壳类进一步减少(3 属 4 种),包括 *Eumorphotis* 属 2 种,*Leptochondria* 和 *Eutolium* 各 1 种。此时的分异度与下环仓组相比,属级降低 77%,种级降低 81%。

江河组分异度的明显下降很可能与 Smithian-Spathian 界线之交的灭绝事件有关。

从剖面上我们还看到,此次灭绝事件明显地推迟了辐射期的到来。郡子河组大加连段已属于中三叠世 Anisian 期,但此段下部(Anisian 早期)双壳类仍然很少(6 属 6 种),除 2 个延续属(*Leptochondria*,*Entolium*)外,出现了 4 个新迁入属(*Neomorphotis*,*Aequipecten*,*Placunopsis*,*Pleuromya*)。新生属的比例较高,可能已进入复苏期。但当时的分异度并不比江河组(Spathian 期)高,因此不能认为已进入辐射期。真正的辐射期面貌见于大加连段上部至切尔玛段(Anisian 晚期),该层位仅属级单元就达 30 个以上。

2. 贵州遵义附近剖面

此剖面下三叠统分为夜郎组和嘉陵江组,这两个组又各自按岩性分为 4 个段,其中夜郎组 1 段包含了 Griesbachian"期"的 2 个双壳类带,即下部的 *Pteria ussurica variabilis*-*Towapteria scythica* 带(组合)和上部的 *Claraia wangi* 带;2 段未见化石;3 段属于 Dienerian 期的 *Claraia aurita*-*Claraia stachei*-*Eumorphotis multiformis* 富集组合;夜郎组 4 段至嘉陵江组 2 段下部以 *Eumorphotis iwanowi* 等为特征,可能相当于 Smithian 期(未见 *Claraia decidens* 种群)。此剖面自菊石 *Tirolites* 出现(嘉陵江组 2 段上部),直至嘉陵江组 4 段顶,可归 Spathian 期。再向上,雷口坡组属中三叠世 Anisian 期。

据饶荣标(见:西南地区地层总结,三叠系。1980,未刊资料),此剖面早三叠世早、中期(夜郎组和嘉陵江组 1 段及 2 段中、下部)双壳类共 10 属 23 种:*Claraia* 4 种,*Eumorphotis* 7 种,*Promyalina* 2 种,*Towapteria* 1 种,*Leptochondria* 2 种,*Bakevellia* 1 种,*Pteria* 1 种,*Entolium* 1 种,*Unionites* 2 种,*Neoschizodus* 2 种(鉴定稍有修订,下同)。

在 Spathian 期层位(*Tirolites* 层之上),双壳类仅剩 4 属 4 种:*Unionites*,*Eumorphotis*,*Leptochondria* 和 *Neoschizodus* 各 1 种。所见的 4 属均为历程较长的属,无新分子出现。Spathian 期层位内双壳类的萧条现象十分明显,属级下降 60%,种级下降 83%。

低分异度和低丰富度现象还延续至雷口坡组1段(Anisian早期),此层位见双壳类3属3种:*Entolium*,*Costatoria* 和 *Praechlamys* 各1种。真正的辐射期见于雷口坡组2段以上层位(Anisian晚期或中晚期)。

3. 四川广安谢家槽剖面(图4.4.8)

下三叠统在本剖面分为大冶组和嘉陵江组,这2个组又各自分4个段。根据双壳类组合面貌,嘉陵江组2段以下层位可能属于早三叠世早中期(Griesbachian-Smithian),嘉陵江组3段和4段的大部分属早三叠世晚期(Spathian),嘉陵江组4段顶部可能已进入中三叠世Anisian期(见 *Costatoria goldfussi*)。

此剖面早三叠世早中期共有双壳类10属27种,包括 *Claraia* 7种,*Eumorphotis* 5种,*Unionites* 3种,*Neoschizodus* 1种,*Gervillia* 3种,*Leviconcha* 3种,*Entolium* 2种,*Towapteria* 1种,*Leptochondria* 1种,*Pteria* 1种。早三叠世晚期(Spathian期)属种面貌明显呈现单调化,仅6属7种(除 *Eumorphotis* 属2种外,*Gervillia*,*Entolium*,*Leviconcha*,*Unionites*,*Neoschizodua* 各1种)。两个时期相比,Spathian期的属级分异度下降40%,种级下降74%左右。本剖面所反映的特征与前述二剖面非常相似。

上述几个实例至少从双壳类生物群方面证实了Smithian-Spathian界线灭绝事件的存在。总体来看,Smithian-Spathian界线事件对华南双壳类可能有以下几点影响:①导致Spathian期双壳类分异度成为早三叠世最低点,超过一半的属暂时消失;②导致早三叠世最重要的繁盛属 *Claraia* 灭绝,另一个繁盛属 *Eumorphotis* 大大衰退,并最后灭绝于Spathian期末;③由于此次事件的发生,明显推迟了华南双壳类下一个复苏期和辐射期的到来,因为如前所说,Dienerian期的生态环境已经开始好转(如 *Claraia* 的种类明显多样化),按照发展趋势,如不发生这次事件,估计很快就会进入复苏期甚至形成辐射;但是,由于这次事件,华南双壳类的复苏被推迟到Anisian早期,辐射被推迟到Anisian晚期才开始。

六、结论

(1) 华南二叠纪末大灭绝后双壳类的发展阶段可作如下划分:自大灭绝事件后至早三叠世末(包括整个早三叠世和二叠纪末的一段时限)均属于残存期,中三叠世Anisian早期为复苏期,Anisian晚期开始进入辐射期,晚三叠世达到辐射高潮。残存期的双壳类有下述特点:整个生物群中幸存者占绝对主导地位、灾后泛滥属鼎盛、属级分异度很低、生态群落类型较简单、成种现象极少等,表明生态环境始终比较恶劣。Anisian早期,环境有所改善,成种速率、分异度均提高,新的进化类型增多,灾后泛滥属消失,不少复活类型返回,并出现土著分子,显示出复苏期的特点。以往有人据欧洲材料,认为双壳类、腕足类、苔藓虫等重要底栖生物的辐射期

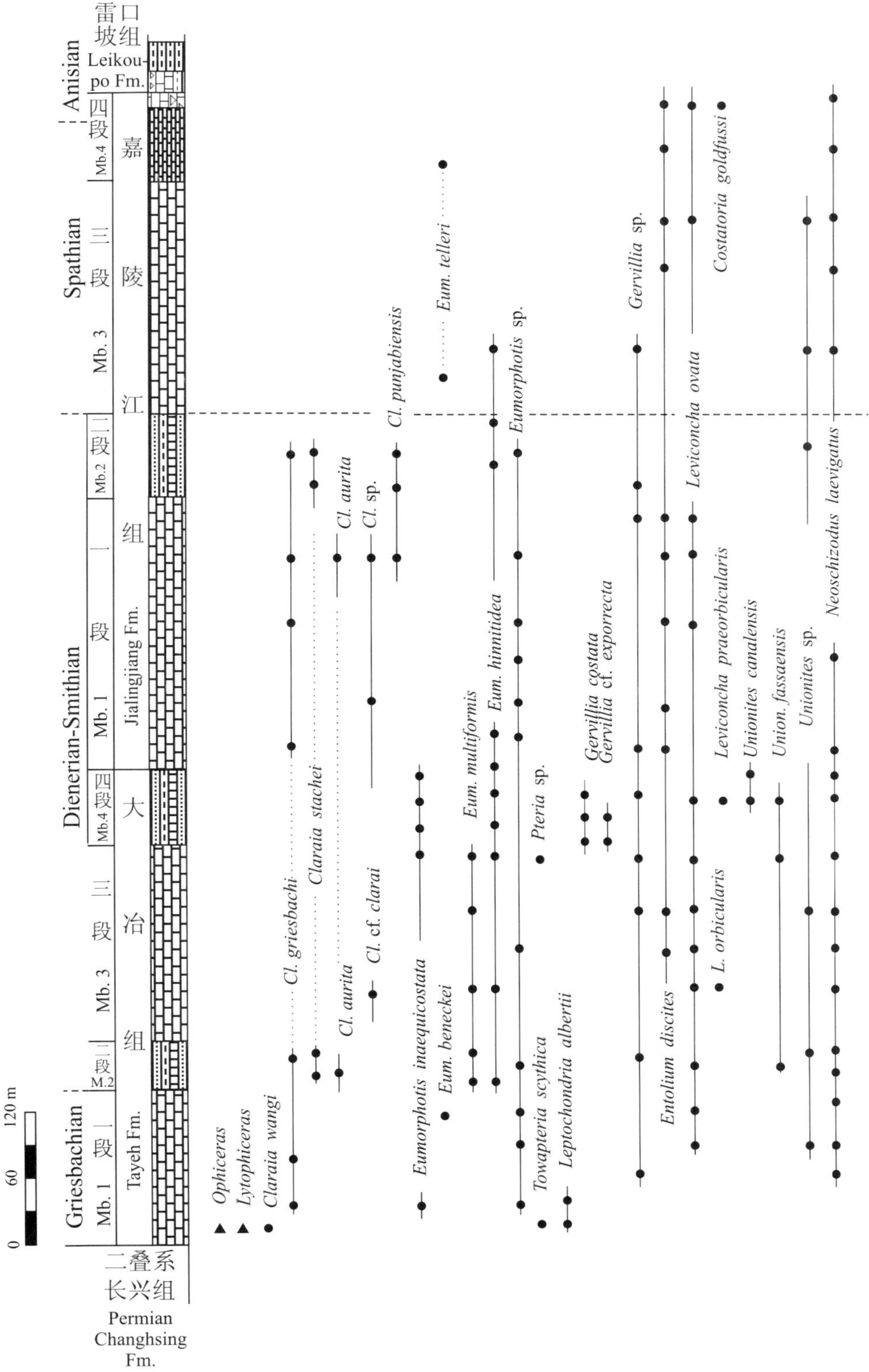

图 4.4.8　四川广安谢家槽剖面早三叠世双壳类分布图

Figure 4.4.8　Stratigraphical occurrences of Lower Triassic bivalves at Xiejiacao, Guangan, Sichuan, South China

The fossil abundance and diversity are reduced distinctly in the Spathian and lower Anisian.

为"Ladinian 期或更晚"(Hallam and Wignall,1997);本文依据贵州青岩等地生物群材料提出不同看法,认为辐射应始自 Anisian 晚期;晚三叠世,华南双壳类达到极度繁盛,是辐射的顶峰期。

(2) 二叠纪末大灭绝后残存期特别长,约 10 Ma,残存期特别长的原因除与灭绝强度特别大、破坏特别严重,因而新的生态系统建立缓慢等因素有关外,也可能与残存期发生的两次小灭绝事件有关。两次小灭绝事件分别为 Griesbachian 早-晚"期"界线事件和 Smithian-Spathian 界线事件,其中,前一次事件强度较小,发生于大灭绝之后 70 万年左右,它使大灭绝后残留的少量古生代型分子最终灭绝,"混生生物群"消失;事件后,才出现真正的早三叠世双壳类生物群。后一次事件相对较强,导致早三叠世 2 个繁盛属(标志属)中的 *Claraia* 最后灭绝;*Eumorphotis* 受到极大打击,损失大部分种,并最后灭绝于早三叠世末;此事件也导致 Spathian 期华南双壳类生物群严重萧条,当时的分异度达到早三叠世的最低点,因而进一步延缓了复苏和辐射的到来。

(3) 双壳类 6 大亚纲在大灭绝后残存期和复苏期发展不平衡(到辐射期基本达到平衡),其中,翼形亚纲(Pteriomorphia)占据残存期和复苏期双壳类生物群的绝对主导地位,特别是足丝附着的表栖生态类型非常繁盛,但该亚纲中的壳体固着类群缺失;古异齿亚纲(Palaeoheterodonta)、异齿亚纲(Heterodonta)和古栉齿亚纲(Palaeotaxodonta)在残存期数量少,复苏期开始恢复,辐射期迅速发展;隐齿亚纲(Cryptodonta)和异韧亚纲(Anomalodesmata)在残存期消失,复苏期也仍未出现,到辐射期才呈现发展趋势。发展不平衡的主要原因可能与生态习性和对恶劣环境的适应能力有关。本文对晚二叠世末大灭绝期间的"避难所"问题提出了初步看法,认为 Erwin(1994)等提出的华南可能为"避难所"的意见似无充分的支持证据,而东格陵兰则有可能是 Griesbachian"期"的避难所。

(4) 对灾后泛滥属 *Claraia* 做了专题讨论,认为该属(属群)在大灭绝前后的兴衰史大致反映了当时华南海区环境的演变:大灭绝后 *Claraioides* 消失,Griesbachian 早-晚"期"之交事件之后 *Claraia bioni* 种群消失,以及 Smithian-Spathian 界线事件后该属(类)完全灭绝,可能均是事件后恶劣环境的反映。早三叠世中期该属种级分异度明显增大,可能标志着当时环境曾相对改善。以往曾有过早三叠世晚期(Spathian)和中三叠世发现"*Claraia*"或其亲缘属的记录,本文认为这些记录所依据的材料可能是误定。

(5) 以往所称的"三叠系底部海侵",实质上是二叠纪末大灭绝事件所导致的全球性气候变暖、海平面迅速上升事件,这次海侵事件在我国有明显反映,如见于康滇古陆东缘的"卡以头段"下部的海相层,华北古陆南缘孙家沟组上部的海相层,以及陆棚地区的深水缺氧薄层黑色泥岩等。本文根据最新的材料分析,认为此海侵事件发生的时代为传统含义的 Griesbachian 早"期",属晚二叠世末期。

附：新种 *Claraia huzhouica* Chen and Komatsu sp. nov. 的描述

羽海扇科(?) Family Pterinopectninidae(?) Newell, 1937

注释：张作铭(1980)首次发现 *Claraia* 的韧带区构造为"人字型"，因而将该属置于 Pterinopectinidae Newell, 1937，但笔者最近在浙江长兴煤山剖面下三叠统殷坑组的 *Claraia* 标本上，发现此属另有一种韧带构造，韧带沟脊几乎与铰边平行，因而对其确切的科级位置暂存疑。

克氏蛤属 Genus *Claraia* Bittner, 1901

湖州克氏蛤(新种) *Claraia huzhouica* Chen and Komatsu sp. nov.

(图版 4.4.1，图 2～7)

仅见左壳。壳中等大小，近圆形，正模标本(图版 4.4.1，图 4)壳长 22 mm，高 21 mm。左壳壳体凸度较小；壳顶突出铰边，约位于 1/4 壳长前方或更前；前耳小，稍卷凸，耳凹明显，耳与壳体间有一深沟；后耳大，后端钝圆，耳面略低于主壳体面；壳前后缘及腹边缘均圆形。壳面兼有放射饰和同心饰，其发育程度有变异：部分标本(图版 4.4.1，图 4，6)同心线细密规则并略显层状，放射脊分布于中部壳面，较多，约 20～25 条，截面圆凸状，间沟狭而浅；壳面前后部及耳部均仅有同心线而无放射线。另一些标本(图版 4.4.1，图 2，3，5)同心线很不发育，放射脊稀少，仅 10 条左右。

比较和讨论：本新种的放射脊较宽，间沟窄，不同于早三叠世早期常见的 *Claraia stachei*(Bittner)，后一种的放射脊更显著并较狭，数目也更多(Spath，1930)。克什米尔晚二叠世晚期(与本种层位相当)的 *Claraia bioni* Nakazawa 种，被认为是早三叠世 *C. stachei* 种群的祖先类型(Nakazawa，1981)，该种壳面放射脊较窄，部分标本放射脊有波纹状折曲，脊数变异范围很宽，其中脊数少的标本(不足 20 条)(Nakazawa，1981：pl. 10，fig. 17；pl. 11，figs. 1，2)与黄芝山地区的 *Claraia* cf. *bioni*(图版 4.4.1：图 1)很相似，但脊数多的标本(50 条或更多)(Nakazawa，1981：pl. 10，figs. 18，19)又与 *C. stachei* 或其亲近种相似。通常情况下，这样的变化已达到种间区别标志，但 Nakazawa 认为是种内变异。有意思的是，与克什米尔标本相似，黄芝山的本种材料中，放射脊数目和发育程度也出现了剧烈变异的情况(见上述描述)，而变异材料发现的层位，都是正好在大灭绝事件之后海平面迅速上升期形成的沉积中。笔者推想，这可能由于当时的环境条件极差，*Claraia* 刚渡过大灾难，生物体的适应机制尚未稳定、正处于调整的情况下，因而发生剧烈的变异。

产地和层位：浙江湖州黄芝山，殷坑组底部 *Claraia huzhouica*-*C.* cf. *bioni* 带(晚二叠世晚期)。

致 谢 本文为国家重点基础研究发展规划项目(G2000077708)、中国科学院资环局重点项目(KZ952-J_1-023)和国家自然科学基金(Nos. 49872006，40172003)资助成果。

参考文献

Bando J. 1971. On the Otoceratidae, Triassic ammonoides, and its stratigraphic significance. Memoir of the Faculty of Education, Kagawa University, 2(203): 1～11

Bando J. 1973. On the Otoceratidae and Ophiceratidae. Science Reports of Tohoku University, Series 2 (Geology), Special Volume, 6: 337～351

Begg J G, Campbell H J. 1985. *Etalia*, a new Middle Triassic (Anisian) bivalve from New Zealand and its relationship with other pteriomorphs. Journal of Geology and Geophysics, New Zealand, (28): 725～741

Benton M J. 1995. Diversification and extinction in the history of life. Science, 268: 52～58

Bowring S A, Erwin D H, Jin Y G, Martin M W, Daviden K, Wang W. 1998. U/Pb zircon geochronology and tempo of the end Permian mass extinction. Science, 280: 1 039～1 045

Chen Chuzhen. 1978. On the lower boundary of the Triassic in Southwest China. Acta Stratigraphica Sinica, 2(2): 160～162 (in Chinese)[陈楚震. 1978. 我国西南地区三叠系的下界. 地层学杂志, 2(2):160～162]

Chen Chuzhen. 1980. Marine Triassic lamellibranch assemblages from southwest China. Revista Italiana di Paleontologia, 85(3): 1 189～1 196

Chen Chuzhen, Li Wenben, Ma Qihong, Shang Yuke, Wu Shunqing, Zhang Lujin, Li Baoxian, Ye Meina, He Guoxiong, Shen Yanbin, Zheng Shuyin. 1979. The Triassic of Southwest China. In: Nanjing Institute of Geology and Palaeontology, Chinese Academy of Sicences, ed. Biostratigraphy of the Carbonates in Southwest China. Beijing: Science Press. 289～336 (in Chinese)[陈楚震, 黎文本, 马其鸿, 尚玉珂, 吴舜卿, 张璐瑾, 厉宝贤, 叶美娜, 何国雄, 沈炎彬, 郑淑英. 1979. 西南地区的三叠系. 见:中国科学院南京地质古生物研究所编. 西南地区碳酸盐生物地层. 北京:科学出版社. 289～336]

Chen Huacheng, Wu Qiqie, eds. 1989. Stratigraphic Memoir of Lower-Middle Yangtze Valley. Hefei: Anhui Science and Technology Press. 1～789(in Chinese with English abstract)[陈华成, 吴其切等编. 1989. 长江中下游地层志. 合肥:安徽科学技术出版社. 1～789]

Chen Jinhua, Cao Meizhen, Stiller F. 2001. Preliminary palaeosynecological analyses on the Upper Anisian (Middle Triassic) Qingyan fauna. Acta Palaeontologica Sinica, 40(2): 262～268 (in Chinese with English summary) [陈金华, 曹美珍, Stiller F. 2001. 中三叠世青岩生物群的群体古生态学初步研究. 古生物学报,40(2):262～268]

Chen Jinhua, Komatsu Toshifumi. 2001. Bivalves from the beds near the Permian-Triassic boundary at Meishan section of Changxing, south China and the correlation with shallow marine bivalve fauna. In: Yan Jiaxin, Peng Yuanqiao, eds. Proceedings of the International Symposium on the Global Stratotype of the Permian-Triassic Boundary and the Paleozoic-Mesozoic Events, 10～13 August 2001. 37～39

Chen Jinhua, Komatsu Toshifumi. 2002. So-called Middle Triassic "*Claraia*" (Bivalvia) from Guangxi, South China. Acta Palaeontologica Sinica, 41(3): 434～447(in Chinese with English summary)[陈金华, 小松俊文. 2002. 广西早三叠世的"克氏蛤"之订正. 古生物学报,41(3): 434～447]

Dagys A. 1994. Correlation of the lowermost Triassic. Albertiana, 14: 38～44

Embry A F. 1988. Triassic sea-level changes: evidence from the Canadian Arctic Archipelago. Society of Economic Paleontologists and Mineralogists, Special Publication, 42: 249～259

Erwin D H. 1993. The great Paleozoic crisis: life and death in the Permian. New York: Columbia

University Press

Erwin D H. 1994. The Permo-Triassic extinction. Nature, 367: 231～236

Fang Zongjie. 1993. On "*Claraia*" (Bivalvia) of Late Permian. Acta Palaeontologica Sinica, 32(6): 653～661 (in Chinese with English summary)[方宗杰. 1993. 论晚二叠世的"克氏蛤". 古生物学报,32(6):653～661]

Forney G G. 1975. Permo-Triassic sea-level change. Journal of Geology, 83: 773～779

Gan Xiuming, Yin Hongfu. 1978. Lamellibranchiata. In: Stratigraphical and Palaeontological Working Group of Guizhou, ed. Palaeontological Atlas of Southwest China, Guizhou Volume. Beijing: Geological Publishing House. 337～393(in Chinese)[甘修明, 殷鸿福. 1978. 瓣鳃纲. 见:贵州地层古生物工作队编著. 西南地区古生物图册,贵州分册. 北京:地质出版社. 337～393]

Grasmück K, Trümpty R. 1969. Triassic stratigraphy and general geology of the county around Fleming Fjord (East Greenland). Meddelelser om Greenland, 168(2):671

Gu Zhiwei, Huang Baoyu, Chen Chuzhen, *et al*. 1976. Fossil Lamellibranchs of China. Beijing: Science Press. 1～522(in Chinese)[顾知微,黄宝玉,陈楚震等. 1976. 中国的瓣鳃类化石. 北京:科学出版社. 1～522]

Guo Fuxiang. 1985. Fossil Bivalves of Yunnan. Kunming: Yunnan Science and Technology Publishing House. 1～319 (in Chinese with English summary)[郭福祥. 1985. 云南双壳类化石. 昆明:云南科技出版社. 1～319]

Hallam A. 1992. Phanerozoic sea-level changes. New York:Columbia University Press

Hallam A. 1995. Major bio-events in the Triassic and Jurassic. In: Walliser O H,ed. Global Events and Event Stratigraphy. Heidelberg: Springer-Verlag. 265～283

Hallam A, Wignall P B. 1997. Mass Extinction and Their Aftermath. Oxford: Oxford University Press. 1～307

Henderson Ch M, Baud A. 1997. Correlation of the Permian-Triassic boundary in Arctic Canada and comparison with Meishan, China. Proceeding of the 30th International Geological Congress, 11: 143～152

Holser M T, Magaritz M. 1987. Events near the Permian-Triassic boundary. Mordern Geology, 11: 155～180

Jin Y G, Wang Y, Wang W, Shang Q H, Cao C Q, Erwin D H. 2000. Pattern of marine mass extinction near the Permian-Triassic boundary in South China. Science, 289: 432～436

Kummel B. 1957. Paleoecololgy of Lower Triassic formations of Southeastern Idaho and adjacent areas. Geological Society of America, Memoir, 67(3): 437～468

Lai Xulong. 1997. A discussion on Permian-Triassic conodont studies. Albertiana, 20: 25～30

Lai Xulong, Zhang Kexin. 1999. A new paleoecological model of conodonts during the Permian-Triassic transitional period. Earth Science—Journal of China University of Geosciences, 24(1): 33～38 (in Chinese with English summary)[赖旭龙,张克信. 1999. 二叠-三叠纪之交牙形石生态模式. 地球科学—中国地质大学学报,24(1):33～38]

Li Jinhua, Ding Baoliang. 1981. Two new lamellibranch genera from Lower Triassic of Anhui. Acta Palaeontologica Sinica, 20(4): 325～330 (in Chinese with English summary)[李金华,丁保良. 1981. 安徽早三叠世瓣鳃类两新属. 古生物学报,20(4):325～330]

Li Jinhua, Lan Xiu, Ding Baoliang, Ma Qihong, Huang Baoyu. 1982. Lamellibranchiata. In: Nanjing Institute of Geology and Mineral Resources, Chinese Academy of Geological Sciences, ed. Palaeontological Atlas of East China, 3. Beijing: Geological Publishing House. 7～53(in Chinese)[李金华,蓝琇,丁保良,马其鸿,黄宝玉. 1982. 瓣鳃纲. 见:地质矿产部南京地质矿产研究所主编. 华东地区古生物图册(三). 北京:地质出版社. 7～53]

Li Zishun, Zhan Lipei, Dai Jinye, Jin Ruogu, Zhu Xiufang, Zhang Jinghua, Huang Hengquan, Xu Daoyi, Yan Zheng, Li Huamei. 1989. Study on the Permian-Triassic biostratigraphy and event stratigraphy of northern Sichuan and southern Shaanxi. PRC Ministry of Geology and Mineral Resources, Geological Memoirs Section 2, no. 9, Beijing: Geological Publishing House. 1～435 (in Chinese with English summary)[李子舜,詹立培,戴进业,金若谷,朱秀芳,张景华,黄恒铨,徐道一,严正,李华梅. 1989. 川北陕南二叠-三叠纪生物地层及事件地层学研究. 中华人民共和国地质矿产部地质专报,二,9号. 北京:地质出版社. 1～435]

Liu Shuwen, He Zhengjun, Wu Shunbao. 2000. The age interpretation of "Sunjiagou Formation" on the south margin of Shaanxi-Gansu-Ningxia basin. In: Editorial Committee of the Proceedings of Third National Stratigraphical Conference of China, ed. Proceedings of the Third National Stratigraphical Conference of China. Beijing: Geological Publishing House. 159～164 (in Chinese with English abstract)[刘淑文,和政军,吴顺宝. 2000. 陕甘宁盆地南缘"孙家沟组"时代新知. 见:第三届全国地层会议论文集编委会编. 第三届全国地层会议论文集. 北京:地质出版社. 159～164]

Long Jiarong, Gan Xiuming, Feng Rulin. 1991. Research on Permian-Triassic Boundary in Guizhou Province, China. Guiyang: Guizhou Science and Technology Publishing House. 1～112 (in Chinese with English abstract)[龙家荣,甘修明,冯儒林. 1991. 贵州二叠-三叠系界线研究. 贵阳:贵州科技出版社. 1～112]

Nakazawa K. 1977. On *Claraia* of Kashmir and Iran. Journal of Paleontological Society of India, 20: 191～204

Nakazawa K. 1981. Permian and Triassic bivalves of Kashmir. In: The Upper Permian and Lower Triassic faunas of Kashmir. Paleontologica Indica, New Series, 46: 89～122

Nakazawa K. 1993. Stratigraphy of the Permian-Triassic transition and the Paleozoic/Mesozoic boundary. Bulletin of the Geological Survey of Japan, 44(7): 425～445

Nakazawa K, Kapoor H M, Ishi K, Bando Y, Okimura Y, Tokuoka T. 1975. The Upper Permian and the Lower Triassic in Kashmir, India. Memoirs of the Faculty of Science, Kyoto University, Ser. Geology and Mineralogy, 42(1): 1～106

Newell N D, Boyd D W. 1995. Pectinoid bivalves of the Permian-Triassic crisis. Bulletin of the Amerian Museum of Natural History, 227: 1～95

Orchard M J, Tozer E T. 1997. Triassic conodont biochronology and intercalibration with the Canadian ammonoid sequence. Albertiana, 20: 33～44

Paull R K, Paull R A. 1994a. Lower Triassic transgressive-regressive sequences in the Rocky Mountains, eastern Great Basin, and Colorado Plateau, USA. In: Caputo M V, Peterson J A, Franczyk K J, eds. Mesozoic systems of the Rocky Mountains region, USA. Denver, Colorado: Society of Economic Paleontologists and Mineralogists. 169～180

Paull R K, Paull R A. 1994b. *Hindeodus parvus*-proposed index fossil from the Permian-Triassic boundary. Lathaia, 27: 271～272

Peng Yuanqiao, Tong Jinnan. 1999. Integrated study of Permian-Triassic boundary bed in Yangtze platform. Earth Science—Journal of China University of Geosciences, 24(1): 39～48 (in Chinese with English abstract)[彭元桥,童金南. 1999. 扬子台区二叠-三叠系界线层综合地层学研究. 地球科学—中国地质大学学报,24(1):39～48]

Raup D M. 1986. Biological extinction in Earth history. Science, 231: 1 528～1 533

Remane J, Faure-Muret A, Odin G S, Cita M B, Dercourt J, Bouysse P, Repett F L. 2000. International Stratigraphic Chart and Explanatory to the international stratigraphic chart. Interational Union of Geological Sciences. Journal of Stratigraphy, 24, Supplement: 321～340 [J·瑞曼等编. 金玉玕等译. 国际地层表及国际地层表说明. 地层学杂志,24(增刊):321～340]

Rong Jiayu, Fang Zongjie, Chen Xu, Chen Jinhua, Liao Weihua, Sun Dongli, Zhan Renbin, Shen Jianwei. 1996. Biotic recovery—first episode of evolution after mass extinction. Acta Palaeontologica Sinica, 35(3): 259～271 (in Chinese with English summary)[戎嘉余,方宗杰,陈旭,陈金华,廖卫华,孙东立,詹仁斌,沈建伟. 1996. 生物复苏——大绝灭后生物演化历史的第一幕. 古生物学报,35(3): 259～271]

Rong Jiayu, Zhan Renbin. 1999. Chief sources of brachiopod recovery from the end-Ordovician mass extinction with special references to progenitors. Science in China, Series D, 42 (5): 553～560 [戎嘉余,詹仁斌. 1999. 奥陶纪末集群灭绝后腕足动物复苏的主要源泉——论先驱型生物的分类. 中国科学(D辑),29(3):232～239]

Schopf T J M. 1974. Permo-Triassic extinctions: relation to sea-floor spreading. Journal of Geology, 82: 129～143

Schubert J K, Bottjer O J. 1995. Aftermath of the Permian-Triassic mass extinction event: paleoecology of Lower Triassic carbonates in the western USA. Palaeogeography, Palaeoclimatology, Palaeoecology, 116: 1～40

Sepkoski J J, Jr. 1986. Phanerozoic overview of mass extinctions. In: Raup D M, Jablonski D, eds. Patterns and Processes in the History of Life. Heidelberg: Springer-Verlag. 277～295

Sepkoski J J, Jr, Raup D M. 1986. Periodicity in marine extinction events. In: Elliot D K, ed. Dynamics of Extinction. New York: Wiley. 3～36

Sheng Jinzhang, Chen Chuzhen, Wang Yigang, Rui Lin, Liao Zhuoting, Jiang Nayan. 1983. A research on the Permian-Triassic boundary from Changxing area, Zhejiang. Journal of Stratigraphy, 7(4): 245～257 (in Chinese)[盛金章,陈楚震,王义刚,芮琳,廖卓庭,江纳言. 1983. 浙江长兴地区二叠系与三叠系界线层型研究. 地层学杂志,7(4):245～257]

Sheng Jinzhang, Chen Chuzhen, Wang Yigang, Rui Lin, Liao Zhuoting, He Jinwen, Jiang Nayan, Wang Chengyuan. 1987. New advances on the Permian-Triassic boundary of Jiangsu, Zhejiang and Anhui. In: Nanjing Institute of Geology and Palaeontology, Academia Sinica, ed. Stratigraphy and Palaeontology of Systemic Boundaries in China (Permian-Triassic Boundary, 1). Nanjing: Nanjing University Press. 1～21 (in Chinese with English abstract)[盛金章,陈楚震,王义刚,芮琳,廖卓庭,何锦文,江纳言,王成源. 1987. 苏浙皖地区二叠系和三叠系界线研究的新进展. 见:中国科学院南京地质古生物研究所编. 中国各系界线地层及古生物,二叠系与三叠系界线(一). 南京:南京大学出版社. 1～21]

Spath L F. 1930. The Eotrassic invertebrate fauna of East Greenland. Meddelelser om Greenland, 83 (1):1～90

Spath L F. 1935. Addition to the Eo-Trassic invertebrate fauna of East Greenland. Meddelelser om Greenland, 98(2): 1～115

Stanley G D, Jr,Beauvis L. 1994. Corals from an Early Jurassic coral reef in British Columbia: refuge on an oceanic island reef. Lethaia, 27: 35～47

Stanley S M, Yang Xiangning. 1994. A double mass extinction at the end of the Paleozoic era. Science, 266: 1 340～1 344

Stiller F. 1995. Paläosynökologie einer oberanisischen flachmarinen Fossilvergesellschaftung von Leidapo, Guizhou, SW-China. Münstersche Forschungen zur Geologie und Paläontologie, 77: 329～356

Stiller F. 1997. Palaeosynecological development of Upper Anisian (Middle Triassic) communities from Qingyan, Guizhou Province, China—a preliminary summary. Proceedings of the 30th International Geological Congress, 12: 147～160

Stiller F. 2001. Fossilvergesellschaftungen, Paläoökologie und paläosynökologische Entwicklung im Oberen Anisium (Mittlere Trias) von Qingyan, insbesondere Bangtoupo, Privinz Guizhou,

Südwestchina. Münstersche Forschungen zur Geologie und Paläontologie, 92: 1～523

Tong Jinnan. 1997. The ecosystem recovery after the end-Paleozoic mass extinction in South China. Earth Science,Journal of China University of Geosciences, 22(4): 373～376 (in Chinese with English abstract)[童金南. 1997. 华南古生代末大绝灭后的生态系复苏. 地球科学—中国地质大学学报,22(4):373～376]

Tong Jinnan, Yin Hongfu. 1999. A study on the Griesbachian cyclostratigraphy of the Meishan section, Changxing, Zhejiang province. Journal of Stratigraphy, 23(2): 130～135(in Chinese with English abstract) [童金南,殷鸿福. 1999. 浙江长兴煤山剖面 Griesbachian 期旋回地层研究. 地层学杂志,23(2):130～135]

Trümpty R. 1969. Lower Triassic ammonites from Jameson Land (East Greenland). Meddelelser om Greenland, 168(2):78～116

Twitchett R J. 1999. Palaeoenvironments and faunal recovery after the end-Permian mass extinction. Palaeogeography, Palaeoclimatology, Palaeoecology, 154: 27～37

Waller T R. 1978. Morphology, morphoclines and a new classification of the Pteriomorphia (Mollusca: Bivalvia). Philosophical Transactions of the Royal Society of London, Series B, 284: 345～365

Waller T R. 1984. The ctenolium of scallop shells: Functional morphology and evolution of a key family-level charactor in the Pectinacea (Mollusca: Bivalvia). Malacologia, 25(1): 203～219

Wang Chengyuan. 1995. Conodonts of Permian-Triassic boundary beds and biostratigraphic boundary. Acta Palaeontologica Sinica, 32(2): 129～150 (in Chinese with English summary)[王成源. 1995. 二叠-三叠系界线层的牙形刺与生物地层界线. 古生物学报,32(2): 129～150]

Wang Chengyuan. 1996. Conodont evolutionary lineage and zonation for the latest Permian and the earliest Triassic. Permophiles, 29: 30～37

Wang Yigang. 1984. Earliest Triassic ammonoid faunas from Jiangsu and Zhejiang and their bearing on the definition of Permo-Triassic boundary. Acta Palaeontologica Sinica, 23(3): 257～269 (in Chinese with English abstract)[王义刚. 1984. 论苏、浙一带三叠纪最早期的菊石群及二叠-三叠系界线的定义. 古生物学报,23(3):257～269]

Wignall P B, Hallam A. 1993. Griesbachian (earliest Triassic) palaeoenvironmental changes in the Salt Range, Pakistan and South China and their bearing on the Permo-Triassic mass extinction. Palaeogeography, Palaeoclimatology, Palaeoecology, 102: 215～237

Wu Shunbao, Li Qing, Wang Weiwei. 1988. Characteristics of stratigraphical and faunal changes near the Permo-Triassic boundary in the Huayinshan area, Sichuan Province. Geoscience, 2(3): 375～385 (in Chinese with English abstract)[吴顺宝, 李庆, 王薇薇. 1988. 四川华蓥山二叠纪与三叠纪之交沉积特征及动物群变化. 现代地质,2(3): 375～385]

Xu G R, Grant R E. 1992. Permo-Triassic brachiopod successions and event in South China. In: Sweet W C, Yang Z Y, Dickins J M, Yin H F, eds. Permo-Triassic Events in the Eastern Tethys. Cambridge: Cambridge University Press. 98～108

Xu Jifan. 1978. Marine lamellibranchs. In: Geological Institute of Southwest China, ed. Palaeontological Atlas of Southwest China, Sichuan Volume (2). Beijing: Geological Publishing Honse. 315～364 (in Chinese)[徐济凡. 1978. 瓣鳃纲(海相部分). 见:西南地质科学研究所主编. 西南地区古生物图册,四川分册(二). 北京:地质出版社. 315～364]

Yamaguchi K. 1998. Cementation vs mobility: development of a cemented byssus and flexible in *Anomia chinensis*. Marine Biology, 132: 651～661

Yang Zunyi, Li Zishun. 1992. Permo-Triassic boundary relations in South China. In: Sweet W C, Yang Z Y, Dickins J M, Yin H F, eds. Permo-Triassic events in the Eastern Tethys. Cambridge: Cambridge University Press. 9～20

Yang Zunyi, Yin Hongfu, Lin Hemao. 1979. Marine Triassic faunas from Shihchienfeng Group in the northern Weihe River Basin, Shaanxi Province. Acta Palaeontologica Sinica, 18(5): 465～474 (in Chinese with English abstract)[杨遵仪, 殷鸿福, 林和茂. 1979. 陕西渭北石千峰群的海相化石. 古生物学报, 18(5): 465～474]

Yang Zunyi, Yin Hongfu, Xu Guirong, Wu Shunbao, He Yuanlian, Liu Guangcai, Yin Jiarun. 1983. Triassic of the South Qilian Mountains. Beijing: Geological Publishing House. 1～224 (in Chinese with English abstract)[杨遵仪,殷鸿福,徐桂荣,何元良,刘广才,阴家润. 1983. 南祁连山三叠系. 北京:地质出版社. 1～224]

Yang Zunyi, Yin Hongfu, Wu Shunbao, Yang Fengqing, Ding Meihua, Xu Guirong, *et al*. 1987. Permian-Triassic boundary stratigraphy and fauna of South China. Geological Memoirs, Ser. 2, No. 6. Beijing: Geological Publishing House. 1～379 (in Chinese with English summary)[杨遵仪,殷鸿福,吴顺宝,杨逢清,丁梅华,徐桂荣等. 1987. 华南二叠-三叠系界线地层及其动物群. 地质矿产部地质专报(二),6. 北京:地质出版社. 1～379]

Yang Zunyi, Wu Shunbao, Yin Hongfu, Xu Guirong, Zhang Kexin. 1991. Permo-Triassic Events of South China. Beijing: Geological Publishing House. 1～183 (in Chinese with English summary)[杨遵仪,吴顺宝,殷鸿福,徐桂荣,张克信. 1991. 华南二叠-三叠纪过渡期的地质事件. 北京:地质出版社. 1～183]

Yao Zhaoqi, Xu Juntao, Zheng Zhuoguan, Zhao Xiuhu, Mu Zhuangguan. 1980. Biostratigraphy of Late Permian in West Guizhou and east Yunnan and the Permo-Triassic boundary. In: Nanjing Institute of Geology and Palaeontology, Academia Sinica, ed. Stratigraphy and Palaeontology of Late Permian Coal-bearing Formations. Beijing: Science Press. 1～69 (in Chinese)[姚兆奇,徐均涛,郑灼官,赵修祜,莫壮观. 1980. 黔西、滇东晚二叠世生物地层和二叠系与三叠系的界线问题. 见:中国科学院南京地质古生物研究所. 黔西、滇东晚二叠世含煤地层和古生物群. 北京:科学出版社. 1～69]

Yin Hongfu. 1981. Palaeogeographical and stratigraphical distribution of the Lower Triassic *Claraia* and *Eumorphotis* (Bivalvia). Acta Geologica Sinica, 55(3): 161～169 (in Chinese with English abstract)[殷鸿福. 1981. 克氏蛤和正海扇的分布及其地质意义. 地质学报, 55(3): 161～169]

Yin Hongfu. 1983. Bivalves near the Permian-Triassic boundary in South China. Geological Review, China, 29(4): 303～320 (in Chinese with English abstract)[殷鸿福. 1983. 古生代、中生代之交的华南双壳类——分带、对比与危机. 地质论评, 29(4): 303～320]

Yin Hongfu. 1985. Bivalves near the Permian-Triassic boundary in South China. Journal of Paleontology, 59(3): 572～600

Yin Hongfu. 1990. Paleogeographical distribution and stratigraphical range of the Lower Triassic *Claraia*, *Pseudoclaraia* and *Eumorphotis* (Bivalvia). Journal of the China University of Geosciences, 1: 98～110

Yin Hongfu, Lin Hemao. 1979. Triassic marine sediments from Northern Shaanxi with note on the age of the Shihchienfe Group. Acta Stratigraphica Sinica, 3(4): 233～241 (in Chinese)[殷鸿福, 林和茂. 1979. 陕西渭北地区三叠纪海相化石层并论石千峰群的时代. 地层学杂志, 3(4): 233～241]

Yin Hongfu, Tong Jinnan. 1997. Ecosystem at the turning point of geological history. Earth Science Frontiers (China University of Geosciences, Beijing), 4(3-4): 111～116 (in Chinese with English abstract)[殷鸿福,童金南. 1997. 地史转折期的生态系. 地学前缘(中国地质大学,北京), 4(3-4): 111～116]

Yin H F, Yochelson E I. 1983a. Middle Triassic Gastropoda from Qingyan, Guizhou Province, China. 1-Pleurotomariacea and Murchiconiacea. Journal of Paleontology, 57(1): 162～187

Yin H F, Yochelson E I. 1983b. Middle Triassic Gastropoda from Qingyan, Guizhou Province,

China. 2-Trocacea and Neritacea. Journal of Paleontology, 57(3): 515～538

Yin H F, Yochelson E I. 1983c. Middle Triassic Gastropoda from Qingyan, Guizhou Province, China. 3-Euomphalacea and Loxonematacea. Journal of Paleontology, 57(5): 1 098～1 127

Zhang Kexin, Ding Meihua, Lai Xulong, Liu Jinhua. 1996. Conodont sequences of the Permian-Triassic boundary strata at Meishan section, South China. In: Yin Hongfu, ed. The Palaeozoic-Mesozoic boundary: candidates of global stratotype section and point of the Permian-Triassic boundary. Wuhan: China University of Geosciences Press. 57～64

Zhang Renjie, Wang Deyou, Zhou Zhuren. 1977. Bivalvia. In: Hubei Institute of Geology, Henan Geological Bureau, *et al.*, eds. Palaeontological Atlas of Central-South China (3). Beijing: Geological Publishing House. 4～64(in Chinese)[张仁杰,王德有,周祖仁. 1977. 双壳纲. 见:湖北省地质科学研究所,河南省地质局等编著. 中南地区古生物图册(三). 北京:地质出版社. 4～64]

Zhang Zuoming. 1980. On the ligament area, systematic position and evolutionary relationship of *Claraia*. Acta Palaeontologica Sinica, 19(6): 433～444 (in Chinese with English abstract) [张作铭. 1980. 论克氏蛤(*Claraia*)的韧带构造及其分类演化. 古生物学报,19(6):433～444]

Zhao Jinke, Sheng Jinzhang, Yao Zhaoqi, Lian Xiluo, Chen Chuzhen, Rui Lin, Liao Zhuoting. 1981. The Changhsingian and Permian-Triassic boundary of South China. Bulletin of Nanjing Institute of Geology and Palaeontology, Academia Sinica, 2: 1～85 (in Chinese with English summary) [赵金科,盛金章,姚兆奇,梁希洛,陈楚震,芮琳,廖卓庭. 1981. 中国南部的长兴阶和二叠系与三叠系之间的界线. 中国科学院南京地质古生物研究所丛刊,2:1～85]

Zhou Zhiyan, Zhang Lujin, Chen Jinhua. 2000. Continental Triassic. In: Nanjing Institute of Geology and Palaeontology, Chinese Academy of Sciences ed. Stratigraphical studies in China (1979～1999). Hefei: Press of University of Science and Technology of China. 259～282 (in Chinese)[周志炎,张璐瑾,陈金华. 2000. 陆相三叠系. 见:中国科学院南京地质古生物研究所编. 中国地层研究二十年(1979～1999). 合肥:中国科学技术大学出版社. 259～282]

附录 4.4.1 贵州青岩中三叠世安尼晚期双壳类属种

(资料来源:殷鸿福,1974 未刊;顾知微等,1976;甘修明、殷鸿福,1978;Stiller, 1995, 1997, 2001 等;以及本文作者与 F. Stiller,T. Komatsu 近年调查的结果;部分属种仅据文字记载,用问号注明。)

Subclass Palaotaxodonta Korobkov, 1954
  Order Nuculoida Dall, 1889
    Superfamily Nuculacea Gray, 1824
      Family Nuculidae Gray, 1824
        Genus *Palaeonucula* Quenstedt, 1830
          Palaeonucula strigillata (Goldfuss), 1838*
          Palaeonucula qingyanensis Chen, 1976
    Superfamily Nuculanacea H. Adams and A. Adams, 1858
      Family Malletidae H. Adams and A. Adams, 1858
        Genus *Palaeoneilo* Hall and Whitfield, 1869
          Palaeoneilo cf. *oviformis* (Eck), 1872*
          Palaeoneilo distincta (Bittner, 1895)*
          Palaeoneilo cf. *subtenella* Krumbeck, 1924
          Palaeoneilo sp.
        Genus *Phaenodesmia* Bittner, 1894
          Phaenodesmia sp.
      Family Nuculanidae H. Adams and A. Adams, 1858
        Genus *Nuculana* Link, 1807
          Nuculana subperlonga Chen, 1976
Subclass Pteriomorphia Beurlen, 1944
  Order Arcoida Stolizka, 1871
    Superfamily Arcacea Lamarck, 1809

Family Parallelodontidae Dall, 1898

Genus *Parallelodon* Meek and Worthen, 1866

Parallelodon beyrichi (Strombeck), 1849*

Parallelodon cf. *esiensis* Stoppani, 1859*

Paralleodon sp.

Parallelodon sp. nov.

Genus *Hoferia* Bittner, 1894

Hoferia sp. (?)

Superfamily Limopsacea Dall, 1895

Family Limopsidae Dall, 1895

Genus *Elegantarca* Tomlin, 1930

Eleganarca subareata Chen, Ma and Zhang, 1974

Genus *Eophilobryoidella* Stiller and Chen, 2004

Eophilobryoidella sinoanisica Stiller and Chen, 2004

Order Mytiloida Ferussac, 1822

Superfamily Mytilacea Rafinesque, 1815

Family Mytilidae Rafinesque, 1815

Genus *Mytilus* Linne, 1758

Mytilus excelsus Yin, 1978

Mytilus eduliformis (Schlotheim, 1820)*

Mytilus eduliformis praecursor (Frech, 1904)

Mytilus pygmaeus (Muenster), 1841*

Genus *Modiolus* Lamarck, 1799

Modiolus dimidiatus Muenster, 1841*

Modiolus paronai Bittner, 1895*

Modiolus cf. *cristatus* (Seebach, 1861)*

Modiolus salzstettensis (Hohenstein), 1913*

Genus *Botulopsis* Reis, 1926

Botulopsis cassiana (Bittner, 1895)*

Family Mysidiellidae Cox, 1964

Genus *Protopis* Kittl, 1904

Protopis joannae (Waagen, 1907)*

Protopis? sp. nov.

Order Pterioida Newell, 1965

Superfamily Ambonychiacea S. A. Miller, 1877

Family Myalinidae Frech, 1891

Genus *Promyalina* Kittl, 1904

Promyalina sp.

Superfamily Pteriacea Gray, 1847

Family Pteriidae Gray, 1847

Genus *Pteria* Scopoli, 1777

Pteria guizhouensis Chen, 1976

Pteria pannonica (Bittner), 1895*

Pteria caudata (Stoppani, 1857)*

Pteria declividorulata Yin, 1978

Pteria rugosa Chen, Ma and Zhang, 1974

Pteria cassiana (Bittner, 1895)*

Pteria sturi (Bittner, 1895)*

Pteria cf. *sturi* (Bittner, 1895)*

Pteria bittneri (Woehrmann, 1893)*

Family Bakevelliidae King, 1850

Genus Bakevellia King, 1848

Bakevellia sp. (?)

Genus *Gervillia* Defrance, 1820

Gervillia cf. *immatura* (Bittner, 1895)*

Genus *Gervillaria* Cox, 1957

Gervillaria subelegans (Chen, 1976)

Genus *Cultriopsis* Cossmann, 1904

Cultriopsis angusta (Goldfuss, 1838)*

Cultriopsis angulata (Muenster, 1841)*

Genus *Hoernesia* Laube, 1866

Hoernesia angusta Mansuy, 1919 (?)

Hoernesia satiobliqua Yin and Gan, 1978

Family Cassianellidae Ichikawa, 1958

Genus *Cassianella* Beyrich, 1862

Cassianella ecki Boehm, 1904*

Cassianella ecki sulcata Chen, 1976

Cassianella qingyanensis Chen, Ma and Zhang, 1974

Cassianella subcislonensis Hsü, 1943

Cassianella gryphaeatoides Hsü, 1943

Cassianella simplex Chen, 1976

Superfamily Pectinacea Rafinesque, 1815

Family Aviculopectinidae Meek and Hayden, 1864

Genus *Leptochodria* Bittner, 1891

Leptochondria minuta Gan, 1978

Leptochondria albertii (Goldfuss, 1815)*

Leptochondria paradoxica Chen, 1976

Leptochondria subillyrica (Hsü, 1937)

Family Streblochondriidae Newell, 1938

Genus *Pleuronectites* Schlotheim, 1820
Pleuronectites difformis Chen, 1976
Family Posidoniidae Frech, 1909
Genus *Posidonia* Bronn, 1828
Posidonia cf. *wengensis* Wissmann, 1841*
Posidonia pannonica (Mojsisovics, 1873)*
Genus *Daonella* Mojsisovics, 1874
Daonella boeckhi Mojsisovcs, 1874*
Genus *Enteropleura* Kittl, 1912
Enteropleura guembeli (Mojsisovics, 1874) (?)
Family Entoliidae Korobkov, 1960
Genus *Entolium* Meek, 1865
Entolium subdemissum (Muenster, 1841)*
Entolium discites Schlotheim, 1820
Entolium cf. *undiferum* (Bittner, 1895)*
Family Pectinidae Rafinesque, 1815
Genus *Praechlamys* Allarizaz, 1972
Praechlamys sp.
Praechlamys schroeteri (Giebel, 1856)
Praechlamys cf. *transdanubialis* (Bittner, 1901)*
Praechlamys badiotica (Bittner, 1895)*
Family Plicatulidae Watson, 1930
Genus *Plicatula* Lamarck, 1801
Plicatula sessilis Koken, 1900*
Plicatula filifera Bittner, 1895*
Plicatula cf. *ogilviae* Bittner, 1985*
Genus *Pseudoplacunopsis* Bittner, 1895
Pseudoplacunopsis sp.
Family Terquemiidae Cox, 1964
Genus *Terquemia* Tate, 1867
Terquemia sp. cf. *T. lata* Klipstein, 1843*
Genus Placunopsis Morris and Lycett, 1853
Placunopsis subplana Yin and Yin, 1983
Placunopsis cf. *affixa* (Bittner, 1895)*
Placunopsis sp.
Genus *Enantiostreon* Bittner, 1901
Enantiostreon difforme (Schlotheim, 1823)*
Enantiostreon spondyloides (Schlotheim, 1823)*
Enantiostreon sp.
Genus *Newaagia* Hertlein, 1952
Newaagia (?) *noetlingi multiformis* Yin, 1978
Newaagia (?) *sessilis* (Koken, 1900)*
Family Dimyidae Fischer, 1886
Genus *Protostrea* Chen, 1976
Protostrea sinensis (Hsü, 1943)
Superfamily Limacea Rafinesque, 1815
Family Limidae Rafinesque, 1815
Genus *Mysidioptera* Salomon, 1895
Mysidioptera punctata Chen Ma and Zhang, 1974
Mysidioptera aff. *vixcostata* (Stoppani, 1859)*
Mysidioptera cf. *vixcostata* (Stoppni, 1859)*
Mysidioptera similis Bittner, 1901*
Mysidioptera tenuicostata Bittner, 1901*
Mysidioptera gremblichii Bittner, 1895*
Mysidioptera ornanta laevigata Bittner, 1895*
Mysidioptera fornicata Bittner, 1895*
Genus *Palaeolima* Hind, 1903
Palaeolima acutecostata (Assmann, 1937)*
Palaeolima dunkeri (Assmann, 1937)*
Palaeolima pichleri (Bittner, 1895)*
Palaeolima sp.
Genus *Pseudolimea* Arkell, in Douglas and Arkell, 1932
Pseudolimea sp. (?)
Genus *Plagiostoma* Sowerby, 1814
Plagiostoma striatum (Schlotheim, 1823)
Plagiostoma tingi (Fan, 1962)
Plagiostoma subpunctatum (Orbigny, 1849)*
Plagiostoma beyrichi (Eck, 1865)
Plagiostoma alternans (Bittner, 1895)*
Plagiostoma ovatum Gan, 1978
Order Ostreoida Ferussac, 1822
Superfamily Ostreacea Lamarck, 1818
Family Ostridae Lamarck, 1818

Genus *Liostrea* Douville, 1904

Liostrea (?) sp.

Genus *Lopha* Bolten, 1798

Lopha imago (Bittner, 1895)*

Lopha calceoformis (Broili, 1904)*

Lopha sp. nov.

Subclass Palaeoheterodonta Newell, 1965

Order Modiomorphoida Newell, 1969

Superfamily Modiomorphacea Muller, 1877

Family Modiomorphidae, 1877

Genus *Mordiomorpha* Hall and Whitfield, 1869

Modiomorpha sp. nov.

Family Permophoridae Van de Poel, 1959

Genus *Curionia* Rossi Ronchetti, 1965

Curionia curionii meriani (Stoppani, 1857)*

Curionia cf. *goldfussi* (Dunker, 1849)*

Genus *Myoconcha* J. de C. Sowerby, 1824

Myoconcha qingyanensis Chen, 1976

Genus *Pseudomyoconcha* Rossi Ronchetti, 1966

Pseudomyoconcha goldfussi (Dunker, 1849)*

Pseudomyoconcha maximilianileuchtenbergensis (Klipstein, 1843)*

Order Unionoida Stolizka, 1871

Superfamily Unionacea Fleming, 1828

Family Pachycardiidae Cox, 1961

Genus *Unionites* Wissmann, 1841

Unionites bittneri (Tommasi, 1890)

Unionites sp. nov.

Genus *Trigonodus* Sandberger, 1864

Trigonodus (?) sp.

Order Trigonioida Dall, 1889

Superfamily Trigonianacea Lamarck, 1819

Family Myophoriidae Bronn., 1849

Genus *Neoschizodus* Giebel, 1855

Neoschizodus cf. *laevigatus* (Goldfuss, 1833)*

Genus *Elegantinia* Waagen, 1907

Elegantinia elegans (Dunker, 1849)

Elegantinia cf. *venusta* Chen, 1976

Elegentinia kunlunensis Lu and Chen, 1986

Genus *Costatoria* Waagen, 1907

Costatoria proharpa multiformis Chen, 1976

Costatoria cf. *inaequicostata* (Klipstein, 1843)*

Genus *Quadratia* Yin, 1978

Quadratia quadrata Yin, 1978

Subclass Heterodonta Neumayr, 1884

Order Veneroida H. Adams and A. Adams, 1856

Superfamily Lucinacea Fleming, 1828

Family Fimbriidae Nicol, 1950

Genus *Schafhaeutlia* Cossmann, 1897

Schafhaeutlia astarteformis (Muenster, 1841)*

Schafhaeutlia laubei (Bittner, 1895)*

Schafhaeutlia laticostata (Muenster, 1841)*

Schafhaeutlia liscaviensis Assmann, 1937

Schafhaeutlia mellingi (Hauer, 1857)*

Schafhaeutlia subquadrata (Parona, 1889)*

Superfamily Crassatellacea Ferussac, 1822

Family Astartidae d'Orbigny, 1844

Genus *Astarte* Sowerby, 1816

Astarte emacerata Yin, 1974

Genus *Coelopis* Fischer, 1887

Coelopis (?) sp.

Family Cardiniidae Zittel, 1881

Genus *Cardinia* Agassiz, 1841

Cardinia (?) sp.

Family Myophoricardiidae Chavan in Vokes, 1967

Genus *Myophoricardium* Woehrmann, 1889

Myophoricardium lineatum (Woehrmann, 1865)*

Genus *Myophoriopis* Wohrmann, 1889

Myophoriopis carinata Bittner, 1895*

Myophoriopis richthofeni (Stur, 1868)*

Subclass Anomalodesmata Dall, 1889

Order Pholadomyoida Newell, 1965

Superfamily Poromyacea Dall, 1886

Family Cuspidariidae Dall, 1886

Genus *Cuspidaria* Nardo, 1840

Cuspidaria sp.

Superfamily Edmondiacea King, 1850

Family Edmondiidae King, 1850

Genus *Cardiomorpha* Koninck, 1842

Cardiomorpha cf. *haydeni* Diener, 1907*

Cardiomorpha sp. nov.

Superfamily Pholadomyacea Gray, 1847

Family Pholadomyidae, 1847

Genus *Pachymya* de C. Sowerby, 1826

Pachymya sp. nov.

(注:以上名单中带 * 号者也见于 St. Cassian 层。)

图版说明

图版 4.4.1

1. *Claraia* cf. *bioni* Nakazawa, 1977

   左侧视,×3。登记号:133653。

   浙江湖州黄芝山,殷坑组底部 *Claraia huzhouica*-*C.* cf. *bioni* 带(Upper Permian)。

2～7. *Claraia huzhouica* Chen and Komatsu sp. nov.

   2,3. 同一左外模标本的模铸,×2,×3(Paratype),登记号:133654-1。

   4. 左侧视,×2(Holotype)。登记号:133654。

   5. 左内模,×2。登记号:133654-2。

   6. 左外模,×2(Paratype)。登记号:133654-3。

   7. 左外模(局部),×3。登记号:133654-4。

   浙江湖州黄芝山,殷坑组底部 *Claraia huzhouica*-*C.* cf. *bioni* 带(Upper Permian)。

8～12. *Peribositra* (=? *Claraia*) *baoqingensis* Chen, 1981

   8. 左侧视,×1.5(Paratype)。登记号:53048。

   9. 左侧视,×2(Paratype)。登记号:53047。

   10. 左外模,×1.5(Paratype)。登记号:53050。

   11. 左侧视,×1.5(Holotype)。登记号:53049。

   12. 左外模,×1.5(Paratype)。登记号:53051。

   浙江长兴煤山葆青,殷坑组底部 26 层 *Claraia*? *baoqingensis* 带(Upper Permian)。

图版 4.4.2

1～5. *Claraia longyanensis* Chen, 1976

   1. 右侧视,×1.5。

   2. 右外模,×1.5。

   3. 右外模,×1.5。

   4. 右外模,×1.5。

   5. 右侧视,×1。

   浙江长兴煤山,殷坑组上部 *Claraia longyanensis* 带(Upper Griesbachian-Lower Dienerian)。

6～11. *Claraia wangi* (Patte, 1935)

   6. 右壳内视,×5。登记号:133606。

   8. 右壳内视,×3(视铰合区)。登记号:133607。

   7. 右壳复合模,×3。登记号:133609。

   9. 左壳复合模,×2。

   10,11. 右壳复合模,×5,×3。登记号:133603。

   浙江长兴煤山,殷坑组下部 *Claraia wangi* 带(Upper Griesbachian)。

图版 4.4.3

1～5,16. *Eumorphotis venetiana* (Hauer, 1850)

   1. 左外模模铸侧视,×3。登记号:133641。

   2. 左侧视(含介形类),×2。

   3. 群体,×2。

   4. 左外模模铸侧视,×3。登记号:133639。

   5. 左侧视,×2。登记号:133640。

16. 与腕足类共同产出，×3。

浙江湖州黄芝山，殷坑组下部 *Eumorphotis venetiana-Towapteria scythica-Pteria ussurica variabilis* 带（二叠-三叠系过渡层）。

6，7. *Promyalina* sp.

6. 右内模，×3。登记号：133628。

7. 左内模，×3。登记号：133629。

浙江湖州黄芝山，殷坑组下部 *Eumorphotis venetiana-Towapteria scythica-Pteria ussurica variabilis* 带（二叠-三叠系过渡层）。

8～10. *Towapteria scythica* (Wirth, 1936)

8～10. 均左外模模铸侧视，均×5。登记号：133646，133644，133647。

浙江湖州黄芝山，殷坑组下部 *Eumorphotis venetiana-Towapteria scythica-Pteria ussurica variabilis* 带（二叠-三叠系过渡层）。

11～13. *Pteria ussurica variabilis* Chen and Lan, 1976

11. 左外模模铸侧视，×5。

12. 左侧视，×5。登记号：133634。

13. 左侧视，×5。登记号：133635。

浙江湖州黄芝山，殷坑组下部 *Eumorphotis venetiana-Towapteria scythica-Pteria ussurica variabilis* 带（二叠-三叠系过渡层）。

14，15，17. *Lingula* sp. 及 *Eumorphotis* sp.，均×5。

图 14 标本产自浙江湖州黄芝山殷坑组下部 *Claraia wangi* 带（Upper Griesbachian）；图 15 和 17 标本产自浙江湖州黄芝山殷坑组下部 *Eumorphotis venetiana-Towapteria scythica-Pteria ussurica variabilis* 带（二叠-三叠系过渡层）。

图版 4.4.4

本图版所有标本均产自广西凤山金牙，中三叠统板纳组下段（Lower Anisian）。

1～14. *Periclaraia jinyaensis* Chen and Komatsu, 2002

1. 右壳复合模，×1。8. 同图 1 标本的局部放大，×5。登记号：133582。

2. 右壳复合模，×1。

3. 群体，×1.5。

4. 右壳复合模，×5。

5. 右壳复合模，×8。登记号：133581。

6. 右内模，×5。登记号：133583。

7. 右壳复合模局部放大，×8。登记号：133584。

9，11，12. 右壳内视，×20，×8，×5。登记号：133586。

10. 右壳内视，×20。

13，14. 右壳内视，×8，×20。登记号：133592。

图版 4.4.5

本图版所有标本均产自贵州贵阳花溪青岩，中三叠统青岩组（Upper Anisian）。

1. *Costatoria proharpa multiformis* Chen, 1976

右侧视，×3。

2. *Pteria sturi* (Bittner, 1895)

右侧视，×2。

3. *Mysidioptera* cf. *vixcostata* (Stoppani, 1859)

右侧视，×1。

4. *Curionia* cf. *goldfussi* (Dunker, 1849)
右侧视，×1。
5. *Gervillaria subelegans* (Chen, 1976)
左侧视，×1。
6,7. *Quadratia quadrata* Yin, 1978
6. 右侧视，×4。
7. 右内视，×4。
8. *Elegantinia elegans* (Dunker, 1849)
左侧视，×3。
9. *Modiolus* cf. *cristatus* (Seebach, 1861)
左侧视，×2。
10. *Lopha imago* (Bittner, 1895)
左侧视，×1.5。
11. *Plagiostoma alternans* (Bittner, 1895)
右外模模铸侧视，×2。
12. *Praechlamys schroeteri* (Giebel, 1856)
右侧视，×1.5。
13. *Enantiostreon difforme* (Schlotheim, 1823)
右侧视，×2。
14. *Protostrea sinensis* (Hsü,1943)
左内视，×1.5。
15. *Protopis*? sp. (sp. nov.)
左侧视，×1。

图版 4.4.1

图版 4.4.2

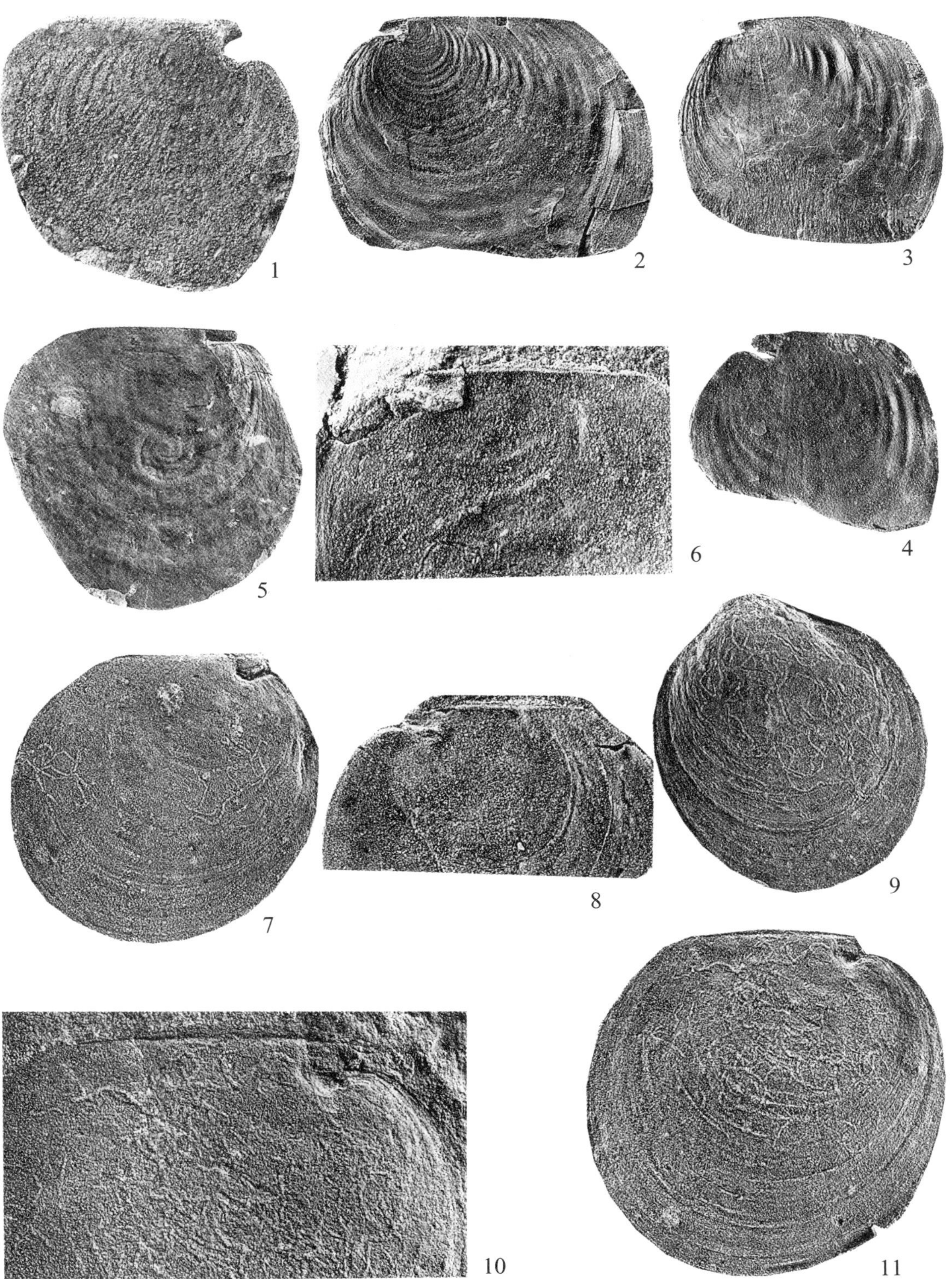

图版 4.4.3

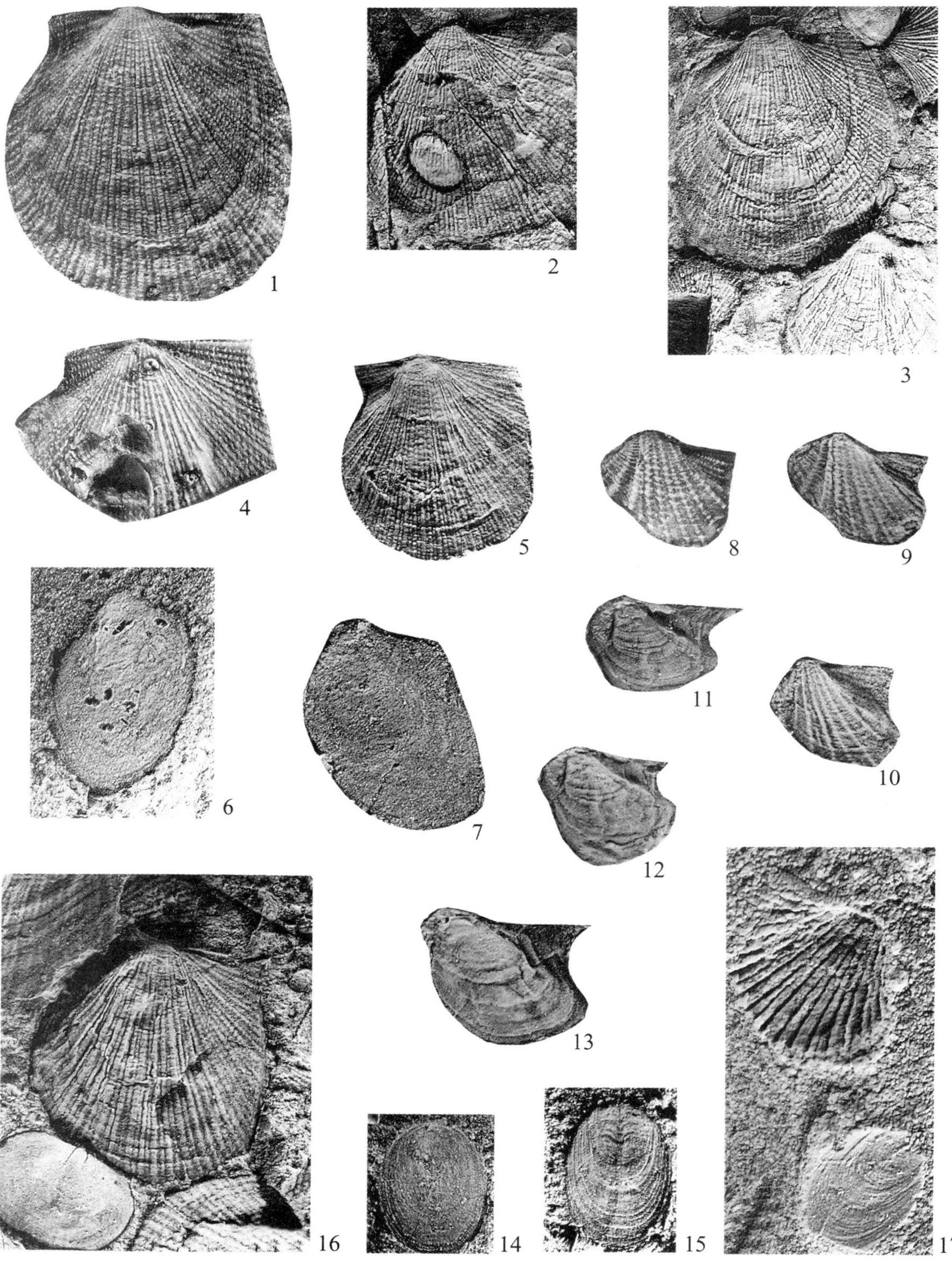

图版 4.4.4

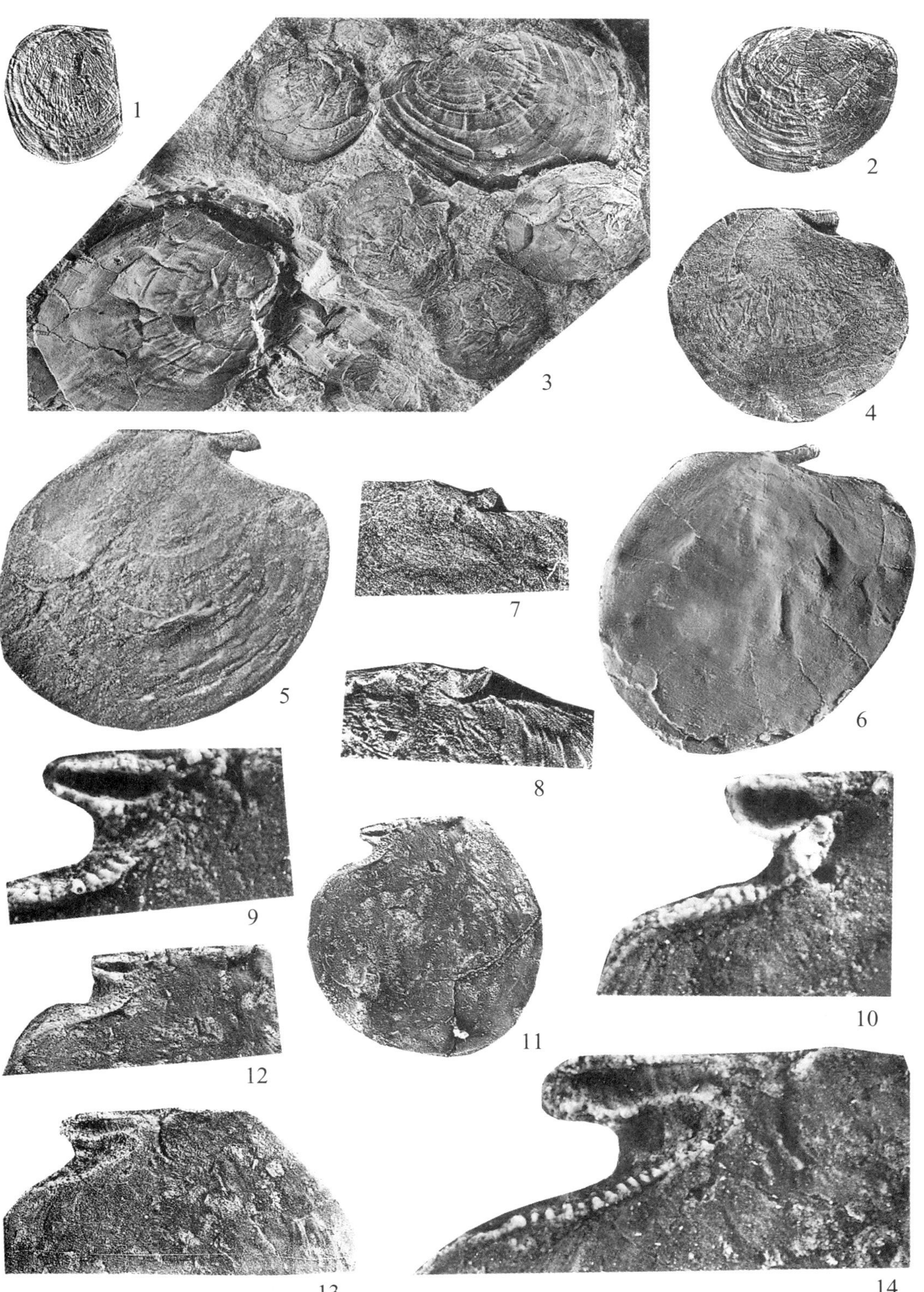

图版 4.4.5

童金南　jntong@cug.edu.cn
中国地质大学
武汉，430074

第五节

华南古生代-中生代之交有孔虫的类群演替

摘　要 →

作为一类低等的单细胞原生动物，有孔虫是海洋食物链中的第一级消费者，因此古、中生代之交的有孔虫分类和生态类群更替能更好地体现该重大转折期生物界系统的解体和重组过程。本节通过对中国南方丰富的二叠纪-三叠纪有孔虫化石资料的汇集和分析，总结了该转折过程中各有孔虫分类群和生态系的演变过程，从中认识到：① 有孔虫在古生代末的灭绝和中生代初的复苏，有明显的阶段性和类别选择性。二叠纪的灭绝有两次高峰，即中二叠世末和晚二叠世末。这两次灭绝事件以晚古生代最为繁荣的钙质微粒壳类群急剧衰减为特色，前者导致䗴类有孔虫大衰亡，称为䗴事件；后者则以内卷虫类快速灭亡为特征，故称为内卷虫事件。三叠纪的有孔虫复苏也呈现为两个阶段，即早三叠世有孔虫残存-复苏期和早三叠世末及中三叠世末的两次辐射。②有孔虫的功能生态结构重大重组发生在晚二叠世末到早三叠世末。典型的古生代有孔虫生态系是以单类别占优势的“单极”生态系，而完整的中生代有孔虫生态系结构是具有高多样性的“多极”生态系。正是古、中生代之交的生物更替才导致这一生态系的重大转变和发展。③中生代有孔虫生态系的形成不是导源于古生代有孔虫类群的“复苏”，而是残存期新生类群的“辐射”演化。

童金南. 2004. 华南古生代-中生代之交有孔虫的类群演替. 见：戎嘉余，方宗杰主编. 生物大灭绝与复苏——来自华南古生代和三叠纪的证据. 合肥：中国科学技术大学出版社. 701～718，1070

关键词 →

类群演化　灭绝与复苏
有孔虫　二叠纪-三叠纪
中国南方

作为低等单细胞原生动物，有孔虫是生态系中第一级消费者，因此其生存、繁衍和盛衰明显受控于外界各种生物的、物理的和化学的环境因子，是反映地质历史的灵敏指标。纵观有孔虫的发生、发展和兴衰历史，也清晰地印证了整个动物界演变及显生宙全球和区域环境的变迁历程。早期低等的有孔虫是不具钙质硬体的假几丁质膜状网足虫类和简单有机质胶结的砂盘虫类(von Koenigswald *et al.*, 1993; Haynes, 1981)。具坚实硬体的有孔虫主要发生于晚古生代，内卷虫类和䗴类有孔虫的兴起及大发展是晚古生代有孔虫繁荣的标志，这也可能是导致晚古生代，尤其是石炭纪-二叠纪海洋无脊椎动物兴盛的生态动力基础之一。然而，中、新生代繁衍的有孔虫主体是与古生代不同的类群。古生代末的灭绝事件几乎全部消灭了曾在晚古生代繁荣的有孔虫动物群，导致了中生代初有孔虫生态系的萧条。三叠纪后期迅速发展的有孔虫类群虽多源于晚古生代或古生代末大灭绝后的残存期(Tong and Shi, 2000)，但它们兴盛于中生代后期直到现今海洋中。中生代取代古生代内卷虫类和䗴类有孔虫生态地位的是轮虫类的兴起和辐射，小粟虫类和复杂胶结壳曲杖虫类也于三叠纪后期大发展，尤其浮游类群的加入将有孔虫的发展推向了新的高峰。致使中生代后期热带区非䗴类大型有孔虫达到鼎盛，呈现与晚古生代后期有孔虫群相若的发展态势。这些类群与浮游有孔虫共同兴盛支撑了中生代更大而复杂的生态系。但中生代末的灭绝事件对海洋有孔虫生态系的破坏力似乎不及古生代末，因为中、新生代有孔虫类群之间并无实质性的差异，新生代初仍是一些大型有孔虫的重要发展时期(Brasier, 1980)。在现今海洋中处于全盛期的有孔虫中，主要类别也与中生代基本一致，其生态系结构基本相似，所不同的是优势类群。由此可见，古、中生代之交的转折事件是导致有孔虫进步性发展的重要动力，研究这一时期的有孔虫动物群转变过程和机制，不仅有利于澄清转折期生态系演变，而且有助于正确认识有孔虫的发展历程。

一、华南二叠纪、三叠纪有孔虫化石记录

中国南方海相二叠系和三叠系分布广泛，尤其富含有孔虫的碳酸盐岩相发育齐全，为研究该时期有孔虫的生态分异和动物群演变提供了良好的素材。

由于䗴类有孔虫有特殊重要的生物地层学价值和相对较大而复杂的壳体，它们一直是晚古生代地层研究中最受重视的生物类别之一，从而也得到了比较深入的研究。关于䗴类化石的组合面貌、生物地层序列演化关系已被很好地揭示，其短暂的地质历程也完整地体现了一类生物群的发生、发展和灭绝全过程。古、中生代之交的转折事件也导致该类生物的最终灭绝。但中国的资料统计表明，䗴类的最大灭绝事件发生于中二叠世末，其重叠于晚古生代末两期灭绝事件的第一期上

(Jin,1993; Jin *et al*., 1994; Stanley and Yang,1994)。除少量残存属种外,晚二叠世的新生类型很少,并于晚二叠世末全部灭绝(图 4.5.1)。

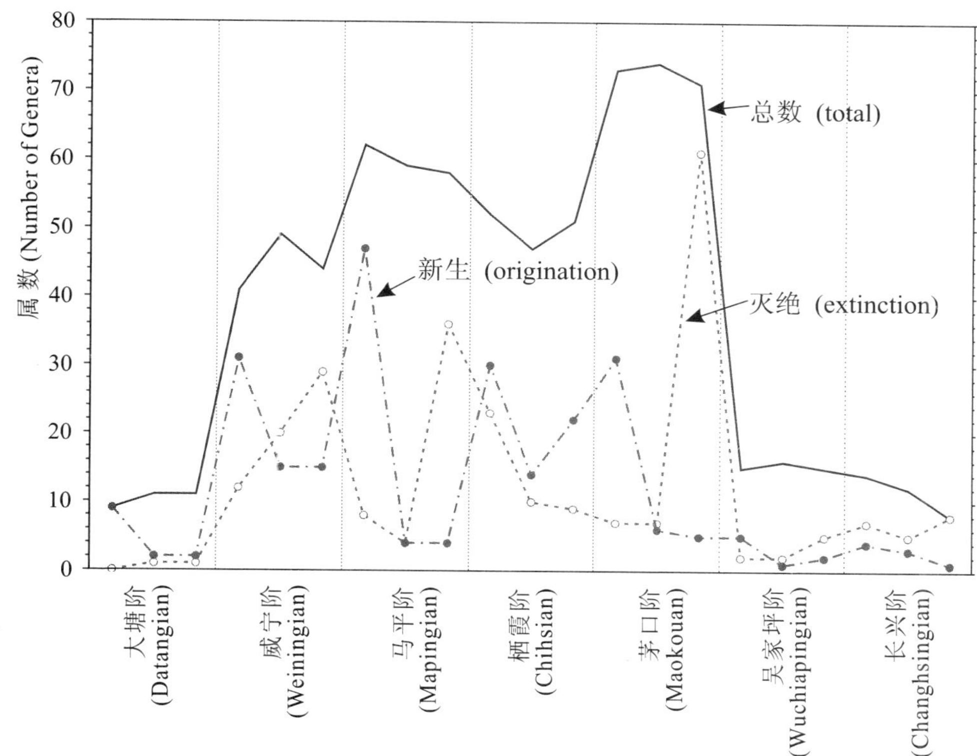

图 4.5.1　中国䗴类有孔虫新生、分异和灭绝分布图(据 Tong and Shi,2000)
Figure 4.5.1　Generic origination, diversity and extinction of fusulinids in China (from Tong and Shi,2000)

相对来说,非䗴类有孔虫虽然分布更加广泛,但所得到的研究比较有限。有关华南二叠纪和三叠纪非䗴有孔虫的研究始于 20 世纪五六十年代,但早期关于二叠纪非䗴有孔虫的报道主要见于一些地区性的化石手册和化石图册中,如盛金章、何炎(1962),王国莲(1963),王克良(1974),傅瑜(1978),林甲兴(1978,1984)等。随后,一些专门的有孔虫研究逐渐增多,如王国莲(1966),王国莲、孙秀芳(1973),王克良(1976,1988),杨曾荣(1985),郑洪(1986a)等。此外,还有一些关于非䗴类有孔虫化石组合和古生态的专门或综合研究,如傅瑜(1981),郝诒纯、林甲兴(1982),杨振强、林甲兴(1983),林甲兴(1985),江纳言、王克良(1985),周铁明、白云(1985),郑洪(1986b),亶金南、匡文(1990),白云、周铁明(1990)等。尤其重要的是,林甲兴等(1990)比较全面系统地总结了华南二叠纪各时期非䗴类有孔虫的化石组合面貌,并探讨了该时期有孔虫的演化关系。

相比之下,我国三叠纪有孔虫的研究和报道更加局限,且至今的研究还主要在化石描述上。其主要原因可能是,三叠纪有孔虫化石远不及二叠纪丰富,我国三叠纪产有孔虫化石的地层分布也不及二叠纪广泛,实际工作中能获得三叠纪有孔虫化石的几率也比较小。因此在各区域化石手册和图册中也少有关于三叠纪有孔虫的记录。最早报道华南三叠纪有孔虫化石是何炎(1959)研究的重庆下三叠统嘉陵江组的丰富有孔虫。但直到七八十年代才逐渐有较多的三叠纪有孔虫研究,如Kristan-Tollmann(1983)系统研究了贵州青岩安尼期的丰富有孔虫化石,何炎(何炎、胡兰英,1977;何炎,1998,1999)先后研究了云南一些地区三叠纪的许多有孔虫化石,王乃文(1985)还在资料积累基础上总结了四川三叠纪有孔虫化石组合序列,林甲兴(1987)研究了长江三峡地区的三叠纪有孔虫,何炎(1988)报道了下扬子地区的下、中三叠统的一些属种,何炎(1984),何炎、蔡连铨(1991)及童金南(1997b)研究了贵州和广西中三叠统的一些有孔虫化石,何炎、岳志兰(1987)及何炎(1993)系统研究了川陕地区丰富的三叠纪有孔虫,肖传桃等(1996)描述了湖北京山的几个三叠纪有孔虫属种。通过这些工作和研究的积累,我国二叠纪、三叠纪有孔虫动物群的组合面貌及其演变规律已经明显地显露出来,这些也都为本节的总结分析奠定了基础。

二、古生代-中生代之交有孔虫分类群的更替

现行的有孔虫分类方案一般是依据有孔虫的硬体结构和构造特征来划分的,因此化石有孔虫和现生有孔虫的分类研究基本是一致的。目前比较多采用的属级以上单元分类多是以 Loeblich 和 Tappan(1974)提出的分类方案为蓝本的,该方案根据有孔虫的壳质成分和壳壁结构在有孔虫目下分 5 个亚目,即网足虫亚目、串珠虫亚目、䗴亚目、小粟虫亚目和轮虫亚目。郝诒纯等(1980)沿用了此分类方案,并在其䗴亚目中分划出了另一个亚目,即内卷虫亚目。这种有孔虫高等级分类方案基本上较好地体现了有孔虫的演化发展和生态分异,不过对于类别古生物学研究来说,各类有孔虫类群之间的结构复杂度和类别数量差异很大,尤其以钙质多孔壳为特色的轮虫亚目是一个极为庞大的类群。于是,Loeblich 和 Tappan(1984,1988)又提出了一个较为细化的分类方案,将有孔虫目下分为 12 个亚目。新的分类方案主要是对原轮虫亚目作了分解,因为原轮虫亚目中的确包含了许多在壳体结构和生活习性等方面相差很大的类群。其他 4 个亚目基本维持原来的内容,但内部超科和科的划分作了较大调整。从原轮虫亚目中分解开来的 8 个亚目中,仅瓶虫亚目起源于晚古生代,另有 2 个亚目(包旋虫亚目和罗伯特虫亚目)发生于三叠纪,它们在华南均有化石代表。其他亚目均发生于三叠纪之后。从古、中生代之交的有孔虫分化特征来看,新的分类方案能更好地反映有孔虫的类群关系、演变过程和生态分异。不过,新的分类方案仍未区分郝诒纯等(1980)划分的䗴类和内卷虫类。至少从华南的资料来看,这两类有孔虫不论在壳体结构、演化特性,还是生态分异上都有明显的差别,因此笔者仍认为应将其作为不同的亚目分开。

华南二叠纪、三叠纪地层中所产有孔虫类化石以䗴亚目和内卷虫亚目占优势,

但它们主要繁盛于二叠纪，三叠纪很少；其次是串珠虫亚目、瓶虫亚目和小粟虫亚目，它们均匀地分布于二叠纪和三叠纪各时期地层中；罗伯特虫亚目和包旋虫亚目仅见于局部地区三叠系的少数层位上。各类有孔虫化石的时空分布有很大差别，这种差别构成了华南二叠纪和三叠纪独具特色、丰富多彩的有孔虫动物群面貌。以下简要总结华南二叠纪、三叠纪之交各有孔虫分类群的演变特征和过程（图4.5.2，图4.5.3），详细属种分布请参见 Tong 和 Shi(2000)。

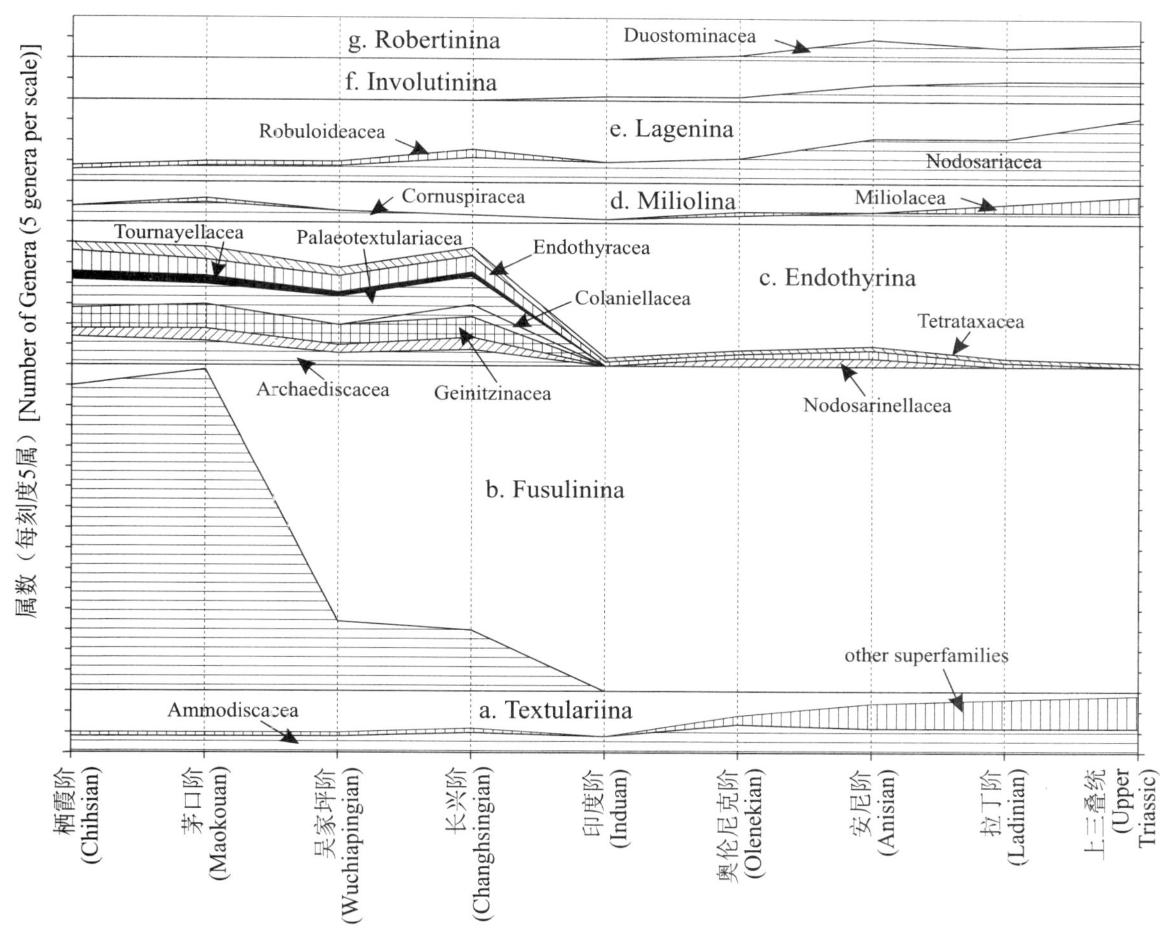

图 4.5.2　华南二叠纪-三叠纪各有孔虫分类群属分布图

a. 串珠虫亚目　b. 䗴亚目　c. 内卷虫亚目　d. 小粟虫亚目　e. 瓶虫亚目　f. 包旋虫亚目　g. 罗伯特虫亚目

Figure 4.5.2　Generic distribution of the Permian-Triassic foraminiferal taxonomic groups from South China

网足虫亚目(Allogromiina)有孔虫不仅个体微小、类别较少，硬体部分也仅为膜状或蛋白质几丁质，因此化石十分罕见，至今在二叠系和三叠系中尚未发现。

串珠虫亚目(Textulariina)是有孔虫动物中分布广泛、地质时限长，且化石比较常见的类群。其特色是具有易石化保存的胶结型壳体。在古、中生代之交平稳演化，大部分在古生代发生的类型，至少是属一级，都穿越了二叠系-三叠系界线。因此它们是二叠纪末大灭绝后中生代初占优势的有孔虫类别。这类化石在华南二叠系和三叠系都十分常见。但绝大部分能够成功跨越二叠系-三叠系界线的串珠虫类是壳体结构相对简单的类型,其中以砂盘虫超科最具有代表性。结构复杂的胶结壳类型,如曲杖虫超科、维纽尔虫超科、变房虫超科等主要见于三叠系中。值得注意的是,本亚目中,二叠纪末灭绝的属不多,三叠纪中、晚期还有一些新生类型(图 4.5.2:a)。在种级水平上,早三叠世晚期即出现了一个高峰,但它们是由简单胶结壳砂盘虫超科所营造的(图 4.5.3:a),明显早于其他有孔虫类群的复苏和辐射,也早于其他动物群的复苏(童金南,1997a)。

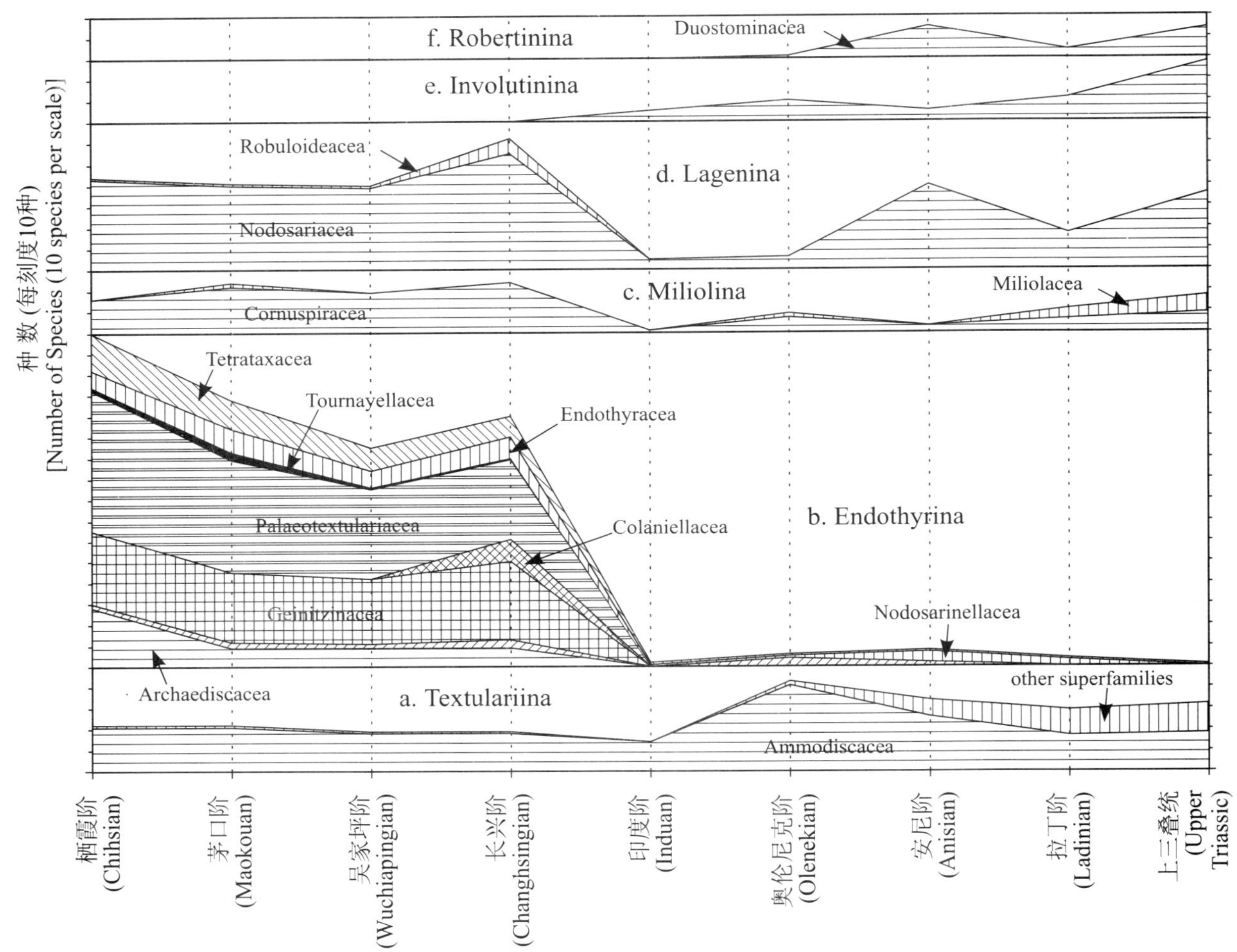

图 4.5.3 华南二叠纪-三叠纪各非䗴类有孔虫分类群种分布图

a. 串珠虫亚目 b. 内卷虫亚目 c. 小粟虫亚目 d. 瓶虫亚目 e. 包旋虫亚目 f. 罗伯特虫亚目

Figure 4.5.3 Specific distribution of the Permian-Triassic non-fusulinid foraminiferal taxonomic groups from South China

䗴亚目(Fusulinina)是一类富有特色而复杂的较大型晚古生代原生动物类群。它与内卷虫类同属有孔虫中具有钙质微粒壳的类型,但它们具有明显分层的壳壁及复杂的隔壁和旋脊等构造,且一般有较大的个体。它们发生于晚古生代中期,并迅速繁衍、发展和兴盛,但又于晚古生代后期迅速灭绝,是古、中生代之交集群灭绝生物事件中较典型的生物类群之一。然而,䗴类有孔虫的大灭绝并非发生于二叠纪的最末期,而是在中二叠世的末期,即所谓的"二期灭绝事件"的前一期(Jin,1993; Jin *et al*.,1994; Stanley and Yang,1994)。晚二叠世是䗴类有孔虫的残存期,除少量地方性新生属种外,前期残存下来的类别很少,并于二叠纪末全部灭绝(图 4.5.2:b)(童金南,1991)。

内卷虫亚目(Endothyrina)是一类与䗴类有孔虫关系密切的小型有孔虫类群。它们也是晚古生代最繁盛的海洋生物类群之一,与䗴类有孔虫一起构成了二叠纪丰盛的微古动物群。不过,内卷虫类比䗴类有较长的生活历程,它发生于早古生代,兴盛于晚古生代,但最大的灭绝事件发生在晚二叠世末期,叠加到了二叠纪"二期灭绝事件"中的后一期。同样,其中也有少量成员残存到三叠纪末期才最后灭绝(Tong and Shi,2000)。根据 Loeblich 和 Tappan(1984,1988)的分类,不包括䗴类有孔虫,内卷虫亚目中共包括 12 个超科。其中 3 个超科在石炭纪末即已灭绝,6 个超科在二叠纪末灭绝,还有 3 个超科延续到三叠纪末才最后灭绝。不过,在石炭纪末灭绝的 3 个超科都是属种数量较少的类群;虽然有 3 个超科跨越了二叠系-三叠系界线,但每个超科中仅有个别属残存到了三叠纪。因此,内卷虫亚目的集群灭绝发生在二叠纪末期,其属灭绝率达 93%,种灭绝率为 98%(图 4.5.2:c,图 4.5.3:b)。

小粟虫亚目(Miliolina)有孔虫具有特征性的无孔且不分层的似瓷质壳体。它们在二叠纪和三叠纪地层中一般不占优势地位,二叠纪-三叠纪之交在属级水平上变化不显著(图 4.5.2:d),但在种级水平上有一个明显的下降(图 4.5.3:c)。总体来说,二叠纪末灭绝的类型不多,三叠纪产生了一些新生类型。在该亚目 4 个超科中,有化石记录的有 3 个超科,其中 2 个超科见于华南二叠纪和三叠纪地层中。壳体结构简单的盘角虫超科(Cornuspiracea)起源于石炭纪,部分属在中二叠世末已经灭绝,但也有较多的属跨越二叠系-三叠系界线,甚至有些属一直生活到现代。而壳体结构复杂的小粟虫超科(Miliolacea)是二叠纪-三叠纪之交大灭绝事件后的重要新生类群之一。不过也有学者将二叠纪的个别类型(*Shanita*)归入本超科(Broennimann *et al*.,1978)。该属在华南中二叠世也存在(盛金章、何炎,1983),但从壳体特征来看,它们与三叠纪本超科主要类别之间的联系还不够明确,而且目前在上二叠统还未见其化石记录。该超科的重要发展是在晚三叠世以后,尤其是在侏罗纪。值得注意的是,虽然本超科化石在国外报告首现于侏罗纪(Loeblich and Tappan,1988),但在华南晚三叠世,乃至中三叠世地层中就比较丰富了(图 4.5.2:d,图 4.5.3:c)。

瓶虫亚目(Lagenina)是惟一发源于晚古生代的钙质透明多孔壳类群,而且它在晚古生代有孔虫类别组成中也占有一定的位置,其中甚至还有一些特征性的古生代类型如 *Robuloides* 和 *Pseudoglandulina*,*Frondicularia* 的某些种。它们在华南二叠纪和三叠纪地层中常成为优势类群，尤其在种级水平上通常有较高的分异度（图 4.5.3：d）。该亚目包括两个超科，其中节房虫超科（Nodosariacea）在二叠系和三叠系都比常见，也是华南二叠纪、三叠纪有孔虫动物群中比较常见的类别。它们在属级水平上演变比较平稳，没有明显的衰减，并在三叠纪逐步兴盛（图 4.5.2：e）。但在种级水平上，它们于晚二叠世末有一次重要的衰减，并在早三叠世一直处于低潮期，直到中三叠世才迅速复苏（图 4.5.3：d）。似凸镜虫超科（Robuloideacea）在华南仅在二叠系中产有少量属种，虽然其中有一些特征性分子，但优势类型不多。该亚目有孔虫也是二叠纪末大灭绝后重要的残存生物类群之一，并且在三叠纪生物复苏过程中有重要发展，但它们的辐射发生在侏罗纪。

包旋虫亚目（Involutinina）是古生代末大灭绝后三叠纪初产生的一个小型的旁系演化类型，壳体虽然为钙质透明多孔壳，但为简单的平卷双房室无分隔管状壳，且为霰石质，易变化。该亚目成员少，它们可能是古生代末大灭绝后，中生代初空白生态系中突变的新生类群之一。从壳壁结构和壳体生长型式上看，它们与瓶虫亚目具有密切关系，尤其脐部充填的次生堆积壳质是一种底栖生态适应甚至特化的结果。因此它们不是有孔虫动物演化发展的主体，它们在白垩纪末中、新生代之交的事件中即已灭绝。该亚目化石在华南三叠纪地层中比较丰富（图 4.5.2：f，图 4.5.3：e）。

罗伯特虫亚目（Robertinina）是一类发生于三叠纪的较高级有孔虫类群，由它们引发了以后中、新生代兴盛的其他有孔虫类群（Brasier，1980）。该亚目含 2 个超科，其中罗伯特虫超科（Robertinacea）发生于侏罗纪，而双口虫超科（Duostominacea）的生存时限仅为中三叠世到早侏罗世，但却是中、新生代最重要两个类群——轮虫亚目和抱球虫亚目的直系祖先，不过后两者的重要发展是在三叠纪末大灭绝后的侏罗纪初期。双口虫超科的化石在华南中、上三叠统中均比较丰富（图 4.5.2：g，图 4.5.3：f）。

由此可见，二叠纪的有孔虫动物群的优势类群是由钙质微粒壳组成的䗴亚目和内卷虫亚目，而三叠纪的优势类群是具有胶结壳的串珠虫亚目和发育钙质透明多孔壳的瓶虫亚目。不过，二叠纪有孔虫动物群丰度和分异度均很高，且优势度通常也比较高，一般以䗴类和内卷虫类为特色。而三叠纪的有孔虫动物群通常不丰富，早三叠世的有孔虫化石群常以砂盘虫类和节房虫类占明显优势，但中、晚三叠世各类别总体上逐渐趋于均衡，优势度降低（图 4.5.4）。

事实上，二叠纪的两期灭绝事件主要体现在钙质微粒壳的两大类群上。第一期灭绝是䗴类事件，如果剔除䗴类，无论是属级还是种级水平上，非䗴有孔虫都不表现出明显的大灭绝（图 4.5.4）。第二期灭绝是内卷虫事件，不过，在种级水平上可见瓶虫类和小粟虫类的明显衰减叠加在这期事件上（图 4.5.3）。但这两期事件有一个重要的共同点，即灭绝的主干典型古生代类群（䗴亚目和内卷虫亚目）虽大

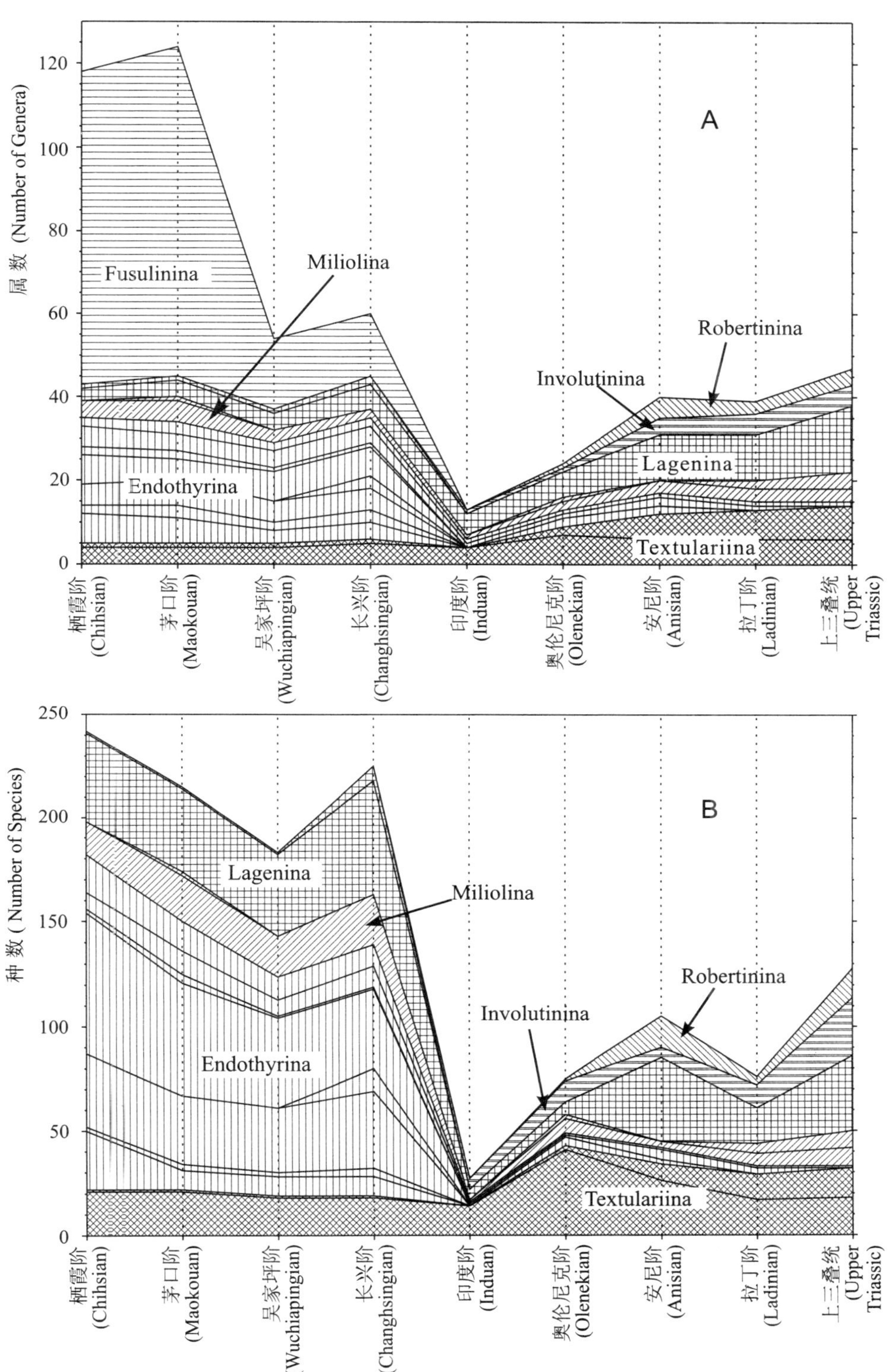

图 **4.5.4**　华南二叠纪-三叠纪各有孔虫分类群分异曲线

A. 属分异由线　B. 种分异曲线

Figure 4.5.4　Distribution of the Permian-Triassic foraminiferal groups from South China

A. generic distribution　B. specific distribution

部分在灭绝事件中消亡，却都有少量残存类型。但这些残存类型无论残存多久，均未能得到进一步发展，并在下一次灭绝事件发生时被彻底铲除（图 4.5.2，图 4.5.3）。如䗴亚目在中二叠世末的大灭绝后，新生类型很少，残存的少量类型到晚二叠世末全部灭绝；内卷虫亚目中虽少量成员穿越二叠系-三叠系界线，并直达上三叠统，但均很有限，也未能逃脱三叠纪末的灭绝事件。相反，在二叠纪末同样遭受重大打击的瓶虫亚目和小粟虫亚目，少量成员穿越二叠纪-三叠纪转折期后，在三叠纪时不断发展并逐步兴盛起来。当然，中生代初的新生辐射类群中，对有孔虫演化历史最为重要的是罗伯特虫类的产生和发展。包卷虫类有孔虫可能只是有孔虫演化过程中的一次探索，但相对古生代类群来讲，它也是一个进步类群。从生物总量来看，三叠纪初高级类别的新生明显高于低级类别，到中三叠世非䗴有孔虫属的数量很快就达到二叠纪水平（图 4.5.4：A），而种的数量却不到二叠纪的一半（图 4.5.4：B）。这与显生宙初的生命发展有相似之处，即高级别分类单元的新生速率高于低级别单元。

三、古生代-中生代之交有孔虫生态类群的更替

作为低等的单细胞微小原生动物，有孔虫在生态系中处于食物链中较基层的部位，故其在生态系中有特殊的表现形式。其一是生物量大，其二是对环境的依赖性强。因而它们是研究生态系演变的良好标志之一。

华南古、中生代之交的有孔虫化石全部来自于海相地层中，尤以碳酸盐岩中最为常见。在二叠系，几乎每张灰岩切片中都能见到它们。虽然营漂浮生活的浮游有孔虫的祖先可能产生于这一转折事件后（如中三叠世初）的特殊生态环境，但三叠纪初的有孔虫基本上是营被动底栖生活的，其生活环境相分异比较显著。对于这些具硬体外壳的微小动物来说，壳体特征与环境相是统一的，这在现生有孔虫生态研究中已被明确揭示（Haynes，1981）。由于有孔虫的分类主要依据是壳体，因此其分类也在一定程度上反映了有孔虫类群的环境分异。从化石围岩的岩性及相关沉积学信息和现生有孔虫生态分析，二叠纪-三叠纪占据华南正常海主要领域的、具钙质微粒壳的䗴类和内卷虫类，尤其个体较大的䗴类有孔虫对环境的要求比较严格。中二叠世末开始的全球正常海域大面积缩减可能是导致其灭绝的主要原因。

胶结壳有孔虫是有孔虫动物中生态分布广泛的类群。尤其具简单胶结壳的砂盘虫类，几乎在各种相中都是常见类群。它也平稳地穿越了二叠系-三叠系界线，并在大灭绝后（三叠纪初期）的生态系中占主导地位（图 4.5.5，图 4.5.6）。在现代海洋中，它们的异常繁盛也是非正常环境相（深海和滨岸带）的标志。由此可见古生代末的灭绝事件主要影响的是正常海相的有孔虫类群。换句话说，导致本次重

大生物更替的主导因素是环境恶化、正常海洋环境条件被破坏。正常海洋生物大灭绝的同时，也给非正常环境相的生物提供了更多的发展空间。因此，可以说有孔虫类群中胶结壳类型的演变，在一定程度上反映了生态系的兴衰历程。

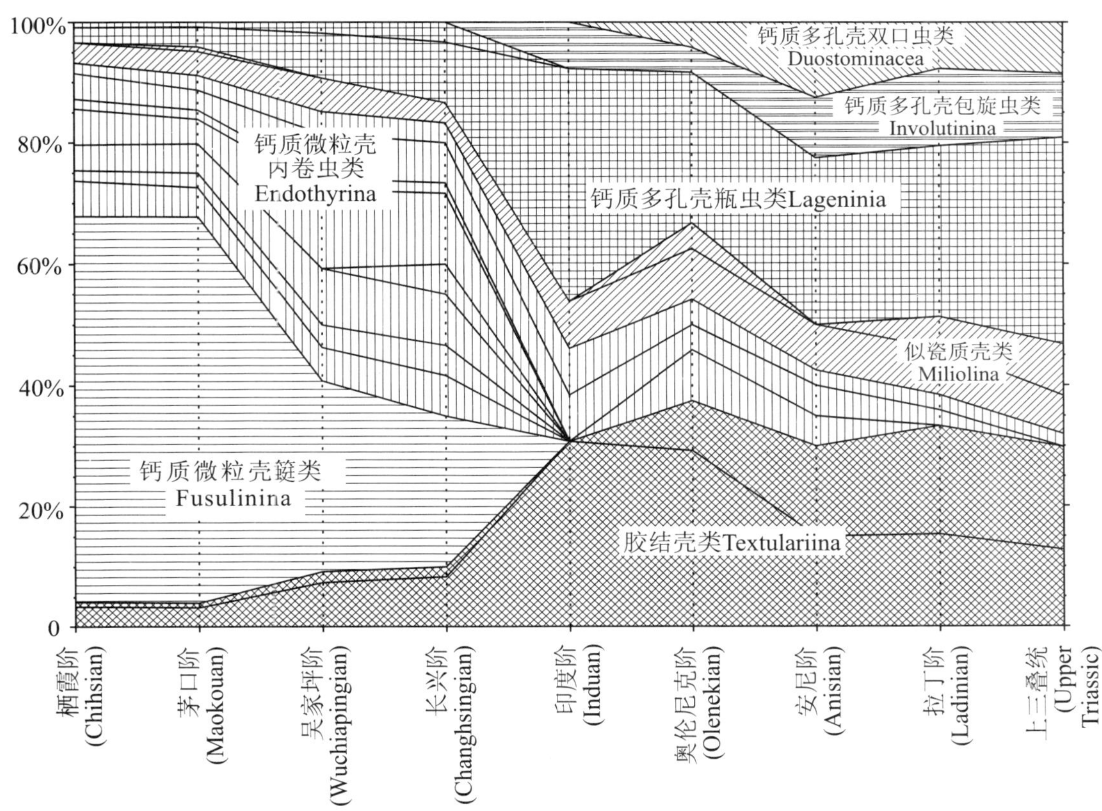

图 4.5.5　华南二叠纪-三叠纪各有孔虫生态类群属相对丰度分布图

Figure 4.5.5　Distribution of the relative generic abundance of the Permian-Triassic foraminiferal ecological groups in South China

现今似瓷质壳的小粟虫类也是一类在非正常海相环境中占优势的类群。与胶结壳有孔虫不同的是，它们要求有丰富的钙质来源，因此在滨岸带潟湖相中占优势，而在深水相中缺乏。

钙质多孔壳有孔虫一般要求正常海相环境，对海水的盐度、深度、水动力等要求比较严格，为狭栖性(stenobiontic)类型。惟小型的节房虫类具有较宽广的适应能力，在各类钙源丰富的条件下均能快速繁衍。

由此可见，二叠纪-三叠纪海相沉积中，正常浅海相以钙质微粒壳和钙质多孔壳占主导，而胶结壳、似瓷质壳和节房虫类占优势常指示滨岸潟湖相或其他非正常海环境。而且从古、今有孔虫的分布来看，可以认为胶结壳占突出优势的是一种贫钙源环境。据此，我们可以通过分析华南二叠纪-三叠纪过渡期地层中各类有孔虫相对含量的变化，重塑转折期的环境演变过程。

从图4.5.5、图4.5.6也可以看出，二叠纪以正常浅海底栖钙质微粒壳类型占

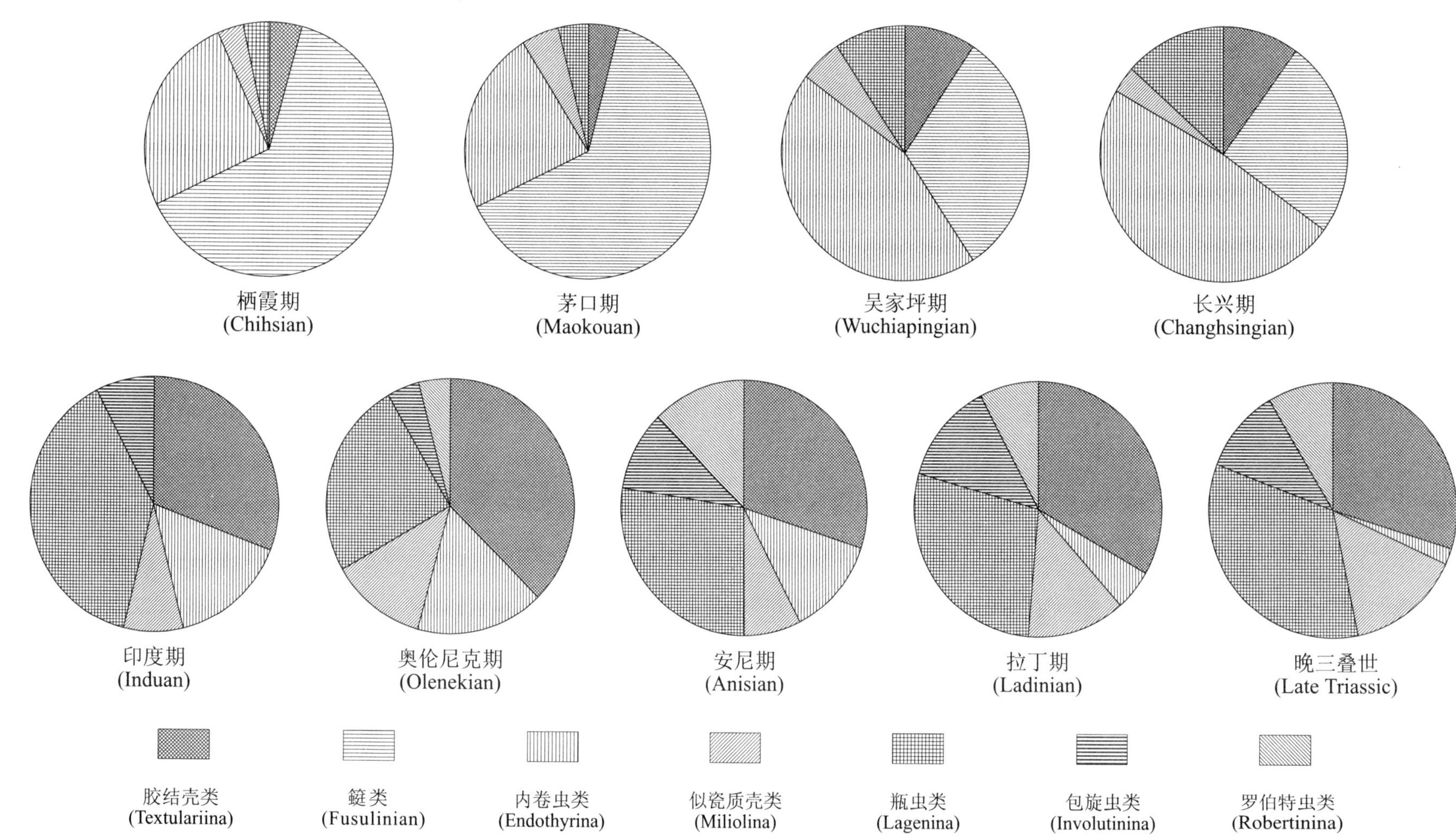

图 4.5.6 华南二叠纪-三叠纪各时期有孔虫生态系结构变化图(属相对丰度)

Figure 4.5.6 Foraminiferal ecological structures in various Permian-Triassic stages of South China (in generic level)

优势，尤其在中二叠世，其含量一般在90%以上，晚二叠世逐渐下降，但其含量仍在80%以上。可见中二叠世末的灭绝并没有太大地改变生态系格局。然而二叠纪-三叠纪之交的生态系结构变化则是显著的，三叠纪初的钙质微粒壳类型降至不足20%。相应地，三叠纪初生态系中显著增加的是广适性的简单胶结壳砂盘虫类和早期钙质多孔壳节房虫类，其他钙质多孔壳和似瓷质壳类型也有增加。这种生态系结构一直维持到早三叠世晚期，随着一些壳体结构复杂类型比重逐渐增加而调整生态系结构。到中三叠世，各类别之间的均衡度已达较高水平，尤其复杂胶结壳和其他钙质多孔壳类型比重的上升，表明生态系结构已经复苏。不过，复苏的生态系结构已明显不同于二叠纪单类别占优势的生态系结构，呈现经历古、中生代之交重大转折后有孔虫动物群新的发展面貌。

三叠纪有孔虫生态系复苏和新生的另一个重大进步是浮游有孔虫的发生。虽然Okimura等(1985)认为内卷虫亚目拟砂户虫超科的少数古生代类型可能是浮游的，但它们未在二叠纪和三叠纪生态系中占据相应的生态位，与中、新生代浮游有孔虫没有直接联系，对古、中生代之交的有孔虫生态系演变也没有显著作用。而Kristan-Tollmann(1983)在贵州青岩安尼期地层中和何炎(1998)报道云南永胜上三叠统中的一些奥氏虫科的类型可能是中、新生代浮游有孔虫的祖先类型或早期类型，这也是古、中生代之交大灭绝事件后有孔虫生态演化史上的一次重大飞跃。

四、结论

从华南二叠纪-三叠纪有孔虫化石资料分析来看，在古、中生代之交的生物类群更替中，有孔虫是一类表现很有特色的演化类群：

(1) 古、中生代之交有孔虫的灭绝与复苏体现出明显的阶段性和类别选择性。

古生代末的灭绝有两次高峰，分别发生在中二叠世末和晚二叠世末，但这两次灭绝主体发生在不同的生物类群上。虽然有分析认为晚二叠世末的有孔虫灭绝是一次性突变(Rampino and Adler，1998)，但笔者对华南几条典型二叠系-三叠系界线剖面有孔虫化石精细研究表明，长兴期末有孔虫的灭绝仍有阶段性(童金南、匡文，1990；童金南，1991)。虽然主体灭绝(80%以上的物种)在界线之下数十厘米处，但仍有少数种延伸到界线附近，甚至界线稍上处(如长兴煤山剖面27层)才最终消失。不过这些上延的属种都是一些个体较小的广适性类型，如*Nodosaria*，*Pseudoglandulina*，*Geinitzina*，*Reichelina*等的某些种。

三叠纪初有孔虫的复苏也可以划分为两个阶段。其一是早三叠世，以砂盘虫类和节房虫类占优势，但复杂胶结壳的其他串珠虫类和钙质多孔壳的其他类群迅速增长。小粟虫类也在早三叠世后期有较大的发展，残存的内卷虫类平稳延续。于是诱发了早三叠世末期中生代有孔虫的首次辐射。到中三叠世，各类有孔虫已逐步发展均衡，类群多样性稳步增高，尤其各类群中复杂壳体结构类型渐占主导。到中三叠世末再次辐射，晚三叠世已形成中生代有孔虫动物群的面貌。不过，中国南方由于中、晚三叠世海盆不断退缩，因而有孔虫的分布区域渐减。但在西特提斯及世界其他地区上三叠统中有孔虫已十分繁盛和高度分异（如 Gazdzicki，1983；Kristan-Tollmann，1984，1990 等）。

（2）二叠纪-三叠纪之交的重大转折导致有孔虫生态系全面重组，从古生代生态系转变到中生代生态系。

典型的古生代生态系是以单类别占优势的“单极”生态系。尽管中二叠世末的大灭绝事件消灭了大量“单极”生态系中的主导类群，但生态系结构并没有重大改变。而典型的中生代有孔虫生态系结构是具有高多样性的“多极”生态系。经历了三叠纪初以简单胶结壳砂盘虫类和早期钙质多孔壳节房虫类为主导的简单“两极”生态系后，复苏的生态系即是多类别共同繁荣，更有浮游类群的加入，使有孔虫生态系全面成熟化和现代化。

（3）在古、中生代之交的有孔虫演化更替中，各种生物和生态类别经历了各不相同、各具特色的转变过程。

典型的灭绝类群是营正常海底栖生活的钙质微粒壳䗴类和内卷虫类。虽然它们在首次重大灭绝事件后都有少量残存类型，但这些残存生物均未及复苏就在下一次灭绝事件中彻底被消灭。

残存类群中除灭绝类群的残遗外，占优势的是广适性的、各类群中结构相对简单、个体较小的类型，如胶结壳的砂盘虫类、似瓷质壳的盘角虫类和钙质多孔壳的节房虫类。这些生物大多有机会生物（opportunistic）的特点，包含有较多的灾难生物（disaster），如 *Ammodiscus*，*Glomospira*，*Meandrospira*，*Nodosaria* 等。但其中也蕴含着后期复苏新生类群的祖先。

古、中生代之交转折期后，真正复苏的有孔虫类群不多，主要是非正常海广适性的小粟虫类和节房虫类的某些类型，它们占据着与二叠纪相似的生态领域，并在一些特殊相中占据着主导位置。而三叠纪中、后期是有孔虫类别新生辐射的重要时期。除了一些中生代型的钙质多孔壳类型新生和发展外，其他各类群中典型复杂的中生代类型也迅速发展，从而使古生代有孔虫动物的生态和分类群组合面貌发生了彻底的革新，形成了中生代特有的有孔虫生态系结构。

参考文献

Bai Yun, Zhou Tieming. 1990. Discussion on the diversity of the Permian foraminifers and the sedimentary environments of the nearby areas of Yunnan, Guizhou and Guangxi. Journal of Stratigraphy, 14(1): 44～50 (in Chinese) [白云，周铁明. 1990. 滇黔桂相邻地区二叠纪有孔虫分异度与沉积环境探讨. 地层学杂志，14(1): 44～50]

Brasier M D. 1980. Microfcssils. London: George Allen and Unwin. 1～193

Broennimann P, Whittaker J E, Zaninetti L. 1978. *Shanita*, a new pillared Milliolacean foraminifer from the Late Permian of Burma and Thailand. Rivista Italiana di Paleontologia e Stratigrafia, 84 (1): 63～92

Fu Yu. 1978. Foraminifera. In: Paleontological Atlas of Southwest China, Sichuan Volume, Part 2. Beijing: Geological Publishing House. 5～16 (in Chinese) [傅瑜. 1978. 有孔虫目. 西南地区古生物图册，四川分册(二). 北京：地质出版社. 5～16]

Fu Yu. 1981. An investigation on conditions of sedimentation during the Permian Yangsingian time in Sichuan Basin based upon the distribution of fossil foraminifera and algae. In: Selected Papers on the 1st Convention of Micropaleontological Society of China. Beijing: Science Press. 19～25 (in Chinese) [傅瑜. 1981. 应用有孔虫及藻类分布特征探讨四川盆地二叠纪阳新世的沉积条件. 见:中国微体古生物学会第一次学术会议论文选集(1979). 北京：科学出版社. 19～25]

Gazdzick A. 1983. Foraminifers and biostratigraphy of Upper Triassic and Lower Jurassic of the Slovakian and Polish Carpathians. Palaeontologica polonica, 44: 109～169

Hao Yichun, Lin Jiaxing. 1982. Permian foraminiferal assemblages in Guangdong, Guangxi, Hunan and Hubei. Earth Science, (1): 19～33 (in Chinese with English abstract) [郝诒纯，林甲兴. 1982. 论粤、桂、湘、鄂二叠纪有孔虫的组合特征. 地球科学，(1): 19～33]

Hao Yichun, Qiu Songyu, Lin Jiaxing, Zeng Xuelu. 1980. Foraminifera. Beijing: Science Press (in Chinese) [郝诒纯，裘松余，林甲兴，曾学鲁. 1980. 有孔虫. 北京：科学出版社]

Haynes J R. 1981. Foraminifera. New York: John Wiley and Sons, 1～433

He Yan. 1959. The Triassic foraminifers from Jialingjiang Limestone in the southern Sichuan. Acta Paleontologica Sinica, 7(5): 387～418 (in Chinese with English abstract) [何炎. 1959. 四川南部三叠纪嘉陵江石灰岩的有孔虫. 古生物学报，7(5): 387～418]

He Yan. 1984. The discovry of the Middle Triassic foraminifers in central and southern Guizhou. Acta Paleontologica Sinica, 23(4): 420～431 (in Chinese with English abstract) [何炎. 1984. 黔中、黔南中三叠世有孔虫的发现. 古生物学报，23(4): 420～431]

He Yan. 1988. Early and Middle Triassic Foraminifera from Jiangsu and Anhui provinces, China. Acta Micropalaeontologica Sinica, 5(1): 85～92 (in Chinese with English abstract) [何炎. 1988. 苏、皖早、中三叠世有孔虫. 微体古生物学报，5(1): 85～92]

He Yan. 1993. Triassic Foraminifera from Northeast Sichuan and South Shaanxi, China. Acta Palaeontologica Sinica, 32(2): 171～187 (in Chinese with English abstract) [何炎. 1993. 川东北及陕南三叠纪有孔虫. 古生物学报，32(2): 171～187]

He Yan. 1998. On occurrence of Triassic Oberhauserellidae (Foraminifera) from Yunnan. Acta Micropalaeontologica Sinica, 15(1): 31～36 (in Chinese with English abstract) [何炎. 1998. 三叠纪奥氏虫科有孔虫在云南的发现. 微体古生物学报，15(1): 31～36]

He Yan. 1999. Triassic Foraminifera from northwestern Yunnan. Acta Micropalaeontologica Sinica, 16(1): 31～49 (in Chinese with English abstract) [何炎. 1999. 滇西北三叠纪有孔虫. 微体古生物学报，16(1): 31～49]

He Yan, Cai Lianquan. 1991. The Middle Triassic foraminifers from Tiandong Depression of Baise Basin, Guangxi. Acta Paleontologica Sinica, 30(2): 212～230 (in Chinese with English abstract) [何炎，蔡连铨. 1991. 广西百色盆地田东凹陷中三叠纪有孔虫、古生物学报，30(2): 212～230]

He Yan, Hu Lanying. 1977. Triassic Foraminifera from the area in the East flank of the Lancangjiang River, Yunnan. In: Nanjing Institute of Geology and Palaeontology, Academia Sinica. Mesozoic Fossils from Yunnan, China, Part 2. Beijing: Science Press. 1～28 (in Chinese) [何炎，胡兰英. 1977. 云南澜沧江东侧三叠纪有孔虫. 见:中国科学院南京地质古生

物所. 云南中生代化石，下册. 北京：科学出版社. 1～28]

He Yan, Yue Zhilan. 1987. Triassic Foraminifera from Maantang of Jiangyou, Sichuan. Bulletin of Nanjing Institute of Geology and Palaeontology, Academia Sinica, 12: 191～230 (in Chinese with English abstract) [何炎，岳志兰. 1987. 四川江油马鞍塘三叠纪有孔虫. 南京地质古生物研究所丛刊，12:191～230]

Jiang Nayan, Wang Keliang. 1985. An attempt to discuss the significance of *Colaniella* as facies fossil. Journal of Stratigraphy, 9(1): 47～52 (in Chinese) [江纳言，王克良. 1985. 试论 *Colaniella* 的指相意义. 地层学杂志，9(1):47～52]

Jin Yugan. 1993. Pre-Lopingian benthos crisis. Comptes Rendus XII ICC-P, 2: 269～278

Jin Yugan, Zhang Jin, Shang Qinghua. 1994. Two phases of end-Permian mass extinction. Canadian Society of Petroleum Geologists, Memoir, 17: 813～822

Kristan-Tollmann E. 1983. Foraminiferen aus dem Oberanis von Leidapo bei Guiyang in Suedchina. Mitteilungen der Österreichischen Geologischen Gesellschaft, 76: 289～323

Kristan-Tollmann E. 1984. Trias-Foraminiferen von Kumaun im Himalaya. Mitteilungen der Österreichischen Geologischen Gesellschaft, 77: 263～329

Kristan-Tollmann E. 1990. Thaet-Foraminiferen aus dem Kuta-Kalk des Gurumugl-Riffes in Zentral-Papua/Neuguinea. Mitteilungen der Österreichischen Geologischen Gesellschaft, 82: 211～289

Lin Jiaxing. 1978. Foraminifera. In: Paleontological Atlas of Central China, Part 4: Microfossils. Beijing: Geological Publishing House. 4～48 (in Chinese) [林甲兴. 1978. 有孔虫目. 见：中南地区古生物图册(四)，微体古生物分册. 北京：地质出版社. 4～48]

Lin Jiaxing. 1984. Foraminifera. In: Biostratigraphy of the Yangtze Gorge Area, Part 3: Late Paleozoic Era. Beijing:Geological Publishing House. 81～93, 110～151 (in Chinese) [林甲兴. 1984. 有孔虫目. 见:长江三峡地区生物地层学(3)，晚古生代分册. 北京：地质出版社. 81～93，110～151]

Lin Jiaxing. 1985. Late Early Permian Foraminifera and its paleoecology in Jiahe, Hunan. In:Bull. Yichang Inst. Geol. Min. Resources, CAGS, 9. Beijing: Geological Publishing House, 43～52 (in Chinese with English abstract) [林甲兴. 1985. 湖南加禾早二叠世晚期的有孔虫及其生态. 见:中国地质科学院宜昌地质矿产研究所所刊，第 9 号. 北京：地质出版社. 43～52]

Lin Jiaxing. 1987. Foraminifera. In: Biostratigraphy of the Yangtze Gorge Area, Part 4: Triassic and Jurassic. Beijing: Geological Publishing House. 28～31, 149～157 (in Chinese) [林甲兴. 1987. 有孔虫. 长江三峡地区生物地层学 (4)，三叠纪-侏罗纪分册. 北京：地质出版社. 28～31，149～157]

Lin Jiaxing, Li Jiaxiang, Sun Quanyin. 1990. The Late Paleozoic Foraminifera in South China. Beijing: Science Press. 1～297 (in Chinese with English summary) [林甲兴，李家骧，孙全英. 1990. 华南地区晚古生代有孔虫. 北京：科学出版社. 1～297]

Loeblich A R, Jr, Tappan H. 1974. Recent advances in the classification of the Foraminiferida. In: Hedley R H, Adams C G, eds. Foraminifera 1. London: Academic Press. 1～53

Loeblich A R, Jr, Tappan H. 1984. Suprageneric classification of the Foraminiferida (Protozoa). Micropaleontology, 30(1):1～70

Loeblich A R, Jr, Tappan H. 1988. Foraminiferal Genera and Their Classification. New York: Van Nostrand Reinhold Co. 1～970

Okimura Y, Ishii K, Ross C A. 1985. Biostratigraphical significance and faunal provinces of Tethyan Late Permian small Foraminifera. In: Nakazawa K, Dickins J N, eds. The Tethys, Her Paleogeography and Paleobiogeography from Paleozoic to Mesozoic. Tokyo: Tokai University Press. 115～138

Rampino M R, Adler A D. 1998. Evidence for abrupt latest Permian mass extinction of foraminifera:

Results of tests for the Signor-Lipps effect. Geology, 26(5):415～418

Sheng Jinzhang, He Yan. 1962. Foraminifers. In: Nanjing Institute of Geology and Palaeontology, Academia Sinica. Standard Fossil Handbook of Yangtze Region. Beijing: Science Press. 127 (in Chinese)[盛金章，何炎. 1962. 有孔虫类. 见：中科院南京地质古生物研究所. 扬子区标准化石手册. 北京：科学出版社. 127]

Sheng Jinzhang, He Yan. 1983. Permian *Shanita-Hemigordius* (*Hemigordiopsis*) foraminifer fauna in West Yunnan. Acta Palaeontologica Sinica, 22(1): 55～60 (in Chinese with English abstract)[盛金章，何炎. 1983. 滇西二叠纪 *Shanita-Hemigordius* (*Hemigordiopsis*) 有孔虫动物群. 古生物学报，22(1): 55～60]

Stanley S M, Yang X. 1994. A double mass extinction at the end of the Paleozoic Era. Science, 266: 1 340～1 344

Tong Jinnan. 1991. Examples of mass extinction and alternation—Foraminifera. In: Yang Zunyi, Wu Shunbao, Yin Hongfu, *et al.*, eds. Permo-Triassic Events of South China. Beijing: Geological Publishing House. 96～103 (in Chinese)[童金南. 1991. 生物的集群灭绝及更替实例——有孔虫. 见：杨遵仪，吴顺宝，殷鸿福等. 华南二叠-三叠纪过渡期地质事件. 北京：地质出版社. 96～103]

Tong Jinnan. 1997a. The ecosystem recovery after the end-Paleozoic mass extinction in South China. Earth Science, 22(4): 373～376 (in Chinese with English abstract)[童金南. 1997a. 华南古生代末大灭绝后生态系的复苏. 地球科学，22(4): 373～376]

Tong Jinnan. 1997b. The Middle Triassic Environstratigraphy of Central-South Guizhou, SW China. Wuhan: China University of Geosciences Press. 1～128 (in Chinese with English summary)[童金南. 1997b. 黔中-黔南中三叠世环境地层学. 武汉：中国地质大学出版社. 1～128]

Tong Jinnan, Kuang Wen. 1990. Changhsingian foraminiferal fauna from Liangfengya, Chongqing, Sichuan and the microfaceis. Earth Science, 15(3): 337～344 (in Chinese with English abstract)[童金南，匡文. 1990. 四川重庆凉风垭长兴期有孔虫动物群及微相. 地球科学，15(3): 337～344]

Tong Jinnan, Shi G R. 2000. Evolution of the Permian and Triassic Foraminifera in South China. In: Yin Hongfu, Dickins J M, Shi G R, Tong Jinnan, eds. Permian-Triassic Evolution of Tethys and Western Circum-Pacific. Amsterdam: Elsevier. 291～307

Von Koenigswald G H R, Emeis J D, Buning W L, Wagner C W. 1993. Evolutionary Trends in Foraminifera. Amsterdam: Elsevier

Wang Guolian. 1963. Foraminifera. In: The Third Division, Institute of Geological Sciences, Ministry of Gelogy: Fossil Handbook of Nanling Mts. Beijing: Chinese Industrial Press. 120 (in Chinese)[王国莲. 1963. 有孔虫目. 见:地质部地质科学院第三室，南岭化石手册. 北京：中国工业出版社. 120]

Wang Guolian. 1966. On *Colaniella* and its two allied new genera. Acta Palaeontologica Sinica, 14(2): 206～232 (in Chinese with English abstract)[王国莲. 1966. 关于 *Colaniella* 及其相关的新属. 古生物学报，14(2): 206～232]

Wang Guolian, Sun Xiufang. 1973. Carboniferous and Permian Foraminifera of the Chinling Range and the geologic significance. Acta Geologica Sinica, 47(2):137～178 (in Chinese with English abstract)[王国莲，孙秀芳. 1973. 秦岭石炭二叠纪有孔虫及其地层意义. 地质学报，47(2): 137～178]

Wang Keliang. 1974. Permian and Carboniferous Foraminifera. In: Nanjing institute of Geology and Palaeontology, Academia Sinica. Stratigraphical and Paleontological Handbook of Southwest China. Beijing: Science Press. 285～288 (in Chinese)[王克良. 1974. 二叠纪、石炭纪有孔虫. 见：中国科学院南京地质古生物研究所. 西南地区地层古生物手册. 北京:科学出版社. 285～288]

Wang Keliang. 1976. The Foraminifera from the Changhsing Formation in western Guizhou. Acta Palaeontologica Sinica, 15(2):187～194 (in Chinese with English abstract) [王克良. 1976. 贵州西部长兴期有孔虫化石. 古生物学报, 15(2):187～194]

Wang Keliang. 1988. *Langella* (smaller Foraminifera) fauna from South China and its stratigraphic significance. Acta Micropalaeontologica Sinica, 5(3): 275～282 (in Chinese with English abstract) [王克良. 1988. 华南小有孔虫 *Langella* 动物群及其地层意义. 微体古生物学报, 5(3):275～282]

Wang Naiwen. 1985. Triassic foraminiferal assemblage zones in Sichuan. In: Micropalaeontological Society of China. Selected Papers on Micropaleontology of China. Beijing: Science Press. 49～64 (in Chinese) [王乃文. 1985. 四川三叠纪有孔虫组合带. 见: 中国微体古生物学会. 微体古生物学论文选集. 北京:科学出版社. 49～64]

Xiao Chuantao, Yang Wei, Ma Hongwei. 1996. Discovery of the Early Triassic foraminiferal fauna from the Jingshan area of Hubei and its significance. Acta Micropalaeontologica Sinica, 13(1): 95～102 (in Chinese with English abstract) [肖传桃, 杨威, 马宏伟. 1996. 湖北京山早三叠世有孔虫动物群的发现及其意义. 微体古生物学报, 13(1): 95～102]

Yang Zenrong. 1985. Some Foraminifera from the top part of the Changxing Formation of Hechuan, Sichuan and their stratigraphical significance. In: Selected Papers on Micropaleontology of China. Beijing: Science Press. 65～68 (in Chinese) [杨曾荣, 1985. 四川合川长兴组顶部有孔虫及其地层意义. 见: 微体古生物学论文选集. 北京: 科学出版社. 65～68]

Yang Zhenqiang, Lin Jiaxing. 1983. Interpreting ecologic environment of Foraminifera from the carbonate microfacies of Permian in western Hubei. Acta Sedimentologica Sinica, 1(4):92～105 (in Chinese with English abstract) [杨振强, 林甲兴. 1983. 从鄂西二叠纪碳酸盐岩微相探讨有孔虫的生态环境. 沉积学报, 1(4): 92～105]

Zheng Hong. 1986a. The small foraminifer faunas in Qixia Stage (Early Permian) of Daxiakou, Xingshan County, Hubei Province. Earth Science, 11(5): 489～498 (in Chinese with English abstract) [郑洪. 1986a. 湖北大峡口栖霞阶小有孔虫动物群. 地球科学, 11(5): 489～498]

Zheng Hong. 1986b. An attempt to use synthetic method for analyzing the paleocology of the small foraminifers from Chihsia Stage of Daxiakou, Hubei Province. Acta Micropalaeontologica Sinica, 3(2): 133～149 (in Chinese with English abstract) [郑洪. 1986b. 试用综合方法分析湖北省大峡口栖霞阶小有孔虫古生态. 微体古生物学报, 3(2): 133～149]

Zhou Tieming, Bai Yun. 1985. The foraminiferal fauna characteristics and the sedimentary environments of Permian Yangxing Series from Eastern Yunnan and its nearby areas. In: Micropalaeontological Society of China. Selected Papers on Micropaleontology of China. Beijing: Science Press. 69～76 (in Chinese) [周铁明, 白云. 1985. 滇东及其邻区二叠系阳新统有孔虫化石群特征与沉积环境. 见: 中国微体古生物学会. 微体古生物学论文选集. 北京: 科学出版社. 69～76]

潘华璋 panhz@jlonline.com
中国科学院南京地质古生物研究所
南京市北京东路39号,210008

第六节

二叠纪至中三叠世腹足类灭绝与复苏的评述

摘 要 →

从分析世界二叠纪至中三叠世腹足类属分异度的变化中,可以得出二叠纪腹足类的灭绝可分为2次,第一次腹足类灭绝高潮于中二叠世Wordian末期,第二次腹足类灭绝高潮于晚二叠世长兴期末期(Changhsingian)。由于环境恶劣,早三叠世腹足类始终很贫乏,奥伦尼克期(Olenician)有逐渐开始复苏迹象,到中三叠世安尼期(Anisian)才开始辐射,拉丁期是真正的辐射。阐述晚二叠世腹足类的灭绝原因,可能与这一时期全球多数板块联合形成泛大陆,出现大规模的海退等,导致生态环境剧变有关。分析早三叠世早期残存期的腹足类的特性,在小型腹足类中,除了*Jiangxispira*是新出现的分子以外,其他均是从二叠纪延续至三叠纪早期,说明它们有很强的扩散能力,有较宽的地理分布,这与它们的幼体属于反常旋转,浮游生物营养型有密切相关。在华南地区中三叠世安尼期,由于礁环境的再现,出现正常海相腹足类组合,呈现地区性腹足类辐射期开始,在西欧地区由于环境因素,这一时期的腹足动物并不丰富,到拉丁-卡尼期(Ladinian-Carnian)腹足类的辐射达到一个新的高峰期。另阐明化石保存好坏是分析生物灭绝和复苏的关键等问题。

潘华璋. 2004. 二叠纪至中三叠世腹足类灭绝与复苏的评述. 见:戎嘉余,方宗杰主编. 生物大灭绝与复苏——来自华南古生代和三叠纪的证据. 合肥:中国科学技术大学出版社. 719~729,1071

关键词 →

腹足类　灭绝　复苏　二叠纪　三叠纪

二叠纪末的生物灭绝事件是显生宙 5 次生物灭绝事件中最大的一次，其中海生属种 90%以上灭绝了（Erwin，1993，1994）。陆生的脊椎动物、昆虫不少也灭绝了，腹足类属种灭绝的数量也很多（Batten，1973；Pan and Erwin，1994）。对造成这次大灭绝的原因争论也颇多，有主张地内因素，也有强调地外影响。中国南方二叠系与三叠系有不少是连续沉积，而且经过详细研究、较好的剖面多达 40 多个，有的剖面含有硅化腹足类群落和较多没有硅化腹足类化石，这对研究二叠纪腹足类灭绝，以及三叠纪腹足类的复苏，提供了极好的条件。笔者从 20 世纪 90 年代开始研究这方面的资料，并与美国学者 Erwin 合作，发表了《中国南方二叠纪栖霞组至中三叠世拉丁阶腹足类分异度的变化和它们的集群灭绝》（Pan and Erwin，1994）和《二叠纪-三叠纪腹足类灭绝后的复苏与辐射》（Erwin and Pan，1996）两篇论文。本节在上面研究的基础上，结合近年来的工作，对二叠纪腹足类的灭绝原因、早三叠世腹足类残存期为何如此之长、早三叠世残存期腹足类的特征和先驱种腹足类的特征、如何复苏等问题进行探讨。尽管当前对二叠纪生物大灭绝的原因众说纷纭，但笔者认为地内因素为主，特别是与当时板块联合形成泛大陆、各地浅海陆棚区丧失、环境剧变有关，复苏晚也与早三叠世的恶劣环境有关，现分别阐述如下。

一、二叠纪腹足类的第一次灭绝

从全球范围内的腹足类分异度的变化来看（见图 4.6.1），中二叠世腹足类非常丰富，在瓜德鲁普世（Guadalupian）的沃德期（Wordian）腹足类多达 100 多个属，在其末期高峰时甚至高达 123 个属，但到卡匹敦期（Capitanian）最少时仅有 60 属，灭绝消失的属几乎高达 60%，形成了第一次灭绝高潮（（Erwin and Pan，1996）。这一灭绝事件在处于浅海碳酸盐台地的美国西南地区反应最明显。在马来西亚和新加坡，中二叠世腹足类非常丰富，多达 55 个属（Jones *et al.*，1966；Batten，1979，1985）。2001 年笔者在澳大利亚昆士兰博物馆观察和鉴定泰国中二叠世（大约相当于 *Misekkina claudiae* 带）硅化小腹足类组合，发现这一腹足类生物群也非常丰富，至少有 20 多个属。据澳大利亚昆士兰博物馆 A. Cook 博士告之，越南也有这一时期腹足类生物群的存在。但在中二叠世以后，这些地区几乎没有腹足类的报道，这有两种可能，一种是由于受中二叠世第一次灭绝事件的影响，这一时期腹足类消失；另一种可能是中二叠世以后的腹足类研究工作没有开展或腹足类保存不好，所以没有报道。相比之下中国南方栖霞期仅发现 20 个属，到了茅口期也只有 20 个属，似乎中二叠世第一次灭绝事件对其影响不大，其实不然，可能与我们几乎没有开展中二叠世腹足类野外采集工作有关，所以，目前还没有发现相当于中二叠世罗德期(Roadian)和沃德期(Wordian)硅化小腹足类组合,笔者相信,随着今后工作的进一步开展,腹足类资料会不断丰富,这一问题可能得到圆满的解释。

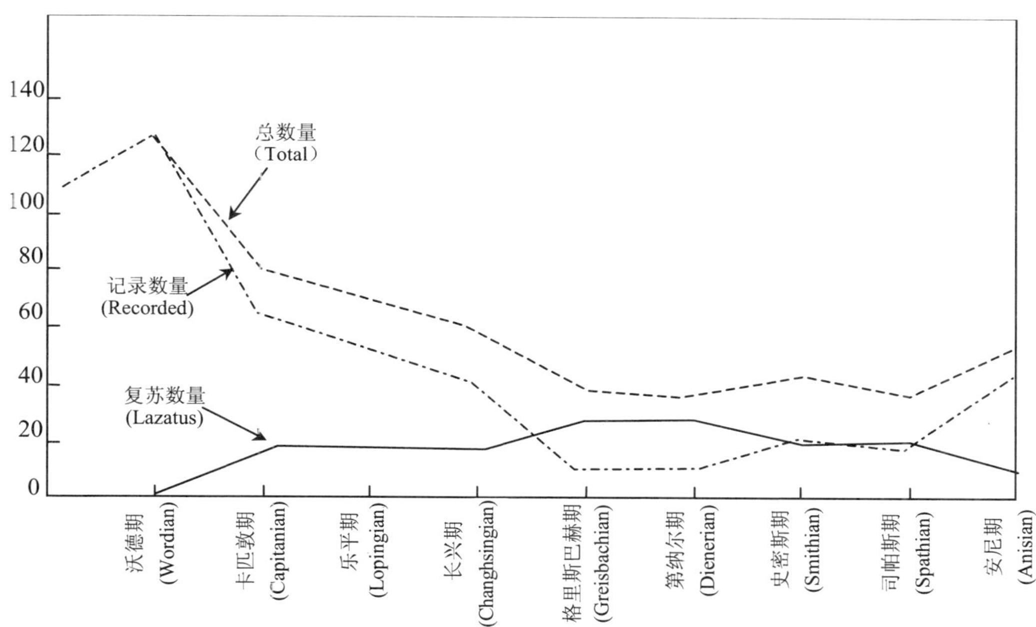

图 **4.6.1** 从沃德期至安尼期全球腹足类分异度图,表示其真实记录的分异度、复苏分异度和总分异度。复苏类型的数量在沃德期末,二叠纪至三叠纪界线以前至安尼期均有增加(引自 Erwin and Pan,1996)

Figure 4.6.1 Global gastropod diversity patterns from the Wordian through the Anisian, showing actual recorded diversity (genus is known from the interval), Lazarus diversity (genus is known from earlier and later stages) and total diversity. Note that the number of Lazarus taxa increases at the close of the Wordian, well before the Permo-Triassic bouncary, and persists until the Anisian (after Erwin and Pan, 1996)

二、二叠纪腹足类的第二次灭绝

卡匹敦期之后,腹足类属种在全球范围内继续减少,而且灭绝的大多为地方型的属,故随着地方型属的不断减少,广布型属的比例就迅速增加,如卡匹敦期广布型属的比例达到 69%,到了 Djulfian 期,广布型属的比例高达 83%,而地方型仅占 5%(图 4.6.2)。在中国南方晚二叠世,随着海侵的扩大,成为大陆边缘海,环境比较稳定,是高分异度的腹足动物理想栖息地。特别是在广西路林、黑山和云南宁蒗等地均发现大量腹足类化石,如 *Bellerophon*, *Trachyspira*, *Guizhouspira*, *Porcellia*, *Palaeostylus*, *Meekospira*, *Perurispira*, *Donaldina*, *Streptacis* 和 *Laxella* 等。在这些腹足类群中,绝大部分是硅化小腹足类组合(通常 2～5 mm)(Pan and Erwin, 2002)。在贵州地区的康滇古陆东缘(盘县一带),这一时期的滨海相泥灰岩和生物碎屑灰岩也产有大量腹足类化石,如 *Retispira*, *Orthonema*, *Meekospira*, *Acteontina* 等(王惠基、席与华,1980; Pan and Yu, 1993)。至大隆段,海侵达到顶峰，沉积了泥岩、硅质泥岩，故在贵州安顺、惠水和广西来宾、黑山、贵县一带近岸陆缘海的腹足类群落就消失，取而代之的只有极少数深水相的特化神螺类 *Aiptospira*、*Extedilabrum* 和 *Tetratubispira*。至二叠纪末，随着迅速海退，这些特化神螺类也迅速灭绝了。全球这一灭绝过程在中国南方呈现最突出。据统计，长兴期中国南方共发现腹足类 63 属，其中，限于古生代的属几乎全都灭绝了，仅剩后鳃类弯曲螺科(Streptacididae)，总共有 50 个属灭绝了，属的灭绝率高达 79.36%。所以，长兴期末 15 个科灭绝了，科的灭绝率高达 75%，形成了灭绝的第二次高潮。仅在江西的长兴期末仍保持着近岸陆缘海的环境，还存在一些浅水相的硅化腹足类群，如 *Holopea*、*Amomphalus*、*Donaldina*、*Laxella* 等(朱相水，1999；Pan *et al*., 2003)。

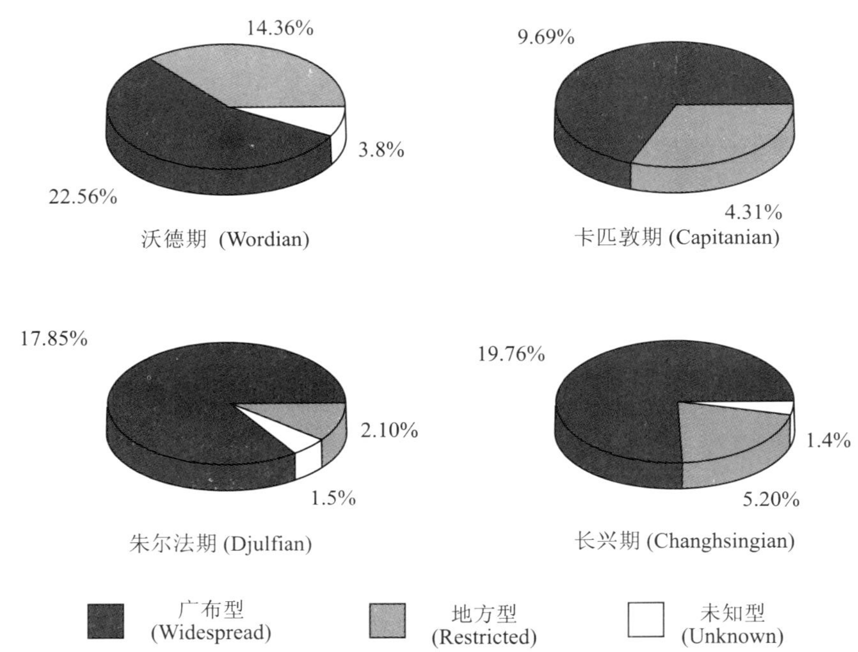

图 **4.6.2** 二叠纪广布型、地方型和未知型腹足类灭绝百分比(引自 Erwin and Pan，1996)

Figure 4.6.2 Extinction percentage of geographically widespread and restricted genera during the final four substages of the Permian (Wordian-Changxingian). Both the number of genera and the percentage of the extinct genera are shown during each substage (after Erwin and Pan, 1996)

在全球范围内，38 个腹足类属(31%)消失在沃德期末期(Erwin and Pan, 1996)，而且灭绝的属中以地区性属所占比例最大。令人惊讶的是在这一时期也出现较多(大约有 17 个属)的复活属种(Lazarus taxa)，几乎占到全部属的 14%。尽管以后的各个时期也有复活属种存在，但增加数量不多，到长兴期复活属只增加 7 个属，共 24 个(Erwin and Pan，1996)。

三、早三叠世早期残存期的腹足类

这一时期的腹足类过去都认为是非常贫乏的，但最新资料表明，在中国南方江西存在一个二叠纪至三叠纪过渡类型的腹足类群，其特征是丰富度很高，发现有3 000多个个体（朱相水，1999），分异度中等（至少有8个属），最突出的是小塔螺超科（Pyramidelloidea）的弯曲螺科（Streptacididae）的 *Donaldina*，*Streptacis*，*Laxella*，*Jiangxispira*（Pan *et al*.，2003）及一些小个体广适型底栖古腹足目的 *Platyzona*，*Peruvispira*，*Anomphalus* 和 *Naticopsis*；在贵州有神螺类的 *Bellerophon* 和 *Retispira*，翁戎螺类的 *Worthenia*，曲线螺类的 *Polygrina*，*Omphaloptycha*，以及锥子螺类的 *Strobeas* 和 *Girtyspira*，除了 *Jiangxispira* 是新出现的以外，它们均可以从二叠纪延续至三叠纪早期（Griesbachian）（图4.6.3），躲过灭绝事件而残存下来，可能是由于它们地理分布范围非常广阔（全球范围），寿命很长，生活习性很宽广，既可以生活在远岸的碳酸盐礁坪，也可以在近岸的潟湖和滨海相碎屑岩区，甚至于在很苛刻的环境中都能生存，忍受由于灭绝事件所造成的各种不同的恶劣环境。同时需要指出的是在这15个属中，除了神螺类的 *Bellerophon* 和 *Retispira* 以外，它们均是个体微小的腹足类（5 mm以下），比大个体更有利于适应各种恶劣环境，它们对栖息地要求也不苛刻，所以才能残存下来（图4.6.3）。

值得指出的是一些腹足类延续时代很长，如 Sinuopeidae 的 *Naticasinus sinus* Pan and Erwin，2002，最新资料表明（Kues and Batten，2001），它最早出现于美国石炭系中宾夕法尼亚统（Flechado Formation），以后一度消失，后再现于中国南方长兴期，至少延续了5.5 Ma（Harland *et al*.，1990）。又如后鳃类弯曲螺科（Streptacididae）的 *Laxella* Pan and Erwin，2002 最早出现在我国宁夏石炭纪纳缪尔期，后一度消失，再现于中国南方长兴期，又消失于长兴期末（大隆段），再现于早三叠世早期，至少延续了70 Ma；*Donaldina* Knight，1933 和 *Streptacis* Meek，1872 最早出现于石炭纪密西西比世，延至宾夕法尼亚世和二叠纪瓜德鲁普世，以后就消失了，然后再现于中国南方长兴期，在长兴期末又消失了。根据最近研究成果，弯曲螺科的分子 *Donaldina*，*Streptacis* 和 *Laxella* 均可出现在三叠纪早期格里斯巴赫期（Pan *et al*.，2003）（图4.6.3），然后又消失，前两者再现于西欧中、上三叠统（St. Cassian层）（Bandel，1996）。上述事实表明，这些腹足类在地层上延续较长，地理分布很广，说明它们对环境有很强的适应能力和有很强的扩散能力，这与它们的幼体属于反常旋转、浮游生物营养型幼体（planktotrochical larvae）密切相关，因这些幼体比卵黄营养型幼体（lecithotrophical larvae）和底栖营养型幼体（direct development，nonpelagic larvae）更有利于生存和扩散（Shuto，1973；Jablonsji and Lutz，1983）。Vance（1973）提出，底栖无脊椎动物利用一定的能量繁殖后代，一种

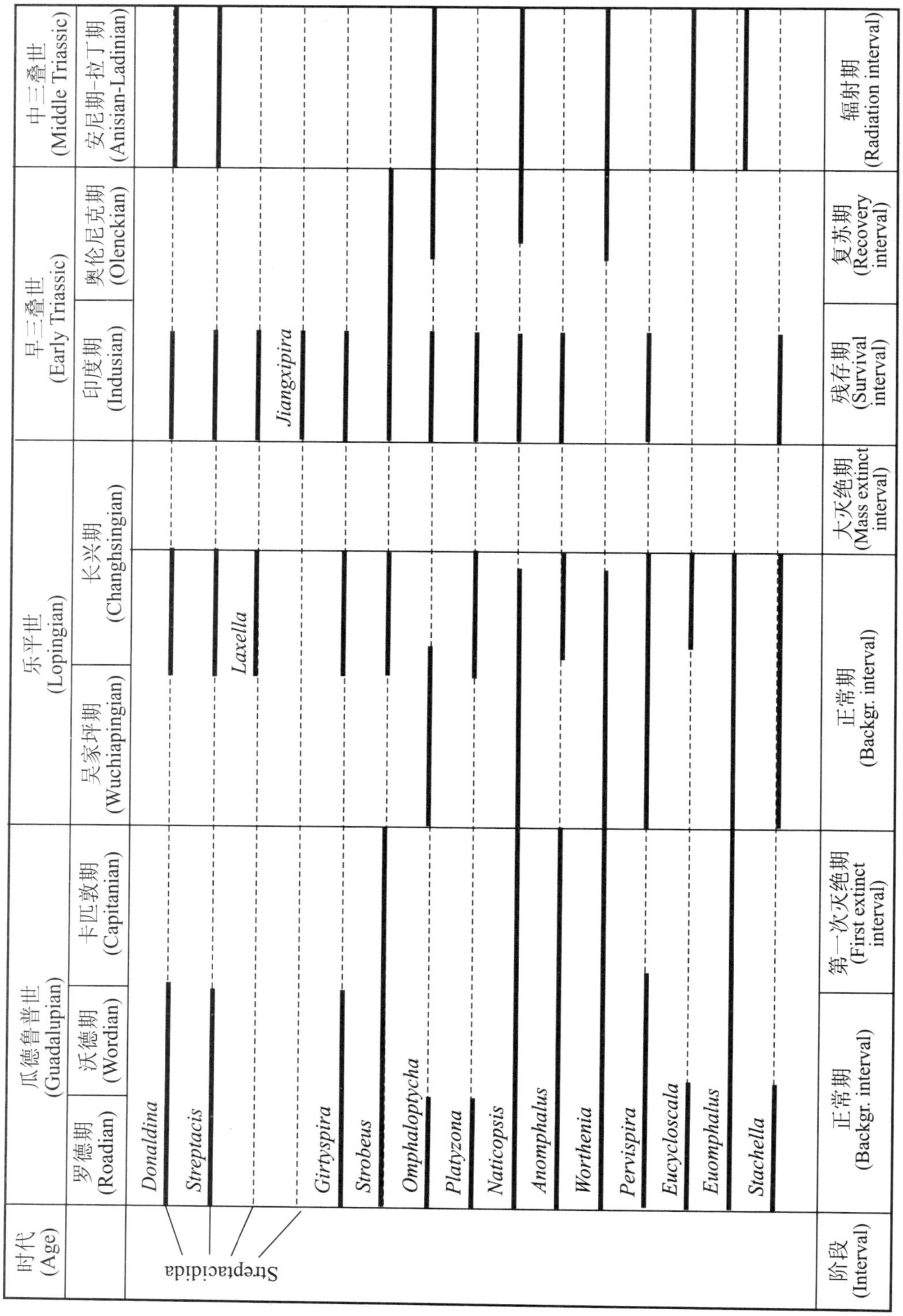

时代 (Age)
瓜德鲁普世 (Guadalupian)
罗德期 (Roadian)
沃德期 (Wordian)
卡匹敦期 (Capitanian)
乐平世 (Lopingian)
吴家坪期 (Wuchiapingian)
长兴期 (Changhsingian)
早三叠世 (Early Triassic)
印度期 (Indusian)
奥伦尼克期 (Olenckian)
中三叠世 (Middle Triassic)
安尼期-拉丁期 (Anisian-Ladinian)

Streptacidida

Donaldina
Streptacis
Laxella
Jiangxipira
Girtyspira
Strobeus
Omphaloptycha
Platyzona
Naticopsis
Anomphalus
Worthenia
Pervispira
Eucycloscala
Euomphalus
Stachella

阶段 (Interval)
正常期 (Backgr. interval)
第一次灭绝期 (First extinct interval)
正常期 (Backgr. interval)
大灭绝期 (Mass extinct interval)
残存期 (Survival interval)
复苏期 (Recovery interval)
辐射期 (Radiation interval)

图 **4.6.3** 瓜德鲁普世至中三叠世一些复活分子(小型腹足类)的分布

Figure 4.6.3 Stratigraphical distribution of Lazarus taxa (small gastropods) from the Guadalupian to the Middle Triassic

是产生许许多多极小卵，这类卵很快孵化成能在浮游生物中自游的幼体。由于每个卵的卵黄极少，幼体的营养必然依靠浮游生物，这种幼体称为浮游生物营养型。尼贝肯(Nybakken,1991)曾指出，浮游生物营养型幼体有利之点是，容易产卵，卵的数量多，具有一定能量的幼体也非常非常多，保证其长期在浮游生物中广泛散布，所以它的扩散率高。人们也发现浮游生物营养型幼体最多的地方就在热带水域，而且热带水域能使生物发育期缩短。中国南方在二叠纪至三叠纪时期正处于热带水域，这对于浮游营养型幼体的腹足类生长发育和繁衍极为有利。另一方面也说明这一类腹足类的壳体形态演化速度比较慢。

值得指出的是反常旋转浮游营养型的幼体通常有很多螺环，呈圆锥形或高锥形，如假横肋螺科(Pseudozygopleuridae)的分子，根据目前的资料，它们均已灭绝了；而弯曲螺科(Streptacididae)反常旋转浮游营养型的幼体仅两个螺环，呈盘形，突然过渡到成年个体，似乎盘形、螺环少的幼体比圆锥形或高锥形、螺环多的幼体更能忍受各种不同的恶劣环境，躲过灭绝事件，而顽强地生存。但由于灭绝事件所造成的恶劣生态环境使它们的生存也极端困难，为环境所迫，弯曲螺科分子的个体在二叠纪长兴期至三叠纪早期要比在石炭纪密西西比世、宾夕法尼亚世和二叠纪瓜德鲁普世变得更加微小，一般均在 2 mm 以下，而在石炭纪密西西比世、宾夕法尼亚世和二叠纪瓜德鲁普世的个体一般均在 6～14 mm 之间。

此外，在早三叠世早期(残存期)弯曲螺科中出现一个新分子江西螺(*Jiangxispira*)，它具有大部分是古生代的弯曲螺科(Streptacididae)胎壳，即盘形，反常旋转浮游营养型的幼体，而它的成年壳体与中生代后鳃类(opisthobranchs)的筒泡型螺超科(Cylindrobullinoidea)非常相似(Pan *et al*.,2003)。这两种特征的结合表明这个新分子是古生代弯曲螺科 Streptacididae(Allogastropoda)和中生代后鳃类 Cylindrobullinoidea(opisthobranchs)系统发育的连接，而小的后鳃类是早三叠世腹足类动物群中的重要组成部分(Bandel,1994)。从这一点也可以看出，拥有一个反常旋转浮游营养型幼体的后鳃类在二叠纪末灭绝事件中也处于最有利的生存态势，所以，它在腹足类复苏期中最容易再生。

四、早三叠世晚期奥伦尼克期(Olenician)腹足类复苏期

这一时期腹足类有逐渐开始复苏的迹象，最明显的标志是出现 12 个属，大部分属于蜒螺类(neritaceans)和曲线螺类(loxonematids)，9 个属是从印度期(Induan期)延续上来的，3 个是重新出现的复活属。它们大部分都发现于近岸碎屑岩区域，例如美国南犹他州(S. Utah)Moenkopi 组的 Sinbad 段的腹足类就是最好的例子(Batten and Skokes,1986；Nützel *et al*.,2000)。不过这个时期的腹足类型并没有固定的类型，总的面貌来看，腹足类还是比较贫乏的。

五、中三叠世安尼期-拉丁期(Anisian-Ladinian)腹足类辐射期

这一时期的腹足类与奥伦尼克期有明显不同,出现了许多复活属和新属。在华南地区由于礁环境的再现,这一时期的动物群才是第一次真正的三叠纪正常海相组合。其中,有许多复活属确实像Batten(1973)所指出的,与中二叠瓜德鲁普世的属有很强的亲缘关系。这一时期描述了19个新属,12个复活属再现,在这些复活属中有10属在以后的拉丁期、卡尼期和诺利期都没有再出现,相隔这么长时间出现的复活属可能是异物同形。Erwin和Droser(1993)称它们为"Elvis"种群。

腹足类复活属的地理亲缘关系是很有趣的。有17个属具有很好的资料,在沃德期有16个属见于美国西德克萨斯州(W. Texas),仅有一个例外,即*Magnicapulus*是发现于华南地区。相反,在三叠纪之前,仅有9个属见于中国南方,其中有4个(*Murchisonia*,*Dictyotomaria*,*Anomphalus*和*Donaldina*)仅见于欧洲和北美,有3个复活属(*Glyptomaria*,*Eucycloscala*和*Natiria*)发现在中国南方的史密斯期(Smithian)至安尼期,但仅一个属*Eucycloscala*见于中国南方的二叠纪,而*Glyptomaria*和*Natiria*却从未见于华南的二叠纪,这可能是它们迁移至中国后,很快就灭绝了。这些复活属是分类变异的种群,而且没有明显的生态特征(Erwin and Pan,1996)。

奇怪的是,这9个复活属过去通常被认为绝大多数是三叠纪的属,但现有5个主要出现在二叠纪的沃德期,2个是卡匹敦期,2个是长兴期,长兴期末它们都消失了,到中三叠世又重现,它们之中的每一个属仅限于少数地区,如有4个属是在日本,2个在马来西亚,2个在中国,1个在美国西德克萨斯州(W. Texas),在这些复活属中有7个出现在中国三叠纪,2个在美国犹他州(Utah)的早三叠世(Batten and Stokes,1986)地层。过去对这9个属的意义不是很清楚,实际上它们是古生代和三叠纪之间腹足类的过渡类型,几乎起到了二叠纪灭绝后再造腹足类群(复苏)的作用(Pan *et al.*,2003)。

中国南方在安尼期位于特提斯海东北缘,大致平行于古赤道,它属于陆缘海浅水环境,也是三叠纪以来第一次处于正常海的沉积环境,特别是贵州青岩地区位于礁堤之后,因而形成高分异度的腹足类群。它的许多属种与西欧的拉丁阶和卡尼阶所见颇相似,所以欧州拉丁阶、卡尼阶的一些分子很可能是从中国迁移过去的。这一时期在中国南方共发现腹足类40个属,其中限于中生代的属有30个,既可见于古生代也存在于中生代的属10个,这比司帕斯期(Spathian)所见的腹足类群猛增了30个,呈现了真正辐射的格局。但必需指出,在西欧这一时期的腹足类辐射不明显,直到拉丁期在阿尔卑斯地区出现礁环境时(特别在南阿尔卑斯地区的St. Cassian层),呈现一个保存精美的高分异度腹足动物组合(Kittl,1891;Bandel,

1994,1995,1996；Zardini,1978)大约140属,才是欧洲地区一个真正的腹足类辐射期。中国南方拉丁期的腹足类与西欧有明显不同,已知的仅有10个属,比较贫乏,其中绝大多数是蜒螺类和曲线螺类,主要由中生代的属所组成,包括 *Seisia*, *Neritaria*, *Crytonerita*, *Zygopleura* 和 *Kittliconcha* 等,占总数的90%,造成这种差异的原因,可能是由于我们开展工作很少,资料不多,也可能是由于不同环境,腹足类属种较少。

六、结论

从上述中二叠世至中三叠世腹足类的灭绝与复苏可得出以下几点结论：

(1) 二叠纪腹足类的灭绝过程呈阶梯式,它的第一个高潮是在中二叠世的沃德期末,第二个高潮发生在长兴期末,故用陨石撞击造成生物灭绝的假说难以解释。引起灭绝的主要原因可能是由于二叠纪时板块联合而形成巨大的泛大陆,造成全球海退、海进频繁和大规模的火山喷发等,导致生态环境剧变,致使海生动物灭绝。

(2) 早三叠世腹足类群残存期延续的时间很长,从而推迟了早三叠世腹足类的复苏。据Hallam(1991)研究,典型的生物复苏期,即大灭绝事件后的复苏,通常在100 Ma之内,而在三叠纪的复苏却滞后近千万年,造成这一特别情况的原因可能有3点：①板块联合造成海进、海退频繁的环境恶化和剧变,这不是短时间内可以恢复的,根据现代生态学理论,环境的稳定是建立生物集群的关键因素,故在这种恶劣环境中生物复苏被大大推迟了；②由于二叠纪生物灭绝事件是地球上最大的一次,它造成了海生动物的种90%以上灭绝,破坏极大,要重新建立新的生物组合或群落是极其困难的；③不能排除由于标本保存不好而造成的偏差,因上述的分析都是依据化石来进行的,而早三叠世腹足类化石保存的条件都较差,目前在中国南方也仅发现一个硅化的腹足类组合,所以,容易被人们误以为没有更多腹足类属,而推迟了真正复苏的时间。随着今后工作进一步开展,腹足类资料不断丰富,也可能有较多的腹足类残存属和复苏属被发现,对灭绝和复苏事件的分析可能会更加切实。

(3) 在分析复活属种上也有类似上面的问题：①一些属种常限于一定生物地理区或生态环境,如系统发育的避难所；②种群小的在群落被中断时复活属种相对数量也就少,种群大的复活属种相对也就多些；③标本保存好坏同样会造成分析复活属种数量的偏差,有时甚至取样不当,都会造成分析错误。如复活属种在西德克萨斯州中二叠世沃德期就出现了,在晚二叠世长兴期也出现了复活属,如 *Laxella* 最早出现在石炭纪纳缪尔期,然后它就消失了,复活于长兴期,到长兴期末又消失,随后又复活于早三叠世早期,它的出现和数量多少可能与碳酸盐环境的变化有关，有时它们确实存在，但由于没有硅化，而被人们忽略了，在二叠纪和早三叠世均有类似情况，所以，硅化群落对分析生物灭绝和复苏是非常重要的，因为它代表了整个生物集群的面貌。

（4）有广阔的地理分布的微小个体腹足类和具有反常旋转浮游生物营养型幼体的腹足类，更能忍受灭绝事件所造成的各种不同的恶劣的环境，易于残存和复苏。

参考文献

J·W·尼贝肯著，林光恒、李和平译. 1991. 海洋生物学——生态学探讨. 北京：海洋出版社. 1～329

Bandel K. 1994. Triassic Euthyneura (Gastropoda) from St. Cassin formation (Italian Alps) with a discussion on the evolution of the Heterostropha. Freiberger Forschungshefte, 452:79～100

Bandel K. 1995. Mathildoidea (Gastropoda, Heterostropha) from the Late Triassic St. Cassin Formation. Scripta Geologica, 111:1～83

Bandel K. 1996. Some heterostropha gastropods from Triassic St. Cassian Formation with a discussion on the classification of the Allogastropoda. Palaeontogische Zeitschrift, 70: 325～365

Batten R L. 1973. The vicissitudes of the gastropods during the interval of Guadalupian-Ladinian time. In: Logan A, Hills L V, eds. The Permian and Triassic systems and their mutual boundary. Memoirs of Canadian Society of Petroleum Geologists, 2:596～607

Batten R L. 1979. Permian gastropods from Perak, Malaysia. Part 2, The trochids, patellids and neritids. American Museum Novitates, 2 685: 1～26

Batten R L. 1985. Permian gastropods from Perak, Malaysia. Part 3, The Murchisoniids, Cerithiids, Loxonematids, and Subulitids. American Museum Novitates, 2 829: 1～40

Batten R L. 1989. Permian gastropoda of the Southwestern United States. 7. Pleurotomariacea: Eotomariidae, Lophospiridae, Gosseletinidae. American Museum Novitates, 2 958: 1～64

Batten R L, Stokes W L. 1986. Early Triassic gastropods from the Sinbad Member of the Moenkopi Formation, San Rafael Swell, Utah. American Museum Novitates, 2 864:1～33

Erwin D H. 1990. Carboniferous-Triassic gastropod diversity patterns and the permo-Triassic massextinction. Paleobiology, 16:187～203

Erwin D H. 1993. The Great Paleozoic Crisis. New York: Columbia University Press. 1～327

Erwin D H. 1994. The Permo-Triassic extinction. Nature, 367: 231～236

Erwin D H, Droser M E. 1993. Elvis taxa. Palaios, 8: 623～624

Erwin D H, Pan Huazhang. 1996. Recoveries and radiations: gastropods after the Permo-Triassic mass extinction. In: Hart M B, ed. 1996. Biotic Recovery from Mass Extinction Events. Geological Society Special Publication, 102: 223～229

Hallam W. 1991. Why was there a delayed radiation after the end-Paleozoic extinctions? Historical Biology, 5: 257～262

Harland W B, Armstrong R L, Cox A V, Craig L E, Smith A G, Smith D G. 1990. A geologic time scale, 1989. Cambridge: Cambridge University Press. 1～263

Jablonski D, Lutz R A. 1983. Larval ecology of marine benthic invertebrates: paleobiological implications. Biological Reviews, 58: 21～83

Jones C R, Gobbett D J, Kobayashi T. 1966. Summary of fossil recordin Malaya and Singapore, 1900～1965. Geology and Palaeontology of Southeast Asia, 2: 309～359

Kittl E. 1891～1894. Die Gastropoden der Schichten von ST. Cassian der südalpinen Trias. Annalen des k. k. naturhistorischen Hofmuseums, 6: 1～97, 7: 98～160, 9: 162～275

Kues B S, Batten R L. 2001. Middle Pennsylvanian gastropods from the Flechado Formation, North-central New Mexica. Paleontological Society memoir, 54 [Journal of Paleontology, 75(1)]: 1～95

Nützel A, Erwin D H, Mapes R H. 2000. Identity and phylogeny of Late Paleozoic Subulitoidea Gastropoda. Journal of Paleontology, 74: 575～598

Pan Huazhang, Erwin D H. 1994. Gastropod diversity patterns in South China during the Chihsia-Ladinian and their mass extinction. Palaeoworld, 4: 249～262

Pan Huazhang, Erwin D H. 2002. Gastropods from the Permian of Guangxi and Yunan Provinces, South China. Paleontological Society memoir, 56 [Journal of Paleontology, 76(1)]:1～49

Pan Huazhang, Erwin D H, Nützel A, Zhu Xiangshui. 2003. *Jiangxispira*, a new gastropod genus from the Early Triassic of China with remarks on the phylogeny of the Heterostropha at the Permian/Triassic boundary. Journal of Paleontology, 77(1): 44～49

Pan Yuntang, Yu Wen. 1993. Permian Gastropoda of China. Beijing:China Ocean Press. 1～68

Shuto T. 1973. Larval ecology of prosobranch gastropods and its bearing on biogeography and paleontology. Lethaia, 7: 239～256

Tong Jinnan, Erwin D H. 2001. Triassic gastropods of the Southern Qinling Mountain, China. Smithsonia Contribution to Paleobiology. 92: 1～44

Vance R. 1973. Reproductive strategies in marine benthic invertebrates. American Naturlist, 107 (955): 339～352

Wang Huji, Xi Yuhua. 1980. Fossil gastropods from Late Permian to Early Triassic in West Guizhou Province. In:Nanjing Institute of Geology and Paleontology, Academia Sinica, ed. Late Permian Coal-Bearing strata, Fauna and Flora of West Guuizhou Province and East Yunnan Province. Beijing: Science Press. 195～232 (in Chinese) [王惠基, 席与华. 1980. 贵州西部晚二叠世-早三叠世腹足类化石. 见:中国科学院南京地质古生物所主编. 黔西滇东二叠纪含煤地层和古生物群. 北京:科学出版社. 195～232]

Zardini R. 1978. Fossili Cassiani (Trias. Medio-Superiore): Atlante dei Gasteropodi Della Formazione Di S, Cassiano Raccolti nella Regione Dolomiotica Attorno a Cortina d Ampezzo. Cortina d Ampezzo:Eizioni Ghedina Cortina. 1～58

Zhu Xiangshui. 1999. Discoveries of the Gastropods from the Boundary Bed at Yangou Section in Northeastern Jiangxi. Journal of Jiangxi Normal University, 23(4): 363～368 (in Chinese) [朱相水. 1999. 腹足类在赣东北沿沟剖面 P-T 界线层中的发现. 江西师范大学学报, 23(4): 363～368]

王成源 cywang@nigpas.ac.cn
中国科学院南京地质古生物研究所
南京市北京东路39号,210008

第七节

华南二叠系-三叠系与泥盆系弗拉阶-法门阶界线层牙形刺的灭绝与复苏的对比研究

王成源. 2004. 华南二叠系-三叠系与泥盆系弗拉阶-法门阶界线层牙形刺的灭绝与复苏的对比研究. 见:戎嘉余,方宗杰主编. 生物大灭绝与复苏——来自华南古生代和三叠纪的证据. 合肥:中国科学技术大学出版社. 731～748,1072

摘 要 →

牙形刺已被普遍认为是二叠纪和三叠纪生物地层的主导化石门类。浙江煤山二叠-三叠系(P-T)界线层提供了良好的基础资料,牙形刺已得到较详细的研究,时限较为清楚。桂林龙门、垌村两剖面,同样提供了泥盆系F-F(Frasnian-Famennian)界线层中牙形刺的集群灭绝与复苏的资料,*Palmatolepis* 各种在Frasnian期的灭绝层位和在Famennian期复苏的层位,都能得到确定。

P-T和F-F灭绝事件中,牙形刺的集群灭绝并非是"一刀切"的,它们表现出明显的相似性:(1)牙形刺的灭绝都是逐步发生的。F-F界线层牙形刺的集群灭绝可明显地划分出4个步骤;P-T界线层 *Clarkina* 一属的灭绝至少也有4个步骤。(2)与其他化石类别相比,牙形刺的分布范围广,灭绝发生晚,持续时间短(15 000年?),灭绝率也是很高的。*Palmatolepis* 在Frasnian的早、中期,平均每0.5 Ma有一个种灭绝,在 *linguiformis* 带的早、中期,每15万年灭绝一个种,而在 *linguiformis* 带晚期的集群灭绝期,平均每1 200年就有一个种或亚种灭绝。P-T界线层由于可能有间断和同位素年龄测定的不确切,灭绝率还很难确定,但也是较高的。(3)集群灭绝事件之后,牙形刺复苏最早,时限最短,分布范围也广。F-F界线层牙形刺的复苏从 *Palmatolepis triangularis* 出现开始,复苏期远远小于0.5 Ma;牙形刺的复苏也是逐步发生的,可区分出5个步骤。*Palmatolepis* 的复苏机制,可能是 *Palmatolepis praetriangularis* 通过幼型持续成种而形成 *Pal. triangularis*。P-T界线层牙形刺的复苏从 *Hindeodus parvus* 出现开始,同样是逐步发生的,也可区分出5个步骤(杨守仁等,1999)。复苏机制可能与海平面上升有关。(4)在集群灭绝与复苏期间,不存在牙形刺的避难分子和复活分子,独立的残存期的确定还存在问题,可能存在,证据不足;煤山剖面的25,26和27a,b层可能属残存期;F-F界线层 *linguiformis* 灭绝后和 *triangularis* 出现之前的一段时间间隔也可能归入残存期。(5)牙形刺进入辐射期也是最早的。在F-F界线层由 *triangularis* 带上部起,即从 *Palmatolepis minuta* 开始出现,牙形刺即进入辐射期;从长兴煤山剖面32层,即从原始的 *Neospathodus* 开始出现,牙形刺进入辐射期。(6)在F-F、P-T界线层中都分别存在深水相和浅水相的危机先驱分子。在P-T界线层中,*Clarkina carinata* 和 *Hindeodus latidentatus* 是危机先驱分子,前者对深水相区牙形刺的复苏,后者对浅水相区牙形刺的复苏,都是至关重要的。*Hindeodus changxingensis*, *Clarkina meishanensis* 是灾后泛滥分子或失败的危机先驱分子(failed crisis progenitor taxa)。在F-F界线层中,*Palmatolepis praetriangularis* 是危机先驱分子,对浮游相牙形刺的复苏最为重要。*Icriodus alternatus*, *I. praealternatus* 和 *I. deformatus* 同样是危机先驱分子,对浅水相牙形刺的复苏最为重要。(7)在P-T、F-F界线层牙形刺的集群灭绝均与海平面的突然变浅有直接关系,P-T、F-F界线层中,都有黑色页岩,表明缺氧事件同样是集群灭绝的重要的、直接的原因。从P-T界线层普遍存在的火山成因的界线粘土,推测P-T的集群灭绝可能主要是由大规模的火山喷发作用引起的,而F-F界线层普遍存在微球粒并有3个重要的陨击坑,集群灭绝可能主要是由一系列的地外撞击事件引发的;直接原因可能与海平面变化和缺氧事件有关。

关键词 →

P-T F-F 牙形刺 集群灭绝 复苏 煤山 桂林

二叠-三叠纪(P-T)大灭绝事件,是显生宙灭绝事件研究的重点,也是20世纪80年代国际地学界的热门话题。全球90%以上的海洋无脊椎动物和大约70%的陆生脊椎动物都告灭绝(Erwin,1994)。F-F事件同样是显生宙以来所发生的五大灭绝事件中的一个重要灭绝事件,90年代以来,以Kauffman和Erwin(1994,1995)为首对大灭绝后生物复苏的研究,又开始风靡世界,而P-T和F-F大灭绝后的复苏,也自然成为复苏事件研究的重点。

浙江长兴煤山剖面P-T界线层的牙形刺,近年来得到较深入的研究(Wang,1994a,1996;王成源,1994b;王成源,1995a,1995b;张克信等,1995;Ding *et al*.,1995;Wang and Wang,1997),虽然对界线层的牙形刺在分类、地层分布和牙形刺带的划分以及界线点位的确定上,有一定的分歧(Wang,1994a;王成源,1994b;Yin,1994;Yin *et al*.,1994;Mei,1996;Zhang *et al*.,1995),但在相当多的方面已取得了较一致的认识。

笔者曾在1998年(王成源,1998)专门论述了P-T界线(赵金科等,1981;Sheng *et al*.,1984;杨遵仪等,1987;王成源,1994b;Wang,1994a;Yin,1994)及P-T界线层型研究方面所取得的6点一致性的看法。特别提到界线层为连续的海相沉积(王成源,1994b;Bottjer *et al*.,1988),界线粘土的火山成因(Clark *et al*.,1986;何锦文等,1987;芮琳等,1988;Yin *et al*.,1992;Kozur,1997);界线粘土层归入二叠系(Clark *et al*.,1986;盛金章等,1987),以及目前被国际上所接受的P-T界线层型点位(Wang,1994a;王成源,1994b;Kozur *et al*.,1996;Yin *et al*.,1996)。总结了牙形刺各相关种在P-T界线层灭绝与出现的具体的层位,提出了9点有关P-T界线层牙形刺分布的较一致的看法(Wang,1996;Wang *et al*.,1996;Kozur,1995a,1995b;Kozur *et al*.,1996),本节不再赘述,请参阅在北京大学发表的论文(王成源,1998)。本节将着重总结、补充P-T界线层型中牙形刺灭绝与复苏的规律,并将这一成果与近年来笔者研究的华南F-F事件中牙形刺的集群灭绝及其后的复苏的规律,做一比较。华南F-F界线层的牙形刺资料,主要来自桂林龙门、垌村2个剖面,这两个剖面的牙形刺经过5次取样,界线位置已取得精确的确定,牙形刺的集群灭绝及其后的复苏规律,也得到较清楚的认识,在这种情况下,将这两个不同时代的灭绝事件做一比较,找出牙形刺集群灭绝与复苏的具体规律,了解它们的异同,将是有益的。这样的对比,目前还没有人做过。

P-T界线层的牙形刺丰度较底,分异度也不高,但F-F界线层牙形刺的丰度高,分异度也高,牙形刺的集群灭绝与复苏可以在种级的水平上讨论。对P-T和F-F界线层基本材料进行分析以后,可以得到以下几点初步的看法,很多认识还有待深入。

一、在 P-T 与 F-F 集群灭绝事件中，牙形刺较晚或最晚灭绝

王成源（1994b，1995a）估计，长兴煤山剖面 P-T 集群灭绝的时间间隔只有 15 000年。同样，根据 Wang 和 Ziegler（2002）对德国 Steinbruch Schmidt 剖面的绝灭页岩（extiction shale）的时限的计算，F-F 集群灭绝的时间间隔也是 15 000 年。两者惊人地相似。

二叠纪晚期生物大灭绝早已有大量论述，很多重要的古生代的底栖生物和浮游生物，在二叠纪晚期逐步地、阶段性地灭绝了，很多类别并没有延伸到二叠纪的最晚期。䗴和菊石可上延到长兴灰岩上部 24d 层，极少数不能鉴定到种的标本可延伸到 24e 层（Yang *et al*.，1996）。有人甚至将长兴灰岩最上部的几米称为生物的"空白区"（朱相水、林联盛，1997），惟有牙形刺不论丰度还是分异度，直到长兴灰岩最上部（24e 层），几乎变化不大。正是在朱相水、林联盛（1997）的所谓"空白区"内，在长兴灰岩最上部近 2 m 厚的灰岩内，梅仕龙等发现并建立了 *C. changxingensis yini* - *C. meishanensis zhangi* 组合带，可以说明，长兴灰岩最顶部牙形刺不但没有减少，还出现了新的类群（Mei *et al*.，1998）。张克信等（Zhang *et al*.，1996）统计，在 24e 层产有 12 个牙形刺种，分异度较高。然而，牙形刺的丰度在界线粘土层底界的上下（事件地层界线），发生了极大的变化，岩性区分亦明显。在长兴灰岩最顶部的灰岩，每公斤含牙形刺 322 个，而在界线粘土层中的牙形刺，每公斤不到 6 个（Clark *et al*.，1986），笔者在界线粘土层 1（25 层）和 2（26 层）的分析中，获得的牙形刺更少（王成源，1995a；Wang *et al*.，1996），但牙形刺的分异度没有多大的变化，仅 *Clarkina subcarinata*，*C. changxingensis yini* 在长兴灰岩最顶部消失，没有上延到界线层。据张克信等（Zhang *et al*.，1996：59）统计，25 层和 26 层仍有 9 个牙形刺种。居群数量的大量减少，应是牙形刺大灭绝开始的标志。一些重要的世界性分布的属种，在 P-T 界线（界线层 2 中部：AEL882-3 或 27c）之下，如 *Clarkina deflecta*，*C. xiangxiensis*，*C. meishanensis* 都灭绝了，因此界线层 1（25，26 层）和界线层 2 下部，应归入牙形刺的灭绝期。*Clarkina changxingensis* 能够在 P-T 界线之上存在，生存较长时间，可能是一种灭绝中的种群丰度效应（species richness effect）。*Clarkina* 的 6 个种，有 5 个在 P-T 界线之下灭绝了。长兴期的时限为 2 Ma，牙形刺的灭绝期可能为 15 000 年（?）左右，这一灭绝期是短促的，发生在晚二叠世的晚期。

如果采用 Mei 等（1998）最新的分类，*C. changxingensis yini*，*C. parasubcarinata*，*C. meishanensis zhangi*，*C. deflecta* 都是在长兴灰岩最顶部灭绝的，长兴灰岩最顶部也应归为灭绝期，而 Metcalfe 等（1999）就是将主要集群灭绝期划在 24d 层 和 24e 层之间。它同样表明，牙形刺的集群灭绝是发生得很晚的。

$\delta^{13}C$ 在界线层 2 下部为低值，仅比生物地层界线低 4 cm，这一事件是全球性的，也是把界线层 2 下部归入大灭绝期的重要证据之一（Metcalfe *et al.*，1999：135，Fig. 3；Gruszczynski *et al.*，2003）。

依据王成源等（2001）对德国和华南 F-F 界线层牙形刺的研究，桂林龙门剖面牙形刺集群灭绝的时间间隔为 13 700 年，与德国 Steinbruch Schmidt 剖面计算结果非常接近（15 000 年）。Frasnian 阶的时限为 5 Ma，*linguiformis* 带的时限为 0.3 Ma，而 F-F 牙形刺的集群灭绝是发生在 Frasnian 阶最后的 15 000 年的时限内。与其他所有生物类群相比，特别是与底栖生物相比，在 F-F 事件中牙形刺的集群灭绝是发生得最晚的。

二、牙形刺集群灭绝逐步发生在短的地质时间内

仔细研究煤山剖面上牙形刺的分布，可以发现，即使在界线粘土层这样短的时间间隔内，牙形刺的灭绝也是逐步发生的（王成源，1998）。*Clarkina* cf. *carinata* 在 25 层内灭绝；*Clarkina deflecta* 在界线层 2 的下部灭绝（AEL882-2）；*Clarkina xiangxiensis* 同样在界线层 2 的下部灭绝，但比 *Clarkina deflecta* 稍低（AEL 882-1）；*Clarkina changxingensis* 的时限越过 P-T 界线，在界线层 2 的上部灭绝。煤山剖面上，P-T 的生物地层界线比事件地层界线高 15 cm，王成源（1994a，1994b，1995a）估计这段时间间隔只有 15 000 年（?），牙形刺的灭绝在这样短的时间内，同样表现出逐步发生的特征，而不是截顶式的一刀切。

据 Bowring 等（1998）的资料，长兴阶底界的同位素年龄为 253.4±0.2 Ma，顶界的同位素年龄为 251.4±0.3 Ma，长兴阶持续的时间为 2 Ma，而煤山长兴灰岩厚度为 42 m，平均沉积速率为 1 cm/500 年，灭绝-残存期（?）仅 15 cm，持续时间为 7 500年。这是一种可能。如仅从界线层的同位素年龄值看，界线粘土层（25 层，26 层）的同位素年龄为 251.4±0.3 Ma，28 层粘土层为 250.7±0.3 Ma，则灭绝-残存期（?）为 35 万年。

但据 Mundil 等（2001）的资料，长兴剖面界线粘土（25 层）的同位素年龄为 254 Ma，28 层粘土的同位素年龄为 252±0.3 Ma，则灭绝残存期为 75 万年。Nicoll 等（2002）根据煤山和上寺剖面牙形刺的对比研究认为，煤山剖面的 P-T 界线可能为间断面。因为在上寺剖面此界线之下存在 *Hindeodus eurypyge*，*Hindeodus prisscus* 等牙形刺，而在煤山剖面此界线之下没有这些分子。

P-T 牙形刺的灭绝率难以统计，因为：①灭绝期的时间难以确定，从古生代平均沉积速率估计为 15 000 年，从长兴灰岩平均沉积速率估计为 7 500 年，从界线层同位素年龄估算为 35 万年或 75 万年；②目前的层型剖面的界线可能是一间断面，间断的时间间隔难以估计，灭绝率更难以确定；③P-T 界线层牙形刺属种太少，

Clarkina 仅有 6 个种，*Hindeodus* 在 P-T 界线之下仅有 7 个种，百分比不能反映出真实的面貌，按 Raup 和 Sepkoski(1982)集群灭绝的定义，仅从牙形刺来看，是算不上集群灭绝的；④长兴阶晚期牙形刺的分类分歧太大，特别是长兴灰岩上部的牙形刺，Mei 等(1998)及 Wardlaw 和 Mei(见 Jin，2000)对长兴阶牙形刺的分类，变化太大。按笔者(王成源，1998)的分类，54%长兴阶的牙形刺在 P-T 界线之下的灭绝期灭绝了，另有 27%的种在 P-T 界线之上也很快灭绝了。

Wang 和 Ziegler(2002)提出，F-F 集群灭绝事件中，牙形刺的集群灭绝仍可区分出 4 个步骤：

(1) *Palmatolepis ederi*，*Pal. eureka* 和 *Pal. rhenana rhenana* 的灭绝；

(2) *Pal. linguiformis* 的灭绝；

(3) 没有 *Pal. linguiformis*，仅存 *Pal. subrecta*，*Pal. rhenana nasuta* 和 *Pal. gigas extensa*；

(4) *Pal. subrecta*，*Pal. rhenana nasuta* 和 *Pal. gigas extensa* 灭绝，仅存 *Pal. praetriangularis* 和 *Icriodus alternatus*；

紧接着就是 *Pal. triangularis* 的突然出现。

这 4 个步骤，是在大约 15 000 年的时限内发生的，从 *Palmatolepis* 一属的统计数字可以看出，牙形刺的灭绝率是很高的。据 Wang 和 Ziegler(2002)统计，*Palmatolepis* 在 F-F 事件灭绝的种群数量占 Frasnian 期 *Palmatolepis* 总数的 54%，占 *linguiformis* 带的 93%。集群灭绝发生之前，平均每 50 万年有一个种灭绝，属正常的背景灭绝；在 *linguiformis* 带的早中期，每 15 万年灭绝一个种，仍属背景灭绝，但在 F-F 事件中，平均每 1 200 年就有一个种灭绝，灭绝率是很高的。

三、残存期的确定还存在问题

Kauffman 和 Erwin(1995)提出由大灭绝期到复苏期之间有一个残存期(survival interval)，这对很多底栖生物门类是适用的，但在具体分析牙形刺的灭绝和复苏时，残存期是难以区分的。残存期的一个主要特征是存在灾后泛滥种(disaster taxa)和幸存种(survivors)。在 P-T 界线层 1 和 2 中存在 *Clarkina meishanensis*，*Hindeodus changxingensis*，时限很短，没有后继种，如称其为灾后泛滥种或称事件种(王成源，1995a)也是可以考虑的，但数量少，已知的分布范围有限，而这一时期恰是二叠纪晚期主要牙形刺分子的灭绝期(*Clarkin deflecta*，*C. xiangxiensis*)。

但是，如果采用 Mei 等(1998:215，Fig. 1)最新提出的分类，他的新种、新亚种，即 *Clarkina parasubcarinata*，*C. meishanensis zhangi*，*C. changxingensis yini*，以及老种 *C. deflecta* 都在长兴灰岩最上部的 2 m 厚的灰岩内灭绝，则长兴灰岩上部

为灭绝期。Metcalfe 等(1999)就将主要集群灭绝期(main mass extinction)划在煤山剖面长兴灰岩的 24d 和 24e 层之间。P-T 界之上的界线层 1 和 2 中存在的 *Clarkina meishanensis* 和 *Hindeodus changxingensis* 可能是灾后泛滥分子,虽目前所知数量和分布有限,25、26 层和 27 层下部有可能作为独立的残存期,这取决于对 Mei 等(1998)新的分类单元是否认同[①]。最新的研究资料表明(图 4.7.1),*Hindeodus* 和 *Clarkina* 的灭绝与复苏的规律可能不同。在二叠系-三叠系界线之下,*Hindeodus* 的种没有发生集群灭绝,不存在灭绝的分子,但正是在 P-T 界线之下和界线粘土层之上出现 *Hindeodus changxingensis*,*H. eurypyge*,*H.* n. sp. A,有可能归入灾后泛滥种,虽然目前所知分布范围很有限,而 *Hindeodus latidentatus*,*H. inflatus*,*H. priscus* 则是幸存种,因此,由界线粘土层到 P-T 界线之下的地层,可属残存期。

残存期的早、中期是以灾后泛滥类别和幸存类别的繁盛为特征的。在 F-F 界线层,*Ancyroides ubiguitus* 是一典型的灾后泛滥分子(Morrow and Sandberg, 1996),它的时限只限于 *linguiformis* 带上部至下 *triangularis* 带底部,可作为残存期早期的标志。*Palmatolepis praetriangularis* 和 *Pal. triangularis* 是下 *triangularis* 带下部仅存的两个 *Palmatolepis* 的种,它们的后继种 *Pal. delicatula delicatula* 和 *Pal. protorhomboidea* 在下 *triangularis* 带中部开始出现。如果我们考虑在下 *triangularis* 带下部,*Pal. praetriangularis* 和 *Ancyroides ubiguitus* 的种群丰度非常低,加之在华南从来没有发现 *Ancyroides ubiguitus*,很难将这一时期称为"灾后泛滥种和幸存种的繁盛时期"。Schülke(1998)将下 *triangularis* 带的下、中部归入残存期,但并未提出证据,笔者将下 *triangularis* 带归入复苏期。*Pal. triangularis* 的出现,可能就是复苏期的开始。在 F-F 界线层,残存期存在的另一种可能,就是在 Frasnian 晚期,特别是在 *linguiformis* 灭绝之后,在 *triangularis* 出现之前,牙形刺分异度低,丰度也低,也可能属残存期,虽然没有发现灾后泛滥种。

总之,在 F-F 和 P-T 界线层牙形刺的研究中,由于在中国没有找到灾后泛滥种,残存期的确定还有一定困难。对 F-F 界线来讲,作者倾向于将 *linguiformis* 灭绝之后、*triangularis* 出现之前的时间间隔列为残存期;对 P-T 界线层,长兴剖面的 25、26 和 27 层下部,有可能划归残存期。因为在界线层中出现的 *Hindeodus*

---

① Mei 等(1998)为长兴阶的牙形刺建立了 3 个新种、2 个新亚种和 6 个牙形刺组合带或带。但 Wardlaw 和 Mei(见 Jin,2000)在 Permophiles 36:40 中指出,他们现在放弃这些种的概念,Wardlaw 和 Mei 又依齿式为依据的新的分类概念,把长兴阶的牙形刺分为 3 个带,由下而上为 *Clarkina wangi*,*C. subcarinata*,*C. changxingensis*,放弃了 1998 年所建立的新种和新亚种。相关种的时限变化更大,但并没有明确给出新的 *C. wangi*,*C. subcarinata*,*C. changxingensis* 的定义和同义名表,Wardlaw 和 Mei(见 Jin,2000)将长兴阶的底界置于他们修定的狭义的 *C. subcarinata* 的首次出现,比长兴灰岩底高出 13.71 m。2001 年,Mei 等又将长兴阶底界定义改为 *Clarkina wangi* 的首次出现,位置在长兴剖面第 4 层,比长兴灰岩底界高出 4 m 多。

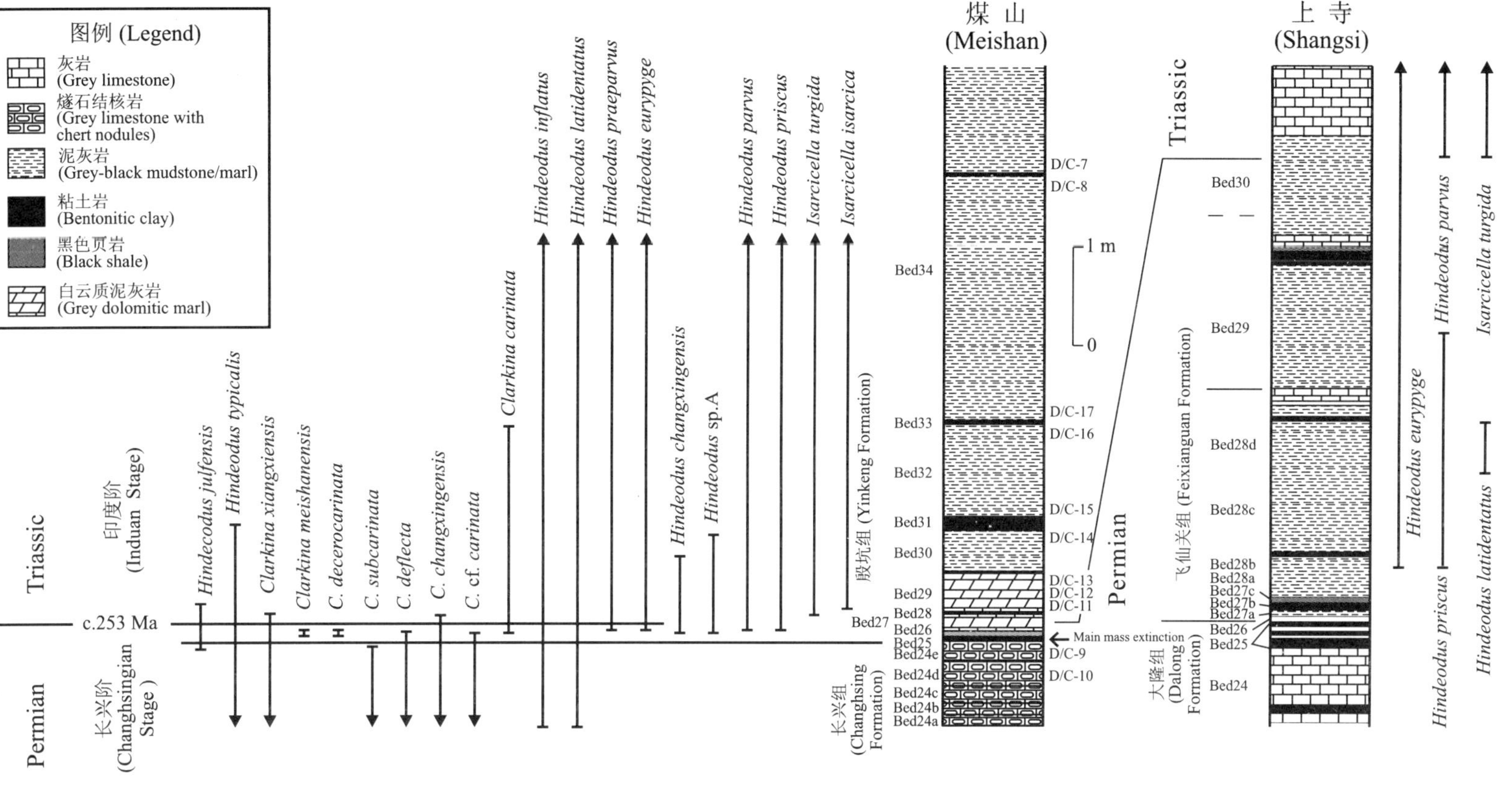

图 **4.7.1** 煤山和上寺剖面的二叠-三叠系界线层,示 ***Hindeodus*** 种的时限。煤山剖面层号依据 **Yin** 等(**1996**),上寺剖面层号依据 **Li** 等(**1989**)(据 Nicoll *et al.*, 2001). 本节作者认为 **28** 层的 ***Isarcicella isarcica*** 为 ***Isarcicella staechei***

Figure 4.7.1 Permian-Triassic boundary interval in the Meishan and Shangsi sections showing range of *Hindeodus*. "Bed" numbers for the Meishan section after Yin *et al*. (1996) and for Shangsi after Li *et al*. (1989). Present author considers that *Isarcicella isarcica* from bed 28 of the Meishan section may be assigned to *Isarcicella staechei changxingensis* Wang 是灾后泛滥分子。但这两种倾向性的看法，都缺乏足够的证据。

四、牙形刺在两大灭绝事件后最早复苏

目前，从底栖生物所确认的显生宙五大灭绝事件后生物复苏，至少为 2～3 Ma，而三叠纪的生物复苏通常被认为是最长的，达 10 Ma(戎嘉余等，1996)。底栖造礁动物群，在集群灭绝与复苏的过程中，一般消失得最早，再现得最晚，珊瑚礁就是一个最好的例子。廖卫华(Liao，2002：fig. 1)提出，华南泥盆纪珊瑚的集群灭绝发生在 Late *rhenana* 带的上部和 *linguiformis* 带，并存在一个非常漫长的残存期，直到 Famennian 期的晚期，才出现底栖生物的复苏期。相反，浮游生物，特别是牙形刺的集群灭绝发生得最晚，而复苏得最早。在华南 F-F 界线层，牙形刺的集群灭绝发生在 *linguiformis* 带的上部，而从 Famennian 期开始，即 *triangularis* 带开始，就已进入复苏期。又如将晚二叠世的 *Claraides* 和晚二叠世至早三叠世的 *Claraia* 区分(方宗杰，1993)，*Claraia* 是世界性的早三叠世的"灾后泛滥"分子，它的演化速率据估计是每 10 万年到 20 万年增加一新种(杨遵仪等，1987)①。*Hindeodus parvus* 和 *Isarcicella staeschei* 都是牙形刺的新生分子，已进入复苏期。因此，牙形刺是三叠纪最早的复苏门类，它紧接残存期就出现，由灭绝期至复苏期时限估计只有 15 000 年(?)(Wang，1994a；王成源，1994b，1995a)，而按 Bowring 等(1998)等的资料，在 7 500 年至 35 万年之间。

P-T 界线层，牙形刺复苏最早，还可从 *Isarcicella staeschei* 带的建立和 *Hindeodus* 一属在早三叠世最早期的演化进一步说明。*I. staeschei* 带是王成源(Wang，1996)建立的。王成源将赖旭龙等在长兴煤山剖面 28 层中发现的 *Isarcicella isarcica* 更名为 *I. staeschei*，并建立 *I. staeschei* 带。Lai(1998)曾明确反对用 *I. staeschei* 种名和建立 *I. staeschei* 带，但是依据杨守仁等(1999)的研究，*I. staeschei* 带分布于我国 11 省 27 处，*I. staeschei* 带肯定是存在的。这就意味着，*H. parvus* 带的厚度在煤山剖面只有 8 cm。

Hindeodus 的演化在三叠系的最早期是非常快的，据杨守仁等(1999)的研究，*Hindeodus-Isarcicella* 在早三叠世早期可区分出 5 个演化事件(图 4.7.2)，而按 Nicoll 等(1999)的研究，更为复杂，尚有 4 个新种(Nicoll *et al*.，2002)，以 *Hindeodus parvus* 标志复苏期的开始，是可取的。因为从 *H. parvus* 出现后，成种率增高，分异度也增高，灾后泛滥种(*Hindeodus changxingensis*，*H. eurypage*，*H.*

---

① 以往的报道，*Claraia* 最早出现在界线层 3(Sheng *et al*.，1984)，比牙形刺 *Hindeodus parvus* 和 *Isarcicella staeschei* 晚得多。但据陈金华最新的研究成果，长兴剖面界线层 1 中的 *Peribositra baoqingensis* Chen 就是 *Claraia*，*Pseudoclaraia* 也应归入 *Claraia*，这样 *Claraia* 在晚二叠世就已出现，是灾后泛滥分子。

sp. A)消失。

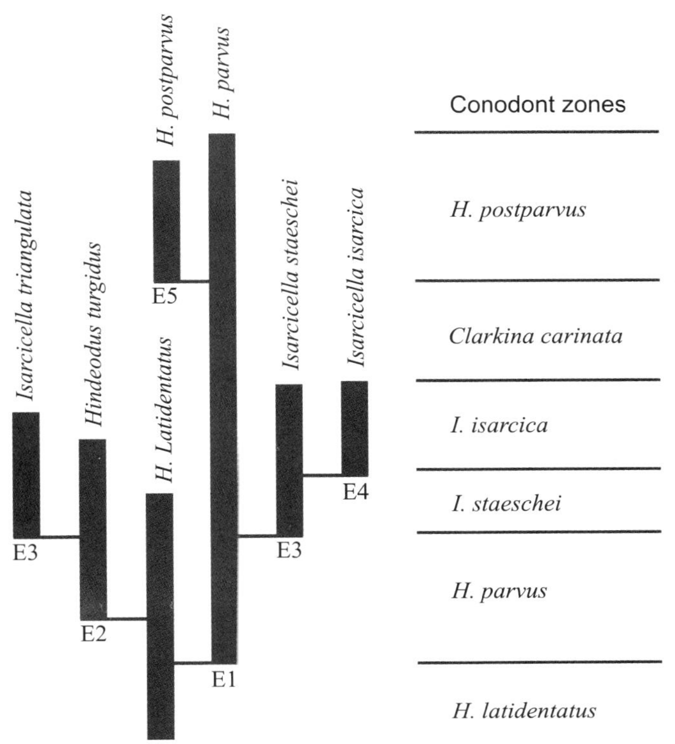

图 4.7.2 广西 ***Hindeodus-Isarcicella*** 的演化谱系（据杨守仁等，1999）

Figure 4.7.2 Evolutionary lineages of the *Hindeodus-Isarcicella* in Guangxi, China

H. = *Hindeodus* *I.* = *Isarcicella* E1, E2, E3, E4, E5 = Event 1, 2, 3, 4, 5 (after Yang *et al.*, 1999)

Hindeodus parvus 既存在于深水相，也广泛地存在于浅水相，它是三叠纪底界的最好标志(Yin *et al.*, 1988, 1996; Kozur, 1996; Wang, 1996; Wang *et al.*, 1996; Wang and Wang, 1997; Wang, 1994a; 王成源，1994b)，但 *H. parvus* 定义不精细，鉴定分歧较大。王成源(1995a, 1995b)将定义修定为以 *H. parvus* Morphotype 1 的首次出现作为三叠系的底。Kozur(1996)又进一步将 Morphotype 1 提升为亚种 *H. parvus erectus*，同时将原来晚二叠世晚期的 *Hindeodus latidentatus* 命名为 *H. latidentatus praeparvus*，因此新提出的演化关系为 *H. latidentatus praeparvus*→*H. parvus erectus*。*H. parvus* 是典型的新生分子(王成源，1995a)，不应将它的出现归入早三叠世牙形刺动物演化的停滞阶段(丁梅华，见杨遵仪等，1987:168)。*Clarkina* cf. *carinata* 应归入先驱分子分类单元。

Schülke(1998)将 F-F 界线层 *triangularis* 带中、下部 *Pal. delicatula delicatula* 的首次出现作为复苏期的开始，而 Wang 和 Ziegler(2002)认为，*Pal. triangularis* 的首次出现，即 Famennian 期一开始，就是牙形刺复苏期的开始。从 *Pal. triangularis* 出现开始，新种开始增加，分异度增高，牙形刺由灭绝期很快进入复苏期。

triangularis 带中、下部均属复苏期，这一时间间隔，从华南龙门、垌村和德国 Steinbruch Schmidt 剖面的相关厚度估算，可能远远小于 0.5 Ma，在这样短的地质时期内，牙形刺的复苏同样是逐步发生的，可识别出 5 个阶段(或幕)：

(1)*Palmatolepis triangularis* 的首次出现;

(2)*Pal. delicatula delicatula* 的首次出现;

(3)*Pal. protorhomboidea* 的首次出现;

(4)*Pal. delicatula platys* 的首次出现;

(5)*triangularis* 带中、下部,*Icriodus* 分子的大量增加。

F-F 和 P-T 集群灭绝之后,牙形刺都是最早进入复苏的,复苏期也最短,并非像底栖生物那样,在集群灭绝之后至少 2~3 Ma,才进入复苏期。

五、牙形刺最早进入辐射期

长兴剖面从 28 层(AEL883)(Wang,1994a;王成源,1994b,1998)已出现 *Hindeodus staeschei*,仍可视为复苏阶段。根据 Nicoll 等(1999,2002)的材料,在 32 层(AEL888)已出现 *Hindeodus isarcica* 和 *Hindeodus* 的几个新种。重要的是从 32 层已开始出现很原始的 *Neospathodus* 的新种,*Neospathodus* 是早三叠世的重要建带属,从 32 层(AEL888)起,牙形刺已开始进入辐射期,其成种速率和规模都超过了复苏期。

在 F-F 界线层,由 *triangularis* 带上部起,即由 *Palmatolepis minuta* 开始出现,牙形刺的演化即进入辐射期,因为正是从 *triangularis* 带上部起,大量的新生分子开始出现,种群分异度极快增高。*Palmatolepis* 在 Famennian 期的 4 个主要支系都是在 *triangularis* 带上部演化出来的。生物的丰富度和分异度都进入了顶峰期。

六、牙形刺的避难种和复活类别未曾发现

避难分子的性质是有争议的,但避难分子的发现可能对研究生物的残存和复苏是至关重要的。按避难分子的居住地,可区分为两种避难分子,一是深海或称稳定的避难分子,规模大,环境稳定;另一是定置(stationary)的避难分子,其生态系统的界线变化较快(Hladil and Cejchan,1995)。多数避难分子都有返回大灭绝期间原居住地的能力,避难分子也就成了复活分子。按生物地层的记录,可以区分两种类型的避难分子:短期的避难分子和长期的避难分子(Kauffman *et al*.,1996)。

生物复苏期的重要标志是复活分类单元的存在,但是在目前,我们还没有发现牙形刺的避难种和复活种。对营自游生活方式的牙形动物而言,特别是深水相的牙形刺,都是世界性分布的。Erwin(1994)将华南晚二叠世归入避难所,但笔者没有发现任何具体的牙形刺种可以作为避难种或复活种,也不赞同把 P-T 界线层的所有牙形刺都归入避难类别或复活类别。P-T 界线层的牙形刺分布广泛,也并非

在真正的深海区。

在 F-F 界线层中，笔者并没有发现牙形刺的避难种和复活种。戎嘉余等(1996)及 Maples 等(1997)曾报道，在新疆可能存在 Famernian 期的避难分子，特别是棘皮动物。但依据赵治信、王成源(1990)对新疆洪古勒楞组牙形刺的研究，并没有发现牙形刺的避难分子和复活分子。华南晚泥盆世牙形刺的研究，也没有发现牙形刺的避难分子和复活分子。晚泥盆世的最主要的属是 *Palmatolepis*，在 F-F 事件中，可能迫使 *Palmatolepis* 生活在特定的水层，这些分子不能称为避难分子，而最好称为"困境居群"(stranded population)(Vermeij, 1987; Kauffman *et al.*, 1996)。*Palmatolepis praetriangularis*，*Pal. triangularis* 就属于"困境居群"。

七、牙形刺复苏的重要类别

在 P-T 与 F-F 集群灭绝后的复苏中，都各自存在深水相与浅水相牙形刺复苏的重要类别。

Clarkina carinata 是所有早三叠世新舟刺类分子的惟一的根源种(root species)。*Clarkina carinata* 的时限是由界线层 1 内至界线层 3，在 *Isarcicella staeschei* 带演化出 *Clarkina planata*。*Clarkina carinata* 是浮游相生物复苏的非常重要的分子。*Hindeodus latidentatus praeparvus* 同样是危机先驱分子，由此演化出 *Hindeodus parvus erectus*，也是早三叠世的欣德刺分子的根源种(包括 *Isarcicella*，*Sweetohindeodus*)，对浅水相牙形刺的演化尤为重要。

Palmatolepis praetriangularis 是惟一的根源种或所有 Famennian 期的 *Palmatolepis* 的祖先种，是惟一的起源于 Frasnian 期并进入 Famennian 期 *Palmatolepis* 的典型的危机先驱种，是牙形刺由 F-F 集群灭绝到复苏的最重要的类别，特别是在浮游相区。

Icriodus praealternatus，*I. alternatus* 和 *I. deformatus* 同样也是危机先驱分子，是浅水相牙形刺复苏的重要类别。

八、P-T 与 F-F 集群灭绝与复苏的机制可能不同

对 P-T 集群灭绝的原因，多数人认为，与火山活动和缺氧事件直接有关。250 Ma 或 252 Ma 之前，在特提斯东部有大规模的酸性、中酸性火山活动，火山灰覆盖的面积至少为 200 万 km^2(Kozur, 1997)。Clark 等(1986)依据对长兴煤山剖面界线粘土层 45 种元素的分析，最早确认界线粘土层的火山成因。缺氧事件同样是 P-T集群灭绝的重要原因，*Clarkina deflecta* 和 *C. xiangxiensis* 就灭绝在黑粘土层(26 层)中，黑粘土层是缺氧事件的重要标志。

对F-F集群灭绝的原因，有多种说法，但目前主要的看法是与Frasnian晚期多次地外撞击事件有关，McGhee(1994)描述了3个晚泥盆世撞击坑，Sandberg等(2001)认为，美国内华达Alamo撞击构造以及各地区分布的微球粒均与F-F事件有关。

不论是P-T事件还是F-F事件，均与海平面的突然降低有关，这是引起生物灭绝的直接原因。

P-T界线层牙形刺的复苏可能与早三叠世最早期的海进有关。由于*Clarkina*在早三叠世早期很快灭绝，目前对深水相区牙形刺的复苏情况还不清楚。Lai等(1999)所提出的P-T界线层牙形刺的生态模式，认为*Clarkina*是底栖自游的，由于海平面变化，*Clarkina*才减少，这是很难被接受的。*Clarkina*是深水自游的(并非指深海，水深大于30 m)，在界线层数量的减少，是灭绝事件引起的。

对F-F界线层牙形刺的复苏，Wang和Ziegler(2002)同意Schülke(1997)提出的*Palmatolepis triangularis*幼型持续成种假说。在集群灭绝之后，作为中层自游生物群，*Pal. praetriangularis*只生活在很窄的特定的水层，通过幼型持续成种而形成*Pal. triangularis*，从而进入复苏期。

综上所述，在P-T界线层中，牙形刺的集群灭绝发生得很晚，灭绝期也很短，可能不超过15 000年(?)；在F-F界线层中，牙形刺的集群灭绝发生得最晚，时限也短，可能只有15 000年；牙形刺一般复苏得最早，复苏期也很短，很快就进入辐射期，这与底栖珊瑚有非常大的区别。没有发现牙形刺的避难分子和复活分子，独立的残存期可能存在，但目前确定的依据不充分。长兴煤山剖面的25,26和27a,27b层有可能归入牙形刺的残存期。垌村、龙门剖面*linguiformis*灭绝之后和*triangularis*出现之前的一段时间间隔也可能归入牙形刺的残存期。在F-F和P-T两个灭绝事件中，在深水相和浅水相都分别存在危机先驱分子，它们是灭绝事件后生物复苏的重要分子。这两次大的灭绝事件，均与海平面的突然下降有关，黑色页岩的存在也表明这两个事件与缺氧事件有直接关系，但成因机制可能不同。由于在F-F界线层存在世界范围分布的微球粒和陨击构造，F-F事件可能主要与地外事件有关(Sandberg *et al*.,2001,MS)。P-T事件可能主要与地内事件有关，因为存在火山成因的界线粘土层(Clark *et al*.,1986)。

最后，笔者要提到集群灭绝的概念。Newell(1967)提出的集群灭绝的概念，按Flessa等(1986)的总结应满足4个条件：具有实际意义的灭绝量值；具有全球范围内的广度；涉及广泛的不同分类单元；相对短暂的地质时间。而Raup和Sepkoski(1982)依据显生宙集群的量值和幅度，提出集群灭绝的最小量值为11%的科和20%～25%的属灭绝。按这样的标准，从科、属级来看牙形刺的集群灭绝还达不到量化的标准，因此，在与同事的讨论中，有的同事否认牙形刺在P-T或F-F事件中有集群灭绝，因为它与底栖生物的集群灭绝概念不同，不是在科、属级上，就是从种级水平和物种的丰度来考虑，单从 P-T 界线层少数牙形刺物种的灭绝来看，也是够不上集群灭绝的。二叠纪 *Clarkina* 的多数物种在 P-T 之交几乎都灭绝了，作为整个生物群的一部分，牙形刺的灭绝发生在 P-T 大的灭绝事件中，称之为集群灭绝似乎是可以的，但很不严格。

在泥盆纪 F-F 事件的讨论中，所有牙形刺学者都承认在 Frasnian 阶晚期，牙形刺发生了集群灭绝，但都是在 *Palmatolepis* 一属的种一级的水平上，如果只从科、属级来讨论，牙形刺在 F-F 事件中也就不存在集群灭绝与复苏了。只有从种一级的水平上，才能探讨牙形刺的集群灭绝与复苏。

致　谢　此项研究得到国家重点基础研究发展规划项目(G2000077708)和国家自然科学基金(No. 49272078)的资助。1997 年得到德国马普学会的资助，1998 年得到南京地质古生物研究所开放实验室的资助(990406)。

参考文献

Bottjer D J, Droser M L, Wang ChengYuan. 1988. Fine-scale resolution of mass extinction events, Trace fossil evidence from the Permian-Triassic boundary in South China. Geological Society of America, Abstract with Programs, 20, A106

Bowring S A, Erwin D H, Jin Yugan, Martin M W, Davidek K, Wang Wei. 1998. U/Pb Zircon geochronology and tempo of the end-Permian mass extinction. Science, 280: 1 039～1 045

Clark D L, Wang Chengyuan, Orth J, Gilmore J S. 1986. Conodont survival and low Iridium abundances across the Permian-Triassic boundary in South China. Science, 233: 984～986

Ding Meihua, Zhang KeXing, Lai XuLong. 1995. Discussion on *Isarcicella parva* of the Early Triassic. Palaeoworld, 6: 56～65

Erwin D H. 1994. The Permian-Triassic extinction. Nature, 367: 231～236

Fang Zongjie. 1993. On "*Claraia*" (Bivalvia) of the late Permian. Acta Palaeontologica Sinica. 32 (6): 653～661(in Chinese with English abstract) [方宗杰. 1993. 论晚二叠世的"克氏蛤". 古生物学报,32(6): 653～661]

Flessa K W, Erben H K, Hallam A, Hsu K J, Hussner H M, Jablonski D, Raup D M, Sepkoski J, Soule M E, Steinesbeck W, Vermeij G J. 1986. Causes and consequences of extinciton (Group Report). In: Raup D M, Jablonski D, eds. Patterns and Processes in the history of Life. Heidelberg: Springer-Verlag. 235～257

Gruszczynski M, Malkowski K, Szaniawski H, Wang Chengyuan. 2003. The Carbon biogeochemical cycle across the Permian-Triassic boundary strata and its implication: isotope record from the Changhsingian Stage at Meishan, south China. Acta Geologica Polonica, 53(3):167～179

Gupta V J, Yin Hong-fu. 1987. *Otoceras* and the Permian-Triassic boundary. Journal of Geological Society of India, 30: 132～142

He Jinwen, Rui Lin, Chai Chifang, Ma Shulan. 1987. The latest Permian and earlist Triassic volcanic activities in the Meishan area of Changxing, Zhejiang. Journal of Stratigraphy, 11(3): 194～199 (in Chinese with English abstract) [何锦文,芮琳,柴之芳,马淑兰. 1987. 浙江长兴地

区二叠、三叠系之交的火山活动. 地层学杂志,11(3): 194～199]

Hladil J, Cejchan P. 1995. Identify of refugian, can we find them by basic system deliberation? Sixth circular of IGCP project 335: Biotic recoveries from mass extinction. 4～5

Jin Yugan. 2000. Conodont definition on the basal boundary of Lopingian stages: A report from the International Working Group on the Lopingian Series. With a report form Charles Henderson and a second from Bruce Wardlaw and Shilong Mei. Permophiles, 36: 37～40

Jin Yugan, Wang Yue, Wang Wei, Shang Qinghua, Cao Changqun, Erwin D H. 2000. Pattern of Marine Mass Extinction Near the Permian-Triassic Boundary in South China. Science, 289: 432～436

Kauffman E C, Erwin D H. 1994. Biotic recoveries from mass extinction: initial meetings. Episodes, 17(3): 68～73

Kauffman E C, Erwin D H. 1995. Surviving mass extinction. Geotime, 40(3): 14～17

Kauffman E G, Harries P J. 1996. The importance of crisis progenitors in recovery from mass extinction. In: Hard, ed. Biotic recovery from mass extinction. Geological Society Special Publication, 102: 15～39

Kozur H. 1995a. Permian conodont zonation and its importance for the Permian stratigraphic standard scale. Geologisch-Paläontologisch Mitteilungen Innsbruck, 20: 165～205

Kozur H. 1995b. Some remarks to the conodonts *Hindeodus* and *Isarcicella* in the latest Permian and earliest Triassic. Palaeoworld, 6: 64～77

Kozur H. 1996. The conodonts *Hindeodus* and *Sweetohindeodus* in the uppermost Permian and Lowermost Triassic. Geologia Croatica, 49(1): 81～115

Kozur H. 1997. Possible scenario for the biotic crisis at the Permian/Triassic boundary (PTB). UNESCO-IGCP Project 335 Biotic Recoveries from Mass Extinctions, Final Conference Recoveries 97, Abstract Book. 18～22

Kozur H, Ramovs A, Wang Chengyuan, Zakharov Y D. 1996. The importance of *Hindeodus parvus* (Conodonta) for the definition of the Permian-Triassic boundary and evaluation of the proposed section for a global stratotype section and point (GSSP) for the base of the Triassic. Geologija, 37/38: 173～213

Lai Xulong. 1998. Discussion on Permian-Triassic conodont study. Permophiles, 31: 32～35

Lai Xulong, Cui Wei, Xiong Wei, Peng Ruixia, Liu Zhenzuo. 1999. Primary study on Late Permian conodont fauna from Xifanli section, Daye County, Southeast Hubei Province, China. In: Yin Hongfu, Tong Jinnan, eds. Proceeding of the International Conference on Pangea and the Paleozoic-Mesozoic transition. Wuhan: China University of Geosciences Press. 15～21

Li Zishun, Zhan Lipei, Dai Jinye, Jin Ruogu, Zhu Xiufang, Zhang Jinhua, Huang Hengquan, Xu Daoyi, Yan Zheng, Li Huamei, *et al*. 1989. Study on the Permian-Triassic biostratigraphy and event stratigraphy of Northern Sichuan and Southern Shaanxi. People's Republic of China, Ministry of Geology and Mineral resources, Geological Memoir's Series 2: Stratigraphy, Palentology, 9: Beijing: Geological Publishing House. 1～435(in Chinese with English abstract) [李子舜,詹立培,戴进业,金若谷,朱秀芳,张锦华,黄恒铨,徐道一,严正,李华梅等. 1989. 川北陕南二叠-三叠纪生物地层及事件地层学研究. 中华人民共和国地质矿产部地质专报,二、地层古生物,第 9 号. 北京:地质出版社. 1～435]

Liao Weihua. 2002. Biotic recovery from the late Pevonoan F-F mass extinction event in China. Science in China (Series D), 45(4): 380～384

Maples C G, Waters J A. Lane H G, Marcus S A, *et al*. 1997. "Carboniferous" echioderms in the Late Devonian? Refugia, rebound, and repopulation. Abstract Book. UNESCO-IGCP Project 335 "Biotic Recoveries from Mass extinction "Final Conference "Recovries 97", 11

McGhee G R, Jr. 1994. Comets, Astroides and the Late Devonian mass extinction. Palaios, 9(6): 513～515

Mei Shilong. 1996. Restudy of conodonts from the Permian-Triassic boundary beds at Selong and Meishan and the natural Permian-Triassic boundary. In: Wang Hongzhen, Wang Xunlian, eds. Centennial memorial volume of Prof. Sun Yunzhu: Palaeontology and Stratigtaphy. Wuhan: China University of Geosciences Press. 141～147

Mei Shilong, Zhang Kexin, Wardlaw B R. 1998. A refined succession of Changhsingian and Griesbachian neogondolellid conodonts from the Meishan section, candidate of the global stratotype section and point of the Permian-Triassic boundary. Palaeogeography, Palaeoclimatology, Palaeoecology, 143: 213～226

Metcalfe I, Nicoll R S, Black L P, Mundil R, Renne P, Jagodzinski E A, Wang Chengyuan. 1999. Isotope geochronology of the Permian- Triassic boundary and mass extinction in South China. In: Yin Hongfu, Tong Jinnan, eds. Proceeding of the international conference on Pangea and the Paleozoic-Mesozoic transition. Wuhan: China University of Geosciences Press. 134～136

Morrow J R, Sandberg C A. 1996. Conodont fauna turnover and diversity changes through the Frasnian-Famennian (F-F) mass extinction and recovery episodes. In: Repetski J E, ed. Sixth North American Paleontological Convention Abstracts, Paleontological Society Special Publication, 8: 284

Mundil R, Metcalfe I, Ludwig K R, Renne P R, Oberli F, Nicoll R S. 2001. Timing of the Permian-Triassic biotic crisis; implications from new zircon U/Pb age data (and their limitations). Earth and Planetary letters, 187: 131～145

Newell N D. 1967. Revolution in the history of life. Geological Society of America, Special Paper, 89: 63～91

Nicoll R S, Metcalfe I, Wang Chengyuan. 1999. *Hindeodus-Isarcicella* evolution in the Permian-Triassic boundary interval, Meishan, China. XIV ICCP, Pander Society, Canadian Paleontological Conference Programme with Abstracts. 105

Nicoll R S, Metcalfe I, Wang Chengyuan. 2002. New species of the conodont genus *Hindeodus* and the conodont biostratigraphy of the Permian-Triassic boundary interval. Journal of Asian Earth Sciences, 20: 609～631

Raup D M. 1984. Evolutionary radiation and extinction. In: Holland H D, Trendall A F, eds. Pattens of change in the Earth evolution, Heidelberg: Springer-Verlag. 5～14

Raup D M, Sepkoski J J, Jr. 1982. Mass extinction in the marine fossil record. Science, 215: 1 501～1 503

Renne P R, *et al*. 1995. Synchrony and causal relation between Permian-Triassic boundary crisis and Siberian flood volcanism. Science, 269:1 413～1 416

Rong Jiayu, Fang Zongjie, Chen Xu, Chen Jinhua, Liao Weihua, Sun Dongli, Zhan Renbin, Shen Jianwei. 1996. Biotic recovery—First episode of evolution after mass extiction. Acta Palaeontologica Sinica, 35(3): 259～271 (in Chinese with English abstract)[戎嘉余,方宗杰,陈旭,陈金华,廖卫华,孙东立,詹仁斌,沈建伟. 1996. 生物复苏——大灭绝后生物演化历史的第一幕. 古生物学报,35(3): 259～271]

Rui Lin, He Jinwen, Chen Chuzhen, Wang Yigan. 1988. Discovery of fossil animals from the basal clay of Permian-Triassic boundary in the Meishan area of Changxing, Zhejiang and its significance. Journal of Stratigraphy, 12(1): 48～52 (in Chinese with English abstract)[芮琳,何锦文,陈楚震,王义刚. 1988. 浙江长兴煤山地区二叠-三叠系界线粘土中动物化石的发现及其意义. 地层学杂志,12(1): 48～52]

Sandberg C A, Morrow J R, Ziegler W. 2001. Late Devonian sea-level changes, catastrophic events, and mass extinction (MS)

Schülke I. 1997. Post-event paedomorphosis at *Palmatolepis triangularis* (Frasnian/Famennian boundary). Abstract book of the final conference of the IGCP Project 335 "Biotic recoveries from mass extinction". 9～10

Schülke L. 1998. Conodont community structure around the "Kellwasser mass extinction event" (Frasnian/Famennian boundary interval). Senckenbergiana lethaea, 77(1～2): 87～99

Sepkoski J J, Jr. 1991. A model of onshore-offshore change in the faunal diversity. Palaeobiology, 17 (1): 58～77

Sheng Jinzhang, Chen Zhuzhen, Wang Yigang, Rui lin, Liao Zhuoting, Yuji Bando, Kenichi Ishii, Keiji Nakazawa, Koji Nakamura. 1984. PermianTriassic boundary in middle and eastern Tethys. Journal of the Faculty of Science, Hokkaido University, Series 4, 21(1): 133～181

Sheng Jinzhang, Chen Chuzhen, Wang Yigan, Rui Lin, Liao Zhouting, He Jinwen, Jiang Nayan, Wang Chengyuan. 1987. New advances on the Permian and Triassic boundary of Jiangsu, Zhejiang and Anhui. Nanjing Institute of Geology and Palaeontology, Academia Sinica, ed. Stratigraphy and Palaeontology of systemic boundaries in China. Permian-Triassic boundary, (1). Nanjing: Nanjing University Press. 1～21 (in Chinese with English abstract) [盛金章，陈楚震，王义刚，芮琳，廖卓庭，何锦文，江纳言，王成源. 1987. 苏浙皖地区二叠系和三叠系界线研究的新进展. 中国科学院南京地质古生物研究所编. 中国各系界线地层及古生物，二叠系与三叠系界线(一). 南京：南京大学出版社. 1～21]

Vermeij G J. 1987. Evolution and escalation. Princeton: Princeton University Press

Wang Chengyuan. 1994a. A conodont-based highresolution eventostratigraphy and biostratigraphy for the Permian-Triassic boundaries in South China. Palaeoworld, 4: 234～248

Wang Chengyuan. 1994b. Eventostratigraphic boundary and biostratigraphic boundary of the Permian-Triassic in South China. Journal of Stratigraphy, 18(2): 110～118 (in Chinese with English abstract) [王成源. 1994b. 华南二叠系-三叠系的事件地层与生物地层界线. 地层学杂志，18(2): 110～118]

Wang Chengyuan. 1995a. Conodonts of Permian-Triassic boundary beds and biostratigraphic boundary. Acta Palaeontologica Sinica, 34(2): 129～151 (in Chinese with English abstract) [王成源. 1995a. 二叠-三叠系界线层的牙形刺与生物地层界线. 古生物学报，34(2):129～151]

Wang Chengyuan. 1995b. Conodonts of Permian-Triassic boundary beds and biostratigraphic boundary in the Zhongxin Dadui section, Changxing, Zhejiang. Chinese Science Bulletin, 40 (8): 719～722 (in Chinese with English abstract) [王成源. 1995b. 浙江长兴煤山忠心大队剖面二叠-三叠系界线层的牙形刺与生物地层界线. 科学通报，40(8): 719～722]

Wang Chengyuan. 1996. Conodont evolutionary lineage and zonation for the Latest Permian and the Earlliest Triassic. Permophiles, 29: 30～37

Wang Chengyuan. 1998. Conodont mass extiction and recovery from Permian-Triassic boundary beds. In: Department of Geology, Peking University, ed. Collected works of International Symposium on Geological Science held at Peking University. Beijing: Seismologic Press. 379～389 (in Chinese with English abstract) [王成源. 1998. 二叠-三叠系界线层牙形刺的绝灭与复苏. 北京大学地学系编. 北京大学国际地际科学学术研讨会论文集. 北京：地震出版社. 379～389]

Wang Chengyuan, Kozur H, Ishiga H, Kotlyar G V, Ramovs A, Wang Zhihao, Zakharov Y. 1996. Permian-Triassic boundary at Meishan of Changxing County, Zhejjiang Province, China, a proposal on the global stratotype section and point (GSSP) for the base of the Triassic. In: First Asian Conodont Symposium (1994). Acta Micropaleontologica Sinica, 13(2): 109～129

Wang Chengyuan, Wang Shangqi. 1997. Conodont from Permian-Triassic boundary beds in Jiangxi,

China and evolutionary lineage of *Hindeodus-Isarcicella*. Acta Palaeontologica Sinica, 36(2): 151～169

Wang Chengyuan, Ziegler W. 2002. The Frasnian- Famennian conodont mass extinction and recovery in South China. Senckenbergiana lethaea, 82(2): 463～493

Wang Zhihao, Zhu Xiangshui. 2000. Restudy of conodonts from the base of the Daye Formation and the top of the Changhsing Formation in Jiangxi Province. Acta Micropalaeontologica Sinica, 17(1):57～63, 2 pls. (in Chinese with English abstract)[王志浩,朱相水. 2000. 江西长兴组顶部与大冶组底部牙形刺的再研究. 微体古生物学报, 17(1): 57～63, 2 图版]

Yang Shouren, Hao Weicheng, Wang Xinping. 1999. Conodont evolutionary lineage, zonation and P-T boundary at P-T boundary beds in Guangxi, China. In: Yao Akira, Ezaki Yoichi, Hao Weicheng, Wang Xinping, eds. Biotic and Geological development of the paleo-Tethys in China. Beijing: Peking University Press. 81～91, 4 pls. (in Chinese with English abstract) [杨守仁,郝维城,王新平. 1999. 广西二叠-三叠系界线层牙形石演化、分带及二叠-三叠系界线. 见:八尾昭,江崎洋一,郝维城,王新平主编. 中国古特提斯生物及地质变迁. 北京: 北京大学出版社. 81～91, 4 图版]

Yang Zunyi, Yang Fengqin, Wu Shunbao. 1996. The Ammonoid *Hypophiceras* Fauna near the Permian-Triassic boundary at Meishan section and in South China: Stratigraphic significance. In: Yin Hongfu, ed. NSFC project The palaeozoic-Mesozoic boundary candidates of global stratotype section and point of the Permian-Triassic boundary. Wuhan: China University of Geosciences Press. 49～56

Yang Zunyi, Yin Hongfu, Wu Shunbao, Yang Fengqing, Ding Meihua, Xu Guirong. 1987. Permian-Triassic boundary stratigraphy and fauna of South China. Geologica memoirs, Series 2, number 6. Beijing: Geological publishing House. 1～379, 37pls. (in Chinese with English abstract) [杨遵仪,殷鸿福,吴顺宝,杨逢清,丁梅华,徐桂荣. 1987. 华南二叠-三叠系界线地层及动物群. 地质专报,二,地层古生物,6. 北京:地质出版社. 1～378, 37 图版]

Yin Hongfu. 1994. Reassessment of the index fossils at the Paleozoic-Mesozoic boundary. Palaeoworld, 4: 153～171

Yin Hongfu, Huang shiji, Zhang Kexin, Hansen H J, *et al*. 1992, The effects of volcanism on the Permian-Triassic mass extinction in South China. In: Sweet W C, Yang Zun yi, *et al*., eds. Permian-Triassic boundary events in Eastern Tethys. Cambridge: Cambridge University Press. 146～157

Yin Hongfu, Sweet W C, Glenister B F, Kotlyar G, Kozur H, Newell N D, Sheng Jinzhang, Yang Zunyi, Zakharov Y D. 1996. Recommendation of the Meishan section as Global Stratotype Section and Point for basal boundary of Triassic System. Newsletter of Stratigraphy, 34(2): 81～108

Yin Hongfu, Wu Shunbao, Ding Meihua, Zhang Kexin, Tong Jinnan, Yang Fengqing. 1994. The Meishan section-candidate of the global stratotype section and point (GSSP) of the Permian-Triassic boundary (PTB). Albertiana, 14:15～31

Yin Hongfu, Yang Fengqing, Zhang Kexin, *et al*. 1988. A proposal to the biostratigraphic criterion of Permian-Triassic boundary. Memoie della Societa Geologica Italiana, 34: 329～344

Zhang Kexin, Ding Meihua, Lai Xulong, Wu Shunbao, Liu Jinhua. 1996. Conodont sequences of the Permian-Triassic boundary strata at Meishan section, South China. In: Yin Hongfu, ed. NSFC project The palaeozoic-Mesozoic boundary candidates of global stratotype section and point of the Permian-Triassic boundary. Wuhan: China University of Geosciences Press. 57～64

Zhang Kexin, Lai Xulong, Ding Meihua, Liu Jinhua. 1995. Conodont sequences and its global correlation of Permian-Triassic boundary in Meishan section. Changxing, Zhejiang Province.

Earth Science—Journal of China University of Geosciences，20(6)：669～676，1 pl (in Chinese with English abstract) [张克信，赖旭龙，丁梅华，吴顺宝，刘金华. 1995. 浙江长兴煤山二叠-三叠系界线层牙形石序列及其全球对比. 地球科学—中国地质大学学报，20(6)：669～676，1 图版]

Zhao Jinke，Sheng Jinzhang，Yao Zhaoqi，Liang Xiluo，Chen Chuzhen，Rui Lin，Liao Zhouting. 1981. The Changhsingian Stage and Permian-Triassic boundary in South China. Bulletin of Nanjing Institute of Geology and Palaeontology，Academia Sinica，2：1～112，16 pls (in Chinese with English abstract) [赵金科，盛金章，姚兆奇，梁希洛，陈楚震，芮琳，廖卓庭. 1981. 中国南部的长兴阶和二叠系与三叠系之间的界线. 中国科学院南京地质古生物研究所丛刊，2：1～12]

Zhao Zhixin，Wang Chengyuan. 1990. Age of the Hongguleleng Formation in the Junggar basin of Xinjiang. Journal of Stratigraphy，14(2)：145～146，144 (in Chinese with English abstract) [赵治信，王成源. 1990. 新疆准噶尔盆地洪古勒楞组的时代. 地层学杂志，14(2)：145～146，144]

Zhu Xiangshui，Lin Liansheng. 1997. Typical *Hindeodus parvus* and its significance and discussion on P-T boundary. Journal of Jiangxi Normal University，21(1)：88～95 (in Chinese with English abstract) [朱相水，林联盛. 1997. 典型 *Hindeodus parvus* 及其意义——兼论二叠-三叠系界线. 江西师范大学学报(自然科学版)，21(1)：88～95]

王　玥　yuewang@nigpas.ac.cn
曹长群　cqcao@public1.ptt.js.cn
中国科学院南京地质古生物研究所
南京市北京东路39号,210008

第八节

华南古生代-中生代之交生物大灭绝研究述评

摘　要 →

华南普遍出露连续的二叠-三叠纪地层,古、中生代之交生物大灭绝通过华南的研究取得一系列突破性认识,包括广泛存在的浅海缺氧现象,多次大规模的火山喷发,西伯利亚玄武岩的喷发与华南二叠纪末大灭绝的时间基本一致,在海相和陆相剖面上,碳同位素突然降低与主要灭绝层位一致,海洋动物的灭绝与快速的海退、海侵相关,二叠纪末全球气候急剧变暖,菌孢子突然剧增说明陆地生态系统受到干扰等。可以说,二叠纪末的生物大灭绝是一种复杂的系统性原因。华南在二叠纪末期生物大灭绝事件中并不是所谓的"避难所",相反,是在古、中生代生物大灭绝的研究中起了一个很好的标准作用。然而,尽管华南具有发育良好的二叠-三叠系剖面,从陆相到海陆交互相、滨岸相、台地相、礁相、斜坡相及至台盆相等不同的沉积相区都存在连续的地层序列,且生物在二叠纪末都存在一次突发性的灭绝现象,但是剖面之间精确的地层对比存在困难,并直接影响到生物灭绝的研究。对原始化石资料的不同运用可能造成最终研究结果的差异。当使用单个剖面资料时,化石的产出点可以精确到层,但化石的产出受沉积相的控制,生物在界线处的灭绝不排除沉积相变的影响,以致同一生物类别在不同的沉积相中可能产生不同的灭绝现象。相比较而言,在区域性的研究中,化石属种较多,但生物演变的记录往往以组或阶为单位,以此推断出的灭绝模式只能代表一个笼统的概念。因此,对生物灭绝真实模式的探讨不仅有赖于地层的精确对比,更需要以生物自身及环境的演变为背景进行广泛的研究。

王玥,曹长群. 2004. 华南古生代-中生代之交生物大灭绝研究述评. 见:戎嘉余,方宗杰主编. 生物大灭绝与复苏——来自华南古生代和三叠纪的证据. 合肥:中国科学技术大学出版社. 749~772,1073

关键词 →

二叠-三叠纪　大灭绝　华南

作为古、中生代之交生物大灭绝的地史记录，上二叠统在全球大部分地区缺失。连续的二叠-三叠系海相地层仅在南阿尔卑斯、巴基斯坦和华南有所出露，南非和俄罗斯则是陆相地层的主要发育地。长期以来，俄罗斯的上二叠统被作为国际对比的标准。根据北美、俄罗斯剖面，人们普遍认为二叠纪末的生物大灭绝是长期海退造成的渐变式灭绝（Erwin，1990，1994）。近年来，在华南研究资料的基础上，Jin（1991）提出二叠纪末生物大灭绝具有规模和性质不同的两个阶段，并得到证实（Stanley and Yang，1994）。在对煤山地区化石记录进行统计分析后，结合同位素测年的结果（Bowring *et al*.，1998），二叠纪末生物大灭绝被认为是一次突发性的灾变事件（Jin *et al*.，2000），传统的渐变灭绝的观点遭到否定。而原先认为在三叠系 Griesbachian 阶底部开始的海侵实际上应该开始于长兴期末期（杨遵仪等，1991；Wignall and Twitchett，1996），这一点随着加拿大西部及北极区、格陵兰、挪威的斯匹次卑尔根岛、美国得克萨斯等地上二叠统的陆续发现而得到认同。在此过程中，浙江长兴煤山二叠-三叠系界线层型剖面的确立，以及牙形石化石带的建立为区域间地层的精确对比提供了依据。不仅如此，煤山地区详细的地层学研究澄清了界线附近微球粒的富集、界线粘土的火山成因、海平面的大幅升降、碳氧同位素负异常与灭绝层一致等事实，产生大灭绝的火山成因说（殷鸿福等，1989）、外星碰撞说（Xu *et al*.，1985；周瑶琪等，1991）。界线附近粘土岩中有关铱元素异常、碳笼分子（Fullerenes）的发现一度引起学术上的激烈争论（Xu *et al*.，1985；Clark *et al*.，1986；Becker *et al*.，2001；Farley *et al*.，2001）。Renne 等（1995）将西伯利亚玄武岩喷发的初始年龄值与煤山和上寺剖面二叠-三叠系界线的年龄值相对比，提出二叠纪末期的大灭绝可以与白垩纪末期的大灭绝在成因机制上相对比。可见，通过华南这个窗口，二叠纪末大灭绝取得了突破性认识，华南也已成为世界各地科学家探索古、中生代之交生物大灭绝的前沿。

一、华南二叠-三叠纪之交主要沉积相区生物的演替

连续的二叠-三叠系界线地层在华南不仅普遍发育，而且沉积环境多样，相带分异明显，从陆相、滨岸相、碳酸盐台地相、斜坡相、礁相到台盆相都具有完整的地层记录。

（一）上斜坡相区

浙江长兴煤山 D 剖面从龙潭组顶部砂屑灰岩和泥岩、粉砂岩开始，向上发育一套长兴组微晶灰岩夹多层粘土岩，至三叠系殷坑组泥岩及泥灰岩结束。整套地层可划分成 3 个完整的三级层序。其中长兴组顶部 24d 层和 24e 层之间存在一层褐

铁矿钙质泥岩,被确立为层序 3 的底面,27 层底为海泛面(张克信等,1996)。P-T 界线之下的粘土层(25、26 层)、灰岩(27 层)和粘土层(28 层)组成一套特征性的“三明治”式的地层序列。这一序列至少在扬子台区广泛发育,为区域地层对比的重要标志。火山灰层的锆石铀-铅年龄表明,煤山地区这套地层总厚度不足 25 cm 的地层序列的年龄达 0.7 Ma(Bowring *et al.*,1998)或 1.5 Ma(Mundil *et al.*,2001),代表快速海泛造成的凝缩沉积。

二叠纪末期生物集群灭绝线与层序 3 的底面一致,残存的少数二叠纪分子上延,与三叠纪先驱分子形成混生现象。Sheng 等(1984)自下而上分出 3 个混生动物群层,混生层 1 包括 25 层和 26 层,混生层 2 为 27 层,两者组成 *Otoceras* 带,混生层 3 从 28 层延至 34 层,为 *Ophiceras* 带。殷鸿福等(1985,1988)提出以微小舟形牙形类 *Hindeodus parvus* 的出现作为三叠系底的标志,1996 年国际界线工作组正式推荐煤山 D 剖面 27c 层之底、*H. parvus* 的初现点为全球二叠系-三叠系界线层型剖面和点,并在 2000 年由国际地质科学联合会认定。

煤山地区侧向上连续分布的 A、B、C、D、E、Z 6 个剖面都具有丰富的化石资料,Jin 等(2000)通过沉积标志层将 6 个剖面进行对比,投影的复合标准剖面上共计有 162 个属的 333 种,各门类生物的演化特征也可以在同一个标准剖面上得到显现。

牙形类十分丰富,动物群分异度高。在长兴组的下部和上部,对应于层序 1 和层序 2 的海侵体系域,*Clarkina subcarinata*,*C. changxingensis* 等个别属种异常繁盛(张克信,1988),王成源(1994)建立 *C. subcarinata-C. wangi* 带和 *C. changxingensis-C. deflecta* 带。从 25 层开始,这些典型的长兴阶的牙形类急剧衰减,大部分灭绝于 26 层顶,Yang 等(1993)称之为二叠纪末的第二个灭绝面。生活于较深水的底栖游泳的牙形类 *Clarkina* 的优势地位被表层浮游型 *Hindeodus* 所取代,很大程度上与 25 层开始的缺氧事件有关(赖旭龙、张克信,1999)。

䗴类在经历前乐平统生物灭绝事件之后,在华南只有 8 个属存活至长兴期晚期(Tong and Shi, 2000)。长兴期的䗴一般分为两个化石带,即下部 *Palaeofusulina minima-P. simplex* 带和上部 *P. sinensis* 带,代表化石由个体小、较原始的分子向个体大、较高级的方向发展。在煤山地区,䗴类化石不丰富,仅出现于长兴组的底部和顶部,中间一段不发育,化石带分界并不明显。下部的䗴主要有 *Palaeofusulina minima*,*P. simplex*,*Reichelina pulchra*;顶部的䗴主要有 *P. sinensis*,*P. ovata*,*P. acervula*,*R. pulchra*,*R. changhsingensis*,*R. media*。䗴出现的最高层位是 24e 层,进入混生层之后完全绝迹。与之相反的是,非䗴有孔虫在煤山地区非常丰富,每层灰岩中都有大量化石,特征分子有 *Colaniella*,*Frondicularia*,*Geinitzina*,*Pachyphloia*,*Nodosaria* 等,*Geinitzina*,*Nodosaria*,*Pseudogladulina* 3 属能够上延至混生层 2。据 Tong 和 Shi(2000)的统计,华南二叠纪末非䗴有孔虫的属级灭绝率达 73%,种级灭绝率达 94%,整个华南的下三叠统未发现长兴期的有孔虫。

菊石的产出层位很少，但属种较多，统计有 24 属 25 种，界线附近分为 3 个化石带（表 4.8.1）。菊石的壳形、壳饰由腹部光滑、无腹中棱向着具强瘤饰、有腹中棱的方向发展，代表华夏菊石群发展的顶峰。Pseudotirolitidae 科和 Pleuronodoceratidae 科的分子组成典型的二叠纪最晚期的菊石群。据 Yang 和 Wang（2000）统计，华南二叠纪长兴期末菊石的属级灭绝率达 95.2%，种级的灭绝率为 99%。灾难型分子 *Hypophiceras*，*Tompophiceras* 和 *Metophiceras* 从 26 层混生层 1 开始出现（王义刚，1984），与之共生的菊石中，*Pseudogastrioceras* 是惟一的二叠系下部上延的属。三叠纪早期单调的 *Ophiceras* 菊石群从混生层 3 下部即 29 层开始出现。

长兴组顶部的腕足动物除常见的 *Spinomarginifera alpha*，*Haydenella kiangsiensis*，*Araxathyris araxensis* 和 *Squamularia* 等之外，还出现了 *Paracrurithyris pigmaea* 和 *Paryphella obicularia* 等壳体很小的“硅质岩相类群”分子（廖卓庭，1979）。部分属种如 *Cathysia*，*Crurithyris*，*Paryphella*，*Waagenites*，*Acosarina*，*Fusichonetes* 延续到混生层 2，个别属种如 *Neowellerella*，*Crurithyris*，*Paryphella orbicularia* 延续层位更高，至混生层 3 的下部即 29 层和 30 层。这类与早三叠世菊石和双壳类混生的腕足动物群都是繁衍于晚二叠世，全盛于长兴期的“二叠纪型”分子（廖卓庭，1979）。

有关双壳类的情况见本书第四章第三节方宗杰的有关论述。

从上述的生物地层分布可以看出，二叠纪末期各生物门类发生灭绝的时限并不一致。䗴类和大多数非䗴有孔虫早在 24e 层发生灭绝，与海退的低水位期相吻合；大多数长兴阶的牙形类在 26 层顶灭绝，腕足动物中上延的属种大多消失在 27 层中，少数孑遗分子在更高层位消失（图 4.8.1）。Yang 等（1993）总结为三幕式灭绝。考虑到化石记录的完整性，Jin 等（2000）采用置信区间的方法对所有化石属的延限进行分析，结果表明界线附近的灭绝率达到一个高峰值，界线上下虽有部分生物灭绝，但灭绝率较低，因此二叠纪末期的生物事件是一次灾难性的突变事件。此次事件影响之深，以致中生代初的生态系复苏经历了近 10 Ma 时间（童金南，1997）。在另一方面，三叠纪占据海洋主导地位的菊石和双壳类都具有少量的先驱分子从 26 层开始出现，与二叠纪的分子混生，在三叠纪初期形成 *Ophiceras* 和 *Claraia* 动物群，且都具有强烈的单调性。

表 4.8.1　浙江长兴煤山剖面与四川广元上寺剖面 P-T 界线层生物地层对比

Table 4.8.1　Biostratigraphical correlations of the P-T boundary beds between Meishan Section in Zhejiang and Shangsi Section in Sichuan

浙江长兴煤山D剖面 (Meishan D Section at Changxing in Zhejiang)					
统 (Epoch)	组 (Fm.)		分层 (Bed)	牙形类带 (Conodont zone) (Yin *et al.*, 2001)	菊石带 (Ammonoid zone) (王义刚, 1984)
下三叠统 (Lower Triassic)	殷坑组 (Yinkeng Fm.)	混生层3 (Mixed bed 3)	30~34		*Ophiceras* 带
			28~29	*Isaciella isarcica*带	
		混生层2 (Mixed bed 2)	27c, d	*Hindeodus parvus*带	*Otoceras*-*Hypophiceras* 带
上二叠统 (Upper Permian)			27a, b	*Hindeodus typicalis* 动物群	
	长兴组 (Changhsing Fm.)	混生层1 (Mixed bed 1)	26	*Clarkina changxingensis* 动物群	
			25		
			24	*C. changxingensis yini* 带	*Rotodiscoceras*-*Pleuronodoceras* 带

PTB ?

四川广元上寺剖面 (Shangsi Section in Sichuan)					
组 (Fm.)	层 (Bed)	李子舜等（1989）		Lai *et al.*(1996)	
		牙形类带 (Conodont zone)	菊石带 (Ammonoid zone)	牙形类带 (Conodont zone)	菊石带 (Ammonoid zone)
飞仙关组 (Feixianguan Fm.)	32~	*Isarcicella isarcica*带	*Ophiceras*带	*I. isarcica*带	
	31			*H. parvus* 带	*Ophiceras*带
	30				
	29				
	28d				
	28c				
	28b	*H. parvus* 带	*Hypophiceras*带	*C.changxingensis* *C.subcarinata*带	*Hypophiceras*带
	28a	*H. minutus* 带			
大隆组 (Dalong Fm.)	27	*C. changxingensis* *C. subcarinata*带	*Rotodiscoceras*-*Pleuronodoceras*带		*Pseudotirolites*-*Pleuronodoceras*带
	26				
	25				
	19~24				

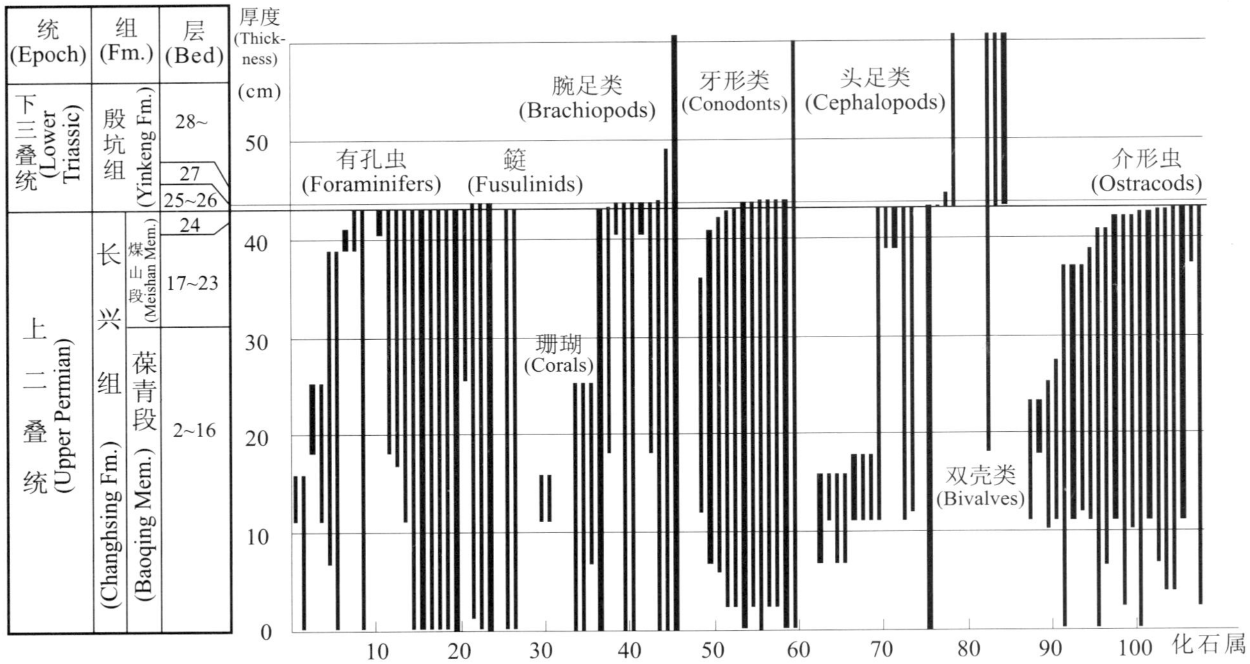

图 4.8.1 浙江长兴煤山地区晚二叠世至早三叠世主要化石属地层延限分布图(部分属只具有一个产出层位而未列入图中)

Figure 4.8.1 Stratigraphical range of fossil genera from the latest Permian to the Early Triassic in the Meishan Section, Zhejiang (fossils with one occurrence are excluded)

(二)下斜坡相区

与煤山层型剖面相比,四川广元上寺地区的沉积环境相对较深,代表下斜坡相区的沉积类型。晚二叠世吴家坪晚期的海侵将广元上寺地区由早先碳酸盐台地相的生物屑亮晶灰岩演变为大隆组薄层硅质灰岩、硅质岩夹页岩,浅水相的四射珊瑚、䗴类先后消失,腕足类极度衰落,而深水相的浮游动物群菊石、牙形类、有孔虫兴盛起来。尽管上寺剖面与煤山剖面的古生物地层研究得最为详细,但两者的精确对比仍存在着困难(表4.8.1)。牙形类 *Hideodus parvus* 产出的下界在华南各剖面中不完全一致。在上寺剖面,*H. parvus* 首次出现在 30 层中(李子舜等,1986),高于 *Claraia wangi*,*C. griesbachi* 出现的层位。李子舜等(1986)认为 *H. parvus* 可能出现在 28b 层中,而将界线定在 27 层与 28 层之间。但是后人高精度的生物地层采样仍未在该层位发现 *H. parvus*(Lai *et al.*,1996)。根据 28c 层中 *Isarcicella turgida* 归属于 *H. parvus* 化石群,且晚于 *H. parvus* 出现,Lai 等(1996)将二叠-三叠系的生物地层界线置于 28b 层和 28c 层之间。然而 *H. turgida* (*I. turgida*)与 *H. parvus* 是否在同一个演化谱系中尚存在不同意见(王成源、王尚启,1997)。从事件地层学的角度,彭元桥、童金南(1999)强调"界线层"在华南的广泛对比性,将上寺剖面的 26 层对应于煤山剖面的 27 层灰岩层,并与其上下的粘土层共同对应于煤山剖面的“三明治”式的沉积组合。在此划分方案下，二叠纪繁盛的牙形类 *Clarkina changxingensis*，*C. subcarinata* 等，菊石 *Pseudotirolites*，*Pseudogastrioceras* 皆上延到顶粘土层之上，与新生分子牙形类 *Hindeodella* 以及灾难型生物 *Hypophiceras* 动物群混生。无论是二叠纪孑遗分子上延的层位，还是灾难型分子新生的层位都较煤山剖面高。因此，上寺剖面二叠-三叠系地层界线的划分还缺乏可靠的依据。

上寺地区晚二叠世长兴阶以菊石、牙形类和有孔虫为优势类群。菊石的演化完全可对比于煤山地区，由下至上分为 4 个化石带，即 *Tapashanites* 带、*Pseudotirolites*-*Pleuronodoceras* 带、*Hyophiceras* 层和 *Ophiceras* 带。牙形类以 *Clarkina subcarinata* 和 *C. changxingensis* 特别繁盛。有孔虫 *Nodosaria*，*Geinitzina*，*Pseudoglandulina*，*Glomospira* 等分子比较发育。腕足动物只在长兴阶的底部繁盛，由于海侵使得水体环境变深，浅水型的腕足类消失，接近二叠-三叠系界线出现硅质岩相的个体小的腕足类。双壳类虽然在长兴阶只有少量化石，但是从混生层 28b 层开始出现了较多的新生分子，形成 *Towapteria scythica* 组合带，向上在 28d 层和 29 层底部形成 *Claraia wangi* 组合带（李子舜等，1986）。整体的化石面貌与演变基本可以与长兴煤山剖面对比。

据李子舜等（1986），二叠纪无脊椎动物群的大灭绝发生在 27 层，有孔虫、放射虫突然消失，菊石分异度和丰度锐减。二叠纪型的菊石除 *Pseudogastrioceras* 上延至 28a 层外，其余全部灭绝。牙形类 *Clarkina changxingensis*，*C. subcarinata*，孑遗的腕足类 *Crurithyris* 等上延至 28a 层顶，灾难型菊石 *Hypophiceras*、孑遗的菊石 *Pseudotirolites* 等在 28b 层顶灭绝。

（三）陆相与滨岸相区

陆相二叠-三叠系界线与海相的界线层型存在对比上的困难，三叠系底界通常以脊椎动物化石水龙兽的首现为标志，但是含脊椎动物化石的层位一般较少。有些剖面的二叠-三叠系界线处存在生物的混生现象，如贵州威宁哲觉剖面，但化石只有植物和叶肢介两类（王尚彦、殷鸿福，2001c），无法与海相化石进行对比。随着事件地层学的研究，一些特征性的标志成为陆相地层与海相地层对比的依据。据王尚彦和殷鸿福（2001c）研究，在滇东黔西地区，不论是海相地层还是陆相地层，在二叠-三叠系界线附近都存在事件成因的“界线粘土岩”，且垂向结构与海相的“三明治式”相似。因此包括磁性地层学、同位素年代地层学、层序地层学等在内的综合地层学研究具有精确对比二叠-三叠系界线的潜力。

古、中生代之交植物界的演化长期以来被认为是一个渐变的过程（姚兆奇等，1980；何锡麟等，1996；李星学等，1995）。欧阳舒（1986）研究云南富源晚二叠世-早三叠世孢子花粉组合，指出在晚二叠世-早三叠世的进程中，植物群的演变具有强烈的连续性。王尚彦和殷鸿福(2001a)通过对滇东黔西的陆相和海陆交互相地层植物化石的研究,提出二叠-三叠纪之交植物呈现明显的突变,在突变中表现出渐变。根据赵修祜等(1980)发表的黔西滇东晚二叠世植物群的化石资料,植物群在龙潭期达到了发展的顶峰,具42属82种,长兴期开始衰落,具27属45种,二叠纪末大量消亡,仅4属4种上延至下三叠统。虽然生物地层界线还有待斟酌,但是植物群的演变模式是明确的,即在二叠纪末期存在一个灭绝面。

在康滇古陆以东盘县-水城一带的滨岸碎屑沉积环境中,化石以双壳类和介形虫为主。由于沉积相的改变,三叠纪初的双壳类化石产于海相夹层中,生物组合面貌完全改变,以 *Pteria* 为主。介形类化石在晚二叠世属种多、丰度低,以 *Hollinella panxanensis* 最发育。二叠纪末,大多数属种发生灭绝。二叠-三叠纪的界线以孑遗分子 *H. tingi* 和新生分子 *Langdaia subolonga* 的共同出现为标志(王尚启,1978)。在江西乐平沿沟剖面,*H. tingi-L. suboblonga* 化石带更与 *Hindeodus parvus* 在三叠系大冶组底部同层出现(王成源、王尚启,1997)。介形类化石在界线附近呈现一定的过渡性,二叠纪的孑遗分子如 *Hollinella*, *Bairdiacypris*, *Fabalicypris*, *Acratia* 等与早三叠世早期的介形类化石共同组成混生动物群。早三叠世介形类分异度低,但丰度较高,与晚二叠世长兴期的介形类化石相比较,化石属种类型和数量都很少,且个体小,壳饰以微细纹饰或光滑的为主(郝维城,1994)。

东邻华夏古陆的福建雁石地区,晚二叠世早期为陆相及海陆交互相环境,随着海侵的扩大,长兴阶为完全的海相环境。在晚二叠世的碎屑岩沉积中,化石组合以海相化石为主,呈现两个发展阶段。在雁石组的下部产丰富的腕足类、双壳类化石,上部出现大量的菊石化石。碎屑颗粒向上变细,代表海进序列。在二叠-三叠系界线处发育一层伊利石-蒙脱石粘土岩。粘土岩上下,三叠纪的双壳类 *Eumorphotis*,菊石 *Ophiceras* 与二叠纪的腕足类 *Crurithyris*, *Paracrurithyris*, *Fusichonetes* 和 *Waagenites* 混生。根据吴顺宝等(1988a)、杨遵仪等(1987)的剖面资料统计,雁石地区晚二叠世菊石化石有8属、8种,腕足类有16属、26种,双壳类有16属、16种,牙形类有1属、2种。在二叠纪末,仅腕足类的3属4种上延至混生层中,并且很快消失。吴顺宝等(1988a)鉴定出15属16种在界线之下灭绝,其余消失的分子是否灭绝还有待证实。

(四) 台地相区

晚二叠世的碳酸盐岩台地在华南地区普遍发育,典型剖面有浙江湖州黄芝山、苏州西山、江西东岭、重庆华蓥山及凉风垭等剖面。作为对比标志的粘土层在各剖面中发育不均衡,在浪基面以上的剖面中往往缺失,如江西沿沟剖面,在浪基面以下的较深的浅海沉积中有可能保存,如江西东岭、铁石口剖面(朱相水等,1994)。

江西东岭剖面上牙形类*H. parvus*出现在界线粘土层之上 13 cm（朱相水等，1994），与煤山剖面具有很好的可对比性。据该剖面资料，长兴组上段所含的化石主要为有孔虫、䗴和钙藻，以及少量腕足类、珊瑚和海绵碎片。初步统计有非䗴有孔虫 18 属、䗴 5 属、钙藻 5 属、牙形类 5 属（图 4.8.2）。在界线粘土层之下有一个生物灭绝面，大部分有孔虫、䗴和钙藻消失。*Hindeodus* 类牙形类从三叠纪才开始出现，而在晚二叠世斜坡相中繁盛的 *Clarkina* 类牙形类却未见及，显然是受沉积环境或者采样的影响。

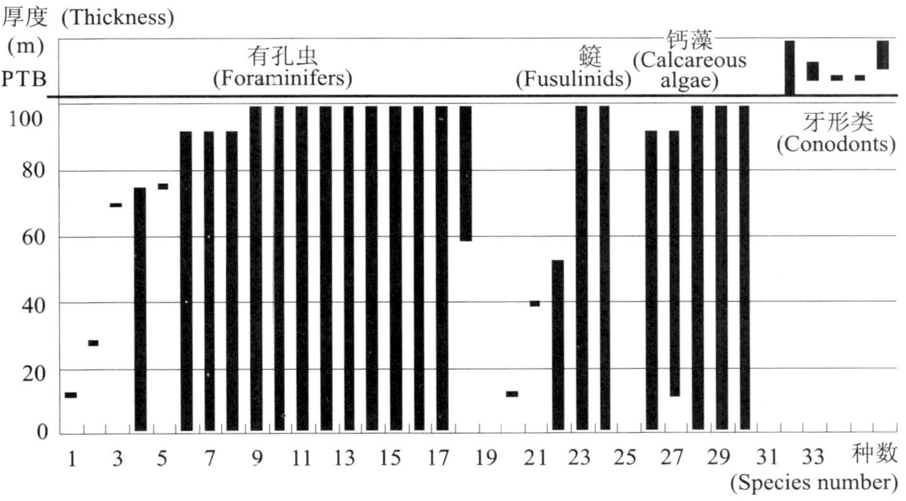

图 4.8.2　江西东岭剖面晚二叠世长兴期至早三叠世主要门类化石属地层分布图（化石资料据朱相水等，1994）

Figure 4.8.2　Stratigraphical range of fossil genera from the Changhsingian to the Early Triassic in Dongling Section (fossil data from Zhu *et al.*, 1987)

重庆华蓥山剖面为台地相中研究得最为系统的代表之一。长兴组的岩性主要为含燧石团块的厚层灰岩，二叠-三叠系界线处无界线粘土层，但岩性变化明显，向上泥质含量增多，灰岩层变薄，硅质团块消失。对应于岩性变化的界线，生物面貌也发生改变。二叠纪的腕足类、有孔虫等在此界面大量灭绝，其上发育 30 cm 的过渡层，含双壳类 *Towapteria scythicum*，*Pteria ussurica variabilis*，*Eumorphotis multiformis*，腕足类 *Crurithyris pusilla*，*Acosarina indica*，有孔虫 *Nodosaria netchagewi* 等。过渡层之上出现 *Pseudoclaraia wangi*（杨遵仪等，1987；吴顺宝等，1988b）。遗憾的是在华蓥山剖面未发现牙形类 *H. parvus*，因此只有通过生物的组合面貌和生物事件与煤山剖面进行大致对比，二叠-三叠系生物地层界线推测在过渡层中。

据杨遵仪等（1987）剖面资料，华蓥山地区长兴组含大量腕足动物、牙形类、双壳类，以及䗴类、非䗴有孔虫、四射珊瑚、三叶虫等化石。其中腕足动物在整个长兴阶占据绝对优势，初步的统计就有近 60 个化石种。牙形类在长兴组的中下部并不繁盛，到长兴组的顶部成为优势类群。在岩性界线处，腕足动物数量锐减，过渡层

中仅剩少数的 *Crurithyris*、*Acosarina* 和 *Lingula*，之后很快消失。岩性界线之下牙形类的全部消失显然与沉积环境和采样因素有关。另一个明显的突变现象就是双壳类的大量涌现，继而成为三叠系下部重要的生物类群（图 4.8.3）。

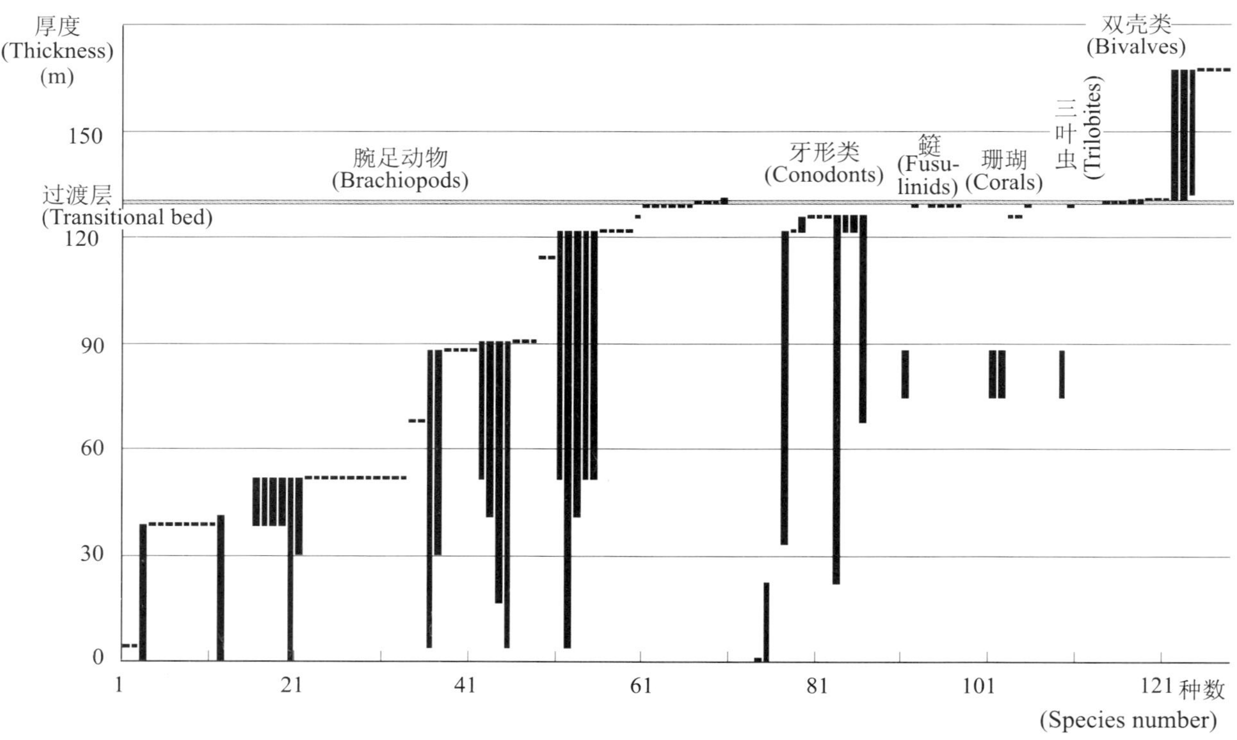

图 4.8.3 重庆华蓥山剖面晚二叠世长兴期至早三叠世主要门类化石种地层分布图（化石资料据杨遵仪等，1987）

Figure 4.8.4 Stratigraphical range of fossil species from the Changhsingian to the Early Triassic in Huaying section, Chongqing (fossil data from Yang *et al*., 1987)

（五）生物礁相

晚二叠世是全球地史时期的造礁高峰期。华南晚二叠世生物礁广泛分布在扬子地台及其周缘地区，礁体类型多样，代表性的有贵州紫云石头寨的台地边缘礁，湖北利川黄泥塘、贵州望谟播东、望谟大塘等地的台地前缘斜坡圆丘礁，广西隆林常么的孤立台地边缘礁，湖北利川见天坝的堤礁，四川老龙洞的点礁。滇黔桂地区生物礁的生长具有继承性，从中二叠世茅口期就开始发育，一直延续到晚二叠世长兴期。重庆鄂西地区的生物礁从长兴期早期开始，到长兴期的中晚期达到极盛。

华南长兴期生物礁的组分基本一致，除在湖南慈利晚二叠世长兴期发育珊瑚礁以外，其他生物礁多为海绵礁。珊瑚礁全部由 *Waagenophyllum* 组成，珊瑚骨架间只有海百合茎碎屑充填。生物种类单调，分异度极低（王永标等，1997）。海绵礁的造架生物主要为串管海绵、纤维海绵、水螅、层孔虫及 Tabulozoa，蓝绿藻、笛管苔藓虫及管壳石（*Tubiphytes*）起着粘结作用，附礁生物十分丰富，有棘皮动物、钙藻、腕足类、腹足类、有孔虫和苔藓虫等（范嘉松等，1982）。吴亚生（书信交流）统计了贵州紫云地区长兴期生物礁中产出的生物门类，包括钙质海绵 30 属 70 种、䗴 11 属 76 种、非䗴有孔虫 12 属 33 种、苔藓虫 8 属 8 种、钙藻 6 属 6 种，以及少量珊瑚、腕足类、水螅等。如此兴盛的生物礁生态系统在长兴期晚期至长兴期末期全部崩溃瓦解，其中重要造礁生物房室海绵的 84 种在长兴期末完全灭绝（吴亚生、范嘉松，2002），此后有 7～8 Ma 都没有生物礁的记录，是显生宙最长的生物礁断代期。

值得关注的是，在重庆（原四川东部）长兴组顶部生物礁复合体上有一层 1 m 左右的碳酸盐岩盖层，内含三叠纪牙形类化石 *Hindeodus parvus*。盖层具有特殊的指状构造，在整个地质历史中找不到任何同样的沉积记录，仅仅与前寒武纪一些非生物成因的有些类似，生物的成因不能肯定。Kershaw 等（1999，2002）称之为"？微生物岩"（？ micrcbialite）。类似的沉积在贵州、伊朗和日本都有发现（Lehrmann，1999）。Kershaw 等（2002）认为该结壳层的突然出现和突然消失反映了大灭绝之后海洋环境中短暂的异常现象。

（六）台盆相区

晚二叠世盆地相的动物群面貌比较单调。在安徽巢湖马家山剖面上，巢县组上部的腕足类、菊石和双壳类化石个体数量虽然较多，但是分异度很低。腕足动物只有 *Paracrurithyris*、*Waagenites* 等 6 属 6 种，菊石只有 *Pleuronodoceras*，*Pseudotirolites* 和 *Xenaspis* 3 个属。双壳类仅 *Hunanopecten exilis* 1 属 1 种（杨遵仪等，1987）。作者在安徽巢湖鬼门关地区晚二叠世地层中采得的近 700 块化石标本中，绝大多数为 *Pseudogastrioceras* sp. 和 *Paracrurithyris pigmaea*。

从现有的研究成果可以看出，无论是陆相的植物组合，海陆交互相的介形类、双壳类组合，滨岸相的菊石、腕足类、双壳类组合，还是台地相的浅水生物组合，斜坡相与台盆相的较深水生物组合，在二叠纪末都存在一次突发性的灭绝现象。生物在界线处的极端变化不排除沉积相变的影响，比如牙形类在煤山地区绝大部分都能穿越界线，而华蓥山地区的牙形类则在界线处完全消失。又如在台地相的华蓥山剖面，长兴期繁盛的腕足动物在界线处突然衰亡；同样是台地相的浙江吴兴黄芝山剖面，腕足类可以上延到三叠系底部 *Claraia griesbachi*，*Pseudoclaraia wangi* 等层位；在斜坡相的煤山地区，腕足动物的灭绝具有明显的滞后现象（Jin *et al*.，2000）。同一生物类别在不同的沉积相中可能出现不同的灭绝现象，包括灭绝的先后顺序、灭绝的型式等。因此，对生物灭绝真实模式的探讨不仅有赖于生物地层的精确对比，更依赖于区域性的广泛研究。同时我们也能看出，大灭绝之后的海洋中出现大量的菊石和双壳类新生分子，它们占据了三叠纪初及至中生代以后各大生态领域，成为海洋中的主体。

二、生物大灭绝的模式

二叠纪末的大灭绝造成了50%以上的海洋无脊椎动物科和95%以上种的消失，华南的统计资料也存在高达90%～100%的种的灭绝率(殷鸿福等，1984)。这个地史上规模最大、影响最深远的生物事件始终是一个难解之谜，几十年来，人们对它的认识在不断积累、更新。

(一) 逐渐灭绝

在20世纪80年代末、90年代初，一个普遍接受的观点是海退引起环境的恶化，生物从Capitanian开始灭绝(Sepkoski，1986)，灭绝率逐渐增大，在Guadalupian世末达到高峰(Ewrin，1990)，延续至Dzhulfian期结束，即相当于吴家坪期。之后，这种长期的、单幕式灭绝(Teicher，1990)的高潮被认为是在二叠纪最末期(Erwin，1993)。随着生物地层研究的不断深入，这个观点已被新的数据所否定。比如，在湖北利川见天坝礁相地层中，造礁生物的辐射与分异几近延续到二叠纪末(范嘉松等，1982)，生物礁系统极易受环境影响而崩溃这个特性，否定了晚二叠世是一个长期环境恶化、生物逐渐灭绝的阶段。

(二) 双阶段灭绝

双阶段灭绝是金玉玕等(金玉玕，1991；Jin，1993；Jin *et al.*，1994)以及Stanley和Yang(1994)先后提出的灭绝模式。第一次事件称为前乐平统事件，发生在Guadalupian世末期，与茅口晚期海退及因此而形成的低水位古海洋相关联。冈瓦纳、北美、北方大区广阔陆棚海陆续出露，发育陆相地层。特提斯大区以华南为代表，狭盐性动物䗴类、珊瑚和苔藓虫、菊石灭绝率较高，而适应于多种底质的狭盐性的腕足动物，以及生境较复杂的双壳类、腹足类、有孔虫等灭绝率较低。放射虫的大幅度集群灭绝表明灾难波及到深海和大洋。第二次事件发生于二叠纪末，其程度远远大于前乐平统事件。针对这次事件，又存在两种不同的观点。

1. 多幕式灭绝

在华南二叠纪末的灭绝事件中，不存在所有生物都同时消失的灭绝面，而是有些分子先行灭绝，有些分子上延至三叠纪底部灭绝。殷鸿福等(1984)提出二叠纪末的大灭绝是一种突变，包含连续性因素，而不是灾变。吴顺宝等(1988b)、Yang等(1993)、Yin和Tong(1998)总结华南二叠纪末生物大灭绝存在3条灭绝线。第一条位于界线之下几十厘米至4 m的地方，大多数的浅水底栖生物消亡。这条“重要生物灭绝(或衰亡)线”(吴顺宝等，1988b)与碳氧同位素的突变点一致。在煤山位于24d层和24e层之间，也是晚二叠世长兴阶至早三叠世Griesbachian阶层序3

的底面(张克信等,1996)。第二条是以二叠纪牙形类的灭绝和三叠纪新生分子的出现为标志,对应于煤山地区层序3的海侵体系域,伴随着缺氧事件的发生,在26层顶达到灭绝的第二次高峰。第三条位于 *Hindeodus parvus* 带和 *Isarcicella isarcica-Claraia-Ophiceras* 带之间,二叠纪大多数的孑遗分子消失,三叠纪的动物群繁盛起来。在煤山相当于29层,标志着快速的海泛。

2. 灾变灭绝

阶段灭绝的模式依据的是化石在剖面上出露的记录,但是化石的保存和发现受埋藏、生物自身硬体的成分、人为采集等主客观因素的影响,以致在生物的灭绝事件中产生"模糊效应"(Signor-Lipps effect)(Signor and Lipps,1982),因此大灭绝的研究在一定程度上需要定量的分析。

通过对煤山6条剖面进行复合对比,Jin 等(2000)统计得到煤山地区二叠纪末期共162个化石属的333个种的详细的产出层位,并从两方面对灭绝的模式加以定量考证,即灭绝模式的模拟以及化石属延限的置信区间分析。相互独立的两种方法都说明煤山地区二叠纪末的大灭绝是一次突发性灾难事件,在不超过0.5 Ma的时间段内,属的灭绝率达到94%。与灾变事件同步发生的是在24e层顶部和26层底部分别出现的 $\delta^{13}C_{carb}$、$\delta^{13}C_{org}$ 快速负异常(Cao *et al.*, 2002)和微球粒的富集,进一步加强了灾变灭绝的概念。

三、灭绝的诱因

(一) 海平面变化

全球大部分地区的海相二叠-三叠纪界线处都存在地层缺失,代表了自早二叠世以来长期的全球性的海退(Erwin,1990)。下降幅度的估算因人而异,从210 m至280 m。海退导致生态区的丧失,造成环境的持续恶化和生物的逐渐灭绝。但是这种观点随着煤山层型剖面的确立、牙形类化石带的建立以及层序地层学的应用而遭到否定。越来越多的证据表明晚二叠世长兴期是一个海侵过程,连续的二叠-三叠系地层在加拿大西部及北极区 Ellesmere 岛、美国得克萨斯、南阿尔卑斯 Dolomites 山区、巴基斯坦盐岭地区、意大利、西班牙、伊朗西北部、克什米尔和我国华南等地发育。由于海侵的穿时性,各地海侵开始的时间不同,二叠-三叠系界线处存在的间断也长短不一(殷鸿福,1994)。

华南在二叠纪的全球古地理位置是代表从极区到赤道区,从泛大陆到远岸岛海的环境梯度带中低纬度远岸岛海生态地理区(金玉玕,1991),晚二叠世从吴家坪期开始是一个大的海进序列,属于全球一级旋回 Upper Absaroka 巨序第一超序的起始部分,吴家坪期和长兴期大体上相当于两个旋回(殷鸿福等,1994;金玉玕等,

1995)。长兴期早中期、中晚期达到两次海侵高峰(张克信等,1996),海退结束在界线之下几十厘米或数米处,新的海侵发生在界线之下二叠系内(Yang *et al*., 1991; Yang *et al*.,1993)。

海平面的变化引起海洋环境的改变,对环境比较敏感的生物如䗴类、四射珊瑚、非䗴有孔虫的 *Colaniella* 和 *Pachyphloia*、腕足类中贝体大、厚壳型的灰岩相分子,以及三叶虫等最先灭绝(芮琳、江纳言,1984)。就生物自身而言,三叶虫、䗴、四射珊瑚等经历多次大的衰败,到二叠纪末只剩下个别属种,个体数量也少,门类的发展已经到了灭绝的边缘,环境的恶化只是加快了灭绝的速度。那些对环境具有较强适应能力的类群,如个体小、壳薄、壳饰简单的硅质岩相的腕足类和极个别的棱菊石类分子,它们往往可以延续一段时间,但是最终还是未能逃脱厄运。

(二) 火山爆发

华南海相二叠-三叠系界线处有一至数层粘土岩,分布面积广、厚度薄并且十分稳定。粘土岩的化学成分经多人研究证明是蒙脱石-伊利石混层矿物(杨万容、江纳言,1981;何锦文,1981;徐桂荣等,1988)。在滇黔地区陆相二叠-三叠系界线附近也发育 1～2 层粘土岩,特征与海相粘土岩相似(彭元桥、童金南,1999)。粘土岩中含六方双锥晶形石英、磷灰石、锆石、球粒等碎屑物。微球粒的分布在空间上遍布华南,在浙江煤山、四川广元、湖北黄石、湖北利川、福建雁石等地都有微球粒的报道(Sun *et al*., 1984; 何锦文,1985; Xu *et al*.,1985; 高振刚等,1987; 徐桂荣等,1988)。在纵向的地层序列中,其富集层多达十几层,成分以石铁质、铁质为多。对微球粒内部构造的分析既有火山爆发(徐桂荣等,1988; 殷鸿福等,1988,1989; 杨遵仪等,1991),又有外星撞击的可能机制(何锦文,1985; 高振刚等,1987)。因此,对粘土岩成因的解释也存在火山作用与外星撞击的分歧,也有观点认为粘土岩是火山喷发事件和撞击事件的混合产物(周瑶琪等,1991; 王尚彦、殷鸿福,2001b,2002)。地外成因的另一方面的证据是在粘土层中发现铱元素异常(Sun *et al*., 1984; Xu *et al*.,1985),但是由于这种异常在华南并不普遍,且铱元素的丰度值升高不显著(Clark *et al*.,1986; Zhou and Kyte,1988; Holser *et al*.,1989),多数学者倾向于火山成因。并且除了云贵地区外,这套粘土岩主要是由中酸性火山喷发物沉积蚀变而成(Clark *et al*.,1986; 何锦文等,1987; 杨遵仪等,1991)。

界线上下的粘土岩有多层,代表广泛而频繁的火山活动,二叠-三叠系之交正值其高峰期。多次火山喷发产生的火山灰雾造成了华南地区多门类生物的灭绝(殷鸿福等,1984)。火山尘遮天蔽日,令全球气温下降,随后大气中过量的 CO_2 造成的温室效应使气温大幅度地波动,造成狭温动物的灭绝。火山活动排入海洋中的 CO_2 及其他有害气体,对钙壳生物也是致命的打击。有意义的是,西伯利亚玄武岩放射性元素的年龄值经 Renne 等(1995)测定,与二叠纪末大灭绝的时间基本一致。二叠纪末的生物大灭绝与白垩纪末期的大灭绝事件有更多的相似之处：都存在最为强烈的大陆火山作用；白垩纪末期发生于印度的德干半岛，二叠纪末发生于西伯利亚。它们的后期效应都具有因硫酸盐烟雾的积聚造成的全球气候变冷以及酸雨的降落。

（三）海洋缺氧事件

尽管目前对于浅海及深海的缺氧程度、缺氧的起因及其与二叠-三叠纪生物大灭绝的关系还有着广泛的分歧，但是缺氧事件的存在是普遍公认的（Wignall and Hallam，1993；Wignall *et al*.，1995；Twitchett and Wignall，1996；Isozaki，1997）。根据日本、加拿大等地的远洋深水沉积，Isozaki（1997）提出二叠-三叠系界线处存在一次长期的、世界范围的深海缺氧事件。Wignall 和 Hallam（1996）研究重庆凉风垭北风井剖面和四川老龙洞剖面，提出浅水底层水缺氧事件，因为大量黄铁矿的出现、钻孔深度和大小的降低以及微细层理的增多都是贫氧环境的特征表现。

二叠纪末的缺氧沉积在华南广泛分布。在碳酸盐台地相的四川华蓥山、苏州西山剖面上，界线上下有较多的黄铁矿出现；在礁相的老龙洞和礁间相的北风井剖面，生物的灭绝伴随着黄铁矿的富集、生物钻孔深度和大小减小以及微细层理发育等贫氧相的特征；在斜坡相的长兴煤山，黄铁矿从 24e 层中已经出现，在 25 层粘土岩底部富集成“铁壳层”；盆地相的大隆组以黑色硅质岩、硅质页岩、泥岩及粘土岩为主，水平层理发育，富含有机碳和黄铁矿晶粒，底栖生物缺乏，是缺氧事件的产物。湖北黄石柯家湾的二叠-三叠系界线粘土中，还发现有大量菌类生存，指示其生存环境极端缺氧或高温（Yang *et al*.，1991）。然而，缺氧事件的影响主要局限于海洋，对陆地上的生物没有直接的作用，因此在二叠纪末的大灭绝中，缺氧只能被视为一种辅助的机制（Erwin *et al*.，2002）。

（四）撞击事件

自 Alvarez 等（1980）提出白垩纪末的大灭绝是火流星撞击的结果之后，人们很自然地将地外事件与地史上历次的生物大灭绝联系起来，白垩纪末出现的铱富集、冲击石英和微球粒等特征成为找寻的证据。在二叠-三叠系界线附近也发现类似的异常现象。浙江长兴 P-T 界线处的铱元素的含量比上下地层高 10 倍或者更多，锇元素的含量也明显偏高（Xu *et al*.，1985；柴之芳等，1986）。Ni，Co，Cr，Fe，As，Sb，Cu 等亲铁和亲硫的元素也有不同程度的富集（张景华等，1983），与铱、锇呈现良好的相关性，类似于白垩纪末的地外物质撞击。此外，界线粘土层微球粒的含量以 10^2～10^3 倍高于其他层位（Yang *et al*.，1993；高振刚等，1987），也可能是撞击的结果。Kaiho 等（2001）在煤山 24e 层顶找到富 Ni 的 Fe-Si-Ni 颗粒，认为是碰撞后蒸气云冷凝后的产物。因为火山喷发过程中温度不足以形成 Fe-Si-Ni 颗粒，并且

Ni 的含量少。他们还基于还原硫的蒸发量，推测小行星的直径为 30～60 km，产生的撞击坑最大直径为 600～1 200 km。然而不利于撞击的因素也存在。二叠纪末界线层附近出现的铱异常，其分布和异常幅度远不如白垩纪末期，后者达到背景值的 10～100 倍（Alvarez *et al*., 1980），且在后人测试的结果中未能验证异常（Clark *et al*.,1986；Zhou and Kyte,1988；Holser *et al*.,1989）。杨遵仪等（1991）认为陨石撞击事件可能仅存在于福建雁石等局部地区，没有波及整个华南，对生物的影响不占主导地位。

二叠-三叠纪界线处有关碳笼的报道首先来自于日本中部（Chijiwa *et al*., 1999），其中包裹的惰性气体的同位素组成与陨石及太阳系尘埃中发现的气体类似，而不同于地球上的气体。之后，Becker 等（2001）研究华南煤山剖面、日本西南部 Sasayama 剖面、匈牙利北部 Bálvány 剖面 P-T 界线处地层，根据 ^{3}He 的富集、$^{3}He/^{36}Ar$ 和 $^{40}Ar/^{36}Ar$ 的比值论证了前两处碳笼的存在，并认为“碳笼”的出现可能与彗星或小行星的撞击事件有关，火流星的直径为 9±3 km，或者与白垩纪末期的相比拟。这一撞击事件造成了二叠纪末期的生物大灭绝，在时间上与古生物学研究结果一致。

Becker 等的研究很快遭到质疑。在 Farley 等（2001）的文章中，Isozaki 指出 Becker 等研究的日本 Sasayama 剖面缺失二叠-三叠系界线地层，他们所采的样品至少距离 P-T 界线 80 cm。而对 Becker 等在煤山发现碳笼的第 25 层粘土岩，Farley 和 Mukhopadhyay 也做了精细的测试，同时他们还测试了上寺剖面的样品，都没有发现撞击形成的 ^{3}He。实验结果的不可重复性成为 Becker 等撞击假说面临的最大难题。

总之，近十多年的研究揭示了大灭绝的诸多事实，包括广泛存在的浅海缺氧现象，多次大规模的火山喷发，西伯利亚玄武岩的喷发与华南二叠纪末大灭绝的时间基本一致；在海相和陆相剖面上，碳同位素突然降低与主要灭绝层位一致，海洋动物的灭绝与快速的海退、海侵相关，时限短于 0.5 Ma（Jin *et al*.,2000）；二叠纪末全球气候急剧变暖，菌孢子突然剧增说明陆地生态系统受到干扰等。可以说，二叠纪末的生物大灭绝是一种复杂的系统性原因。

四、结论

华南具有发育完善的二叠系早已是不争的事实，但是早些时期也只是作为一个“孤立地块”（Erwin,1990）而论。当全球处在长期海退造成的低水位时期，只有华南发生海侵，保存了高分异度海洋生物群的化石记录。因而，这一“孤立地块”被当成二叠纪末生物灭绝事件中的避难所，反映的是一种独特的现象而不能成为全球生物演化的代表。近年来，通过牙形化石带的建立，全球海相地层之间的对比大为提高，陆续在加拿大、南阿尔卑斯、意大利、北美等地发现连续的二叠-三叠纪地层，从而证实晚二叠世长兴期是一个海侵过程，而上二叠统在全球大多数地区不同程度的缺失则属于海侵的穿时效应（殷鸿福，1994）。将华南作为"孤立地块"而论显然是片面的。不仅如此，由于华南普遍发育二叠-三叠系连续地层，且处于低纬度区，生物群分异度高，源自于华南生物资料而总结出的生物大灭绝模式、灭绝机制越来越多地揭示了大灭绝的真实内涵。浙江长兴煤山D剖面被确认为全球二叠系-三叠系界线层型剖面和点更成为生物地层与事件地层研究的对比依据。西伯利亚玄武岩放射性元素的年龄值经与煤山剖面对比，表明与二叠纪末大灭绝的时间基本一致（Renne *et al*.，1995），为大灭绝的火山成因提供了强有力的证据。Twitchett 等（2001）将东格陵兰剖面与煤山剖面进行对比，估算出大灭绝的时限为1～6 万年。可见，在古、中生代生物大灭绝的研究中，华南起了很好的标准作用。

然而，尽管华南具有发育良好的二叠-三叠系剖面，但是剖面之间精确的地层对比仍存在困难，即使是研究程度最高的长兴煤山剖面与四川上寺剖面之间的生物地层对比也存在多种争论。剖面之间的对比精度直接影响到生物灭绝的研究。因此在对大灭绝的研究中，对原始化石资料的不同运用潜伏着最终研究结果的差异。具体来说，当使用单个剖面或若干地层对比明显的剖面资料时，如煤山 A，B，C，D，E，Z 剖面，化石的产出点可以精确到层，各门类化石及整体的灭绝模式都能够逐层表达。但是在进行区域性的研究中，因存在对比上的困难，生物演变的记录难以精确到层，往往是以组或阶为单位，以此推断出的灭绝模式只能代表一个总体上的概念。但是在另一方面，单个剖面的资料具有很强的地区性，化石受到沉积相的控制，属种少，部分属种的消失归根于沉积相的改变而非真正的灭绝。而区域性的古生物资料则包含较广的沉积环境，化石属种较多。可见，探讨生物大灭绝并不能简单地用统计数据加以定论，从生物自身入手，以不同门类的生物所适应的环境为背景，探究不同门类的生物在不同的沉积相中所反映出来的灭绝模式似乎更为合理。

致　谢　感谢国家重点基础研究发展规划项目（G2000077700）、国家自然科学基金（No. 40202002）、科技部基础性工作（2001DEA200020）、中国科学院资源环境领域知识创新工程重大项目（KZCX2-SW-129）给予的资助。

参考文献

Alvarez L W, Alvarea W, Asaro F, Michel H V. 1980. Extraterrestrial cause for the Cretaceous-Tertiary extinction. Sciecne, 208: 1095～1108

Becker L, Poreda R J, Hunt A G, Bunch T E, Rampino M. 2001. Impact Event at the Permian-

Triassic Boundary: Evidence from Extraterrestrial Noble Gases in Fullerenes. Science, 291: 1 530～1 531

Bowring S A, Erwin D H, Jin Yugan, Martin M W, Davidek K L, Wang Wei. 1998. U/Pb zircon geochronology and tempo of the end-Permian mass extinction. Science, 280: 1 039～1 045

Cai Zhifang, Ma Shulan, Mao Xueying, Sun Yiyin, Xu Daoyi, Zhang Qinwen, Yang Zhengzong. 1986. Element features at Permian-Triassic boundary in Changxing, Zhejiang. Acta Geologica Sinica, 60(2): 139～150 (in Chinese) [柴之芳,马淑兰,毛雪瑛,孙亦因,徐道一,张勤文,杨正宗. 1986. 浙江长兴二叠系-三叠系界线剖面的元素地球化学特征. 地质学报,60(2):139～150]

Cao Changqun, Wang Wei, Jin Yugan. 2002. Carbon isotopic excursions across the Permian-Triassic boundary in the Meishan section, Zhejiang Province, China. Chinese Science Bulletin, 47(13): 1 125～1 129

Chijiwa T, Arai T, Shinohara H, Kumazawa M, Takano M, Kawakami S. 1999. Fullerenes found in the Permo-Triassic mass extinction period. Geophysical Research Letters, 26: 767～770

Clark D J, Wang C Y, Orth C J, Gilmore J S. 1986. Conodont survival and low iridium abundances across the Permian-Triassic boundary in South China. Science, 233: 984～986

Erwin D H. 1990. The End-Permian Mass Extinction. Ann. Rev. Ecol. Syst., 21: 69～91

Erwin D H. 1993. The great Paleozoic crisis. New York: Columbia University Press. 327

Erwin D H. 1994. The Permo-Triassic extinction. Nature, 367: 231～236

Erwin D H, Bowring S A, Jin Yugan. 2002. End-Permian mass extinction: A review. Geological Society of American, Special Paper 356. 363～383

Fan Jiasong, Zhang Wei, Ma Xing, Zhang Yinben, Liu Huaibo. 1982. The Upper Permian reefs in Lichuan district, west Hubei. Scientia Geologica Sinica, 3:274～282 (in Chinese with English abstract) [范嘉松,张维,马行,张荫本,刘怀波. 1982. 鄂西二叠系生物礁的基本特征及其发育规律. 地质科学, 3: 274～282]

Farley K A, Mukhopadhyay S, Isozaki Yukio, Becker L, Poreda R J. 2001. An Extraterrestrial Impact at the Permian-Triassic Boundary? Science, 293:2 343

Gao Zhengang, Xu Daoyi, Zhang Qinwen, Sun Yiyin. 1987. Discovery and study of microspherules at the Permian-Triassic boundary of the Shangsi section, Guangyuan, Sichuan. Geological Review, 23(3): 204～210 (in Chinese with English abstract) [高振刚,徐道一,张勤文,孙亦因. 1987. 四川广元上寺二叠系-三叠系界线层内微球粒的发现与研究. 地质论评,23(3):204～210]

Hao Weicheng. 1994. The Development of the Late Permian-Early Triassic Ostracod Fauna in Guizhou Province. Geological Review, 40(1): 87～93 (in Chinese with English abstract) [郝维城. 1994. 贵州晚二叠世-早三叠世介形虫动物群的演变. 地质论评, 40(1): 87～93]

He Jinwen. 1981. Clay minerals in Changxingian and at the bottom of Yinkeng formation—discussion on the Permian-Triassic boundary. Journal of Stratigraphy, 5(3): 197～206 (in Chinese) [何锦文. 1981. 长兴阶层型剖面及殷坑组底部的粘土矿物——兼论二叠、三叠系的分界. 地层学杂志, 5(3): 197～206]

He Jinwen. 1985. The discovery of microspherules in the Mixed-fauna Bed 1 at Meishan in Changxing, Zhejiang. Journal of Stratigraphy, 9(4): 293～297 (in Chinese with English abstract) [何锦文. 1985. 浙江长兴煤山二叠-三叠系混生层 1 中微球粒的发现及其意义. 地层学杂志, 9(4): 293～297]

He Jinwen, Rui Lin, Cai Zhifang, Ma Shulan. 1987. Volcanic activities in the latest Permian and Early Triassic at Meishan in Changxing, Zhejiang. Journal of Stratigraphy, 11(3): 194～199 (in Chinese with English abstract) [何锦文,芮琳,柴之芳,马淑兰. 1987. 浙江长兴煤山地区晚二叠世末、早三叠世初的火山活动. 地层学杂志, 11(3): 194～199]

He Xilin, Liang Dunshi, Shen Shuzhong. 1996. Research on the Permian flora from Jiangxi Province, China. Xuzhou: China University of Mining and Technology Press (in Chinese with English abstract) [何锡麟,梁敦士,沈树忠. 1996. 中国江西二叠纪植物群研究. 徐州:中国矿业大学出版社]

Holser W T, Schonlaub H P, Attrep M, *et al*. 1989. A unique geochemical record at the Permian/Triassic boundary. Nature, 337: 39～44

Isozaki Y. 1997. Permo-Triassic Boundary Superanoxia and Stratified Superocean: Records from Lost Deep Sea. Science, 276: 235～238

Jin Yugan. 1991. Two Phases of the end-Permian mass extinction. Palaeoworld, 1: 39 (in Chinese) [金玉玕. 1991. 二叠纪末生物集群绝灭的两个阶段. Palaeoworld 1: 39]

Jin Yugan. 1993. The Pre-Lopingian benthose crisis. Compte Rendu, the 12th ICC-P. 2: 269～278

Jin Yugan, Wang Yue, Wang Wei, Shang Qinghua, Cao Changqun, Erwin D H. 2000. Pattern of marine mass extinction near the Permian-Triassic boundary in South China. Science, 289: 432～436

Jin Yugan, Zhang Jin, Shang Qinghua. 1994. Two phases of the end-Permian mass extinction. Pangea: Global Environments and Resources. Canadian Society of Petroleum Geologists, Memoir, 17: 813～822

Jin Yugan, Zhang Jin, Shang Qinghua. 1995. Pre-Lopingian catastrophic event of marine faunas. Acta Palaeontologica Sinica, 34(4): 410～427 (in Chinese with English abstract) [金玉玕,张进,尚庆华. 1995. 前乐平统海洋动物灾变事件. 古生物学报, 34(4): 410～427]

Kaiho K, Kajiwara Y, Nakano Y, Miura Y, Kawahata H, Tazaki K, Ueshima M, Chen Zhongqiang, Shi Guangrong. 2001. End-Permian catastrophe by a bolide impact: Evidence of a gigantic release of sulfur from the mantle. Geology, 29(9): 815～818

Kershaw S, Li Guo, Swift A, Fan Jiasong. 2002. ? Microbialites in the Permian-Triassic Boundary Interval in Central China: Structure, Age and Distribution. Facies, 47: 83～90

Kershaw S, Zhang T, Lan G. 1999. A ? microbialite carbonate crust at the Permian-Triassic boundary in South China, and its palaeoenvironmental significance. Palaeogeography, Palaeoclimatology, Palaeoecology, 146: 1～18

Lai Xulong, Zhang Kexin. 1999. A New Paleoecological Model of Conodonts During the Permian-Triassic Transitional Period. Earth Science—Journal of China University of Geosciences, 24(1): 33～38 (in Chinese with English abstract) [赖旭龙,张克信. 1999. 二叠-三叠纪之交牙形石生态新模式. 地球科学—中国地质大学学报, 24(1): 33～38]

Lai Xulong, Yang Fengqing, Hallam A, Wignall P B. 1996. The Shangsi section, candidate of the Global Stratotype section and point of the Permian-Triassic boundary. In: Yin Hongfu, ed. The Palaeozoic-Mesozoic Boundary, Candidates of the Global Stratotype Section and Point of the Permian-Triassic Boundary. Wuhan: China University of Geosciences Press. 113～126

Li Xingxue, Shen Guanglong, Tian Baolin, Wang Shijun, Ouyang Shu. 1995. Some Notes on Carboniferous and Permian Floras in China. In: Li Xingxue, ed. Fossil Floras of China through the Geological Ages. Guangzhou: Guangzhou Science and Technology Press. 244～302 (in Chinese and English) [李星学,沈光隆,田保霖,王士俊,欧阳舒. 1995. 我国石炭纪、二叠纪植物群的几个问题. 见:李星学主编. 中国地质时期植物群. 广州:广东科学技术出版社,190～226]

Li Zishun, Zhan Lipei, *et al*. 1986. Mass extinction and geological events between Palaeozoic and Mesozoic Era. Acta Geologica Sinica, 60(1): 1～15 (in Chinese with English abstract) [李子舜,詹立培等. 1986. 古生代-中生代之交的生物绝灭和地质事件——四川广元上寺二叠系-三叠系界线和事件的初步研究. 地质学报, 60(1): 1～15]

Li Zishun, Zhan Lipei, Dai Jinye, Jin Ruogu, Zhu Xiufang, Zhang Jinghua, *et al*. 1989. Study on the Permian-Triassic biostratigraphy and event stratigraphy of northern Sichuan and southern Shaanxi. Series of Geological Memoris, Stratigraphy and Paleontology, 9. Beijing: Geological Publishing House (in Chinese with English summary) [李子舜,詹立培,戴进业,金若谷,朱秀芳,张景华等. 1989. 川北陕南二叠-三叠纪生物地层及事件地层研究. 地质专报,二、地层古生物,第 9 号. 北京:地质出版社]

Liao Zhuoting. 1979. Brachiopoda assembly of the Changhsingian and brachiopoda fossils in the Permian-Triassic Mixed Fauna in South China. Acta Stratigraphic Sinica, 3(3): 200～207 (in Chinese) [廖卓庭. 1979. 中国南部长兴阶的腕足动物组合带及二叠、三叠纪混生动物群中的腕足动物. 地层学杂志, 3(3): 200～207]

Mundil R, Metcalfe I, Ludwig K R, Renne P R, Oberli F, Nicoll R S. 2001. Timing of the Permian-Triassic biotic crisis: implications from new zircon U/Pb age data (and their limitations). Earth and Planetary Science Letters, 187: 131～145

Ouyang Shu. 1986. The spore and pollen assemblages of Late Permian and Early Triassic rocks, Fuyuan, Yunnan, Palaeontologia Sinica, New Series A, (9)(Whole Number 169). 1～122 (in Chinese with English summary) [欧阳舒. 1986. 云南富源晚二叠世-早三叠世孢子花粉组合. 中国古生物志,总号第 169 册,新甲种第 9 号. 1～122]

Peng Yuanqiao, Tong Jinnan. 1999. Integrated study on Permian-Triassic Boundary Bed in Yangtze platform. Earth Science—Journal of China University of Geosciences, 24(1): 39～48 (in Chinese with English abstract) [彭元桥,童金南. 1999. 扬子台区二叠-三叠系界线层综合地层学研究. 地球科学—中国地质大学学报, 24(1): 39～48]

Renne P R, Zhang Zichao, Richards M A, Black M T, Basu A R. 1995. Synchrony and Causal Relations Between Permian-Triassic Boundary Crises and Siberian Flood Volcanism. Science, 269: 1 413～1 416

Rui Lin, Jiang Nayan. 1984. Lithofacies and biofacies of latest Permian and earliest Triassic at the bordering region of Jiangsu, Zhejiang and Anhui provinces. Acta Palaontologica Sinica, 23(3): 286～299 (in Chinese with English abstract) [芮琳,江纳言. 1984. 苏浙皖地区二叠纪末、三叠纪初的岩相和生物相. 古生物学报, 23(3): 286～299]

Sepkoski J J. 1986. Periodicity in marine extinction events. In: Elliott D K, ed. Dynamics of extinction. New York: Wiley. 3～36

Sheng Jinzhang, Chen Chuzhang, Wang Yigang, Rui Lin, Liao Zhuoting, Yuji Bando, Kenichi Ishii, Keiji Nakazawa, Koji Nakamura. 1984. Permian-Triassic boundary in middle and eastern Tethys. Journal of the Faculty of Science, Hokkaido University, Series Ⅳ, Ⅺ(1): 133～181

Signor P W Ⅲ, Lipps J H. 1982. Sampling bias, gradual extinction patterns, and catastrophes in the fossil record. In: Silver L T, Shultz P H, eds. Geological implications of impacts of large asteroids and comets on the Earth: Geological Society of America, Special Paper, 190: 291～296

Stanley S M, Yang Xiangning. 1994. A double mass extinction at the end Paleozoic. Science, 266: 1 340～1 344

Sun Yiyin, Xu Daoyi, Zhang Qinwen, Yang Zhengzhong, Sheng Jinzhang, Chen Chuzhen, Rui Lin, Liang Xiluo, Zhao Jiaming, He Jinwen. 1984. The discovery of iridium anomaly in the Permian-Triassic boundary clay in Changxing, Zhejiang, China and its significance. In: Tu Guangzhi, ed. Developments in geoscience: Contribution to 27th International Geological Congress. Beijing: Science Press. 235～245

Teichert C. 1990. The Permian-Triassic boundary revisited. In: Kauffman E G, Walliser O H, eds. Extinction events in Earth History. Heidelberg: Springer-Verlag. 199～238

Tong Jinnan. 1997. The Ecosystem Recovery after the End-Paleozoic Mass Extinction in South China. Earth Science—Journal of China University of Geosciences, 22(4): 373～376 (in Chinese with English abstract) [童金南. 1997. 华南古生代末大绝灭后的生态系复苏. 地球科学—中国地质大学学报, 22(4): 373～376]

Tong Jinnan, Shi Guangrong. 2000. Evolution of the Permian and Triassic Foraminfera in South China. In: Yin H F, Dickins J M, Shi G R, Tong J, eds. Permian- Triassic Evolution of Tethys and Western Circum-Pacific. Amsterdam: Elsevier. 291～307

Twitchett R J, Looy C V, Morante R, Visscher H, Wignal P. 2001. Rapid and synchronous collapse of marine and terrestrial ecosystems during the end-Permian biotic crisis. Geology, 29:351～354

Twitchett R T, Wignall P B. 1996. Trace fossils and the aftermath of the Permo-Triassic mass extinction: evidence from northern Italy. Palaeogeography, Palaeoclimatology, Palaeoecology, 124: 137～151

Wang Chengyuan. 1994. Eventostratigraphic boundary and biostratigraphic boundary of the Permian-Triassic in South China. Journal of Stratigraphy, 18(2): 111～145 (in Chinese with English abstract) [王成源. 1994. 华南二叠-三叠系的事件地层与生物地层界线, 地层学杂志, 18(2): 111～145]

Wang Chengyuan, Wang Shangqi. 1997. Conodonts from Permian-Triassic Boundary Beds in Jiangxi, China and Evolutionary Lineage of *Hindeodus-Isarcicella*. Acta Palaeontologica Sinica, 36(2): 151～169 (in Chinese with English abstract) [王成源, 王尚启. 1997. 江西二叠-三叠系界线层的牙形刺及 *Hindeodus-Isarcicella* 的演化谱系. 古生物学报, 36(2): 151～169]

Wang Shangqi. 1978. Fossil ostracods of the Late Permian and Early Triassic in western Guizhou and northeastern Yunnan. Acta Palaeontologica Sinica, 17(3): 279～308 (in Chinese with English abstract) [王尚启. 1978. 黔西滇东北晚二叠世及早三叠世介形类化石. 古生物学报, 17(3): 279～308]

Wang Shangyan, Yin Hongfu. 2001a. Study on the terrestrial sequence of the Permian-Triassic boundary in eastern Yunnan and western Guizhou. Wuhan: China University of Geosciences Publishing House (in Chinese with English summary) [王尚彦, 殷鸿福. 2001a. 滇东黔西陆相二叠纪-三叠纪界线地层研究. 武汉: 中国地质大学出版社. 1～28]

Wang Shangyan, Yin Hongfu. 2001b. Discovery of Microspherules in Claystone near the Terrestrial Permian-Triassic Boundary. Geological Review, 47(4): 411～414 (in Chinese with English abstract) [王尚彦, 殷鸿福. 2001b. 滇黔地区陆相二叠系-三叠系界线附近粘土岩中发现微球粒. 地质论评, 47(4): 411～414]

Wang Shangyan, Yin Hongfu. 2001c. New developments on the continental Permian-Triassic boundary in South China. Chinese Geology, 28(7): 16～21 (in Chinese) [王尚彦, 殷鸿福. 2001c. 华南陆相二叠-三叠系界线地层研究新进展. 中国地质, 28(7): 16～21]

Wang Shangyan, Yin Hongfu. 2002. Characteristics of calystone at the continental Permian-Triassic boundary in the eastern Yunnan-western Guizhou region. Geology in China, 29(2): 155～160 (in Chinese with English abstract) [王尚彦, 殷鸿福. 2002. 滇东黔西地区陆相二叠系-三叠系界线粘土岩特征. 中国地质, 29(2): 155～160]

Wang Yigang. 1984. Earliest Triassic ammonoid faunas from Jiangsu and Zhejiang and their bearing on the definition of Permo-Triassic boundary. Acta Palaeontologica Sinica, 23(3):257～269 (in Chinese with English abstract) [王义刚. 1984. 论苏、浙一带三叠纪最早期的菊石群及二叠系-三叠系界线的定义. 古生物学报, 23(3): 257～269]

Wang Yongbiao, Xu Guirong, Lin Qixiang. 1997. Paleoecological Relations Between Coral Reef and Sponge Reef of Late Permian in Cili Area, West Hunan Province. Earth Science—Journal of China University of Geosciences, 22(2):135～138 (in Chinese with English abstract) [王永标, 徐桂荣, 林启祥. 1997. 湖南慈利晚二叠世海绵礁与珊瑚礁的古生态研究. 地球科学—中国地质大学学报, 22(2):135～138]

Wignall P B, Hallam A. 1993. Griesbachia (Earliest Triassic) Palaeoenvironmental changes in the Salt Range, Pakistan and south east China and their bearing on the Permo-Triassi cmass extinction. Palaeogeography, Palaeoclimatology, Palaeoecology, 102: 215～237

Wignall P B, Hallam A, Lai Xulong, Yang Fengqing. 1995. Palaeoenvironmental changes across the Permian/Triassic boundary at Shangsi(N. Sichuan, China). Historical Biology, 10: 175～189

Wignall P B, Hallam A. 1996. Facies change and the end-Permian mass extinction in S. E. Sichuan, China. Palaios, 11(6): 587～596

Wignall P B, Twitchett R J. 1996. Oceanic anoxia and the end Permian mass extinction. Science, 272: 1 155～1 158

Wu Shunbao, Chen Guiying, Liu Xinlan. 1988a. Permian-Triassic boundary strata and fauna of Yanshi section, Fujian Province. Earth Science—Journal of China University of Geosciences, 13 (5): 375～384(in Chinese with English abstract) [吴顺宝,陈贵英,刘馨兰. 1988a. 福建雁石二叠-三叠系界线地层及动物群. 地球科学—中国地质大学学报, 13(5): 529～535]

Xu Daoyi, Ma Shulan, Chai Zhifang, Mao Xuoying, Sun Yiying, Zhang Qinweng, Yang Zhengzhong. 1985. Abundance variation of iridium and trace elements at the Permian/Triassic boundary at Shangsi in China. Nature, 314: 154～156

Wu Shunbao, Li Qing, Wang Weiwei. 1988b. Sedimental features and faunal changes at the Permian-Triassic Boundary in Mountain Huaying, Sichuan. Geoscience, 2(3): 375～384 (in Chinese with English abstract) [吴顺宝,李庆,王薇薇. 1988b. 四川华蓥山二叠纪与三叠纪之交沉积特征及动物群变化. 现代地质, 2(3): 375～384]

Wu Yasheng, Fan Jiasong. 2002. Permian-Triassic history of reefal thalamid sponges: evolution and extinction. Acta Palaeontologica Sinica, 41(2): 163～177 (in Chinese and English) [吴亚生,范嘉松. 2002. 二叠纪-三叠纪礁相房室海绵演化与灭绝. 古生物学报, 41(2): 163～177]

Xu Guirong, Zhang Kexin, Huang Siji, Wu Shunbao, Bi Xianmei. 1988. On the Upper Permian and event stratigraphy of Permo-Triassic Boundary in Huangshi, Hubei province. Earth Science—Journal of China University of Geosciences, 13(5): 521～527 (in Chinese with English abstract) [徐桂荣,张克信,黄思骥,吴顺宝,毕先梅. 1988. 湖北黄石地区上二叠统和二、三叠系界线事件地层研究. 地球科学—中国地质大学学报, 13(5): 521～527]

Yang Fengqing, Wang Hongmei. 2000. Ammonoid Succession Model across the Paleozoic-Mesozoic transition in South China. In: Yin H F, Dickins J M, Shi G R, Tong J, eds. Permian-Triassic Evolution of Tethys and Western Circum-Pacific. Amsterdam: Elsevier. 353～369

Yang Wanrong, Jiang Nayan. 1981. On the depositional characters and microfacies of the Changhsing formation and the Permo-Triassic Boundary in Changxing, Zhejiang. Bulletin of Nanjing Institute of Geology and Palaeontology, Academia Sinica, 2: 114～131 (in Chinese with English abstract) [杨万容,江纳言. 1981. 浙江长兴组和二叠-三叠系界线的沉积特征及微相. 中国科学院南京地质古生物研究所丛刊, 2: 114～131]

Yang Zunyi, Wu Shunbao, Yin Hongfu, Xu Guirong, Zhang Kexin, *et al*. 1991. Permo-Triassic events of South China. Beijing: Geological Publishing House. 1～190 (in Chinese with English summary) [杨遵仪,吴顺宝,殷鸿福,徐桂荣,张克信等. 1991. 华南二叠-三叠纪过渡期地质事件. 北京:地质出版社. 1～190]

Yang Zunyi, Wu Shunbao, Yin Hongfu, Xu Guirong, Zhang Kexin, Bi Xianmei. 1993. Permo-Triassic events of South China. Beijing: Geological Publishing House. 1～153

Yang Zunyi, Yin Hongfu, Wu Shunbao, Yang Fengqing, Ding Meihua, Xu Guirong. 1987. Permian-Triassic Boundary stratigraphy and fauna of South China. Geological Memoirs, Stratigraphy and Palaeontology, 2(6): 108～146 (in Chinese with English summary)[杨遵仪,殷鸿福,吴顺宝,杨逢清,丁梅华,徐桂荣. 1987. 华南二叠-三叠系界线地层及动物群. 地质专报(二),地层古生

物，6：108～146]

Yao Zhaoqi，Xu Juntao，Zheng Zhuoguan，Zhao Xiugu，Mo Zhuangguan. 1980. Late Permian biostratigraphy and the Permian-Triassic boundary of Western Guizhou and Eastern Yunnan. In：Nanjing Institute of Geology and Palaeontology，Chinese Academy of Sciences，ed. The Coal-contaning Stratigraphy and Fossils of Late Permian in Western Guizhou and Eastern Yunnan. Beijing：Science Press. 1～69 (in Chinese) [姚兆奇，徐均涛，郑灼官，赵修祜，莫壮观. 1980. 黔西滇东晚二叠世生物地层和二叠系与三叠系的界线问题. 见：中国科学院南京地质古生物研究所编. 黔西滇东晚二叠世含煤地层和古生物群. 北京：科学出版社. 1～69]

Yin Hongfu. 1985. On the transitional bed and the Permian-Triassic boundary in South China. Newsletter on Stratigraphy，15：13～27

Yin Hongfu. 1994. Advancements of Permian and Triassic Research. Advance in Earth Sciences，9 (2)：2～10 (in Chinese with English abstract) [殷鸿福. 1994. 二叠系-三叠系研究的进展. 地球科学进展，9(2)：2～10]

Yin Hongfu，Huang Siji，Zhang Kexin，Yang Fengqing，Ding Meihua，Bi Xiamei，Zhang Suxin. 1989. Volcanism at the Permian-Triassic Boundary in South China and its effects on mass extinction. Acta Geologica Sinica，2：169～181 (in Chinese with English abstract) [殷鸿福，黄思骥，张克信，杨逢清，丁梅华，毕先梅，张素新. 1989. 华南二叠纪-三叠纪之交的火山活动及其对生物绝灭的影响. 地质学报，2：169～181]

Yin Hongfu，Tong Jinnan. 1998. Multidisciplinary high-resolution correlation of the Permian-Triassci boundary. Palaeogeography，Palaeoclimatology，Palaeoecology，143(4)：199～212

Yin Hongfu，Tong Jinnan，Ding Meihua，Zhang Kexin，Lai Xulong，1994. Late Permian- Middle Triassic sea level changes of Yangtze platform. Earth Science—Journal of China University of Geosciences，19(5)：627～632 (in Chinese with English abstract) [殷鸿福，童金南，丁梅华，张克信，赖旭龙. 1994. 扬子区晚二叠世-中三叠世海平面变化. 地球科学—中国地质大学学报，19(5)：627～632]

Yin Hongfu，Xu Guirong，Ding Meihua. 1984. Palaeozoic-Mesozoic alternation of marine biota in South China. Proceedings of the International Exchange on Geology 1. Beijing：Geology Publishing House. 195～204 (in Chinese with English abstract) [殷鸿福，徐桂荣，丁梅华. 1984. 华南古、中生代之交海洋生物界的更替. 国际交流地质学术论文集 1. 北京：地质出版社. 195～204]

Yin Hongfu，Zhang Kexin，Tong Jinnan，Yang Zunyi，Wu Shunbao. 2001. The Global Stratotype Section and Point (GSSP) of the Permian-Triassic Boundary. Episodes，24(2)：102～114

Yin Hongfu，Zhang Kexin，Yang Fengqing. 1988. A new scheme of biostratigraphic delimitation between marine Permian and Triassic. Earth Science—Journal of China University of Geosciences，13(5)：511～519 (in Chinese with English abstract) [殷鸿福，张克信，杨逢清. 1988. 海相二叠系-三叠系生物地层界线划分的新方案. 地球科学—中国地质大学学报，13(5)：511～519]

Zhang Jinghua，Zhang Yuanji，Wang Yuqi，Chen Bingru，Sun Jingxin，1983. Features of rare earth elements of Permian-Triassic boundary clay rocks in South China，with its stratigraphic significance. Acta Petrologica Mineralogical et Analytica，2(2)：81～86 (in Chinese with English abstract) [张景华，张元纪，王玉琦，陈冰如，孙景信. 1983. 我国南方二叠纪-三叠纪界线粘土岩的微量元素特征及其地层意义. 岩石矿物及测试，2(2)：81～86]

Zhang Kexin. 1988. Paleoecology of Changxingian conodonts from Jiangsu，Zhejiang and Anhui，South China. Earth Science—Journal of China University of Geosciences，13(5)：537～543 (in Chinese with English abstract) [张克信. 1988. 苏浙皖地区晚二叠世长兴期牙形石古生态. 地球科学—中国地质大学学报，13(5)：537～543]

Zhang Kexin, Tong Jinnan, Yin Hongfu, Wu Shunbao. 1996. Sequence Stratigraphy of the Permian-Triassic boundary section of Changxing, Zhejiang. Acta Geologica Sinica, 70(3): 270～281 (in Chinese with English abstract) [张克信,童金南,殷鸿福,吴顺宝. 1996. 浙江长兴二叠系-三叠系界线剖面层序地层研究. 地质学报, 70(3): 270～281]

Zhao Xiuhu, Mo Zhuangguan, Zhang Shanzhen, Yao Zhaoqi. 1980. Late Permian Fossil Floras of Western Guizhou and Eastern Yunnan. In: Nanjing Institute of Geology and Palaeontology, Chinese Academy of Sciences, ed. The Coal-contaning Stratigraphy and Fossils of Late Permian in Western Guizhou and Eastern Yunnan. Beijing: Science Press. 70～122 (in Chinese) [赵修祜,莫壮观,张善桢,姚兆奇. 1980. 黔西滇东晚二叠世植物群. 见: 中科院南京地质古生物研究所编. 黔西滇东晚二叠世含煤地层和古生物群. 北京: 科学出版社. 70～122]

Zhou Lei, Kyte F T. 1988. The Permian-Triassic boundary event: A geochemical study of three Chinese sections. Earth and Planetary Science Letters, 90: 411～421

Zhou Yaoqi, Chai Zhifang, Mao Xueying, Ma Shulan, Ma Jianguo, Kong Ping, He Jinwen. 1991. A Mixing Model—The Elemental Geochemistry of Permian-Triassic Boundary in South China and its Implications. Geological Review, 37(1): 51～63 (in Chinese with English abstract) [周瑶琪,柴之芳,毛雪瑛,马淑兰,马建国,孔屏,何锦文. 1991. 混合成因模式——中国南方二叠-三叠系界线地层元素地球化学及其启示. 地质论评, 37(1): 51～63]

Zhu Xiangshui, Wang Chengyuan, Lu Hua, *et al*. 1994. Permian-Triassic Boundary in Jiangxi, China. Acta Micropalaeontologica Sinica, 11(4): 439～452 (in Chinese with English abstract) [朱相水,王成源,吕桦等. 1994. 江西二叠-三叠系界线. 微体古生物学报, 11(4): 439～452]

曹长群 cqcao@public1. ptt. js. cn
王　伟 weiwang@nigpas. ac. cn
金玉玕 ygjin@public1. ptt. js. cn
中国科学院南京地质古生物研究所
南京市北京东路 39 号,210008

第九节

华南海相二叠系-三叠系界线附近碳同位素异常

摘　要 →

以浙江长兴煤山二叠系-三叠系界线剖面为代表的华南二叠系-三叠系界线附近的海相碳酸盐沉积地层中,保存了无机碳和有机碳的碳同位素比值平行变化的特点。这一可以在全球范围内进行对比的有机碳和无机碳的碳同位素的特征比值,在晚二叠世末期的首次缓慢降低开始于该剖面的 23 层底部。这一下降与该时期全球海平面降低造成的已埋藏有机质的暴露氧化有关。叠加在这一缓慢变化之上的是一个突发性的碳同位素变化,即无机碳和有机碳的同位素比值的快速降低分别出现于 24e 层顶部和 26 层,可能预示着某种突发性的生态事件。而在早三叠世早期的地层中,无机碳碳同位素比值出现缓慢降低的同时,有机碳的碳同位素比值则表现为强烈的波动。这一无机碳与有机碳碳同位素比值的特殊变化,与二叠纪末期的生物灭绝事件后海洋较低的生物量或较低的有机碳埋藏速率有关。有机碳和无机碳的碳同位素比值在殷坑组的 37 层下部逐步恢复了相对稳定,但不同于二叠世晚期地层中的碳同位素背景值。剖面上的总有机碳(TOC)的周期性变化显示出晚二叠世碳同位素比值的缓慢降低阶段所经历的时间大约为 0.6 Ma;而 25 层上下出现的有机碳和无机碳的碳同位素比值的快速降低的间隔时间大约在 0.1 Ma;早三叠世的碳同位素比值的缓慢降低到其初步恢复的时间约为 0.5 Ma。值得注意的是,通过对煤山二叠系-三叠系界线剖面的高分辨碳同位素采样研究,我们发现,在二叠纪末期最大生物灭绝面的无机碳同位素比值快速降低,其下降幅度一般在 3‰左右,并没有发现早期报道的幅度高达 8‰的巨大负异常和紧接的第二次高幅度负漂移。以煤山剖面为代表的华南二叠系-三叠系界线剖面在其界线附近出现的碳同位素比值的第一次缓慢降低和随后的快速降低,分别预示着全球海平面的下降,以及随后发生的某种突发性事件。而这一全球海平面的下降和紧接的突发性事件可能就是共同诱发二叠纪末期生物大灭绝的原因。

曹长群,王伟,金玉玕. 2004. 华南海相二叠系-三叠系界线附近碳同位素异常. 见:戎嘉余,方宗杰主编. 生物大灭绝与复苏——来自华南古生代和三叠纪的证据. 合肥:中国科学技术大学出版社. 773～784,1074

关键词 →

碳同位素
二叠系-三叠系界线
煤山剖面　华南

华南二叠系-三叠系界线附近海相碳酸盐岩地层普遍存在2‰～4‰，甚至6‰左右的无机碳同位素($\delta^{13}C_{carb}$)快速负漂移(陈锦石等，1984；李子舜等，1986；Baud *et al*.，1989；严正等，1989，1990；景一松，1992；Xu and Yan，1993；黄思静，1994；李玉成，1998；Cao *et al*.，2002)(图4.9.1)，而近期华南煤山剖面的有机碳同位素($\delta^{13}C_{org}$)在P-T界线附近亦表现出幅度为2.5‰左右的快速降低(Hansen *et al*.，1999；Cao *et al*.，2002)(图4.9.3)。碳同位素的这一异常还表现在其他一些地区的P-T界线附近，如亚洲的伊朗、土耳其等(Baud *et al*.，1989)的无机碳同位素变化曲线，欧洲的奥地利Gartnerkofel剖面的无机碳和有机碳同位素变化曲线(Holser *et al*.，1989；Magaritz *et al*.，1992)，以及北美的加拿大British Columbia (Wang *et al*.，1994)和澳大利亚悉尼盆地(Morante，1994)的有机碳同位素变化曲线中(图4.9.2)。除极个别地区P-T界线附近的$\delta^{13}C_{carb}$存在大幅异常降低以外(如West Spitsbergen：Gruszczynski *et al*.，1989；东格陵兰的Jameson Land：Oberhänsli *et al*.，1989；Twitchett *et al*.，2001；煤山地区：严正等，1990；Xu and Yan，1993)，大部分剖面的无机碳同位素从二叠纪末期的3‰～5‰降低到晚二叠世顶部或者三叠系底部的1‰～-1‰(Holser *et al*.，1989；Baud *et al*.，1989；Cao *et al*.，2002)。

二叠纪末期生物灭绝事件伴生碳同位素异常降低的事实，使碳同位素异常机制的探讨成为揭示该次生物灭绝事件的手段之一。早期少数剖面P-T界线附近发现的6‰或者更高的$\delta^{13}C_{carb}$异常降低以及少数剖面铱元素丰度的正异常，成为造成二叠纪末期生物灭绝的某种突发性事件的证据加以讨论，如大量甲烷气体释放(Erwin，1993)、突发性海洋水体倒转事件(Knoll *et al*.，1996)或者富碳星撞击事件的结果(Bowring *et al*.，1998)等等。而近期在四川上寺和浙江煤山剖面P-T界线附近发现的碳笼惰性气体同位素异常(Becker *et al*.，2001)和硫同位素异常(Kaiho *et al*.，2001)的研究结论，虽然争议较大，亦成为与类如巨大星体撞击有关的证据。而另一种观点认为多数剖面三叠系底部灰岩出现的较低的$\delta^{13}C$异常为有机质的高风化率(Holser *et al*.，1989)或者生物灭绝事件后早三叠世海洋中较低的初级生产率(Hsü and McKenzie，1990)的体现。

作为世界上研究程度最高的剖面之一，浙江煤山二叠系-三叠系剖面具有高精度的生物地层资料，以及依据火山凝灰层放射性同位素年龄建立的时间框架(Bowring *et al*.，1998)，为控制P-T界线附近生物与环境变化的速率和时间跨度提供了依据。同时，根据近期高精度的有机碳与无机碳同位素变化的对比研究(Cao *et al*.，2002)可初步探讨古海洋碳循环演变过程与生物灭绝事件的关系。

一、煤山剖面碳同位素记录

早期华南P-T界线附近碳同位素变化研究主要集中于碳酸盐岩中的无机碳

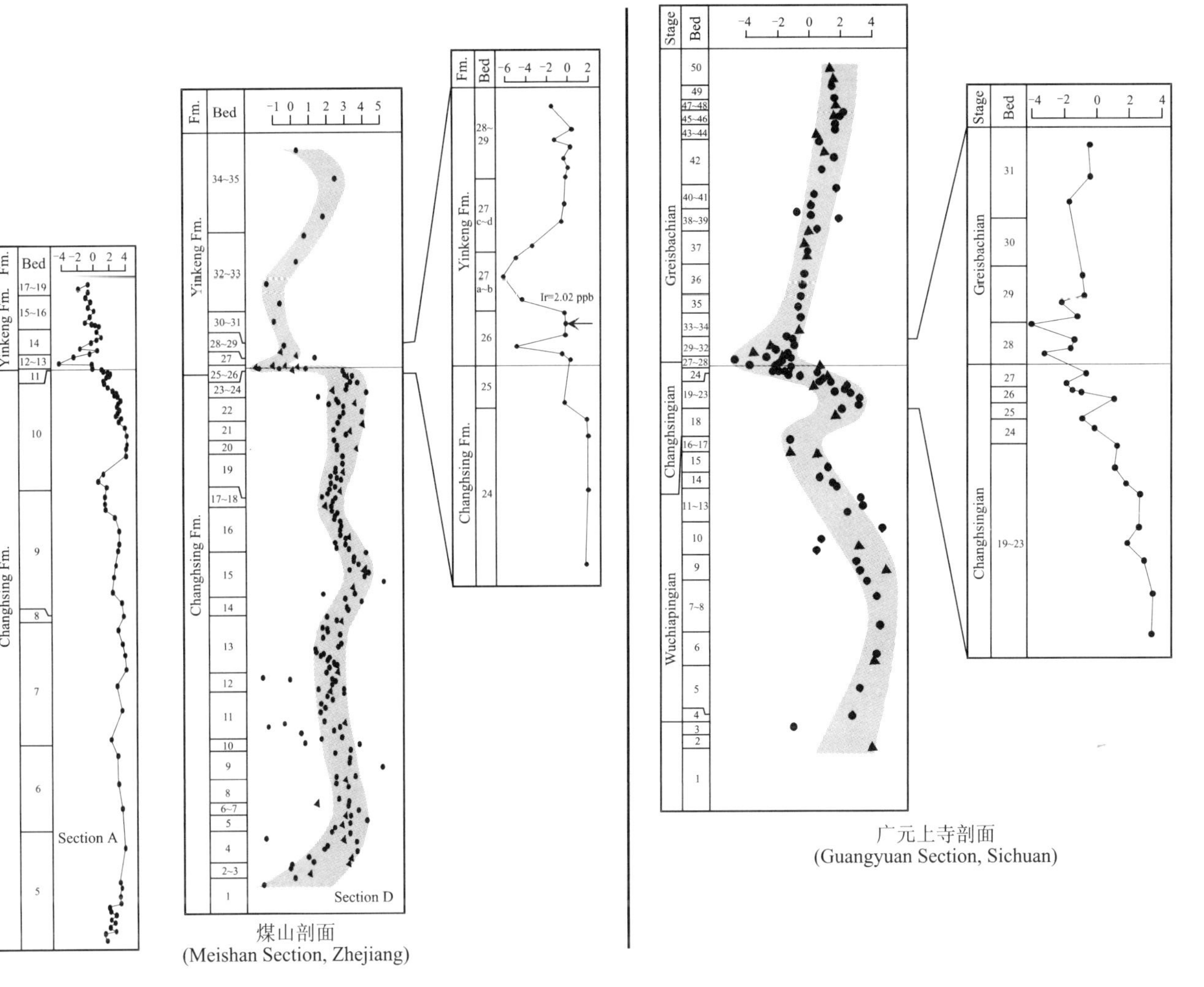

图 **4.9.1**　华南浙江长兴煤山和四川广元上寺二叠系-三叠系剖面无机碳同位素变化曲线(煤山剖面的数据来自于严正等,1990；景一松,1992；Baud *et al*.,1989；Xu and Yan,1993；李玉成,1998。上寺剖面的数据来自李子舜等,1986；Baud *et al*.,1989；严正等,1989)

Figure 4.9.1　Inorganic carbon isotope profiles across the P-T boundary of the Meishan and Shangsi sections, South China (compilation of literature data of the Meishan section from Yan Z *et al*., 1990; Jing Y S, 1992; Baud *et al*., 1989; Xu D Y *et al*., 1993; Li Y C, 1998; and that of the Shangsi section from Li Z S, 1986; Baud *et al*., 1989; Yan Z *et al*., 1989)

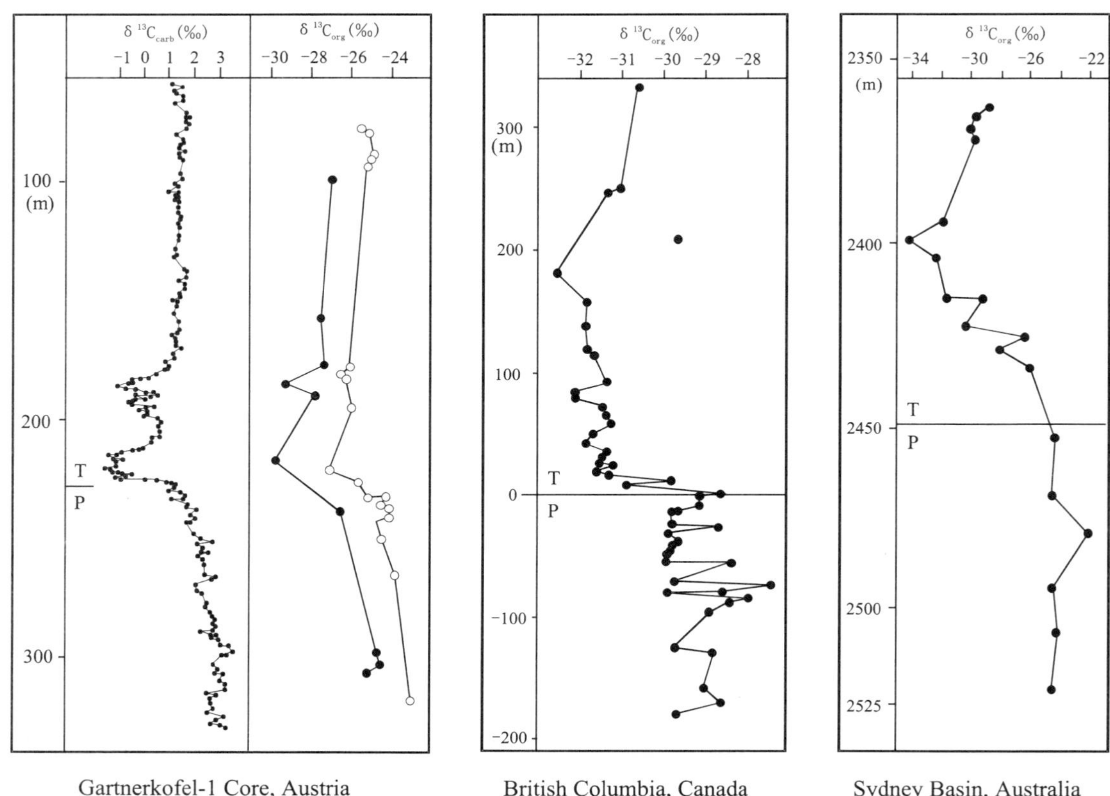

图 **4.9.2** 奥地利 **Gartnerkofel-1** 钻井、加拿大 **British Columbia**、澳大利亚悉尼盆地 **P-T** 界线附近的无机碳、有机碳同位素变化曲线

Figure 4.9.2 Inorganic and/or organic carbon isotope curves across the P-T boundary of the Gartnerkofel-1 core, Austria (Magaritz *et al.*, 1992), the British Columbia, Canada (Wang *et al.*, 1994) and the Sydney Basin, Australia (Morante, 1994)

同位素分析，研究地点包括四川广元上寺、安徽巢湖、湖北黄石、浙江煤山、贵州沫阳等地区(陈锦石等，1984；李子舜等，1986；Baud *et al.*，1989；严正等，1989，1990；景一松，1992；Xu and Yan，1993；李玉成，1998；Cao *et al.*，2002)，其中以浙江煤山剖面的研究频率和研究精度为最。煤山剖面 P-T 界线附近的无机碳同位素 $\delta^{13}C_{carb}$ 记录基本与欧洲南部和亚洲其他地区的 $\delta^{13}C_{carb}$ 记录(Baud *et al.*，1989；Holser *et al.*，1989；Magaritz *et al.*，1992)类似。煤山晚二叠世的 $\delta^{13}C_{carb}$ 背景值基本处于 3‰～5‰(Baud *et al.*，1989；李玉成，1998；Cao *et al.*，2002)，但是自 23 层底部开始出现首次缓慢降低，到 24d 层顶部降低到 1‰左右，然后在 24e 层约 30 cm 的地层内短暂恢复到 2‰左右。$\delta^{13}C_{carb}$ 的快速降低出现在 24e 层顶部 1 cm 含大量长石颗粒的火山凝灰质灰岩中，最低值为－1.16‰。在上部 26 层黑色钙质泥岩和 27 层含白云质灰岩中缓慢上升到 1‰左右以后，再次缓慢降低到 34 层中部的最小值－1‰左右，并在 37 层上部到 38 层下部的中薄层泥灰岩与泥岩互层段恢复至 2‰以上(图 4.9.3)。

煤山剖面 24 层至 27 层是高度凝缩的沉积层段(Cao and Shang，1998)，但是高

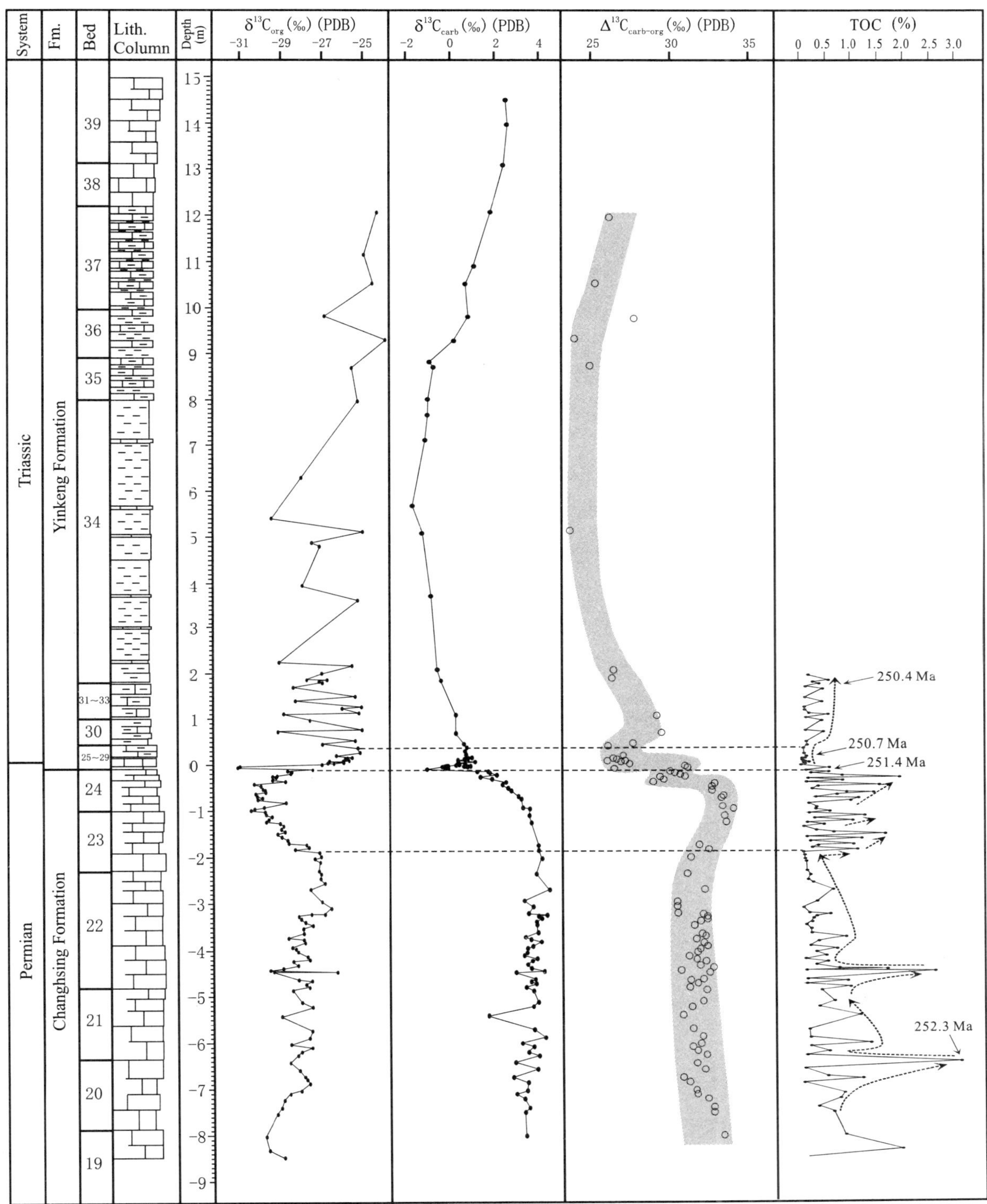

图 4.9.3　煤山 B 剖面 P-T 界线附近 $\delta^{13}C_{carb}$, $\delta^{13}C_{org}$, $\Delta^{13}C_{carb-org}$ 和 TOC 的变化曲线

Figure 4.9.3　Excursions of $\delta^{13}C_{carb}$, $\delta^{13}C_{org}$, $\Delta^{13}C_{carb-org}$ and TOC across the P-T boundary of the Meishan section B

精度的采样分析所反映出的 $\delta^{13}C_{carb}$ 变化框架与 Gartnerkofel-1 钻井剖面类似，都存在缓慢降低一恢复、快速降低一恢复、缓慢降低一恢复的三段式变化格局。并且，煤山剖面 26 层和 27 层新鲜露头的 $\delta^{13}C_{carb}$ 没有显示出两次幅度高达 6‰（严正等，1990；Xu and Yan，1993）的高幅负异常，早期的结果可能为岩石风化或者雨水淋滤的结果（Mii *et al*.，1997；Cao *et al*.，2002）。

迄今为止，华南二叠系-三叠系地层中有机碳同位素（$\delta^{13}C_{org}$）的研究仅局限于煤山剖面（Hansen *et al*.，1999；Cao *et al*.，2002）。该剖面晚二叠世 $\delta^{13}C_{org}$ 的背景值为－27‰左右，首次缓慢降低开始于 23 层下部，到 24d 层顶部降为－30.4‰，然后在 24e 层顶部恢复到－27.5‰，在 26 层的黑色钙质泥岩层中陡然降低到最低值－31.2‰，然后在 27 层到 28 层恢复到－26‰以上。$\delta^{13}C_{org}$ 不同于 $\delta^{13}C_{carb}$ 的是在早三叠世的 30 层到 34 层表现为强烈的波动变化（见 Cao *et al*.，2002），最小值达到－30‰左右，最大值基本稳定在－26‰左右，至 37 层以上恢复至－25‰左右（图 4.9.3）。

奥地利的 Gartnerkofel-1 钻井剖面（Magaritz *et al*.，1992）、澳大利亚悉尼盆地（Morante，1994）、加拿大的 British Columbia（Wang *et al*.，1994）和煤山剖面 P-T 界线附近有机碳同位素的变化，在晚二叠世 $\delta^{13}C_{org}$ 的背景值、P-T 界线附近 $\delta^{13}C_{org}$ 快速降低幅度各不相同。但是在高精度采样的奥地利 Gartnerkofel-1 钻井剖面（Magaritz *et al*.，1992）和煤山剖面（Cao *et al*.，2002），P-T 界线附近的 $\delta^{13}C_{org}$ 均表现出异常降低，并且整体上与 $\delta^{13}C_{carb}$ 曲线呈现为并行发展的趋势。

二、P-T 界线附近的碳同位素事件发展的时间框架

煤山剖面的 20 层顶部和 25 层的放射性同位素年龄分别为 252.3±0.3 Ma 和 251.4±0.3 Ma（Bowring *et al*.，1998），如果以线性平均沉积速率推算二叠纪末期 $\delta^{13}C$ 的首次缓慢降低阶段（从 4‰降低至 1‰以下）时间跨度大约为 0.33 Ma。然而，该层段 4.5 个总有机碳含量（TOC）规律性的上升-下降旋回分布特点反映该层段并非匀速沉积（图 4.9.3），自 23 层下部到长兴组灰岩顶部的沉积速率明显低于下部灰岩段，此层段相对应的长兴期末期的第一次碳同位素缓慢降低一恢复阶段经历的时间约为 0.6 Ma（每个 TOC 旋回经历时间约为 0.2 Ma）。

快速降低阶段 $\delta^{13}C_{carb}$ 为－1.16‰的最小值是出现于 24e 层顶部 1 cm 的含大量长石颗粒的火山凝灰质灰岩中（图 4.9.3），而 $\delta^{13}C_{org}$ 的最低值（－31.2‰）仅出现在 26 层黑色钙质泥岩的最底部，两者之间的 25 层为不含有沉积微细纹层的白粘土层。虽然煤山剖面厚度总计为 28 cm 左右的 25 层至 28 层所经历的时间为 0.7 Ma（Bowring *et al*.，1998），是沉积高度凝缩的地层层段，但其凝缩沉积的特征均明显集中在 26 层和 27 层内部（Cao *et al*.，1998）。如果以 27 层内部出现的 4 层明显的

硬底构造和 26 层丰富的微细纹层为微观沉积旋回特征，则 25 层粘土岩的沉积时间应当在 0.1～0.15 Ma 之间，或者更短。同时，24e 层顶部的火山凝灰质灰岩层与 25 层白粘土层可能为相同物质来源的沉积产物，则集中于“界线粘土层”上下先后出现的 $\delta^{13}C_{org}$ 和 $\delta^{13}C_{cart}$ 快速降低应属于同一碳循环异常事件的两种表现，即煤山剖面 94%的大化石末现面的出现（Jin *et al.*，2000）说明发生了某种突发性事件。

煤山剖面在早三叠世内部的 $\delta^{13}C_{carb}$ 缓慢降低一恢复阶段的终点位置在 37 层下部（图 4.9.3），在 Gartnerkofel 剖面位于牙形石带 *Isarcicella isarcica* 的末现面之上几米（Schönlaub，1991），但仅恢复至 2‰左右，远低于晚二叠世 4‰的背景值。28 层和 36 层中粘土层的锆石放射性同位素年龄（U/Pb）分别为 250.7±0.3 Ma和 250.2±0.2 Ma（Bowring *et al.*，1998），则该次 $\delta^{13}C$ 的降低一恢复时间跨度应当在 0.5 Ma 以上。

三、碳同位素快速降低异常值

虽然大多数晚二叠世-早三叠世碳酸盐岩的 $\delta^{13}C_{carb}$ 记录都十分类似，但仍在 3 个剖面上报道过晚二叠世或者早三叠世的海相碳酸盐岩的 $\delta^{13}C_{carb}$ 存在幅度高达 5‰～11‰的负漂移现象，分别为煤山剖面（Xu and Yan，1993）、West Spitsbergen 剖面（Gruszczynski *et al.*，1989）和 East Greenland 的 Jameson Land（Oberhänsli *et al.*，1989；Twitchett *et al.*，2001），与近期报道的煤山剖面（Cao *et al.*，2002）以及欧洲和亚洲（Baud *et al.*，1989；Magaritz *et al.*，1992）多数海相碳酸盐地层 P-T 界线附近 $\delta^{13}C_{carb}$ 的负漂移幅度相比大 2～5 倍，而引起广泛的关注。

历年来煤山剖面 P-T 界线附近碳酸盐岩无机碳同位素都显示出不同幅度的 $\delta^{13}C_{carb}$ 快速降低（陈锦石等，1984；Baud *et al.*，1989；严正等，1990；Xu and Yan，1993；Cao *et al.*，2002），其中以 Xu 和 Yan（1993）报道的 $\delta^{13}C_{carb}$ 变化模式和幅度为最，包括了两次大幅度的负异常：一个是位于 26 层幅度达到 5‰（0～－5‰）的负漂移；一个是 27 层内部的最小值达到－6‰的负漂移（0～－6‰）。Steven D'Hondt（私人通信）在 2000 年煤山剖面相应层位的详细采样分析结果显示，即使 25 层及其以下仅含有微量碳酸盐岩的铁壳层的 $\delta^{13}C_{carb}$ 值也只表现为轻微低于 0，26 层黑色钙质泥岩的 $\delta^{13}C_{carb}$ 也仅比 0 稍高，与 Jin 等（2000）和 Cao 等（2002）的分析结果一致。而 Cao 等（2002）的 27 层的 36 个新鲜岩样和 Steven D'Hondt 的 8 个样品的 $\delta^{13}C_{carb}$ 值都没有一个低于－1‰。因此，上述层位中 $\delta^{13}C_{carb}$ 达到 6‰的高幅降低并不代表煤山剖面 P-T 界线附近真正的 $\delta^{13}C_{carb}$ 变化。煤山剖面 25 层到 27 层的 $\delta^{13}C_{carb}$ 仅表现一次快速降低，其最小值应为－1‰左右（Jin *et al.*，2000；Cao *et al.*，2002）。

West Spitsbergen 剖面 $\delta^{13}C_{carb}$ 从 8‰到－3‰的逐渐降低跨越了上二叠统

Tatarian(?)阶(Gruszczynski *et al*.,1989),并非表现为欧洲和亚洲其他 P-T 界线附近快速降低的特点。对 West Spitsbergen 地层中未经历成岩作用影响和经历高度影响的碳酸盐化腕足动物化石的高精度对比检测,显示该剖面中 $\delta^{13}C_{carb}$这种长期的缓慢降低是碳酸盐岩成岩作用影响的结果,并不代表二叠纪晚期海洋碳环境的变化形式(Mii *et al*.,1997)。而 Jameson Land 海相碳酸盐岩的 $\delta^{13}C_{carb}$变化更是表现为从上二叠系的 −3‰ 降低为下三叠系的 −13‰(Oberhänsli *et al*.,1989;Twitchett *et al*.,2001),比正常的海相碳酸盐岩所应当具有的 $\delta^{13}C_{carb}$值更加偏负。分析表明多数具有更负的 $\delta^{13}C_{carb}$值的样品都含有黄铁矿,这些偏低的$\delta^{13}C_{carb}$值可能为碳酸盐岩的有机质在后期成岩过程中氧化的结果(Oberhänsli *et al*.,1989)。综上所述,P-T 界线附近的 $\delta^{13}C_{carb}$并不存在 5‰～11‰的巨大幅度的快速负漂移,即不存在某种特异性巨大碳异常事件所具有的高幅负漂移碳同位素信号。

四、P-T 界线附近海洋碳循环异常

不同地区晚古生代-早中生代海相地层中相似的 $\delta^{13}C_{carb}$变化,暗示了该时期海洋水体溶解碳的同位素组成变化的反应可能是全球性的。其中,高精度采样研究的煤山剖面和奥地利的 Gartnerkofel-1 钻井剖面 P-T 界线附近 $\delta^{13}C_{carb}$ 与 $\delta^{13}C_{org}$的并行变化趋势,以及缓慢降低—快速降低—缓慢降低的三段式变化特征,反映这种全球性变化应主要来自于海洋水体碳循环外部环境变化的影响(Magaritz *et al*.,1992)。造成碳同位素缓慢变化的因素主要为碳酸盐岩碳库和埋藏有机碳碳库的变化(Sundquist,1993),同时,由于有机碳的碳同位素组成比沉积碳酸盐岩的碳同位素组成更易于分馏(Anderson and Arthur,1983),首先足以长期影响海洋和大气碳平衡的碳库是埋藏有机碳,其次是沉积碳酸盐岩碳库。在煤山剖面 23 层下部到 24e 层约 0.6 Ma 的时间段内,$\delta^{13}C_{carb}$从 4‰左右缓慢降低到 1‰左右以及同时期 $\delta^{13}C_{org}$ 的缓慢降低,与该时期内全球海平面降低(Hallam and Wignall,1999)所造成的沉积碳酸盐岩和沉积有机质风化速率的增加或者有机质埋藏速率的降低有关。

P-T 界线附近 $\delta^{13}C$ 的快速降低可能存在两种机制。一种认为 $\delta^{13}C_{carb}$从晚二叠世末期的 2‰快速降低到早三叠世早期的 0 以下可能是生物灭绝后海洋低生产率状态下有机质埋藏量的减少(Hsü and McKenzie,1990),或者灭绝后表层海水的生物呼吸作用相对增强,以及海洋大型生物的灭绝造成食物链中有机质埋藏速率降低(D'Hondt *et al*.,1998)的结果。但是,煤山剖面 $\delta^{13}C_{carb}$和 $\delta^{13}C_{org}$分别在 25 层粘土岩(生物灭绝面,Jin *et al*.,2000)上下出现的事实,亦表明 P-T 界线附近 $\delta^{13}C$ 的快速降低代表了某种造成生物灭绝的突发性事件。同时,$\delta^{13}C$ 的快速降低还具有以下的特点:①表现为对 P-T 界线上下的碳同位素整体变化趋势的突变特征

(图 4.9.3)；②$\delta^{13}C_{org}$的快速降低晚于$\delta^{13}C_{carb}$的快速降低大约 0.1 Ma，可能为与界线粘土有关的同一突发事件在海洋水体和生态系统中的两种表现。虽然煤山剖面和 Gartnerkofel-1 剖面的$\delta^{13}C$降低幅度缺乏某些特异性事件如富碳彗星撞击、甲烷释放等所需要的巨幅降低的特征，但可能该次突发性事件叠加于其前期缓慢降低所代表的全球海平面降低的背景上，仍可共同促使二叠纪末期的生物灭绝事件的出现。

煤山剖面殷坑组的$\delta^{13}C_{carb}$自 29 层开始出现的早三叠世第一次缓慢降低到 37 层仅恢复至 2‰左右，远低于晚二叠世海洋的$\delta^{13}C_{carb}$背景值，并且该阶段$\delta^{13}C_{carb}$的最低值(−1.65‰)与 P-T 界线的$\delta^{13}C_{carb}$最低值接近。暗示着生物灭绝后的早三叠世海洋溶解碳同位素组成仍然受到前期事件的影响，并且生物灭绝事件之后海洋生物远没有恢复到足以对海洋碳同位素的分馏起到控制作用或者有机碳埋藏率较低。该阶段$\delta^{13}C_{org}$出现的强烈波动变化所暗示的海洋来源的腐泥质有机质与陆相沉积有机质的交替性变化(Cao *et al*.,2002)，也说明海洋初级生产率对溶解碳同位素组成的分馏还远没有达到稳定控制的程度。在生物面貌上，以 *Claraia* 和 *Lingula* 以及其他形态相对简单的头足类为主的化石分子虽然对新的生态环境具有较强的预先适应能力，但尚不足以形成类似晚二叠世海洋的丰富、复杂完善的生态系统。虽然某种观点认为，早三叠世海洋$\delta^{13}C_{carb}$的缓慢降低可能是浅水区的贫氧环境的结果(Wignall and Hallam,1992)，然而华南下三叠世早期地层中出现的生物扰动、非纹层状沉积、氧化现象(Bottjer *et al*.,1988)却与这一贫氧环境结论相矛盾。因此$\delta^{13}C_{carb}$在煤山剖面早三叠世的缓慢降低一恢复阶段的 0.5 Ma 的时间内仅恢复到 2‰，低于晚二叠世 4‰的背景值的现象，说明在此时间段内海洋碳循环以及海洋生态系统还没有足以达到完全恢复期。早三叠世的这种碳循环恢复过程可能与距今 65 Ma 的白垩纪-第三系界线事件的碳循环过程类似，全球较低的有机碳埋藏速率可能将持续近 3 个百万年(D'Hondt,1998)。

五、结论

我国华南多数二叠系-三叠系海相碳酸盐岩剖面 P-T 界线附近普遍存在无机碳同位素快速负漂移，其中煤山剖面存在$\delta^{13}C_{carb}$与$\delta^{13}C_{org}$的缓慢降低一恢复、快速降低一恢复和缓慢降低一恢复的三段式并行发展模式。这一模式为晚二叠世与早三叠世海洋碳循环的异常过渡期，并贯穿二叠纪末期生物灭绝与初步恢复的全过程。煤山剖面 P-T 界线附近无机碳同位素的快速降低仅仅表现为最小值在−1‰左右的单峰形式，没有早期研究所表现的高达 6‰幅度的巨大负漂移和后期第二次高幅负漂移现象，从而也缺失了造成海洋碳循环强烈异常的某些特殊异常事件的证据。二叠纪末期生物灭绝面之下出现的缓慢降低一恢复阶段和伴生的$\delta^{13}C_{carb}$

和 $\delta^{13}C_{org}$ 快速降低，可能预示着二叠世末期全球海平面降低以及与“界线粘土岩”形成有关的某种突发性事件共同造成古生代-中生代转折期海洋低生物面貌的巨大变化。生物灭绝事件后低海洋生物量或者有机碳埋藏量的持续降低使得早三叠世华南海洋碳循环再次出现缓慢降低，并且在 0.5 Ma 以上的时间内无机碳仅恢复至 2‰左右。当然，现有的碳同位素研究结果仅限于海相碳循环异常的探讨，对于二叠纪末期生物灭绝事件的全球性而言，还需要更充分的、更扩展的不同古地理区系的海相沉积地层序列的碳同位素对比研究，并且更加迫切地需要陆相地层碳循环异常的证据。

致谢 本项目得到国家重点基础研究发展规划项目(G2000077700)和现代古生物学和地层学国家重点实验室(中国科学院南京地质古生物研究所)项目(013112)的资助。

参考文献

Anderson T F, Arthur M A. 1983. Stable isotopes of oxygen and carbon and their application to sedimentologic and paleoenvironmental problems. In: Arthur M A, Anderson T F, Kaplan I R, Veizer J, Land L S, eds. Stable Isotopes in Sedimentary Geology, SEPM Short Course, 10: 1～151

Baud A, Magaritz M, Holser W T. 1989. Permian-Triassic of the Tethys: carbon isotope studies. Geologische Rundschau, 78: 649～677

Becker L, Poreda R J, Hunt A G, Bunch T E, Rampino M. 2001. Impact event at the Permian-Triassic boundary; evidence from extraterrestrial noble gases in fullerenes, Science, 291: 1 530～1 533

Bottjer D J, Droser M L, Wang C Y. 1988. Fine-scale resolution of mass extinction events; trace fossil evidence from the Permian-Triassic boundary in South China, Geological Society of America, Abstracts with Programs, 20: A106

Bowring S A, Erwin D H, Jin Y G, Martin M W, Davidek K, Wang W. 1998. U/Pb zircon geochronology and tempo of the end-Permian mass extinction. Science, 280: 1 039～1 045

Cao C Q, Shang Q H. 1998. Microstratigraphy of Permo-Triassic transition sequence of the Meishan section, Zhejiang, China. In: Jin Y G, Wardlaw B R, Wang Y, eds. Permian Stratigraphy, Events and Resources. Paleoworld, 9: 147～152

Cao C Q, Wang W, Jin Y G. 2002. Carbon isotopic excursions across the Permian-Triassic boundary in the Meishan section, Zhejiang Province, China. Chinese Science Bulletin, 47(13): 1 125～1 129

Chen J S, Sao M R, Huo W G, Yao Y Y. 1984. Carbon isotope of carbonate strata at Permian-Triassic boundary in Changxing, Zhejiang. Scientia Geologica Sinica, (1): 88～93 (in Chinese with English abstract) [陈锦石，邵茂茸，霍卫国，姚御元. 1984. 浙江长兴二叠系和三叠系界限地层的碳同位素. 地质科学，(1):88～93]

D'Hondt S. 1998. Isotopic proxies for ecological collapse and recovery from mass extinctions. In:

Corfield R, Norris R, eds. Isotope Paleobiology and Paleoecology (The Paleontological Society Papers 4), Paleontological Society: 179～211

D'Hondt S, Donaghay P, Zachos J C, Luttenberg D, Lindinger M. 1998. Organic carbon fluxes and ecological recovery from the Cretaceous/Tertiary mass extinction. Science, 282: 276～279

Erwin D H. 1993. The Great Paleozoic Crisis: Life and Death in the Permian. New York: Columbia University Press

Gruszczynski M, Halas S, Hoffman A, Malkowski K. 1989. A brachiopod calcite record of the oceanic carbon and oxygen isotopic shifts at the Permian/Triassic transition. Nature, 337: 64～68

Hallam A, Wignall P B. 1999. Mass extinctions and sea-level changes. Earth-science Reviews, 48: 217～250

Hansen H J, Toft P, Lojen S. Tong Jinnan, Dolenec T. 1999. Organic carbon isotopic fluctuations across the Permo-Triassic boundary. In: Yin Hongfu, Tong Jinnan, eds., Proceedings of the international conference on Pangea and the Paleozoic-Mesozioc transition. 112～114

Holser W T, and others. 1989. A unique geochemical record at the Permian/Triassic boundary. Nature, 337: 39～44

Hsü K J, McKenzie J A. 1990. Carbon-isotope anomalies at era boundaries; global catastrophes and their ultimate cause. In: Sharpton V L, Ward P D, eds. Global catastrophes in earth history. Geologic Society of America, Special Paper, 247: 61～70

Huang Sijing. 1994. Carbon isotopes of Permian and Permian-Triassic boundary in Upper Yangtze platform and the mass extinction. Geochimica, 23(1): 60～68 (in Chinese with English abstract)[黄思静. 1994. 上扬子二叠系-三叠系初海相碳酸盐岩的碳同位素组成与生物灭绝事件. 地球化学, 23(1): 60～68]

Jin Y G, Wang Y, Wang W, Shang Q H, Cao C Q, Erwin D H. 2000. Pattern of mass extinction near the Permian-Triassic boundary in South China. Science, 289: 432～436

Jing Yisong. 1992. The event stratigraphy in the transitional period of Permian-Triassic in Jiangsu, Anhi and Zhejiang Area: [Thesis for Master's Degree]. Nanjing: Nanjing Institute of Geology and Palaeontology, Chinese Academy Sciences. 1～76 [景一松. 1992. 苏浙皖地区二叠-三叠纪转换时期的事件地层:[硕士论文]. 南京:中国科学院南京地质古生物研究所. 1～76]

Kaiho K, Kajiwara Y, Nakano Y, Miura Y, Kawahata H, Tazaki K, Ueshima M, Chen Z, Shi G. 2001. End-Permian catastrophe by a bolide impact: Evidence of a gigantic releasee of sulfur from the mantle. Geology, 29(9): 815～818

Knoll A H, Bambach R K, Canfield D E, Grotzinger J P. 1996. Comparative earth history and Late Permian mass extinction. Science, 273: 452～457

Li Yucheng. 1998. Carbon and oxygen isotope stratigraphy of the Upper Permian Changhsingian limestone in Meishan section D, Changxing, Zhejiang. Journal of Stratigraphy, 22(1): 36～41 (in Chinese with English abstract)[李玉成. 1998. 华南二叠系长兴阶层型剖面碳酸盐岩的碳氧同位素地层. 地层学杂志, 22(1): 36～41]

Li Zishun, Zhan Lipei, *et al*. 1986. Mass extinction and geological events between Palaeozoic and Mesozoic Era. Acta Geologica Sinica, 60(1): 1～15(in Chinese with English abstract)[李子舜, 詹立培等. 1986. 古生代-中生代之交的生物灭绝和地质事件——四川广元上寺二叠系-三叠系界线和事件的初步研究. 地质学报, 60(1): 1～15]

Magaritz M, Krishnamurthy R V, Holser W T. 1992. Parallel trends in organic and inorganic carbon isotopes across the Permian/Triassic boundary. American Journal of Science, 292: 727～739

Morante R, Veevers J J, Andrew A S, Hamilton P J. 1994. Determination of the Permian-Triassic boundary in Australia from carbon isotope stratigraphy. The APEA Journal, 34: 330～336

Mii H, Grossman E L, Yancey T E. 1997. Stable carbon and oxygen isotope shifts in Permian seas of West Spitsbergen-global change or diagenetic artifact? Geology, 25: 277～230

Oberhänsli H, Hsü K J, Piasecki S, Weissert H. 1989. Permian-Triassic carbon isotope anomaly in Greenland and in the Southern Alps. Historical Biology, 2: 37～49

Schönlaub H P. 1991. The Permian-Triassic of the Gartnerkofel-1 core (Carnic Alps, Austria): conodont biostratigraphy. In: Holser W T, Schönlaub H P, eds. The Permian-Triassic boundary in the Carnic Alps of Austria (Gartnerkofel region). 79～98

Sundquist E T. 1993. The global carbon budget. Science, 259: 934～941

Twitchett R J, Looy C V, Morante R, Visscher H, Wignall P B. 2001. Rapid and synchronous collapse of marine and terrestrial ecosystems during the end-Permian biotic crisis. Geology, 29: 351～354

Wang K, Geldsetzer H H J, Krouse H. 1994. Permian-Triassic extinction: Organic $\delta^{13}C$ evidence from British Columbia, Canada. Geology, 22: 580～584

Wignall P B, Hallam A. 1992. Anoxia as a cause of the Permian/Triassic mass extinction; facies evidence from northern Italy and the Western United States. Palaeogeography, Palaeoclimatology, Palaeoecology, 93(1～2): 21～46

Xu D Y, Yan Z. 1993. Carbon isotope and iridium event markers near the Permian/Triassic boundary in the Meishan section, Zhejiang Province, China. Palaeogeography, Palaeoclimatology, Palaeoecology, 104: 171～176

Yan Zheng, Ye Lianfang, Jin Ruogu, Xu Daoyi. 1989. Carbon isotopic properties across the Permian-Triassic boundary in Shangsi section, Guangyuan, Sichuan Province. In: Geological Memoirs 9. 166～171 [严正,叶莲芳,金若谷,徐道一. 1989. 四川广元上寺二叠-三叠系界线剖面的碳氧同位素特征. 见:地质专报, 9, 地层古生物. 166～171]

Yan Zheng, Xu Daoyi, Ye Lianfang. 1990. Carbon isotopic abnormality across the Permian-Triassic boundary of the Meishan section, Zejiang. Palaeoworld 1 (1989～1990):113～119 [严正,徐道一,叶莲芳. 1990. 浙江长兴煤山二叠-三叠系界线剖面的碳同位素异常. 中国科学院南京地质古生物研究所现代古生物和地层学开放实验室年报(1989～1990):113～119]

方宗杰 zjfang@nigpas.ac.cn
中国科学院南京地质古生物研究所
南京市北京东路39号,210008

第十节

二叠纪-三叠纪之交生物大灭绝的型式、全球生态系统的巨变及其起因

方宗杰. 2004. 二叠纪-三叠纪之交生物大灭绝的型式、全球生态系统的巨变及其起因. 见:戎嘉余,方宗杰主编. 生物大灭绝与复苏——来自华南古生代和三叠纪的证据. 合肥:中国科学技术大学出版社. 785~928,1075~1076

摘要 →

大量事实证明,在与长兴煤山剖面二叠-三叠系界线层的沉积相当的时期内,全球的海洋、陆地和大气环境几乎同时发生了一系列突发性灾变事件,使全球的生态系统遭受到前所未有的浩劫,即二叠-三叠纪之交的生物大灭绝事件。对二叠-三叠纪转折时期化石记录的分析表明,不同生物在二叠-三叠系界线层及其前后,呈现出互不相同的盛衰型式,不同类群的生物,其灭绝过程也有所不同。总体上,可将二叠-三叠纪之交的大灭绝区分为两幕,即发生于二叠纪末期(B线)的主幕和发生于三叠纪初期(C线)的尾幕,由此可区分出双幕式、单幕式和灭绝效应不太明显的生物。后生动物礁、层状硅质岩和煤是地史时期3种十分常见的生物成因沉积类型,分别代表着浅海台地、大洋和陆地生态系统的3种不同的生产力类型,它们都在晚二叠世繁盛一时,却在二叠纪末突然中止了沉积,并在早三叠世分别出现了长达10 Ma、8 Ma和14 Ma的全球性空白期。化石证据表明,这三大生产力类型的间断均开始于大灭绝的主幕,这显然意味着与之相关的生物大灭绝基本上是同时发生的。二叠-三叠纪之交,全球爆发了一系列重大的地质事件,如以西伯利亚暗色岩和华南硅质火山喷发等为代表的全球性集群火山活动,甲烷水合物释放事件,大气污染事件(包括平流层硫酸气悬体烟云的形成、氧含量的下降、甲烷和二氧化碳浓度的提高等),海洋翻转事件,海洋缺氧事件,全球气候事件(包括二叠纪末短暂的全球气候变凉和早三叠世失控的温室气候),全球地球化学循环重组,如碳循环重组和碳、氧、硫、锶等同位素的异常事件等,并给当时的生物圈带来酸雨事件、气温和海表水温的大幅度升降变化、海底缺氧、高碳酸血症(海洋动物)、酸中毒缺氧症(陆地四足动物)、海水微量元素异常等一系列灾难,造成了显生宙规模最大的生物集群灭绝事件,从而使全球所有的生态系统几乎同时发生了重大转折,包括生物演化上的终止、间断和倒退现象,海洋和陆地生态系统基本框架和生态建构的巨变,二叠纪最末期和早三叠世初蓝菌等光合自养生物的阵发性灾后泛滥及由此造成的海洋初级生产力的相对过剩现象,早三叠世时错相的广布和浅海底质状态的大倒退,全球生物地理基本格局突然向世界性分布转变等。通过对二叠-三叠纪转折时期各类灾变事件的详尽剖析和评介,探讨大灭绝的起因、过程和机制。种种迹象表明,二叠纪末以西伯利亚暗色岩爆发和华南硅质火山活动等为代表的岩石圈地质事件在水圈和大气圈诱发了一系列气候和环境的灾变事件,给生物圈带来巨大的灾难,分别波及到地球上所有的生态系统,导致海洋和陆地等不同环境的生物同时大量灭绝,而三大生产力类型的间断正是这些突发性灾变事件在地球不同生态系统的具体反映和直接后果。

关键词 →

大灭绝　复苏　生态系统
西伯利亚暗色岩事件　二叠纪
三叠纪　华南

二叠-三叠纪之交的生物大灭绝是寒武纪大爆发以来地球上发生的一次最为重要的生物更新事件，并被公认是显生宙以来规模最大，灭绝强度最高，影响最广、最为深远的一次集群灭绝事件，由此导致了全球生态系统的基本结构发生根本性变化，相关论述很多。最初，这一结论的得出主要是根据对生物分异度的统计分析，尤其是海相无脊椎动物的分异度变化（Raup，1979；Raup and Sepkoski，1982；Sepkoski，1984；Hoffman，1985；Erwin，1993，1994，1995，1996；Benton，1995；Hallam and Wignall，1997）。近年来，一些学者已经注意到这一方法的局限性，指出不可将分异度变化的规模简单地等同于生态变化的相对规模，他们强调从比较进化生态学的角度来评估大灭绝的规模和影响（Bottjer *et al.*，1996；Droser *et al.*，1997，2000；Sheehan，2001；Bambach *et al.*，2002）。然而，他们讨论的范围仍主要局限于海相生物群方面。

本节打算在统计分析生物分异度变化的同时，着重剖析海洋、陆地、淡水等不同生态系统在二叠-三叠纪转折时期所发生的巨大变化，力图使这一大灭绝的规模和影响范围得到更充分、更全面的展示。华南的“长兴期”[①]发育多种多样的沉积类型，例如，从盆地相、斜坡相、浅海相、滨海相、海陆过渡相到陆相，从碳酸盐岩相、含煤或不含煤的近岸或远岸碎屑岩相到硅质岩相，华南还发育了世界上古生代层位最高的生物礁和煤层，它们均出露良好，研究比较充分，这就使我们能从多个不同的角度探讨大灭绝事件。种种迹象表明，这次大灾变的范围涉及了当时地球上已知的所有生态系统。充分地掌握这一基本事实，将有助于我们更深入地探究这次大灭绝的性质和成因机制。

茅口期末（Guadalupian 期末）事件或前乐平统事件是一次与海退相关的生物事件，在灭绝的规模、量级以及影响范围等方面它都难以与二叠-三叠纪之交的生物大灭绝相比较。在这两次事件之间尚未发现任何前后相关的迹象，它们是两次相互完全独立、性质和起因不同，而且强度和等级都大不相同的灭绝事件。本书第四章第一节和第三节已从不同的角度对前一事件做了评述，本节将着重讨论与二叠-三叠纪之交生物大灭绝相关的问题。

随着研究的不断深入，当前学术界普遍倾向于二叠-三叠纪之交的大灭绝是爆发性的灾变事件，例如，Bowring 等（1999）根据对长兴煤山二叠-三叠系界线剖面的最新研究，认为大灭绝发生在 16 万年之内（Erwin，2003）。其他学者采用不同研

---

① 根据国际地层指南，本阶的顶界应与二叠系的顶界保持一致，故新的长兴阶定义已将原 Griesbachian 阶下部合并在内（Yin *et al.*，2001），也就是说，煤山剖面的 27 层界线灰岩被一分为二，上部属“Griesbachian”阶，下部属于新定义的长兴阶。由于大灭绝的主幕发生在新的长兴阶的内部，即煤山剖面的 25 层之底，为了讨论方便，本节将煤山剖面 25 层至 28 层单独列出，称之为二叠-三叠系界线层；25 层以下仍沿用赵金科等（1981）传统的长兴阶定义，特冠以引号，以免混淆，详见本书第四章第一节的相关讨论。本节采用的“Griesbachian”阶以 *H. parvus* 带之底作为底界，其含义与传统的定义不同，故也加上引号以示区别，这一阶名尚待正式的厘定或代之以新的阶名。应当注意，不同作者在使用这两个阶名时，含义不尽相同。

究手段分别对海陆相地层进行研究，对大灭绝可能涉及的时限也得出十分相似的结果：5.4万年以内（Eshet *et al*.，1995），3 万年之内（Rampino and Adler，1998；Rampino *et al*.，2002），不到 6 万年（Rampino *et al*.，2000），5 千至 10 万年之间（Ward *et al*.，2000），5 万年或更少（Smith and Ward，2001），1 万～6 万年（Twitchett *et al*.，2001），4 万年之内（Steiner *et al*.，2003）。

笔者希望通过对二叠-三叠纪转折时期华南资料的仔细分析，尤其着重于比较和剖析不同化石门类之间在具体灭绝型式上的异同，试图对这一问题进行更深入的探讨。分析表明，不同化石类群的具体灭绝过程存在着相当明显的差异。正因为如此，本节将注意力集中到与长兴煤山剖面殷坑组底部二叠-三叠系界线层（简称为界线层）相当的这个时期，界线层由下而上包括 25 层（即白粘土或界线粘土）、26 层（黑粘土）、27 层（界线灰岩）和 28 层（粘土岩）。25 层和 28 层被分别称为底粘土层和顶粘土层，它们很可能代表着两个事件层，即分别相当于 B 线和 C 线（图 4.10.1）。

关于界线层问题和二叠-三叠纪之交的 4 条生物灭绝线的讨论请详见本书第四章第三节。杨遵仪和李子舜（Yang and Li，1992）主张灭绝主要发生在传统的长兴阶之顶，即长兴煤山剖面的 25 层（B 线）。殷鸿福等（Yin *et al*.，2001：Fig. 3）认为 26 层之顶（“B”线）是主要的事件地层界线所在，从牙形类动物群的变化看，牙形类在 A 线和 B 线均未出现明显变化，而在“B”线确实出现了种级水平上的变化，几个长兴期的种在此线附近衰亡；这正是他们主张扩大长兴阶定义的根据所在。然而，其他各主要化石门类的突变却都发生于 24 层最顶部与 26 层之间，而且，26 层还是危机先驱型分子开始大量出现的层位；因此，笔者赞同爆发性的灾变事件发生在 B 线（24e 层与 25 层之间）的观点，也赞同金玉玕等对 A 线的否定，但不赞成否定 C 线的主张（A 线实际上指示了 B 线的灭绝，而“B”线则指示了 C 线的灭绝）。

大灭绝第一幕（主幕）应属突发性事件，生物群的突变发生在与 24e 层至 25 层相当的时段内。根据同位素测年资料，25 层至 28 层延续约 0.7 Ma（Bowring *et al*.，1998），其中 25 层主要由火山灰构成（何锦文等，1987；杨遵仪等，1991），厚仅 5 cm，实际上只代表一次硅质火山喷发活动的产物，据此推断，B 线灭绝事件持续的时间至多不会超过 10 万年，更可能短于 1 万年。

一、关于不同生物灭绝-残存-复苏型式的探讨

近年来，对二叠-三叠纪之交大灭绝的研究取得了长足的进步（Erwin，1993；Hallam and Wignall，1997；Jin *et al*.，2000；Erwin *et al*.，2002；Benton and Twitchett，2003）。事实证明，不同生物在二叠-三叠纪转折时期都遭受到灭绝事件的打击和影响，但它们的影响程度和具体表现却往往不同。不少学者实际上早已

注意到灭绝的选择性问题，但真正对不同门类之间的异同进行比较剖析的研究却并不多见。本文通过对实际资料的仔细分析，发现不同生物类群的命运确实大不相同：①有些生物完全灭绝，如三叶虫纲、四射珊瑚目、床板珊瑚亚纲、海蕾纲、喙壳纲、软舌螺纲、䗴类有孔虫等；②其他生物如非䗴有孔虫、放射虫、腕足类、苔藓虫类、菊石、双壳类、腹足类、介形类、海百合、昆虫纲、两栖类、爬行动物、陆生维管植物（石松类、节蕨类、真蕨类、种子蕨类、苏铁类、银杏类、松柏类等），虽在大灾变中遭到重创，但终究还是经受住了大灭绝和残存期的严酷考验，并在新的生态系统中重新找到自己的位置；③也有少数生物在二叠纪末大灭绝主幕（B线）中的灭绝效应不十分明显，如有孔虫纲中的串珠虫类（童金南，本书第四章第五节）；④自游生物在大灭绝中所受的影响最小（Kozur，1998a），如牙形类（Sweet，1973；Clark *et al.*，1986；图 4. 10. 1；详见下文）、鱼类（Schaeffer，1973；Thompson，1977；Patterson and Smith，1987）和游泳生活的介形类（Kozur，1998a）；⑤也有的生物不仅未发生灭绝，甚至还出现了灾后泛滥，如以蓝菌为代表的原核生物就是典型的灾后泛滥型分子（方宗杰，本书第四章第一节）；⑥离片椎目（Temnospondyli）两栖动物在大灭绝后立即发生了爆发性的适应辐射，根本就不存在残存期和复苏期，晚二叠世与早三叠世动物群的科和属一级的分类学组成几乎完全不同（详见下文）。菊石似乎也不存在严格意义上的残存期（详见下文）。总之，不同的生物在二叠-三叠纪之交表现出各不相同的灭绝-残存-复苏型式。

即使是成功地越过大灾难的生物，它们的结局也各不相同，仅仅是幸免于难，并不意味着进化上的成功。有些生物虽然侥幸地越过了大灾变事件，事件后却未能得到复苏的机会便走向灭绝，Jablonski（2001，2002）将此类虽获幸存却未能复苏的幸存者称为死支漫步型（dead clade walking，有关此名词的来源和解释请参见本书第四章第三节）分子（其使用只限于未留下任何后裔的单系群，请注意其含义与孑遗型有所不同），例如，在界线层生物群中占据优势的二叠纪型腕足类主要由死支漫步型分子组成。在幸存者中只有幸存先驱型和复活型分子在后来的复苏和辐射阶段发挥了重要作用，而且，不同生物的复苏和辐射进程不尽相同。

在遭受了大灭绝重创后的残存期生态系中最引人注目的当属危机先驱型分子（crisis progenitor）（Kauffman and Harries，1996），它们往往紧随着大灾变的发生而诞生，是特殊的高选择压力环境中自然选择的产物，可以作为点断平衡演化型式的重要实例。环境的巨变很可能促进了基因突变的发生，这也许是生物的一种本能反应。环境的剧烈动荡与空前增强的选择压力必定促进了生物的遗传变化，然而，只有很少数的类型能通过大灾变环境下严酷的自然选择，危机先驱型分子便是这为数不多的幸运儿，而大多数都被淘汰出局。不同的危机先驱型分子的命运不尽相同，不少类型往往只在早三叠世繁盛一时便很快走向消亡，也有一些类型成为后来复苏、辐射的主干。值得注意的是，陆生维管植物与海相无脊椎动物的危机先驱型分子几乎是同时出现的（详见下文），这似乎意味着二叠纪末的大灾变事件在陆地和海洋生态系统的发生基本上是同时的。此外，应当指出，并非所有的生物门类都紧随着大灾变演化出危机先驱型分子，例如，放射虫就没有出现危机先驱型分子；再如，作为古生代进化动物群（Paleozoic Evolutionary Fauna）重要成员的腕足类也没有，结果腕足类在三叠纪的浅海平底群落终于被拥有较多危机先驱型分子的双壳类所替代（详见本书第四章第三节），后者是现代进化动物群（Modern Evolutionary Fauna）的重要成员。因此，仔细分析不同生物门类在大灭绝后的种种表现，比较它们的异同之处，将有助于对生物宏演化规律的探讨。

笔者已经在本书第四章第三节中对吴顺宝等（1988）和殷鸿福等（Yin and Zhang，1996）提出的3条生物灭绝线进行了讨论，并主要根据华南二叠-三叠纪转折时期的双壳类资料，指出华夏双壳类动物群的灭绝可分为“长兴期”末（B线）和早三叠世初（C线）两幕，前者是主幕，后者被称为尾幕（图4.10.1）。与之相类似的还有菊石（图4.10.1；详见下文）、腕足类（图4.10.1；孙东立等，本书第四章第二节）、腹足类（潘华璋，本书第四章第六节）、介形类（详见下文）、䗴类（详见下文）、非䗴有孔虫（童金南，本书第四章第五节）和陆生维管植物（图4.10.1；详见下文）等，它们的灭绝型式属于双幕式。而其他生物的集群灭绝大都发生在B线，如放射虫（图4.10.1；详见下文）、四射珊瑚和床板珊瑚（详见下文）、非海相双壳类（方宗杰，本书第四章第三节）和后生动物礁（图4.10.1；方宗杰，本书第四章第一节）等，它们的灭绝型式属于单幕式。现有资料表明，不同生物在二叠-三叠系界线层及其前后，呈现出互不相同的盛衰型式，不同类群的生物，其灭绝过程也有所不同（图4.10.1）。以下选择若干比较有代表性的化石门类进行剖析，希望这将有助于我们更深入地探讨生物界在二叠-三叠纪之交的灭绝-残存-复苏进程。

（一）完全灭绝于二叠-三叠纪之交的实例

1. 䗴类有孔虫

䗴是F-F大灭绝后新生于早石炭世的有孔虫类的一个亚目或超科级的高级分类单元，在石炭-二叠纪的生物地层学研究中有着十分重要的地位，故对它的研究比较充分，现已比较完整地掌握了䗴类从发生、发展直至最后完全灭绝的整个演化过程，这在化石门类中是不多见的。䗴在早期以Fusulinidae科的辐射为特征，晚石炭世至早二叠世主要表现为Schwagerinidae科的迅速分异辐射，中二叠世则以构造复杂的Verbeekinidae科的演化辐射为标志达到繁盛的顶峰。然而，茅口期末的灭绝事件却使分异度明显下降，所有构造较复杂的大型䗴类，尤其是具有蜂巢层者，如Schwagerinidae科和Verbeekinidae科，全部都在茅口期末消失，无一幸免；59属中仅有14个幸存至晚二叠世，分属以下3科：Staffellidae，Ozawanellidae，Schubertellidae；它们的个体均不长于6mm（Stanley and Yang，1994）。与之形成

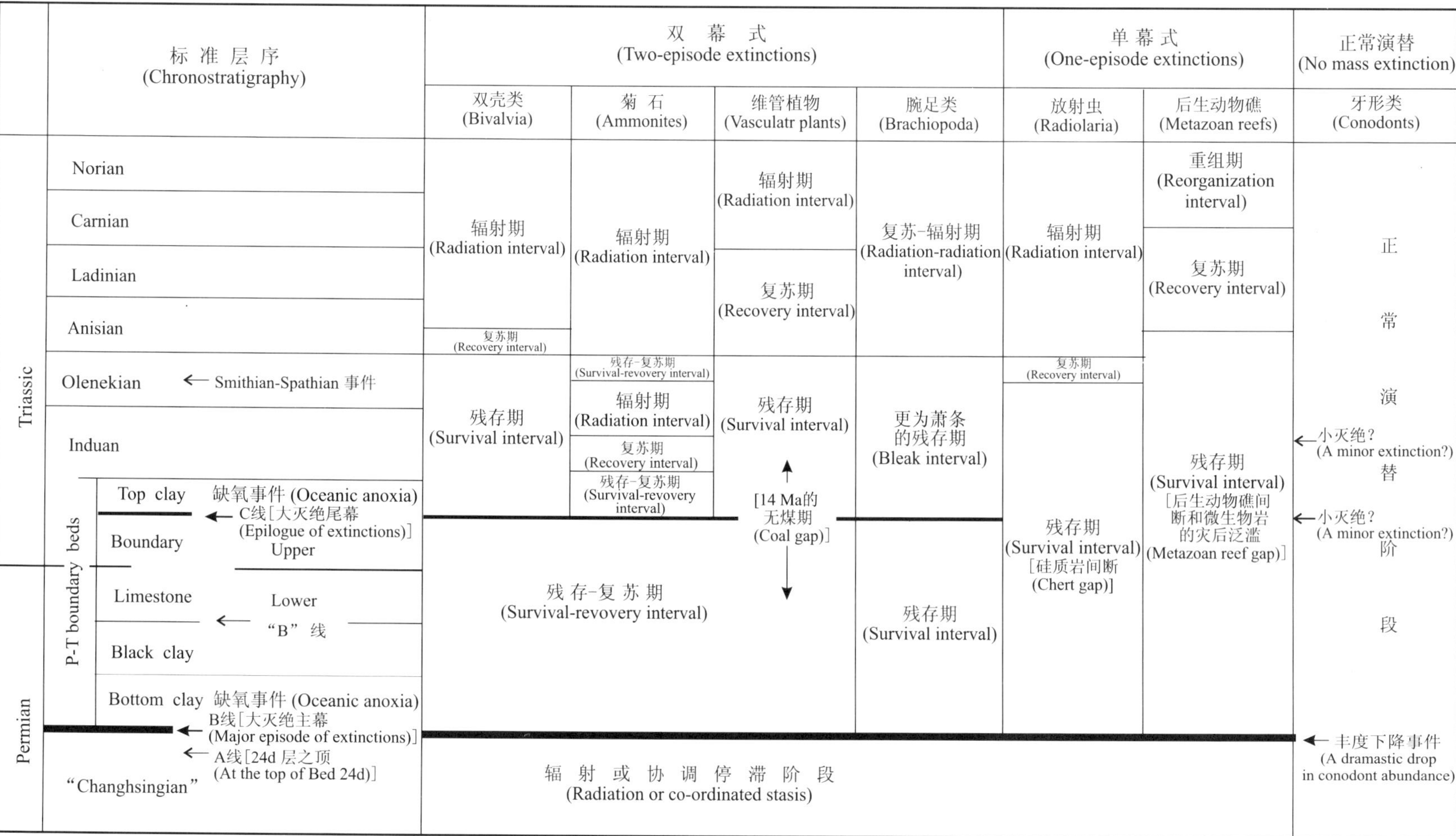

图 **4.10.1** 二叠-三叠纪转折时期不同化石门类灭绝-残存-复苏-辐射型式的比较(残存期和残存-复苏期的区别在于后者出现较多危机先驱型分子)

Figure 4.10.1 Comparisons of the extinction-survival-recovery-radiation patterns among several fossil groups during the Permian-Triassic transition (The survival-recovery interval has crisis progenitors, but the survival interval does not have)

鲜明对比的是，非蜓有孔虫在茅口期末事件中却未发生明显变化，无论是属一级还是种一级都未发生灭绝(童金南，本书第四章第五节)。

蜓类有孔虫晚二叠世的辐射主要发生在构造比较简单的 Schubertellidae 科，出现了 *Nanlingella*、*Palaeofusulina*，*Gallowayinella* 等 6 个新生分子；Ozawanellidae 科也出现个别新生分子，如 *Parareichelina* 属。然而，好景不长，二叠纪末的大灭绝终于使这一演化迅速并极富特色的有孔虫类群全部消亡。因此，蜓完全符合金玉玕(1991)及 Stanley 和 Yang(1994)提出的双阶段灭绝型式，不仅如此，蜓还是有孔虫类中惟一完全灭绝于二叠-三叠纪之交的亚目或超科一级的高级分类单元。

根据李子舜等(1987)的研究，在四川安县小坝剖面，*Nankinella* 属不仅见于长兴组的最顶部，而且还上延至 *Hindeodus parvus* 带(22 层)；在北川县通口剖面的飞仙关组底部也发现有 *Nankinella*，但位于 *H. parvus* 带之下，同层还产介形类 *Liuzhinia*? 等，*Liuzhinia* 属是一个新生的危机先驱型分子(详见下文)。

据杨守仁等(1999)报道，在广西扶绥县东罗剖面下三叠统罗楼组底部发现蜓类化石，但未提供化石名单，在蜓类化石层位之上 3 cm 处见双壳类化石 *Pteria ussurica variabilis* 和 *Towapteria scythica*，此层位应相当于长兴煤山剖面二叠-三叠系界线层的下部。

另据广西地质矿产局区调队卢宏金研究(个人通信)，在广西崇左咘秾剖面下三叠统马脚岭组底部的 *Claraia griesbachi* (Bittner)(由笔者鉴定)层中发现 *Reichelina* sp.，*Geinitzina spandeni* Tcherd.，*Multidiscus* sp.，*Nodosaria tenuiseptata* Lipina，*Colaniella* sp.，*Tetrataxis* sp. 等有孔虫化石(由王克良研究员鉴定)。这些有孔虫化石在薄片中与岩石基质浑然一体，未见经受搬运和磨损的迹象，不像是再沉积的产物。其中，非蜓有孔虫 *Geinitzina*、*Nodosaria* 和 *Tetrataxis* 三属过去曾在华南多个地点的二叠-三叠系界线层发现，后两个属更是上延至更高的层位，可归入幸存先驱型的范畴；*Colaniella* 属在西藏色龙西山剖面一直上延到 *Otoceras woodwardi* 带(Wignall and Newton，2003)。

蜓属 *Reichelina* 过去曾在巴基斯坦盐岭 Kathwai 段的下部单元(the Lower Unit，属于 *H. minutus* 带，大致相当于长兴煤山剖面的界线层下部)发现(Pakistani-Japanese Research Group，1985：264，pl. 11，Figs. 13，14)，同一层位还产二叠纪型腕足类、有孔虫和苔藓虫。中部单元(the Middle Unit，属于三叠纪底部的 *H. parvus* 带)也发现有 *Reichelina*，*Staffella* 等二叠纪有孔虫，但它们是再沉积的产物。

以上发现证明，蜓类有孔虫分子在二叠-三叠系界线层的过渡动物群中出现并非个别现象，看来，蜓类有孔虫和非蜓有孔虫一样都是属于双幕式集群灭绝的生物，*Reichelina* 和 *Nankinella* 则是典型的死支漫步型分子。蜓类有孔虫在二叠纪末主要灭绝于 B 线，剩下不多的死支漫步型分子最后灭绝于 C 线。

2. 珊瑚

据王向东等(Wang and Sugiyama，2000)最近对中国二叠纪珊瑚动物群的统计，四射珊瑚和床板珊瑚与䗴类有孔虫一样，在二叠纪均出现了两次灭绝事件，符合金玉玕(1991)及 Stanley 和 Yang(1994)提出的双阶段灭绝型式。第一次灭绝发生在茅口期末，总共有 75.6%的科、77.8%的属和 82.2%的种消失；相比之下，床板珊瑚的灭绝似乎更为强烈，其种一级的灭绝率高达 99%。第二次灭绝发生在"长兴期"末，所有的四射珊瑚和床板珊瑚全部消失。最近在湘西北慈利、辰溪一带发现十分壮观的长兴晚期四射珊瑚礁，其中珊瑚含量高达 80%，连续厚度达 50 m 以上(沈建伟等，1995；王永标等，1997；Shen *et al.*，1998)；在陕西汉中梁山，*Waagenophyllum* 一直持续到长兴灰岩的最顶部(芮琳等，1984)；在西藏色龙西山剖面，在色龙组顶部和 *Waagenites* 层底部均发现四射珊瑚(Wignall and Newton，2003)，这些都证明四射珊瑚在二叠纪末期的最后消失是突然的。鉴于迄今从未在 B 线之上的层位中找到过它们的踪迹，四射珊瑚和床板珊瑚显然完全灭绝于 B 线，与䗴类有孔虫不同，其灭绝型式无疑应属单幕式。

由于长达 14 Ma 的间断，中生代六射珊瑚与古生代珊瑚的系统发生关系多年来一直是一个难解的谜。关于六射珊瑚的起源已经先后出现了 3 种不同的假说：①四射珊瑚，②古生代的石珊瑚型珊瑚(scleractiniamorph coral)，③无骨骼的海葵或"裸珊瑚"("naked coral")(Stanley and Fautin，2001；廖卫华，2002；Stanley，2003)。

分子钟的研究表明，六射珊瑚的分歧可能发生在晚石炭世(Romano and Palumbi，1996)；而前两类具骨骼的珊瑚奥陶纪即已出现。分子生物学研究还证明，六射珊瑚属于多系群(polyphyletic group)，很可能起源于两支不同的祖先[参见 Stanley(2003)的有关讨论]。以上种种似乎都比较有利于第三种假说。也就是说，六射珊瑚很可能起源于无骨骼的"裸珊瑚"，而不是从古生代具骨骼的四射珊瑚之类演化而来，这两类具骨骼的珊瑚之间不存在直接的祖-裔演化关系。

现有化石资料表明，当六射珊瑚在中三叠世刚开始出现时，已经具有相当高的分异度，当时已至少包括 3 个亚目，9 或 10 个科的化石代表，而且，出现了 5 种不同的显微构造类型(Stanley and Fautin，2001；Stanley，2003)。由此推断，此前它具有较长时间的进化历史，这似乎对前两种假说不甚有利，因为前两类珊瑚都具有很好的钙化骨骼，有良好的化石记录，不至于在全球范围出现长达 14 Ma 的化石间断。当然，第三种假说的完全确立还需要有更多证据的支持，目前多数研究珊瑚的学者倾向于第三种假说。看来，四射珊瑚在二叠纪末的灭绝是真正意义上的完全灭绝。

(二) 在"长兴期"末(B线)单幕式集群灭绝的实例

1. 后生动物礁

生物礁是一个由多种底栖生物(以底表固着生物为主)在生态上紧密聚居,并共同协作而成的复杂的自组织生态系统,它是一种主要受生物的控制和影响而原地生长的特殊的碳酸盐沉积建造。对晚"长兴期"礁生态序列的研究,证明"长兴期"末后生动物礁是在正常演替状态下突然消亡的。在川东华蓥山和黔南等地的礁相二叠-三叠系界线剖面中,陆续发现 *Hindeodus parvus* 和 *Isarcicella isarcica* 等标志性化石(详见本书第四章第一节),证明后生动物礁的消亡与非礁相浅海底栖生物的大灭绝基本同时,造礁群落的崩溃和主要造礁生物的灭绝并非是栖居地丧失的结果,当时扬子地台碳酸盐台地的基本形态并未发生变化。环境的突变使得以蓝菌为主的底栖微生物群落(benthic microbial community,简称为BMC)成为仅存的造礁生物,礁生态系空前萧条,礁群落的分异度降到最低点,后生动物和真核藻类的消失使群落的结构变得极其简单而原始。

二叠纪末大灭绝后,微生物岩广泛发现于世界各地的正常浅海环境,一般都具有突然地出现又突然地消失的特点,这似乎反映了当时古海洋学物理化学条件的变化多端,很可能与阵发性的上升流活动相关(详见下文)。看来,以蓝菌为代表的原核生物不仅未遭灭绝,还发生了机遇色彩极浓的阵发性灾后泛滥,属于典型的时错相(anachronistic facies,时代上错位的相)。席基底在正常浅海环境的再现,不仅仅是后生动物的灭绝使生物扰动水平大大降低的结果,它还应被看作是以蓝菌的光合活动为主导的自养型底栖微生物群落和以生物降解作用为主导的异养型BMC对当时海洋环境变化的一种自然响应。微生物岩和竹叶状内碎屑灰岩成为早三叠世正常浅海环境中最具标志性的沉积物,这在奥陶纪大辐射后的显生宙是绝无仅有的地质现象。

大灭绝使后生动物礁的消失长达10 Ma以上,这是显生宙历史上最大的一次后生动物礁的间断,但微生物岩礁依然存在,故广义的礁不存在间断。不应将发生于造礁生物的灭绝事件理解为广义的礁的灭绝事件,作为一类十分独特的地质实体,广义的礁从未发生过真正意义上的灭绝。后生动物礁的灭绝只有一幕(B线),B线之上后生动物礁不复存在;而且,微生物岩的灾后泛滥几乎与"长兴期"末的大灭绝(B线)同时。因此,后生动物礁的灭绝属于典型的单幕式(图4.10.1;方宗杰,本书第四章第一节表4.1.1)。

时错相在晚二叠世末至早三叠世早期最为发育,具有明显的阵发性特点,至早三叠世晚期逐渐减少。早三叠世末至中三叠世早期,机遇色彩甚浓的席基底及其产物微生物岩从正常浅海环境回撤到非正常的高选择压力环境,与此同时,竹叶状内碎屑灰岩也基本消失,表明当时的海洋环境已大致恢复正常,平底群落和藻类开始复苏，内栖动物重趋活跃。正常浅海环境中时错相沉积的消失，是礁生态系行将复苏的前奏。

后生动物和真核藻类的回归标志着礁生态系复苏的开始。中三叠世开始了由碳酸盐生物滩向礁相演化的历程，中安尼期(Pelsonian)在华南、欧洲等地开始出现小型的后生动物礁丘，礁生态系全面进入复苏阶段，此时双壳类等底栖生物已进入辐射阶段。复苏期初，礁群落的分异度低，仍以各类 BMC 占据优势，以后随着后生动物和真核藻类的陆续加入和发展，分异度逐渐增加，主要由以蓝菌为主的BMC，"*Tubiphytes*"和钙质海绵、管孔藻、苔藓虫等组成，其中未见二叠纪的属级复活者。复苏阶段礁的特点在于结构上和某些高级分类组成上与二叠纪礁相似，但造礁者的属种类型却与二叠纪有所不同，其中包括新生的同形单元(Elvis)，如"*Tubiphytes*"等。迟至晚三叠世诺利期属一级复活者才开始出现。卡尼期的礁在结构上仍具有相当程度的二叠纪色彩。二叠纪属一级复活者的贫乏，新造礁者的宏演化滞后，礁生态系自组织过程比较复杂，以及后生动物礁对环境的要求更为苛刻等，可能是三叠纪后生动物礁的复苏明显滞后于平底群落的主要原因。

六射珊瑚始现于中安尼期，是礁生态系演化的重要事件，1 000 万年后(晚卡尼期)开始与虫黄藻建立共生关系，从而真正获得了造礁能力，这是礁生态系演化的又一重要事件。由于六射珊瑚向造架者的演化明显滞后，以及卡尼期和三叠纪末两次灭绝事件的干扰，二叠-三叠纪之交大灭绝后礁生态系的复苏和重组是一个十分漫长的过程。从总体看，可将三叠纪视作礁生态系由古生代向中生代转变的过渡时期。中生代礁生态系的确立直至侏罗纪才告完成，这样，整个过程持续长达6 000 万年以上(详见本书第四章第一节)。

2. 放射虫

放射虫硅质岩或放射虫岩在环太平洋和古特提斯地区二叠系中的广泛分布早已引起了学术界的注意，它们广见于各种不同的构造环境，包括岸带环境在内，即著名的二叠纪硅质岩事件(PCE，Permian Chert Event)(Murchey and Jones，1992；Beauchamp and Baud，2002；Racki，2003)。最近，Beauchamp 和 Baud(2002)通过对加拿大北极区相关层序的研究，确定该地区的 PCE 开始于 Sakmarian 晚期至 Artinskian 早期；PCE 在晚二叠世(乐平统)达到顶峰，突然结束于二叠纪末期。对世界其他地区如日本(Ishiga，1986)、美国 Oregon(Blome and Reed，1992)、俄罗斯远东地区(Vishnevskaya，1997)、泰国(Sashida *et al*.，1993，2000，2002)、华南(Yao and An，1993；Wang *et al*.，1994；Yu，1996；Yao and Kuwahara，1999a，1999b，2000；Shang *et al*.，2001；Feng *et al*.，2002)以及滇西昌宁-孟连带(吴浩若等，1989；刘本培等，1993；冯庆来等，1993；方宗杰等，1999；Yao and Kuwahara，1999c)等地的研究都充分证明 PCE 的广泛存在，尽管它们开始的时间可能不完全相同，但突然结束的时间及其起因却很可能是一致的。

大隆相地层在华南晚二叠世的广泛分布实际上是 PCE 的一个具体表现。由于放射虫硅质岩在其中的出现，曾有人将大隆相地层与大洋的 CCD 相联系，这一观点遭到包括笔者在内的一些学者的反对。后者认为，大隆相地层中的晚二叠世放射虫硅质岩形成于低纬度的浅海地区（方宗杰，1989；Yao and Kuwahara，1999a，1999b）。过去一般将日本的古生代和中生代硅质岩统统都看作是远洋深水环境的产物，最近，一些日本学者对这一观点提出了质疑（Shimizu *et al*.，2001）。很显然，地史时期的硅质岩与远洋深水环境之间并无必然联系。

Grenne 和 Slack（2003）指出，硅藻植物群兴起于白垩纪，在此之前，海水中的硅一般都处于饱和状态。从放射虫的演化历史看，早期的放射虫显然生活于浅水环境，志留纪才真正开始进入深水环境。因此，当采用将今论古的现实主义原理来推断白垩纪以前的硅质岩形成环境时，须注意放射虫的生态和海水的化学物理条件绝不是一成不变的，它们是会随着地质时代的不同而变化的。本文认为，华南大隆相的放射虫硅质岩应被看作是 PCE 高峰时期硅质生产力在低纬度海域向陆地方向扩张和推进的直接产物。除了生物因素外，同期峨眉山玄武岩喷发活动的活跃似乎也是一个重要的因素。华南的二叠纪放射虫动物群以低分异度为特征，与日本的同期高分异度远洋放射虫动物群相比尤其如此，而这正是陆表海放射虫组合的标志性特征（Holdsworth，1977）。

近年来，由于世界各地早三叠世放射虫的陆续发现，使我们对早三叠世放射虫面貌的了解取得了长足的进步。过去曾一度将乐平统的 *Neoalbaillella ornithoformis* 带和 *N. optima* 带对比为茅口阶顶部（Wang *et al*.，1994），这就容易使人误以为放射虫在茅口期末发生了集群灭绝。随着“长兴期”放射虫组合带对比问题的解决，放射虫在二叠-三叠纪转折时期盛衰变化的轮廓逐渐变得更为清晰。尽管日本的深海沉积似乎表明，泛大洋的分层化在晚二叠世已经开始（Isozacki，1997），但放射虫显然不存在一个逐渐开始衰退的长期趋势。Kuwahara 和 Yao（1998）对日本西南地区 Mino 地体“长兴期”剖面的放射虫分异度进行了统计研究（表 4.10.1），结果表明，虽然由下往上，放射虫的灭绝率有所上升，新生率有所下降，但放射虫在“长兴期”末期仍然保持了较高的新生能力和相当高的分异度。在泰国东部和我国贵州南部的“长兴期”最晚期，仍出现有放射虫的新属 *Klaengspongus* Sashida（Sashida *et al*.，2000；Feng *et al*.，2002）等新生分子。在加拿大西部不列颠哥伦比亚省的 Ursula Creek 剖面，放射虫的分异度以 Fantasque 组的顶部为最高（Wignall and Newton，2003），表明其灭绝相当突然，稍晚硅质海绵也突然消失，只有球状放射虫上延至下三叠统 Grayling 组的底部，并于 Dienerian 晚期的 Toad 组底部再度出现；斯匹次卑尔根的情况也大致如此（Wignall *et al*.，1998；Wignall and Newton，2003）。因此，放射虫在“长兴期”末的灭绝是突然的，而且与层状硅质岩的消失同步。此后直到 Spathian 晚期层状硅质岩才开始重现，其间是长达 8 Ma 左右的硅质岩间断，即著名的早三叠世硅质岩间断（Early Triassic Chert Gap）（Isozaki，1994，1997；Kakuwa，1996a；Hallam and Wignall，1997；Yao and Kuwahara，1997，1999b；Kozur，1998a，1998b；Racki，1999，2000）。

表 4.10.1　日本 Mino 地体"长兴期"放射虫的分异度、灭绝率和新生率变化

Table 4.10.1　Statistics of species numbers and its extinction and origination rates of "Changhsingian" radiolarians within the five horizons of the Mino Belt, Southwest Japan

层位(采集号) [Horizon(collection number)]		化石种数 (Number of species)	灭绝种数 (Number of extinction species)	灭绝率 (Extinction rates)	新生种数 (Number of new-born species)	新生率 (Origination rates)
Neoalbaillella optima 带	上部(Gj-142)	95	90?	94.7%	16	16.8%
	下部(Gj-14)	122	43	35.2%	18	14.6%
N. ornithoformis 带	上部(Gj-60)	124	20	16.1%	27	21.8%
	下部(Gj-114)	112	15	13.4%	45	40.2%
N. grypta 带(Gj-140)		71	4	5.6%	—	—

资料来源：Kuwahara and Yao，1998

刘本培等（1993）曾经提出滇西昌宁-孟连带发育有国内外罕见的早泥盆世至中三叠世连续的放射虫硅质岩序列，冯庆来等（1993）还在云南澜沧的牧音河组建立了晚二叠世末至中三叠世 4 个放射虫组合，其中包括两个早三叠世的组合。然而，后来的工作却证实牧音河组硅质岩中只找到中三叠世的放射虫化石。实践证明，昌宁-孟连带不存在早三叠世的放射虫硅质岩（方宗杰等，1999；Yao and Kuwahara，1999c）。最近，冯庆来等（Feng *et al.*，2001b）又重新对牧音河组的放射虫化石进行研究，结果在中三叠世放射虫层位之下的硅质泥岩中仅发现少量 *Entactinosphaera* 和 *Latentifistula*。于是，在对比表（Feng *et al.*，2001b：177，Text-fig. 4）中，他们未继续使用 1993 年提出的两个早三叠世及晚二叠世末的放射虫组合。

昌宁-孟连带的怕拍组曾被认为是下三叠统的代表，最近的研究证明其时代的主体为晚二叠世，仅顶部包含有早三叠世初的沉积（方宗杰等，2000），怕拍组中的硅质岩仅见于 *Claraia* cf. *stachei* Bittner 化石层之下，即该组的晚二叠世部分，其中产 *Nazarovella*，*Entactinia* 等二叠纪放射虫化石；克氏蛤层之上硅质岩不复存在，再次证明了硅质岩间断的广泛存在。

Isozaki（1994，1997）发现，日本西南部的深海二叠纪和三叠纪以硅质沉积为主的地层在岩性和颜色方面表现出颇有规律的变化，Guadalupian 期末（*Follicucullus scholasticus* 带）硅质岩很快由红色转变为灰色，"长兴期"末层状硅质岩消失，岩性先后转变为灰色硅质粘土岩和块状的黑色粘土岩；早三叠世则出现与之正好相反的对称性变化，即由黑色粘土岩先后转变为灰色硅质粘土岩、灰色硅质岩和红色硅质岩，硅质岩的颜色由灰色转红开始于中三叠世初期。他将夹在上下两套灰色硅质岩之间的地层称为二叠-三叠系界线单元(Permian-Triassic boundary unit),以对应于他提出的超级缺氧事件(superanoxia event),由下而上包括硅质粘土岩、黑色炭质粘土岩和硅质粘土岩,恰好对应于硅质岩间断。而上下两套红色硅质岩之间的地层则对应于整个深海缺氧事件,延续长约 20 Ma 之久。

在日本西南部大阪以北的 Ubara 剖面,Yamakita 等(1999)在二叠纪放射虫硅质岩完全消失后的灰色硅质粘土岩中发现牙形类 *Clarkina changxingensis* (Wang and Wang)和 *C. subcarinata*(Sweet),并在其上的黑色炭质粘土岩的底部找到 *Hindeodus parvus* (Kozur and Pjatakova)和 *H. minutus* (Ellison)。由此证明,这一灰色硅质粘土岩层的层位应相当于长兴煤山剖面的二叠-三叠系界线层下部,即25 层至 27 层下部;放射虫的集群灭绝恰好对应于层状硅质岩的消失,并与浅海底栖生物的 B 线灭绝同时(图 4.10.7)。鉴于 B 线之上的界线层和早三叠世的放射虫化石均极为贫乏,放射虫的灭绝型式应属于典型的单幕式(图 4.10.1,图 4.10.2)。

Beauchamp 和 Baud(2002)依据对加拿大北极区相关层序的研究,推测 PCE 的开始和结束完全是温盐循环(thermohaline circulation)的启动和衰退的结果,按照他们的假说,活跃的温盐循环直至二叠纪末才突然结束。这一论点值得进一步商榷,根据古海洋学家的研究,晚二叠世大洋已基本处于由“盐驱动模式”(“haline model”)主导的分层洋状态(Hotinski *et al*.,2001; Zhang *et al*.,2001);日本的深海记录表明,泛大洋低纬度海区的分层洋状态中二叠世末期开始形成(Isozaki,1997)。大洋循环是一个十分复杂的问题,不同气候带的海区之间存在差异应当是正常现象,Beauchamp 和 Baud(2002)的推测或许只适用于高纬度的泛大陆西北缘海区?

本文认为,放射虫的分布和海流、水团的关系尤为密切(Casey,1971,1977;Kling,1979; 谭智源等,1982),推测它在 B 线的集群灭绝在很大程度上与甲烷水合物释放事件、海洋翻转事件(oceanic overturn)、缺氧事件等古海洋学事件相关(图 4.10.8),尤其是海洋翻转事件,它破坏了原有的海洋环流和水团结构,从而彻底改变了放射虫原先生活的物理化学环境,这与 Beauchamp 和 Baud(2002)及 Racki(2003)的解释明显不同。放射虫在早侏罗世 Toarcian 期也经历了明显的衰退(Ishiga *et al*.,1996),当时也发生了甲烷水合物释放事件、碳同位素负漂移事件和缺氧事件(详见下文)。这两次放射虫的衰退事件可能有着共同的古海洋学原因,我们也许能从中找到一些有益的启示。

近 10 年来,华南二叠-三叠纪转折时期的放射虫动物群得到了较多的关注(Yao and An,1993; Wang *et al*.,1994; Yu,1996; Yao and Kuwahara,1999a,1999b,2000; Shang *et al*.,2001; Feng *et al*.,2001a,2002),结果表明,由于环境的差异,虽然华南陆表海的放射虫分异度不高,难以与日本同期的远海动物群相比,但灭绝的型式却与之完全相同。在广西柳桥剖面(Shang *et al*.,2001)以及贵州南部的剖面(Yao and Kuwahara,2000),放射虫都延续到了大隆组的最顶部,而且,在整个"长兴期",放射虫的分异度并未表现出逐渐衰退的迹象,它们在"长兴期"末的灭绝是突然的。华南现已描述"长兴期"放射虫约40属,绝大多数都未越过大灭绝主幕。另外一个很突出的特点是,放射虫的消失与硅质岩的消失同步,迄今尚未在与界线层相当的层位以及更高的印度阶中找到过非简单球型的放射虫和/或层状硅质岩的痕迹。在华南,晚二叠世大隆组与早三叠世飞仙关组的分界普遍都以放射虫和硅质岩的消失为标志,研究颇详的四川广元上寺剖面(Wignall *et al*.,1995)便是一例。因此,华南的资料同样可以证明放射虫的单幕式灭绝发生在B线。

微球粒的峰值似乎也是一个很好的地层对比标志:在四川广元上寺,微球粒的峰值出现于大隆组最顶部的27c层(高振刚等,1987);在湖北黄石二门剖面,微球粒的峰值见于大隆组的最顶部(33层顶)和界线粘土岩(34-1层)(徐桂荣等,1988;杨遵仪等,1991);长兴煤山剖面的微球粒富集于26层(何锦文,1985);在日本西南部的Sasayama剖面,微球粒的峰值位于上二叠统顶部灰色硅质岩的最顶部(Miono *et al*.,1996)。因此,根据微球粒的峰值进行对比与生物地层学对比所得出的结论是一致的,即泛大洋远洋深海和华南陆表海环境的放射虫岩的消失基本同时。

"长兴期"是华南放射虫的辐射期,这一辐射是PCE高峰时期硅质生产力向陆地方向扩张和推进的直接产物。放射虫在B线灭绝后进入残存期,化石极为稀少。Yao和Kuwahara(1999a,2000)曾在贵州南部罗楼组的灰岩透镜体中找到零星的简单球型放射虫,世界其他地区的情况也大致相同,如日本(Yao and Kuwahara,1997)、泰国南部(Sashida *et al*.,2000)、俄罗斯远东地区(Rudenko *et al*.,1997)等,因此,早三叠世早期是放射虫化石最贫乏的时期,应归为残存期(图4.10.2)。

紫云组上部发现*Parentactinia nakatsugawaensis*带(Yao and Kuwahara,1999b,2000),这是一个广泛分布的早三叠世晚期(Spathian)的放射虫组合(Sashida,1983,1991;Sugiyama,1992;Kusunoki and Imoto,1996;Isogawa *et al*.,1998;Yao and Kuwahara,1999b,2000;Sashida *et al*.,2000;Kamata *et al*.,2002),以复活型和新生型分子的出现为特征,它标志着复苏期的开始,分异度逐渐回升。与此同时,硅质岩夹层也开始出现,并逐渐变得普遍。最近,在新西兰北岛的Whangaroa地区发现*Parentactinia nakatsugawaensis*,*Archaeosemantis* sp.等放射虫化石,分异度很低,其时代尚不十分肯定(Spathian期至早Anisian期)(Takemura *et al*.,2002)。

至中三叠世Anisian期,放射虫进入辐射期,其特征是放射虫分异度大大提高,出现大量新生属种,尤其是罩笼虫类(Nassellaria)分子迅速分异和辐射。例如,滇西昌宁-孟连带中三叠统下部牧音河组11 m厚的层状硅质岩中共发现73个放射虫种和亚种(Feng *et al*.,2001b),日本西南地区Mino地体Anisian期放射虫更是高达88属212种(Yao *et al*.,1998,引自冯庆来等,2001),罩笼虫类在这些动物群中都明显占据了主导地位。晚二叠世至中三叠世放射虫演变阶段的具体划分请参见图4.10.2,与其他门类的比较可参见图4.10.1。

中三叠世	安尼阶	*Triassocampe coronata* 带 *Eptingium nakasekoi* 带	辐射阶段	新生型分子大量出现，分异度迅速提高，并以罩笼虫类占据主导地位为特征。硅质生产力迅速上升，层状硅质岩在深海沉积中重新占据主导地位
早三叠世	史帕司阶	*Parentactinia nakatsugawaensis* 带	复苏阶段	复活型和新生型分子开始出现，分异度逐渐回升。硅质生产力开始复苏，层状硅质岩重新出现，数量逐渐增加
	史密斯阶 迪纳尔阶 “格里斯巴赫阶”	“Sphaeroides”组合	残存阶段 （硅质岩间断）	典型的古生代型分子几乎完全灭绝，放射虫的分异度下降到最低点，仅零星发现少量简单的球型放射虫。二叠纪硅质岩事件终结于二叠纪末大灭绝的主幕，层状硅质岩突然完全消失，硅质生产力下降到最低点
	二叠-三叠系界线层			
← 二叠纪末大灭绝主幕（发生于251.4 Ma之前）				
晚二叠世	“长兴阶”	*Neoalbaillella optima* 带	辐射阶段	二叠纪硅质岩事件达到顶峰，硅质生产力由大洋向陆地方向扩张和推进。放射虫动物群以阿尔拜虫类，内射球虫类和隐管虫类等的繁盛为特征

Middle Triassic	Anisian	*Triassocampe coronata* zone *Eptingium nakasekoi* zone	Radiation interval	Many new born taxa were coming forth. The radiolarian diversity went up rapidly. Bedded cherts occupied the dominant position in the deep-sea deposits
Early Triassic	Spathian	*Parentactinia nakatsugawaensis* zone	Recovery interval	Lazarus and new born taxa appeared. The radiolarian diversity rose and bedded cherts reappeared
	Smithian Dienerian “Griesbachian”	“Sphaeroides” assemblage	Survival interval (Chert gap)	Typical Paleozoic forms were almost extincted. The radiolarian diversity descended the lowest point. Bedded cherts disappeared completely and abruptly at the major episode of mass extinction (level B)
	P-T boundary beds			
← Major episcde of extinction				
Late Permian	“Changhsingian”	*Neoalbaillella optima* zone	Radiation interval	Permian chert event attained the peak. Siliceous productivity got a rapid expansion towards littoral zones. The radiolarian fauna were characterized by Albaillellaria, Entactinioidea and Latentifistuloidea

图 **4.10.2**　晚二叠世至中三叠世放射虫演化阶段划分

Figure 4.10.2　Summary of evolutionary phases of Late Permian-Middle Triassic Radiolaria

放射虫在二叠-三叠纪之交经历了显生宙以来规模最大的一次集群灭绝事件。由于大灭绝的影响,几乎所有典型的古生代类型都消失了。中、新生代与古生代的放射虫面貌很少相似之处,从而给分类学带来很多困难。一些学者(Jones and Murchey,1986;Jones,1991)由此而提出了古生代后放射虫演化又重新定向的观点,即晚二叠世复杂形态的多囊虫类(Polycystina)在早三叠世突然被具简单刺的球状类型替代,中生代复杂形态的泡沫虫类(Spumellaria)和罩笼虫类(Nassellaria)在早三叠世晚期再次从这些简单类型重新演化而来;它们与二叠纪形态复杂多样的各种类型并不存在直接的演化关系，后者则是晚泥盆世从简单的球状和分枝类型演化出来的。Kozur(1998a,1998b)也认为，放射虫在早三叠世晚期的复苏不是因为复活型分子的重现，他主张大多数早三叠世晚期新的放射虫种是从无骨骼的或具简单刺的球状放射虫重新演化而来的。

然而，近年来已先后在日本、俄罗斯远东地区、泰国南部、华南、滇西昌宁-孟连带等地的早、中三叠世发现一些二叠纪的复活型分子，如 *Polyentactinia*, *Entactinosphaera*, *Entactinia*, *Latentifistula*, *Follicucullus* 等属以及古蓬虫科(Palaeoscenidiidae)的代表等(Sashida, 1983, 1991; Sugiyama, 1992; Sashida *et al.*, 1993, 2000; Vishnevskaya, 1997; Feng *et al.*, 2001a, 2001b)，证明古、中生代放射虫之间的差别并非如此截然。再以泰国南部 Phatthalung 附近的放射虫动物群为例，其中既有古生代型的 Entactiniidae 科、Palaeoscenidiidae 科等，同时也出现了中生代罩笼虫类的 Acanthodesmidae 科(Sashida and Igo, 1992)。此外，石炭-二叠纪的 Stauraxon 放射虫如 *Latentifistula turgida* 和中生代的 Hagiastridae 科存在某种相似之处，不能排除它们之间存在系统发育关系的可能(Nazarov and Ormiston, 1986)。

尚庆华等(Shang *et al.*, 2001)在广西南部晚"长兴期"放射虫动物群中发现与三叠纪和侏罗纪放射虫分子如 *Gorgansium* 属(属于 Pantanellidae 科)等十分相似的类型，它们可能属于幸存先驱型分子。冯庆来等(Feng *et al.*, 2000)报道在华南一些剖面的大隆组顶部发现了可能的中生代分子 *Paurinella*? 和 *Orbiculiforma*?，前者被认为是三叠纪科 Oertlispongidae 和 Intermediellidae 的祖先，后者则与侏罗纪属 *Orbiculiforma* 颇多相似之处。由此看来，放射虫在三叠纪的复苏不大像是一个从头开始演化的进程。此外，中生代的罩笼虫类与古生代的 Pylentonemidae 科和 Popofskyellidae 科在形态上十分相似，放射虫学者对它们之间是否存在系统发育关系尚未取得一致的意见；令人困惑的是，在丰富多彩的二叠纪放射虫动物群中迄今尚未找到这两个科的代表。

3. 离片椎目两栖动物

离片椎类属于迷齿亚纲(Labyrinthodonta)，石炭-二叠纪时主要繁衍于煤沼环境，在二叠纪末大灭绝中遭受到严重打击，根据 Milner(1990)的总结，只有两个科(Uranocentrodontidae 和 Brachyopidae)越过了二叠-三叠系界线。大型的 *Uranocentrodon* 属曾被认为幸存至 *Lystrosaurus* 带，最近据 Latimer 等(2002)的研究，证明其层位应属 *Dicynodon* 带，该属实际上是大灭绝的一个牺牲品(Shishkin and Rubidge, 2000; Hancox and Rubidge, 2001; Damiani *et al.*, 2001; Latimer *et al.*, 2002)，因此，Uranocentrodontidae 的时限仅限于二叠纪。过去在南非 *Lystrosaurus* 带中记录的 *Lydekkerina puterilli* Broom，据最近重新研究，被改定为 Rhinesuchidae 的一个新属 *Broomistega* Shishkin and Rubidge, 2000，属于大

头螈超科(Capitosauroidea),此超科一直上延至侏罗纪,是全椎亚目(Stereospondili)残存至三叠纪后的主要代表。按照 Shishkin 和 Rubidge(2000)的意见,Uranocentrodontidae 被并入 Rhinesuchidae,因此,真正越过二叠-三叠系界线的应当是 Rhinesuchidae 和 Brachyopidae 两科。

Shishkin 和 Rubidge(2000)强调,所有早三叠世的两栖动物都以小型化为特征,其中最常见的分子如 *Broomistega*,*Lydekkerina*,*Micropholis* 等,都是幼型形成(paedomorphic)分子,晚二叠世体型较大的 Rhinesuchidae 在早三叠世被体型小得多的 Lydekkerinidae 取代。幼型形成(paedomorphosis)很可能是两栖动物渡过灾难时期的一个重要幸存机制。

再以全椎亚目的虾蟆螈超科(Mastodonsauroidea)为例,此超科目前在晚二叠世共发现 4 属,它们在二叠纪末全部灭绝,而三叠纪的代表都是由 *Benthosuchus* 属或与之非常接近但目前尚未发现的祖先演化出来的(图 4.10.3),Damiani(2001)相信,今后应当有可能在晚二叠世找到 *Benthosuchus* 或它的姐妹分类单元。但 Shishkin 和 Rubidge(2000)的观点有所不同,他们认为,Rhinesuchidae 和 Lydekkerinidae 是整个全椎亚目或至少是大头螈超科的基干类型,而 *Benthosuchus* 则是大头螈超科与 trematosauroids 之间的过渡类型。

如上所述,离片椎类在大灭绝中几乎全军覆没,只有很少数种类度过灾难,然而,正是这些劫后余生的幸存者却在格里斯巴赫期爆发了十分壮观的机遇性适应辐射,Milner(1990)称之为格里斯巴赫期辐射(Griesbachian radiation),这是与石炭纪辐射并列的第二次大辐射,尤其以爆发性强为特征,全椎亚目是辐射的主体。此亚目在早三叠世总共有 16 科,其中 7 科是格里斯巴赫阶出现的危机先驱型分子,但它们的分布大多仅局限于早三叠世(Milner,1990),显然应归为灾后泛滥的范畴。Mastodonsauroidea 在早三叠世总共演化出 13 个新属,其中 7 个格里斯巴赫阶即已出现,值得注意的是,这些新生分子几乎全部灭绝于 Smithian-Spathian 事件,仅有 1 属上延至中三叠世(图 4.10.3)。

Milner(1990)认为,格里斯巴赫期辐射与形态革新(morphological innovation)关系不大,主要起因于由大灭绝造成的生态机会;而异时发育(heterochrony)的种种机制,如性早熟(progenesis)、幼态持续(neoteny)等,却是驱动适应辐射的主要内因。异时发育现象在两栖动物中非常常见,在异时发育的两种形态表现类型中,过型形成(peramorphosis,包括超期发生、加速发生和前移)一般以后裔成体的形态较大为特征,由于水龙兽带中的两栖动物的体型普遍较小,幼型形成(包括性早熟、幼态持续和后移)显然在格里斯巴赫期辐射中发挥着重要的作用,Shishkin 和 Rubidge(2000)的研究也证明了这一点。体型趋于小型化的另一个原因也许与气候变暖相关,Retallack 等(2003)根据伯格曼法则(Bergmann's Rule)推测,早三叠世气候明显变暖是导致水龙兽带中四足动物体型变小的一个原因。此外,体型小

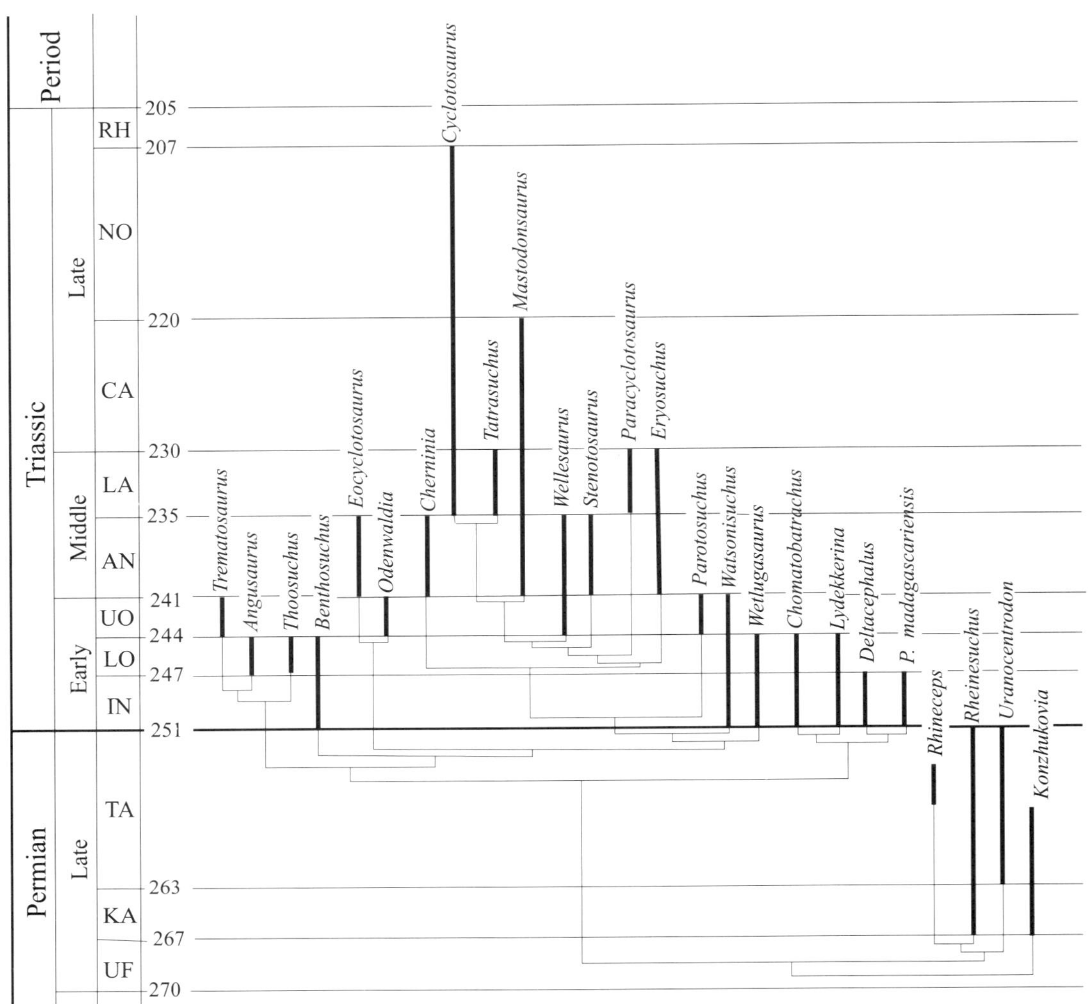

图 **4. 10. 3** 虾蟆螈超科的系统发生关系及地层分布(引自 Damiani,2001,图 39)

Figure 4. 10. 3 Phylogenetic tree and stratigraphical range of mastodonsauroids and related taxa (after Damiani,2001, fig. 39)

Abbreviations for stages: AN—Anisian; CA—Carnian; IN—Induan; KA—Kazanian; LA—Ladinian; LO—Lower Olenekian; NO—Norian; RH—Rhaetian; TA—Tatarian; UF—Ufimian; UO—Upper Olenekian

还反映了恶劣的外界环境。从理论生态学的角度看,生物会本能地采用不同的策略来适应不断变化的环境:在那些比较稳定、生活条件较好的环境中,自然选择将有利于那些采用 k-选择的生物。具有与过型形成相关的异时发育机制的生物一般都生活在比较稳定而较少变化的环境中,此时生物处于相对稳定的辐射阶段;另一方面,处于动荡而不稳定甚至是灾变的环境中的生物,则往往采取 r-选择进行应对,通常具有生活史短、个体小、产卵力强、繁殖率高等特点,此时与幼型形成相关的异时发育机制将占据主导地位,并藉此成为度过灾难的有效幸存机制。

全椎亚目在适应辐射的过程中还出现了由淡水向广盐水发展的趋势(Shishkin and Rubidge,2000),这一趋势似乎与它们的捕鱼习性相关。如上所述,鱼类的灭绝效应不甚明显，这可能是全椎亚目得以在格里斯巴赫期发生辐射的一个重要因素。水龙兽带中的爬行动物种类稀少，除水龙兽外，其他爬行类的丰度也很低，很可能离片椎类的灾后泛滥在某种程度上还得益于肉食性爬行动物的衰退；但也正是爬行动物在中-晚三叠世的复苏和辐射最终导致了离片椎类的衰退。离片椎类在三叠纪末的大灭绝中再次遭受严重打击，几乎完全灭绝，仅有很少的种类上延至早白垩世。

掘穴习性可能有助于渡过危机，越过大灭绝的幸存者大多是小型的穴居动物，如水龙兽等，保存在洞穴中的水龙兽骨骼化石便是有力的证据（Retallack *et al.*，2003）。推测离片椎类可能也是如此。关于二叠纪末陆地四足动物的灭绝机制，除全球气候变化和食物链的破坏等因素外，Retallack 等（2003）尤其重视酸中毒缺氧症（hypoxia with acidosis）的影响，其症状与高山病十分相似，区别在于气压仍保持正常状态；据他们估计，当时大气中的氧气浓度已被稀释到晚二叠世的 12%，大致相当于现今珠穆朗玛峰顶的浓度，而 CO_2 的浓度却大幅度地提高，这是一个主要由甲烷水合物释放事件和全球集群火山事件导致的大气污染危机（atmospheric gas crisis）。

离片椎类的石炭纪辐射主要发生在欧美区，而格里斯巴赫期辐射却主要发生在冈瓦纳大陆（Milner，1990）。看来，二叠纪末的大灾变发生时，冈瓦纳大陆上可能存在着两栖动物的避难所，在避难所中幸存下来的离片椎类充分地利用了大灭绝带来的生态机会（Milner，1990；Warren *et al.*，2000）。一般说来，两栖动物的迁移散布能力似乎要弱于爬行类，而北半球的灾难效应显然要比南半球强得多，这大概与以西伯利亚暗色岩为代表的超级火山活动主要发生在北半球密切相关（详见下文）。全椎亚目在格里斯巴赫阶发生的爆发性适应辐射现象，似可印证陆生四足动物在二叠纪末的集群灭绝是一个十分突然的事件。二叠-三叠纪之交离片椎类演化的一大独特之处是在集群灭绝后立即进入爆发性的辐射期，菊石似乎也缺乏严格意义上的残存期（详见下文）。而绝大多数化石门类在大灭绝后都存在着长短不一的残存期和复苏期（图 4.10.1）。

（三）具有双幕式集群灭绝型式的实例

1. 菊石

华南晚二叠世以发育华夏菊石群为特征，化石丰富，分异度高，区域特色分明，由 Pseudotirolitidae 科和 Pleuronodoceratidae 科占据主导地位（Chao，1965；赵金科等，1978），即著名的华夏菊石群。最近，周祖仁等（Zhou *et al.*，1999）对二叠纪菊石进行了全面、系统的厘定，从而为本文的研究奠定了良好的基础。表 4.10.2 中二叠纪部分菊石科、属的分异度统计即来源于他们的资料。

表 4.10.2 华南中二叠世至二叠-三叠纪之交菊石的科、属总数及新生率、灭绝率统计

Table 4.10.2 Statistics of the extinction and origination rates of ammonite families and genera from Roadian to the Permian-Triassic boundary beds in South China(Source:Zhou *et al*.,1999; Wang,1984,1989)

	罗德阶(Roadian)	沃德阶(Wordian)	开匹屯阶(Capitanian)	吴家坪阶(Wuchiapingian)	"长兴阶"("Changhsingian")	界线层(P-T boundary beds)
总属数(Number of genera)	50	59	32	53	33	7
总科数(Number of families)	15	15	12	16	12	5
灭绝的科数(Number of extinction families)	1	5	1	8	8	3
科的灭绝率(Extinction rates of families)	6.7%	33.3%	8.3%	50%	66.7%	60%
灭绝的属数(Number of extinction genera)	17	33	14	46	30	5
属的灭绝率(Extinction rates of genera)	34%	56%	44%	87%	91%	71%
新生的属数(Number of new born genera)	24	26	6	35	26	4
属的新生率(Origination rates of genera)	48%	44%	19%	66%	79%	57%

资料来源：二叠纪菊石据 Zhou 等(1999),界线层菊石据王义刚(1984,1989),但增加了 *Pseudotirolites*?。Zhou 等(1999)对罗德阶菊石的统计为 46 属,本文根据对该文附录 2 的重新统计,改为 50 属。

界线层菊石的资料主要根据王义刚(1984,1989)的研究,但补充了 *Pseudotirolites*?(杨遵仪等,1987;Yang *et al*.,1996)(表 4.10.3)。王义刚(1989)曾对贵州界线层中 *Pseudotirolites* 属的鉴定提出过疑问,而杨遵仪等(Yang *et al*.,1996)仍肯定了 *Pseudotirolites* 属在上寺剖面 28a 层的出现。此类标本在界线层甚为少见,且保存甚差,故一般难以准确鉴定。然而,多年来对界线层化石群的详细研究已经证明,这一层位从未发现与 *Pseudotirolites* 属相似的异物同形菊石;既然 *Pseudogastrioceras* 属已被确认穿越了 B 线,为什么 *Pseudotirolites* 属就没有穿越 B 线的可能呢? 根据目前所能看到的特征,上寺剖面界线层(关于对比问题请参见本书第四章第三节的相关讨论)发现的此类标本与 *Pseudotirolites* 属确实颇为相近,加有问号的鉴定似乎是一个合理的选择,本文赞同将 *Pseudotirolites*? 列为出现在界线层的华夏菊石群的孑遗型分子。按照彭元桥等(彭元桥等,1999;Peng *et al*.,2001)的对比方案,*Hypophiceras* 和 *Pseudotirolites* 共同出现的 28a 层被归为三叠系,于是便有了他们所说的"上寺剖面生物的滞后性问题",实际上,这是他们将上寺剖面二叠-三叠系界线的位置放得较低的缘故(方宗杰,本书第四章第三节)。

界线层中蛇卷形的菊石曾被归入 *Ophiceratidae* 科,而一些具有横肋的标本则被归入 *Glyptophiceras* 属,这一属名也曾被广泛记载于世界各地的下"Griesbachian 阶"。Tozer(1969)明确指出,*Glyptophiceras* 属的模式种具有 6 叶缝合线,实际上产于 Smithian 阶,而"Griesbachian 阶"与之类似标本的缝合线均为 5 个叶,应属 Xenodiscidae 科。他将格陵兰下"Griesbachian 阶"的

"*Glyptophiceras*" *excremum* Spath 改归为 *Tompophiceras* 属。目前，华南界线层中发现的蛇卷形菊石基本上都是 Xenodiscidae 科的成员，而具肋标本通常被归入 *Tompophiceras* 属或 *Metophiceras* 属（王义刚，1984，1989）。Ermakova（2001）认为，*Tompophiceras* 属是几乎所有三叠纪的 Ceratitida 目的祖先，起源于北方区的西部，由它先后演化出 *Metophiceras* 属和 Ophiceratidae 科。

表 4.10.3　华南二叠-三叠系界线层菊石的分类位置和分类单元类型

Table 4.10.3　Classification of the ammonite genera of the Permian-Triassic boundary beds in South China

属　名 (Genera name)	科 (Family)	超科(目) (Superfamily)	幸存者 (Survivor)	新生者 (Debutante)	分类单元类型 (Classification of taxa)
Episageceras	Medlicottidae(本科和目的最后代表，灭绝于早三叠世 Olenekian 期)	Medlicottiaceae (Prolecanitida)	△		死支漫步型 (dead clade walking)
Pseudogastrioceras	Paragastrioceratidae(本科和目的最后代表，未能越过 C 线)	Neoicocerataceae (Goniatitida)	△		死支漫步型 (dead clade walking)
Pseudotirolites?	Pseudotirolitidae(本科的最后代表，未能越过 C 线)	Xenodiscaceae (Ceratitida)	△		死支漫步型 (dead clade walking)
Tompophiceras	Xenodiscidae(可能来自 Paraceltitidae，本科是 Ophiceratidae 的祖先)	Xenodiscaceae (Ceratitida)		△	危机先驱型 (crisis-progenitor)
Hypophiceras	同　上	同上		△	危机先驱型 (crisis-progenitor)
Metophiceras	同　上	同上		△	危机先驱型 (crisis-progenitor)
Otoceras?	Otoceratidae(可能来自 Araxoceratidae，本科和超科灭绝于早三叠世早期)	Otocerataceae (Ceratitida)		△	危机先驱型 (crisis-progenitor)

长兴煤山剖面界线层中的 *Otoceras*? 虽保存欠佳，但这一鉴定被较多学者接受。过去一直将 *Otoceras* 属视为早三叠世初期的标准化石，按照目前的二叠-三叠系界线位置，此属的时代应属于二叠纪最末期。*Otoceras* 属主要见于中高纬度的凉水海域，呈反赤道分布；而且，北方区和喜马拉雅区之间缺乏共同的种，由此而导致地层对比上的困难。目前，菊石专家虽然对南北两个温带区 *Otoceras* 动物群之间的精确对比尚未取得一致意见，但他们都一致同意北方区 *Otoceras concavum* 带的层位最低（Tozer，1994a，1994b；Dagys and Ermakov，1996；Krystyn and Orchard，1996；Shevyrev，1999）。*Otoceras* 属显然应起源于北方区，推测它可能借助于二叠纪末短暂的全球气候变凉事件（方宗杰，1997）的契机，从北方区向南扩展，并越过中、低纬度（如长兴煤山）到达南半球的边缘冈瓦纳海域（Kozur，1998a）。

目前对菊石是否符合金玉玕（1991）、Stanley 与杨湘宁（1994）提出的双阶段灭绝型式，仍存在着不同看法。杨逢清（1991）提出，菊石在茅口期末事件中，科、属、种的灭绝率分别高达 68.7%、94.6%和 100%，几乎与"长兴期"末的灭绝率（科、属、种的灭绝率分别为 88.9%、95.2%和 99%)持平。周祖仁等(Zhou *et al*.,1999)根据《无脊椎古生物学专论》(Treatise)菊石亚纲卷的最新修订成果,认为杨逢清(1991)的资料存在缺陷。例如,杨逢清(1991)列出了 11 个灭绝于茅口期末的科,然而,根据全球的资料分析,在这 11 科中,Medlicottidae,Adrianitidae,Popanoceratidae,Pronoritidae,Vidrioceratidae 和 Paraceltitidae 都上延至吴家坪期,Agathiceratidae 和 Metalegoceratidae 实际上灭绝于 Wordian 期,而杨逢清(1991)列出的其余 3 个科名,周祖仁等(Zhou *et al*.,1999)认为属于无效科名。按照周祖仁等的总结,在茅口期全球的 12 个菊石科中,只有一个不常见的科 Mongoloceratidae 可能消失于茅口期末;但在西藏的朗错组,属于此科的 *Angrenoceras* 属与 *Timorites* 属的高级种共同出现,因此,尚不能排除此科上延至吴家坪期的可能(Zhou *et al*.,1999)。他们认为,所谓茅口期末菊石的灭绝事件是人为统计的产物。

图 4.10.4 和图 4.10.5 显示了华南中二叠世至早三叠世菊石科和属的分异度变化情况。从表 4.10.2 和图 4.10.5 可以看出,茅口期末的属级灭绝率仅略高于罗德期末,明显低于相邻的其他各时期;从科的灭绝率看,茅口期末应属正常的背景灭绝,无论如何,双阶段灭绝型式显然不适用于菊石。鉴于二叠纪菊石在各个阶的属一级灭绝率都很高,为此,周祖仁等(Zhou *et al*.,1999)提出了多幕式灭绝的观点。

Erwin 等(2002)对周祖仁等(Zhou *et al*.,1999)的统计提出质疑,认为 *Paraceltites*,*Roadoceras*,*Strigogoniatites*,*Cibolites*,*Altudoceras*,*Doulingoceras*,*Neogeoceras* 等 7 个中二叠世的属在湖南仅上延到吴家坪阶的底部。笔者对此进行了复核,周祖仁(1987)描述的这一层位(当时的时代被定为茅口阶顶部)的菊石群共包括 7 属,其中并没有 *Neogeoceras* 属,实际上周描述的应当是 *Neoaganides* 属,此属可一直上延至长兴期;此外,*Strigogoniatites* 属原本就可上延至吴家坪期。

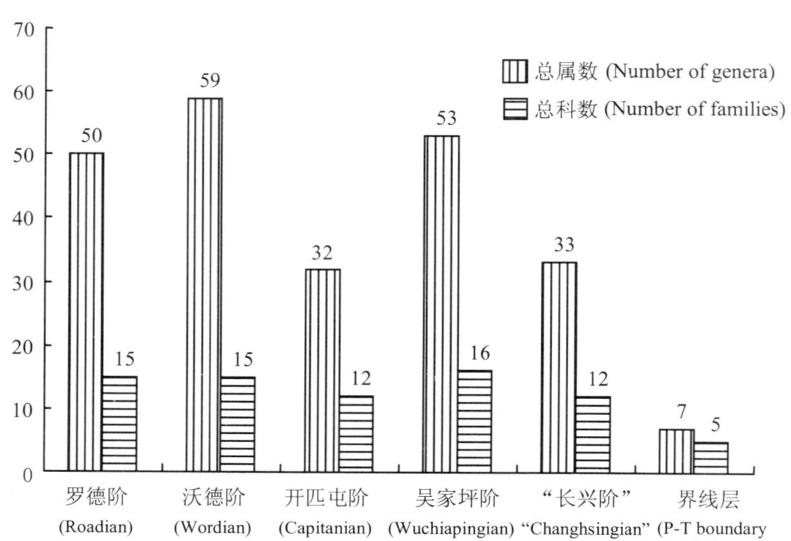

图 **4.10.4** 华南中二叠世至早三叠世初菊石科和属的分异度变化

Figure 4.10.4 Familial and generic diversity of ammonites from Roadian to the Permian-Triassic boundary beds in South China

笔者又查阅了 Saunders 等(1999)的数据库,发现他们的分类方案虽然与周祖仁等(Zhou *et al.*,1999)的方案有所不同,但相关属的分布延限却与周祖仁等(Zhou *et al.*,1999)的统计一致。Erwin 等(2002)似乎仍倾向于菊石在茅口期末发生了灭绝事件,然而,如果按照他们的观点进行解释,那么菊石的灭绝事件就应当发生在早吴家坪期,即 *Clarkina postbitteri* 带之顶,而不是茅口期末,这显然与䗴和珊瑚的灭绝型式存在着矛盾。据杨湘宁等(1999)研究,认为茅口期末事件的集群灭绝开始于"茅口中期","茅口晚期"达到高峰。值得注意的是,茅口期末事件对菊石的缝合线演化未产生任何影响(杨逢清,1991),而按照 Saunders 等(1999)总结的规律,凡菊石的大型集群灭绝事件,总是要对菊石的缝合线演化产生明显的影响。如本文以下所述,其实问题的关键并不在于茅口期末表面上的灭绝率究竟有多高,关键在于菊石在二叠纪末之前是否发生过真正意义上的集群灭绝。

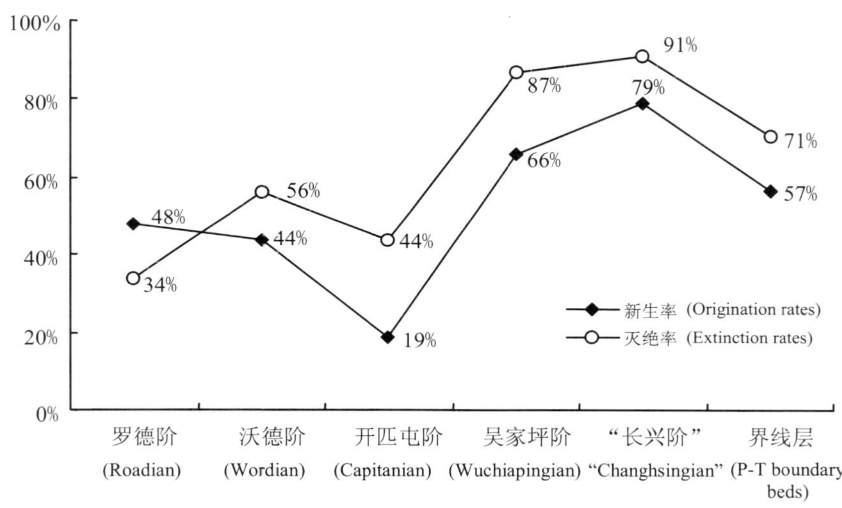

图 **4.10.5**　华南中二叠世至早三叠世初菊石属的新生率和灭绝率变化型式

Figure 4.10.5　Extinction and origination rates of The ammonite genera from Roadian to the Permian-Triassic boundary beds in South China

本文对所谓的多幕式灭绝型式有着不同看法。笔者曾在本书第四章第一节中指出,仅仅根据分异度曲线的变化来探讨灭绝型式和灭绝事件,存在着明显的局限性。二叠纪菊石的演化十分迅速,其特点在于灭绝率和新生率都很高,故更新速率极快。从图 4.10.5 可以看出,晚二叠世属一级的灭绝率与新生率曲线几乎是平行的,而同时期双壳类的灭绝率与新生率曲线的变化趋势却是反向而行的(方宗杰,本书第四章第三节图 4.3.3)。由此判断,二叠纪菊石属一级的高灭绝率很可能是菊石快速演化所造成的一种假象,这些所谓的灭绝的属,其中的大多数实际上都演化成了新属,故应归入假灭绝的范畴,而真正意义上的灭绝率则低得多。看来,菊石在二叠纪末之前基本上都处于正常的演替状态,并未发生真正意义上的集群灭绝事件,茅口期末尤其如此。因此,对菊石灭绝型式的探讨,除了必要的分类学厘定外,还应特别注重真假灭绝的甄别。其他化石门类也存在类似的情况(参见本书第四章第三节表 4.3.7),但不像菊石这么突出。

根据现有资料判断,菊石在"长兴期"末发生了真正意义上的集群灭绝事件,理

由如下:

(1)在石炭-二叠纪的 3 个菊石目中,Prolecanitida 目的地位最不重要,*Episageceras* 是它惟一越过 B 线的代表,虽继续越过 C 线并延续至 Olenekian 期,却未分化出新的类型,也未留下任何后裔,是典型的死支漫步型分子。石炭-二叠纪最为繁盛的 Goniatitida 目仅有 *Pseudogastrioceras* 一属残存至界线层,C 线之上即完全灭绝。Ceratitida 目中二叠世才开始出现,晚二叠世已进入辐射阶段,并大有取代 Goniatitida 目之势,例如 Anderssonoceratidae, Araxoceratidae, Pseudotirolitidae,Xenodiscidae 等都是晚二叠世菊石群的重要组分。然而,大灭绝突然打断了这一辐射进程,Ceratitida 目仅有两科越过 B 线,其中,Otoceratidae 科主要局限于晚二叠世最末期;Xenodiscidae 科则是典型的幸存先驱型生物,大多数中生代菊石都直接或间接由它演化而来。Tozer(1981)指出,关于 Sagecerataceae 超科的起源,存在有两种可能性,一是来自 Otoceratidae 科,另一是来自 xenodiscid-noritid 支系。如果后一种可能性成立,Xenodiscidae 科就将是所有中生代菊石的祖先。

(2)由 Pseudotirolitidae 科和 Pleuronodoceratidae 科占据主导地位的华夏菊石群在 B 线基本灭绝(科和属的灭绝率分别高达 66.7%和 91%),在大隆相地层沉积区,华夏菊石群的消失与硅质岩相的消失一致。界线层出现的是一支与之面貌完全不同的菊石群,即 *Hypophiceras* 动物群(王义刚,1984),与南、北两个温带区的 *Otoceras* 动物群大致同时,*Hypophiceras* 动物群的主体是 Xenodiscidae 科的新生分子:*Tompophiceras*,*Hypophiceras* 和 *Metophiceras*,它们都是危机先驱型分子;菊石群中仅残留极少数二叠纪分子,且个体数量极少,属于典型的死支漫步型分子。生物区系的性质也因此而发生了截然转变,华夏生物区系此时已不复存在,新的动物群基本上由世界性或广布性分子组成,它们主要起源于北方区,取代了暖水性质的华夏菊石群,二叠纪时曾长期存在的生物地理格局完全崩溃。

(3)“长兴期”的菊石以壳表纹饰复杂、肋瘤发育为特征,而界线层的菊石则以壳表较光滑或仅具细弱壳饰为特征。泥盆纪 F-F 事件后一直到晚二叠世,菊石的缝合线由简单向复杂演化的趋势非常明显,但 B 线的灭绝事件突然打断了这一进程;残留至界线层菊石的缝合线则相对较为简单,而“长兴期”缝合线最复杂的类型全部灭绝,并由此又开始了新一轮由简单向复杂演化的进程。从杨逢清(1991:图 4-19)的统计也可看出,茅口期末事件对菊石的缝合线演化未产生任何影响;在“长兴期”末的大灭绝主幕中,较复杂的齿菊石式、亚菊石式走向灭绝,较简单的弱齿菊石式却在界线层占据了主导地位。但在 C 线灭绝后,齿菊石式又很快取代了弱齿菊石式,亚菊石式和菊石式也相继出现。Saunders 等(1999)已就此做了很好的总结,本文不再赘述。

由于华夏菊石群在 B 线的灭绝,界线层菊石的分异度降到了最低点(5 科 7

属),但与此同时,属的新生率却高达57%,新生分子在界线层的菊石群中完全占据了主导地位,它们均来自Otoceratidae科和Xenodiscidae科,也就是说,绝大多数二叠纪的菊石支系都未越过B线。这一特征与戎嘉余等(Rong and Harper,1999)定义的"大灾变环境下的残存-复苏期"十分吻合。在界线层的5科菊石中只有3科越过C线,而绝大多数属都未越过C线,不仅*Pseudotirolites*?,*Pseudogastrioceras*等华夏菊石群的残余分子完全灭绝,由危机先驱型分子组成的*Hypophiceras*动物群也被新生的*Ophiceras*动物群取代,后者是由前者演化而来;而*Otoceras*属则被*Anotoceras*属取代。C线以上出现的菊石有*Ophiceras*,*Lytophiceras*,*Vishnuites*,*Gyronites*,*Wordieoceras*,*Proptychites*,*Ambites*,*Prionites*等(王义刚,1989),组成与*Hypophiceras*动物群完全不同,菊石群的面貌再一次出现重大变化。由此看来,菊石是在二叠-三叠纪之交发生了双幕式集群灭绝的生物。

华南的菊石在二叠-三叠纪转折时期的表现与双壳类(参见本书第四章第三节)有许多相似之处:两者在中、晚二叠世都颇具区域特色,它们都是华夏动物群的重要组成部分(Chao,1965;赵金科等,1978;方宗杰,1985);"长兴期"末,两者的生物区系性质都发生了截然转变,在界线层,它们的主体部分均由世界性或广布性分子组成,两者都只残留少量华夏动物群的孑遗分子,这些孑遗分子大都在C线灭绝;在二叠-三叠纪之交,两者的动物群面貌都同样发生过两次突变,在延续仅70万年的界线层,它们都呈现出十分独特的二叠纪和三叠纪之间过渡的面貌,与相邻的"长兴期"、早三叠世的相应动物群都很容易区分;两者的灭绝型式都属于典型的双幕式(图4.10.1)。

双壳类在界线层上下的更新速率相当高,属一级的灭绝率和新生率分别为46.4%和32.1%,菊石则分别高达71%和57%;相比之下,菊石的演化速率显然更快,动物群的更新也更为彻底,两者都处于残存-复苏期。C线灭绝后,双壳类进入一个分异度一直处于低谷、变化不大、相对稳定的萧条期(残存期),而菊石却仅在*Ophiceras*带存在一个十分短暂的残存-复苏期,即迅速地进入了复苏期,由于菊石一直保持着较高的新生率,故灭绝事件后应为残存-复苏期,而不是残存期(图4.10.1)。*Ophiceras*属的出现标志着一个新的演化阶段的开始,菊石的分异度迅速提高,菊石动物群基本上都由新生的属组成;缝合线的演化也表明菊石已进入复苏期。

进入Dienerian期后,分异速率进一步加快,据杨逢清等(杨逢清,1991;Yang and Wang,2000)统计,这个时期涌现出8新科,属和种分别达24个和90个,已经接近"长兴期"的水平,菊石此时已开始进入辐射阶段。整个早三叠世晚期(包括Spathian末期在内)总共出现了25新科,属和种分别达77个和237个,已大大超出了二叠纪的最高水平;与此同时,缝合线逐渐趋于复杂,群落类型和数量也变得丰富和多样。

早三叠世菊石与中三叠世的面貌差异比较明显，王义刚(1988)认为，菊石在Smithian阶和Spathian阶之间存在着演化间断。菊石在Smithian-Spathian事件中遭到了重大打击，Xenodiscaceae超科灭绝，另有两个超科Noritaceae和Dinoritaceae大大衰退(Hallam and Wignall，1997)，一般都认为菊石进入中三叠世又很快开始辐射。杨逢清等(Yang and Wang，2000)主张灭绝事件发生在早、中三叠世之间，并称之为Dienerian期末事件。但根据王义刚(1978)对贵州紫云早三叠世末期菊石的研究，中三叠世的辐射很可能自Spathian末期已经开始，一些重要的安尼期分子在下三叠统罗楼组顶部即已开始出现。由此判断，灭绝事件必定发生在这一菊石群出现之前。在此次事件中，华南的菊石总共有19科消失，科一级的灭绝率高达76%，属的灭绝率为90.9%(杨逢清，1991)；但进入安尼早期又很快演化出16个新科，属的新生率亦高达86.3%，复苏和辐射的速度极快。安尼期菊石的缝合线继续趋于复杂，壳表纹饰和肋瘤的发育也再次趋于复杂化。

看来，菊石在二叠纪和三叠纪一直保持着较高的新生率，大灭绝后菊石的复苏和辐射要明显早于，并大大快于其他化石门类，不存在严格意义上的残存期(图4.10.1)。再者，菊石在三叠纪总体上仍然是重新延续Ceratitida目在晚二叠世业已开始的演化趋势，尽管这一趋势在二叠纪末曾被大灭绝所中断，甚至还出现了较大程度的倒退(指缝合线较复杂类型的灭绝，参见Saunders *et al.*，1999)，但并未倒退到十分原始的类型(Wiedmann，1973：Fig. 2；杨逢清，1991：图4-19)。菊石似乎与上述离片椎类的演化存在某种类似之处，两者在大灭绝后均很快进入辐射阶段；菊石在正常演化阶段以异时发育中的过型形成类型较幼型形成更为常见，尤其是其中的超期发生(hypermorphosis)机制，缝合线不断趋于复杂；但在大灭绝后却发生了原有演化趋势的倒退，主要表现在缝合线又重新回归于简单，这很可能是缝合线复杂类型大多趋于特化的缘故。

2. 双壳类

自茅口期至二叠纪末，华南共发现双壳类38科、82属、279种，属于华夏生物群(方宗杰，1985)。统计表明，茅口期末华南双壳类的灭绝率几乎为零，所有的科和属均越过了茅口期末事件。茅口期至早吴家坪期的双壳类以新生率高为特征，分异度和丰度均大幅度提高，表明正处于辐射阶段，双壳类实际上是茅口期末海退事件的受益者。

晚吴家坪期至“长兴期”，双壳类的新生率降低，灭绝率处于低水平，动物群的更新速率低，分异度与早吴家坪期的高峰相比略有下降，但仍继续保持着稳定，应处于协调停滞阶段；与之形成对照的是，在茅口期末海退事件中遭受挫折的腕足类此时却进入了辐射阶段(孙东立等，本书第四章第二节)。事实证明，双壳类真正的危机期始于晚二叠世末的大灭绝，并非开始于茅口期末，这是一次爆发性的灾变事件。华夏双壳类动物群的灭绝过程可分成“长兴期”末和三叠纪初两幕，也就是说，双壳类的面貌曾发生两次突变。“长兴期”末，双壳类科、属和种的灭绝率分别达17.1%、53.4%和96.5%，是大灭绝的主幕；至三叠纪初，又有11.4%和22.4%的“长兴期”科和属灭绝，分别占界线层科、属总数的23.5%和46.4%，是大灭绝的尾幕(图4.10.1；方宗杰，本书第四章第三节图4.3.4)。应当指出，与海相双壳类不同，华南二叠纪非海相双壳类的灭绝型式是典型的单幕式，非海相的“*Taimyria*”组合(仅包括两个属)在主幕即全部灭绝(详见本书第四章第三节)。

大灭绝主幕后延续仅70万年的界线层代表的是灾后高选择压力环境下的残存-复苏期，环境的恶化使古生代型和土著型分子大量灭绝，但也残留了一定数量的二叠纪幸存型(又可分为幸存先驱型、孑遗型和死支漫步型)分子；另一方面，此阶段又以高新生率为特征，出现了不少数量的危机先驱型分子，从而使动物群具有明显的三叠纪色彩；由此组成的混合动物群，其面貌既有别于“长兴期”，又明显不同于早三叠世；它与相邻的“长兴期”、早三叠世双壳类动物群之间既存在一定程度的连续性，同时又表现出明显的演化意义上的间断。

由于华夏动物群的消亡，“长兴期”的生物地理格局基本崩溃，仅残留少量华夏双壳类动物群的孑遗分子，生物区系的性质因此而发生了根本性的转变。广布性或世界性分布的危机先驱型和幸存先驱型分子在过渡动物群中占据着主导地位，*Claraia* 和 *Eumorphotis* 此时虽已出现，但并不十分常见，在动物群中居次要地位，且它们的种群面貌明显不同于三叠纪初的 *Claraia wangi* 带。三叠纪初第二幕灭绝(尾幕)后，二叠纪孑遗型和土著型分子进一步消亡，华夏双壳类动物群终于全军覆没；*Claraia* 和 *Eumorphotis* 则开始灾后泛滥，由它们和 *Unionites*，*Promyalina*，*Leptochondria* 等类型组成的浅海底栖组合，常见于世界各地早三叠世的各个古纬度带(Hallam and Wignall，1997)。此后双壳类动物群进入一个分异度处于低谷、总体变化不大、相对比较稳定的萧条期(残存期)。至早三叠世晚期，由于Smithian-Spathian 灭绝事件(Twitchett and Wignall，1996；Hallam and Wignall，1997；陈金华，本书第四章第四节)的影响，双壳类再度严重萧条，在数量上明显少于早三叠世早、中期及中三叠世，分异度在 Spathian 期降至最低点，但真正在此次事件中灭绝的属却很少。

Anisian 早期，环境明显改善，新生率和分异度明显回升，新生的类型增多，灾后泛滥型消失，复活型分子陆续返回，土著分子再度出现，总体上显示出复苏期的特点。Anisian 晚期开始进入辐射期，至晚三叠世华南的双壳类达到极度繁盛，进入辐射的鼎盛期(陈金华，本书第四章第四节图4.4.1)。

(四) 灭绝型式尚有待进一步研究的生物

1. 牙形类

总体看来，二叠纪和三叠纪的牙形类动物群属、种的分异度均不高，不同时期的属种总数大体保持稳定，基本上未发生特别明显的变化；但另一方面，牙形类的分布十分广泛，演化较迅速，故而取代菊石成为二叠-三叠系生物地层学研究中最重要的化石门类。

Sweet(1973)认为，牙形类动物群在二叠-三叠纪转折时期未出现可觉察的变化。Clark 等(1986)通过对长兴煤山剖面的精细研究，发现在界线粘土层(25 层)的上下，当其他海相生物发生大灭绝的时候，牙形类属和种的分异度却并未受到影响，它对灾变的惟一反应就是化石丰度的陡然下降。这一结论得到了后来研究的证实(王成源，1995，1998，也见本书第四章第七节)。牙形类是自由游泳型异养生物，其生活习性与鱼类相似，恐非巧合的是，鱼类在二叠-三叠纪之交也未发生明显变化(Schaeffer，1973；Thompson，1977；Patterson and Smith，1987)。二叠-三叠纪之交的缺氧事件广泛发生于从深海到风暴浪基面以上的浅海，被认为是底栖生物灭绝的一个重要原因(Wignall and Hallam，1992；Wignall and Twitchett，1996；Isozaki，1997)。表层水体即使受到缺氧水体的污染也会很快得到改善，再加上自游生物趋利避害的机动性较强的特点，也许是它们能够免受灭顶之灾的原因所在。牙形类化石丰度的戏剧性下降似乎反映了当时恶劣的生活环境和/或食物资源的匮乏，Twitchett(2001)提出的生物量衰减模式(biomass reduction model)也许可以合理解释这一丰度下降事件。

另一方面，在西藏南部色龙等剖面，牙形类化石的丰度在二叠-三叠系界线处却明显增加(Orchard *et al.*，1994；Garzanti *et al.*，1998)，从表面上看这与煤山剖面的情况恰好相反，实际上，这在很大程度上是因为藏南下三叠统底部代表的是高度凝缩的沉积。

王成源(见本书第四章第七节)主要依据对长兴煤山剖面的研究，发现 *Clarkina* 属有 5 种未越过二叠-三叠纪界线，主张牙形类在二叠-三叠纪之交也发生了大灭绝，只是其发生晚于其他化石门类。他认为 25 层至 27 层下部是牙形类的大灭绝期，并将化石丰度的大量减少看作是牙形类开始大灭绝的标志，这一观点有待商榷。笔者认为，化石丰度在 B 线附近陡然下降，表明牙形类和其他生物一样遭受到灾变事件的严重打击，但这并不意味着牙形类也一定发生了集群灭绝，化石丰度的下降与集群灭绝毕竟属于两个不同的概念。

应当强调，从属级分类单元看，牙形类在二叠纪末显然不存在集群灭绝事件(Ding，1992；Kozur，1998a，1998b)；即使从种级分类单元分析，牙形类是否真的发生了集群灭绝事件，其答案似乎也不像其他生物门类那么明确。界线层下部的牙形类仍属 *Clarkina changxingensis* 带，基本上是“长兴期”末牙形类动物群的延续(Zhang *et al.*，1996)，这也正是大部分学者赞同将界线层的下部并入长兴阶的原因(王成源，1994；Yin *et al.*，2001)。目前一般将界线层下部的牙形类归为 *Hindeodus typicalis* 带或 *H. minitus* 带(Matsuda，1981；Nakazawa，1992；Yin and

Tong,1998),其中牙形类的主要分子显然都来自"长兴期"。张克信等(Zhang *et al*.,1996)分别为煤山剖面的长兴组顶部(24 层)、殷坑组 25 层和 26 层,以及 27 层下部建立了 3 个动物群或亚带,它们都属于 *C. changxingensis* 带。

牙形类的分异度在 B 线的上下并无明显变化,仅 *Clarkina subcarinata* 一种在长兴灰岩 24e 层的顶部消失,没有上延到界线层(Clark *et al*.,1986;王成源,1995,1998,见本书第四章第七节;Zhang *et al*.,1996)。梅仕龙等(Mei *et al*.,1998)曾对长兴煤山剖面"长兴期"至"Griesbachian 期"*Clarkina* 属的相关种重新进行整理,建立了 3 新种和 2 新亚种。如果按照他们的方案,"长兴阶"的 4 种实际上只有 *C. subcarinata* 一种灭绝,其他的种或亚种仍然作为一支连续的谱系存在,只是它们处于不断地演化成一个又一个新的种或亚种的过程而已,因此,在这里并不存在真正意义上的灭绝。再如 *Clarkina carinata*,王成源(1995,1998,见本书第四章第七节;Wang and Wang,1997)将"长兴阶"的 *C. carinata* 改定为 *C*. cf. *carinata*,但两者仍属于同一支连续的演化谱系,故这里同样不存在真正的灭绝。实际上,大多数学者都认为 *C. carinata* 在晚二叠世"长兴期"即已出现(Sweet,1988,1992;Ding,1992;Ding *et al*.,1996;张克信等,1995;Zhang *et al*.,1996;Kozur,1998a,1998b)。

Kozur(1998a)提出,牙形类在二叠-三叠纪之交发生了 3 次灭绝事件,第一次发生在 *Hindeodus parvus* 带之下,即下文将要讨论的替代事件,他认为这一事件仅影响到特提斯海区,却未影响到高纬度地区;第二次发生在 *Isarcicella isarcica* 带之底,前两次事件在华南出现在两个火山灰层(即 25 层和 28 层),均伴有高纬度北方区动物群向中、低纬度的迁移;第三次发生在"Griesbachian 期"末,表现为适应冷水的 hindeodid 类群的灭绝及 *Clarkina carinata* 类群的衰减,并伴有暖水动物群向高纬度地区的迁移,这是一次与全球气候变暖相关的灭绝事件。

不少学者注意到,在华南、伊朗、外高加索、巴基斯坦盐岭、意大利西西里、北美西部等地区,牙形类动物群在二叠-三叠纪之交发生了以 *Clarkina* 属为主的动物群暂时被以 *Hindeodus* 属为主的动物群所替代的事件,即由 gondolellid 生物相转变为 *Hindeodus* 生物相;但在西藏色龙、加拿大北极区、印度 Spiti 等地区却未发生这一替代事件(Lai and Mei,2000)。赖旭龙等(赖旭龙、张克信,1999;Lai *et al*.,2001)在长兴煤山剖面详细采样,进行统计分析,发现 *Clarkina* 从 25 层开始数量急剧衰减,而 *Hindeodus* 的相对数量有明显增加的趋势,从王成源(1995:表 2)的统计也可看出同样的趋势。赖旭龙等对此的解释是,*Clarkina* 是一种底栖自由游泳生物,而 *Hindeodus* 则是一种洋面浮游型生物,发生在二叠-三叠纪之交的缺氧事件是造成这一替代事件的原因所在。

Nicoll 等(2002)对替代事件提出了另一种解释:主张这是由于粉砂的大量涌入所造成的,因为 *Hindeodus* 比 *Clarkina* 更适应高浊度的水体环境。他们承认,这一假说可以合理地解释在印度 Spiti 为什么未发生替代事件，却不能解释这一替代事件为什么仍然出现在同样是由碳酸盐岩组成的南欧剖面。第三种解释认为这两个属在分布上的差别主要由生物地理因素控制（Matsuda，1985；Mei and Henderson，2002），边缘冈瓦纳凉水区由 *Clarkina* 属占据优势，*Hindeodus* 属则在赤道暖水区更为丰富。事实上，长兴煤山剖面的分布情况恰好与之相反："长兴期" *Clarkina* 属在赤道暖水区一直都占据着主导地位，而 *Hindeodus* 属则并不多见。生物地理控制假说似乎难以说明为什么到了界线层它们的分布却向着相反的方向发展。

Kozur（1996，1998b）提出的新解释与以上 3 种都不同，他将 *Hindeodus* 属解释为凉水型，以 *C. subcarinata* 为代表的 *Clarkina* 属大多数晚二叠世的种都是暖水型；因此，替代事件被看作是二叠纪末由于火山冬天所导致的全球气候变凉事件的产物。但他对 *Clarkina carinata* 种群的解释似不尽合理，该种在长兴煤山剖面二叠-三叠纪界线附近的分布并未出现明显的变化。Wignall（2001）认为 *C. carinata* 也许是一个深水底栖种，它的分布更可能与海平面、与水深的变化相关。

迄今为止，以上这几种推测还不能圆满地解释二叠-三叠纪之交牙形类在世界不同地区的分布上的差异及其在纵向和横向出现变化的原因，有待今后进一步完善。无论如何，这一替代事件的出现与发生在二叠纪末的大灾变存在一定联系，但事件的持续时间不长，随着 *Hindeodus* 属和 *Isarcicella* 属的消失，Griesbachian 晚期 *Clarkina carinata* 带的广泛分布标志着替代事件的彻底结束。

王成源在强调牙形类发生了"大灭绝"（引号系笔者所加）的同时，承认 *Hindeodus* 属的种未发生集群灭绝，也就是说，他所说的牙形类的"大灭绝"，实际上只涉及 *Clarkina* 属的几个种，即与上述的替代事件相关。丁梅华（丁梅华，1991；Ding *et al.*，1996）曾对 *Clarkina* 属的分布和演化进行详细讨论，提出"长兴期"时由 *C. subcarinata* 演化出 3 个支系，除 *Clarkina carinata* 一支延续到晚"Griesbachian 期"，其他两支均在二叠纪末灭绝。Kozur（1998a）注意到，在"B"线和 C 线附近，由 *C. subcarinata* 演化出来的暖水型分子如 *C. deflecta*，*C. meishanensis* 等完全消失，而以 *C. carinata* 和 *Hindeodus* 属为代表的凉水型（?）分子却未受到影响。以上这些作者都认为在 B 线之上牙形类曾发生灭绝事件。鉴于西藏色龙、加拿大北极区和印度 Spiti 等地区并未发生这一替代事件，似乎还不能将替代事件等同于灭绝事件。Hallam 和 Wignall（1997）认为，像这样只有几个种消失在界线附近的情况似乎很难被归为集群灭绝的范畴。

笔者的意见是：牙形类显然属于在二叠纪末灭绝效应不太明显的生物，它在 B 线未发生灭绝事件应无疑问；但一些从"长兴期"延续而来的重要分子，如 *Clarkina changxingensis*，*C. deflecta*，*C. dicerocarinata*，*C. xiangxiensis* 等均在"B"线或 C 线附近消失；而 *C. meishanensis* 在煤山剖面的分布仅限于界线层；此外，从 28 层开

始出现的 *Isarcicella* 属是否可以被看作是危机先驱型分子？就二叠-三叠纪之交的牙形类而言，这似乎是一次比较明显的变化，由此判断牙形类在 C 线可能有一次只涉及 *Clarkina* 属的小型灭绝事件，但确切的结论还有待于更多剖面资料的综合，尤其应关注那些未发生替代事件的剖面。

至"Griesbachian 期"末，*Isarcicella* 属和 *Hindeodus* 属相继消亡，接着凉水型的 *Clarkina carinata* 种群近于消失，已有学者提出这是一次与全球气候变暖相关的灭绝事件(Kozur，1998a；梅仕龙等，1999；Mei and Henderson，2001)。这次小型灭绝事件似乎比 C 线事件更为明显，面貌较单调的 *Clarkina carinata* 带也许可以代表灭绝-残存期？而 Dienerian 期初出现的 *Neospathodus* 属是否可归入危机先驱型的范畴？如果上述解释成立的话，牙形类的灭绝就将明显地滞后于其他的生物门类：第一幕发生于 C 线，规模相当有限，即由于替代事件而造成 *Clarkina* 属几个种的消失；第二幕发生在晚"Griesbachian 期"，随着界线层中最重要、最活跃的 hindeodid 类群的消亡，牙形类的演化遭到一定程度的挫折。此后发生的 Smithian-Spathian 事件使牙形类的分异度明显下降(Hallam and Wignall，1997)，虽然中、晚三叠世又有所回升，终究好景不常，在三叠纪末完全灭绝。

三叠纪是牙形类演化的最后阶段，牙形类在三叠纪末大灭绝后完全消失，如何正确解释二叠-三叠纪之交的大灭绝对牙形类演化的影响，如何合理地阐述牙形类在二叠-三叠纪之交的灭绝-残存-复苏型式，是值得进一步探讨的问题，并有待于二叠-三叠纪牙形类系统分类问题的解决(Lai and Swift，2002)。目前可以肯定的是，从属级分类单元看，牙形类在 B 线和 C 线并不存在灭绝事件；牙形类在 B 线确实发生了丰度下降事件，然而，即使从种级分类单元分析，牙形类在 B 线也缺乏集群灭绝的证据，否则就不会将 *H. parvus* 带以下的界线层并入长兴阶的范畴了。与其他化石门类相比，牙形类应归为灭绝效应不十分明显的生物，正是这一优越性使它在二叠-三叠系界线的研究中发挥着极为关键的作用。牙形类在二叠-三叠纪转折时期虽然分布很广，但分异度不高，基本上都处于平稳而正常的演替阶段(图 4.10.1)。

2. 介形类

对华南二叠-三叠纪之交介形类的研究，证明此类生物在"长兴期"末发生了集群灭绝(王尚启，1978；姚兆奇等，1980；郝维臣，1994；Hao，1996)。在金玉玕等(Jin *et al.*，2000：Fig. 2，Fig. 3)的研究中，为证明他们提出的华南二叠纪海相生物大灭绝的型式，采用了介形类等 4 个化石门类的统计资料。从他们得出的图形看，在这 4 个门类中，似乎以介形类的单幕式灭绝最为典型。然而，他们的统计存在着人为因素：长兴煤山剖面长兴组的介形类得到了很好的研究(施从广、陈德琼，1987)，而界线层和早三叠世的介形类化石却由于保存上的原因，尚未进行研究，故其统计值为零。煤山剖面界线层和早三叠世的介形类稀少是实际情况，但没有完全灭绝却是无疑的(例如,据芮琳等 1988 年报道,*Basslerella obesa* Kellett 曾见于煤山剖面的底粘土层;再如据王尚启研究,*Hollinella tingi* 早二叠世即已出现,晚二叠世也有发现,数量一直不丰富,但在与界线层相当的层位中最为常见,成为优势种之一)。Kozur(1998b)曾指出,晚二叠世的介形类与早、中三叠世的介形类之间在总体上并没有太多的区别,很多二叠纪的科和属都上延至三叠纪。华南的资料也证实,二叠纪介形类中上延至三叠纪的幸存型分子占有较大比例。

晚二叠世的介形类可区分为两大生态类型:海相和非海相。非海相介形类在滇东黔西一带发育较好,但面貌单调,仅包括 3 属:*Darwinula*,*Volganella* 和 *Panxiania*(王尚启,1978)。其中,后两属已在卡以头组发现(王尚彦、殷鸿福,2001),*Darwinula* 属虽尚未在华南的卡以头组和下三叠统发现,但在新疆吉木萨尔大龙口地区的锅底坑组顶部和韭菜园组都有发现,此属越过了大灭绝,且一直繁衍至今。看来,这 3 属在大灭绝主幕中均未灭绝,其中 *Volganella* 属和 *Panxiania* 属则肯定未越过尾幕,是死支漫步型分子。非海相介形类在主幕后未出现危机先驱型分子,这一点与海相介形类不同。

滇东黔西的海相介形类经王尚启(1978)和姚兆奇等(1980)系统采集和研究,在龙潭组下部和上部分获介形类 14 属、27 种和 6 属、11 种,长兴组下部和上部分别为 7 属、10 种和 17 属、31 种。其中,以长兴组上部的分异度为最高,可见,与双壳类(方宗杰,本书第四章第三节)一样,介形类在晚二叠世也未见逐渐衰退的趋势。值得注意的是,在长兴组上部的 17 属中,只有 5 属(*Ceratobairdia*,*Healdia*,*Polytylites*,*Roundyella*,*Sagentina*)灭绝,其余都越过了大灭绝的主幕。例如,*Knoxiella* 属见于贵州盘县老屋基剖面的卡以头组底部(姚兆奇等,1980),*Hollinella*,*Acratia*,*Fabalicypris*,*Bairdiacypris*,*Cavellina* 等属也已先后在卡以头组和飞仙关组(郝维臣,1992b)、大冶组(Wang and Wang,1997)以及更高层位(Kristan-Tollmann,1983;关绍曾,1985)发现;其中,*Hollinella* 属是卡以头组和飞仙关组最为常见的分子;*Cavellina* 属和 *Microcheillinella* 属也都曾在华南的三叠系找到(成都地质矿产研究所,1983)。*Bairdia*,*Macrocypris*,*Bythocypris* 和 *Monoceratina* 4 属不仅在华南的三叠纪发现(郑淑英,1976,1988;卫民,1981;Kristan-Tollmann,1983),且一直延续至今;*Sulcella* 属在三叠纪也很常见(Kozur,1998b)。滇东黔西"长兴期"海相介形类属级灭绝率只有 29.4%。

另据郝维臣(1994,1996)对贵州贞丰龙场剖面"长兴期"至早三叠世初(*Claraia wangi* 带之下)介形类的统计,"长兴期"的 25 个海相介形类属中只有 5 属越过了大灭绝的主幕:*Hollinella*,*Bairdiacypris*,*Acratia*,*Fabalicypris*,*Basslerella*。可是,实际上,另有 7 属也越过了主幕,除上面滇东黔西提及的 *Knoxiella*,*Bairdia*,*Bythocypris*,*Monoceratina*,*Cavellina* 和 *Microcheillinella* 6 属外,*Petasobairdia* Chen,1982 在建立时已包括三叠纪分子(陈德琼,施从广,

1982)。也就是说，此剖面越过大灭绝主幕的属应当是12个，而真正灭绝的属为13个，占总数的52%。

再以研究最详细、最系统的长兴煤山剖面的长兴组介形类为例，经过详细而系统的采样，共描述介形类35属、87种，并划分出3个不同的组合，其中最顶部的组合仍包括29属、67种(施从广，陈德琼，1987)。由于界线层和早三叠世的介形类化石确实相当稀少，因此，有关介形类在煤山剖面的"长兴期"末曾发生突发性集群死亡事件(就单条剖面的研究而言，采用这一名词似乎比集群灭绝更为恰当，虽然绝大多数介形类属种确实于"长兴期"末在煤山剖面消失了，但要判断它们是否真正灭绝，必须根据全球的地层古生物资料)的结论应当是可信的。在35个"长兴期"属中，有23个灭绝，属级灭绝率高达65.7%；有 *Hollinella*，*Knoxiella*，*Bairdia*，*Acratia*，*Fabalicypris*，*Bairdiacypris*，*Macrocypris*，*Cavellina*，*Microcheillinella* 以及 *Mirabairdia*，*Lobobairdia*，*Petasobairdia* 等12属越过了大灭绝；其中最后3属都是三叠纪的种描述在先，陈德琼等(1982)认为属于土菱介类(bairdian)的三叠纪型分子，故它们应被归入幸存先驱型分子的范畴。

长兴煤山剖面在总体上属于上斜坡相环境，在所有已研究的剖面中，它的长兴组介形类的分异度是最高的，而它在二叠纪末的灭绝率也是最高的，35属中有23个灭绝，属级灭绝率高达65.7%。相比之下，以滨岸带相区为主的滇东黔西"长兴期"介形类的分异度最低(17属)，二叠纪末的灭绝率也最低(29.4%)；而位处浅海相区的贞丰剖面的分异度(25属)和灭绝率(52%)均位于两者之间。应当指出，上述这些越过大灭绝的海相介形类似乎基本上都是能够生活在近岸环境的种类。以上比较证实了笔者在研究双壳类后所得出的结论，即近岸浅水环境很可能是大灾变时浅海底栖生物的避难场所之一(方宗杰，本书第四章第三节)。

华南已描述的海相介形类共18科，综合全球的资料(Whatley *et al.*，1993；Becker，2002)，共有8科(Kellettinidae[①]，Amphissitidae，Scrobiculidae，Aparchitidae，Kloedenellidae，Beyrichiopsidae，Paraparchitidae，Beecherellidae)未越过大灭绝主幕；10科(Hollinidae，Kirkbyidae，Geisinidae，Bairdiidae，Macrocyprididae，Cytherideidae，Bythocytheridae，Healdiidae，Bairdiocyprididae，Cavellidae)越过了大灭绝主幕，其中，Geisinidae科未见于界线层之上的更高层位，可能灭绝于尾幕，可归为死支漫步型。Hollinidae科灭绝稍晚，是瘤石介亚目(Beyrichicopina)的最后代表，同样应归入死支漫步型的范畴。Kirkbyidae(Becker，2002，2003)也是死支漫步型分子。

一些介形类的种显然越过了"长兴期"末的大灭绝主幕，如界线层最为特征的分子 *Hollinella tingi*(Patte)于早二叠世即已出现；再如 *Fabalicypris reniformis*

① Becker(2002)认为本科在晚三叠世仍有可疑分子存在，这样，它在晚三叠世也许又"复活"了。

(Chen)和 *Basslerella obesa* Kellett，前者出现于中二叠世早期，后者是一个晚石炭世开始出现的种(郝维臣，1992b)。*B. obesa* 还曾发现于长兴煤山剖面的底粘土层(芮琳等，1988)。Kozur(1985)在土耳其 Bukk 山脉三叠系底部的 *Hollinella tingi* 组合带中发现有二叠纪分子 *Callicythere mazurensis* (Styk)。根据姚兆奇等(1980)的研究，在贵州盘县老屋基剖面卡以头组底部产 *Pteria-Towapteria-Promyalina* 双壳类组合的层位中，发现 7 个幸存的"长兴期"介形类种，这在其他化石门类中是不多见的。这些幸存的孑遗分子除 *H. tingi* 在界线层颇为富集并上延至早三叠世晚期外，其他的"长兴期"种在界线层中一般都很罕见，而且至界线层之上即未见踪影。因此，海相介形类很有可能是属于双幕式灭绝的生物。

Crasquin-Soleau 等(2002)报道了土耳其西南部 Taurides 西部 Curuk dag 剖面下三叠统底部(*Hindeodus parvus* 带和 *Isarcicella isarcica* 带)的介形类化石：*Revyia*?，*Bairdia* 和 *Bairdiacypris*，此剖面未见到华南最为常见的种 *Hollinella tingi*。Kozur(1998a，1998b)指出，在二叠-三叠纪之交缺氧事件的影响下，特提斯海域普遍发育以 *Hollinella tingi*-cavellinid 为代表的比较适应贫氧环境的介形类组合；他将 *Langdaia* 属归入 Cavellinidae 科。王尚启(Wang and Wang，1997)将华南与之相当的组合命名为 *Hollinella tingi-Langdaia subolonga* 带。

郝维臣(1994，1996)曾经对界线层的介形类特征做了初步总结，除了分异度和丰度的明显下降以及壳表普遍趋于光滑外，界线层介形类的另一个重要特征便是小型化效应(Lilliput effect)，界线层的介形类个体普遍较小，壳长一般都小于 1 mm。小型化效应在界线层的双壳类(方宗杰，本书第四章第三节)和腕足类(Shimizu，1981；廖卓庭，1984)等化石门类中都相当明显。

据王尚启(1978)研究，海相介形类在大灭绝主幕后出现的危机先驱型分子有 2 属：*Langdaia* 和 *Triassinella*。*Langdaia* 属在老屋基剖面的出现似乎稍晚于双壳类的危机先驱型分子，而 *Triassinella* 属始现的层位可能更高一些(姚兆奇等，1980)。*Paracypris* 属在华南的三叠纪较为常见(卫民，1981；关绍曾，1985；郝维臣，1992b)，此属虽未见于石炭-二叠纪，但在志留纪有可疑记录，故暂时未归入危机先驱型的范畴。*Callicythere* 属系卫民(1981)依据华南下三叠统标本建立，但 Kozur(1985)在土耳其 Bukk 山脉的二叠系发现 *Callicythere mazurensis* (Styk)，因此，此属实际上是一个幸存先驱型分子。

总体看来，介形类在二叠-三叠纪之交的灭绝程度大致与双壳类相仿，也拥有较多的危机先驱型(除上述 2 属外，还有 *Liuzhinia*)和幸存先驱型(如 *Bairdia*，*Acratia*，*Bairdiacypris*，*Fabalicypris*，*Macrocypris*，*Carinaknightina*，*Callicythere* 等属)分子，并有不少复活型分子(如 *Mirabairdia*，*Lobobairdia*，*Petasobairdia*，*Bythocypris*，*Monoceratina*，*Cavellina* 等属)；死支漫步型分子则比较有限，而且，它还有更多的种越过了大灭绝的主幕，演化上的连续性明显好于双壳类。另一方面，据 Whatley(1988，引自 Teichert，1990：225)统计，世界上早三叠世新生的介形类属多达 88 个，表明它具有相当强的更新能力。

令人困惑的是，根据现有资料，华南早三叠世介形类已知的种类却相当贫乏，总共不超过 15 属(郑淑英，1976；王尚启，1978；卫民，1981；郝维臣，1992b)。即使到了中三叠世安尼期，著名的产地贵州青岩雷打坡仅描述了介形类 19 属、30 种(Kristan-Tollmann，1983)，似乎明显低于“长兴期”介形类的分异度。这究竟是因为采集和研究程度低的缘故，还是因为华南当时的环境不利于介形类的繁衍？或许两者兼而有之？从华南二叠纪和三叠纪介形类的研究现状看，“长兴期”海相介形类种类丰富，保存较好，自 20 世纪 80 年代以来，先后经王尚启(1978)、陈德琼和施从广(1982)、施从广和陈德琼(1987)及郝维臣(1992a)等人系统的采集和研究，面貌比较清楚。相比之下，三叠纪的海相介形类虽也有多人涉及，但资料颇为零散，缺乏系统采集(郑淑英，1976，1988；卫民，1981；Kristan-Tollmann，1983；关绍曾，1985)，或研究范围仅限于下三叠统底部(王尚启，1978；郝维臣，1992b)，这就为深入开展对介形类灭绝-残存-复苏-辐射型式的研究带来了困难。无论如何，现有资料还不足以对大灭绝后介形类的残存-复苏-辐射的进程进行充分的总结。

(五) 陆生维管植物的灭绝问题

1. 古植代向中植代的转变与二叠-三叠纪之交的大灭绝

一些学者在讨论二叠-三叠纪之交陆生维管植物的灭绝问题时，往往将它与古植代向中植代的转变问题合在一起进行讨论，实际上这是两个互有关联却又大不相同的问题。维管植物自志留纪起源后就不断向着适应陆地生活的方向演化辐射，直至扩展到陆地的各个不同纬度带和海拔高度带，这是促使植物由低级向高级、由古植代向中植代乃至新植代不断进化的内在原因。另一方面，地球从石炭-二叠纪的冰室气候向三叠纪温室气候的转变，以及泛大陆的形成等古地理因素，则是推动植物由古植代向中植代转变的外在原因。植物界的这个转变是一个长期演进的历史过程，与古气候的变化密切相关，并以不同地区的穿时性发展为特征(Meyen，1973；Knoll，1984；Traverse，1988)，前后延续长达 40 Ma 以上。例如，由于劳俄大陆(Laurussia)和冈瓦纳大陆在晚石炭世的拼合(Vai，2003)，随着地壳的隆起，气候环境的改变，欧美植物区石炭纪时广泛发育的湿地沼泽环境很快消失，以木本石松植物占据主导地位的煤沼型森林植被于早二叠世初即开始趋于消亡，并以高地植物群的广泛发育和盾籽目(Peltaspermales)代表 *Autunia* 属的大量出现为标志，开始了由古植代向中植代转变的进程；而同处于赤道带的洋岛型陆块——华南，直至“长兴期”末，成煤植物群仍然基本保持着古植代的面貌，从早三叠世起才开始向中植代转变(Ouyang，1982)，卡以头组仍含有一定数量的古生代型孢粉，尤其是一些石炭纪孑遗类型的存在(欧阳舒等，1980；Ouyang，1982，

1991),便是有力的证据。

另一方面,出现于二叠-三叠纪之交的生物大灭绝是突发性的灾变事件,以事件的全球性和近于同时性为特征,发生在较短的地质时间内(数万年至数十万年),当时全球范围的生物突然大量灭绝,分异度陡然下降,大多数生态系统遭受重创,有的甚至被彻底破坏,正常的生物演化进程被突然中断。现在要解决的问题是:这一灾变事件究竟对植物界有无影响?世界各地不同类型的植被是否因此而同时发生了变化?是否有自然的植物分类群因此而完全灭绝?植物界是否和海洋无脊椎动物一样在灾变后也出现了危机先驱型分子,是否也出现了由危机先驱型、幸存先驱型和孑遗型分子组成的过渡型生物群?

现有资料证明,在二叠纪末,虽然欧美区早已进入中植代,而华夏区(华南)却仍滞留于古植代,但它们的植被面貌却同时发生了重大转变,新型石松植物的出现及其对原有植物群的替代是它们的共同特征之一(详见下文)。这种植被面貌的转变应当是全球突发性灾变事件的结果,与它们是否已经进入中植代无关,这一事件的性质显然与古植代向中植代的渐变进程不同。由于石松植物的原始性质,如果从古植代向中植代的演变进程考虑,此类石松植物在二叠纪末大灭绝后的灾后泛滥似应被看作是植物界长期演化进程中的一次倒退。无论如何,植物界在二叠纪末的灭绝事件与古植代向中植代的转变是两个性质迥异且时间尺度大不相同的事件。

孢粉化石记录可以证明,世界各地的植被在二叠-三叠纪之交曾相当突然地出现大幅度的转变。北半球大多数地区晚二叠世晚期的孢粉组合都以裸子植物花粉占据优势为特征,具肋双囊粉往往是其中的优势组分,其中以欧美植物区和亚安加拉区最为典型(Utting and Piasecki,1995)。然而,在传统的海相二叠-三叠系界线附近,这些主要来自高地植物群的裸子植物花粉却突然被以石松类孢子为特征的低分异度的岸带组合取代(Balme,1970;Utting and Piasecki,1995; Eshet *et al.*, 1995; Visscher *et al.*, 1996; Looy *et al.*, 1999, 2001; Twitchett *et al.*, 2001)。Balme(1970:442)对这一全球性现象颇感困惑:为什么这些看上去很特化的湿地型石松植物散布如此迅速?为什么原先广泛分布的高地型旱生裸子植物花粉在界线之上的海相地层中突然基本消失,仿佛是在岸带和高地之间突然出现了有效阻挡裸子植物花粉传播的屏障?他猜测很可能是因为二叠纪末的海退在世界各地的海岸线和高地之间形成了大片异常开阔的岸带区域,使高地植物群分子不易进入海相沉积,而岸带的低洼处则为湿生石松植物提供了充分的栖居场所。然而,近年来的研究证明,新型石松植物在界线附近的散布显然是与海侵相联系的(详见下文)。

在讨论植物界如何由古植代逐渐向中植代演变时,通常都认为西欧二叠纪的Zechstein植物群已经具备中植代的面貌;然而,Meyen(1973)却指出这是一个误解,因为这一植物群的大多数分子都未越过二叠-三叠纪界线。Poort等(1997)的研究证明，欧洲二叠纪的松柏类植物确实发生了灭绝事件，Walchiaceae 科和 Ulmanniaceae 科都灭绝于二叠纪的末期。对裸子植物花粉的研究也支持这一结论，古生代松柏类的花粉实际上都属于前花粉(prepollen)(Kerp,1996)。前花粉以游动精子配合(zoidogamy)为特征，与银杏和苏铁相似，反映出与蕨类植物在演化上的联系；它们尚未获得花粉管配合(siphonogamy)的能力，与中、新生代松柏类的花粉明显不同(Poort *et al.*,1996)。古生代松柏类中典型的前花粉类型在二叠纪末全部灭绝(Kerp,2000)，只有那些远极面可能具有吸器型花粉管(仅具营养功能，游动精子仍从近极面释放)的花粉类型(以近极面具缝或薄壁区为特征)幸存至三叠纪，并由它们演化出后来在植物界占统治地位的花粉管受精型花粉(精子无游动能力，必须通过花粉管的传输才能经花柱进入子房)(Poort *et al.*,1996)。

看来，在二叠纪出现的以松柏类为主的旱生植物群并不一定都是真正具有中生代面貌的植物群，关键还在于要搞清它们与繁衍于中生代的植物之间的亲缘关系。由于裸子植物是中生代的主宰，似乎所有的裸子植物都应被归作中植代类型，但事实上很少有古植物学家在讨论中将 *Paripteris*，*Linopteris* 等石炭纪的种子蕨也归入中植代的范畴。不同古植物学家的中植代范畴似乎并不那么统一，例如，Meyen(1987)就将 *Walchia* 排除在中植代的范畴之外，而大多数学者在讨论中都将 Walchiaceae，Ulmanniaceae 之类灭绝于二叠纪末的裸子植物归入中植代的范畴，但它们当然不属于繁衍于中生代的类型。石松类显然应属古植代的范畴，因此，二叠纪末大灭绝后灾后泛滥的新型石松植物似乎不应被归入中植代的范畴。原先置于 Majonicaceae 科的二叠纪属 *Pseudovoltzia* 最近已被证明是三叠纪 *Voltzia* 属的次异名(Schweitzer,1996)，这样，*Voltzia* 就应当是一个幸存先驱型分子，这才是一个真正的中植代类型，*Voltzia* 在中、新生代松柏类的演化中是具有重要地位的基干类型(Meyen,1997)。

尽管代表中植代的裸子植物比蕨类植物更好地适应了陆地生活，但在二叠纪末的大灭绝中，这种优越性似乎并未得到体现，它的灭绝率甚至还稍高于蕨类植物；根据 Cleal(1993)的统计，二叠纪裸子植物和蕨类植物各有 20 科，它们分别仅有 4 科和 6 科幸存至三叠纪。据王自强(Wang,2002)研究，华北二叠纪的裸子植物和蕨类植物分别有 14 科和 10 科，它们各有 4 个和 3 个越过二叠-三叠纪界线。应当强调，大灭绝就像是一个巨大的过滤器，只有那些成功地通过“滤孔”(即进化的瓶颈)(Raup,1979)的幸存分子，才有可能对植物界在中生代的复苏和辐射进程发挥影响，中生代植物群的面貌实质上就是由它们决定的。大灭绝当然不会改变植物界由低级向高级、由古植代向中植代演变的总趋势，但它显然对这一进程施加了绝对不可低估的重要影响。

三叠纪植物群的面貌显然大大地不同于二叠纪，二叠-三叠纪之交是陆生维管植物演化历史上 3 个最重要的转变时期之一，科一级分异度的降低最为明显

(Knoll,1984)。然而,由于种种原因,主要是由于上述古植代向中植代转变问题的干扰,还有孢粉化石记录中过渡性质植物群的普遍存在,以及大植物化石记录的零散和残缺不全等,古植物学家对于植物界在二叠纪末是否发生突发性的集群灭绝一直存在着争议。一些学者认为这种变化发生在相当长的时期内,而且不同地区变化的时间不同(Knoll,1984; Stanley,1986; Traverse,1988,1990; Tiwari and Vijaya,1992,1994; Banerji,1997)。尽管越来越多的学者倾向于陆生维管植物存在灾变事件的观点(Balme,1970,1979; Balme and Helby,1973; 王自强,1989; Eshet,1992; Wang,1993; Retallack,1995a,1995b; Eshet *et al*.,1995; Visscher *et al*.,1996; Poort *et al*.,1997; McLoughlin *et al*.,1997; Looy *et al*.,1999,2001; Kerp,2000; Ward *et al*.,2000; DiMichele *et al*.,2001; Wang and Chen,2001; Twitchett *et al*.,2001; Michaelsen,2002; Steiner *et al*.,2003),但最近仍有学者对此提出异议(Rees,2002)。诚然,大植物化石的记录存在较多缺陷,确实有可能因此而误导对二叠-三叠纪之交生物事件的研究。一般说来,化石记录中出现的植物化石大多来自汇水盆地内的植物群,其中,高地植物组合进入化石记录的机会相对较少,而生活于汇水盆地以外者更是如此(Pfefferkorn,1980)。以 Walchiaceae 科为例,假如没有完全搞清 *Ortiseia* 属与 *Nuskoisporites dulhuntyi* 之间的关系,后者是一个花粉形态种(Poort *et al*.,1997);如果仅凭 *Ortiseia* 属本身现有的大植物化石纪录,恐怕很难得出该属和 Walchiaceae 科是在二叠纪末期才最后消失的结论。

与无脊椎动物的化石记录相比,植物化石的记录要复杂得多,例如,植物的不同器官(叶、茎干、孢粉、花、种子、根)的埋藏学和保存方式往往各不相同,它们常常被分别采集、研究和命名。植物化石的原地埋藏颇为少见,它们的化石组合(叶化石组合、孢粉组合、木化石组合等)往往与实际存在的植被组合存在较大差异。此外,正如 Rees(2002)所指出的,由于地理、气候、化石保存等多方面的原因,不同地区之间的植物化石资料往往呈现出十分明显的差异。因此,要探讨植物界的集群灭绝问题,就必须正视这些客观存在的问题。

以华南的两条剖面为例,滇东黔西宣威组上段的 *Yunnanospora radiata*-*Gardenasporites* spp. 组合与长兴煤山剖面长兴组的 *Leiosphaeridia changxingensis*-*Micrhystridium stellatum* 组合带之间很少有共同之处;卡以头组的 *Aratrisporites*-*Lundbladispora* 组合与长兴煤山殷坑组下部的 *Vittatina*-*Protohaploxypinus* 组合带之间虽然共性明显增加,但它们的差异仍然比较明显(Ouyang and Utting,1990),其主要原因在于:下扬子地区早在“长兴期”就脱离了煤沼环境,而滇东黔西直至“长兴期”末却依然维持着煤沼环境,致使两地发育不同类型的植物群。尽管如此,在传统的二叠-三叠系界线(即事件地层界线)之上,两地孢粉组合之间共性的明显增加应当引起充分的重视:两地出现了一定数量的共同种,都残留了较多古生代型孑遗分子,都出现了新型的石松类孢子。本文认为,上述这种共性的增加并非孤立的现象，而是大灾变发生后出现的一种全球性现象（详见下文）。两地的差异主要表现在长兴煤山剖面石松类孢子出现稍晚（黑粘土层尚未发现），数量相对较少，这很可能是由于两地环境上的差异所造成的：卡以头组下部所显示的湿地环境比较有利于石松植物的繁衍，而长兴则主要位于上斜坡相区，显然不利于石松类孢子的保存，来自高地植物群的裸子植物花粉似乎更容易到达这里。

就目前的研究而言，首先应努力解决以下三方面的问题：第一，分类学方面，虽然采用形态分类单元的分异度变化可以在一定程度上反映植物界的盛衰变化，但只有真正搞清了自然分类关系，才有可能深入探讨植物界的灭绝-复苏-辐射问题；第二，为弥补大植物化石记录的缺陷，应当将大植物化石与微体植物化石的研究紧密结合，努力搞清孢粉化石与其母体植物的亲缘关系是必要的前提；第三，努力解决二叠-三叠纪转折时期海陆相地层之间的精确对比问题。此外，还应注意区分不同类型的植物群落。

以往对巴基斯坦盐岭（Balme，1970）、东格陵兰 Kap Stosch（Balme，1979）、滇东黔西（姚兆奇等，1980；欧阳舒等，1980；欧阳舒，1986）、长兴煤山（Ouyang and Utting，1990）、加拿大北极群岛 Sverdrup 盆地（Utting，1994）、意大利南阿尔卑斯（Visscher and Brugman，1988；Cirilli *et al*.，1998）、东格陵兰 Jameson Land（Twitchett *et al*.，2001；Looy *et al*.，2001）等一系列海相或海陆交互相剖面的孢粉地层学研究，为初步解决海陆相地层之间的对比问题奠定了良好的基础。今后如有条件还应对更多的海相和海陆过渡相剖面开展系统的孢粉学研究，从而使对比更为精确可靠。

2. 肋木（*Pleuromeia*）和水韭（*Isoetes*）——大灭绝后植物界的危机先驱型分子

近年来对早三叠世以肋木和水韭为代表的湿生石松植物的研究取得较多进展。肋木主要分布于早三叠世，传统上被认为具有古生代鳞木类和现代水韭目之间过渡的性质，茎不分枝，高约 1 m，最高可达 2 m，直径约 10 cm，这是一种水生或半水生异孢石松植物，广泛出现于海岸或内陆河湖附近的长期或季节性滞水环境中。曾有学者（Retallack，1975，1977；Krassilov and Zakharov，1975）将它比喻成三叠纪的红树林，因为早三叠世肋木常生活于海岸环境并沿岸线散布，组成单种优势的灌丛；后来的研究证明肋木同时还广泛出现于内陆盆地的滞水或半滞水环境（Meyen，1987；Wang，1996；Retallack，1997a；Cantrill and Webb，1998），王自强（Wang，1993）认为它是肉质（succulent）植物，能够忍受较干旱的气候。因此，这是一种具有相当广泛适应能力的机遇性分子。水韭同样出现于二叠-三叠纪转折时期，至今仍有相当广泛的分布，属多年生的草本湿生异孢植物，这是一种典型的活化石。王自强等（Wang and Chen，2001）认为，中生代水韭类的先驱类型晚二叠世在北半球已经有相当广泛的分布。

关于肋木和水韭之间的亲缘关系，迄今尚无定论，有的将它们分置于肋木目和水韭目，也有的将肋木科置于水韭目。最近，Retallack(1997a)提出了肋木(*Pleuromeia*)是由水韭(*Isoetes*)演化而来的新观点，但尚未得到同行的赞同(Cantrill and Webb，1998)。这两类石松植物的"雄性"配子体是早三叠世极为常见的小孢子 *Aratrisporites*，*Lundbladispora*，*Densoisporites* 等(都得到原位孢子研究的证实，参见 Balme，1995；Retallack，1997a)，亲缘关系比较清楚。王自强(Wang，1991)认为，三缝孢 *Lundbladispora* 可能来自 *Pleuromeia*，而单缝孢 *Aratrisporites* 则来自 *Isoetes*，它们共存于三叠纪，两者之间不存在直接的祖-裔演化关系。本文无意深究这两类植物的分类学问题，暂将它们当作一个整体进行讨论也许更为方便，这实际上无碍于对陆生维管植物灭绝问题的探讨，因为它们都是二叠纪最末期才开始出现、主要繁盛于早三叠世的新型石松植物。

以肋木和水韭为代表的草本和灌木型石松植物在早三叠世的世界性分布早就引起了古植物学家的注意(Balme，1970；Meyen，1973，1987；Retallack，1975，1995b，1997a)。Balme(1970)指出，由石松植物占据明显优势的湿地植物群在二叠-三叠纪转折时期的出现及其迅速散布，是一个世界范围的现象。以肋木的模式种 *Pleuromeia sternbergii*(Munster)为例，此种已先后在德国、奥地利、法国、西班牙、意大利、波兰、哈萨克斯坦、俄罗斯远东滨海地区、华北、西澳大利亚等地的下三叠统发现(Retallack，1997a)，这些地区在二叠纪时分属欧美、安加拉、华夏、冈瓦纳四大植物地理区。考虑到下三叠统大植物化石的稀少和不易保存，以及异孢植物在散布方面的不利因素，这个化石种却还能在不同的大陆有着如此广泛的发现，这就证明，全球植物区系的性质在二叠-三叠纪转折时期曾发生重大转变。其他如松柏类的 *Voltzia* 属和盾籽类的 *Peltaspermum* 和 *Lepidopteris* 等在早三叠世也都迅速地扩展至全球(Dobruskina，1987；Shah，1987；Mogutcheva，1996；Pal and Ghosh，1997；McLoughlin *et al.*，1997)。幸存先驱型分子 *Lepidopteris* 是华南晚三叠世植物群的特征分子之一，目前尚未在华南的下三叠统发现，但在滇东的卡以头组发现有它的叶部表皮角质层化石(欧阳舒等，1980)，其层位与 *Aratrisporites* 等石松类孢子的始现层位基本一致。再如，在南美阿根廷 Puesto 的 Viejo 组水龙兽(*Lystrosaurus*)带中发现低分异度的 *Pleuromeia* 植物群(Morel *et al.*，2003)，孢粉组合以 *Aratrisporites* 等为特征(Ottone and Garcia，1991)。总之，晚二叠世植物区系分化之强与部分植物在早三叠世的世界性分布形成了非常鲜明的对比，其反差之大，与双壳类等海相无脊椎动物(方宗杰，本书第四章第三节)相比，毫不逊色。由此可以推测，与动物界一样，植物界在二叠-三叠纪之交同样发生了全球规模的灾变事件。肋木和水韭则完全可以与双壳类的克氏蛤(*Claraia*)及四足动物的水龙兽(*Lystrosaurus*)类比，它们可被看作是早三叠世全球湿地生态系统的征服者。

无独有偶，以肋木和水韭为代表的石松植物的"雄性"配子体，即 *Aratri-*

sporites, *Lundbladispora*, *Densoisporites* 等，在早三叠世同样有着世界性的分布，这些孢子类型通常被视为早三叠世的标准化石，在世界各地的陆相二叠-三叠系界线研究中十分重要。在欧洲，以 *Endosporites papillatus*（母体植物是 *Selaginellites polaris*，据 Looy *et al*.，1999）为代表的卷柏类（Selaginellales）石松植物孢子和苔藓植物孢子 *Scythiana* spp. 也是标志化石（Looy *et al*.，1999；Kerp，2002）。与母体植物相比，这些孢子类型保存为化石的几率高得多，实际资料也证明，它们的分布远比母体植物广。以滇东卡以头组为例，*Aratrisporites* 在卡以头组最底部至下部含量达 10％～18％（欧阳舒，1986；Ouyang，1991），虽然在卡以头组也先后找到过一些植物化石，但其中却没有发现这些石松类孢子的母体植物的痕迹；卡以头组现有的植物化石类型远比孢粉化石组合所反映的植物类型贫乏得多（欧阳舒等，1980；欧阳舒，1986）。因此，仅根据大植物化石难以客观地了解当时实际存在的植物群全貌。在一些研究较好的剖面，如巴基斯坦盐岭剖面（Balme，1970）和东格陵兰 Jameson Land 剖面（Twitchett *et al*.，2001；Looy *et al*.，2001）等，也都发现同样情况。这就证明，鉴于植物化石所特有的埋藏学特点，它的大化石记录确实存在着严重的缺陷。

正如 Rees（2002）所担心的，仅根据现有大植物化石记录所反映的分异度变化，恐怕难以如实再现植物界所发生的实际变化。因此，应充分利用微体植物群的研究成果，并尽量将两者有机结合，以更好地恢复原先的植被面貌。以卡以头剖面为例，*Aratrisporites* 等石松类孢子的含量如此之高（占整个组合的 28％以上，据欧阳舒等，1980），再加上其环境也与以肋木和水韭为代表的石松植物的生活环境一致（Ouyang，1991），不妨将 *Aratrisporites* 和 *Lundbladispora* 看作是本地曾经存在有肋木和水韭之类石松植物的象征。当然，孢粉化石也有其局限性，比如目前已知的原位孢子仍然有限，不少孢粉类型与母体植物的关系尚未搞清；再如远距离传播、不同植被类型混合、再沉积等等的可能性，在工作中应予小心对待，如能同时结合大孢子的证据将更为理想。总之，对于那些目前尚未发现石松植物大化石的剖面，如果都能一一仔细分析微体植物化石的研究成果，石松植物在二叠纪末大灭绝后的灾后泛滥情况将可能得到更为充分的体现。

Dobruskina（1987）指出，三叠纪初植物界发生了非常明显的变化，其最大特点就在于新型石松植物在传统的二叠-三叠系界线附近的突然出现及其世界范围的扩张。石松类的灾后泛滥大约持续了 5 Ma（Kerp，2000）。Retallack（1975，1997a）认为，肋木是全球生物危机后出现的机遇性分子。微体古植物学家过去一直习惯于将 *Aratrisporites*, *Lundbladispora*, *Densoisporites* 等石松类孢子的出现和具肋双囊粉 *Lunatisporites*（＝*Taeniaesporites*）、三缝孢 *Limatulasporites* 等类型的出现，以及具刺疑源类的富集，视为三叠纪开始的标志。以色列和南阿尔卑斯二叠-三叠纪之交孢粉序列的变化颇具代表性，由下而上依次是：①晚二叠世晚期以具

肋双囊粉为特征的 *Lueckisporites virkkiae* 带；②真菌孢子(?)*Reduviasporonites* (*Tympanicysta* 是它的次异名)① 富集带，见于 *Lueckisporites virkkiae* 带的最顶部；③*Endosporites papillatus* 带，以裸子植物花粉的几乎消失和石松类孢子（如 *Endosporites*，*Kraeuselisporites*，*Densoisporites* 等）的大量出现为特征，此带的底部以疑源类（*Veryhachium* 和 *Micrhystridium*）的大量富集为特征（Eshet，1992；Eshet *et al.*，1995；Visscher *et al.*，1996；Cirilli *et al.*，1998）。挪威芬马克(Finnmark)报道的 *Lundbladispora obsoleta-Tympanicysta stoschiana* 组合带(Mangerud，1994)也具有同样特征。最近，在南非 Karoo 盆地发现相似的序列(Steiner *et al.*，2003)，区别仅在于 Karoo 盆地缺乏疑源类富集带，这显然与南非未受到海侵的影响相关。

然而，由于采用牙形类 *Hindeodus parvus* 带之底作为三叠系的底界，传统上认为三叠纪初开始的海侵目前已经证实开始于二叠纪的末期（吴顺宝等，1991；Wignall and Hallam，1992，1993；Wignall and Twitchett，1996；Zhang *et al.*，1996；Hallam and Wignall，1997，1999；Wignall *et al.*，1998；Yin and Tong，1998；Yin *et al.*，2001)，因此，上述疑源类富集带应当是二叠纪末海侵的产物。根据南阿尔卑斯剖面中海相化石的对比，真菌孢子(?)和疑源类的富集，以及以石松类孢子为代表的"三叠纪型"孢粉类型的出现实际上均发生在二叠纪的末期而非三叠纪初(Kozur，1998b)。

在南阿尔卑斯剖面，根据孢粉组合确定的二叠-三叠系界线位于 Bellerophon 组与 Tesero 段界线之上 3～10 cm(Cirilli *et al.*，1998)，Sephoton 等(2001)在 Bellerophon 组最顶部泥灰岩中发现丰富的陆源碎屑和以多糖为标志的陆源有机质，认为这很可能与当时陆地植被的突然丧失相关，反映了陆地生态系统的崩溃；这显然与海相无脊椎动物大灭绝的事件界线的位置（即 Bellerophon 组与 Tesero 段的接触界线附近)（金玉玕等，1989；Broglio-Loriga and Cassinis，1992；Rampino and Adler，1998；Rampino *et al.*，2002)一致；而 *H. parvus* 在该剖面 Mazzin 段底界之上 7.5 m 处才开始出现(Wignall *et al.*，1996)，故 Tesero 段的时代属二叠纪末期无疑。也就是说，根据目前确立的以牙形类 *H. parvus* 的首现作为三叠系底界的标准，原先被视为三叠纪标志的孢粉类型实际上首现于二叠纪末期而非三叠纪初（图 4.10.6）。这些石松类孢子及其所代表的母体植物与海相无脊椎动物

① 真菌孢子在欧洲、以色列、巴基斯坦、澳大利亚等地二叠-三叠系界线附近的繁盛被认为是一次全球性的事件(Eshet *et al.*，1995；Visscher *et al.*，1996)，尤以欧美植物区最为明显。但有关真菌孢子的鉴定本身仍存在争议。Afonin 等(2001)认为这些所谓的真菌孢子具有叶绿体等特征，应归为绿藻，属双星藻科的水绵属(*Spirogyra*)。Foster 等(2002)通过高温分解气体色谱分析，也认为 *Reduviasporonites* 更可能属于藻类。但目前多数学者仍采用真菌的鉴定意见，如 Steiner 等(2003)。此类标本在长兴煤山剖面的长兴组中最为富集，界线层中却并不多见(Ouyang and Utting，1990)，似与真菌事件的假说不相吻合。此类标本在新疆大龙口剖面也有发现，但在研究十分详细的滇东地区未见记载。本文暂存疑地沿用真菌说。

	标准分层 (Chronostratigraphy)		长兴煤山 (Meishan, Changxing)		滇东黔西 (East Yunnan and West Guizhou)	东格陵兰 Kap Stosch	南阿尔卑斯 Tesero
Triassic	Induan		*Claraia wangi-Eumorphotis* 组合 *Ophiceras* 带 *I. isarcica* 带		*Ophiceras-Claraia*组合 ? *Aratrisporites-Lundbladispora* 组合上部（以古生代型分子的消失和裸子植物占优势为特征，上界不明）	*Ophiceras commune* 带 *Claraia stachei*	Marrin 段上部 *I. isarcica*带 *Claraia wangi*
Triassic	二叠-三叠系界线层 (P-T boundary beds): Top clay	大灭绝尾幕 (Epilogue of extinction)		*Vittatina-Protohaploxypinus* 组合			
Triassic	Boundary	Upper	*H. parvus* 带		*Aratrisporites-Lundbladispora* 组合下部（含较多古生代型残余分子，出现较多新生的石松类孢子，底部出现疑源类的富集） *Pteria-Towapteria-Promyalina* 动物群	*H. parvus* 带	Marrin 段下部 *H. parvus* 带
Permian	Limestone	Lower	*H. typicalis* Fauna			*Hypophiceras* *Otoceras* *Hindeodus typicalis* *Taeniaesporites* 组合 *Protohaploxypinus* 组合 （两者均以新型石松类孢子和古生代型分子的共同出现特为征）	Tesero 段和 Marrin段底部 *H. latidentatus* 带 *Lingula-Towapteria* mixed fauna 石松类孢子的大量出现，真菌和疑源类富集事件
Permian	Black clay		*Pteria-Towapteria-Promyalina* 组合 *Hypophiceras* 动物群				
Permian	Bottom clay	大灭绝主幕 (Major episode of extinction)	*H. latidentatus-C. meishanensis* Fauna				
Permian	"Changhsingian"		*Palaeofusulina* 带 *Rotodiscoceras-Pseudotirolites-Pleuronodoceras* 带 *Leiosphaeridia changxingensis-Micrhystridium stellatum* 组合 *C. changxingensis-C. deflecta-C. subcarinata* Fauna		*Palaeofusulina* 带 *Rotodiscoceras-Pseudotirolites-Pleuronodoceras*带 *Yunnanospora radiata-Gardenasporites* spp. 组合	? *Vittatina* 组合	Bellerophon 组 *Paratirolites* 带 *Lueckisporites virkkiae* 带（裸子植物花粉为主，由具肋双囊粉占据优势）
	资料来源 (References)		赵金科等，1981 Sheng *et al.*, 1984 Ouyang and Utting, 1990 Zhang *et al.*, 1996		姚兆奇等，1980 Ouyang，1982 欧阳舒，1986	Teichert and Kummel, 1976 Sweet, 1976 Balme, 1979	Broglio-Loriga and Cassinis, 1992 Eshet *et al.*, 1995 Visscher *et al.*,1996 Cirilli *et al.*, 1998

图 4.10.6 4条重要剖面二叠-三叠系界线层孢粉组合和重要海相化石的对比

Figure 4.10.6 Correlation of the palynological assemblages and biostratigraphical important marine fossils in the Permian-Triassic boundary beds of four important sections

Otoceras, *Hypophiceras*, *Pteria*, *Promyalina*, *Eumorphotis*, *Unionites* 等类型一样,是首现于二叠纪末期并上延至早三叠世的危机先驱型分子。例如,在滇东黔西的卡以头组,以 *Aratrisporites* 为代表的石松类孢子的大量出现与 *Pteria-Towapteria-Promyalina* 双壳类组合产出的层位一致,后者是华南二叠纪最高层位的双壳类组合。再以东格陵兰 Jameson Land 剖面(Twitchett *et al*.,2001; Looy *et al*.,2001)为例,以 *Lundbladispora* 为代表的石松类孢子的大量出现位于 *H. parvus* 的首现层位之下,同时也低于 *Claraia* 的首现层位;按照孢粉组合所确定的二叠-三叠系界线应位于 Schuchert Dal 组的顶部,其位置与海相生态系统崩溃的层位基本一致。此剖面 *Claraia* 首现层位之下的化石贫乏带(dead zone)也许可以与长兴煤山剖面的 25 层或界线层下部对比。最近,丹麦学者 Stemmerik 等(2001)注意到由于二叠-三叠系界线的重新定义,与煤山剖面相似,东格陵兰混生动物群中的三叠纪分子实际上是出现在二叠纪末而非三叠纪初,因此,不仅 Schuchert Dal 组的顶部属二叠纪无疑,上覆地层 Wordie Creek 组的底部似也应改归于二叠纪(Wignall and Twitchett,2002a)。

一些学者提出了二叠纪末海洋与陆地生态系统大灭绝的同时性问题(Balme,1970; Retallack,1995a,1995b; Kerr,2000; Ward *et al*.,2000; Twitchett *et al*.,2001)。从上文分析看出,虽然目前还缺乏充分的大植物化石记录,然而,根据孢粉化石的研究,可以推断,以肋木和水韭为代表的石松植物很可能初现于与长兴煤山剖面二叠-三叠系界线层下部相当的层位,即大致与双壳类 *Pteria-Towapteria-Promyalina* 组合的层位相当,据此本文认为,以肋木和水韭为代表的石松植物也应归入危机先驱型分子的范畴。可见,陆生维管植物与海相无脊椎动物的危机先驱型分子基本上是同时出现的,这就意味着二叠纪末全球陆地和海洋生态系统的灭绝事件是同时发生的,它们应当是同一全球性灾变事件的产物。

由于以菊石 *Otoceras*, *Hypophiceras* 的出现为特征的原 Griesbachian 阶下部现已改归二叠系,传统上公认的早三叠世初的孢粉组合,现在实际上变成了二叠纪末期或跨二叠-三叠纪界线的组合。例如,东格陵兰(Kap Stosch)的 *Protohaploxypinus* 组合和 *Taeniaesporites* 组合(Balme,1979)与 *Hypophiceras*, *Otoceras*, *Claraia*, *Hindeodus typicalis*, *Clarkina carinata* 等化石共同出现(Teichert and Kummel,1976; Sweet,1976),其中虽有 *Claraia* 出现,却未见菊石 *Ophiceras* 和 *Tompophiceras pascoei*;而 *Hindeodus parvus* 在 *Otoceras boreale* 带与 *Ophiceras commune* 带之间的地层(*T. pascoei* 带)才开始出现(Kozur,1998b)。应当说明的是,*Claraia* 属在浙江长兴、克什米尔和东格陵兰(Kap Stosch,Jameson Land)等地均首现于界线层的二叠纪部分。因此,不仅 *Protohaploxypinus* 组合属晚二叠世无疑,*Taeniaesporites* 组合的主体或者全部都应改归为二叠纪的顶部(图4.10.6)。在加拿大北极群岛 Sverdrup 盆地,原定为 Griesbachian 期的

Tympanicysta stoschiana-Striatoabieites richteri（SR）组合带（Utting，1994；Henderson and Baud，1997），其样品来自 Blind Fiord 组底部 *Otoceras concavum* 带，位于 *O. boreale* 带之下，故时代属二叠纪末期无疑。很可惜，Blind Fiord 组中上部的孢粉尚未研究。

塔里木西南缘皮山县杜瓦杜瓦组顶部（剖面资料见方宗杰，1996），在岩性和沉积环境都缺乏明显变化的情况下，在厚仅 20～30 cm 的地层内，孢粉植物群的面貌却发生了十分突然的变化，下部的 *Piceaepollenites-Protohaploxypinus*（PP，即 1996 年的 PG）组合由双囊粉占据绝对优势，占总量的 90% 以上，其中，具肋类占 60%以上；而上部的 *Chasmatosporites-Taeniaesporites*（CT）组合带则以孢子含量的明显增加（占总量的 37.5%）和石松类孢子 *Aratrisporites*（6.6%）、*Lundbladispora*（5.9%）的突然出现为特征，双囊粉仅占 30.9%，其中具肋类占 18%；当时将二叠-三叠系界线置于这两个组合之间（方宗杰等，1996；Zhu，1996）。然而，根据国际上新近确定的海相二叠-三叠系界线位置，产 CT 组合带的顶部 0.5 m 厚的地层似乎仍应改归为二叠系的顶部。与此同理，根据与海相化石的对比，滇东黔西卡以头组的 *Aratrisporites-Lundbladispora* 组合（欧阳舒等，1980；欧阳舒，1986）和长兴煤山剖面的 *Vittatina-Protohaploxypinus* 组合带（Ouyang and Utting，1990）看来都是跨二叠-三叠纪界线的组合（图 4.10.6）。因此，如何进一步解决孢粉组合与牙形类化石带之间的确切对比问题，是摆在古植物学家面前的新课题。

3. 华夏植物群的双幕式灭绝

华夏植物群的主要代表分子 *Gigantopteris*，*Gigantonoclea* 等从茅口期开始出现，并由此开始进入辐射阶段；发生于茅口期末的海退事件使华南在吴家坪期以陆源碎屑沉积和含煤沼泽的广泛发育为特征，并使华夏植物群进入鼎盛时期（姚兆奇，1978）。因此，华夏煤沼植物群是茅口期末海退事件的最大受益者。滇东黔西地区在整个晚二叠世都属于成煤期，并发育有华南层位最高的二叠纪煤层。这一地区的海相和海陆交互相地层发育齐全，各门类化石丰富，研究程度高，海陆相化石的地层对比关系比较清楚，其中的植物化石和微体植物群都得到了较充分的研究（姚兆奇等，1980；赵修祜等，1980；欧阳舒等，1980）。

大植物化石的研究表明，滇东黔西晚二叠世植物群包括形态分类单元 44 属、86 种，而卡以头组仅产 5 属、6 种（姚兆奇等，1980；赵修祜等，1980），分异度的下降看上去十分明显，但其中不排除由大植物化石记录的缺陷所带来的偏差。成煤作用终止于宣威组最顶部，如盘县老屋基、富源庆云等剖面（姚兆奇等，1980；田宝林等，1980；欧阳舒，1986）。

田宝林等（Tian and Wang，1995）在贵州水城汪家寨煤矿二叠纪最顶部的煤层（1 号煤，煤层的顶板是飞仙关组底部的薄层泥质灰岩，产 *Claraia* sp.）中采获丰富的煤核植物群，包括 *Lepidodendron oculus-felis*，*Psaronius* 等(名单从略)，根据揭片统计，其中乔木石松类占 64%，各类裸子植物占 21%，真蕨类占 13%。1 号煤的底板产菊石 *Pseuditirolites*，*Pleuronodoceras*，*Rotodiscoceras* 和䗴类 *Palaeofusulina* 动物群；此外，在 1 号煤与煤层顶板之间厚 10 cm 左右的伪顶(灰褐色粘土岩)中采获 *Lepidodendron*，*Gigantopteris*，*Paracalamites* 等化石(田宝林等，1980)。这无疑是世界上有确凿海、陆相化石控制的二叠纪最高层位的煤层之一。从 1 号煤往上，卡以头组下部虽残留少数孑遗分子，但成煤植物群已不复存在，此后在华南出现了长达 22 Ma 左右的无煤期或成煤间断(coal gap)，直到晚三叠世卡尼期和诺利期，华南才重新出现成煤环境，如四川渡口宝鼎地区的大荞地组、湘赣地区的安源群、四川广元须家河组、云南一平浪组等，成煤作用得以恢复。晚三叠世成煤植物群主要由苏铁类、双扇蕨科和中生代型种子蕨类等组成，面貌完全不同于二叠纪，两者不存在直接的承继关系，其间显然存在着一个相当大的间断，由此也可证明华夏成煤植物群的灭绝相当彻底。

早三叠世无煤是一个全球现象，一些学者(Veevers *et al.*，1994；Retallack *et al.*，1996；Retallack，1997b，1999)对此已做了很好的论述，充分证明这是成煤植物群全球性集群灭绝而非构造抬升和遭受剥蚀风化的结果(Faure *et al.*，1995)。成煤植物群的复苏在澳大利亚启动较早，大约始于安尼期中后期，由此全球的无煤期持续约 14 Ma；晚三叠世世界各地陆续都进入了辐射期，新的成煤期终于重新开始(Retallack *et al.*，1996)。应当指出，早三叠世无煤期是与海洋生态系统的早三叠世后生动物礁间断(方宗杰，本书第四章第一节)及层状硅质岩间断(详见上文)平行发生的又一个生物成因沉积类型的全球性大间断。

如前所述，大植物化石的记录存在有明显缺陷，尽管如此，现有资料足以证明，确实有少数华夏植物群分子越过了大灭绝的主幕，其中有华夏植物群的象征性分子 *Gigantopteris*，*Lobatannularia* 等(姚兆奇等，1980；赵修祜等，1980)；据王尚彦和殷鸿福(2001)报道，另一特征分子 *Gigantonoclea* 也在卡以头组发现，但它们均未见于更高层位，无疑应归为死支漫步型分子。看来华夏植物群的灭绝型式与华夏双壳类动物群等海相无脊椎动物相仿，同属双幕式灭绝。

孢粉化石的研究充分证明确实有部分古生代型孢粉也越过了大灭绝的主幕。卡以头组下部的孢粉组合中，蕨类孢子占据优势地位，这一组合所代表的母体植物群强烈地表现出古、中生代之间的过渡性特征，在出现许多新生分子(即危机先驱型分子)的同时，还残留不少典型的古生代孑遗型分子(以孢子为主)，达 40 余种，占全部种数的 27%(欧阳舒等，1980；Ouyang，1982，1991；欧阳舒，1986)。至卡以头组中部(距底界约 27～35 m)，由孢粉组合代表的母体植物群再次出现明显变化，主要表现为孑遗型分子的消失和裸子植物花粉占据了优势地位(含量达 60%～80%)，欧阳舒认为这是一个由渐变的积累发展到突变的过程。这一变化很可能与火山冬天效应后在温室气候主导下气候变得更为干热相关。总之，孢粉组合所反映的植物群面貌在卡以头组/宣威组界线和卡以头组中部曾先后发生过两次明显的转变。尤其值得注意的是，卡以头组下部的双壳类动物群与孢粉植物群同样都呈现出十分独特的二叠纪和三叠纪之间过渡的面貌，两者的生物区系性质都同时向着世界性的方向转变，这恐非偶然的巧合，它们应当是当时全球气候巨变等灾变事件的产物。而且，与双壳类一样，孢粉植物群也具有双幕式的灭绝特点。

类似的具有过渡性质的孢粉组合在世界上许多地区都有发现：东格陵兰 Kap Stosch 剖面的 *Protohaploxypinus* 组合和 *Taeniaesporites* 组合都以具有二叠-三叠纪的过渡性质为特点，两者均包含一定比例的二叠纪分子（Balme，1979）；东格陵兰 Jameson Land 剖面二叠纪亚安加拉残余分子最后消失于 *Claraia* 的始现层位之下，即化石贫乏带（dead zone）之顶（Looy *et al*.，2001）；长兴煤山剖面的界线层的 *Vittatina-Protohaploxypinus* 组合也同样具有明显的过渡性质，欧阳舒等强调，其中的二叠纪残余分子不是再沉积的产物，它们指示与之相关的母体植物确实越过了大灭绝的主幕（Ouyang and Utting，1990）。再如，*Lueckisporites virkkiae* 被公认是北半球晚二叠世孢粉植物群中最特征的分子，但它却在与 *Otoceras* 或 *Hypophiceras* 相当的层位中广泛发现（Meyen，1981；Ouyang and Utting，1990；Mangerud，1994）。

有关中国和世界其他地区原 Griesbachian 阶下部孢粉植物群的过渡性质，欧阳舒等（Ouyang，1991；Ouyang and Norris，1999）做过详细讨论，本文不再赘述。过渡性质孢粉植物群在世界各地的广泛出现，无疑是陆生植物在二叠-三叠纪之交发生双幕式灭绝的有力证据。但陆生植物的第二幕灭绝是否与浅海生物第二幕同时，由于缺乏可靠的对比标志，尚不得而知，二叠-三叠纪过渡性质的植物群的消失也许是一个渐变的过程。

4. 小结

如上所述，鉴于植物化石记录的特殊性，研究陆生维管植物的灭绝-复苏问题确实面临许多困难。根据近年所取得的进展，至少可以确定以下基本事实：

（1）在传统的二叠-三叠系界线附近，世界各地的植物群都出现了非常明显的变化，一些二叠纪的著名植物群走向灭绝，如：①华南的大羽羊齿（*Gigantopteris*）植物群在"长兴期"末基本灭绝，并于卡以头组上部最后消失（姚兆奇等，1980；欧阳舒等，1980）；②华北晚二叠世晚期的 *Ullmania* 植物群的所有物种消失，属级灭绝率达 72% 以上，仅 *Pecopteris*、*Sphenopteris* 等少数分子幸存，取而代之的是 *Pleuromeia* 植物群（Wang，1993，1996；Wang and Chen，2001）；③俄罗斯地台二叠纪的 *Tatarina* 植物群被 *Voltzia* 植物群取代，*Tatarina* 植物群中的盾籽类种子蕨（*Lepidopteris* 和 *Peltaspermum*）是典型的幸存先驱型分子，灾变后迅速扩展至全球，但湿生的 *Pleuromeia* 植物群在俄罗斯地台似乎比 *Voltzia* 植物群更为常见；

④西欧 Zechstein 植物群主要由松柏类占据优势，它的大多数分子(如 Walchiaceae 和 Ulmanniaceae)都未越过二叠-三叠系界线，并被 *Voltzia* 植物群替代，西欧的东部则与俄罗斯地台相似，以 *Pleuromeia* 植物群更为常见；⑤西伯利亚晚二叠世的科达(cordaitalean)植物群被科尔冯昌(Korvunchana)植物群取代，后者以蕨类植物占据主导地位，而且下部以中生代和古生代的过渡面貌为特征，古生代类型中包括 *Tatarina* 植物群分子和古植代型孢粉(Meyen，1973；Dobruskina，1987)；西伯利亚同时也有湿生的 *Pleuromeia* 植物群(Mogutcheva，1996)；⑥冈瓦纳大陆著名的舌羊齿(*Glossopteris*)植物群被以二叉羊齿(*Dicroidium*)为代表的植物群取代，与之同时出现的还有来自北方大陆的盾籽类 *Lepidopteris*，voltzialean 松柏类，和以水韭和肋木为代表的新型石松植物等(Shah，1987；Tiwari and Vijaya，1992；Archangelsky，1996；Mcloughlin *et al.*，1997；Pal and Ghosh，1997；McManus *et al.*，2002；Retallack，2002)。

(2)在华夏区、安加拉区和冈瓦纳区，在陆生维管植物出现的种种变化中，尤以成煤植物群的消失最为明显，地球历史上最重要的石炭-二叠纪成煤期随之结束，其后是长达 14 Ma 以上的全球成煤间断(华南的成煤间断长达 22 Ma)。三大成煤植物群在传统的二叠-三叠系界线附近的灭绝与以水韭和肋木为代表的新型石松植物群在全球范围的灾后泛滥几乎同时发生，这一灾后泛滥与二叠纪全球十分复杂的植物区系背景并无关联。

(3)种种化石证据，包括大植物化石和微体植物化石本身，以及海相无脊椎动物化石和陆相四足动物化石等，都充分证明世界各地植物群在传统的二叠-三叠系界线附近所出现的重大变化基本上是同时的，不同植物地理区植物群的重大转折都发生在二叠纪末期，与海相生物的大灭绝基本同时。疑源类、真菌(?)和草绿藻的富集事件也可作为对比的辅助标志。

(4)二叠-三叠纪转折时期世界各地广泛出现古、中生代过渡性质的植物群，除前文叙述的实例外，在印度等冈瓦纳地区还发现古生代的残余分子 *Glossopteris* 与 *Lepidopteris*，*Dicroidium* 等三叠纪型分子共同出现的现象(Seward，1924；Pant and Pant，1987；Tiwari and Vijaya，1992；Holmes，1992；Pal and Ghosh，1997；McManus *et al.*，2002)。过渡时期的植物群以危机先驱型(如 *Dicroidium* 和以水韭和肋木为代表的新型石松植物)、古生代孑遗型(如 *Glossopteris*)、死支漫步型(如 *Gigantopteris*)和幸存先驱型(如盾籽类 *Lepidopteris* 和 voltzialean 松柏类)分子的共存为特征。过渡植物群在世界各地与长兴煤山二叠-三叠系界线层相当的层位中的广泛存在，表明陆生维管植物中同样存在着双幕式灭绝型式。

(5)化石证据表明，陆生维管植物灭绝的第一幕(主幕)发生在 B 线，与海洋生物的主幕灭绝同时；但第二幕(尾幕)灭绝的发生时间及其与海相地层的对比关系尚缺乏化石证据的充分支持。与海洋无脊椎动物一样，陆生维管植物也有个别或少数越过尾幕的孑遗型分子，如 *Glossopteris*（Pant and Pant，1987；McManus *et al.*，2002）。

(6)与双壳类等海相生物一样，陆生维管植物在二叠-三叠纪转折时期生物区系的性质也发生了截然转变，二叠纪原有的十分复杂的生物地理区系格局基本崩溃，主要由水韭和肋木等新型石松植物组成的湿生植物群，以及由盾籽类 *Lepidopteris*，*Peltaspermum* 和 voltzialean 松柏类等组成的旱生植物群在二叠-三叠纪转折时期迅速扩散至全球各地，从而与二叠纪强烈的区系分化特征形成了鲜明的对比，这种大幅度的区系性质的转变是由全球气候的重大变化所驱动的（详见下文，图 4.10.8）。早三叠世仍然存在着一定的区系分化，例如，以 *Dicroidium* 为代表的盔籽类（corystosperms）就是冈瓦纳地区所特有的植物。至中三叠世，区系分化逐渐变得更为明显。

(7)由于化石材料的限制，形态分类单元仍然在植物化石研究中占据主导地位，故目前尚难以对陆生维管植物的灭绝规模进行定量估计，但维管植物在二叠纪末的灭绝相当明显，不仅表现在植被面貌的大幅度改变，还表现在一些重要的自然分类群的灭绝，例如，乔木石松类和科达类，种子蕨中大羽羊齿类和舌羊齿类，Walchiaceae 和 Ulmanniaceae 松柏类等的灭绝。根据统计，科级植物分类单元的灭绝颇为明显（Knoll，1984；Cleal，1993）。种子蕨类、松柏类、银杏类、苏铁类等虽然也遭受重创，但它们的一些幸存分子最终成为中生代陆地植物复苏和辐射的中坚力量。

(8)二叠纪的成煤植物群也应属于完全灭绝的范畴，中、晚三叠世的成煤植物群与二叠纪成煤植物群不存在承继关系，就是一个有力的证据。二叠纪末期，由水韭和肋木等石松类和少量节蕨类等组成的湿生植物群在全球的广泛出现，表明早三叠世各类湿地环境仍分布相当广泛，而二叠纪广布于各类湿地环境的各种成煤植物群却不复存在。Retallack 等（Retallack，1997b；Retallack and Krull，1999）对澳大利亚、南极洲早三叠世古土壤的研究表明，种种与煤炭形成相关的条件在早三叠世似乎依然存在，但煤系地层却不复存在，惟一可能的解释就是成煤植物群的完全灭绝。

(9)陆生维管植物集群灭绝事件的后果主要表现在两个方面：一是食草动物的大量死亡和灭绝，如二齿兽类（dicynodonts）和锯齿龙类（pareiasaurs），食物链的破坏可能是导致陆生脊椎动物发生集群灭绝的重要原因之一。例如，二叠纪最大、最凶猛的肉食性丽齿兽类（Gorgonopsia，属兽孔目）的灭绝可能与锯齿龙类和二齿兽类等食草动物的灭绝紧密相关（详见下文）。Rayner（1992）认为，二齿兽类的衰退可能与节蕨植物的大量消亡相关。水韭类可能是水龙兽（*Lystrosaurus*）喜爱的食物（Retallack，1997a；Retallack *et al.*，2003），也许正是草本水韭类的灾后泛滥才造就了水龙兽的灾后泛滥。早三叠世牧草种类的贫乏和单调，势必会导致同期四足动物群的面貌变得单调。第二方面的后果表现为由于植被的大量消亡，导致土壤侵蚀和风化作用的大大加剧，对早三叠世初全球古地貌和沉积作用产生了深刻的影响(详见下文，图 4.10.8)。

(10)在植物化石记录中，二叠系与三叠系界线的划分最为容易，极少出现争议。然而，植物学家过去划定的二叠-三叠系界线实际上代表的是事件地层界线，与传统的海相二叠-三叠系界线基本一致，但低于国际上新近通过的由牙形类 *H. parvus* 带之底限定的海相二叠-三叠系界线位置，因此，如何根据金钉子标准来确定与之对应的新的陆相二叠-三叠系界线位置，是摆在陆相生物地层学研究者面前的新课题。

二、二叠-三叠纪之交全球生态系统的巨变

(一) 生物演化上的间断、终止和倒退现象

1. 从早三叠世三大生产力类型的间断谈起

后生动物礁、层状硅质岩和煤炭是地史时期 3 种十分常见的生物成因沉积类型，分别代表着浅海、大洋和陆地生态系统的 3 种不同的生产力类型。如前所述，这 3 种生物成因沉积类型在早(-中)三叠世分别出现了长达 10 Ma、8 Ma 和 14 Ma 的全球性空白期。应当强调，化石证据充分证明，三大间断均始于大灭绝的主幕(B线)，基本同时，并相当突然，不存在一个逐渐衰退的过程。这就意味着“长兴期”末全球气候和环境出现了一系列灾难性变化，并以不同的形式波及到地球所有的生态系统，导致海洋和陆地生物几乎同时大量灭绝。三大间断正是由同一灾变事件在地球不同生态系统引发的集群灭绝事件的具体反映和必然后果(图 4.10.8)。

尽管三大间断大体同时开始，但它们的复苏进程却不尽相同。相比之下，海洋硅质生产力的复苏较早：早三叠世晚期(Spathian)进入复苏阶段，中三叠世安尼期开始辐射(图 4.10.1，图 4.10.2)；而礁生态系(图 4.10.1；并见本书第四章第一节表 4.1.1)和成煤植物群(图 4.10.1，图 4.10.6)的复苏却迟至中三叠世才先后启动，这也许是因为它们的群落结构更为复杂，与其相应的生态系统的再建和重组需更多时间(方宗杰，本书第四章第一节)。聚煤作用需要一系列条件的支持，包括古气候、古地貌和构造背景、古水文、古植物等方面，其中最关键的是成煤植物群的存在。聚煤作用得以发生的煤沼环境具有滞水、贫氧、pH 值较低等一系列特点，一般的陆生植物似乎不大容易适应这种特殊的环境，再加上特定微生物群落的形成及其与相关植物之间可能存在的种种特殊关系，新的煤沼植被的演化和形成尤其需要时间。

在以水韭和肋木为代表的湿地植物群衰退后，法国东北部孚日山脉(Vosges)

北段发现的中三叠世安尼期三角洲砂岩(The Grès à Voltzia delta)植物群似可作为新型湿地植物群的代表,这一特异埋藏的植物群由十分独特的草本型松柏类植物 *Aethophyllum* Brongniart 占据主导地位,其特点是生长快、生命周期短、早熟、种子小(仅 2 mm)而数量多,能够适应外界扰动频繁的不稳定环境。由于植物大化石记录本身的缺陷,此类杂草型 *Aethophyllum* 的化石并不多见,但其花粉型 *Illinites chitonoides* Klaus 的分布却十分广泛,在西欧、中欧、南欧、俄罗斯、北非、中国等地都有发现,表明这一植物群在中生代湿地植物群的复苏、更新和重建的过程中曾经发挥十分重要的作用(Rothwell *et al*.,2000; Kerp,2000)。

2. 生物演化历史上的终止和倒退现象

二叠-三叠纪之交的大灭绝在生物演化的漫长历史上留下了极其深刻的影响,其中最引人注目的是:很多生物分支未留下任何后裔,从地球上永远地消失了,它们的进化历史被彻底终止了。尤其是一些高级别分类阶元的消失,如三叶虫纲、四射珊瑚目、床板珊瑚亚纲、海蕾纲、喙壳纲、软舌螺纲等,再如腕足动物门的长身贝目、正形贝目、戟贝亚目,苔藓动物门的 Fenestrata 目,原生动物的䗴目,以及 8 个昆虫目等均灭绝于这一时期。超科、科和属一级的灭绝更是不可胜数,对于种级灭绝的估计一般都在 90%以上(Erwin,1994)。可以设想一下,如此高比例的生物突然从地球上消失了,全球生态系统曾经长期稳定存在的各种生态结构自然就失去了继续存在的基础。二叠纪后,原有的各种生态系统或者被彻底摧毁,或者面目全非。

另一个引人注目的变化就是生物在这一进化历史的特定阶段出现了明显的倒退或"复辟"现象。例如,在正常情况下,菊石缝合线的演化总是由简单逐渐趋于复杂,然而,在大灭绝中幸存下来的却都是缝合线较简单的类型;于是,大灭绝后又重新开始缝合线由简单向复杂的演化进程(Saunders *et al*.,1999)。再如,以蓝菌为主的 BMC 是具有 35 亿年历史的礁生态系的开山鼻祖,以后随着后生动物和真核藻类的加入,礁生态系渐趋复杂,并最后演化出今天极其绚丽多彩的现代珊瑚礁群落;但大灭绝却使早三叠世的礁生态系几乎完全倒退回原始的状态(方宗杰,本书第四章第一节)。陆生维管植物的演化也存在类似现象,本来植物界在二叠纪初已经开始由古植代逐渐向中植代演进,但在大灭绝后却出现了古植代类型(草本石松植物)的灾后泛滥现象(详见上文)。此外,以微生物岩和竹叶状内碎屑灰岩为标志的时错相在早三叠世的"复辟",也是生物进化历史中出现倒退现象的一种具体表现(详见下文)。

(二) 早三叠世的时错相与浅海底质状态的大倒退

对显生宙生物分异度的研究(Sepkoski,1993)证明,属级分异度在二叠-三叠纪之交大灭绝后降低到大致与奥陶纪大辐射发生前相当的水平。Bottjer 等(1996)

对显生宙若干古生态演化趋势，包括古群落的物种丰度、生态行当(guild)、遗迹组构、底栖生物空间生态位的分层或水平分层(tiering，包括底内生物潜穴深度的生态位分层和底表生物底上生活高度的生态位分层)以及微生物岩等，进行比较研究，发现二叠-三叠纪之交大灭绝后早三叠世海洋环境的生态条件与晚寒武世-早奥陶世最接近，底栖生物对生态空间的利用水平也大致相当。

时错相(anachronistic facies，时代上错位的相)的概念由 Sepkoski 等(1991)提出。后来，Schubert 和 Bottjer(1995)、Wignall 和 Twitchett(1999)分别对这一现象进行过研究。最近，Lehrmann 等(2001)在黔南下三叠统上部的旋回性潮缘带灰岩中发现以小型微生物岩丘和脉状层理条带岩(flaser-bedded ribbon rock)为特征的米级旋回，类似的相组合过去仅见于寒武系和下奥陶统，据此他们也得出了相似的结论。

就海洋底质的状况而言，元古代与显生宙截然不同。晚元古代的浅海底质在正常情况下为微生物席所覆盖，即所谓席基底(matgrounds)，此时仅有席下潜穴者(undermat miner)留下的遗迹(Seilacher，1999)，大致与层面平行。微生物和物理这两方面的作用是决定当时硅质碎屑沉积组构的主要控制因素，而缺乏生物扰动的稳定底质正是 BMC 得以逐渐形成微生物席并继续得到保持的必要前提。奥陶纪大辐射后，随着浅海底栖动物的大量繁盛，垂向潜穴活动的出现、发展和底质扰动的活跃，BMC 终于失去了在正常浅海海底建造微生物席的稳定底质。席基底逐渐被显生宙型的混合基底(mixgrounds)所取代，原先清晰而分明的沉积物-水界面从而变得模糊不清。

奥陶纪大辐射后，正常浅海硅质碎屑岩相的沉积组构主要受后生动物和物理这两大因素控制，微生物对底质沉积组构的影响变得次要，一般只有在选择压力高的环境中才能见到席基底的踪影(Hagadorn and Bottjer，1999；Bottjer *et al*.，2000)。Bottjer 等人比较注重底质状态的变化，他们将这一对非潜穴底栖后生动物具有重要影响的底质转变称之为"寒武纪底质革命"(Cambrian substrate revolution)；而 Seilacher 更为强调底栖生物生活方式的改变，他通过与农业发展对土壤影响的类比而称之为"农艺革命"(agronomic revolution)，后又改称为"生物扰动革命"(bioturbation revolution)(见 Bottjer *et al*.，2000)。

正是寒武纪底质革命，促使微生物岩从正常浅海环境全面退缩到缺乏生物扰乱的高选择压力环境，在正常浅海，则基本上局限于礁相环境。微生物岩的形成环境在二叠-三叠纪转折时期和早三叠世末至中三叠世初曾先后发生过两次重大转变，即在灾后由高选择压力环境广泛入侵正常浅海环境，造成时错性泛滥；而后又重新全面回撤到高选择压力环境。与微生物岩同时发生阵发性灾后泛滥的还有竹叶状内碎屑灰岩，两者都与同沉积海底胶结作用密切相关，它们均常见于奥陶纪大辐射前。早三叠世两者一起全面"复辟"，成为二叠-三叠纪之交大灭绝后残存阶段的标志性产物。这是显生宙历史上一个十分奇特的地质现象，其发生绝非偶然，主要原因在于大灭绝使生物扰动水平大大降低，当时不仅以蓝菌为主的自养型底栖微生物群落(BMC)发生阵发性灾后泛滥，异养型 BMC 也极度活跃；另一方面则与当时海水的物理化学条件密切相关(详见本书第四章第一节)。Sheehan(2001)认为微生物席回复到寒武纪甚至前寒武纪的水平。

寒武纪和早奥陶世恰好处于寒武纪底质革命的转折和过渡时期，并以微生物、后生动物和物理三大因素共同影响着正常浅海环境(非高选择压力环境，非灾变环境)的沉积组构为特征。在这一过渡时期，后生动物的影响逐渐增强，但微生物岩仍较发育，适应元古代型席基底的 Ediacara 型化石在寒武纪仍偶有发现(Jensen *et al.*,1998)。因此，这是地球历史上一个十分独特的阶段，而以竹叶状(板条状)内碎屑灰岩，即扁平砾石砾岩(flat-pebble conglomerate)为代表的内碎屑灰岩恰恰在这一特定历史阶段中最为常见。

Sepkoski(1982)从进化古生态学的角度对扁平砾石砾岩进行研究，认为除同沉积海底胶结作用是必要前提外，海相生物群的进化变化也对沉积岩的成层特点产生重要影响。寒武纪和早奥陶世以低水平的生物扰动为特征，因而有利于原始成层特点的保存。奥陶纪大辐射使内栖动物迅速发展，生物扰动的深度和强度随之明显提高，故早奥陶世后竹叶状内碎屑灰岩甚为罕见。薄的风暴层和竹叶状或板条状内碎屑(即扁平砾石)之所以主要局限于寒武纪和早奥陶世这一特定历史阶段，乃是生物演化在沉积岩成层特点方面所留下的特定历史印记。

种种迹象表明，大灭绝后的海洋环境条件，尤其是生物扰动水平，与晚寒武世-早奥陶世最为接近。也就是说，微生物、后生动物和物理三大因素共同影响着早三叠世正常浅海环境的沉积组构，这是由海洋底栖生物大量灭绝而造成的浅海底质状态的一次大倒退。由此可以想象早三叠世全球生态系统的萧条程度，大灭绝规模之大和后继效应之深远，也由此可见一斑。

早三叠世末至中三叠世初，微生物岩重新全面回撤到高选择压力环境，竹叶状内碎屑灰岩则再次消失，表明海洋环境终于重新趋于正常，平底群落和真核藻类开始复苏，内栖动物重趋活跃。此时大多数海洋生物，如双壳类、腹足类、腕足类等，都相继进入了复苏阶段，因此，正常浅海环境中时错相沉积的消失，可以作为海洋底栖生态系统全面复苏的标志。由此可以推算出二叠-三叠纪之交大灭绝后的残存期竟然长达 10 Ma 左右，这在显生宙的历史上是空前的。

(三) 海洋生态系统格架的巨变与初级生产力“过剩”假说

Droser 等(1997,2000)从生态建构(architecture)的角度建立了 4 个级序标准对大灭绝后出现的生态变化进行比较和评估，其中，第一级序的变化涉及生态系的出现或消失，只有 Edicaran 动物群的灭绝和寒武纪大爆发可以归入这一级序。第二级序则涉及生态系基本结构的变化,而第三和第四级序只是分别涉及已有生态系内部群落型一级和群落一级的变化。他们认为,二叠-三叠纪之交大灭绝后出现的生态变化除涉及第三和第四级序的变化外,还涉及了第二级序的所有变化,如早三叠世的后生动物礁间断,古生代以腕足类为主的浅海底栖群落被以软体动物(双壳类、腹足类)为主的群落替代等。

Sepkoski(1981,1984)将显生宙的海洋无脊椎动物划分成三大进化动物群,即寒武纪进化动物群、古生代进化动物群和现代进化动物群;一般说来,组成每一个进化动物群的主要生物类群在显生宙都具有基本相同的分异度盛衰型式。古生代进化动物群寒武纪开始出现,奥陶纪进入辐射阶段,它主要由表栖固着生活的滤食(filter-feeding)生物组成,包括四射珊瑚、床板珊瑚、有铰腕足类、窄唇苔藓动物、海蕾和海百合等,此外还有头足类、笔石、牙形类等,这些动物是古生代海洋底栖生态系统的主宰。二叠-三叠纪之交的大灭绝彻底摧毁了它们之间曾经长期稳定存在的各种生态结构,从三叠纪开始,由双壳类、腹足类、六射珊瑚、海胆、裸唇苔藓动物、软甲亚纲甲壳类、鱼类等组成的现代进化动物群成为新的海洋生态系统的统治者,其中固着生活的类型所占比例明显降低,主动进食的类型大大增加,这一取代彻底改变了曾经长期存在于晚古生代的生态格局。

关于大灭绝后海洋生态系统中的初级生产力,已经提出了两种截然相反的假说。Tappan(1968)认为,大灭绝后的海洋初级生产力降低到最低点;一些学者相信,二叠-三叠系界线附近全球碳同位素的负漂移意味着生产力的下降(Wignall and Twitchett,1996; Rampino *et al*.,2002);而另一些学者则根据对日本西南部二叠-三叠系界线附近深海相黑色炭质粘土岩地球化学特征的研究,针锋相对地提出了高生产力假说(Ishiga,1994; Ishiga *et al*.,1996; Kakuwa,1996a,1996b; Suzuki *et al*.,1998)。在这两种假说中,生产力下降的假说是目前学术界的主流看法(Erwin *et al*.,2002; Benton and Twitchett,2003)。

目前已经在二叠-三叠系界线附近发现一些光合自养生物的阵发性灾后泛滥现象,例如,在浙江长兴煤山、四川广元上寺、湖北黄石柯家湾、南阿尔卑斯 Tesero、斯洛文尼亚 Idrija 等剖面的二叠-三叠系界线层均发现大量草绿藻球粒(杨遵仪等,1991; Hansen *et al*.,2000);再如前文提到的以蓝菌为代表的自养光合细菌在大灭绝后出现的阵发性灾后泛滥现象和疑源类的富集事件,这些显然都有利于高生产力假说。但是,还应注意到,早三叠世有关真核藻类的化石记录甚为少见(Tappan and Loeblich,1973),当时绝大多数真核藻类在事件中确实遭受重创,此外,礁生态系中真核藻类的消失也是一个有力的证据。因此,笔者认为,比较合理的解释是:灾变后海洋的初级生产力与二叠纪相比仍然是下降的,但由于以蓝菌、疑源类、草绿藻等为代表的光合自养生物的阵发性灾后泛滥(类似于当今的赤潮现象,可能对部分后生动物是有害的),初级生产力在总体上依然保持着相当的水平;

而且，它的下降幅度大大地低于海洋生态系统中消费者的下降幅度。以海洋无脊椎动物为代表的消费者的大量灭绝致使灾后海洋生态系统的营养结构一度处于极不平衡的状态，从而在某种程度上造成初级生产力在一定阶段的相对“过剩”现象(图 4.10.8)。

二叠-三叠纪之交以富含有机质的暗色页岩为代表的还原相在世界各地的广泛出现便是这一初级生产力相对“过剩”现象的直接产物。以长兴煤山剖面的二叠-三叠系界线层为例，26 层黑粘土层是界线层中各类动物化石的分异度和丰度最高的层位，也是二叠-三叠纪过渡动物群最繁盛的时期，这一层位所富含的有机质无疑指示了初级生产力的相对“过剩”现象。对日本西南部二叠-三叠系界线附近深海相黑色炭质粘土岩有机地球化学特征的研究，发现其中的干酪根成分主要来自浮游生物，其次是细菌活动(Suzuki *et al.*，1998)；该粘土岩中 P_2O_5 的浓度特别高，平均达 0.47%，大大高于正常的平均值(0.13%)(Kakuwa，1996a；Ishiga *et al.*，1996)，证明当时初级生产力活动的活跃可能与上升流相关。李子舜等(1989)和 Wignall 等(1995)在四川广元上寺剖面飞仙关组下部的微晶灰泥岩中发现丰富的漂浮生活的颗粒状蓝菌化石，这在显生宙的地质记录中是不寻常的。在正常状况下的海洋生态系统，由于各类消费者的层层捕食，包括海底不同潜穴深度内栖动物的摄食，一般说来，它们很少能大量进入海底沉积物并被保存为化石。

海洋生态系统中生产者/消费者比例的明显失调为以异养细菌为代表的分解者的繁盛带来了机会，这也是大灭绝后异养型 BMC 极度活跃的原因所在，竹叶状内碎屑灰岩在早三叠世的时错性再现即与之相关(方宗杰，本书第四章第一节)。由于 BMC 中的硫酸盐还原菌极度活跃，以黄铁矿为代表的硫化物往往成为还原相中的常见组分。应当指出，本文提出的大灭绝后初级生产力相对“过剩”的假说与下文即将提到的碳循环重组假说(Berner and Raiswell，1983；Broecker and Peacock，1999；Berner，2002)颇为吻合，异养型 BMC 显然为二叠-三叠纪转折时期全球碳和硫等元素外生循环的重组做出了重大贡献。

Bambach 等(2002)将海洋无脊椎动物按照形态功能特征划分为被动的(nonmobile)和主动的(self-mobile)两大类，前者需要水流把食物带给它们，属被动进食，而后者进食的主动性较强。他们又根据这些动物的生理解剖特征区分出生理上具备“缓冲能力”(“buffered”)和“无缓冲能力”(“unbuffered”)两大类，前者新陈代谢速率较高，对于血液中过量的 CO_2 具有较强的调节能力，而后者则缺乏这种调节能力。在此基础上，他们对全球显生宙海洋无脊椎动物的分异度重新进行分析，认为在显生宙的 5 次大灭绝中，只有两次(二叠-三叠纪之交，白垩纪末)导致全球海洋生态系统结构的重大变化，使不同适应类型的相对比例和生态关系发生结构性调整，并进而改变了海洋生态系统的基本结构。值得注意的是，无论是三叠纪末还是白垩纪末的大灭绝，均未改变现代进化动物群的总体生态格局(Sepkoski，

1984)。因此,在显生宙的5次大灭绝中,只有二叠-三叠纪之交的大灭绝才真正使海洋生态系统的总体格局发生了根本性的改变。

(四) 陆地生态系统发生巨变的证据

晚二叠世曾经在南非、澳大利亚、印度、南极洲、欧洲广泛分布的曲流河沉积系统,至早三叠世突然转变为辫状河体系,最近的研究已经证实,这一转变与构造抬升无关,其主要原因在于大灭绝使陆地植被大量消亡,导致土壤侵蚀和化学风化作用(还应加上酸雨和大气二氧化碳含量提高的影响)的大大加剧,并由此对早三叠世初全球的古地貌和沉积作用产生了深刻的影响(Paul,1982; Smith,1995; Retallack,1999; Ward *et al.*,2000; Smith and Ward,2001; Hancox and Rubidge,2001; Michaelsen,2002; Hancox *et al.*,2002),南乌拉尔地区在二叠-三叠纪之交也发生了类似的转变(Newell *et al.*,1999)。对印度东部Raniganj盆地陆相二叠-三叠系界线剖面的研究(Sarkar *et al.*,2003),发现在二叠系顶部同样出现了陆源碎屑突然增加的现象,研究者认为,陆地植物的突然灭绝是其原因所在。在长兴煤山剖面,晚二叠世最末期至早三叠世的殷坑组与晚二叠世的长兴组相比,陆源碎屑含量的增加也较明显;在四川广元上寺剖面,陆源碎屑的含量从27c层开始有所增加。日本西南部的深海二叠-三叠系界线剖面也发现三叠纪初陆源组分明显增加的现象(Kunimaru *et al.*,1998; Kato *et al.*,2002)。上述事实证明,三叠纪初沉积物中陆源碎屑含量的增加可能是一个全球性现象。

根据对南非Karoo盆地二叠-三叠系界线剖面的研究,Steiner等(2003)发现,曲流河沉积系统向辫状河体系的转变略晚于真菌孢子(?)的富集事件,前者的层位比后者高50 cm左右,他们根据对沉积速率的估计,推测两者之间的时差大约不到1 000年;而二齿兽动物群的集群灭绝则早于真菌孢子(?)的富集事件。Sephoton等(2001,2002)对意大利南阿尔卑斯5条剖面Bellerophon组最顶部的泥灰岩进行研究,沉积和有机地球化学特征显示在事件地层界线附近,有大量陆源碎屑和与陆地植物相关的分子化石为标志的陆源有机质从该地区广泛而迅速地泻入西特提斯海,他们认为这很可能与陆地植被的突然消亡有关,指示了陆地生态系统的突然崩溃。此外,$^{87}Sr/^{86}Sr$比值在早三叠世初迅速上升,显然与当时陆地植被的广泛消亡密切相关,这一点将在后面详细讨论。

与植物灭绝密切相关的陆地生态系统的变化还表现在古土壤类型的突然转变(Retallack,1997b,1999; Retallack and Krull,1999)。古土壤是原地保存的地史时期形成的土壤,其中保存有古土壤形成时陆地生态系统的某些信息,在某种程度上可被看作是陆地生态系统的遗迹化石(Retallack and Krull,1999),根据对它的成分、形态、结构等特征的研究,可以帮助推断当时的古气候、自然地理条件、植被和古水文状况,以及陆地生态系统的演变情况。南极洲和澳大利亚晚二叠世以蓝和黑为主色调的古土壤在早三叠世全都突然转变为红色和绿色(类似的色调转变也见于世界各地的海相地层，这是一个全球性的现象)。应当强调，早三叠世初的古纬度与晚二叠世基本一致，例如，悉尼盆地当时的古纬度约65°～85°，并未发生明显变化，但古土壤特征的转变却相当截然，泥炭质土壤或有机土(Histosols)完全消失。澳大利亚的悉尼和鲍恩(Bowen)盆地二叠纪末期煤系地层中的古土壤类型以及与之共同出现的波状石隆(stone-rolls)现象与现今高纬度地区(68°～70°)冷湿气候下串珠沼(string bogs)的相应产物尤为相似；但早三叠世的潜育化始成土(gleyed Inceptisols)和新成土(Entisols)的特征却与当今形成于中纬度地区(40°～58°)的土壤十分类似。古土壤特征的这种突然的大幅度转变，指示了二叠-三叠纪之交古气候格局的重大变迁，表明当时高纬度地区由二叠纪末较冷的气候很快转变为早三叠世初相当温暖的气候，这一转变很可能是大灾变后强烈温室效应(postapocalyptic greenhouse)的结果(Retallack，1997b，1999)。

对南极洲早三叠世古土壤中有机碳同位素的研究，发现负漂移值居然达－42‰，研究者认为这种极端的负值应与嗜甲烷细菌的活动相关，是甲烷释放事件的必然产物(Krull and Retallack，2000)。Sheldon 和 Retallack(2002)在南极洲早三叠世初古土壤的绿色结核中发现磁绿泥石(berthierine)，这是一种形成于还原条件下的矿物，证明古土壤形成时处于贫氧状态，从而间接地指示了大气 O_2 浓度的大幅度下降，他们将它归因于甲烷水合物释放事件(详见下文)。

早三叠世古土壤特征所反映的陆地生态系统以寡养分、贫腐殖质和低生产力为特征，与晚二叠世大为不同。冈瓦纳大陆晚二叠世主要由 *Glossopteris* 组成的煤沼型落叶阔叶林在早三叠世被以 *Voltziopsis* 为代表的低地常绿针叶林取代，直到中三叠世，煤沼型落叶阔叶林才重新回归，但主要由 *Dicroidium* 组成，植物群面貌已与晚二叠世完全不同。以上这种宏观上的生态转折在南极洲、澳大利亚的悉尼和鲍恩盆地均表现比较明显(Retallack，1997b，1999；Retallack and Krull，1999)。晚二叠世和中三叠世南极洲和澳大利亚的泥炭质高纬度森林土壤与现代北方的高纬度森林土壤类似，但缺乏灰化层(spodic horizons)，可能是因为能释放具有驱虫效应的酚醛(phenolic)化合物的植物当时尚未出现(Retallack，1997b；Retallack and Krull，1999)。灰化土(Spodosols)属酸性土壤，在现代凉湿气候环境下的针叶林带最为常见，如现代北方高纬度的泰加(taiga)针叶林。

值得注意的是，二叠-三叠纪之交的大灭绝还是显生宙惟一一次真正对昆虫纲产生深刻影响的灭绝事件，而发生于三叠纪末和白垩纪末的那两次大灭绝均未对昆虫纲的演化产生重要影响(Labandeira and Sepkoski，1993)。但 Jarzembowski 和 Ross(1996)认为，尽管在目级水平上白垩纪末大灭绝对昆虫纲未产生明显的影响，根据科和属一级分类单元的统计，影响无疑是存在的；不过他们也承认，统计表明，发生于白垩纪内部的灭绝大于白垩纪末，因此，昆虫纲在白垩纪所发生的变化，更可能与被子植物的兴起相关。据统计(Labandeira and Sepkoski,1993; Ross and Jarzembowski,1993),古生代 27 个昆虫目中有 8 目灭绝于二叠纪末,分异度的下降非常明显;另一个较重要的变化是,以翅膀不能折叠的古翅类(Palaeoptera)为代表的古生代昆虫动物群被以新翅类(Neoptera)为代表的现代昆虫动物群取代。

据 Shcherbakov(2001)研究,半翅目(Hemiptera)在二叠-三叠纪之交的大灭绝中有近半的科消失,但 Scytinopteroidea 超科的 4 个科均越过了此次大灭绝,并成为中生代辐射的基干分子,它们宜被归为幸存先驱型分子。早三叠世昆虫的种类较贫乏,但也出现一些新科,如 Ignotalidae,是典型的危机先驱型分子,分布相当广泛,却又很快消失,也许可归入灾后泛滥的范畴;此类广布型分子的出现,指示了不同区域间的差别减小,原来区系间的隔障趋于消失,这一趋势与海洋无脊椎动物和陆生维管植物完全一致。

滇东富源庆云剖面卡以头组底部出现的 *Tomia*(Tomiidae)(林启彬,1978; 姚兆奇等,1980; Aristov,2003),同样是一个分布广泛的危机先驱型分子,这就证明,与大多数无脊椎动物和植物一样,昆虫纲的灭绝也发生在卡以头组和宣威组之间,大致与 B 线相当。此外,非海相双壳类(方宗杰,本书第四章第三节)和非海相介形类(详见上文)的化石资料证明当时全球的淡水生态系统同样在 B 线发生了集群灭绝。看来,二叠纪末的大灭绝确确实实影响到了当时地球上所有的生态系统,更重要的是,它们的灭绝大体同时。

早期曾经有学者对四足动物在二叠纪末的集群灭绝提出否定意见(如 Pitrat,1973),现有证据表明,四足动物的集群灭绝也丝毫不逊色于海洋无脊椎动物(参见 Hallam and Wignall,1997 的评述)。据统计,在全球 37 个四足动物科中,总共有 27 科灭绝,其中包括 15 个兽孔目的科,6 个两栖动物科(Benton,1990; Fraser,2000)。陆相生物科一级的灭绝率(62.9%)甚至还高于海洋生物(48.6%)(Benton,1995)。在南非 Karoo 盆地,四足动物属一级的灭绝率高达 88%,二叠系顶部的 *Dicynodon* 带已发现 34 个属,而 *Lystrosaurus* 带仅 17 个属(Rubidge,1995,引自 Retallack *et al.*,2003),*Dicynodon* 带之下的 *Cistecephalus* 带则有 35 个属(Fraser,2000),从以上统计看出,四足动物群在晚二叠世显然不存在一个逐渐衰退的长期趋势,它在晚二叠世的集群灭绝是一个相当迅速的事件(Benton and Twitchett,2003),这与笔者在研究华南二叠-三叠纪之交双壳类灭绝型式后所得出的结论是一致的(方宗杰,本书第四章第三节)。

Benton 和 Twitchett(2003)指出,二叠纪最晚期陆生四足动物(两栖类和爬行类)群落的复杂程度已经达到与现代哺乳动物群落相类似的水平,仅在肉食类型中便可区分出 4 或 5 个营养层次(trophic levels);当时多种多样的植物为动物提供了各种不同的栖息环境,四大植物群的分化也为四足动物的分异创造了更多的机会。对南非 Karoo 盆地二叠-三叠系界线剖面的碳同位素地层研究(MacLeod *et al*.,2000),以及对东格陵兰二叠-三叠系界线剖面海陆相化石的研究(Twitchett *et al*.,2001; Looy *et al*.,2001),进一步证明陆地生物在二叠纪末的集群灭绝与海相生物的灭绝是同时的(Benton and Twitchett,2003)。

Sennikov(1996)对东欧四足动物在二叠-三叠纪之交的群落演替进行了详细研究,晚二叠世后期的陆生四足动物群落主要由似哺乳动物的兽孔目(Therapsida)和锯齿龙类(pareiasaurs)组成,食草动物主要为二齿兽类(Dicynodontia)和锯齿龙类,后者的兴起是二叠纪后期群落的重要特征之一;大型肉食性的丽齿兽类(Gorgonopsia)主要捕食二齿兽类和巨头兽类(Dinocephalia),尤其是大型的食草锯齿龙(*Pareiasaurus*)(长可达 2.5 m),它们之间甚至还形成了协同演化关系,至二叠纪末期它们才一起全部灭绝;同时灭绝的还有小型的杂食者 Millerettidae 等,另一个肉食性的类群——兽头类(Therocephalia)也大部灭绝,仅有少数体型较小者越过灾难。大灭绝后取而代之的是著名的水龙兽(*Lystrosaurus*)动物群,以分异度低为主要特征,群落的复杂程度大大降低。早三叠世初期,水龙兽在全球陆地上的分布之广完全可以与海洋无脊椎动物的克氏蛤相类比,它是典型的灾后泛滥型分子,同时也是死支漫步型分子,早三叠世后未留下任何可辨认的后裔。早三叠世初期的四足动物群落以体型小、分异度低为特征,草食性动物尤其单调,主要由丰度颇高的水龙兽组成,其他食草动物几乎完全灭绝。相比之下,小型的杂食性种类稍多,但丰度颇低;顶级捕食者是小型的半水生原鳄类(proterosuchids),长可达 1.5 m,属初龙亚纲(Archosauria),类似于现今的小型鳄鱼。初龙亚纲的槽齿类(thecodontian),初现于俄罗斯的二叠系顶部(Vjazniky),它在三叠纪逐渐取代兽孔类并占据了统治地位。南非的情况与东欧稍有不同,肉食者除原鳄类外,还有犬齿兽类(cynodonts)*Thrinaxodon*,主要捕食昆虫和小型动物。

水龙兽是一种营穴居生活的小型陆生二齿兽类,而非过去认为的水生类型(King and Cluver,1991; Retallack and Hammer,1998)。掘穴习性在早三叠世的四足动物中比较常见(Groenewald *et al*.,2001),Retallack 等(2003)认为穴居习性和体型小很可能是水龙兽得以渡过大灭绝的重要原因。值得注意的是,穴居生活的小型哺乳动物同样渡过了白垩纪末大灭绝,看来,掘穴习性应当是大灾变时陆生动物一种很重要的幸存机制。

Retallack 等(2003)发现,几乎在所有的古土壤类型中都能找到水龙兽化石,表明它是一种广适性动物;而二齿兽(*Dicynodon*)在晚二叠世虽然化石非常丰富,却主要采自与酸性灌木地相关的古土壤(Bada paleosols)中,表明其生活习性比较特化。最新研究证明水龙兽首现于二叠纪最末期,它具有结实紧凑的体形和颈、尾、四肢粗短等特征,根据艾伦法则(Allen's Rule),这些形态特征均指示较冷的气候;相比之下,晚二叠世的二齿兽类一般体型较大,早三叠世初则体型明显变小,

Retallack 等(2003)根据伯格曼法则(Bergmann's Rule)推断,二叠纪末期气候较冷,早三叠世初的气候明显趋暖,促使二齿兽类趋向于小型化,这一推断与古土壤特征所反映的气候变化吻合。

水龙兽的口、鼻腔分开,内鼻孔短,强健的横隔膜和扩大的桶状胸腔等骨骼特征均反映出对低氧高二氧化碳大气的适应,*Proterosuchus* 等早三叠世分子也具有与水龙兽类似的适应特征;正是这些最初可能从穴居动物演化而来的对低氧环境的适应,使它们得以顺利地渡过二叠纪末的大气污染危机,成为灾后泛滥型分子,因此,就有羊膜动物(amniote)的生理学和演化而言,二叠纪末是一个具有决定意义的时刻(Retallack *et al.*,2003)。

两栖类主要由离片椎类(temnospondyl)组成,它在二叠纪末的灭绝和早三叠世初的辐射都同样壮观(详见上文)。离片椎类在格里斯巴赫阶的爆发性适应辐射,表明陆生四足动物在二叠纪末的灭绝是一个相当突然的事件。这一辐射事件主要发生在冈瓦纳大陆(Milner,1990),该大陆可能存在着两栖动物的避难所(Milner,1990; Warren *et al.*,2000)。看来,北半球的灾难效应要比南半球更为强烈,这大概与以西伯利亚暗色岩为代表的超级火山活动主要发生在北半球密切相关。

(五)二叠-三叠纪之交全球生物地理区系格局的巨变

发生于二叠-三叠纪之交的大灭绝大大地改变了二叠纪原有的生物地理区系格局。对双壳类(方宗杰,本书第四章第三节)和陆生维管植物(详见上文)的研究表明,二叠纪区域特色十分鲜明的华夏生物区(方宗杰,1985)此时已不复存在,早三叠世生物地理的分区性大大减弱。例如,Hallam 和 Wignall(1997)指出,*Claraia*,*Eumorphotis*,*Unionites* 和 *Promyalina* 在世界各地的海相下三叠统几乎无所不在,它们是早三叠世浅海域的征服者。再如,以肋木和水韭为代表的石松植物可被看作是早三叠世全球湿地生态系统的征服者,而松柏类的 *Voltzia* 属和盾籽类的 *Peltaspermum* 和 *Lepidopteris* 等则是世界性分布的旱生植物群分子。此外,著名的四足动物 *Lystrosaurus* 曾先后在南非、印度、澳大利亚、南极洲、南美、俄罗斯、新疆、华北、蒙古等地发现,这是一个典型的世界性分布的属。总之,以上这些海洋和陆地生物的世界性分布与晚二叠世动、植物分布的区系性和土著性之强形成了鲜明的对比,表明其间全球生物地理区系的格局曾发生重大变化。

阻碍生物散布和扩展分布范围的隔障主要有三大类,即气候隔障(与生物自身的生理极限密切相关)、地理隔障和生物隔障。一般说来,除生物本身的内在因素外,生物地理区系格局的形成主要受古气候格局和构造古地理格局的控制,也就是说,正是气候隔障和地理隔障大致限定了一个生物地理区的范围。只有在这两个因素缺乏大幅度变化的情况下,才有可能形成相对稳定的生物地理分区格局。由于受到历史渊源关系的制约，已经形成的生物地理区系格局一般都会保持比较稳定的状态，石炭-二叠纪的情况就是如此。例如，晚古生代四大植物群的分异开始于早石炭世，显然与冰室气候下全球气候的温度梯度变得陡峭相关。晚石炭世至早二叠世四大古植物分区基本定型，此时由于劳俄大陆和冈瓦纳大陆的拼合所导致的赤道古特提斯带气候的东西分异，使欧美区和华夏区之间的区系分异变得更为明显，这一总体格局一直稳定地维持到二叠纪末期大灾变发生之时。

究竟是什么原因使得全球生物地理区系的格局在二叠-三叠纪之交突然发生巨变？根据目前掌握的资料，构造古地理方面的因素基本上可以排除，而生物方面的因素则不容忽视。大灭绝彻底打破了石炭-二叠纪长期维持的相对平衡状态，大量生物的灭绝，尤其是土著性生物的灭绝，大大弱化了原有的生物隔障的影响，历史渊源关系从而失去了原先的制约能力。这就给某些机遇性分子的散布带来了机会。但是，倘若原有的古气候格局未出现明显变化，这些机遇性分子的机会仍然是有限的(即仍然被限定在原先的气候带内)，它们不可能突破自已的生理极限，分布到不适于自已居住的气候带和生境中去。

种种迹象表明，全球古气候的格局在二叠-三叠纪之交曾突然发生重大转折，并由此驱动了全球生物地理区系格局的重大转变(图 4.10.8)。首先，由于以西伯利亚暗色岩事件为代表的全球性集群火山事件的爆发，由火山冬天效应造成了持续时间并不太长的全球气候变凉事件(Campbell *et al*.，1992；Conaghan *et al*.，1994；Renne *et al*.，1995；Kozur，1994，1998a，1998b；方宗杰，1997)，改变了原有的古气候格局，使一些机遇性分子得以轻易地突破原先难以逾越的气候隔障，散布到以前无法生活的地方。例如，安加拉温湿型动、植物群南侵塔里木和华北的事件(方宗杰，1996，1997)，北方区的 *Claraia* 和 *Otoceras* 等凉水型分子也借机向南扩展，并越过赤道到达南半球的边缘冈瓦纳海域(Kozur，1998a；方宗杰，本书第四章第三节)。推测以肋木和水韭为代表的湿生石松植物和松柏类的 *Voltzia* 以及盾籽类 *Lepidopteris*，*Peltaspermum* 等旱生植物很可能也是趁此机会扩展到另一半球的。短暂的火山冬天之后全球气候迅速转变为漫长的温室气候，温度梯度由此而变得更为平缓，全球气候变得更为均一(例如，高纬度地区变得异常温暖，参见上文有关陆地生态系统部分的叙述)，于是，某些适应能力较强的机遇性分子终于成为世界的征服者。

(六) 同位素异常事件与全球生态系统的巨变

1. 二叠-三叠系界线附近的碳、硫同位素异常事件与碳循环重组假说

由于海相碳酸盐碳同位素组成的变化与生命活动密切相关，碳同位素比值的变化通常被当作反映生物总量变化的一个重要标志。一些学者早就注意到，碳同位素随地质年代的变化很可能与全球有机碳储量的变化相关(Veizer *et al*.，1980)。

碳和硫一起对全球大气圈中的氧含量的变化起着控制和调节作用，为保持氧化-还原的平衡，$\delta^{13}C$ 值和 $\delta^{34}S$ 值的变化应当呈负相关(Garrels and Perry，1974；Veizer *et al*.，1980；Garrels and Lerman，1981，1984；Keith，1982；Berner and Raiswell，1983；Canfield and Raiswell，1999)。

近年来，碳同位素的研究取得了引人注目的进展。无机碳同位素在二叠-三叠系界线附近突然而快速的负漂移已经在世界各地得到证实(有关文献请参见 Erwin，1993；Baud *et al*.，1996；Hallam and Wignall，1997；李玉成，1999；Berner，2002；曹长群等，本书第四章第九节)。这一碳同位素负异常事件的发生时间和负异常的幅度大小，在不同地区之间存在着一定的差异性(曹长群等，本书第四章第九节)。Hoffman 等(1998)明确提出，这一负漂移无疑标志着一个重大的地质事件，可以在地层对比中发挥重要作用。更重要的是，有机碳同位素在界线附近也表现出相同的趋势(Baud *et al*.，1989；Magaritz *et al*.，1992；Wang *et al*.，1994；Dolenec *et al*.，1999，2001；Musashi *et al*.，2001；Twitchett *et al*.，2001；Sephton *et al*.，2002；曹长群等，见本书第四章第九节)。Musashi 等(2001)相信，这一负漂移事件可能反映了一个大量轻碳涌入大气-海洋系统的事件。

最近，Heydari 等(2001，2003)认为成岩变化是造成这种差异性的原因所在，他们采用二叠纪末全球曾发生大规模海退的传统观点，主张世界各地的碳酸盐台地在二叠-三叠系界线附近广泛出露海面遭受侵蚀。笔者(Fang，in press)对他们的观点提出了质疑，指出海侵并非开始于三叠纪初，而是开始于二叠纪末期，因此，Heydari 等(2001，2003)主张二叠-三叠纪之交全球广泛存在暴露缺失的观点是站不住脚的。已有研究表明，无机碳同位素和有机碳同位素在二叠-三叠系界线附近的快速负漂移基本上是平行的(Magaritz *et al*.，1992)，鉴于成岩作用一般不会影响到有机质的同位素组成(Kump and Arthur，1999)，故基本上可以将成岩作用的因素排除在外。

晚古生代是显生宙规模最大的一次成煤期，也是有机碳埋藏速率最高的时期(Bestougaff，1980；Berner and Raiswell，1989)，由于淡水中硫酸盐的含量甚低，仅为海水平均含量的 4‰ 左右，故伴随有机碳埋藏的黄铁矿非常有限；另一方面，有机质输入则是海洋硫化物埋藏速率的主要限制因素，由于二叠纪海洋生态系统食物网的发育已相当成熟，大多数有机质在表层海水中已被消费，真正进入海相沉积物中的有机碳数量自然会受到限制，从而使黄铁矿的形成和埋藏受到抑制，因此，二叠纪的 C/S 比值要远远高于显生宙的任一时期(Berner and Raiswell，1989)。另一方面，这种状况使海水中的硫酸盐浓度升高，故而在合适的气候条件下，比较容易形成蒸发盐型的硫酸钙沉积(如欧洲的 Zechstein 盆地等)，因此，二叠纪是显生宙中硫酸钙的重要沉积时期之一(Holser and Magaritz，1987)。

二叠-三叠系界线附近全球普遍存在 2‰～4‰ 的无机碳同位素($\delta^{13}C_{carb}$)快速

负漂移，从长兴期的正异常值突然转变为负值(曹长群等，本书第四章第九节)；与此同时，硫同位素($\delta^{34}S_{sulphate}$)则从长兴期的最低点(+10.5‰，也是显生宙的最低点)逐渐上升到早三叠世晚期的+28‰左右(Holser，1977；Claypool *et al.*，1980；Holser and Magaritz，1987；Holser *et al.*，1989；Kramma and Wedepohl，1991)。针对二叠-三叠纪之交碳、硫同位素这种异乎寻常的变化和完全相反的变化趋势，一些学者提出了碳循环重组假说(Berner and Raiswell，1983；Broecker and Peacock，1999；Berner，2002)：大灭绝破坏了陆地上的初级生产力，庞大的陆地有机碳埋藏系统突然停止运行，成煤作用完全中止；与此同时，大灭绝也破坏了二叠纪复杂而有效的海洋食物网，海洋生态系统处于极不平衡状态，尤其缺乏效率；蓝菌、疑源类、草绿藻等机遇型光合自养生物发生阵发性灾后泛滥，大量有机质(包括陆源有机物碎屑和以蓝菌为代表的海洋初级生产力的产物)得不到动物的充分摄取而直接进入海底沉积物中，此时异养型BMC理所当然地成为主要消费者和分解者，对全球碳和硫等元素的地球化学循环的重组发挥了极为重要的作用。当有机质的沉降速率超过氧气的补充速率时，沉积物-水界面附近出现缺氧状态便是很自然的事情；由于BMC中的硫酸盐还原菌极度活跃，以黄铁矿(富^{32}S)为代表的硫化物因而成为还原相中的常见组分。

二叠-三叠纪之交是整个显生宙中硫化物形成最广泛的时期(Hallam and Wignall，1997)，这是$\delta^{34}S$值迅速上升的一个重要原因。二叠纪长期稳定存在的全球生态系统在二叠纪末突然遭受重创，并被新的极不稳定的生态系统替代，并因此而突然改变了全球的碳循环：大灭绝前，还原相物质(以有机碳为主)的埋藏是以陆地为主，海洋为辅；大灭绝后，还原相物质(有机碳和硫)的埋藏中心几乎完全转移到海洋环境，尤以硫化物的广泛形成为特征，与此同时，C/S比值从二叠纪的显生宙最高峰直线下降到早三叠世初的低谷，仅稍微高于早古生代时显生宙的最低值，其下降幅度之大在显生宙是空前的(Berner and Raiswell，1983：Fig. 5)；与之相伴的是氧含量的大幅度下降(Graham *et al.*，1995；Berner *et al.*，2000；Berner，2001，2002)。Broecker和Peacock(1999)推测，碳酸盐和有机碳之比很可能由二叠纪时的69∶31改变为三叠纪时的81∶19。可见，正是大灭绝破坏了陆地的初级生产力系统和海洋生态系统的食物网，导致全球生物地球化学循环在二叠-三叠纪之交发生重大转折，致使海相碳酸盐和硫酸盐中碳和硫的同位素组成同时发生了异乎寻常的变化。

二叠-三叠纪之交在华南和世界各地广泛出现缺氧事件(Wignall and Hallam，1992；Wignall and Twitchett，1996；Isozaki，1997；Kato *et al.*，2002)，还原相沉积(如富含有机质的暗色页岩和代表强还原相的黄铁矿等)在当时的各类海相环境中广泛出现，包括远洋深海环境(Kajiwara *et al.*，1994)，二叠-三叠系界线附近的黑色炭质粘土岩则被看作是由上升流触发的高生产力或类似于现代“赤潮型”(red tide-type)状况的产物(Kakuwa,1996a; Suzuki *et al*.,1998);这些都是对碳循环重组假说的有力支持。此外,以蓝菌为代表的BMC及其石化的产物——微生物岩在大灭绝后的阵发性灾后泛滥,以及竹叶状内碎屑灰岩在早三叠世的时错性再现等,也表明当时的海洋生态系统确实存在着初级生产力“过剩”的现象(详见上文;方宗杰,本书第四章第一节),从而与这一假说吻合。大灭绝后,陆地上有机碳埋藏作用的中止,海洋环境中硫化物的广泛形成,以及细菌对有机质的有效降解降低了最后实际进入沉积岩的有机碳数量,据此可以合理解释C/S比值在二叠-三叠纪之交出现陡然下降的现象。早古生代C/S比值出现的低谷同样是由于缺乏陆地的初级生产力,但当时的还原相物质主要形成于较闭塞的滞流盆地中(Berner and Raiswell,1983)。

关于二叠-三叠系界线附近全球无机碳同位素($\delta^{13}C_{carb}$)快速负漂移事件的起因问题,学术界迄今仍未取得一致意见。较传统的解释是二叠纪末的大海退使先前埋藏的大量煤和有机碳剥蚀暴露并接受氧化(Holser and Magaritz,1987,1992; Oberhansli *et al*.,1989),但目前全球煤炭、石油和天然气的总碳量大约是5 000 Gt C(1 Gt C=10^{15}g碳),即使全部接受氧化仍不足以解释二叠纪末$\delta^{13}C$值的负漂移幅度(Erwin,1993)。

Sephton等(2002)相信全球土壤的有机碳库是轻碳的主要来源。部分学者相信,负漂移事件意味着全球生产力的下降,海洋表面初级生产力的崩溃是原因所在(Wang *et al*.,1994),而其后的快速回升则代表生产力的复苏(如Wignall and Twitchett,1996)。因此,碳同位素研究中有待解决的一个问题是,在二叠纪末生物的全球性突然群体死亡与稳定碳同位素比值的急剧降低之间,是否存在着必然的一一对应的关系,以及碳同位素比值急剧降低的次数是否就一定指示了灭绝发生的次数,这些都很值得怀疑。由于沉积物中碳同位素组成与全球碳循环的变化涉及多方面的因素,全球性的生物群体死亡和光合作用总量的衰减虽然会在碳同位素记录中留下痕迹,然而,根据Berner(2002)的计算,目前地球上全部陆地植被加上土壤的总碳量大约接近于2 000 Gt C,假定二叠纪末全球的陆地植被和土壤也具有相同的总碳量,而且这2 000 Gt C在短时期内全部被氧化并进入大气圈;同时还假定当时海洋的“生物泵”(“biological pump”)完全停止,即使再加上这部分数值,也不足于使当时的$\delta^{13}C_{carb}$值下降到负值。何况,对于大灭绝后海洋初级生产力的状况还存在着不同看法(详见前文)。

Berner(2002)承认,碳循环重组假说虽然能合理解释二叠-三叠纪之交全球碳循环的总趋势和长期效应,却无法再现二叠-三叠系界线附近无机碳同位素($\delta^{13}C_{carb}$)快速而突然的负漂移。只有进一步综合陆生植物的集群灭绝、西伯利亚暗色岩事件排放的大量幔源CO_2(Renne *et al*.,1995)、巨量甲烷水合物(methane hydrate)的释放(Erwin,1993)和海洋翻转事件(oceanic overturn)所带来的大量富含轻碳的深海缺氧水体(Knoll *et al*.,1996)等多项因素,才能合理解释二叠-三叠系界线附近无机碳同位素出现的快速升降变化。Berner(2002)认为,在二叠纪末碳同位素快速负漂移事件中,尤以甲烷水合物的释放事件最为重要,并在其中起着最为关键的作用;他估计这次事件至少要释放大约与 4 200 Gt C 相当的甲烷才能解释 $\delta^{13}C$ 值在二叠纪末的下降幅度,这大约相当于目前全球甲烷水合物储量(约 10 000 Gt C)的 42%。看来,甲烷水合物应该是负漂移事件中轻碳的主要来源,同时还应有其他轻碳源的补充(图 4.10.8)。

Norris 和 Rohr(1999)指出,当前的全球碳循环模式缺乏自然的机制来合理解释地史时期所发生的 $\delta^{13}C$ 值大幅度的突发性变化。甲烷水合物是目前地球上最大的有机碳库(详见下文),由于它目前在总体上处于亚稳定状态,在表面上对当今正在运行的碳循环影响似乎并不明显,然而,这并不等于它将来会永远保持目前的亚稳定状态。推测地史时期的地球也应当存在类似规模的甲烷水合物碳库,其碳储量远远大于以煤炭为主的陆地有机碳埋藏系统,而碳循环重组假说却未将这一最大的碳库考虑在内,这不能不说是一个十分明显的缺陷,为此有必要对碳循环重组假说进行修订。Dickens(1999,2003a,2003b)的"电容器"("capacitor")模式将有助于我们理解和抓住二叠纪末碳同位素负漂移事件的关键所在。经过修订后的碳循环重组假说(详见下文)不仅能较合理地解释发生于二叠纪末的全球无机和有机碳同位素的快速负漂移事件,同时也将有助于更深刻地理解当时全球碳循环的重组过程(图 4.10.8)。

2. 锶同位素异常事件与全球植被的盛衰变化

锶同位素有 ^{84}Sr、^{86}Sr、^{87}Sr 和 ^{88}Sr。其中只有 ^{87}Sr 是放射性成因,由 ^{87}Rb 衰变而来,故随时间而逐渐增加,由于半衰期长达 48.8 Ga,且 Rb/Sr 的相对浓度很低,新增的放射成因的 ^{87}Sr 进入沉积循环尤其缓慢;而且,放射成因的和非放射成因的同位素质量比(87/86=1.012)非常低,因此,在外生循环中 ^{87}Sr 的行为与稳定同位素接近。由于铷的特征决定了它是不能进入沉淀物的元素,因此,进入沉积岩的原始的 $^{87}Sr/^{86}Sr$ 比值不可能受到铷原地衰变的干扰;此外,锶在海水中的驻留时间(~4×10^6 yr),大大长于海水的混合时间(约 10^3 yr),因此,在任一特定的地质时段内,全球海洋的锶同位素组成总是一致的。锶同位素地层学中一般都以 $^{87}Sr/^{86}Sr$ 比值代表锶的同位素组成。半个世纪以来的研究证实,地史时期海水中锶同位素组成的变化有助于了解过去的构造运动、全球气候和海平面变化,并有可能成为地层对比潜在的重要工具。

自 20 世纪 70 年代以来,已经获得比较详细的显生宙海水 $^{87}Sr/^{86}Sr$ 比值的变化曲线(Burke *et al*.,1982; Veizer,1989; Veizer *et al*.,1999)。其中,二叠纪和三叠纪的变化得到了较多的关注(Popp *et al*.,1986; Holser and Magaritz,1987,1992; Koepnick *et al*.,1990; Kramma and Wedepohl,1991; Gruszczynski *et al*.,1992;

Denison *et al*.,1994; Denison and Koepnick,1995; Martin and Macdougall,1995; Morante,1996; Kunimaru *et al*.,1998; Korte *et al*.,2003),这些工作进一步证实:$^{87}Sr/^{86}Sr$ 比值从二叠纪初的较高值,至晚二叠世下降到整个显生宙的最低值(0.70676);从二叠-三叠纪之交开始又迅速回升,其回升速度之快(达 9.7×10^{-5}/Ma 或 7×10^{-5}/Ma),在显生宙是空前的(Holser and Magaritz,1987,1992; Martin and Macdougall,1995; Korte *et al*.,2003)。因此,如何合理解释 $^{87}Sr/^{86}Sr$ 比值在二叠纪出现如此大幅度的升降转换便成了摆在地质学家面前的一道难题(Holser and Magaritz,1987,1992; Kramma and Wedepohl,1991; Erwin,1993)。

已有资料表明,海水中$^{87}Sr/^{86}Sr$ 比值在显生宙期间的变化范围是 0.7068 ~ 0.7091,海相碳酸盐、硫酸盐和磷酸盐的平均比值是 0.708。一般认为,$^{87}Sr/^{86}Sr$ 比值的变化实际上是海水中壳源锶(主要由大陆古老硅铝质岩石风化后提供,平均值 0.720,现代地表径流的比值大约在 0.7099 至 0.7118 之间)和幔源锶(由洋中脊为主的热液系统提供,平均值为 0.704)之间达到动态平衡的结果(Denison and Koepnick,1995)。据此,Korte 等(2003)对$^{87}Sr/^{86}Sr$ 比值在二叠-三叠纪之交的迅速回升做出了较合理的解释:尽管这一时期缺乏构造隆起和年青的大型造山带,由于二叠纪末陆生维管植物的集群灭绝事件,陆表缺乏植被的保护,大气圈中 CO_2 含量的上升更使风化作用大大加强;再加上在总体干旱的气候背景下断续的相对较潮湿时期的存在(Hallam,1985),使得陆表径流得以将大量壳源锶带进海洋,从而造成海水中的$^{87}Sr/^{86}Sr$ 比值迅速上升。本文认为,发生于二叠-三叠纪之交的酸雨事件(详见下文)对 $^{87}Sr/^{86}Sr$ 比值的迅速上升也起着不容忽视的作用(图 4.10.8)。

值得注意的是,在中、下三叠统界线附近,$^{87}Sr/^{86}Sr$ 比值又由上升转变为下降,Korte 等(2003)认为这标志着陆表植被的复苏(参见图 4.10.1);而晚三叠世$^{87}Sr/^{86}Sr$比值的上升是因为基默里(Cimmeride)-印支造山带的隆升并遭受侵蚀使海水中壳源锶的比例升高。例如,滇西的昌宁-孟连造山带此时恰好处于强烈的隆升期(方宗杰等,2000)。

Denison 和 Koepnick(1995)认为,$^{87}Sr/^{86}Sr$ 比值在二叠纪期间的明显下降,其主要原因是特提斯南缘新的扩展中心(如 Oman 蛇绿岩,见 Vai,2003; Panjal 暗色岩和藏南早二叠世玄武岩等,见 Garzanti *et al*.,1999)的形成和扩张,导致幔源锶比例的升高(其他如我国保山地块早二叠世卧牛寺玄武岩和华南部分海相的峨眉山玄武岩等似乎也应有所贡献);其次是当时气候比较干旱,再加上泛大陆内部形成较多汇水盆地,从而限制了壳源锶向海洋的输入。本文认为,可能还有一个不太容易引起人们注意的原因,即以裸子植物为主的高地植物群在二叠纪的兴起,古植物学家所强调的古植代向中植代的转变恰好开始于这一时期,高地植被在各大陆的广泛形成在一定程度上抑制了壳源锶向海洋的输入。种种迹象表明,除了过去大多数学者比较重视的洋中脊热液系统、造山事件、全球气候和海平面变化、冰川活动等因素外，陆生维管植物的兴起或大幅度的盛衰变化很可能也在晚古生代海水 $^{87}Sr/^{86}Sr$比值的变化中扮演着不容忽视的角色，例如，早泥盆世 $^{87}Sr/^{86}Sr$ 比值的大幅度下降（Burke *et al.*，1982；Veizer *et al.*，1999），笔者认为，可能与当时陆生维管植物正在发生的大规模适应辐射存在着某种关联。

三、关于二叠-三叠纪转折时期发生的重大地质事件

近年来有关二叠-三叠纪转折时期事件地层的研究取得了很大的进展（综述性的文献如 Holser and Magaritz，1987，1992；杨遵仪等，1991；Erwin，1993；Hallam and Wignall，1997；Erwin *et al.*，2002；Benton and Twitchett，2003）。许多学者根据各自领域的研究，提出了一系列可能发生于二叠-三叠纪转折时期的种种地质事件和生物事件，其中有的确已发生，如西伯利亚暗色岩喷发事件，这是一次超大型熔岩流喷发事件；有的事件是否发生还存在疑问，如二叠纪末的真菌（?）富集事件；也有的虽缺乏充分的地质证据，但已被一些学者推测为大灭绝的主要起因，如小天体（彗星或小行星）撞击地球事件。这些确实发生的和可能发生的事件相互交错，不同学者的解释往往不同，从而使大灭绝的成因机制问题变得更为扑朔迷离。Erwin（1993）提出了“东方快车谋杀案假说”（“Murder on the Orient Express Hypothesis”），认为二叠-三叠纪之交大灭绝的发生不可能由单一原因造成，而应当是一系列事件综合作用的结果。笔者相信，在当时发生的事件群中必定存在着一个主导性的事件，正是由它在全球不同环境进一步引发了一系列灾变事件，从而使当时地球上所有生态系统几乎同时发生大规模的集群灭绝事件（图 4.10.8）。以下本文将对当时发生的重大地质事件进行评介，并努力恢复和重建这些事件之间可能存在的因果关系和时空联系；在讨论中将注重对相关证据的评述，并注意区分有证据和尚缺乏充分证据的事件，这样对我们推测和探求大灭绝的起因、过程和机制也许不无裨益之处。

（一）西伯利亚超大型熔岩流喷发和华南的硅质火山活动

华南的资料表明，二叠纪和三叠纪是火山活动很活跃的时期，主要包括茅口期末开始的峨眉山玄武岩喷发及二叠-三叠纪之交的中酸性硅质火山活动（李子舜等，1989；杨遵仪等，1991）。以殷鸿福为代表的学者（殷鸿福等，1989；Yin *et al.*，1992；彭元桥、殷鸿福，2002）比较强调华南硅质火山活动在大灭绝事件中的作用，鉴于这一火山事件的影响范围主要局限于华南，他们的主张未获广泛接受。Erwin（1993，1994，1996）根据对过去 80 Ma 以来 4 次规模与华南相仿的硅质火山事件的比较，认为此类事件不足以导致灭绝事件。应当指出，在华南“长兴阶”的上部已广泛发现多层凝灰岩甚至熔岩等（李子舜等，1989；杨遵仪等，1991），然而，当时的生

物群并未因此而发生明显的变化。由此看来，这一硅质火山喷发事件与大灭绝之间并不存在必然的因果关系。自从寒武纪生命大爆发以来，在地球的历史上，地球上发生过无数次规模大小不一、性质不同的火山活动，其中只有被称为 Large Igneous Provinces（缩写为 LIPs）的火山事件会对全球环境和生物圈产生比较明显的影响；在 LIPs 火山事件中，也仅有极少数几次，如二叠纪末的西伯利亚暗色岩（Siberian traps）、三叠纪末的中大西洋岩浆区（Central Atlantic Magmatic Province）和白垩纪末的德干暗色岩可能与生物集群灭绝事件存在着关联。

就人类的观测而言，只要是火山事件，无论大小，都是灾变事件，虽然它们在规模的大小、强度、影响范围以及时间尺度等方面大相径庭。以 1783 年著名的冰岛 Laki 火山事件为例，虽总共仅喷出 14.7±1 km^3 的岩浆，在人类的观测尺度上却造成了相当明显的灾难效应；而同样是裂隙式玄武岩喷发的西伯利亚暗色岩的总喷发量（3～7 Mkm^3）是它的 20 万倍，两者的灾难效应和影响范围不可同日而语。

近年来，大型火成岩区的成因、演化及其对全球环境可能造成的影响已成为国际地球科学研究领域里的一大课题。LIPs 通常以大陆喷溢玄武岩（continental flood basalts，缩写为 CFBs）与洋底高原（oceanic plateaus）两种方式出现；此外，还包括伴随着大陆的张裂所形成的“火成被动边缘”（volcanic passive margins）（Saunders *et al*.，1996）。LIPs 主要由巨型规模的基性岩浆物质构成（体积通常在 10^6 km^3 以上），其涵盖面积逾数十万乃至百万平方公里以上，厚度可达数千米；更特殊的是，这样巨厚而辽阔的火成岩区乃是在很短的地质时间（一般小于 1 Ma）之内喷发而成的。

著名的华南峨眉山玄武岩就是一次 LIPs 事件，关于它和二叠纪的两次生物灭绝事件的关系，目前仍存在着以下几个问题：

（1）峨眉山玄武岩事件与茅口期末灭绝事件的关系。部分学者认为后者是由前者造成的（Courtillot *et al*.，1999；Ali *et al*.，2002；Zhou *et al*.，2002；Alvarez，2003）。尽管两者在地质时间上是吻合的，而且，茅口期末华南的海退很可能与峨眉山玄武岩喷发前的地壳抬升相关（He *et al*.，2003，注意与 Thompson *et al*.，2001 的观点不同），然而，现有的化石记录却不支持峨眉山玄武岩喷发与茅口期末灭绝事件直接相关的论点，它似乎更像是一次与海平面下降有关的生物事件（金玉玕，1991；Jin，1993；Jin *et al*.，1994；Stanley and Yang，1994；金玉玕等，1995；Shen and Shi，1996，2002；Shi *et al*.，1999；见本书第四章第一、二、三节的相关讨论）；尤其值得注意的是，当时的陆生植物和双壳类不仅未发生灭绝，反而因海退事件而得到了更大的发展（详见前文；方宗杰，本书第四章第三节）。应当强调，并非所有的喷溢玄武岩事件都会造成生物灭绝，在峨眉山玄武岩爆发后（即晚二叠世早期）并未出现可以与西伯利亚暗色岩事件类比的种种灾难效应，前者不仅在规模上比西伯利亚暗色岩事件小得多，它们之间在某些方面似乎还存在着较大的差异，值得今后作进一步的研究。

(2)峨眉山玄武岩的喷发是否与西伯利亚暗色岩事件同时的问题。一些学者强调两者基本同时(Chung and Jahn,1995；Xu *et al*.,2001),然而,大量生物地层学资料已经证实,峨眉山玄武岩的喷发始于茅口期末,例如,黔西滇东地区的峨眉山玄武岩夹在中二叠统茅口组与上二叠统龙潭组或宣威组下段之间,大量海、陆相化石已经毫无疑问地将该地区玄武岩的喷发限定在中二叠世晚期至晚二叠世早期之间(姚兆奇等,1980)。宋谢炎等(2001)也主张峨眉山玄武岩主要活动时限为259～257 Ma,在中、上二叠统界线附近。无论如何,峨眉山玄武岩的主体部分的喷发远在西伯利亚暗色岩事件发生之前,但其后续的火山活动及其时空分布的变迁情况迄今仍不十分清楚,例如,广西那坡地区下三叠统罗楼群中就夹有玄武岩层,目前对其性质的认识分歧很大,钟自云等(1989)认为属板内基性熔岩,而秦建华等(1996)则主张与洋壳相关。那坡地区也发育峨眉山玄武岩,因此,广西的晚二叠世和早三叠世玄武岩以及同时发生的中酸性火山活动与峨眉山 LIPs 事件的关系还有待进一步研究。

(3)华南二叠-三叠系界线层中火山灰的来源问题。李子舜等(1989)认为与峨眉山玄武岩事件无关,应当是一期独立的中酸性火山爆发活动。而另一些学者却主张与峨眉山 LIPs 事件相关(Chung and Jahn,1995；Xu *et al*.,2001；Lo *et al*.,2002),对此不少学者却持反对意见(Huang and Opdyke,1998；Courtillot *et al*.,1999；Ali *et al*.,2002；Zhou *et al*.,2002)。罗清华等(Lo *et al*.,2002)认为此次火山活动的后期或第二阶段(约 251～253 Ma)转变为以正长岩为代表的长英质岩浆活动,从而为界线层的火山灰提供来源。也有学者(Wignall,2001；White,2002)根据西伯利亚滨海区(Primorie)南部相应的中酸性火山灰层厚度较大(15～25 m)、颗粒较粗的特征,认为它比华南更接近喷发中心(指与西伯利亚暗色岩事件相关的南部硅质火山活动中心,详见下文)。

应当指出,华南界线层的火山灰来源于西伯利亚南部硅质火山活动中心的可能性不大,因为当时华南与华北已经相距不远,一般都认为华北比华南更靠近西伯利亚,何以火山灰在华南分布如此之广,而在华北却未见踪迹?我国西藏东部妥坝地区以及广西右江盆地在二叠-三叠纪之交都曾发生中酸性火山活动,李子舜等(1989)推测桂黔湘粤一带为中酸性火山活动的中心,可惜尚缺乏深入系统的研究,这些可能的火山活动与界线层火山灰的关系值得将来进一步研究。

根据目前资料,华南中酸性火山活动开始于二叠-三叠系界线层之下(Bowring *et al*.,1998；Mundil *et al*.,2001),即早于西伯利亚暗色岩事件,也早于吴顺宝等(1988)提出的 3 条生物灭绝线,可见,此次火山活动并非大灭绝的惟一起因(Erwin,1993,1994,1996),西伯利亚暗色岩事件可能在二叠纪末大灭绝中扮演更为重要的角色。与长兴煤山剖面 25 层相当的界线层粘土岩已被证明是硅质火山活动的产物(何锦文等,1987; Zhou and Kyte,1988; 殷鸿福等,1989; Orth *et al*., 1990; Yin *et al*.,1992; Chung and Jahn,1995),其分布面积至少达 3×10^6 km^2,估计喷发量大于 1 000 km^3。对这一事件与西伯利亚暗色岩事件的同时性应予以充分重视,在大灭绝起因的研究中,这两大火山事件的叠加灾难效应应予以充分考虑(方宗杰,1997; Racki,2003)。

由于后期变质等原因,不同学者之间对于峨眉山 LIPs 事件的性质、范围和延续时间,以及它与华南二叠-三叠系界线层中火山灰的关系等诸多问题均存在着较多分歧,其中,上述罗清华等(Lo *et al*.,2002)的观点值得进一步考虑。再者,峨眉山 LIPs 事件是否与其他 LIPs 事件一样以活动期短(<1 Ma)为特征(Boven *et al*., 2002),有待于今后深入研究。总之,华南二叠-三叠系界线层中的火山灰究竟来源于何处,仍是一个悬而未决的问题。

二叠-三叠纪之交全球许多地区都发生了一系列火山活动(Dickins,1992; Veevers *et al*., 1994; Veevers and Tewari, 1995; Caprarelli and Leitch, 1998; Michaelsen and Henderson,2000; Nikishin *et al*.,2002; Vernikovsky *et al*.,2003),西伯利亚暗色岩则是其中规模最大、最为强烈的一次,它也是显生宙以来规模最大的 CFBs 喷发活动的产物。当时,巨量的物质和能量挟带着大量火山气体(CO_2, SO_2,Cl,F,H_2O 等)高速而强烈地从地球内部喷泻出地表,玄武岩浆的喷溢看上去类似于汹涌澎湃的洪水泛滥,在不长时期内(<1 Ma)即构筑成广袤的高原,故而人们也常形象地称之为高原玄武岩(plateau basalts)。显生宙规模与之可以比肩的喷溢玄武岩事件还有白垩纪末的德干(Deccan)暗色岩和三叠纪末的中大西洋岩浆区(Central Atlantic Magmatic Province)(Olsen,1999; Renne,2002; Courtillot and Renne,2003)。鉴于其喷发速率远非一般的热点-地幔柱火山活动可以相比,一些地质学家将此类超大型熔岩流喷发活动称为超级地幔柱(superplume)事件(Abbott and Isley,2002a)。

至于超级地幔柱事件究竟是如何从普通的地幔柱活动演变而来,仍然是一个难解之谜。一些学者注意到,地磁场倒转频率与地幔柱喷溢玄武岩活动和生物集群灭绝存在着联系(Vogt,1972;Courtillot and Besse,1987; McCartney *et al*., 1990);也有学者推测,正是小天体的撞击作用触发了这种转变。早在 20 世纪 60 年代,就有学者将火山事件与撞击事件相联系(Ronca,1966);一些学者提出,包括诸如夏威夷之类的热点型火山活动是由撞击作用诱发的(Rogers,1982; Rampino, 1987; Rampino and Stothers,1988; Boslough *et al*.,1996; Glickson,1999; Jones, 2000; Price,2001; Jones *et al*.,2002; Abbott and Isley,2002b,2003)。这确实是一个非常有吸引力的观点,但由于缺乏充分的事实依据和必要的理论根据,一些学者对此类假说提出了不同的意见(如 Courtillot *et al*.,1996; Melosh,2000; Ivanov and Melosh,2003; Glikson,2003)。

自从 Larson(1991)系统地阐述超级地幔柱的概念以来，有关地幔柱的理论及其成因，超级地幔柱的概念及其撞击起因的假说等问题，存在着许多歧义和不同的观点，讨论这些问题显然远远超出了本文的范围。本文的目的仅在于确认二叠纪末发生了显生宙以来规模最大的 CFBs 爆发事件这一基本事实，而不是探讨其成因机制。在此需要稍加说明的是，有关地幔柱撞击起因的假说迄今仍缺乏可信的证据(详见下文)。

与其他 CFBs 事件相比，西伯利亚 CFBs 事件至少在以下几个方面相当独特：①爆发性特别强，火山碎屑岩和凝灰岩在整个火山岩序列中所占比例特别高(Campbell *et al.*, 1992; Venkatesan *et al.*, 1997; Wignall, 2001; Kamo *et al.*, 2003)。②在暗色岩喷发前，通古斯盆地并未出现明显的抬升，这似乎与经典的地幔柱模式存在矛盾，Tanton 和 Hager(2000)对这一现象做了解释。③是一次真正意义上的克拉通内地幔柱火山活动，因为事件后未出现与地幔柱活动相关的大陆破裂现象。④尽管暗色岩的规模巨大，但就单个玄武岩流或单次喷发而言，喷发量则不算大(平均每千年 10 000 m^3)，即整个喷发历史是由无数次小喷发组成的(Wignall,2001)。这一喷发特点有可能使十分短暂(几年至十几年)的火山冬天效应延续成为能够在地质记录中留下痕迹的全球气候变凉事件。⑤在西伯利亚 CFBs 的演化过程中，同时存在两套不同的岩浆系统，有两种不同的幔源，早期以拉班玄武岩系列为主，晚期以碱性玄武岩系列为主，中部为两者的互层(Arndt *et al.*,1998)。

最近，对西伯利亚暗色岩的研究取得了许多重要进展：

(1)分布范围：西伯利亚暗色岩是显生宙以来最大的 CFBs 喷发活动(延续约 0.6 Ma，据 Kamo *et al.*,2003)，最近研究证明，其覆盖面积至少是原先估计的两倍(Reichow *et al.*,2002)，因此，其喷发规模比原先估计的大得多。它的西界向西西伯利亚西移了 1 000 km(Westphal *et al.*, 1998; Reichow *et al.*, 2002; Renne, 2002)，北抵泰梅尔(Taymyr)和喀拉海东南部(Gurevitch *et al.*,1995)，南达外贝加尔和库茨涅茨克(Kuznetsk)，向东止于维尔霍扬斯克(Verkhoyansk)被动边缘，向西南方向则延展到哈萨克斯坦(Lyons *et al.*,2002)，这样，西伯利亚暗色岩涉及的范围东西横跨 4 000 km 以上，南北延伸达 3 000 km 以上(Nikishin *et al.*,2002)。一般估计暗色岩分布的总面积在 4 Mkm^2 以上，体积则在 3 Mkm^3 以上(Courtillot and Renne,2003)。Kamo 等(2003)最近在 Maymecha-Kotuy 地区发现更完整的火山岩序列，厚达 6 500 m；而以往的研究大多集中于 Noril'sk 地区。经过详细的对比，他们发现后者缺失了与前者上部约 3 000 m 厚的玄武岩序列相当的地层。因此，最新的一种估计是，西伯利亚暗色岩的现存体积为 4 Mkm^3，推测原先的体积可能达 7 Mkm^3(Kamo *et al.*,2003)。鉴于欧亚北部在二叠-三叠纪之交广泛发育岩浆活动，一些学者认为它们很可能是规模宏大的欧亚北部超级地幔柱(Northern Eurasian Superplume)活动的产物(Vernikovsky *et al.*,2003)。

(2)发生时限：同位素年代学和磁性地层学研究证明西伯利亚暗色岩的喷发始于二叠纪末期(Renne and Basu,1991；Campbell *et al*.,1992；Renne *et al*.,1995；Gurevitch *et al*.,1995)，喷发的顶峰期与二叠-三叠系界线的同时性得到了较充分的论证(Renne *et al*.,1998)，并获得了学术界的普遍认同(Courtillot *et al*.,1999；Wignall,2001；Erwin *et al*.,2002；Hancox *et al*.,2002；White,2002；Courtillot and Renne,2003；Benton and Twitchett,2003；Erwin,2003)。最近，Kamo 等(2003)根据对 Maymecha-Kotuy 玄武岩序列的研究，进一步将西伯利亚暗色岩的主要喷发期确定为 251.7±0.4 Ma 至 251.1±0.3 Ma 期间，延续约 0.6 Ma，他们指出，这一同位素年龄范围与长兴煤山剖面大灭绝事件层的时代(25 层：251.4±0.3 Ma，据 Bowring *et al*.,1998)完全重合，这一重合不仅指示了西伯利亚暗色岩事件与大灭绝可能存在着成因上的联系，而且还暗示了暗色岩事件与华南硅质火山事件在时间上的一致性。应当指出，由于目前还存在着 252.5 Ma 的同位素年龄值(Mundil 等,2001)，疑点依然存在。虽然此年龄值与多数学者的数据相差较大，未被学术界广泛接受；除非这一年龄值与目前学术界广泛接受的251.4±0.3 Ma 年龄值(Bowring *et al*.,1998)之间的矛盾能得到合理的解释，从原则上讲，当前我们暂时还不能将“完全重合”当作是最后的定论。

(3)爆发性质：西伯利亚暗色岩充分显示了爆发型火山活动的特点(Campbell *et al*.,1992；Wignall,2001)，Kamo 等(2003)认为它是显生宙以来爆发性最强的大陆火山事件。一般认为，喷发的强爆发性与喷出物中的高气体含量存在着某种关联。整个火山岩序列中包含约 20% 的火山碎屑(Laki 火山为 1/35，详见下文)，其比例之高在裂隙式火山活动中甚为罕见。而且，凝灰岩中含丰富的岩屑，其中有些来自地下 10 km 深处(Campbell *et al*.,1992；Kamo *et al*.,2003)；再者，东西伯利亚几百公里的范围内一些与西伯利亚暗色岩喷发活动同时的金伯利岩筒(kimberlite pipes)的发现(Kravchinsky *et al*.,2002)、南部硅质火山活动中心的存在(Lyons *et al*.,2002)和华南的中酸性硅质火山活动等，都充分表明，当时的全球性集群火山活动必定将巨量的火山气体和火山灰送至平流层(同温层)，并使之分布到全球范围，从而对全球的气候变化产生重要而深刻的影响。

在日本西南部深海沉积的二叠-三叠系界线附近的黑色炭质粘土岩中发现有很细粒的中基性火山碎屑，地球化学分析表明，它们可能来自大陆喷溢玄武岩(Yamashita *et al*.,1996；Ishiga *et al*.,1996；Suzuki *et al*.,1998)，由此判断，它们来源于西伯利亚暗色岩喷发活动的可能性很大。这一发现具有双重意义：①由于日本的深海沉积被认为是代表泛大洋(Panthalassa)的残片，当时与西伯利亚相距较远，火山碎屑的发现似可证明西伯利亚 CFBs 喷发活动爆发性强的特点；②为证明西伯利亚 CFBs 爆发事件与海洋生物大灭绝事件在时间上的一致性提供了佐证。考虑到长兴煤山剖面 25 层的火山灰很可能是华南中酸性硅质火山活动的产物(当时在我国西部三江流域和黔桂盆地都有火山活动)，既然现已基本确定它与西伯利亚 CFBs 爆发事件的同时性，作为低纬度赤道区发生的爆发性极强的硅质火山活动，必然会对西伯利亚 CFBs 爆发事件的灾难效应做出重要补充，我们必须充分考虑到这两大火山事件叠加后得到放大的灾难效应(方宗杰，1997；Racki，2003)。何况，在冈瓦纳大陆的泛大洋大陆边缘(东澳大利亚)当时也发生了强烈的火山活动(Veevers *et al*.，1994；Veevers and Tewari，1995)。

CFBs 的爆发事件仅见于地史时期，故人们对其喷发状况的知识几乎等于零。由于基性熔岩一般粘度较小，易于流动，传统上，大多数学者都将裂隙式火山活动归为平静式喷发类型，如夏威夷型，一般估计其岩浆喷泉(fire fountains)的高度仅几百米或上千米，难以将火山气体和火山灰送到平流层的高度(Stothers *et al*.，1986；Sigurdsson，1990)。然而，近年来天文学家对木卫一(Io)包括地幔柱在内的各类火山喷发活动的观测，为我们对它的认识带来了新的启发，与地球一样，木卫一的地幔柱喷发活动也以高含硫量为特征(McEwen *et al*.，2000；Kieffer *et al*.，2000；Spencer *et al*.，2000)。更重要的是，2001 年 2 月，天文学家在木卫一上观测到太阳系中迄今为止人类所能见到的规模最大、最强烈的喷溢玄武岩的爆发过程：由熔岩和火山气体等构成的巨大岩浆喷泉由于所挟带气体的高速推动，升高达数千米，喷泻而出的巨量玄武岩浆迅速覆盖了木卫一近千平方公里的表面(Marchis *et al*.，2002)。显生宙地球上规模可以与之相比的超大型 CFBs 爆发事件可能只有西伯利亚暗色岩和德干暗色岩等少数几个。

人类历史时期发生的火山事件均属小型、孤立的火山事件，而且基本上都是中心式喷发类型，裂隙式玄武岩喷发甚为少见。1783 年爆发的冰岛 Laki 火山事件是十分难得的一个实例。根据 Thordarson 等(1996)的研究，当时 Laki 裂隙总共仅喷出 14.7±1 km^3 的岩浆，火山碎屑约 0.4 km^3，喷发持续了 8 个月，其中前 40 天的喷发量占总量的 60%以上；喷发活动主要集中于前 5 个月，共有 10 次，每次喷发的开始都形成一段新的喷发裂隙，并伴有一系列强度不断提高的地震，接着是一个短暂的爆发阶段(持续约几小时到几天不等)，形成高达 800～1 450 m 的岩浆喷泉，随后则是汹涌澎湃的岩浆喷溢；每次喷发的岩浆量为 0.5～2.0 km^3，火山灰与岩浆的比例为 1/35，估计 Laki 事件总共排放约 250 Mt 硫酸气悬体(aerosols，也译作气溶胶)(过去的估计量仅为 56～63 Mt)，在前 40 天中，硫酸气悬体的排放量为每天 1.7 Mt 左右。盐酸和氢氟酸的总排放量分别为 7 Mt 和 15 Mt，另有 263 Mt H_2O(水蒸气)和 354 Mt CO_2，Thordarson 等(1996)认为 Laki 火山事件产生了地球上 250 年以来规模最大的大气污染事件，爆发阶段的喷发气柱高达 11～13 km，即使在非爆发阶段(指火山活动的前 5 个月)，气柱也基本维持在 7～9 km 的高度(对流层顶的高度在赤道地区约 18 km，中纬度地区约 12 km，极地约 8 km，冰岛地区对流层顶的高度为 9～10 km)，并由此而在北半球造成十分明显的火山冬天效应

(Rampino *et al*.,1988; Palais and Sigurdsson,1989; Sigurdsson,1990;Courtillot,1990; 方宗杰,1997)。

总之,通过 Thordarson 等(1996)对 Laki 火山事件的研究,证明冰岛式喷发活动与夏威夷式喷发明显不同,因此,裂隙式玄武岩喷发活动不应被归为平静的喷发类型。西伯利亚暗色岩的总喷发量(3～7 Mkm^3)是 Laki 喷发事件的 20 万倍以上,而且其爆发性要强得多,尽管火山气体的喷发量和硫酸气悬体的形成并非是按岩浆的喷发量成比例地增加,而且,SO_2的气候效应具有很强的自限性:随着平流层硫酸气悬体烟云的形成,当硫酸浓度超过一定的限度,硫酸气悬体颗粒将开始相互作用并凝结成较大的颗粒沉降(Pinto *et al*.,1989)。尽管如此,由于西伯利亚暗色岩事件喷发频率高、强度高、爆发性强等特点,以及同时在低纬度的华南和南半球东澳大利亚等地区也爆发了强烈的硅质火山活动,其气候效应的影响范围和规模无疑要比 Laki 喷发事件强得多,它的火山冬天效应是全球性的。

Marquez(2000)曾就 1991 年菲律宾皮纳图博(Pinatubo)火山喷发导致南海东部海域底栖有孔虫的集群死亡做过研究,发现由于火山灰的大量沉降,使有孔虫的丰度和分异度大幅度下降,喷发后的样品以个别可移动的种(如 *Quinqueloculina* sp.)的高丰度为特征,有孔虫群落在 5 年后才开始复苏,但远未达到喷发前的背景值。遗憾的是,目前尚不能确定 *Quinqueloculina* sp. 究竟是幸存种还是迁入种,故无法判断当地的有孔虫是否全部死亡。这一实例表明,即使是小型而短暂的火山事件(火山灰仅分布于北纬 10°～16°,东经 111°～120° 的范围内,总面积约 370 000 km^2),也能对生物造成一定范围的灾难效应。

西伯利亚 CFBs 爆发事件所带来的灾难效应包括以下几方面(图 4.10.8):

(1)短期气候效应——火山冬天,主要由硫酸气悬体造成,火山灰在大气圈中滞留时间不长,一般只有 3～6 个月(Toon *et al*.,1982),对气候变凉的长期影响显然远不如硫酸气悬体,只在早期因蔽光作用对全球气温下降发挥作用(Rampino and Self, 1984; Rampino *et al*., 1988; Sigurdsson, 1990; Kerr, 1996; Wignall, 2001)。CFBs 本身属高硫火山活动,岩石学研究表明,它在喷发过程中所排放的硫通常比硅质火山活动要高 1 或 2 个数量级,因此,具有更强的气候效应(Officer *et al*.,1987; Palais and Sigurdsson,1989)。与西伯利亚暗色岩同期的同源侵入体赋存有丰富的硫化物矿体,这一火山事件尤以富硫为特征;此外,岩浆在上升过程中还穿越了厚达 5.5 km 富含硬石膏的地层(上志留统至上泥盆统)(Campbell *et al*., 1992; Kamo *et al*.,2003),因此,在早期喷发阶段,它的气体排放物质具有特别高的含硫量是毋庸置疑的。再者,火山事件还排放出大量水蒸气,从而为硫酸气悬体的形成提供了充分的条件,这势必将造成较强的火山冬天效应(Rampino *et al*.,1988; Campbell *et al*.,1992; 方宗杰,1997),应当指出,目前并无任何证据支持 Campbell 等(1992)有关二叠纪末曾短暂出现冰期的假说(方宗杰,1997; Wignall,2001)。

(2)长期气候效应——温室效应。此次火山活动很可能排放出比一般火山活动远为丰富的CO_2,因为玄武岩浆穿越了世界上聚煤时间最长(中石炭世至晚二叠世,最厚的单层煤厚达 36 m)、规模最为巨大的煤盆,并摧毁了通古斯盆地当时生长极为茂盛的煤沼植被。火山活动还同时排放出大量水蒸气,CO_2和水蒸气都是造成早三叠世极其强烈的(失控的)温室气候效应的重要因素。

(3)西伯利亚 CFBs 爆发事件所产生的巨量硫酸气悬体的另一必然后果就是酸雨事件(详见下文),从而对陆地生态系统造成极为严重的灾难性后果。

(4)暗色岩所处的高纬度还必然使当时北极区冻土层中所贮存的大量甲烷水合物释放甚至燃烧(Reichow *et al.*,2002; Dorritie,2002),并很可能与世界其他地区同时发生的火山事件(如华南的硅质火山喷发活动)一起,进一步触发数量更巨大的海底甲烷水合物的释放,从而造成巨大的灾难。目前所推测的地史时期发生的甲烷水合物释放事件,如古新世末、早侏罗世 Toarcian 期等,均同时伴有喷溢玄武岩事件(详见下文),表明前者很可能由后者引发。此外,除火山气体中所包含的大量水蒸气外,火山岩浆对冻土层的直接破坏也会释放出大量水蒸气,这些水蒸气在早期将十分有利于硫酸气悬体的形成,在硫酸气悬体转变为酸雨后则将和CH_4、CO_2一起大大地增强温室气候效应。

(5)西伯利亚 CFBs 爆发事件所排放出的大量火山气体造成了严重的大气污染事件(包括平流层硫酸气悬体烟云的形成、氧含量的下降,二氧化碳和甲烷浓度的提高等),由它触发的甲烷水合物释放事件和海洋翻转事件进一步加剧了大气的污染,与之相伴的是O_2含量的大幅度下降(Graham *et al.*,1995; Berner *et al.*,2000; Berner,2001,2002),其浓度被稀释至原先的 30%~12%,即大致与当今珠穆朗玛峰顶的氧气浓度相当,从而给陆地脊椎动物的生存带来极大的威胁(Retallack *et al.*,2003)。

(6)据 Berner(2002)估计,西伯利亚 CFBs 爆发事件总共释放出 2 000~13 000 Gt C,如此大量来自地幔的碳加入到外生循环,必将对二叠-三叠纪之交的碳循环重组做出重要的贡献(图 4.10.8)。

(二) 小天体(彗星或小行星)撞击说仍缺乏有力的证据

随着白垩纪末大灭绝与撞击事件的联系得到越来越多证据的支持,许多学者也希望在其他大灭绝事件中寻找到类似的证据。20 世纪 80 年代以来,不少学者对华南、阿尔卑斯等地二叠-三叠系界线附近铂族元素的分布做过大量研究(如 Sun *et al.*,1984; Xu *et al.*,1985; Xu and Yan,1993)。然而,不仅不同地点界线层的 Ir 值不同,甚至于不同学者在同一地点同一层位所测结果也不甚一致,尤其是在长兴煤山剖面(杨遵仪等,1991:65~75; Erwin,1993,2003; Hallam and Wignall,1997);此剖面经反复研究,多数学者认为只存在弱的铱异常(< 0.5 ppb),25 层属

火山灰成因(Asaro *et al*.,1982; Clark *et al*.,1991; 何锦文等,1987; Zhou and Kyte,1988; Orth *et al*.,1990; 杨遵仪等,1991)。在不多几个发现铱异常的地点,其最高值只不过是白垩纪末铱异常的百分之一到十分之一(Retallack *et al*., 1998)。在奥地利西部,两个铱异常层位均位于二叠-三叠系界线之上,与大灭绝事件不大可能存在关联(Erwin *et al*.,2002; Erwin,2003)。

撞击说的另一个弱点是二叠-三叠系界线附近普遍缺乏冲击变形石英,例如,煤山剖面发现的全都是六方双锥石英,属于硅质火山活动的产物(何锦文等,1987; 杨遵仪等,1991)。Retallack 等(1998)曾经比较倾向于撞击说,虽经努力在南极洲和澳大利亚的相关剖面寻找过这方面的证据,很可惜,现有材料还不足以证明冲击变形石英的存在(Erwin *et al*.,2002; Erwin,2003)。Retallack 等(2003)目前更倾向于将甲烷水合物释放事件看作是造成二叠纪末海陆相生物大灭绝的原因所在。Hancox 等(2002)也努力在南非 Karoo 盆地的两条二叠-三叠系界线剖面寻找可能与撞击相关的岩石和地球化学方面的证据,结果同样令人失望。

Mory 等(2000a)提出,在西澳大利亚 Carnarvon 盆地 Woodleigh 附近可能存在一个与二叠-三叠纪之交大灭绝相关的直径达 120 km 的撞击构造,但撞击发生的时代立即受到质疑(Reimold and Koeberl,2000),Mory 等后来(2000b)也承认,该撞击构造的时代更可能是晚泥盆-早石炭世。Whitehead(2002)所采纳的年龄值为 364± 8 Ma。

铱异常和冲击变形石英通常被看作是撞击事件比较可信的证据,尤其是后者,因为它不像铱异常那样容易受到沉积作用过程的控制。可是,虽历经近 20 年的努力,却始终未能在这两方面取得令人满意的结果。于是,一些地质学家试图采用更多的手段和方法来寻找新型的、非传统的撞击示踪物,富勒烯[Fullerene,这是一种新型的碳分子,由 C_{60},C_{70},C_{80},C_{100},C_{212} 等单质碳形式构成的封闭笼形结构,以 C_{60} 和 C_{70} 最为常见,其形状酷似美国建筑师 Richard Buckminster Fuller(1895~1983)建造的球形建筑物,并由此而得名,有时也被称为巴基球(buckyballs)]就是其中的一种。最近,Becker 等(2001)报道,在长兴煤山剖面的 25 层和日本 Sasayama 剖面与 25 层层位相当的灰色硅质页岩中发现了起源于地外的富勒烯,据称这些富勒烯中所捕获的氦、氩等惰性气体的同位素组成与地球上的不同,而与陨星中发现的典型比率非常相似,由此他们相信,小天体的撞击事件是造成二叠纪末大灭绝的罪魁祸首。这一发现立即引起了科学界的关注,然而,遗憾的是,曾经在白垩-第三系界线剖面证实了 Becker 等(2000)研究结果的学者,却未能在长兴煤山和上寺剖面重复 Becker 等(2001)的结果(Farley and Mukhopadhyay,2001; Erwin *et al*.,2002)。

另一方面,Braun 等(2001)对 Becker 等(2001)的实验方法也提出了质疑,Becker 等(2001)取自日本 Sasayama 剖面的数据与 Chijiwa 等(1999)取自日本 Inuyama 剖面的富勒烯样品之间存在着明显的差别;但两者的层位相同,均取自二叠-三叠系界线附近的黑色炭质粘土岩。为此，Braun 等(2001)建议科学界不宜匆忙地接受这一成果，因为其实验分析方法存在着明显缺陷。Chijiwa 等(1999)认为 Inuyama 剖面的富勒烯是不完全燃烧的产物，属地内成因。Buseck(2002)对地质记录中的富勒烯进行了全面的评述，其中也涉及二叠纪末富勒烯的争论，强调目前无论是对富勒烯本身，还是对富勒烯所捕获的惰性气体的研究都还有不少尚未解决的问题；为此，在 Becker 等人(2001)的成果得到其他实验室的证实之前，学术界宜持慎重态度。Kerr(2003)指出，Becker 等人面临的最大问题在于，虽经多方努力，目前还无人能够重复他们的研究结果。

Basu 等(2003)最近在南极洲横断山脉 Graphite Peak 剖面陆相二叠-三叠系界线附近发现了 40 多颗直径仅 50～400 μm 的球粒陨石碎片，他们认为，将陨石碎片与铁质颗粒和富勒烯的发现结合，就足以为撞击事件的鉴定建立起新的识别标准。然而，他们的观点仍然受到怀疑(见 Kerr，2003)。即使这些细小的陨石颗粒确实来自 250 Ma 以前的撞击事件，但其规模也许很小，也许可归为背景陨击事件的范畴，现有资料并不能证明大型撞击事件的存在。无论如何，铱异常和冲击变形石英这两方面证据的缺乏仍然是一个无法回避的问题，对此应该有一个合理的解释。

有人在长兴煤山剖面 24e 层最顶部和 25 层底部发现以富镍为特征的铁-硅-镍磁性颗粒，据称其中包含有撞击变质成因的颗粒(Kaiho *et al*.，2001)。然而，他们对铁-硅-镍磁性颗粒的解释并未得到撞击岩研究专家的认可(Koeberi *et al*.，2002)；Koeberi 等(2002)指出，Kaiho 等(2001)的 $\delta^{34}S$ 值很容易从当时还原相的广泛分布和硫酸盐还原菌的极度活跃得到解释。Maruoka 等(2003)指出，Kaiho 等(2001)的假说要求其陨星的大小应与目前太阳系中已知最大的陨星相当才有可能释放出所谓的地幔硫，而二叠-三叠系界线附近却缺乏发生陨击事件的证据；况且，他们所提供的化学证据是模糊而糟糕的。梁汉东(2002)也发现 Kaiho 等(2001：Fig. 1)有关 25 层钙含量下降到零的报道与该层含丰富的石膏这一事实存在矛盾。

应当指出，迄今地球上所有发生于海洋的陨击事件从无释放地幔硫的记录(Jansa，1993；Ormϕ and Lindstrϕm，2000；Gersonde *et al*.，2002；Dypvik and Jansa，2003)，Kaiho 等(2001)的解释缺乏必要的事实依据。如前文所述，火山活动的撞击起因假说本身还存在着许多疑点。此外，煤山剖面的铱异常出现在 26 层的顶部(Xu and Yan，1993)，这一层位显然要高于 Kaiho 等(2001)的层位。长兴煤山剖面 25 层显然是华南中、酸性硅质火山活动的产物，对此学术界的认识是一致的。况且，上述这些目前尚难以最后定论的可能的撞击示踪物(铱异常与富勒烯、铁-硅-镍磁性颗粒)在长兴煤山剖面上出现的层位互不相同，不同学者之间对它们的认识分歧颇大，这些所谓的示踪物实际上均存在着地内成因的可能性。总之，目前的资料不支持 Kaiho 等(2001)的撞击假说。

最近，Poreda 和 Becker(2003)提出长兴煤山剖面之所以找不到撞击示踪物，可能是因为 25 层之底存在着间断。可是,24e 层灰岩顶部已出现较多火山物质(Cao *et al*.,2002),因此,它和上覆 25 层火山灰之间应当是连续沉积。

总之,与白垩-第三系界线附近的大灭绝事件相比,二叠-三叠纪之交目前已找到的与撞击事件可能相关的证据仍显脆弱。二叠-三叠纪之交大灭绝的规模明显要大于白垩纪末的大灭绝,假使二叠-三叠纪之交大灭绝的罪魁祸首是小天体的撞击事件,与之相关的撞击事件如果不比白垩纪末撞击事件的规模更大的话,至少也不应该与之相差太大。据此,笔者相信,只要发生过这样的撞击事件,就应当能找到明确无误的专属于撞击事件的示踪物。即使撞击事件发生在海洋,陨坑构造已不复存在,也会在其他地方的同期沉积中留下痕迹,诸如海啸沉积、陆架边缘的崩塌等(Jansa,1993; Ormϕ and Lindstrϕm,2000; Gersonde *et al*.,2002; Dypvik and Jansa,2003)。

在地史时期,地球上发生过无数次规模大小不等的小天体撞击事件,目前有案可查的撞击构造已超过 160 个(Grieve *et al*.,1995; Whitehead,2002),实际发生的数字远远大于现有的统计数字;而难以否认的事实是:它们的绝大多数与生物的集群灭绝事件无关,即使是那些大型撞击事件也是如此(Courtillot *et al*.,1996)。

以最近发现的南非侏罗-白垩系界线附近的 Morokweng 大型撞击构造为例,陨石坑直径约 70～165 km(Koeberl *et al*.,1997; Corner *et al*.,1997; Henkel *et al*.,2002; Reimold *et al*.,2002; Whitehead,2002; Koeberl and Reimold,2003),然而,这一撞击事件的灭绝效应并不特别明显(Conway Morris,1999)。Poag(1997)对晚始新世两个直径 100 km 左右的大型陨石坑 Popigai(N 37°17′,W 76°1′,35.7±0.3 Ma)和 Chesapeake Bay(N 71°39′,E 111°11′,35.7±0.2 Ma)与始新世末事件(33.7 Ma)的关系进行了研究,确认在发生撞击的层位无集群死亡现象,撞击事件与始新世末事件相距约 1～2 Ma,两者之间并无直接联系。他认为,或许在灭绝规模与陨石坑直径之间并无确定的关系,或许只有当陨石坑直径大于 145 km 时,才能产生 45% 以上的灭绝率。Coccioni 等(2000)也确认不存在与撞击事件相关联的集群灭绝。

Erwin(2003)评述了与撞击假说相关的证据,指出它们仍然是模棱两可的,而西伯利亚暗色岩事件与海相生物灭绝的一致性却得到了证明,因此,大灭绝也可能完全由地内因素造成。一位致力于为第二个大灭绝事件寻找撞击证据的地质学家说,他 10 年来工作得到的结果全都是负面的资料,这也许是白垩-第三纪界线事件独特性的证据。当然,他还没有放弃,Basu 等(2003)的发现为他带去了新的希望(见 Kerr,2003)。

(三)酸雨事件

一般所说的酸雨主要是由于大气中二氧化硫和一氧化氮在强光照射下,进行光化学作用,并和水汽结合而成。酸雨的主要成分是硫酸和硝酸,这些强酸在雨水中解离,使雨雪的 pH 值下降(一般 pH 值小于 5.6 的雨就被称为酸雨)。20 世纪以来,工业化污染给陆地生态系统带来了极大的灾难,目前大气污染最严重的是二氧化硫污染,酸雨能直接伤害植物,使土壤酸化,对陆地植被造成严重危害,针叶林对酸雨尤其敏感。欧洲捷克与德国、波兰交界处的黑三角地区就是一个著名的例子,那里的电厂由于大量烧煤,几十年来的酸雨已经彻底摧毁了原先繁茂的森林生态系统,现在留下的只有杂草。酸雨能加速岩石(尤其是硅酸盐类)的化学风化,并使江湖水域酸化,从而对淡水生态系统造成破坏(Schindler,1988)。相比之下,海洋由于自身所具有的巨大缓冲能力,海洋生物受酸雨损害的程度较小。据 Officer 等(1987)估计,白垩纪末德干暗色岩喷发所造成的酸雨至多能使表层海水的碱度下降 10%。此外,二叠纪末的海洋翻转事件将大量深海高碱度的水体带到表层,也多少能起到一定的缓冲作用,由此推测,酸雨虽然是陆地植被和淡水生物的主要杀手,海水 pH 值的明显变化也会对海洋生物产生严重的影响,但这一因素并非是导致全球海洋生物集群灭绝的主要原因。

火山气体中排放出的大量酸性气体必然导致酸雨事件,其中以 SO_2 的危害最大。由于西伯利亚暗色岩属高硫火山活动,由它所造成的酸雨危害当然要远远大于人类的经验范围,目前发现了一些与之相关的证据,其中以来自南非 Karoo 盆地的证据最具说服力。Maruoka 等(2003)详细研究了 Karoo 盆地北部 Senekal 的陆相二叠-三叠系界线剖面,在界线之下 5 cm 至界线的间隔内发现了异常的硫化物富集带,硫化物由硫酸盐还原菌形成,此带以低 C/S 比值和 $\delta^{34}S$ 值的负漂移为特点;其 C/S 比值大致与海相沉积物的比值相当,这在显生宙的记录中是极为罕见的(Berner and Raiswell,1984)。由于此带同时以富含有机碳为特征,这一异常低的 C/S 比值反映了该淡水环境中硫酸盐浓度突然的非正常性增加。他们还讨论了 3 种可能的起因,即火山活动、撞击作用和风化作用的增强,经过仔细分析,火山被确定为真正的起因,二叠-三叠系界线附近有机碳含量的提高也被认为与酸雨和硫酸盐还原菌所导致的硫化物沉淀相关。

现将与酸雨事件有关的其他证据介绍如下:①长兴煤山 D 剖面 25 层中的石膏早就引起相关学者的注意,最初被认为是蒸发作用的产物(周瑶琪等,1991;杨遵仪等,1991;Chai *et al*.,1992),Wignall 和 Hallam(1992)认为它更可能起因于硫酸与碳酸钙的化学反应;梁汉东(2002)对 25 层的石膏进行了详细研究,结合 25 层底部针铁矿微层的产出,并与白垩-第三系界线的相关沉积进行了比较,主张石膏是当时海洋发生硫酸化环境灾变事件的产物。值得注意的是,在上寺剖面的 28 层下部也发现石膏和针铁矿(李子舜等,1989),此外,在湖北黄石、重庆凉风垭等剖面的界线粘土岩中都出现较多石膏(杨遵仪等,1991);印度 Spiti 剖面的二叠-三叠系界线层同样有石膏和针铁矿(Shukla *et al*.,2002)。这些大概不是偶然的巧合,大量酸雨的沉降很可能是导致不少地区海水出现短暂硫酸化事件的原因所在。②澳大利亚悉尼盆地的二叠-三叠系界线层古土壤的铝/碱金属的比值竟高达30(Retallack,1999),只有在高酸性的介质条件下才能导致碱金属的几乎完全淋滤,这应当被看作是酸雨事件的一个重要证据。但Retallack和Krull(1999)却未能在南极洲二叠-三叠系界线层及其上下的古土壤中找到类似的证据,其铝/碱金属的比值只有2,属于正常范围。这似乎表明,由硫酸气悬体沉降所导致的酸雨事件在空间分布上很不均一,明显受到大气环流和各种气候因素的制约。③杨遵仪等(1991)曾对湖北黄石二门剖面的粘土岩进行pH值研究,结果发现界线粘土层的pH值仅为3.5,而其上下其他层位粘土岩的pH值均大于8,据此他们认为当时曾发生海水酸化事件。④江西信丰铁石口剖面的二叠-三叠系界线粘土层(26层)的矿物组成以伊利石和高岭石为主,仅含少量蒙脱石-伊利石混层矿物,白俊峰等(1996)认为这是首次发现的界线粘土岩新类型。众所周知,在正常的海水条件下高岭石一般较少出现,且大多局限于近岸环境,高岭石主要形成和保存于酸性的介质条件下,因此,铁石口剖面的界线粘土层也许指示了与酸雨事件的联系。

酸雨事件主要由硫酸气悬体的沉降所造成,因此,酸雨事件的结束实际上也标志了气候变凉事件的结束,酸雨事件的后果和影响主要表现在:①陆地植物枝叶枯萎,植被大量消亡;与此同时,酸雨还使土壤中的养分大量流失。据Retallack等(Retallack,1997b,1999; Retallack and Krull,1999)研究,早三叠世的土壤以寡养分、贫腐殖质和低生产力为特征。②对淡水生态系统造成毁灭性打击。③大大加速了岩石的化学风化,使海水中$^{87}Sr/^{86}Sr$比值迅速回升(图4.10.8)。

(四)关于二叠-三叠纪之交的海平面升降问题

关于二叠-三叠纪之交的海平面升降问题存在着两种互相对立的看法,传统的观点主张一个开始于中二叠世末的大海退,至二叠纪末达到顶点(Erwin,1993,1994),海平面下降的幅度达280 m(Holser and Magaritz,1987)。海退曾经被设想为大灭绝的主要起因之一(如Hallam,1989; Holser *et al*.,1991; Dickins,1992; Erwin,1993)。近年来,国内外许多学者通过对世界不同地区二叠-三叠系界线剖面的精细生物地层学研究,确认原先许多学者主张的二叠纪末海退实际上结束于二叠-三叠系界线之下,海侵不是开始于三叠纪初,而是开始于二叠纪的末期(Wignall and Hallam,1992,1993; Wu *et al*.,1993; Wignall and Twitchett,1996; Zhang *et al*.,1996; Hallam and Wignall,1997,1999; Wignall *et al*.,1998; Yin and Tong,1998; Chen *et al*.,1998; Yin *et al*.,2001; White,2002; Erwin *et al*.,2002)。此外,当讨论这一问题时,还必须注意到,由于采用*Hindeodus parvus*带之底作为三叠系的底界,当前国际通用的二叠-三叠系界线的位置明显地高于*Otoceras*带之底的传统界线位置。

吴顺宝等(1986)详细研究了浙江长兴地区一系列二叠-三叠系界线剖面,发现从长兴煤山向西到广德县牛头山,大约在 10 km 的范围内,长兴组的厚度从 50 m 逐渐减少至 24 m(广德荞麦岗),20 m(广德独山),17 m(广德北沟),直至消失,牛头山剖面完全缺失长兴组,表明主要的沉积间断发生在长兴组和龙潭组之间,而不是长兴组顶部;在长兴组沉积期间,海侵有着不断向西超覆的趋势。牛头山剖面的殷坑组底部为铁质风化壳,向上为灰绿色含砾白云母粘土岩(0.15 m)和粘土岩层(0.10 m),此段地层曾被归为晚二叠世长兴组(杨遵仪等,1991),根据其岩性特征应改归殷坑组;其中产 *Clarkina deflecta*, *C. subcarinata*, *C. changxingensis* 等牙形类化石,而在此段地层之上黄色钙质泥岩和钙质粉砂岩中找到 *Claraia* sp., *Ophiceras* sp. 等化石,由此判断,其层位大致与长兴煤山剖面的二叠-三叠系界线层下部(25 和 26 层)相当。吴顺宝等(1986)认为,0.25 m 厚的含砾粘土岩和粘土岩应代表二叠纪近末期海侵的产物。他们的研究成果充分证明,二叠纪后期的海侵应开始于“长兴期”的中晚期,其后,海平面不断上升,至二叠-三叠系界线层底部(即长兴煤山剖面 25 层底部),海侵达到高潮,进而超覆到牛头山剖面。

在我国西南地区的一些剖面,在二叠纪近末期,盆地相的“大隆组”几乎总是覆于台地相的“长兴组”之上(赵金科等,1981),如广西来宾合山、贵阳蔡家坡、安顺双堡等剖面。据梅冥相等(2002)的层序地层学研究,正是发生于二叠纪末的海平面上升导致了大规模的台地淹没事件,这一淹没事件显然发生在“长兴期”晚期或“长兴期”后期。西南地区的台地淹没事件与东部长兴地区的海侵超覆事件都是同一海平面上升事件的产物。

我国重庆华蓥山“长兴期”生物礁顶部与飞仙关组之间发育 1~2 m 厚的微生物岩(?)结壳(Kershaw *et al.*,1999,2002),据王生海等(1994)观察,最厚处可达十余米。以往研究认为这是因暴露而形成的喀斯特现象(Reinhardt,1988),或钙结壳(王生海等,1994)。范嘉松等(Fan *et al.*,1990)提出了与之相反的淹没模式,即由下往上海水变深。Wignall 和 Hallam(1996)通过详尽的观察和分析,支持范的淹没模式,否定了 Reinhardt(1988)提出的海退模式。Kershaw 等(1999)也认为碳酸盐结壳形成于海面以下,后来,他们还在钙质结壳层的上部找到三叠系最底部的牙形类化石 *H. parvus*(Kershaw *et al.*,2002),从而进一步证实了范的观点。Heydari 等(2003)则认为华蓥山的钙质结壳层与 Abadeh 剖面的同沉积碳酸盐胶结物相当。虽然目前对此尚无定论,但二叠-三叠纪之交微生物岩和同沉积海底胶结作用在世界各地的广泛发生,无疑证明当时全球海洋环境曾发生突发性的异常事件,海水的物理化学条件出现了重大的变化。

根据 Lehrmann 等(Lehrmann *et al.*,1998,2001,2003; Lehrmann,1999)对南盘江盆地孤立碳酸盐台地礁剖面的研究,在二叠-三叠系界线位置,盆地的沉积古地理环境和水深并未发生明显变化,碳酸盐岩台地的基本形态也未发生变化;而碳酸盐沉积是连续的，未出现间断，造礁生物的栖居地依然存在，礁生态系仍在延续，但微生物岩礁取代了后生动物礁。这些剖面缺乏华南地区常见的界线粘土层，二叠系和三叠系之间为整合接触关系，更重要的是在相应的层位中都找到了关键的牙形类化石(Lehrmann *et al*.,2001,2003)，二叠-三叠系界线的位置因此而得到了有效的控制。据王生海等研究(Wang Shenghai *et al*.,1994；王生海等,1996)，在贵州紫云一带的同一礁体，由于剖面的具体位置不同，二叠纪最顶部的岩性和接触关系等会有所不同，这与礁体在横向上的相带变化相关。以南盘江盆地紫云紫云洞至谈陆寨一带的礁剖面为例，在石头寨剖面，二叠系顶部的礁灰岩与上覆下三叠统泥岩之间为假整合接触，而在谈陆寨和花冲一带，早三叠世罗楼组底部纹层状微晶白云岩直接整合接触覆于礁核相的石头寨灰岩之上。

Henderson 等(Henderson,1997；Henderson and Baud,1997)对加拿大西部和北极区的一系列二叠-三叠系界线剖面进行研究，其中包括格里斯巴赫阶的命名剖面——Griesbachian Creek 剖面，结果表明，*Hindeodus parvus* 在 *Otoceras boreale* 带(其下为 *O. concavum* 带)的上部才开始出现，也就是说，原定义的格里斯巴赫阶下部地层相当于长兴煤山剖面的二叠-三叠系界线层下部(25 至 27 层下部)，从而证实格里斯巴赫期海侵实际上开始于二叠纪末期，其时代大致与广德牛头山剖面殷坑组底部的海侵相当。东格陵兰的情况与加拿大一样，丹麦学者 Stemmerik 等(2001)注意到由于二叠-三叠系界线的重新定义，东格陵兰混生动物群中的三叠纪分子(即危机先驱型分子)实际上是出现在二叠纪末而非三叠纪初，因此，不仅 Schuchert Dal 组顶部属二叠纪无疑，上覆地层 Wordie Creek 组的底部似乎也应改归二叠纪(Wignall and Twitchett,2002a)，可见，东格陵兰的格里斯巴赫期海侵实际上也始于二叠纪末。

在巴基斯坦盐岭也存在类似的海侵超覆现象。Chhidru 组和 Kathwai 段之间的沉积间断过去被认为代表着整个"长兴期"(Pakistani-Japanese Research Group,1985；Wignall and Hallam,1993)，最近根据牙形类、有孔虫等化石的研究，Chhidru 组的时代已被订正为吴家坪期至"长兴期"(Mertmann,2003)。Kathwai 段的下部单元时代属二叠纪无疑，其层位大致相当于长兴煤山剖面的二叠-三叠系界线层下部(*Hindeodus minitus* 带)，下部单元的分布比较局限，代表着海侵的初始阶段；中部单元时代属三叠纪初(*Hindeodus parvus* 带)，广布于全区，标志着海侵进入高潮(Pakistani-Japanese Research Group, 1985; Wignall and Hallam, 1993; Mertmann,2003)。在西藏色龙西山，海退发生在中"长兴期"，晚"长兴期"又重新开始海侵(Jin *et al*.,1996；Wignall and Newton,2003)。其他如克什米尔、意大利北部、斯匹次卑尔根等地的海侵也全都始于二叠纪末，而非早三叠世初(Wignall and Hallam,1992,1993；Wignall *et al*.,1998；Hallam and Wignall,1997,1999；Brookfield *et al*.,2003)。

美国西南部(犹他州和内华达州)的二叠系和三叠系之间存在着间断的观点早已被广泛接受(如 Paull and Paull,1982),长期以来几乎无人对此提出怀疑。然而,随着上述加拿大西部、加拿大北极区、格陵兰、斯匹次卑尔根等地区连续的二叠-三叠系界线地层剖面的发现,二叠纪末期全球海平面上升的观点被越来越多的人采纳,考虑到在这一地区的二叠系和三叠系之间仍然缺乏能证明不整合接触关系的证据,一些美国学者开始重新审视美国西南部的二叠-三叠系界线问题。Griesbachian 期地层在美国西南部的存在并无疑问(Schubert and Bottjer,1995),过去认为这一地区缺乏晚二叠世的海相地层。但近年来已经找到了晚二叠世的化石证据,例如,在得克萨斯州西部发现了晚二叠世 Dzhulfian 期和长兴期早期的牙形类化石(Kozur,1992),在犹他州西北部有 *Hindeodus typicalis*(Paull and Paull,1982),尤其值得注意的是,在三叠系的底部还出现了 *Lingula* 的顶峰带(Paull and Paull,1982),而 *Lingula* 的爆发性发展正是二叠纪末大灭绝后残存期的一项重要特征(Xu and Grant,1994; Rodland and Bottjer,2001; 孙东立、沈树忠,本书第四章第二节);以上种种迹象使 Alvarez 和 O'Connor(2002)相信,不应当排除今后在这一地区找到连续的二叠-三叠系界线地层剖面的可能性。

另一方面,最近仍有学者坚持二叠纪末大海退的观点(Heydari *et al*.,2003; Wu and Fan,2003),这可能有以下两方面的原因:

(1)“二叠纪末”在实际使用中本不是一个精确的时间概念,传统概念的二叠-三叠系界线与现今采用的界线的不一致使矛盾变得更为突出。在二叠-三叠系界线地层缺乏有效而精确的时代控制时,有可能导致误解。例如,吴亚生等(Wu and Fan,2003)主要根据对贵州紫云晚二叠世礁的研究,提出二叠纪末全球海平面下降约 89 m 的观点,位于礁灰岩之上的礁帽相白云岩被当作是最重要的证据。可是,他们所提供的紫云剖面缺乏有效的生物地层控制,仅报道在礁灰岩的顶部采获 *Palaeofusulina sinensis* 和 *Colaniella media*。由于整个长兴组都属于 *Palaeofusulina sinensis* 带(Jin *et al*.,1997),这两个化石的出现只能证明紫云礁的海退发生在“长兴期”内部,不能证明海退一定发生在“长兴期”之末期;无论如何,海退不可能发生在真正的二叠纪末期(指长兴煤山剖面的 25 层至 27 层下部)。既然紫云剖面“长兴组”的顶部存在着沉积间断,这个“长兴组”当然是不完整的,不应将它等同于长兴煤山剖面的长兴组(25 层不包括在内)。由于缺乏对二叠-三叠系界线层位的有效时代控制,很难确定紫云剖面的“长兴组”究竟缺失多少地层。一种可能性是紫云礁剖面的海退发生在“长兴期”中晚期,也许与巴基斯坦盐岭 Chhidru 组顶部的海退在时代上可以对比,紫云剖面的“长兴组”或许相当于贵阳蔡家坡、安顺双堡等剖面的“长兴组”。应当指出,川东华蓥山和南盘江盆地的礁相二叠-三叠系界线地层剖面都得到了较好的生物地层控制,它们的沉积大都是连续的,例如,在紫云谈陆寨和花冲一带,早三叠世罗楼组底部与晚二叠世的石头寨礁灰岩是整合接触，因此，从整体看，这一区域不应存在大幅度的的海平面上升事件，海退不大可能达到如吴亚生等(Wu and Fan，2003)所说的 89 m 的规模。故本文比较倾向于紫云礁剖面仅存在小的间断，礁帽相白云岩也许起因于“微生物白云岩模式”(microbial dolomite model)(详见下文)。

(2)对沉积相的错误解释。Heydari 等(2000，2003)通过对伊朗 Abadeh 剖面的研究，提出了二叠纪末全球曾发生迅速的大海退的观点。Abadeh 剖面晚二叠世 Dorashamian 阶由深水相红色瘤状灰泥岩、粒泥岩组成，三叠系底部由下而上相继为 1 m 厚的同沉积碳酸盐胶结物[2000 年解释为凝块岩(thrombolites)]、1.5 m 厚的暗色层纹状鲕状颗粒岩[2000 年解释为微球状粒(peloid)颗粒岩]和深水相灰色瘤状灰泥岩。他们认为同沉积碳酸盐胶结物和暗色层纹状鲕状颗粒岩代表浅水相沉积，于是二叠-三叠纪之交发生了深水-浅水-深水环境的快速升降转换。笔者(Fang，in press)对他们的沉积相解释提出了质疑，指出暗色和层纹状的特点与鲕状颗粒岩的解释存在着明显的矛盾，却与微球状粒颗粒岩的解释吻合；更何况据 Heydari 等(2003：图 10)说明，颗粒岩本身已高度重结晶，但异化粒的粒径却仍与微球状粒一致。由于微球状粒可广泛形成于不同的水深环境中，因此，Heydari 等(2003)的浅水解释在很大程度上是人为的，关键在于他们接受了二叠纪末全球曾发生大规模海退的传统观点。此外，他们将 Abadeh 剖面的同沉积碳酸盐胶结物与 Woods 等(1999)在加利福尼亚 Darwin 附近 Union Wash 组中发现的同沉积海底碳酸盐结晶壳进行对比，而后者形成于深水环境。总之，他们关于世界各地的碳酸盐台地在二叠-三叠系界线附近曾广泛出露海面遭受侵蚀的观点与本文前面例举的大量事实存在着明显的矛盾。退一步说，如果同沉积碳酸盐胶结物和暗色层纹状“鲕状”颗粒岩确实形成于浅水环境，在它们和上下相邻的确凿无疑的深水相地层之间却完全缺乏能说明相环境转变的中间过渡沉积类型，这一事实本身也难以使人信服 Heydari 等(2003)的假说。

最近，Wignall 和 Twitchett(2002)采用“白云岩问题”的最新研究成果，对世界各地(如华南、意大利、奥地利、土耳其、也门、巴基斯坦及日本的海山)二叠纪末期广泛出现白云岩化的现象进行讨论，因为它们几乎总是与已知的贫氧相沉积相邻出现，微生物岩和同沉积碳酸盐胶结物也是如此，他们认为，这种现象可被看作是缺氧事件的一种指示。20 世纪 90 年代以来，越来越多的沉积学研究支持“微生物白云岩模式”，二百多年来一直困扰人们的“白云岩问题”正在解决之中，而硫酸盐还原菌正是解决问题的关键环节(Vasconcelos *et al*.，1995；Mazzulo *et al*.，1995；Vasconcelos and McKenzie，1997；Wright，1997；Nielsen *et al*.，1997；Burns *et al*.，2000；Mazzullo，2000；Warthmann *et al*.，2000；Pope and Giles，2001；Van Lith *et al*.，2003；McKenzie，2003)。紫云剖面的礁帽相白云岩(Wu and Fan，2003)是否与缺氧事件相关，如果采用“微生物白云岩模式”来解释其成因是否更为合理，希望今后的研究将回答这些问题。

（五）甲烷水合物“电容器”的释放事件与碳循环重组假说的修订

天然气水合物(natural gas hydrate,或 gas hydrate),是指在低温高压(0°C,26 大气压或 10°C,76 个大气压下)以及其他合适的条件(气体饱和度、水的盐度、pH 值等)下,由水和天然气组成,外形似冰的笼形化合物(clathrate),遇火可燃,因此也称可燃冰。在水合物中,水分子形成一个笼形格架,中间为一个气体分子。形成天然气水合物的主要气体为甲烷,含量超过 99%的天然气水合物通常被称为甲烷水合物(methane hydrate)。甲烷水合物在自然界广泛分布在高纬度的永久冻土带和世界大洋水域中的大陆架、陆坡、陆隆及海沟中。在地球上大约有 27% 的陆地是形成甲烷水合物的潜在地区,而在世界大洋水域中约有 90% 的面积也属这样的潜在区域。相比之下,后者的储量要大得多,大约是冻土带资源量的 100 倍以上。可燃冰在常温常压下即分解成水与甲烷。

深海沉积中有机质比较丰富,被细菌分解会产生甲烷,这一过程主要发生于海底硫酸盐还原带(下界主要取决于硫酸盐的分布)之下的甲烷发生带(也称作二氧化碳还原带),其下界则取决于有机质的存在与否。甲烷的产生只需要很少量的可代谢有机质,大约等于 0.5% 的有机碳,故其来源一般都比较充足。甲烷水合物的成藏需具备 4 个基本条件:①原始物质基础——甲烷和水的足够富集;②足够低的温度;③较高的压力;④一定的孔隙空间。无论何时,只要满足上述条件,天然气水合物都会在海相沉积物中形成,随着水合物的积累,逐渐形成天然气水合物稳定带(gas hydrate stability zone,缩写为 GHSZ),其下界主要受温度限制,温度太高则将使天然气水合物自然离解。自然界中甲烷水合物的稳定性主要取决于温度、压力及气-水组分之间的相互关系,这些因素制约着甲烷水合物主要分布于水深大于 300 m,沉积物埋藏深度一般在 300～2 000 m 的范围内。超过此范围,甲烷将作为游离气存在,GHSZ 则充当封闭位于其下的游离气的盖层。所以,海底大多数天然气田的上层都有圈闭天然气的天然气水合物盖层(Rice and Claypool,1981; Kvenvolden,1988,1995,1999,2002; Haq,1998; Mienert and Posewang,1999; Dickens,2003)。

应当指出,在 GHSZ 的底部,水合物通常处于低度固结或固结不充分状态,固态的水合物往往转化为液态的气、水混合物,从而使其底部变得相当脆弱,很容易在重力、地震等因素的诱发下发生滑坡甚至海啸等地质灾害,水合物也立即随之崩解。近代有不少实例可以证明某些海底滑坡与 GHSZ 破坏事件之间的联系,即使在比较平坦的海底,有时也可发现由水合物喷发所造成的陷坑(Kvenvolden,1999; Mienert and Posewang,1999; Wood *et al.*,2002)。正是由于水合物的上述特性,所谓的天然气水合物稳定带中的水合物实际上并不特别稳定，准确地说，它们大多处于一种亚稳定(metastable)状态。

可燃冰有很强的吸附甲烷的能力，一个体积单位的可燃冰可以分解为164个单位的天然气及0.8个单位的水，也就是说，1 m^3的可燃冰释放出来的能量，相当于164 m^3的天然气，故可燃冰可被看作是高度压缩的天然气。目前，学术界一般认为全球可燃冰所包含的总碳量为10 000 Gt C，是地球上煤、石油和天然气(总碳量一般估计为5 000 Gt C)总和的2倍。天然气水合物中甲烷的$\delta^{13}C$值强烈偏轻，一般低达－60‰，主要来源于微生物成因应无疑问(Kvenvolden，1988，1995，1999，2002；Dickens，2001，2003)。若有突发性事件破坏了海底天然气水合物的亚稳定状态，使其中的甲烷突然大量地逃逸到海水和大气圈，必将产生灾难性的后果。

近30年来，甲烷水合物的研究尤其受到学术界的广泛重视，Kvenvolden(1999)认为主要有3方面的原因，一是它作为新能源的重大潜在经济价值。二是甲烷的温室效应是CO_2的20倍，因而在全球气候变化中的作用开始引起关注。但由于当前海洋中的甲烷水合物主要以碳吸收汇(sink)的面目出现，在正常情况下水合物分解所产生的甲烷早在进入大气圈之前就已基本上被氧化成CO_2或被细菌消费，即使有少量进入大气也很快被氧化成CO_2，其驻留时间只有7～24年，Kvenvolden(1999)据此认为甲烷水合物在当前正在运行的全球气候变化中实际上并不起太大的作用。三是甲烷水合物特有的亚稳定状态及其有可能造成的地质灾害正在引起人们越来越多的关注。

最近，一些学者根据对第四纪全球气候变化的研究，提出了笼形化合物喷发假说(clathrate gun hypothesis)(Kennett *et al.*，2000；Dickens，2003a)，认为发生于晚新生代的多次短暂的气候变暖事件与甲烷水合物的释放事件密切相关，格陵兰冰芯中所反映的大气中甲烷的峰值似乎与古海洋学事件及大陆边缘的滑坡事件存在着一致性，而以往的研究通常将大气中甲烷的增加简单地归因于湿地甲烷的排放。这一假说提出后立即引起了学术界的注意，Hinrichs等(2003)通过对嗜甲烷菌营养活动所特有的生物标志化合物的研究来检验这一假说，证实甲烷释放事件的存在，为假说提供有力的证据。从地质学的角度看，甲烷水合物中甲烷的$\delta^{13}C$值强烈偏轻(－60‰左右，最低可达－120‰)，再加上它巨大的储量、极强的动态性和特有的亚稳定状态，因此，与第四纪的笼形化合物喷发假说相仿，在地史时期碳循环和碳同位素负异常事件的研究中，甲烷水合物作为一个巨型的有机碳“电容器”(“capacitor”)的作用也逐渐得到了肯定(Dickens，1999，2001，2003a，2003b；Kvenvolden，2002)。

综上所述，在全球有机碳循环中，甲烷水合物是其中最重要的组成部分之一：①它不仅分布广泛，而且是目前地球上最大的有机碳库，其总碳量(10 000 Gt C)大于陆地生物群、土壤、泥炭、化石燃料(石油、煤、天然气)、海洋生物群及海水中溶解的有机质的总和(Kvenvolden,2002:304,图 2)。②甲烷水合物对温度和压力的变化尤其敏感。当含甲烷水合物地层的温度和压力发生改变时,水合物将由固体转变成它与液、气的混合物释放出来,此时若位于斜坡带,再加上 GHSZ 底部自身的脆弱状态等因素,就很容易造成滑坡等地质灾害;从总体上看,甲烷水合物基本上处于一种亚稳定状态,因此,这一碳库潜在的不稳定性尤其应引起注意(Kennett *et al*.,2000; Holbrook *et al*.,2002; Dickens,2003a)。

Dickens(1999,2001,2003a,2003b)形象地将这一碳库比喻为全球碳循环中一个由细菌作中介的"电容器",而这一巨型的、伸缩性甚强的"电容器"恰恰是过去的碳循环模式(如 Kump and Arthur,1999)所忽略的。"电容器"的容量大小主要受外部因素控制,其内部包含有 3 个库:水合物(8 500 Gt C)、溶解气(1 000 Gt C)和自由气(500 Gt C)。这个"电容器"在大部分时间里(即在正常情况下)主要以碳吸收汇的面目出现,也就是以吸收为主,甲烷的排放(例如,通过泥火山排放)及其被嗜甲烷菌厌氧氧化的数量一般都十分有限;然而,在某种外界因素的触发下,它有可能极其迅速地由吸收汇转变为碳循环中最大的碳排放源,从而对地球环境和生物造成极为严重的灾难性后果,并使碳同位素值出现突然而快速的负漂移现象。

笼形化合物喷发假说和"电容器"模式的提出,促使我们重新思考地质记录中全球碳循环的运行模式及其与 $\delta^{13}C$ 值变化的关系。Dickens(2003b)认为,地史时期中出现的碳同位素较大幅度的负漂移事件标志着甲烷水合物的爆发事件,而传统的碳循环模式不可能对此类事件作出合理的解释,为此,他对 Kump 和 Arthur (1999)的模式提出了修订意见。

许多学者推测,此类爆发事件已经在地史时期发生过多次,例如,古新世末(Dickens *et al*.,1995,1997; Norris and Rohl,1999; Bains *et al*.,1999; Katz *et al*., 1999,2001; Dickens,2000,2001; Bice and Marotzke,2002; Thomas *et al*.,2002),白垩纪末(Max *et al*.,1999),早白垩世 Aptian 期(Jahren *et al*.,2001; Beerling *et al*.,2002),晚侏罗世(Padden *et al*.,2001),早侏罗世 Toarcian 期(Hesselbo *et al*., 2000; Palfy *et al*.,2002; Beerling *et al*.,2002),三叠纪末(Palfy *et al*.,2001,2002; Hesselbo *et al*.,2002)。甚至冰期的突然结束也可能与甲烷水合物释放事件相关(Paull *et al*.,1991)。Kennedy 等(2001)提出,晚元古代雪球事件后广泛分布于世界各地冰川沉积之上的帽碳酸盐(cap carbonates)和碳同位素负漂移指示了甲烷水合物释放事件的存在。

一些学者(Paull *et al*.,2002; Brewer *et al*.,2002)在海底采用人工实验方法直接观察海下滑坡触发甲烷水合物释放的机制和过程,证明滑坡确实会很快释放出大量固体的甲烷水合物(即可燃冰)。当沉积物崩解后,在可燃冰开始由固态向液体和气体混合物转变的同时,包含较多可燃冰的土块(水合物的含量>83%)会向上漂浮,同时还伴随有大量的气泡;在湍流的冲刷下,土状沉积物的散落将进一步加快可燃冰的上浮，其中一些体积较大的可燃冰块甚至可到达海水表层，这些气泡和尚未完全崩解的可燃冰可直接将甲烷释放到大气。

Erwin(1993，1994)首先注意到二叠纪末的碳同位素负异常事件与甲烷水合物释放事件的联系，后来，不少学者也都将两者联系在一起(Morante，1996；Krull and Retallack，2000；Krull *et al*.，2000；de Wit *et al*.，2002；Berner，2002)。Krull等(2000)发现，高纬度地区 $\delta^{13}C_{org}$ 值的负漂移规模明显高于低纬度地区，他们认为，这一纬度梯度现象能通过当今甲烷水合物的实际分布状况得到合理解释，惟华南例外，负漂移值高达 8‰(Chen *et al*.，1991；Xu and Yan，1993)，与高纬度地区的负漂移规模持平。最近，曹长群等(Cao *et al*.，2002；曹长群等，本书第四章第九节)对长兴煤山剖面碳同位素的研究，表明 $\delta^{13}C_{org}$ 值在华南二叠纪末快速降低的幅度(3‰左右)与古特提斯其他低纬度地区大致相同(一般都在 4‰ 以下)，从而验证了 Krull 等(2000)发现的规律。

本文认为，只有将碳循环重组假说与 Dickens(1999，2003a，2003b)的“电容器”模式进行有机的结合，才能对发生在二叠纪末全球无机和有机碳同位素的快速负漂移事件和巨量轻碳的来源，以及二叠-三叠纪之交碳、硫同位素组成的异乎寻常的变化，做出比较合理的解释。现将修订后的碳循环重组假说叙述如下：

晚二叠世的碳同位素以高 $\delta^{13}C$ 值(背景值 3‰～5‰)为特征，反映了当时初级生产力的高度繁荣和有机碳的高埋藏速率，西伯利亚、华南和冈瓦纳大陆的陆地生态系统继续着开始于石炭纪的煤炭埋藏，海洋的甲烷水合物“电容器”此时主要以碳吸收汇的面目出现。二叠纪末爆发的以西伯利亚暗色岩为代表的全球火山事件彻底改变了这一进程，甲烷水合物释放事件使“电容器”迅速转变为最大的碳排放源，将巨量轻碳送入海洋和大气，再结合大量火山 CO_2 的排放、埋藏于土壤和沉积物中的有机碳的氧化、深海富轻碳水体的上翻、全球初级生产力下降等多种因素，大大地改变了外生碳循环中的碳同位素比值。与此同时，大灭绝破坏了陆地上的初级生产力，庞大的陆地有机碳埋藏系统突然停止运行，成煤作用完全中止；海洋的初级生产力也受到严重打击，但由于以蓝菌、疑源类、草绿藻等为代表的光合自养生物的灾后泛滥，初级生产力的下降幅度显然大大地低于海洋生态系统中消费者的下降幅度，在总体上依然保持着相当的水平。以海洋无脊椎动物为代表的消费者的大量灭绝致使灾后海洋生态系统的营养结构一度处于极不平衡的状态，从而在某种程度上造成初级生产力的相对“过剩”现象。此时异养型 BMC 理所当然地成为主要的消费者和分解者，对全球碳和硫等元素的外生循环的重组发挥了极为重要的作用。当有机质的沉降速率超过氧气的补充速率时，沉积物-水界面附近出现缺氧状态便是很自然的事情；由于 BMC 中的硫酸盐还原菌极度活跃，以黄铁矿为代表的硫化物因而成为还原相中比较常见的组分。大灭绝前，还原相物质(以有机碳为主)的埋藏同时发生于陆地和海洋，但以陆地为主；大灭绝后，还原相物质

(有机碳和硫)的埋藏中心则几乎完全转移到海洋环境,并以硫化物的广泛形成为特征,这显然是 $\delta^{34}S$ 值迅速上升的一个重要原因,而 C/S 比值则从二叠纪的显生宙最高峰直线下降到旦三叠初的低谷,与之相伴的是大气 O_2 含量的大幅度下降和 CO_2 浓度的明显升高,与此同时,全球集群火山活动喷发出大量火山气体,从而导致二叠纪末的大气污染危机(Retallack *et al*.,2003)。总之,正是大灭绝破坏了陆地的初级生产力系统和海洋生态系统的食物网,终止了陆地有机碳的埋藏,再加上巨量甲烷水合物的释放,使全球生物地球化学的循环在二叠-三叠纪之交出现重大转折,致使海相碳酸盐和硫酸盐中的碳和硫的同位素组成同时发生了异乎寻常的变化。正是在全球碳循环重组这一长期变化的总背景下,由甲烷水合物释放、海洋翻转等突发性古海洋学事件导致了二叠纪末的全球碳同位素负漂移事件。

那么,究竟是何种机制在二叠纪末触发了甲烷水合物的释放? 目前,对此尚无一致看法。最初,海退被认为是可能的触发机制(Erwin,1993,1994; Morante,1996),但 Dickens(2001)认为这一解释是说不通的,因为水合物主要埋藏在海底深处,海退一般不会对海底深处的水合物产生太多影响;他们认为是全球气候变暖触发了释放事件,然而,这似乎混淆了事件的因果关系。Erwin 等(2002)也否定了海退模式,他们指出,越来越多的证据表明海退发生在大灭绝之前,海侵实际上开始于二叠纪末期,而非三叠纪初。曹长群等(Cao *et al*.,2002; 曹长群等,本书第四章第九节)发现,$\delta^{13}C_{carb}$ 值的负漂移出现在煤山剖面 24e 层顶部 1 cm 含大量长石颗粒的火山凝灰质岩层中。本文认为,曹长群等的发现似乎暗示了火山事件与甲烷水合物释放事件和碳同位素负漂移事件之间可能存在的相关联系,它们的同时发生似非偶然的巧合。

Palfy 等(2001,2002)注意到三叠纪末和早侏罗世 Toarcian 期(183 Ma)的碳同位素负漂移事件与中大西洋岩浆区(Central Atlantic Magmatic Province)(约 200 Ma)和 Karoo-Ferrar 暗色岩(183±2 Ma)等喷溢玄武岩事件在地质时间上的一致性。罗清华等(Lo *et al*.,2002)也指出,地史时期发生的甲烷水合物释放事件和碳同位素负漂移事件(详见上文)总是与喷溢玄武岩事件相伴,如早白垩世 Aptian 期的 Ontong-Java 和 Kerguelen 洋底高原,白垩纪末的德干暗色岩、古新世末的北大西洋火成岩区(North Atlantic Igneous Provinces)等(以上火山事件的时代可参见 Courtillot and Renne,2003)。这似乎很难用偶然的巧合来解释,据此本文倾向于将喷溢玄武岩事件看作是触发甲烷水合物释放的重要原因(图 4.10.8)。根据 Thordarson 等(1996)对冰岛 Laki 火山事件的研究,每次裂隙式喷发的开始都伴有一系列强度不断提高的地震,鉴于西伯利亚暗色岩充分显示了爆发型火山活动的特点(Campbell *et al*.,1992; Wignall,2001; Kamo *et al*.,2003),也许正是这些与火山爆发相关的强烈地震活动触发了海底甲烷水合物的释放事件。

Ryskin(2003)推测,由于二叠纪末海底甲烷水合物的突然爆发,并发生燃烧,形成风暴型大火(firestorm),从而导致了全球生物的大灭绝,这与 Max 等(1999)推测发生于白垩-第三纪界线附近的风暴型大火十分相似,只不过后者是由撞击事件引发的。Stokstad(2003)估计,这至少需要释放出大约 10 000 Gt C 甲烷。此外,风暴型大火应当能形成类似于白垩-第三纪界线附近全球分布的烟灰层(soot layer)(Wolbach *et al.*,1988,1990; Melosh *et al.*,1990; Max *et al.*,1999),然而,世界各地相关剖面的二叠-三叠系界线附近迄今都未找到任何能够与大规模燃烧相联系的证据,故本文不支持 Ryskin 的假说。

与甲烷水合物“电容器”释放事件相关的灾难效应主要有:①甲烷在大气的驻留时间只有 7～24 年,巨量甲烷的氧化必将导致大气 O_2浓度的下降。②甲烷的温室效应是 CO_2的 20 倍,巨量甲烷水合物的释放是造成早三叠世失控的温室效应的重要原因。③大大增强和促进海洋翻转事件和海洋缺氧事件的灾难效应。④二叠纪末甲烷水合物“电容器”由吸收汇迅速转变为碳排放源,这是促使全球碳循环重组的主要动力之一。巨量 $\delta^{13}C$ 值强烈偏轻的甲烷的释放,是造成碳同位素负漂移事件的最重要因素(图 4.10.8)。

(六)全球气候格局的巨变——二叠纪末的火山冬天和早三叠世失控的温室气候效应

关于二叠-三叠纪之交全球气候的变化过程,学术界尚未取得一致看法,尤其对二叠纪末是否发生气候变凉事件,分歧较大,多数学者持否定态度(如 Erwin,1993,1994; Wignall and Hallam,1993; Hallam,1994; Hallam and Wignall,1997),在最近发表的一些综述性论文中甚至都未提及气候变凉事件(如 White,2002; Benton and Twitchett,2003);但对于早三叠世的温室气候,则意见完全一致。近年来有关温室气候的论述相当充分(如 Erwin,1993; Hallam and Wignall,1997; Retallack,1999; Benton and Twitchett,2003),故本文不再赘述。考虑到连冰岛 1783 年 Laki 这样很小规模的裂隙式玄武岩喷发事件都产生了明显的火山冬天效应,像西伯利亚暗色岩事件这样超大规模、爆发性极强的高硫玄武岩火山活动不可能不造成气候变凉事件。以下将着重讨论与二叠纪末全球气候变凉事件相关的一些问题。

Campbell 等(1992)和 Renne 等(1995)明确提出,由于西伯利亚暗色岩事件产生大量平流层硫酸气悬体烟云所造成的火山冬天效应,当时曾出现小冰期和海退,并广泛形成酸雨,随之而来的则是长期的温室效应。尽管他们强调了全球气候变凉事件在触发生物大灭绝事件中的重要性,却未提供具体的证据。其后虽有作者提供了一些有关二叠纪末火山冬天效应的具体证据(Kozur,1994,1998a,1998b;方宗杰,1996,1997),但尚未引起学术界的充分注意。总体看来,迄今尚无任何证据支持二叠纪末期极地曾出现冰盖的假说。

印度学者通过对孢粉植物群和沉积学的研究，从 20 世纪 70 年代以来就主张二叠纪末曾发生气候变凉事件（Bharadwaj，1975；Tiwari and Tripathi，1987；Srivastava and Jha，1987，1998；Tiwari and Vijaya，1994；Srivastava *et al.*，1997），早期曾认为出现冰期，后因缺乏与冰期相关的证据，大多倾向于这是一次中度或较弱的气候变凉事件。他们的主要理由是：早二叠世 Talchir 群孢粉植物群中主要特征分子以及主要形态特征的重新回归，表明在经历了晚二叠世较长时期的温暖而湿润的成煤期后，气候再度变凉。Talchir 群孢粉植物群中的主要特征分子，如厚壁三缝孢 *Callumispora* 和辐纹单囊粉 *Parasaccites*，*Plicatipollenites*（较为罕见）等，都是早二叠世冰盛期 Talchir 组和 Karharbari 组孢粉植物群中最为常见的优势分子，以后随着气候变暖几乎完全消失，但它们在二叠-三叠纪转折时期的 Raniganj 组顶部和 Panchet 组底部（Damodar Valley）及与之相当的 Kamthi 组中段（Godavari Graben）又再度繁荣，*Parasaccites* 的丰度局部甚至可达 20%。Talchir 孢粉植物群的一些主要形态特征，如辐纹单囊粉（radial monosaccate）、密实的中央本体（dense central body）、单维管束双囊粉型（haploxylonoid）结构及孢子四分体（tetrad）等，均在 Raniganj/Panchet 界线附近重现，其中，孢子四分体的大量出现似乎反映了当时气候系统的不稳定性，比较常见的四分体类型有 *Lundbladispora*，*Densoisporites*，*Verrucosisporites* 等（Tiwari and Meena，1988）。与此同时，煤层在 Raniganj 组的顶部完全消失，岩性特征也转而出现了一些与 Talchir 组相似的特征，如整体以绿色为主的色调、橄榄绿色页岩及在碎屑物中出现新鲜的长石矿物颗粒等。*Klausipollenites* 和 *Striatopodocarpites* 是这一孢粉植物群中的优势分子，首次出现的类型有 *Playfordiaspora*，*Lundbladispora*，*Densoisporites*，*Goubinispora* 等，具肋双囊粉优势地位的衰退和孢子含量的大幅度增加，表明印度的变凉事件发生在大致与滇西黔东的卡以头组下部相当的层位，后者也同样以绿色调为主。

现将其他与二叠纪末全球气候变凉事件相关的证据介绍如下：

(1) 二叠纪末曾出现生物大幅度向赤道方向迁移的事件，具体证据包括：

①二叠纪末安加拉动、植物群分子南侵塔里木和华北的事件，对此笔者（1996，1997）已经做了比较详细的讨论。此前虽然也在塔里木发现过亚安加拉分子的局部向南渗透的现象（方宗杰，1996），但在规模上难以与本次事件相比。

②耳菊石（*Otoceras*）是传统 Griesbachian 阶（跨二叠-三叠系界线）的标准化石，它最早出现于北方区，*Tompophiceras* 和 *Hypophiceras* 等也是如此。克氏蛤（*Claraia*）最早见于北方区（俄罗斯新地岛）的晚二叠世 Dzhulfian 期地层，但在华夏区、西特提斯区、边缘冈瓦纳区的“长兴期”和前“长兴期”尚未发现。盾籽类和伏脂杉（*Voltzia*）最早见于欧美植物区，*Lepidopteris* 和 *Peltaspermum* 是俄罗斯地台二叠纪 *Tatarina* 植物群的成员，水韭类石松植物的先驱类型晚二叠世在北半球

已经有着相当广泛的分布。推测以上这些北半球分子，以二叠纪末短暂的全球气候变凉事件为契机，从北半球向南扩展，并越过赤道带到达南半球的冈瓦纳大陆或其边缘海域（Kozur，1998a），它们是典型的机遇性（opportunistic）分子。此后，*Otoceras* 属仍主要局限于温凉水海域，而 *Claraia* 属的适应能力较强，广泛散布于全球的各个古纬度带，但在种一级仍然显示出一定程度的纬度和地理分异（殷鸿福，1981）；水韭、肋木、鳞羊齿和伏脂杉等则成为广布于全球的植物类型。一般说来，像这种海、陆生物在很短时期内大规模地扩散到全球范围的现象在地史时期似乎并不多见，早三叠世生物分布的世界性之强与晚二叠世的区系性之强形成了鲜明的对比，除生物本身的因素外，笔者推测还有以下三方面的原因：（ⅰ）气候变凉事件的发生使这些机遇性分子得以轻易地突破原先难以逾越的气候隔障，散布到以前无法生活的地方。（ⅱ）气候变凉事件本身以及当时所发生的一系列灾变事件使当时的各类生物大量灭绝，导致生态位大量空缺，从而使它们的迁移散布较少受到生物因素的阻碍。（ⅲ）此次气候变凉事件主要以全球普遍降温为特点，尤以赤道地区的降温最为明显，极地并未出现冰盖，故温度梯度与冰期气候相比要平缓得多；早三叠世进入温室气候后，使全球气候变得更为均一，这些都十分有利于它们向全球范围扩张。

③滇西黔东卡以头组中出现了几个晚二叠世的冈瓦纳种：*Lophotriletes novicus* Singh，*Triquitrites proratus* Balme，*Laevigatosporites callosus* Balme，*Yunnanospora radiata* Ouyang（欧阳舒等，1980；Ouyang，1982），表明一些南温带分子也曾借气候变凉之机向北方（赤道方向）扩展。

（2）澳大利亚的悉尼和鲍恩（Bowen）盆地二叠纪末期煤系地层中的古土壤类型以及与之共同出现的波状石隆（stone-rolls）现象（Conaghan *et al*.，1994；Retallack，1999；Retallack and Krull，1999）与现今高纬度地区（68°～70°）冷湿气候下串珠沼（string bogs）的相应产物尤为相似；但早三叠世的潜育化始成土（gleyed Inceptisols）和新成土（Entisols）的特征却与当今形成于中纬度地区（40°～58°）的土壤十分类似。古土壤特征的这种突然的大幅度转变，显然指示了二叠-三叠纪之交古气候格局的重大变迁，表明当时高纬度地区由二叠纪末较冷的气候很快转变为早三叠世初相当温暖的气候，这一转变当然是大灾变后强烈温室效应（postapocalyptic greenhouse）的结果（Retallack，1997b，1999）。

（3）Retallack 等（2003）提出，水龙兽（*Lystrosaurus*）首现于二叠纪最末期，它具有结实紧凑的体形和颈、尾、四肢粗短等特征，根据艾伦法则（Allen's Rule），这些形态特征指示当时的气候较为寒冷。

（4）对长兴煤山剖面的氧同位素研究表明，$\delta^{18}O$ 值在二叠-三叠系界线附近出现较大幅度变动，且变化比较频繁，在长兴组顶部曾出现正漂移，然后是负漂移，表明当时气候首先由晚二叠世的温暖期转变为“长兴期”末的温凉期，接着又突然变热(严正等,1991)。在四川广元上寺剖面,$\delta^{18}O$ 值也具有相似的变化趋势,变动也相当频繁,26 层的古温度应处于最低值,27 层开始气候明显变暖,至 28 层温度升高了十几度(严正等,1989)。Holser 等(1991)根据对奥地利 Carnic Alps 剖面的氧同位素研究,认为早三叠世初的温度比二叠纪末升高了 6°C 左右,此剖面的 $\delta^{18}O$ 值在界线附近也同样表现出变动幅度大、变动频繁的特征,总体上也是先正向、后负向,再转变为正向。一般说来,影响氧同位素的因素比较复杂,除温度外还有盐度等因素;此外,$\delta^{18}O$ 值容易受到成岩作用、重结晶、淡水淋滤(水-岩交换)等因素的影响,须小心对待。

二叠纪末全球气候变凉事件的确认对于探讨大灭绝的起因、过程和机制甚为关键,变凉事件本身就是导致许多喜暖生物消亡的一种重要灭绝机制,此外,它还可以帮助我们理解海洋翻转事件的发生及其与缺氧事件的联系,也有助于我们追溯二叠纪末动植物散布迁移和全球生物地理格局的巨大变迁过程。正是全球古气候的格局在二叠-三叠纪之交先凉、后暖的巨大变动,驱动了全球海洋和陆地的生物地理区系格局几乎在同时都出现了重大转变。在二叠纪末发生的各类地质事件中,惟有全球古气候格局的重大变动才有可能同时驱动各个不同的生态系统同时出现灾难性的变化,这也是二叠纪末全球包括陆地和海洋在内的所有生态系统几乎都同时发生大灭绝的原因所在(图 4.10.8)。

总之,全球气候格局在二叠-三叠纪之交确实发生了巨大的变化,大幅度的温度升降变化无疑对许多生物的生理极限提出了挑战,这是大灭绝中的一个重要致死机制。一般说来,在主幕灭绝中受打击最大的是热带和亚热带生物,反映出气候变凉事件的影响;尾幕中起作用的则可能主要是温室气候效应。例如,在西藏色龙西山剖面,主幕的灭绝效应似乎不像低纬度地区那么明显,反倒是与长兴煤山剖面尾幕相当的灭绝表现得更加明显(Wignall and Newton,2003;并见本书第四章第三节有关双幕式灭绝的讨论)。

(七)大洋通气模式(ventilation model)和海洋翻转事件

二叠纪末的海洋翻转事件最初由 Gruszczynski 等(1992)提出,其主要论点是:晚二叠世属于分层洋时期,分层洋下部储存了大量有机碳,同时在还原条件下,硫酸盐被还原成硫化物,故分层洋的下部应当贫 ^{13}C,^{18}O 和 ^{32}S,同时富 ^{86}Sr;在二叠-三叠纪之交分层洋突然转变为混合洋,原分层洋上下两部分的海水的混合将导致 $\delta^{13}C$ 值、$\delta^{18}O$ 值的下降和 $\delta^{34}S$ 值的上升,与此同时,$^{87}Sr/^{86}Sr$ 比值下降。然而,由于他们的 $^{87}Sr/^{86}Sr$ 曲线与所有已知曲线均明显不同,被认为很可能是成岩变化的产物(Hallam and Wignall,1997),因此,他们的假说并未得到其他学者的支持。

Knoll 等(1996)更为系统地阐述了二叠纪末的海洋翻转事件,他们认为这一事件将深海的缺氧和富含 CO_2,H_2S 的有毒水体带到海水表层乃至大气圈,由于海水中二氧化碳含量的灾变性增加,血液中碳酸过多(hypercapnia)便成为使部分海洋生物致死的一个重要机制;Bambach 等(2002)就这一致死机制做了进一步阐述。由于缺乏实际证据,特别是缺乏全球气候变凉的证据,海洋翻转事件究竟是否发生,尚无一致的意见。Knoll 等(1996)提出的假说虽颇受关注,却很少得到采用,以最近发表的 3 篇综述性论文为例,White(2002)、Benton 和 Twitchett(2003)均未引用 Knoll 等(1996)的假说,Erwin 等(2002)虽专门就此进行了讨论,却不赞成海洋翻转的假说。惟有 Lehrmann 等(2003)通过对南盘江盆地二叠-三叠系界线附近礁帽相微生物岩的研究,支持 Knoll 等(1996)的海洋翻转假说。

有关早三叠世古海洋的状况,存在着两种对立的观点,一是由 Isozaki(1994,1997)提出的一潭死水般的静滞海(euxinic)假说,另一种观点则强调大洋混合事件的发生(Kajiwara *et al.*,1994; Kakuwa,1996a,1996b; Ishiga *et al.*,1996; Suzuki *et al.*,1998);目前,静滞海假说得到了较多的支持(Wignall and Twitchett,2002; Erwin *et al.*,2002),而后一种观点尚未引起同行的充分关注。本文认为,解决这一分歧的关键在于如何认识日本西南部深海相二叠-三叠系界线附近黑色炭质粘土岩的氧化-还原性质。

Isozaki(1994,1997)直观地采用岩石颜色的变化来限定缺氧事件,认为深海缺氧事件开始于 Guadalupian 期末灰色硅质岩取代红色硅质岩,而黑色炭质块状粘土岩代表了缺氧事件的顶峰时期,这一观点值得商榷。黑色炭质粘土岩中确实保存有黄铁矿颗粒,但 Kakuwa(1996a)认为,这些黄铁矿是早期成岩作用的产物,不一定反映黑色粘土岩形成时的沉积环境。Kajiwara 等(1994)指出,黑色泥岩并不一定指示缺氧环境,在氧化环境中也可形成。黑色炭质粘土岩中遗迹化石的发现以及与之相关的厚层和块状的层理性质(Kakuwa,1993,1996a,1998; Ishiga,1994)将有助于正确判断当时的氧化还原性质。虽然这些遗迹化石(*Planolites*, *Chondrites*)也见于贫氧相环境,但它们的活动使黑色炭质粘土岩的水平纹层性质受到破坏和改造,表明当时海底的溶解氧水平确实有了比较明显的改善;看来,恰好与 Isozaki 等人(Isozaki,1994,1997; Wignall and Twitchett,2002)的设想相反,当时的泛大洋并非完全地处于一潭死水般的静滞海状态,虽说分层洋状态在二叠-三叠纪之交确实占据主导地位,然而,种种迹象表明,在这一总体背景下,仍然存在着海洋翻转事件和阵发性的洋流循环活动。

可以作为佐证的是,在长兴煤山剖面的 26 层(黑粘土)和 27 层(界线灰岩)也发现有遗迹化石 *Planolites* 和较强的生物扰动现象(Cao and Shang,1998; Wignall and Twitchett,2002),情况与日本深海相的黑色炭质粘土岩颇为类似。Wignall 和 Twitchett(2002)认为,长兴煤山剖面从 24 层至 29 层,先后经历了充氧(24 层)—缺氧(25 层)—充氧(26 层和 27 层)—缺氧(28 层)—充氧(29 层)的变化。看来当时的深海和浅海环境均存在着氧化-还原状况的明显波动,化石证据表明它们的波动近于同时，并可能相互关联，这应当与海洋翻转事件存在着直接关系。当然，由于浅海环境容易与大气进行直接的气体交换，相比之下，它的氧化-还原状况的波动很可能比深海环境更为频繁。Dolenec 等（2001）对斯洛文尼亚西部 Idrijca Valley 二叠-三叠系界线剖面的研究，也发现氧化-还原状况在界线附近得到明显改善的现象。

黑色炭质粘土岩的厚层和块状的性质（Kakuwa，1993，1996a，1998）、C/S 比值特别高和颇低的硫含量（Kajiwara *et al*.，1994）等特征，均与 Wignall 和 Twitchett（2002）所提出的有关缺氧事件的标准不符。况且，这一层位的硫同位素还出现明显的负漂移现象，而有机碳同位素（$\delta^{13}C_{org}$）值却明显上升，呈现正漂移（Ishiga *et al*.，1993），Ishiga 等（1993）推测，这很可能与甲烷菌的活动相关。在 Nakaoi 剖面，黑色炭质粘土岩层中夹有两层透镜体状的黑色白云岩（Kakuwa，1996），本文认为应属微生物成因，可能与硫酸盐还原菌和甲烷菌的活动密切相关（Mazzullo，2000）。Kajiwara 等（1994）证实了黑色粘土岩中硫同位素（$\delta^{34}S$）的负漂移（−41‰～−23‰）现象，并认为这反映了当时深海底部良好的通气和含氧状况，据此他们猜测，在二叠-三叠系界线附近曾发生分层洋突然转变为混合洋的事件，而天体撞击事件则被猜想为这一混合事件的动因。

Lehrmann 等（2003）认为，南盘江盆地二叠-三叠系界线附近的礁帽相微生物岩可能是海洋翻转事件的产物，类似的沉积在东特提斯和西泛大洋广泛分布，它们显然代表着一次异常的古海洋学事件，海洋翻转事件通过上升流将深海的缺氧和富含碳酸盐的高碱度水体带往浅海碳酸盐台地，使微生物岩呈现灾后泛滥之势（详见本书第四章第一节）；而且，类似的状况在南盘江盆地的下三叠统还曾反复出现过多次，表明仍然存在着阵发性的通气事件，这对于我们进一步理解二叠纪末大灭绝后海洋底栖生物复苏的滞后性质也很有帮助。

根据 Van Cappellen 和 Ingall（1996）的研究，缺氧环境不利于磷的沉积埋藏，而黑色炭质粘土岩的一个重要特征恰恰是 P_2O_5 的含量特别高，其 P_2O_5 的含量占岩石化学组成的 0.47%，大大高于正常的平均值（0.13%）（Kakuwa，1996a；Ishiga *et al*.，1996），这一特征不仅与初级生产力的活跃相关，同时也指示较好的含氧状况。有机地球化学研究表明，黑色炭质粘土岩中的干酪根缺乏陆地植物碎屑，它们主要来源于浮游生物，其次是细菌活动（Suzuki *et al*.，1998）。而黑色炭质粘土岩之上的早三叠世硅质粘土岩所含有机质比较贫乏，硫的含量较高，C/S 比值低，$\delta^{34}S$ 值较高（Kajiwara *et al*.，1994；Suzuki *et al*.，1998），P_2O_5 的含量仅占 0.17%（Kakuwa，1996a），以上这些特征均与缺氧环境相吻合。总之，直观地采用岩石颜色的变化来限定缺氧事件是靠不住的，在日本西南部深海相二叠-三叠系界线附近，灰色硅质粘土岩的各方面特征都比黑色炭质粘土岩更好地代表缺氧事件。

根据 Wilde 等（Wilde and Berry，1984；Wilde *et al*.，1990）提出的大洋通气模

式，当高纬度地区海洋表层的水温下降到5℃左右时，其密度即与中纬度暖盐水相同，此时便有可能使大洋循环越过关键的临界值，从而打破原先维持的分层洋状态，启动海洋翻转事件。因此，二叠纪末是否出现冰期并非是海洋翻转事件能否出现的必要前提。翻转事件将深海有毒的缺氧海水上翻到海洋表层的透光带，并随着海侵进入大陆架，再加上高海平面所带来的"等深放大效应"("hypsometric amplifier effect")(Vogt,1989)，从而给各类浅海生物带来极为严重的影响：

(1)缺氧海水上翻使需氧生物的生存空间大大地受到限制，除近岸浅水环境及少数远离上升流活跃的海域(可能的避难所)存活机会较大外，海洋底栖生物大片地集群死亡，这是海洋生物大灭绝中的一个重要致死机制。海洋翻转事件还破坏了原有的海洋环流和水团结构，从而彻底改变了海水原先的物理化学性质，使与之关系比较密切的浮游生物发生集群死亡，放射虫等被动型浮游动物尤其如此。

(2)由于上翻的深层海水中富含 CO_2，与此同时还有大量甲烷水合物的释放和氧化，导致海水中 CO_2 的含量出现灾变性增加，正如 Knoll 等(1996)所指出的，血液中碳酸过多(hypercapnia)或酸毒症便成为使部分海洋生物致死的一个重要机制。与之相伴的是大气 O_2 含量的大幅度下降(Graham *et al.*, 1995; Berner *et al.*, 2000; Berner,2001,2002)，酸中毒缺氧症可能是陆地四足动物的重要致死机制之一(Retallack *et al.*,2003)。

(3)翻转事件使海洋的氧化带、硝酸盐带、硫酸盐带等不同水层的水体迅速混合，致使上翻的海水来不及达到化学平衡，这很可能是二叠-三叠系界线附近广泛出现微量元素地球化学异常(如杨遵仪等,1991; Holser *et al.*,1991; Cai *et al.*, 1992)的重要原因之一。上翻海水中所含有害的重金属，如 Cd,Pb,Hg 等，会导致生物的死亡。一些学者相信海洋微量元素浓度的变化会造成生物的灭绝，即微量元素假说(trace element hypothesis)(Cloud, 1959; Vogt, 1972; Leary and Rampino,1990)，这有可能是大灭绝中的一个致死机制。

(4)翻转事件使氮、磷等养分上翻，这是蓝菌、疑源类、草绿藻等机遇型光合自养生物发生阵发性灾后泛滥的一个重要原因。养分的另一个重要来源是陆表径流，酸雨事件加速了土壤中养分的流失，通过陆表径流带往海洋。

(5)海洋翻转事件与甲烷水合物释放事件一起将大量轻碳带往海洋表层，使碳同位素在二叠纪末出现大幅度的负漂移，并与其他因素(详见上文)一起使全球碳循环的格局在二叠-三叠纪之交出现重大变化(图 4.10.8)。碳、硫、锶等同位素在二叠-三叠系界线附近都出现了异乎寻常的迅速变化，这似乎与海洋翻转事件和大洋循环的重组存在着关联，而与静滞的分层洋模式存在着明显的矛盾。

(八) 海洋缺氧事件及其发生过程和机制

大量事实证明，二叠-三叠纪之交全球范围的海洋，随着"长兴期末"大海退之后的迅速海侵，全球从深海到浅海都广泛出现缺氧事件，这一事件被认为是海洋生物灭绝的主要原因，以 Wignall 和 Hallam 为代表的学者就此做了大量论述(Wignall and Hallam，1992，1993，1996；Hallam，1994；Wignall *et al*.，1995，1998；Wignall and Twitchett，1996，2002；Twitchett and Wignall，1996；Hallam and Wignall，1997；Twitchett，1999)，为此，下面将着重探究海洋缺氧事件的起因、发生过程和机制，对缺氧事件本身则不再赘述。

关于缺氧事件的起因，Wignall 和 Hallam(1993)的解释是，西伯利亚暗色岩事件导致全球气候变暖，使贫氧的温暖而富盐分的底水体(warm saline bottom waters)大量产生；Wignall 和 Twitchett(1996，2002)认为缺氧事件起因于全球气候变暖，通过温度梯度的变弱而导致了大洋循环衰退，最终使海水中溶解氧的浓度降低。Hotinski 等(2001)进一步采用计算机模拟了这一缺氧事件，通过大洋循环的"盐驱动模式"("haline mode")成功地阐述了晚二叠世海洋缺氧事件的形成过程。然而，正如一些学者(Zhang *et al*.，2001)所指出的，由于这个模式固有的不稳定性，分层洋状态和缺氧事件不可能稳定地维持长达 20 Ma；他们还引用了 Kajiwara 等(1994)的硫同位素研究结果，提出当时的大洋循环应当存在着两种不同状态之间的转换变化，即盐驱动模式驱动的大洋缺氧状态和由极区冷水团下沉所驱动的大洋循环之间的转换变化，后者也被称作"热驱动模式"("thermal mode")。无论如何，在长达 20 Ma 的时期内，维持 Hotinski 等(2001)的模式的种种外界条件不可能一成不变，应当强调，二叠-三叠纪转折时期全球的水圈和大气圈发生了一系列重大的灾变事件，地球环境经历了翻天覆地的变化，古大洋根本不可能一直维持晚二叠世由"盐驱动模式"形成的缺氧状态。此外，这一模式与二叠-三叠系界线附近碳、硫、锶等同位素大幅度变化所反映的地球化学循环的重组过程不相吻合。

因此，本文不赞成由 Isozaki(1994，1997)提出，并得到较多学者(如 Wignall and Twitchett，2002；Erwin *et al*.，2002)支持的一潭死水般的静滞海模式。种种证据表明，日本西南部深海相二叠-三叠系界线附近的黑色炭质粘土岩恰恰代表的是泛大洋通气状况较好的时期，而位于其上、下的晚二叠世和早三叠世硅质粘土岩则代表比较典型的缺氧环境。在黑色炭质粘土岩沉积时期，上升流将养分带往海水表层(同时还有大陆风化作用增强的贡献，图 4.10.8)，蓝菌、疑源类、草绿藻等机遇型光合自养生物因此而发生阵发性灾后泛滥，并导致了初级生产力的"过剩"(详见前文)，这很可能是富含有机质的暗色粘土岩在世界许多地区的二叠-三叠系界线附近广泛出现的原因所在。应当指出，硅质粘土岩中的生物标志物与黑色炭质粘土岩存在着明显差别，硅质粘土岩中陆源的豆甾烷(stigmastane)含量比后者高得多，而后者则含有更多与浮游生物相关的胆甾烷(cholestane)(Suzuki *et al*.，1998)；此外，硅质粘土岩的 P_2O_5 的含量大大低于黑色炭质粘土岩，因此，硅质粘土岩沉积时期的海洋初级生产力明显低于黑色炭质粘土岩沉积时期。看来，海洋初级生产力在早三叠世初必定存在着较大的波动，阵发性上升流和陆表径流带来的养分使海洋初级生产力中的机遇型分子出现阵发性的繁盛，即灾后泛滥。

黑色炭质粘土岩之上的早三叠世硅质粘土岩与二叠纪末期的硅质粘土岩之间的区别在于含有较多碎屑物质，生物扰动构造较为常见，同时还出现较多黑色粘土岩夹层，这些夹层的下界均相当分明，上界一般与硅质粘土岩呈渐变接触；生物扰动构造主要见于黑色粘土岩夹层和绿灰色硅质粘土岩，灰色硅质粘土岩中少见(Kakuwa，1996a)。由此推断，在黑色炭质粘土岩之上的硅质粘土岩层位中，泛大洋底部的含氧状况仍然存在着一定幅度的变化。以上事实证明，当时的大洋并不存在长达20 Ma停滞不变的超级缺氧事件，Lehrmann等(2003)对南盘江盆地早三叠世微生物岩的研究也证明阵发性通气事件的存在。

现将本文理解的全球海洋缺氧事件的发生过程和机制叙述如下：茅口期后，随着极区冰盖的消失，冰室气候逐渐转变为温室气候，全球气候变暖，温度梯度变弱，随着深海暖盐水团(warm saline deep waters)的形成，大洋循环衰退，大洋底部的溶解氧得不到充分的补充而逐渐进入缺氧状态，即进入"盐驱动模式"驱动的大洋缺氧状态；另一方面，生物泵通过光合作用从大气和海水表层吸收CO_2并将之转变为有机质而到达海底，细菌的分解作用，尤其是硫酸盐还原菌的活动，使H_2S，HCO^{3-}，CO_2在深海底部得以逐渐聚集；有机碳的大量埋藏(包括陆地上煤炭的大量埋藏及海底甲烷水合物"电容器"的不断扩容)，使晚二叠世的碳同位素($\delta^{13}C$)以高的正值为特征。晚二叠世末西伯利亚CFBs爆发事件后出现的火山冬天重新启动了极区冷水团的下沉，即Wilde等(Wilde and Berry，1984；Wilde *et al.*，1990)阐述的通气模式，在"热驱动模式"主导下，大洋循环趋于活跃，深海底部水域的含氧状况得到一定程度的改善，并由此触发了海洋翻转事件，破坏了原先由溶解氧浓度所主导的各种化学组分的垂直梯度(氧化带、硝酸盐带、硫酸盐带)，使分层洋转变为混合洋；与此同时，以西伯利亚CFBs爆发为代表的全球火山事件还触发了海底甲烷水合物"电容器"的释放事件，甲烷水合物被迅速释放和气化，使得海水上下翻腾、起泡，为混合洋的形成提供了充分的机械能量；正是海洋翻转事件和甲烷水合物释放事件将深层的缺氧水体带往浅海，在向海水表层和大气输送大量轻碳(启动了碳同位素负漂移事件和全球碳循环的重组，详见前文)的同时，也将携带大量CO_2，HCO^{3-}，H_2S和氮、磷等养分，以及具有微量元素异常的有毒深海水体带到浅海水域，这是海洋生物大量灭绝的主要原因之一，同时也是蓝菌、疑源类、草绿藻等机遇型光合自养生物发生阵发性灾后泛滥的一个主要原因。甲烷水合物在气化的同时被迅速氧化，进一步加剧了海洋的缺氧状况，同时也导致大气中氧气含量大幅度下降；而初级生产力的"过剩"使还原相物质(有机碳和硫化物)和缺氧事件在海洋环境得到更为广泛的分布，并使异养型BMC变得极度活跃，尤其是硫酸盐还原菌。总之，将上述 3 种因素（海洋翻转事件、甲烷水合物释放事件、初级生产力的“过剩”和埋藏）有机地结合在一起，便可比较合理地解释二叠-三叠纪之交全球范围从深海到浅海都普遍出现的缺氧事件及还原相的广泛分布（图 4.10.8），同时这也将有助于解释当时碳同位素所出现的极其频繁而复杂的变化，尤其是二叠纪末 $\delta^{13}C$ 值的大幅度负漂移事件。如果将缺氧事件理解为由海洋翻转事件和甲烷水合物释放事件叠加在初级生产力的“过剩”和埋藏这一总体背景之上的灾变事件，也许更符合实际情况。

四、关于大灭绝起因和灭绝机制的探讨

（一）有关二叠纪末不同生态系统灭绝的同时性问题

近年来有关二叠-三叠纪转折时期的生物地层学研究取得了重要进展，一些关键性的标志化石在不同沉积类型的剖面陆续发现，例如，在川东华蓥山和黔南等地的礁相二叠-三叠系界线剖面中，陆续发现 *Hindeodus parvus* 和 *Isarcicella isarcica* 等（详见本书第四章第一节），证明后生动物礁的消亡与非礁相浅海底栖生物的大灭绝基本同时。再如，在日本西南部深海二叠-三叠系界线剖面的黑色炭质粘土岩底部找到 *Hindeodus parvus* 和 *H. minutus*（Yamakita，1999）等，解决了与长兴煤山剖面的对比问题，这将有助于进一步探讨二叠纪末深海和浅海所发生的各类地质和生物事件之间的关系。本节前面已分别一一列举了煤、后生动物礁和放射虫岩的消失与浅海底栖生物在 B 线基本同时灭绝的化石证据，故在此不再赘述（图 4.10.7，并参见图 4.10.1，图 4.10.2，图 4.10.5 和第四章第三节图 4.3.3）。

C 线的情况与 B 线不同，放射虫和后生动物礁均属单幕式灭绝；陆地维管植物的灭绝属双幕式，但其第二幕是否与浅海生物的 C 线灭绝同时，由于缺乏可靠的对比标志，尚不得而知，故图 4.10.7 中滇东黔西的 C 线灭绝以虚线表示，并加以问号，以示疑问。二叠-三叠纪过渡性质的植物群的消失也许是一个渐变和穿时的过程。

Erwin（1993）认为，二叠-三叠纪之交大灭绝的发生不可能由单一原因造成，应当是一系列灾变事件综合作用的结果。一般而言，这一观点并没有什么不对，然而，这些地质事件的后果和影响不可能相同，它们也许在成因上有主次之分，在间上有先后之分；有的事件可能由别的事件引发，如果将它们同等看待，那恐怕就无法抓住问题的关键。努力寻找这些灾变事件之间可能存在的成因联系是解开大灭绝之谜的一个重要环节。

（二）关于大灭绝起因的两点推论

20 世纪 90 年代以来，随着华南以长兴煤山为代表的大量界线剖面的精深研

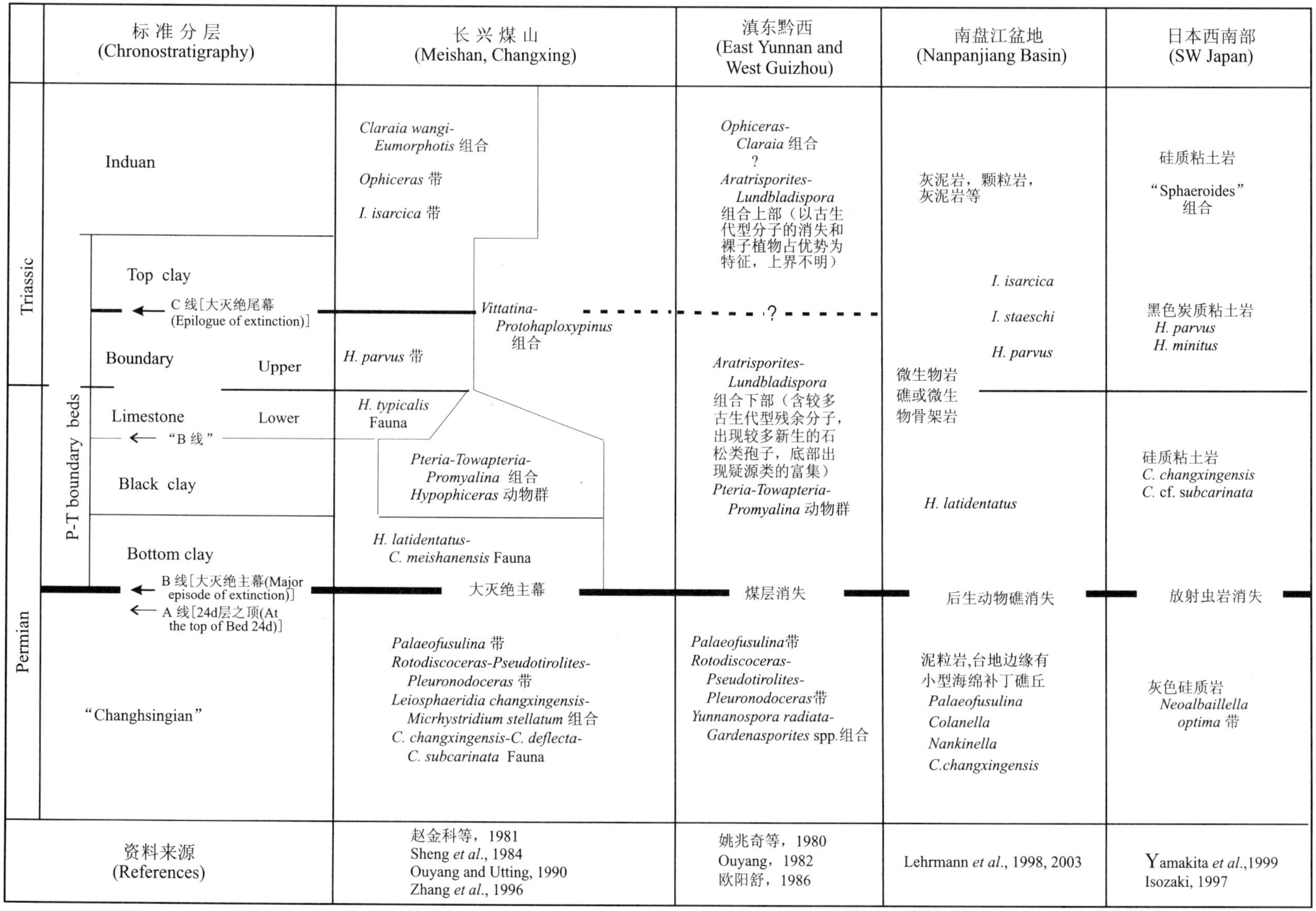

标准分层 (Chronostratigraphy)	长兴煤山 (Meishan, Changxing)	滇东黔西 (East Yunnan and West Guizhou)	南盘江盆地 (Nanpanjiang Basin)	日本西南部 (SW Japan)
Triassic: Induan	*Claraia wangi-Eumorphotis* 组合 *Ophiceras* 带 *I. isarcica* 带	*Ophiceras-Claraia* 组合 ? *Aratrisporites-Lundbladispora* 组合上部（以古生代型分子的消失和裸子植物占优势为特征，上界不明）	灰泥岩，颗粒岩，灰泥岩等	硅质粘土岩 "Sphaeroides"组合
P-T boundary beds: Top clay ← C 线[大灭绝尾幕 (Epilogue of extinction)]	*Vittatina-Protohaploxypinus* 组合	?	*I. isarcica* *I. staeschi* *H. parvus*	黑色炭质粘土岩 *H. parvus* *H. minitus*
Boundary Limestone: Upper	*H. parvus* 带	*Aratrisporites-Lundbladispora* 组合下部（含较多古生代型残余分子，出现较多新生的石松类孢子，底部出现疑源类的富集）	微生物岩礁或微生物骨架岩	
Boundary Limestone: Lower ← "B 线"	*H. typicalis* Fauna			硅质粘土岩 *C. changxingensis* *C.* cf. *subcarinata*
Black clay	*Pteria-Towapteria-Promyalina* 组合 *Hypophiceras* 动物群	*Pteria-Towapteria-Promyalina* 动物群	*H. latidentatus*	
Bottom clay	*H. latidentatus-C. meishanensis* Fauna			
← B 线[大灭绝主幕(Major episode of extinction)] ← A 线[24d层之顶(At the top of Bed 24d)]	大灭绝主幕	煤层消失	后生动物礁消失	放射虫岩消失
Permian: "Changhsingian"	*Palaeofusulina* 带 *Rotodiscoceras-Pseudotirolites-Pleuronodoceras* 带 *Leiosphaeridia changxingensis-Micrhystridium stellatum* 组合 *C. changxingensis-C. deflecta-C. subcarinata* Fauna	*Palaeofusulina*带 *Rotodiscoceras-Pseudotirolites-Pleuronodoceras*带 *Yunnanospora radiata-Gardenasporites* spp.组合	泥粒岩,台地边缘有小型海绵补丁礁丘 *Palaeofusulina* *Colanella* *Nankinella* *C.changxingensis*	灰色硅质岩 *Neoalbaillella optima* 带
资料来源 (References)	赵金科等，1981 Sheng *et al.*, 1984 Ouyang and Utting, 1990 Zhang *et al.*, 1996	姚兆奇等，1980 Ouyang，1982 欧阳舒，1986	Lehrmann *et al.*, 1998, 2003	Yamakita *et al.*,1999 Isozaki, 1997

图 4. 10. 7 代表不同生态系统的 **4** 条剖面的二叠-三叠系界线层之间的对比和三大生产力类型同时出现间断

Figure 4. 10. 7 Correlation of the Permian-Triassic boundary beds of four important sections showing the simultaneity of the end-Permian mass extinctions in different ecosystems and the three major gaps (coal gap, metazoan reef gap, and chert gap)

究，以及华南以外越来越多界线剖面的发现和研究，二叠-三叠纪之交事件地层学方面的研究取得了许多进展，年代地层格架与生物地层、岩石地层、磁性地层、化学地层（尤其是碳同位素）和事件地层之间的关系逐渐明朗，从而使整个大灭绝事件的轮廓和过程逐渐变得清晰。最近，一些学者已分别对此做了很好的总结（如 Erwin *et al*.，2002；White，2002；Benton and Twitchett，2003）。

如上所述，在古、中生代的转折关头全球发生了一系列重大的灾变事件，给当时所有的生态系统都带来巨大灾难，诸如大气污染事件、酸雨事件、气温和海表水温的大幅度升降变化等，海底缺氧、高碳酸血症（海洋动物）、酸中毒缺氧症（陆地四足动物）、微量元素异常等都有可能是大灭绝事件中的重要致死机制。鉴于这一系列灾变事件基本上都发生在与长兴煤山剖面二叠-三叠系界线层相当的时期（约 0.7 Ma）内，且最集中发生在大致与 25 层相当的层位，探索它们之间可能存在的内在联系便成为追寻这次大灭绝的起因、过程和机制的一个重要环节。既然现已确认不同生态系统在二叠纪末的灭绝基本同时，种种迹象表明它们可能存在着一个共同的起因，为此有必要提出以下两条推论：

推论 1　虽说全球已知所有生态系统在二叠-三叠纪之交都发生了集群灭绝，但它们的环境大不相司，不同环境的生物具体灭绝原因和过程不可能相同，不同生态系统发生灭绝的机制也不会一样。例如，陆地生物的灭绝原因不同于海洋生物，即使同为陆地生物（或海洋生物），灭绝的具体原因也不尽相同。没有任何单一的灭绝机制能够合理解释全球生物在二叠-三叠纪之交出现的极其复杂的灭绝过程。

推论 2　由于全球不同生态系统的大灭绝均始于二叠纪末期（B 线），就地质时间而言，几乎同时发生，且种种证据表明，二叠纪末全球确实发生了一系列时间相近并相互存在一定联系的地质事件和生物事件，推测这些事件可能存在着一个共同的起因，即由它在水圈和大气圈迅速触发一系列全球规模的气候和环境灾变事件，并在全球的海洋、陆地和淡水环境同时造成了广泛而深刻的集群灭绝事件。

（三）关于大灭绝起因和灭绝机制的推测

根据以上推论，在二叠-三叠纪之交发生的一系列地质事件和生物事件中，应当存在着一个起主导作用的事件，只有它才是大灭绝的真正元凶。目前，大多数学者（如 Racki and Wrzolek，2001；Erwin *et al*.，2002；Benton and Twitchett，2003；Erwin，2003；Alvarez，2003）都将目光集中到小天体撞击事件（如 Becker，2002）或西伯利亚 CFBs 爆发事件（如 Renne *et al*.，1995；Kamo *et al*.，2003）上，或两者兼而有之（Racki and Wrzolek，2001）。Olsen 等（2002）指出，二叠-三叠纪之交、三叠-侏罗纪之交和白垩-第三纪之交这三大灭绝恰好与显生宙 3 次最大的喷溢玄武岩事件吻合，如此好的相关性恐非偶然；况且后两次还很可能伴有撞击事件，其中白垩纪末撞击事件证据确凿，喷溢玄武岩事件的灾难效应很可能因撞击事件得到加强。

他们对撞击事件诱发喷溢玄武岩事件的可能性颇为青睐，只可惜撞击动力学模型难以解释这种可能性，故大有难以割舍之感。很多学者都对撞击诱发说提出了异议（Courtillot *et al.*，1996；Melosh，2000；Ivanov and Melosh，2003；Glikson，2003）。

Boslough 等(1996)假设，小天体的撞击所释放的巨大能量通过地震波的形式在地球的另一端汇聚，促使原已存在的地幔柱活动进一步增强，从而形成超级地幔柱熔岩流；Jones 等(2002)的假说却主张由撞击直接导致陨石坑下的岩石圈减压熔融并引发地幔柱的喷发活动，陨石坑等陨击的痕迹则被火山活动自动消除，他们认为这一假说可以合理地解释为什么显生宙以来地球上迄今未发现直径大于 200 km 以上的陨石坑。若情况果真如此，尽管陨石坑的痕迹已被消除，但撞击事件形成的大量示踪物仍应广布世界各地，如冲击变形石英、以铱为代表的铂族元素异常等，可惜的是，在二叠-三叠系界线附近，真正能证明是专属撞击事件示踪物的证据并不充分，与白垩-第三纪界线相比尤其如此。

Price(2001)认为，所有的 CFBs 都由大型撞击事件启动，后者的发生应当略早于玄武岩的喷发。目前将撞击事件与喷溢玄武岩和生物大灭绝事件联系在一起的最有力证据来自白垩-第三系界线，然而，Bhandari 等(1995)发现，在印度 Anjar 白垩-第三系界线附近的铱异常层位之下，还存在 3 层玄武岩流，据此他们对德干暗色岩的撞击起因说提出了质疑。Courtillot 等(2000)证实铱异常的层位确实夹在德干玄武岩中间，并在同位素测年和磁性地层学研究的基础上提出，德干暗色岩的喷发始于白垩-第三系界线之下，早于撞击事件。Ravizza 和 Peucker-Ehrenbrink (2003)采用锇同位素研究，再次证明德干玄武岩的喷发早于撞击事件。可见，两者不大可能存在成因联系，这就给地幔柱的撞击起因假说带来更多的疑问(Kerr，2003)。

20 世纪 90 年代，曾有学者主要依据对华南二叠-三叠系界线层岩石的元素地球化学研究，提出了火山作用和撞击事件的混合成因模式，并猜想过由撞击事件引发大规模火山活动的可能性或干脆就是两个事件的偶然巧合（周瑶琪等，1991；Chai *et al.*，1992）。Hallam 和 Wignall(1997：131)认为这一观点简直是不可思议。无论如何，这一假说是否成立，尚需更多实际证据的支持，特别是陨击事件方面的证据。陨击事件是真正意义上的瞬间事件，例如，由它造成的全球气候变凉事件至多只能延续 3 年或更长一些（Kring *et al.*，1996；Kring，2000；Mukhopadhyay *et al.*，2001），Pope 等(1994，1997，1998)认为可持续 8～13 年，一般不大可能在地质记录上留下明显的痕迹。另一方面，大型火山作用对全球气候和生态系的影响则根据火山活动延续时间的长短，有可能持续上千年甚至更长，这就有可能在地质记录中留下痕迹。就目前所知，西伯利亚 CFBs 爆发事件确确实实发生过，而且，其时代范围与二叠-三叠纪之交的大灭绝完全重合（Kamo *et al.*，2003），这绝非偶然巧合;另一方面,对于小天体的撞击事件是否发生却还存在着种种疑问。总之,无论从哪一个角度看,西伯利亚 CFBs 事件对大灭绝的影响不容低估。

如本节导言所述,二叠纪末大灭绝的突变性质目前在学术界得到了普遍认同,这似乎使不少学者更倾向于撞击说的观点,Poreda 和 Becker(2003)相信,只有撞击事件才能合理解释灭绝的突然性。其实不然,对生态系统和气候系统的动态研究都证明,只要有某种外界事件的诱发,它们从一种状态向对立状态的转变往往是突然的,有时甚至是灾变性的(May,1977; Crowley and North,1988; Scheffer *et al*.,2001; Scheffer and Carpenter,2003)。由此看来,撞击事件并非突然性灭绝的必要前提,地内事件同样可以造成生物的突然灭绝。

值得注意的是,超大型火山事件和撞击事件的灾难效应具有颇多相似之处(Officer *et al*.,1987; Kring,2000),正如 Becker(2002)所指出的,两者都将大量有毒污染物,如撞击尘或火山灰,SO_2,CO_2 等抛入大气层,引起剧烈的气候变动和环境恶化,火山冬天和撞击冬天(McKinnon,1992; Pope *et al*.,1994)或 Alvarez 等(1980)叙述的撞击事件后的"核冬天"确实非常相似。Keller(2003)认为,目前实际上无法对两者的灾难效应加以区分。Retallack(1996)指出,撞击事件可形成硝酸(另见 Prinn and Fegley,1987; MacDougall,1988; Zahne,1990; Courtillot,1990),硫酸主要来自火山。而撞击事件的硫排放量则主要取决于小天体本身的含硫量(Kring *et al*.,1996)和所撞击靶点的岩层中的硫含量,例如,白垩纪末撞击事件对蒸发岩的汽化作用(Pope *et al*.,1997)。撞击尘或火山灰的蔽光效应曾一度被认为是一个重要的灭绝机制,最近,一些学者先后对此提出不同意见,例如,Pope(2002)对 Alvarez 等(1980)有关撞击尘的蔽光效应导致光合作用停止和全球食物链崩溃的假说提出质疑,他认为撞击尘中亚微米级颗粒所占比例甚小,硫酸气悬体和烟灰(soot)可能在白垩纪末大灭绝中起更大的作用,撞击尘并非灭绝的主要原因所在。如前所述,这和火山灰在大气圈中滞留时间不长的道理是一样的。

应当强调,诸如西伯利亚超大型熔岩流喷发之类的火山事件所导致的生态灾难,绝不亚于大型撞击事件,两者的最大区别在于时间尺度,撞击事件是真正意义上的瞬间事件。例如,由撞击事件造成的气候变凉效应只有几年时间,恐怕很难在地质记录中留下痕迹;而西伯利亚暗色岩的主要喷发期已确定为 251.7±0.4 Ma 至 251.1±0.3 Ma 期间,延续时间长约 0.6 Ma(Kamo *et al*.,2003),再加上整个喷发活动又由无数次小的喷发事件组成(详见上文),因此,与撞击事件相比,它的灾难效应更为长期而持续。更重要的是,西伯利亚暗色岩事件与二叠-三叠系界线附近发生的一系列地质事件和生物事件之间的同时性和相关性基本得到确认(详见前文),因此,本文认为,以西伯利亚暗色岩爆发和华南硅质火山活动等为代表的岩石圈地质事件可能是大灭绝的真正元凶,并因之而在水圈和大气圈诱发了一系列气候和环境的灾变事件,给生物圈带来巨大的灾难,分别波及到地球上所有的生态系统,导致海洋和陆地等不同环境的生物同时大量灭绝。

图 4.10.8 展示了本文对二叠-三叠纪之交生物大灭绝的起因及其与当时所发生的一系列地质事件和生物事件之间成因联系的推测。从图中可以看出,正是西伯利亚暗色岩爆发、华南硅质火山活动和东澳大利亚等火山事件叠加后进一步得到放大的灾难效应,触发了一系列全球规模的突发性环境灾变事件,从而分别影响到全球所有的生态系统,并在不同环境造成了一系列集群灭绝事件。

推测使陆地生态系统发生大灭绝的元凶是大气污染事件、酸雨和古气候格局的巨变(先凉后暖);酸雨必定对陆地植被和淡水生态系统造成极其严重的危害,而海洋却因其本身所具备的巨大缓冲能力,所受损害相对较小。陆地脊椎动物的灭绝原因与陆地植物不完全相同,与之相关的灭绝机制除酸雨和古气候格局的巨变外,由植物灭绝所导致的食物链破坏应当是一个重要原因;大气中氧气浓度的大幅度下降和有害气体的大量增加使酸中毒缺氧症(与高山病相似)成为致四足动物于死地的另一机制(Retallack *et al.*, 2003),同时也使海洋生态系统面临深刻的危机(Weidlich *et al.*,2003)。

推测造成海洋生物灭绝的主要机制可能是海洋翻转事件、甲烷水合物释放事件、缺氧事件以及古气候格局的巨变等,这其中根据生物类型的不同具体的灭绝原因又各有不同。以前述的三大生产力间断为例,它们发生间断的原因和机制显然各不相同:全球气候变凉事件很可能是最初促使后生动物礁开始消亡的触发机制之一(方宗杰,1997),前述一系列古海洋学事件当然也是造成后生动物礁间断的重要原因;成煤植物群的消失和长达 14 Ma 的全球无煤期则主要由酸雨事件和古气候格局的巨变造成;而放射虫的大灭绝和全球层状硅质岩间断的出现也许与海洋翻转事件、甲烷水合物释放事件及缺氧事件密切相关。图 4.10.8 中所提及的各个事件均已在前文中分别一一述及,故在此不再赘述。

尽管造成不同环境生物灭绝的原因和机制明显不同,但所有这些原因和机制却都源于同一个全球性灾变事件,即以西伯利亚暗色岩为代表的全球性火山集群喷发事件(图 4.10.8),二叠纪末陆地和海洋生物的大灭绝几乎同时,其基本原因正在于此。

根据目前掌握的资料,包括西伯利亚 CFBs 爆发和华南硅质火山活动在内的全球性集群火山事件的发生是确凿无疑的,而地外天体的撞击事件是否发生仍疑问颇多,故本文在图 4.10.8 中比较明确地采用了火山说。如前所述,超大型火山事件和撞击事件的灾难效应非常相似,因此,如果将图 4.10.8 中的"西伯利亚喷溢玄武岩和全球火山活动"改换成"地外天体的撞击事件",图 4.10.8 的基本格局,即其中这些地质事件和生物事件之间的基本关系在总体上似乎不会发生太大变化;只是,单纯由撞击事件所造成的气候变凉效应仅可延续几年,这是否足以使肋木、水韭、鳞羊齿、耳菊石、克氏蛤等北半球动、植物分子在二叠纪末期如此快地突破原

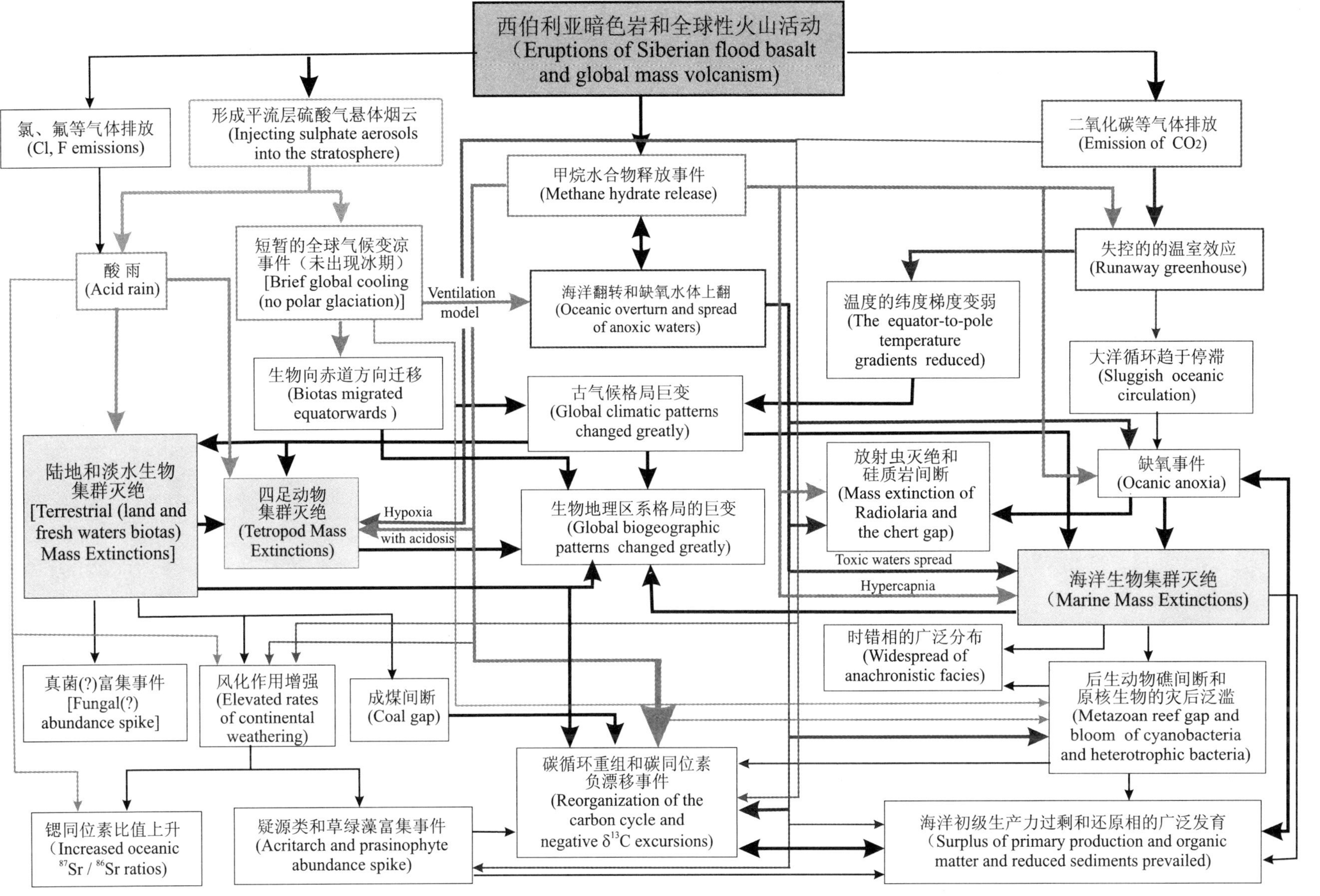

图 4.10.8 关于二叠-三叠纪之交生物大灭绝的起因及其和主要灾变事件间成因联系的推测

Figure 4.10.8 The postulated cause-and-effect links between catastrophic events and mass extinctions caused by the Siberian flood basalt eruptions and global mass volcanism across the Permian-Triassic transition

先的古气候隔障，越过赤道热带区，完成向南半球的散布迁移，还存在着较多疑问。此外，一些较长期的灾难效应，如“成煤间断”、“后生动物礁间断”等等，以及大灭绝后是否一定会造成如此漫长的残存期，这些均不十分肯定。即使今后发现更有力的证据，证明撞击事件确实发生，那么，这次大灭绝就可能是撞击事件和超大型火山事件共同作用的结果，然而，其首要元凶似乎更可能是超大型火山事件，撞击事件则是其最重要的帮凶，这一意见恰好与Lubick(2001)的观点相反。

致　谢　本文得到国家重大基础研究发展规划项目(G200077708)的资助。戎嘉余对本文提出宝贵意见，欧阳舒审阅手稿中与植物界灭绝问题相关部分的讨论，特此一并致谢。

参考文献

Abbott D H, Isley A E. 2002a. The intensity, occurrence, and duration of superplume events and eras over geological time. Journal of Geodynamics, 34: 265～307

Abbott D H, Isley A E. 2002b. Extraterrestrial influences on mantle plume activity. Earth and Planetary Science Letters, 205: 53～62

Abbott D H, Isley A E. 2003. Reply to Comment on 'Extraterrestrial influences on mantle plume activity' by Andrew Glikson. Earth and Planetary Science Letters, 215: 429～432

Afonin S A, Barinova S S, Krassilov V A. 2001. A bloom of Tympanicysta Balme (green algae of zygnematalean affinities) at the Permian-Triassic boundary. Geodiversitas, 23(4): 481～487

Ali J R, Thompson G M, Song Xieyan, Wang Yunliang. 2002. Emeishan basalts (SW China) and the 'end-Guadalupian' crisis: magnetobiostratigraphic constraints. Journal of the Geological Society, London, 159: 21～29

Alvarez L W, Alvarez W, Asaro F, Michel H V. 1980. Extraterrestrial cause for the Cretaceous-Tertiary extinction. Sciecne, 208: 1 095～1 108

Alvarez W. 2003. Comparing the evidence relevant to impact and flood basalt at times of major mass extinctions. Astrobiology, 3(1): 153～161

Alvarez W, O'Connor D. 2002. Permian-Triassic boundary in the southwestern United States: Hiatus or continuity? In: Koeberl C, MacLeod K G, eds. Catastrophic Events and Mass Extinctions: Impacts and Beyond. Geological Society of America Special Paper, 356: 385～393

Archangelsky S. 1996. Aspects of Gondwana paleobotany: gymnosperms of the Paleozoic-Mesozoic transition. Review of Palaeobotany and Palynology, 90: 287～302

Aristov D S. 2003. Revision of the family Tomiidae (Insecta: Grylloblattida). Paleontological Journal, 37(1): 31～38

Arndt N, Chauvel C, Czamanske G, Fedorenko V. 1998. Two mantle sources, two plumbing systems: tholeiitic and alkaline magmatism of the Maymecha River basin, Siberian flood volcanic province. Contributions to Mineralogy and Petrology, 133(3):297～313

Asaro F, Alvarez L W, Alvarez W, Michel H V. 1982. Geochemical anomalies near the Eocene/Oligocene and Permian/Triassic boundaries. In: Silver L T, Schultz P H, eds. Geological Implications of Impact of Large Asteroids and Comets on the Earth. Geological Society of

America Special Paper, 190: 517～528

Bai Junfeng, Yang Shouren. 1996. A synthetical study on Permo-Triassic boundary of Tieshikou section in Xinfeng County, Jiangxi Province. Acta Scientiarum Naturalium Universitatis Pekinensis, 32(4): 456～465 (in Chinese with English abstract) [白俊峰, 杨守仁. 1996. 江西信丰铁石口剖面二叠-三叠系界线综合研究. 北京大学学报(自然科学版), 32(4): 456～465]

Bains S, Corfield R M, Norris R D. 1999. Mechanisms of Climate Warming at the End of the Paleocene. Science, 285: 724～727

Balme B E. 1970. Palynology of Permian and Triassic strata in the Salt Range and Surghar Range, West Pakistan. In: Kummel B, Teichert C, eds. Stratigraphic and Boundary Problems: Permian and Triassic of West Pakistan. Department of Geology, University of Kansas, Special Publication, 4: 305～474

Balme B E. 1979. Palynology of Permian-Triassic boundary beds at Kap Stosch, East Greenland. Meddelelser ϕm Grϕnland, 200(6): 1～37

Balme B E. 1995. Fossil in situ spores and pollen grams: an annotated catalogue. Review of Palaeobotany and Palynology, 87: 81～323

Balme B E, Helby R J. 1973. Floral modifications at the Permian-Triassic boundary in Australia. In: Logan A, Hills L V, eds. The Permian and Triassic Systems and Their Mutual Boundary. Memoirs of Canadian Scciety of Petroleum Geologists, 2: 433～444

Bambach R K, Knoll A H, Sepkoski J J, Jr. 2002. Anatomical and ecological constraints on Phanerozoic animal diversity in the marine realm. Proceedings of the National Academy of Sciences, USA, 99(10): 6 854～6 859

Banerji J. 1997. Floral change across the Permian-Triassic boundary in Damodar and Auranga Valleys. The Palaeobotanist, 46: 97～100

Basu A R, Petaev M I, Poreda R J, Jacobsen S B, Becker L. 2003. Chondritic meteorite fragments associated with the Permian-Triassic boundary in Antarctica. Science, 302: 1 388～1 392

Baud A, Atudorei V, Sharp Z. 1996. Late Permian and Early Triassic evolution of the northern Indian margin: carbon isotope and sequence stratigraphy. Geodynamica Acta, 9(2): 57～77

Baud A, Magaritz M, Holser W T. 1989. Permian-Triassic of the Tethys: carbon isotope studies. Geologische Rundschau 78: 649～677

Beauchaump B, Baud A. 2002. Growth and demise of Permian biogenic chert along northwest Pangea: evidence for end-Permian collapse of thermohaline circulation. Palaeogeography, Palaeoclimatology, Palaeoecology, 184: 37～63

Becker G. 2002. Palaeozcic Ostracoda: The standard classification scheme. Neues Jahrbuch fur Geologie und Palaontolcgie Abhandlungen, 226(2): 165～228

Becker G. 2003. The Superfamily Kirkbyacea Ulrich & Bassler, 1906. 10. Family Amphissitidae Knight, 1928. The "Amphissites group". Neues Jahrbuch fur Geologie und Palaontologie Abhandlungen, (4): 244～256

Becker L. 2002. Repeated blows. Scientific American, 286(3): 76～83

Becker L, Poreda R J, Bunch T E. 2000. Fullerenes: An extraterrestrial carbon carrier phase for noble gases. Proceedings of the National Academy of Sciences, USA, 97: 2 979～2 983

Becker L, Poreda R J, Hunt A G, Bunch T E, Rampino M. 2001. Impact event at the Permian-Triassic boundary: Evidence from extraterrestrial noble gases in fullerenes. Science, 291: 1 530～1 533

Beerling D J, Lomas M R, Grocke D R. 2002. On the nature of methane gas-hydrate dissociation during the Toarcian and Aptian oceanic anoxic events. American Journal of Science, 302: 28～49

Benton M J. 1990. Mass extinctions in the fossil record of Late Palaeozoic tetrapods. In: Kaufman E

G, Walliser O H, eds. Extinction Events in Earth History. Heidelberg: Springer-Verlag. 239～251

Benton M J. 1995. Diversification and Extinction in the history of life. Science, 268: 52～58

Benton M J, Twitchett R J. 2003. How to kill (almost) all life: the end-Permian extinction event. Trends in Ecology and Evolution, 18(7): 358～365

Berner R A. 2001. Modeling atmospheric O_2 over Phanerozoic time. Geochimica et Cosmochimica Acta, 65(5): 685～694

Berner R A. 2002. Examination of hypotheses for the Permo-Triassic boundary extinction by carbon cycle modeling. Proceedings of the National Academy of Sciences, USA, 99(7): 4 172～4 177

Berner R A, Petsh S T, Lake J A. Beerling D J, Popp B N, Lane R S, Laws E A, Westley M B, Cassar N, Woodward F I, Quick W P. 2000. Isotope fractionation and atmospheric oxygen: implications for Phanerozoic O_2 evolution. Science, 287: 1 630～1 633

Berner R A, Raiswell R. 1983. Burial of organic carbon and pyrite surfur in sediments over Phanerozoic time: a new theory. Geochimica et Cosmochimica Acta, 47: 855～862

Berner R A, Raiswell R. 1984. C/S method for distinguishing freshwater from marine sedimentary rocks. Geology, 12: 365～368

Bestougeff M A. 1980. Summary of world coal resources and reserves. 26th International Geological Congress, Paris, Colloquia, C-2, 35: 353～366

Bhandari N, Shukla P N, Azmi R Z. 1992. Positive europium anomaly at the Permo-Triassic boundary, Spiti, India. Geophysical Research Letters, 19: 1 531～1 534

Bhandari N, Shukla P N, Ghevariya Z G, Sundaram S. 1995. Impact did not trigger Deccan volcanism: evidence from Anjar K/T boundary intertrappean sediments. Geophysical Research Letters, 22: 433～436

Bharadwaj D C. 1975. Palynology in biostratigraphy and Palaeontology of Indian Lower Gondwana formations. The Palaeobotanist, 22: 150～157

Bice K L, Marotzke J. 2002. Could changing ocean circulation have destabilized methane hydrate at the Paleocene/Eocene boundary? Paleoceanography, 17(2): 10.1029/2001PA000678

Blome C D, Reed K M. 1992. Permian and Early(?) Triassic radiolarian faunas from the Grindstone terrane, Central Oregon. Journal of Paleontology, 66(3): 351～383

Boslough M B, Chael E P, Trucano T G, Crawford D A, Campbell D L. 1996. Axial focusing of impact energy in the Earth's interior: A possible link to flood basalts and hotspots. Geological Society of America Special Paper, 307: 541～550

Bottjer D J, Hagadorn J W, Dornbos S Q. 2000. The Cambrian substrate revolution. GSA Today, 10(9): 1～7

Bottjer D J, Schubert J K, Droser M L. 1996. Comparative evolutionary palaeoecology: Assessing the changing ecology of the past. Geological Society of London, Special Publication, 102: 1～13

Boven A, Pasteels P, Punsalan L E, Liu J, Luo X, Zhang W, Guo Z, Hertogen J. 2002. Ar/Ar geochronological constrains on the age and evolution of the Permo-Triassic Emeishan volcanic province, southwest China. Journal of Asian Earth Sciences, 20: 157～175

Bowring S A, Erwin D H, Isozaki Y. 1999. The tempo of mass extinction and recovery: The end-Permian example. Proceedings of the National Academy of Sciences, USA, 96: 8 827～8 828

Bowring S A, Erwin D H, Jin Y G, Martin M W, Davidak K, Wang W. 1998. U/Pb zircon geochronology and tempo of the end-Permian Mass Extinction. Science, 280: 1 039～1 045

Braun T, Osawa E, Detre C, Toth I. 2001. On some analytical aspects of the determination of fullerenes in samples from the Permian-Triassic boundary layers. Chemical Physics Letters, 348: 361～362

Brewer P G, Paull C K, Peltzer E T, Ussler Ⅲ W, Rehder G, Friederich G. 2002. Experimental evidence for rapid transfer of gas-hydrate from the sea floor to the ocean surface. Geophysical Research Letters, 29(22): 2 081, doi:10.1029/2002GL014727

Broecker W S, Peacock S. 1999. An ecologic explanation for the Permo -Triassic carbon and surfur isotope shifts. Global Biogeochemical Cycles, 13(4): 1 167～1 172

Broglio -Loriga C, Cassinis G. 1992. The Permo -Triassic boundary in the Southern Alps (Italy) and in adjacent Periadriatic regions. In: Sweet W C, Yang Zunyi, Dickins J M, Yin Hongfu, eds. Permo -Triassic Events in the Eastern Tethys. Cambridge: Cambridge University Press. 78～97

Brookfield M E, Twitchett R J, Goodings C. 2003. Palaeoenvironments of the Permian-Triassic transition sections in Kashmir, India. Palaeogeography, Palaeoclimatology, Palaeoecology, 198 (3-4): 353～371

Burke W H, Denison R E, Hetherington E A, Koepnik R B, Nelson H F, Otto J B. 1982. Variation of seawater $^{87}Sr/^{86}Sr$ throughout Phanerozoic time. Geology, 10: 516～519

Burns S J, McKenzie J A, Vasconcelos C. 2000. Dolomite formation and biogeochemical cycles in the Phanerozoic. Sedimentology, 47: 49～61

Buseck P R. 2002. Geological fullerenes: review and analysis. Earth and Planetary Science Letters, 203: 781～792

Campbell I H, Czamanski G K, Fedorenko V A, Hill R I, Stepanov V. 1992. Synchronism of the Siberian Traps and the Permian-Triassic Boundary. Science, 258: 1 760～1 763

Canfield D E, Raiswell R. 1999. The evolution of the sulfur cycle. American Journal of Science, 29: 697～723

Cantrill D J, Webb J A. 1998. Permineralized pleuromeid lycopsid remains from the Early Triassic Arcadia Formation, Queensland, Australia. Review of Palaeobotany and Palynology, 102: 189～211

Cao Changqun, Shang Qinghua. 1998. Microstratigraphy of Permo-Triassic transition sequence of the Meishan section, Zhejiang, China. In: Jin Yugan, Wardlaw B R, Wang Yue, eds. Permian Stratigraphy, Events and Resources, Paleoworld, 9: 147～152

Cao C Q, Wang W, Jin Y G. 2002. Carbon isotopic excursions across the Permian-Triassic boundary in the Meishan section, Zhejiang Province, China. Chinese Science Bulletin, 47(13): 1 125～1 129

Caprarelli G, Leitch E C. 1998. Magmatic changes during the stabilisation of a cordilleran fold belt: the Late Carboniferous-Triassic igneous history of eastern New South Wales, Australia. Lithos, 45: 413～430

Casey R E. 1971. Radiolarians as indicators of past and present water-masses. In: Funnell B M, Riedel W R, eds. The Micropalaeontology of Oceans. Cambridge: Cambridge University Press. 331～341

Casey R E. 1977. The ecology and distribution of Recent Radiolaria. In: Ramsay A J S, ed. Oceanic Micropalaeontology, 2. London: Academic Press. 809～845

Chai Chifang, Zhou Yaoqi, Mao Xueying, Ma Shulan, Ma Jianguo, Kong Ping, He Jinwen. 1992. Geochemical constraints on the Permo -Triassic boundary event in South China. In: Sweet W C, Yang Zunyi, Dickins J M, Yin Hongfu, eds. Permo -Triassic Events in the Eastern Tethys. Cambridge: Cambridge University Press. 158～168

Chao Kingkoo. 1965. The Permian ammonoid-bearing formation of South China. Scientia Sinica, 14 (12): 1 813～1 825

Chen Deqiong, Shi Congguang. 1982. Permian Ostracoda from Nantong, Jiangsu and from Mianyang, Hubei. Bulletin of Nanjing Institute of Geology and Palaeontology, Academia Sinica,

4: 105～152 (in Chinese with English summary) [陈德琼，施从广. 1982. 江苏南通、湖北沔阳晚二叠世晚期介形类. 中国科学院南京地质古生物研究所丛刊，第 4 号: 105～152]

Chengdu Institute of Geology and Mineral Resources, ed. 1983. Paleontological Atlas of Southwest China, Volume of Microfossils. Beijing: Geological Publishing House. 7～202 (in Chinese) [成都地质矿产研究所编. 1983. 西南地区古生物图册，微体古生物分册. 北京: 地质出版社. 7～202]

Chen J S, Chu X L, Shao M R, Zhong H. 1991. Carbon isotope study of the Permian-Triassic boundary sequences in China. Chemical Geology, 89: 239～251

Chen Zhongqiang, Jin Yugan, Shi G R. 1998. Permian transgression-regression sequences and sea-level changes of South China. Proceedings of the Royal Society Victoria, 110: 345～367

Chijiwa T, Arai T, Sugai T, Shinohara H, Kumazawa M, Takano M, Kawakami S. 1999. Fullerenes found in the Permo-Triassic mass extinction period. Geophysical Research Letters, 26 (6): 767～770

Chung S L, Jahn B M. 1995. Plume-lithosphere interaction in generation of the Emeishan flood basalts at the Permian-Triassic boundary. Geology, 23: 889～892

Cirilli S, Radrizzani C P, Ponton M, Radrizzani S. 1998. Stratigraphical and palaeoenvironmental analysis of the Permian-Triassic transition in the Baldia Valley (Southern Alps, Italy). Palaeogeography, Palaeoclimatology, Palaeoecology, 138: 85～113

Clark D L, Wang Cheng-yuan, Orth C J, Gilmore J S. 1986. Conodont survival and low Iridium abundances across the Permian-Triassic boundary in South China. Science, 233: 984～986

Claypool G E, Holser W T, Kaplan I R, Sakai H, Zak I. 1980. The age curves of sulfur and oxygen isotopes in marine sulfate, and their mutual interpretation. Chemical Geology, 28: 199～260

Cleal CJ. 1993. Pteridophyta and Gymnospermophyta. In: Benton M J, ed. The Fossil Record 2. London: Chapman and Hall. 779～808

Cloud P E, Jr. 1959. Paleoecology—retrospect and prospect. Journal of Paleontology, 33: 926～962

Coccioni R, Basso D, Brinkhuis H, Galeotti S, Gardin S, Monechi S, Spezzaferri S. 2000. Marine biotic signals across a Late Eocene impact layer at Massignano, Italy: evidence for long-term environmental perturbations? Terra Nova, 12: 258～263

Conaghan P J, Shaw S E, Veevers J J. 1994. Sedimentary evidence of the Permian/Triassic global crisis induced by the Siberian hotspot. Canadian Society of Petroleum Geologists, Memoir 17: 785～795

Conway Morris S. 1999. Palaeodiversifications: mass extinctions, "clocks" and other worlds. Geobios, 32: 165～174

Corner B, Reimold W U, Brandt D, Koeberl C. 1997. Morokweng impact structure, Northwest Province, South Africa, Geophysical imaging and shock petrographic studies. Earth and Planetary Science Letters, 146: 351～364

Courtillot V. 1990. What caused the mass extinction? A volcanic eruption? Scientific American, 263 (4): 85～92

Courtillot V, Besse J. 1987. Magnetic field reversals, polar wander, and core-mantle coupling. Science, 237: 1 140～1 147

Courtillot V, Gallet Y, Rocchia R, Féraud G, Robin E, Hofmann C, Bhandari N, Ghevariya Z G. 2000. Cosmic markers, $^{40}Ar/^{39}Ar$ dating and paleomagnetism of the KT sections in the Anjar Area of the Deccan large igneous province. Earth and Planetary Science Letters, 182(2): 137～156

Courtillot V E, Jaeger J-J, Yang Z, Feraud G, Hofmann C. 1996. The influence of continental flood basalts on mass extinctions: Where do we stand? Geological Society of America Special Paper,

307: 513～525

Courtillot V E, Jaupart C, Manighetti I, Tapponnier P, Besse J. 1999. On causal links between flood basalts and continental breakup. Earth and Planetary Science Letters, 166: 177～195

Courtillot V E, Renne P R. 2003. On the ages of flood basalt events. C. R. Geoscience, 335: 113～140

Crasquin-Soleau S, Richoz S, Marcoux J, Angiolini L, Nicora A, Baud A. 2002. Les evenements de la limite Permien-Trias: derniers survivants et/ou premiers re-colonisateurs parmi les ostracodes du Taurus (Sud Ouest de la Turquie). Comptes Rendus Geoscience, 334: 489～495

Crowley T J, North G R. 1988. Abrupt climate change and extinction events in Earth history. Science, 240: 996～1 002

Dagys A, Ermakov S. 1996. Induan (Triassic) ammonoids from north-eastern Asia. Revue de Paleobiologie, 15(2): 401～447

Damiani R J. 2001. A systematic revision and phylogenetic analysis of Triassic mastodonsauroids (Temnospondyli: Stereospondyli). Zoological Journal of the Linnean Society, 133: 379～482

Damiani R J, Neveling J, Hancox P J. 2001. First record of a mastodonsaurid (Temnospondyli, Stereospondyli) from the Early Triassic *Lystrosaurus* Assemblage Zone (Karoo Basin) of South Africa. Neues Jahrbuch fur Geologie und Palaontologie Abhandlungen, 221: 133～144

de Wit M J, Ghosh J G, de Villiers S, Rakotosolofo N, Alexander J, Tripathi A, Looy C V. 2002. Multiple organic carbon isotope reversals across the Permo-Triassic boundary of terrestrial Gondwana sequences : Clues to extinction patterns and delayed ecosystem recovery. The Journal of Geology, 110: 227～246

Denison R E, Koepnick R B. 1995. Variation in $^{87}Sr/^{86}Sr$ of Permian seawater: an overview. In: Scholl P A, Peryt T M, Ulmer-Scholl D S, eds. The Permian of Northern Pangea. 1: Paleogeography, Paleoclimates, Stratigraphy. Heidelberg: Springer-Verlag. 124～132

Denison R E, Koepnick R B, Burke W H, Hetherington E A, Fletcher A. 1994. Construction of the Mississippian, Pennsylvanian and Permian seawater $^{87}Sr/^{86}Sr$ curve. Chemical Geology, 112: 145～167

Dickens G R. 1999. The blast in the past. Nature, 401: 752～755

Dickens G R. 2000. Methane oxidation during the Late Paleocene Thermal Maximum. Bulletin de la Societe Geologique de France, 171(1): 37～49

Dickens G R. 2001. The potential volume of oceanic methane hydrates with variable external conditions, Organic Geochemistry, 32: 1 179～1 193

Dickens G R. 2003a. A Methane Trigger for Rapid Warming? Science, 299: 1 017

Dickens G R. 2003b. Rethinking the global carbon cycle with a large, dynamic and microbially mediated gas hydrate capacitor. Earth and Planetary Science Letters, 213: 169～183

Dickens G R, Castillo M M, Walker J C G. 1997. A blast of gas in the latest Paleocene: Simulating first-order effects of massive dissociation of oceanic methane hydrate. Geology, 25: 259～262

Dickens G R, O'Neil J R, Rea D K, Owen R M. 1995. Dissociation of oceanic methane hydrate as a cause of the carbon isotope excursion at the end of the Paleocene. Paleoceanography, 10: 965～971

Dickins J M. 1992. Permo-Triassic orogenic, paleoclimatic, and eustatic events and their implications for biotic alteration. In: Sweet W C, Yang Zunyi, Dickins J M, Yin Hongfu, eds. Permo-Triassic Events in the Eastern Tethys. Cambridge: Cambridge University Press. 169～174

DiMichele W A, Mamay S H, Chaney D S, Hook R W, Nelson W J. 2001. An Early Permian flora with Late Permian and Mesozoic affinities from North-Central Texas. Journal of Paleontology, 75(2): 449～460

Ding Meihua. 1991. Conodonts. In: Yang Zunyi, Wu Shunbao, Ying Hongfu, Xu Guirong, Zhang Kexin. 1991. Permo-Triassic Events of South China. Beijng: Geological Publishing House. 116～121 (in Chinese) [丁梅华. 1991. 牙形石. 见: 杨遵仪, 吴顺宝, 殷鸿福, 徐桂荣, 张克信. 1991. 华南二叠-三叠纪过渡期地质事件. 北京: 地质出版社. 116～121]

Ding Meihua. 1992. Conodont sequences in the Upper Permian and Lower Triassic of South China and the nature of conodont faunal changes at the systemic boundary. In: Sweet W C, Yang Zunyi, Dickins J M, Yin Hongfu, eds. Permo-Triassic Events in the Eastern Tethys. Cambridge: Cambridge University Press. 109～119

Ding Meihua, Zhang Kexin, Lai Xulong. 1996. Evolution of *Clarkina* lineage and *Hindeodus*-*Isarcicella* lineage at Meishan section, South China. In: Yin Hongfu, ed. The Palaeozoic-Mesozoic Boundary: Candidates of Global Stratotype Section and Point of the Permian-Triassic Boundary. Wuhan: China University of Geosciences Press. 65～71

Dobruskina I A. 1987. Phytogeography of Eurasia during the Early Triassic. Palaeogeography, Palaeoclimatology, Palaeoecology, 58(1/2): 75～86

Dolenec T, Lojen S, Buser S, Dolenec M. 1999. Stable isotope event markers near the Permo-Triassic boundary in the Karavanke Mountains (Slovenia). Geologia Croatica, 52 (1): 77～81

Dolenec T, Lojen S, Ramovs A. 2001. The Permian-Triassic boundary in Western Slovenia (Idrijca Valley section): magnetostratigraphy, stable isotopes, and elemental variations. Chemical Geology, 175: 175～190

Dorritie D. 2002. Consequences of Siberian Traps volcanism. Science, 297: 1 808～1 809

Droser M L, Bottjer D J, Sheehan P M. 1997. Evaluating the ecological architecture of major events on the Phanerozoic history of marine invertebrate life. Geology, 25(2): 167～170

Droser M L, Bottjer D J, Sheehan P M, McGhee G R. 2000. Decoupling of taxonomic and ecologic severity of Phanerozoic marine mass extinctions. Geology, 28(8): 675～678

Dypvik H, Jansa L F. 2003. Sedimentary signatures and processes during marine bolide impacts: a review. Sedimentary Geology, 161: 309～337

Ermakova S P. 2001. Description and taxonomy of a new Early Triassic genus Eovavilovites (Ammonoidea, Ceratitida). Paleontological Journal, 35(3): 259～261

Erwin D H. 1993. The Great Paleozoic Crisis. New York: Columbia University Press. 1～327

Erwin D H. 1994. The Permo-Triassic extinction. Nature, 367: 231～236

Erwin D H. 1995. The end-Permian mass extinction. In: Scholl P A, Peryt T M, Ulmer-Scholl D S, eds. The Permian of Northern Pangea. 1: Paleogeography, Paleoclimates, Stratigraphy. Heidelberg: Springer-Verlag. 20～34

Erwin D H. 1996. Permian global bio-events. In: Walliser O H, ed. Global Events and Event Stratigraphy. Heidelbelg: Springer-Verlag. 251～264

Erwin D H. 2003. Impact at the Permo-Triassic boundary: A critical evaluation. Astrobiology, 3 (1): 67～74

Erwin D H, Bowring S A, Jin Yugan. 2002. End-Permian mass extinction: A review. In: Koeberl C, MacLeod K G, eds. Catastrophic Events and Mass Extinctions: Impacts and Beyond. Geological Society of America Special Paper, 356: 363～383

Eshet Y. 1992. The palynofloral succession and palynological events in the Permo-Triassic boundary interval in Israel. In: Sweet W C, Yang Zunyi, Dickins J M, Yin Hongfu, eds. Permo-Triassic Events in the Eastern Tethys. Cambridge: Cambridge University Press. 134～145

Eshet Y, Rampino M R, Visscher H. 1995. Fungal event and palynological record of the ecological crisis and recovery across the Permian-Triassic boundary. Geology, 23: 967～970

Fang Zongjie. 1985. A preliminary study of the Cathaysian faunal province. Acta Palaeontologica

Sinica, 24(3): 344～359 (in Chinese with English summary) [方宗杰. 1985. 华夏动物区系之初探. 古生物学报, 24(3): 344～359]

Fang Zongjie. 1989. Remarks about "On *Hunanopecten*" with a review on deep-water origin of Talung Formation. Acta Palaeontologica Sinica, 28(6): 711～723 (in Chinese with English summary) [方宗杰. 1989. 评"论湖南海扇"——兼评大隆相地层的深水成因论. 古生物学报, 28(6): 711～723]

Fang Zongjie. 1996. Permian nonmarine bivalves from Tarim, Northwest China. Acta Palaeontologica Sinica, 35 (supplement): 60～79 [方宗杰. 1996. 塔里木二叠纪非海相双壳类化石. 古生物学报, 35(增刊): 60～79]

Fang Zongjie. 1997. Southward intrusion of Angaran migrants into Tarim during the latest Permian and the global climatic cooling event. Acta Palaeontologica Sinica, 36 (supplement): 65～76 (in Chinese with English summary) [方宗杰. 1997. 二叠纪末安加拉分子南侵塔里木和全球气候变凉事件. 古生物学报, 36(增刊): 65～76]

Fang Zongjie. in press. Comment on "Permian-Triassic boundary interval in the Abadeh section of Iran with implications for mass extinction: Part 1—Sedimentology". Palaeogeography, Palaeoclimatology, Palaeoecology.

Fang Zongjie, Wang Yujing, Zhou Zhicheng, Guo Zhenyu, Xiao Yinwen. 1999. Some thoughts on orogen stratigraphy: A review of stratigraphical problems of the Changning-Menglian belt. Journal of Stratigraphy, 23(4): 241～247 (in Chinese with English abstract) [方宗杰, 王玉净, 周志澄, 郭震宇, 肖荫文. 1999. 关于造山带地层学的若干思考——昌宁-孟连带实例剖析. 地层学杂志, 23(4): 241～247]

Fang Zongjie, Wang Yujing, Zhou Zhicheng, Wang Chengyuan, Guo Zhenyu, Xiao Yinwen. 2000. A discussion on two problems concerning the Stratigraphy of the West Zone in the Changning-Menglian belt, western Yunnan, China. Journal of Stratigraphy, 24(3): 182～189 (in Chinese with English abstract) [方宗杰, 王玉净, 周志澄, 王成源, 郭震宇, 肖荫文. 2000. 滇西昌宁-孟连带西区两个地层问题——兼论昌宁-孟连带的闭合造山过程. 地层学杂志, 24(3): 182～189]

Fang Zongjie, Zhu Huaicheng, Wu Xiuyuan, Zhu Zili, Chen Zhongqiang, Luo Hui, Cao Meizhen, Yu Ziye. 1996. Advances on the study of the Permian in the Tarim Basin. In: Tong Xiaoguang, Liang Digang, Jia Chengzhao, eds. New Advances of Petroleum-Geology Research in the Tarim Basin. Beijing: Science Press. 41～53 (in Chinese with English abstract) [方宗杰, 朱怀诚, 吴秀元, 朱自力, 陈中强, 罗辉, 曹美珍, 虞子冶. 塔里木地块二叠系研究的新进展. 见: 童晓光, 梁狄刚, 贾承造主编. 塔里木盆地石油地质研究新进展. 北京: 科学出版社. 41～53]

Farley K A, Mukhopadhyay S. 2001. An extraterrestrial impact at the Permian-Triassic boundary? Science, 293(5539): 2 343a

Faure K, de Wit M J, Willis J P. 1995. Late Permian global coal hiatus linked to ^{13}C-depleted CO_2 flux into the atmosphere during the final consolidation of Pangea. Geology, 23(6): 507～510

Feng Qinglai, Gu Songzhu. 2002. Uppermost Changxingian (Permian) radiolarian fauna from southern Guizhou, southwestern China. Journal of Paleontology, 76(5): 797～809

Feng Qinglai, Gu Songzhu, Ding Meihua. 2001a. Early Triassic radiolarians from Sangzhi, Hunan. Acta Micropalaeontologica Sinica, 18(3): 249～253

Feng Qinglai, Liu Benpei. 1993. Radiolaria from Late Permian and Early-Middle Triassic in southwest Yunnan. Earth Science—Journal of China University of Geosciences, 18(5): 540～552 (in Chinese with English abstract) [冯庆来, 刘本培. 1993. 滇西南晚二叠世和早、中三叠世放射虫研究. 地球科学—中国地质大学学报, 18(5): 540～552]

Feng Qinglai, Yang Fengqing, Zhang Zhenfang, Zhang Ning, Gao Yongqun, Wang Zhiping. 2000.

Radiolarian evolution during the Permian and Triassic transition in South and Southwest China. In: Yin Hongfu, Dickins J M, Shi G R, Tong Jinnan, eds. Permian-Triassic Evolution of Tethys and Western Circum-Pacific. Amsterdam: Elsevier. 309～326

Feng Qinglai, Zhang Zhenfang, Ye Mei. 2001b. Middle Triassic radiolarian fauna from southwest Yunnan, China. Micropaleontology, 47(3): 173～204

Feng Qinglai, Zhang Zhenfang, Gu Songzhu, Ye Mei. 2001c. Radiolarian fauna from the Permian-Triassic transition. Geological Science and Technology Information, 20(3): 31～34 (in Chinese) [冯庆来,张振芳,顾松竹,叶玫. 二叠-三叠纪转折时期放射虫动物群的变化. 地质科技情报,20(3): 31～34]

Foster C B, Stephenson M H, Marshall C, LOGAN G A, Greenwood P. 2002. A revision of *Reduviasporonites* Wilson 1962: Description, illustration, comparison and biological affinities. Palynology, 26: 35～58

Fraser N C. 2000. Early Mesozoic terrestrial ecosystems: faunal changes among vertebrates. In: Gastaldo R A, DiMichele W A, eds. Phanerozoic Terrestrial Ecosystems. The Paleontological Society Papers, 6: 115～140

Gao Zhengang, Xu Daoyi, Zhang Qinwen, Sun Yiyin. 1987. Discovery and study of microspherules at the Permian-Triassic boundary of the Shangsi section, Guangyuan, Sichuan. Geological Review, 33(3): 203～211 (in Chinese with English abstract) [高振刚, 徐道一, 张勤文, 孙亦因. 1987. 四川广元上寺二叠系-三叠系界线层内微球粒的发现与研究. 地质论评, 33(3): 203～211]

Garrels R M, Lerman. 1981. Phanerozoic cycles of sedimentary carbon and sulfur. Proceedings of the National Academy of Sciences, USA, 78: 4 652～4 656

Garrels R M, Lerman. 1984. Coupling of the sedimentary sulfur and carbon cycles: an improved model. American Journal of Science, 284: 989～1007

Garrels R M, Perry E A. 1974. Cycling of carbon, sulfur, and oxygen through geologic time. In: Goldberg E D, ed. The Sea, 5. New York: Wiley. 303～356

Garzanti E, Le Fort P, Sciunnach D. 1999. First report of Lower Permian basalts in South Tibet: tholeiitic magmatism during break-up and incipient opening of Neotethys. Journal of Asian Earth Sciences, 17: 533～546

Garzanti E, Nicora A, Rettori R. 1998. Permo-Triassic boundary and Lower to Middle Triassic in South Tibet. Journal of Asian Earth Sciences, 16(2-3): 143～157

Gerlach T M, Graeber E J. 1985. Volatile budget of Kilauea volcano. Nature, 313: 273～277

Gersonde R, Deutsch A, Ivanov B A, Kyte F T. 2002. Oceanic impacts—a growing field of fundamental science. Deep Sea Research Ⅱ, 49: 951～ 957

Glickson A Y. 1999. Oceanic mega-impacts and crustal evolution. Geology, 27: 387～390

Glikson A. 2003. Comment on "Extraterrestrial influences on mantle plume Activity" by D. H. Abbott and A. E. Isley [Earth Planet. Sci. Lett. 205 (2002) 53～62]. Earth and Planetary Science Letters, 215: 425～427

Graham J B, Dudley R, Aguilar N M, Gans C. 1995. Implications of the late Palaeozoic oxygen pulse for physiology and evolution. Nature, 375: 117～120

Grenne T, Slack F. 2003. Paleozoic and Mesozoic silica-rich seawater: Evidence from hematitic chert (jasper) deposits. Geology, 31(4): 319～322

Grieve R, Rupert J, Smith J, Therriault A. 1995. The record of terrestrial impact cratering. GSA Today, 5(10): 193～196

Groenewald G H, Welman J, MacEachern J A. 2001. Vertebrate burrow complexes from the Early Triassic *Cynognathus* zone (Dreikoppen Formation, Beaufort Group) of the Karoo Basin, South

Africa. Palaios, 16: 148～160

Gruszczynski M, Hoffman A, Malkowski K, Veizer J. 1992. Seawater strontium isotopic perturbation at the Permian-Triassic boundary, West Spitsbergen, and its implications for the interpretation of strontium isotopic data. Geology, 20(9): 779～782

Guan Shaozeng. 1985. Middle Triassic marine ostracods from western Hubei. Acta Micropalaeontologica Sinica, 2(2): 169～178 (in Chinese with English abstract) [关绍曾. 1985. 湖北西部海相中三叠世介形类. 微体古生物学报, 2(2): 169～178]

Gurevitch E L, Westphal M, Daragan-Suchov J, Feinberg H, Pozzi J P, Khramov A N. 1995. Paleomagnetism and magnetostratigraphy of the traps from Western Taimyr (northern Siberia) and the Permo-Triassic crisis. Earth and Planetary Science Letters, 136: 461～473

Hagadorn J W, Bottjer D J. 1999. Restriction of a Late Neoproterozoic biotope: Suspect-microbial structures and trace fossils at the Vendian-Cambrian transition. Palaios, 14: 73～85

Haq B. 1998. Gas-hydrates: greenhouse nightmare? Energy panacea, or pipedream? GSA Today, 8 (11): 1～6

Hallam A. 1985. A review of Mesozoic climates. Journal of the Geological Society, London, 142: 433～445

Hallam A. 1989. The case for sea-level change as a dominant causal factor in mass extinction of marine invertebrates. Philosophical Transactions of the Royal Society of London, B325: 437～455

Hallam A. 1994. The earliest Triassic as an anoxic event, and its relationship to the end-Palaeozoic mass extinction. Canadian Society of Petroleum Geologists, Memoir, 17: 797～804

Hallam A, Wignall P B. 1997. Mass extinctions and their aftermath. Oxford: Oxford University Press. 1～320

Hallam A, Wignall P B. 1999. Mass extinctions and sea-level changes. Earth-Science Reviews, 48: 217～250

Hancox P J, Brandt D, Reimold W U, Koeberl C, Neveling J. 2002. Permian-Triassic boundary in the northwest Karoo basin: Current stratigraphic placement, implications for basin development models, and the search for evidence of impact. In: Koeberl C, MacLeod K G, eds. Catastrophic Events and Mass Extinctions: Impacts and Beyond. Geological Society of America Special Paper, 356: 429～444

Hancox P J, Rubidge B S. 2001. Breakthroughs in the biodiversity, biogeography, biostratigraphy, and basin analysis of the Beaufort group. Journal of African Earth Sciences, 33: 563～577

Hansen H J, Lojen S, Toft P, Dolenec T, Tong Jinnan, Michaelsen P, Sarkar A. 2000. Magnetic susceptibility and organic carbon isotopes of sediments across some marine and terrestrial Permo-Triassic boundaries. In: Yin Hongfu, Dickins J M, Shi G R, Tong Jinnan, eds. Permian-Triassic Evolution of Tethys and Western Circum-Pacific. Amsterdam: Elsevier. 271～289

Hao Weicheng. 1992a. Latest Permian ostracods from Zhenfeng, Guizhou. Acta Scientiarum Naturalium Universitatis Pekinensis, 28(2): 236～249 (in Chinese with English abstract) [郝维臣. 1992a. 贵州贞丰晚二叠世晚期的介形类. 北京大学学报(自然科学版), 28(2): 236～249]

Hao Weicheng. 1992b. Early Triassic marine ostracods from Guizhou. Acta Micropalaeontologica Sinica, 9(1): 37～44 (in Chinese with English abstract) [郝维臣. 1992b. 贵州早三叠世早期的介形类. 微体古生物学报, 9(1): 37～44]

Hao Weicheng. 1994. The development of the Late Permian-Early Triassic ostracod fauna in Guizhou Province. Geological Review, 40(1): 87～92 (in Chinese with English abstract) [郝维臣. 1994. 贵州晚二叠世-早三叠世介形虫动物群的演变. 地质论评, 40(1): 87～92]

Hao Weicheng. 1996. Ostracods from the Upper Permian and Lower Triassic of the Zhenfeng section, South China. Journal of Geosciences, Osaka City University, 39: 19～27

He Bin, Xu Yi-gang, Chung Sun-ling, Xiao Long, Wang Ya-mei. 2003. Sedimentary evidence for a rapid, kilometer-scale crustal doming prior to the eruption of the Emeishan flood basalts. Earth and Planetary Science Letters, 213: 391～405

He Jinwen. 1985. Discovery of microspherules from the Permo-Triassic mixed fauna bed No. 1 of Meishan in Changxing, Zhejiang and its significance. Journal of Stratigraphy, 9(4): 293～297 (in Chinese with English abstract) [何锦文. 1985. 浙江长兴煤山二叠-三叠系混生层 1 中的微球粒的发现及其意义. 地层学杂志, 9(4): 293～297]

He Jinwen, Rui Lin, Chai Chifang, Ma Shulan. 1987. The latest Permian and earliest Triassic volcanic activities in the Meishan area of Changxing, Zhejiang. Journal of Stratigraphy, 11(3): 194～199 (in Chinese with English abstract) [何锦文, 芮琳, 柴之芳, 马淑兰. 1987. 浙江长兴煤山地区晚二叠世末、早三叠世初的火山活动. 地层学杂志, 11(3): 194～199]

Henderson C M. 1997. Uppermost Permian conodonts and the Permian-Triassic boundary in the Western Canada Sedimentary Basin. Bulletin of Canadian Petroleum Geology, 45(4): 693～707

Henderson C M, Baud A. 1997. Correlation of the Permian-Triassic boundary in Arctic Canada and comparison with Meishan, China. Proceedings of the 30th International Geological Congress, 11: 143～152

Henkel H, Reimold W U, Koeberl C. 2002. Magnetic and gravity model of the Morokweng impact structure. Journal of Applied Geophysics, 49(3): 129～147

Hesselbo S P, Grocke D R, Jenkyns H C, Bjerrum C J, Farrimond P, Bell H S M, Green O R. 2000. Massive dissociation of gas hydrate during a Jurassic oceanic anoxic event. Nature, 406: 392～395

Hesselbo S P, Robinson S A, Surlyk F, Piasecki S. 2002. Terrestrial and marine extinction at the Triassic-Jurassic boundary synchronized with major carbon-cycle perturbation: a link to initiation of massive volcanism? Geology, 30: 251～254

Heydari E, Hassanzadeh J, Wade W J. 2000. Geochemistry of central Tethyan Upper Permian and Lower Triassic strata, Abadeh region, Iran. Sedimentary Geology, 137: 85～99

Heydari E, Wade W J, Hassanzadeh J. 2001. Diagenetic origin of carbon and oxygen isotope compositions of Permian-Triassic boundary strata. Sedimentary Geology, 143: 191～197

Heydari E, Hassanzadeh J, Wade W J, Ghazi A M. 2003. Permian-Triassic boundary interval in the Abadeh section of Iran with implications for mass extinction: Part 1—Sedimentology. Palaeogeography, Palaeoclimatology, Palaeoecology, 193(3): 405～423

Hinrichs K-U, Hmelo L R, Sylva S P. 2003. Molecular fossil record of elevated methane levels in Late Pleistocene coastal waters. Science, 299(5 610): 1 214～1 217

Hoffman A. 1985. Patterns of family extinction depend on definition and geological time scale. Nature, 315: 659～662

Hoffman A, Gruszczynski M, Malkowski K, Szaniawski M. 1998. Should the Permian/Triassic boundary be defined by the carbon isotope shift? Acta Geologica Polonica, 48(2): 141～148

Holbrook W S, Lizarralde D, Pecher I A, Gorman A R, Hackwith K L, Hornbach M, Saler D. 2002. Escape of methane gas through sediment waves in a large methane hydrate province. Geology, 30: 467～470

Holdsworth B K. 1977. Paleozoic Radiolaria: Stratigraphic distribution in Atlantic borderlands. In: Swain F M, ed. Stratigraphic Micropaleontology of Atlantic Basin and Borderlands. Amsterdam: Elsevier. 167～184

Holmes W B K. 1992. *Glossopteris*-like leaves from the Triassic of eastern Australia. Geophytology, 22: 119～125

Holser W T. 1977. Catastrophic chemical events in the history of the ocean. Nature, 267: 403～408

Holser W T, Magaritz M. 1987. Events near the Permian-Triassic boundary. Modern Geology, 11: 155～180

Holser W T, Magaritz M. 1992. Cretaceous/Tertiary and Permian/Triassic boundary events compared. Geochimica et Cosmochimica Acta, 56: 3 297～3 309

Holser W T, Schonlaub H-P, Attrep M, Jr, Boeckelmann K, Klein P, Magaritz M, Pak E, Schramm J-M, Stattgegger K, Schmoller R. 1989. A unique geochemical record at the Permian/Triassic boundary. Nature, 337: 39～44

Holser W T, Schonlaub H-P, Boeckelmann K, Magaritz M. 1991. The Permian-Triassic of the Gartnerkofel-1 core (Carnic Alps, Austria): Synthesis and conclusions. Abhandlungen der Geologischen Bundesanstalt, 45: 213～232

Hotinski R M, Bice K L, Kump L R, Najjar R G, Arthur M A. 2001. Ocean stagnation and end-Permian anoxia. Geology, 29(1):7～10

Huang Kainian, Opdyke N D. 1998. Magnetostratigraphic investigations on an Emeishan basalt section in western Guizhou Province, China. Earth and Planetary Science Letters, 163: 1～14

Ishiga H. 1986. Late Carboniferous and Permian radiolarian biostratigraphy of Southwest Japan. Journal of Geosciences, Osaka City University, 29: 89～100

Ishiga H. 1994. Permo/Triassic boundary and carbon circulation in pelagic sediments of Southwest Japan. Earth Science (Chikyu Kagaku), 48(4): 285～297

Ishiga H, Ishida K, Dozen K, Musashino M. 1996. Geochemical characteristics of pelagic chert sequences across the Permo-Triassic boundary in southwest Japan. The Island Arc, 5: 180～193

Ishiga H, Ishida K, Sampei Y, Musashino M, Yamakita S, Kajiwara Y, Morikiyo T. 1993. Oceanic pollution at the Permian-Triassic boundary in pelagic condition from carbon and sulfur stable isotopic excursion, Southwest Japan. Bulletin of the Geological Survey of Japan, 44(12): 721～726

Isogawa J, Yoshiaki A, Sakai T. 1998. Early Triassic radiolarians from the bedded chert in the Minowa quarry, Kuzuu Town, Tochigi Precture. News of Osaka Micropaleontologists, Special Volume, 11: 81～93

Isozaki Y. 1994. Superanoxia across the Permo-Triassic boundary: record in accreted deep-sea pelagic chert in Japan. In: Embry A F, Beauchamp B, Glass D J, eds. Pangea: Global Environment and Resources. Canadian Society of Petroleum Geologists, Memoir, 17: 805～812

Isozaki Y. 1997. Permo-Triassic boundary superanoxia and stratified superocean: record from lost deep sea. Science, 276: 235～240

Ivanov B A, Melosh H J. 2003. Impacts do not initiate volcanic eruptions: Eruptions close to the crater. Geology, 31(10): 869～872

Jablonski D. 2001. Lessons from the past: Evolutionary impacts of mass extinctions. Proceedings of the National Academy of Sciences, USA, 98(10): 5 393～5 398

Jablonski D. 2002. Survival without recovery after mass extinctions. Proceedings of the National Academy of Sciences, USA, 99(12): 8 139～8 144

Jahren A H, Arenes N C, Sarmiento G, Guerrero J, Amundson R. 2001. Terrestrial record of methane hydrate dissociation in the Early Cretaceous. Geology, 29: 159～162

Jansa L F. 1993. Cometary impacts into ocean: their recognition and threshold constraint for biological extinctions. Palaeogeography, Palaeoclimatology, Palaeoecology, 104: 271～286

Jarzembowski E A, Ross A J. 1996. Insect origination and extinction in the Phanerozoic. Geological Society Special Publication, 102: 65～78

Jensen S, Gehling J G, Droser M L. 1998. Edicara-type fossils in Cambrian sediments. Nature, 393:

567～569

Jin Yugan. 1991. Two phases of the end-Permian extinction. Palaeoworld, 1: 39 (in Chinese) [金玉玕. 1991. 二叠纪末期生物集群灭绝的两个阶段. Palaeoworld (1989～1990), 1: 39]

Jin Yugan. 1993. Pre-Lopingian benthos crisis. Comptes Rendus Ⅻ International Congress on Carboniferous-Permian (Benos Aires), Volume 2: 269～278

Jin Yugan, Chen Chuzhen, Hu Shizhong. 1989. The Permian and Permian-Triassic boundary in the Alps and correlation between them and the related strata in South China. Journal of Stratigraphy, 13(1): 22～33 (in Chinese) [金玉玕, 陈楚震, 胡世忠. 1989. 南阿尔卑斯的二叠系和二叠-三叠系界线及其与华南有关地层的对比. 地层学杂志, 13(1): 22～33]

Jin Yugan, Shen Shuzhong, Zhu Zili, Mei Silong, Wang Wei. 1996. The Selong section, candidate of the global stratotypesection and point of the Permian-Triassic boundary. In: Yin Hongfu, ed. The Palaeozoic-Mesozoic Boundary: Candidates of Global Stratotype Section and Point of the Permian-Triassic Boundary. Wuhan: China University of Geosciences Press. 127～137

Jin Y G, Wang Y, Wang W, Shang Q H, Cao C Q, Erwin D H. 2000. Pattern of marine mass extinction near Permian-Triassic boundary in South China. Science, 289: 432～436

Jin Yugan, Zhang Jing, Shang Qinghua. 1994. Two phases of the end-Permian mass extinction. Canadian Society of Petroleum Geologists, Memoir, 17: 813～822

Jin Yugan, Zhang Jing, Shang Qinghua. 1995. Pre-Lopingian catastrophic event of marine faunas. Acta Palaeontologica Sinica, 34: 410～427(in Chinese with English abstract) [金玉玕, 张进, 尚庆华. 1995. 前乐平统海洋动物灾变事件. 古生物学报, 34: 410～427]

Jones A P. 2000. Impact induced volcanism on Earth: Searching for the evidence. Crustal magma chambers. LPI (Lunar and Planetary Institute), Contribution, Houston. 1 053: 87～88.

Jones A P, Price G D, Price N J, DeCarli P S, Clegg R A. 2002. Impact induced melting and the development of large igneous provinces. Earth and Planetary Science Letters, 202: 551～561

Jones D L. 1991. Redirections of radiolarian evolution during the Permian-Triassic boundary event. PaleoBios, 13, Supplement to Number 50: 4～5

Jones D L, Murchey B. 1986. Geologic significance of Paleozoic and Mesozoic radiolarian chert. Annual Reviews of Earth and Planetary Science, 14: 455～492

Kaiho K, Kajiwara Y, Nakano T, Miura Y, Kawahata H, Tazaka K, Ueshima M, Chen Zhongqiang, Shi G R. 2001. End-Permian catastrophe by a bolide impact: Evidence of a gigantic release of sulfur from the mantle. Geology, 29(9): 815～818

Kajiwara Y, Yamakita S, Ishida K, Ishiga H, Imai A. 1994. Development of a largely anoxic stratified ocean and its temporary massive mixing at the Permian/Triassic boundary supported by the sulfur isotopic record. Palaeogeography, Palaeoclimatology, Palaeoecology, 111: 367～379

Kakuwa Y. 1993. Sedimentary petrographical study on bedded cherts of the Northern Chichibu Belt in eastern Shikoku—with special reference to the P/T boundary. Bulletin of the Geological Survey of Japan, 44(9): 533～546 (in Japanese with English abstract)

Kakuwa Y. 1996a. Permian-Triassic mass extinction event recorded in bedded chert sequences in southwest Japan. Palaeogeography, Palaeoclimatology, Palaeoecology, 121: 35～51

Kakuwa Y. 1996b. Correlation between the bedded chert sequence of southwest Japan and $\delta^{13}C$ excursion of carbonate sequence, and its significance to the Permian-Triassic mass extinction. The Island Arc, 5: 194～202

Kakuwa Y. 1998. Significance of radiolarians, organic matter and pyrite in the Early Triassic siliceous claystone sequence, Southwest Japan. News of Osaka Micropaleontologists, Special Volume, 11: 71～80 (in Japanese with English abstract)

Kamata Y, Sashida K, Ueno K, Hisada K, Nakornsri N, Charusiri P. 2002. Triassic radiolarian faunas from the Mae Sariang area, northern Thailand and their paleogeographic significance. Journal of Southeast Asian Earth Sciences, 20(5): 491～506

Kamo S L, Czamanske G K, Amelin Y, Fedorenko V A, Davis D W, Trofimov V R. 2003. Rapid eruption of Siberian flcod-volcanic rocks and evidence for coincidence with the Permian-Triassic boundary and mass extinction at 251 Ma. Earth and Planetary Science Letters, 214(1-2): 75～91

Kato Y, Nakao K, Isozaki Y. 2002. Geochemistry of Late Permian to Early Triassic pelagic cherts from southwest Japan: implications for an oceanic redox change. Chemical Geology, 182: 15～34

Katz M E, Cramer B S, Mountain G S, Katz S, Miller K G. 2001. Uncorking the bottle: What triggered the Paleocene/Eocene thermal maximum methane release? Paleoceanography, 16: 549～562

Katz M E, Pak D K, Dickens G R, Miller K G. 1999. The source and fate of massive carbon input during the Latest Paleocene Thermal Maximum. Science, 286: 1 531～1 533

Kauffman E G, Harries P J. 1996. The importance of crisis progenitors in recovery from mass extinction. Geological Society Special Publication, 102: 15～39

Keith M L. 1982. Violent volcanism, stagnant oceans and some inferences regarding petroleum, strata-bound ores and mass extinction. Geochimica et Cosmochimica Acta, 46: 2621～2637

Keller G. 2003. Biotic effects of impacts and volcanism. Earth and Planetary Science Letters, 215 (1-2): 249～264

Kennedy M J, Christie-Blick N, Sohl L E. 2001. Are Proterozoic cap carbonates and isotopic excursions a record of gas hydrate destabilization following Earth's coldest intervals? Geology, 29: 443～446

Kennett J P, Cannariato K G, Hendy I L, Behl R J. 2000. Carbon isotopic evidence for methane hydrate instability during Quaternary interstadials. Science, 288: 128～133

Kerp H. 1996. Post-Variscan late Palaeozoic Northern Hemisphere gymnosperms: the onset to the Mesozoic. Review of Palaeobotany and Palynology, 90: 263～285

Kerp H. 2000. The modernization of landscapes during the Late Paleozoic -Early Mesozoic. In: Gastaldo R A, DiMichele W A, eds. Phanerozoic Terrestrial Ecosystems. The Paleontological Society Papers, 6: 79～113

Kerr R A. 2000. Biggest extinction hit land and sea. Science, 289: 1 666～1 667

Kerr R A. 2003. Has an impact done it again? Science, 302: 1 314～1 316

Kieffer S W, Lopes-Gautier R, McEwen A, Smythe W, Ketzthelyi L, Carlson R. 2000. Prometheus: Io's wandering plume. Science, 288: 1 204～1 208

King G M, Cluver M A. 1991. The aquatic *Lystrosaurus*: an alternative lifestyle. Historical Biology, 4(4): 323～341

Kling S A. 1979. Vertical distribution of polycystine radiolarians in the central North Pacific. Marine Micropaleontology, 4: 295～318

Knoll A H. 1984. Patterns of extinction in the fossil record of vascular plant. In: Nitecki M H, ed. Extinctions. Chicago: University of Chicago Press. 21～68

Knoll A H, Bambach R K, Canfield D E, Grotzinger J P. 1996. Comparative Earth history and Late Permian mass extinction. Science, 273: 452～457

Koeberl C, Armstrong R A, Reimold W U. 1997. Morokweng, South Africa: A large impact structure of Jurassic-Cretaceous boundary age. Geology, 25: 731～734

Koeberl C, Gilmour L, Reimold W U, Claeys P, Ivanov B. 2002. End-Permian catastrophe by bolide impact: Evidence of a gigantic release of sulfur from the mantle: comment. Geology, 30: 855～856

Koeberl C, Reimold W U. 2003. Geochemistry and petrography of impact breccias and target rocks from the 145 Ma Morokweng impact structure, South Africa. Geochimica et Cosmochimica Acta, 67(10): 1 837～1 862

Koepnick R B, Denison R E, Burke W H, Hetherington E A, Dahl D A. 1990. Construction of the Triassic and Jurassic portion of the Phanerozoic curve of seawater $^{87}Sr/^{86}Sr$. Chemical Geology, 80: 327～349

Korte C, Kozur H W, Bruckschen P, Veizer J. 2003. Strontium isotope evolution of Late Permian and Triassic seawater. Geochimica et Cosmochimica Acta, 67(1): 47～62

Kozur H W. 1985. Biostratigraphic evaluation of the Upper Paleozoic conodonts, ostracods and holothurian sclerites of the Bukk Mts. Part Ⅱ: Upper Paleozoic ostracods. Acta Geologica Hungarica, 28(3-4): 225～256

Kozur H W. 1992. Dzhlfian and early Changxingian (Late Permian) Tethyan conodonts from the Glass Mountains, West Texas. Neuses Jahrbuch fuer Geologie und Palaeontologie, Abhandlungen, 187: 99～114

Kozur H W. 1994. The Permian/Triassic boundary and possible causes of the faunal change near the Permian/Triassic boundary. Permophiles, 24: 51～54

Kozur H W. 1996. The conodonts *Hindeodus*, *Isarcicella* and *Sweetohindeodus* in the uppermost Permian and lowermost Triassic. Geologia Croatica, 47(1): 81～115

Kozur H W. 1998a. Some aspects of the Permian-Triassic boundary (PTB) and of the possible causes for the biotic crisis around this boundary. Palaeogeography, Palaeoclimatology, Palaeoecology, 143: 227～272

Kozur H W. 1998b. Problems for evaluation of the scenario of the Permian-Triassic boundary biotic crisis and of it causes. Geologia Croatica, 51(2): 135～162

Kramma U, Wedepohl K H. 1991. The isotopic composition of strontium and sulfur in seawater of Late Permian (Zechstein) age. Chemical Geology, 90: 253～262

Krassilov V A, Zakharov Y D. 1975. *Pleuromeia* from the Lower Triassic of the far east of the U. S. S. R. Review of Palaeobotany and Palynology, 19: 221～232

Kravchinsky V A, Konstantinov K M, Courtillot V, Savrasov J I, Valet J-P, Cherniy S D, Mishenin S G, Parasotka B S. 2002. Palaeomagnetism of East Siberian traps and kimberlites: two new poles and palaeogeographic reconstructions at about 360 and 250 Ma. Geophysical Journal International, 148: 1～33

Kring D A. 2000. Impact events and their effects on the origin, evolution, and distribution of life. GSA Today, 10(8): 2～7

Kring D A, Melosh H J, Hunten D M. 1996. Impact-induced perturbations of atmospheric sulfur. Earth and Planetary Science Letters, 140: 201～212

Kristan-Tollmann E. 1983. Ostracoden aus dem Oberanis von Leidapo bei Guiyang in Sudchina. Schriftenreihu der Erdwissenschaftlichen Kommissionen, 5: 121～176

Krull E S, Retallack G J. 2000. $\delta^{13}C$ depth profiles from the paleosols across the Permian-Triassic boundary: Evidence for methane release. Geological Society of America Bulletin, 112(9): 1 459～1 472

Krull E S, Retallack G J, Campbell H J, Lyon G L. 2000. $\delta^{13}C_{org}$ chemostratigraphy of the Permian-Triassic boundary in the Maitai Group, New Zealand: evidence for high-latitudinal methane release. New Zealand Journal of Geology and Geophysics, 43: 21～32

Krystyn L, Orchard M J. 1996. Lowermost Triassic ammonoid and conodont biostratigraphy of Spiti, India. Albertiana, 17: 10～21

Kump L R, Arthur M A. 1999. Interpreting carbon-isotope excursions: carbonates and organic matter. Chemical Geology, 161: 181～198

Kunimaru T, Shimizu H, Takahashi K, Yabuki S. 1998. Differences in geochemical features between Permian and Triassic cherts from the Southern Chichibu terrane, southwest Japan: REE abundances, major element compositions and Sr isotopic ratios. Sedimentary Geology, 119: 195～217

Kusunoki T, Imoto N. 1995. Early Triassic (Spathian) radiolarians in chert from southern Kameoka City, Kyoto Prefecture. Earth Science (Chikyu Kagaku), 50: 184～188

Kuwahara K, Yao A. 1998. Diversity of Late Permian radiolarian assemblages. News of Osaka Micropaleontologists, Special Volume, 11: 33～46

Kvenvolden K A. 1988. Methane hydrate—A major reservoir of carbon in the shallow geosphere? Chemical Geology, 71: 41～51

Kvenvolden K A. 1995. A review of the geochemistry of methane in natural gas hydrate. Geochimica et Cosmochimica Acta, 23(11/12): 997～1 008

Kvenvolden K A. 1999. Potential effects of gas hydrate on human welfare. Proceedings of the National Academy of Sciences, USA, 96: 3420～3426

Kvenvolden K A. 2002. Methane hydrate in the global organic carbon cycle. Terra Nova, 14(5): 302～306

Labandeira C C, Sepkoski J, Jr. 1993. Insect diversity in the fossil record. Science, 261: 310～315

Lai Xulong, Mei Shilong. 2000. On zonation and evolution of Permian and Triassic conodonts. In: Yin Hongfu, Dickins J M, Shi G R, Tong Jinnan, eds. Permian-Triassic Evolution of Tethys and Western Circum-Pacific. Amsterdam: Elsevier. 371～392

Lai Xulong, Swift A. 2002. The need to describe and illustrate all elements in conodont collections—a rationale with special reference to Permian-Triassic conodonts. Albertiana, 27: 39～41

Lai Xulong, Wignall P, Zhang Kexin. 2001. Palaeoecology of the conodonts *Hindeodus* and *Clarkina* during the Permian-Triassic transitional period. Palaeogeography, Palaeoclimatology, Palaeoecology, 171(1): 63～72

Lai Xulong, Zhang Kexin. 1999. A new paleoecological model of conodonts during the Permian-Triassic transitional period. Earth Science—Journal of China University of Geosciences, 24(1): 33～38 (in Chinese with English abstract) [赖旭龙，张克信. 1999. 二叠-三叠纪之交牙形石生态新模式. 地球科学—中国地质大学学报，24(1): 33～38]

Larson R L. 1991. Geological consequences of superplumes. Geology, 19(10): 963～966

Latimer E M, Hancox P J, Rubidge B S, Shishkin M A, Kitching J W. 2002. The temnospondyl amphibian *Uranocentrodon*, another victim of the end-Permian extinction event. South African Journal of Science, 98(3/4): 191～193

Leary P N, Rampino M R. 1990. A multi-causal model of mass extinctions: increase in trace metals in the oceans. In: Kaufman E G, Walliser O H, eds. Extinction Events in Earth History. Heidelberg: Springer-Verlag. 45～55

Lehrmann D J. 1999. Early Triassic calcimicrobial mounds and biostromes of the Nanpanjiang basin, South China. Geology, 27(4): 359～362

Lehrmann D J, Payne J L, Felix S V, Dillett P M, Wang Hongmei, Yu Youyi, Wei Jiayong. 2003. Permian Triassic boundary sections from shallow-marine carbonate platforms of the Nanpanjiang basin, South China: Implications for oceanic conditions associated with the end-Permian extinction and its aftermath. Palaios, 18(2): 138～152

Lehrmann D J, Wei Jiayong, Enos P. 1998. Controls on facies architecture of a large Triassic carbonate platform: The Great Bank of Guizhou, Nanpanjiang Basin, South China. Journal of Sedimentary Research, 68: 311～326

Lehrmann D J, Wan Yang, Wei Jiayong, Yu Youyi, Xiao Jiafei. 2001. Lower Triassic peritidal cyclic limestones: an example of anachronistic carbonate facies from the Great Bank of Guizhou, Nanpanjiang Basin, Guizhou Province, South China. Palaeogeography, Palaeoclimatology, Palaeoecology, 173: 103～123

Li Yucheng. 1999. Carbon isotope cyclostratigraphy of the Permo-Triassic transitional limestones in South China. Journal of Nanjing University (Natural Sciences), 35(2): 277～285 (in Chinese with English abstract) [李玉成. 1999. 华南晚二叠世至早三叠世初灰岩碳同位素地层旋回. 南京大学学报(自然科学), 35(2): 277～285]

Li Zishun, Zhan Lipei, Dai Jinye, Jin Ruogu, Zhu Xiufang, Zhang Jinghua, Huang Hengquan, Xu Daoyi, Yan Zheng, Li Huamei, *et al*. 1989. Study on the Permian-Triassic Biostratigraphy and Event Stratigraphy of Northern Sichuan and Southern Shaanxi. People's Republic of China, Ministry of Geology and Mineral Resources, Geological Memoirs, Series 2, 9: 1～435 (in Chinese with English summary) [李子舜, 詹立培, 戴进业, 金若谷, 朱秀芳, 张景华, 黄恒铨, 徐道一, 严正, 李华梅等. 1989. 川北陕南二叠-三叠纪生物地层及事件地层学研究. 中华人民共和国地质矿产部地质专报, 二, 地层古生物, 第9号: 1～435]

Liang Handong. 2002. End-Permian catastrophic event of marine acidification by hydrated sulfuric acid: Mineralogical evidence from Meishan Section of South China. Chinese Science Bulletin, 47(16): 1 393～1 397 [梁汉东. 2002. 二叠纪末期海洋硫酸化环境灾变事件: 煤山剖面岩石矿物证据. 科学通报, 47(10): 784～788]

Liao Weihua. 2002. Advance in study of the taxonomy of Cnidaria and the origins and relationships of Paleozoic corals. Acta Palaeontologica Sinica, 41(3): 464～468 (in Chinese with English summary) [廖卫华. 2002. 有关刺丝胞动物分类和古生代珊瑚起源及其亲缘关系研究的最新进展. 古生物学报, 41(3): 464～468]

Liao Zhuoting. 1984. New genus and species of Late Permian and Earliest Triassic brachiopods from Jiangsu, Zhejiang and Anhui Provinces, China. Acta Palaeontologica Sinica, 23(3): 276～285 (in Chinese with English summary) [廖卓庭. 1984. 苏、浙、皖三省邻近地区晚二叠世至早三叠世早期腕足类的新属种. 古生物学报, 23(3): 276～285]

Lin Qibin. 1978. Upper Permian and Triassic fossil insects of Guizhou. Acta Palaeontologica Sinica, 17(3): 313～318 (in Chinese with English abstract) [林启彬. 1978. 贵州上二叠统和三叠系叠昆虫化石. 古生物学报, 17(3): 313～318]

Liu Benpei, Feng Qinglai, Fang Nianqiao, Jia Jinhua, He Fuxiang. 1993. Tectonic evolution of poly-island Paleotethys ocean in Changning-Menglian belt and Lancangjiang belt, southwestern Yunnan. Earth Science—Journal of China University of Geosciences, 18(5): 529～539 (in Chinese with English abstract) [刘本培, 冯庆来, 方念乔, 贾进华, 何馥香. 1993. 滇西南昌宁-孟连带和澜沧江带古特提斯多岛洋构造演化. 地球科学—中国地质大学学报, 18(5): 529～539]

Lo C-H, Chung S-L, Lee T-Y, Wu G. 2002. Age of the Emeishan flood magmatism and relations to Permian-Triassic boundary events. Earth and Planetary Science Letters, 198: 449～458

Looy C V, Brugman W A, Dilcher D L, Visscher H. 1999. The delayed resurgence of equatorial forests after the Permian-Triassic ecologic crisis. Proceedings of the National Academy of Sciences, USA, 96(24): 13 857～13 862

Looy C V, Twitchett R J, Dilcher D L, Van Konijnenburg-Van Cittert J H A, Visscher H. 2001. Life in the end-Permian dead zone. Proceedings of the National Academy of Sciences, USA, 98(14): 7 879～7 883

Lubick N. 2001. Volcanic accmplices in extinction. Scientific American, 284(3): 12～14

Lyons J O, Coe R S, Zhao X, Renne P R, Kazansky A Y, Izokh A E, Kungurtsev L V, Mitrokhin D V. 2002. Paleomagnetism of the Early Triassic Semitau Igneous Series, eastern Kazakhstan.

Journal of Geophysical Research, 107(B7): 2 139～2 148

MacDougall J D. 1988. Seawater strontium isotope, acid rain and Cretaceous-Tertiary boundary. Science, 239: 485～487

MacLeod K G, Smith R M H, Koch P L, Ward P D. 2000. Timing of mammal-like reptile extinctions across the Permian-Triassic boundary in South Africa. Geology, 28(3): 227～230

Magaritz M, Krishnamurthy R V, Holser W T. 1992. Parallel trends in organic and inorganic carbon isotopes across the Permian/Triassic boundary. American Journal of Science, 292: 727～739

Mangerud G. 1994. Palynostratigraphy of the Permian and lowermost Triassic succession, Finnmark Platform, Barents Sea. Review of Palaeobotany and Palynology, 82: 317～349

Marchis F, de Pater I, Davies A G, Roe H G, Fusco T, Le Mignant D, Descamps P, Macintosh B A, Prangé R. 2002. High-resolution Keck adaptive optics imaging of violent volcanic activity on Io. Icarus, 160(1): 124～131

Marquez E J. 2000. The 1991 Mount Pinatubo eruption and Eastern South China Sea foraminifera: occurrence, composition and recovery. The Island Arc, 9(4): 527～541

Martin E E, Macdougall J D. 1995. Sr and Nd isotopes at the Permian/Triassic boundary: a record of climate change. Chemical Geology, 125: 73～99

Maruoka T, Koeberl C, Hancox P J, Reimold W U. 2003. Sulfur geochemistry across a terrestrial Permian-Triassic boundary section in the Karoo Basin, South Africa. Earth and Planetary Science Letters, 206: 101～117

Matsuda T. 1981. Early Triassic conodonts from Kashmir, India, Part 1: *Hindeodus* and *Isarcicella*. Journal of Geosciences, Osaka City University, 24: 75～108

Matsuda T. 1985. Late Permian to Early Triassic conodont paleobiogeography in the Tethys Realm. In: Nakazawa K, Dickins J M, eds. The Tethys, Her Paleogeography and Paleobiogeography from Paleozoic to Mesozoic. Tokyo: Tokai University Press. 157～170

Max M D, Dillon W P, Nishimura C, Hurdle B G. 1999. Sea-floor methane blow-out and global firestorm at the K-T boundary. Geo-Marine Letters, 18(4): 285～291

May R M. 1977. Thresholds and breakpoints in ecosystems with a multiplicity of stable states. Nature, 269: 471～477

Mazzullo S J. 2000. Organogenic dolomitization in peritidal to deep-sea sediments. Journal of Sedimentary Research, 70: 10～23

Mazzullo S J, Bischoff W D, Teal C S. 1995. Holocene shallow-subtidal dolomitization by near-normal seawater, northern Belize. Geology, 23(4): 341～344

McCartney K, Huffman A R, Tredoux M. 1990. A paradigm for endogenous causation of mass extinctions, In: Sharpton V L, Ward P D, eds. Global Catastrophes in Earth History. Geological Society of America Special Paper, 247: 125～138

McEwen A S, Belton M J S, Breneman H H, Fagents S A, Geissler P, Greeley R, Head J W, Hoppa G, Jaeger W L, Johnson T V, Ketzthelyi L, Klaasen K P, Lopes-Gautier R, Magee K P, Milazzo M P, Moore J M, Pappalardo R T, Phillips C B, Radebaugh J, Schubert G, Schuster P, Simonelli D P, Sullivan R, Thomas P C, Turtle E P, Williams D A. 2000. Galileo at Io: Results from high-resolution imaging. Science, 288: 1 193～1 198

McKenzie J A. 2003. The microbial factor in the geochemical equation. Geochimica et Cosmochimica Acta, Goldschmidt Conference Abstracts 2003: A1

McKinnon W B. 1992. Killer acid at the K/T boundary. Nature, 357: 15～16

Mcloughlin S, Lindstrom S, Drinnan A N. 1997. Gondwanan floristic and sedimentological trends during the Permian-Triassic transition: new evidence from the Amery Group, northern Prince Charles Mountains, East Antarctica. Antarctic Science, 9(3): 281～298

McManus H A, Taylor E L, Taylor T N, Collinson J W. 2002. A petrified Glossopteris flora from Collinson Ridge, central Transantarctic Mountains: Late Permian or Early Triassic? Review of Palaeobotany and Palynology, 120: 233～246

Mei Mingxiang, Gao Jinhan, Meng Qingfen, Yi Dinghong, Li Donghai. 2002. Sequence stratigraphy and relative sea-level changes from the Early to the Middle Triassic in the Nanpanjiang Basin. Geoscience, 16(2): 137～146 (in Chinese with English abstract) [梅冥相，高金汉，孟庆芬，易定红，李东海. 2002. 南盘江盆地早-中三叠世层序地层格架及相对海平面变化研究. 现代地质，16(2): 137～146]

Mei Shilong, Henderson C M. 2001. Evolution of Permian conodont provincialism and its significance in global correlation and paleoclimate implication. Palaeogeography, Palaeoclimatology, Palaeoecology, 170: 237～260

Mei Shilong, Henderson C M. 2002. Comments on some Permian conodont faunas reported from Southeast Asia and adjacent areas and their global correlation. Journal of Asian Earth Sciences, 20: 599～608

Mei Shilong, Shi Xiaoying. 1999. On evolution and zonation of Permian and Early Triassic conodonts. In Yao A, Ezaki Y, Hao Weicheng, Wang Xinping, eds. Biotic and Geological Development of the Paleo-Tethys in China. Beijing: Peking University Press. 113～121 (in Chinese with English abstract) [梅仕龙，史晓颖. 1999. 试论二叠纪和早三叠世的牙型石演替与分带. 见:八尾昭，江崎洋一，郝维城，王新平. 1999. 中国古特提斯生物及地质变迁. 北京: 北京大学出版社. 113～121]

Mei Shilong, Zhang Kexin, Wardlaw B R. 1998. A refined succession of Changhsingian and Griesbachian neogondolellid conodonts from the Meishan section, candidate of the global stratotype section and point of the Permian-Triassic boundary. Palaeogeography, Palaeoclimatology, Palaeoecology, 143: 213～226

Melosh H J. 2000. Can impacts induce volcanic eruptions? In: Catastrophic Events and Mass Extinctions: Impacts and Beyond, LPI Contribution 1 053: 141～142. Available at: http://www.lpi.usra.edu/meetings/impact 2000/pdf/3144.pdf

Melosh H J, Schneider N M, Zahnle K J, Latham D. 1990. Ignition of global wildfires at the Cretaceous/Tertiary boundary. Nature, 343: 251～254

Mertmann D. 2003. Evolution of the marine Permian carbonate platform in the Salt Range (Pakistan). Palaeogeography, Palaeoclimatology, Palaeoecology, 191: 373～384

Meyen S F. 1973. The Permian-Triassic boundary and its relation to the paleophyte-Mesophyte floral boundary. In: Logan A, Hills L V, eds. The Permian and Triassic Systems and Their Mutual Boundary. Memoir of Canadian Society of Petroleum Geologists, 2: 662～667

Meyen S F. 1981. Some true and alleged Permotriassic conifers of Siberia and Russian Platform and their alliance. The Palaeobotanist, 28-29: 161～176

Meyen S F. 1987. Fundamentals of Palaeobotany. London: Chapman and Hall. 1～432

Meyen S F. 1997. Permian conifers of Western Angaraland. Review of Palaeobotany and Palynology, 96: 351～447

Michaelsen P. 2002. Mass extinction of peat-forming plants and the effect on fluvial styles across the Permian-Triassic boundary, northern Bowen Basin, Australia. Palaeogeography, Palaeoclimatology, Palaeoecology, 179(3～4): 173～188

Michaelsen P, Henderson R A. 2000. Sandstone petrofacies expressions of multiphase basinal tectonics and arc magmatism: Permian-Triassic north Bowen Basin, Australia. Sedimentary Geology, 136: 113～136

Mienert J, Posewang J. 1999. Evidence of shallow-and deep-water gas hydrate destabilizations in

North Atlantic polar continental margin sediments. Geo-Marine Letters, 19: 143～149

Milner A R. 1990. The radiations of temnospondyl amphibians. In: Taylor P D, Larwood G P, eds. Major Evolutionary Radiations. Systematics Association Special Volume, 42: 321～349

Miono S, Zheng Chengzhi, Nakayama Y. 1996. Study of miospherules in the Permian-Triassic bedded chert of the Sasayama section, Southwest Japan by PIXE analysis. Nuclear Instruments and Methods in Physics Research, B 109/110: 612～616

Mogutcheva N K. 1996. Evolutionary stages of Triassic flora in Siberia (Angarida). The Palaeobotanist, 45: 329～333

Morante R. 1996. Permian and Early Triassic isotopic records of carbon, and strontium in Australia and a scenario of events about the Permian-Triassic boundary. Historical Biology, 11: 289～310

Morel E M, Ortabe A E, Apalletti L A. 2003. Triassic floras of Argentina: biostratigraphy, floristic events and comparison with orther areas of Gondwana and Laurasia. Alcheringa, 27: 231～243

Mory A J, Iasky R P, Glikson A Y, Pirajno F. 2000a. Woodleigh, Carnarvon Basin, Western Australia: a new 120 km diameter impact structure. Earth and Planetary Science Letters, 177: 119～128

Mory A J, Iasky R P, Glikson A Y, Pirajno F. 2000b. Response to Critical comment on: A. J. Mory *et al.* 'Woodleigh, Carnarvon Basin, Western Australia: a new 120km diameter impact structure' by W. U. Reimold and C. Koeberl. Earth and Planetary Science Letters, 184: 359～365

Mukhopadhyay S, Farley K A, Montanari A. 2001. A short duration of the Cretaceous-Tertiary boundary event: Evidence from extraterrestrial Helium-3. Science, 291: 1952～1955

Mundil R, Metcalfe I, Ludwig K R, Renne P R, Oberli F, Nicoll R S. 2001. Timing of the Permian-Triassic biotic crisis: implications from new zircon U/Pb age data (and their limitations). Earth and Planetary Science Letters, 187: 131～145

Murchey B L, Jones D L. 1992. A mid-Permian chert event: widespread deposition of biogenic siliceous sediments in coastal island arc and oceanic basins. Palaeogeography, Palaeoclimatology, Palaeoecology, 96: 161～174

Musashi M, Isozaki Y, Koike T, Kreulen R. 2001. Stable carbon isotope signature in mid-Panthalassa shallow-water carbonates across the Permo-Triassic boundary: evidence for ^{13}C-depleted superocean. Earth and Planetary Science Letters, 191: 9～20

Nakazawa K. 1992. The Permian-Triassic boundary. Albertiana, 10: 23～30

Nazarov B B, Ormiston A R. 1986. Origin and biostratigraphic potential of the stauraxon policystine Radiolaria. Marine Micropaleontology, 11: 33～54

Newell A J, Tverdokhlebov V P, Benton M J. 1999. Interplay of tectonics and climate on a transverse fluvial system, Upper Permian, Southern Uralian Foreland Basin, Russia. Sedimentary Geology, 127: 11～29

Nicoll R S, Metcalfe I, Wang Chengyuan. 2002. New species of the conodont genus *Hindeodus* and the conodont biostratigraphy of the Permian-Triassic boundary interval. Journal of Asian Earth Sciences, 20: 609～631

Nielsen P, Swennen R, Dickson J A D, Fallick A E, Keppens E. 1997. Spheroidal dolomites in a Visean karst system—bacterial induced origin? Sedimentology, 44(1): 177～195

Nikishin A M, Ziegler P A, Abbott D H, Brunet M F, Cloetingh S, Fokin P A. 2002. Permo-Triassic intraplate magmatism and rifting in Eurasia: implications for mantle plumes and mantle dynamics. Tectonophysics, 351: 3～39

Norris R D, Rohl U. 1999. Carbon cycling and chronology of climate warming during the Paleocene/Eocene transition. Nature, 401: 775～778

Oberhansli H, Hsu K J, Piasecki S, Weissert H. 1989. Permian-Triassic carbon-isotope anomaly in Greenland and in the southern Alps. Historical Biology, 2: 37～49

Officer C B, Hallam A, Drake C L, Devine J D. 1987. Late Cretaceous and paroxysmal Cretaceous/Tertiary extinctions. Nature, 326: 143～149

Olsen P E. 1999. Giant lava flows, mass extinctions, and mantle plumes. Science, 284: 604～605

Olsen P E, Koeberl C, Huber H, Montanari A, Fowell S J, Et-Touhami M, Kent DV. 2002. Continental Triassic-Jurassic boundary in central Pangea: Recent progress and discussion of an Ir anomaly. In: Koeberl C, MacLeod K G, eds. Catastrophic Events and Mass Extinctions: Impacts and Beyond. Geological Society of America Special Paper, 356: 505～522

Orchard M J, Nassichuk W W, Rui Lin. 1994. Conodonts from the Lower Griesbachian *Otoceras latilobatum* bed of Selong, Tibet, and the position of the Permian-Triassic boundary. Canadian Society of Petroleum Geologists Memoir, 17: 823～843

Ormф J, Lindstrфm M. 2000. When a cosmic impact strikes the sea bed. Geological Magazine, 137: 67～80

Orth C J, Attrep M, Jr, Quintana L R, 1990. Iridium abundance patterns across bio-event horizons in the fossil record. In: Silver L T, Schultz P H, eds. Geological Implications of Impact of Large Asteroids and Comets on the Earth. Geological Society of America Special Paper, 190: 45～60

Ottone E G, Garcia G B. 1991. A Lower Triassic microspore assemblage from the Viejo Formation, Argentina. Review of Palaeobotany and Palynology, 68: 217～232

Ouyang Shu. 1982. Upper Permian and Lower Triassic palynomorphs from eastern Yunnan, China. Canadian Journal of Earth Sciences, 19(1): 68～80

Ouyang Shu. 1986. Palynology of Upper Permian and Lower Triassic strata of Fuyuan district, eastern Yunnan. Palaeontologia Sinica, 169, New Series A, Number 9: 1～122 (in Chinese with English summary) [欧阳舒. 1986. 云南富源晚二叠世-早三叠世孢子花粉组合. 中国古生物志，总号第169册，新甲种第9号：1～122]

Ouyang Shu. 1991. Transitional palynofloras from basal Lower Triassic of China and their ecological implications, with special reference to Paleophyte/Mesophyte problems. In: Jin Yugan, Wang Jungeng, Xu Shanhong, eds. Palaeoecology of China. Nanjing: Nanjing University Press. 168～196

Ouyang Shu, Li Zaiping. 1980. Microflora from the Kayitou Formation of Fuyuan district, East Yunnan and its bearing on stratigraphy and palaeobotany. In: Nanjing Institute of Geology and Palaeontology, Chinese Academy of Sciences, ed. The Palaeontology and the Coal-Bearing Strata of Late Permian in Western Guizhou and Eastern Yunnan. Beijing: Science Press. 123～183 (in Chinese) [欧阳舒，李再平. 1980. 云南富源卡以头层微体植物群及其地层和古植物学意义. 见：中国科学院南京地质古生物研究所. 黔西滇东晚二叠世含煤地层和古生物群. 北京：科学出版社. 123～183]

Ouyang Shu, Utting J. 1990. Palynology of Upper Permian and Lower Triassic rocks, Meishan, Changxing County, Zhejiang Province, China. Review of Palaeobotany and Palynology, 66: 65～103

Padden M, Weissert H, de Rafelis M. 2001. Evidence for Late Jurassic release of methane from gas hydrate. Geology, 29: 223～226

Pakistani-Japanese Research Group. 1985. Permian and Triassic Systems in the Salt Range and Surghar Range, Pakistan. In: Nakazawa K, Dickins J M, eds. The Tethys, Her Paleogeography and Paleobiogeography from Paleozoic to Mesozoic. Tokyo: Tokai University Press. 221～312

Pal P K, Ghosh A K. 1997. Megafloral zonation of Permian-Triassic sequence in the Kamthi

Formation, Talcher Coalfield, Orissa. The Palaeobotanist, 46: 81～87

Palais J M, Sigurdsson H. 1989. Petrologic evidence of volatile emissions from major historic and pre-historic volcanic eruptions. American Geophysical Union Geological Monograph Series, 52: 31～56

Palfy J, Demeny A, Haas J, Htenyi M, Orchard M J, Veto I. 2001. Carbon isotope anomaly at the Triassic-Jurassic boundary from a marine section in Hungary. Geology, 29: 1 047～1 050

Palfy J, Smith P L, Mortensen J K. 2002. Dating the end-Triassic and Early Jurassic mass extinctions, correlative large igneous provinces, and isotopic events. In: Koeberl C, MacLeod K G, eds. Catastrophic Events and Mass Extinctions: Impacts and Beyond. Geological Society of America Special Paper, 356: 523～532

Pant D D, Pant R. 1987. Some *Glossopteris* leaves from Indian Triassic beds. Palaeontographica, B205: 165～178

Patterson C, Smith A B. 1987. Is the periodicity of extinctions a taxonomic artefact? Nature, 330: 248～251

Paul J. 1982. Der Untere Buntsandstein des Germanischen Beckens. Geologische Rundschau, 71(3): 795～811

Paull C K, Brewer P G, Ussler Ⅲ W, Peltzer E T, Rehder G, Clague D. 2002. An experiment demonstrating that marine slumping is a mechanism to transfer methane from seafloor gas-hydrate deposits into the upper ocean and atmosphere. Geo-Marine Letters, 22(4): 198～203

Paull C K, Ussler W, Dillon W P. 1991. Is the extent of glaciation limited by marine gas hydrates. Geophysical Research Letters, 18: 432～434

Paull R K, Paull R A. 1982. Permian-Triassic unconformity in the Terrace Mountains, northwestern Utah. Geology, 10: 582～587

Peng Yuanqiao, Tong Jinnan. 1999. Integrated study of Permian-Triassic boundary bed in Yangtze platform. Geoscience—Journal of China University of Geosciences, 24(1): 39～48 (in Chinese with English abstract) [彭元桥，童金南. 1999. 扬子台区二叠-三叠系界线层综合地层学研究. 地球科学—中国地质大学学报，24(1): 39～48]

Peng Yuanqiao, Tong Jinnan, Shi G R, Hansen H J. 2001. The Permian-Triassic boundary stratigraphic set: characteristics and correlation. Newsletters on Stratigraphy, 39(1): 55～71

Peng Yuanqiao, Yin Hongfu. 2002. The global changes and bio-effects across the Paleozoic-Mesozoic transition. Earth Science Frontiers, 9(3): 85～93 (in Chinese with English abstract) [彭元桥，殷鸿福. 2002. 古-中生代之交的全球变化与生物效应. 地学前缘，9(3): 85～93]

Pfefferkorn H W. 1980. A note on the term "upland flora". Review of Palaeobotany and Palynology, 30(1/2): 157～158

Pinto J P, Turco R P, Toon O B. 1989. Self-limiting physical and chemical effects in volcanic eruption clouds. Journal of Geophysical Research, 94: 11 165～11 174

Pitrat C W. 1973. Vertebrates and the Permo-Triassic extinction. Palaeogeography, Palaeoclimatology, Palaeoecology, 14: 249～264

Poag C W. 1997. Roadblocks on the kill curve: testing the Raup hypothesis. Palaios, 12: 582～590

Poort R J, Clement-Westerhof J A, Looy C V, Visscher H. 1997. Aspects of Permian palaeobotany and palynology. XVII. Conifer extinction in Europe at the Permian-Triassic junction: Morphology, ultrastructure and geographic/stratigraphic distribution of *Nuskoisporites dulhuntyi* (prepollen of *Ortiseia*, Walchiacea). Review of Palaeobotany and Palynology, 97: 9～39

Poort R J, Visscher H, Dilcher D L. 1996. Zoidogamy in fossil gymnosperms: The centenary of a concept, with special reference to prepollen of late Paleozoic conifers. Proceedings of the

National Academy of Sciences, USA, 93: 11 713～11 717

Pope K O. 2002. Impact dust not the cause of the Cretaceous-Tertiary mass extinction. Geology, 30 (2): 99～102

Pope K O, Baines K H, Ocampo A C, Ivanov B A. 1994. Impact winter and the Cretaceous/Tertiary extinctions: Results of a Chicxulub asteroid impact model. Earth and Planetary Science Letters, 128(3～4): 719～725

Pope K O, Baines K H, Ocampo A C, Ivanov B A. 1997. Energy, volatile production, and climatic effects of the Chicxulub Cretaceous/Tertiary impact. Journal of Geophysical Research, 102(E9): 21 645～21 654

Pope K O, D'Hondt S L, Marshall C R. 1998. Meteorite impact and the mass extinction of species at the Cretaceous/Tertiary boundary. Proceedings of the National Academy of Sciences, USA, 95: 11 028～11 029

Pope M, Giles K A. 2001. Carbonate sediments. Geotimes, 46(7): 20～21

Popp B N, Podosek F A, Brannon J C, Anderson T F, Pier J. 1986. $^{87}Sr/^{86}Sr$ ratios in Permo-Carboniferous sea water from the analyses of well-preserved brachiopod shells. Geochimica et Cosmochimica Acta, 50: 1 321～1 328

Poreda R J, Becker L. 2003. Fullerenes and interplanetary dust at the Permian-Triassic boundary. Astrobiology, 3(1): 75～90

Price N J. 2001. Major Impacts and Plate Tectonics. London: Routledge, Taylor & Francis Group. 1～354

Prinn R G, Fegley B, Jr. 1987. Bolide impacts, acid rain, and biospheric traumas at the Cretaceous-Tertiary boundary. Earth and Planetary Science Letters, 83: 1～15

Qin Jianhua, Wu Yinglin, Yan Yangji, Zhu Zhongfa. 1996. Hercynian-Indosinian sedimentary-tectonic evolution of the Nanpanjiang basin. Acta Geologica Sinica, 70(2): 99～107 (in Chinese with English abstract) [秦建华，吴应林，颜仰基，朱忠发. 1996. 南盘江盆地海西-印支期沉积构造演化. 地质学报，70(2): 99～107]

Racki G. 1999. Silica-secreting biota and mass extinction: survival patterns and processes. Palaeogeography, Palaeoclimatology, Palaeoecology, 154: 107～132

Racki G. 2000. Radiolarian Palaeoecology and radiolarites: is the present the key to the past? Earth-Science Reviews, 52: 83～120

Racki G. 2003. End-Permian mass extinction: oceanographic consequences of double catastrophic volcanism. Lethaia, 36: 171～173

Racki G, Wrzolek T. 2001. Causes of mass extinctions. Lethaia, 34(3): 200～202

Rampino M R. 1987. Impact cratering and flood-basalt volcanism. Nature, 327: 468

Rampino M R, Adler A C. 1998. Evidence for abrupt latest Permian mass extinction of foraminifera: Results of tests for the Signor-Lipps effect. Geology, 26: 415～418

Rampino M R, Haggerty B M. 1996. Impact crises and mass extinctions: A working hypothesis. Geological Society of America Special Paper, 307: 11～30

Rampino M R, Prokoph A, Adler A. 2000. Tempo of the end-Permian event: High-resolution cyclostratigraphy at the Permian-Triassic boundary. Geology, 28: 643～646

Rampino M R, Prokoph A, Adler A C, Schwindt D M. 2002. Abruptness of the end-Permian mass extinction as determined from biostratigraphic and cyclostratigraphic analyses of European western Tethyan sections. In: Koeberl C, MacLeod K G, eds. Catastrophic Events and Mass Extinctions: Impacts and Beyond. Geological Society of America Special Paper, 356: 415～427

Rampino M R, Self S. 1984. Sulphur-rich volcanic eruptions and stratospheric aerosols, Nature, 310: 677～679

Rampino M R, Self S, Stothers R B. 1988. Volcanic winters. Annual Reviews of Earth and Planetary Science, 16: 73～99

Rampino M R, Stothers R B. 1988. Flood basalt volcanism during the past 250 million years. Science, 241: 663～668

Raup D M. 1979. Size of the Permo-Triassic bottleneck and its evolutionary implications. Science, 206: 217～218

Raup D M, Sepkoski J J, Jr. 1982. Mass extinction in the marine fossil record. Science, 215: 1 501～1 503

Ravizza G, Peucker-Ehrenbrink B. 2003. Chemostratigraphic evidence of Deccan volcanism from the marine Osmium isotope record. Science, 302: 1 392～1 395

Rayner R J. 1992. *Phyllotheca*: The pastures of the Late Permian. Palaeogeography, Palaeoclimatology, Palaeoecology, 92: 31～40

Rees P M. 2002. Land-plant diversity and the end-Permian mass extinction. Geology, 30(9): 827～830

Reichow M K, Saunders A D, White R V, Pringle M S, Al'Mukhamedov A I, Medvedev A I, Kirda N P. 2002. Ar-40/Ar-39 dates from the West Siberian Basin: Siberian flood basalt province doubled. Science, 296: 1 846～1 849

Reimold W U, Armstrong R A, Koeberl C. 2002. A deep drillcore from the Morokweng impact structure, South Africa: petrography, geochemistry, and constraints on the crater size. Earth and Planetary Science Letters, 201 (1): 221～232

Reimold W U, Koeberl C. 2000. Critical comment on: A. J. Mory *et al*. 'Woodleigh, Carnarvon Basin, Western Australia: a new 120 km diameter impact structure'. Earth and Planetary Science Letters, 184: 353～357

Renne P R. 2002. Flood basalts—bigger and badder. Science, 296: 1 812～1 813

Renne P R, Basu A R. 1991. Rapid eruption of the Siberian Traps flood basalts at the Permo-Triassic boundary. Science, 253: 176～179

Renne P R, Swisher C C, Deino A L, Karner D B, Owens T, DePaolo D J. 1998. Intercalibration of standards, absolute ages and uncertainties in $^{40}Ar/^{39}Ar$ dating. Chemical Geology, 145: 117～152

Renne P R, Zhang Zichao, Richards M A, Black M T, Basu A R. 1995. Synchrony and causal relations between Permian-Triassic boundary crises and Siberian flood volcanism. Science, 269: 1 413～1 416

Retallack G J. 1975. The life and times of a Triassic lycopod. Alcheringa, 1: 3～29

Retallack G J. 1977. Reconstructing Triassic vegetation of eastern Australia: a new approach for the biostratigraphy of Gondwanaland. Alcheringa, 1(3): 247～277

Retallack G J. 1995a. Permian-Triassic life crisis on land. Science, 267: 77～80

Retallack G J. 1995b. An Early Triassic fossil flora from Culvida Soak, Canning Basin, Western Australia. Journal of Royal Society of Western Australia, 78(3): 57～66

Retallack G J. 1996. Acid trauma at the Cretaceous-Tertiary boundary in eastern Montana. GSA Today, 6(5): 1～7

Retallack G J. 1997a. Earliest Triassic origin of *Isoetes* and quillwort evolutionary radiation. Journal of Paleontology, 71(3): 500～521

Retallack G J. 1997b. Palaeosols of the upper Narrabeen Group of New South Wales as evidence of Early Triassic paleoenvironments without modern analogues, Australian Journal of Earth Sciences, 44: 185～201

Retallack G J. 1999. Postapocalyptic greenhouse paleoclimate revealed by earliest Triassic paleosols in the Sydney Basin, Australia. Geological Society of America Bulletin, 111(1): 52～70

Retallack G J. 2002. *Lepidopteris callipteroides* (Carpentier) comb. nov., an earliest Triassic seed fern of the Sydney Basin, southeastern Australia. Alcheringa, 26(4): 475～500

Retallack G J, Hammer W R. 1998. Paleoenvironment of the Triassic therapsid *Lystrosaurus* in the central Transantarctic Mountains, Antarctica. U. S. Antarctic Journal, 31: 33～35

Retallack G J, Krull E S. 1999. Landscape ecological shift at the Permian-Triassic boundary in Antarctica. Australian Journal of Earth Sciences, 46: 785～812

Retallack G J, Seyedolali A, Krull E S, Holser W T, Ambers C P, Kyte F T. 1998. Search for evidence of impact at the Permian-Triassic boundary in Antarctica and Australia. Geology, 26 (11): 979～982

Retallack G J, Smith R M H, Ward P D. 2003. Vertebrate extinction across Permian-Triassic boundary in Karoo Basin, South Africa. Geological Society of America Bulletin, 115(9): 1 133～1 152

Retallack G J, Veevers J J, Morante R. 1996. Global coal gap between Permian-Triassic extinction and Middle Triassic recovery of peat-forming plants. Geological Society of America Bulletin, 108 (2): 195～207

Rice D D, Claypool G E. 1981. Generation, accumulation, and resource potential of biogenic gas. AAPG Bulletin, 65:5～25

Rodland D L, Bottjer D J. 2001. Biotic recovery from the end-Permian mass extinction: Behavior of the inarticulate brachiopod *Lingula* as a disaster taxon. Palaios, 16: 95～101

Rogers G C. 1982. Oceanic plateaus as meteorite impact signatures. Nature, 299: 341～342

Romano S L, Palumbi S R. 1996. Evolution of Scleractinian Corals Inferred from Molecular Systematics. Science, 271: 640～642

Ronca L B. 1966. Meteoritic impact and volcanism. Icarus, 5: 515～520

Rong Jiayu, Harper D A T. 1999. Brachiopod survival and recovery from latest Ordovician mass extinction in South China. Geological Journal, 34(4): 321～348

Ross A J, Jarzembowski E A. 1993. Arthropoda (Hexapoda; Insecta). In: Benton M J, ed. The Fossil Record 2. London: Chapman and Hall. 263～426

Rothwell G W, Grauvogel-Stamm L, Mapes G. 2000. An herbaceous fossil conifer: Gymnospermous ruderals in the evolution of Mesozoic vegetation. Palaeogeography, Palaeoclimatology, Palaeoecology, 156: 139～145

Rudenko V S, Panasenko E S, Rybalka S V. 1997. Radiolaria from Permian-Triassic boundary beds in cherty deposits of Primorye (Sikhote-Alin). In: Dickins J M, Yang Zun-yi, Yin Hong-fu, Lucas S E, Achary S K, eds. Late Palaeozoic and Early Mesozoic Circum-Pacific Events and Their Global Correlation. Cambridge: Cambridge University Press. 147～151

Rui Lin, He Jinwen, Chen Chuzhen, Wang Yigang. 1988. Discovery of fossil animals from the basal clay of Permian-Triassic boundary in the Meishan area of Changxing, Zhejiang and its significance. Journal of Stratigraphy, 12(1): 48～52 (in Chinese with English abstract) [芮琳, 何锦文, 陈楚震, 王义刚. 1988. 浙江长兴煤山地区二叠-三叠系界线底粘土中动物化石的发现及其意义. 地层学杂志, 12(1): 48～52]

Rui Lin, Zhao Jiaming, Mu Xinan, Wang Keliang, Wang Zhihao. 1984. Restudies on the Wujiaping Limestone from Liangshan of Hanzhong, Shaanxi. Journal of Stratigraphy, 8(3): 179～193 (in Chinese with English abstract) [芮琳, 赵嘉明, 穆西南, 王克良, 王志浩. 1984. 陕西汉中梁山吴家坪灰岩的再研究. 地层学杂志, 8(3): 179～193]

Ryskin G. 2003. Methane-driven oceanic eruptions and mass extinctions. Geology, 31(9): 741～744

Sarkar A, Yoshioka H, Ebihara M, Naraoka H. 2003. Geochemical and organic carbon isotope studies across the continental Permo-Triassic boundary of Raniganj Basin, eastern India. Palaeogeography, Palaeoclimatology, Palaeoecology, 191: 1～14

Sashida K. 1983. Lower Triassic Radiolaria from the Kanto Mountains, Central Japan. Part 1: Palaeoscenidiidae. Transactions and Proceedings of the Palaeontological Society of Japan, New Series, 131: 168～176

Sashida K. 1991. Early Triassic radiolarians from the Ogamata Formation, Kanto Mountains, Central Japan. Part 2. Transactions and Proceedings of the Palaeontological Society of Japan, New Series, 161: 681～696

Sashida K, Igo H. 1992. Triassic radiolarians from a limestone exposed at Khao Chiak near Phatthalung, southern Thailand. Transactions and Proceedings of the Palaeontological Society of Japan, New Series, 168: 1 296～1 310

Sashida K, Igo H, Hisada K I, Nakornsri K, Ampornmaha A. 1993. Occurrence of Paleozoic and Early Mesozoic Radiolaria in Thailand (Preliminary report). Journal of Southeast Asian Earth Sciences, 8: 97～108

Sashida K, Igo H, Adachi S, Ueno K, Kajwara Y, Nakornsri N, Sardsud A. 2000. Late Permian to Middle Triassic radiolarian faunas from Northern Thailand. Journal of Paleontology, 74(5): 789～811

Sashida K, Salyapongse S. 2002. Permian radiolarian faunas from Thailand and their paleogeographic significance. Journal of Paleontology, 20(6): 691～701

Sashida K, Salyapongse S Nakornsri N. 2000. Latest Permian radiolarian faunas from Klaeng, east Thailand. Micropaleontology, 46(3): 245～263

Saunders A D,Tarney J, Ker A C, Kent R W. 1996. The formation and fate of large oceanic igneous provinces. Lithos, 37: 81～95

Saunders W B, Work D M, Nikolaeva S V. 1999. Evolution of complexity in Paleozoic ammonoid sutures. Science, 286: 760～763

Schaeffer B. 1973. Fishes and the Permian-Triassic boundary. In: Logan A, Hills L V, eds. The Permian and Triassic Systems and Their Mutual Boundary. Memoirs of Canadian Society of Petroleum Geologists, 2: 493～497

Scheffer M, Carpenter S R. 2003. Catastrophic regime shifts in ecosystems: linking theory to observation. Trends in Ecology and Evolution, 18(12): 648～656

Scheffer M, Carpenter S, Foley J A, Folks C, Walker B. 2001. Catastrophic shifts in ecosystems. Nature, 413: 591～593

Schindler D W. 1988. Effects of acid rain on freshwater ecosystems. Science, 239: 149～157

Schubert J K, Bottjer D J. 1995. Aftermath of the Permian-Triassic mass extinction event: Paleoecology of Lower Triassic carbonates in the western USA. Palaeogeography, Palaeoclimatology, Palaeoecology, 116: 1～39

Schweitzer H-J. 1996. *Voltzia hexagona* (Bischoff) Geinitz aus dem mittleren Perm Westdeutschlands. Palaeontogeographica, B239: 1～22

Seilacher A. 1999. Biomat-related lifestyles in the Precambrian. Palaios, 14: 86～93

Sennikov A G. 1996. Evolution of the Permian and Triassic tetrapod communities of Eastern Europe. Palaeogeography, Palaeoclimatology, Palaeoecology, 120: 331～351

Sephton M A, Looy C V, Veefkind R J, Brinkhuis H, de Leeuw J W, Visscher H. 2002. Synchronous record of $\delta^{13}C$ shifts in the oceans and atmosphere at the end of the Permian. In: Koeberl C, MacLeod K G, eds. Catastrophic Events and Mass Extinctions: Impacts and Beyond. Geological Society of America Special Paper, 356: 455～462

Sephoton M A, Veefkind R J, Looy C V, Visscher H, Brinkhnis H, de Leeuw J W. 2001. Lateral variations in end-Permian organic matter in northern Italy. In: Buffetaut E, Koeberl C, eds. 2001. Geological and Biological Effects of Impact Events. Heidelberg: Springer-Verlag. 11～24

Sepkoski J J, Jr. 1981. A factor analytic description of the Phanerozoic marine fossil record. Paleobiology, 7: 36～53

Sepkoski J J, Jr. 1982. Flat-pebble conglomerates, storm deposits, and the Cambrian bottom fauna. In: Einsele G, Seilacher A, eds. Cyclic and Event Stratification. Heidelberg: Springer-Verlag. 371～385

Sepkoski J J, Jr. 1984. A kinetic model of Phanerozoic taxonomic diversity, Ⅲ, Post-Paleozoic families and mass extinctions. Paleobiology, 10: 246～267

Sepkoski J J, Jr. 1993. Ten Years in the library: new data confirm paleontological patterns. Paleobiology, 19: 43～51

Sepkoski J J, Jr, Bambach R K, Droser M L. 1991. Secular changes in Phanerozoic event bedding and the biological overprint. In: Einsele G, Ricken W, Seilacher A, eds. Cycles and Events in Stratigraphy. Heidelberg: Springer-Verlag. 298～312

Seward A C. 1924. The later records of plant life. Quarterly Journal of the Geological Society, London, 80: 61～98

Shah S C. 1987. Permian-Triassic boundary in the Peninsula. Palaeobatanist, 36: 58

Shang Qinghua, Caridroit M, Wang Yujing. 2001. Radiolarians from the Uppermost Permian Changhsingian of southern Guangxi. Acta Micropalaeontologica Sinica, 18(3): 229～240

Shcherbakov D E. 2001. Permian faunas of Homoptera (Hemiptera) in relation to phytogeography and the Permian-Triassic crisis. Paleontological Journal, 34(Supplement 3): 251～267

Sheehan P M. 2001. History of marine biodiversity. Geological Journal, 36: 231～249

Sheldon N D, Retallack G J. 2002. Low oxygen levels in earliest Triassic soils. Geology, 30(10): 919～922

Shen Jianwei, Kawamura T, Yang Wanrong. 1998. Upper Permian coral reef and colonial rugose corals in Northwest Hunan, South China. Facies, 39: 35～66

Shen Jianwei, Yang Wanrong. 1995. Late Permian coral reef in Wulingyuan of the National Forest Park, northwestern Hunan. Chinese Science Bulletin, 40: 1 491～1 494(in Chinese)[沈建伟，杨万容. 1995. 湘西武陵源晚二叠世长兴期珊瑚礁. 科学通报，40: 1 491～1 494]

Shen Shuzhong, Shi G R. 1996. Diversity and extinction patterns of Permian Brachiopoda of South China. Historical Biology, 12: 93～110

Shen Shuzhong, Shi G R. 2002. Paleobiogeographical extinction patterns of Permian brachiopods in the Asian-western Pacific region. Paleobiology, 28(4): 449～463

Sheng Jinzhang, Chen Chuzhen, Wang Yigang, Rui Lin, Liao Zhuoting, He Jinwen, Jiang Nayan, Wang Chengyuan. 1987. New advances on the Permian and Triassic boundary of Jiangsu, Zhejiang and Anhui. In: Nanjing Institute of Geology and Palaeontology, Chinese Academy of Sceiences, ed. Permian-Triassic Boundary (1), Stratigraphy and Palaeontology of Systemic Boundaries in China. Nanjing: Nanjing University Press. 1～21 (in Chinese with English abstract)[盛金章，陈楚震，王义刚，芮琳，廖卓庭，何锦文，江纳言，王成源. 1987. 苏浙皖地区二叠系和三叠系界线研究的新进展. 见:中国科学院南京地质古生物研究所. 二叠系与三叠系界线(一)，中国各系界线地层及古生物. 南京：南京大学出版社. 1～21]

Shevyrev A A. 1999. Induan (Triassic) ammonite zones and their correlation. In: Rozanov A Yu, Shevyrev A A, eds. Fossil Cephalopods: Recent Advances in Their Study. Moscow: Russian Academy of Sciences, Paleontological Institute. 289～304

Shi Congguang, Chen Deqiong. 1987. The Changhsingian ostracods from Meishan, Changxing, Zhejiang. In: Nanjing Institute of Geology and Palaeontology, Chinese Academy of Sciences, ed.

Permian-Triassic Boundary (1), Stratigraphy and Palaeontology of Systemic Boundaries in China. Nanjing: Nanjing University Press. 23～80 (in Chinese with English abstract) [施从广，陈德琼. 1987. 浙江长兴煤山长兴组介形类. 见：中国科学院南京地质古生物研究所. 二叠系与三叠系界线(一)，中国各系界线地层及古生物. 南京：南京大学出版社. 23～80]

Shi G R, Shen Shuzhong, Tong Jinnan. 1999. Two discrete, possibly unconnected, Permian marine mass extinctions. In: Proceedings of the International Conference on Pangea and the Paleozoic-Mesozoic Transition. Wuhan: China University of Geosciences Press. 148～151

Shimizu. 1981. Upper Permian brachiopod fossils from Guryul Ravine and the Spur three kilometers north of Barus. Memoirs of the Geological Survey of India, New Series, 46: 67～85

Shimizu H, Kunimaru T, Yoneda S, Adachi M. 2001, Sources and depositional environments of some Permian and Triassic cherts: Significance of Rb-Sr and Sm-Nd isotopic and REE abundance data. The Journal of Geology, 109: 105～125

Shishkin M A, Rubidge B S. 2000. A relict rhinesuchid (Amphibia: Temnospondyli) from the Lower Triassic of South Africa. Palaeontology, 43(4): 653～670

Shukla A D, Bhandari N, Shukla P N. 2002. Chemical signatures of the Permian-Triassic transitional environment in Spiti Valley, India. In: Koeberl C, MacLeod K G, eds. Catastrophic Events and Mass Extinctions: Impacts and Beyond. Geological Society of America Special Paper, 356: 445～453

Sigurdsson H. 1990. Assessment of the atmospheric impact of volcanic eruptions. In: Sharpton V L, Ward P D, eds. Global Catastrophes in Earth History. Geological Society of America Special Paper, 247: 99～110

Smith R. 1995. Changing fluvial environments across the Permian-Triassic boundary in the Karoo Basin, South Africa. Palaeogeography, Palaeoclimatology, Palaeoecology, 117: 81～104

Smith R M, Ward P D. 2001. Pattern of vertebrate extinctions across an event bed at the Permian-Triassic boundary in the Karoo Basin of South Africa. Geology, 29(12): 1 147～1 150

Song Xieyan, Hou Zengqian, Cao Zhimin, Lu Jiren, Wang Yunliang, Zhang Chengjiang, Li Youguo. 2001. Geochemical characteristics and period of the Emei Igneous Province. Acta Geologia Sinica, 75(4): 498～506 (in Chinese with English abstract) [宋谢炎，侯增谦，曹志敏，卢纪仁，汪云亮，张成江，李佑国. 2001. 峨眉大火成岩省的岩石地球化学特征及时限. 地质学报，75(4): 498～506]

Spencer J R, Jessup K L, McGrath M A, Ballester G E, Yelle R. 2000. Discovery of gaseous S_2 in Io's Pele plume. Science, 288: 1 208～1 210

Srivastava S C, Jha N. 1987. Palynology of Kamthi Formation in Godavari Graben. The Palaeobotanist, 36: 123～132

Srivastava S C, Jha N. 1998. Palynology of Lower Gondwana sediments in the Bhopalpalli area, Godavari Graben. The Palaeobotanist, 43: 41～48

Stanley G D, Jr. 2003. The evolution of modern corals and their early history. Earth-Science Reviews, 60(3/4): 195～225

Stanley G D, Jr, Fautin D G. 2001. The origins of modern corals. Science, 291: 1 913～1 914

Stanley S M. 1986. Earth and Life Through Time. New York: W. H. Freeman and Company. 1～690

Stanley S M, Yang Xiangning. 1994. A double mass extinction at the end of the Paleozoic. Science, 266: 1 340～1 344

Steiner M B, Eshet Y, Rampino M R, Schwindt D M. 2003. Fungal abundance spike and the Permian-Triassic boundary in the Karoo Supergroup (South Africa). Palaeogeography, Palaeoclimatology, Palaeoecology, 194: 405～414

Stemmerik L, Bendix-Almgreen S E, Piasecki S. 2001. The Permian-Triassic boundary in central East Greenland: past and present views. Bulletin of the Geological Society of Denmark, 48: 159～167

Stokstad E. 2003. Ancient weapon of mass destruction: methane gas? Science, 301: 1 168

Stothers R B, Wolff J A, Self S, Rampino M R. 1986. Basaltic fissure eruptions, plume heights, and atmospheric aerosols. Geophysical Research Letters, 13: 725～728

Sugiyama K. 1992. Lower and Middle Triassic radiolarians from Mt. Kinkazan, Gifu Prefecture, Central Japan. Transactions and Proceedings of the Palaeontological Society of Japan, New Series, 167: 1 180～1 223

Sun Yiyin, Chai Chifang, Ma Shulan, Mao Xueying, Xu Daoyi, Zhang Qinwen, Yang Zhengzhong, Sheng Jinzhang, Chen Chuzhen, Rui Lin, Liang Xiluo, Zhao Jiaming, He Jinwen. 1984. The discovery of iridium anomaly in the Permian-Triassic boundary clay in Changxing, Zhejiang, China and its significance. Developments in Geosciences, Beijing: Science Press. 235～245

Suzuki N, Ishida K, Shinomiya Y, Ishiga H. 1998. High productivity in the earliest Triassic ocean: black shales, Southwest Japan. Palaeogeography, Palaeoclimatology, Palaeoecology, 141: 53～65

Sweet W C. 1973. Late Permian and Early Triassic conodont faunas. In: Logan A, Hills L V, eds. The Permian and Triassic Systems and Their Mutual Boundary. Memoir of Canadian Society of Petroleum Geologists, 2: 630～647

Sweet W C. 1976. Conodonts from the Permian-Triassic boundary beds at Kap Stosch, East Greenland. Meddelelser ϕm Grϕnland, 197(5): 51～54

Sweet W C. 1988. A quantitative conodont biostratigraphy for the Lower Triassic. Senckenbergiana Lethaea, 69(3/4): 253～273

Sweet W C. 1992. A conodont-based high-resolution biostratigraphy for the Permo-Triassic boundary interval. In: Sweet W C, Yang Zunyi, Dickins J M, Yin Hongfu, eds. Permo-Triassic Events in the Eastern Tethys. Cambridge: Cambridge University Press. 120～133

Takemura A, Aita Y, Hori R S, Higuchi Y, Sporli K B, Campbell H J, Kodama K, Sakai T. 2002. Triassic radiolarians from the ocean-floor sequence of the Waipapa Terrane at Arrow Rocks, Northland, New Zealand. New Zealand Journal of Geology & Geophysics, 45: 289～296

Tan Zhiyuan, Su Xinghui. 1982. Studies on the Radiolaria in sediments of the East China Sea (continental shelf). Studia Marina Sinica, 19: 129～216 (in Chinese with English abstract) [谭智源，宿星慧. 1982. 东海大陆架沉积物中的放射虫. 海洋科学集刊, 19: 129～216]

Tanton L T E, Hager B H. 2000. Melt intrusion as a trigger for lithospheric foundering and the eruption of the Siberian flood basalts. Geophysical Research Letters, 27(23): 3 937～3 940

Tappan H. 1968. Primary production, isotopes, extinctions and the atmosphere. Palaeogeography, Palaeoclimatology, Palaeoecology, 4: 187～210

Tappan H, Loeblich A R. 1973. Smaller protistan evidence and explanation of the Permian-Triassic crisis. In: Logan A, Hills L V, eds. The Permian and Triassic Systems and Their Mutual Boundary. Memoirs of Canadian Society of Petroleum Geologists, 2: 465～480

Teichert C. 1990. The Permian-Triassic boundary revisited. In: Kauffman E G, Walliser O H, eds. Extinction Events in Earth History. Heidelberg: Springer-Verlag. 199～238

Teichert C, Kummel B. 1976. Permo-Triassic boundary in the Kap Stosch area, east Greenland. Meddelelser ϕm Grϕnland, 197(5): 1～49

Thomas D J, Zachos J C, Bralower T J, Thomas E, Bohaty S. 2002. Warming the fuel for the fire: Evidence for the thermal dissociation of methane hydrate during the Paleocene-Eocene thermal maximum. Geology, 30(12): 1 067～1 070

Thompson G M, Ali J R, Song X Y, Jolley D W. 2001. Emeishan basalts, SW China: reappraisal of the formation's type area stratigraphy and a discussion of its significance as a large igneous province. Journal of the Geological Society, London, 158: 593～599

Thompson K S. 1977. The pattern of diversification among fishes. In: Hallam A, ed. Patterns of Evolution. Amsterdam: Elsevier. 377～404

Thordarson Th, Self S, óskarsson N, Hulsebosch T. 1996. Sulfur, chlorine, and fluorine degassing and atmospheric loading by the 1 783～1 784 AD Laki (Skaftár Fires) eruption in Iceland. Bulletin Volcanologique, 58: 205～225

Tian Baolin, Wang Shijun. 1995. Palaeozoic coal ball floras in China. In: Li Xingxue, Zhou Zhiyan, Cai Chongyang, Sun Ge, Ouyang Shu, Deng Longhua, eds. Fossil Floras of China Through the Geological Ages. Guangzhou: Guangdong Science and Technology Press. 263～281

Tian Baolin, Zhang Lianwu. 1980. Fossil Atlas of Wangjiazhai Coalfield, Shuicheng, Guizhou. Beijing: Coal Industry Press. 1～110, 50 pls. (in Chinese) [田宝林, 张连武. 1980. 贵州水城汪家寨矿区化石图册. 北京: 煤炭工业出版社. 1～110, 50 图版]

Tiwari R S, Meena K L. 1988. Abundance of spore tetrads in the Early Triassic sediments of India and their significance. The Palaeobotanist, 37(2): 210～214

Tiwari R S, Tripathi A. 1987. Palynological zones and their climatic inference in the coal-bearing Gondwana of peninsular India. The Palaeobotanist, 36: 87～101

Tiwari R S, Vijaya. 1992. Permo-Triassic boundary on the Indian peninsula. In: Sweet W C, Yang Zunyi, Dickins J M, Yin Hongfu, eds. Permo-Triassic Events in the Eastern Tethys. Cambridge: Cambridge University Press. 37～45

Tiwari R S, Vijaya. 1994. Synchroneity of palynological events and patterns of extinction at Permo-Triassic boundary in terrestrial sequence of India. Memoires de Geologie (Lausanne), 22: 139～154

Toon O B, Pollack J B, Ackerman T P, Turco R P, McKay C P, Liu M S. 1982. Evolution of an impact-generated dust cloud and its effects on the atmosphere. In: Silver L T, Schultz P H, eds. Geological Implications of Impact of Large Asteroids and Comets on the Earth. Geological Society of America Special Paper, 190: 187～200

Tozer E T. 1969. Xenodiscacean ammonoids and their bearing on the discrimination of the Permo-Triassic boundary. Geological Magazine, 106(4): 348～361

Tozer E T. 1981. Triassic Ammonoidea: classification, evolution and relationship with Permian and Jurassic forms. The Systematic Association, Special Volume, 18: 65～100

Tozer E T. 1994a. Age and correlation of the *Otoceras* beds at the Permian-Triassic boundary. Albertiana, 14: 31～37

Tozer E T. 1994b. Canadian Triassic ammonoid faunas. Geological Survey of Canada Bulletin, 467: 1～663

Traverse A. 1988. Plant evolution dances to a different beat: plant and animal evolutionary mechanisms compared. Historical Biology, 1: 277～302

Traverse A. 1990. Plant evolution in relation to world crises and the apparent resilience of Kingdom Plantae. Palaeogeography, Palaeoclimatology, Palaeoecology (Global and Planetary Change), 82: 203～211

Twitchett R J. 1999. Palaeoenvironments and faunal recovery after the end-Permian mass extinction. Palaeogeography, Palaeoclimatology, Palaeoecology, 154: 27～37

Twitchett R J. 2001. Incompleteness of the Permian-Triassic fossil record: a consequence of productivity decline? Geological Journal, 36: 341～353

Twitchett R J, Looy C V, Morante R, Visscher H, Wignall P. 2001. Rapid and synchronous collapse of marine and terrestrial ecosystems during the end-Permian biotic crisis. Geology, 29(4): 351～354

Twitchett R J, Wignall P. 1996. Trace fossils and the aftermath of the Permian-Triassic mass extinction: evidence from northern Italy. Palaeogeography, Palaeoclimatology, Palaeoecology, 124: 137～151

Utting J. 1994. Palynostratigraphy of Permian and Lower Triassic rocks, Sverdrup Basin, Canadian Arctic Archipelago. Bulletin of the Canadian Geological Survey, 478: 1～107

Utting J, Piasecki S. 1995. Palynology of the Permian of northern continents: A review. In: Scholle P A, Peryt T M, Ulmer-Scholl D S, eds. The Permian of Northern Pangea, 1: Paleogeography, Paleoclimates, Stratigraphy. Heidelberg: Springer-Verlag. 236～262

Vai G B. 2003. Development of the palaeogeography of Pangaea from Late Carboniferous to Early Permian. Palaeogeography, Palaeoclimatology, Palaeoecology, 196(1): 125～155

Van Cappellen P, Ingall E D. 1996. Redox stabilization of the atmosphere and oceans by phosphorus-limited marine productivity. Science, 271: 493～496

Van Lith Y, Warthmann R, Vasconcelos C, McKenzie J A. 2003. Microbial fossilization in carbonate sediments: a result of the bacterial surface involvement in dolomite precipitation. Sedimentology, 50(2): 237～245

Vasconcelos C, McKenzie J A. 1997. Microbial mediation of modern dolomite precipitation and diagenesis under anoxic conditions (Lagoa Vermelha, Rio de Janeiro, Brazil). Journal of sedimentary Research, 67(3): 378～390

Vasconcelos C, McKenzie J A, Bernasconi S, Grujic D, Tien A J. 1995. Microbial mediation as a possible mechanism for natural dolomite formation at low temperatures. Nature, 377: 220～222

Veevers J J, Conaghan P J, Shaw S E. 1994. Turning point in Pangean environmental history at the Permian/Triassic (P/Tr) boundary. In: Klein G D, ed. Pangea: Paleoclimate, Tectonics, and Sedimentation During Accretion, Zenith, and Breakup of a Supercontinent. Geological Society of America, Special Paper, 288: 187～196

Veevers J J, Tewari R C. 1995. Permian-Carboniferous and Permian-Triassic magmatism in the rift zone bordering the Tethyan margin of southern Pangea. Geology, 23: 467～470

Veizer J. 1989. Strontium isotopes in seawater through time. Annual Review of Earth Planetary Sciences, 17: 141～167

Veizer J, Ala D, Azmy K, Bruckschen P, Buhl D, Bruhn F, Carden G A F, Diener A, Ebneth S, Godderis Y, Jasper T, Korte C, Pawellek F, Podlaha O G, Strauss H. 1999. $^{87}Sr/^{86}Sr$, $\delta^{13}C$, $\delta^{18}O$ evolution of Phanerozoic seawater. Chemical Geology, 161: 59～88

Veizer J, Holser W T, Wilgus C K. 1980. Correlation of $^{13}C/^{12}C$ and $^{34}S/^{32}S$ secular variation. Geochimica et Cosmochimica Acta, 44: 579～587

Venkatesan T R, Kumar A, Gopalan K, Al'Mukhamedov A I. 1997. ^{40}Ar-^{39}Ar age of Siberian basaltic volcanism. Chemical Geology, 138: 303～310

Vernikovsky V A, Pease V L, Vernikovskaya A E, Romanov A P, Gee D G, Travin A V. 2003. First report of early Triassic A-type granite and syenite intrusions from Taimyr: product of the northern Eurasian superplume? Lithos, 66: 23～36

Vishnevskaya V. 1997. Development of Palaeozoic-Mesozoic Radiolaria in the Northwestern Pacific Rim. Marine Micropaleontology, 30: 79～95

Visscher H, Brinkhuis H, Dilcher D L, Elsik W C, Eshet Y, Looy C V, Rampino M R, Traverse A. 1996. The terminal Paleozoic fungal event: Evidence of terrestrial ecosystem destabilization and collapse. Proceedings of the National Academy of Sciences, USA, 93: 2 155～2 158

Visscher H, Brugman W A. 1988. The Permian-Triassic boundary in the Southern Alps: A palynological approach. Memorie della Societa Geologica Italiana, 34: 121～128 (not seen)

Vogt P R. 1972. Evidence for global synchronism in mantle plume convection, and possible significance for geology. Nature, 240: 338～342

Vogt P R. 1989. Volcanogenic upwelling of anoxic, nutrient-rich water: a possible factor in carbonate-bank/ reef demise and benthic faunal extinctions? Geological Society of America Bulletin, 101: 1 225～1 245

Wang Chengyuan. 1994. Eventostratigraphic boundary and biostratigraphic boundary of the Permian-Triassic in South China. Journal of Stratigraphy, 18(2): 110～118, 145 (in Chinese with English abstract) [王成源. 1994. 华南二叠-三叠系的事件地层界线与生物地层界线. 地层学杂志, 18(2): 110～118, 145]

Wang Chengyuan. 1995. Conodonts of Permian-Triassic boundary beds and biostratigraphic boundary. Acta Palaeontologica Sinica, 34(2): 129～151 (in Chinese with English summary) [王成源. 1995. 二叠-三叠系界线层的牙形刺与生物地层界线. 古生物学报, 34(2): 129～151]

Wang Chengyuan. 1998. Conodont mass extinction and recovery from Permian-Triassic boundary beds. In: Department of Geology, Peking University, ed. Collected works of International Symposium on Geological Science Held at Peking University, Beijing, China. Beijing: Seismologic Press. 379～389 (in Chinese with English abstract) [王成源. 1998. 二叠-三叠系界线层牙形刺的绝灭与复苏. 见: 北京大学地质学系编. 北京大学国际地质科学学术研讨会论文集. 北京: 地震出版社. 379～389]

Wang Chengyuan, Wang Shangqi. 1997. Conodont from Permian-Triassic boundary beds in Jiangxi, China and evolutionary lineage of *Hindeodus-Isarcicella*. Acta Palaeontologica Sinica, 36(2): 151～169

Wang K, Geldsetzer H H J, Krouse H R. 1994. Permian-Triassic extinction: Organic $\delta^{13}C$ evidence from British Columbia, Canada. Geology, 22: 580～584

Wang Shangqi. 1978. Late Permian and Early Triassic ostracods of western Guizhou and northeastern Yunnan. Acta Palaeontologica Sinica, 17(3): 277～312 (in Chinese with English abstract) [王尚启. 1978. 黔西滇东北晚二叠世及早三叠世介形类化石. 古生物学报, 17(3): 277～312]

Wang Shangyan, Yin Hongfu. 2001. Study on Terrestrial Permian-Triassic Boundary in Eastern Yunnan and Western Guizhou. Wuhan: China University of Geosciences Press. 1～88 (in Chinese with English abstract) [王尚彦, 殷鸿福. 2001. 滇东黔西陆相二叠纪-三叠纪界线地层研究. 武汉: 中国地质大学出版社. 1～88]

Wang Shenghai, Fan Jiasong, Rigby J K. 1994. The Permian reefs in Ziyun County, southern Guizhou, China. Brigham Young University, Geology Studies, 40: 155～183

Wang Shenghai, Fan Jiasong, Rigby J K. 1996. The characteristics and development of the Permian reefs in Ziyun County, South Guizhou, China. Acta Sedimentologica Sinica, 14: 66～74 (in Chinese with English abstract) [王生海, 范嘉松, Rigby J K. 1996. 贵州紫云二叠纪生物礁的基本特征及其发育规律. 沉积学报, 14: 66～74]

Wang Xiangdong, Sugiyama T. 2000. Diversity and extinction patterns of Permian coral faunas of China. Lethaia, 33: 285～294

Wang Yigang. 1978. Latest Early Triassic ammonoids of Ziyun, Guizhou—with notes on the relationship between Early and Middle Triassic ammonoids. Acta Palaeontologica Sinica, 17(2): 151～179 (in Chinese with English summary) [王义刚. 1978. 贵州紫云早三叠世末期的菊石——兼论早、中三叠世菊石的联系. 古生物学报, 17(2): 151～179]

Wang Yigang. 1984. Earliest Triassic ammonoid faunas from Jiangsu and Zhejiang and their bearing on the definition of Permo-Triassic boundary. Acta Palaeontologica Sinica, 23(3): 257～269 (in

Chinese with English summary) [王义刚. 1984. 论苏、浙一带三叠纪最早期的菊石群及二叠系-三叠系界线的定义. 古生物学报, 23(3): 257～269]

Wang Yigang. 1988. An introduction to paleoecology of Triassic ammonites of China. Acta Palaeontologica Sinica, 27(3): 346～367 (in Chinese with English summary) [王义刚. 1988. 中国三叠纪菊石的古生态学概论. 古生物学报, 27(3): 346～367]

Wang Yigang. 1989. Probe into replacement of ammonites between Permian and Triassic, Acta Palaeontologica Sinica, 28(5): 553～561 (in Chinese with English summary) [王义刚. 1989. 试论二叠、三叠纪的菊石交替. 古生物学报, 28(5): 553～561]

Wang Yongbiao, Xu Guirong, Lin Qixiang. 1997. Paleoecological relations between coral reef and sponge reef of Late Permian in Cili area, West Hunan, China. Earth Sciences—Journal of China University of Geosciences, 22: 135～138(in Chinese with English abstract)[王永标, 徐桂荣, 林启祥. 1997. 湖南慈利晚二叠世海绵礁与珊瑚礁的古生态研究. 地球科学—中国地质大学学报, 22: 135～138]

Wang Yujing, Chen Yennien, Yang Qun. 1994. Biostratigraphy and systematics of Permian radiolarians in China. Palaeoworld—Laboratory of Palaeobiology and Stratigraphy, Nanjing Institute of Geology and Palaeontology, Academia Sinica, 4: 172～202

Wang Ziqiang. 1989. Permian gigantic palaeobotanical events in North China. Acta Palaeontologica Sinica, 28(3): 314～343 (in Chinese with English summary) [王自强. 1989. 华北二叠纪大型古植物事件. 古生物学报, 28(3): 314～343]

Wang Ziqiang. 1991. Advances on the Permo-Triassic lycopsids in North China. Ⅰ. An *Isoetes* from the mid-Triassic in northern Shaanxi Province. Palaeontographica, B 222: 1～30

Wang Ziqiang. 1993. Evolutionary ecosystem of Permian-Triassic redbeds in North China: A historical record of global desertification. In: Lucas S G, Morales M, eds. The Nonmarine Triassic. New Mexico Museum of Natural History and Science Bulletin, 3: 471～476

Wang Ziqiang. 1996. Recovery of vegetation from the terminal Permian mass extinction in North China. Review of Palaeobotany and Palynology, 91: 121～142

Wang Ziqiang. 2002. Vegetation declination on the eve of the P-T event in the North China and plant survival strategies: an example of Upper Permian refugium in northwestern Shanxi, China. Acta Palaeontologica Sinica, 39(supplement): 127～153

Wang Ziqiang, Chen Anshu. 2001. Traces of arborescent lycopsids and dieback of the forest vegetation in relation to the terminal Permian mass extinction in North China. Review of Palaeobotany and Palynology, 117: 217～243

Ward P D, Montgomery D R, Smith R. 2000. Altered river morphology in South Africa related to the Permian-Triassic extinction. Science, 289: 1 740～1 743

Warren A A, Damiani R J, Yates A. 2000. Paleobiogeography of Australian fossil amphibians. Historical Biology, 15: 171～179

Warthmann R, van Lith Y, Vasconcelos C, Mckenzie J A, Karpoff A M. 2000. Bacterially induced dolomitite precipitation in anoxic culture experiments. Geology, 28: 1 091～1 094

Wei Ming. 1981. Early and Middle Triassic ostracods from Sichuan. Acta Palaeontologica Sinica, 20 (6): 501～507 (in Chinese with English abstract) [卫民. 1981. 四川早、中三叠世介形类. 古生物学报, 20(6): 501～507]

Weidlich O, Kiessling W, Flugel E. 2003. Permian-Triassic boundary interval as a model for forcing marine ecosyste collapse by long-term atmospheric oxygen drop. Geology, 31(11): 961～964

Westphal M, Gurevitch E L, Samsonov B V, Feinberg H, Pozzi J P. 1998. Magnetostratigraphy of the lower Triassic volcanics from deep drill SG6 in western Siberia: evidence for long-lasting Permo-Triassic volcanic activity. Geophysical Journal International, 134(1): 254～266

Whatley R C, Siveter D J, Boomer I D. 1993. Arthropoda (Crustacea: Ostracoda). In: Benton M J, ed. The Fossil Record 2. London: Chapman and Hall. 345～356

White R V. 2002. Earth's biggest 'whodunnit': unravelling the clues in the case of the end-Permian mass extinction. Philosophical Transactions of the Royal Society of London, B360: 2 963～2 985

Whitehead J. 2002. Earth Impact Database. PASSC, University of New Brunswick. http://www.unb.ca/passc/ImpactDatabase/images.html

Wiedmann J. 1973. Ammonoid (r)evolution at the Permian-Triassic boundary. In: Logan A, Hills L V, eds. The Permian and Triassic Systems and Their Mutual Boundary. Memoir of Canadian Society of Petroleum Geologists, 2: 513～521

Wignall P B. 2001. Large igneous provinces and mass extinctions. Earth-Science Reviews, 53: 1～33

Wignall P B, Hallam A. 1992. Anoxia as a cause of the Permian/Triassic extinction: facies evidence from northern Italy and the western United States. Palaeogeography, Palaeoclimatology, Palaeoecology, 93: 21～46

Wignall P B, Hallam A. 1993. Griesbachian (Earliest Triassic) palaeoenvironmental changes in the Salt Range, Pakistan and Southeast China and their bearing on the Permo-Triassic mass extinction. Palaeogeography, Palaeoclimatology, Palaeoecology, 102: 215～237

Wignall P B, Hallam A. 1996. Facies change and the end-Permian mass extinction in S. E. Sichuan, China. Palaios, 11: 587～596

Wignall P B, Hallam A, Lai Xulong, Yang Fengqing. 1995. palaeoenvironmental changes across the Permian-Triassic boundary at Shangsi (N. Sichuan, China). Historical Biology, 10: 175～189

Wignall P B, Kozur H, Hallam A. 1996. On the timing of palaeoenvironmental changes at the Permo-Triassic (P/Tr) boundary using conodont biostratigraphy. Historical Biology, 12: 39～62

Wignall P B, Morante R, Newton R. 1998. The Permo-Triassic transition in Spitsbergen: $\delta^{13}C_{org}$ chemostratigraphy, Fe and S geochemistry, facies, fauna and trace fossils. Geological Magazine, 135, 47～62

Wignall P B, Newton R. 2003. Contrasting deep-water records from the Upper Permian and Lower Triassic of South Tibet and British Columbia: Evidence for a diachronous mass extinction. Palaios, 18: 153～167

Wignall P B, Twitchett R J. 1996. Oceanic anoxia and the end Permian mass extinction. Science, 272: 1 155～1 158

Wignall P B, Twitchett R J. 1999. Unusual intraclastic limestone in Lower Triassic carbonates and their bearing on the aftermath of the end-Permian mass extinction. Sedimentology, 46: 303～316

Wignall P B, Twitchett R J. 2002a. Permian-Triassic sedimentology of Jameson Land, East Greenland: incised submarine channels in an anoxic basin. Journal of the Geological Society of London, 159(6): 691～703

Wignall P B, Twitchett R J. 2002b. Extent, duration, and nature of the Permian-Triassic superanoxic event. In: Koeberl C, MacLeod K G, eds. Catastrophic Events and Mass Extinctions: Impacts and Beyond. Geological Society of America Special Paper, 356: 395～413

Wilde P, Berry W B N. 1984. Destabilization of the oceanic density structure and its significance to marine "extinction" events. Palaeogeography, Palaeoclimatology, Palaeoecology, 48: 143～162

Wilde P, Quinby-Hunt M S, Berry W B N. 1990. Vertical advection from oxic or anoxic water from the main pycnocline as a cause of rapid extinction or rapid radiations. In: Kaufman E G, Walliser O H, eds. Extinction Events in Earth History. Heidelberg: Springer-Verlag. 85～98

Wolbach W S, Gilmour I, Anders E, Orth C J, Brooks R R. 1988. Global fire at the Cretaceous-Tertiary boundary. Nature, 334: 665～669

Wolbach W S, Gilmour I, Anders E. 1990. Major wildfires at the Cretaceous/Tertiary boundary. In: Sharpton V L, Ward P E, eds. Global Catastrophes in Earth History. Geological Society of American Special Paper, 247: 391～400

Wood W T, Gettrust J F, Chapman N R, Spence G D, Hyndman R D. 2002. Decreased stability of methane hydrates in marine sediments owing to phase-boundary roughness. Nature, 420: 656～660

Woods A D, Bottjer D J, Mutti M, Morrison J. 1999. Lower Triassic large sea-floor carbonate cements: Their origin and a mechanism for the prolonged biotic recovery from the end-Permian mass extinction. Geology, 27: 645～648

Wright D T. 1997. An organogenic origin for widespread dolomite in the Cambrian Eilean Dubh Formation, northwestern Scotland. Journal of Sedimentary Research, 67(1): 54～64

Wu Haoruo, Li Hongsheng. 1989. Carboniferous and Permian Radiolaria from the Menglian area, western Yunnan. Acta Micropalaeontologica Sinica, 6(4): 337～343 (in Chinese with English abstract) [吴浩若，李红生. 1989. 滇西孟连地区的石炭纪和二叠纪放射虫化石. 微体古生物学报，6(4): 337～343]

Wu S, Liu J, Zhu Q. 1993. The beginning climax and amplitude of transgression. In: Yang Z, Wu S, Yin H, Xu G, Zhang K, Bi X, eds. Permo-Triassic Events of South China. Beijing: Geological Publishing House. 9～15

Wu Shunbao, Li Qing, Wang Weiwei. 1988. Characteristics of stratigraphical and faunal changes near the Permo-Triassic boundary in the Huayingshan area, Sichuan Province, China. Geoscience—Journal of Graduate School, China University of Geosciences, 2(3): 375～385 (in Chinese with English abstract) [吴顺宝，李庆，王薇薇. 1988. 四川华蓥山二叠纪与三叠纪之交沉积特征与动物群变化. 现代地质，2(3): 375～385]

Wu Shunbao, Liu Jinhua. 1991. Changhsingian-Griesbachian transgression and regression. In: Yang Zunyi, Wu Shunbao, Yin Hongfu, Xu Guirong, Zhang Kexin, *et al*. Permo-Triassic Events of South China. Beijing: Geological Publishing House. 3～14 (in Chinese with English abstract) [吴顺宝，刘金华. 1991. 华南长兴期至格里斯巴赫期海水进退事件. 见：杨遵仪，吴顺宝，殷鸿福，徐桂荣，张克信等. 1991. 华南二叠-三叠纪过渡期地质事件. 北京：地质出版社. 3～14]

Wu Shunbao, Wei Min, Zhang Kexin. 1986. Facies changes and controlling factors of the Late Permian Changxing "Limestone" in the Changxing area. Geological Review, 32(5): 419～425 (in Chinese with English abstract) [吴顺宝，魏敏，张克信. 1986. 晚二叠世长兴组灰岩在长兴地区的变化及其控制因素. 地质论评，32(5): 419～425]

Wu Yasheng, Fan Jiasong. 2003. Quantitative evaluations of the sea-level drop at the end-Permian: based on reefs. Acta Geologica Sinica, 77(1): 95～102

Xu Daoyi, Ma Shulan, Chai Chifang, Mao Xueying, Sun Yiyin, Zhang Qinwen, Yang Zhengzhong. 1985. Abundance variation of iridium and trace elements at the Permian-Triassic boundary at Shangsi in China. Nature, 314: 154～156

Xu Daoyi, Yan Zheng. 1993. Carbon isotope and iridium event markers near the Permian/Triassic boundary in the Meishan section, Zhejiang Province, China. Palaeogeography, Palaeoclimatology, Palaeoecology, 104: 171～176

Xu Guirong, Grant R. 1994. Brachiopods near the Permian-Triassic boundary in South China. Smithsonian Contributions to Paleobiology, 76: 1～68

Xu Guirong, Zhang Kexin, Huang Siji, Wu Shunbao, Bi Xianmei. 1988. On the Upper Permian and event stratigraphy of Permo-Triassic boundary in Huangshi, Hubei Province. Earth Science—Journal of China University of Geosciences, 13(5): 521～527 (in Chinese with English abstract) [徐桂荣，张克信，黄思骥，吴顺宝，毕先梅. 1988. 湖北黄石地区上二叠统和二叠、三叠系界线

事件地层研究. 地球科学—中国地质大学学报，13(5)：521～527]

Xu，Yigang，Chung SunLin，Jahn B M，Wu Genyao. 2001. Petrologic and geochemical constrains on the petrogenesis of Permian-Triassic Emeishan flood basalts in southwestern China. Lithos，58：145～168

Yamakita S，Kadota N，Kato T，Tada R，Ogihara S，Tajika E，HamataY. 1999. Confirmation of the Permian/Triassic boundary in deep-sea sedimentary rocks; earliest Triassic conodonts from black carbonaceous claystone of the Ubara section in the Tamba belt，Southwest Japan. Journal of Geological Society of Japan，105(12)：895～898

Yamashita M，Ishiga H，Dozen K，Ishida K，Masashino M. 1996. Geochemical characteristics of organic black mudstones related to the Permian/Triassic boundary in pelagic sediments of Japan. Earth Science (Chikyu Kagaku)，50：111～124

Yan Zheng，Xu Daoyi，Ye Lianfang. 1990. Carbon isotopic abnormality across the Permian-Triassic boundary of the Meishan section，Zhejiang. Palaeoworld，1 (1989～1990)：113～119 (in Chinese) [严正，徐道一，叶莲芳. 1990. 浙江长兴煤山二叠-三叠系界线剖面的碳同位素异常. Palaeoword，1 (1989～1990)：113～119]

Yan Zheng，Ye Lianfang，Jin Ruogu，Xu Daoyi. 1989. Features of stable isotope near the Permian-Triassic boundary of Shangsi section，Guangyuan，Sichuan. In：Study on the Permian-Triassic Biostratigraphy and Event Stratigraphy of Northern Sichuan and Southern Shaanxi. People's Republic of China，Ministry of Geology and Mineral Resources，Geological Memoirs，Series 2，9：166～171 (in Chinese with English summary) [严正，叶莲芳，金若谷，徐道一. 1989. 四川广元上寺二叠-三叠系界线剖面的碳、氧同位素特征. 中华人民共和国地质矿产部地质专报，二，地层古生物，第 9 号：166～171]

Yang Fengqing. 1991. Ammonoids. In Yang Zunyi，Wu Shunbao，Yin Hongfu，Xu Guirong，Zhang Kexin，*et al.*，Permo-Triassic Events of South China. Beijing：Geological Publishing House. 111～116 (in Chinese with English abstract) [杨逢清. 1991. 菊石. 见：杨遵仪，吴顺宝，殷鸿福，徐桂荣，张克信等. 1991. 华南二叠-三叠纪过渡期地质事件. 北京：地质出版社. 111～116]

Yang Fengqing，Wang Hongmei. 2000. Ammonoid succession model across the Paleozoic-Mesozoic transition in South China. In：Yin Hongfu，Dickins J M，Shi G R，Tong Jin-nan，eds. Permian-Triassic Evolution of Tethys and Western Circum-Pacific. Amsterdam：Elsevier. 353～369

Yang Shouren，Hao Weicheng，Wang Xinping. 1999. Conodont evolutionary lineages，zonation and P-T boundary beds in Guangxi，China. In：Yao A，Ezaki Y，Hao Weicheng，Wang Xinping，eds. Biotic and Geological Development of the Paleo-Tethys in China. Beijing：Peking University Press. 81～95 (in Chinese with English abstract) [杨守仁，郝维城，王新平. 1999. 广西二叠-三叠系界线层牙形石演化、分带及二叠-三叠系界线. 见：八尾昭，江崎洋一，郝维城，王新平. 1999. 中国古特提斯生物及地质变迁. 北京：北京大学出版社. 81～95]

Yang Xiangning，Zhou Jianping，Liu Jiarun，Shi Guijun. 1999. Evolutionary pattern of fusulinacean foraminifer in Maokouan，middle Permian. Science in China，Series D，42：456～464 (in Chinese) [杨湘宁，周建平，刘家润，施贵军. 1999. 二叠纪"茅口期"䗴类动物的演化形式. 中国科学(D 辑)，29：129～136]

Yang Zunyi，Li Zishun. 1992. Permo-Triassic boundary relations in South China. In：Sweet W C，Yang Zunyi，Dickins J M，Yin Hongfu，eds. Permo-Triassic Events in the Eastern Tethys. Cambridge：Cambridge University Press. 9～20

Yang Zunyi，Wu Shunbac，Ying Hongfu，Xu Guirong，Zhang Kexin. 1991. Permo-Triassic Events of South China. Geological Publishing House，Beijing. 1～183 (in Chinese with English abstract) [杨遵仪，吴顺宝，殷鸿福，徐桂荣，张克信. 1991. 华南二叠-三叠纪过渡期地质事件. 北京：地质出版社. 1～183]

Yang Zunyi, Yang Fengqing, Wu Shunbao. 1996. The ammonoid *Hypophiceras* fauna near the Permian-Triassic boundary at Meishan section and in South China: stratigraphic significance. In: Yin Hongfu, ed. The Palaeozoic-Mesozoic Boundary: Candidates of Global Stratotype Section and Point of the Permian-Triassic Boundary. Wuhan: China University of Geosciences Press. 49～56

Yang Zunyi, Yin Hongfu, Wu Shunbao, Yang Fengqing, Ding Meihua, Xu Guirong, *et al*. 1987. Permian-Triassic Boundary Stratigraphy and Fauna of South China. Geological Memoirs, People's Republic of China Ministry of Geology and Mineral Resources, Series 2, Number 6. Beijing: Geological Publishing House. 1～379, 37 pls (in Chinese with English abstract) [杨遵仪，殷鸿福，吴顺宝，杨逢清，丁梅华，徐桂荣等. 1987. 华南二叠-三叠系界线地层及动物群. 中华人民共和国地质矿产部地质专报，二 地层古生物，第 6 号. 北京：地质出版社. 1～379，37 图版]

Yao A, An Taixiang. 1993. Late Paleozoic radiolarians from the Guizhou and Guangxi areas, China. Journal of Geosciences, Osaka City University, 36: 1～13

Yao A, Kuwahara K. 1997. Radiolarian faunal change from Late Permian to Middle Triassic times. News of Osaka Micropaleontologists, Special Volume, 10: 87～96

Yao A Kuwahara K. 1998. Diversity of Late Permian radiolarian assemblages. News of Osaka Micropaleontologists, Special Volume, 11: 33～46

Yao A, Kuwahara K. 1999a. Middle-Late Permian radiolarians from the Guangyuan-Shangsi area, Sichuan Province, China. Journal of Geosciences, Osaka City University, 42: 69～83

Yao A, Kuwahara K. 1999b. Permian and Triassic radiolarian assemblages from the Yangzi Platform. In: Yao A, Ezaki Y, Hao Weicheng, Wang Xinping, eds. Biotic and Geological Development of the Paleo-Tethys in China. Beijing: Peking University Press. 1～16

Yao A, Kuwahara K. 1999c. Paleozoic and Mesozoic radiolarians from the Changning-Menglian Terrane. In: Yao A, Ezaki Y, Hao Weicheng, Wang Xinping, eds. Biotic and Geological Development of the Paleo-Tethys in China. Beijing: Peking University Press. 17～42

Yao A, Kuwahara K. 2000. Permian and Triassic radiolarians from the southern Guizhou Province, China. Journal of Geosciences, Osaka City University, 43(1): 1～19

Yao Zhaoqi. 1978. On the age of "*Gigantopteris* Coal Series"and *Gigantopteris*-flora in South China. Acta Palaeontologica Sinica, 17(1): 81～89 (in Chinese with English abstract) [姚兆奇. 1978. 华南"大羽羊齿煤系"和大羽羊齿植物群的时代. 古生物学报，17(1)：81～89]

Yao Zhaoqi, Xu Juntao, Zheng Zhuoguan, Zhao Xiugu, Mou Zhuangguan. 1980. Biostratigraphy of Late Permian and the boundary of Permian-Triassic in western Guizhou and eastern Yunnan. In: Nanjing Institute of Geology and Palaeontology, Chinese Academy of Sciences, ed. The Palaeontology and the Coal-Bearing Strata of Late Permian in Western Guizhou and Eastern Yunnan. Beijing: Science Press. 1～69 (in Chinese) [姚兆奇，徐均涛，郑灼官，赵修祜，莫壮观. 1980. 黔西滇东晚二叠世生物地层和二叠系与三叠系的界线问题. 见：中国科学院南京地质古生物研究所. 黔西滇东晚二叠世含煤地层和古生物群. 北京：科学出版社. 1～69]

Yin Hongfu. 1981. Palaeogeographical and Stratigraphical distribution of the Lower Triassic *Claraia* and *Eumorphotis* (Bivalvia). Acta Geologica Sinica, 55(3): 161～169 [in Chinese with English abstract] [殷鸿福. 1981. 克氏蛤和正海扇的分布及其地质意义. 地质学报，55(3)：161～169]

Yin Hongfu, Huang Siji, Zhang Kexin, Hansen H J, Yang Fengqing, Ding Meihua, Bie Xianmei. 1992. The effects of volcanism on the Permo-Triassic mass extinction in South China. In: Sweet W C, Yang Zunyi, Dickins J M, Yin Hongfu, eds. Permo-Triassic Events in the Eastern Tethys. Cambridge: Cambridge University Press. 146～157

Yin Hongfu, Huang Siji, Zhang Kexin, Yang Fengqing, Ding Meihua, Bi Xianmei, Zhang Suxin. 1989. Volcanism at the Permo-Triassic boundary in Souyh China and its effects on mass extinction. Acta Geologica Sinica, 63(2): 169～181 (in Chinese with English abstract) [殷鸿福，黄思骥，张克信，杨逢清，丁梅华，毕先梅，张素新. 1989. 华南二叠-三叠纪之交的火山活动及其对生物灭绝的影响. 地质学报，63(2): 169～181]

Yin Hongfu, Tong Jinnan. 1998. Multidisciplinary high-resolution correlation of the Permian-Triassic boundary. Palaeogeography, Palaeoclimatology, Palaeoecology, 143(4): 199～211

Yin Hongfu, Zhang Kexin. 1996. Eventostratigraphy of the Permian-Triassic boundary at Meishan section, South China. In: Yin Hongfu, ed. The Palaeozoic-Mesozoic Boundary: Candidates of Global Stratotype Section and Point of the Permian-Triassic Boundary. Wuhan: China University of Geosciences Press. 84～96

Yin Hongfu, Zhang Kexin, Tong Jinnan, Yang Zunyi, Wu Shunbao. 2001. The global stratotype section and point (GSSP) of the Permian-Triassic boundary. Episodes, 24(2): 102～114

Yu Jie. 1996. Permian radiolarian biostratigraphy in the Guizhou area, China. Journal of Geosciences, Osaka City University, 39(7): 123～135

Zahnle K. 1990. Atmospheric chemistry by large impacts. In: Sharpton V L, Ward P E, eds. Global Catastrophes in Earth History. Geological Society of American Special Paper, 247: 271～288

Zhang Kexin, Lai Xulong, Ding Meihua, Wu Shunbao, Liu Jinhua. 1995. Conodont sequences and its global correlation of Permian-Triassic boundary in Meishan section. Changxing, Zhejiang Province. Earth Science—Journal of China University of Geosciences, 20(6): 669～676 (in Chinese with English abstract) [张克信，赖旭龙，丁梅华，吴顺宝，刘金华. 1995. 浙江长兴煤山二叠-三叠系界线层牙形石序列及其全球对比. 地球科学—中国地质大学学报，20(6): 669～676]

Zhang Kexin, Ding Meihua, Lai Xulong, Liu Jinhua. 1996. Conodont sequences of the Permian-Triassic boundary strata at Meishan section, South China. In: Yin Hongfu, ed. The Palaeozoic-Mesozoic Boundary: Candidates of Global Stratotype Section and Point of the Permian-Triassic Boundary. Wuhan: China University of Geosciences Press. 57～64

Zhang R, Follows M J, Grotzinger J P, Marshall J. 2001. Could the Late Permian deep ocean have been anoxic? Paleocanography, 16(3): 317～329

Zhao Jinke, Liang Xiluo, Zheng Zhuoguan. 1978. Late Permian cephalopods of South China. Palaeontologia Sinica, New Series B, 12 (whole number 154): 1～194 (in Chinese with English summary) [赵金科，梁希洛，郑灼官. 1978. 华南晚二叠世头足类. 中国古生物志，新乙种，第12号(总号154册): 1～194]

Zhao Jinke, Sheng Jinzhang, Yao Zhaoqi, Liang Xiluo, Chen Chuzhen, Rui Lin, Liao Zhuoting. 1981. The Changhsingian and Permian-Triassic boundary of South China. Bulletin of Nanjing Institute of Geology and Palaeontology, 2: 1～85 (in Chinese with English summary) [赵金科，盛金章，姚兆奇，梁希洛，陈楚震，芮琳，廖卓庭. 1981. 中国南部的长兴阶和二叠系与三叠系之间的界线. 中国科学院南京地质古生物研究所丛刊，2:1～85]

Zhao Xiuhu, Mo Zhuangguan, Zhang Shanzhen, Yao Zhaoqi. 1980. Late Permian flora from West Guizhou and East Yunnan. In: Nanjing Institute of Geology and Palaeontology, Chinese Academy of Sciences, ed. The Palaeontology and the Coal-Bearing Strata of Late Permian in Western Guizhou and Eastern Yunnan. Beijing: Science Press. 70～122 (in Chinese) [赵修祜，莫壮观，张善祯，姚兆奇. 1980. 黔西滇东晚二叠世植物群. 见：中国科学院南京地质古生物研究所. 黔西滇东晚二叠世含煤地层和古生物群. 北京：科学出版社. 70～122]

Zheng Shuying. 1976. Early Mesozoic ostracods from some localities in southwest China. Acta Palaeontologica Sinica, 15(1): 77～96 (in Chinese with English summary) [郑淑英. 1976. 我国西南部地区早期中生代一些介形类化石. 古生物学报，15(1): 77～93]

Zheng Shuying. 1988. Marine ostracods from the Middle Triassic near Nanjing. Acta

Micropalaeontologica Sinica, 5(2): 195～197 (in Chinese with English summary) [郑淑英. 1988. 南京附近中三叠世海相介形类. 微体古生物学报, 5(2): 195～197]

Zhong Ziyun, Liu Huaizhi, Yao Ming. 1989. The characteristics of Early Triassic basalt in the Youjiang rift zone. Journal of Guilin college of Geology, 9(1): 45～55 (in Chinese with English abstract) [钟自云, 柳淮之, 姚明. 1989. 右江裂谷带早三叠世玄武岩特征. 桂林冶金地质学院学报, 9(1): 45～55]

Zhou L, Kyte F T. 1988. The Permian-Triassic boundary event: A geochemical study of three Chinese sections. Earth and Planetary Science Letters, 90: 411～421

Zhou Meifu, Malpas J, Song Xieyan, Robinson P T, Sun Min, Kennedy A K, Lesher C M, Keays R R. 2002. A temporal link between the Emeishan large igneous province (SW China) and the end-Guadalupian mass extinction. Earth and Planetary Science Letters, 196: 113～122

Zhou Yaoqi, Chai Chifang, Mao Xueying, Ma Shunlan, Ma Jianguo, Kong Ping. 1991. A mixing model—The elemental geochemistry of Permian-Triassic boundaries in South China and its implications. Geological Review, 37(1): 51～63 (in Chinese with English abstract) [周瑶琪, 柴之芳, 毛雪瑛, 马淑兰, 马建国, 孔屏. 1991. 混合成因模式——中国南方二叠-三叠系界线地层元素地球化学及其启示. 地质论评, 37(1): 51～63]

Zhou Zuren. 1987. Early Permian ammonite-fauna from southeastern Hunan. In: Nanjing Institute of Geology and Palaeontology, Academia Sinica, Collection of Postgraduate Theses. No. 1. Nanjing: Jiangsu Science and Technology publishing House. 285～348 (in Chinese with English summary) [周祖仁. 1987. 湘东南早二叠世菊石动物群. 中国科学院南京地质古生物研究所研究生论文集, 1. 南京: 江苏科学技术出版社. 285～348]

Zhou Zuren, Glenister B F, Furnish W M, Spinosa C. 1999. Multi-episodal extinction and ecological differentiation of Permian ammonoids. In: Rozanov A Yu, Shevyrev A A, eds. Fossil Cephalopods: Recent Advances in Their Study. Moscow: Russian Academy of Sciences, Paleontological Institute. 159～212

Zhu Huaicheng. 1996. Discovery of the earliest Triassic spores and pollen from southwest Tarim and Permian-Triassic (P-T) boundary. Chinese Science Bulletin, 41(24): 2 066～2 069 [朱怀诚. 1997. 塔里木西南早三叠世早期孢粉组合及二叠-三叠系界线研究. 科学通报, 42(3): 301～303]

第五章
Chapter 5

分析与讨论

Summary and Discussion

第一节

华南古生代三次大灭绝及其后残存与复苏的分析对比

戎嘉余 jyrong@nigpas.ac.cn
方宗杰 zjfang@nigpas.ac.cn
中国科学院南京地质古生物研究所
南京市北京东路39号，210008

戎嘉余，方宗杰. 2004. 华南古生代三次大灭绝及其后残存与复苏的分析对比. 见：戎嘉余，方宗杰主编. 生物大灭绝与复苏——来自华南古生代和三叠纪的证据. 合肥：中国科学技术大学出版社. 931～1018，1078～1087

摘 要 →

华南古生代三大灭绝对比分析表明，历次大灭绝都由全球环境的大灾变所引起。各大灭绝事件虽有共同点，差异却更显著，因为它们发生的环境背景和生物演化阶段不同，环境扰动机制和型式有别，灭绝强度、幅度、时限和结局也不同。O末大灭绝含两个前后分离又关联的灭绝幕，延限较长（超过1 Ma），灭绝量值较高，灭绝分类等级较低，灭绝前后生物群和生态系承继明显；F-F大灭绝由较长时期内多种恶化环境频繁引发所致，灭绝量值和分类等级均不低，灭绝前后生态系差异显著；P末大灭绝是短暂时期（可能短于50万年）内环境严重恶化事件复合、高频地发生的史前规模最大的一次灭绝，灭绝量值最高，海陆各领域生态系灭绝前后差异最明显。大灭绝的控制因素很多（如超大型火山集群喷发、甲烷水合物释放、气候巨变、天体撞击、海平面升降、大洋翻转与缺氧事件等），单一因素不能承担全部责任。当全球环境巨（剧、聚）变时，气、水和岩石各圈层频繁互动且相互制约，生态系统越加脆弱，大量物种及其居群接近或达到生存临界状态、难以适应和忍受时，大灭绝不可避免。这三大灭绝事件均以冲击"古生代海洋进化动物群"为主：O末和F-F两大灭绝使该动物群多样性大幅度下跌，O末后反弹较快并持续繁盛，F-F后各类生物反弹差异甚大；P末大灭绝使该动物群先前的优势丧失殆尽，成煤沼泽、层状硅质岩和后生动物礁消失，全球海陆生物群重组，生态系及其结构重建，演化进程发生重大转折。就后生动物礁而言，O末后重创程度最轻、复苏最快，F-F事件次之，P-T之交最重，可能与事件性质、规模和强度有关。生物能否从恶化环境中幸存下来，以忍耐度和适应度最重要，其他残存机制还包括居群规模大小、地理分布宽窄、形态结构的普通与特化、个体大小、预适应和基因等问题。若恶化条件超出生物生存临界值，再大居群也难挡灾变冲击。残存阶段是大灭绝的后继效应：多样性和新生率最低、群落类型和生物区系最单调、广布分子最常见、幸存分子最发育，灾后泛滥种成功地适应空缺生态位。底栖生物更多地体现残存期的特点；漂浮和游泳类群残存期较短或直接跃入复苏阶段。O末和P末后某些门类进入"残存-复苏阶段"，是大灭绝生命过程中一种新的转折。大部分长期繁盛于古生代的生物门类在P末后元气大伤，演化潜质被遏制，开拓新的高级形态本领和机遇几乎丧失。复苏阶段是环境好转下生态分异的产物，是新辐射阶段的前奏：多数门类成种速率加快、灭绝率下降，土著分子增多，复活和外来分子迁入，新群落增多，灾后泛滥分子基本消失。大灭绝后分异度的反弹特点各不相同，如O末后"对称性反弹"和P末后"非对称性反弹"。复苏型式的不同强烈反映在生物类群、古地理、古气候和古环境的种种差异中。复活者也有明显差异：如复活腕足类在O末后常见，P末后未见；复活腹足类常见于早三叠世，反映了族群生存对策水平的差异和化石记录的质量问题。华南资料揭示生物大灭绝不存在理想化的统一模式。生物类群应对灾变环境的能力（如适应度、忍耐度、更新能力）千差万别，给生态系演变的复杂性提供了很好的实例。大灭绝后生物"重创"还是"受益"与生物本身因素有关：笔石N动物群替代DDO动物群，腕足类五房贝目/无洞贝目取代正形贝目/扭月贝目的优势地位，"得益"于O末大灭绝；"古生代进化动物群"落伍、"现代进化动物群"崛起，均"得益"于P末大灭绝。危机-先驱者、复活者等是复苏-辐射的源泉。就复苏而言，漂浮或游泳生物最快，底栖固着动物次之，后生动物礁殿后。事实证明，生物界的兴衰与环境扰动的弱强息息相关，两者始终处于互动状态，彼此影响、协同演化。生命过程即是一部生物界长期慢速渐变与短期快速巨（剧、聚）变交替的历史，长期相对缓慢变化的生命记录和演化进程，即被大灭绝那样的大事件所一一打断。尽管发生大灭绝事件，总有生物幸存下来，大灭绝在类群优势替代的演化进程中，起了加速和催化作用，但没有彻底改变生物界的基础。这部生命史书受地球系统过程的强烈影响。生命，在这个系统框架内，以极其多样的型式，始终不断地演变，无穷无尽地生灭。

关键词 →

大灭绝　残存　复苏
奥陶纪末期　泥盆纪晚期
二叠纪末期　型式对比
古生代　华南

生物的起源、分异、辐射和灭绝，是生物界和非生物界之间长期相互作用的结果。生命演化的历史就是由许许多多这样的事件组成的。这部生命史书受地球系统过程的强烈影响。生命，在这个系统框架内，以极其多样的型式和方式，始终不断地演变、无穷无尽地生灭。地球科学不同领域的学者对这些过程的复杂性质和相互作用的方式充满着浓厚的兴趣。发现并探讨制约生物多样性变化和生物灭绝型式的规律，已成为古生物学家所承担的一个重要任务。

显生宙的生物界，由于外部环境在相对短暂的地史时期内的重大变化，发生过多次大灭绝事件。其中，最引人注目的是“五大”(Big Five)灭绝事件(Sepkoski，1982)。这些大灭绝在生物演化进程中意义重大，它不仅导致大量物种的消亡，也造成大灭绝后生物的进化分异、生态重建和生物地理区系重组。大灭绝，作为生命过程的组成步骤，点断了生物演化历程，一次次地改变了生物界基本组成而进入了一个个新的演化阶段。大灭绝事件有其十分复杂的无机界和有机界的背景，包含着很多至今尚难揭示的奥秘。研究大灭绝，既要了解其发生的背景，还要注重地质历史和生物发展的继承性，而不是孤立地去看待事件的本身。

本书的所有论文都是以华南丰富的化石和地层资料为主要依据，探讨其中发生在古生代里的3次(奥陶纪末、晚泥盆世F-F、二叠纪末)大灭绝事件。拟以这三大灭绝的生物演化背景、灭绝起因和生态系变化为切入点，从古生物宏演化的角度出发，结合非生物界的扰动信息，从华南这一窥视全球生命演化史的窗口探视大灭绝事件前后多样性大幅度变化的过程，提出其变化的基本型式。

本节在本书和国内外相关研究成果的基础上，重点分析这三大灭绝的种种特征，探讨灭绝后残存和复苏期的特点，以了解生物因素与大灭绝的选择性，以及不同生物类群应对大灭绝所表现出的强烈的差异性。在探索从辐射到大灭绝、再到辐射阶段的生物宏演化全过程时，我们面临着一系列值得探讨的问题，如不同的门类或类群是如何应对大灭绝的恶化环境的？大灭绝后生物又是怎样残存下来并开始复苏的？对这些问题的思考和认知，成为新世纪古生物学者研究生物宏演化的新的生长点。

如在本书“序”中所指出的，大灭绝有两重性。由外界环境所形成的特殊“生存压力”迫使生命在惨遭损失之中增强应对和适应环境的生存能力，朝新的方向演化。可见，大灭绝既点断了生命记录，又带来新的生物演化时期。它虽改写了生命演化历史，却没有重新设定演化进程。以二叠纪末的大灭绝为例，尽管有95%的物种从地球上永远消失了，但事件之后却仍有80%的谱系幸免于难(Erwin *et al.*，2002)，而新的高级别的“体构造型”(bodyplan)并没有诞生。因此，大灭绝一方面在生物宏演化中发挥了相当重要的作用，另一方面这样的作用若被过分强调和夸大，也会误导人们对大灭绝本身、甚至生物演化真谛的认识。

本书的研究还表明，从大灭绝后的残存向辐射阶段演化的过程中，生物复苏经常是不可缺少的一个环节。对生物复苏的研究起步不到10年，尽管吸引了大批学者的关注，却仍是一个知之甚少的全新领域(Kauffman and Erwin，1995；Erwin，1996；Harries *et al*.，1996；戎嘉余等，1996；殷鸿福、童金南，1997)。本书对大灭绝后复苏的研究也只是初步的。在思考生物复苏的一系列饶有兴趣的问题时，实际资料的搜集是第一位的；本文对从推理到假说(理论)的思维方式也提出了质疑。解决像“复活效应”、“避难所”这类问题，是一个长期发现和不断研究基本材料的科学过程，需要尽可能多地在相关地层序列中发现化石记录。我们还需要尽力认识复苏期的基本特征和生态系的变化，并辨识穿越大灭绝事件的分类单元基本类型及其在复苏过程中的作用，这对揭开生物界如何复苏的奥秘是不无裨益的。

各种生物类群对灾变环境改善的适应是不同的，这反映了生物多样性的变化、成种速率的差异以及不同时期生物组分的优势取代的区别，从而演绎出了异彩纷呈的、极其复杂的生命过程。本书对华南古生代三大灭绝事件及其后残存、复苏的研究表明，这些差异始终贯穿于历次事件的整个过程和各门类的各自宏演化阶段中。剖析和阐释这些差异成为本节的主要部分。同时，笔者还将尝试着去探讨生物在大灭绝恶化环境中的应对差异，试图从忍耐度和适应度的视野来拉近生命本身响应无机界强烈扰动历史的距离，这也成为本节的一个主要内容。本节还探讨对大灭绝事件的鉴别、等级、量值标准、大灭绝前后宏演化阶段是否存在统一模式、大灭绝事件与年代地层界线的非一致性、大灭绝的化石记录是否值得信赖等问题的认识，并对华南三大灭绝过程中常见的类群的灭绝率和新生率、后生动物礁的演变特征、灭绝后的生物界反弹特征以及灭绝后复苏迟滞到来原因等等问题作比较分析。

一、古生代三大灭绝的差异剖析

对华南古生代三大灭绝事件进行对比分析是本节的重点。但是，就这种对比而言，既有可比性，又有不可比性。可比性正是本节所要讨论的内容，对事件的本身及其表现型式进行比较；而不可比性则是指每次大灭绝因起因有别、生物演化阶段和生态系背景不同，其后的残存与复苏特点也有明显差异(如二叠纪末不仅使海洋，还使陆地生态系遭受几乎毁灭性的重创，可奥陶纪末的陆地生态系至今情况不明)，这样的对比就没有了基础；更不用说穿过各事件的地层古生物发育程度不一，化石采集和研究基础参差不齐，都给这样的对比增加了不可比性。本书的分析表明，华南古生代三大灭绝事件各有特点，差异性远强过共性，而认识这些差异性质有助于加深对生物大灭绝实质的理解。

（一）不同的生物演化背景和生态系变化

分析大灭绝前生物界处于怎样的生物演化阶段中，灭绝前后生态系发生怎样的变化，对于探讨大灭绝的性质是很有价值的。华南的材料充分显示，古生代三大灭绝前各自生物演化阶段和特点有着重要的差别，这些差别特征将制约着不同的生物兴衰。至于灭绝前后的生态系变化更体现了明显的生态级差。Droser 等（1997，2000）为生态变化识别了 4 个等级：第一级——新生态系的建立，如后生动物（Metazoan）的早期辐射、“现代进化动物群（Modern Evolutionary Fauna）”的出现；第二级——全球生态系结构的重要变化、高级类群生态优势的首现或改变，如以三叶虫、磷酸质壳腕足动物为主的“寒武纪进化动物群（Cambrian Evolutionary Fauna）”被以固着底栖的钙质壳腕足动物、苔藓虫、四射珊瑚、海百合等为主的“古生代进化动物群（Palaeozoic Evolutionary Fauna）”所取代（Sepkoski，1982）（图 5.1.1），后生动物生物礁与碳酸盐建隆的出现与崩溃；第三级——生态结构中

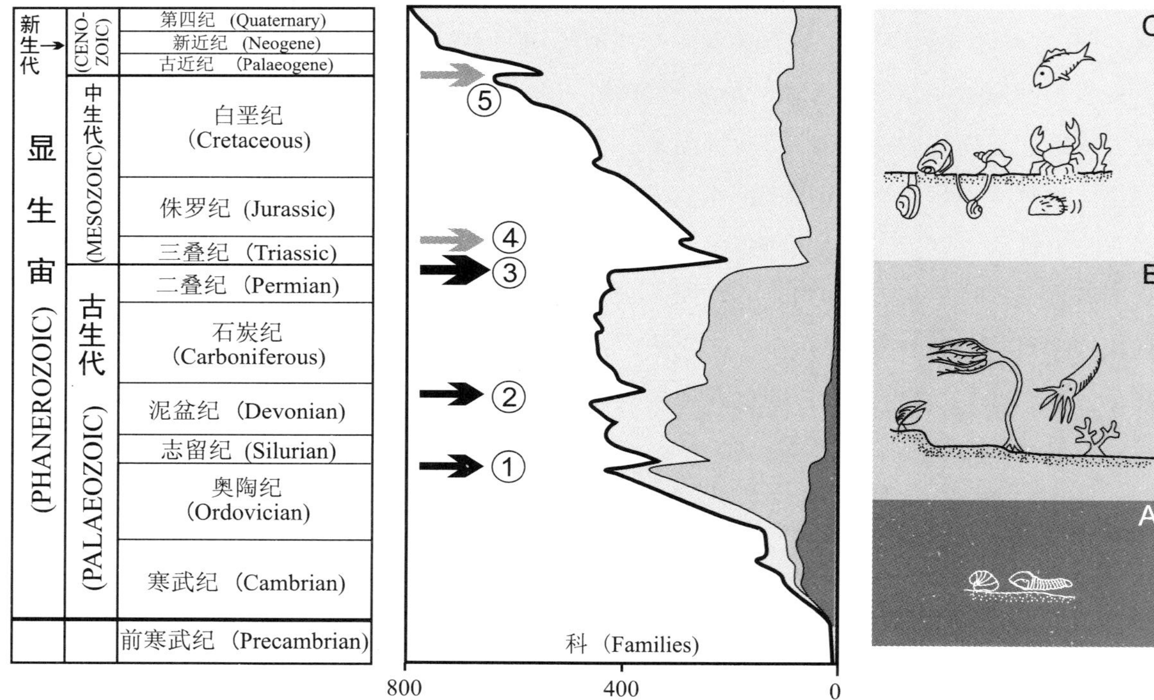

图 5.1.1 示显生宙海洋生物科级分类单元多样性的变化，显生宙三大海洋进化动物群，即寒武纪进化动物群（A）、古生代进化动物群（B）和现代进化动物群（C）的变化历史，以及五次生物大灭绝事件的发生时间（根据 Sepkoski，1997）：①奥陶纪末期、②晚泥盆世弗拉期-法门期交界期（①②黑色箭头所示）、③二叠纪末期（最粗黑色箭头表示史前最惨烈的一次大灭绝）、④三叠纪末期、⑤白垩纪末期

Figure 5.1.1 Showing 1) family diversity of skeletonized marine fossils during the Phanerozoic (after Sepkoski, 1997), 2) history of major changes of the Cambrian Evolutionary Fauna (A), Palaeozoic Evolutionary Fauna (B), and Modern Evolutionary Fauna (C), and 3) the “Big Five” mass extinctions which occur at ① latest Ordovician, ② Frasnian-Famennian boundary, ③ end Permian, ④ latest Triassic, and ⑤ end Cretaceous

群落类型的变化;第四级——群落的变化,如群落的出现和消失,主要包括属种替代。他们指出,不同大灭绝事件的生态破坏和随后生态重建程度存在着不匹配性。生物多样性与生态系功能之间的关系还存在着不少争论(Erwin,2001)。但大灭绝后的全球生态系反映了生活环境与生物之间的相互关系。生物残存水平和复苏是否迟滞,都与生存条件的恶化程度和改善状况有关,与生态系的重建和重组的快慢有关,特别是重建生物多样性所需要的足够的营养水平和各种相关生物间的食物链,对重组各种生物之间的关系等都是很重要的。但古生物方面的同类研究还有许多工作要做。

1. 奥陶纪末

奥陶纪末的大灭绝已知主要涉及海洋领域。大灭绝发生前夕,全球温室效应背景稳定延续了长达1亿多年,生物界处于繁盛阶段(Boucot *et al*.,2003)。自早奥陶世以来,海洋中开始辐射的"古生代进化动物群"在替代了"寒武纪进化动物群"后渐入发展佳境,有些门类多次进入繁盛期,如牙形类属的分异度比历史上任何时期都高(Aldridge,1988)。后生动物礁在热带、亚热带海域广泛发育。生物群成种率高、丰度大,占领多种生态领域,生物多样性不断上升。还有一点很重要,当时陆地上几乎无植被覆盖,大气中二氧化碳含量很高,氧含量却很低(Sheehan,2001a)。晚奥陶世如此繁盛的生物圈性质可能使某些生物具备顽强的能力和潜力来抵御大灾变环境。随后全球环境的巨变就是在这样的演化背景下发生的,生物总体多样性就是在这个前所未有的顶峰上跌落的。

华南奥陶纪末大灭绝前、后的宏演化阶段,反映了生态系从稳定、干扰到恢复的过程(图5.1.2)。这个过程也表现在群落性质和结构的变化上。灭绝前、后四射与床板珊瑚及层孔海绵组成的后生动物礁在科级、甚至属级代表上基本相同,因为这次事件尽管重创了礁生态系,但没有发生根本性的破坏(Copper,1994)。就底栖生物而言,灭绝前(中Ashgill期)华南正常海底占优势的是腕足动物,已识别从近岸到远岸深水(BA1~5)分布的8个群落(Zhan *et al*.,2002);灭绝后辐射期的底栖群落已识别分布于BA1~4生态位的10个群落(Wang *et al*.,1987)。灭绝前、后属种组分虽说不同,群落也发生重组,但群落数目接近。更重要的是志留纪新群落及其所含科(有些属),基本上是从奥陶纪相似生态位中的幸存支系(或属)演化而来,群落类型和栖息方式"一脉相承":如五房贝族,灭绝前暖浅水的 *Tcherskidium* 群落创建并尝试了"腹喙朝下、个体群聚"的生活方式,这种方式虽然在大灭绝首幕后绝迹于华南海域,却在大灭绝后的复苏-辐射期普遍再现类似的群落(如兰多维列世中期 *Pseudoconchidium* 群落)。从生态适应的策略分析,大灭绝后虽说新分类单元(如土著和外迁分子)占领空缺生态位,却未发生多少生态革新事件,群落总体特征回复到灭绝前的水平,群落和营养结构与晚奥陶世大同小异。四射珊瑚的情况与腕足类的接近。海洋表层漂浮动物笔石,在大灭绝后虽丧失了不少属种,但生

古生代三大灭绝 (Three mass extinctions in Paleozoic)	古地理 (Palaeogeography)		海域 (Ocean)		生物类群 (Biotic groups)					生态等级 (Eco-hierarchical level)				分类阶元 (Taxonomic rank)		
					底栖 (Benthos)											
	陆地 (Land)	海洋 (Ocean)	浅水 (Shallow)	深水 (Deep)	固着 (solitary)	非固着,爬行,游移 (non-solitary, crawler, nekton)	生物礁 (Reef)	漂浮 (Plankton)	游泳 (Nekton)	一级 (First)	二级 (Second)	三级 (Third)	四级 (Fourth)	门纲目 (Phyla Class Order)	科超科 (Family Superf.)	属种 (Genus Species)
二叠纪末 (End Permian)	■ 海、陆都遭受严重影响 (all vertually affected)	■	■ 所有海域均受严重影响 (all vertually affected)	■	■ 绝大多数类群属的灭绝率超过90% (generic extinction rate of most groups exceeding 90%)	■ 三叶虫等完全灭绝,腹足类等受重创 (trilobites extinct; gastropods greatly affected)	■ 海绵等组成的后生动物礁完全消失,到中三叠世复苏 (metazoan reef totally disappeared, it recovered in Middle Triassic)	■ 几乎所有放射虫惨遭灭绝 (almost all radioalarians extinct)	■▒ 菊石绝大部分灭绝;鱼类、牙形类灭绝效应并不明显 (majority of ammonoids extinct; fish and conodonts not greatly affected)	△	▲	▲	▲	●	●	●
晚泥盆世弗拉-法门期之交 (Late Devonian F-F)	? 陆地情况不明 (unknown)	▒ 海域遭受影响 (affected)	▒ 浅海区明显遭受更大的创伤 (much more severely affected in shallower water than in deeper water)	□	▒ 四射珊瑚、层孔海绵等属灭绝率超过50%以上,腕足类较低 (rugose corals, stromatoporoi. got more than 50% generic extinction rate)	▒	■ 床板珊瑚和层孔海绵为主的后生动物礁几乎完全毁灭,至22 Ma后的维宪期才复苏 (metazoan reef almost all extinct 22 Ma later it recovered)	▒ 竹节石灭绝相同生态领域没有被其他漂浮生物取代 (dacryoconarids became extinct; no others replaced)	▒ 棱菊石灭绝海神石类在法门晚期才复苏 (goniatiteds became extinct; clumeniids dominated in late Famennian)	△	▲	▲	▲	◍	●	●
奥陶纪末 (End Ordovician)	? 陆地情况不明 (unknown)	▒ 海域遭受影响 (affected)	▒ 两种海域均受影响 (both affected)	▒	▒ 腕足类、四射珊瑚等的属灭绝率超过50% (brachiopods, rugose corals, etc. got more than 50% generic rate of extinction)	▒ 深水三叶虫遭受灭顶之灾,冲破灭绝幕的多是浅水分子 (most deep water trilobites extinct; many shallow water taxa extended into Silurian)	▒ 由床板珊瑚、层孔海绵等组成的后生动物礁暂时消失,5百万年后始复苏 (Metazoan reef disappeared in Hirnantian and recovered in Aeronian)	▒ 笔石DDO动物群在尾幕中灭绝,N动物群成为新阶段的主力 (DDO graptolite Fauna extinct; N Fauna as new key one dominant)	▒ 对鹦鹉螺的影响主要在属科级上,4百万年始复苏;牙形类情况还不清楚 (nautiloids extinct in genera and families conodonts not clearly known)	△	△	◭	▲	○	◍	●

■ 严重受创 (Severely affected)

▒ 适度受创 (Moderately affected)

□ 基本没有受创 (Basically not affected)

图 5.1.2 示古生代三大灭绝事件对华南海域生态系的影响。据已知化石记录分析,目前还不清楚奥陶纪末期和晚泥盆世 F-F 交界期这两大灭绝事件对陆地生物界究竟产生了怎样的影响。Heckman 等 (2001) 指出,最早陆生植物和菌类化石记录出现在 4.8~4.6 亿年前(即早、中奥陶世);分子钟估算更早陆生植物的拓植发生在 6.6 亿年前(即隐生宙末期);而其蛋白质序列分析表明绿藻和菌类主系在 10 亿年前(即中元古代末、新元古代初)业已存在,陆生植物则在约 7 亿年前(即新元古代中期)出现。这样,陆生植物在前寒武纪就已影响着地球的大气、气候和动物的演化。但了解上述古生代两大灭绝事件对陆地生物界的影响还需做大量的研究工作

Figure 5.1.2 Showing biotic influences of the latest Ordovician, Late Devonian (Frasnian-Famennian), and end Permian mass extinctions in South China. It is still unknown how the former two mass extinctions influenced biotas on land in terms of analysis of known fossil data from South China and elsewhere. Heckman *et al*. (2001) pointed out, however, that the first fossil land plants and fungi appeared 480 to 460 Ma, whereas molecular clock estimates suggest an earlier colonization of land, about 660 Ma. Their protein sequence analyses indicate that green algae and major lineages of fungi were present 1 000 Ma and that land plants appeared by 700 Ma, possibly affecting Earth's atmosphere, climate, and evolution of animals in the Precambrian

态领域仍与奥陶纪的相似。当时海洋里最强大的游泳食肉动物鹦鹉螺类，历经大灭绝的洗礼，到 Aeronian 期复苏、Telychian 期辐射，成为"秀山动物群"的重要组成部分，回到了奥陶纪的水平。牙形类也有类似的结局。可见奥陶纪末大灭绝，尽管损失不少低级分类单元，生态系遭受一定程度的遏制（甚至强干扰），却无实质性的变化。各生态领域生物在灭绝前后的强烈继承性表明，繁盛于奥陶纪各时期的"古生代进化动物群"的多数类群，在经历短暂残存期后，通过支系演化、组合变化、群落更迭等途径，继续在志留纪不同生态领域中占据统治地位。

奥陶纪末大灭绝前后的陆生植物发生了重大的变化（王怿，本书第二章第九节），但变化的具体细节还所知甚少。今后需要在这方面加强研究。

2. 晚泥盆世

F-F 灭绝前的生物界长期处于温室效应中。以多样化底栖固着型为主体的生物群占领了海洋、特别是暖浅水底域的多种生境类型。以床板珊瑚和层孔海绵为主体的后生动物礁尤为繁盛。但 Frasnian 晚期的多次环境恶化，导致这类生物礁在华南的相继终止，成为 F-F 大灭绝事件的组合部分（王向东、沈建伟，本书第三章第五节）。关于这一点还可从腕足动物部分类群的灭绝过程得到启示。F-F 事件号称灭绝了三大族群，但据华南资料分析，这些族群在 Frasnian 早期业已发生变化：无洞贝目的科属数早已下降，齿扭贝族则所剩无几，五房贝目更只剩 1 属（*Gypidula*）（陈秀琴、马学平，马学平，本书第三章第三、七节）。由此说明，这些族群的衰减是逐步发生，而不是在 F-F 交界处突然、瞬间消亡的。

华南的沉积和古生物学资料进一步证实，Frasnian 末海平面发生大幅度下跌，使先前多样生态域和栖息地丧失。暖浅水域的腕足动物（如无洞贝目和五房贝目）、四射和床板珊瑚、层孔海绵（常见的造礁生物）及浅水放射虫等遭到重创，但长期适应凉深水的普适型生物（如四射珊瑚、腕足类、放射虫等）则幸存下来，这些事实表明水温的下降也不可以忽视。华南海域在这次大灭绝事件中生物组分的这些变化（包括分异度和物种丰度的降低）是与生态系（变得贫瘠）的重大变化分不开的（图 5.1.2）。随后，Famennian 早期华南空缺的生态位被有限的生物类群（主要是广适性、低分异度、高丰度的小嘴贝族和长身贝族腕足动物）占领。最令人瞩目的是，大量繁盛于 Frasnian 期的后生动物礁在大灭绝后的长期（约 22 Ma）消失（王向东、沈建伟，本书第三章第五节），反映了礁组分对环境突变的极不适应，指示了海平面下跌和温度下降都对暖浅水生态环境造成极大的破坏，使后生动物礁生态系结构发生重大改变。这种变化的影响是久远的，曾在泥盆纪生物礁中起极其重要作用的床板珊瑚、层孔海绵等，在后来生物礁发育过程中的相同生态角色永远消逝了（Copper，1994；Droser *et al.*，2000）。华南石炭-二叠纪的礁生态系完全属于另一种性质，其中再也没有类似于泥盆纪的礁了。由此看出，F-F 事件的环境巨变对华南 Frasnian 期暖浅海生态系的崩溃负有主要责任。与奥陶纪末的相比，这次生态系的大劫难不见得破坏性更大，但灭绝的生态效应却更显著。尽管如此，“古生代进化动物群”虽遭遇这次强大的冲击仍顽强地存活下来。其中，腕足动物的组分和生态方式的变化起了重要的作用，所以它们在石炭-二叠纪海洋中继续占据优势生态位。而钙质壳有孔虫自 Famennian 开始出现，则意味着石炭纪-二叠纪类型组合始现于这次大灭绝之后的 Famennian。至于陆生植被在 F-F 事件是否遭受重创，尚无确凿证据；华南广布的斜方薄皮木等植物在这个事件前后似无显著变化，但相关的研究还需要深入开展，因为这对于整个事件的认识十分重要。

3. 二叠纪晚期

二叠纪末大灭绝前，华南海域的生物发展背景与之前的茅口期末灭绝事件的影响有一定的关系。进入晚二叠世后，尽管海洋各门类生物发展很不均衡，但多样性和组分变化较大。“古生代进化动物群”中部分类群开始走下坡路（如四射珊瑚），甚或接近消亡（如床板珊瑚只剩下 1 属；Wang and Sugiyama，2000）。有些类群如三叶虫的多样性和丰度早已衰减，存活者只剩 1 科（只含个别属）。只有一度继续繁衍的腕足动物仍在浅海位居优势，并在长兴期又一次进入辐射状态（Shen and Shi，1996）。后生动物礁在二叠纪最晚期仍然繁盛（吴亚生、范嘉松，2002）；菊石和放射虫也处于正常演化阶段（Yang and Wang，2000；Feng *et al.*，2000）。值得重视的，是牢牢占领近岸浅海域的双壳类却未受茅口期末灭绝事件的影响，反而成了受益者，为后来占领三叠纪海洋奠定了坚实的基础（方宗杰，本书第四章第四节）。植物界也未受茅口期末事件的影响，还借助广泛的古地理条件，使华夏植物群在乐平世得到充分发展（方宗杰，本书第四章第十节）。可见，在二叠纪末之前，尽管少数门类业已不景气，但大多数海洋和陆地生物进入中生代前的最后繁盛阶段。二叠纪末环境恶化事件就是在这样的生物发展背景下点断了生物演化的进程。

与前述两大灭绝事件不同，二叠纪末大灭绝不仅重创海洋，甚至几近摧毁了陆地和海洋所有的生态系（图 5.1.2）。正是这场史前最大的劫难导致长期稳定、不断演替、持续 2.4 亿年（从奥陶纪到二叠纪）的“古生代进化动物群”落伍，使海洋多类群落、多种生态结构及其生态系全面崩溃，各种繁盛的组合突然消失，丰富的后生动物礁结构全部遭殃。大量生物、不同级别生物的灭亡，尤其是长期居优势地位的腕足动物及后生动物礁生态系的“一蹶不振”，使那时的生态环境几乎空缺，大致与奥陶纪大辐射前的水平（方宗杰，本书第四章第一、十节）相当，甚至接近前寒武纪晚期的水平（Knoll *et al.*，1996；Conway Morris，1999）。后一种估计似乎有些过头，且不说目前已知的浅海底栖壳相生物组合，即使在大灭绝后的深海相中，也不乏底栖生物的活动遗迹（方宗杰，本书第四章第十节）。二叠纪末大灭绝后，有孔虫生态结构大变，功能结构大重组，高多样性的多极中生代组合取代了单类优势的古生代组合（Tong and Shi，2000；童金南，本书第四章第五节）。在进化动物群中扮演过优势角色的类群一旦彻底消亡，将会使生态系发生有意义的重组（Droser *et al*.,2000)。然而,也正是上述变化,给双壳类等在中生代初的兴起及建立与之相关的新型生态结构提供了绝好的机会。二叠纪末灭绝的剧烈程度,造成了灭绝后长达 10 Ma 的生物萧条期,以底栖移动、摄多类食物为生的软体动物(如双壳类、腹足类)成为新时期的优势类群(陈金华,潘华璋,本书第四章第四、六节)。在陆地上,经过环境大灾难后,成煤植物群(如科达类、乔木石松类等)灭绝了,原先鼎盛的华夏植物群与其他三大植物群几乎全军覆没,旧的植物地理格局基本崩溃。原先的植被大量消亡,以肋木和水韭为代表的石松植物灾后泛滥;直到晚三叠世(迟滞 14 Ma),煤系地层才在华南重现。上述长期恶化环境的延续,导致生物演化进程的转折、生态系的更新(Retallack *et al*.,2003)和陆海生物界的重组,这些变化充分指示了该生态系的巨变与奥陶纪末、晚泥盆世的不在同一个等级上(Droser *et al*., 1997,2000)(图 5.1.2)。

(二)不同的灭绝起因

古生代的三大灭绝事件,是在不同的环境背景下发生的。短期内影响全球的喷溢玄武岩活动、气候变化(包括冰川活动、降温与升温等)、海洋变化(包括海平面变化、大洋翻转与缺氧等)和天体撞击是探讨生物大灭绝时最推崇的 4 个主控因素。近年来,甲烷(水合物)释放而引发大灭绝的观点,也成为一个热点。华南的大量资料证明,历次生物大灭绝都不是在单一因素下发生的。下面的讨论说明了这一点。

1. 奥陶纪末大灭绝

30 年前就有学者注意到这次灭绝与南大陆冰盖的形成关系密切(Berry and Boucot,1973; Sheehan,1973,1975)。推测灭绝的首要因素是气候巨变和温度骤降(Stanley,1984a,1984b,1988; Copper,1986; Crowley and North,1988;Marshall *et al*.,1997)。冰川的分布范围不仅局限于北非和沙特阿拉伯,还延伸到土耳其(Monod *et al*.,2003)。在华南,虽无冰川痕迹,但生物相与沉积相的变化均有相应的记录(戎嘉余,1984; Chen Xu,1984)。氧同位素分析值得重视。分析华南穿越奥陶-志留纪地层的腕足动物壳体的氧同位素揭示,当时水温下降 18℃～20℃(王宗哲,见陈旭等,2001);国外同期同类分析记录的热带海水温度下降约 10℃(Brenchley *et al*.,1994)。这两个数字虽有差别,但都说明了降温幅度不小的事实。长期适应于暖水环境的生物因无法忍受温度的骤降而灭绝。Berry 等(2002)认为,全球升温和冰融(次幕)及其相应环境变化比全球降温和成冰(首幕)的灭绝强度更大。但是,华南的材料给出相反的结论:首幕灭绝(降温)量值明显超过次幕(升温)。研究宜昌奥陶-志留纪界线化学地层后发现,在奥陶纪末突然发生的 $\delta^{13}C$ 正漂移(汪啸风、柴之芳,1989; Wang,1993; 王传尚等,2002),与世界其他地区一致(Brenchley *et al*.,2002),指示 CO_2 含量的下降与冰盖形成同步,与扬子区 Ashgill

期笔石分异度开始下降吻合(陈旭等,本书第二章第一节),也与五峰组上部*Manosia*混合相层相当;稀土和微量元素异常也与此一致(王传尚等,2002)。海平面变化也是引发这次大灭绝的因素之一(如Sheehan,1973;Hallam,1989)。奥陶纪末南半球冰盖形成时,全球(包括扬子海域)海平面下降50～100 m(戎嘉余,1984;Sheehan,1988,2001;Brenchley *et al*.,1994;Brenchley and Marshall,1999)。海平面如此大幅度的下降使栖息地丧失、土著分子及其生存群落消亡(如Anstey *et al*.,2003),但底栖动物仍可凭借幼虫迁移,故海面升降引发大灭绝的细节还需深入研究。但是,海平面的骤然降(首幕)升(次幕)造成大洋扰动与翻转,带来全球性的缺氧事件和有毒水体的影响,确实给海洋生物带来巨大的灾难(Armstrong,1995,1996;Harper and Rong,1995)。此外,耿良玉(1991)曾提出华南奥陶纪末大灭绝与火山活动有关;苏文博等(2002)识别出上扬子地台东南缘发生过多次大规模的火山喷发活动。这些可能也会影响到生态系统的变化。最早试图寻找奥陶纪末天体撞击证据的是Orth等(1986)和Wilde等(1986),他们对大西洋两岸相关地层的研究否定了奥陶纪末发生过撞击事件。宜昌地区奥陶-志留纪界线地层中曾发现有铱异常,并认为灭绝可能与地外事件有关(汪啸风、柴之芳,1989),但Wang等(1994)的相关研究却否定了这个结论。

根据华南和世界的已知资料分析,气候巨变(海水温度先速变凉、后速变暖)、海平面快速升降、大洋翻转与缺氧事件及其他相关环境的恶化是奥陶纪大灭绝值得考虑的重要因素。截止目前,尚无可靠的地外证据与这次大灭绝事件联系起来。

2. 晚泥盆世大灭绝

F-F事件的起因复杂,对之研究得还不够,综合起来,有以下几个重要因素。首先是海平面变化(Johnson and Sandberg,1988;Sandber *et al*.,2002)。分析华南沉积和生物相表明,大规模海退是引发这次事件的一个主因,但这次海退各地是否同步(龚一鸣、李宝华,2001)、如何导致生物危机等,这些细节还不清楚。其次是温度变化(McGhee,1996),有些学者赞同降温说(McGhee,1982;Stanley,1984a,1988;Copper,1986,1998,2001,2002;Geitgey,1985;Yan *et al*.,1993a,1993b;Paris *et al*.,1996),支持证据包括南方大陆发育冰川(Sandberg *et al*.,2002)。华南地处低纬度,没有这方面的痕迹,但是氧同位素分析表明,F-F交界处的海水出现低温异常(Yan *et al*.,1993;王大锐等,2001);或指出$\delta^{18}O$值有过下降(白顺良等,1990);国外曾发现$\delta^{18}O$的两次漂移(Joachimski and Buggisch,2002),并认为生物多样性的下跌是由全球气候变凉引发的。然而,持相反意见的学者认为F-F之交华南处于高温、高盐环境中(龚一鸣等,2002b);或提出Frasnian末海洋均温达37℃～40℃(Brand,1988)[值得注意的是王大锐等(2001)的结论与Brand相反,但温度数据却很接近,他们在湖南锡矿山剖面测得Frasnian晚期从39.5℃下降到38.2℃,进入Famennian早期进一步下降到35.5℃]。两种观点尚未统一。华南

F-F 界线层碳同位素分析结果复杂多变。20 世纪 90 年代有些学者认为出现负漂移(白顺良等,1990;Wang *et al*.,1991; Yan *et al*.,1993a,1993b; Hou *et al*.,1988,1996),有些识别出正漂移(Hou *et al*.,1996; Balinski,1996; 王大锐等,2001)。最近,分析广西相关层位时,除有无漂移(龚一鸣等,2002b)外,3 篇论文发现在 F-F 界线上下有频繁正、负漂移(Chen *et al*.,2002)或各有一次正漂移(许冰等,2003)(具体位置仍不一),有些与欧洲上、下 Kellwasser 层碳同位素变化(Joachimski *et al*.,2002)接近。这种多变的实验结果意味着问题的复杂性和再研究的必要性。但是,顾兆炎等(本书第三章第九节)根据新的研究认为,F-F 界线层中 $\delta^{13}C$ 两次正漂移在华南有一定的代表性,并相信这样的变化是全球性的。碳同位素异常究竟是否与有机碳埋藏量增加、pCO_2 水平下降(许冰等,2003)、海水淡化(白顺良等,1990)、退积序列、快速堆积、缺氧程度(龚一鸣等,2002b)、甚至多发性赤潮(龚一鸣等,2002a)有关,尚难肯定。应该引起注意的是泥盆纪陆生植物的大量发育使 CO_2 含量剧跌而造成"生物地化危机"(Algeo *et al*.,1995),大洋碳酸盐平衡被扰乱,海洋碳酸盐的耗尽使礁相生物惨遭厄运。大气 CO_2 从寒武纪最高点下降的长期过程中,累积效应也不可忽视(McGhee,1996);相应的是海洋生物的属分异度自 Emsian 开始已一路下跌,到法门某期陷入低谷(Stanley and Powell,2003)。此外,天体撞击假说也颇受关注(McLaren,1970; McLaren and Goodfellow,1990; Wang *et al*.,1994,1996; McGhee,1996; Claeys *et al*.,1996; Racki,1999,2002; Racki and Wrzolek,2001; Warme *et al*.,2002)。陨石坑的时代研究颇有意义,但还有许多工作要做,如测年和对比。已知 Frasnian 末最大撞击坑在瑞典西连(Siljan)地区,但直径仅 52 km,只有杀灭 70%物种所需直径(150 km)的 1/3(McGhee,1996),规模还太小,似乎不足以导致一次全球性的大灭绝事件。

综上所述,自 Givetian 至 Frasnian 末(尤其是 Frasnian 中晚期),发生了一系列全球性的扰动事件,如海平面升降、缺氧、温度骤变和多次地外撞击事件,使生物圈陷入了一个"多事之秋"的岁月,频繁的扰动和累积的综合效应,使许多生态系相当脆弱,很多生物被拖入到生存临界状态,这与"突然、单一的气候崩溃模式"(Crowley and North,1988)并不相符。

3. 二叠纪末大灭绝

越来越多的研究结果表明,二叠纪末全球各圈层的环境确实发生了一系列重大而深刻的变化。全球规模的灾变事件,如华南硅质火山事件(殷鸿福等,1989;周瑶琪等,1989; 杨遵仪等,1991; Chai *et al*.,1991; Lo *et al*.,2002)、西伯利亚暗色岩事件(Campbell *et al*., 1992; Ren *et al*., 1995; Courtillot *et al*., 1996, 1999; Erwin, 2001; Wignall, 2001; Rechow *et al*., 2002; Erwin *et al*., 2002; Dorritie, 2002; Courtillot and Renn, 2003; Kamo *et al*., 2003)、酸雨事件、甲烷水合物释放事件(Erwin, 1993, 1994; Morante, 1996; Krull and Retallack, 2000; Krull *et al*.,

2000；Musashi *et al.*，2001；Berner，2002；de Wit *et al.*，2002；Racki，2003）、海洋缺氧和翻转事件、碳同位素突然强烈负异常事件（严正等，见李子舜等，1986；曹长群等，本书第四章第九节）、大气 CO_2 浓度的明显提高和 O_2 含量的下降等，严重扰动当时的环境，如气候巨变（Clarke，1993；Maxwell，1989；严正等，1991；方宗杰，1997；Shcherbakov，2001；Racki，2003；早三叠世初气温增高约 15℃：李子舜等，1986；赤道水温上升 6℃：Holser *et al.*，1991；Wignall，2001）。种种迹象表明，这些灾变事件基本上是同时（地质时间）发生的，从而导致所有生态系几乎同时发生大规模灭绝事件（方宗杰，本书第四章第十节）。究竟是什么原因给地球的生物圈带来如此巨大的灾难呢？现在不少学者将目光集中在以西伯利亚喷溢玄武岩为代表的超大型火山事件上。饶有趣味的是，二叠纪末、三叠纪末和白垩纪末三大灭绝恰好与显生宙 3 次最大的喷溢玄武岩事件吻合（Olsen *et al.*，2002）。如此好的相关性似非偶然。后两次事件很可能还伴有天体撞击事件，尤以白垩纪末的证据最为确凿。超大型火山事件的灾难效应很可能因撞击事件而加强，这些学者对撞击事件会诱发喷溢玄武岩的观点颇为青睐，只可惜撞击动力学模型还难以解释这种可能性，似大有难以割舍之感。

外星碰撞假说也很令人关注。就二叠纪末而言，这个假说最早是徐道一等（Xu *et al.*，1985，1989；周瑶琪等，1986，1989）根据华南 P-T 界线层发现铱异常（Sun *et al.*，1984）等证据提出的，但最后证实该值不高。尽管 Becker 等（2001）根据华南 P-T 界线层中发现富勒烯中含外星撞击证据：天外惰性气体氦（He）和氩（Ar），但遭致强烈质疑（Farley and Mukhopadhyay，2001；Isozaki，2001）。Kaiho 等（2001）等试图再寻找天体撞击的新证据，也难令人满意（Erwin *et al.*，2002）。据目前资料，二叠纪末天体撞击假说仍缺乏有力证据；而超大型岩浆喷发事件的存在则确凿无疑，探讨它与大灭绝及其他环境灾变事件的关系是今后研究的一个主题。

此外，甲烷水合物的释放事件，近年来得到越来越多的关注（如 Erwin，1993，1994；Morante，1996；Krull and Retallack，2000；Berner，2002；Erwin *et al.*，2002；Ryskin，2003）。还有学者认为，长期大气含氧量的下跌是生态系崩溃的制约因素（Weidlich *et al.*，2003）；海平面骤变被认为是主控因素，但究竟是升（杨遵义等，1991；Wignall and Hallam，1992，1993，1996；Zhang *et al.*，1996）还是降（Yin *et al.*，2001；Erwin *et al.*，2002；Wu and Fan，2003）才导致生物灭绝的，认识还不一致；缺氧和有毒水体被认为是导致海洋生物灭绝的“元凶”（Wignall and Hallam，1992，1993，1996；Hallam，1994；Wignall and Twitchett，1996，2002；Hallam and Wignall，1999）。

上述这些因素不同程度地几乎同时聚集发生，造成地球的气圈、水圈和岩石圈发生了巨大的变化，这些变化相互作用、相互影响，使生态系越发脆弱。强烈的全球性集群火山活动（特别是溢流玄武岩事件）导致酸雨、大量甲烷释放、二氧化碳浓度大增、温室效应发生，温度不断上升，大洋和大气含氧量下降，使绝大多数生物进入生存的临界状态，这些因素的综合效应很可能是导致二叠纪末陆地和海洋生物大量灭亡的原因。

上述三大灭绝控制因素（图 5.1.3）的进一步比较和讨论，将在本文后面的“小结”中阐释。

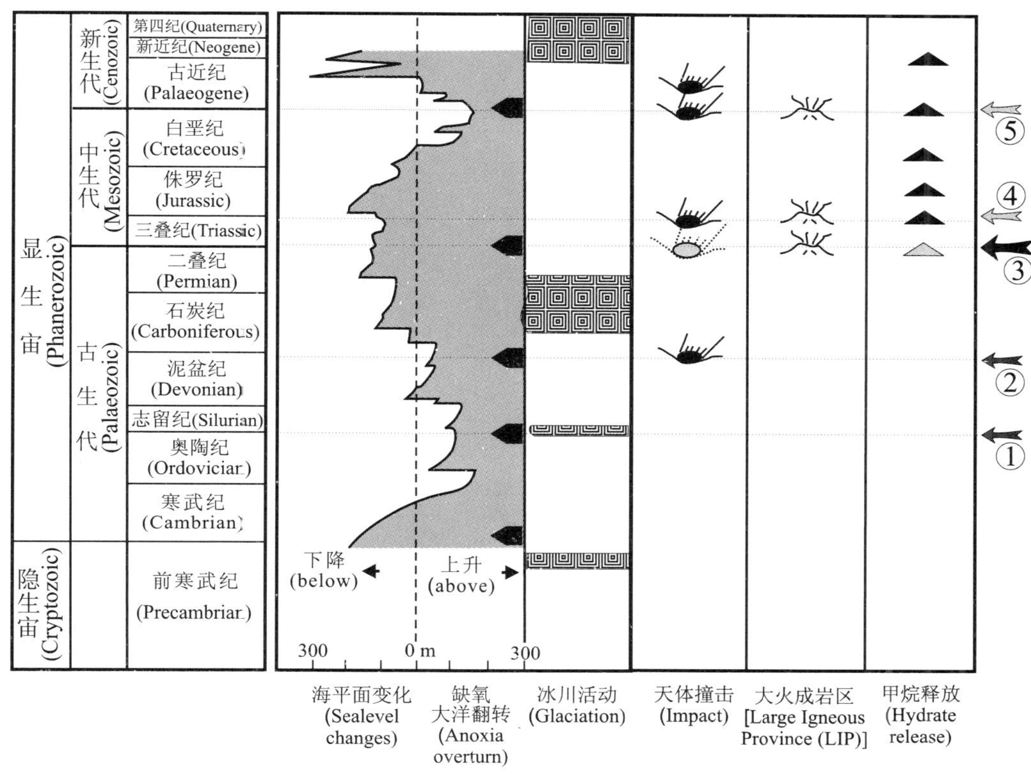

图 5.1.3 显生宙（奥陶纪末期、晚泥盆世弗拉阶-法门阶之交、二叠纪末、三叠纪末和白垩纪末）五大灭绝事件的制约因素示意图（海平面变化曲线根据 Vail *et al.*，1977 绘制）

Figure 5.1.3 Diagram showing controlling factors for the latest Ordovician, Late Devonian (Frasnian-Famennian), end Permian, latest Triassic, and latest Cretaceous mass extinctions (sea level curves after Vail *et al.*, 1977)

（三）不同的灭绝结局和优势取代

应该指出，无论哪一次大灭绝的发生，都打破了原有生命圈（如生态系和生物地理区系格局）中长期、相对的平衡状态。大量生物的消亡，特别是各地土著分子或区域分子的灭绝，使先前生物屏障（一直是生物地理区系多样化的重要原因）极大地弱化，原来保持（或留存）的历史渊源从此失去了它的制约威力，给那些原先不占优势却有顽强生命力的物种的散布创造了新的机遇。大灭绝的这个共性已被许多实例所证明。但由于历次大灭绝的控制因素不同，灭绝前生物宏演化阶段也不同，灭绝前、后生态系的变化等级有别，所以古生代这三大灭绝事件的具体结局是不一样的，灭绝后优势门类或类群的取代差别也各有特点。

1. 奥陶纪末大灭绝

华南多数生物类群经历了这次灭绝的两幕重创，受到重创的主要是较低级别的分类单元，至今没有发现超科及其以上级别分类单元消亡的记载(表 5.1.1)。营漂浮生活方式的奥陶纪 DDO 笔石动物群因承受不住大灭绝首幕(由暖水转凉水)环境的巨变而遭劫难，但具备较强忍耐度的某些笔石适应由凉水向暖水环境的转化，未遭大灭绝尾幕的重创，成功地完成了向 N 笔石动物群的演替(陈旭等，本书第二章第一节)。值得注意的是在灭绝前、后动物群的组成上，底栖腕足动物、四射珊瑚和三叶虫等重要差异也主要反映在低级分类单元的变化上。它们都发育一定量的幸存分子(包括复活型、先驱型)，把灭绝前、后的动物群联系在了一起。所以，这次大事件虽说灭绝量值较大，两幕的灾难改变了生物组合和优势分子，但灭绝的分类单元级别比较低，海洋生物演化的总趋势没有实质性的大变化。

表 5.1.1 华南古生代三大灭绝(奥陶纪末期、晚泥盆世弗拉期-法门期之交和二叠纪末)事件中灭绝的主要生物类群

Table 5.1.1 Major biotic groups became extinct during the processes of latest Ordovician, Late Devonian (Frasnian-Famennian), and end Permian mass extinctions in South China

大灭绝 (Mass Extinction)	完全灭绝的门类和主要类群 (Totally extinct of phyla or major groups)	基本未受重创 (Basically not seriously affected)
二叠纪末大灭绝 (End permian mass extinction)	三叶虫、四射珊瑚、床板珊瑚、软体动物门喙壳纲、软舌螺纲、䗴类有孔虫、正形贝目、长身贝目等 (Trilobite, rugose corals, tabulates, rostroconchas, hyoliths, fusulinids, productids, orthids and others)	牙形类、鱼类、游泳介形虫 (Conodonts, fish, and swimming ostracodes)
泥盆纪 F-F 大灭绝 (Frasnian-Famennnian Mass extinction)	竹节石、五房贝目、无洞贝目、齿扭贝族等 (Dacryoconarids, pentamerids, atrypids, and others)	
奥陶纪末大灭绝 (End Ordovician mass extinction)	已知灭绝的最高分类级别是科级，华南未见超科级的分类单元消亡 (No superfamily became extinct in South China)	

2. 晚泥盆世大灭绝

值得注意的是，本次事件前后(从 Givetian 晚期到 D/C 交界期)发生了一连串不同规模的灭绝事件，使得 F-F 事件后的情况变得非常复杂。这次事件对暖浅海环境的扰动首当其冲(Copper，1998；Racki，1998)。最繁盛的腕足动物高级族群消亡了(表 5.1.1)，四射珊瑚微细骨骼构造发生质变(廖卫华，本书第三章第一节)，泥盆纪海洋中长期繁衍的棱角石(游泳)和竹节石(浮游)被淘汰。不管 Li(2000)记载的竹节石是否来自 Famennian 初期，都指示其行将灭亡的结局。对层孔海绵和床板珊瑚的毁灭性打击与后生动物礁的几乎全部消失使海底生物群貌发生重大改观，指示了暖浅海生态系的巨变(王向东、沈建伟，本书第三章第五节)。澳大利亚 Canning 盆地在 F-F 事件后不久记载有小型孤立的层孔海绵或石海绵点礁(Copper，2002)，以钙质微生物为主，伴有苔藓虫、腕足类和海绵(Wood，2000)。这次事件重创暖浅海域(如华南)的底栖生物,而凉深水的生物(如部分四射珊瑚、放射虫和介形虫的足虫介类)却"劫后余生"(廖卫华,本书第三章第一节;王玉净、罗辉,本书第三章第六节;马学平,本书第三章第七节)。F-F事件与奥陶纪末相比,不仅灭绝量值稍高,而且还发生了较高级生物类群的灭绝,事件前后生物群和底栖群落结构疏远,反映了比奥陶纪末更大规模、更加严酷的灭绝效应。

3. 二叠纪末期大灭绝

这是史前规模最大、波及面最广的一次大灭绝事件。栖居在海洋与陆地的各种分类单元消亡比例很高,尽管各类群之间存在着差别。三大生物成因沉积类型(陆相和海陆交互相的煤炭沉积、层状硅质岩和后生动物礁)消失后,出现了漫长的空白期(如华南后生动物礁的间断约为10 Ma,成煤间断更长达22 Ma)。这次大事件还使全球海陆生物群重组、生态系及其结构重建、演化进程发生重大转折。相比较而言,奥陶纪末和F-F两大灭绝不仅未终止"古生代进化动物群"的繁衍,反而使之继续保持旺盛的势头,最终部分走上特化途径。二叠纪末大灭绝后,各生态领域和相关类群都发生了实质性的演变(王玥等,本书第四章第八节):"古生代进化动物群"的衰落和"现代进化动物群"的兴起(图5.1.4)。如双壳类的优势取代,最终导致腕足动物门从此"一蹶不振"。尽管在环境好转后,"古生代进化动物群"的幸存者仍继续发展(钙质壳腕足类极少数属种在中生代特化生境幸存,如向热带礁中隐蔽生境或较深凉水海底迁移)(Copper,1997;Harper and Rong,2001),但毕竟"元气大伤",由它们去"驾驭"崭新的、有重大演化意义的辐射事件,能力远远不足(Erwin *et al*.,1987)。陆地生态环境和生物界也发生巨变(Wang,1993;Erwin *et al*.,1996;Retallack,1995;王自强、张志平,1997;Retallack and Krull,1999;Twichett *et al*.,2001;Kerp,2000;Retallack *et al*.,2003),植被的大量消亡加剧了土壤侵蚀和风化作用,并由此对全球地貌和沉积作用产生了深刻的影响。古土壤性质的改变和大量植物的消亡破坏了食物链,也使绝大部分食草动物灭绝(方宗杰,本书第四章第十节)。

4. 优势取代

"优势取代"是指海洋动物群中,因不同规模的环境变化造成原先优势类群或门类被新的优势类群或门类取代的现象。华南史实表明,这种优势取代是由大辐射和大灭绝事件造成的,其中多数是由大灭绝事件引发的。

但从级别上分析,早中奥陶世生物大辐射和二叠纪末大灭绝过程中所导致的"优势取代"的级别最高。早中奥陶世生物大辐射表现为以三叶虫为主的"寒武纪进化动物群"的衰落和以钙质壳的腕足动物为优势门类的"古生代进化动物群"的兴起;二叠纪末大灭绝表现为"古生代进化动物群"的落伍和"现代进化动物群"(优势门类为软体动物)的繁盛。这种"优势取代"乃是全局性、级别高、影响广泛的生物更替事件。寒武纪早期生物爆发性辐射事件是最高层次的一种优势取代,因为

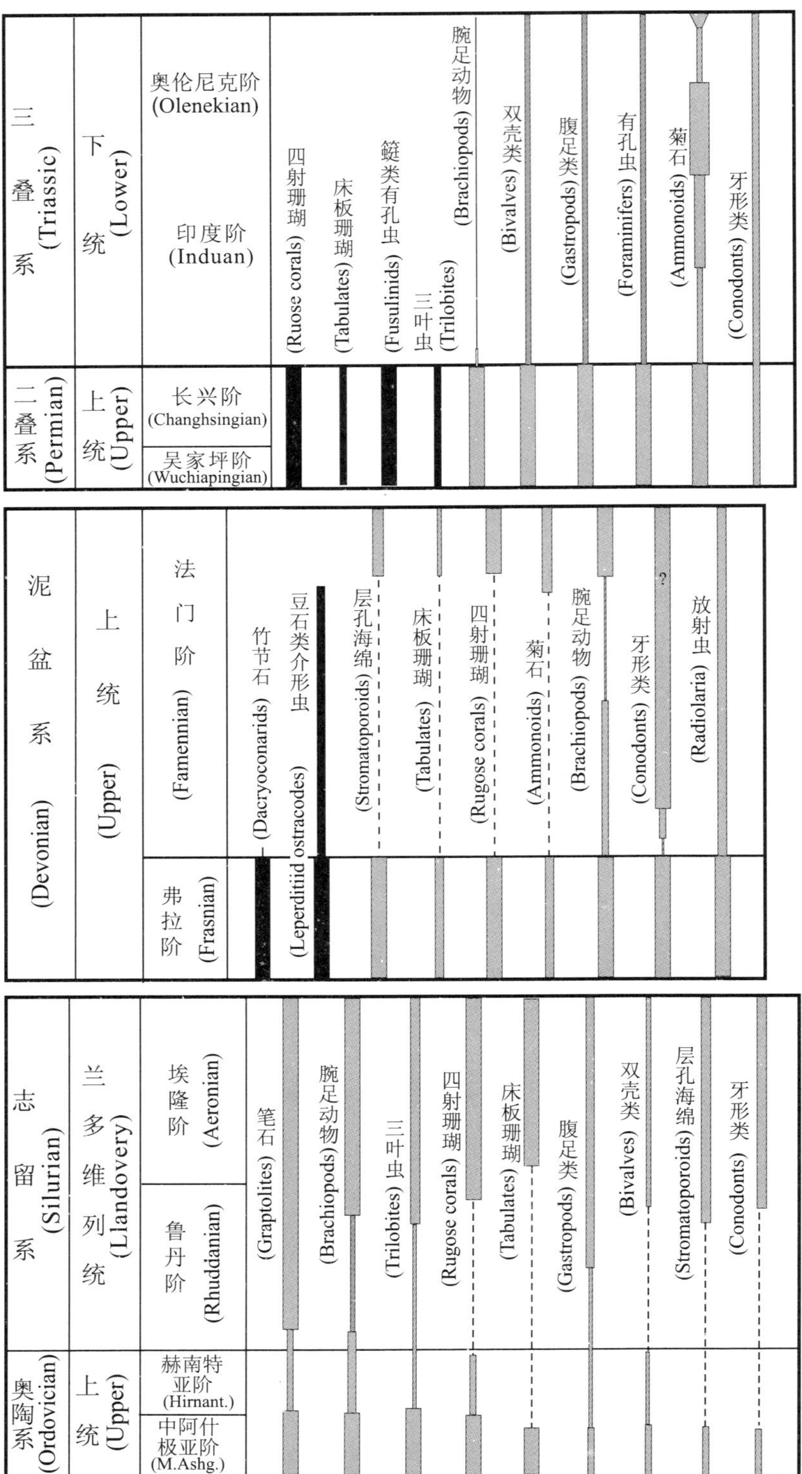

图 5.1.4 示穿越华南古生代(奥陶纪末期、晚泥盆世弗拉期–法门期之交和二叠纪末)三大灭绝事件过程中主要生物门类的灭绝、演变或演替

Figure 5.1.4 Showing mass extinction, evolutionary changes or replacements of major biotic groups during the processes of latest Ordovician, Late Devonian (Frasnian-Famennian) and end Permian mass extinctions in South China

它们取代了自前寒武纪晚期大为发展的优势类群；其中的三叶虫继而成为“寒武纪进化动物群”中的最优势类群（表5.1.2）。以上这些代表了“优势取代”的最高层次。

表 5.1.2　全球事件中生物类群优势取代的等级与实例

Table 5.1.2　Hierarchy and examples of dominance replacement of major biotic groups in global events

<table>
<tr><th colspan="2">优势取代等级
(Level of Dominance Replacement)</th><th>实　例
(Examples)</th><th>事　件
(Events)</th></tr>
<tr><td rowspan="3">I</td><td rowspan="3">演化动物群及门类优势取代
(Evolutionary Fauna and higher taxonomic rank dominance replacement)</td><td>古生代演化动物群被现代演化动物群的优势取代
[Domimnance of PEF (Palaeozoic Evolutionary Fauna) replaced by MEF (Modern Evolutionary Fauna)]</td><td rowspan="2">二叠纪末大灭绝
(End Permian mass extinction)</td></tr>
<tr><td>在古生代演化动物群中占优势的腕足动物被现代演化动物群中双壳类取代
(Brachiopods dominated in the PEF replaced by bivalves of the MEF)</td></tr>
<tr><td>在寒武纪演化动物群中占优势的三叶虫被古生代演化动物群中腕足动物取代
(Trilobites in the Cambrian EF replaced by brachiopods in the PEF)</td><td>奥陶纪早中期大辐射
(Early-Middle Ordovician major radiation)</td></tr>
<tr><td rowspan="3">II</td><td rowspan="3">演化动物群优势取代
(Evolutionary Fauna dominance replacement)</td><td>正形贝目、扭月贝目被无洞贝目、五房贝目取代(Orthids and strophomenids replaced by atrypids and pentamerids)</td><td rowspan="2">奥陶纪末大灭绝
(End Ordovician mass extinction)</td></tr>
<tr><td>DDO 笔石动物群被 N 动物群、后被 M 笔石动物群取代
(DDO Fauna replaced by N Fauna and the latter replaced by M Fauna)</td></tr>
<tr><td>无洞贝目、五房贝目被石燕目、小嘴贝目、长身贝目取代
(Atrypids and pentamerids replaced by spiriferids-rhynchonellids-productids in the latest Devonian)</td><td>泥盆纪晚期大灭绝
(Late Devonian mass extinction)</td></tr>
</table>

处于第二层次的，是发生在同一门类内不同族群的“优势取代”现象（表5.1.2）。这种情况既见于大辐射期间，更多的仍发生在大灭绝事件中，如二叠纪末大灭绝中有很多实例，包括古生代有孔虫类群的衰落和中生代有孔虫类群的复苏（Tong and Shi，2000；童金南，本书第四章第五节）。晚泥盆世 F-F 大灭绝也发生了这样的“优势取代”事件。如腕足动物中以“长身贝族-小嘴贝族-石燕族组合”取代了“无洞贝族-石燕族组合”，呈现了目级重大变化，腕足动物在浅海底域的优势地位并未发生变化。奥陶纪末与 F-F 的类似，均只展示目一级的变化：以“正形贝目-扭月贝目”为主的优势类群被以“无洞贝目-五房贝目”为主的志留纪优势类群所取代（图 5.1.5）。

还有第三层次的实例，即优势群落和优势谱系的演替。这样的例子更多，更常见，它在所有这三大灭绝事件中普遍发生。因篇幅有限，本文不再细述。

由此看出，不同等级的“优势取代”，反映了生物大事件的规模与性质。凡“优势取代”的级别越高，涉及的生物类群级别也越高，一般来说，这指示了当时全球环境变化的剧烈程度，灭绝或辐射的强度也随之越大。

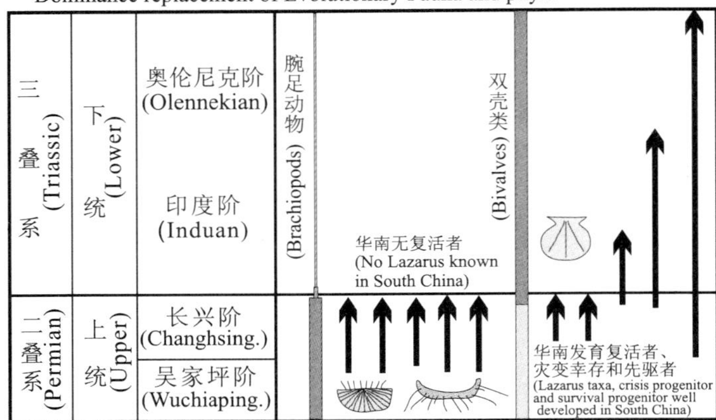

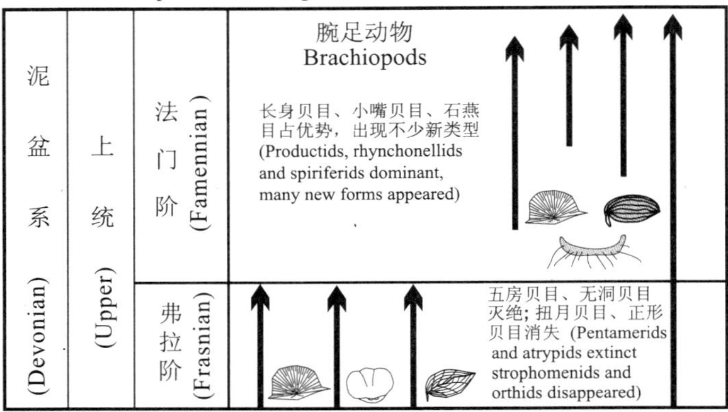

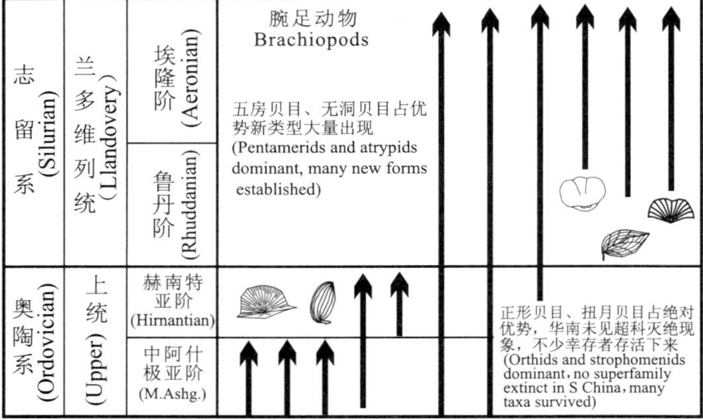

图 **5.1.5** 示华南穿越古生代(奥陶纪末期、晚泥盆世弗拉阶-法门阶之交和二叠纪末)三大灭绝事件过程中部分主要生物类群(以腕足动物为主,对比软体动物双壳类)的优势取代

Figure 5. 1.5 Showing dominance replacement of the Evolutionary Faunas or some major biotic groups (chiefly brachiopods, compared with bivalves) during the processes of latest Ordovician, Late Devonian (Frasnian-Famennian) and end Permian mass extinctions in South China

（四）不同的灭绝型式

华南古生代三大灭绝事件的发生背景不同，起因不同，各自特点显著，决定了它们发育差异灭绝型式。

1. 奥陶纪末期大灭绝

这是一次复合式灭绝事件，由发生在较长地质时期里的两幕组成。这两幕的起因既分离又有联系。大灭绝首幕从 *Diceratograptus mirus* 带到 *Normalograptus extraordinarius-N. ojsuensis* 带中部；经复合标准分析，得知这个过程持续了 0.6～0.9 Ma（樊隽轩等，本书第二章第二节）。扬子区晚奥陶世五峰期笔石相与观音桥期介壳相之间发育的混合相地层（含腕足动物 *Manosia*-三叶虫 *Triarthurus*），印记了灭绝首幕环境巨变的时间范围及其穿时性（Rong *et al*.，2002；陈旭等，本书第二章第一节；戎嘉余、詹仁斌，本书第三章第三节），间接说明这不是一次地质瞬间的突发事件。这次大灭绝并未因首幕的消失而结束，经数十万年后，发生了主要针对壳相生物大灭绝次幕，具体起因是海平面快速上升给扬子区带来暖水缺氧环境，原先凉水条件的消失导致 *Hirnantia-Dalmanitina* 动物群在 *N. persculptus* 带中部之前基本消亡，但有些分子在合适的环境中可上延到更高层位，说明次幕也非瞬间发生（Rong *et al*.，2002）。上述前、后两幕组成了这次大灭绝的全部历史，延续时间长达 1.5 Ma。因此，奥陶纪末的大灭绝是一次灭绝量值较高、灭绝分类级别较低、前后生物群和生态系继承明显、延续时间较长的大事件，基本上属于阶梯状型式。

2. 晚泥盆世大灭绝

由于华南不同相区 F-F 界线上、下化石群（或带）的对比还不够精确，故目前相当于欧洲下 Kellwasser 事件对华南有多大冲击还不很清楚。在上 Kellwasser 事件前，腕足动物至少有两大族群（无洞贝族和五房贝族）已经衰减，它们进而在 *P. linguiformis* 带中下部（低于 F-F 界线）最终消失。Frasnian 四射珊瑚及腕足动物小嘴贝族和石燕族的有关组合则灭绝于 *P. linguiformis* 带上部（Harper and Rong，2001；Ma *et al*.，2002；廖卫华，本书第三章第一节；马学平，本书第三章第七节），也稍低于 F-F 界线。这些情况显示了各分类单元具有阶梯式的灭绝特征（王君慧、马学平，2003）。浅水相介形虫属种的多样性在 F-F 事件前夕还是很高的，到 Frasnian 末期之前，它们大量消失（Ma *et al*.，2002；王尚启，本书第三章第四节）。不同的牙形类种则在 Frasnian 晚期逐渐消亡（王成源、Zieglear，本书第三章第二节）。上述表明，这次事件对华南常见生物门类的重创相继发生在 Famennian 期之前的一段地质时期内，指示了 F-F 大灭绝可能由多次相继发生、不同规模的恶化环境叠加所致，因而基本上也属于阶梯状的灭绝型式，而不是如同有些学者所认为的是瞬间突发、同时展布的灭绝事件（McLaren and Goodfellow，1990；

Sanderberg *et al*.,1988)。

3. 二叠纪末期大灭绝

这是由多种大型环境恶化事件集中导致的大灭绝事件(Erwin,1993; Hallam and Wignall,1997; Jin *et al*.,2000; Erwin *et al*.,2002; White,2002; 彭元桥、殷鸿福,2002; Benton and Twichett,2003; 本书第四章)。尽管对其起因的认识远非一致,但西伯利亚玄武岩喷溢(Campbell *et al*.,1992; Renne *et al*.,1995)、全球气候剧变(如酸雨、温度变化)、海洋缺氧事件等等多种因素最终积聚发生则为许多学者认可(Erwin *et al*.,2002)。天体撞击假说(Becker *et al*.,2001; Kaiho *et al*.,2001)证据不足但还不能被否定。华南的材料表明,这次大灭绝是一次在很短地质时期内[可能不超过70万年(Bowring *et al*.,1998),主幕甚至少于10万年]、由影响海陆各生态领域的复合恶化环境条件引发、地质时间上突发性的灾变式(即脉冲型式)超大型生物灭绝事件。有些研究显示,不同地区在灭绝强度上存在差异,如华南的大灭绝主要发生在长兴期末(相当于煤山剖面25层),但在西藏色龙,除出现微生物岩(叠层石)外,海洋无脊椎动物灭绝效应似乎并不明显,灭绝事件主要发生在*Ophioceras*带近底部,与华南这次大灭绝的尾幕(方宗杰,本书第四章第十节)相当(Wignall and Newton,2003)。Lehrmann等(2003)的研究表明,一些与灾变环境相关的状况似乎一直持续到早三叠世晚期。也有学者提出牙形类展示灭绝"逐步发生"的特点(王成源,本书第四章第六节)。

Kauffman(1987)曾提出灾变式(catastrophe)、阶梯式(step-wise)和渐变式(gradualism)等3种大灭绝型式。Erwin(1996)则识别出"脉冲式"(Pulse pattern)和"续压式"(Press pattern)两种,前者指较短地史时期(非瞬时)内大灭绝以连续或阶梯型式(step-wise)发生,后者指大灭绝在地史瞬间突发。这两种分别相当于上述Kauffman(1987)的前两个型式。本文揭示的上述三大灭绝事实表明,这些事件的灭绝型式很难被简单地归于"灾变式"("脉冲式")或"阶梯式"("续压式"),同一事件中集两种型式特点的综合型式也有很大的可能性。

(五)不同的残存特点

"在生物历史中,一个伟大的策略在于从大灭绝事件中得以幸存。如果幸存成功,那么将面临着一个几乎没有竞争者的世界"(Ward,1992)。同时,我们也认识到一些能够从大灭绝境遇中幸存下来的物种(或支系),在随后的复苏/辐射过程中,不一定是一个继续成功者。

大灭绝事件后通常紧接着的是残存期(Kauffman and Erwin,1995)。残存期是大灭绝事件的后续,深深地打上了大灭绝的烙印;同时,它又是随后复苏期的先兆。在华南古生代三大灭绝后的残存期中,一般有以下特点:生物多样性最低,灭绝量和新生率也最低,群落类型和生物地理区系最单调;各种生物类型中,最发育的是幸存者,世界性分子常见,但丰度大都不高;危机先驱型分子的出现很重要(如P-T界线层中双壳类的灾难先驱分子所占比例高达25%);灾后泛滥种(disaster species)成功地适应并占领尚未改善的空缺生态位;在演化进程中起重要作用的复活型分子等通常尚未出现。还有一点,是幸存支系常常只由极个别(1、2个属)的分子作为代表,它们成了可能燎原的"星星之火"。

对残存期的识别有助于理解大灭绝事件对谱系演化的影响及由全球灾难环境所留存的阴影。值得重视的是并非每个类群在大灭绝后都能识别出残存期的,例如奥陶纪末大灭绝后的笔石、泥盆纪F-F大灭绝后的牙形类和二叠纪末大灭绝后的菊石就是例子(陈旭等,本书第二章第一节;王成源,本书第四章第七节;方宗杰,本书第四章第十节)。已知材料显示了华南各类生物的残存型式有着强烈的差异。

1. 奥陶纪末-志留纪初期

大灭绝首幕后,因特定灭绝起因使华南没有进入典型的"残存期",而是"残存-复苏期"。尽管遭遇冰期,水温下降的海域氧气充足,栖息着外来的、多样性不低的腕足动物群;而三叶虫发育少数也从外域迁入的属种。广布而丰富的不少"灾后泛滥种"体现了残存期的特征;但不少新种属、甚至新科的出现,标志着成种速率和多样性并不低,反映了复苏期的特点。因此,奥陶纪末大灭绝首幕后的这个时期,兼有残存和复苏两个时期的某些特点。

大灭绝次幕或尾幕后(Hirnantian末期-Rhuddanian早、中期),全球海平面快速上升使华南大部分海洋底域严重缺氧(沉积黑色笔石页岩)。笔石则缺少残存期,在充氧的海域表层得以继续繁衍,并很快进入了复苏期;而像腕足动物等底栖无脊椎动物则在近岸浅水海底幸存。后者的特点是属的组合面貌发生大的改变,成种率极低,迁入的幸存者发育,"灾后泛滥种"常见,多样性降至奥陶-志留纪的最低谷(图5.1.6)。腕足动物各幸存大类(如目或亚目)都只含1(或2)个对恶化环境忍耐度较高的属种;其中部分"演化种子"起到了"星星之火,可以燎原"的作用。本期最常见的化石是腕足动物,伴有少量三叶虫、苔藓虫、海百合、腹足类。大灭绝后各门类的残存期,起止时限有别,一般都在Hirnantian末至Rhuddanian中期之间(2～3 Ma)。

2. 泥盆纪最晚期

本次灭绝后的残存情况与奥陶纪末有明显的不同。首先,F-F事件后不久(*P. triangularis*带),牙形类似乎很快复苏了(至少其残存期难以确定)(王成源、Ziegler,本书第三章第二节),说明有利于其生存的海域环境恢复得较快,但是对其他生物则情况不同。其次,F-F大灭绝后近百万年内,腕足类以发育"灾后泛滥种"为特征,指示了残存期的存在,已知支系只有个别属幸存;残存期似乎延续不长,弓石燕类的强烈成种作用表明了此类动物开始发迹的征象。再者,F-F事件对四射和床板珊瑚、层孔海绵而言十分糟糕,这些暖浅海后生动物造礁成员因环境仍未恢复到能生存的状态而几乎消失(应该说明的是 Frasnian 期的浅海四射珊瑚,只剩下 1 个幸存属)(Sorauf and Pedder,1986;廖卫华,本书第三章第一节),残存期一直延至 Famennian 晚期(Liao,2002)。可见 F-F 事件后残存期长短有着强烈的地理区域和生物类群的差异性。法门期的时限还未确定,若法门期延续达 10 Ma(Ogg,2002),那么,四射珊瑚残存期约为 8 Ma;若法门期延续达 14.5 Ma(Kirnbauer and Reischmann,2001)、甚至于 21 Ma(Okulitch,1999,见 Copper,2002:32),那么其残存期就更长了。

3. 二叠纪末-早三叠世

本次大灭绝后绝大多数生物进入了残存期,其延续时间(约 10 Ma)很长,从一个侧面反映了当时全球环境的恶劣程度。1/2 以上的科、4/5 以上的属和 95%以上的种从地球上消亡也是破天荒第一次(Erwin,1994)。物种与生物量无与伦比的丧失,生物链和食物链的彻底破坏,生存空间极大地空缺,如此生存环境需漫长时间去恢复,这种滞后恢复显然是生态性的(Hallam,1991; Erwin,2001)。三叠纪初,处于残存期的华南海域的特点是生物类群单调、死支漫步型分子和先驱幸存分子的比例较高,生物量较少,除危机先驱型分子外,成种率极低,生态群落和结构单调。许多生物类群(包括菊石在内)的多样性降到了低点(本书第四章的相关论文)(图5.1.6)。死支漫步型分子(dead clade walking)(Jablonski,2002)(如腕足动物的戟贝类和无窗贝类)随环境继续恶化而滞后灭绝。那些在古生代晚期比较繁盛的底内生活的双壳类所剩无几,动物群的主体是足丝附着表栖型分子(分异度约占总数 2/3,个体数量则超过 90%)(方宗杰,本书第四章第三节)。还有一个特点是发育少数灾后泛滥分子(典型例子如双壳类的 *Claraia* 和 *Eumorphotis*,腕足类的"*Lingula*")(Rodland and Bottjer,2001; 陈金华,本书第四章第四节)。其中一些门类(如菊石、双壳类、腹足类、介形虫、昆虫、维管植物、四足动物等)出现了不少新属、甚至新科,体现了复苏期的某些特征,因而本书称其为"残存-复苏期"。新生率最高的是全椎亚目两栖动物,Griesbachian 阶即演化出 7 个新科(Milner,1990),就该类群而言,不但未显示残存和复苏期的特点(方宗杰,本书第四章第十节),反而直接跃入辐射期。此外,菊石也缺乏严格意义上的残存期。可见,不同生物类群间的残存-复苏-辐射型式有多么明显的差异。华南材料还证实,早三叠世 Smithian-Spathian 之交,海域环境又曾一度恶化(细节不清),引发小规模灭绝事件(Hallam and Wignall,1997; 陈金华,本书第四章第四节),再度阻止早三叠世生物多样性的更早反弹和群落重组,推迟有限海洋生物向复苏阶段的进发。在正常海相环境中,微生物岩的灾后泛滥一直持续到早三叠世晚期,证明这次灭绝后海洋环境长期未能恢复正常(Lehrmann *et al.*,2003; 方宗杰,本书第四章第一节)。

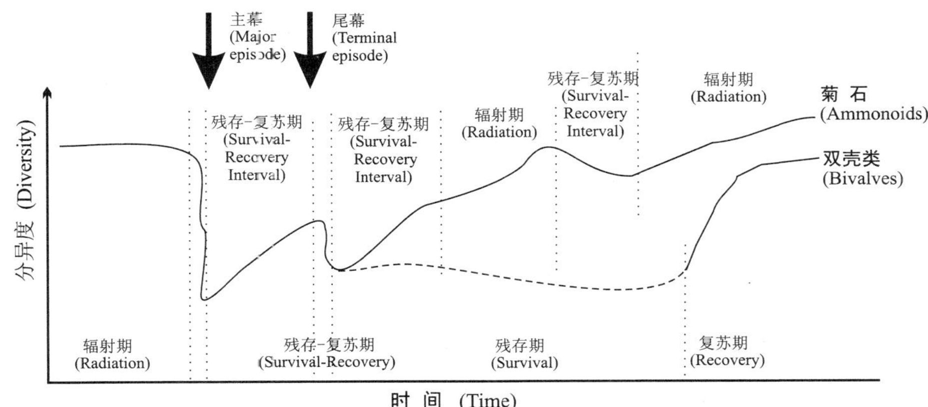

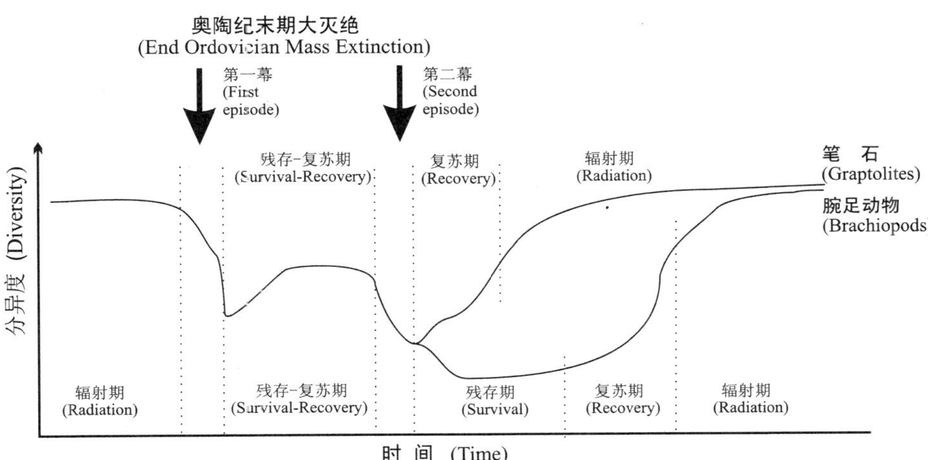

图 5.1.6　穿越华南古生代(奥陶纪末和二叠纪末)两大灭绝事件过程中常见生物类群的辐射、大灭绝、残存、复苏和再辐射的特征

Figure 5.1.6　Showing characteristics of radiations, mass extinctions, survivals, and recoveries in the processes through the latest Ordovician and end Permian mass extinctions in South China

(六) 不同的复苏特征

当全球生态系摆脱恶化环境的阴影后，生存环境开始向正常方向发展，其中，生物演化速率的增加是一个标志(Walliser, 1996)。华南的研究表明，从残存期转入复苏期时，多数门类分异速率加快、灭绝率下降，新生率大于灭绝率(Harries and Little, 1999)；土著分子显著增多，复活分子(Jablonski, 1983, 1986; Rickards and Wright, 2002)和外来分子(不少是幸存种系)不断迁入，生物丰度增高；新群落不断增多以持续填补空缺的生态位；灾后泛滥分子基本消失。复苏是生物对好转环境条件的适应和生态分异的结果，栖息环境与生态系演变直接影响到复苏进程，而每个族群、支系及其居群对演变环境的适应也很重要。不同地理区系的生物类群的复苏型式表现了明显的差异，如白垩纪末大灭绝后的北美与北欧、北非、南亚的软

体动物(Jablonski,1998)。尽管对复苏的定义尚无统一认识(Erwin,1998,2001),对复苏和残存阶段的界线划分可能是人为的,但随着研究角度(如谱系发育、群落生态、生物地理、地球化学)的多样化,对其认识正在不断加深。华南资料还揭示古生代三大灭绝后各类生物复苏速率差异很大;不同门类(以及类群或支系)、不同地区、不同群落(及其类型)的复苏早晚不一。这些都为生物复苏在生态、生物地理和宏演化的复杂性方面提供了证据,指示了与环境的时空演变和生物对变化环境的适应差异存在着密切的关系。

1. 志留纪早期

如前所述,残存期后,虽说扬子海大部分底域仍被缺氧水占据,但表层水域仍继续充氧(笔石繁衍)。这个充氧带从远岸一直延伸到近岸、浅水海域。黔东北部分地区(如湄潭、石阡、思南一带)发育介壳相地层(相当于龙马溪组最下部),含有分异度不高、丰度很大的底栖生物群,这是优势类群腕足动物及三叶虫复苏的基础。若这些局部海域环境没有充氧和水温上升,它们的复苏时间便会推迟。志留纪腕足类的复苏比笔石慢得多(图 5.1.6),依赖的不是本区的残存生物,而是新生的土著属种(在群落中起重要作用)和外域迁入分子及复活分子,展示了本区较浓烈的古生物地理区系特色。笔石的复苏,本质上源自正常笔石(N)动物群,在大量成种的基础上诞生了对志留纪辐射最重要的单笔石动物群(Monograptidae Fauna)。环境改善的推迟使经历灰岩透镜体-生物层发育过程的后生动物礁的复苏明显滞后(李越,本书第二章第八节),但后生动物礁的复苏与 F-F 和 P 末两大灭绝事件比较,明显地快而早。更重要的是如前所述,志留纪早期礁的基本组成与奥陶纪晚期的相比,特别是较高分类级别,没有更新换代,没有实质性变化,只是部分属和多数种的成分被替代。

2. 泥盆纪末期

Famennian 早期华南只有少数类群开始复苏,如牙形类(游泳生物)。它在海洋生物中复苏得最早,Frasnian 末前夕出现的先驱种(如深水相 *Palmatolepis praetriangularis* 和浅水相 *Icriodus* 一些种)是其复苏的源泉(王成源、Ziegler,本书第三章第二节)。Famennian 早中期浅水腕足动物因适应范围较宽而进入复苏阶段,长身贝类-弓石燕类-小嘴贝类占优势的群落中,新属种不断涌现,说明环境的恢复有利于其生态适应和分异。至 *P. crepida* 带中部群落的重组(该类生物被 *Yunnanella* 动物群替代)反映了环境的进一步变迁(Ma *et al.*,2002)。*Yunnanella* 谱系始于 *triangularis* 带还表明,在不少门类仍处于残存阶段时,腕足类却跃跃欲试,试图复苏。到了 *marginifera* 带末,腕足动物再次跌入低谷,疑有一次灭绝事件发生(陈秀琴、马学平,本书第三章第三节)。腕足动物再次复苏-辐射阶段出现在 Famennian 晚期。四射珊瑚、复体床板珊瑚、层孔海绵等在经过漫长时间后,到 Famennian 晚期才在湖南、广东(如邵东组大部分)复苏(廖卫华,本书第三章第八节)。据此说明,华南 Famennian 期不同生物类别的复苏差异较大。至于后生动物礁的复苏延续时间更长;从 Frasnian 末后,曾在泥盆纪后生动物礁中起重要作用的床板珊瑚、层孔海绵等,在造礁过程中,与先前相同的生态角色基本消逝(Copper,1994; Droser *et al*.,2000; 王向东、沈建伟,本书第三章第五节),直到早石炭世维宪期,后生动物礁才开始复苏,距 Frasnian 末大事件约有 22 Ma。礁体特性发生了质变,类似于泥盆纪的礁再未出现。可见,F-F 事件的环境灾变对华南 Frasnian 期暖浅海生态系的崩溃负有全部责任。

3. 三叠纪早期

如前所述,在 P 末大灭绝后,大多数生物都进入了很长的萧条期,离片椎目两栖动物旋即进入辐射期(Milner,1990)。放射虫的复苏始于早三叠世晚期(Spathian),大多数生物至中三叠世早期才开始复苏。族群为什么会复苏,不同生物有不同的策略。①腕足动物几乎缺失幸存分子和复活分子。*Lingula* 和 *Orbiculoidea* 被认为是穿越该事件的幸存属(如 Rong and Shen,2002);然而据最近研究,真正的 *Lingula* 限于第三、第四纪(Emig,2003);*Orbiculoidea* 只见于古生代(Holmer and Popov,2000),它们似乎都不属于幸存分子。中生代腕足类的复苏主要靠外来分子和新生分子。②双壳类与腕足动物不同,它们所含的幸存者比例很高(占总数的 3/5),另一重要组分是新进化的类型的出现,共同组成复苏的群体(陈金华,本书第四章第四节)。③有孔虫的复苏靠的不是古生代残存类群,而是残存期的新生类群,包括危机先驱分子(童金南,本书第四章第五节)。④腹足类则发育大量复活分子(Erwin and Pan,1996),它们是复苏的重要根源;还依赖早三叠世初期由某些种系质变而产生的新支系(潘华璋,本书第四章第六节)。⑤菊石因新生率较高,大事件之后进入残存-复苏期,然后很快进入到辐射阶段(图 5.1.6)。⑥后生动物礁的复苏发生在中三叠世早期,距二叠纪末 10 Ma;由于种种原因,中生代礁生态系的确立和辐射迟至早侏罗世晚期才告完成。尽管上述差异的产生原因尚未查明,但至少可以看出,不同生物类群应对大灾变环境的能力(包括适应度、忍耐度、更新能力等等)千差万别,给生态系演变的复杂性提供了很好的实例(童金南,1997; 殷鸿福、童金南,1997; 陈金华,童金南,潘华璋,王成源,本书第四章第四至七节)。

(七)小结

1. 关于大灭绝量值的标准问题

Sepkoski(1982)根据海洋无脊椎动物科级资料,制作出显生宙生物多样性的动态曲线,这是识别五大灭绝事件的定量基础。10 年后,他(1993)用持续搜集的新资料制成新的曲线,发现与 10 年前的结果(曲线形式)基本一致;新曲线图虽经多次修改,仍被众多学者在许多场合下使用,成为国际上研究大灭绝的常用资料。嗣后,Sepkoski(1996)又公布相关事件中科、属的灭绝率(表 5.1.3)。同时,

Jablonski(1996)列出了五大事件，属级灭绝率均超过30%；另有属的灭绝率小于30%的4次灭绝事件，分别为白垩纪的Pliensbachian(26%)、Cenomanian晚期(26%)、侏罗纪末期(21%)和始新世晚期(15%)。最近，House(2002)提出，当一次事件中的科、属灭绝率分别达到10%和30%者，可归为大灭绝范畴。

将属级灭绝率30%作为划分大灭绝的最低标准是否合适？笔者的答案是否定的，具体理由如下。

表5.1.3 地质历史时期五大灭绝事件(奥陶纪末期、晚泥盆世弗拉阶-法门阶之交、二叠纪末、三叠纪末和白垩纪末)各类灭绝率统计数字

Table 5.1.3 Percentages of extinct rate of families, genera and species in the Big Five mass extinctions

	奥陶纪末期 (Latest Ordovician)	晚泥盆世 (F-F)	二叠纪末期 (End-Permian)	三叠纪末 (End-Triassic)	白垩纪末 (End-Cretaceous)
科 (Families)	12%～26%	21%～22%	51%～54%	20%～22%	11%～18%
属 (Genera)	49%～61%	49%～76%	78%～84%	40%～53%	39%～47%
种 (Species)	85%	70%	95%～96%		

资料来源：Sepkoski, 1982；Raup and Sepkoski, 1982；McGhee, 1982；Jablonski, 1991；Benton, 1995；Erwin, 1995, 1998；Sepkoski, 1996, 1997；Brenchley *et al*., 2001；Erwin *et al*., 2002

(1) 如上所述，单纯根据灭绝量值给复杂多变的大灭绝事件定性，依据不全面，采纳或使用单一标准，会遇到很多问题。

(2) 灭绝量值本身有误差。一是已知数值系现阶段的研究结果，无疑是个“变数”；二是已知数字系根据海相化石得出，将来必被增补。三是国际上对这五大事件的研究远比对其他事件深入得多。四是欧美五大事件的研究远比其他地区多，而亚非澳的潜力还很大。五是大灭绝研究历史还很短(才20多年)，化石采集不足，研究水平和方法参差不齐，统计误差在所难免。

(3) 以具体灭绝量值作为确定大灭绝的标准，在使用上还有许多不确定性。例如，以科、属灭绝率分别为10%和30%作为确定大灭绝的最低指标，那么，倘若遇到一次事件，科、属的灭绝率分别为11%和29%时，研究者如何据此肯定或者否定这是一次大灭绝事件呢？

(4) 显生宙不同时期、不同门类的灭绝量值统计还不精确，同时，正常(背景)时期生物的灭绝量值目前还不清楚，这样情况下确定的数据很难作为一个定量的标准。如House(2002)提出泥盆纪各阶(stage)菊石的科的灭绝率为：Lochkovian 27%、Pragian 18%、Emsian 39%、Eifelian 44%、Givetian 71%、Frasnian 67%、Famennian 73%。假如规定大灭绝科的最低灭绝量值是10%的话，那么上述各阶无例外地都将加盟到菊石“大灭绝”行列中，显然这样做是不合适的。且不说这样的灭绝率是否经过数值分析的检验，单就菊石而言，这是一个更新速度很快的生物类群，即灭绝率很高，新生率也很高，这里还有假灭绝的问题，显然与其他许多大类群有重要差异。

(5) 如上所讨论的，在历次大灭绝中不同门类遭遇的灭绝量值各不相同，有些灭绝量很大，有些只发生属的灭绝(灭绝率多变)，有些仅丰度受损而多样性基本不受影响(故未发生大灭绝事件)。所以灭绝量值，一是针对总体而言，二是能冲破灭绝事件、有顽强抗灾变能力的那些生物(灭绝率低)更应值得重视。

(6) 假灭绝的问题也需深入研究。当祖先分子消失时，由它演变而来的后裔幸存于大劫难中，因此该种系(lineage)实质上并未灭绝，这就属于假灭绝的范畴(戎嘉余等，1996；Westerman，1999)。本书第四章第三节列出了一些可能的双壳类假灭绝的实例。在研究大灭绝量值时，应考虑这个问题。

2. 关于大灭绝的等级排序

史前大灭绝事件因强度和结局不同，有些学者根据个案研究结果，给这些事件以等级排序。其中，灭绝量值往往作为排序的主要定量标志。

二叠纪末大灭绝因灭绝量值最大(除具体数字外，更由于这次事件对全球海陆各生态领域的重创达到地史上最剧烈的程度)而被公认为地史上规模最大的大灭绝事件(Raup，1979；Raup and Sepkoski，1982；Sepkoski，1984；Hoffman，1985；Erwin，1993，1994，1995，1996；Hallam and Wignall，1997；金玉玕、王玥，2000；Erwin *et al*.，2002；White，2002；Bambach *et al*.，2002；Benton and Twitchett，2003)。但随后哪一事件位居第二、三位？还有争议。若只根据灭绝量值的大小，有些学者主张位居第二的是奥陶纪末大灭绝(Sepkoski，1982；Brenchley，1984；Sheehan，2001a)；有些学者则认为，泥盆纪 F-F 事件的灭绝量值虽稍逊于前者，但对生态系的重创明显超过奥陶纪末(Copper，1998)而居第二位(有个别学者对晚泥盆世大灭绝存有疑惑，见 Bambach and Knoll，2001)。

另一方面，世界上大多数学者一直把目标集中在这五大灭绝事件上，实际上，史前大灭绝不只发生过这 5 次。有学者已注意到各大事件灭绝率之间存在明显的差异，将大灭绝(mass extinction)分成 3 类：①大型(major)，如二叠纪末事件；②中型(intermediate)，如五大灭绝中的另 4 次；③小型(minor)：显生宙其他 16 个区域性事件(包括中生代 6 次、新生代和早古生代各 4 次、晚古生代 2 次和前寒武纪末 1 次)(Benton and Harper，1997；Miller，1998)(图 5.1.7)。其归类标准，一是全球性或地区性，二是科、种的灭绝量：科——50%(大型)、20%(中型)、10%(小型)；种——96%(大型)、50%(中型)、20%～30%(小型)。然而，大型与小型大灭绝之间的灭绝率，一定存在着一系列过渡的数据，欲在这些数据中寻找出某一个具体的界限则是人为的。由此说明，还有许多问题需要去深入研讨，如大(或小)型灭绝过程中的规律和型式能否适用于小(或大)型灭绝的问题。

还有学者将大灭绝分成若干个等级：上述五大灭绝为一级(first order)；志留纪晚期 Ludlow 世和早石炭世 Missippian 晚期的灭绝事件为二级(second order)

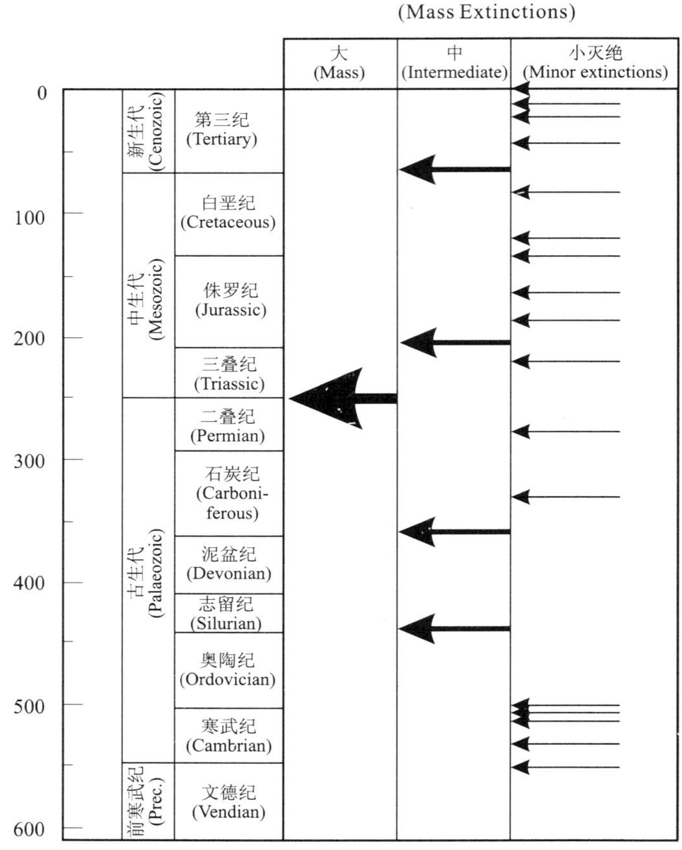

图 **5.1.7** 由 **Benton and Harper**(1997:299,插图 13.7)设计的图表示 **6** 亿年以来大灭绝事件的分类(包括大型、中型和小型)及其地层位置。大型大灭绝事件只有 **2.5** 亿年前的二叠纪末的大灭绝一个,其中科、属、种的灭绝量值均为中型大灭绝事件的 **2** 或 **3** 倍

Figure 5.1.7 Mass extinctions through the past 600 Ma include the enormous Permo-Triassic (PTr) event around 250 Ma which killed twice or three times as many families, genera and species as the "intermediate" events (after Benton and Harper, 1997: 299, fig. 13.7)

(Stanley and Powell,2003)(图 5.1.8)。如前所述,目前大灭绝的等级排序还远不成熟,极端个案(如二叠纪末大灭绝被认为是特大型大灭绝)易于定位,其他事件,如古生代(如早寒武世:Erwin,1998;晚寒武世晚期:Westrop and Ludvigsen,1987;Westrop,1989;中二叠世末:Jin,1993,1994;Stanley and Yang,1994)、中生代(如早侏罗世 Pliensbachian:Jablonski,1996;早侏罗世 Toarcian 早期:Harries and Little,1999;侏罗纪末:Jablonski,1996;晚白垩世早期 Cenomanian-Turonian:Harries,1993;Wan *et al.*,2003)、新生代(如始新世末/渐新世初:Prothero,1989),甚至前显生宙(如前寒武纪末:Brasier,1989),目前还难以解决它们的定位问题。

如从全球角度分析,奥陶纪末大灭绝的灭绝量值似稍高于 F-F 事件

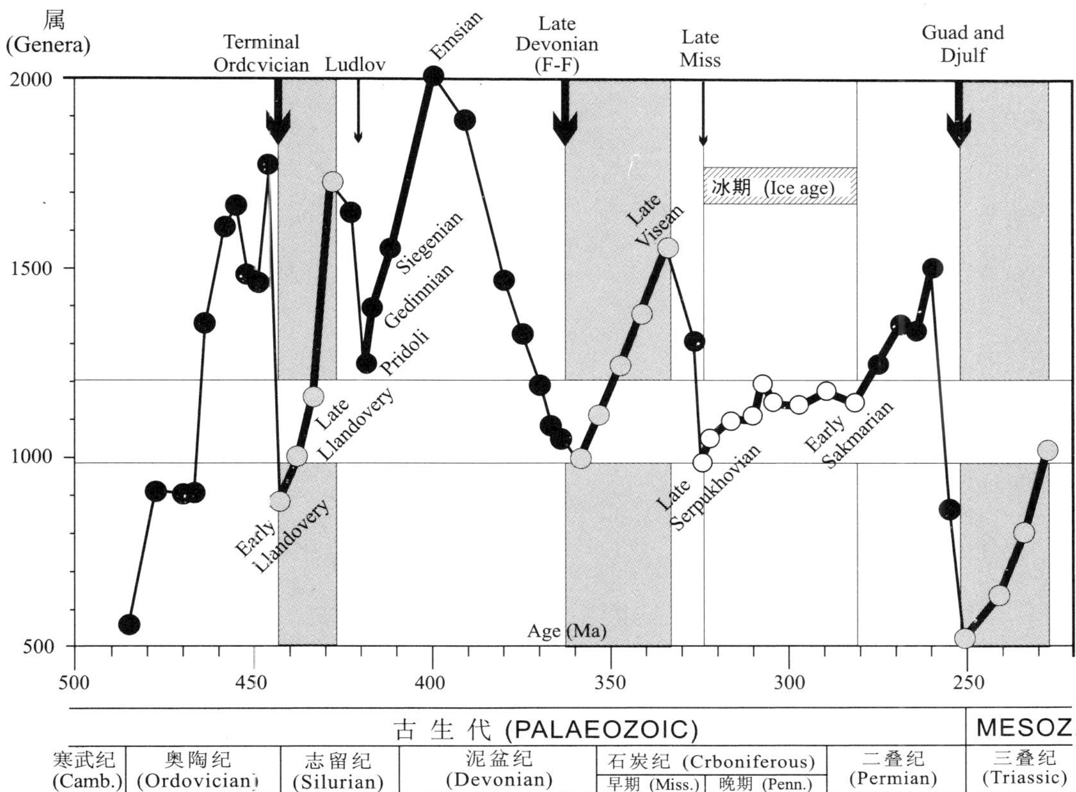

图 5.1.8 本图根据 **Stanley and Powell(2003)** 的图 1 稍作改动制成，示从奥陶纪初期直到三叠纪卡尼期海洋无脊椎动物属的分异度(根据 Sepkoski，2002)。图框上缘的 3 个粗箭头表示发生在奥陶纪末期、晚泥盆世 F-F、瓜达鲁普和朱尔法[Stanley and Powell(2003)将二叠纪灭绝事件包括茅口晚期和长兴末期两个事件，实际上这是两次规模不等、没有关联的灭绝事件]的三大灭绝事件。粗黑线及其上的大灰圆点表示大灭绝后生物分异度的增高期(至少涵盖复苏期和辐射期)与相关值，包括分异度最高的辐射点，它们都被灰色图框围住。白色圆点表示处于“晚古生代冰期”时的分异度，它们的平均分异速率很低(属数在 900～1 200 之间)。石炭-二叠纪的辐射始于“晚古生代冰期”之后不久(晚 Sakmarian)。两个细箭头代表等级较低的大灭绝事件(志留纪晚期 Ludlow 世和石炭纪 Missippian 晚期)。黑圆点代表背景时期的分异度

Figure 5.1.8 This figure is made after Stanley and Powell (2003: Figure 1) with a few modifications, showing diversity of marine invertebrate genera from start of Ordovician Period through Carnian Age of Triassic Period. Times of mass extinctions (top) are terminal Ordovician, Ludlovian, Late Devonian (F-F), Late Mississippian, Guadalupian and Djulfian (they are actually two separated, unrelated mass extinctions). Heavy lines (with gray circles) depict postextinction. Late Paleozoic radiation began after late Paleozoic ice age, during which mean rate of diversification was very low (hollow circles). The other smaller black circles are represented by background intervals

(Sepkoski，1982)(华南材料显示相反的结论，见下文讨论)，但它们至少还有以下 3 点区别：①奥陶纪末的灭绝分类单元级别较低，而F-F事件的较高。②奥陶纪末后生动物礁生态系虽受到一定程度的冲击，但基本格架变化有限，较高级分类组分很少改变，只发生较低等级的生态变化；而 F-F 事件对后生动物礁生态系的打击极其严重，以床板珊瑚和层孔海绵为主的造礁优势成员从此销声匿迹，触发了较高等级的生态变化。③奥陶纪末大灭绝既重创了深水、又冲击了浅水海域的生物群；而

F-F事件主要重创的是暖、浅水海域的生物，凉、深水的遭受灾难很小。上述第①、②两点似说明奥陶纪末大灭绝的创伤较轻，第③点则相反，这就支持 Droser 等(1997)由分类单元(科、属、种)测出的灭绝强度与大灭绝的生态结局不匹配的新认识。所以，就这两大事件而言，因多方差异显著，不可比性颇多。这个对比例子给我们的启示是，排序并不重要，真正重要的是通过纷繁复杂的各种现象，阐释大灭绝的基本特性，揭示各大事件发生的过程和结局(真相)以及引发大灭绝的原因(奥秘)，探讨生命对大灭绝事件的应对。笔者倾向于认为，对历次大灭绝事件，可归其于等级，如特大型(super)(二叠纪末大灭绝)、大型(major)(奥陶纪末和 F-F 大灭绝等)。

3. 关于大灭绝的鉴别问题

大灭绝是多种外部因素相互制约和相互作用、对生物圈产生综合影响的结果，是一个大型、综合、复杂的自然事件。对于这样一个大规模的生物灭绝事件，学者们容易重视在这大事件中生物(不同等级的分类单元)的灭绝量值。但是，灭绝量只是大灭绝过程中许多方面中的一部分。倘若只注意大灭绝事件的灭绝量，纯粹以它来识别灭绝的强度、规模和结局，那么大灭绝众多现象的本质很可能会被部分掩盖。在探索晚泥盆世(F-F)大灭绝时，McGhee(1988)曾指出类似的观点，惜未深究。笔者根据本书研究的结果，为识别大灭绝事件推荐以下 6 项鉴别特征：

(1) 生物不同级别(较高和较低)分类单元的灭绝百分含量。

(2) 单位时间内生物不同级别分类单元在大灭绝过程中的灭绝速率。

(3) 不同生物类群的不同级别分类单元在大灭绝前、后的新生速率。

(4) 不同生态环境中生态系和群落的结构和类型受到恶化环境的重创和消亡程度。

(5) 生物多样性曲线在大灭绝前、后的变化(下跌与反弹)以及生物群的承继程度。

(6) 大灭绝后残存期的性质(包括生物的多样性、灭绝率和新生率)和长短，即复苏或辐射起始时限(注意复苏迟滞的原因，特别是识别是否存在其他扰动事件)。

4. 华南古生代三大灭绝的量值比较

华南，作为一个古板块，在古生代早期，逐渐脱离环冈瓦纳大陆边缘，至奥陶-志留纪交界期位于温带-亚热带海域；后逐渐向北漂移，到泥盆纪 F-F 交界时靠近热带赤道海域；至二叠纪末发生大灭绝时已位于赤道附近。从板块动态的角度考虑，在古生代不同时期、地处不同纬度海域、发生三大灭绝事件的华南，可为研究这些灭绝事件提供一个窗口。对华南古生代三大灭绝事件的研究揭示，这些事件在背景、型式、时限、强度、幅度及其后果方面均存在不同特点。如本节开头所说，对它们进行分析对比，既有可比性，又有不可比性，两者在许多内容上既有交叉，又是平行的。

就奥陶纪末大灭绝而言，共统计了笔石、腕足动物、三叶虫、四射珊瑚、腹足类和双壳类等6类群。其中，主要是前4个门类的情况（戎嘉余等，本书第二章第十节），腹足类和双壳类的多样性很有限。在该事件的首幕和次幕过程中，属级分类单元的灭绝量值，除首幕的三叶虫和笔石、次幕的四射珊瑚外，其余都低于60%，至于科的灭绝量值就更低。

泥盆纪晚期F-F事件中，属级分类单元的总体灭绝量值（共统计竹节石、腕足动物、四射和床板珊瑚、层孔海绵、牙形类、菊石等7类群）并不低（廖卫华，陈秀琴、马学平，本书第三章第一、三节），除牙形类（王成源、Ziegler，本书第三章第二节）外，都超过60%。在这些门类中，最低的是腕足动物，灭绝量值也高达63%；最高的为床板珊瑚，在华南F-F大灭绝前出现的所有横板珊瑚属几乎都消亡了。腕足动物中三大类群的灭绝，也颇引人注目。因此，仅据华南资料，这次事件各门类总体灭绝量值显然比奥陶纪末的高。

二叠纪末的情况（统计类群包括双壳类、腹足类、腕足动物、四射珊瑚、有孔虫、菊石等6类群）最突出，其灭绝量值与其他两大事件相比是最高的。首先，部分类群经历了茅口期末的灭绝事件，受到不同程度的创伤；其次，长兴期末有不少门类彻底灭绝（100%），腕足动物和腹足类属级灭绝率高达约80%（本书第四章第八、十节），惟双壳类较低（53.4%）（本书第四章第三节）。

根据上述古生代三大灭绝的灭绝数据，尽管都来自华南，仍能说明二叠纪末的大灭绝的灭绝量最大，晚泥盆世的次之，奥陶纪末的殿后。

5. 华南古生代三大灭绝过程中新生率与灭绝率的选择分析

在研究大灭绝事件时，学者们常把目光集中在灭绝率上，而易于忽视新生率，这里，统计方法繁杂是一个原因。实际上，新生率在大灭绝过程中扮演着重要的角色。例如，当灭绝率相似、新生率高低不一时，大灭绝后就会呈现出不同的结局。由于相关研究资料欠缺，本文仅举若干例子加以阐释。

从图5.1.9可以看出，晚二叠世的菊石、双壳类、腕足类和有孔虫的灭绝率和新生率（具体资料根据本书第四章的相关论文，腕足动物还参照Rong and Shen，2002）。它们之间的对比分析很能说明问题。

第一，菊石。它属于更新速率很快的类群，具体表现在属级新生率曲线与灭绝率几乎平行延伸，显然与双壳类属的新生率与灭绝率曲线变化趋势相反（见本书第四章第十节）。由此说明3点：①晚二叠世菊石属的灭绝率和新生率都比较高，说明演化更新速度快，这里有一个假灭绝的问题。②“长兴期”后，菊石属的灭绝率和新生率都下降了，在二叠-三叠纪交界地层中，分异度降至最低（5科、7属，仅少数科成为可以燎原的“火种”），而属的新生率仍较高（57%），新生分子占绝对主力位置，凭借高的新生率，菊石进入了既体现残存又赋有复苏特点的“残存-复苏期”（方宗杰，本书第四章第十节），新菊石动物群的组成与特性发生了实质性的变化。

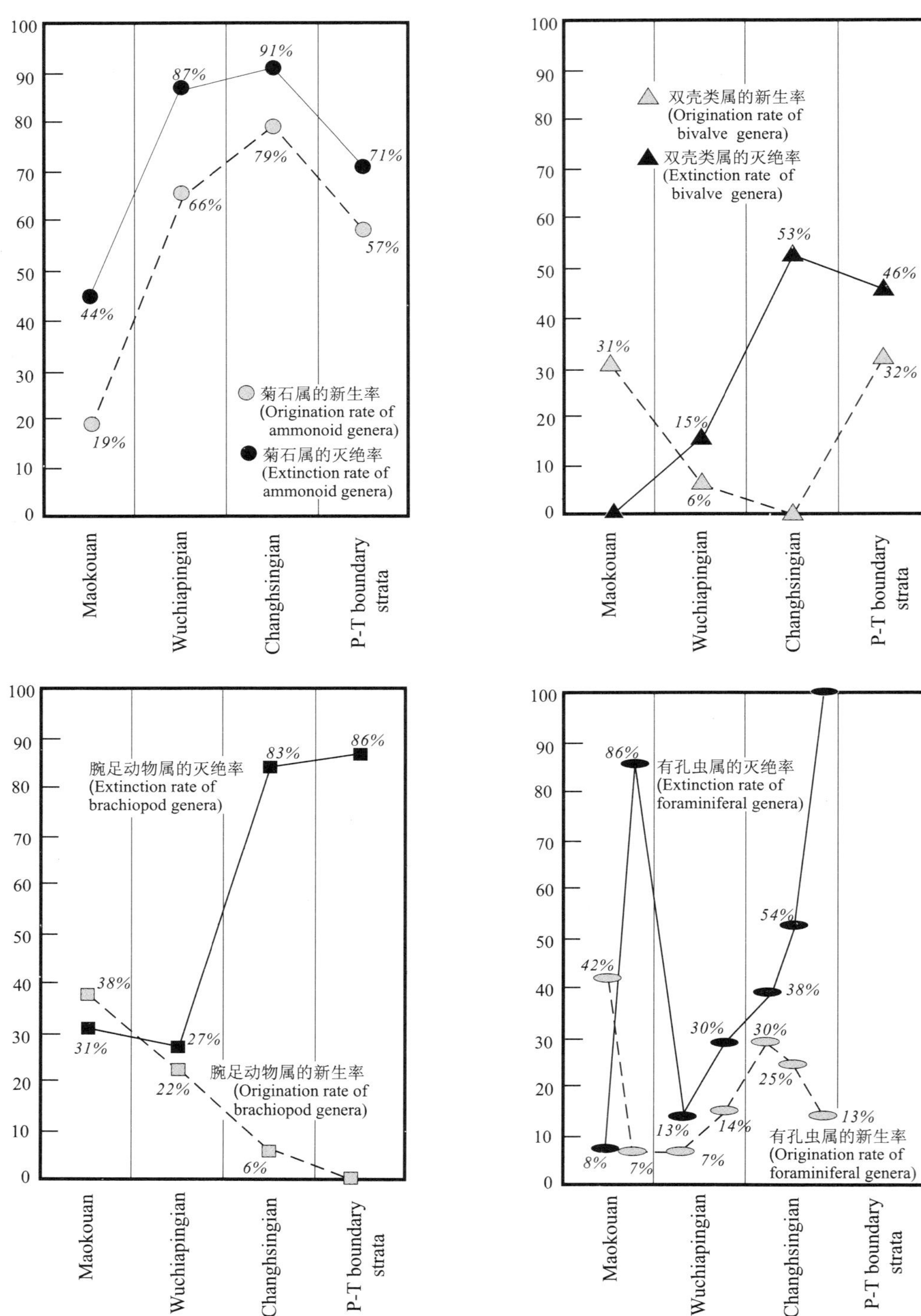

图 **5.1.9** 示华南中、晚二叠世不同时期菊石、双壳类、腕足动物和有孔虫的属的灭绝率与新生率(双壳类、腕足动物与有孔虫的数据根据本书第四章，腕足动物资料并参考 Rong and Shen，2002；菊石参考周祖仁的资料综合，见本书第四章第十节)

Figure 5.1.9 Showing differential rates of extinction and origination (at generic level) of Middle-Late Permian ammonoids, bivalves, brachiopods, and foraminiferas in South China (after data from the sections 2, 3, 5, and 10 of Chapter 4 in this book. Brachiopod data also derived from Rong and Shen, 2002)

正因为如此，随后才使得菊石的复苏、辐射比其他生物类群发生得早且快。

第二，双壳类。从华南茅口期到长兴期，双壳类属的灭绝率在不断升高（从0到53%），而新生率却在下降（从31%到0），引人注目的是，到二叠-三叠纪交界地层中，双壳类属的更新率增长到32%，尽管依然低于菊石（新生率为57%），却比腕足动物（0）高出许多。在灭绝尾幕发生后，演化速率相对比菊石缓慢的双壳类，虽因大量属种消亡也受到重创，但出现不少重要的新生属（即危机先驱型），整体上进入了一个分异度不高却产生较多新属种的“残存-复苏期”（方宗杰，本书第四章第三节）。数量众多的表栖双壳类可能属于具缓冲能力的生理类型，能抵御灾变环境，有些种逃脱了大灭绝的惩罚。介形类的灭绝程度与双壳类相仿（方宗杰，本书第四章第十节），也发育一定数量的危机和幸存-先驱分子，但演化上的连续性可能比双壳类更好；从全球看，早三叠世介形类较高的新生率（华南资料还很有限）也指示其很强的更新能力。

第三，腕足动物。①相对于菊石和双壳类而言，腕足动物的前途更暗淡、机遇更糟糕，具体表现在它的灭绝率在不断上升（31%～86%），而新生率（38%～0）一直在下降；②在二叠-三叠纪交界地层中，虽属种较多、数量也不少，但几乎都是典型二叠纪上延分子；③这些分子灭绝率极高，与双壳类相比，两者属与种的灭绝率都不低，但问题在于科级水平上，腕足动物的灭绝率接近3/4，而双壳类仅1/4略多，它们的差别就凸现出来了；④最致命的是，在二叠-三叠纪交界期内，腕足类缺乏属级新生者（如危机先驱分子），新生率等于0。当二叠纪类型腕足动物彻底消亡后，整个该门类因其功能形态、生理类型及其适应度和忍耐度等都远不如双壳类而陷入了漫长的残存期。尽管这一时期也出现个别新生分子（Xu and Grant，1994；Rong and Shen，2002；方宗杰，本书第四章第三节），却于事无补、难挽颓势。

第四，有孔虫。图5.1.9中有孔虫的灭绝率和新生率是根据本书童金南的曲线资料做出的。从中可以看出，茅口后期是该门类最繁盛的时期，但茅口期末的那次灭绝事件对它产生了极其严重的后果（高灭绝率，约86%；低新生率，仅约7%）。值得指出的是，有孔虫从吴家坪早期到长兴早期，无论是灭绝率还是新生率均呈上升态势，且两者曲线呈基本平行分布；到了长兴早期，有孔虫的新生率达到新的最高点（约30%）。长兴早期之后，新生率一直下降（30%～25%～13%），而灭绝率却直线攀升（38%～54%），最终在长兴晚期达到100%，此时有孔虫的灭绝率和新生率呈遥遥相对之势，再度出现与茅口期末类似的状态，说明一次更大规模的灭绝事件正在来临。

从图5.1.10可以看出，华南穿越奥陶纪-志留纪交界期的笔石、腕足类、三叶虫和四射珊瑚的灭绝率和新生率的情况，与二叠纪有明显的差异，这里也能说明许多问题。在大灭绝首幕前的中Ashgill期，许多生物类群均处于辐射期（三叶虫处于协调停滞期），属、种均很丰盛，分异度较高，数量很多，其中腕足动物、四射珊瑚

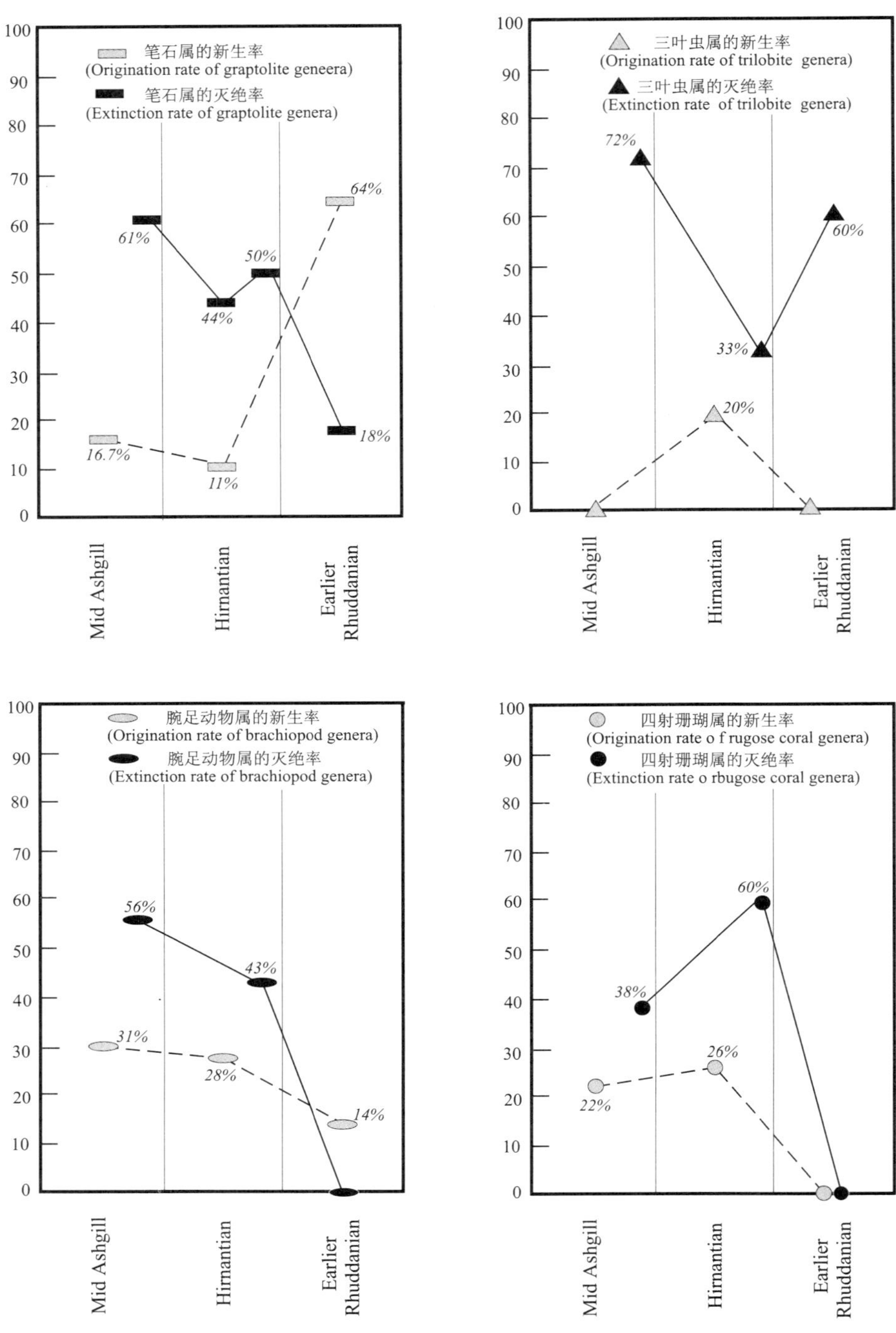

图 **5.1.10** 示华南奥陶纪-志留纪交界期的笔石、腕足动物、三叶虫和四射珊瑚的属的灭绝率与新生率(有关数据分别来自本书第二章一、二、五、七、十节)。由于志留纪最初期没有发现四射珊瑚化石,因此在志留纪初期栏里它的记录为零

Figure 5.1.10 Showing differential rates of extinction and origination (at generic level) of graptolites, brachiopods, trilobites, and rugose corals through the Ordovician-Silurian transition in South China (after data from the sections 1, 2, 5, 7, and 10 of the Chapter 2 in this book). Note that there is no record of rugose corals in the early-mid Rhuddanian column due to the lack of the fossils

和笔石的属的新生率(分别为 31%、22%和 16.7%)不低;引人注目的是三叶虫属的新生率竟为零,暗示着这个大类群开始逐渐衰落的演化总趋势。从灭绝率看,大灭绝首幕使得笔石和腕足动物一半以上(61%和 56%)的属被淘汰;特殊的情况发生在三叶虫上,其灭绝率高居榜首(72%),与零新生率形成强烈的反差。进入大灭绝两幕间的"残存-复苏间隔期"(全球处于环境灾变期)后,腕足动物和笔石的属的新生率都略有降低,饶有兴味的是四射珊瑚和三叶虫的新生率却在升高;特别是三叶虫(20%:共含 5 属,其中在较深水域中出现 1 新属),但这种升高难以挽回其渐趋衰落的颓势。遭遇这场劫难(第二幕)后,除三叶虫外,其余 3 个门类先后"东山再起"。其中,腕足动物和笔石灭绝率的降低与三叶虫灭绝率(60%)的飚升也形成了鲜明的对照。还有一个突出的现象,是笔石在志留纪初期新生率遥遥领先(64%)于各门类之上,显示了它的"新崛起"和将在志留纪继续繁盛的前景。这里,展示了笔石在灭绝主幕、幕间、尾幕中种级分类单元的灭绝数,说明该主幕的重创最剧烈,尾幕的最小。在整个大灭绝过程中,笔石的科、属、种损失分别为 75%、86%、82%。笔石的损失如此巨大,却能转危为安,"反弹"得如此之快,恐怕主要归功于极强的更新与适应能力。在其他 3 个门类(底栖固着、游移为主)艰难度日(残存期)之时,笔石却凭借着其特殊的生活方式,以很高的新生率跳过残存阶段,率先进入复苏期(图5.1.10)。笔石若当环境逐渐好转时,不很快地提高新生率,是不会那么快地繁盛起来的。

6. 华南古生代三大灭绝事件前、后生物类群多样性的对比分析

生物的灭绝和残存复苏是由丰富的自然现象所组成的,生物分异度只是这众多现象的一个组成部分。图 5.1.11 和图 5.1.12 显示的资料均来自华南古生代三大灭绝事件前后的化石记录。奥陶纪大灭绝前后生物多样性变化表示一个对称性的反弹特点。其中腕足动物和笔石比较符合这个特征,但是三叶虫和四射珊瑚与它们不同,三叶虫大灭绝前(Ashgill 中期)的属级分类单元数量大大超过大灭绝后(Aeronian)的,说明三叶虫受这次大灭绝重创后,基本上一蹶不振,像寒武纪和早奥陶世那样的优势生态地位完全丧失;而四射珊瑚却相反,说明它的更大的发展在大灭绝之后。正是由于笔石和腕足动物的相同特点(分异度对称性反弹),三叶虫和四射珊瑚的相反情况(分异度不对称性反弹),两者产生差异抵消(图 5.1.11),才使得这 4 个门类在穿越这次大灭绝中生物多样性产生戏剧性的对称反弹(图 5.1.12)。双壳类和腹足类的资料很有限。Hirnantian 期观音桥层中已知发育 2 种双壳类和 2 种腹足类,均未上延到更高层位,但根据全球资料分析,它们均未发生灭绝。

晚泥盆世大灭绝前后的生物多样性变化比较复杂。7 个门类的统计结果表明:①多数门类(包括层孔海绵、四射和床板珊瑚、菊石)在大灭绝后有一段较长地

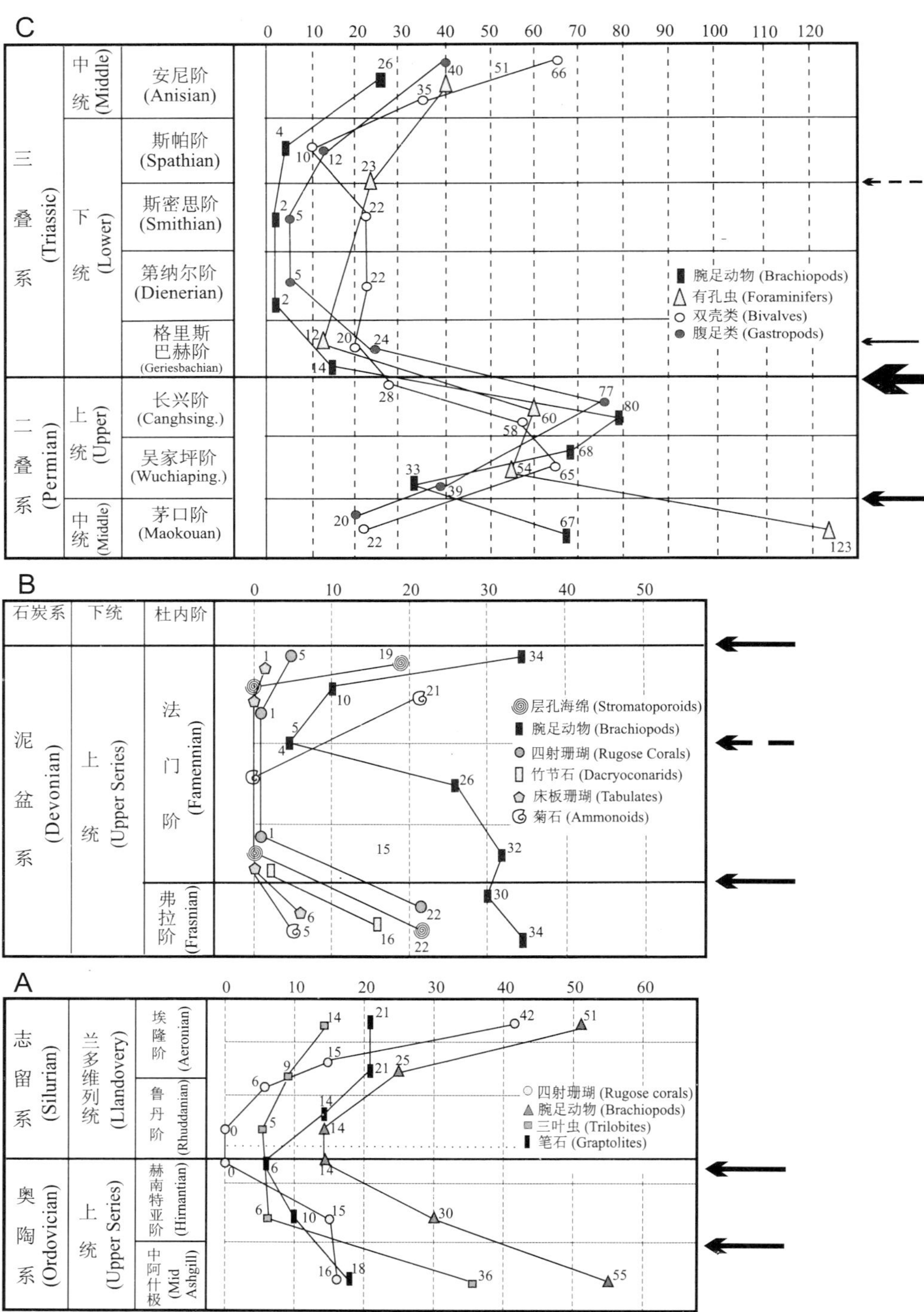

图 5.1.11 华南古生代(A 奥陶纪末期、B 晚泥盆世弗拉期-法门期之交、C 二叠纪末)三大灭绝事件前、后常见生物类群属级分类单元多样性变化。A 资料分别来自本书第二章;B 资料分别来自本书第三章;C 资料来自本书第四章和 Rong and Shen,2002

Figure 5.1.11 Diversity changes of common marine genera through the processes of(A) the latest Ordovician,(B) Late Devonian (Frasnian-Famennian), and (C) end Permian mass extinctions in South China. A: after data from Chapter 2 in this book; B: after data from Chapter 3 in this book; C: after data from Chapter 4 in this book, along with Rong and Shen, 2002

质时间的萧条期；②个别类群（竹节石）在大灭绝后基本消亡；③腕足动物在大灭绝后残存期较短，复苏较快（图 5.1.11）；④牙形类因大灭绝对属级分类单元的影响很小，似乎复苏最快（王成源、Ziegler，本书第三章第二节）。这些门类总体多样性的变化一方面显示了比奥陶纪末更长的残存时期，另一方面说明 7 Ma 后总体生物多样性仍未达到大灭绝前的水平（图 5.1.12，见下一页）。

二叠纪末大灭绝之后总体残存期的时限比奥陶纪末后长得多。饶有兴趣的是，双壳类和腹足类在茅口期末的灭绝事件后，多样性非但没有下降，反而逐渐上升；而腕足动物则相反，在茅口期末后先急剧下跌、后转而上升（图 5.1.11 见下一页）。这一事实是否表明这是二叠纪末大灭绝对这 3 个类群重创的“预演”，且反映腕足动物在灾难环境的应对能力上不如另两大类生物？然而，由于双壳类和腹足类的数量有所增加，再加上腕足动物多样性下跌有限，使得总体生物多样性仍呈上升趋势（图 5.1.12）。当二叠纪末大灭绝发生后，上述这些门类都无例外地显示了低分异度的特点，这个萧条时期一直延续将近 10 Ma，揭示这次大灭绝的规模、强度和结局都远远超过华南古生代另两大灭绝事件。

二、大灭绝过程中生物因素分析

上面分析的主要是生物灭绝的外部条件及其特征，包括起因、背景、型式、结局及其残存复苏的内容。无机界系统十分复杂，对生物大灭绝确实起着极其重要的作用。但是，在大灭绝过程中，生物本身的问题也值得注重。生物系统的实质也十分复杂（Jablonski，1996），生物的适应度和忍耐度的强弱是它们存活的内部因素和关键。本节拟从生物本身的角度对大灭绝的选择性和不同生物类群应对大灭绝的差异性进行分析探讨，以识别其强烈的复杂性。

（一）不同生物应对大灭绝事件的差异性

华南古生代大灭绝研究的大量事实揭示，无论在哪一次大灭绝中，不同门类都表现出不同的应对灾变环境的特点，即使同一门类中的不同支系，其应对的特点也不尽相同；而且，不同环境中（如浅水和深水）的生物类群对于大灭绝的恶化环境的应对也反映出强烈的差异性。

1. 不同门类的应对差异

以华南奥陶纪末为例，当许多门类受到大灭绝次幕的重创时，笔石属于例外，只是在 *N. persculptus*-*A. ascensus* 带之交发生过一次小灭绝（陈旭等，本书第二章第一节）。造成这种差异的原因还不清楚，至少其生态方式的不同、对环境需求的差别以及对灾难忍耐度的不同是很重要的。这次大灭绝未给三叶虫，却给笔石、腕足动物和四射珊瑚带来继续繁衍的机遇。大灭绝后先正常笔石类、后单笔石类占

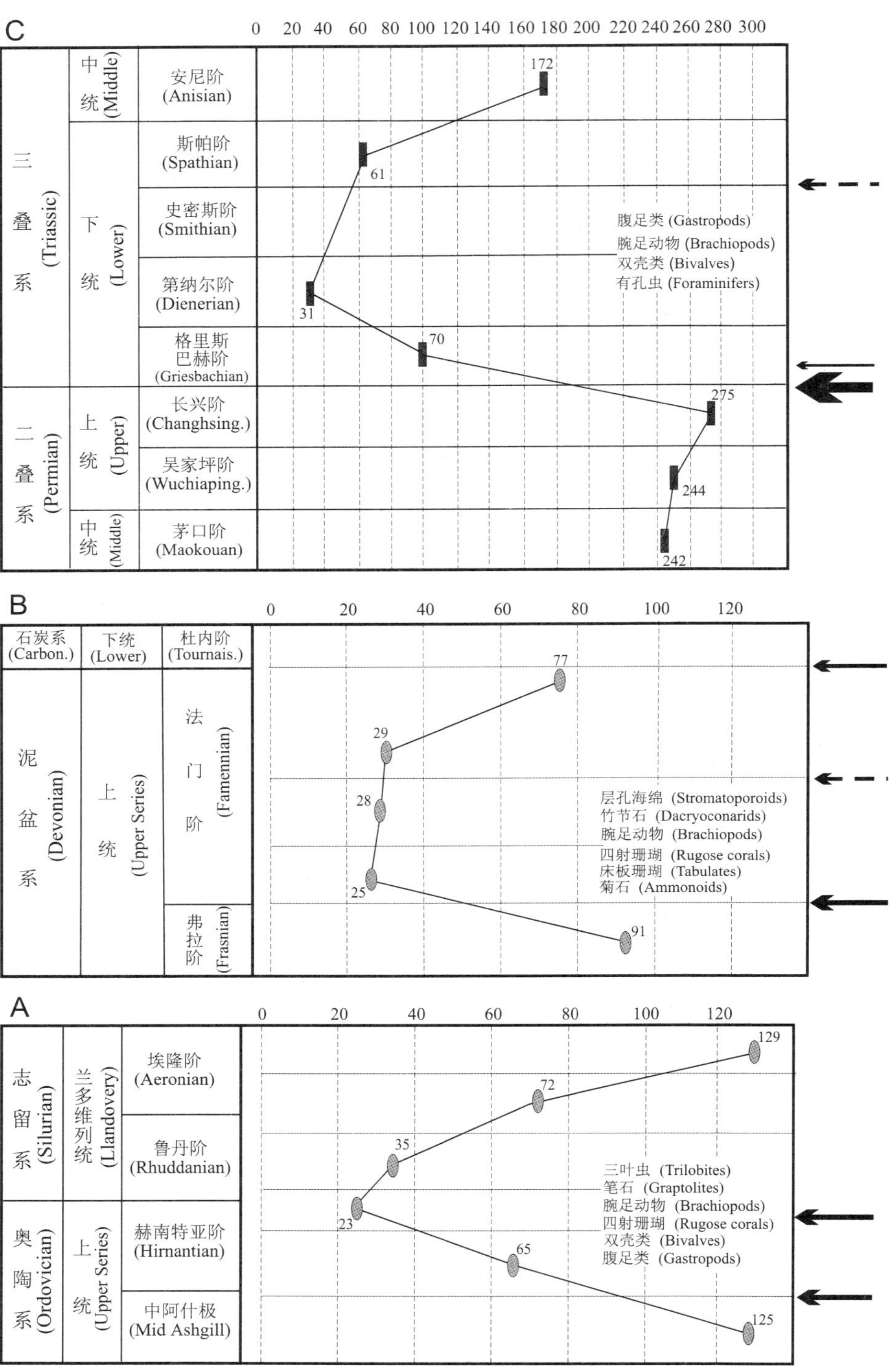

图 5.1.12 穿越华南古生代(**A** 奥陶纪末期、**B** 晚泥盆世弗拉期-法门期之交、**C** 二叠纪末)三大灭绝事件前、后常见生物类群属级分类单元的总体多样性变化(根据本书图5.1.11的数据)

Figure 5.1.12 Total diversity changes of common marine genera through the processes of (A) the latest Ordovician, (B) Late Devonian (Frasnian-Famennian), and (C) end-Permian mass extinctions in South China (all data based on Figure 5.1.11 in this book)

领了多水层生态域，奥陶纪不起眼的腕足动物成为浅海底域最繁盛的栖居者，四射珊瑚成为志留纪暖浅水碳酸盐相或生物礁中的常见类群。这可能与灭绝前各门类所处演化阶段不一有关：三叶虫于中奥陶世开始衰落，而笔石和腕足类于早中奥陶世、四射珊瑚于晚奥陶世先后进入繁衍阶段。这次大灭绝首幕和次幕的灭绝率高低不同：笔石、腕足类、三叶虫三者灭绝率首幕高于次幕，四射珊瑚则相反，这可能与后者对环境要求苛刻有关。当首幕向凉水转化时，四射珊瑚发育适应凉水的单带型单体，尽管科、属分异度保持一定的水平；而次幕向暖水转化时，缺氧事件和泥质海底的广布加速其灭亡，故灭绝率很高。牙形类在奥陶纪末出现前所未有的属级灭绝率(Aldridge,1988)，但华南尚未提供类似的记录。

F-F大灭绝也展示了不同门类的应对差异。华南Frasnian期的生物礁及其相关生物群(如层孔海绵、复体四射和床板珊瑚)损失惨重，故这些类群的复苏来得很晚(廖卫华，王向东、沈建伟，本书第三章第一、五节)，这与适合它们生存的环境和栖息地大量丧失有关。而腕足类虽遭重创，但残存时间较短，复苏比它们早(马学平，陈秀琴、马学平，本书第三章第三、七节)，指示其相对易于适应变化的生境。大型游泳脊索动物牙形类呈现另一种灭绝特征，其灭绝型式与底栖固着生物差别很大，可能与其营自游方式能主动应对环境变化有关。华南牙形类属级灭绝率很低，种级灭绝率也不高，远远低于其他类别。若单纯统计灭绝量值，它在这次事件中与背景灭绝率似无本质差异，惟在Frasnian末期 *P. linguiformis* 带上部其多样性显著下降。在所测广西两个较深水剖面中，随着带化石 *P. linguiformis* 种的消亡，牙形类出现"空白"层段；直到Famennian初期才又出现(王成源、Ziegler，本书第三章第二节)。牙形类演化过程中分异度最低点位于Frasnian期末，与世界资料一致，但国外资料表明当时牙形类的四大类群几乎所有种都灭绝了(Aldridge,1988)。

二叠纪的例子更能说明问题。"古生代进化动物群"与"现代进化动物群"的生物类群之间灭绝后的差异尤为明显。前者或惨遭毁灭(四射珊瑚、䗴类)，或损失惨重(如腕足动物)；后者以双壳类为例，在茅口期末大海退时，非但未遇生态危机，反而"因祸得福"，广布的浅水场所使其发展规模更大，是该事件的受益者(方宗杰，本书第四章第三节)。在二叠纪末灭绝中，双壳类和腕足类都受到严重的打击，虽说两者种的灭绝率均约为95%，但属的灭绝率却差异明显，分别达到50%和90%)，更有甚者，在科级分类单元上，腕足类的灭绝率很高(约75%)，双壳类的灭绝率则低得多(约20%)。双壳类较高分类级别拥有低的灭绝率，加上发育一大批先驱、危机和复活分子，才使其成功地冲破了二叠纪末的大灭绝，后者这些类型还在复苏与辐射过程中起非凡的作用。而腕足类情况则大相径庭，不仅元气大伤，还因全然缺失先驱、危机和复活分子而在大灭绝后难以承继先前的海洋底域优势地位(Rong and Shen,2002；樊隽轩等，戎嘉余、詹仁斌，本书第二章第二、三节)。凡此，均造成了中生代双壳类对腕足类优势的历史性重大取代，从一个侧面说明双壳类具有更强的更新能力。这一点，除大灭绝外因外，生物本身的功能形态及其适应度和忍耐度无疑起到了"意想不到"的作用。牙形类、鱼类等都是自由游泳的异养生物，因具有较强的趋利避害的机动性特点而能免遭灭顶之灾。这次大灭绝对牙形类而言，主要表现为丰度的降低和若干个物种的消亡，而属的多样性却并未受到影响（王成源、Ziegler，本书第三章第二节），故它似乎不存在真正意义上的灭绝。可见不同生物类群在大灭绝过程中应对灾变环境的能力有着明显差异。

2. 同一门类不同支系的应对差异

华南的资料还表明，相同门类不同支系的生物，在应对大灭绝时亦表现了明显的差异。如奥陶纪腕足类的优势类群（正形贝族和扭月贝族）在大灭绝后让位于无洞贝族和五房贝族。究其原因可能是长期和短期适应的问题：前两族分别起源于寒武纪和早奥陶世，经过长期分异演化和辐射，适应了不同环境与不同气候带的多种生活条件，特别是对温度变化的适应，所以在世界上（包括华南海域）Hirnantian期凉水环境中它们占有很高的比例（戎嘉余、詹仁斌，本书第二章第四节）。可是，五房贝族和无洞贝族则在大灭绝前不久或起源于或早已适应于低纬度、暖浅海底栖域中，还未来得及调试对水温变化的适应以及在世界范围的广泛分布时便突遇全球气候巨变和海平面大幅下降，使这两大类的许多属种随之消亡，而只有少数"火种"在应对环境的恶化过程中，不得不缩小居群规模、骤减个体数量，一度几乎从华南海域消失，至大灭绝次幕（全球变暖、海平面快速上升）后，才重新"燎原"、不断壮大，并顺势演变成志留纪暖海腕足动物群落中的主要分子。由此，显示了这些类群在奥陶纪末大灭绝事件中的应对差异。

不仅不同支系在分类灭绝型式上有所差别，而且在大灭绝后进入复苏或辐射阶段时也有先后。对华南三叠纪双壳类的研究表明，翼形亚纲在该大类复苏中占重要位置。根据陈金华的研究，在早三叠世残存期里，翼形亚纲（主要是海扇类）基本上是表栖生态类型，形态多样，其属数占总数的2/3以上（72%），有开始辐射的迹象；到Anisian早期，它的数量继续增多，达到总属数的4/5，其中新生分子的数量大增，率先展示了辐射期的特征；至Anisian晚期，该亚纲有更快的发展，其他5个亚纲的属数各只有其1/5或更少（潘华璋，本书第四章第六节）。此外，潘华璋研究穿越二叠纪末大灭绝事件的腹足类化石时也发现，在早三叠世晚期（Olenekian期），当许多门类生物还处于萧条状态时，腹足动物中的Loxonematoidea和Neritopsina两大类便开始繁盛，各自含有6属和5属，占该纲总属数的50%以上，说明它们对恶化环境的适应优势，扮演了复苏先驱的特殊角色（潘华璋，本书第四章第六节）。同样的例子还见于奥陶纪大灭绝后的腕足动物中：当许多类别进入复苏阶段（鲁丹晚期至埃隆早期）时，无洞贝族便"一支独秀"地繁盛起来，在扬子海域里共发育12属，约占腕足动物总属数的一半，成为该门类最早辐射的一个族群（戎嘉余、詹仁斌，本书第二章第四节）。

3. 不同环境中生物的应对差异

生物对大灭绝的应对差异还表现在不同生态域的生物群上，如晚泥盆世浅水与较深水海域的动物群（如放射虫、四射珊瑚和介形虫）。在F-F大灭绝中，深水放射虫动物群无论在属级还是种级上的灭绝率都很低，但浅水放射虫的灭绝率却明显高于深水域的，指示了不同深度海域的放射虫受恶化灾变事件的影响程度不一（王玉净、罗辉，本书第三章第六节）。华南的资料还揭示，四射珊瑚尽管与放射虫取完全不同的生活方式，也显示了类似于放射虫的应对特点：F-F事件导致浅水四射珊瑚的属无一幸免，只有较深水的1属（*Smithiphyllum*）残存（廖卫华，本书第三章第一节）。介形虫也出现了类似的情况：浅水底栖移动者（尤其是近岸浅水组合）灭绝率较高，而营漂浮生活（深水相）的足虫介类（entomozoanceans）几乎对这次事件没有什么反应（McGhee，1996）。据王尚启面告，相似的结局在华南也有体现。上述情况可能是由晚泥盆世大灭绝的恶化环境对不同生境影响不同和生物本身对环境变化的应对差异所致。就二叠纪末大灭绝而言，对介形类的重创似乎与泥盆纪晚期的相反，栖息在不同环境中的介形类也表现了应对这次大灭绝的明显差异：非海相介形类共3属，虽全部越过大灭绝主幕，但仅有1属幸存（33.3%）；近岸浅海相的17属中，有12属幸存（70.6%）；而远岸较深水相的35属中，幸存者只有12属（34.3%）（图5.1.13），充分显示在近岸浅水环境中介形类的幸存者相对较多的事实（方宗杰，本书第四章第十节）。

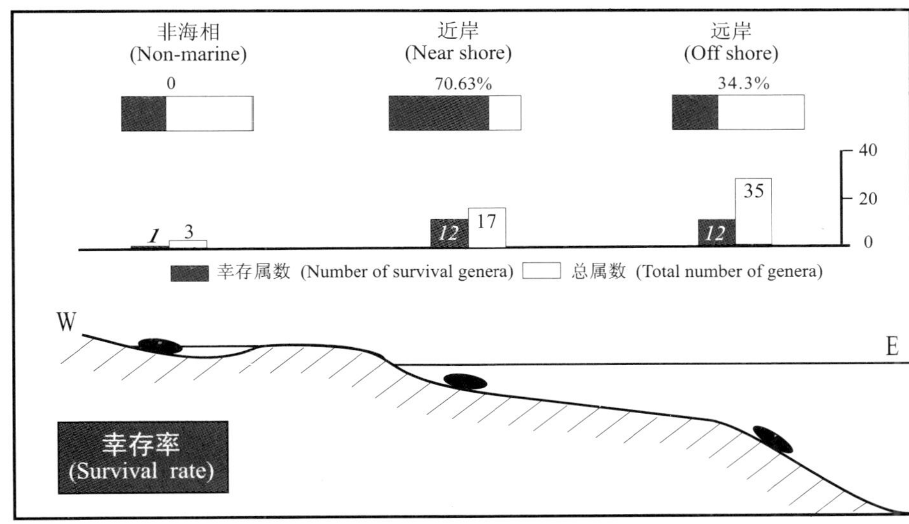

图 **5.1.13**　华南二叠纪末大灭绝事件中不同环境下介形类的幸存率（资料来自本书第四章第十节的统计）

Figure 5.1.3　Differential survival rates in different environmental sites in the South China Sea across the Permian and Triassic boundary (after data from the section 10 of the Chapter 4 in this book)

4. 不同生物类群有不同的灭绝型式

由于各类生物自身拥有许多特点，对恶化环境的适应度和忍耐度也不一样，导致不同生物类群发育不同的灭绝型式。现以二叠纪的灭绝事件为例说明这个问题。二叠纪末大灭绝过程中，不同生物类群发育不同的灭绝型式。有些生物彻底灭绝（如䗴类有孔虫、四射珊瑚），几乎没有任何延续到事件之后的地层中；有些生物尽管个体丰度下降,却未发生大灭绝事件(如牙形类)。在遭遇大灾变后又延续到中/新生带的那些生物门类中,部分发育单幕式灭绝,部分发育双幕式灭绝(方宗杰,本书第四章第十节)。单幕式灭绝的,除后生动物礁以外,还有放射虫、两栖动物中的离片椎目等,在已知二叠纪最晚期的放射虫属中,绝大多数都未越过大灭绝主幕,其消失与硅质岩消失同步。双幕式灭绝的有菊石、双壳类、腕足类、介形类等。华南双壳类、腕足类的实际资料展示,双壳类因发育更强的忍耐、适应和更新能力,才成为中新生代海洋生物中的主角;而腕足类尽管在古生代显赫无比,在这次灭绝后其忍耐、适应和更新能力比起双壳类来却大为逊色,以至于在浅海底栖领域的优势地位彻底丧失。

穿越奥陶纪末大灭绝过程的主要生物门类(如笔石、腕足动物、四射珊瑚和三叶虫)也展示了不同的灭绝型式,已在前文表述。这里只是再提醒读者注意,作为营漂浮生活方式的半索动物笔石而言,尽管在这次大事件中灭绝了大量的科、属、种(灭绝率都不低,在70%左右),但在奥陶纪-志留纪交界期其新生率并不低,更新能力最强,所以成功地完成了笔石动物群的替代过程,没有残存期,直接从大灭绝尾幕进入复苏阶段,这与营底栖固着生活方式的动物差异显著。晚泥盆世F-F交界期的牙形类也显示相似特点。正是这些演化快、更新快的海洋动物(笔石、菊石、牙形类)在大灭绝后能继续占领相关生态域,很快进入复苏和辐射阶段,也正是它们中的某些分子被识别为带化石,在生物地层研究中发挥了相当重要的作用。

(二)在大灭绝过程中,哪些生物易于灭绝、哪些生物易于幸存?

当全球环境恶化和生态系被严重干扰时,为什么有些生物消亡而有些生物幸存下来?这成为许多学者关心的问题。有些学者还用"基因"和"运气"好坏来解释大灭绝的内因(Raup,1991)。在大灭绝过程中,幸存生物是"最适者"还是"最幸运者",是"自然选择"还是"事故选择",争论颇多(McGhee,1996)。Raup(1991)提出生物在大灭绝中有3种"应对型式":①枪弹射杀(随机)型式,②公平竞赛型式,③多变混乱(无序)型式。本书的研究表明,生物本身如何应对大灾变事件,是大灭绝研究中一项十分重要的内容,尽管这方面的工作还差得很远。

1. "忍耐度"和"适应度"

生物本身抵抗或躲避灾变环境的能力尤为要紧。这里包括"忍耐度"(tolerance)和"适应度"(fitness)两个方面。"忍耐度"即指生物对灾难环境的忍耐能力。每种生物生存的临界点是不同的。幸存生物有较强的"忍耐度"是对整个物种而言的。这里不仅包含对许多外界因素(如温度、盐度、湿度等等)的适应极限,还包括生物本身的许多复杂领域的问题(如幼虫类型、个体发育、形态结构、生理功能、雌雄比例、繁殖速率、居群结构和规模、群落类型和生境、生态适应、地理分布、生存对策等)。例如,Stillman(2003)发现海洋瓷蟹比其他螃蟹更难适应水温的升高，因为前者已生活在其生存温度的最高临界值。又如在F-F危机中热带生态系统的丧失：由于长期自然选择的结果，居住在低纬区海洋（包括华南）中的物种一代又一代地差异繁殖并能良好地适应环境；当一系列大灾变事件来临时（如全球温度骤降），原先适应暖水环境的祖先种多少代也未曾遇到过那么低的温度而遭致灭亡；有些物种艰难地接近临界却几乎没有能量产生下一代，也只得在“自然选择”中败下阵来。濒临灭绝的物种本已处于其生存环境的极限，当“忍耐度”超过极限后便不可能去应对环境的剧变（Hoffmann *et al*.，2003）。生存对策也颇为重要，有些生物具备休眠机制，能够忍耐灭绝事件中的强逆境胁迫（Mapes *et al*.，1989）。“适应度”则是指个体、群体和居群及其所拥有的基因对变化环境适应的强弱程度。个体、群体和居群能适应不断变化的环境的能力，更重要的还要将这种能力遗传给下一代。这里不仅是对生存能力的衡量，同时也是对其成功地将基因传递给后代的能力的衡量。如果适应变化环境的能力不能通过基因传递下来，其适应最终也是不成功的。

2. 地理分布范围

研究表明，那些广布、特别是世界分布的属种更能抵御大灭绝恶化环境的冲击，究其原因可能是数量多、分布广、存活率高、生存机遇更多，在大灾变期间广布种比窄布种寻获避难所的可能性更大；而那些窄布、特别是土著分子，“忍耐度”差，脆弱而难以适应环境变化，总在大灭绝中遭遇厄运。奥陶纪末有些笔石之所以冲破环境遏制而残存，居群规模大是一重要因素（陈旭等，本书第二章第一节）。在奥陶纪末大灭绝首幕前，华南土著腕足类属100％灭绝，而部分广适者却延至志留纪（戎嘉余、詹仁斌，本书第二章第三节）。华南晚泥盆世牙形类 *Polygnathus* 和 *Icriodus* 某些种的适应性广、忍耐度强，属于生态广适种，正是这些分类单元冲破了F-F大灭绝事件（王成源、Ziegler，本书第三章第二节）。华南二叠-三叠纪转折期的菊石和双壳类主体部分都是由世界性或广布分子组成的（方宗杰，本书第四章第十节）。上述实例均证实“世界性属种易于从大灭绝中幸存下来，而土著分子则易于在事件中灭绝”的认识（Jablonski，1991）。Jablonski（1986a）等曾注释这是生物地理分布的偶然产物，而非适应优越性的表现。但是二叠纪末大灭绝中，尽管双壳类、腹足类等也遭重创，分异度大幅下降，与腕足类相比，因具更强的新生和适应能力，有更多属种成功地冲破灾难事件而存活下来。然而，也有例外，如奥陶纪赫南特贝动物群（*Hirnantia* Fauna）有些广布属种，未能逃脱恶化环境的束缚，此类生物因是机遇种（也是灾后泛滥分子），是非常时期临时受益者，一旦环境转好便被淘汰。当居群规模缩小后，数量大减，还可能由于繁殖率下降，近亲交配机会增多，物种灭绝概率增高。与此类似的实例，在现代生物中并不少见（Myers and Knoll，2001）。

3. 形态结构的普通与特化(包括复杂化)

还有一个问题，即凡居群形态普通、具备预适应功能的属种，比那些居群特化、不具备预适应功能的属种更能渡过难关。形态特化是适应恶化环境的致命弱点。形态异常或复杂化的生物常易于灭绝(Kaiser and Boucot,1996)，这样的例子很多，这里试举如下实例：

(1) 晚奥陶世具备复杂化形体的那些笔石，都在奥陶纪末大灭绝前全部消亡，留下来的是形体简单的广适性分子(陈旭等，本书第二章第一节)。

(2) 晚泥盆世豆石类的肌痕形态、结构和位置，极大地制约了它们的继续生长(继续增大难以存活)，致使该类生物在法门晚期全部灭绝(王尚启，本书第三章第四节)。

(3) 缝合线高度复杂化的菊石总在大灭绝中消亡(方宗杰，本书第四章第十节)。F-F 大灭绝后仅 5 属(缝合线都很简单)幸存；到法门中晚期，菊石始得辐射，其中多半是海神石类(clymeniids)，随后的泥盆-石炭纪交界期发生的地质事件(Hangenberg Event)消灭了几乎所有的菊石，残存的 3 属(goniatitids)缝合线也都是简单型的；二叠纪末大灭绝中，菊石受到重创，但幸存者(xenodiscids)也是缝合线简单类型，且是所有中生代支系的祖先。当缝合线再次趋于复杂的菊石在中生代爆发后，终因其"极端特化"而全部消亡于白垩纪末(Saunders *et al.*,1999)。

(4) F-F 大灭绝事件后，幸存的是那些小型的、结构构造简单的四射珊瑚(廖卫华，本书第三章第一节)。

(5) 二叠纪特化腕足动物(如 *Littonia*，*Richtofenia*)无例外地全部在该纪末大灭绝事件中消亡；那些全身长刺的长身贝族和戟贝族也在大灭绝两幕(二叠纪末和三叠纪初)后灭绝(孙东立、沈树忠，本书第三章第二节)。

(6) 白垩纪末大灭绝事件后大量生物灭绝，留下来的是单细胞浮游动物有孔虫，这些微不足道者成为现代该类动物的祖先。

上述例子说明，大灭绝后幸存下来的基本上是结构较简单的类型。但是，也有许多形态构造简单的属种没能冲破大灭绝的高压环境而被淘汰，个中原因还不清楚。

4. 个体大小

个体大小与灭绝也有关系(Jablonski,1991)。本书研究的三大灭绝发生后，都有很多小个体属种"劫后余生"，即小型化效应(Liliput effect，参见 Balinski,1996；Twitchell,2001)而大个体惨遭灭绝的例子。如志留纪初期腕足动物大都个体较小(壳宽小于 10 mm)；F-F 事件后幸存的四射珊瑚个体也较小、骨骼构造较简单(廖卫华，本书第三章第一节)；二叠纪末大灭绝后只有个体小、结构简单的腕足类、有孔虫广适分子幸存下来(廖卓庭,1979；童金南，本书第四章第五节)；早三叠世初微型腹足类属种就是二叠纪大灭绝后环境远未恢复时的产物，它们不仅"幸免于难"，还在演化过程中起到重要作用(Pan *et al.*,2003；王成源，本书第四章第七节)。至于大个体，由于新陈代谢旺盛，再加上假如能量贮备很低，就会与灭绝事件相伴（Vermeij，1989）。华南奥陶纪末大灭绝前五房贝族中的大个体属（*Tcherskidium*）遭遇淘汰，而小个体属（*Brevilamnulella*）却幸存下来，成为志留纪该族的祖先。其他时代也有相类似的灭绝实例，如三叠纪末大型双壳类（有些个体可达 34 cm，甚至还有更大的）和大型腕足动物（最大个体可达 3.7～4.7 cm）无一例外地惨遭淘汰（Hallam，2002）。

在现代生物中，庞大的个体和物种，对于突然恶化的环境的适应是很不利的。大象（其他大个哺乳动物与它类似）就是一例。如东非大象与 4 000 km 外的南非大象没有什么大的差别，靠的就是能在迁徙中维持着基因流动这一点。但是，目前世界上其他大象的居群正在被分割和减少，甚至已经跌落至“保持成种可能性最低数”之下（Myers and Kroll，2001），长此以往，必将促使大象的消亡。相反，那些个体很小的生物，具备新陈代谢不旺盛、能量贮备能力强、生长快速、在多类环境中能有较强的忍耐度和适应度、甚至具备抵抗恶化环境能力的静止阶段等特点，似乎就可能拥有冲破大灭绝的优势。中生代末“一度称霸”的恐龙的灭绝，显然与其过于特化的功能形态和巨型的躯体不无关系；而小型穴居的陆生原始哺乳动物却能依赖果实、种子、昆虫和植物为生，从那场大灾变中幸存下来。恐龙的灭绝使生态域大范围空缺，不起眼的小型哺乳动物在适应新环境下成为“受益者”。那些生态广适型的“弱者”转化成了“强者”，“弱者幸存、强者灭绝”自然成为长期生命演化史中，特别是大灭绝过程中的一个事实。三叠纪末大灭绝后幸存下来的动物也以小型化和穴居型为特征。当然，并非所有的小个体都得以幸存，只是相对于大个体生物而言，它们在抗灾变方面似乎具有更强的优势。

5. 预适应

有关预适应功能的实例目前也知之甚少。腕足动物中始石燕（*Eospirifer*）属是在奥陶纪末大灭绝前夕才出现的（Rong *et al.*，1994；Rong and Zhan，1996），是一种先驱属，却因发育“先进”的演化新质而成为石燕目的祖先，从大灭绝恶化环境中延续下来。这个大类后来在中、晚古生代海洋底域（近岸到远岸、浅水到深水、多种底质）成为一类常见的生物。

6. 基因

再回到所谓“基因好坏”的问题上。笔者没有能力涉及基因问题的探索，只是给予极为粗浅的思索。基因变异速度的快、慢，对生命演化的影响是很大的。例如，大象因其再殖速度相当缓慢，基因适应能力非常有限，所以在生命演化过程中处于极端不利的境地（Myers and Knoll，2001）。与繁殖速率缓慢的大象相反，许多昆虫物种发育无限的繁殖能力和很快的更替速率；它们适应环境变化的能力特别强，基因变化快是其特质，这种特质能使有些昆虫适应环境的剧变。从华南大灭绝事件资料中，也发现一度适应很成功的生物（如灾后泛滥种），在其繁盛后不久最终难逃厄运的情况。假如认为它们适应未恢复环境的成功意味着发育“很好”的基因的话，那么其消亡与基因就没有关系了吗?! 因此，问题的焦点并不在于“基因好坏”，而在于基因的突变和表达(也包括基因误排或失常)能否在世界上存活下来(忍耐度)，能否适应新环境并遗传给下一代(适应度)。就目前的认知水平而言，基因还难解一切疑惑，人类对基因的探索还刚开始。

在探索大灭绝的奥秘中，生物本身对灾变环境的应对是需要着重思考的。尽管 Jablonski 和 Raup(1995)曾发现 K-T 事件中双壳类生态特征(如生活方式、个体大小，或对栖息地的偏爱等)不存在灭绝选择性的证据，但许多事实说明，大灭绝事件对不同生物类群确有一定的选择性(如 Jablonski，2001)。这里存在着生物的残存机制问题。残存现象是特定恶化环境下自然选择的结果，而自然选择本身是不可能对任何生物在将要发生的事故中给予特殊保护和照顾的。如果大灭绝过程中有残存“差异”(选择)现象，可能有某些类型的选择在起作用。环境变化是自然发生的，不管变化强度有多大，这种选择实质上就是自然选择的一部分。探讨生物大灭绝，围绕“运气”或“基因”好坏、“自然选择”或“事件选择”的争论一定还会继续，但人们应从越来越多的实例中得到越来越接近事实的结论。

(三) 小结

1. 大灭绝事件对哪些生物打击较重? 对哪些生物打击较轻?

通过对华南三大灭绝事件的研究可以发现，受到全球恶化环境打击相对较重的是那些在海洋中营底栖固着生活方式的无脊椎动物(如腕足动物、四射珊瑚)，其中一个原因是因为它们受自身条件的许多限制，包括基本被动的生活方式和相对缓慢的新陈代谢。腕足动物作为“古生代进化动物群”的优势门类，在长约 2.6 亿年的演化史中经历了 3 次大灭绝的险恶冲击，虽奋力调节、不断变换策略，并多次达于鼎盛，但繁盛之极必定趋于衰败，这是自然界生物演化历史的必然规律。与这些生物相比，那些新陈代谢相对快速、发育主动多样摄食方式、底栖移动的软体动物(如双壳类、腹足类)在二叠纪大灭绝后就显现出较大的生存优势;尽管它们也受到大灭绝的重创，更重要的是它们拥有旺盛的残存机制和对多变环境的适应优势，以至于在古生代末大灭绝后能较快地复苏，所以在中、新生代彻底取代了上述优势门类的地位。双壳类的例子最为突出。在华南二叠纪末大灭绝中及其后短暂的地史时期里，它的灭绝率并不低，但同时其新生率也相当高，这两个数字的结合必然导致其组合更新的高速率(方宗杰，本书第四章第三节)，这就是双壳类冲破二叠纪末大灭绝事件后能够占据世界海洋优势地位的重要因素之一。

那么受恶化环境打击相对较轻的是哪些生物类群呢? 华南资料表明，海洋中营自由游泳异养型的生物(如牙形类)，在二叠纪末大灭绝中几乎未受到大的创伤，尤其是与上述底栖门类相比，它们的创伤小得多。牙形类对二叠纪末那次灾变事件的主要反应，就是丰度下跌而属的分异度却未受影响。菊石在这次大灭绝中虽遭受重创，但一直保持较高的更新率(turnover rate)，所以灭绝率高，新生率也高。这样，在这次大灭绝后，菊石几乎不存在残存期，或者说残存期极短，与其他门类差异很大，这不是灾变环境对它的保护，而是它自身不断更新、应对恶化环境的结果。营漂浮生活方式的生物，如笔石(陈旭等，本书第二章第一节)，对奥陶纪末大灭绝首幕也显得束手无策，所以灭绝重创效应相当明显，但随后的小灭绝事件却对它影响有限。

值得注意的是，笔石在奥陶纪末大灭绝后“省略”了残存阶段而直接跳入到复苏期(陈旭等，本书第二章第一节)。牙形类在 F-F 大灭绝后似乎也有类似的情况(王成源、Ziegler，本书第三章第二节)。它们都不曾拥有避难分子和/或复活分子，说明对大灭绝恶化环境存在着某种优先适应的残存机制。然而，牙形类灭绝于晚三叠世、单笔石类消失于早泥盆世晚期、树形笔石最终灭绝于石炭纪，似乎都在没有什么特殊的环境恶化事件中发生。这两类生物的灭绝是否与相同生态位中其他门类生物的崛起和优势有关，仍不得而知。有趣的是，这些门类有一个共同的特点，就是演化快、灭绝率高、新生率高、更替速率快，常成为生物地层对比中的标准化石而被广泛使用。然而，泥盆纪，特别是早、中泥盆世的薄壳竹节石也营漂浮生活方式，演化和更替的速率也很快，却成为 F-F 大灭绝的牺牲品，个中奥秘远未被揭开。

2. 大灭绝事件中哪些生物是受益者?

因为本文是集中比较分析三大灭绝事件的，所以有关大灭绝前、中、后过程的生物分类单元类型及其演化意义，拟另文专门探讨。通过华南资料分析，就生物分类类型而言，正是那些危机先驱幸存分子最能冲破大灭绝的束缚，不仅能幸存下来，而且还能在复苏和辐射阶段中起重要的作用。这里以双壳类为例，二叠纪茅口期末灭绝事件后，双壳类没有受到任何打击，继续在晚二叠世繁衍并成为茅口期末灭绝事件的受益者(方宗杰，本书第四章第三节)。植物也是如此，从茅口期开始出现的华夏成煤植物群，因茅口期末大海退事件使晚二叠世早期华南浅水陆源碎屑沉积和含煤沼泽环境广泛发育而进入鼎盛期，从这个意义上说，植物群是茅口期末灭绝事件的最大收益者(方宗杰，本书第四章第十节)。

如前文所说，奥陶纪末大灭绝后，腕足动物的五房贝族和无洞贝族取代了原先腕足动物占支配地位的群落中最常见的正形贝族和扭月贝族，成为志留纪暖水浅海最繁盛的生物族群(戎嘉余、詹仁斌，本书第二章第四节)，似乎也成为这次灭绝后海洋底栖生态领域中最大的受益者。这些受益者在后来的生物演化过程中都是不可缺少的生物组成族群。

就具体的生物而言，在各种生物类型中，危机先驱分子(crisis progenitor)相当重要，它是在生物界发生巨大危机(恶化环境)(即生物大灭绝期间或之后的残存期)的高压条件下自然选择的产物。在二叠纪末大灭绝后的陆生维管植物和海洋无脊椎动物中，都有这类属种的出现。以肋木和水韭为代表的石松植物（危机先驱分子）在二叠-三叠纪界线地层下部开始灾后泛滥，在早三叠世占领低地生态系统。不是所有门类都拥有危机先驱分子的。如在海洋里，当二叠纪末大灭绝后，华南腕足动物就没有发现危机先驱分子（Rong and Shen，2002），而双壳类和腹足类则发育这种类型（Pan *et al*.，2003；方宗杰，潘华璋，本书第四章第三、六节）。如果将最常见的腕足动物和双壳类、腹足类相比较，可以看到，"古生代进化动物群"的优势门类（腕足动物），在中生代浅海平底群落（level community）中不再占据优势，替代它的是拥有较多危机先驱分子的"现代进化动物群"优势类群（双壳类和腹足类）。正是这些危机先驱分子经常参与随后相关族群的复苏和辐射，展示了它们重要的演化意义。它们似乎可作为点断平衡演化型式的重要实例。

3. 幸存生物在环境恶化时期是否都需要避难所，发育复活种？

避难所一直是研究大灭绝的一个难题，受到学者们的普遍关注。宽泛地指出某区是避难所容易，确定避难所的性质（生态、地理，还是构造单元）、范围（分布和位置）和时代（大灭绝期还是残存期间）难度就很大，因为它牵涉的问题很复杂，要积累翔实的资料。尤其是对古生代恶化环境期的避难所的研究程度，目前还很有限。本文只就一些相关问题做简单的阐述。

避难所（refugium），又称生态堡垒（ecological bunker）（Conway Morris，1999），从字面上理解，是指全球环境遭遇恶化期间存在一些重创程度较小、接纳部分物种躲避灾难（隐匿）的地方。环境恶化，可以指大灭绝期，也可以指条件未恢复的残存期。大灭绝发生在短暂地史时期里，寻找避难所不易；相对地，残存期较长，有些物种在生物复苏前继续栖息在避难所内，据此可以推测大灭绝期间避难所的地理位置和状况。更有意义的是，避难所不是"无所作为"的地方，有些属种可能通过成种作用演化成新的类型（危机先驱分子），它们中的有些则可成为以后辐射动物群的祖先。

国外学者比较关注深海和洋岛，认为那里是绝好的避难场所（如 Vermej，1986；Erwin，1998；Vörös，2002）。有学者认为，O-S 交界期加拿大 Anticosti 陆棚的低分异度牙形类来自其避难所——深水环境（Armstrong，1996）。华南已知资料未提供古生代三大灭绝过程中深海和洋岛的材料。最近，华南海域（以台地相为主）被认为可能是奥陶纪末大冰川期间笔石的避难所（Mitchell *et al*.，2003），因为在 Hirnantian 期全球笔石处于低潮时，华南发育了丰度和分异度最高的笔石动物群（Chen *et al*.，2000）。然而，这里又有新的问题产生：华南至今未发现笔石的复活种（陈旭等，本书第二章第一节），这与避难所是相合还是相斥呢？值得深入研究。

法门早期（F-F 大灭绝后的残存期）的一个避难所在新疆准噶尔的洪古勒楞（Maples *et al*.，1994），因为那里展示了多样的海蕾类和海百合类的生存情况。值得重视的是，当时全球环境尚未好转，洪古勒楞的这些海洋生物不仅含有未知的幸存支系，还发生了引人注目的演化革新事件，这个动物组合包括海蕾类 5 新属、6 新种，海百合类 1 新属、19 新种，还有些种不知该归于什么属，整个组合显然与石炭纪动物群亲缘（Lane *et al.*，1997），正是这些危机先驱分子，变成了后者的祖先。至于法门早期的洪古勒楞属于怎样的地理和生态条件，也值得仔细研究。

Erwin（1994）推测二叠纪末大灭绝时华南或日本可能是避难所，但他将整个晚二叠世都视为灾变期，与事实不符，主要是当时的地层对比有问题，最近他改变了原来的观点（Erwin *et al.*，2002）。本书研究后发现，大灭绝期间在近岸浅水环境中双壳类最丰富多样，除少数浅潜穴类型外，迁移能力较强的表栖分子是那里的优势类型，它们最常见、活跃（方宗杰，本书第四章第三节）。由此说明，近岸浅水环境很可能是大灾变期间某些浅海底栖生物的重要避难场所。无独有偶，分析二叠纪末大灭绝前后海相介形类显示，长兴期介形类在滨岸带相区（滇东黔西）分异度最低，灭绝率也最低；浅海相区（黔南）分异度较高，灭绝率居中；而远岸斜坡相区（浙西）分异度最高，灭绝率也最高（方宗杰，本书第四章第十节）（图 5.1.14）。这似乎证实了上述结论的合理性一面。近岸浅水环境当然不止华南地区。陈金华（本书第四章第四节）研究华南早三叠世双壳类动物群后认为，尽管某些层位化石丰度较高，但总体看，分异度相当低，属的组分不比世界其他地区多，且双壳类个体较小，与避难所生物群差异明显，指示了一种不利的生活环境条件（个体发育不充分）；再说，华南早三叠世也未发育正常环境（壳体固着于岩石或其他硬物上）下才能生存、需

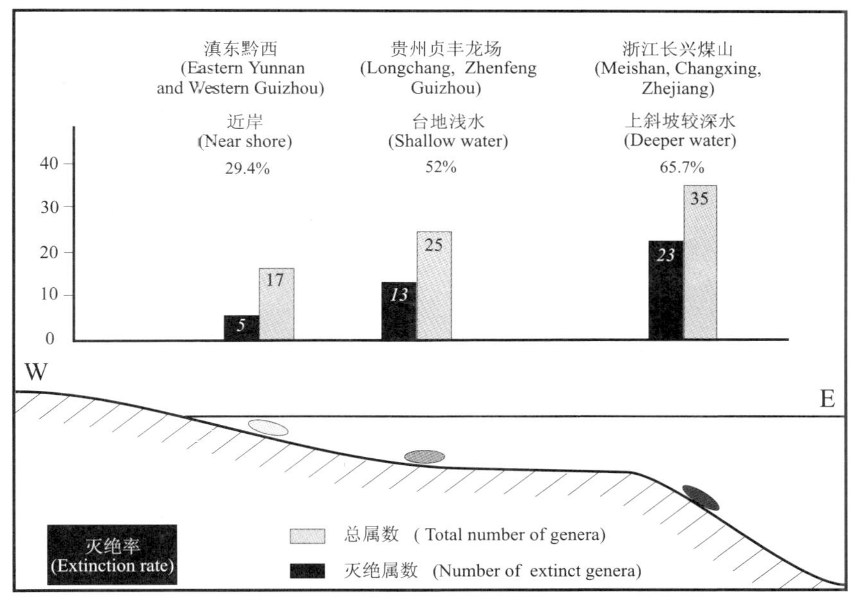

图 **5.1.14**　华南二叠纪末大灭绝事件中介形类在滨岸带、浅海、较深海相区属的多样性变化和灭绝率（基础资料引自本书第四章第十节）

Figure 5.1.14　Diversity changes of marine ostracode genera in nearshore, shallow water (inner platform), and deeper water (upper slope) through the end Permian mass extinction in South China (after data derived from the section 10 of the chapter 4 in this book)

避难的属种,他得出结论:该期避难所不在华南,而很可能在格陵兰。当然,这种生物是否可以作为识别避难所的标志,并无定论。此外,华南是否真的不发育此类化石,尚有待更多资料的证实。综合上述,大灭绝期间和残存期间是否存在着不同的避难所,需要深入研讨。

探讨生物是否都"需要"避难所、都发育复活种,也很重要。就漂浮或游泳生物而言,除了笔石外,华南 F-F 和 P-T 事件中牙形类也不发育复活种(王成源、Ziegler,本书第三章第二节),是否从另一个侧面说明环境恶化期间生物类群未必都发育避难所?这是这些类群应对大灭绝的普遍的还是个别的实例?是否与当时华南板块在赤道附近有关?如果笔石或牙形类确实缺乏复活种,那么这是否与它们特殊的生活方式、适应特点和地理分布有关?无论如何,这些门类与底栖固着动物应对大灭绝环境的生存策略有重要差异。腕足动物的研究显示,在大灾难期间,未必都去寻找避难所,居群规模的减少和分布范围的缩小也是一种应对恶化环境的生存策略。上述情况说明,对避难所的研究还需加强,化石记录和分类研究尤应重视。有关内容,笔者将另文阐述。

三、讨论

(一)关于大灭绝的控制因素问题

大灭绝的控制因素总是引起学者们和公众的关注。如前所述,撞击事件、火山活动、气候变化和大洋环境变化(如海平面升降、大洋翻转及缺氧)被认为是引发大灭绝的四大热点控制因素。研究华南古生代三大灭绝事件时,这些控制因素出现了怎样的情况呢?

1. 天体撞击地球事件

地球上发生过无数次规模大小不等的天体撞击事件。目前有案可查的撞击构造就超过 160 个,惟有白垩纪末大灭绝可能与之存在关联;其他的,如晚始新世早期地外行星撞击地球的陨石坑,尽管直径达到 100 km,且有两个,也没有触发生物大灭绝(灭绝发生在始新世和渐新世界线附近)(Conceioni *et al*.,2000;拓守廷、刘志飞,2003)。像白垩纪末那样无可争议的撞击证据,在古生代三大灭绝事件中还没有发现,说明撞击与大灭绝之间并无必然的联系。二叠纪末和晚泥盆世的撞击假说都有学者提出过,有些证据(如晚泥盆世)被引用,有些证据还不充分(如铱异常值不稳定或太低,含铱层位不确定或与大灭绝事件层位不一致,冲击变形石英缺乏,源于地外的富勒烯是否存在还缺乏重复性实验的证明)。至于单一撞击因素是否足以触发生物大灭绝事件,目前也缺乏很有说服力的证据。以往颇受青睐的"撞击尘埃导致白垩纪末大灭绝"的假说也被质疑与否定(Pope,2002);撞击不能导致火山喷发、不产生大型火成岩区的观点也被提出(Ivanov and Melosh,2003)。

2. 岩浆火山活动

自寒武纪生命大爆发以来,地球上已发生无数次规模不一、性质不同的火山活动,其中只有极少数几次,即大型火成岩区(LIP,Large Igneous Province)事件,特别是二叠纪末西伯利亚暗色岩(Renne *et al*.,1995; Reichow *et al*.,2002)、三叠纪末中大西洋岩浆区和白垩纪末的德干(Deccan Traps)暗色岩与大灭绝可能存在着关联。从全球范围看,在古生代其他时间段内未发现 LIP 事件(Courtillot *et al*.,1996; Wignall,2001; Courtillo and Renn,2003)。应该指出,二叠纪末西伯利亚超大规模的玄武岩喷发事件产生火山冬天效应,导致全球气候格局发生变化:先突然变凉,后旋即转入漫长的温室气候状态,这是引起生物大灭绝的重要控制因素。像这样强烈影响全球生物界的大规模火山活动的证据,在奥陶纪末和晚泥盆世两大灭绝过程中皆未发现。至于大西洋两岸在晚奥陶世早期(Caradoc 期)也发生过一定规模的火山喷发(Huff *et al*.,1992,1996)活动,那不能与上述的 LIP 事件相提并论,所以未找到重创海洋生态系、生物界发生大灭绝的证据也是正常的。可见除 LIP 之外的非超大型火山活动一般不会造成大的生物灭绝事件。

3. 全球气候系统变化

全球气候系统为什么会在短暂的地史时期里发生巨大变迁,其变化的机理和触发机制是什么?尚元满意答案。这些过程极其复杂,参与因素很多。但像奥陶纪末那样强烈影响全球气候(如大幅度的降温事件)的冰川活动及其他证据,均未在二叠纪末和晚泥盆廿发生大灭绝事件的相关地层中寻获。然而,在后两大事件,尤其是 F-F 事件的研究中,气候变凉导致生物大灭绝的观点曾被提出来,但认识还不一致。值得注意的是石炭纪-早二叠世全球气候变凉,还有渐新世(发育南极冰盖,晚期回暖)至中上新世-更新世(南、北两极发育冰盖),也属于全球气候变冷、变干的"冰室期"(Zachos *et al*.,2001)。可是,这些时期都没有发生像五大灭绝事件那样规模的生物消亡记录,由此似能说明,气候变化也只是引发大规模灭绝的诸多因素中的一个,而不是惟一的。

4. 全球海洋系统变化(大洋翻转、缺氧与海平面升降等)

海洋在物理化学等多方面的复杂变化长期引起学者们的关注,但一直到 20 世纪 80 年代科学大洋钻探计划的实施,研究才取得巨大成功;不过,其主要目标是新生代,况且还有许多问题(如海平面变化的机制、幅度与地层响应)远未解决。古生代的研究更为薄弱。奥陶-志留纪交界期和二叠-三叠纪交界期发生的全球大洋翻转与缺氧事件(Hotinski *et al*.,2001; Zhang *et al*.,2001),对当时海洋生物的大灭绝均产生了重要的影响。奥陶纪末、晚泥盆世 F-F 和二叠纪末大灭绝过程中都发生过海平面的升降事件。其升降的时间和幅度很重要,但对灭绝的具体影响及其个中细节仍不清楚。上述海洋变化只是在与大气圈、岩石圈发生的重大变化联系、互动之后，才发生了像二叠纪末那样、控制海陆各种生态领域的全球环境扰动事件，并导致地质历史时期最剧烈的一次生物大灭绝事件。

普遍（空间）、快速（时间）而突然（性质）的无机碳（$\delta^{13}C_{carb}$）和有机碳（$\delta^{13}C_{org}$）同位素的正漂移和/或负漂移，在生物灭绝研究中引起了很大的关注。其原因在很大程度上是因为它与生命活动关系密切，而生命活动又受许多环境因素制约，反映了全球生物界和环境的综合变化，内在机制复杂，涉及因素繁多，如有机碳埋葬量的增减、陆生植物的繁盛与否、风化作用的加剧与否、大陆营养物质注入量的增减、海水淡化与否、表层海洋初级生产力的下降与崩溃、甲烷水合物（温室效应很强、$\delta^{13}C$值强烈偏轻）的释放、气候变化等，甚至地球轨道角度的变化（Herrmann *et al*.，2003），都会影响到最后的结果。

华南三大灭绝资料显示（图 5.1.15），在二叠纪末发生过碳同位素的负漂移（曹长群等，本书第四章第九节）；奥陶纪末则出现碳同位素的正漂移（Wang *et al*.，1989，1993）；晚泥盆世 F-F 交界期的情况较为复杂（有正、负漂移记录），以正漂移为主。近年来，在探讨碳同位素大幅度负漂移时，不少学者都将注意力集中到甲烷水合物的大规模释放上。例如在中、新生代的相关资料中，记载了多次碳同位素的这种负漂移。早侏罗世 Toarcian 早期（Hesselbo *et al*.，2000；Röhl *et al*.，2001；Vörös，2002）就伴随着大洋缺氧和大量甲烷水合物的游离释放（Giusberti *et al*.，2003），后者导致全球气候变暖，温度升高了约 3℃。早白垩世晚期（Aptian 初）和古新世/始新世（PE）之交，也发现碳同位素大规模负漂移现象，其原因被认为很可能是甲烷水合物的大量释放。前中生代相关研究比较薄弱。除负漂移外，华南古生代和前寒武纪也有碳同位素大规模正漂移的记录，如末前寒武纪（陡山沱组下部的一次正值，见王伟等，2003）、寒武纪（Yang *et al*.，2003）、石炭纪（林春明等，2002；Saltzman *et al*.，2000；Mii *et al*.，2001）。其中，有些正与全球降温事件巧合，如奥陶纪末期、石炭纪。

碳同位素的正、负漂移，与气候变化无直接关联，二氧化碳浓度的快速变化（如其降低而使全球气候变冷、冰盖扩大）是值得重视的。有学者认为古新世/始新世之交二氧化碳浓度的变化速率甚至可与现代人类活动所引起的变化类比（Deconto and Pollard，2003）。这些热点研究表明，全球甲烷水合物的释放与生物大灭绝（如三叠纪末和白垩纪末）之间可能存在着比人们设想的还要重要的联系；但也可能这种关联最终不能被证实，因为在有些地质时期里甲烷水合物的释放事件客观存在，却没有发生全球性的生物大规模灭绝事件。

尽管学者们在探讨大灭绝的起因时非常强调某一种控制因素，但华南的研究表明，单一因素是难以承担引起大灭绝的全部责任的。因为上述因素若存在，就都不是孤立的，而是相互影响、相互作用，才共同导致全球环境恶化的。也就是说，当在短暂地史时期内、全球系统环境发生巨（剧、聚）变、系列灾难事件先后高频出现

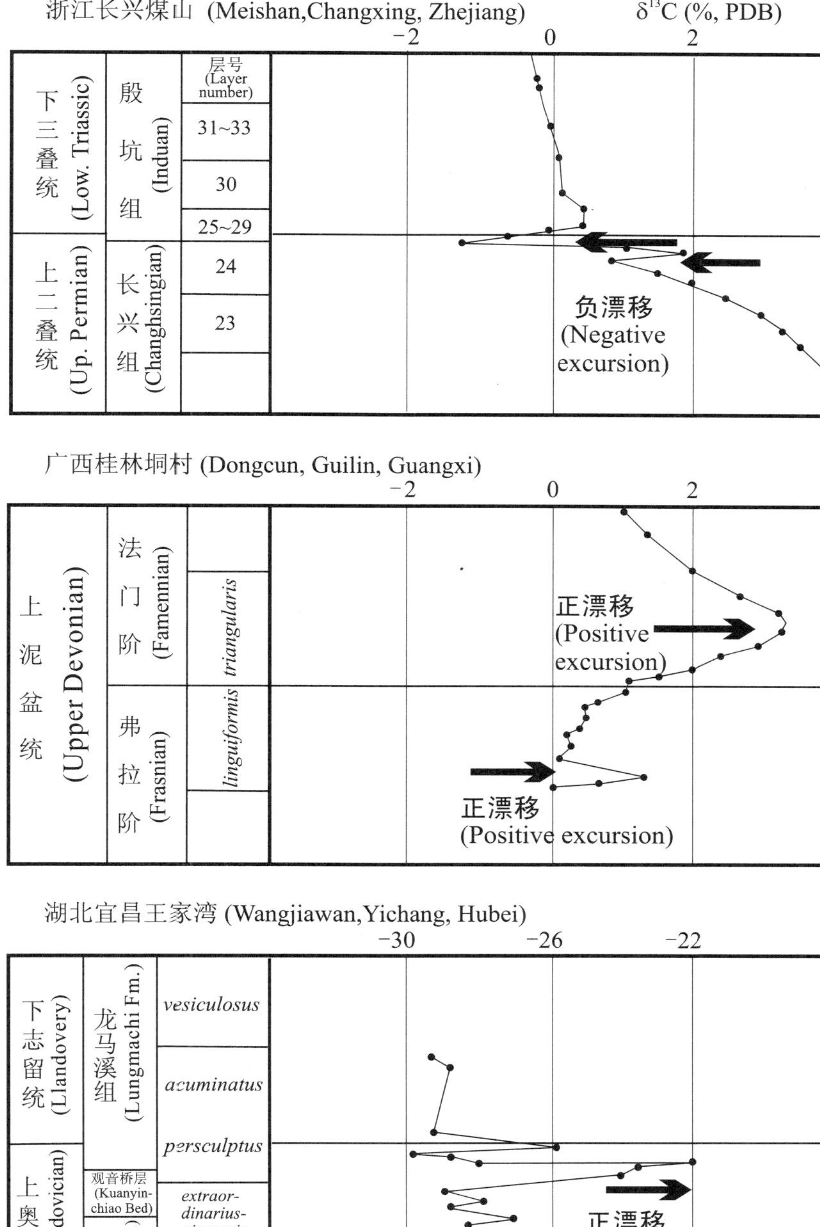

图 5.1.15 华南古生代(奥陶纪末期、晚泥盆世弗拉期-法门期之交和二叠纪末)三大灭绝事件及其前后稳定碳同位素异常(奥陶纪末期的资料根据 Wang *et al*.,1989;另两大事件的资料分别根据本书第三章第九节和第四章第九节)

Figure 5.1.15 Showing stable carbon isotope anormalies across the latest Ordovician, Frasnian-Famennian, and end Permian mass extinctions in South China(latest Ordovician data derived from Wang *et al*., 1986; the other two from the sections 9 of chapters 3 and 4 in this book)

或相对集中并叠加时，大气圈、水圈和岩石圈变化相互制约，足以使生物圈中生态系越来越脆弱、对生物界产生的灾难越来越深重、大量物种及其居群难以适应和忍受这种恶化环境而达到生存的临界状态时，大灭绝就不可避免地会发生。二叠纪末的大灭绝是最为惨重的，各圈层间的互动，包括岩石圈(广泛频繁火山活动带来酸雨、火山冬天等)对水圈与气圈产生的史前最严酷的变化，水、气圈的巨变(如海平面升降，快速海进带来缺氧事件，大洋翻转以及甲烷释放)对生物界产生灾难性的结局(生态系被破坏，生存危机剧增，大量生物死亡)集中地发生在二叠纪末，使得本已脆弱的生态系备受创伤，恶化环境超出绝大多数生物生存的临界状态。所以，由这些诸多因素联手制造的二叠纪末大灭绝事件的结局比奥陶纪末与晚泥盆世的惨重得多。

本书未专门探讨 K-Tr 大灭绝事件。但是有关资料表明，从坎潘期(Champanian)到整个晚白垩世，全球发生了一系列的环境变化(Spicer and Parrish，1990)，最终以穿时灭绝型式出现(Hansen *et al.*，1986)，或至少包含长、短两期的变化(Birkelund and Hakansson，1982)。对墨西哥 Chicxulub-Structure 本身以及周围(包括陆地和海底)穿过白垩纪-古近纪界线岩层的生物和沉积记录的详尽而深入的研究证明，这个时期的天体撞击地球不是一次、而是发生多次(Keller *et al.*，2003)(图 5.1.16)；撞击引起的尘埃并不会彻底破坏光合作用，更不会直接引发生物的灭绝(Pope，2002)。可见，这次大灭绝很可能不是由一种事件(如天体撞击)所致，而是在较长的地质时期里、由多种圈层相互作用、地外事件参与介入的结果，包括大型火山活动、缓慢与快速的气候变化、海平面变化和一次或多次天体撞击等事件。显然，单一因素是难以引发大灭绝的(Zinsmeister，1998；Racki and Wrzolek，2001)。

以阶为单位勾画出属种地层历程的方式，也会造成“同时灭绝”和“灾变现象”的假象，这样做会模糊事物的本质。还需指出，因各类事件的作用方式互不相同，灾变过程延续时间长短不一，恶化环境影响效果错综复杂，自然给查找和确定“真凶”增加了很大的难度。也有可能单一元凶并不存在。若果真如此，寻此元凶恐会徒劳。

(二) 后生动物礁在三大灭绝前、后的演变

本书通过对华南古生代至中生代早期后生动物礁的辐射、灭绝(或消失)、复苏到新一轮辐射的分析(李越，本书第二章第八节；王向东、沈建伟，第三章第五节；方宗杰，第四章第一节)看出，古生代三大灭绝过程中后生动物礁的发育情况差异很大(参见图 5.1.17)，具体反映如下。

(1) 在这三大灭绝事件比较中，数奥陶纪末大灭绝后即志留纪后生动物礁的复苏最快(在大灭绝后约 5 Ma)；灭绝前即奥陶纪晚期(如 Ashgill 中期)，发育层状

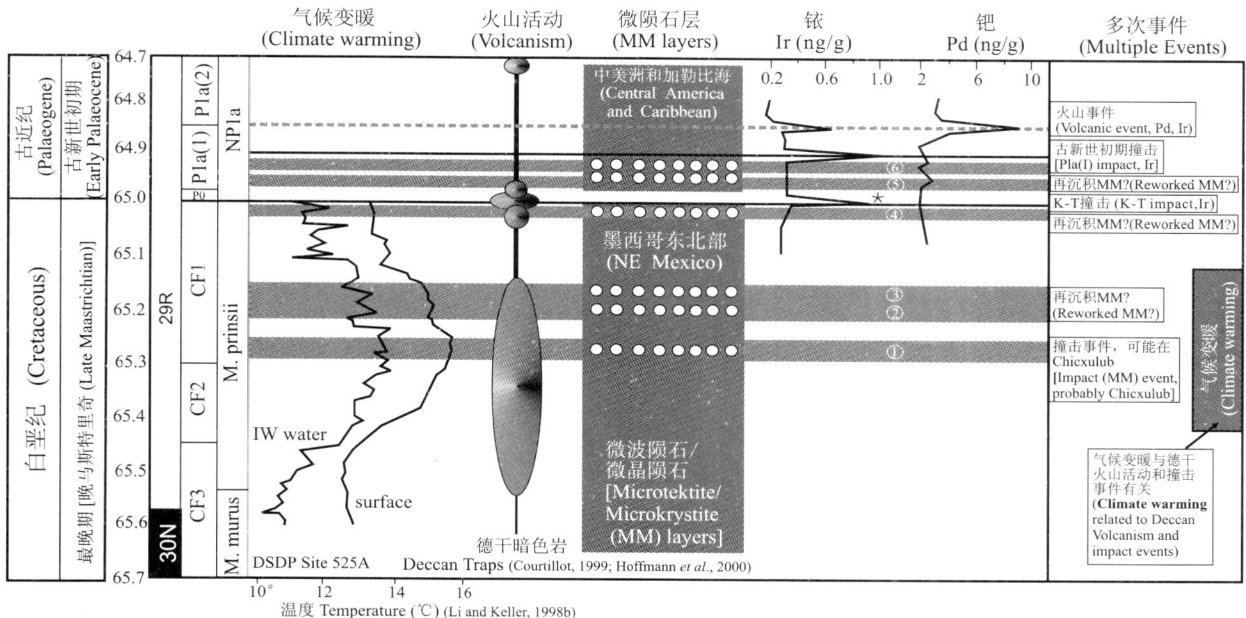

图 **5.1.16** 示 **K-T** 地外天体多次撞击的背景情况，根据墨西哥湾、加勒比海和中美洲地区白垩系-古近系界线地层中撞击玻璃球粒沉积和铱异常确定。最早的撞击玻璃球粒层时代为 65.27 Ma，由玻璃化学确定它与 Chicxulub 事件有联系。这次撞击与 65.2 Ma 和 65.4 Ma 的全球气候变暖和德干(Deccan)火山活动顶峰期一致。较晚的撞击玻璃球粒层位于白垩纪 Maastrichtian 晚期和古近纪 Danian 早期，可能系海平面升降造成反复的再沉积所致。由于侵蚀和构造活动，研究区内 K-T 界线事件层通常缺失。根据广布的铱异常，Danian 早期可能发生过撞击事件(After Keller *et al.*, 2003)

Figure 5.1.16 Multiple impact K-T scenario based on impact glass spherule deposits and Ir anomalies in the Gulf of Mexico, Caribbean and Central America. The oldest impact glass spherule layer is dated at 65.27 Ma and is linked to the Chicxulub event based on glass chemistry. This impact event coincides with the global climate warming between 65.2 and 65.4 Ma and peak intensity of Deccan volcanism. Younger impact glass spherule layers in the late Maastrichtian and early Dannian may be repeatedly reworked as a result of sea level fluctuations. The K-T boundary event is generally absent in the region due to erosion and tectonic activity. A widespread Ir anomaly in the Early Danian subzone Pla(1) is tentatively identified as an early Danian impact event

礁、点礁和灰泥丘组合，造礁分子为丛状珊瑚、层孔海绵及苔藓虫；灰泥丘由菌藻类建造。大灭绝后，经过发育灰岩透镜体-生物层逐渐向生物礁发展(李越，本书第二章第八节)，后者的主要组分与大灭绝前基本相同，仍以横板珊瑚和层孔海绵为主，替代的主要是属、种级别的分类单元；礁的生态系统也基本上承继了大灭绝前的特点。可见，奥陶纪末大灭绝对后生动物礁的影响与其他两大事件相比，要小得多，这种影响主要表现在低级别的组分变化和灾难时期属种多样性的减少上。

(2) F-F 大灭绝后，华南的后生动物礁经历很长地质时间(大约为 22 Ma)的残存期，一直到早石炭世维宪期才得以复苏。这一点在全球来看是很醒目的。F-F 事件后法门期的后生动物(如珊瑚和海绵)骨骼造礁及其生态系统消失，但后生动物本身并未消失；这个时期在造礁过程中起主导作用的是原核细菌和真核藻类生物(这方面的研究基础还较薄弱)。有意义的是除蓝菌和红、绿藻外，钙质壳有孔虫作为危-机先驱型分子首次以石炭二叠纪新型组合分子参与造礁作用。进入法门

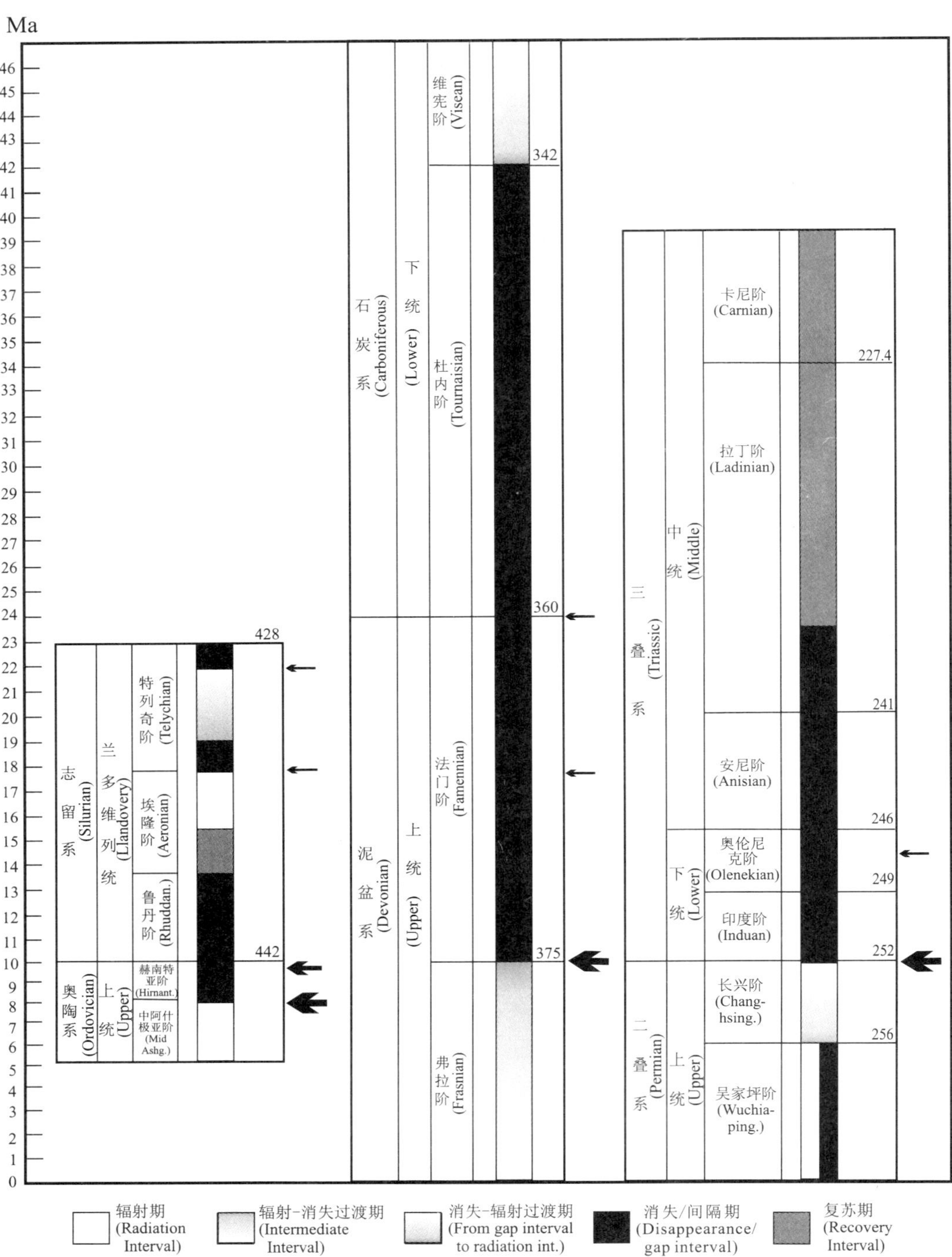

图 **5.1.17** 华南古生代(奥陶纪末期、晚泥盆世弗拉期-法门期之交和二叠纪末)三大灭绝事件后的后生动物礁的消失/间隔、复苏和辐射及其延限。地质年龄根据 Gradstein, Ogg *et al.*, 2004。尽管泥盆纪法门期和石炭纪杜内期的后生动物礁都处于消失/间隔期,而且华南的这个时间段还特别长,但是真核藻类和后生动物在礁中仍有出现;而早三叠世至中三叠世早期的后生动物礁虽也处于消失/间隔期,但真核藻类和后生动物彻底消失,两者之间有实质性的差别

Figure 5.1.17 Showing different stages of disappearance (or gap), recovery and radiation along with range of metazoan reefs after the latest Ordovician, Frasnian-Famennian, and end Permian mass extinctions in South China. Absolute age after Gradstein, Ogg *et al*. (2004)

晚期，四射珊瑚和层孔海绵出现了一个短暂的恢复期，但它们在大灭绝之前的那种造礁生态角色却基本消逝，类似于泥盆纪的后生动物礁从此绝迹。Copper(2002)曾记载法门期世界个别地点有小型、孤立的层孔或石海绵点礁；但华南迄今尚未发现点礁，生物层(biostrome)则有所发育(王向东、沈建伟，本书第三章第五节)。早石炭世杜内期的华南海域，甚至连菌藻微生物礁也缺失；只是到了维宪期，才以群体苔藓虫和复体珊瑚的繁盛为契机，后生动物礁得到又一次的复苏，此时礁的组成和结构已经发生了实质性的变化，礁生态系几乎面目全非(王向东、沈建伟，本书第三章第五节)。

(3) 与 F-F 事件相比较，二叠纪大灭绝对后生动物礁的破坏更剧烈。早三叠世的后生动物礁彻底消亡，造礁群落的多样性降到了最低点，以蓝菌为主的底栖微生物群落(Benthic microbial community)成为仅存的造礁生物，群落结构变得原始而简单。这一点表面看起来，似乎与 F-F 事件之后的情况相似，但实质上是有重要差异的。两者的区别在于早三叠世礁的组分中，不仅后生动物完全消失，就连真核藻类也从礁生态系中完全消失，危机先驱型分子完全不见，这个时期出现了一个真正的后生动物礁的间断。而 F-F 事件之后，尽管华南缺失后生动物礁，缺失的时间还特别的长，但并未出现全球范围的后生动物礁间断，那些造礁的后生动物并未绝迹，真核藻类仍然发育，还出现了新的造礁类型(有孔虫，属于危机先驱型)。中生代初期的新型造礁分子，直到大灭绝后约 8 Ma(即中三叠世 Anisian 期)才出现，新型造礁群落则更滞后到晚三叠世始得形成(方宗杰，本书第四章第一节)，到那个时候，中生代礁生态系的复苏才真正起步。

以上三大灭绝事件对礁生态系影响程度的简单对比分析表明，早志留世后生动物礁的生态系所受重创程度最轻，随后复苏也最快；泥盆纪 F-F 事件和二叠纪末事件对礁生态系的重创程度都明显地比志留纪的剧烈。但三者对比的结果，无疑数二叠纪末的大灭绝对后生动物礁生态系的创伤程度最惨重，甚至连真核藻类的造礁机会都丧失了。凡此可看出，生物礁的“反弹”(如速度与幅度)，可能与大灭绝事件本身的性质、规模和强度有关系密切。其次，后生动物礁的繁盛和衰败与后生动物本身的多样性增加或减少不完全匹配，因为后生动物礁的生长必须要有群体造架生物和合适的生活条件，若群体造架生物稀少或环境不适，都难以成礁。

(三) 大灭绝后生物多样性的反弹差异

生物多样性因大灭绝而下跌，在大灭绝事件后出现反弹，是一个普遍的规律。但历次反弹的时限、逗率与内涵都不尽相同，各种类群在同一事件后的反弹差异更为显著。华南的资料显示，古生代三大灭绝事件后的反弹特征，体现了大灭绝的强度和不同类群应对大灭绝的差异。这些反弹现象可简单地归纳为“对称性反弹”和“非对称性反弹”两种型式。识别大灭绝事件的内在本质需要注意这些特点，其意义不亚于统计灭绝率。

奥陶纪末大灭绝后大体呈现出“对称性反弹”的特征，这是指生物多样性而言的，即若以奥陶-志留纪交界为镜面，灭绝前、后不同级别分类单元的总体多样性（本书统计了丰富和常见的笔石、腕足动物、三叶虫、四射珊瑚 4 个门类）和生态群落及其生态位以基本对称的曲线反弹，尽管整体反弹是对称性的，但其内涵的差别很大，特别是不同门类之间的差别（戎嘉余等，本书第二章第十节）。后生动物礁的反弹时间最晚（李越，本书第二章第八节），呈现了不强烈的非对称性反弹的特点。

晚泥盆世大灭绝事件前、后（即以 Frasnian-Famennian 阶交界为镜面），各门类反弹情况明显不同。牙形类等个别门类似乎呈现“对称性反弹”的特征，但其余门类复苏期开始的时间就先后不一，多具备强烈的“非对称性反弹”的特点。后生动物礁的反弹在 F-F 事件后约 22 Ma 后（王向东、沈建伟，本书第三章第五节），其滞后时间比奥陶纪末后的反弹晚了 1 千多万年。

二叠纪末大灭绝前、后，绝大部分门类或类群都表现为强烈的“非对称性反弹”的特点，除部分两栖动物、牙形类、菊石、放射虫外，华南海域的多数生物群直到约 8 Ma 后（中三叠世早期）才正式开始复苏（本书第四章的相关论文）。

上述表明，反弹的差异与大灭绝事件本身的性质和强度、各类群对灾变环境的差异应对和事件后谱系发育的机遇等，有密切的关系。

（四）大灭绝前、后生物宏演化的阶段是否存在统一模式？

一些学者基于对生物宏演化的一种理性认识，将穿越生物大灭绝事件过程划分成若干阶段，如正常（或辐射）期、大灭绝期、残存期、复苏期和辐射期（Kauffman and Erwin，1995；Kauffamn and Harries，1996）（图 5.1.18）。在大灭绝研究初期，这种“泛模式”的问世有一定的积极意义。如有些学者认为早侏罗世 Toarcian-Pliensbachian 交界期和晚白垩世 Cenomanian-Turonian 交界期的小型集群灭绝事件，与这种模式很相符（Harries and Little，1999）。然而，这样的“泛模式”理想化的概念比较多，理性的内容较欠缺。例如，将大灭绝这个时间段分成早、中、晚 3 个部分（图 5.1.18）几乎是做不到的，如果大灭绝是瞬间突发事件，这样的划分就更难；残存期几个阶段的识别也是人为的；将新种系大辐射阶段放在复苏期也不合适。研究华南三大灭绝个案后发现，这样的“泛模式”难以完好地适用于每个事件、每个门类的情况，故产生了一定的局限性。这种局限性因过于重视和依赖于大灭绝及其后复苏的共性点而滋生出许多理想化的观念。这些观念容易对大灭绝事件特殊性的认识产生误导，甚至还会使人相信当今生物界已经处于类同于史前大灭绝那样的地质历史时期。

实际上，这些大灭绝的全过程的背景和内涵是极其复杂的，难以按照这个统一的“泛模式”来认识和划分。本书探讨的结果表明，史前每次大灭绝事件都发生在特定条件下，加上生物本身种种因素的差异，导致灭绝事件的表现方式和结局各有特点。各大宏演化阶段（如复苏期）的始现时间总是参差不齐的；而且，这些阶段也不总是存在的，其识别要视具体情况分析。例如，三叠纪末大灭绝后，欧洲的双壳类、菊石、腕足动物、海百合类、有孔虫和介形类基本缺失残存阶段，在灭绝后的数百万年里呈现的是生物的稳步分异现象（Hallam，1996）。这个情况显然与上述“泛模式”不相符合。现再举由本书展示的以下实例予以说明。

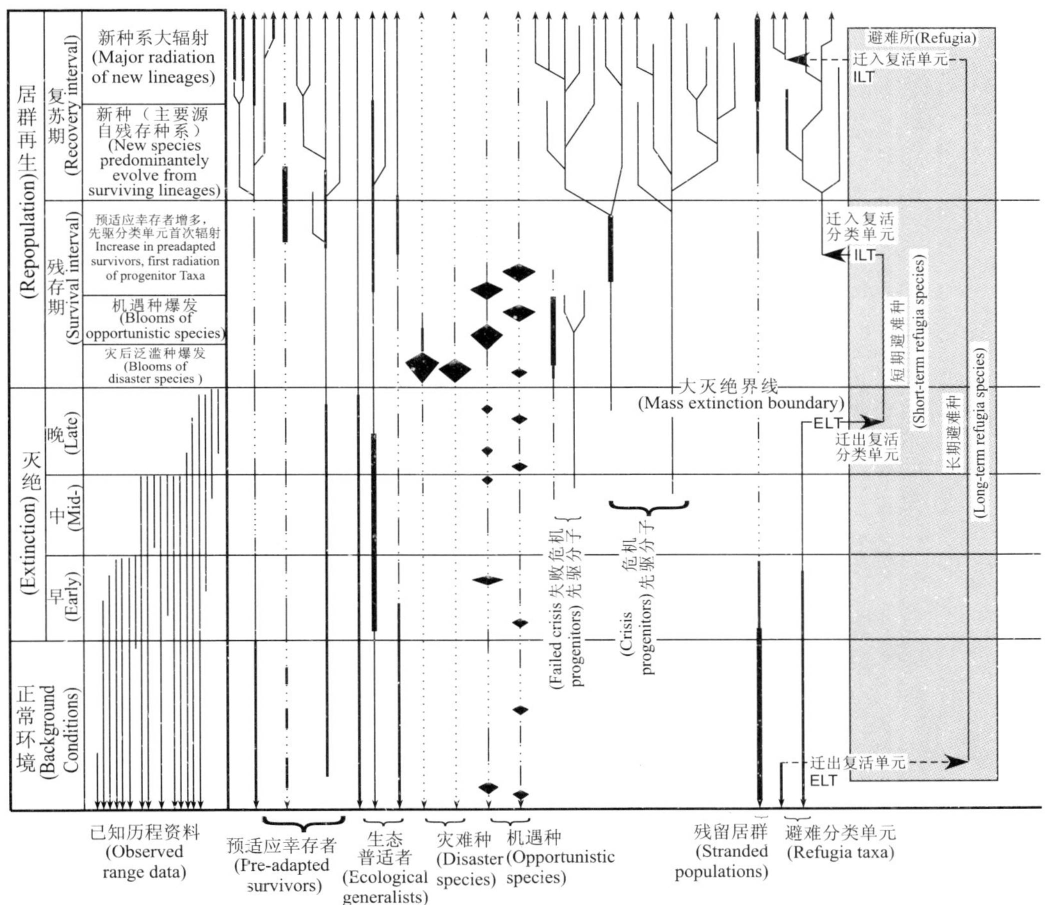

图 5.1.18　本模式图来自 **Kauffman** 和 **Harries**（**1996**：图 1），他们修改自 **Kauffman** 和 **Erwin**（**1995**）。示残存-复苏期分类单元和支系的典型的地层分布型式，这些分类单元和支系包括大灭绝事件的幸存者和随后辐射的根系，还显示残存-复苏期基本生态系的重构。这个模式是根据显生宙若干次大灭绝-复苏时期高分辨率生物地层和古生态资料所识别的型式制成的

Figure 5.1.18　Generalized model showing typical stratigraphic patterns of occurrence for taxa or clades which survive mass extinction intervals, and which comprise the rootstocks for subsequent radiation and basic restructuring of ecosystems within the survival and recovery intervals. The model is constructed from observed patterns of high-resolution biostratigraphic and palaeoecological data, derived from several Phanerozoic mass extinction-recovery intervals (after Kauffman and Erwin, 1995; Kauffman and Harries, 1996)

（1）有的大灭绝事件发生后，有些生物紧接着并未出现残存期，而是进入了具备残存与复苏期综合特性的一个特殊的阶段（即“残存-复苏期”），如奥陶纪末大灭

绝首幕(或主幕)与次幕(或尾幕)之间的灾难时期(本书第二章第一、三、四、五节)(图 5.1.19),二叠纪末大灭绝后的双壳类(方宗杰,本书第四章第一节)。

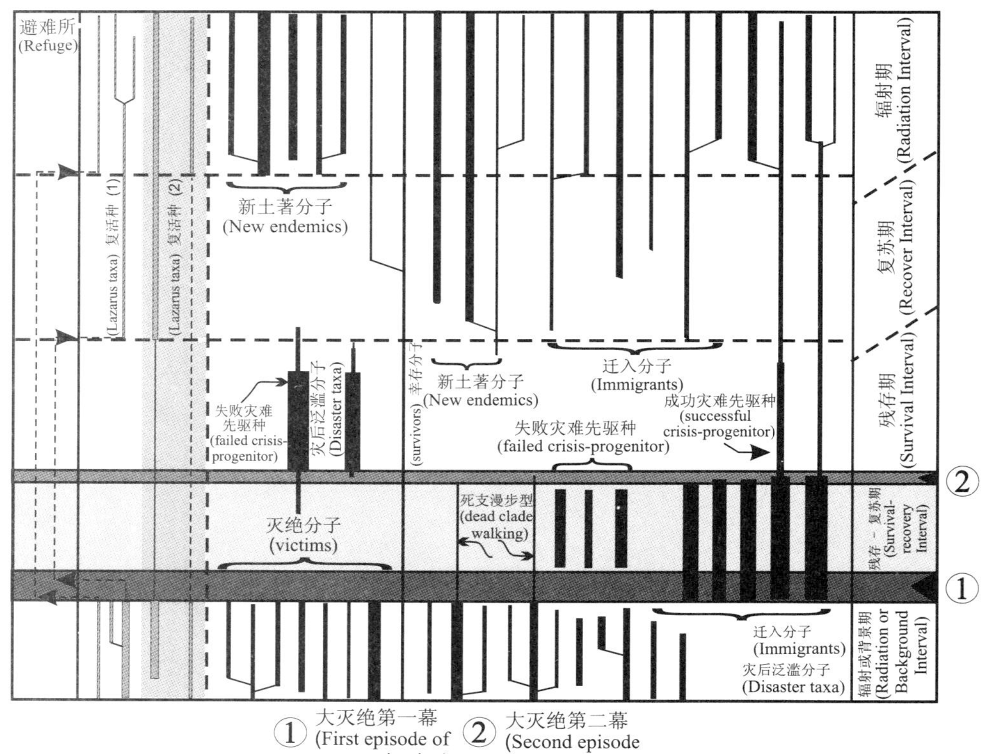

图 **5.1.19** 根据华南奥陶纪末期大灭绝事件前后资料制成本模式图,示穿越大灭绝过程中宏演化阶段的划分(包括背景、危机、残存、复苏阶段)和各重要生物类型(包括灭绝种/死支漫步型、危机先驱种、先驱种、复活种、灾后泛滥种、幸存种、迁入分子)的延限

Figure 5.1.19 Diagrammatic representation of the theoretical structure through the latest Ordovician mass extinction event showing stratigraphic patterns of occurrence for taxa or clades and division of macroevolutionary stages within the background, crisis, survival and recovery intervals. The model is constructed from recognized patterns of high-resolution biostratigraphic data derived mainly from the latest Ordovician mass extinction data from South China. The taxa and clades include victims with dead clade walking, crisis-progenitors, progenitors, Lazarus taxa, disaster taxa, survivors, and immigrants

(2) 有的生物大灭绝后,不一定按部就班地从一个阶段演替到下一个阶段,如 F-F 大灭绝后的四射珊瑚,残存期很长,一直到 Famennian 晚期才开始复苏,而这时的四射珊瑚还未来得及进入下一个辐射阶段,又被新的一次灭绝事件(Hangenberg Event)所打断(廖卫华,本书第三章第八节),使生物多样性再次下降(图 5.1.20);下一次四射珊瑚的辐射发生在石炭纪的维宪期。

(3) 就同一大灭绝事件而言,对各门类重创的程度也相差很大。如奥陶纪末大灭绝后,腕足动物受到次幕的冲击强烈,而笔石却影响甚小;腕足动物在该次幕后进入了残存期,而笔石却直接迎来了复苏-辐射期,无法识别出残存期来(陈旭

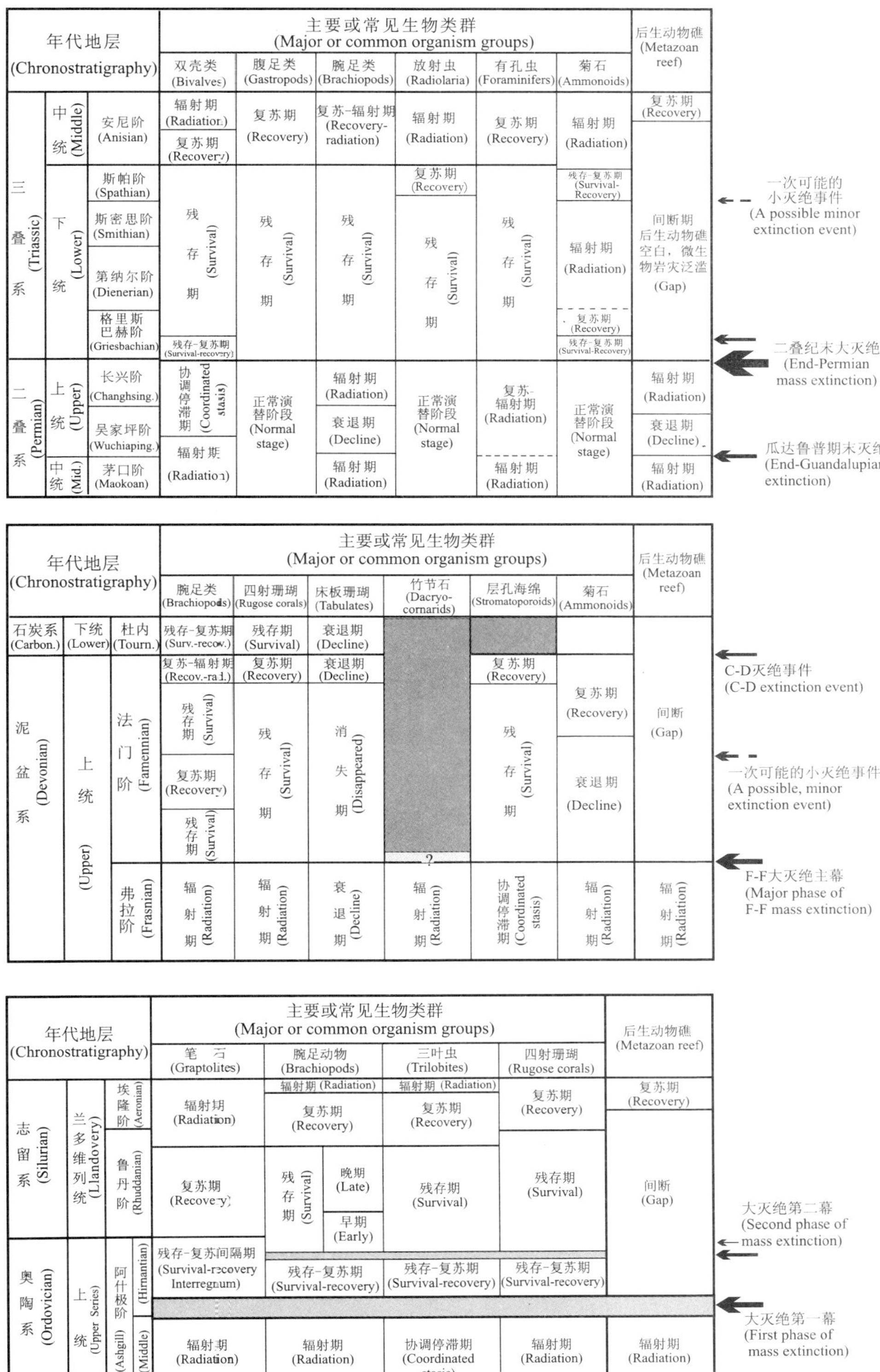

图 5.1.20　穿越华南古生代(奥陶纪末、晚泥盆世弗拉期-法门期、二叠纪末)三大灭绝事件过程中各常见生物类群的宏演化阶段的划分

Figure 5.1.20　Showing divisions of macroevolutionary stages for various major fossil groups through the latest Ordovician, Frasnian-Famennian, and end Permian mass extinction events based on the data from South China

等，本书第二章第一节）（图 5.1.20）。类似的情况也见于 F-F 和二叠纪末大灭绝事件前后的一些生物门类，要识别其残存期也很困难（如牙形类）。

（4）在同一门类的不同支系中，各演化阶段的始现时间参差不齐。二叠纪末大灭绝就拥有这方面的明显例子。两栖类离片椎目与众不同地缺失萧条的残存期（Griesbachian 期即进入辐射阶段）；菊石在二叠纪末大灭绝后，进入残存-复苏期，尾幕后经历了短暂的残存-复苏期后，即很快地进入复苏期，Dienerian 进入辐射期；放射虫到早三叠世晚期（Spathian）已进入复苏期；但腕足动物、双壳类和腹足类的残存期更长（占据整个早三叠世），到中三叠世早期（Anissian）才告复苏；后生动物礁的复苏最晚，直到 Anisian 晚期刚开始；而此时，许多门类已进入辐射阶段了（图 5.1.20）。

（五）大灭绝起因相似，结局会相似吗？

自然界是纷繁复杂的。许多大型事件是在多种因素复合、叠加或集中的情况下发生的。在事件表面现象和真实答案之间总是存在着难以填补的空白。如上所述，历次大灭绝不存在统一的起因和模式；但反过来，若两次灭绝事件起因相似（如全球海域缺氧），灭绝型式和结局是否也有类似之处？

华南资料表明，发生奥陶纪末大灭绝第二幕的主要原因之一是扬子海域缺氧事件的发生和广布，这通常又和全球海平面上升和“温室效应”联系在一起。在第二幕缺氧事件之前，广阔的扬子浅海底域（BA2～3 为主）繁盛着底上动物（epifauna）*Hirnantia-Dalmanitina* 凉水动物群，它们常占据同层位全部生物量的 90%以上。随即，奥陶纪末-志留纪初期全球海平面快速上涨，水温也急剧上升，水体严重缺氧（沉积龙马溪组下部黑色笔石页岩），其结局就是这个壳相动物群的整体消亡。这次大灭绝次幕的标志之一就是营不同生活方式的两大类型生物表现了不同的影响和结局：底上动物群属种灭绝率较高，而漂浮的笔石的灭绝率较低。

早侏罗世（Toarcian 事件）和晚白垩世（Cenomanian-Turonian 生物事件）两次灭绝情况与奥陶纪末有相似之处。首先，中生代这两个事件都与大洋缺氧有关；其次，这两个事件的结局主要表现在破坏底内动物群（infauna）的生存和限制底上动物群（特别是腹足类和钙质壳腕足动物）的繁衍，而在上层水域生活的那些类群以及某些特殊的底上动物群却得到繁盛的机会（Harries and Little，1999）。应该说明的是，奥陶纪末海洋底内动物群还不很发育，但情况与中生代有不少类似的地方。也就是说，这些灭绝事件因拥有相同的起因而发育类似的特点，尤其是底上动物群遭受创伤的程度显著高于水域表层生活的类群，这些情况很可能与全球海平面上升、“温室效应”、海水底域缺氧密切相关。如果地史上其他时期因类同原因引发生物灭绝事件也具有类似特点的话，那么预测将来相同起因引发大规模生物灭绝就有可能。但这方面的研究还很不够。

（六）大灭绝后复苏期迟滞的原因是什么？

华南古生代三大灭绝事件中，除奥陶纪末外，另两大事件后的复苏都产生迟滞现象。泥盆纪 F-F 事件后，多数门类的残存期较长，后生动物礁的消失期更一直延续到石炭纪早期。二叠纪末大灭绝后，大部分生物类群也经历了长地质时间的残存阶段，直到中三叠世才告复苏。产生这种现象的原因显然是多方面的。那么，华南的研究能为解释这种迟滞现象提供什么呢？

华南 F-F 大灭绝对腕足动物的创伤是严重的。分析属的多样性后发现，紧接大灭绝后的法门最早期，腕足类属数比 Frasnian 末降低了一半；随后不久，比其他底栖动物更早进入复苏阶段；至早法门期之晚期，腕足动物的大部分科开始再现。值得注意的是，统计分析后发现，该门类大致在 *marginifera* 带末又发生了一次属级分类单元的灭绝事件（未见科的灭绝记录），使 *trachytera* 和 *postera* 带的腕足动物属的多样性又一次陷入低谷，科、属发育水平甚至低于法门早期（陈秀琴、马学平，本书第三章第三节）。这一现象预示，华南在 *marginifera* 带末，甚至连同 *trachytera* 和 *postera* 两带，海域环境再次恶化。尽管对这个事件的过程、性质和型式还知之甚少，但这样的结局与介形类、四射珊瑚、层孔海绵的研究结果基本一致，其可信度增加许多。其中，介形类豆石科在法门早中期（*triangularis* 带 - *postera* 带）因多样性很低（仅 1 属、1 种）一直处于残存期，到 *expansa* 带才复苏（2 属、10 种）（王尚启，本书第三章第四节）。到了泥盆纪-石炭纪交界期，又发生了一次有相当规摸的灭绝事件（相当于 Hangenberg Event），使许多生物门类的多样性再一次跌落（廖卫华，本书第三章第八节），豆石科的灭绝就是这次事件的产物（王尚启，本书第三章第四节）。又据陈秀琴、马学平统计，华南泥盆纪末期 *praesulcata* 带的腕足类 32 属中，仅 10 属上延到石炭纪初期，所有幸存下来的科基本上每科只剩 1 属（当然，石炭纪初也出现了许多新生分子，似乎反映了一个残存-复苏阶段的特点）。由此推测，当时经历了一次具有一定规模的灭绝事件。从 Frasnian 末之后到石炭纪初，华南至少遭遇到 2 次环境恶化事件。正是这样，带来了一次次生物危机事件，从而推迟了 F-F 大灭绝后海洋无脊椎动物的复苏（图 5.1.21，图 5.1.22）。

二叠纪末大灭绝事件因其强度和规模极大、重创程度最剧烈，新生态系统的建立缓慢，残存期的延续自然就很长。陈金华（本书第四章第三节）在对三叠纪双壳类研究后进一步发现：在早三叠世晚期 Smithian 和 Spathian 之间，华南发生了一次小规模的生物灭绝事件，其后果主要表现在以下三方面：①双壳类动物群再次极度萧条，科、属分异度降到最低点（只剩下 10 属，比二叠纪末大灭绝后的分异度还低约 1 倍）；②在已知 5 个亚纲中，除 Palaeoheterodonta 外，Palaeotaxodonta 所含惟一 1 属、Pteriomorphia 19 属中 12 属、Heterodonta 3 属中 2/3 的属暂时消失，动物群面貌和组成发生了深刻的变化;③灾后泛滥分子 *Claraia* 灭绝,*Eumphotis* 受到重创(大部分种灭绝)。由于出现上述生物群性质的重要变化,陈金华推测当时海域环境有过一次新的恶化事件。最近,左景勋等(2004)对安徽巢湖下三叠统碳同位素地层研究后发现在 Olenekian 阶中部有一次显著的 $\delta^{13}C$ 正漂移事件。有可能这与陈金华推测的恶化事件有关联。这次环境扰动推迟了多数门类复苏的开始。我们还不了解这次地质事件的细节及其表现特点,但不管如何,由生物灭绝线索推测的早三叠世晚期环境扰动不容忽视,它很可能是二叠纪末大灭绝后多数类群复苏迟滞的原因之一(图 5.1.21,图5.1.22)。

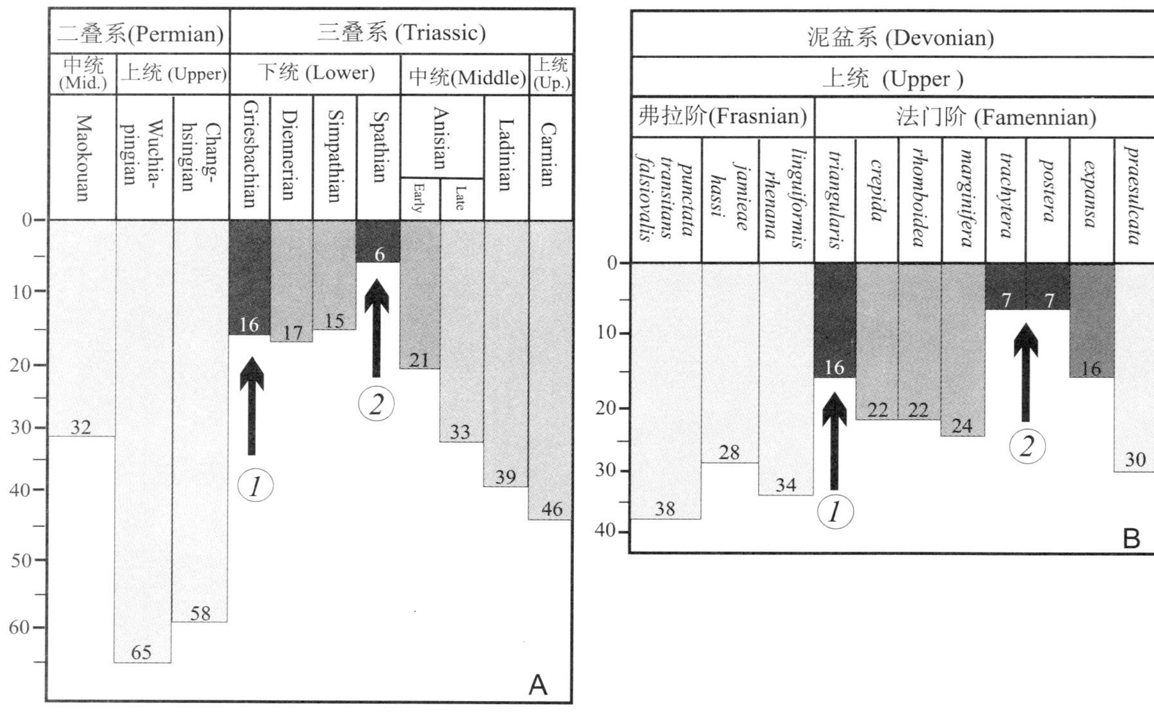

图 **5.1.21** 华南泥盆纪晚期弗拉-法门期腕足动物属的多样性和二叠纪中晚期至三叠纪不同时期双壳类属的多样性,示法门期 ***marginifera*** 带末和早三叠世 **Smithian-Spathian** 之交可能各发生一次环境恶化事件(资料引自本书第三章第三节和第四章第三、四节)

Figure 5.1.21 Changes of brachiopod generic diversity in Frasnian-Famennian and changes of bivalve generic diversity in mid-late Permian and Triassic based on the data from South China, indicating a possible environmental perturbation in mid Famennian and in late Early Triassic (basic data from the section 3 of the chapter 3 and sections 3 and 4 of the chapter 4 in this book)

根据最新的地质年代表(Gradstein,Ogg *et al*.,2004),法门期的延续时间长达 16 Ma,而早三叠世时限只有 6 Ma。泥盆纪 F-F 事件强度肯定不及二叠纪末大灭绝事件,为什么前者之后的生物复苏时间要明显长于后者呢?上述情况似乎可以解释这样的事实,即大灭绝事件后一次次地质环境事件的发生是造成这一现象的原因之一。

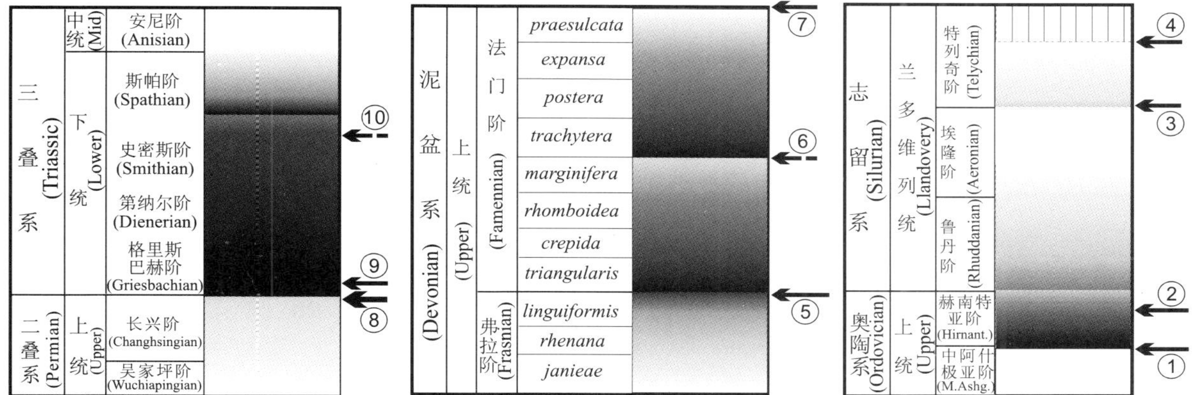

图 5.1.22 华南晚泥盆世弗拉期–法门期之交和二叠纪末两大灭绝事件后生物残存期的延限和复苏期的迟滞，相似的情况在奥陶纪末后没有出现。①、②奥陶纪末大灭绝首幕与次幕，③华南志留纪兰多维列世 Aeronian-Telychian 交界期因海退和大量碎屑物质进入海盆而引起环境不适所造成的一次区域性小灭绝事件，④华南兰多维列世 Telychian 晚期因扬子区大规模海退、浅水海相红层发育所伴随的区域性小灭绝事件；⑤F-F 大灭绝事件，⑥华南法门期 *marginifera* 带末开始的一次可能的小灭绝事件，⑦华南泥盆纪–石炭纪交界期的灭绝事件；⑧二叠纪末大灭绝事件主幕，⑨二叠纪末大灭绝尾幕（出现在三叠纪最初期），⑩华南早三叠世晚期（Smithian-Spathian boundary）一次可能的小灭绝事件

Figure 5.1.22 Showing long delay of recovery interval after the F-F and end-Permian mass extinctions, compared with the end ordovician mass extinction in South China. ① and ② First and second episodes of latest Ordovician mass extinction, ③ a local extinction event across the Aeronian-Telychian boundary in South China, ④ a local extinction event in late Telychian due to the Yangzte Platform uplift and regression; ⑤ and ⑥ an extinction event possibly at the *marginifera* and *trachytera* conodont zone boundary in mid Famennian, ⑦ Devonian-Carboniferous boundary extinction event(＝Hangenberg Event); ⑧ and ⑨ major and minor phases of End Permian mass extinction, the minor phase of the extinction happened in earliest Triassic, ⑩ a possible extinction event known in late Early Triassic(Smithian-Spathian boundary)

（七）大灭绝事件与年代地层界线一致吗？

本书所研究的古生代三大灭绝事件，不同程度地靠近所在系的顶界位置。相比之下，二叠纪末事件距该系顶界最近；F-F 事件距泥盆系顶界最远（图 5.1.23）。

志留系底界被置于 *Akidograptus ascensus* 带之底或 *Normalograptus persculptus* 带之顶（Chen *et al.*，2000；Melchin and Williams，2000）。壳相生物的次幕位于 *N. persculptus* 带中部（戎嘉余、詹仁斌，本书第二章第三节；戎嘉余等，本书第二章第十节）；而笔石灭绝以尾幕（位于 *N. persculptus* 带和 *A. ascensus* 带之间）结束，恰好位于奥陶系和志留系的分界处（陈旭等，本书第二章第一节）。

泥盆–石炭系的界线，国际上早就统一放在 Famennian 阶之顶；F-F 事件则发生在 Frasnian 阶和 Famennian 阶的交界处。在 Famennian 阶之顶还发生一次规模较小的灭绝事件（廖卫华，2002），与泥盆系–石炭系分界相当，但高分辨率生物地层和化学地层研究还要深入。

据最新生物地层分带研究结果，全球二叠–三叠系分界划在牙形类 *P. parvus* 带之底（Yin，1994，1996；殷鸿福等，2001）。二叠纪末大灭绝（Jin *et al.*，2000）则发

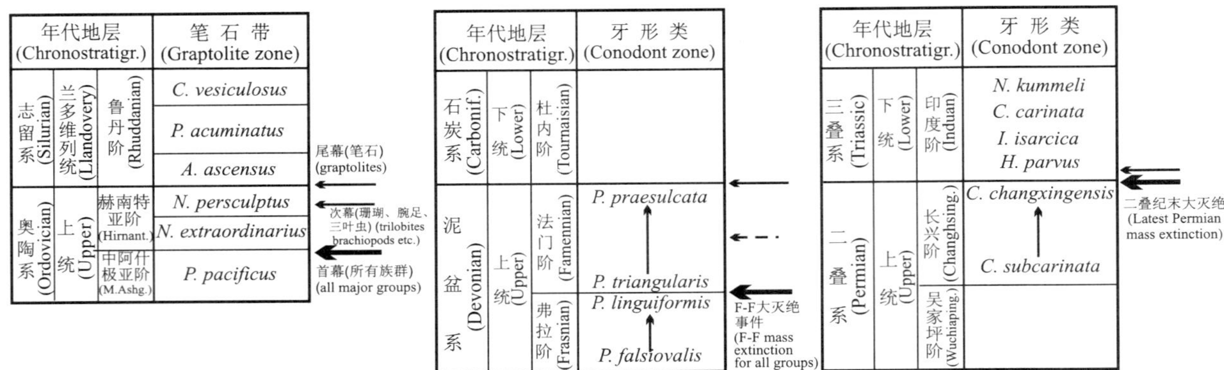

图 5.1.23 华南古生代三次大灭绝事件发生的地层位置以及与系间界线的关系

Figure 5.1.23 Showing systemic boundaries (Ordovician-Silurian, Devonian-Carboniferous, and Permian-Triassic boundaries) with occurrences of the latest Ordovician, Late Devonian (Frasnian-Famennian), and end Permian mass extinctions in South China

生在此界之前，如在浙江长兴煤山剖面上所识别的那样。这个事实说明了生物与最大型环境恶化所反映的事件地层界线与用生物确定的年代地层界线的不一致性。这种不一致性给探讨二叠纪-三叠纪转折时期的生物演变带来不便。如尽管大灭绝使绝大多数生物发生了深刻的甚至是翻天覆地的变化，但事件地层界线之上的二叠纪末期地层与事件地层之下的地层却属于同一个阶(Stage)，这样就会出现误会，毕竟事件地层上、下的生物群发生了根本性的变化。

从理论和实用两个角度考虑，年代地层界线若与全球大规模生物-环境事件地层界线重合一致(如白垩纪和古近纪界线)，更容易被地质学者所识别、掌握和使用。再从生物演化和环境演变的角度出发，这样做也有积极意义。然而，古生代大多数系的底界层型剖面和点位，早由各分会选举委员投票确定了。在操作过程中，思考得更多的是历史优先权、候选剖面的出露、开放性、研究水平和精度、全球可识别程度等因素。个案铁板钉钉，现状不易更改。这里只说明这些研究与国际上开展大灭绝事件的研究并不同步的事实，它们似乎是两股道上跑的车，没有互动。当初国际上成立许多年代地层工作组并开展层型研究工作时，研究生物灭绝事件的学者只限于向各种资助渠道申请项目，国际地质机构也没有为此制定规划、实施协调，与年代地层研究同步合作进行，这才有了后来不一致的结局。假如历史能够重演，事先将上述两类研究有目的、有机有效地通盘考虑，对全球地质学和地层学的发展一定更有益、有效。现在不少系的研究不是将年代地层研究孤立开来，而是紧紧地与化学地层等其他方面联系起来，是一个很好的途径。

(八) 大灭绝的化石记录值得信赖吗?

古生物学家在过去200余年的历史中，根据化石研究，详细了解远古时期动、植物的地质历程、出现的先后次序、谱系关系、群落生态、生物地理，探讨它们的生存策略和演化型式。尽管还有许多地区尚未介入、许多化石尚待采集、许多问题有待研究，但就探讨史前生物分异、辐射、灭绝和复苏的型式而言，化石记录应该是可信和可靠的，她留给我们生命历史的画卷应该是真实的(Conway Morris，1999)。

本书所提供的大量实际资料，再次证明化石记录是可予信赖的，这是因为，首先，这是由其本身特点所决定的；其次，这是由古生物学者长期艰苦努力、发掘大量化石并深入研究的结果。许多研究表明，高质量的化石记录可以揭示生物演化(包括大灭绝)的型式。但前提是要在地质剖面中，特别是在穿越大灭绝事件的地层序列中，进行厘米级的详细采样，加深研究。凡是这方面工作做得好的，研究程度和精度就高，为识别大灭绝型式提供的证据就更可信。

然而，化石记录也有其另一面，即不完备性。这一方面是涉及化石本身，如化石保存机遇和地理分布问题。当 80 多年前在加拿大西部中寒武世伯尔吉斯页岩(Burgess Shale)中发现大量软躯体化石时，谁能预见到 60 年后在我国西南地区早寒武世地层中会有澄江化石宝库的惊人发现(张文堂、侯先光，1985)？同样，谁又能准确地预测到多少年后、在何地还会发现时代更早、以软躯体保存的化石群？可见，探索是无止境的，化石采集也是无穷尽的。研究程度较好的古生代海相地层多位于热带区，而在热带区只发育不到 1/4 的中、新生代海相地层，若据此来认识物种多样性随纬度变化的真实性就会大打折扣(Allison and Briggs，1993)。此外，Peters 和 Foote(2002)指出，可供采样的沉积岩露头数量的不足有可能会误导对灭绝速率和规模的估计。例如，由于 Guadalupian 期末的全球海退事件使世界不少地区缺失了上二叠统，这就可能夸大了该海退事件的灭绝效应。至于陆相地层中动、植物化石的保存更存在严重缺陷。另一方面是研究者本身也需对化石记录的可信度负责。如何纠正采集偏差的发生？大量精确测制地层剖面、详细采集并准确鉴定化石是基础，这里定量分析是值得称道的研究方法(如本书第二章第二节)，以验证所观察到的生物成种(新生)、更替、辐射、灭绝、残存、复苏的真实性，避免因化石记录不完备带来的偏差(Signor and Lipps，1982)。

古生物学家还面临着许多目前难以回答的问题。举例来说，人们对大灭绝的兴趣异常浓厚，对大灭绝的起因尤为关注，但对生态系的突变，对残存期的承继、复苏期向辐射期过渡的细节，对避难所(refugia)(如 Vermeij，1986；Armstrong，1996)、残存分子(survivors)(如 Ward，1992)、复活分子(Lazarus taxa)(Jablonski，1983；Fortey，1989；Wignall and Benton，1999；Tong and Erwin，2001；Rickards and Wright，2002)等问题的探讨，还很有限。今后，尤其需要在更多地区和地层中发现更好、更详细的化石记录，做好合理、科学的分类研究，结合多领域的新技术和定量分析方法，以便尽可能地提高化石记录的可靠性和可信性。

四、认识

根据对华南古生代三大灭绝事件及其后生物残存与复苏资料的分析研究，得出以下认识。

1. 生物大灭绝的共性

大灭绝是地史时期生物宏演化过程中不可缺少的关键步骤之一。古生代三大灭绝事件以及其他大灭绝事件都具有如下相似特点：①重创大多数（非少数）生物类群（幅度）；②在全球（非局部）范围内发生（空间）；③导致物种大规模消亡，生物多样性快速下跌（量值）；④由多种（非单一因素）环境恶化所致（起因）；⑤在较短或很短地质时期内发生（时限）；⑥多数门类灭绝后常发育残存期（灭绝阴影）和复苏期（生物反弹）。生物多样性因大灭绝“下滑”和大灭绝后“反弹”，是一个普遍的规律。但历次大灭绝事件各具特征，差异显著。相对于这些相似性，剖析华南古生代三大灭绝之间的差异性成为本文着墨最浓的部分。

2. 生物大灭绝的内涵

大灭绝重创甚至损毁了全球生态系，打破了生物与环境之间长期的相对平衡，点断了连续演化进程，极大地弱化了旧有的生物屏障，给不占优势却有顽强生命力的物种的散布与繁盛创造了新的机遇，在生命历史过程中起着特殊的作用，对人类的现实意义也值得充分研究。尽管生物大量灭绝、多样性剧烈下跌，总有生物幸存下来，有些类群还受益于大灭绝事件。大灭绝在生物类群优势替代的演化进程中，起了加速和催化作用，却没有彻底改变生物界的基础。因此，忽视大灭绝意义固然不妥，夸大大灭绝作用也无助于对其准确理解。大灭绝尚无严格的定量标准，为此，本文提出灭绝量值、灭绝率、新生率、生态系重创程度、多样性变化和随后残存期长短（即生物复苏的快慢和辐射起始早晚）等 6 项鉴别特征。史前还发生过多次大灭绝事件（不止 5 次），它们与背景（正常）时期小灭绝事件之间有怎样的联系和差异，值得深入研究。（这方面的更多内容见本章第二节）

3. 华南古生代三大灭绝的型式差异

华南古生代三大灭绝事件的无机界和有机界背景各有特点。①奥陶纪末大灭绝由两个前后分离又有关联的灭绝幕组成，以灭绝量值较高、灭绝分类级别较低、灭绝前后生物群和生态系的继承明显、地质延限比较长（超过 1 Ma）为特点。②晚泥盆世 F-F 大灭绝不是一个瞬间突发事件，而是由多种不同规模的环境恶化事件相继发生和/或叠加所致，灭绝量值和灭绝分类等级均不低，灭绝前后生物群的差异显著。③二叠纪末大灭绝是在短暂的地质时期内（短于 70 万年）、由多种全球性环境严重恶化事件复合、高频发生的特大型生物灾变灭绝事件，这次灭绝影响到海陆各个生态领域，无论哪个分类等级，其灭绝量值都最高，灭绝前后生物群和生态系的差异最明显。

4. 三大灭绝的结局差异

"古生代进化动物群"(繁盛于奥陶纪早期至二叠纪末期)是这三大灭绝事件冲击的主要目标。奥陶纪末和晚泥盆世 F-F 两大灭绝,使该进化动物群的多样性大跌,其后又不同程度地反弹(复苏)并继续繁盛,动物组分虽发生变化,但仍处于持续繁衍的宏演化进程中。F-F 事件重创了海洋后生动物礁生态系,重创程度明显强于奥陶纪末大灭绝,使该生态系长期(超过 2 000 万年)消失,直到早石炭世才告复苏。至于这两大事件是否和如何重创陆地生态系还不明了。二叠纪末大灭绝使统治海洋 2 亿多年的"古生代进化动物群"的优势地位丧失殆尽,陆地和海洋生态系几乎遭受毁灭性的打击;灭绝后全球各生态领域均十分萧条,成煤沼泽、层状硅质岩和后生动物礁长期消失,全球海陆生物群出现重组,生态系及其结构重新建立,演化进程发生重大转折,直到约 8 Ma 后,生物界才开始整体复苏。

5. 三大灭绝的起因差异

华南古生代这三大灭绝事件无不由全球环境恶化而引起。环境恶化并非由单一事件造成,而是气圈、水圈和岩石圈在地球整体系统内相互运动、相互作用中,重创或毁坏了生态系和生命形式间依存关系的结果。本书研究揭示,这些大事件的起因差异显著,个中原因十分复杂,因为大灭绝事件在不同地质时期和不同生物演化阶段中发生,各自有独特的生物和环境背景,环境扰动型式不一,各自灭绝幕时限不同,灭绝强度、幅度和结局也各有特点。相比较而言,二叠纪末大灭绝是史前最惨重的一次突发事件,由严重影响海、陆各种生态领域的许多环境恶化因素所致。晚泥盆世 F-F 大灭绝发生前后相当长的地史时期内,发育一系列主要影响暖浅水海域、较少影响凉深水海域的灾变环境因素。奥陶纪末大灭绝事件更可能与全球气候和海洋变化有关。

6. 大灭绝后不同类群的"落伍"和"受益"

底栖固着的海生无脊椎动物(如腕足动物、四射珊瑚),因自身条件(生活方式被动、新陈代谢缓慢)所限,易遭受大灭绝的严重打击;新陈代谢快速、摄食方式主动多样的软体动物(如底栖移动的双壳类、腹足类)在二叠纪末大灭绝后凸现较大的生存优势。营漂浮生活方式的笔石在奥陶纪末灭绝首幕遭遇重创、尾幕影响很小。营游泳异养型的生物(如牙形类),在二叠纪末大灭绝中所受到的创伤明显比其他生物小得多(如种级分异度和丰度下跌)。原生态系占优势的类群在大灭绝中的消亡,有利于随后优势类群的重建。位居优势的笔石 N 动物群,先替代 DDO 动物群,后又被 M 动物群取代,"受益"于奥陶纪末大灭绝。双壳类和植物在晚二叠世兴起成了茅口期末灭绝事件的"受益者"。"古生代进化动物群"的落伍和"现代进化动物群"的崛起均"得益"于二叠纪末大灭绝。从分类单元类型分析,危机先驱者、复活幸存者是复苏-辐射的主要源泉。

7. 大灭绝后生物的残存特点

残存阶段是大灭绝的产物和承继效应。华南资料显示，生物分异度最低、灭绝量和新生率最低、群落类型和生物地理区系最单调是残存期的主要特点。幸存者大都是广分布、长历程者；灾后泛滥种成功地适应未改善的空缺生态位；此时，演化上起重要作用的复活、先驱幸存者等常未出现。多数门类度过了复苏反弹前的残存过程；少数门类在奥陶纪末、法门早期、三叠纪早期发育“残存-复苏阶段”，显示了大灭绝后的新转折；个别门类与众不同，灭绝后未经过残存期而直接跃入复苏阶段（如奥陶纪末后的笔石）。二叠纪末大灭绝后，古生代长期繁盛的纲或目级生物元气大伤，进一步演化的潜质被遏制，开拓新高级形态的本领和机遇几乎丧失，这些是多数类群残存期漫长的内因，但菊石等门类凭借高新生率而进入“残存-复苏期”，则是应对环境、自身更新的结果。

8. 生物应对大灭绝的残存机制

当全球性系列地质事件（外因）导致环境不断恶化、生态系不断脆弱并极大影响生物圈时，各类生物面临着能否继续存活的问题，即生物的残存机制（内因）。形态功能、生理、生态、生殖、免疫、基因及其他许多复杂问题，都反映在对世界灾难环境的适应极限和忍耐能力上。地理分布（广布、量多、存活率高、生存机遇多的属种更易抵御恶化环境；居群规模缩小、近亲交配机会增多、繁殖率下降，灭绝率便增高）、形态功能的普通（更能渡过难关）与特化（应对恶化环境的致命弱点）、物种个体的大与小（大个体新陈代谢旺盛，营养水平更高，不利于应对环境突变；小个体有较强的抵御恶化环境能力，亦更能冲破高压环境）、居群规模的缩减与扩增（生物对灾变环境的自然反应）以及预适应等问题都值得重视。当恶化环境超出生物生存的临界值时，哪怕居群规模再大、数量再多，也难与灾变环境的强大冲击抗争。

9. 大灭绝后生物的复苏特点

生物复苏是大灭绝后新一轮适应辐射的前奏。多数门类的复苏都立足于残存阶段，其特点是成种速率加快、土著分子增多、复活和外来分子迁入、新群落增多，而灾后泛滥分子基本消失。不同大灭绝事件后拥有不同的复苏型式，型式的差异更强烈地反映在不同的生物族群、古地理、古气候及局部环境中。历次大灭绝的生物多样性有不同的反弹特点，如奥陶纪末大灭绝后的“对称性反弹”（即“镜像效应”）和二叠纪末大灭绝后的“非对称性反弹”。尽管奥陶-志留纪界线前后出现了多样性的“镜像效应”，但在组合成员、优势类群、群落组成和生物地理区系等方面仍发生很重要的变化。各门类复活分子的发育程度在各大灭绝中也有明显差异。复活型腕足动物发育在奥陶纪末大灭绝后，却在二叠纪末后基本不见；而腹足类却在二叠纪末大灭绝冲击后出现大批复活分子。这从一个侧面展示了各大灭绝的强度及各门类应对大灭绝的水平。在生存条件仍未改善的境遇下，一次次新的全球性环境扰动是复苏期迟滞的外因。

10. 大灭绝过程中灭绝率和新生率的启示

除灭绝率外，新生率在制约大灭绝结局中也起重要作用。奥陶纪末大灭绝首幕前，常见门类腕足动物、笔石与四射珊瑚属的新生率较高（处于辐射期），而三叶虫为零（协调停滞期），暗示其开始衰落的演化趋势。大灭绝首幕后腕足类和笔石的新生率降低，而四射珊瑚和三叶虫略有升高；次幕后，三叶虫灭绝率飚升，其余3个门类则先后“东山再起”，笔石新生率遥遥领先于其他各门类之上，展示了“新崛起”的前景。笔石在这次灭绝中损失巨大仍转危为安，归功于其极强的更新能力。晚二叠世菊石的属的新生率与灭绝率曲线平行，说明其演化更新速度很快；在二叠-三叠纪界线层中，菊石的新生率高，组分发生了实质性的变化；双壳类更新率虽低于菊石，却比腕足动物高许多，新生危机先驱型分子冲破了灾变环境的束缚；腕足动物因灭绝率不断上升，并跌入了零新生率，前途和机遇更为糟糕。

11. 大灭绝过程不能用同一模式涵盖

华南古生代三大灭绝过程前、后的宏演化阶段，不存在统一的模式。有些生物族群按照国际流行的“泛模式”呈现，有些并不是“按部就班”地演替。这是因为历次大灭绝的特定环境条件和生物发展阶段背景完全不同，灾变环境冲击的是不同的生物组分和不同的优势类群，所以其整个过程的运行方式和结局有很大的差异。再说不同类群（或支系）的生物又具有完全不同的生活方式、形态功能和适应特点，因而对大灭绝的恶化环境的生存和应对策略也不一样。据此，为这些大灭绝事件的整个过程寻找统一的模式是理想化的。不同或相同门类的不同支系的演化阶段始末时间也因种种因素的制约而参差不齐。

12. 生命过程是生物界在地球系统内长期渐变与短期剧变相互交替的历史

本书所揭示的事实证明，生物与环境长期处于一个完整的地球系统之中，两者间的紧密关系，既在正常演化阶段中也在每一重大地史转折时期（如大灭绝）里得到反映。全球大灾变事件是生物大灭绝的外控因素，没有全球性严重的环境恶化，大灭绝不可能发生。生物对恶化环境的应对水平、策略与实效，是生物能否冲破高压环境的内在因素。生物界的兴衰是在环境扰动的弱强中发生的，也是生物对环境变化水平的反应。生物界与无机界，始终保持着互动的状态关系，并处于相互影响、协同演化的过程中。由此得出：生命史即是一部生物界长期慢速渐变与短期快速巨（剧、聚）变或突变相互交替的历史，史前长期相对缓慢变化的生命记录和演化进程，就是被像大灭绝这样的导致短期、快速巨（剧、聚）变的大事件所一一打断的。这部生命史书受地球系统过程的强烈制约。生命，在这个系统框架内，以极其多样的型式，始终不断地演变、无穷无尽地生灭。正是这些不同性质、不同级别的生物事件（如物种起源、生物辐射、灭绝与复苏）所展示的极大的差异性，构成了地质历史时期复杂多变、绚丽多彩的生物演化故事。

致　谢　本文是在全书所有论文的基础上进行分析总结的。没有全体作者为本书提供翔实的资料和做出的贡献、并，本文是不可能完成的，特向他们表示诚挚的谢意。本文的部分插图由程金辉、陈鹏飞参与绘制，谨致谢意。

参考文献

Aldridge R J. 1988. Extinction and survival in the Conodonta. In：Larwood G P，ed. Extinction and Survival in the Fossil Record. The Systematics Assocation Special Volume，34：231～256

Algeo T J，Berner R A，Maynard J B，Scheckler S E. 1995. Late Devonian oceanic anoxic events and biotic crises：'rooted' in the evolution of vascular plants? Geological Society of America Today，5：63～66

Allison P A，Briggs D E G. 1993. Paleolatitudinal sampling bias，Phanerozoic species diversity，and the end-Permian extinction. Geology，20(1)：65～68

Anstey R L，Pachut Joseph F，Tuckey M E. 2003. Pattern of bryozoan endemism through the Ordovician-Silurian transition. Paleobiology，29(3)：305～328

Armstrong H A. 1995. High-resolution biostratigraphy (conodonts and graptolites) of the Upper Ordovician and Lower Silurian-evaluation of the Late Ordovician mass extinctions. Modern Geology，20：41～68

Armstrong H A. 1996. Biotic recovery after mass extinction：the role of climate and oceanstate in the post-glacial (Late Ordovician-Early Silurian) recovery of the conodonts. In：Hart M B，ed. Biotic Recover from Mass Extinction Events. Geological Society of London，Special Publication，102：105～107

Bai Shunliang，Wang Darui，Yang Jiajian. 1990. Application of the carbon stable isotope to the Long-range stratigraphic correlation of the Devonian-Carboniferous and Frasnian-Famennian boundary beds. Acta Scientiarum Naturalium Universitatis Pekinensis，26(4)：497～505(in Chinese with English summary)[白顺良，王大锐，杨家健. 1990. 碳稳定同位素在泥盆系-石炭系及弗拉阶-法门阶界线层远距离地层对比的应用. 北京大学学报(自然科学版)，26(4)：497～505]

Bai Shunliang，Bai Ziqiang，Ma Xueping，Wang Darui，Sun Yuanlin. 1994. Devonian events and biostratigraphy of South China. Beijing：Peking University Press. 1～303

Balinski A. 1996. Frasnian-Famennian brachiopod fauna extinction dynamics：an example from southern Poland. In：Copper P，Jin Jisuo，eds. Brachiopods. Rotterdam/Brookfield：A A Balkema. 319～324

Bambach D E，Knoll A H. 2001. Does the Devonian mass extinction exist? American Paleontologist，9(4)：18～19

Bambach R K，Knoll A H，Sepkoski J J，Jr. 2002. Anatomical and ecological constraints on Phanerozoic animal diversity in the marine realm. Proceedings of the National Academy of Sciences，USA，99(10)：6 854～6 859

Becker L，Poreda R J，Hunt A G，Bunch T E，Rampino M. 2001. Impact event at the Permian-Triassic boundary：Evidence from extraterrestrial noble gases in fullerenes. Science，291：1 530～1 533

Ben A LePage，Pfefferkorn H W. 2000. Did ground cover change over geologic time? In：Gastaldo R A，DiMichele W A，eds. Phanerozoic Terrestrial Ecosystems. The Paleontological Society Papers，6：171～182

Benton R L. 1987. Mass extinctions among families of non-marine tetrapods: the data. Mémoires de la Société Géologique de France, 150:21～32

Benton M J. 1995. Diverisification and extinction in the history of life. Science, 268: 53～58

Benton M J, Harper D A T. 1997. Basic Palaeontology. Essex, England: Addison Wesley Longman. 1～342

Benton M J, Twitchett R J. 2003. How to kill (almost) all life: the end-Permian extinction event. Trends in Ecology and Evolution, 18(7): 358～365

Berner R A. 2002. Examination of hypotheses for the Permo-Triassic boundary extinction by carbon cycle modeling. Proceedings of the National Academy of Sciences, USA, 99(7): 4 172～4 177

Berry W B N, Boucot A J. 1973. Glacio-eustatic control of Late Ordovician-Early Silurian platform sedimentation and faunal changes. Geological Society of America Bulletin, 84: 275～284

Berry W B N, Ripperdan R L, Finney S C. 2002. Late Ordovician extinction: A Laurentian view. Geological Society of America, Special Paper, 356: 463～471

Beauchamp B, Baud A. 2002. Growth and demise of Permian biogenic chert along northwest Pangea: evidence for end-Permian collapse of thermohaline circulation. Palaeogeography, Palaeoclimatology, Palaeoecology, 184(1): 37～63

Birkelund T, Håkansson E. 1982. The terminal Cretaceous extinction in Boreal shelf seas—A multicausal event. Geological Society of America, Special Paper, 190: 373～384

Boucot A J. 1975. Evolution and Extinction Rate Controls. Amsterdam: Elsevier Scientific Publishing Company. 1～427

Boucot A J. 1990. Phanerozoic extinctions: How similar are they to each other? In: Kauffman E G, Walliser O H, eds. Extinction Events in Earth History. Lecture Notes in Earth History, 30: 347～349

Boucot A J, Rong Jiayu, Chen Xu, Scotese C R. 2003. Pre-Hirnantian Ashgill climatically warm event in the Mediterranean Region. Lethaia, 36: 119～132

Bowring S A, Erwin D H, Jin Yugan, Martin M, Daviidek K, Wang Wei. 1998. U/Pb Zircon geochronology and tempo of the end-Permian mass extinction. Science, 280: 1 039～1 045

Brand U. 1989. Global climatic changes during the Devonian-Mississippian: Stable isotope biogeochemistry of brachiopods. Palaeogeography, Palaeoclimatology, Palaeoecology, 75: 311～329

Brasier M D. 1989. On mass extinction and faunal turnover near the end of the Precambrian. In: Donovan S K, ed. Mass Extinctions: Processes and Evidence. Stuttgart: Ferdinnad Enke Verlag. 73～88

Brenchley P J. 1984. Fossils and Climate. Chichester: John Wiley and Sons. 1～352

Brenchley P J, Marshall J D, Underwood C J. 2001. Do all mass extinctions represent an ecological crisis? Evidence from the Late Ordovician. Geological Journal, 36: 329～340

Brenchley P J, Marshall J D, Carden G A F, Robertson D B R, Long D G F, Meidla T, Hints L, Anderson T F. 1994: Bathymetric and isotopic evidence for a short-lived Late Ordovician glaciation in a greenhouse period. Geology, 22: 295～298

Campbell I H, Czamanski G K, Fedorenko V A, Hill R I, Stepanov V. 1992. Synchronism of the Siberian Traps and the Permian-Triassic Boundary. Science, 258: 1 760～1 763

Cao Changqun, Wang Wei, Jin Yugan. 2002. Carbon isotopic excursions across the Permian-Triassic boundary in the Meishan section, Zhejiang Province, China. Chnese Science Bulletin, 47(13): 1 125～1 129 (in English)[曹长群，王伟，金玉玗. 2002. 浙江煤山二叠-三叠系界线附近碳同位素变化. 科学通报，47(4): 302～306(in Chinese)]

Chai Zhifang, Zhou Yaoqi, Mao Xueying, *et al*. 1991. Geochemical constraints on the Permo-

Triassic boundary event in South China. In: Sweet W C, ed. 1991. Permo-Triassic Event in the Eastern Tethys. Cambridge: Cambridge University Press. 158～168

Chen Daizhao, Tucker M, Shen Yanan, Yans J, Preat A. 2002. Crabon isotopen excursions and sea-level change: implications for the Frasnian-Famennian biotic crisis. Journal of the Geological Society, London, 159: 623～626

Chen Xu. 1984. Influence of the Late Ordovician glaciation on basin configuration of the Yangtze Platform in China. Lethaia, 17(1): 51～59

Chen Xu, Rong Jiayu, Mitchell C E, Harper D A T, Fan Junxuan, Zhan Renbin, Zhang Yuandong, Li Rongyu, Wang Yi. 2000. Late Ordovician to earliest Silurian graptolite and brachiopod biozonation from the Yangtze region, South China, with a global correlation. Geological Magazine, 137(6): 623～650

Chen Xu, Ruan Yiping, Boucot A J. 2001. Palaeozoic Climatological Changes of China. Beijing: Science Press. 1～325(in Chinese)[陈旭，阮亦萍，Boucot A J. 2001. 中国古生代气候演变. 北京:科学出版社. 1～325]

Claeys P, Kyte F T, Herbosch A, Casier J-G. 1996. Geochemistry of the Frasnian-Famennian boundary in Belgium: mass extinction, anoxic oceans and microtektite layer, but not much iridium? Geological Society of America, Special Paper, 307: 491～504

Clarke A. 1993. Temperature and extinction in the sea: a physiologist's view. Paleobiology, 19(4): 499～518

Coccioni R, Basso D, Brinkhuis H, Galeotti S, Gardin S, Monechi S, Spezzaferri S. 2000. Marine biotic signals across a Late Eocene impact layer at Massignano, Italy: evidence for long-term environmental perturbations? Terra Nova, 12: 258～263

Conway Morris S. 1999. Palaeodiversifications: mass extinctions, "clocks", and other worlds. Geobios, 32(2): 165～174

Copper P. 1977. Paleolatitudes in the Devonian of Brazil and the Frasnian-Famennian mass extinction. Palaeogeography, Palaeoclimatology, Palaeoecology, 21(2): 165～207

Copper P. 1986. Frasnian/Famennian mass extinctions and cold-water oceans. Geology, 14: 835～839

Copper P. 1994. Ancient reef ecosystem expansion and collapse. Coral Reefs, 13(1): 3～12

Copper P. 1998. Evaluating the Frasnian-Famennian mass extinction: comparing brachiopod faunas. Acta Palaeontologica Polonica, 43(2): 159～182

Copper P. 2001. Radiations and extinctions of atrypide brachiopods: Ordovician-Devonian. In: Brunton C H C, Cocks L R M, Long S L, eds. Brachiopods Past and Present. The Systematic Association Special Volume, 63: 201～211

Copper P. 2002. Reef development at the Frasnian/Famennian mass extinction boundary. Palaeogeography, Palaeoclimatology, Palaeoecology, 181(1): 5～25

Courtillot V E, Jaupart C, Manighetti I, Tapponnier P, Besse J. 1999. On causal links between flood basalts and continental breakup, Earth and Planetary Science Letters, 166: 177～195

Courtillot V E, Renne P R. 2003. On the ages of flood basalt events. Computes Rendus, Geoscience, 335: 113～140

Courtillot V E, Jaeger J J, Yang Z, Feraud G, Hofmann C. 1996. The influence of continental flood basalts on mass extinction: where do we stand? Geological Society of America, Special Paper, 307: 513～512

Crowley T J, North G R. 1988. Abrupt climate change and extinction events in Earth history. Science, 240: 996～1002

de Wit M J, Ghosh J G, de Villiers S, Rakotosolofo N, Alexander J, Tripathi A, Looy C V. 2002.

Multiple organic carbon isotope reversals across the Permo-Triassic boundary of terrestrial Gondwana sequences: Clues to extinction patterns and delayed ecosystem recovery. Journal of Geology, 110: 227～246

Deconto R M, Pollard D. 2003. Rapid Cenozoic Glaciation of Antarctica induced by declining atmospheric CO_2. Nature, 421: 245～249

Donovan S K, ed. 1989. Mass Extinctions: Processes and Evidence. Stuttgart: Ferdinnad Enke Verlag. 1～266

Dorritie D. 2002. Consequences of Siberian Traps volcanism. Science, 297: 1 808～1 809

Droser M L, Bottjer D J, Shehan P M. 1997. Evaluating the ecological architecture of major events in the Phanerozoic history of marine invertebrate life. Geology, 25(2): 167～170

Droser M L, Bottjer D J, Shehan P M, McGhee G R, Jr. 2000. Decoupling of taxonomic and ecological severity of Phanerozoic marine mass extinctions. Geology, 28: 675～685

Emig C C. 2003. Proof that *Lingula* (Brachiopoda) is not a living-fossil, and emended diagnoses of the Family Lingulidae. Camets de Geologie/Notebook on Geology,2003/01: 1～7

Erwin D H. 1993. The Great Paleozoic Crisis. New York: Columbia University Press. 1～327

Erwin D H. 1994. The Permo-Triassic extinction. Nature,367: 231～236

Erwin D H. 1995. The end-Permian mass extinction. In: Scholl P A, Peryt T M, Ulmer-Scholl D S, eds. The Permian of Northern Pangea. 1: Paleogeography, Paleoclimates, Stratigraphy. Heidelberg: Springer-Verlag. 20～34

Erwin D H. 1996. Understanding biotic recoveries: Extinction, survival, and preservation during the end-Permian mass extinction. In: Jablonski D, Erwin D H, Lipps J H, eds. Evolutionary Paleobiology. Chicago: University of Chicago Press. 398～418

Erwin D H. 1998. The end and the beginning: recoveries from mass extinctions. Trends of Ecology and Evolution,13(9): 344～349

Erwin D H. 2001. Lessons from the past: Biotic recoveries from mass extinctions. Proceedings of the National Academy of Sciences, 98: 5 399～5 403

Erwin D H, Pan Huazhang. 1996. Recoveries and radiations: gastropods after the Permo-Triassic mass extinction. In: Hart M B, ed. Biotic Recovery from Mass Extinction Events. Special Volume of the Geological Society of London, 102: 223～229

Erwin D H, Bowring S A, Jin Yugan. 2002. End-Permian mass extinctions: a review. Geological Society of America, Special Paper, 356: 363～383

Erwin D H, Valentine J W, Sepkoski J J, Jr. 1987. A comparative study of diversification events: the early Paleozoic versus the Mesozoic. Evolution,41(6): 1 177～1 186

Fang Zongjie. 1997. Southward intrusion of Angaran migrants into Tarim during the latest Permian and the global climatic cooling event. Acta Palaeontologica Sinica,36 Sup.: 65～76(in Chinese with English summary)[方宗杰. 1997. 二叠纪末安加拉分子南侵塔里木和全球气候变凉事件. 古生物学报, 36(增刊): 65～76]

Farley K A, Mukhopadhyay S. 2001. An Extraterrestrial impact at the Permian-Triassic boundary? Science, 293: 2 343a

Feng Qinglai, Yang Fengqing, Zhang Zhengfang, Zhang Ning, Gao Yongqun, Wang Zhiping. 2000. Radialarian evolution during the Permian and Triassic transition in South and Southwest China. 309～326. In: Yin Hongfu, Dickins J M, Shi G R, Tong Jinnan, eds. Permian-Triassic Evolution of Tethys and Western Circum-Pacific. Amsterdam: Elsevier. 1～392

Fortey R A. 1989: There are extinctions and extinctions: examples from the Lower Palaeozoic. Philosophical Transactions of Royal Society of London, B, 325: 327～355

Geitgey J E. 1985. Temperature as a factor affecting conodont diversity and distribution. In:

Aldridge R J, Austin R L, Smith M P, eds. Fourth European Conodont Symposium, Nottingham Abstracts. Southampton: University of Southampton. 1～12

Geng Liangyu. 1991. Discussion on causes of Ashgill mass extinction in South China. Palaeoworld, 1: 99～103 (in Chinese)[耿良玉. 1991. 华南阿什极期集群灭绝原因的探讨. 中科院南京地质古生物研究所现代古生物学和地层学开放研究实验室年报(1989～1990), 1: 99～103]

Gong Yiming, Li Baohua. 2001. Event deposits and sea-level changes of the Devonian Frasnian/Famennian transition. Earth Science, 26(3): 251～257 (in Chinese) [龚一鸣, 李保华. 2001. 泥盆系弗拉阶-法门阶之交沉积和海平面变化. 地球科学,26(3): 251～257]

Gong Yiming, Li Baohua, Si Yuanlan, Wu Yi. 2002a. Late Devonian red tide and mass extinction. Chinese Science Bulletin,47(7): 1 138～1 144(in English)[龚一鸣, 李保华, 司远兰, 吴诒. 2003a. 晚泥盆世赤潮与生物集群绝灭. 科学通报,47(7): 554～560(in Chinese)]

Gong Yiming, Li Baohua, Wu Yi. 2002b. An integrated study of carbon isotope and molecular stratigraphy in the Frasnian-Fammenian transition of Guangxi, South China. Earth Science Frontiers(China University of Geosciences, Beijing), 9(3): 151～160(in Chinese with English abstract)[龚一鸣,李宝华,吴诒. 2002b. 广西弗拉阶-法门阶之交碳同位素与分子地层对比研究. 地学前缘(中国地质大学,北京),9(3):151～160]

Hallam A. 1989. The case for sea-level change as a dominant causal factor in mass extinction of marine invertebrates. Philosophical Transaction of Royal Society, London, B, 325: 437～455

Hallam A. 1991. Why was there a delayed radiation after the end-Palaeozoic extinction? Historical Biology, 5: 257～262

Hallam A. 1994. The earliest Triassic as an anoxic event, and its relationship to the end-Palaeozoic mass extinction. In: Embry A F, Beauchamp B, Glass D J, eds. Pangea: Global Environments and Research. Canadian Society of Petroleum Geologists Memoir, 17: 797～804

Hallam A. 1996. Recovery of the marine fauna in Europe after the end-Triassic and Early Toarcian mass extinction. In: Hart M B, ed. Biotic Recovery from Mass Extinction Events. Special Publication of the Geology Society of London, 12: 231～236

Hallam A. 2002. How catastrophic was the end-Triassic mass extinction. Lethaia, 35: 147～157

Hallam A, Wignall P B. 1997. Mass extinctions and their aftermath. Oxford: Oxford University Press. 1～320

Hallam A, Wignall P B. 1999. Mass extinctions and sea-level changes. Earth-Science Reviewa,48: 217～250

Hansen H J, Gwozdz R, Hansen J M, Bromley R G, Rasmussen K L. 1986. The diachronous C/T plankton extinction in the Danish Basin. In: Walliser O, ed. Global Bio-Events. Lecture Notes in Earth Sciences 8. 381～384

Harper D A T, Rong Jiayu. 1995. Patterns of change in the brachiopod faunas through the Ordovician-Silurian interface. Modern Geology, 20: 83～100

Harper D A T, Rong Jiayu. 2001. Palaeozoic brachiopod extinctions, survival and recovery: patterns within the rhynchonelliformeans. Geological Journal, 36: 317～328

Harries P T, Kauffman E J. 1990. Patterns of survival and recovery following the Cenomanian-Turonian (Late Cretaceous) mass extinction in the Western Interior Basin, United States. In: Kauffman E G, Walliser O H, eds. Extinction Events in Earth History. Lecture Notes in Earth History 30. Heidelberg: Springer-Verlag. 277～298

Harries P J. 1993. Dynamics of survival following the Cenomanian-Turonian (Upper Cretaceous) mass extinction event. Cretaceous Research, 14: 563～583

Harries P J, Kauffman E G, Hansen T A. 1996. Models for biotic survival following mass extinction. In: Hart M B, ed. Biotic Recovery from Mass Extinction Events. Special Publication of the Geology Society of London, 102: 41～60

Harries P J, Little C T S. 1999. The early Toarcian (Early Jurassic) and the Cenomanian-Turonian (Late Cretaceous) mass extinctions: similarities and contracts. Palaeogeography, Palaeoclimatology, Palaeoecology, 154: 39～66

Heckman D S, Geiser D M, Eidell B R, Stauffer R L, Kardos N L, Hedges S B. 2001. Molecular evidence for the early Colonization of Land by fungi and plants. Science, 293: 1 129～1 133

Herrmann A D, Patzkowski M E, Pollard D. 2003. Obliquity forcing with 8～12 times preindustrial levels of atmospheric pCO_2 during the Late Ordovician glaciation. Geology, 31: 485～488

Hesselbo S P, Grocke D R, Jenkyns H C, Bjerrum Ch J, Farrimond P, Morgan Bell H S, Green O R. 2000. Massive dissociation of gas hydrate during a Jurrasic oceanic anoxic event. Nature, 406: 392～395

Hoffman A. 1985. Patterns of family extinction depend on definition and geological time scale. Nature, 315: 659～662

Hoffmann A A, Hallas R J, Dean J A, Schiffer M. 2003. Low potential for climatic stress adaptation in a rainforest *Drosophila* species. Science, 301: 100～102

Holmer L E, Popov L E. 2000. Order Lingulida. In: Williams A *et al.*, eds. Treatise on Invertebrate Paleontolcgy, Part H, Brachiopoda revised, 2. Kansas: The Geological Society of America and the University of Kansas. 32～97

Holser WT, Schonlaub H-P, Boeckelmann K, Magaritz M. 1991. The Permian-Triassic of the Gartnerkofel-1 core (Carnic Alps, Austria): Synthesis and conclusions. Abhandlungen der Geologischen Bundesanstalt, 45: 213～232

Holser W T, Schmoeller H-P, Attrep Jr M, Boeckelman K, Klein P, Magaritz M, Pak E, Schramm J-M, Stattgegger K, Schmoeller R. 1989. A unique geochemical record at the Permian/Triassic boundary. Nature, 337: 39～44

Hotinski R M, Bice K L, Kump L R, Najjar R G, Arthur M A. 2001. Ocean stagnation and end-Permian anoxia. Geology, 29: 7～10

Hou Hongfei, Ji Qiang, Wang Jinxing. 1988. Preliminary report on Frasnian-Famennian events in South China. In: McMillan N J, Embry A F, Glass D J, eds. Devonian of the World, 3. Canadian Society of Petroleum Geologists, Memoir, 14: 63～70

Hou Hongfei, Muchez P, Swennen R, Hertogen J, Yan Zheng, Zhou H L. 1996. The Frasnian-Famennian event in Hunan Province, South China: biostratigraphical, sedimentological and geochemical evidence. Mémoires de l'Institut Géologique de L'Universite de Louvain, 36(2): 209～229

House M R. 2002. Strength, timing, setting and cause of mid-Palaeozoic extinctions. Palaeogeography, Palaeoclimatology, Palaeoecology, 181(1): 5～25

Huff W D, Bergstrom S M, Kolata D R. 1992. Gigantic Ordovician volcanic ash fall in North America and Europe: Biological, tectonomagmatic, and event-stratigraphic significance. Geology, 20: 875～878

Huff W D, Kolata D R, Bergstrom S M, Zhang Y-S. 1996. Large-magnitude Middle Ordovician volcanic ash falls in North America and Europe: dimensions, emplacement and post-emplacement characteristics. Journal of Volcanology and Geochemical Research, 73: 285～301

Isozaki Y. 2001. An Extraterrestrial impact at the Permian-Triassic boundary? Science, 293: 2 343a

Ivanov B A, Melosh H J. 2003. Impacts do not initiate volcanic eruptions: eruptions close to the crater. Geology, 31(10): 869～872

Jablonski D. 1986a. Background and mass extinctions: the alternation of macroevolutionary regimes. Science, 231: 129～133

Jablonski D. 1986b. Causes and consequences of mass extinction: a comparative approach. In: Elliott D K, ed. Dynamics of Extinction. New York: Wiley. 183～229

Jablonski D. 1991. Extinctions: A paleontological perspective. Science, 253:754～757

Jablonski D. 1996a. Mass extinctions: Persistent problems and new directions. Geological Society of America, Special Paper, 307: 1～9

Jablonski D. 1996b. Body size and macroevolution. In: Jablonski D, Erwin D H, Lipps J H, eds. *Evolutionary Paleobiology*. Chicago: University of Chicago Press. 1～484

Jablonski D. 1998. Geographic variation in the Molluscan recovery from the end-Cretaceous extinction. Science, 279: 1 327～1 330

Jablonski D. 2001. Lessons from the past: Evolutionary impacts of mass extinctions. Proceedings of the National Academy of Sciences, 98(10): 5 393～5 398

Jablonski D. 2002. Survival without recovery after mass extinctions. Proceedings of the National Academy of Sciences, 99(12): 8 139～8 144

Jablonski D, Raup D M. 1995. Selectivity of end-Cretaceous marine bivalve extinctions. Science, 268: 389～391

Jin Yugan. 1993. Pre-Lopingian benthos crisis. *Computes Rendus* Ⅻ, ICC-P 2: 269～278. Buenos Aires

Jin Yugan, Wang Yue. 2000. Mass extinction across the Paleozoic-Mesozoic boundary. In: Chinese Academy of Sciences, ed. Innovator's Report. Beijing: Science Press. 225～235 (in Chinese) [金玉玕, 王玥. 2000. 古、中生代之交大绝灭. 见: 创新者的报告. 北京: 科学出版社. 225～235]

Jin Yugan, Shang Qinghua, Cao Changqun. 2000. Late Permian magnetostratigraphy and its global correlation. Chinese Sciencce Bulletin, 45: 698～704

Jin Yugan, Zhang Jin, Shang Qinghua. 1994. Two phases of the end Permian mass extinction. In: Embry A F, Beauchamp B, Glass D J, eds. Pangea: Global Environments and Resources. Canadian Society Petroleum Geologists, Memoir, 17: 813～822

Jin Yugan, Wang Yue, Wang Wei, Shang Qinghua, Cao Changqun, Erwin D H. 2000. Pattern of marine mass extinction near the Permian-Triassic boundary in South China. Science, 289: 432～436

Joachimski M M, Buggisch W. 2002. Conodont apatite $\delta^{18}O$ signatures indicate climatic cooling as a trigger of the Late Devonian mass extinction. Geology, 30(8): 711～714

Joachimski M M, Pancost R D, Freeman K H, Ostertag-Henning C, Buggisch W. 2002. Carbon isotope geochemistry of the Frasnian-Famennian transition. Palaeogeography, Palaeoclimatology, Palaeoecology, 181: 91～109

Johnson, J G, Sandberg C A. 1988. Devonian eustatic events in the western United States and their biostratigraphic responses. In: McMillan N J, *et al.*, eds. Devonian of the World. Canadian Society of Petroleum Geologists, Memoir, 14: 171～178

Kaiho K, Kajiwara Y, Nakano T, Miura T, Kawahata H, Tazaki K, Ueshma M, Chen Zhongqiang, Shi Guangrong. 2001. End-Permian catastrophe by a bolide impact: Evidence of a gigantic release of surfur from mantle. Geology, 29(9): 815～818

Kaiser H E, Boucot A J. 1996. Specialisation and extinction: Cope's Law revisited. Historical Biology, 11: 247～265

Kamo S L, Czamanske G K, Amelin Y, Fedorenko V A, Davis D W, Trofimov V R. 2003. Rapid eruption of Siberian flood-volcanic rocks and evidence for coincidence with the Permian-Triassic boundary and mass extinction at 251 Ma. Earth and Planetary Science Letters, 214(1-2): 75～91

Kauffman E G, Erwin D H. 1995. Surviving mass extinctions. Geotimes, (3): 14～17

Kauffman E G, Harries P J. 1996. The importance of crisis progenitors in recovery from mass extinction. In: Hart M B, ed. Biotic Recovery from Mass Extinction Events. Geological Society Special Publication, 102: 15～39

Keller G, Stinnesbeck W, Adatte T, Stuben D. 2003. Multiple impacts across the Cretaceous-Tertiary boundary. Earth-Science Review, 62: 327～363

Kerp H. 2000. The modernization of landscapes during the Late Paleozoic-Early Mesozoic. In: Gastaldo R A, DiMichele W A, eds. Phanerozoic Terrestrial Ecosystems. The Paleontological Society Papers, 6: 79～113

Kirnbauer T, Reischmann T. 2001. Pb/Pb zircon ages from the Hunsruck Slate Formation: a contribution to the age of the Lower and Middle Devonian boundaries. Newsletter Stratigraphy, 38(2/3): 185～200

Knoll A H, Bambach D E, Canfield D E, Grotzinger J P. 1996. Comparative Earth history and Late Permian mass extinction. Science, 273: 452～457

Krull E S, Retallack G J. 2000. $\delta^{13}C$ depth profiles from the paleosols across the Permian-Triassic boundary: Evidence for methane release. Bulletin of Geological Society of America, 112(9): 1 459～1 472

Krull E S, Retallack G J, Campbell H J, Lyon G L. 2000. $\delta^{13}C_{org}$ chemostratigraphy of the Permian-Triassic boundary in the Maitai Group, New Zealand: evidence for high-latitudinal methane release. New Zealand Journal of Geology and Geophysics, 43: 21～32

Lane N G, Waters J A, Maples Ch G. 1997. Echinoderm faunas of the Hongguleleng Formation, Late Devonian (Famennian), Xinjiang-Uygur Autonomous Region, People's Republic of China. The Paleontological Society Memoir, 47: 1～43

Lehrmann D J, Payne J L, Felix S V, Dillett P M, Wang Hongmei, Yu Youyi, Wei Jiayong. 2003. Permian-Triassic boundary sections from shallow-marine carbonate platforms of the Nanpanjiang basin, South China: Implications for oceanic conditions associated with the end-Permian extinction and its aftermath. Palaios, 18: 138～152

Li Youxing. 2000. Famennian tentaculitids of China. Journal of Paleontology, 74(5): 969～975

Li Zishun, Zhan Lipei, Zhu Xiufang, Zhang Jinghua, Jin Ruogu, Liu Guifang, Sheng Huaibin, Shen Guimei, Dai Jinye, Huang Hengquan, Xie Longchun, Yan Zheng. 1986. Mass extinction and geological events between Palaeozoic and Mesozoic Era. Acta Geologica Sinica, 1: 1～17(in Chinese with English abstract)[李子舜，詹立培，朱秀芳，张景华，金若谷，刘桂芳，盛怀斌，沈桂梅，戴进业，黄恒铨，谢隆春，严正. 1986. 古生代-中生代之交的生物绝灭和地质事件. 地质学报，1: 1～17]

Liao Weihua. 2002. Biotic recovery from the Late Devonian F-F mass extinction event in China. Science in China (Series D), 45(3): 380～384(in English)[廖卫华. 2001. 中国晚泥盆世 F-F 生物集群灭绝事件及其后的生物复苏研究. 中国科学 D 辑，31(8): 663～667 (in Chinese)]

Liao Zhuoting. 1979. Brachiopod assemblage zone of Changhsing Stage and brachiopods from Permo-Triassic boundary beds in China. Acta Stratigraphica Sinica, 3(3): 200～207 (in Chinese) [廖卓庭. 1979. 中国南部长兴阶的动物组合及二叠-三叠纪混生动物群中的腕足动物. 地层学杂志，3(3): 200～207]

Lin Chunming, Lin Hongfei, Wang Shujun, Zhang Shun. 2002. Evolution regularities of carbon and oxygen isotopes in Carboniferous marine carbonate rocks from Jiangsu and Anhui provinces. Geochimica, 31(5): 415～423(in Chinese with English abstract)[林春明，凌洪飞，王淑君，张顺. 2002. 苏皖地区石炭纪海相碳酸盐岩碳和氧同位素演化规律. 地球化学，31(5): 415～423]

Lo Chinghua, Chung Sunlin, Lee Tungyi, Wu Genyao. 2002. Age of the Emeishan flood magmatism and relations to Permian-Triassic boundary events. Earth and Planetary Science Letters, 198: 449～458

Ma Xueping, Sun Yuanlin, Hao Weicheng, Liao Weihua. 2002. Rugose corals and brachiopods across the Frasnian-Famennian boundary in central Hunan, South China. Acta Palaeontologica Polonica, 47(2): 373～396

Mapes G, Rothwell G W, Haworth M T. 1989. Evolution of seed dormany. Nature, 337: 645～646

Maples C G, Waters J A, Lane N G, Hong Hongfei, Marcus S A, Wang Jinxing. 1994. Famennian echinoderm recovery from Late Devonian mass extinction events: evidence from the People's Republic of China. IGCP 335: Biotic Recovery from Mass Extinction. Plymouth, UK, Abstract. 28

Marshall J D, Brenchley P J, Mason P, Wolff G A, Astini R A, Hints L, Meidla T. 1997. Global carbon isotopic events associated with mass extinction and glaciation in the Late Ordovician. Palaeogeography, Palaeoclimatology, Palaeoecology, 132: 195～210

Maxwell W D. 1989. The end Permian mass extinction. In: Donovan S K, ed. Mass Extinction: Processes and Evidence. Stuttgart: Ferdinnard Enke Verlag. 152～173

McGhee G R. 1982. The Frasnian-Famennian extinction event. Geological Society of America, Special Paper, 190: 491～500

McGhee G R. 1988. The Late Devonian extinction event: evidence for abrupt ecosystem collapse. Paleobiology,14(3): 250～257

McGhee G R. 1989. The Frasnian-Famennian extinction event. In: Donovan S K, ed. Mass Extinctions: Processes and Evidence. Stuttgart: Ferdinand Enke Verlag. 131～151

McGhee G R. 1996. The Late Devonian Mass Extinction: the Frasnian/Famennian Crisis. Columbia: Columbia University Press. 1～302

McLaren D J. 1970. Presidential address: time, life and boundaries. Journal of Paleontology, 48: 801～815

McLaren D J. 1982. Frasnian-Famennian extinctions. Geological Society of America,Special Paper, 190: 447～484

McLaren D J, Goodfellow W D. 1990. Geological and biological consequences of giant impacts. Annual Review of Earth and Planetary Sciences, 18: 123～171

Melchin M J, Williams S H. 2000. A restudy of the akidograptine graptolites from Dob's Linn and a proposed redefined zonation of the Silurian Stratotype. Palaeontology Down Under 2000: Abstracts, 61: 63

Mii Horngsheng, Grossman E L, Tancey T E, Chuvashov B, Egorov A. 2001. Isotopic records of brachiopod shells from the Russian Platform-evidence for the onset of mid-Carboniferous glaciation. Chemical Geology, 175: 133～147

Miller A I. 1998. Biotic transitions in global marine diversity. Science, 281: 1 157～1 160

Milner A R. 1990. The radiations of temnospondyl amphibians. In: Taylor P D, Larwood G P, eds. Major Evolutionary Radiations. Systematics Association Special Volume, 42: 321～349

Mitchell C E, Melchin M J, Sheets H D, Chen Xu, Fan Junxuan. 2003. Was the Yangtze Platform a refugium for graptolites during the hirnantian (Late Ordovician) mass extinction? In: Albanesi G L, Beresi M S, Peralta S H, eds. Ordovician from the Andes. INSUGEO, Serie Correlacion Geologica, 17: 523～526

Monod O, Kozlu H, Ghienne J-F, Dean W T, Gunay Y, Le Hersisse A, Paris F, Robardet M. 2003. Late Ordovician glaciation in southern Turkey. Terra Nova, 15(4): 249～257

Morante R. 1996. Permian and Early Triassic isotopic records of carbon, and strontium in Australia and a scenario of events about the Permian-Triassic boundary. Historical Biology, 11: 289～310

Musashi M, Isozaki Y, Koike T, Kreulen R. 2001. Stable carbon isotope signature in mid-Panthalassa shallow-water carbonates across the Permo-Triassic boundary: evidence for ^{13}C-depleted superocean. Earth and Planetary Science Letters, 191: 9～20

Myers N, Knoll A H. 2001. The biotic crisis and the future of evolution. Proceedings of the National Academy of Sciences, 98(10): 5 389～5 392

Newell N D. 1967. Revolutions in the history of life. The Geological Society of America, Special Paper, 89: 63～91

Olsen P E, Koeberl C, Huber H, Montanari A, Fowell S J, Et-Touhami M, Kent D V. 2002. Continental Triassic-Jurassic boundary in central Pangea: Recent progress and discussion of an Ir anomaly. In: Koeberl C, MacLeod K G, eds. Catastrophic Events and Mass Extinctions: Impacts and Beyond. Geological Society of America, Special Paper, 356: 505～522

Orth C J, Gilmore J S, Quitana L R, Sheehan P M. 1986. The terminal Ordovician extinction: geochemical analysis of the Ordovician/Silurian boundary, Anticosti Island, Quebec. Geology, 14: 433～436

Pan Huazhang, Erwin D H, Nutzei A, Zhu Xiangshui. 2003. *Jiangxispira*, a new gastropod genus from the Early Triassic of China with remarks on the phylogeny of the Heterostropha at the Permian/Triassic boundary. Journal of Paleontology, 77(1): 44～49

Paris F, Girard C, Feist R, Winchester -Seeto T. 1996. Chitinozoan bio-event in the Frasnian-Famennian boundary beds at La Serre (Montagne Noire, Southern France). Palaeogeography, Palaeoclimatology, Palaeoecology, 121: 131～145

Peters S E, Foote M. 2002. Determinants of extinction in the fossil record. Nature, 416: 420～424

Peng Yuanqiao, Yin Hongfu. 2002. The global changes and bio-effects across the Paleozoic-Mesozoic transition. Earth Science Frontiers—China University of Geosciences, 9(3): 85～93 (in Chinese with English summary)[彭元桥，殷鸿福. 2002. 古-中生代之交的全球变化与生物效应. 地学前缘—中国地质大学，9(3): 85～93]

Pope K O. 2002. Impact dust not the cause of the Cretaceous-Tertiary mass extinction. Geology, 30(2): 99～102

Prothero D R. 1989. Stepwise extinctions and climatic decline during the later Eocene and Oligocene. In: Donovan S K, ed. Mass Extinctions: Processes and Evidence. Stuttgart: Ferdinnad Enke Verlag. 217～234

Racki G. 1998. The Frasnian-Famennian brachiopod extinction events: A preliminary review. Acta Palaeontologica Polonica, 43(2): 395～411

Racki G. 1999. The Frasnian-Famennian biotic crisis: How many (if any) bolide impacts? Geological Rundsch. 87:617～632

Racki G. 2003. End-Permian mass extinction: oceanographic consequences of double catastrophic volcanism. Lethaia, 36(3): 171～173

Racki G, Wrzolek T. 2001. Causes of mass extinctions. Lethaia, 34(2): 200～202

Raup D M. 1979. Size of the Permo-Triassic bottleneck and its evolutionary implications. Science, 206: 217～218

Raup D M. 1991. Extinction: Bad Genes or Bad Luck? New York: W W Norton

Raup D M. 1996. Extinction models. 419～433. In: Jablonski D. Erwin D H, Lipps J H, eds. Evolutionary Paleobiology. Chicago: University of Chicago Press. 1～484

Raup D M, Sepkoski J J, Jr. 1982. Mass extinctions in the marine fossil record. Science, 215(4 539): 1 501～1 503

Reichow M K, Saunders A D, White R V, Pringle M S, Al'Mukhamedov A I, Medvedev A I, Kirda N P. 2002. Ar-40/Ar-39 dates from the West Siberian Basin: Siberian flood basalt province doubled. Science, 296: 1 846～1 849

Renne P R, Zhang Zichao, Richards M A, Black M T, Dasu A R. 1995. Synchrony and causal relations between Permian-Triassic boundary crises and Siberian flood volcanism. Science, 269: 1 413～1 416

Retallack G J. 1995a. Permian-Triassic life crisis on land. Science, 267: 77～80

Retallack G J, Krull E S. 1999. Landscape ecological shift at the Permian-Triassic boundary in Antarctica. Australian Journal of Earth Sciences, 46: 785～812

Retallack G J, Smith Roger M H, Ward P D. 2003. Vertebrate extinction across Permian-Triassic boundary in Karoo Basin, South Africa. Bulletin of Geological Society of America, 115(9): 1 133～1 152

Rickards R B, Wright A J. 2002. Lazarus taxa, refugia, and relict faunas: evidence from graptolites. Journal of the Geological Society, London, 159(1): 1～4

Rodland D L, Bottjer D J. 2001. Biotic recovery from the end-Permian mass extinction: behavior of the inarticulate brachiopod *Lingula* as a disaster taxon. Palaios, 16(1): 95～10

Röhl H J, Schmidt-Rohl A, Aschmen W, Frimmel A, Schwark L. 2001. The Posidonia Shale (Lower Toarcian) of SW-Germany: an oxygen-depleted ecosystem controlled by sea level and palaeoclimate. Palaeogeography, Palaeoclimatology, Palaeoecology, 165: 27～52

Rong Jiayu. 1984. Ecostratigraphic evidence of the Upper Ordovician regressive sequences and the effect of glaciation. Journal of Stratigraphy, 8(1): 19～29(in Chinese with English summary) [戎嘉余. 1984. 上扬子区晚奥陶世还推的生态地层证据与冰川活动影响. 地层学杂志, 8(1): 19～29]

Rong Jiayu, Shen Shuzhong. 2002. Comparative analysis of the end-Permian and end-Ordovician brachiopod mass extinctions and survivals in South China. Palaeogeography, Palaeoclimatology, Palaeoecology, 188: 25～38

Rong Jiayu, Zhan Renbin. 1996. Brachidia of Late Ordovician and Silurian eospiriferines (Brachiopoda) and the origin of the spiriferides. Palaeontology, 39: 941～977

Rong Jiayu, Zhan Renbin. 1999. Chief sources of brachiopod recovery from the end Ordovician mass extinction with special references to progenitors. Science in China (Series D), 42: 553～560

Rong Jiayu, Fang Zongjie, Liao Weihua. 2000. Biotic recovery—first episode of evolution after mass extinction. In: Proceedings of the 2000' Cross-strait Symposium on Bio-diversity and Conservation. National Museum of Natural Science, Taichung. 459～473(in Chinese with English abstract)[戎嘉余, 方宗杰, 廖卫华. 2000. 史前海洋生物大灭绝与复苏初探. 见:2000年海峡两岸生物多样性与保育研讨会论文集. 台中:自然科学博物馆. 459～473]

Rong Jiayu, Zhan Renbin, Han Nairen. 1994. The oldest known Eospirifer (Brachiopoda) in the Changwu Formation (Late Ordovician) of western Zhejiang, East China, with a review of the earliest spiriferoids. Journal of Paleontology, 68: 763～776

Rong Jiayu, Fang Zongjie, Chen Xu, Chen Jinhua, Liao Weihua, Sun Dongli, Zhan Renbin, Shen Jianwei, 1996. Biotic recovery—first episode of evolution after mass extinction. Acta Palaeontologica Sinica, 35(3): 259～271(in Chinese with English summary)[戎嘉余, 方宗杰, 陈旭, 陈金华, 廖卫华, 孙东立, 詹仁斌, 沈建伟. 1996. 生物复苏——大绝灭后生物演化历史的第一幕. 古生物学报, 35(3): 259～271]

Ryskin G. 2003. Methane-driven oceanic eruptions and mass extinctions. Geology, 31(9): 741～744

Saltzman M R. 2003. Late Paleozoic ice age: Oceanic gateway or pCO_2? Geology, 31(2): 151～154

Saltzman M R, Gonzalez L A, Lohmann K C. 2000. Earliest Carboniferous cooling step triggered by the Antler orogeny? Geology, 28(4): 347～350

Sandberg C A, Morrow J R, Ziegler W. 2002. Late Devonian sea-level changes, catastrophic events, and mass extinction. Geological Society of America, Special Paper, 356: 473～487

Sandbeg C A, Ziegler W, Dreeson R, *et al*. 1988. Late Frasnian mass extinction: conodont event stratigraphy, global changes, and possible causes. Courier Forschinstitut Senckenberg, 102: 263～307

Saunders W B, Work D M, Nikolaeva S V. 1999. Evolution of complexity in Paleozoic ammonoid sutures. Science, 286: 760～763

Sephton M A, Looy C V, Veefkind R J, Brinkhuis H, De Leeuw J W, Visscher H. 2002. Synchronous record of $\delta^{13}C$ shift in the oceans and atmosphere at the end of the Permian. Geological Society of America, Special Paper, 356: 455～462

Sepkoski J J, Jr. 1982. Mass extinctions in the Phanerozoic oceans: a review. Geological Society of America, Special Paper, 190: 283～289

Sepkoski J J, Jr. 1984. A kinetic model of Phanerozoic taxonomic diversity. Ⅲ. Post-Paleozoic families and mass extinctions. Paleobiology, 10(2): 246～267

Sepkoski J J, Jr. 1986. Phanerozoic overview of mass extinction. In: Raup D M, Jablonski D, eds. Patterns and Processes in the History of Life. Heidelberg: Springer-Verlag. 277～295

Sepkoski J J, Jr. 1993. Ten years in the library: New data confirm palaeontological patterns. Paleobiology, 19(1): 43～51

Sepkoski J J, Jr. 1996. Patterns of Phanerozoic extinction: a perspective from global data bases. In: Walliser O H, ed. Global Events and Event Stratigraphy in the Phanerozoic. Heidelberg: Springer-Verlag. 35～51

Sepkoski J J, Jr. 1997. Biodiversity: past, present, and future. Journal of Paleontology, 71: 533～539

Sepkoski J J, Jr. 2002. A compendium of fossil marine animal genera. Bulletins of American Paleontology, 363: 1～563

Shcherbakov D E. 2000. Permian faunas of Homoptera (Hemiptera) in relation to phytogeography and the Permo-Triassic crisis. Paleontological Journal, 34: 251～267

Sheehan P M. 1973. The relation of Late Ordovician glaciation to the Ordovician-Silurian changeover in North American brachiopod faunas. Lethaia, 6: 147～154

Sheehan P M. 1975. Brachiopod synecology in a time of crisis (Late Ordovician-Early Silurian). Paleobiology, 1: 205～212

Sheehan P M. 1988. Late Ordovician events and the terminal Ordovician extinction. New Mexico Bureau of Mines and Mineral Resources, Memoir, 44: 405～415

Sheehan P M. 2001a. The Late Ordovician mass extinction. Annual Review of Earth and Plannetary Sciences, 29: 331～364

Sheehan P M. 2001b. History of marine biodiversity. Geological Journal, 36: 231～249

Shen Shuzhong, Shi G R. 1996. Diversity and extinction patterns of Permian Brachiopoda of South China. Historical Biology, 12: 93～110

Signor P W, Lipps J H. 1982. Sampling bias, gradual extinction patterns, and catastrophes in the fossil record. Geological Society of America, Special Paper, 190: 291～296

Sorauf J E, Pedder A E H. 1986. Late Devonian rugose corals and the Frasnian-Famennian crisis. Canadian Journal of Earth Sciences, 23:1 265～1 287

Stanley S M. 1984a. Temperature and biotic crises in the marine realm. Geology, 12(4): 205～208

Stanley S M. 1984b. Marine mass extinction; a dominat role for temperatures. In: Nitecki M H, ed. Extinctions. Chicago: University of Chicago Press. 69～118

Stanley S M. 1987. Extinctions. New York: Scientific American Books

Stanley S M. 1988. Paleozoic mass extinctions: shared patterns suggest global cooling as a common cause. American Journal of Science, 288(4): 334～352

Stanley S M, Powell M G. 2003. Depressed rates of origination and extinction during the late Paleozoic ice age: A new state for the global marine ecosystem. Geology, 31(10): 877～880

Stanley S M, Yang Xiangning. 1994. A double mass extinction at the end of the Paleozoic Era. Science, 266: 1 340～1 344

Stillman J H. 2003. Acclimation capacity underlies susceptibility to climate change. Science, 301: 65

Su Wenbo, He Longqing, Wang Yongbiao, Gong Shuyun, Zhou Huyun. 2003. K-bentonite beds and high-resolution integrated stratigraphy of the uppermost Ordovician Wufeng and the lowest Silurian Longmaxi formations in South China Science in China (Series D), 46(11): 1 121～1 133 (in English)[苏文博，何龙清，王永标，龚淑云，周湖云. 2002. 华南奥陶-志留系五峰组及龙马溪组底部斑脱岩与高分辨率综合地层. 中国科学(D辑),32(3): 207～219(in Chinese)]

Sun Yiyin, Chai Zhifang, Ma Shulan, Mao Xueying, Xu Daoyi, Zhang Quanwen, Yang Zhengzhong, Sheng Jinzhang, Chen Chuzhen, Rui Li, Liang Xiluo, He Jinwen. 1984. The discovery of iridium anomaly in the Permian-Triassic boundary clay in Changxing, Zhejiang, China, and its significance. In: Tu Guangchi, ed. Developments in Geoscience. Beijing: Science Press. 235～245

Tappan H. 1982. Extinction or survival: Selectivity and causes of Phanerozoic crises. Geological Society of America, Special Paper, 190: 265～276

Tong Jin-nan. 1997. The ecosystem recovery after the end-Paleozoic mass extinction in South China. Earth Science—Journal of China University of Geosciences, 22(4): 373～376 (in Chinese with English abstract)[童金南. 1997. 华南古生代末大绝灭后的生态系复苏. 地球科学—中国地质大学学报,22(4): 373～376]

Tong Jinnan, Erwin D H. 2001. Triassic gastropods of the southern Qinling Mountains, China. Smithsonian Contributions to Paleobiology, 92: 1～47

Tong Jinnan, Shi G R. 2000. Evolution of the Permian and Triassic foraminifera in South China. 291～308. In: Yin Hongfu, Dickins J M, Shi G R, Tong Jinnan, eds. Permian-Triassic Evolution of Tethys and Western Circum-Pacific. Amsterdam: Elsevier. 1～392

Tuo Shouting, Liu Zhifei. 2003. Global climate event at the Eocene-Oligocene transition: from greenhouse to icehouse. Advance in Earth Sciences, 18(5): 681～690 (in Chinese with English abstract)[拓守廷，刘志飞. 2003. 始新世-渐新世的全球气候事件:从"温室"到"冰室". 地球科学进展,18(5):691～696]

Twitchett R J. 2001. Incompleteness of the Permian-Triassic fossil record: a consequence of productivity decline? Geological Journal, 36: 341～353

Twitchett R J. 2003. Book reviews for "Extinction, Evolution and the end of man". The Palaeontological Association, Newsletter, 52: 84～85

Twitchett R J, Looy C V, Morante R, Visscher H, Wignall P. 2001. Rapid and synchronous collapse of marine and terrestrial ecosystems during the end-Permian biotic crisis. Geology, 29(4): 351～354

Vail P R, Mitchum R M, Thompson S. 1977. Seismic stratigraphy and global changes of sea level. American Association of Petrologists and Geologists, Memoir 26: 83～97

Vermeij G J. 1986: Survival during biotic crises: the properties and evolutionary significance of refuges. In: Elliot D K, ed. Dynamics of Extinction. New York: John Wiley and Sons. 231～246

Vermeij G J. 1989. Review of the Book: Arguments on Evoution: A Paleontologist's Perspective (wirtten by A. Hoffman). Paleobiology, 15(2): 199～203

Vörös A. 2002. Victims of the Early Toarcian anoxic event: the radiation and extinction of Jurassic

Koninckinidae (Brachiopoda). Lethaia, 35(4): 345～357

Walliser O H. 1996. Patterns and causes of global events. In: Walliser O H, ed. Global Events and Event Stratigrphy in the Phanerozoic. Heidelberg: Springer-Verlag. 7～19

Wang Chuanshang, Chen Xiaohong, Wang Xiaofeng. 2002. Late Ordovician chemical anomaly and the environmental changes across the Ordovician-Silurian boundary in Yangtze Gorges. Journal of Stratigraphy, 26(4): 272～279(in Chinese with English abstract)[王传尚，陈孝红，汪啸风. 2002. 峡区晚奥陶世地球化学异常与奥陶系-志留系之交环境变迁. 地层学杂志, 26(4): 272～279]

Wang Darui, Ma Xueping, Dong Aizheng, Zhu Desheng. 2001. Isotopic evidence for the temperature change of the paleo-ocean between Late Devonian Frasnian period and Famennian period in South China. Acta Geoscientia Sinica, 22(2): 141～144(in Chinese with English abstract)[王大锐，马学平，董爱正，朱德升. 2001. 晚泥盆世弗拉斯期-法门期之交海水温度变化的同位素证据. 地球学报, 22(2): 141～144]

Wang Junhui, Ma Xueping. 2003. Restudy of two rhynchonellid brachiopod species from the Upper Devonian (Frasnian), central hunan, China. Geoscience, 17(3): 251～258(in Chinese with English abstract)[王君慧，马学平. 2003. 湘中上泥盆统弗拉斯阶的腕足动物及其地质意义. 现代地质, 17(3): 251～258]

Wang K, Geldsetzer H H J, Chatterton B D E. 1994. A Late Devonian extraterrestrial impact and extinction in eastern Gondwana: geochemica, sedimentological, and faunal evidence. Geological Society of America, Special Paper, 293: 111～120

Wang K, Geldsetzer H H J, Goodfellow W D, Krouse H R. 1996. Carbon and sulfur isotope anomalies across the Frasnian-Famennian extinction boundary, Alberta, Canada. Geology, 24 (2): 187～191

Wang K, Orth C J, Attrep M, Chatterton B D E, Hou Hongfei, Geldsetzer H H J. 1991. Geochemical evidence for a catastrophic event at the Frasnian/Famennian boundary in South China. Geology, 19: 776～779

Wang K, Orth C J, Attrep Jr M, Chatterton B D E, Wang Xiaofeng, Li Jijin. 1993. The great latest Ordovician extinction on the South China Plate: chemostratigraphic studies of the Ordovician-Silurian boundary interval on the Yangtze Platform. Palaeogeography, Palaeoclimatology, Palaeoecology, 104(1): 61～79

Wang Wei, Matsumoto R, Wang Haifeng, Ohde Shigeru, Kano A, Mu Xinan. 2002. Isotopic chemostratigraphy of the Upper Sinian in three Gorges area. Acta Micropalaeontologica Sinica, 19(4): 382～388 (in Chinese with English abstract)[王伟，松本良，王海峰，大出茂，狩野獐宏，穆西南. 2002. 长江三峡地区上震旦统稳定同位素异常及地层意义. 微体古生物学报, 19 (4): 382～388]

Wang Xiangdong, Sugiyama T. 2000. Diversity and extinction patterns of Permian coral faunas of China. Lethaia, 33(4): 285～294

Wang Xiaofeng, Chai Zhifang. 1989. Terminal Ordovician mass extinction and its relationship to iridium and carbon isotope amalies. Acta Geologica Sinica, 60(3): 255～264(in Chinese with English abstract)[汪啸风，柴之芳. 1989. 奥陶系与志留系界线处生物灭绝事件及其与铱和碳同位素异常的关系. 地质学报, 60(3): 255～264]

Wang Ziqiang. 1993. Evolutionary ecosystem of Permian-Triassic redbeds in North China: A historical record of global desertification. In: Lucas S G, Morales M, eds. The Nonmarine Triassic. Bulletin of New Mexico Museum of Natural History and Science, 3: 471～476

Wang Ziqiang, Zhang Zhiping. 1997. (in Chinese) [王自强，张志平. 1997. 华北二叠纪末集群绝灭前的裸子植物及其生存对策. 科学通报, 42(20): 2 134～2 141]

Ward P D. 1992. On Methuselah's Trail: Living Fossils and the Great Extinctions. New York: W H Freeman

Warme J E, Morgan M, Kuehner H-C. 2002. Impact-generated carbonate acrretionary lapilli in the Late Devonian Alamo Breccia. Geological Society of America, Special Paper, 356: 489~504

Weidleich O, Kiessling W, Flügel E. 2003. Permian-Triassic boundary interval as a model for forcing marine ecosystem collapse by long-term atmospheric oxygen drop. Geology, 31(11): 961~964

Westerman G E G. 1999. Modes of extinction, pseudo-extinction and distribution in Middle Jurassic ammonites: terminology. Canadian Journal of Earth Sciences, 38: 187~195

Westrop S R. 1989. Macroevolutionary implications of mass extinction-evidence from an Upper Cambrian stage boundary. Paleobiology, 15(1): 46~52

Westrop S R, Ludvigsen R. 1987. Biogeographic control of trilobite mass extinction at an Upper Cambrian "biomere" boundary. Paleobiology, 13: 84~99

White R V. 2002. Earth's biggest "whodunnit": unravelling the clues in the case of the end-Permian mass extinction. Philosophical Transactions of the Royal Society of London, B, 360: 2 963~2 985

Wignall P B. 2001. Large igneous provinces and mass extinction. Earth-Science Review, 53(1): 1~33

Wignall P B, Benton M J. 1999: Lazarus taxa and fossil abundance at times of biotic crisis. Journal of the Geological Society, London, 156: 453~456

Wignall P B, Hallam A. 1992. Anoxia as a cause of the Permian/Triassic extinction: facies evidence from northern Italy and the western United States. Palaeogeography, Palaeoclimatology, Palaeoecology, 93(1): 21~46

Wignall P B, Hallam A. 1993. Griesbachian (Earliest Triassic) palaeoenvironmental changes in the Salt Range, Pakistan and Southeast China and their bearing on the Permo-Triassic mass extinction. Palaeogeography, Palaeoclimatology, Palaeoecology, 102: 215~237

Wignall P B, Twitchett R J. 1996. Oceanic anoxia and the end Permian mass extinction. Science, 272: 1 155~1 158

Wignall P B, Twitchett R J. 2002. Extent, duration, and nature of the Permian-Triassic superanoxic event. In: Koeberl C, MacLeod K G, eds. Catastrophic Events and Mass Extinctions: Impacts and Beyond. Geological Society of America, Special Paper, 356: 395~413

Wignall P B, Hallam A. 1996. Facies change and the end-Permian mass extinction in S. E. China. Palaios, 11: 587~596

Wignall P B, Newton R. 2001. Contrasting deep-water records from the Upper permian and Lower Triassic of South Tibet and British Columbia: Evidence for a diachronous mass extinction. Palaios, 18: 153~167

Wilde P, Berry W B N, Quinby-Hunt M S, Orth C J, Quintana L R, Gilmore J S. 1986. Iridium abundances across the Ordovician-Silurian stratotype. Science, 233: 339~341

Wood R. 2000. Novel paleoecology of a postextinction reef: Famennian (Late Devonian) of the Canning basin, northwestern Australia. Geology, 28(11): 987~990

Wu Yasheng, Fan Jiasong. 2003. Quantitative evaluation of the sea-level drop at the end-Permian: based on reefs. Acta Geologica Sinica (English Edition), Journal of the Geological Society of China, 77(1): 95~102

Xu Bing, Gu Zhaoyan, Liu Qiang, Wang Chengyuan, Li Zhenliang. 2003. (in Chinese) [许冰，顾兆炎，刘强，王成源，李镇梁. 2003. 广西桂林垌村上泥盆统碳同位素正漂移与全球一致性的记录. 科学通报，48(8): 856~862]

Xu Daoyi, Ma Shulan, Chai Zhifang, Mao Xuoying, Sun Yiyin, Zhang Qinwen, Yang Zhengzhong.

1985. Abundance variation of iridium and trace elements at the Permian/Triassic boundary at Shangsi in China. Nature, 314(6 007): 154～156

Xu Daoyi, Zhang Qinwen, Sun Yiyin. 1987. Biomass extinction—A fundamental indicator for major divisicns of global history. Acta Geologica Sinica, (3): 195～204(in Chinese with English abstract)[徐道一，张勤文，孙亦因. 1987. 古生物大量绝灭——地质历史发展阶段划分的基本标志. 地质学报,(3): 195～204]

Yan Zheng, Hou Hongfei, Ye Lianfang. 1993a. Carbon and oxygen isotope event markers near the Frasnian-Famennian boundary, Luoxiu section, South China. Palaeogeography, Palaeoclimatology, Palaeoecology, 104: 97～104

Yan Zheng, Ye Lianfang, Hou Hongfei, Liu Rongmo, 1993b. Frasnian-Famennian boundary event markers at Xiangtian, Guangxi—The characteristic of stable carbon and oxygen isotope anomalies. Acta geologica sinica, 28(2): 135～144(in Chinese with English abstract)[严正，叶莲芳，侯鸿飞，刘荣谟. 1993. 广西香田弗拉斯-法门阶界线事件标志——碳、氧稳定同位素异常特征. 地质科学,28(2): 135～144]

Yan Zheng, Xu Daoyi, Ye Lianfang, Liu Rongmo. 1991. Carbon isotope perturbation near the Permian-Triassic boundary at Meishan of changxing, Zhejiang province. Palaeoworld, 1: 99～103 (in Chinese) [严正，徐道一，叶莲芳，刘荣谟. 1991. 浙江长兴煤山二叠-三叠系界线剖面的碳同位素异常. 中科院南京地质古生物研究所现代古生物学和地层学开放研究实验室年报(1989～1990), 1: 113～119]

Yang Fengqing, Zhang Yijie, 1986. Characters of distribution and evolution of Changxingian ammonoid fauna of South China. Acta Geologica Sinica (4):311～320(in Chinese with English abstract)[杨逢清，张义杰. 1986. 华南长兴期菊石动物群的分区及演化特点. 地质学报 (4): 311～320]

Yang Fengqing, Wang Hongmei. 2000. Ammonoid succession model across the Paleozoic-Mesozoic transition in South China. In: Yin Hongfu, Dickins J M, Shi G R, Tong Jinnan, eds. Permian-Triassic Evolution of Tethys and Western Circum-Pacific. Amsterdan: Elsevier. 353～370

Yang Ruidong, Zhu Lijun, Wang Shijie. 2003. Negative carbon isotopic excursion on the Lower/Middle Cambrian boundary of Kaili Formation, Taijiang County, Guizhou Province, China: Implications for mass extinction and stratigraphic division and correlation. Science in China, 46 (9): 872～881

Yang Zunyi, Wu Shunbao, Yin Hongfu, *et al.* 1991. Permo-Triassic Events of South China. Beijing: Geological Publishing House. 1～190 (in Chinese)[杨遵仪，吴顺宝，殷鸿福等. 1991, 华南二叠纪-三叠纪过渡期地质事件. 北京:地质出版社. 1～190]

Yin Hongfu. 1994. Reassessement of the index fossils of Palaeozoic-Mesozoic boundary. Palaeoworld, 4: 1～26

Yin Hongfu, ed. 1996. The Palaeozoic-Mesozoic Boundary. Candidates of Global Stratotype Section and Point of the Permian-Triassic Boundary. NSFC Project. Dedicated 30 th International Geological Congrrss. Wuhan: China University of Geosciences Press. 1～137

Yin Hongfu, Dickins J M, Shi G R, Tong Jinnan, eds. 2000. Permian-Triassic Evolution of Tethys and Western Circum-Pacific. Amsterdan: Elsevier. 1～392

Yin Hongfu, Huang Siji, Zhang Kexin, Yang Fengqing, Ding Meihua, Bi Xianmei, Zhang Suxin, 1989. Volcanism at the Permian-Triassic boundary in South China and its effects on mass extinction. Acta Geologica Sinica, 60(2): 169～181 (in Chinese with English abstract) [殷鸿福，黄思骥，张克信，杨逢清，丁梅华，毕先梅，张素新. 1989. 华南二叠纪-三叠纪之交的火山活动及其对生物绝灭的影响. 地质学报,60(2):169～181]

Yin Hongfu, Tong Jinnan. 1997. Ecosystem at the turning point of geological history. Earth Science

Frontiers— China University of Geosciences, Beijing, 4(3-4): 111～115(in Chinese with English abstract)[殷鸿福，童金南. 1997. 地史转折期的生态系. 地学前缘—中国地质大学，北京，4(3-4):111～114]

Yin Hongfu, Zhang Kexin, Tong Jinnan, Yang Zunyi, Wu Shunbao. 2001. The Global Stratotype Section and Point (GSSP) of the Permian-Triassic Boundary. Episodes, 24(2): 102～114

Zachos J C, Pagani M, Sloan L, *et al*. 2001. Trends, shythms, and aberrations in global climate 65 Ma to present. Science, 292: 686～693

Zhan Renbin, Rong Jiayu, Jin Jisuo, Cocks L R M. 2002. Late Ordovician brachiopod communities of Southeast China. Canadian Journal of Earth Sciences, 39: 445～468

Zhang Kexin, Ding Meihua, Lai Xulong, Liu Jinhua. 1996. Conodont sequences of the Permian-Triassic boundary strata at Meishan section, South China. In: Yin Hongfu, ed. The Palaeozoic-Mesozoic Boundary: Candidates of Global Stratotype Section and Point of the Permian-Triassic Boundary. Wuhan: China University of Geosciences Press. 57～64

Zhang R, Follows M J, Grotzinger J P, Marshall J. 2001. Could the Late Permian deep ocean have been anoxic? Paleoceanography, 16(3): 317～329

Zhang Wentang, Hou Xianguang. 1985. Preliminary notes on the occurrence of the unusual *Naroia* in Asia. Acta Palaeontologica Sinica, 24(6):591～595(in Chinese and English) [张文堂，侯先光. 1985. *Naroia* 在亚洲大陆的发现. 古生物学报，24(6): 591～595]

Zinsmeister W J. 1998. Discovery of fish mortality horizon at the K-T boundary on Seymour Island: reevaluation of events at the end of the Cretaceous. Journal of Paleontology, 72: 556～571

Zhou Yaoqi. 1986. [周瑶琪. 1986. 太平洋的形成与 P-T 之交的撞击事件有关. 科学通报,31(13): 1 039 (in Chinese)]

Zhou Yaoqi, Chai Zhifang, Ma Shulan, Mao Xueying, He Jinwen, Sun Yiyin. 1986. [周瑶琪，柴之芳,马淑兰，毛雪瑛，何锦文，孙亦因. 1986. 浙江长兴二叠、三叠纪之间的冲击事件. 科学通报,31(23):1 838～1 839 (in Chinese)]

Zhou Yaoqi, Chai Zhifang, Mao Xueying, Ma Shulan, Ma Jianguo. 1989. Rare earth geochemistry of clays at and near the Permian-Triassic boundary in South China. Geotectonica et Metallogenia, 13(2): 188～196 (in Chinese with English abstract) [周瑶琪，柴之芳，毛雪瑛，马淑兰，马建国. 1989. 中国南方二叠-三叠系界线及其附近黏土层稀土元素地球化学研究. 大地构造与成矿学,13(2): 188～196]

Zuo Jinxun, Tong Jinnan, Qiu Haiou, Zhao Laishi. 2004. Carbon and Oxygen isotope stratigraphy of the Lower Triassic at northern Pingdingshan section of Chaohu, Anhui Province, China. Journal of Stratigraphy, 28(1):35～40, 47 (in Chinese with English abstract) [左景勋、童金南、邱海鸥、赵来时. 2004. 巢湖平顶山北坡剖面早三叠世碳、氧同位素地层学研究. 地层学杂志,28(1): 35～40,47]

戎嘉余 jyrong@nigpas. ac. cn
方宗杰 zjfang@nigpas. ac. cn
中国科学院南京地质古生物研究所
南京市北京东路39号,210008

第二节

论大灭绝的内涵和“将古论今”的思维方式

摘 要→

准确把握生物大灭绝的内涵,对认识大灭绝的作用和意义十分重要。大灭绝事件打破了原来生物与环境长期相对平衡的状态,宏观上点断了生物连续进化的过程,在生物演化中起了很大的作用。但另一方面,没有一次大灭绝把所有物种都消灭掉,大灭绝也没有重新设定生物演化的线路和全然控制生物多样性的演变,那些有较顽强生命力(抵抗或躲避灾变环境的忍耐度和适应度)或幸存于避难所的物种在大灭绝后幸存下来,创造了重新繁盛或演变成新种的机会。这就是大灭绝的“双刃剑”作用。大灭绝实质上加快了许多优势生物类群的灭绝过程,而某些弱势类群却获得了新生的机会。所以,在物种消亡和幸存、生物类群优势替代和多样性演变的过程中,大灭绝起了极大的加速和催化的作用。当今人类自身活动造成或加剧了生存环境的恶化,导致大量物种消亡或濒临灭绝。史前大灭绝现象之所以引起广泛兴趣,是因为人们希望能从这些大事件中为人类生存寻找新的启示。有些古生物学者按史前五大灭绝的强度和规模,认为今日世界已进入“第六次大灭绝”时期。我们一方面用现今自然作用解释地史时期的现象(将今论古),另一方面史前实例和规律对现今生物多样性危机、丧失和物种复苏等现象也有极其重要的借鉴作用(将古论今)。然而,尽管过去和现代生物都在环境制约下适应生存,在变化环境中适应演化,但它们实际上处于两个在许多方面都很不相同的“系统”中,两者对比的尺度相去甚远。科学工作者在“将古论今”时同样需要保持严谨的科学态度、高度的科学责任感和清醒的自然认识观,重视当今生物界和史前生物记录所反映的在物理、化学和尺度上的重要差别。本书作者根据中国南方并结合世界其他地区的资料,对所遇到的生命演化相关问题给予尝试性的回答。均变和灾变同存,渐变式和点断式在生命演化过程中并存,外界强力扰动(外因)和生物自组能力(包括对灾变环境的适应度和忍耐度)(内因)各不可缺。世界是多样性的,用单一模式、理论或观点是难以诠释缤彩纷呈和复杂多样的生物世界的。由于灭绝-残存-复苏的研究还是一个较新的领域,本节提出相关的8个问题,供进一步研究时参考。

戎嘉余,方宗杰. 2004. 论大灭绝的内涵和“将古论今”的思维方式. 见:戎嘉余,方宗杰主编. 生物大灭绝与复苏——来自华南古生代和三叠纪的证据. 合肥:中国科学技术大学出版社. 1019～1026

关键词→

大灭绝　背景灭绝　灾变论
渐变论　将今论古　将古论今

20世纪90年代后期到新世纪之初，正值国际上对生物大灭绝及其后生物残存和复苏的研究深入开展之际。相对而言，国外学者把更多的注意力集中在了对大灭绝起因的探索上，而对遭遇大灾变环境的生物界和生态系统的变化过程则研究得不够多；对历次生物大灭绝的对比分析以及生物本身应对无机界大扰动的探索，更为少见。本书以华南古生代三大灭绝事件的资料为根基，重点剖析各大灭绝的特点，在对比分析中寻找差异，同时，对生物本身应对恶化环境条件的可能途径进行探索。这样的探索和阐释，跳出了单独研究某一事件的圈子，可能有助于理解显生宙生物大灭绝的真谛和内涵。

本节主要探讨以下两个问题：一是如何准确地把握生物大灭绝的内涵？二是怎样认识“将今论古”与“将古论今”的思维方式？最后，拟提出若干问题供今后相关研究参考。笔者愿以这些内容作为本书的结束语。

一、如何准确把握生物大灭绝的内涵？

准确把握大灭绝的内涵，关系到对大灭绝作用和意义的认识。目前，对地球历史中生物界成分的长期演变究竟受什么因素驱动的问题，争论热烈。更进一步说，这个问题也即涉及大灭绝事件在地球生命演化历史中究竟起什么作用。这里主要有两种假说。一种假说认为，既然大灭绝事件不同程度地重创甚至毁坏了生态系及其生物界，因此它驾驭了生物演化的总体型式和整个过程，控制了全球长期生物多样性的演变；换句话说，就是地史中生物界成份和生物多样性的长期演变主要受控于大灭绝(Gould and Calloway，1980；Gould，1985)。另一种假说则认为，大灭绝在控制生物分异(多样性)演变过程中的确起了很大的作用，但这种作用相对是次要的，因为大灭绝不能重新设定生物多样性演变的总趋势，生物成份变化和生物类群更替主要是生物门类间长期、相互竞争的结果(Sepkoski，1984；Briggs，1998)。上述第一种假说强调的是外部因素，尤其是灾变环境对生命演化的重大影响，从理念上说，这与“灾变论”的关系更紧密；第二种假说强调生物间潜移默化的相互竞争关系，对“渐变论”学说更为赞赏。最近，Miller(1998)认为，生物界的大变化是多种因素作用的结果。

本书的研究并结合国际资料分析表明，大灭绝确实因全球灾变环境而在地史中发生过；每次大灭绝后，生物界均损失惨重，导致不同级别分类单元不同程度的消亡和生态系的重创(如奥陶纪末和晚泥盆世的两大灭绝事件)、甚或崩溃(如二叠纪末灭绝事件)。使生物大量消亡的这类大事件打破了原有生物与环境长期相对平衡的状态，宏观上点断了生物连续进化的过程，确实在生物演化中起了很大的作用。但是，这些事件却给那些有较顽强生命力(抵抗灾变环境的忍耐度和适应度更强)的物种创造了重新繁盛或演变成新种的机会。进一步说,每次大灭绝后,毫无例外地总有一批生物幸存下来,可谓"野火烧不尽,春风吹又生"。许多生物类群尽管只剩下少数分子(特别是灾变先驱分子)"坚守阵地",却是"星星之火,可以燎原",成为新生类群的先祖,并不断地演变成新的、更适应环境的生物。大灭绝后,不仅有幸存者,而且还有不少类群整个地"受益于"大灭绝事件(如单笔石类的繁盛"受益于"奥陶纪末灭绝事件,双壳类和植物"受益于"造成二叠纪茅口期末灭绝的海退事件等)。所以,在生物类群优势替代和多样性的演变过程中,大灭绝事件确实起了一种催化与加速作用。一旦发生了大灭绝事件,许多优势类群生物的灭绝过程加快了,而某些原先弱势生物类群倒反而因发育灾变先驱分子和拥有较好的幸存机制而获得了占据优势地位的机会。这就是大灭绝的"双刃剑"作用,这也是大灭绝本身所赋存的一个内涵。这个内涵显示了大灭绝在生命历史进程中的演化意义。另一方面,我们还需考虑以下几方面的情况。首先,大灭绝发生的时间在地质上通常是短暂的或瞬间的,在集中研究大灭绝事件的同时,还需重视漫长地史时期里发生的"短期与长期"、"突变与渐变"、"质变与量变"、"大规模与小规模"的生物事件及其相关的环境演变历史。其次,大量事实证明,一些生物门类或类群(如爬行动物中的恐龙、有孔虫中的䗴类)的消亡是在相对短暂的时间内发生的;而更多的门类或类群(如节肢动物门三叶虫纲、软体动物门喙壳纲、腔肠动物门床板珊瑚亚纲、腕足动物门五房贝目和无洞贝目)由于经历了长期的演变和多次灭绝事件的打击,它们的衰落经历了一个相当长的演化过程,至大灭绝事件出现时早已"所剩无几";另一些门类和类群(如半索动物门笔石纲)的灭绝则与大灭绝事件无关。第三,各大灭绝事件本身的强度和延续时间都不相同,而其他不同规模的灭绝事件在地史上发生过很多次,这些灭绝事件实质上与上述大灭绝之间也可能没有截然的差别。无论如何,没有一次大灭绝能把所有生物都消灭光,大灭绝并没有彻底改变生物界的基础,也没有重新设定生物门类演化的线路,所以生物多样性的演变并非完全由大灭绝所控制,地史中生物成分的变化和优势生物类群的更替亦并非主要由大灭绝所驾驭,但大灭绝在灭绝大量生物分类单元中确实起了极大的加速和催化的作用。这样,假如忽视大灭绝在生物演化历史中的作用和意义是不合适的话,那么夸大大灭绝的作用和意义也无助于认识和理解生物演化的基本特点和规律。

目前为止,大灭绝尽管有等级(如特大型和大型)之差,却没有科学的定量标准。今后,仍需继续对各类大灭绝事件作深入研究,除了了解生物类群大灭绝的绝对数值和百分含量外,还要注意大灭绝过程中不同分类阶元的新生率和更替速率,生态系重创程度,多样性变化幅度,随后的残存期延续长短,大灭绝影响范围等多方面内容,使我们对大灭绝有较全面的分析,对大灭绝的认识更为客观。此外,今后值得研究的一个大课题是大灭绝与背景灭绝之间存在怎样的差异和关系。

二、如何对待"将今论古"与"将古论今"的思维方式?

"将今论古"是地质学长期信奉的现实主义原理,科学工作者视现今自然作用为一把钥匙,用它来解释史前的地质现象。这一指导思想在科学研究中起了重要的作用。人们比较习惯于认识当前的地质背景,但若把今日地质条件作为整个地球系统的"标准",又用这样的"标准"作为参照物,直接比较和认识史前的地球系统状态,是极易出错的。不仅因为今日地球所处的"间冰期"环境在地史上属于"少数派",连今日和史前的板块古地理、海洋和大陆环境、生物演化阶段等许多方面也都不甚相同。所以,既要深刻了解地球系统的多样性及其占优势的态势,"又决不能一叶障目,用今天所谓的地球系统标准去解释史前发生的现象"(汪品先, 2003)。这是问题的一面。

问题还有另一面。本书所研究的大灭绝现象之所以引起科学家和大众传媒广泛、浓厚的兴趣,是因为人们希冀从史前发生的这些大事件中,为人类的生存寻找新的启示。这便是一种"将古论今"、以史为鉴的思维方式。但"将古论今"时,也要注意两个前提:①今、古生物界的物理和化学环境不同,生物演化阶段更不一样;②今、古生物,虽本质上都在环境制约下生存、在适应环境中演化,但两者常被置于两个不同的"系统"中,在时间和分类尺度、标本保存、资料搜集等方面差别很大,正是受这些因素的干扰,对它们进行单纯的比较是困难的(Jablonski,1991),且这样做还会产生认识上的许多"误区"。就拿时间尺度来说,今天人们重视的是对 1 天、1 周或 1 月这样的尺度进行预测(或预报),时间段似乎越短越好、越需要;若涉及更新世以前的化石记录,会因遇到难以观察或不易解决的问题(如地层间断、前后演进居群的混合),使分归于这两个"系统"的时间分辨率相差好几个等级。又如史前发生的大灭绝事件,按照今天的时间尺度,都延续了相当长的一段时间过程,会出现不同时间的记录叠影,在该叠影中还包含着大量的暗记录;哪怕个别事件在全球"同时、瞬间"发生,也是指地质上的时间尺度;而即使要识别出"1 万年"的级别,因地质上延续极其短暂而不大容易做得到。再如标本保存问题,特定时期的化石群是特定环境中全部生物的一部分。这类保存还受物理、化学和生物本身等许多因素的制约,例如,那些广布、繁盛的属种,保存为化石的可能性很大;而稀少、窄布的属种则保存为化石的可能性较小。现代地球上那些分布点极少的珍稀生物,日后会因难于保存为化石而被认为早已灭绝;而在大灭绝及其后的残存时期里,有些原先常见、广布的属种,在适应恶化环境过程中,采取居群规模大大缩小、地理分布范围明显变窄、个体数量变得十分稀少的策略,于是,它们的化石记录也同样奇缺(如幸存生物中的复活型分子),那些复活分子实际上并没有灭绝,一旦环境改善,它们又会复现。看来,既不能简单地按现代尺度去衡量过去(将今论古),也不能在与史前大灭绝相比较时(将古论今)夸大今日地球的恶况。诚然,用史前现象(如生物窄布属种比广布属种、大个体比小个体易于灭绝等)来推测将来,对现今生物的濒危、灭绝、多样性危机和丧失等仍然有着重要的借鉴作用。

自工业革命以来约200年间,随着人口急剧膨胀和经济快速发展,人类自身活动已导致生存环境的日趋恶化、大量物种的消亡或濒临灭绝和生物多样性的急剧下跌。从以往平均每天灭绝几个物种到现在急增到约100种(此系推测,有科学家认为这还是一个保守的估算)。若按每天灭绝100种的速度(笔者注:假如排除其他因素的话),百年内就会有365万种消亡;这样的灭绝速率比史前正常状态(背景条件)下每年灭绝3种的速度快了近万倍,远远超过史前任何一次大灭绝事件(Sepkoski, 1997)。有些古生物学者"将古论今",将当今这种全球性生物濒危现状和灭绝速率与远古时期"温室效应"和大灭绝事件比较,按史前五大灭绝强度和规模,认为当今生物界已进入"第六次大灭绝"时期,甚至认为现代人类才真正遭遇到大灭绝的过程(Briggs, 1999)。有人甚至断言,未来35年内整个地球全部物种数约20%将丧失掉(Raven, 1990)(笔者注:如果以现有2000万个物种计,35年内将有400万种生物消亡,这是一个多么骇人听闻的数字啊!)。生物大灭绝无例外地都由全球环境严重恶化所致,这就告诉我们:人类唯有顺其自然地保护地球环境,与环境协调发展,才能保护生物界(包括人类自己)。从这个角度思考,以上所说的不宜被视为是"骇人听闻"的宣传,毕竟这样的宣传有益于保护地球的生存环境。但我们在注意到"将古论今"的同时,也一定要保持严谨的科学态度和清醒的自然认识。例如,上述统计结果和由此得出的结论之所以难以使人信服,是因为自然界的实际情况远比这些更为复杂。例如,在计算当今世界物种灭绝率时,容易忽视现今成种的速度(据说,比史前背景状态下快约1百万倍,上面有关灭绝率的统计并未考虑这一点)。假如灭绝和成种速率都很快的话,就意味着某些生物群总体更新速率也很快,整个过程的结局就大相径庭。又例如不同门类间、优势门类与非优势门类间,在许多方面(包括灭绝率和新生率)有很多、很大的差异,其总体情况和后果亦将难以预料。再例如,当今地球上究竟存活着多少物种?对此,各类统计误差极大(从3百万种到5千万种、甚至1亿种)。假如,按每百年灭绝365万种的速度推算,仅凭灭绝速率而不考虑其他诸多复杂因素,只消数百年,全球生命将消失殆尽,显然,这种情况是不可能发生的。连当今生物物种总数的统计都远不精确,怎能使人相信由此估算出的今日生物灭绝率的可靠性呢?即使得出一个灭绝速率值,又怎能与处于完全不同的对比尺度、地质背景、生物演化阶段的史前数据直接比较呢?有可能,生命,必定以某些形式,在现今生物多样性的危机中幸存下来;而人类,却可能在这场危机中,被最终淘汰(Twitchett, 2003)。

三、值得思索的若干问题

国际著名的已故古生物学家顾尔德(Gould,1977)在探讨古生物学的本质时,提出了3个永恒的主题。第一个主题是,生命演化的历史是否具有特定的方向?第二个主题是,生命世界变化的驱动力是什么?生命演化过程是由外部环境及其变化制约,还是由生物本身某些独立和内部的动力所制约?这些问题涉及到"灾变论(Catastrophism)"(殷鸿福等,1988,1993)和"均变论(即天演同一论,Uniformitarianism)"之争、"内因"和"外因"之争。第三个主题,生物演化的速度是以逐渐、连续的方式,还是呈幕式的?这里探讨的是生命以相同(或相似)速率、伴随相同灭绝速率的渐变式(Gradualism),还是点断式(Punctuation)演化的。本书许多作者根据中国南方并结合世界其他地区的资料,对所遇到的相关问题给予了尝试性的回答和推断。因为这些问题都是生命演化的永恒主题,不可能在一本书中有圆满的答案。但是,"均变"和"灾变"同存,外因和内因兼有,渐变式和点断式在生命演化过程中的实例屡见不鲜,只是在各种不同规模的变化中,这些因素的主次如何?凡此种种都说明,如果用同一种模式、同一种理论、同一种观点,是难以诠释缤彩纷呈和复杂多样的生物界的。不同情况的主要和次要方面也是不同的。例如,就生物大灭绝而言,它无不由大规模的全球性环境灾变所造成,在这种情况下,外因是主动的,内因是被动的、应对的,生物通常在个体/居群/物种的级别上,发挥自组演化的适应能力、对灾变环境的应对能力和忍受能力,竭力冲破大灭绝的高压环境而幸存下来。很显然,这些表现情况与生物大辐射正好相反。

当生物学家花费大量笔墨写就无数本生物演化书籍时,有关生物灭绝、残存、复苏等问题的篇幅较为有限,这就不难理解目前大灭绝及其后复苏的研究为什么仍处于起步阶段,又为什么有这么多专家学者热衷于这方面的探索。我们的任务仍然是从研究高分辨率的生物地层、年代地层、化学地层等开始,对穿越大灭绝事件的地层和古生物资料,通过一个个剖面、一个个地区、一个个生物地理区系进行精细的研究。离开这些基础工作,这样的研究将成为"空中楼阁"。随着新证据和新技术方法的不断涌现,定性和定量相结合,演化生物学的教科书将会增添越来越多的关于大灭绝的对比研究及其后生物界的残存与复苏的内容。

既然相关研究还处于起步阶段,那么当我们得知还存在着大量尚待探索的问题时就不会显得多么惊讶了。这里试举以下诸问题,供读者参考讨论。

(1) 许多学者(包括本次研究)都将注意力集中在大型的灭绝事件(major mass extinction)上,但同样需要我们关注的是史前其他大灭绝事件以及无数次不同规模的灭绝事件(Brett and Baird,1996)。例如,我们需要了解,显生宙是否还发生过与这5次大灭绝事件规模相当或相似的灭绝事件?显生宙之前是否也发生过类似的大灭绝？

(2) 有学者认为大灭绝与背景灭绝的型式是完全不同的(Jablonski,1986)。研究大灭绝需了解它与背景灭绝的区别和联系(Raup,1996),但相关研究却很少。这两类灭绝在型式上有无共性？是否真存在本质差异？它们之间是否存在过渡类型？此外,探讨大灭绝对理解背景灭绝有哪些启示？反之亦然吗？

(3) 没有全球灾变环境就不会发生大灭绝。从生物的角度考虑,基本上似乎是被动地应对这种灾难环境的。那么,为什么在发生大灭绝时,有些物种能幸存下来？有些一度销声匿迹后却又东山再起？即大灭绝对生物界是否存在选择性？若是,其选择是怎样进行的？

(4) 大灭绝是遵循突变/瞬间模式还是渐变/阶段模式？高分辨率地层学研究是关键,但单靠生物地层还很难解决。广泛分布的“事件层”(如火山灰层:Su *et al.*,2003)标识全球和区域的瞬时对比,再结合数值分析(见本书第二章第二节),介入物理和化学诸多标志,将弥补化石记录的不足。

(5) 国内外学者的兴趣已部分地转向大灭绝后生物残存与复苏的动态演变上,因为这些能为保护人类生存环境提供有价值的参考。今后,如何深化对大灭绝后生物的残存特点、机制及其差异的研究,如何进一步探索各类群复苏的方式和途径？值得重视。

(6) 面对现今环境的不断恶化,“将古论今”与“将今论古”都需要科学地、谨慎地运用,我们需要研究史前大灭绝、残存与复苏给人类提供哪些有益的启示和生存的对策。

(7) “协同演化”是地球生命过程中的普遍现象。花因无蜂而不能传种,造礁珊瑚因无共生藻类而不能存活,人类与自然的关系也不例外,况且环境也包括生物因素和生物对环境所起的巨大作用。“竞争淘汰”固然是自然选择的结果,“互助共存、协同演化”也是生命史的通则,理应受到人类更多的关注。

(8) 地球是一个完整的系统(汪品先,2003)。水圈、岩石圈、气圈和生物圈的互动(相互作用、相互影响),使得这些圈层共同演变。特别是在像大灭绝事件发生过程中,这个系统发挥了极大的作用。但如何从地球系统的角度、在无机界和有机界中寻找结合点,更深入地研究大灭绝及其后的残存与复苏？也值得今后深入探讨。

本书是全体作者对所拥有的知识的一次阶段总结,定有许多不完善之处。我们热切地期盼广大读者提出宝贵意见。尽管相关研究的路程还很长,笔者与本书其他所有作者一样,深信中国的地学工作者定会在这片研究沃土上发挥重要的作用。

参考文献

Brett C E, Baire G C, eds. 1996. Paleontological Events, Stratigraphical, Ecological, and Evolutionary Implications. New York: Columbia University Press. 1～604

Briggs J C. 1998. Biotic replacements—extinction or clade interaction? BioScience, 48: 389～395

Gould S J. 1977. Eternal metaphors of palaeontology. In: Hallam A, ed. Patterns and Rates of Evolution. Amsterdam: Elsevier Scientific Publishing Company. 1～26

Gould S J. 1985. The paradox of the first tier: an agenda for paleobiology. Paleobiology, 11(1): 2～12

Gould S J, Calloway C B. 1980. Clams and brachiopods－ships that pass in the night. Paleobiology, 6(4): 383～396

Jablonski D. 1986. Causes and consequences of mass extinction: a comparative approach. In: Elliott D K, ed. Dynamics of Extinction. New York: Wiley. 183～229

Jablonski D. 1991. Extinctions: A paleontological perspective. Science, 253: 754～757

Miller A I. 1998. Biotic transitions in global marine diversity. Science, 281: 1157～1160

Raven P H. 1990. The politics of preserving biodiversity. BioSceinece, 40: 769～774

Sepkoski J J, Jr. 1984. A kinetic model of Phanerozoic taxonomic diversity. Ⅲ. Post-Paleozoic families and mass extinctions. Paleobiology, 10(2): 246～267

Sepkoski J J, Jr. 1997. Biodiversity: past, present, and future. Journal of Paleontology, 71: 533～539

Su Wenbo, He Longqing, Wang Yongbiao, Gong Shuyun, Zhou Huyun. 2003. K-bentonite beds and high-resolution integrated stratigraphy of the uppermost Ordovician Wufeng and the lowest Silurian Longmaxi formations in South China Science in China (Series D), 46(11):1 121～1 133 (in English)[苏文博,何龙清,王永标,龚淑云,周湖云. 2002. 华南奥陶-志留系五峰组及龙马溪组底部斑脱岩与高分辨率综合地层. 中国科学(D辑),32(3):207～219(in Chinese)]

Twitchett R J. 2003. Book reviews for "Extinction, Evolution and the end of man". The Palaeontological Association Newsletter, 52: 84～85

Wang Pinxian. 2003. Earth System science in China quo vadis? Advance in Earth Sciences, 18(6): 837～851 (in Chinese with English abstract)[汪品先. 2003. 我国的地球系统科学研究向何处去? 地球科学进展,18(6): 837～851]

Yin Hongfu, Xu Daoyi, Wu Ruitang. 1988. Saltationism in Geological Evolution. Wuhan: China University of Geosciences Press. 1～210 (in Chinese) [殷鸿福,徐道一,吴瑞堂,1988. 地质演化突变观. 武汉:中国地质大学出版社. 1～210]

Yin Hongfu, Zhang Kexin. 1993. New Catastrophism. In: Mu Xi'nan, ed. New Theory and Hypothesis of Palaeontological Research. Beijing: Science Press 109～136 (in Chinese) [殷鸿福,张克信. 1993. 新灾变论. 见:穆西南主编. 古生物研究的新理论新假说. 北京:科学出版社. 109～136]

英文部分

English Part

Mass Extinction and Recovery

—Evidences from the Palaeozoic and Triassic of South China

Contents

Chapter 1

Introduction

Introduction

Rong Jiayu jyrong@nigpas. ac. cn
Fang Zongjie zjfang@nigpas. ac. cn
Nanjing Institute of Geology and Palaeontology, Chinese Academy of Sciences
39 East Beijing Road, Nanjing 210008

Rong Jiayu, Fang Zongjie. 2004. Introduction. In: Rong Jiayu, Fang Zongjie, eds. Mass Extinction and Recovery — Evidences from the Palaeozoic and Triassic of South China. Hefei: University of Science and Technology of China Press. 1－6, 1033－1035

Instead of dealing with the extinction of an individual species, this book focuses on mass extinctions involving many biotical groups and the scenario immediately after. Such mass extinctions which happened in a short geological time interval, occurred at least five times in the long history of biotical evolution, respectively at the end Ordovician, in the Late Devonian (F-F), at the end Permian, at the end Triassic, and at the end Cretaceous. Mass extinction, with profound affects globally, should be considered an integrated part of the evolutionary processes and one of the most important bioevents thereof. Thanks to the publicizing of the hypothesis on the extraterrestrial impact and the increasing concern on present day biodiversity, scientists and foresighted politicians are paying more and more attention to the notable deterioration of environments caused by human activities in the recent years. Conservationists have long noticed that the biodiversity loss has been brought about by human being and the anthropogenical extinctions are not uncommon. Will another mass extinction be unavoidable on the earth? To answer this question, palaeontologists turn their heads to the prehistoric mass extinctions, trying to reveal more on "what", "why", and "how", trying to provide a better human response to environmental changes in order to prevent the extinction from happening, and trying to let the human be better prepared for avoiding the next mass extinction. Relevant researches are being carried out vigorously and start to influence the public's views on development and environment.

On the basis of basic data of the three mass extinctions occurred about 540 to 250 million years ago, in the Palaeozoic of South China, the authors of this book give an account on the historic facts of the end Ordovician, Late Devonian (F-F), and end Permian mass extinctions and the subsequent survivals and recoveries. The main purposes of the book are to better understand the mechanism and consequence of the mass extinctions, to expound the history and feature of the survival and recovery, and to try to reveal the secrets of evolution as much as we can.

This book consists of 32 articles, each of which, though is viewed as an independent section, is somehow related to each other. Judging from the results of these studies, we may see that, first, the three mass extinctions aforementioned were all caused, without exception, by global environmental deterioration. Nevertheless, the environmental factors that caused the extinctions varied from each disaster. The stages of biotical development following each mass extinction were also distinctive. The response of different groups of organisms to the major environmental changes was different in terms of their morphological functions, ecological habits, and tolerant limits. Second, the mass extinction events had a very great influence on the evolutionary processes of organisms in the world. Had these events not happened, there would have been another completely different scene in the course of the global biotical evolution and the organism kingdom would have been changed to beyond recognition, i.e. a minimal difference can result in a gigantic divergence. Mass extinction was substantially like a double-edged sword. It cut off the life development, swept a great number of species away, reconstructed the ecologic system, and changed greatly biogeographical framework on the one hand, but also brought new chances of radiation and pushed the evolution to a new stage on the other hand. Searching for those catastrophic years of life development is deemed to understand more rationally the causes of and the organisms' responses to the environmental deterioration. By doing so, human may learn a large-scale historical lesson from these mass extinctions and pay more attention to current environmental deterioration.

Though the prehistoric catastrophic events occurred for several times in the world, there yet have been no records of "complete annihilation" of the organism kingdom after each event. This is because there were always survivors. These survivors, after experiencing the catastrophic events, joined in varying degrees the subsequent processes of recovery and radiation. Survival and recovery, the main subjects of this book, are two indispensable links in the evolution of many biotical groups after the mass extinctions. If the survival is the continuation of the mass extinction and is more closely related to the latter, then the recovery is the prelude of a new radiation. The study of the survival and recovery after the mass extinction has attracted an extensive attention of the academic circles in the recent years. It, as an indispensable part of macroevolution and a new field, represents one of the frontiers of the palaeontological researches, which were only started about ten years ago. While numberless textbooks on evolution, covering speciation, phylogenesis, evolutionary pattern and many others, have been published, papers systematically displaying actual materials that involve survival and recovery after mass extinctions are limited. Pondering over the interesting questions of extinction, survival, and recovery, Chinese and foreign scholars have come to realize that some aspects of the traditional views on evolution may need to be revised. The study of biotical responses after mass extinction will undoubtedly shed more lights on evolution. To better understand evolution, the global environmental catastrophes, and the relationship between them and various spheres (such as hydro-, aero-, litho-, bio-), new methods should be employed in the studies of mass extinction, survival, and recovery.

Human themselves are now eager to understand the processes of recovery after the deterioration, and the controlling factors of such recovery. It has been known that, with the continuous increase in population and the rapid development in economy, the human destructive activities have brought the earth to the brink of biotic crisis. The endangered and extinct species are now greatly increasing in number and the diversification is now decreasing sharply. Facing such a very worrying situation of the present ecological environment, human must have clear mind and scientific knowledge on the consequence of their activities. From the palaeontological and evolutionary biological aspects, the living organisms are in the severest situation. When studying the evolutionary processes, we must attach importance to the immeasurable harm caused by human activities. If human place themselves in the "centre" of the organism kingdom, can not be harmonious with the surroundings in their development, and can not live in amity with their "friends" in the biosphere, then the last sufferers are ultimately the human being themselves who have been destroying the living environment.

From Cuvier's "Catastrophism" and Darwin's "Gradualism" in the 19th century and Schindewolf's "New Catastrophism" in the mid-20th, to the concept of mass extinction raised by Newell and Sepkoski decades ago, scientists have continuously deepened the knowledge of the life process in the past. During the last two decades, palaeontologists in China have paid a lot of attention to the subject of mass extinction and the fields related. However, extensive investigations of the relevant realms have just been carried out. Although some new knowledge has been acquired on the basis of many years of efforts and exploration made by the participators, there are still many unsettled problems regarding these fields and the evidences are far from conclusive. We sincerely hope that the publication of this book will help to increase the interests in the studies of such a frontier (at the junction of life science and geoscience) in China, and to increase the public awareness of environmental issues.

The editors of this book also cordially hope that more young scientists will participate in such research activities of probing the mystery of life evolution, searching for the traces of mass extinction to survival from the fossil record, and decoding the recovery of organisms. Once the young palaeontologists are determined to enter the field, they will, with their continuous practice and bitter efforts, eventually find the key to the solution of the puzzles of mass extinction, survival and recovery, and devote their wisdom to the science of life evolution.

In the prophase of the research, we obtained financial supports from the Laboratory of Palaeobiology and Stratigraphy, Nanjing Institute of Geology and Palaeontology, Chinese Academy of Sciences, Chinese Academy of Sciences SFPP Fund, the President Award of the Chinese Academy of Sciences, the Resource Environmental Major Project (KZ) of the Chinese Academy of Sciences, the Department of Basic Research of Ministry of Science and Technology of China, the projects of the National Natural Science Foundation of China, and the "333" Project of Jiangsu Province. From the April of 2000 on, it is the Major Basic Research Project of MST, China (G2000077700) that helps us to complete the research and to make this book published. Besides, Nanjing Institute of Geology and Palaeontology, Chinese Academy of Sciences, the State Key Laboratory of Palaeobiology and Stratigraphy, have provided funding for the publication of this book. The editors appreciate the vigorous support from all the above-mentioned relevant units.

In the course of compiling this book, we are grateful to Chen Yiyu, Qin Dahe, Shao Liqin, and Xu Juntao for their valuable helps. Thanks also go to Jin Jisuo, Wang Jungeng, Li Rongyu, Wu Tongjia, and Ma Zhengang, for their kind helps.

Chapter 2

Latest Ordovician Mass Extinction and Its Subsequent Recovery

2.1 Patterns and Processes of Latest Ordovician Graptolite Extinction and Survival in South China

Chen Xu xu1936@yahoo.com
Fan Junxuan fanjuanxuan@yahoo.com
Nanjing Institute of Geology and Palaeontology, Chinese Academy of Sciences
39 East Beijing Road, Nanjing 210008
M. J. Melchin mmelchin@stfx.ca
Department of Earth Sciences, St. Francis Xavier University
Antigonish, N. S., B2G 2W5, Canada
C. E. Mitchell cem@nsm.buffalo.edu
Department of Geology, State University of New York at Buffalo
Buffalo, NY 14260-3050, USA

Chen Xu, Fan Junxuan, Melchin M J, Mitchell C E. 2004. Patterns and Processes of Latest Ordovician Graptolite Extinction and Survival in South China. In: Rong Jiayu, Fang Zongjie, eds. Mass Extinction and Recovery — Evidences from the Palaeozoic and Triassic of South China. Hefei: University of Science and Technology of China Press. 9-54, 1037-1038

We have studied the pattern of graptolite species turnover during the latest Ordovician mass extinction based on four continuous Ashgillian to earliest Llandovery sections together with data from more than 30 other published sections. Condensed sampling from the four sections avoids of the Signor-Lipps effect with collection bias. The studied sections represent relatively shallow water and deeper water belts in the Yangtze platform region. Graphic correlation among these sections reveals that the mass extinction was gradual or stepwise and began with a major extinction event that spanned an interval from the *Diceratograptus mirus* Subzone to the middle of the *Normalograptus extraordinarius-N. ojsuensis* Zone. Graptolite extinctions swept across the Yangtze basin from shallow-water belt to the central Yangtze deeper water belt during this interval. Species diversity fell most rapidly and reached the lowest diversity in the shallower environment. A secondary, more minor pulse of extinction (minor extinction) took place late in the interval of the upper *Normalograptus persculptus* Zone. Overall, 61% of genera and 68% of species of the Ashgillian graptolites expired during the major, the more dramatic extinction event. The last surviving species of the dominant Ordovician clades, the Diplograptidae, Dicranograptidae, and Orthograptidae (DDO) fauna, and some normalograptid species expired during the succeeding minor extinction. The principal graptolite faunal replacement was completed prior to the end of Ordovician although high rates of extinction also occurred within the *Parakidograptus acuminatus* Zone of the Lower Llandovery.

Comparison of the duration and magnitude of the major and minor extinction events among graptolites with the patterns of mass extinction exhibited in other fossil groups reveals several common elements that may reflect the process of species turnover during mass extinction. The graptolite major extinction was preceded by a substantial evolutionary radiation. Speciation among graptolites continued, albeit at a diminished level, during the mass extinction interval. In particular, we recognize a survival-recovery interregnum characterized by continued extinction and the roots of recovery (continued speciation) in the interval between the major and minor extinction events. All the new species that appeared during the survival-recovery interregnum and minor extinction episode belong to what appears to be ecologically generalized species. Four types of taxa have been recognized including extinction, survival, disaster, and original taxa. None of the post-extinction graptolite species appear to be Lazarus taxa, but rather are all newly evolved from a few normalograptid ancestors, the majority of which had themselves evolved during the mass extinction events. The coincidence of Hirnantian mass extinction with an intense pulse of continental glaciation clearly suggests a potential for a direct causal link between these events. The discernible biologic factors associated with the risk of succumbing during graptolite extinction are mainly population size, specialized colony structure and probably a factor related to the pattern of juvenile colony development (astogeny).

Two different biogeographical realms existed in mid-Ashgillian time suggests a latitudinal diversity gradient. Climate gradient becomes much less evident by late Hirnantian time in which most parts of the world have a relative low diversity fauna totally dominated by normalograptid species after the major extinction event.

Key words graptolite extinction survival-recovery interregnum radiation biogeographical distribution South China

2.2 Biodiversity, Extinction and Origination Rates During the Latest Ordovician Graptolite Extinction Based on the Data from South China

Fan Junxuan fanjuanxuan@yahoo.com Chen Xu xu1936@yahoo.com
Nanjing Institute of Geology and Palaeontology, Chinese Academy of Sciences
39 East Beijing Road, Nanjing 210008
M. J. Melchin mmelchin@stfx.ca
Department of Earth Sciences, St. Francis Xavier University
Antigonish, N. S., B2G 2W5, Canada
H. D. Sheets sheets@gort.canisius.edu
Department of Physics, Canisius College, 2001 Main St.
Buffalo, NY 14208, USA
C. E. Mitchell cem@nsm.buffalo.edu
Department of Geology, State University of New York at Buffalo
Buffalo, NY 14260-3050, USA

The present work is mainly based on four continuous Ashgillian to earliest Llandovery sections as well as data from other 33 published sections from South China. These sections represent a transition from relatively shallow-water to deeper-water belts in the Yangtze Platform region. Graptolite species range data from *Dicellograptus complanatus* Zone to *Parakidograptus acuminatus* Zone are compiled into a graptolite composite standard sequence (CSS) using graphic correlation, which gives us the opportunity to examine the latest Ordovician graptolite extinction event in a quantitative way. This composite standard sequence is calibrated to a temporal scale with a resolution of at least 0.3 Ma. Based on these temporally scaled range data, species diversities, extinction and origination rates are calculated using several statistical methods, such as estimated mean standing diversity, per-taxon extinction and origination rates, Van Valen extinction and origination rates, and estimated per-capita extinction and origination rates. In addition, Cohort survivorship and prenascence analysis are used to test the effect of the latest Ordovician extinction event on different graptolite clades, and contingency analysis of clade independence is used to test the apparent taxonomic selectivity of the extinctions and originations. The results show that graptolite species diversity rose steadily during the pre-Hirnantian Ashgill, until the mid-late *Paraorthograptus pacificus* Zone. After that time, extinction rates increased to very high levels for a period of 0.6–0.9 Ma (from the *Diceratograptus mirus* Subzone to the mid *Normalograptus extraordinarius-N. ojsuensis* Zone), during which time the diversity dropped to very low levels. The period of high extinction rates was followed immediately by a short period of very high origination rates. A second, short period of high extinction rates occurred at the end of Hirnantian. The major extinction event marked a change from relatively low, steady origination and extinction rates to a period of high extinction rates and highly variable origination rates, which extended well into the Rhuddanian. Both the extinction and origination were highly selective, both favoring the diversification of the N (Normalograptidae) fauna and the extinction of the DDO (Dicranograptidae, Diplograptidae, and Orthograptidae) fauna.

Fan Junxuan, Chen Xu, Melchin M J, Sheets H D, Mitchell C E. 2004. Biodiversity, Extinction and Origination Rates During the Latest Ordovician Graptolite Extinction Based on the Data from South China. In: Rong Jiayu, Fang Zongjie, eds. Mass Extinction and Recovery — Evidences from the Palaeozoic and Triassic of South China. Hefei: University of Science and Technology of China Press. 55–70,1039

Key words graptolite extinction graphic correlation biodiversity extinction and origination rates latest ordovician

2.3 Late Ordovician Brachiopod Mass Extinction of South China

Rong Jiayu jyrong@nigpas. ac. cn
Zhan Renbin rbzhan@nigpas. ac. cn
Nanjing Institute of Geology and Palaeontology, Chinese Academy of Sciences
39 East Beijing Road, Nanjing 210008

Rong Jiayu, Zhan Renbin. 2004. Late Ordovician Brachiopod Mass Extinction of South China. In: Rong Jiayu, Fang Zongjie, eds. Mass Extinction and Recovery — Evidences from the Palaeozoic and Triassic of South China. Hefei: University of Science and Technology of China Press. 71 – 96, 1040

Investigation on the mid Ashgillian and Hirnantian brachiopods in the Jiangnan Region (the border areas of Zhejiang and Jiangxi provinces) and the Yangtze Region respectively indicates that there are two episodes during the latest Ordovician mass extinction interval, which greatly affected taxonomic composition, biodiversity, synecology and biogeography of the invertebrate marine faunas. In the first episode, global temperature and sea level dropped in such a great extent that the mid Ashgill shelly faunas lost their living environments with the extinction of both shallow water faunas (e. g. *Altaethyrella* Fauna) and deeper water faunas (e.g. *Foliomena* Fauna). The generic extinction rate reaches 56.4% and the majority of the brachiopod genera did not survive into the Hirnantian. However, the extinction rate of families is comparatively low, and no superfamilies or higher ranks of brachiopods in South China became extinct. Further analysis indicates that the cosmopolitans had a wider adaptation with environmental changes and lower extinction rate, whereas the euryplastic forms could not survive deteriorated environments.

It is suggested that the appearance of the cool/cold *Hirnantia* Fauna in the Yangtze Region may serve as the evidence of the end of the first episode of the latest Ordovician mass extinction. The great environmental changes made the previous anoxic water with the deposition of the Wufeng Formation became shallower, cool and oxia that was suitable for the *Hirnantia* Fauna dominated by emigrants. Although the Orthida and Strophomenida are major components of this shelly fauna, its taxonomic constituents and synecological framework are significantly different from those in the mid Ashgill. The generic composition was essentially changed and the faunas are thoroughly different. Close to the end of the second episode of the extinction, the bottom environments were replaced by anoxic and warmer water in the Yangtze Region, similar to the situation nearly a million years ago. It led to the extinction of the cool and shallow water *Hirnantia* Fauna with a lower generic extinction rate (43.3%). The fauna between the two episodes expresses strong Ordovician characteristics in their taxonomic composition, indicating that they adapted to the deteriorated environments. The Silurian progenitors (such as Pentamerida, Atrypida and Spiriferida) before the mass extinction disappeared during the crisis, and thus such an early "ecological experimentation" happened before the mass extinction was seriously affected by the environmental changes. Until the beginning of late Rhuddanian they started to replace the Ordovician brachiopod fauna to become predominant components of the marine benthic faunas. Compared with the graptolites, the replacement of brachiopods is about 3 Ma later after the mass extinction. The desolate survival interval of brachiopods following the second episode lasted for several million years that foreshadowed a new radiation in Early Silurian.

Key words Ordovician-Silurian transition brachiopod mass extinction Yangtze Region Jiangnan Region

2.4 Survival and Recovery of Brachiopods in Early Silurian of South China

Rong Jiayu jyrong@nigpas.ac.cn
Zhan Renbin rbzhan@nigpas.ac.cn
Nanjing Institute of Geology and Palaeontology, Chinese Academy of Sciences
39 East Beijing Road, Nanjing 210008

Rong Jiayu, Zhan Renbin. 2004. Survival and Recovery of Brachiopods in Early Silurian of South China. In: Rong Jiayu, Fang Zongjie, eds. Mass Extinction and Recovery — Evidences from the Palaeozoic and Triassic of South China. Hefei: University of Science and Technology of China Press. 97 – 126, 1041

Continuously above the end Ordovician *Hirnantia* Fauna usually develop graptolitic shales of anoxic water in most regions of the world ranging from the *Normalograptus persculptus* Zone to higher horizons. However, the corresponding shelly faunas are known to be limited to rare occurrences. Knowledge of the earliest Silurian brachiopods is comparatively poor and their correlation with graptolitic zones is unclear. Investigation on the earliest Silurian brachiopods of South China reveals three major macroevolutionary stages after the end Ordovician mass extinction, and correlation of the brachiopod faunas with graptolite biozones are further defined in this paper. They are early survival interval (latest Hirnantian to earliest Rhuddanian: mid-upper *N. persculptus* Zone to *Akidograptus ascensus* Zone) and late survival interval (early to mid Rhuddanian: *Parakidograptus acuminatus* Zone to *Cystograptus vesiculosus* Zone); recovery interval (late Rhuddanian to early Aeronian: *Pristiograptus cyphus* Zone to *Demirastrites triangulatus* Zone); radiation interval (mid to late Aeronian: *D. convolutus* Zone to *Stimulograptus sedgwickii* Zone).

During the survival interval, the vast area of the Yangtze Platform developed black graptolitic shales, and the temperature of marine water with oxygen went up, that led the *Hirnantia* fauna to become extinct as a whole. However, there are a few exceptions along the southern margin of the Upper Yangtze Platform where some shelly benthos developed in the early survival interval. It is composed mainly of relics from the *Hirnantia* fauna (e.g. *Dalmanella*, *Eostropheodonta*), while those in the late survival interval show a different faunal aspect possessing some immigrants of survivors (e.g. *Dolerorthis*, *Mendacella*) with a few newly established genera. Brachiopods in the survival interval indicate a replacement of brachiopod faunas after the extinction. Entering the recovery interval, many survivors are replaced by new forms, endemics, Lazarus taxa, and immigrants. The Lazarus taxa play an important role in shelly faunas with a higher origination rate. Recovery of different major groups is diachronous. The Atrypida is the first to radiate while the others are mostly in the recovery interval. During the radiation interval, many new forms are well established, made the origination rate reaching the first peak after the extinction.

The earliest Silurian brachiopod fauna on the Upper Yangtze Platform is characterized by the Ordovician relicts and generalists with a monotonous composition and low diversity. However, the typical Silurian brachiopod faunas are composed of atrypids, pentamerids, spiriferids and stropheodontids, of which most immigrated from outside. They are rich in abundance, high in diversity with a number of new comers (endemics and immigrants). Based on the diversity of shelly faunas and community structures, the number of various taxonomic ranks before and after the extinction seems to have a "mirror effect". However, it is not a simple reflection, but a macroevolutionary process with substantial faunal turnover.

Key words Ordovician-Silurian transition brachiopods survival recovery South China

2.5 Trilobite Faunas Across the Late Ordovician Mass Extinction Event in the Yangtze Block

Zhou Zhiyi zyizhou@jlonline.com
Yuan Wenwei wwyuan@nigpas.ac.cn
Nanjing Institute of Geology and Palaeontology, Chinese Academy of Sciences
39 East Beijing Road, Nanjing 210008
Han Nairen Guilin Institute of Technology, Guilin 541004
Zhou Zhiqiang Xi'an Institute of Geology and Mineral Resources, Xi'an 710054

Zhou Zhiyi, Yuan Wenwei, Han Nairen, Zhou Zhiqiang. 2004. Trilobite Faunas Across the Late Ordovician Mass Extinction Event in the Yangtze Block. In: Rong Jiayu, Fang Zongjie, eds. Mass Extinction and Recovery — Evidences from the Palaeozoic and Triassic of South China. Hefei: University of Science and Technology of China Press. 127－152,1042

Altogether 56 trilobite genera belonging to 28 families and 19 superfamilies have been recorded from the middle Ashgill (Ordovician)-Aeronian (Silurian) of the Yangtze Block (Table 2.5.1). On the basis of representative collections made from measured sections, 11 trilobite associations are recognized along onshore-offshore environmental gradients. According to the faunal composition, diversity and lithofacies association exhibited in the region, the palaeogeographic distribution and bathymetric range of each association are inferred (Figs. 2.5.1－2.5.5). The trilobite diversity was high in the middle Ashgill (interval of pre-extinction), but was suddenly decreased after the first phase of the mass extinction in the Hirnantian (interval of survival-recovery) and further declined to the early-middle Rhuddanian (interval of survival) minimum following the second phase of the mass extinction; this was followed by a limited diversity rise in the late Rhuddanian-early Aeronian (interval of recovery), and, then, an initial Silurian peak occurred during the middle-late Aeronian (interval of radiation) (Figs. 2.5.6－2.5.8). There were 22 trilobite families occurred in the middle Ashgill of the block. Among them, 12 are assigned to the Ibex Fauna and almost all became extinct prior to or during the first phase of the mass extinction. Other 10 families belong to the Whiterock Fauna, of which 8 survived the mass extinction and formed part of the Silurian faunas. The Hirnantian trilobite fauna includes 5 families, all of which are those of the Whiterock Fauna. Elements of the fauna are composed of the cold-water taxa, or immigrants from high latitude Gondwana, mixed with fortunate relicts. Most of them survived the second phase of the mass extinction into the early-middle Rhuddanian. It is, therefore, suggested that the major extinction that trilobites suffered may take place at the middle Ashgill-Hirnantian boundary in the Yangtze Region, with Ibex Fauna components totally replaced by those of the Whiterock Fauna. Trilobites of different environments were all disrupted during the end Ordovician mass extinction. Outer-shelf dwellers and deep-water mesopelagic cyclopygids were severely affected and became totally extinct, but some shallow-water forms survived. Trilobites were rather rare in the early-middle Rhuddanian, and all are referred to a single near-shore association founded on a trilobite faunule from the Meitan-Tongzi area of northern Guizhou. The faunule consists mainly of the Hirnantian relicts, such as *Dalmanitina*, *Dicranopeltis*, *Eoleonaspis* and *Niuchangella*. Trilobite recovery from the mass extinction took place in the late Rhuddanian-early Aeronian, when an initial Silurian fauna formed in an oxygenated inner shelf area in northern Guizhou, including some newly evolved endemic genera and new immigrants. The Silurian trilobite fauna further developed and became flourished for the first time in the middle-late Aeronian. Genera of the fauna occupied a variety of benthic niches and colonized the inner and shallow outer shelf in the Yangtze Region.

Key words trilobite mass extinction recovery Late Ordovician-Early Silurian Yangtze Block

2.6 Late Ordovician Mass Extinction of Rugose Corals in the Yangtze Region

He Xinyi hexy@cugb.edu.cn
Chen Jianqiang chenjq@cugb.edu.cn
China University of Geosciences, Beijing 100083

He Xinyi, Chen Jianqiang. 2004. Late Ordovician Mass Extinction of Rugose Corals in the Yangtze Region. In: Rong Jiayu, Fang Zongjie, eds. Mass Extinction and Recovery — Evidences from the Palaeozoic and Triassic of South China. Hefei: University of Science and Technology of China Press. 153—168,1043

Two phases of the latest Ordovician rugosan mass extinction are recognized based on the study of rugose coral fauna from the Sanjushan Formation (middle Ashgill) in the Jiangnan Region and the Kuanyinchiao Bed (late Ashgill) in the Upper Yangtze Region integrated with modification as well as statistical analysis of range and distribution of the genera and species. The first phase took place during the end of Rawtheyan Stage. The Late Ordovician(middle Ashgill) rugosan fauna of the Jiangnan Region contains 16 genera, among which 6 genera (*Cystocantrillia*, *Hillophyllum*, *Bowanophyllum*, *Parastreptelasma*, *Favistina* and one new genus of streptelasmatid) (37.5%) became extinct in the end of Rawtheyan Stage. The second phase happened during the latest Hirnantian. The rugose coral fauna from the Kuanyinchiao Bed of the Upper Yangtze Region contains 15 genera, among which 9 genera(*Sinkiangolasma*, *Lambeophyllum*, *Kenophyllum*, *Borelasma*, *Salvadorea*, *Ullernelasma*, *Siphonolasma*, *Pycnactoides*, *Bodophyllum*) (60%) became extinct. Two families (Primitophyllidae, Lambelasmatidae) also became extinct, the extinction rates of rugosan family being 22.0%. The present paper deals with the controlling factors of two extinction events and their differences. The global sea-level decline caused by the Southern Hemisphere glaciation at the Late Ordovician and climatic deterioration are the main factors, which resulted in the first phase of rugosan mass extinction during the end of Rawtheyan. In the Lower Yangtze region, because of the beginning time of the first phase of rugosan mass extinction was earlier than brachiopods and graptolites, the authors concluded that the factors of the first phase may be also connected with the Guangxian Orogeny. The second phase of the extinction again related to a rise of global temperature and a sharp rise of sea-level with oceanic water anoxia which caused the demise of the shallow, bottom-living and cool/cold water rugose coral fauna at the late Hirnantian (latest Ashgill) and the earliest Silurian. The two phases were coincided with the commence of the Gondwanan Supercontinental glaciation and its melting respectively.

Analysis of the rugose coral fauna in the Kuanyinchiao Bed is carried out in particular about their feature and properties. The outstanding character of this fauna is that all rugosans are of solitaly corals and the septa of most genera and species are strongly dilated, and of monozone type corals except *Singkiangolasma* and *Lambeophyllum*, such feature being generally suggested to be cold water type corals. In addition, this fauna is usually associated with cold or cool water type *Hirnantia* fauna (brachiopods) and it might be related to the Southern Hemisphere glaciation reaching to acme.

Some Late Ordovician rugosan genera and species from eastern North American, such as *Salvadorea*, *Brachyelasma subregular* (originally warm water type corals) migrated to Upper Yangtze region during late Ashgill. They possesse important significance in palaeobiogeography. The rugosan fauna in the Kuanyinchiao Bed shows close relationship not only to the fauna of North Europe, but also to the fauna of North America in some degree.

Key words mass extinction rugose corals Late Ordovician Yangtze region

2.7 Recovery and Radiation of Early Silurian (Llandovery) Rugose Corals in the Upper Yangtze Region

Chen Jianqiang chenjq@cugb. edn. cn
He Xinyi hexy@cugb. edn. cn
China University of Geosciences, Beijing 100083

Chen Jianqiang, He Xinyi. 2004. Recovery and Radiation of Early Silurian (Llandovery) Rugose Corals in the Upper Yangtze Region. In: Rong Jiayu, Fang Zongjie, eds. Mass Extinction and Recovery — Evidences from the Palaeozoic and Triassic of South China. Hefei: University of Science and Technology of China Press. 169－186,1044

The Upper Yangtze Region contains many complete sections through the Upper Ordovician and Lower Silurian (Llandovery). Three macroevolutionary stages, including survival interval (early and middle Rhuddanian), recovery interval (late Rhuddanian to early Aeronian), and radiation interval (mid-to late Aeronian), are recognized based on rugose coral data, including 44 genera, assigned to 3 orders and 13 families, with the redefinition and modification of some genera and statistical analysis of the range and distribution of all known taxa. The feature, pattern, and control factors of the macroevolutionary stages and their faunas are discussed. The rugose coral fauna of the survival interval is composed of 6 genera, assigned to 2 orders and 3 families, and is characterized by a few survival and Lazarus genera.

During the recovery interval the rugose coral fauna possesses 15 genera from 3 orders and 8 families, and is dominated numerically by the small, solitary form Streptelasmatida (10 genera: 67%), with the first appearing debutants and endemic forms. Forty-two genera are recorded from the radiation interval. Some genera in the radiation interval extend up from the recovery interval, whereas many genera (debutants and radiation taxa) occur for the first time. One of the most striking differences between the recovery and radiation intervals is a rapid generic increase of the Cystiphyllida (13 genera: 31%), Streptlasmatida (19 genera: 45%) and Columnariida (10 genera: 24%), with 14 new genera first established in the radiation interval. In addition, the radiation interval possesses many colonial forms (12 genera: 29%) and small reefs composed of rugose corals, tabulate corals and stromatoporoids. It should be emphasized that typical Silurian rugose corals are known to occur from the Yangtze Region during the recovery and radiation intervals. They include representatives of crisis progenitor taxa, debutantes and radiation taxa. It is recognized that each of 3 orders (Cystiphyllida, Streptelasmatida, Columnariida), is provided with differential recovery and radiation rates. The Cystiphyllida and Streptelasmatida appeared earlier than the Columnariida, indicating that the ecological environments during the Early Silurian were more adaptable for the Cystiphyllida and Streptelasmatida, which were more primitive than the Columnariida, which was more advanced group with a rapid development after Silurian. Based on this study the debutantes are subdivided into three kinds, endemic-debutants, emigrant-debutants and immigrant-debutants.

Key words rugose coral recovery radiation Early Silurian (Llandovery) Upper Yangtze Region

2.8 Late Ordovician to Early Silurian Reef Evolution in South China

Li Yue yueli@nigpas. ac. cn
Nanjing Institute of Geology and Palaeontology, Chinese Academy of Sciences
39 East Beijing Road, Nanjing 210008

Li Yue. 2004. Late Ordovician to Early Silurian Reef Evolution in South China. In: Rong Jiayu, Fang Zongjie, eds. Mass Extinction and Recovery — Evidences from the Palaeozoic and Triassic of South China. Hefei: University of Science and Technology of China Press. 187 – 222, 1045 – 1046

Reef evolution is controlled by a range of biological and global environmental factors and is reflected by changes in the composition of reef building communities during geological time. The glaciation happened in Gondwanaland caused worldwide eustatic sea level change, climatic gradient and two extinction events during the end Rawtheyan to end Hirnantian, Late Ordovician. Middle Ashgill reef complex and Hirnantian carbonates are developed in South China, and are temporarily affected by the Late Ordovician regional uplifting and glaciation respectively. They recovered and showed a thriving evolution from Rhuddanian to Telychian, Llandovery, on the basis of their temporal and spatial distribution in Yangtze Platform, South China.

The Yangtze Platform was graptolite shales (Wufeng Formation, Ashgill), which indicates deep water environments. Reef complexes, including very low relief reefs, biostromes in the Xiazhen Formation (M. Ashgill) and carbonate mud mounds in the Sanqushan Formation, occurred within shallow water regions in the border area of Zhejiang-Jiangxi. Reefs and biostromes, talus and carbonate mud mounds, with a distinctly differentiated distribution, occurred from platform to slope from SW to NE. Communities of patch reef are colonial rugosa, tabulate, low domical stromatoporoids and bryozoans. In the front of the shallow reef platform is talus. Autobiostromes were formed by very low diversity of *Clathrodictyon* (stromatoporoids) or *Tcheskidium* (brachiopods). Four periods of carbonate mud mounds, with total thickness of more than 500 m, are formed by microbial or algal bindstone and usually intercalated with oolites, bird-eye limestone and dolomites. They were located at the transitional belt of the slope. In the basin direction are relatively deep water muddy sediments of the Changwu Formation. However, extinction of this reef complex is not caused by the glaciation, but by uplift of the region before the first mass extinction event at the end of the Rawtheyan.

There is a gap in reef building in South China through the Hirnantian represented by the Kuanyinchiao Bed or Nanzheng Formation, mostly no more than 1m thick bioclastic limestones, which occurred near several Yangtze Platform landmasses as a result of regression during glaciation. The cooling led to reef habital destruction and only the *Hirnantia* fauna, yielding brachiopods, trilobites, and solitary rugose corals occurred.

After the second extinction at the end of the Hirnantian, the Yangtze Platform was onlapped by the transgressive graptolite shales (Lungmachi Formation). The Lungmachi shales are diachronous. The earliest carbonate sediments appeared from upper part of the Lungmachi Formation which can be correlated to the *ascensus* graptolite biozone, Early Rhuddanian, Shiqian, northeast Guizhou, near the Dian-Qian-Gui Land. The carbonate sequence comprises rare bioclastic limestones and was usually covered by shales, and then the shelly biostromes (lacking framework) consisted of brachiopods and crinoids, representing the post-glacial recovery with rich metazoan skeleton composition gradually increasing from the lower part of the Xiangshuyuan Formation (early Middle Rhuddanian). At the middle part of the

Xiangshuyuan Formation, thick autobiostromes, containing high diversity and abundance of benthic marine organisms, such as single and colonial corals, stromatoporoids, crinoids and brachiopods, indicate framework recovery. The other kind of parautobiostrome was composed by *Paraconchidium* (brachiopod) with the thickness from 2 m to 4 m. Reef recovery at the top of the Xiangshuyuan Formation (lower Aeronian) with outcrop thickness from up to 20 m to 7 m and extension of tens km. Dominant skeletal reef builder are corals, stromatoporoids, bryozoa and crinoids. Reef dwellers are represented by diverse guilds of brachiopods, gastropods, cephalopods and trilobites.

During the late Aeronian, the carbonate sediments, especially biostromes and reefs were greatly expanded on the Upper Part of the Yangtze Platform, including the Leijiatun Formation, Shiqian, northeast Guizhou; Shihniulan Formation, Bijie and Tongzi-Qijiang, west Guizhou and Guizhou-Sichuan border area; Lojoping Formation, Yichang, west Hubei; Huanggexi Member, Daguan Formation, Daguan, northeast Yunnan; Longdanyan Formation to Changyanzi Formation, Erlangshan, west Sichuan; Lalong Formation, Tewo, west Qingling. The carbonate sediment was reduced in the early Telychian and small reefs occurred in the Sifengya Member, Daguan Formation, Daguan, northeast Yunnan and dolominilite in the Baohuoyan Formation, Erlangshan, west Sichuan. The biostromes and reefs of Ningqiang Formation, thrived in the northweatern border region of Yangtze Platform by the end of Telychian time. Multiple periods of biostromes and patch reefs, with some more than 100 m thick and more than 200 m wide, formed in limited clean water environment temporarily within very thick terrigeno-clastic sediments. An increase of subsidence rates on the northwest margin of the platform coincided with rapid accumulation of more than 2 000 m thick shale and carbonate sediments. The main part of the Yangtze Platform uplifted by the end of Telychian. All kinds of carbonate facies lost their sediment space in South China in the Wenlock.

Key words reef evolution Late Ordovician to Early Silurian South China

2.9 The Evolution of Land Plants Through the Ordovician and Silurian Transition

Wang Yi ywangngs@hotmail.com
Nanjing Institute of Geology and Palaeontology, Chinese Academy of Sciences
39 East Beijing Road, Nanjing 210008

Wang Yi. 2004. The Evolution of Land Plants Through the Ordovician and Silurian Transition. In: Rong Jiayu, Fang Zongjie, eds. Mass Extinction and Recovery — Evidences from the Palaeozoic and Triassic of South China. Hefei: University of Science and Technology of China Press. 223 – 234, 1047 – 1048

The origin and early evolution of land plants was an important and interesting event in the history of plant life. Based on the evidence from dispersed spores and megafossils, three plant-based epochs have been recognized. The Eoembryophtic epoch (mid-Ordovician to Early Silurian) represents the first embryophytic land floras of the redefined Palaeophytic based on dispersed spore tetrads. The Eotracheophytic epoch (Early Silurian to Early Devonian) has been established on both trilete spores and megafossil assemblages (vascular land plants). The Eutracheophytic epoch (Early Devonian to mid-Permian) documents a substantial increase in vascular plant diversity, including the appearance and early diversification of many important living groups.

Up to now, no megafossil plant has been found in the Ordovician. Spore tetrads appear over a broad geographic area in the Middle -Late Ordovician and Early-Middle Llandovery, and provide good evidence of land plants. The evidence of *in situ* tetrads and other spore types (dyads) in Late Silurian and Devonian megafossils, as well as spore tetrad and dyad ultrastructural data and structure of fossil cuticles and tubes, support that the vegetation in the Middle and Late Ordovician was a land flora of liverwort-like plants. The Silurian (after late Llandovery) marks the appearance of trilete spores, and the beginning of a decline in diversity of tetrads. *Pinnatiramosus qianensis* Geng is considered as the earliest vascular land plant in the world. The early vascular land flora appears in the Ludlow and Pridoli. The elements include *Cooksonia*, *Salopella*, *Baragwanathia*, *Hedeia* etc. These data document that the evolution from non-vascular land plant to vascular land plant took place through the Ordovician and Silurian. Why did this evolution occur through the Ordovician and Silurian? The believed explanation is that this evolution may have been related to the Late Ordovician glaciation.

The Late Ordovician glaciation is one of the major glacial events in the Phanerozoic. The growth and decay of a major continental ice cap during the Late Ordovician glaciation may have been reflected in the fall and rise in sea level and temperature. Temperature is an important factor for the diversification of land plants. The fall in temperature in the glaciation, about 8° – 10°, may have influenced the evolution of early land plants. Based on spore tetrad data, there is no drastic impoverishment of the non-vascular land flora in the glaciation. Several explanations support why there is no extinction of the non-vascular land flora in the glaciation, contrary to the majority of the marine animal groups: ① the non-vascular land plant had with some new structure, such as spore-wall ultrastructure; ② the plants producing sporomorphs were very cosmopolitan and could survive under different climates; ③ the living liverwort plants survive different climates, and it is possible that the liverwort-like plants of the Eoembryophytic epoch could survive in the glaciation; ④ the fall of sea level, ranging 50 – 100 m, resulted in the extension of continental area, making it easy for early non-vascular land plants to find new living areas. The fall in temperature in the glaciation was unfavorable to the origin of new type plants. The rise in temperature after the melt of Late Ordovician glaciation supported a good climate for new type land plants. Some trilete spores have been found in and after the Hirnantian at different localities in the world. The further rise in temperature and eustasy after the late Llandovery resulted in the early diversification of the true vascular land plants. Because of the influence of the Late Ordovician glaciation, land plants evolved from the non-vascular land plants to vascular land plants. The plant-based epochs change from the Eotracheophytic to the Eutracheophytic. The origin of vascular land plants took place through the Ordovician and Silurian.

Pinnatiramosus qianensis was found in the late Llandovery (Telychian) of Fenggang, Guizhou, South China. This plant appears at the beginning of the Eotracheophytic epoch, and belongs to the pioneer element of vascular land plant. The external factors on the appearance of *P. qianensis* are: ① the rise of temperature after the melt of Late Ordovician glaciation; ② it is favorable to form new plant types after the harsh climate; ③eustasy during the late Llandovery (Telychian) is favorable to some ocean plants evolving into the vascular land plants. Based on a study of the Silurian palaeogeography in South China, *P. qianensis* occurred in the near-shore environment. There are similar geographical localities as for *P. qianensis* in South China during/after late Llandovery. It is possible that early vascular land plants could be found at different localities in South China in the future.

Key words Non-vascular land plant Vascular land plant origin evolution Ordovician-Silurian

2.10 Response of Major Organism Groups to Global Environmental Perturbations Through the Ordovician-Silurian Transition in South China

Rong Jiayu jyrong@nigpas. ac. cn
Chen Xu xu1936@yahoo. com
Zhou Zhiyi zyizhou@jlonline. com
Nanjing Institute of Geology and Palaeontology, Chinese Academy of Sciences
39 East Beijing Road, Nanjing 210008
Chen Jianqiang chenjq@cugb. edu. cn
China University of Geosciences, Beijing 100083

Rong Jiayu, Chen Xu, Zhou Zhiyi, Chen Jianqiang. 2004. Response of Major Organism Groups to Global Environmental Perturbations Through the Ordovician-Silurian Transition in South China. In: Rong Jiayu, Fang Zongjie, eds. Mass Extinction and Recovery — Evidences from the Palaeozoic and Triassic of South China. Hefei: University of Science and Technology of China Press. 235 – 256, 1049 – 1050

The latest Ordovician mass extinction event was far complex than expected based on materials and data from this paper. It was not a sudden event within a geologically instantaneous interval. It was a complicated, episodic bio-event occurring during a relatively long duration (more than one million year) with high extinction rates of lower rank taxa (families, genera and species). A study of diversities and communities of brachiopods, trilobites, rugose corals, and graptolites further demonstrates that this was an extinction event with two phases. 59.2% and 47.4% of genera became extinct in the first and second phases of the extinction respectively. Among them, there are 56.4% and 43.3% for brachiopods, 72.2% and 33.3% for trilobites, 61.1% and 50% for graptolites in the two phases respectively, showing the first phase being more strongly affected than the second. Contrarily, however, there are 37.5% and 60% for the rugose corals possibly due to anoxia, warm water and mud/sand substrate following the second phase of the extinction. It is known that no superfamilies became expired during the end Ordovician mass extinction in terms of the data available from South China.

Organism groups with different life strategies in different environments possess similar or totally different extinction characteristics. Durations of episodes are determined by global correlation of high-resolution graptolite zonation. The first episode for all these four organism groups began at the *D. mirus* Subbiozone (upper *Paraorthograptus pacificus* Biozone, late mid Ashgill) and extended to the mid *N. extraordinarius-N. ojsuensis* Biozone (early-mid Hirnantian). The second one occurred in the lower *N. persculptus* Biozone (excluding graptolites) to the end of the latter biozone (a minor extinction for graptolites). Duration and results of environmental changes vary in different water depths, indicated by diachroneity of extinction as well as differences in affected taxa that became extinct. New material from the Yangtze Platform reveals that a major graptolite extinction began in the shallow water belt prior to the deeper water belt, coincided well with the regional geographic evolution, probably possessing significance of global biogeographic differences.

Organism groups possess both survival and recovery characteristics in faunal development and innovation between the two extinction episodes. The graptolite extinction intensity is larger than that of the brachiopods with a significant faunal replacement at the Ordovician and Silurian boundary (between *Normalograptus persculptus* and *Akidograptus ascensus* biozones: DDO fauna expired and N fauna predominated). Trilobites also suffered a catastrophic event, and, in the result, pelagic and deep water benthic forms became expired. Trilobite survivorship increased from the deep water to shallow water belts and the survivors are mostly shallow water forms. Faunal replacements between the Silurian and Ordovician are different in time in different organism groups. The replacements of brachiopods and trilobites were two-three million years later than that of the graptolites. Recovery in rugose corals occurred somewhat later since it was controlled by the occurrence of appropriate lithofacies, especially the reefs.

After the latest Ordovician mass extinction event, benthic, particle-feeding organisms such as brachiopods, trilobites, corals, bryozoans, and crinoids occupied sea bottom and almost disappeared from the deep-water region. Thus, the biota was significantly changed. Critical analyses of the aspects of environment and organism may help in better understanding the nature of major extinctions.

Key words end Ordovician mass extinction graptolites brachiopods trilobites rugose corals survival recovery response to global environmental perturbation South China

Chapter 3

Late Devonian Mass Extinction and Its Subsequent Recovery

3.1 Coral Recovery from the Frasnian-Famennian Mass Extinction Event in South China

Liao Weihua weihualiao@163.com
Nanjing Institute of Geology and Palaeontology, Chinese Academy of Sciences
39 East Beijing Road, Nanjing 210008

Liao Weihua. 2004. Coral Recovery from the Frasnian-Famennian Mass Extinction Event in South China. In: Rong Jiayu, Fang Zongjie, eds. Mass Extinction and Recovery — Evidences from the Palaeozoic and Triassic of South China. Hefei: University of Science and Technology of China Press. 259 - 280, 1052

A tremendous mass extinction event occurred at the end of the Frasnian. It killed most platform-dwelling rugose corals and only a few genera may have survived this event. Basin-dwelling Rugosa were affected little by the F-F event. A lot of Frasnian genera survived it. Fossil corals flourished in the shallow Frasnian deposits in South China. Corals are very rare in the early Famennian time because of unfavourable conditions for their development. There is only one coral genus *Smithiphyllum* found from the Hsikuangshan Formation (lower Famennian) in central Hunan Province, South China. However, there are varied taxa flourished in the Hongguleleng Formation of northwest Junggar basin of Xinjiang. It may be one of the refugia after the F-F mass extinction event. After long-term survival interval, corals began to make a recovery at the latest Devonian (Strunian). In South China there appeared to have some new corals such as *Ceriphyllum*, *Complanophyllum*, *Cystophrentes*, *Beichuanophyllum* and *Neobeichuanophyllum*. These corals were not relics of the Frasnian faunas but were forerunners of shallow-water Carboniferous faunas types. Extinction of most of the Strunian corals and replecement by a Tournaisian-type coral fauna occurred at the Devonian-Carboniferous boundary.

Within the Devonian, the Lochkovian-Pragian turnover of the rugose coral faunas was second only to the F-F event in importance. Lochkovian faunas are dominated by Silurian genera and families. Pragian faunas include holdovers but are dominated by early members of characteristic Devonian families that persisted through the F-F extinction.

A significant change in the composition of coral genera species also occurs at the Lower-Upper Carboniferous boundary. Some 90 species of tabulate corals are known for Serpukhovian (uppermost Lower Carboniferous). Only 6 of these species pass into the Bashkirian (lowermost Upper Carboniferous). It is noted that only 40 out of the 130 Lower Carboniferous rugose coral genera persist into the Upper Carboniferous. Kossovaya (1996) discussed this minor mass extinction event occurred in Mid-Carboniferous .

Key words rugose corals Frasnian-Famennian event mass extinction recovery

3.2 The Frasnian-Famennian Conodont Mass Extinction and Recovery in the Guilin Area of South China

Wang Chergyuan cywang@nigpas. ac. cn
Nanjing Institute of Geology and Palaeontology, Chinese Academy of Sciences
39 East Beijing Road, Nanjing 210008
Willi Ziegler Forschungsinstitut Senckenberg, Senckenberganlage 25, D-60325, Frankfurt/Main, Germany

The Longmen and Dongcun sections in Guilin, Guangxi, South China, are the best ones for the study of the the F-F conodont extinction and recovery. Conodont extinction occurred stepwise in the latest Frasnian (late *linguiformis* Zone) with very short timespan on a global scale. Four steps can be recognized : ① *Palmatolepis ederi*, *P. eureka* and *P. rhenana rhenana* became extinct; ② *P. linguiformis* became extinct; ③ *P. subrecta*, *P. rhenena nasuta* and *P. gigas extensa* became extinct; ④ Only a few *P. praetriangularis* occur. *Icriodus alternatus alternatus* and *I. a. helmsi* are present. Extinction rate is very high. In the Frasnian Stage before the late *linguiformis* Zone, the extinction of some species of *Palmatolepis* belongs to normal extinction. The species of *Palmatolepis* within Frasnian before the *linguiformis* Zone, every 0.5 Ma one species or subspecies became extinct, while in the latest *linguiformis* Zone, every 0.15 Ma one species or subspecies became extinct. In the early-middle *linguiformis* Zone, during the mass extinction, every 1 200 year one species or subspecies became extinct. It demonstrates the same pattern as in the other sections in the world. Conodont casualities of the late Frasnian mass extinction are the result of complex, not single catastrophies; the reasons for the extinction are mainly related to multiple impacts, sharp fluctuation of sea-level and the anoxic events. Conodont recovery occurred in the earliest Famennian marked by the first appearance of *P. triangularis*. The timespan of the conodont recovery could be estimated as much less than 0.5 Ma, possibly less than 0.35 Ma. During this interval, the recovery rate of the species or subspecies of *Palmatolepis* is also high, on an average 0.05 − 0.1 Ma one species or subspecies would appear. The recovery interval of, for example, corals is very long, about 9 Ma, it did not recover until the *expanse* Zone or *praesulcata* Zone. Five steps of the conodont recovery can be recognized: ① The first appearance of *P. triangularis*; ② the first appearance of *P. delicatula dilicatula*; ③ the first appearance of *P. protorhomboidea*; ④ the first appearance of *P. delicatula platys*; ⑤ *Icriodus* elements rapidly increased within the early and middle *P. triangularis* Zone. The hypothesis of paedomorphosis of *P. triangularis* is acceptable (Schülke, 1997) , e. g. *P. triangularis* derived from *P. preatriangularis*. An independent survival interval cannot be definetly determined based on conodonts. The interval from the extinction of *P. linguiformis* to the first occurrence of *P. triangularis*, or an interval of *P. praetriangularis*, *Icriodus alternatus alternatus* and *I. a. helmsi*, could be assigned to a very short survival interval. However, rugose corals has a long-time survival interval after the F-F mass extinction (Liao, 2002). All of the early-middle *triangularis* Zone may be assigned to the recovery interval in which conodont recovered stepwise and on a global scale. *P. praetriangularis*, and *I. alternatus*, *I. praealternatus*, *I. deformatus asymmetricus* are crisis progenitor taxa, being important for the conodont recovery in pelagic and neritic facies respectively. Some species of *Polygnathus* and *Icriodus* are ecological generalists.

Wang Chengyuan, Ziegler W. 2004. The Frasnian-Famennian Conodont Mass Extinction and Recovery in the Guilin Area of South China. In: Rong Jiayu, Fang Zongjie, eds. Mass Extinction and Recovery — Evidences from the Palaeozoic and Triassic of South China. Hefei: University of Science and Technology of China Press. 281 − 316,1053

Key words F-F mass extinction recovery conodonts Guangxi South China

3.3 Late Devonian Brachiopod Mass Extinction of South China

Chen Xiuqin chenxq@public1. ptt. js. cn
Nanjing Institute of Geology and Palaeontology, Chinese Academy of Sciences
39 East Beijing Road, Nanjing 210008
Ma Xueping maxp@pku. edu. cn
The Key Laboratory of Orogenic Belts and Crustal Evolution, Department of Geology, Peking University, Beijing 100871

Chen Xiuqin, Ma Xueping. 2004. Late Devonian Brachiopod Mass Extinction of South China. In: Rong Jiayu, Fang Zongjie, eds. Mass Extinction and Recovery — Evidences from the Palaeozoic and Triassic of South China. Hefei: University of Science and Technology of China Press. 317－356,1054

The global mass extinction approximating the Frasnian-Famennian boundary (Upper Kellwasser Event), widely regarded as one of the five most significant mass extinction events of Phanerozoic time, has been discriminated in many parts of the world. This event, characterized by of its high rate of biotic extinction involving most and perhaps all phyla, and profoundly affected shallow marine faunas including low-latitude tropical reef ecosystems. As much as 21% of families and about 50% of genera of marine organisms went into extinction during this event (Sepkoski, 1982, 1986).

Data for all orders, families and genera of brachiopods from the Late Devonian of South China are presented. This database, concerning 97 genera assigned to 45 families and 12 orders, enables synthesis of the pattern of brachiopod extinction and recovery through and following the Upper Kellwasser Event. Statistical analysis of this database indicates that 20 % of orders, 20% of families and 60% of genera of brachiopods became extinct in South China during the severe Frasnian-Famennian mass extinction, whereas some brachiopod biota that disappeared in South China persisted elsewhere in the world, amounting to 20% of orders, 40% of families and 20% of brachiopod genera. In addition to this, minor but significant extinction events occurred in the vicinity of the *punctata* and *rhenana* zones. Near the top of the *punctata* zone, 16.7% of families and 10.5% of genera disappeared in South China, and 15.8% of genera became extinct near the top of the *punctata* zone. Near the top of the *rhenana* zone, 15.6% of genera became extinct or disappeared. In the case of the *marginifera* zone, another probable major extinction event is indicated by 45.8% of genera becoming extinct with an additional 50% of orders, 50% of families and 25% of genera disappearing from South China near the top of the zone, though surviving elsewhere.

Based on the Late Devonian brachiopod data from South China, five evolutionary intervals are discriminated:

- Background interval of Frasnian (*falsiovalis-linguiformis* zones);
- A survival interval following the Frasnian-Famennian mass extinction (*triangularis* zone);
- A recovery interval during the early and middle Famennian (*crepida-marginifera* zones);
- A survival interval following the extinction event near the top of the *marginifera* zone (*trachytera-postera* zones);
- A recovery-radiation interval of late Famennian (*expansa-praesulcata* zones).

Significant steps in the macroevolution of the Brachiopoda occurred through the above intervals. A large-scale regression characterized by a change from limestone to quartzose sandstone, siltstone and shale occurred after the *marginifera* zone in some areas of South China. This may well have been connected with the disappearance from South China of many taxa that survived into the mid-Famennian elsewhere.

Key words Late Devonian South China brachiopods extinction biotic recovery

3.4 Mass Extinction of Late Devonian Leperditicopids (Ostracoda)

Wang Shangqi wangsq@nigpas.ac.cn
Nanjing Institute of Geology and Palaeontology, Chinese Academy of Sciences
39 East Beijing Road, Nanjing 210008

Wang Shangqi. 2004. Mass Extinction of Late Devonian Leperditicopids (Ostracoda). In: Rong Jiayu, Fang Zongjie, eds. Mass Extinction and Recovery — Evidences from the Palaeozoic and Triassic of South China. Hefei: University of Science and Technology of China Press. 357 – 366, 1055

The Order Leperditicopida Scott, 1961 which comprises the families Isochilinidae Swarts, 1949 and Leperditiidae Jones, 1856, ranges from Early Ordovician through Late Devonian. All of members of this order were benthic and lived mainly in a nearshore, very shallow water zone, especially in intertidal, lagoonal and restricted or semirestricted carbonate platform environments. The Late Devonian leperditicopids are found in the East European and Siberian areas of Russia, and South China and its adjacent areas. In the Frasnian Isochilinidae there is only 1 genus reported: *Hogmochilina* Solle, 1935 containing 1 species; the Leperditiidae comprises 4 genera: *Hermannina* Kegel, 1933, *Moelleritia* Abushik, 1958, *Paramoelleritia* Wang, 1976 and *Sinoleperditia* Wang, 1989, in which eight species are recognized as shown in Figure 3.4.1. Among them, six species, three genera (*Hogmochilina*, *Moelleritia* and *Paramoelleritia*) and a family (Isochilinidae) (Figure 3.4.1) were killed in the F-F mass extinction event. In this event, the extinction rate makes up 78%, 60% and 50% of species, genera and families respectively. *Sinoleperditia* (*Sinoleperditia*) *guilinensis* (Wang), 1994 is discovered in the early and middle Famennian survival interval. The specimens of this species are preserved in the entomozoid *serratostriata-nehdensis* zone (= the conodont *crepida* to *marginifera* zones) and may be allochthonous because of no any information on leperditicopids that lived in the pelagic environment.

Recovery of the leperditicopids might begin with the late Famennian conodont *expansa* zone, following the long-term survival interval. Ten species of *Hermannina* and *Sinoleperditia*, *S*. (*Sinoleperditia*) and *S*. (*Yaosuoleperditia*), belonging to Leperditiidae have been found in the recovery interval (Figure 3.4.1). Among these species, nine have in common the trailing chevron muscle scar and are assigned to the tribe Wang, 1994. The latter is only known in the Devonian of South China and its adjacent areas. *S*. (*S*.) *guilinensis* (Wang), 1994 and, probably, *S*. (*Y*.) *mansueta* (Shi), 1964 are two Lazarus taxa and the rest are new. During the recovery interval, *S*. (*S*.) *obtusa* (Wang), 1994, *S*. (*S*.) *dongcunensis* (Wang), 1994, *S*. (*S*.) sp.1 and *S*. (*S*.) sp.2 might have evolved from *S*. (*S*.) *guilinensis*; and *S*. (*Y*.) *equiangularis* (Hou and Shi), 1964, *S*. (*Y*.) *severa* (Shi), 1964 and *S*. (*Y*.) *zhongweiensis* Wang, 1994 might have evolved from *S*. (*Y*.) *mansueta* (Shi), 1964. All these species adapted themselves to a new environment by the changes of the outline of carapace and, particularly, trailing chevron muscle (scar) as in Figure 3.4.2: A, B and C. During the recovery interval, the leperditicopids are relatively high in diversity and abundant in individual, but suddenly disappeared by the end of the Famennian. Causes for the leperditicopid extinction may include ① the trailing chevron muscle (scar) which approached the limit to its changes by the end of the Famennian; and ② the Hangenberg event near the end of the Late Devonian, of which the influence was much less than the F-F mass extinction event although most ammonoid groups were killed.

Key words F-F mass extinction leperditicopids (Ostracoda) survival recovery

3.5 Extinction and Recovery of Reefs During the Late Devonian and Early Carboniferous in South China

Wang Xiangdong xdwang@nigpas.ac.cn
Nanjing Institute of Geology and Palaeontology, Chinese Academy of Sciences
39 East Beijing Road, Nanjing 210008
Shen Jianwei jwshen@scsio.ac.cn
South China Sea Institute of Oceanology, Chinese Academy of Sciences

Wang Xiangdong, Shen Jianwei. 2004. Extinction and Recovery of Reefs During the Late Devonian and Early Carboniferous in South China. In: Rong Jia-yu, Fang Zongjie, eds. Mass Extinction and Recovery — Evidences from the Palaeozoic and Triassic of South China. Hefei: University of Science and Technology of China Press. 367 – 380, 1056

Metazoan reefs flourished in South China during the Givetian when stromatoporoid sponges and both tabulate and rugose corals had a high diversity and were the main reef-building organisms. More than 50 locations of Givetian metazoan reefs have been discovered in Hunan and Guangxi. However in the Early Frasnian, reef-builders such as stromatoporoid sponges and rugose corals decreased quickly from 40 to 23 genera and 43 to 33 genera respectively. In the late Frasnian, metazoan reefs declined markedly and only a few coral-sponge reefs remained at locations near Guilin, Guangxi and Shaoyang, Hunan. In addition, some microbial reefs in which microbes (particularly cyanobacteria and algae) were the main reef-building elements developed during the Frasnian at locations near Guilin, Guangxi. During the Famennian, metazoan reefs completely disappeared from South China although rugose corals and stromatoporoid sponges recovered shortly after the latest Famennian. No metazoan reefs appear in South China before the end of the Tournaisian. Consequently, there were almost 22 million years (duration of Famennian plus Tournaisian) lacks of metazoan reefs in South China. Although microbes were the dominant Famennian reef formers, they did not build any reefs during the Tournaisian in South China, which differs from Western Europe where microbial Waulsortian reefs (or mounds) are present in Tournaisian strata. Metazoan reefs in which rugose corals and bryozoans became the main reef builders, as well as microbial reefs, did not appear again in South China until the Early Visean.

The decline of metazoan reefs during the Late Devonian and Early Carboniferous was possibly related to greater changes of diversity and richness of colonial organisms such as compound rugose corals, as compared with changes of total biodiversity. During the late Famennian, benthic organisms such as solitary rugose corals, stromatoporoid sponges, and brachiopods exhibited a rapid recovery, but no metazoan reefs appeared in South China. This may have been due to the lack of colonial reef-builders. Colonial corals that were the main reef-builders during the late Middle Devonian disappeared rapidly at the F-F extinction event and only two genera remained in the Famennian. Although metazoan organisms recovered and radiated during the Tournaisian when rugose corals included more than 50 genera and the biodiversity returned to the same level as that during the Givetian, colonial organisms like compound corals were still underdeveloped and metazoan reefs absent. At the end of the Tournaisian and during the Early Visean, when colonial corals began a major diversification into 23 genera, metazoan reefs appeared again. The lack of colonial organisms during latest Devonian and earliest Carboniferous was possibly related to a global cold climate which has been evidenced by a high value of $\delta^{13}C$ in North America and Europe .

Key words reef evolution metazoan reefs microbial reefs F-F mass extinction Late Devonian Early Carboniferous South China

3.6 Impact of the Frasnian-Famennian Extinction Event on Radiolarian Faunas in South China

Wang Yujing, Luo Hui huiluo@nigpas. ac. cn
Nanjing Institute of Geology and Palaeontology, Chinese Academy of Sciences
39 East Beijing Road, Nanjing 210008

Wang Yujing, Luo Hui. 2004. Impact of the Frasnian-Famennian Extinction Event on Radiolarian Faunas in South China. In: Rong Jiayu, Fang Zongjie, eds. Mass Extinction and Recovery — Evidences from the Palaeozoic and Triassic of South China. Hefei: University of Science and Technology of China Press. 381 – 408, 1057

Thirteen stratigraphic sections of the late Devonian radiolarian-bearing cherty facies in Guangxi, Guizhou and Yunnan, South China, based on the basin developmental background and fossil groups, are divided into two facies types: open sea facies and platform basin facies. These two types possess different developmental histories through the F-F extinction event.

The cherty basin type of the open sea facies was formed in lacking compensative basin in deep water with poor oxygen condition during a long time (from Silurian-Permian or Triassic). The Devonian sections at the Shiti Reservoir of Bencheng, Qingzhou, Guangxi and in Changning-Menglian terrane, west Yunnan are the typical sections of this type where three continuous radiolarian zones, namely, *Helenifore laticlavium* zone (early Frasnian), *H. robustum* zone (late Frasnian) and *Holoeciscus foremanae* zone (Famennian) are found. The cherty basin type of platform basin facies was formed in a deeper water environment with lower depositional speed and poor oxygen condition within platform basin during some times like early or late Frasnian. Except sections in Qingzhou area, Guangxi and in Changning-Menglian terrane, West Yunnan, other sections belong to this type. On these sections, only one Frasnian radiolarian zone is present (such as *H. robustum* zone) and no Famennian radiolarians are found.

15 genera and 77 species of early Frasnian *H. laticlavium zone* and 15 genera and 35 species of late Frasnian *H. robustum* zone, classified in 8 families, were described in the published materials on the world. In these two faunas, the genera and family numbers are the same, the species numbers of the *H. robustum* fauna are less than half of the other one and the abundance of the species group of the *H. robustum* fauna is obviously lower. The common 10 genera and 12 species in these two faunas indicate that they have a very close relationship. 28 genera and 154 species, classified in 10 families, of the Famennian *H. foremanae* fauna were described. Among them 8 families, 13 generic and 13 species are continuous elements ranged from the former two Frasnian zones, whereas 2 families and 14 genera are new forms. These new generaic numbers are approximately equal to that of the Frasnian radiolarian genera. The abundance and diversity of the Famennian radiolarian genera and species are higher than those of the Frasnian ones. This fact suggests that in the open sea facies the F-F extinction event occurred between the late Frasnian and Famennian did not cause an important extinction for radiolarian fauna. In the platform basin facies, because cherts were replaced by oblate limestones no radiolarian fossils are found in late Frasnian-Famennian strata after late Frasnian *H. robustum* fauna disappeared. This fact apparently indicates that the F-F mass extinction only caused extinction of some biota associated with some benthic and plankton faunas living in shallow water. It did not affect the radiolarian fauna living in deeper water. Contrarily, the Famennian radiolarian fauna developed well than the Frasnian one. Therefore, it was most possible that the large scale sea regression happened between the end of Frasnian and Famennian seemingly only affected greatly on the biota living in shallow water and did not influence on the radiolarian fauna living in deep water.

Key words F-F mass extinction radiolarian fauna South China

3.7 The Frasnian-Famennian Mass Extinction and Related Sedimentological-Geochemical Events—Evidences from South China

Ma Xueping maxp@pku. edu. cn
The Key Laboratory of Orogenic Belts and Crustal Evolution, Department of Geology, Peking University, Beijing 100871

Ma Xueping. 2004. The Frasnian-Famennian Mass Extinction and Related Sedimentological-Geochemical Events — Evidences from South China. In: Rong Jiayu, Fang Zongjie, eds. Mass Extinction and Recovery — Evidences from the Palaeozoic and Triassic of South China. Hefei: University of Science and Technology of China Press. 409－436,1058

Evidences from South China show that the Late Devonian Frasnian-Famennian (F-F) mass extinction was not simply a one-event matter. In the uppermost Frasnian *linguiformis* Zone, there occurred two phases of mass extinctions. The first one appeared at the base of the uppermost Frasnian black shale or its equivalents, which is characterized by a benthic fauna including abundant corals, ostracodes, brachiopods etc. The cause for this benthic faunal extinction may be related to marine anoxia-metal toxicity from hydrothermal activities. The second one occurred near the F-F boundary that is characterized by a pelagic fauna including the conodont *Palmatolepis*. The pentamerid *Gypidula* is very rare in the Upper Devonian of South China; whereas atrypids mostly disappeared at about 20～40 m below the F-F boundary at various sections and upwards to the boundary there are only rare specimens of *Radiatrypa*. This mass loss of atrypids was accompanied by rhynchonellid and cyrtospiriferid brachiopods, which may represent a smaller-scale (local?) extinction of brachiopods in the *linguiformis* Zone. Brachiopods of the orders Rhynchonellida and Spiriferida are taxonomically quite distinct between the Frasnian and Famennian. The upper Frasnian is characterized by the rhynchonellids *Hunanotoechia*, *Hypothyridina* and the spiriferids *Mennespirifer*, *Cyrtospirifer*, *Theodossia* in the lower Famennian occurred new forms of the rhynchonellids such as *Yunnanellina* and *Ptychomaletoechia* and of the cyrtospiriferids such as *Sinospirifer*, *Lamarckispirifer*, *Platyspirifer*, and *Cyrtiopsis*. A general sea level fall occurred in the late Frasnian, which resulted in dolomitization of sediments or a hiatus in the shallow water facies areas. The uppermost Frasnian black shale is present in both shallow and deeper water facies in South China. It probably formed in a shallower regressive phase. However, the black shale is not ubiquitously present. For example, it has not been found in the Chongshanpu, Shetianqiao, and Jiangjiaqiao sections in the deeper inter-reef depression/marly basinal facies. Present geochemical data from South China do not support the impact hypothesis for the F-F mass extinction. It is more reasonable to explain those geochemical anomalies discovered with submarine hydrothermal activities. The strong $\delta^{13}C$ negative anomalies reported from the uppermost Frasnian black shales of South China may be diagenetic as large (4.5‰ or even greater) discrepancies in the previous reports of the $\delta^{13}C$ values by different authors exist both for the same interval in the same and other sections; in addition, organic carbon isotope analysis does not reveal comparable anomalous values for the uppermost black shale of the Xikuangshan section. Silica microspherules concentrate in three intervals: upper *rhenana* Zone, around the F-F boundary, and upper *crepida* Zone and probably resulted from extraterrestrial judged from their compositions and morphologies. However, their occurrences do not coincide with the extinction horizons. Tectonic activities probably played an important role since major biotic turnovers in the Late Devonian of South China were coincident with proposed rifting/hydrothermal intervals.

Key words Frasnian-Famennian events mass extinction Late Devonian South China

3.8 Biotic Recoveries from the Frasnian-Famennian Mass Extinction Event in South China

Liao Weihua weihualiao@163. com
Nanjing Institute of Geology and Palaeontology, Chinese Academy of Sciences
39 East Beijing Road, Nanjing 210008

Liao Weihua. 2004. Biotic Recoveries from the Frasnian-Famennian Mass Extinction Event in South China. In: Rong Jiayu, Fang Zongjie, eds. Mass Extinction and Recovery — Evidences from the Palaeozoic and Triassic of South China. Hefei: University of Science and Technology of China Press. 437 - 456, 1059

The Frasnian-Famennian extinction is one of the five great extinctions of marine life during the Phanerzoic. This extinction occurred at the *linguiformis-triangularis* zone boundary in North America, Europe, Asia and Australia. The Late Devonian extinction killed most shelly benthos which lived in the shallow platform. The sudden disappearance of reef, tentaculites, the characteristic Devonian stromatoporoids, corals, bryozoans as well as a few major groups of brachiopods (Atrypida and Pentamerida) and some important elements of goniatites (such as *Manticoceras*). Several causes for the mass extinction at F-F boundary have been proposed by some geologists. These have been grouped into two broad types: terrestrial and extraterrestrial. The former related to sea-level changes, climate changes and oceanic anoxia. The later linked with meteoroid impacts. A large-scale regression took place in South China within the Late Devonian. The regression reached its acme in the F-F boundary. In Guilin, NE Guangxi, the dark grey limestones and lenticular limestones of the Frasnian Kueiling formation yield stromatoporoids (*Paramphipora*, *Amphipora*, *Temnophyllum*, *Grypophyllum*), brachiopods (*Atrypa*, *Cyrtopirifer*, *Tenticospirifer*), tentaculite (*Styliolina*) and algae. The Kueiling Formation belongs to the carbonate platform facies deposit. The overlying rocks with dolomitic limestones, laminated limestones, and fone-crystal dolomites are characterized by bird-eye structure, mud cracks, sabkha and fenestral fabrics. Fossils are rare except for leperditia ostracods. The unit is thought to represent an intertidal restricted platform environment and the sea-bottom somestimes exposed to the air. The Liujing section, Hengxian County in Guangxi is one of the Devonian reference sections for marine facies in South China. The Middle-Upper Devonian is characterized by the platform slope facies. The top of the Gubi Formation is a layer of thin-bedded argillaceous limestone and lenticular limestone, containing pelagic conodonts. The basal part of the Yunghsien formation is composed of thick-bedded breccia limestone, yielding lots of shallow water algae and a few brachiopods. The F-F boundary is roughly drawn out between the Gubi and Yunghsien formations. Some sections in Hunan Province contain a few black shale layers, indicating an anoxic environment. Eustatic sea level change and black shale anoxic event are two of the causes for the F-F mass extinction. Late Devonian only has extinction (end-Frasnian), survival (early and middle Famennian) and recovery (late Famennian) intervals and lacks a radiation interval.

Key words mass extinction sea-level change changes of climate anoxic event Late Devonian

3.9 Carbon Isotope Records from the Upper Devonian in Guilin, South China for Perturbations in the Global Carbon Cycle

Gu Zhaoyan, Xu Bing, Liu Qiang
Institute of Geology and Geophysics, Chinese Academy of Sciences
Beijing 100029
Wang Chengyuan
Nanjing Institute of Geology and Palaeontology, Chinese Academy of Sciences
39 East Beijing Road, Nanjing 210008
Li Zhenliang
Guangxi Institute of Regional Geological Survey
Guilin 541003

Gu Zhaoyan, Xu Bing, Liu Qiang, Wang Chengyuan, Li Zhenliang. 2004. Carbon Isotope Records from the Upper Devonian in Guilin, South China for Perturbations in the Global Carbon Cycle. In: Rong Jiayu, Fang Zongjie, eds. Mass Extinction and Recovery — Evidences from the Palaeozoic and Triassic of South China. Hefei: University of Science and Technology of China Press. 457 – 472, 1060 – 1061

In order to deduce the perturbations in the global carbon cycle and the cause of bio-crisis happened during the Frasnian-Famennian (F-F) transition, carbon isotopic analyses have been performed on carbonate rocks. The investigations (McGhee *et al*., 1986; Bugguish, 1991; Joachimski *et al*., 1994; Joachimski and Buggisch, 1993) of several European Frasnian-Famennian boundary sections revealed two positive carbon isotope excursions of +3‰ that coincide with the deposition of two black bituminous horizons, the so-called Kellwasser horizons. The top of the upper horizon marks the Frasnian-Famennian boundary. The data (Joachimski *et al*., 2002; Wang *et al*., 1996) from different paleogeographic units in the world also reveal comparable positive $\delta^{13}C$ excursions during the F-F transition. The two excursions have been used as evidence to suggest that the F-F bio-crisis was caused by anoxia and climate cooling (Joachimski, Buggisch, 1993, 2002). However, the Luoxiu F-F section in the southern China was measured a negative $\delta^{13}C$ excursion that was interpreted to be induced by a bolide impact affecting primary productivity in surface waters (Wang *et al*., 1991; Yan *et al*., 1993). The measurements (Chen *et al*., 1995, 2002; Hou *et al*., 1996, Wang *et al*., 2001; Gong *et al*., 2002) on other F-F sections in the southern China did not well constrain properties in carbon isotopic changes. So, further works are needed to understand oceanic ^{13}C perturbations during the Late Devonian. In this paper, authors present two high-resolution carbon isotope records and chemo-stratigraphic profiles from the Upper Devonian carbonate sequences at Dongcun and Yangdi in Guilin, southern China, to constrain the pattern of isotope ^{13}C perturbations during F-F transition and argue the cause of the F-F bio-crisis.

The samples were systematically taken from the two well-developed Upper Devonian limestone sequences at Dongcun and Yangti in Guilin. Measurements of carbon isotope and major and trace elements have been carried out on the carbonate samples from Lower *rhenana* Zone to *crepida* Zone of the sections. The carbon isotope analytical result indicates two positive $\delta^{13}C$ excursions during the F-F transition. The lower excursion with amplitude of 1.5‰ – 2.0‰ occurred in the Upper *rhenana* Zone of the Dongcun section and in the Lower *rhenana* Zone of the Yangti section respectively. The upper excursion with amplitude in a range of 2.1‰ – 2.5 ‰ is located at the F-F boundary for both sections. The chemical data support that the carbon isotopic $\delta^{13}C$ values for most of samples from the two sections are valuable for inducing the carbon cycle perturbations. The chemo-stratigraphic profiles can be well correlated between the Dongcun and Yangdi sections, suggesting that the lower $\delta^{13}C$ excursion at the two sections would be synchronous although it is in different conodont zones. The elemental measurements also show that Mn/Fe and U/Ti ratios can be used as proxies of reduction and/or eustatic fluctuation. It is remarkable that the $\delta^{13}C$ increases when the Mn/Fe and U/Ti ratios reach at a steady maximum, indicating the positive $\delta^{13}C$ excursions would correspond to the anoxia and/or high sea level during the Late Devonian.

The positive excursion well-constrained respectively at the F-F boundary of the Dongcun and Yangdi sections is a representative pattern in the Late Devonian in the southern China rather than the negative anomaly measured on the top of the *liguiformis* Zone of Luoxiu section (Wang *et al*., 1991; Yan *et al*., 1993), which would be made by diagenesis as described by Joachimski *et al*. (2002). It is also supported by the data from the other sections (Chen *et al*., 1995, 2002; Hou *et al*., 1996, Wang *et al*. 2001). Compared with other records from other Late Devonian paleogeographic units (Joachimski *et al*., 2002), the two carbon isotope excursions occurred in the F-F transition sediments in Guilin have comparable shapes, amplitudes, and biostratigraphical sequences, and further support that they must be resulted from a global increase in organic carbon burial (Joachimski *et al*., 2002). The anoxia and/or high sea level during the Frasnian-Famennian transition would possibly be as a trigger to enhance organic carbon burial in global carbon cycle, in turn, change in climate and environment, and impact on the F-F ecosystem.

Key words carbon isotope mass extinction Late Devonian South China

Chapter 4

Mass Extinction Through the Permian-Triassic Transition and Its Subsequent Recovery

4.1 Major Bio-events in Permian-Triassic Reef Ecosystems of South China and Their Bearing on Extinction-Survival-Recovery Problems

Fang Zongjie zjfang@nigpas.ac.cn
Nanjing Institute of Geology and Palaeontology, Chinese Academy of Sciences
39 East Beijing Road, Nanjing 210008

Fang Zongjie. 2004. Major Bio-events in Permian-Triassic Reef Ecosystems of South China and Their Bearing on Extinction-Survival-Recovery Problems. In: Rong Jiayu, Fang Zongjie, eds. Mass Extinction and Recovery — Evidences from the Palaeozoic and Triassic of South China. Hefei: University of Science and Technology of China Press. 475 – 542, 1063 – 1065

Reef framework is formed by two kinds of carbonates, namely, enzymatically controlled carbonates (secreted by skeletal biota) and non-enzymatically secreted carbonates (microbial carbonates and biologically induced cement) (Webb, 1996). The composition and abundance of skeletal framework is controlled largely by mass extinction events and macroevolution of organisms, but non-enzymatic carbonates result from induction by non-obligate calcifiers and are controlled to a larger extent by temporal changes in physiochemical parameters affecting the saturation state of sea water with respect to carbonate minerals. Therefore, the parameters affecting biologically induced carbonate precipitation differ from that of skeletal biota and are independent from the effect of mass extinction events.

Two major reef-building cycles (Maokouan and "Changhsingian" cycles) have been recognized in South China (Fan *et al*., 1990; Wang *et al*., 1996). The global regression towards the end of the Maokouan only caused the decline of the reef ecosystem, since metazoan reefs still existed during the Wuchjiapingian. Hence, no mass extinction occurred in the reef communities of South China during the so-called pre-Lopingian bio-event. The "Changhsingian" was the radiation interval of the reef ecosystem, and also the most flourishing period for reef growth in the whole Permian.

The termination of metazoan reefs at the end of the Permian must have been very abrupt because there is no reduction in diversity of reef organisms during the last part of the Late "Changhsingian". On the contrary, the taxonomic diversity and biofacies types exhibit an increase from the lower to the top of the Tudiya (Sichuan) reef and the Shitouzai framestone of the Ziyun (Guizhou) reef (Reinhardt, 1988; Flugel and Reinhardt, 1989; Wang Shenghai *et al*., 1994, 1996). The diversity of sphinctozoans sponges also shows a rapid and marked increase towards the end of the "Changhsingian" (Rigby and Senowbari-Daryan, 1995). In addition, the dramatic drop of the carbon isotopic shift occurred at the uppermost part of the Shitouzai framestone in Ziyun, southern Guizhou (Wang and Xia, 2000), indicating the coincidence between the termination of metazoan reefs and the mass extinction of level-bottom communities in the end-Permian mass extinction. There is a metazoan reef gap rather than a reef gap in the Early Triassic, since microbialite reefs still existed.

In addition to Schubert and Bottjer (1992, 1995), Flugel (1994), Baud and co-authors (1997), Sano and Nakashima (1997), this paper lists more localities of microbialites and microbialite reefs of the Lower Triassic in South China (Figure 4.1.1 of the Chinese text) and further proves that anachronistic blooms of microbialites as post-mass extinction disaster forms did occur in level-bottom normal-marine environments in the Early Triassic. At the same time, the reappearance of flat-pebble conglomerates has been regarded as another anachronistic facies in the aftermath of the end-Permian mass extinction (Wignall and Twitchett, 1999). This paper also provides many more localities and horizons of flat-pebble intraclastic limestones in the Lower Triassic of South China. These two anachronistic facies, which characterized the survival interval following the end-Permian extinction event, might reflect the suppression of bioturbation in the aftermath of the end-Permian mass extinction—the Garrett-Awramik Metazoan Interference model and the fact that rapid submarine cementation and lithification were well developed—the Environmental Constraint model of Riding (1997). Therefore, the present paper does not postulate that these two models are in contradiction with each other. They represent the two major different prerequisites for microbialite formation, that is, a stable substrate for the formation of microbial mat, and synsedimentary cementation for the calcification of microbial mats.

Table 1 Summary of evolutionary phases of the Permo-Triassic reef ecosystems

Lower Jurassic	Toarcian		Radiation Interval	A major coral faunal changeover occurred and all the Triassic genera abruptly disappeared. It was not until the mid-Jurassic that the new reef ecosystem composed of corals, stromatoporoids and algae had reached a stable state
	Pliensbachian		Recovery Interval	A substantially different reef coral fauna emerged with many new species. Only a few Norian taxa survived
	Sinemurian Hettangian		Survival Interval **(Coral Reef Gap)**	Coral reefs suddenly disappeared. Carbonate production plummeted. Sinemurian reefs only known from refuges and constructed by Late Triassic coral holdovers
Upper Triassic	← The end-Triassic event Rhaetian Norian Carnian ← The Carnian even		Reorganization Interval	Scleractinians with photoautotrophic symbionts (zooxanthellate algae) appeared and grew in importance in the reef ecosystem. The assembly of the coral-reef community started
Middle Triassic	Ladinian		Recovery Interval	The return of faunas and algae in reefs marked the beginning of recovery interval. Metazoan reefs reappeared, built by the new comers of the Triassic rather than the Permian holdovers. No definite Permian Lazarus taxa found in the Middle Triassic reef communities. Scleractinians appeared. The level-bottom communities radiated
	Anisian	Illyrian Pelsonian		
		Bithynian Aegean	Survival Interval **(Metazoan Reef Gap)**	**Prelude of Recovery**—Anachronistic facies disappeared. Microbialites were in full retreat from the normal-marine to high stressed environments, indicating the recovery of the level-bottom communities, especially infaunal burrowers
Lower Triassic	Olenekian	Spathian Smithian		**Aftermath of the End-Permian Crisis**—Metazoan reefs disappeared abruptly. Anachronistic facies (thin storm beds, flat-pebble conglomerates, microbialites) well developed. During the Early Triassic, an anachronistic bloom of microbialites as post-mass extinction disaster forms occurred in the normal-marine environments, some of them formed small reef mounds
	Induan	Dienerian "Griesbachian"		
Upper Permian	← The end-Permian crisis "Changhsingian"		Radiation Interval	"Changhsingian" reef-building cycle
	Wujiapingian		Decline Interval	Global regression towards the end of the Maokouan had only caused the decline of the reef ecosystem. Metazoan reef still existed. No mass extinction occurred in the reef communities.
Middle Permian	← The end-Maokouan regression event Maokouan		Radiation Interval	Maokouan reef-building cycle

Towards the transition between the Early and Middle Triassic, microbialites were in full retreat from normal-marine environments to hypersaline marine environments with high stress and flat-pebble conglomerates disappeared, indicating a general improvement in marine environments and the recovery of level-bottom communities, especially infaunal burrowers. This marks the prelude of the recovery of reef ecosystems. The anachronistic reappearance of microbialites and flat-pebble intraclastic limestones in the Lower Triassic is a peculiar phenomenon in Phanerozoic history and suggests that the end-Permian event appears to have temporarily recreated conditions comparable to those of Cambro-Ordovician shelf seas.

An evolution from carbonate bank to buildup occurred during the Middle Triassic (Gaetani *et al*., 1981). The reappearance of metazoan reefs took place during the Middle Anisian (Pelsonian) characterized by small reef mounds with sphinctozoans, cyanobacteria, "Tubiphytes", and bryozoans. The return of faunas and eukaryotic algae in reefs marked the beginning of the recovery interval. However, no definite Permian Lazarus genus has been found in the Middle Triassic reef communities (Senowbari-Daryan *et al*., 1993; Flugel, 1994). So newly evoloved species of the Triassic rather than Permian holdovers built these Permian style metazoan reefs. Scleractinians appeared at the same time. This is an important event in the reef evolution history.

Scleractinians with photoautotrophic symbionts (zooxanthellate algae) appeared during the Late Carnian (Stanley and Swart, 1995) and grew in importance in the reef ecosystem. The assembly of the coral-reef community started, but it took a very long time (about 60 m.y.) for the establishmenr of the Mesozoic reef ecosystem as a result of the Carnian and the end-Triassic extinction events, also due to the macroevolutionary lag of the new reef-builder (scleractinians). In general, the Triassic can be regarded as the transition period from the Paleozoic reef ecosystem to the Mesozoic. The relative importance of non-enzymatic carbonates in reef framework has declined since the Jurassic. This is due to relatively lower global marine supersaturation with respect to carbonates related to the Jurassic rise of abundant calcareous plankton, and also may be due to the rise of new obligate calcifiers with more efficient skeletal growth, such as scleractinians.

A brief summary of the evolutionary history of reef ecosystem during Permo-Triassic time is showing in Table 1 (This is the English version of the Table 4.1.1 of the Chinese text).

Key words reef ecosystem extinction-survival-recovery anachronistic facies microbialite Permian Triassic

4.2 Permian-Triassic Brachiopod Diversity Pattern in South China

Sun Dongli dlsunyil@jlonline.com
Shen Shuzhong szshen@nigpas.ac.cn
Nanjing Institute of Geology and Palaeontology, Chinese Academy of Sciences
39 East Beijing Road, Nanjing 210008

Sun Dongli, Shen Shuzhong. 2004. Permian-Triassic Brachiopod Diversity Pattern in South China. In: Rong Jiayu, Fang Zongjie, eds. Mass Extinction and Recovery — Evidences from the Palaeozoic and Triassic of South China. Hefei: University of Science and Technology of China Press. 543 – 569, 1066

Since there are many continuous Permian-Triassic sections containing abundant brachiopod faunas, South China is considered to be one of the best areas for the study of the Permian-Triassic extinction and recovery patterns of brachiopods. A database of 288 genera of 97 families of Permian and Triassic Brachiopoda in South China was analyzed at stage/substage level using several statistical measures to unravel the changing patterns of diversity through the Permian and Triassic. It was revealed that brachiopods experienced five major stages. They are 1) the prolonged stable stage from Carboniferous to middle Middle Permian, 2) the extinction stage from late Middle Permian to early Griesbachian of Early Triassic, 3) the long bleak stage from late Griesbachian to Olenekian, 4) the recovery-radiation stage from Anisian to Late Triassic and 5) the late Late Triassic mass extinction stage. Three extinction events can be recognized during the Permian-Triassic Periods, of which the end-Changhsingian mass extinction is the most severe one and eliminated more than 73% families and 81% genera of Brachiopoda in South China. Only 12 Permian-type brachiopod genera, associated with some long-ranged disaster taxa such as *Lingula*, lasted into the earliest Triassic. Unlike other benthic organisms such as fusulinids and corals, the end-Maokouan extinction widely perceived on the Pangean continental shelf is only expressed by the life-depleted early Wuchiapingian in South China in terms of Brachiopoda, but much less pronounced than the end-Changhsingian and the Late Triassic mass extinctions.

The end-Maokouan decline of Brachiopoda is most likely related with the short-lived regression, but immediately recovered to the same or even higher diversity in the late Wuchiapingian following a transgression in South China than in the pre-Lopingian. The cause of end-Changhsingian mass extinction remains enigmatic. It may be related to the greenhouse effect resulted from the gigantic volcanic eruption during the Late Permian. Associated with the mass extinction, a dramatic drop of $\delta^{13}C$ and a rapid transgression have been documented just prior to the Permian-Triassic boundary as marked by the occurrence of framboidal/crystal pyrites, a lithologic shift from thick-bedded biosparite into middle/thin-bedded argillaceous limestone and a brachiopod community shift from pro-reef forms to stress-tolerant forms. Brachiopods were no longer present after the Late Triassic in South China after sea-water withdrew from this region.

Key Words Brachiopoda diversity pattern extinction Permian Triassic South China

4.3 Approach to the Extinction Pattern of Permian Bivalvia of South China

Fang Zongjie zjfang@nigpas.ac.cn
Nanjing Institute of Geology and Palaeontology, Chinese Academy of Sciences
39 East Beijing Road, Nanjing 210008

Fang Zongjie. 2004. Approach to the Extinction Pattern of Permian Bivalvia of South China. In: Rong Jiayu, Fang Zongjie, eds. Mass Extinction and Recovery — Evidences from the Palaeozoic and Triassic of South China. Hefei: University of Science and Technology of China Press. 571 - 646, 1067 - 1068

A quantitative study of the temporal changes of Permian bivalve diversity in South China will contribute to a better understanding of the evolutionary history of the class Bivalvia and the extinction events within the Permian and between the Permian and Triassic. This paper shows that a total of 279 species representing 82 genera and 38 families (attached chart) have been described from the Maokouan to the end of the Permian in South China based on all the available papers published up to and including 2002. These bivalves belong to the Permian Cathaysian Province in the equatorial Palaeotethyan Realm (Fang, 1985), and can be divided into four assemblages: *Euchondria-Euchondrioides* assemblage of Maokouan age, *Paradoxipecten-Guizhoupecten* assemblage of Wuchiapingian age, *Tambanella-Claraioides* assemblage of Changhsingian age, and *Pteria-Towapteria-Promyalina* assemblage of the Permian-Triassic boundary beds.

Table 1 Statistics of the extinction and origination rates of bivalve families and genera from Maokouan to the Permian-Triassic boundary beds in South China (This is the English version of the Table 4.3.3 of the Chinese text)

	Maokouan	Wuchiapingian	"Changhsingian"	P-T boundary beds
Number of families/genera	24/32	35/65	35/58	17/28
Number of extinction families/genera	0/0	0/10	6/31	4/13
Number of new born families/genera	5/10	0/4	0/0	0/9
Extinction rate of families	0	0	17.1%	23.5%
Extinction rate of genera	0	15.4%	53.4%	46.4%
Origination rate of families	21%	0	0	0
Origination rate of genera	31.3%	6.2%	0	32.1%

The conventional patterns suggest a gradual decline in the number of bivalve genera from the end of the Maokouan through the Late Permian (Nakazawa and Runnegar, 1973; Yin, 1985). But an analysis of the diversity of the Cathaysian bivalve fauna comes to a quite different conclusion. Table 1 shows the numbers of total, extinct and newborn genera and families, also extinction and origination rates in each stage. Some generalizations can be drawn therefrom. Firstly, there is no detectable extinction of genera and families in the Cathaysian bivalve fauna at the end of the Maokouan (Guadalupian). On the contrary, bivalves were benefited from the end-Maokouan regression event, since the bivalve diversity went up uninterruptedly and numerous new genera appeared during the Maokouan and Wuchiapingian stages. Secondarily, Two extinction episodes of the end-Permian Mass extinction are recognized: one occurring at the top of the Changhsing Formation, i. e., between Bed 25 (boundary clay or bottom clay) and Bed 24e of the Meishan section in Changxing County of the Zhejiang Province, Eastern China; and the other at the Bed 28 (top clay). A brief summary of evolutionary phase of the upper Middle Permian-Early Triassic Bivalvia of South China is showing in Figure 1.

Chronostratigraphy			Bivalve assemblages	Evolutionary phases	Characters
Triassic	Induan		*Claraia wangi-Eumorphotis* Fauna	Survival interval	*Claraia* and *Eumorphotis* began a rapid radiation as disasters and became conquerors of the Early Triassic together with *Promyalina*, *Unionites* and *Pteria*
Triassic	P-T boundary beds	Top clay			23.5% of families and 46.4% of genera became extinct, Cathaysian bivalve fauna became entirely disappear
Epilogue of Mass Extinction (250.7 Ma)					
Permian	P-T boundary beds	Boundary Limestone Upper	*Pteria-Towapteria-Promyalina* Assemblage	Survival-recovery interval	The bivalve diversity fell evidently, crisis-progenitors appeared with a high origination rate; the fauna characterized by its cosmopolitanism and by the concurrence of survivor-progenitors, crisis-progenitors, and relics, including dead clade walking, the face of the fauna greatly different from the Changhsingian
Permian	P-T boundary beds	Boundary Limestone Lower			
Permian	P-T boundary beds	Black clay			
Permian	P-T boundary beds	Bottom clay			53.4% of marine genera and 96.5% marine species became extinct abruptly at the top of the Changhsing Formation
Major episode of Mass Extinction (251.4 Ma)					
Permian	"Changhsingian"		*Tambanella-Claraioides* Assemblage	Coordinated stasis interval	Origination rate declined, but extinction rate still low, the composition of the bivalve fauna remained stable, the fauna was in coordinated stasis
Permian	Wuchiapingian		*Paradoxipecten-Guizhoupecten* Assemblage		
Permian	Maokouan		*Euchondria-Euchondrioides* Assemblage	Radiation interval	Cathaysian bivalve fauna became taking shape with distinctive featuresin in the equatorial Palaeotethyan Realm, the fauna was in a period of great prosperity with high origination rate, no extinction of bivalve genera

Figure 1 Summary of evolutionary phases of the upper Middle Permian-Early Triassic Bivalvia in South China (This is the English version of the Figure 4. 3. 5 of the Chinese text).

Key words extinction Permian Early Triassic bivalve

4.4 Macroevolution of Bivalvia after the End-Permian Mass Extinction in South China

Chen Jinhua jhchen@nigpas.ac.cn.
Nanjing Institute of Geology and Palaeontology, Chinese Academy of Sciences
39 East Beijing Road, Nanjing, 210008

Chen Jinhua. 2004. Macroevolution of Bivalvia after the End-Permian Mass Extinction in South China. In: Rong Jiayu, Fang Zongjie, eds. Mass Extinction and Recovery — Evidences from the Palaeozoic and Triassic of South China. Hefei: University of Science and Technology of China Press. 647 - 700,1069

The present paper discusses the problems involving the macroevolution of Bivalvia after the end-Permian mass extinction in south China, which are embraced in five sections. ①The bivalve faunas after the mass extinction have been analysed (Table 4.4.1; Figure 4.4.1). In the early Triassic the bivalve faunas contain about 25 genera in south China, among which the byssate epifaunal forms of Pteriomorphia dominated, making up 72% of the total genera-number to signal their well-capacity of adapting to the adverse environments after the catastrophe. However, only few representatives of other subclasses of Bivalvia survived in the same age. The statistics also indicate that about 35 genera of Bivalvia increased their diversity since Early Anisian and that bivalves most probably reached to a new summit of diversity in Late Anisian. ② Three intervals of bivalve development after the mass extinction have been discussed (Table 4. 4. 2). The survival interval of Bivalvia ranged from Griesbachian to Spathian in south China; the recovery interval probably corresponds to that in Early Anisian; while the bivalve radiation appeared from Late Anisian to Norian. Hallam and Wignall (1997: 116) considered that the bivalve radiation "was delayed until the Ladinian or even later", however, the Chinese data, especially that from the Qingyan fauna of Late Anisian age shows that the radiation of Bivalvia started much earlier (see the Appendix). ③ *Claraia* is a disaster bivalve genus. The oldest claraiid (including that of *Claraioides*) dates from the Upper Permian (Wuchiapingian), but some species vanished in the mass extinction. *Claraia* attained its acme in the latest Griesbachian to the Dienerian and most probably disappeared after the Smithian-Spathian boundary extinction. The previously recorded "*Claraia*" from the Middle Triassic of south China is a misidentification (Chen and Komatsu, 2002). ④A transgression displaying in the basal part of the traditional "Lower Triassic" has commonly been acknowledged. The transgression was caused by a rapid eustatic sea-level rise immediately following the mass extinction event, it is here recognized to be latest Permian in age. At Meishan section of Changxing, Zhejiang, the transgression was deeply impressed in the black thin-bedded shale of the bed 26, which indicates an oxygen-poor deep-shelf environment and sea-level highstand. The synchronous trasgression also arrived in the marginal regions of some paleolands of China, for examples in Huangzhishan, Zhejiang, in the southern region of the North China Continent, and in the eastern area of the Kangdian Paleoland, southwestern China, where the faunal assemblages are distinctly distinguishable. ⑤ Two minor extionction events in the survival interval, the early-late Griesbachian boundary event and the Smithian-Spathian boundary event, have been discussed. The author believes that the two events also somewhat postponed the appearance of faunal recovery and possibly prolonged the survival interval. Finally, a new species of *Claraia*, *C. huzhouica* Chen et Komatsu from the latest Permian in Huangzhishan, Zhejiang is described.

Key words Bivalvia end-Permian mass extinction minor extinctions survival recovery radiation South China

4.5 Evolution of Foraminiferid Groups Through the Palaeozoic-Mesozoic Transition in South China

Tong Jinnan jntong@cug.edu.cn
China University of Geosciences, Wuhan 430074

Tong Jinnan. 2004. Evolution of Foraminiferid Groups Through the Palaeozoic - Mesozoic Transition in South China. In: Rong Jiayu, Fang Zongjie, eds. Mass Extinction and Recovery — Evidences from the Palaeozoic and Triassic of South China. Hefei: University of Science and Technology of China Press. 701－718,1070

As an order of underdeveloped unicellular, the Foraminiferida are the primal consumers in the oceanic food chain. The recomposition of the foraminiferid taxonomic and ecologic groups across the Permian and Triassic boundary has therefore better incarnated the course of collapse and reconstruction of the ecosystem Through the great Paleozoic-Mesozoic transition. Based on the compilation and analysis of the abundant Permian and Triassic foraminifer data from South China, this paper summarizes and abstracts the evolutionary processes of various foraminiferid taxonomic and ecological groups at the great turn and some understandings are concluded.

① The extinction of foraminifers at the end of the Paleozoic and the recovery at the beginning of the Mesozoic are clearly staged and taxon-selective. The extinction in the late Permian had two peaks at the end of the Middle Permian and at the end of the Late Permian respectively. These two extinction events are characteristic of a sharp decline of the foraminiferid groups with calcareous microgranular shells, which were the most thriving foraminifers during the late Paleozoic, but the former event resulted in the mass extinction of the fusulinids, here called fusulinid event, while the latter caused the mass extinction of the endothyrids, called endothyrid event. The foraminifer recovery during the Triassic also shows itself two stages. Through the survival and recovery during the most time of Early Triassic, the Triassic foraminifers met two phases of radiation at the end of the Early Triassic and at the end of the Middle Triassic respectively.

② The great reconstruction of the functional ecological structure in the Foraminiferida took place at the end of the Permian and the beginning of the Triassic. The characteristic Paleozoic foraminifer ecosystem was the "monopolar" ecosystem dominated by single taxon while the typical Mesozoic foraminifer ecosystem was the "multipolar" ecosystem of high diversity. It is the biotic renovation at the Paleozoic and Mesozoic transition resulting in this important changeover and development in foraminifer ecosystem.

③ The formation of the Mesozoic foraminifer ecosystem was not rooted from the "recovery" of the Paleozoic foraminiferid groups but from the "radiation" evolution of the groups originated during the survival time at the beginning of the Triassic.

Key words taxonomic evolution extinction and recovery foraminifer Permian and Triassic South China

4.6 Remarks on Permian Extinction and Triassic Recovery of Gastropods

Pan Huazhang panhz@jlonline. com
Nanjing Institute of Geology and Palaeontology, Chinese Academy of Sciences
39 East Beijing Road, Nanjing 210008

Permian gastropod extinction includes two intervals by analogy with the Wordian-Changhsingian global gastropod diversity patterns. The data indicate an early extinction peak at the end of the Wordian and the second peak at the end of the Changhsingian. Early Triassic gastropod faunas are typically depauperate owing to the persistence of harsh environment. In the Olenekian there were signs of recovery. During the Anisian, increased signs of radiation are evident for gastropod fauna. The Ladinian radiation was more expanded. The end-Permian extinction might be caused by the formation of Pangea, regression led to exposure of the continent and violent variation for ecological setting. The early Early Triassic gastropods might be characterized by some very small snails from Permian except the new element *Jingxispira*, showing a very strong dispersal ability and very wide geographical distribution which are related to their protoconch heterostrophic and planktotrophic larval development. The Anisian faunas are the first truly normal marine gastropod assemblages of the Triassic in South China. It shows locally the beginning of gastropod radiation. The data indicate a low diversity of the Anisian gastropod assemblages in west Europe and a gastropod radiation during the Ladinian-Carnian (St.Cassian of S.Alps) owing to reef re-emergence.

Pan Huazhang. 2004. Remarks on Permian Extinction and Triassic Recovery of Gastropods. In: Rong Jiayu, Fang Zongjie, eds. Mass Extinction and Recovery — Evidences from the Palaeozoic and Triassic of South China. Hefei: University of Science and Technology of China Press. 719 – 729, 1071

Key words extinction recovery gastropods Permian Triassic

4.7 A Comparative Study of Conodont Mass Extinction and Recovery from the Permian-Triassic and Frasnian-Famennian Boundary Beds in South China

Wang Chengyuan cywang@nigpas. ac. cn
Nanjing Institute of Geology and Palaeontology, Chinese Academy of Sciences
39 East Beijing Road, Nanjing 210008

Wang Chengyuan. 2004. A Comparative Study of Conodont Mass Extinction and Recovery from the Permian-Triassic and Frasnian-Famennian Boundary Beds in South China. In: Rong Jiayu, Fang Zongjie, eds. Mass Extinction and Recovery — Evidences from the Palaeozoic and Triassic of South China. Hefei: University of Science and Technology of China Press. 731 – 748, 1072

A high-resolution biostratigraphy and fine taxonomy are the basis for the study of mass extinction and recovery. The study on extinction and recovery of the P-T boundary beds and of the F-F boundary beds in South China demonstrates closely similarities: ① Conodont mass extinction occurred stepwise in a very short geological timespan much less than 15 000 years (?). Four conodont extinction steps can be recognized in the latest *linguiformis* Zone. Extinction of *Clarkina* in P-T boundary beds occurs in at least 4 steps. ② Conodont extinction was the latest during the P-T and F-F events; extinction rate of conodent species is very high. *Palmatolepis* in early and middle Frasnian extincted one species or subspecies every 0.5 Ma , belonging to normal extinction or background extinction; in the early-middle *linguiformis* Zone, every 0.5 Ma one species or subspecies extincted, while in the latest *linguiformis* Zone, on an average 1 200 year one species or subspecies extincted. P-T boundary beds at Meishan could have a gap, the isotope ages measured by different authors are quite different, the extinction rate is difficult to estimate, but its extinction rate may be relatively high. ③ Conodonts were the first to recover from the P-T and F-F mass extionction events; F-F conodont recovery occurred in the earliest Famennian marked by the first appearance of *P. triangularis*. The timespan of the conodont recovery interval could be estimated much less than 0.5 Ma. Conodont recovery occurred stepwise, and five steps can be recognozed. F-F conodont recovery mechanism is paedomorphosis of *P. praetriangularis*. P-T conodont recovery is marked by the first occurrence of *Hindeodus parvus*, the recovery occurred also stepwise, and five steps can be recognized. The recovery mechanism is mainly related with rising of sea level. ④ No conodont refugia and Lazarus taxa; an independent survival interval cannot be definitely determined, but the short interval in the latest *linguiformis* Zone without *linguiformis* at Longmen and Dongcun could assigned to survival, and the 25, 26, as well as lower part of 27 beds at Meishan could also belong to survival. ⑤ Conodont radiation occurred in the earliest. In the F-F boundary beds, it began from the late *triangularis* Zone, i.e. from the first occurrence of *P. minuta*, conodont evolution entered radiation interval. After P-T conodont mass extinction, conodont recovery interval is short, its radiation interval is marked by the first occurrence of primitive *Neospathodus*. It occurred at bed 32 of the Meishan section. ⑥ During the P-T extinction and recovery, *Clarkina* and *Hindeodus latidentatus*, as two crisis progenitor taxa, are important for the recovery in pelagic and neritic facies respectively. During the F-F extinction and recovery intervals, *P. praetriangularis* with *P. triangularis* and *Icriodus praealternatus* with and *I. alternatus*, as crisis progenitor taxa, are also important for the recovery in the two facies respectively. ⑦ Conodont extinction is closely related to the sea-level changes.

Key words P-T F-F mass extinction conodonts recovery Meishan Guilin

4.8 A Review of the End-Permian Mass Extinction in South China

Wang Yue yuewang@nigpas.ac.cn
Cao Changqun cqcao@public1.ptt.js.cn
Nanjing Institute of Geology and Palaeontology, Chinese Academy of Sciences
39 East Beijing Road, Nanjing 210008

The continuous Permo-Triassic stratigraphic successions in South China have been reported extensively. With detailed studies of the palaeontology and stratigraphy, a great breakthrough has been made in recognizing the process and pattern of the end-Permian mass extinction. More and more insights into the event were gained, which include the widely-developed anoxia in the shallow sea, multiple volcanic activities, the coincidence of the eruption of the Siberia basalt with the bioevent, the correspondence of the depletion of the carbon isotope to the extinction level, the strong and rapid fluctuation of the sea level, the extensive warm condition of the global weather, the burst of the fungal, etc. All of these lead to the conclusion that the end-Permian mass extinction was caused by a series of global events. Instead of being a refugium during the event, South China plays a key role in understanding the mass extinction. The sudden disappearance of the fossil groups happened in various depositional environments, from the terrestrial facies to the marine-terrestrial transitional area as well as the litoral, the carbonate platform, the reef, the slope and the basinal facies. However, the difficulties of the precise correlation among the sections induced disputation on the pattern of the event. The using of the fossil data in different ways also has the potentials leading to different results. For the data from a single section, the occurrences of the fossils could be studied layer by layer. The disappearance of some of the fossils, in this case, is possibly due to the environmental changes, rather than extinction. Thus it is possible for certain groups to exhibit different extinct patterns in different sendimental facies. On the other hand, when studying the regional data, the fossils are usually recorded in the stage level. Analysis on these resources would possibly come up with different conclusions. Thus the research on the mass extinction is not only based on the precise stratigraphic correlation, but also the fossils and the environmental evolutions.

Key words mass extinction Permian-Triassic South China

Wang Yue, Cao Changqun. 2004. A Review of the End-Permian Mass Extinction in South China. In: Rong Jiayu, Fang Zongjie, eds. Mass Extinction and Recovery — Evidences from the Palaeozoic and Triassic of South China. Hefei: University of Science and Technology of China Press. 749－772,1073

4.9 Abnormality of Carbon Isotopes near the Permian-Triassic Boundary in South China

Cao Changqun cqcao@public1. ptt. js. cn
Wang Wei weiwang@nigpas. ac. cn
Jin Yugan ygjin@public1. ptt. js. cn
Nanjing Institute of Geology and Palaeontology, Chinese Academy Sciences
39 East Beijing Road, Nanjing 210008

Cao Changqun, Wang Wei, Jin Yugan. 2004. Abnormality of Carbon Isotopes near the Permian-Triassic Boundary in South China. In: Rong Jiayu, Fang Zongjie, eds. Mass Extinction and Recovery — Evidences from the Palaeozoic and Triassic of South China. Hefei: University of Science and Technology of China Press. 773 - 784, 1074

The GSSP for the Permian-Triassic boundary in Meishan section in Changxing County, China, is a typical Permo-Triassic marine sequence in South China. It records parallel trend of both organic and inorganic carbon isotope ($\delta^{13}C$) excursions across the P-T boundary. The first depletions both in organic and inorganic carbon isotopes occurred gradually depletion at the bottom of Bed 23 in the Meishan section, which resulted from the exposure and/or oxygenation of buried organic carbon matters during the global regression around the end-Permian. A rapid negative shift of inorganic carbon isotopic excursion occurred at the uppermost part of Bed 24e as well as organic carbon isotopic excursion at the bottom of Bed 26. The dramatic depletions both in organic and inorganic carbon isotopes should indicate an abrupt event in marine carbon cycle. In the lower part of the Early Triassic, a gradually of inorganic carbon isotope coinciding with the strong oscillations in organic carbon isotopic curve, indicates lower biomass or lower depositional rate of organic materials after the end-Permian mass extinction. Moreover, synchronous recoveries of both organic and inorganic carbon isotopes represent a primary recovery at the bottom of Bed 37. The background value of inorganic carbon isotopes in Bed 37 is different from the background values (3‰ to 5‰) in the Late Permian marine carbonate sequences. Based on the cycles of TOC (Total Organic Carbon Content) curve in this section, the interval of the first gradual depletion in marine carbon cycle is about 0.6 Ma in the Late Permian. However, the interval between the dramatic depletions of organic and inorganic carbon isotopic shift is about 0.1 Ma. The primary recovery of marine carbon cycle after the end-Permian mass extinction takes 0.5 Ma in the Early Triassic. All fresh samples around the end-Permian mass extinction event in Meishan section are above − 1‰, which have been reported previously with values of − 6‰ in the weathered samples at Bed 27. The gradual depletions of both organic and inorganic carbon isotopes should be associated with the end-Permian global regression. The stepwise dramatic depletions both in organic and inorganic carbon isotopes should result from an abrupt ecosystem collapse near the end-Permian, and might indicate a complex mechanism during the end-Permian mass extinction.

Key words carbon isotope Permian-Triassic boundary Meishan section

4.10 The Permian-Triassic Boundary Crisis: Patterns of Extinction, Collapse of Various Ecosystems, and Their Causes

Fang Zongjie zjfang@nigpas.ac.cn
Nanjing Institute of Geology and Palaeontology, Chinese Academy of Sciences
39 East Beijing Road, Nanjing 210008

Fang Zongjie. 2004. The Permian-Triassic Boundary Crisis: Patterns of Extinction, Collapse of Various Ecosystems, and Their Causes. In: Rong Jiayu, Fang Zongjie, eds. Mass Extinction and Recovery — Evidences from the Palaeozoic and Triassic of South China. Hefei: University of Science and Technology of China Press. 785－928, 1075－1076

The biggest known mass extinction marks the Permian-Triassic boundary in the geological record, 250 Ma ago. 90% of marine species and 70% of land vertebrates were wiped out. This is the biggest biotic crisis in the Earth's biosphere history, ranked not only by the severity of taxonomic diversity losses, but also by the severity of calamitous environmental extremes resulting in a series of ecological disasters.

Study of the numerous PTB sections distributed across the entire earth, including South China, Japan, Greenland, West Spitzbergen, the Carnic Alps Austria, Slovenia, northwest Iran, Armenia, Turkey, Nepal, Pakistan, New Zealand, and elsewhere, shows a series of catastrophic events occurred at the Permian-Triassic transition, such as global mass volcanism (Siberian Traps, pyroclastic volcanism in South China, etc.), atmospheric gas crisis (voluminous release of CO_2 and CH_4, atmospheric oxygen drop), oceanic overturn, marine anoxia and transgression, global climate change [brief global cooling at the end of the Permian, runaway greenhouse in Early Triassic], reorganization of the carbon cycle, the negative $\delta^{13}C$ excursion event, and a lot of acid rain. Besides carbon isotope, dramatic shifts also occurred in marine isotopic composition of sulphur and strontium. It was these ecological disasters that affected all the ecosystems on the Earth respectively and caused the Permian-Triassic boundary crisis.

Although the evidence for an extraterrestrial impact at the Permian-Triassic boundary has been advocated vigorously recently. It must be admitted that the evidence remains equivocal and is far weaker and more limited than for the impact at the end of the Cretaceous. On the other hand, the correlation of the marine extinction to the eruption of the Siberian flood basalts has been widely accepted. Therefore, Earth-bound processes might produce the crisis on the whole. It strikes me that all of these above-mentioned environmental events are the possible causes of the crisis, but the global mass volcanism may be the most importance cause of the crisis as shown in Figure 4.10.8 of the Chinese text.

Analysis of fossil record shows that the Permian-Triassic boundary crisis probably includes two episodes. The first episode (major episodes) occurred at the top of the Changhsing Formation of the Meishan section of Changxing, Zhejiang, i.e. at Level B between Bed 24e and Bed 25 as shown by Jin and co-workers (2001), as marked by the disappearance of as much as 90% of all species known from the late Permian. The second episodes (epilogue) of extinctions occurred in Level C, i.e. Bed 28, coincided with the boundary between the early and the late Griesbachian (traditional), as marked by the disappearance of the residual Permian-type elements (dead clade walking of Jablonski, 2002), such as brachiopods, foraminifers, and bivalves. The three major gaps (coal gap, chert gap, metazoan reef gap) all began at the first episode (Level B), indicating rapid and synchronous collapse of marine and terrestrial ecosystems at the end of the Permian (Figure 4.10.7).

Comparisons of the fossil record of various biotic groups during the Permian-Triassic transition indicate that the extinction-survival-recovery-radiation patterns among them are quite different from each other (Figure 4.10.1), since the response of various biotic groups to the major environmental changes was different in terms of their morphologic functions, ecologic habits, and tolerant limits. The crisis "broke the mold" of Paleozoic diversity structure for taxa grouped by physiological parameters (Bambach *et al*., 2002), and accelerated the replacement of the Paleozoic Evolutionary Fauna by the Modern Evolutionary Fauna, also the replacement of the Paleophyte by the Mesophyte.

Key words mass extinction recovery ecosystem Siberian Traps Permian Triassic South China

Chapter 5

Summary and Discussion

Comparative Analysis of the Three Major Palaeozoic Mass Extinctions and Their Subsequent Recoveries in South China

Rong Jiayu jyrong@nigpas. ac. cn
Fang Zongjie zjfang@nigpas. ac. cn
Nanjing Institute of Geology and Palaeontology, Chinese Academy of Sciences
39 East Beijing Road, Nanjing 210008

Rong Jiayu, Fang Zongjie, 2004. Comparative Analysis of the Three Major Palaeozoic Mass Extinctions and Their Subsequent Recoveries in South China. In: Rong Jiayu, Fang Zongjie, eds. Mass Extinction and Recovery — Evidences from the Palaeozoic and Triassic of South China. Hefei: University of Science and Technology of China Press. 931 – 1018, 1078 – 1087

I. Introduction

Mass extinction and its subsequent survival and recovery have been studied by many geologists and paleontologists in the last two decades. A number of papers involving controlling factors of the mass extinctions, particularly the end-Permian mass extinction, have been published at the beginning of the new century. A dramatic drop in global biodiversity and destruction of ecological structure indicate major changes of evolutionary processes, including the termination of a preceding evolutionary stage. Investigation of these fields has provided vital informations on biotic responses to environmental perturbations on regional and global scales, and has applied fossil records to better understand modern, anthropogenic environmental changes and their long-term consequences. Mass extinction punctuates the record of evolutionary process, marked by major faunal turnovers on a large scale, whereas the subsequent biotic recovery brings a new era of evolution with an essentially increased biodiversity and different biotic compositions. Both, therefore, are of very important significance. If there were no mass extinctions and subsequent recoveries in geological history, many clades would have had no opportunities of adaptive radiation and evolution, and the present world might have been quite different.

Five major mass extinctions in Phanerozoic are commonly known as the "Big Five" (Sepkoski, 1982). During the Palaeozoic, there occurred three of them, i.e., latest Ordovician, Late Devonian (F-F), and end-Permian mass extinctions. A great number of continuous marine stratigraphic sequences and fossil records across these three mass extinction periods have been known from South China. This book focuses on these three events based on the data from South China. About 15 common and major fossil groups (including trilobites, graptolites, rugose corals, brachiopods, ostracods, conodonts, radiolarians, bivalves, gastropods, foraminifers, ammonoids, and a few others) related to the mass extinctions are discussed. The present paper attempts a comparative study on the three extinctions in terms of the basic data of this book and many other publications.

Stratigraphic correlation with a high resolution and thoroughly revised systematic palaeontology are necessary bases for the investigation of a mass extinction and recovery. The comparative analysis of the three mass extinctions in this paper is made in view of biotic evolutionary background and ecological features, causes, patterns, and results during mass extinctions, dominance replacements after extinctions, and their subsequent survival and recovery characteristics. Data derived from the three extinctions in South China demonstrates that mass extinction was a major composite event under abrupt or diachronous global perturbations.

There is no strict definition for mass extinction. Generally, it occurred in a relatively short geological time interval, with a large amount of extinction worldwide, as well as impact on a considerable number of kinds of organisms. In addition to the "Big Five mass extinctions", however, there occur other mass extinctions in Phanerozoic. Investigations conducted in this book indicates that in order to know a mass extinction well, it is important to study extinction magnitudes, extinction rate, origination rate, effectiveness of mass extinction, diversity changes through the extinction process, and length of survival episode or commencement of biotic recovery after the extinction. These aspects could be used for recognition of the property and characteristics of a mass extinction.

The South China palaeoplate, with excellent Palaeozoic stratigraphic, faunal, and floral data for the three extinction transitions, has drawn attention to many geologists and palaeontologists. It was located in the southern hemisphere, on the northeastern margin of the Gondwanaland, rifted off from the latter in Early to Middle Ordovician; the palaeoplate moved to temperate-subtropical zones during the Late Ordovician, tropical zone by the Late Devonian, and equatorial zone in the Permian. In terms of plate tectonics, South China was located in different regions in the ancient world, providing a window to understand different characters of patterns, magnitudes, timing, and aftermath of the three mass extinctions in the Palaeozoic Era.

In this book, not much space is devoted to exploring the controlling factors of these three mass extinctions. Basic data from South China, however, indicate that the global catastrophic deterioration causing the mass extinction was not composed of a single major event, but included perturbations and interactions of atmosphere, hydrosphere and lithosphere, which severely affected or destroyed the global ecosystem. Investigation in this study shows that the factors causing mass extinctions vary greatly for different events and the causes are much complex than previously thought. This is the result of different evolutionary stages, environmental and biotic backgrounds with great differences of pattern, timing, intensity, and result of mass extinction. The end-Permian mass extinction is the greatest, abrupt event in the history of life, caused by global environmental perturbations, which severely affected all ecosystems in both marine and terrestrial realms. The F-F mass extinction persisted in a rather long term in later to the end Frasnian and was caused by some events including global marine regression, climatic cooling associated and other catastrophes, which affected mainly warm/shallow water rather than deeper/cool water regimes. Intensity of the end Ordovician mass extinction is not as strong as that of the end-Permian extinction based on the data from South China. It may have been related to global climatic and marine changes. It is unclear whether the end Ordovician and F-F extinctions affected the biota in terrestrial realms.

II. General comparison

Mass extinction is globally a major biotic event, characterized by a great decline in biodiversity and post-extinction rebound, but each mass extinction event has its own features. This paper is trying to analyse the characters and similarities among the end Ordovician, Late Devonian, and end-Permian extinctions.

1. Latest Ordovician mass extinction

In addition to biostratigraphy, sedimentology and chemostratigraphy, diversities, faunal changes and communities of brachiopods, trilobites, rugose corals, and graptolites are investigated in this book. The results of different fossil groups show that the latest Ordovician extinction event was far more complex than previously expected. It was an episodic event lasting over one million years, with higher extinction rates of lower rank taxa (families and below) and a prominent succession of faunas and ecosystems. The taxonomic diversity of some major groups before and after the extinction shows a mirror effect. Duration of each phase is calculated on the basis of global correlation of high-resolution graptolite zonation (Chen *et al*., this book). Two phases are related to the formation and decay of the Gondwanan glaciation, along with major changes of climates, oceanic overturn and sea-level fluctuations accompanied by an anoxic event. Although no evidence of the glaciation has been found in South China, there were great changes in environmental conditions (e. g. sea-level changes), facies, diversity, and faunas before and after the mass extinction. Environmental changes vary in different water depths, indicated by diachroneity of extinction as well as differences in affected taxa.

This event affected benthic faunas in both shallow and deeper water regimes. The shallow water *Altaethyrella* and deeper water *Foliomena* brachiopod faunas vanished in the Zhejiang and Jiangxi border region before the crisis (Hirnantian)(Rong and Zhan, this book). The second phase is marked by the extinction of the widespread, cool water *Hirnantia* fauna (Rong and Zhan, this book). Trilobites also experienced a catastrophic change when pelagic and deeper water benthic forms became expired and surviving trilobites of the end Ordovician mass extinction are mostly shallow water forms (Zhou *et al*., this book). Intensity of graptolite extinction seems to be larger than brachiopods with a significant faunal replacement between the *Normalograptus persculptus* and *Akidograptus ascensus* biozones: the graptolitic DDO fauna expired and N fauna predominated during the Hirnantian (Chen *et al*., and Fan *et al*., this book). The stage between the two phases is called survival-recovery interval or interregnum based on characteristics of taxonomic diversity and faunal composition (Chen *et al*., Rong and Zhan, this book).

Taxonomic loss during the latest Ordovician extinction was heavy at lower taxonomic levels. About 85% of species, 61% of genera and 12% – 24% of families disappeared (Jablonski, 1991, 1997; Benton, 1995), but nearly all orders survived (Brenchley *et al*., 1997). The data from South China indicate that about 60% and 45% of genera became extinct in the first and second extinction phases respectively; among these, there are 56.4% and 43.3% for brachiopods, 72.2% and 33.3% for trilobites, and 61% and 50% for graptolites (Chen *et al*., Rong and Zhan, Zhou *et al*., this book). The first phase was more severe than the second for these three major groups. On the contrary, there are 37.5% and 60% of rugose corals (He and Chen, Chen and He, this book) disappeared during the two phases of the mass extinction respectively. In general, the generic loss in South China is less than what was estimated by Jablonski (1991) or Benton (1995), and no superfamilies became expired in South China during this event (Rong *et al*., this book). It is unknown whether the then terrestrial ecosystems were affected by the end Ordovician event.

2. Late Devonian mass extinction

The Late Devonian mass extinction is not an instantaneous and abrupt event, but is caused by some global perturbations, which occurred in the late Frasnian. Even earlier, there occurred some events in latest Givetian and earlier Frasnian times. This indicates a relatively long time interval for the mass extinction with a large quantity of extinctions of lower and higher taxonomic ranks (order to species). There are important differences in the faunas and ecosystems before and after the extinction. The changes include the loss of some dominant major groups of brachiopods, mainly in shallow water regimes, such as two orders Atrypida and Pentamerida, associated with strophodontids (Chen and Ma, this book), although diversity of all these groups had already declined before the mass extinction. Dacryocornarids that flourished in earlier time intervals in the Devonian almost vanished at the Frasnian-Famennian boundary (Liao, this book), although a few species of this group have been recorded in the lowest Famennian rocks in Guangxi (Li, 1999). Rugose and tabulate corals as well as stromatoporoids are known to be abundant earlier before the extinction. There was only a single genus (*Smithiphyllum*) of rugose corals survived. None of tabulates and stromatoporoids occur in the early and mid Famennian (Liao, this book) and no metazoan reefs in the Famennian (Wang and Shen, this book). The loss of conodonts is only reflected at species level and there is no conodont genus became extinct (Wang, this book). With the exception of conodonts, more than 60% of genera in all known groups became expired. The lowest percentage is shown by brachiopods (63%) and the highest by tabulate corals (almost all genera vanished).

Before the Famennian, the marine biota was in a greenhouse condition for a long time when diverse benthos occupied various ecotopes in warm and shallow water environments in South China. Our investigation shows that the F-F event had a major impact on the warm and shallower water regimes and much less on the cool and deeper water environments (such as radiolarians, ostracods, and some rugose corals)(Wang and Luo, Wang Shangqi, Ma, Liao, this book). The sedimentary and lithostratigraphical data of South China suggest a major marine regression near the Frasnian-Famennian boundary, which is considered another feature recognized for this extinction (Liao, this book). The causes of the major event are still debatable. Sea-level fluctuations and global climate changes have been regarded as two major causes for the extinction, but the details are still unknown. No mass volcanism and impact around the F-F boundary have been recorded in South China, although a large bolide impact may have triggered the collapse of the ecosystem in some areas (McGhee, 1996). Data available suggest that the F-F mass extinction was the consequence of several major perturbations on a severely stressed, "fragile" ecosystem that was already in existence for more than 1 Ma prior to the F-F boundary event. The loss of various ecotopes and habitats led the demise of many genera in shallow water regimes. It is unclear whether or not the terrestrial ecosystems were strongly affected by the F-F perturbations. The combined effect of thermal heat and widespread marine anoxia probably created an overall stressed and "fragile" ecosystem prior to F-F boundary time. Such a system would have been sensitive to large external perturbations.

3. End-Permian mass extinction

The data available from South China support the conclusion that the end-Permian mass extinction is the strongest mass extinction of metazoans in life's history (Erwin, 1994; Yin and Zhang, 1996; Jin *et al*., 2000; Erwin *et al*., 2002; Fang, this book). It is almost an abrupt global event, caused by very severe perturbations that occurred in a short geologic time interval (less than 0.7 Ma). It crashed a very large number of various taxonomic taxa ranking from species to order levels in both marine and terrestrial realms (Fang, Wang Yue, this book). Chinese data demonstrate that the heavy loss of bivalves, gastropods, brachiopods, rugose corals, foraminifers and ammonoids during the end-Permian mass extinction. (Jin *et al*., 2000; Wang and Sugiyama, 2001; Rong and Shen, 2002; Fang, Pan, Sun and Shen, Tong, this book). Some class- and higher-level taxa (such as trilobites) went extinct, although they had already declined in Carboniferous and Permian. This great extinction event affected not only marine realm, but also the terrestrial ecosystem. The Cathaysian Flora, for example, which thrived in the Permian, became extinct as a whole. In contrast, little is known of the Early Triassic flora of South China, suggesting a desolated and impoverished environment on the ancient land. This displays the disruption of land ecosystem that led the degradation and the delay of recovery after the mass extinction.

Different taxonomic ranks, from species to order, were affected by the extinction in various extents. The data from South China show that, at generic level, about 80% of brachiopods and gastropods and some 53% of bivalves became extinct (Sun and Shen, Pan, Fang, this book). As much as 95 – 96% of marine species of metazoans vanished at the end-Permian (the major episode of the extinction) and the beginning of Triassic (epilogue of the extinction, i.e. the second episode). The latter is marked by a group of "dead clade walking" (Jablonski, 2002) that survived the first episode but went extinct afterwards. This biotic type is represented with some species of chonetid, athyridid, and spiriferid brachiopods and some others of bivalves (Fang, this book).

As one of the most striking features of this mass extinction, it ends the dominating position of the Palaeozoic Evolutionary Fauna that was dominant for a long time interval (about 220 – 230 Ma) in the Palaeozoic. Chinese data show that the brachiopod-rugose corals-bryozoan-dominated marine faunas in the Permian were replaced by bivalve-gastropod-ammonoid-dominated faunas from the Triassic and onwards. After the extinction, all ecosystems on the Earth were extremely impoverished, with the disappearance of environments of coal marsh, stratified siliceous rocks and metazoan reefs in Early Triassic in South China.

Based on the basic data from this book, the taxonomic loss of major fossil groups in the F-F event was heavier than in the end-Ordovician event, although global data show otherwise. Moreover, the F-F extinction was more severe ecologically than the Ordovician extinction with not only third- and fourth-, but also second-level changes (Droser *et al*., 1999). The taxonomic loss at generic level is greatest in the end-Permian event. Ecologically, the Ordovician metazoan reef system was affected not as strongly as in the Late Devonian and end-Permian extinctions. Thus the Llandovery reefs recovered relatively soon after the extinction (Li, this book), whereas after F-F and end-Permian mass extinctions, the reef system recovered in about 22 Ma(non-global) and 8 Ma(global) respectively (Wang and Shen, Fang, this book). The Palaeozoic Evolutionary Fauna flourished from Early-Middle Ordovician to the end of Palaeozoic was the main impact target of the mass extinction studied in this book. During the end-Ordovician and F-F extinctions, biodiversity of the evolutionary fauna declined greatly and then rebounded to various extents afterwards, although faunal compositions and ecological communities changed substantially, indicating a sustained thriving of the fauna. However, the end-Permian mass extinction crashed the dominance of the Palaeozoic Evolutionary Fauna.

III. Ecological analysis

In addition to the loss of biota and decrease in taxonomic diversity, the mass extinction is also manifested by ecological changes. Ecologically, fourth-level changes (Droser *et al*., 1997) occurred commonly and no second-level ecological changes are known to occur during the end-Ordovician mass extinction (Rong *et al*., this book). The ecological changes are mainly reflected in community-scale shift within an established ecological structure, particularly in the appearance or disappearance of communities such as a succession of similar brachiopod communities. The *Pentamerus* community type, very common in the Silurian and Devonian, was initiated in Late Ordovician time as the *Tcherskidium* community, which has been recorded from the mid-Ashgill of South China. Moreover, the pre-Hirnantian reefs were strongly affected by cool temperatures, but metazoan reefs reappeared in Llandovery with essentially the same components composed mainly of tabulate corals and stromatoporoids at the genus and family levels as those in the Late Ordovician. The Llandovery reefs recovered soon, in about 4 – 5 Ma after the end-Ordovician extinction. The Silurian reef ecosystem substantially succeeds to characters of the Ordovician reefs and major ecological structure remained intact (Li, this book).

However, reef ecosystems are basically different before and after the Frasnian-Famennian mass extinction in terms of the data from South China. Metazoan reefs (mainly tabulate corals and stromatoporoids) that dominated in Givetian-Frasnian reefs disappeared completely during the mass extinction (Wang and Shen, this book). They were substituted with algae during the Famennian. Small, isolated patch stromatoporoid or lithistid reefs occur in Australia in Famennian (Copper, 2002) and glass sponges have been found in shallow water environments, where they underwent a burst of diversification in Famennian (McGhee, 1996). As far as we know, however, there occur no patch reefs and glass sponges in South China in this time interval and only bistromes have been observed (Wang and Shen, this book). After this biotic crisis metazoan reefs did not occur until late Early Carboniferous (Visean) when bryozoans and tabulate corals started to be abundant. Thus the disappearance of metazoan reefs lasted for about 22 Ma in South China. The metazoan reefs reappeared with essentially different components from those before the F-F events, indicating a major ecological structure shift after this mass extinction. It is significant, furthermore, that new forms of calcareous foraminifers participated in reef-buildings after the extinction. In addition to the second-level changes, there are numerous examples of the third- and fourth-level changes during this mass extinction.

Palaeoecologically, affect of the end-Permian mass extinction includes second-, third-, and fourth-level changes. The second-level changes, obviously, include the loss of Bambachian megaguilds and a significant completion of the transition from brachiopod-dominated to bivalve/gastropod/ammonoid-dominated shelf communities, as discussed by Droser *et al*., (1997). In the Triassic, bivalves and gastropods replaced the typical Permian brachiopod faunas, which were composed mainly of productids, chonetids, and some others. It is important that the great extinction affected metazoan reefs very severely as the Permian metazoan reefs were wiped out completely. There occur none of metazoan and algae reefs in Early Triassic time when benthic microbial communities (mainly cyanobacteria) became the single builder. Neither metazoans nor algae played a role in reef-buildings during the Early Triassic when a gap of metazoan and algae reefs occurred. The collapse of the metazoan reef ecosystem during the mass extinction and subsequent reestablishment of a new reef ecosystem are ecological structure change, as a second-level changes. New elements of the Mesozoic reefs did not occur until the early Middle Triassic (Anisian), and new reef communities were delayed in the Late Triassic when the Mesozoic reef ecosystem just commenced to get off the mark (Fang, this book).

IV. Survival characters after mass extinctions

The survival interval under impoverished environmental conditions occurs after mass extinction (Kauffman and Erwin, 1995). Comparative analysis of basic data in South China revealed the following common characters of these stages after the three mass extinctions. In general, the biotas in the stage were extremely depauperate, with lowest taxonomic diversity, low rates of extinction and origination, rare communities with simple ecological structure, and rare endemism. There occur survival genera being cosmopolitan, very common among taxonomic groups, generally lower abundance; presence of disaster taxa and crisis-progenitors, commonly with no or rare Lazarus taxa; survival clades usually represented only by single or two genera.

New investigation shows that the aftermath of mass extinctions varies in different biotic groups. For example, there was no survival interval of graptolites after the end- Ordovician mass extinction (Chen *et al*., this book), conodonts after the F-F event (Wang, this book), and ammonoids after the end-Permian mass extinction (Fang, this book).

After the first phase of the end-Ordovician extinction, there occurred a survival-recovery interval, rather than pure survival interval, since some disaster taxa (such as *Hirnantia*, *Eostropheodonta*, and *Dalmanitina*) show a survival character and newly established taxa (such as *Kinnella*, *Plectothyrella*, and *Songxites*) exhibit recovery features (Rong *et al*., this book). During the latest Hirnantian-early mid Rhuddanian when global sea-level rose rapidly, there occur widespread anoxic bottom conditions, as indicated by black shale in the most areas of South China. Graptolites continued flourished entering recovery interval with the lack of a survival interval (Chen *et al*., this book), whereas brachiopods and trilobites survived in near-shore shallow area with great changes in faunal composition and taxonomic diversity (Rong and Zhan, Zhou *et al*., this book). It is notable that there was a great decline in generic diversity with very low rate of origination and the presence of many immigrants, including a few disaster taxa (such as the brachiopods *Hindella* and *Alispira*?). Only one or two genera within each major group of brachiopods (such as order) were present. Among the various biotas, most common are brachiopods associated with rare trilobites, bryozoans, crinoids, and gastropods. The duration of survival interval for different kinds of fossils is variable and survivals for the benthos, like brachiopods and rugose corals, range from latest Hirnantian to mid Rhuddanian.

Survival intervals for different major biotic groups after the F-F event are different in duration. Soon after the F-F extinction (*P. triangularis* zone), conodonts recovered first (at least it is difficult to determine their survival interval). Within 1 Ma after the extinction, brachiopods are characterized by the development of disaster taxa associated with a few survivors in some clades. Survival interval for brachiopods seems to last for a short term, and speciation of cyrtospiriferids indicates a recovery feature. Rugose and tabulate corals associated with stromatoporoids in shallow water regime were greatly affected and almost all genera of them were eliminated. Survival interval for these major groups extended into late Famennian (Liao, 2002). Precise duration of the Famennian Stage has not been defined yet, with such estimates as 10 Ma (Ogg, 2002), 14.5 Ma (Kirnbauer and Reischmann, 2001), or 21 Ma (Okulitch, 1999 in Copper, 2002).

The Early Triassic environments in South China were so depauperate of metazoan life that there were rare marine faunas with the lowest taxonomic diversity and abundance. Different biotic groups show different survival patterns and most of them entered survival interval (lasted for about 8 – 10 Ma) after the end-Permian mass extinction, when global environmental conditions were impoverished. The delay of recovery was obviously ecological (Hallam, 1990; Erwin, 2001). The earliest Triassic biota was monotonous with very low abundance, high proportions of survival taxa and progenitors, and very low origination rate. Those dead clade walking (Jablonski, 2002), such as chonetids and athyridids survived the major episode of the end-Permian mass extinction, but became extinct soon afterwards. The great majority of bivalves that flourished in the late Palaeozoic were affected strongly, and some epifaunal pteriomorphs and a few infaunal forms (nuculoids, modiomorphids and trigonioids) overwhelmingly dominate Early Triassic assemblages (Fang, this book). There occurred a few disaster taxa (typically the bivalves *Claraia* and *Eumorphotis*, the brachiopod "*Lingula*") in South China in the Early Triassic. Many groups (like brachiopods) were in a survival interval in early Triassic, whereas ammonoids, bivalves, gastropods, ostracods, and a few others in a survival-recovery interval with newly established genera and even families. During the transition across Smithian and Spathian stage boundary, marine environmental conditions may have deteriorated again, causing a minor extinction event although its details are unclear (Hallam and Wignall, 1997; Chen Jinhua, this book). This minor event may have further inhibited earlier rebounds of taxonomic diversity and reorganization of community. Episodic blooms of microbial mats in the normal marine environments after the end-Permian mass extinction extended into the late Early Triassic, indicating that the then marine conditions probably remained under stress.

V. Recovery after the mass extinctions

Recovery process after mass extinction is the prelude of a new radiation. With the exception of a few groups, recovery for biotic groups appeared based on the survival stage. It is characterized by an increase in origination rate, endemic taxa, Lazarus taxa, immigrants, and new communities, and disappearance of disaster taxa, with a level of taxonomic diversity not exceeding that of the previous radiation before the mass extinction. Recovery patterns vary among different mass extinction processes that are reflected in various biotic groups, palaeobiogeography, palaeoclimate, and local environmental conditions. Rebound of diversity after mass extinction has different features, for example, symmetrical rebound (mirror effect) before and after the end Ordovician mass extinction and non-symmetrical rebound before and after the end-Permian mass extinction with a delay of recovery. Although there occurs a general mirror effect of the total diversity of the four major biotic groups (brachiopods, graptolites, rugose corals and trilobites) before and after the Ordovician-Silurian boundary, there occurred great changes in faunal compositions, dominant groups, community elements, and biogeographical features (Rong *et al*., this book). Development of Lazarus taxa varies in various phyla or classes. For example, Lazarus taxa of brachiopods are known after the end-Ordovician extinction (Rong and Zhan, this book), but not after the end-Permian extinction (Sun and Shen, this book), whereas gastropods have many Lazarus taxa in the Triassic (Pan, this book). These examples indicate an intensity of mass extinctions and level of response of various biotic groups to a mass extinction.

After the terminal Ordovician mass extinction, graptolites were the first to recover among the major biotic groups studied in this paper (Chen *et al*., Rong *et al*., this book). Recovery of brachiopods and trilobites were 2 – 3 Ma later than graptolites (Rong and Zhan, Zhou *et al*., this book), and recovery of reefs were even 4 – 5 Ma later than graptolites due to more limitation of substrate, temperature, and others (Li, this book).

Under prolonged impoverished environmental conditions, new global or regional (generally minor) perturbations after a mass extinction are external controlling factors for the delay in recovery. For example, a remarkable decrease in bivalve diversity at generic level from South China suggests that a probable event may have occurred around the Smithian/Spathian boundary during the Early Triassic (Chen, this book). Moreover, there also occurred a possible event near the end of the *marginifera* zone (mid-late Famennian) because of a drastic decrease in brachiopods and (Chen, this book). This is supported by the loss of leperditiid ostracods in South China (Wang Shangqi, this book).

VI. Surviving mechanisms during the mass extinctions

In addition to the external causes, biotic factors may be also seriously considered in the study of mass demise of organisms globally. When global perturbations occur, all organisms are facing a great problem whether or not they could be able to survive the devastated conditions. Tolerant capability of organisms to biotic crisis with adaptive limitation (i.e. within a adaptive zone) is most important and is usually reflected in many aspects, such as functional morphology, physiology, ecology, reproductive strategy, immunology, genealogy, and so on. Endemic taxa with small population, larger body size, narrower distribution range, limited adaptation, specialized forms, vigorous metabolism, and higher nutrition level, were subject to extinction. Generalists that are widespread, abundant, relatively small in body size with non-specialized forms may have a higher survival probability. Accumulation of the other factors would have imposed additional stresses on various kinds of communities.

New data from South China further suggest that survival taxa generally possess large populations and a wide distribution, such as some graptolites and brachiopods in the perturbed ecosystems at the end-Ordovician. They occupied a new, almost vacant, open ecosystem, and played important roles in subsequent recovery interval following the mass extinction. Lazarus taxa and crisis-progenitor taxa are more remarkable than survival taxa (s.s.), and their higher diversity is derived from development of surviving mechanisms in aute- and synecological structures and probably physiology. Lazarus taxa (e.g. gastropods) and crisis-progenitor taxa (e.g. bivalves) were able to survive mass extinction (e.g. the end-Permian) due to non-specialized forms, relatively small individuals, broad adaptation, and pre-adaptation with successful novelties (Fang, Pan, this book). When the ecosystem was severely perturbed, population numbers crashed to very low levels. The extraordinary perturbations appear to have exceeded the tolerance threshold (or adaptive limitation within adaptive ranges) of genetically, physiologically, and ecologically diverse taxa; they could not have escaped from deteriorated environments even if they have had a very large population with abundant individuals.

Examination of the duration of survival stage after the three mass extinctions might be informative. It shows that the commencement of a recovery interval is diachronous for different major fossil groups (e.g. graptolites, brachiopods and corals in the Early Silurian recovery) as well as among different areas. It represents differentiated amelioration of environmental conditions, differentiated adaptations to the changes, and differentiated evolution rates.

In addition to extinction rate, origination rate is of importance during the mass extinction process. For example, before the first phase of the end Ordovician extinction, brachiopods, graptolites, and rugose corals possessing relatively higher rate of origination were in a radiation stage, whereas trilobites were in a coordinating stasis stage with no new genera appeared, indicating a declined evolutionary trend (Rong *et al*., this book). Following the second phase of the extinction, there was a strong increase in origination rate for graptolites (Chen *et al*., this book), and in the extinction rate for trilobites (Zhou *et al*., this book). Successful carry-over across the crisis for graptolites, although suffering heavily, may be attributed to its turnover ability. Late Permian ammonoids had a similar situation. In the Permian-Triassic boundary strata, there was a high origination rate with a substantial change in faunal composition, which is the base of the Early Triassic fauna (Fang, this book). Origination rate of bivalves in the transition through the Permian and Triassic was lower than ammonoids, but much higher than brachiopods, and crisis-progenitors of bivalves may have broken through the catastrophic environments, resulting in the bivalves thriving in the Mesozoic. But, brachiopods suffered considerably in the early Early Triassic due to very high rate of extinction with probably zero rate of origination during the end-Permian mass extinction process.

The following questions are also discussed in this paper. Is there differential response to environmental disturbances among various phyla or classes (such as bivalves, gastropods and nautiloids within mollusks), and among major biotic groups in the same phyla or classes? Are there differential responses to global disturbance in various environments for different major groups? Do differences in biotic rebound after the mass extinction exist? Will the results of different mass extinctions be similar when they were caused by similar factors? What caused the delay of recovery after the F-F mass extinction and end-Permian mass extinction? Is fossil record reliable for the study of mass extinction? Which biotic groups suffered the most or were less affected by global environmental disturbance? Which biotic groups benefited from the mass extinctions? Do all taxa need refugia for survival and do all groups develop Lazarus taxa during the period of the global disturbance?

VII. Conclusions

The comparative analysis on the three mass extinctions of South China indicates that there is not a universal model for the mass extinction-survival-recovery macroevolutionary process. Some fossil groups may show one mode while others show different. Brachiopods and other benthic organisms have a survival interval after the end Ordovician crises, whereas graptolites entered directly into a recovery period after the extinction interval. For the end-Permian mass extinction, there was a survival interval for brachiopods, but other groups have no pure survival interval (recognized as survival-recovery stage), for example, ammonoids and bivalves. This is also true to the brachiopods, graptolites, and trilobites after the first phase of the end- Ordovician mass extinction. These phenomena may have been caused by different environmental perturbations and biotic evolutionary backgrounds before and after each crisis. Different biotic compositions and dominant groups were unequally affected during various mass extinctions. Different processes with a combination of all of these factors produced remarkably different results among various mass extinctions and major fossil groups. Moreover, different biotic groups and/or clades employed different strategies in response to deteriorating conditions owing to their different functional morphology, life mode, and adaptive capability.

Biotic process is the alternation of long-term, gradual and short-term, abrupt changes of biodiversity within the earth ecosystems in geological time. Investigations conducted in this book show that the organisms and environments are closely related, reflected in both intervals of background stages and severe global perturbations. Global catastrophes are considered external causes of mass extinction and the ability of organisms to respond to environmental deterioration (whether they were able to overcome high selection pressure). The thriving or decline of organisms is dependent on the severity of perturbations (such as mass extinction) and/or process of biotic self-organization (such as major adaptive radiation). Organic and inorganic worlds are closely related as they have been influenced with co-evolution. It seems that relatively slow gradual changes in the long life history were punctuated by mass extinctions that induced rapid and abrupt major faunal turnovers. They are controlled by both organic and inorganic factors of the earth system. All of these constitute extremely complex, yet bright and colorful, processes of evolution.

Key words mass extinction survival recovery latest Ordovician Frasnian-Famennian end-Permian South China